深部工程硬岩力学

Hard Rock Mechanics in Deep Engineering

冯夏庭　杨成祥　等　著

科 学 出 版 社

北　京

内 容 简 介

本书介绍了深部工程硬岩力学基本体系，主要包括深部工程硬岩力学研究的思路和内容，深部工程地质特征和深部工程岩体三维应力场的主要特征及其开挖扰动效应，开挖引起深部工程硬岩破裂和岩体结构变化评价方法、深部硬岩脆延力学特性和4套真三轴试验装置与方法，高应力诱导的深部工程硬岩各向异性破坏力学模型与评价方法，深部工程岩体破裂过程数值分析方法，深部工程岩体力学参数三维智能反分析方法，深部工程岩体力学特性，深部工程硬岩破裂、片帮、大变形、大体积塌方与岩爆等主要破坏与致灾机理，以及深部工程岩体破坏与灾害控制原理等。该理论与技术体系成功应用于埋深 2400m 的锦屏地下实验室二期工程、埋深 2080m 的深埋交通隧道、埋深 1890m 的水电站引水隧洞的岩爆监测预警与防控，高构造应力区的镍矿深部巷道大变形监测与防控及深切河谷地区修建的水电站地下厂房围岩破裂预测与控制。

本书可供水利水电工程、土木工程、交通工程、采矿工程、国防工程等领域从事高应力和深埋大型地下工程研究和设计的科研人员、工程技术人员和研究生参考。

图书在版编目(CIP)数据

深部工程硬岩力学 / 冯夏庭等著. —北京：科学出版社，2023.2

ISBN 978-7-03-074421-0

Ⅰ. ①深…　Ⅱ. ①冯…　Ⅲ. ①工程力学-研究　Ⅳ. ①TB12

中国版本图书馆CIP数据核字(2022)第252192号

责任编辑：刘宝莉　陈　婕　乔丽维 / 责任校对：王　瑞
责任印制：师艳茹 / 封面设计：蓝正设计

科学出版社出版
北京东黄城根北街16号
邮政编码: 100717
http://www.sciencep.com

三河市春园印刷有限公司 印刷

科学出版社发行　各地新华书店经销

*

2023年2月第　一　版　开本：720×1000　1/16
2023年9月第二次印刷　印张：54 1/2　插页：18
字数：1 096 000

定价：398.00 元

(如有印装质量问题，我社负责调换)

序

随着全球各类岩石工程不断向深部发展，深部岩体力学行为及其灾变已经成为国际岩石力学研究的热点和前沿，需要建立全新的理论和技术体系。在科技部 973 计划项目与国家自然科学基金创新研究群体项目等的资助下，作者紧密围绕钻爆法和 TBM 开挖引起的深部工程硬岩力学问题，突出室内系列试验装置、现场原位监测系统到三维数值分析软件的自主开发，综合室内试验、现场原位监测与数值分析，从深部工程硬岩的结构与应力场演化、力学性质与破坏理论到主要应力型灾害(破裂、片帮、大变形、塌方、岩爆)的孕育机理、监测预警与控制理论和技术，开展了系统深入的研究，取得了成体系的创新成果。具体如下：

(1) 阐明深部工程地应力水平高、应力差大、应力场与工程布置空间关系复杂、局部构造影响显著等特征，以及高应力挤压和强烈构造影响下深部工程地层岩性、岩体结构特征；通过建立深部工程开挖过程中应力场变化的测试方法，阐明深部工程开挖过程中的应力场变化特征，包括应力集中区域由围岩表层向深层转移、应力差增大、应力方向改变、应力路径存在差异性四个方面，以及其诱导的围岩破裂与岩体结构演化并诱发破裂、片帮、大变形、塌方和岩爆等不同类型、等级深部工程硬岩灾害问题。

(2) 阐明深部工程硬岩力学试验对精准感知硬岩破裂与灾变过程的需求，自主研发了系列岩石真三轴试验装置，包括高压真三轴硬岩全应力-应变过程试验装置、高压真三轴硬岩时效破裂过程试验装置、高压真三轴硬岩单面剪切破坏过程试验装置和高压真三轴硬岩动力扰动破坏过程试验装置等，实现了多时间尺度、多物理场、多应力路径下硬岩力学性质测试，该系列岩石真三轴试验装置的研发攻克了真三向高应力下硬岩全应力-应变过程测试、长时效破裂监测、动力扰动测试等一系列技术难题，形成具有自主知识产权的成套真三轴关键技术体系，并建立了岩石真三轴试验标准化方法，为研究深部工程硬岩破裂演化过程及灾害孕育机制提供了重要技术手段。建立并实践了针对不同类型、等级深部工程硬岩灾害孕育全过程围岩内部破裂、变形与能量演化的原位综合监测方法。

(3) 系统开展了深部硬岩真三轴试验和典型深部硬岩工程开挖过程原位综合监测，发现真三向应力下深部硬岩脆延破坏规律、硬性结构面效应、侧向应力效应、动力扰动效应等；提出真三向应力下岩石的能量计算方法，合理反映了真三向应力下岩石的宏细观剪切与张拉破坏的能量特征；揭示了应力差和主应力方向变化诱导岩石破裂各向异性和以拉破裂为主的机理，以及真三向应力诱导硬岩脆性集中式裂纹时效扩展和延性分散式裂纹时效扩展机制；揭示了深部硬岩工程开挖应力诱导的由表层到深层围岩力学特性、破裂演化机制和能量释放的差异性，从而阐明不同类型、等级深部工程硬岩灾害的孕育机理，为深部硬岩破坏准则、力学模型和分析评价方法的建立提供了科学依据。

(4)建立深部工程硬岩破坏分析理论，包括深部工程硬岩的三维破坏准则、三维各向异性延脆破坏力学模型、三维各向异性时效破坏力学模型、破裂程度评价指标、局部能量释放率指标、破裂过程数值模拟方法和岩体力学参数三维智能反演方法等。提出的深部工程硬岩三维破坏准则、力学模型和评价指标合理反映了深部工程硬岩力学特性和破裂演化规律，包括深部工程硬岩破裂深、变形小、能量集中高的特征，深部工程硬岩破裂深度、破裂程度和能量释放特征，以及以拉破裂为主的破坏特征等；提出的深部工程硬岩破裂过程数值方法合理描述了深部工程三维应力场特征、强挤压构造下地层岩性和岩体结构特征、TBM 和钻爆法开挖效应，结合上述深部工程硬岩破坏准则、力学模型和评价指标，实现了深部工程硬岩局部化破裂与灾变过程的预测分析和评价；提出的深部硬岩力学参数三维智能反分析方法充分考虑了深部硬岩应力诱导的变形破裂机制和深部真三向应力环境下围岩变形和破裂的空间几何非对称、非均匀分布特征，基于围岩内部损伤区、变形及其分布模式信息进行反演，全局空间上搜索强度参数和变形参数，使得反演结果能合理反映深部硬岩破裂行为。该理论的建立为深部工程的设计施工和深部工程灾害的防治提供了可靠的分析方法。

(5)揭示深部硬岩工程典型灾害的特征、孕育过程和破坏机制，包括深部工程硬岩破裂、片帮、硬岩大变形、应力-结构型塌方及岩爆，阐明由围岩内部破裂诱导产生的灾害与能量聚集释放产生的灾害两类致灾机理；阐明不同类型、等级的灾害孕育过程特征、规律、发生条件和影响因素，为深部工程硬岩灾害分类型、等级、开挖方式等实现针对性预测分析、监测预警与主动防控奠定了基础。

(6)建立深部工程硬岩灾害评估及预警方法，包括考虑真三向应力和洞室高跨比的片帮深度评估方法、考虑地质条件和施工扰动的岩爆等级评估方法、岩爆智能预警方法与系统等；阐明深部工程硬岩破坏与灾害控制原理，提出控制深部工程硬岩破裂程度和深度的开挖支护优化设计方法；提出调控深部工程硬岩能量聚集释放的能量控制法，制定深部工程硬岩能量聚集的逆过程调控策略，研发了逐步解耦吸能支护技术。

这些理论、方法和技术在锦屏地下实验室二期、西南某深埋铁路隧道(钻爆法开挖）、巴基斯坦 N-J 水电站引水隧洞（TBM 开挖）、金川镍矿深部巷道、双江口水电站地下厂房等工程围岩稳定性分析与灾害防控中进行了系统应用并取得了成功实践，表明建立的理论和技术体系具有先进性和创新性。《深部工程硬岩力学》一书的出版为深部工程安全建设提供了基础分析理论和设计指导原则，为岩石力学学科的发展做出了重要贡献。

钱七虎

国家最高科学技术奖获得者

中国工程院院士

2022 年 7 月 15 日

前　言

社会经济和科技的迅速发展对地球深部资源提出了更多需求，出现了越来越多的深部硬岩工程。在深部硬岩工程建设过程中，围岩表现出不同于浅部工程的变形破裂行为与灾变规律，经常发生岩爆、大变形、应力型塌方，造成严重的经济损失、人员伤亡和工期延误等。其关键问题是：深部真三向高应力环境和复杂开挖应力路径下硬岩的力学性质会发生怎样的变化？深部工程硬岩的破裂机制是怎样的？用什么理论有效预测分析和评价深部工程岩体破裂过程？深部工程硬岩灾害孕育过程的机制和规律是怎样的？如何根据灾害孕育过程进行主动性和针对性防控？

针对上述关键问题，在 973 计划项目“深部重大工程灾害的孕育演化机制与动态调控理论”（2010CB732000）、国家自然科学基金创新研究群体项目“重大岩石工程安全性分析预测与控制”（51621006）、国家杰出青年科学基金项目“高应力洞室群稳定性分析与优化”（50325414）、国家自然科学基金雅砻江联合基金重点项目“深埋长大引水隧洞和洞室群的安全与预测研究”（50539090）、国家自然科学基金重点项目“深埋隧道断裂型岩爆机理、模拟、监测与预警”（51839003）、教育部-国家外专局“111”引智计划“深部工程岩体力学与安全学科创新引智基地”（B17009）等资助下，围绕深部工程硬岩的地质与地应力场特征、力学性质与破坏理论，以及硬岩破裂、片帮、硬岩大变形、硬岩塌方与岩爆等应力型灾害孕育过程机制、监测预警与控制等，开展了系统深入的创新研究。本书就是在系统总结凝练作者近几十年来取得的深部工程硬岩力学共性基础理论研究成果的基础上写成的，与 *Rock Engineering Design*、《深埋硬岩隧洞动态设计方法》、《高应力大型地下洞室群设计方法》、《岩爆孕育过程的机制、预警与动态调控》、*Rockburst Mechanisms, Monitoring, Warning and Mitigation* 等形成了深部工程硬岩力学理论体系。

科技部、教育部、国家自然科学基金委员会、中国科学院、雅砻江流域水电开发有限公司、中国电建集团华东勘测设计研究院有限公司、中国国家铁路集团有限公司、川藏铁路有限公司、中国铁路总公司拉林铁路建设总指挥部、国能大渡河双江口工程建设管理分公司、中铁二院工程集团有限责任公司、中水北方勘测设计研究有限责任公司、中国电建集团成都勘测设计研究院有限公司、中国科学院武汉岩土力学研究所、东北大学对相关成果的研究提供了资助和支持。现场科研工作还得到了金川集团股份有限公司、中铁十八局集团有限公司、中国葛洲坝集团有限公司、中电建振冲建设工程股份有限公司、中铁十二局集团有限公司等相关单位的大力支持与协助。钱七虎院士对本书研究工作给予了精心指导。课题组成员李邵军研究员、邱士利副研究员参与了锦屏地下实验室现场观测工作，吴世勇总经理对锦屏地下实验室现场观测工作给予了大力支持。陈炳瑞研究员、肖亚勋副研究员、丰光亮副研究员参加了岩爆监测预警工作，江权研究员、李邵军研究员、徐鼎平研究员参加了双江口水电站地下厂房稳定性研究工作，潘鹏志研究员参与了数值分析方法研究工作，张希巍教授、田军高级实验师参与了硬岩真三轴试验系统的研发。王明洋院士、李春林院士、蔡明教授、周创兵教授、宋胜武教授级高级工程师、杨强教授、祁生文研究员、单治钢教授级高级工程师对书稿进行了评审，提出了建设性修改意见。在此对上述做出贡献的专家表示衷心的感谢！

参与本书研究和写作的还有周扬一(3.3.3 节、3.3.4 节、4.8.3 节、7.1.3 节、7.3.1 节、7.4 节、8.1.2 节、8.2 节、8.3.1 节、9.1.6 节)、姚志宾(2.4 节、3.2.1 节、5.7.4 节、5.7.5 节、9.1.1～9.1.4 节、9.2 节)、何本国(2.1～2.3 节、2.5 节、3.2.2 节)、孔瑞(4.1 节、4.3 节、5.1.2 节的峰值强度、5.1.3 节、6.1 节)、赵骏(4.4 节、5.1.1 节、5.4 节、6.3 节、6.4.2 节、7.1.4 节)、王兆丰(5.1.4 节、6.2 节、6.4.1 节、6.4.3 节、6.5 节)、胡磊(3.3.5 节、4.8.4 节、7.5 节、8.1.4 节、8.3.2 节、8.3.3 节、9.1.7 节)、蔡明和侯朋远(4.2 节)、郭浩森(3.2.3 节、4.8.1 节、7.1.1 节、7.1.2 节、9.1.4 节的破裂特征)、徐鸿(3.3.2 节、4.8.2 节、5.2.1 节、7.2 节、9.1.5 节)、高要辉(5.1.2 节、5.3.3 节、9.3 节)、赵曰茂(7.3.2 节、8.3.4 节、9.4 节)、张岩(5.1.5 节、5.7.2 节)、辜良杰(3.1 节、5.2.2 节)、刘旭锋(5.3.1 节、5.3.2 节)、王刚(4.5 节、5.5 节)、夏跃林(9.5 节)、李正伟和梅诗明(4.7 节)、张伟(8.1.3 节)、郑志(5.7.1 节)、韩强(3.3.2 节、7.2 节、8.1.1 节)、田冕(4.6 节、5.6.1 节、5.6.2 节)、牛文静(9.2.3 节)、蒋剑青(5.6.3 节)，彭建宇、祝国强、黄晶柱、李鹏翔等参与了部分章节的编写。科学出版社刘宝莉、东北大学深部金属矿山安全开采教育部重点实验室王新悦为本书的编辑出版付出了辛勤劳动，在此一并表示感谢。

深部工程硬岩力学是一个全新的课题，其研究成果主要是针对深部工程硬岩获得的。本书的相关研究工作带有探索性，且作者水平有限，书中难免存在不足之处，恳切希望读者批评指正，愿共同探讨。

主要符号注释表

b	中间主应力系数
c	黏聚力
c_0	初始黏聚力
c_r	残余黏聚力
E	杨氏模量
E_0	初始杨氏模量
E_{ms}	微震释放能
I_1	主应力张量第一不变量
J_2	偏应力张量第二不变量
K_n	法向刚度
U	总应变能
U^d	耗散应变能
U^e	弹性应变能
β	最大主应力与结构面的夹角
$\overline{\gamma}^p$	等效塑性剪切应变
ε_1	最大主应变
ε_2	中间主应变
ε_3	最小主应变
$\overline{\varepsilon}^p$	等效塑性应变
ε_V^p	塑性体积应变
θ_σ	应力洛德角
κ	内变量
μ	洛德系数
ν	泊松比
σ_1^0	原岩应力最大主应力
σ_2^0	原岩应力中间主应力
σ_3^0	原岩应力最小主应力
σ_1	最大主应力
σ_2	中间主应力
σ_3	最小主应力

σ_c	单轴抗压强度
σ_{cd}	损伤强度
σ_{ci}	起裂强度
σ_d	动力扰动应力
σ_m	平均主应力
$\sigma_{m,2}$	平均有效正应力
σ_n	法向应力
σ_{oct}	八面体正应力
σ_p	峰值强度
σ_r	残余强度
σ_t	单轴抗拉强度
τ	剪应力
τ_{oct}	八面体剪应力
φ	内摩擦角
φ_0	初始内摩擦角
φ_r	残余内摩擦角
ψ	扩容角
ω	中间主应力与结构面的夹角

目　　录

序
前言
主要符号注释表
第 1 章　绪论……1
1.1　深部硬岩工程发展与主要力学问题……1
1.2　硬岩力学研究进展……4
1.2.1　硬岩力学试验技术……4
1.2.2　硬岩力学特性……4
1.2.3　硬岩破坏理论……6
1.2.4　硬岩工程灾变机理……10
1.2.5　硬岩工程灾害防控……14
1.3　深部工程硬岩力学主要研究思路和内容……15
1.3.1　主要研究思路……15
1.3.2　主要研究内容……17
参考文献……19
第 2 章　深部工程地质特征……36
2.1　深部工程地层岩性……36
2.2　深部工程地质构造……37
2.3　深部工程岩体结构……52
2.4　深部工程岩体三维原岩应力场……57
2.4.1　深部工程岩体三维原岩应力场获取方法……57
2.4.2　深部工程岩体三维原岩应力场特征……61
2.5　深部工程其他赋存环境……69
参考文献……71
第 3 章　深部工程硬岩开挖扰动效应……73
3.1　深部工程开挖引起岩体应力场变化特征……73
3.1.1　深部工程开挖扰动应力获取方法……73
3.1.2　深部工程开挖扰动应力场变化特征……74
3.2　深部工程开挖引起岩体结构变化特征……85
3.2.1　深部工程岩体结构变化原位观测方法……85
3.2.2　深部工程开挖围岩结构变化特征……90

3.2.3　开挖引起深部工程岩体结构变化程度评价方法 …… 106
3.3　深部工程硬岩开挖诱发应力型灾害 …… 111
3.3.1　深部工程硬岩破裂 …… 111
3.3.2　深部工程硬岩片帮 …… 114
3.3.3　深部工程硬岩大变形 …… 117
3.3.4　深部工程硬岩塌方 …… 119
3.3.5　深部工程硬岩岩爆 …… 121
参考文献 …… 125
第 4 章　深部工程硬岩力学试验 …… 127
4.1　深部工程硬岩力学试验需求 …… 127
4.1.1　深部工程硬岩三维力学性质试验需求 …… 128
4.1.2　深部工程硬岩开挖过程大型三维物理模型试验需求 …… 131
4.1.3　深部工程硬岩破裂与灾变过程原位监测需求 …… 132
4.2　高压三轴硬岩全应力-应变过程试验 …… 134
4.2.1　试验装置与技术 …… 135
4.2.2　试验方法与典型试验结果 …… 142
4.3　高压真三轴硬岩全应力-应变过程试验 …… 146
4.3.1　试验装置与技术 …… 146
4.3.2　试验方法与典型试验结果 …… 151
4.4　高压真三轴硬岩时效破裂过程试验 …… 155
4.4.1　试验装置与技术 …… 155
4.4.2　试验方法与典型试验结果 …… 162
4.5　高压真三轴硬岩单面剪切试验 …… 165
4.5.1　试验装置与技术 …… 165
4.5.2　试验方法与典型试验结果 …… 169
4.6　高压真三轴硬岩动力扰动试验 …… 171
4.6.1　试验装置与技术 …… 171
4.6.2　试验方法与典型试验结果 …… 180
4.7　深部工程硬岩开挖过程大型三维物理模型试验 …… 185
4.7.1　试验装置与技术 …… 186
4.7.2　深部工程硬岩相似理论 …… 191
4.7.3　试验方法与典型试验结果 …… 193
4.8　深部工程硬岩破裂与灾变过程原位监测 …… 199
4.8.1　深部工程硬岩破裂区监测方法 …… 199
4.8.2　深埋隧道硬岩片帮孕育过程监测方法 …… 202
4.8.3　深埋隧道硬岩大变形灾害孕育过程监测方法 …… 204

4.8.4　深埋隧道硬岩岩爆孕育过程微震监测方法……209
参考文献……218
第 5 章　深部工程硬岩力学特性……220
5.1　深部硬岩基本力学特性……220
5.1.1　深部硬岩脆性和延性特性……220
5.1.2　深部硬岩强度特性……228
5.1.3　深部硬岩破裂特性……240
5.1.4　深部硬岩变形特性……245
5.1.5　深部硬岩能量特性……253
5.2　真三向应力路径下深部硬岩力学特性……267
5.2.1　主应力加卸荷下深部硬岩力学特性……267
5.2.2　主应力方向变换下深部硬岩力学特性……284
5.3　深部硬岩力学特性的硬性结构面效应……294
5.3.1　深部硬岩力学特性的硬性节理面效应……295
5.3.2　深部硬岩力学特性的片理效应……303
5.3.3　深部硬岩力学特性的钙质胶结结构面效应……314
5.4　深部硬岩流变力学特性……321
5.4.1　深部硬岩蠕变特性……321
5.4.2　深部硬岩松弛特性……335
5.5　深部硬岩剪切特性……340
5.5.1　深部完整硬岩剪切特性……340
5.5.2　深部绿泥石化硬性结构面剪切特性……349
5.6　深部硬岩力学特性的弱扰动效应……352
5.6.1　深部硬岩力学特性的真三轴压缩 σ_1 方向弱扰动效应……353
5.6.2　深部硬岩力学特性的真三轴压缩 σ_3 方向弱扰动效应……353
5.6.3　深部硬岩力学特性的真三轴压缩 σ_2 方向弱扰动效应……354
5.7　深部工程坚硬围岩力学特性……358
5.7.1　深部工程坚硬围岩脆性和延性特性……358
5.7.2　深部工程坚硬围岩能量特性……363
5.7.3　深部工程坚硬围岩破裂特性……366
5.7.4　深部工程坚硬围岩变形特性……370
5.7.5　深部工程岩体波速特性……376
参考文献……379
第 6 章　深部工程硬岩破坏理论……382
6.1　深部工程硬岩三维破坏准则……382
6.1.1　准则构建……382

6.1.2 准则验证……388
6.2 应力诱导硬岩各向异性脆延破坏力学模型……392
6.2.1 模型构建……392
6.2.2 模型验证……401
6.3 应力诱导硬岩各向异性时效破坏力学模型……405
6.3.1 模型构建……405
6.3.2 模型验证……412
6.4 深部工程硬岩破坏评价指标……413
6.4.1 深部工程硬岩破裂程度指标……413
6.4.2 深部工程硬岩时效破裂程度指标……415
6.4.3 深部工程硬岩局部能量释放率指标……418
6.5 深部工程硬岩破裂过程数值模拟方法……419
6.5.1 深部工程硬岩破裂过程局部化数值模拟方法……419
6.5.2 深部工程硬岩三维破坏准则和破坏力学模型数值实现方法……431
6.5.3 深部工程硬岩破坏评价指标数值计算方法……442
6.6 深部工程硬岩力学参数智能反演方法……447
6.6.1 深部工程硬岩力学参数三维智能反演原理……448
6.6.2 深部工程硬岩力学参数三维智能反演步骤……449
6.6.3 深部工程硬岩力学参数三维智能反演方法应用……455
参考文献……469
第7章 深部工程硬岩灾变机理……471
7.1 深部工程硬岩开挖破裂区形成与演化机理……471
7.1.1 深部工程硬岩单区破裂特征与机理……472
7.1.2 深部工程硬岩分区破裂特征与机理……475
7.1.3 深部工程硬岩深层破裂特征与机理……480
7.1.4 深部工程硬岩时效破裂特征与机理……483
7.2 深部工程硬岩片帮孕育机理……487
7.2.1 深部工程硬岩片帮特征与发生条件……487
7.2.2 深部工程硬岩片帮孕育过程与机理……491
7.3 深部工程硬岩大变形灾害孕育机理……503
7.3.1 深部工程硬岩深层破裂诱发大变形特征与机理……503
7.3.2 深部工程镶嵌碎裂硬岩大变形特征与机理……508
7.4 深部工程硬岩塌方孕育机理……516
7.4.1 深部工程硬岩应力型塌方特征与机理……516
7.4.2 深部工程硬岩应力-结构型塌方特征与机理……517
7.4.3 深部工程硬岩结构型塌方特征与机理……526

7.5 深部工程硬岩岩爆孕育机理……528
7.5.1 深部工程硬岩岩爆分类及其孕育机理……529
7.5.2 深部工程硬岩岩爆分级及其孕育机理……537
7.5.3 深部工程硬岩岩爆案例分析……539
参考文献……557
第 8 章 深部工程硬岩灾害孕育过程评估预警与动态防控……560
8.1 深部工程硬岩灾害孕育过程评估与预警……560
8.1.1 深部工程硬岩片帮评估方法……560
8.1.2 深部工程硬岩大变形评估方法……568
8.1.3 深部工程硬岩岩爆评估方法……570
8.1.4 深部工程硬岩岩爆预警方法……573
8.2 深部工程硬岩破裂程度和深度控制原理……581
8.2.1 裂化抑制法基本原理……582
8.2.2 深部工程硬岩内部破裂控制方法……589
8.2.3 深部工程硬岩片帮控制方法……592
8.2.4 深部工程硬岩大变形控制方法……595
8.2.5 深部工程硬岩塌方控制方法……598
8.3 深部工程硬岩能量释放控制原理……600
8.3.1 能量控制法基本原理……600
8.3.2 不同类型岩爆防控的能量控制方法……606
8.3.3 深部工程硬岩岩爆诱发岩体内部破裂的控制方法……612
8.3.4 深部工程硬岩吸能支护技术……615
参考文献……620
第 9 章 深部工程应用……623
9.1 中国锦屏地下实验室二期……624
9.1.1 工程概况……624
9.1.2 地下实验室围岩破坏过程预测分析……634
9.1.3 地下实验室围岩破裂变形过程原位综合监测……642
9.1.4 地下实验室围岩破裂与变形特征……654
9.1.5 地下实验室片帮孕育过程的特征、规律和机理……684
9.1.6 地下实验室塌方孕育过程的特征、规律和机理……692
9.1.7 地下实验室岩爆孕育过程的特征、规律和机理……700
9.2 深埋交通隧道岩爆监测、预警与防控……732
9.2.1 工程概况……732
9.2.2 隧道岩爆灾害预测分析……738
9.2.3 隧道施工过程中岩爆特征……751

9.2.4 隧道岩爆智能监测预警……754
9.2.5 隧道岩爆风险防控……760
9.3 巴基斯坦 N-J 水电站引水隧洞岩爆监测、预警与防控……773
9.3.1 工程概况……773
9.3.2 隧洞岩爆灾害预测分析……775
9.3.3 隧洞施工过程中岩爆特征……782
9.3.4 隧洞岩爆监测预警……785
9.3.5 隧洞岩爆风险防控……790
9.4 深部金属矿镶嵌碎裂硬岩巷道大变形灾害评估与防控……798
9.4.1 工程概况……799
9.4.2 深部巷道大变形灾害等级评估……803
9.4.3 深部巷道大变形灾害防控……804
9.5 双江口水电站地下厂房围岩破裂预测与控制……814
9.5.1 工程概况……815
9.5.2 地下厂房围岩破裂预测……820
9.5.3 地下厂房上游侧拱肩围岩破坏特征与支护优化……836
9.5.4 地下厂房下游侧岩台保护层片帮特征与开挖优化……845
参考文献……854
彩图

第1章 绪　　论

本章紧密围绕深部硬岩工程的发展及其所遇到的主要力学问题，分析现有硬岩力学研究面临的难以解决的问题和挑战，提出深部工程硬岩力学研究的主要思路和重点研究内容。

1.1　深部硬岩工程发展与主要力学问题

1. 深部硬岩工程发展

为满足国民经济发展，向地球深部要资源、要空间成为必然趋势。近几十年来，在矿山开采、交通隧道建设、水利水电地下厂房与引水隧洞建设、页岩油气和地热等能源开发、地下空间利用和地下物理实验室建设等领域出现了越来越多的深部硬岩工程(埋深超过 1000m 或地应力以水平构造应力为主，最大主应力大于 20MPa，且原岩单轴饱和抗压强度大于 60MPa 的地下岩石工程)。

1) 深部金属矿开采

由于浅部易采矿产资源枯竭，深部及难采资源成为矿产开采的主要对象。据统计，深部矿产资源约占探明储量的 70%。目前国外开采深度超过千米的地下金属矿山已超过百余座，最深已达 4000m[1]。我国金属矿进入深部开采的时间虽然相对较晚，但是发展迅速，开采深度达到或超过 1000m 的金属矿山从 2000 年以前的两三座到 2020 年的数十座，最大开采深度达到 1600m，地应力达到 40MPa。并且我国金属矿体多为急倾斜赋存，随着矿体向下延伸，开采深度会快速增加，预计到 2030 年，我国三分之一的地下金属矿山开采深度将达到或超过 1000m，其中最大开采深度将超过 2000m[2]。

2) 深埋交通隧道建设

国外最大埋深超过 1000m 的公路或铁路隧道工程超过 15 个，其中瑞士阿尔卑斯山 Gotthard Base 隧道长 57km，是世界上最长的铁路隧道，最大埋深达 2450m，2016 年投入使用。我国交通隧道已建和在建最大埋深超过 1000m 的公路或铁路隧道工程 20 余个[3]。锦屏山公路隧道全长 17.5km，最大埋深 2375m。随着我国铁路向青藏高原等地形极其艰险山区延伸，如新建的川藏铁路，还有未来规划建设的滇藏铁路、新藏铁路等大型区域性铁路工程等，长大隧道越来越多，整体埋深也越来越大。例如，已开挖的位于雅鲁藏布江缝合带的桑珠岭隧道全长 16km，隧址区地面标高 3300～5100m，隧道最大埋深 1500m；巴玉隧道全长约 13km，最大埋深约 2080m，地应力超过 50MPa。对于拟建穿越喜马拉雅山脉的“一带一路”跨境铁路，最大隧道埋深将超过 3000m。

3）深部水利水电隧洞与地下厂房建设

2016 年建成的巴基斯坦 Neelum-Jhelum（N-J）水电站引水隧洞长 48.2km，最大埋深 1890m，实测最大主应力达到 100MPa。中国水电发展具有得天独厚的资源优势，其中 80%分布在西部地区[4]。已建成的锦屏二级水电站引水隧洞工程最大埋深达到 2525m，埋深超过 1700m 的洞段占隧洞全长的 75%以上，最大主应力达到 70MPa。2021 年 6 月投产发电的白鹤滩水电站拥有世界最大地下厂房，地质条件复杂，厂区地应力高，实测最大主应力超过 30MPa。秦岭输水隧洞是引汉济渭工程的关键控制性工程。隧洞全长 98.3km，最大埋深 2012m，地应力超过 60MPa，地质条件极其复杂，综合施工难度举世罕见。南水北调西线工程长引水隧洞埋深达 1100m，部分地段开挖时地应力达到 50MPa。在建的滇中引水工程引水隧洞总长 600 多千米，其中香炉山隧洞长 60 多千米，最大埋深 1450m，实测最大地应力达 45MPa。

4）深层能源开发

在地热开采方面，全球埋深 5000m 以内地热资源量约 4900 万亿吨标准煤，我国约占 1/6；国外地热开采深度已达到 4000m，2000m 以上地热井 20 余个，最高温度超过 500℃；我国深部地热能开发尚处于起步阶段，但已被列为我国“十四五”能源规划六大重点方向之一。在深层页岩油气开发方面，美国最大的页岩气田——Marcellus 页岩气田产层深度 600～2500m，北美众多的页岩油气田处于同一地质历史时期的沉积岩，埋深 2000～5500m[5]。中国页岩气则多赋存于 2000～6000m，开采潜力巨大。

5）深部地下空间开发

环境工程建设也在向地球深部要空间资源，CO_2 深层地质处置，处置深度大多位于 1000～3000m；核废料深层地质处置，把高放废物埋藏在地表以下深 300～1000m 地质体中。随着“碳达峰”和“碳中和”战略的实施，对深部地下空间资源的要求将不断增加。为了保障自给能力，深层油气储存工程不断发展，地下储气库埋深 2000～5500m，我国的油气能源地下储存库工程埋深也都超过了 1000m。

6）深部地下实验室建设

目前，正在运行的深部地下实验室有数十个，埋深从几百米到 2400m。法国 LSM 实验室建设于 20 世纪 80 年代初，埋深 1700m，容积约 3500m^3。日本神岗深地下实验室位于日本神岗附近的一个矿井中，其埋深达到 1000m，容积超过 50000m^3。加拿大的 SNO 深地下实验室在 2010 年前曾是世界上正在运行的最深的地下实验室，埋深达到 2000m，容积约为 30000m^3。美国 DUSEL 深地下实验室设计埋深达到 2300m，芬兰 Pyhasalmi 地下物理中心（CUPP）位于地下 1440m。

中国锦屏地下实验室二期(CJPL-Ⅱ)最大埋深约2400m，容积超过300000m^3，是目前埋深最大、规模最大的地下实验室。

2. 深部硬岩工程主要力学问题

随着各类岩石工程不断向深部发展，深部岩体力学研究已经成为国际学科前沿方向，并取得了可喜进展，极大地丰富了对深部岩体变形和破坏行为的认知，尤其是在深部煤矿开采、金属矿开采与深地防护工程领域[6,7]。深部硬岩工程多赋存于高地应力、强烈构造活动等极其复杂的工程地质环境，工程扰动往往十分剧烈(大断面、大体积、钻爆法和隧道掘进机(tunnel boring machine，TBM)开挖等)。工程开挖诱发的硬岩破裂(深层破裂、时效破裂)、片帮、大变形、大体积塌方、岩爆等地质灾害频频发生，危害巨大，造成严重的人员伤亡、设备损毁和工期延误。其破坏特征与浅部工程以围岩表层变形和结构破坏为主的特征明显不同，主要表现为围岩内部破裂与能量释放，给岩石力学特性与灾变机理认知、预测分析理论、岩石工程设计与灾害防控等的研究提出了巨大的挑战。主要表现在以下方面：

(1)深部工程硬岩表现出明显不同于浅部工程的破坏和灾变特征，是否是因为深部真三向高应力下硬岩的短期和长期基本力学特性(脆延性、强度、破裂机制、能量聚集与释放等)发生了变化？

(2)深部工程硬岩灾害都是开挖引起的，开挖活动会导致三个主应力的大小和方向发生变化，这种变化会引起硬岩力学特性如何响应并进而诱发灾变？

(3)硬性结构面是影响深部工程硬岩灾害的主要因素，往往起到控制作用。真三向高应力下硬性结构面的短期和长期力学行为是怎样的？节理是如何改变硬性结构面硬岩的力学特性的？

(4)深部工程硬岩灾害主要表现为围岩内部破裂与能量释放，剪破坏为主的屈服和塑性理论不足以充分描述深部硬岩破坏过程。真三向高应力下硬岩破坏的机理是什么？如何针对性描述其破裂与变形行为？

(5)深部工程硬岩破坏以破裂为主，破坏前变形小，以变形为主的围岩状态评价方法已不适用，需要建立硬岩破裂、能量演化过程的数值分析方法和灾害孕育过程的评价指标。

(6)深部工程硬岩灾害多是由围岩内部破裂与能量释放引起的，为什么会表现为片帮、深层破裂(分区破裂、时效破裂)、大体积塌方、大变形和岩爆等不同的灾害形式和不同等级的风险？其孕育过程机理是怎样的？

(7)浅部工程控制围岩表层变形与结构破坏的理念，已难以胜任深部工程破裂过程的控制，需要提出有效降低和控制深部工程硬岩片帮、深层破裂(分区破裂、时效破裂)、大体积塌方、大变形和岩爆等灾害风险的原理和方法。

1.2 硬岩力学研究进展

1.2.1 硬岩力学试验技术

岩石力学试验是认知岩石力学特性和破坏机理的重要手段，其经历了从单轴应力状态到常规三轴应力状态($\sigma_1>\sigma_2=\sigma_3$)的发展，加载方式包括压缩、加卸载、剪切、流变等，可考虑温度、湿度、水渗流和动力扰动等因素的影响。工程实践表明，深部工程岩体地应力高，一般处于三向不等的应力状态($\sigma_1>\sigma_2>\sigma_3$)，需要研究真三轴应力下的岩石力学特性。为此，研究者对岩石破坏特征的中间主应力效应进行了研究[8-10]，不同类型的真三轴试验机也相继诞生[11-26]。根据实现真三轴加载方式的不同，将真三轴试验机分为四种类型[27]：①薄壁圆筒形岩石试样真三轴加载装置，该类装置相对较少；②三个方向刚性加载的真三轴试验机；③一个方向刚性加载、另外两个方向柔性加载的真三轴试验机，一般适用于软岩；④两个方向刚性加载、一个方向柔性加载的真三轴试验机。

深部硬岩脆性强，开挖后应力路径发生变化甚至主应力方向发生旋转，需要研制新型高压真三轴硬岩试验系统，提升其加卸载能力和试验系统刚度，岩石试样端面的均布应力加载、硬岩微小变形精准测量、硬岩破裂信号直接监测、硬岩峰后破裂过程精准加卸载控制、三向高应力长时间均匀加载与加速蠕变破坏的控制、高压真三轴压缩下爆破波和岩爆波的动力扰动测试、真三轴应力下岩石破坏的结构面效应、应力路径与主应力方向旋转效应测试、完整的应力应变全过程曲线测试等技术亟待突破，建立相应的试验方法，以满足不同应力状态和应力路径下深部硬岩破裂过程研究的需求。

1.2.2 硬岩力学特性

不同应力状态和应力路径下，岩石的变形响应和破坏机制也会呈现不同的特征，并表现为明显的破坏差异性。现有的岩石破坏机理认知主要是建立在单轴和常规三轴应力状态下的压剪破坏机制基础上，其与深部硬岩实际所赋存的应力环境不符，未能揭示深部硬岩在真三向高地应力环境下的破坏机理和规律，无法解释深部工程的各类破坏现象。

针对岩石真三轴力学特性研究，研究者多数关注中间主应力对岩石峰前变形、峰值强度等方面的影响。例如，针对岩石在真三轴压缩下的变形破裂研究，试验发现中间主应力对岩石的体积变形膨胀具有抑制作用，岩石的主破坏面与中间主应力近似平行[28-32]。试验发现最小主应力和中间主应力可对岩石的脆延性产生影响，随着中间主应力的增加，岩石的延性会降低，脆性增强；相反，最小主应力增加会增强岩石的延性，降低岩石的脆性[33,34]。真三向高应力诱导硬岩脆性、延性、脆-延性质转化规律与机理需要深入系统研究。

在破坏强度方面，针对中间主应力对岩石峰值强度的影响进行了研究[27,35-37]。这些研究普遍发现岩石的峰值强度随中间主应力的增加呈现先增大后减小的趋势，但是中间主应力对岩石峰值强度的提高程度从20%到90%不等。研究发现，这种差异可能受端部摩擦的影响[38]，将其归结为端部摩擦效应的结果。中间主应力接近最大主应力状态时岩石的破坏强度特征及真三轴压缩下岩石的起裂强度、损伤强度、长期强度、残余强度特征需要深入系统研究。

在能量研究方面，岩石的破坏过程伴随着其内部能量的累积、耗散、转化与释放，岩石内部的能量状态演化也会反过来影响其破裂与损伤程度。可见能量的驱动与释放是导致岩石发生破裂的根本原因[39-43]。所处的复杂应力状态与地质环境使得深部硬岩破裂过程中的能量演化变得十分复杂，需要深入系统研究真三向应力下硬岩能量演化全过程特征和规律。

除受应力状态的影响外，岩石的强度、变形和破坏特征等与应力路径密切相关。为揭示深部工程围岩开挖卸荷破坏机理，研究者对岩石的加卸载破坏特征进行了研究。基于常规三轴加卸载试验，研究发现初始损伤和卸载速率对试样强度和扩容过程具有显著影响，卸载速率的增加增强了试样的极限承载能力，而且变形规律和能量储存释放规律与围压水平有关，卸载速率越大，试样储存的弹性应变能越小，试样越容易破坏[44,45]。研究发现，试样高宽比、中间主应力、应力路径对岩石加卸载强度、破坏模式具有重要影响[36,46,47]。研究者通过数值分析研究了深部工程开挖过程中应力重分布特征，并发现主应力方向变化对岩体破坏的控制作用[48-51]。深部工程硬岩开挖过程中，洞室围岩的应力状态不断调整，并伴随着加卸载和主应力方向旋转等复杂应力变化。需要通过试验、数值分析与现场监测，深入系统地揭示真三向高应力路径变化与加卸载下深部硬岩强度、力学特性、变形破坏机制与规律。

完整岩石和结构面(片理、层理、胶结结构面等)共同控制着岩体对各种形式扰动的力学响应，并且结构面对岩体的强度和破坏特征起着决定性的作用。由于结构面的存在，岩体的力学性质表现出各向异性。早期研究者开展了大量的单轴压缩试验，采用物理模型试验研究含结构面岩石的力学性质[52,53]，开展常规三轴试验研究含结构面岩石力学参数的结构效应，多数试验中采用人工制造的结构面圆柱试样[54-59]。由于深部工程岩体处于真三向高应力状态，真三向应力下结构面硬岩的力学特性研究已有关注[27,60]，系统研究真三向高应力下结构面岩体的力学特性成为亟待解决的问题。

深部工程中，剪切导致的变形与破坏时有发生[61,62]。在剪应力的作用下，节理、硬性结构面位错滑移，形成不同类型的工程灾害，如应变-结构面滑移型岩爆、塌方等[63]。岩体剪切力学性质的获得可以通过直接剪切试验实现[62,64-67]，但是这些研究都是基于二维应力状态的。考虑到深部工程岩体处于真三向高应力状态，真三向应力下岩石不连续面的抗剪强度研究已有进展[68-71]。需要系统地开展深部高应力下结构面真三轴剪切试验，揭示真三轴剪切下岩石和结构面的本构特征及破坏机理，建立考虑三维应力状态影响的不连续面抗剪强度准则和力学模型。

在硬岩流变力学和时效破坏研究方面，研究者通过常规三轴试验研究了圆柱形试样的蠕变应变和蠕变速率特征[72-74]。随着最大主应力(σ_1)的增加，岩石蠕变变形和稳态蠕变速率都有增加的趋势，而围压($\sigma_2=\sigma_3$)具有抑制岩石蠕变应变和蠕变速率的作用。在进行常规压缩蠕变试验时，随着应力的增加，岩石σ_3方向的蠕变应变和蠕变速率一般大于σ_1方向[75]。脆性硬岩在应力和时间作用下产生的变形主要由破裂导致[76]，岩石内部裂纹等微缺陷在应力腐蚀的作用下逐渐扩展，宏观上表现为岩石变形的增加。Hunsche 等[77]通过恒定正应力加载方法开展盐岩真三轴蠕变试验，建立了蠕变模型。需要深入系统研究深部硬岩流变力学，揭示长时间真三向高应力压缩下深部硬岩时效破裂变形及长期强度特征、规律和机制，探明真三向高应力压缩下深部硬岩峰值强度后蠕变和松弛过程特征、规律和机制，建立深部硬岩流变力学模型。

深部工程开挖过程中，围岩还会受到爆破振动、机械振动、邻近岩爆等产生的动力扰动作用。基于改进的霍普金森压杆的预静载岩石动态破坏试验[78-81]和基于电液伺服压力机的预静载岩石循环动力扰动试验[82-85]相继开展。这些研究多针对大幅值的爆炸冲击荷载作用，未能阐释低幅值动力扰动触发的岩石破坏机制。单轴或常规三轴条件下动力或动静组合加载试验不能模拟深部工程围岩的真三向应力状态。近年来，真三轴动力扰动试验研究相继开展，推进了对动力扰动下深部硬岩破坏的认识[86-91]，需要深入系统研究真三向高应力下动力扰动方向、掌子面附近的强动力扰动、掌子面较远处的弱动力扰动等对深部硬岩强度、破坏与变形的影响规律和机制。

1.2.3　硬岩破坏理论

针对岩石破坏准则的研究，提出了适用于不同应力条件和不同岩石的多种破坏准则，根据准则建立的依据可以分为拉应力准则、拉应变准则[92]、剪应力准则[93]、应变能准则[94-97]和经验准则[98-102]，如表 1.2.1 所示。但由于岩石破坏机制具有应力依赖性，硬岩三维破坏准则的建立尚需考虑不同应力状态下岩石破坏机制的差异。

其中，Mohr-Coulomb 准则、Griffith 准则、Hoek-Brown 准则等经典的二维强度准则未反映中间主应力效应。为此，将以上准则进行修正并推广到三维应力状态[101,103-112]。有的试图将现有的强度理论整合，建立统一的强度理论，以便适用

表 1.2.1 部分岩石破坏强度准则

准则名称	准则类别	准则特点
Rankine 准则	拉应力准则	适用于拉破坏判别
Griffith 准则	拉应力准则	未考虑中间主应力影响
Stacey 准则[92]	拉应变准则	未考虑中间主应力影响
Mohr-Coulomb 准则	剪应力准则	未考虑中间主应力影响
双剪强度准则[93]	剪应力准则	线性准则，适用于压剪破坏判别
Wiebols-Cook 强度准则[94]	应变能准则	适用于压剪破坏判别
三剪能量强度准则[95]	应变能准则	适用于压剪破坏判别
广义多轴应变能强度准则[96]	应变能准则	统一准则形式
Drucker-Prager 准则[97]	应变能准则	理论预测值偏高，不考虑洛德角效应
Hoek-Brown 准则[98]	经验准则	适用于压剪破坏判别
Mogi 破坏准则[99,100]	经验准则	适用于压剪破坏判别，不考虑三轴拉压异性
Zhang-Zhu 破坏准则[101]	经验准则	Hoek-Brown 准则的三维扩展
Lade 准则[102]	经验准则	适用于土及软岩

于不同条件下岩石破坏强度的判别[113-116]。基于真三轴试验和工程实践的规律认知，建立了一些经验型三维破坏准则，如指数型强度准则、Mogi-Coulomb 破坏准则等[117]，可以较好地描述岩石的破坏强度特征。现有三维破坏准则虽然考虑了真三向应力对岩石破坏强度的影响，但不同破坏准则对岩石破坏强度的最小主应力效应、中间主应力效应、静水压力效应、应力洛德角效应的描述也不尽相同。因此，硬岩三维破坏准则需要充分反映不同应力状态下硬岩破坏强度的特征，如深部硬岩强度的非线性破坏包络特征、破坏机制的应力依赖性特征等。需要系统开展真三轴试验，获得硬岩的真实三维破坏包络形态、强度特征和破裂机制，建立深部硬岩三维非线性破坏准则。

有关硬岩的破坏力学模型，多通过经典弹塑性理论建立反映硬岩脆性破坏行为的岩石力学模型。在经典 Mohr-Coulomb 理想弹塑性模型基础上，发展出了弹脆塑性模型和应变软化模型。弹脆塑性模型认为岩石峰后立刻发生脆性跌落，而应变软化模型认为峰后应力随塑性变形的增加而降低。因而，可通过力学参数(如黏聚力 c、内摩擦角 φ、杨氏模量 E)随等效塑性应变的弱化或者劣化，从一定程度上描述硬岩脆性破坏的破裂机制[118-120]。一些修正模型主要关注剪胀角与塑性应变或围压有关的变化，以反映脆性断裂引发的剪胀角演化[121-124]。考虑硬岩变形破坏过程中的损伤演化、断裂准则、接触原理、能量规律以及 THMC 耦合等问题，相应地提出了反映硬岩破坏的其他力学模型[125-140]，如表 1.2.2 所示。深部工程硬岩常常表现出真三向高应力诱导各向异性的弹、塑、延和脆性变形与破坏。

需要建立反映这些显著特征的深部硬岩力学模型。

表 1.2.2　主要硬岩破坏力学模型及其特点

模型名称	模型类别	主要特点
岩土脆塑性力学模型[125]	细观损伤模型	将不同方向破裂造成的影响量化到变形模量变化
岩石非弹性破裂模型[126]	细观损伤模型	采用破裂引起的刚度矩阵反映非弹性破裂的影响
脆性岩石变形破裂模型[127]	细观损伤模型	关注微破裂对变形模量的影响
岩土非关联塑性模型[128]	弹塑性力学模型	非关联塑性流动法则反映压剪扩容的影响
微平面模型[129]	断裂损伤模型	采用微平面模型反映局部破裂造成的损伤
非局部损伤模型[130]	断裂损伤模型	采用非局部变形反映局部破裂的影响
岩土单硬化模型[131]	弹塑性力学模型	单硬化模型反映岩土体的硬化行为
岩土扰动状态本构模型[132]	弹塑性力学模型	关注扰动状态下岩土体变形破坏行为
脆性材料微观损伤模型[133]	细观损伤模型	构建微破裂造成的损伤矩阵
岩石内聚力弱化剪切强化模型[118]	弹塑性力学模型	采用强度参数演化反映脆性破坏
岩石局部退化模型[134]	弹塑性力学模型	采用强度参数和变形模量演化反映岩石局部破裂行为
岩石统计损伤模型[135]	统计损伤模型	采用统计损伤原理描述岩石损伤演化
岩石颗粒胶结模型[136]	离散模型	采用颗粒聚合体之间的接触、摩擦、解耦反映岩土体复杂力学行为
脆性岩石各向异性损伤模型[137]	细观损伤模型	构建三个主应力方向不同的细观损伤矩阵
岩石脆性破坏微观模型[138]	断裂损伤模型	构建基于 I 型裂纹萌生和扩展的细观损伤矩阵
岩石颗粒群模型[139]	离散模型	采用颗粒群之间的接触、摩擦、解耦反映岩土体复杂力学行为
岩体劣化模型[119]	弹塑性力学模型	采用强度参数、变形模量等随等效塑性应变的变化来反映岩石破坏行为
弹塑性耦合力学模型[120]	弹塑性力学模型	关注塑性累积对弹性变形的影响
岩石扩容角模型[140]	弹塑性力学模型	关注扩容角随围压的不同演化规律

岩石流变力学模型探讨用什么样的本构方程来描述岩石材料的应力-应变-时间的关系，既要准确反映岩石的流变特征、规律及破坏机制，又要考虑到实际工程应用的可行性[141]。典型的流变力学模型应该可以很好地描述岩石蠕变过程三阶段：衰减蠕变阶段、稳定蠕变阶段和加速蠕变阶段。常用的流变力学模型包括经验模型[142]、断裂力学理论模型[143]和黏塑性理论模型[144]。断裂力学理论模型中，应力腐蚀使岩石裂纹亚临界扩展，致使其产生时效变形[75]。通过构建变形与裂纹生长长度的关系，构建基于断裂力学理论的裂纹生长模型[145]。黏塑性理论模型中，

要考虑应变率效应[146]，模型中参数表达为矩张量形式，可以很好地描述材料的各向异性时效力学特性。由于硬岩真三轴流变试验数据的缺乏，以往时效本构模型均是利用单轴、常规三轴岩石流变数据建立的，需要建立深部硬岩三维流变破坏力学模型。

深部工程围岩稳定性定量评价指标或方法主要有围岩稳定性分类、由现场监测数据进行的安全性评价和基于计算分析的稳定性评估方法。围岩稳定性分类指标和方法包括岩体质量指标法[147]、以抗拉强度为依据的捷克分类法、新奥法分类指标[148]、Q 指标[149]、RMR 分类法[150]等。由现场监测数据进行的安全性评价方法与指标包括极限位移法、变形速率比值法、强度应力比等。基于计算分析的稳定性评估方法和指标包括强度发挥系数(SMF)、屈服接近度(YAI)、破坏接近度(FAI)[151]、脆性评价指标[152]、临界应变法[153]、等效塑性应变法[154]、能量释放率(ERR)[155]、关键块体评价法、开挖塑性区评价法[156]、开挖扰动区评价法、开挖损伤区(EDZ)评价法[157]等。深部工程硬岩的主要特征为拉破裂主导的破坏，为了准确地描述开挖过程中围岩破裂过程、破裂位置、程度和局部能量释放等，以及破裂导致的围岩稳定性演化规律，迫切需要研究提出针对深部工程硬岩破裂的相关评价指标与方法。

岩石工程数值分析方法主要有三大类：连续性方法、非连续性(或离散)方法和连续-非连续耦合方法。连续性方法包括有限元法[158]、有限差分法[159]、边界元法[160]、无网格法[161]、物质点法[162]、相场理论法[163]和近场动力学法[164]等。非连续性方法包括块体离散元法[165]、颗粒流法[166]、不连续变形分析法[167]和流形元法[168]。连续-非连续耦合方法比较有名的有 Munjiza 变形离散体连续-非连续耦合法[169]、弥散裂纹方法[170]、广义有限元法(嵌入裂纹)[171]和离散裂纹法[172]。深部工程有其独特的地质条件、三维地应力高、三维地应力方向与深部工程布置空间关系复杂、开挖后应力路径发生明显变化、硬岩以拉破裂为主导的破坏行为、工程开挖具有强卸荷和应力集中调整特征、支护抑制岩体破裂和吸收能量释放等特征，需要建立充分反映深部工程地质条件及围岩变形破坏特征的三维数值分析方法。

岩体力学参数的取值是岩石工程数值计算的另一关键内容，很大程度上决定了计算结果的合理与否。岩体作为复杂的天然地质体，其力学性质受岩体结构及其赋存环境影响显著，多数情况下室内岩石力学试验获得的岩块力学参数不能直接用于工程计算。反分析方法是通过现场观测的岩体响应信息(变形、应力、破坏等)标定其力学参数的方法，越来越广泛地应用于工程实际。其中直接反分析法基于最小化现场测量和数值计算结果之间的差异优化确定岩体力学参数，智能全局优化方法的引入更是大大提升了反分析结果的可靠性，这类方法的有效性已经得到验证[173]。在浅部岩石工程岩体变形行为对工程稳定性的评价占主导地位的情况下，大多采用现场位移测量来反演岩体变形模量。然而，对于深部工程硬岩，围岩的脆性破坏行为更为突出，破坏前在变形相对较小情况下可能呈现明显的破裂深度[174,175]，只有变形信息不足以解释其力学行为。江权等[176]提出了一种基于变形和松弛深度的多信息反分析方法，为深部工程硬岩力学参数的反演提供了很好的思路。现场监测表明，当三维地应力方向与工程坐标轴不平行或垂直时，围岩变形和破坏模式往往具有几何不对称特征[175]。真三轴压缩试验结果表明，深部硬岩强度还取决于其三维应力状态及其变化[32]。因此，需要研究三维应力场下和考虑围岩内部三维变形与破裂演化规律的深部工程硬岩力学参数三维智能反分析方法。

1.2.4　硬岩工程灾变机理

1. 岩体破裂

随着埋深和开挖规模越来越大，一大批高应力大跨度高边墙洞室围岩破裂问题日益突出，已经有数个高应力大型地下洞室围岩破裂深度超出了传统认识，表现出深层破裂特征。例如，锦屏一级水电站地下厂房边墙围岩破裂深度随洞室下挖逐渐增长，内部破裂呈现出间隔性，厂房上游距边墙近 19m 处的围岩出现陡倾破裂面，具有张性特征[177,178]。瀑布沟水电站地下厂房各层开挖时，下游边墙部位裂隙更为密集[179]。锦屏二级水电站 4# 引水隧洞 K13+800 断面围岩破裂深度的非对称分布与应力集中具有对应关系，围岩破裂引起的“张开型”位移在整个围岩位移中占有很大比例[180,181]。

研究者已对深部工程岩体深层破裂显现特征、影响因素和处治措施等做出了有益探索，但在针对深部工程岩体破裂模式的多样性(单区破裂、分区破裂、深层破裂)、渐进破裂的方向性(从内向外破裂、从外向内破裂)、破裂的时效性(爆破冲击破裂、应力调整破裂、时效破裂)等多种状态下深部岩体力学行为和破裂机制认知仍相对匮乏[182-186]。深部硬岩片帮、大变形、塌方和岩爆等灾害及其危害对深部工程硬岩破裂程度的准确评价和预测提出了更高要求。这就迫切需要系统开展深部硬岩开挖破裂过程原位连续观测，正确认知深部工程开挖强卸荷扰动过程中岩体破裂机制和演化特征，揭示多元工程因素(岩体裂隙展布形态、地质结构、地应力、岩体力学参数、开挖支护参数)对深部工程硬岩破裂过程的影响机制和规律。

2. 片帮

研究者从现场观测、室内试验和数值模拟等方面对片帮破坏的形态、破坏机制、破坏风险评估和破坏深度预测等方面开展了研究。

通过对欧洲的 Gotthard Base、Lötschberg Base 隧道、加拿大 Mine-by 试验洞、瑞典 Äspö 硬岩地下实验室、芬兰 POSE 试验隧洞、中国锦屏二级水电站引水隧洞和锦屏地下实验室二期(CJPL-Ⅱ)等一系列深部工程中的片帮破坏进行观测分析，发现片帮破坏随工程开挖逐渐形成并近平行于开挖临空面，随着开挖推进和时间推移，片帮剥落特征越发明显，最终逐渐呈V形破坏特征；片帮破坏存在几何非对称分布特征，在与断面内最大主应力方向垂直方位的洞室围岩破坏深度明显更大；片帮深度与围岩的强度、地应力和洞室尺寸存在相关性，围岩脆性大、地应力高及洞室尺寸较大时往往片帮破坏更严重。一般认为片帮破坏是由开挖卸荷导致切向应力集中，进而引起围岩中裂纹萌生、扩展、贯通并最终形成片帮岩板，破坏机制上以张拉破坏为主[91,187-194]。

通过室内试验和数值模拟手段，对片帮进行了深入分析[195-199]。利用常规三轴、真三轴加卸荷试验以及物理模拟试验在室内重现了片帮破坏过程，并通过应力应变关系、声发射以及扫描电子显微镜(scanning electron microscope, SEM)等分析片帮破坏过程，发现片帮破坏主要由开挖卸荷导致围岩临空面附近产生应力集中，进而生成近平行于临空面的微小裂纹，在开挖卸荷和应力进一步调整作用下，裂纹逐渐扩展、贯通形成片帮破坏，且随围岩的片帮剥落，形成新的自由面或低最小主应力区域，片帮破坏逐渐由围岩表层向内部转移。围岩的片帮破坏以张拉破裂为主，围岩表层穿晶破裂特征明显，随着深度的增加，沿晶破坏逐渐增多，体现出与最小主应力水平关系明显的特征，且中间主应力增大能一定程度增加破坏发生的阈值，但也能增加破坏发生时围岩的破坏程度。利用片帮破坏的这一典型特征提出了及时支护和适当增加围岩支护力大小的围岩片帮破坏控制措施。

研究者从强度、地应力及开挖尺寸等方面提出了隧道片帮破坏风险和深度的评估方法，包括极限拉伸应变准则[92]、应力强度比法[191]、Hoek-Brown参数法[189]等。这些片帮深度估计方法基本上没有考虑中间主应力作用或假设中间主应力方向与隧洞轴线一致，未考虑大型地下工程分层分部开挖造成更大的围岩内部应力集中程度和深度的影响。需要建立充分考虑三维高应力状态及其大型深部工程分层分部开挖影响的片帮深度估计方法。

3. 大变形

研究者从大变形灾害的类型、特征、孕育过程、机理、影响因素、变形分级及预测、设计原理、控制技术等方面开展了丰富的研究。根据岩性及岩体结构类型，可将围岩大变形类型分为软弱均质型、碎裂型、层状型、复合型等[200-203]。其破坏机制受岩石类型、岩体强度和破碎程度、岩体结构、地应力状态、地下水、施工程序、支护系统等多种因素的影响[204-206]。受试验条件等方面限制，目前尚未能充分揭示真三向高应力开挖扰动下各类型大变形的机制。对隧道围岩大变形的分级仍然无统一标准，分级方案多按单一指标分为3～5级，而分级指标多为强度应力比或其等效形式[201]，影响围岩大变形的重要因素(如地下水、岩层与隧道夹角等)并未在现有标准中予以体现。大变形预测方法可采用经验公式法或数值模拟法，其中数值模拟法多采用基于连续介质力学理论的等效处理方法，近年来随着计算理论的发展，大变形计算方法向考虑真实岩体结构的非连续介质力学领域发展。

大变形风险下施工设计主要遵循新奥法理念，并以收敛约束法作为主要设计方法，以围岩浅表层收敛变形为控制目标，考虑围岩变形与开挖、支护的相互作用。近年来发展出的新意法(ADECO-RS)[207]，针对软弱围岩隧道，以掌子面稳定性为控制核心。

为了控制大变形灾害，支护形式由单一被动支护向多层联合主动支护发展，支护理念由传统强支硬抗向让抗结合、先柔后刚发展，并采取变更断面、导洞释压、加速闭环、超前加固、预留变形量、设置缓冲层、柔性韧性支护等相关技术和工法。

从研究进展来看,高应力下硬岩大变形的孕育过程和致灾机理未能充分认清，特别是对围岩内部破裂演化诱发大变形过程尚缺乏科学认知，现有针对围岩表层收敛变形和结构破坏的控制措施不能有效抑制围岩内部破裂区发育并向深层转移。因此，需要从根源上解决深部工程硬岩大变形灾害控制难题。

4. 塌方

塌方是地下工程的主要灾害形式之一。研究者从塌方类型、特征、机制、影响因素、现场调查、预测预报、风险评估、设计方法、控制与处置等方面开展研究，早期多通过收集塌方案例研究塌方机理。根据塌方的形式与规模、速度、原因、部位、机理等要素对塌方进行分类，如根据塌方形态可分为局部塌方、拱形塌方、异形塌方等，进而总结出塌方的主要影响因素，包括工程地质条件、隧道埋深、断面形式、地下水、爆破扰动、支护措施等，提出了一系列基于围岩分类的塌方风险评价方法[208-211]，以及基于人工智能算法的塌方预测方法[212]等。

现场监测技术、物理模型试验和数值模拟方法的发展，为塌方机理研究提供了有力的手段。基于模型试验、现场监测和数值模拟，对各种岩体结构及工况下的隧道塌方机理进行了研究，进而从现场地质条件出发，结合室内试验、数值模拟和现场监测获得的对塌方机理的认知，制订处置措施。针对塌方部位的支护设计，通常沿用隧道松散荷载计算方法，即将塌方体视为松散介质，利用普式塌落拱理论和太沙基理论等计算散体的自重，再利用结构荷载法确定支护形式。塌方支护措施主要采用超前小导管注浆、管棚、喷锚、钢拱架等。

上述研究主要针对浅部工程松散岩体在自重作用下的塌方灾害，未充分考虑复杂节理岩体条件下深部硬岩工程大体积塌方的特殊性，未能揭示高地应力下由岩体内部破裂诱发的应力-结构型塌方孕灾机理，基于深部工程硬岩塌方孕育过程的控制原理和技术仍有待研究。

5. 岩爆

在岩爆机理方面，基于工程实录、理论分析、岩样试验、物理模型试验、数值模拟和原位观测等，研发了试验技术与装置[23,26,79,213-215]，提出了强度理论[216]、刚度理论[217]、分形理论[218]、突变理论[219]、能量理论[220]等，从不同角度分析了岩爆的机理、影响因素及特征。在岩爆监测预警方面，研发了多种微震监测系统[221,222]，建立了微震[223]、微重力[224]和电磁辐射[225]等监测方法。在岩爆防控方面，开发了应力释放孔、钻孔爆破卸压等应力释放技术[226]，提出了岩爆防控的七条支护准则[227]，开发了钢纤维喷射混凝土、系列吸能锚杆[228-232]、可伸缩支架支护技术，编写了 *Rockburst Support Reference Book*[233]。

作者团队从岩爆孕育全过程开展机理、评估方法、监测系统和方法、预警方法与动态调控技术的系统研究[234,235]。主要进展如下：

(1) 研发了微震监测系统，提出了岩爆孕育过程的微震实时监测方法、小波-神经网络滤波方法和震源定位的分层-PSO 方法。

(2) 提出了岩爆孕育过程机制分析的矩张量方法和 P 波发育度方法，揭示了 TBM 和钻爆法施工隧道即时应变型岩爆、即时应变-结构面滑移型岩爆和时滞型岩爆孕育过程的机制及其差异性，即时型岩爆孕育过程中微震活动性时间、空间和能量分形计算方法及其特征和规律。

(3) 提出了巷道 VCR 采场和碳化采矿岩爆发生可能性估计神经网络模型[236]，建立了基于宏观特征和微震能量的两种岩爆等级划分方法，岩爆风险估计的三种方法，分别为岩爆爆坑深度估计的 RVI 新指标、基于局部能量释放率的岩爆断面位置与风险数值方法，以及基于实例学习的岩爆等级与爆坑深度估计神经网络方法。

(4) 揭示了即时型岩爆和时滞型岩爆孕育过程中微震信息演化特征和规律及其差异性、TBM 与钻爆法开挖引起隧道岩爆的规律和差异性，针对 TBM 和钻爆法施工隧道，建立了基于微震信息演化的岩爆位置、等级及其概率预警方法和基于微震信息演化的岩爆等级与爆坑深度预警神经网络方法。

(5) 建立了岩爆孕育过程的动态调控方法，即减少开挖引起的能量聚集水平-预释放或转移能量-吸能的“三步”策略与优化设计方法、支护系统的设计方法和岩爆开挖与支护设计指南等。

(6) 应用这些方法和技术解决锦屏二级水电站深埋引水隧洞的岩爆监测预警与防控难题。

上述研究主要集中在应变型岩爆、应变-结构面滑移型岩爆和即时型岩爆，针对断裂型岩爆、时滞型岩爆、间歇型岩爆、“链式”岩爆等的孕育过程机理、监测预警方法和动态调控技术需要深入系统研究。岩爆的监测预警多依靠人工进行数据处理、分析和决策，不仅标准不统一、效率低、费时费力、预警不及时，而且预警准确率较低。因此，需要建立岩爆孕育过程的智能微震监测分析技术和智能预警技术。

1.2.5　硬岩工程灾害防控

根据工程稳定性目标及工程场址主要特征与约束条件，综合运用岩石力学分析理论、数值仿真、监测预警、智能反分析等手段，实现岩石工程施工过程诱发灾害的动态控制，确保工程安全高效建设，形成了一些岩石工程设计理论与技术体系。早期岩石工程设计方法主要包括基于经验判断和围岩分级的工程类比法[237]和基于散体力学压力拱理论的结构荷载法[238]等。20 世纪 60 年代，Rabcewicz[239]提出了新奥法(new Austrian tunnelling method, NATM)，将岩体与支护视为共同承载结构，摒弃了传统的厚壁混凝土支护松动围岩的手段，通过适当支护充分发挥围岩自承载能力。随后，逐渐发展出以围岩收敛特征曲线和支护特征曲线为基础的收敛约束法[240,241]，该方法将岩石力学弹塑性理论、现场监测数据与工程经验结合起来，形成了较为完备的隧道结构设计方法。为解决软弱围岩隧道施工难题，又发展出以控制隧道掌子面稳定性为核心思想的新意法[207]等。

作者团队针对岩石工程设计方法，开展了系统研究，主要工作如下：

(1)提出了 7 步走的动态设计流程[242]和岩石工程风险评估方法[243]。

(2)针对深部硬岩工程，建立了深埋引水隧洞动态设计方法[244]。建立了深埋隧洞设计分析所用到的岩石力学模型方法流程图及包含总体特征估计、初步设计和最终设计的深埋硬岩隧洞动态设计方法流程图；提出了强烈构造背景区深埋长隧洞沿线地应力场分布规律识别方法；提出了高应力卸荷作用下硬岩的变形破坏机制综合试验方法，深埋硬岩隧洞围岩裂化(灾害孕育)过程机制综合观测试验方法；建立了深埋硬岩隧洞开挖优化与支护设计裂化-抑制法、深埋硬岩围岩力学参数智能动态反演方法、围岩破坏接近度评价新指标、深埋硬岩隧洞动态反馈分析与设计优化方法。该方法成功应用于锦屏二级水电站深埋引水隧洞稳定性分析与设计优化。

(3)提出了高应力下大型洞室群动态设计方法[245]。针对高应力大型地下洞室群开挖中容易出现的围岩深层破裂、大面积片帮、大体积塌方、大深度松弛、大剪切变形等工程难题，系统阐述了高应力大型地下洞室群的优化设计思想、岩石力学试验与测试方法、稳定性分析与优化设计方法、变形破坏预警方法及围岩深层破裂、片帮、错动带岩体变形破坏与柱状节理岩体大深度卸荷松弛破坏等分析预测与优化设计方法。该方法成功应用于世界规模最大的白鹤滩水电站的地下洞室群深层破裂、大面积片帮、软弱错动带变形破坏、柱状节理岩体松弛与塌方等关键稳定性难题的优化设计。

(4)进一步系统的工作是要建立控制围岩内部破裂及能量积聚释放为首要目标的深部岩体工程设计方法。

岩石地下工程灾害控制技术是针对地下工程灾害的特征、规律及机制，采用综合手段控制灾害行为，确保施工及运营过程安全、高效的理论及技术体系。现有地下工程围岩灾害控制措施主要包括开挖优化(分台阶、分层分部开挖、控制爆破等)、卸压(应力释放等)、支护(超前支护、喷锚网、钢支撑、可塑性支架、吸能锚杆、混凝土衬砌等)等技术手段。喷射混凝土可部分恢复围岩的三维应力状态，通过一定刚度的结构给围岩提供一个小的应力，提高围岩的承载力[246]。巷道开挖后应立即采用预应力锚杆支护，补偿开挖后围岩应力变化，开展变形监测、地压预警等手段来验证支护参数，并动态调整施工过程，可有效控制地压现象。由可变形混凝土组成的屈服支护系统结构调控高应力挤压大变形[247]，可提升隧道掘进速度。恒阻大变形锚杆与软岩耦合，适应并控制围岩变形[248]。当被加固围岩受到冲击荷载作用时，吸能锚杆可在保持一定承载力的情况下，产生较大变形而不至于破坏，从而继续支护松动破裂的岩体[230]。吸能支护设计应遵循一些基本原则[63]，设计完善的支护系统应能较好地处理高等级或反复出现的岩爆灾害。

深部工程硬岩深层破裂、大体积塌方、大变形等灾害的核心是深部硬岩内部一定深度上产生了破裂，强岩爆不仅是深部硬岩内部一定深度上产生了破裂，而且聚集了大量能量。因此，这些灾害的控制应该是控制深部硬岩内部的应力集中水平和应力差变化而诱发的内部破裂和能量释放，需要研发有效措施，以控制深部工程围岩内部破裂深度和程度，以及岩体能量释放，这将是未来深部硬岩工程灾害控制方法研究的重点。

1.3 深部工程硬岩力学主要研究思路和内容

1.3.1 主要研究思路

针对深部真三向高应力下高度压密的坚硬岩体(完整的、含有硬性结构面、断层、岩脉、软硬互层等，内部存在局部更高应力(封闭应力))，由于TBM或钻爆法开挖引起深部工程围岩内部应力调整(主应力水平更高、主应力差增大、主应力路径和方向发生变化等)，引起围岩力学性质(脆性、延性)发生明显变化而产生系列破裂或(和)能量释放，诱发不同类型的围岩灾害(深层破裂、分区破裂、时效破裂、大面积片帮、大体积塌方、大变形和岩爆等)。为此，形成如下主要研究思路：

以深部高度压密的坚硬岩体为研究对象，紧紧抓住真三向高应力、内部局部更高应力(封闭应力)及其 TBM 或钻爆法开挖引起的应力路径变化诱发的硬岩力学性质、各向异性破裂/变形/能量演化与灾变规律这个关键，系统认知这些深部工程硬岩灾害(深层破裂、分区破裂、时效破裂、大面积片帮、大体积应力型塌方、大体积应力-结构型塌方、镶嵌碎裂硬岩大变形和不同类型岩爆(即时型岩爆、应变-结构面滑移型岩爆、断裂型岩爆、扰动时滞型岩爆、间歇型岩爆、隧道径向“链式”岩爆、隧道轴向“链式”岩爆))孕育的全过程，提出针对性的主动控制原理，研发相应的控制技术，避免和降低深部工程硬岩灾害的发生，确保深部工程硬岩长期稳定。

(1)揭示 TBM 或钻爆法开挖引起深部工程围岩内部应力调整特征、机理和规律。

(2)研发真三向高应力及其路径变化与动力扰动下系列硬岩试验装置和方法，通过系统试验揭示真三向高应力以及开挖引起的应力路径和方向变化诱导不同硬岩力学性质和不同强度(峰值强度、起裂强度、损伤强度、长期强度、残余强度)的变化特征和规律及各向异性破坏全过程(特别关注峰后应力应变曲线对应的破坏、变形与能量聚集释放过程)特征、机理和规律。

(3)建立充分反映这些高应力诱导的各向异性破坏变形和能量释放的硬岩破坏力学理论(三维破坏准则、以拉破裂为主的应力诱导各向异性破坏力学模型、以拉破裂为主的应力诱导各向异性时效破坏力学模型、三维评价指标、三维连续-非连续数值分析方法与岩体力学参数三维反演方法)，建立考虑应力路径效应的深部硬岩力学、深部硬性结构面力学、深部硬岩流变力学、深部硬岩扰动破坏力学、深部硬岩渗流破坏力学、深部硬岩应力渗流耦合破坏力学、深部硬岩应力渗流温度耦合破坏力学等。

(4)建立这些深部工程硬岩内部破裂变形和能量释放的原位综合智能观测、监测技术与方法，开展系统的原位综合观测和监测，系统揭示因真三向高应力及其开挖引起的应力集中和路径变化诱发这些围岩灾害孕育全过程的关键信息(围岩内部破裂、能量与变形演化)及其特征、机理和规律，提出基于这些关键信息的灾害类型(深层破裂、分区破裂、时效破裂、大面积片帮、大体积应力型塌方、大体积应力-结构型塌方、镶嵌碎裂硬岩大变形和不同类型岩爆)、等级和位置等智能评估、智能预测与智能预警方法。

(5)在上述基础上，基于逆向思维建立深部工程硬岩破裂与能量释放过程的主动、针对性控制原理和方法。建立控制深部工程围岩内部破裂及能量积聚释放为核心的深部硬岩工程设计方法。研发开挖断面与速率优化、应力释放和吸能吸波支护为主的主动控制技术，自适应地质条件和灾害风险控制的施工方法和技术，抑制或降低深部工程围岩内部应力集中水平、应力调整的剧烈性、减少围岩破裂的深度和程度以及能量释放程度，以避免或降低这些围岩灾害(深层破裂、分区破裂、时效破裂、大面积片帮、大体积应力型塌方、大体积应力-结构型塌方、镶嵌碎裂硬岩大变形和不同类型岩爆)的发生。

1.3.2 主要研究内容

针对深部硬岩工程的核心力学问题，建立深部工程硬岩力学研究体系，如图 1.3.1 所示。该体系从深部工程地质特征(复杂地质构造、真三向高地应力及其大规模开挖效应)认知出发，紧密围绕深部硬岩工程开挖诱发的灾害(深层破裂、分区破裂、时效破裂、片帮、塌方、大变形、岩爆)孕育过程，以高应力下开挖引起深部工程硬岩内部破裂过程为核心，研发系列试验及现场原位综合观测装置和技术，系统揭示真三向高应力与开挖引起的深部工程硬岩力学性质改变，建立高应力诱导的各向异性分析理论，揭示这些灾害的机理、规律和特征，提出针对性的主动控制原理，实现灾害的有效防控。其关键部分分述如下：

(1)认知深部岩体工程地质特征。研究深部高应力环境和强烈构造活动下工程岩体结构特征，包括深部岩体地层岩性、地质构造、典型岩体结构类型及其力学特征。阐明深部工程岩体赋存环境，揭示其三维原岩应力场特征，包括研究深部三维应力场测试技术，阐明深部工程地应力水平高、应力差大、应力场空间关系复杂等分布特征。

(2)揭示深部硬岩开挖扰动效应。研究深部工程不同开挖过程中应力场变化特征，包括掌子面效应、分层分部开挖效应、应力集中区域由表层向深层转移、应力差逐渐增大、应力方向改变以及应力路径变化规律等；研究深部硬岩开挖卸荷诱导岩体结构变化特征，建立深部工程硬岩结构及其开挖演化的评价方法；揭示不同开挖方式(钻爆法、TBM)诱发不同类型灾害的特征。

(3)研发深部工程硬岩力学试验方法和装置。研究系列高压三轴、真三轴硬岩试验装置，建立相应的系列试验方法，用于开展三轴、真三轴高应力加卸载、路径变化、剪切、流变及其与动力扰动耦合作用下深部硬岩、含层理面与硬性结构面硬岩的力学特性、变形破裂机理、能量演化特征等试验；研究通过预设系列钻孔的原位综合观测技术，系统揭示深部硬岩工程围岩内部破裂、变形、应力集中与转移、能量聚集与释放的规律和特征。

(4)揭示真三向高应力诱导深部硬岩破裂与变形特性。利用研发的试验装置开展系统的试验，揭示深部工程开挖引起的深部硬岩脆延性力学特性、深部硬岩三维破坏强度特征及深部硬岩破裂与变形各向异性特征和规律，揭示其时间效应、应力路径效应、层理面和硬性结构面效应、动力扰动效应等；研究真三向高应力开挖扰动下深部工程坚硬围岩力学特性，包括深部工程坚硬围岩脆延性、变形破裂特性及其能量释放特性、开挖损伤特性、爆破振动特性等，重点关注围岩内部破裂及能量聚集过程对灾害的控制作用。

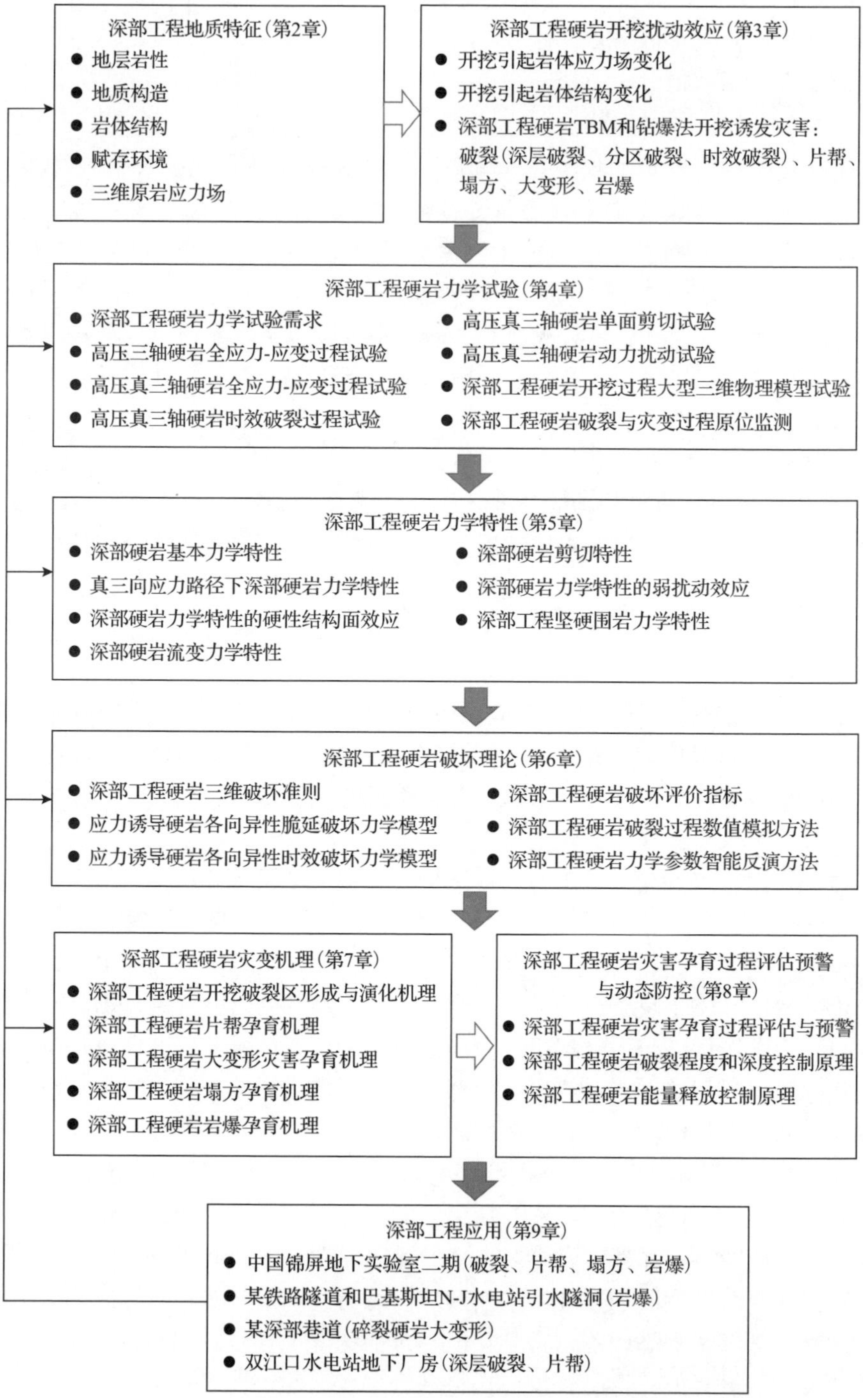

深部工程地质特征（第2章）
- 地层岩性
- 地质构造
- 岩体结构
- 赋存环境
- 三维原岩应力场

深部工程硬岩开挖扰动效应（第3章）
- 开挖引起岩体应力场变化
- 开挖引起岩体结构变化
- 深部工程硬岩TBM和钻爆法开挖诱发灾害：破裂（深层破裂、分区破裂、时效破裂）、片帮、塌方、大变形、岩爆

深部工程硬岩力学试验（第4章）
- 深部工程硬岩力学试验需求
- 高压三轴硬岩全应力-应变过程试验
- 高压真三轴硬岩全应力-应变过程试验
- 高压真三轴硬岩时效破裂过程试验
- 高压真三轴硬岩单面剪切试验
- 高压真三轴硬岩动力扰动试验
- 深部工程硬岩开挖过程大型三维物理模型试验
- 深部工程硬岩破裂与灾变过程原位监测

深部工程硬岩力学特性（第5章）
- 深部硬岩基本力学特性
- 真三向应力路径下深部硬岩力学特性
- 深部硬岩力学特性的硬性结构面效应
- 深部硬岩流变力学特性
- 深部硬岩剪切特性
- 深部硬岩力学特性的弱扰动效应
- 深部工程坚硬围岩力学特性

深部工程硬岩破坏理论（第6章）
- 深部工程硬岩三维破坏准则
- 应力诱导硬岩各向异性脆延破坏力学模型
- 应力诱导硬岩各向异性时效破坏力学模型
- 深部工程硬岩破坏评价指标
- 深部工程硬岩破裂过程数值模拟方法
- 深部工程硬岩力学参数智能反演方法

深部工程硬岩灾变机理（第7章）
- 深部工程硬岩开挖破裂区形成与演化机理
- 深部工程硬岩片帮孕育机理
- 深部工程硬岩大变形灾害孕育机理
- 深部工程硬岩塌方孕育机理
- 深部工程硬岩岩爆孕育机理

深部工程硬岩灾害孕育过程评估预警与动态防控（第8章）
- 深部工程硬岩灾害孕育过程评估与预警
- 深部工程硬岩破裂程度和深度控制原理
- 深部工程硬岩能量释放控制原理

深部工程应用（第9章）
- 中国锦屏地下实验室二期（破裂、片帮、塌方、岩爆）
- 某铁路隧道和巴基斯坦N-J水电站引水隧洞（岩爆）
- 某深部巷道（碎裂硬岩大变形）
- 双江口水电站地下厂房（深层破裂、片帮）

图 1.3.1　深部工程硬岩力学研究体系

(5)建立深部工程硬岩破坏理论。包括深部硬岩三维破坏准则、反映真三向高应力变化的硬岩变形破裂各向异性力学模型、破裂与能量评价指标、深部工程硬岩破裂过程三维数值分析方法与力学参数三维智能反分析方法。

(6)揭示深部工程硬岩破坏与致灾机理。通过系统的现场观测，研究深部工程岩体开挖诱发硬岩破裂、片帮、大变形、塌方和岩爆等灾害孕育过程围岩破裂与能量分布模式、演化特征，揭示其形成机制与孕育规律等。

(7)提出深部工程硬岩破坏与灾害控制原理。针对不同类型深部工程灾害的孕育机制，建立其孕育过程评估和预警方法，提出其控制原理。针对深部硬岩工程的深层破裂、片帮、塌方和大变形等灾害孕育过程，提出控制岩体破裂程度和深度的裂化抑制法，研发相应的主动控制技术；针对深部工程的岩爆灾害孕育过程，提出调控深部工程岩体能量聚集释放的能量控制法，研发相应的主动控制技术。

(8)解决深部工程硬岩力学难题。应用上述方法、理论、技术与装置，系统地解决不同地质条件不同类型深部工程硬岩力学难题。这些工程案例包括不同的岩性(大理岩、砂岩、粉砂岩、花岗岩、片麻岩等)、不同的构造应力水平和不同埋深(700～2400m)、不同岩体结构(完整岩体、硬性结构面、断层、岩脉、软硬互层等)、不同大小的深部工程(断面跨度 7～34m，单洞和多个洞室群)、不同施工方法诱发的不同硬岩灾害。

下面各章介绍这些关键问题的研究成果，给出几个典型深部硬岩工程的应用情况介绍，包括深埋交通隧道、深部矿山巷道、深埋水电隧洞、高应力地下厂房和深部物理实验室工程。

参考文献

[1] Deepest Mines in the World. https://www.worldatlas.com/articles/the-deepest-mines-in-the-world.html[2022-03-18].

[2] Cai M F, Li P, Tan W H, et al. Key engineering technologies to achieve green, intelligent, and sustainable development of deep metal mines in china. Engineering, 2021, 7(11): 1513-1517.

[3] Zhu H, Yan J, Liang W. Challenges and development prospects of ultra-long and ultra-deep mountain tunnels. Engineering, 2019, 5(3): 384-392.

[4] 王江. 我国水能资源开发中的问题及其政策法律破解. 西安交通大学学报(社会科学版), 2015, 35(6): 96-99.

[5] Miuchi K, Minowa M, Takeda A, et al. First results from dark matter search experiment with LiF bolometer at Kamioka underground laboratory. Astroparticle Physics, 2003, 19(1): 135-144.

[6] 何满潮, 钱七虎, 等. 深部岩体力学基础. 北京: 科学出版社, 2010.

[7] 谢和平, 等. 深部岩体力学与开采理论. 北京: 科学出版社, 2021.

[8] Murrell S A F. The effect of triaxial stress systems on the strength of rocks at atmospheric temperatures. Geophysical Journal International, 1965, 10(3): 231-281.

[9] Handin J, Heard H C, Magouirk J N. Effects of the intermediate principal stress on the failure of limestone, dolomite, and glass at different temperatures and strain rates. Journal of Geophysical Research, 1967, 72(2): 611-640.

[10] Mogi K. Effect of the intermediate principal stress on rock failure. Journal of Geophysical Research, 1967, 72(20): 5117-5131.

[11] Mogi K. Effect of triaxial stress system on rock failure. Rock Mechanics in Japan, 1970, 1: 53-55.

[12] Takahashi M, Koide H, Kinoshita S. Characteristics of strength in sedimentary rocks under true triaxial compressional stress state and the increase of brittleness on the intermediate stress. Journal of the Japan Society of Engineering Geology, 1983, 24(4): 150-157.

[13] 许东俊, 幸志坚, 李小春, 等. RT3 型岩石高压真三轴仪的研制. 岩土力学, 1990, (2): 1-14.

[14] King M S, Chaudhry N A, Shakeel A. Experimental ultrasonic velocities and permeability for sandstones with aligned cracks. International Journal of Rock Mechanics and Mining Sciences & Geomechanics Abstracts, 1995, 32(2): 155-163.

[15] Smart B G D. A true triaxial cell for testing cylindrical rock specimens. International Journal of Rock Mechanics and Mining Sciences & Geomechanics Abstracts, 1995, 32(3): 269-275.

[16] Wawersik W R, Carlson L W, Holcomb D J, et al. New method for true-triaxial rock testing. International Journal of Rock Mechanics and Mining Sciences, 1997, 34(3-4): 1-14.

[17] Haimson B, Chang C. A new true triaxial cell for testing mechanical properties of rock, and its use to determine rock strength and deformability of Westerly granite. International Journal of Rock Mechanics and Mining Sciences, 2000, 37(1-2): 285-296.

[18] King M S. Elastic wave propagation in and permeability for rocks with multiple parallel fractures. International Journal of Rock Mechanics and Mining Sciences, 2002, 39(8): 1033-1043.

[19] 何满潮, 刘成禹, 王树仁, 等. 工程岩体力学实验系统的研制//第八次全国岩石力学与工程学术大会, 成都, 2004: 902-905.

[20] Alexeev A D, Revva V N, Alyshev N A, et al. True triaxial loading apparatus and its application to coal outburst prediction. International Journal of Coal Geology, 2004, 58(4): 245-250.

[21] Nasseri M H B, Goodfellow S D, Lombos L, et al. 3-D transport and acoustic properties of Fontainebleau sandstone during true-triaxial deformation experiments. International Journal of Rock Mechanics and Mining Sciences, 2014, 70: 605-606.

[22] 杜坤, 李夕兵, 马春德. 岩石真三轴扰动诱变实验系统研制及应用. 实验技术与管理, 2014, 31(12): 35-40.

[23] 苏国韶, 胡李华, 冯夏庭, 等. 低频周期扰动荷载与静载联合作用下岩爆过程的真三轴试验研究. 岩石力学与工程学报, 2016, 35(7): 1309-1322.

[24] Shi L, Li X, Bing B, et al. A Mogi-type true triaxial testing apparatus for rocks with two moveable frames in horizontal layout for providing orthogonal loads. Geotechnical Testing Journal, 2017, 40(4): 542-558.

[25] 尹光志, 李铭辉, 许江, 等. 多功能真三轴流固耦合试验系统的研制与应用. 岩石力学与工程学报, 2015, 34(12): 2436-2445.

[26] He M, Ren F, Liu D, et al. Experimental study on strain burst characteristics of sandstone under true triaxial loading and double faces unloading in one direction. Rock Mechanics and Rock Engineering, 2021, 54(1): 149-171.

[27] Mogi K. Experimental Rock Mechanics. London: CRC Press, 2007.

[28] Mogi K. Dilatancy of rocks under general triaxial stress states with special reference to earthquake precursors. Journal of Physics of the Earth, 1977, 25: 203-217.

[29] Haimson B. True triaxial stresses and the brittle fracture of rock. Pure and Applied Geophysics, 2006, 163(5-6): 1101-1130.

[30] Kwasniewski M. Mechanical behaviour of rocks under true triaxial compression conditions—Volumetric strain and dilatancy. Archives of Mining Sciences, 2007, 52(3): 409-435.

[31] Ingraham M D, Issen K A, Holcomb D J. Use of acoustic emissions to investigate localization in high-porosity sandstone subjected to true triaxial stresses. Acta Geotechnica, 2013, 8(6): 645-663.

[32] Feng X T, Kong R, Zhang X, et al. Experimental study of failure differences in hard rock under true triaxial compression. Rock Mechanics and Rock Engineering, 2019, 52(7): 2109-2122.

[33] Mogi K. Flow and fracture of rocks under general triaxial compression. Applied Mathematics and Mechanics, 1981, 2(6): 635-651.

[34] Schöpfer M P J, Childs C, Manzocchi T. Three-dimensional failure envelopes and the brittle-ductile transition: 3D brittle-ductile trransition. Journal of Geophysical Research: Solid Earth, 2013, 118(4): 1378-1392.

[35] Cai M. Influence of intermediate principal stress on rock fracturing and strength near excavation boundaries—Insight from numerical modeling. International Journal of Rock Mechanics and Mining Sciences, 2008, 45(5): 763-772.

[36] 向天兵, 冯夏庭, 陈炳瑞, 等. 开挖与支护应力路径下硬岩破坏过程的真三轴与声发射试验研究. 岩土力学, 2008, 29(S1): 500-506.

[37] 潘鹏志, 冯夏庭, 邱士利, 等. 多轴应力对深埋硬岩破裂行为的影响研究. 岩石力学与工程学报, 2011, 30(6): 1116-1125.

[38] Xu Y H, Cai M, Zhang X W, et al. Influence of end effect on rock strength in true triaxial

compression test. Canadian Geotechnical Journal, 2017, 54(6): 862-880.

[39] 尤明庆，华安增. 岩石试样破坏过程的能量分析. 岩石力学与工程学报，2002,（6）: 778-781.

[40] 赵阳升，冯增朝，万志军. 岩体动力破坏的最小能量原理. 岩石力学与工程学报，2003,（11）: 1781-1783.

[41] 谢和平，彭瑞东，鞠杨. 岩石变形破坏过程中的能量耗散分析. 岩石力学与工程学报, 2004,（21）: 3565-3570.

[42] 王明洋，李杰，李凯锐. 深部岩体非线性力学能量作用原理与应用. 岩石力学与工程学报, 2015, 34(4): 659-667.

[43] 宫凤强，闫景一，李夕兵. 基于线性储能规律和剩余弹性能指数的岩爆倾向性判据. 岩石力学与工程学报, 2018, 37(9): 1993-2014.

[44] 李天斌，王兰生. 卸荷应力状态下玄武岩变形破坏特征的试验研究. 岩石力学与工程学报, 1993,（4）: 321-327.

[45] 邱士利. 深埋大理岩加卸荷变形破坏机理及岩爆倾向性评估方法研究. 武汉：中国科学院武汉岩土力学研究所, 2011.

[46] Li X, Feng F, Li D, et al. Failure characteristics of granite influenced by sample height-to-width ratios and intermediate principal stress under true-triaxial unloading conditions. Rock Mechanics and Rock Engineering, 2018, 51(5): 1321-1345.

[47] Bai Q, Tibbo M, Nasseri M H B, et al. True triaxial experimental investigation of rock response around the Mine-by tunnel under an in situ 3D stress path. Rock Mechanics and Rock Engineering, 2019, 52(10): 3971-3986.

[48] Eberhardt E. Numerical modelling of three-dimension stress rotation ahead of an advancing tunnel face. International Journal of Rock Mechanics Mining Sciences, 2001, 38(4): 499-518.

[49] Kaiser P K, Yazici S, Maloney S. Mining-induced stress change and consequences of stress path on excavation stability—A case study. International Journal of Rock Mechanics and Mining Sciences, 2001, 38(2): 167-180.

[50] Diederichs M S, Kaiser P K, Eberhardt E. Damage initiation and propagation in hard rock during tunnelling and the influence of near-face stress rotation. International Journal of Rock Mechanics and Mining Sciences, 2004, 41(5): 785-812.

[51] Zhang C, Zhou H, Feng X T, et al. Layered fractures induced by principal stress axes rotation in hard rock during tunnelling. Materials Research Innovations, 2011, 15: 527-530.

[52] Kulatilake P H S W, Liang J, Gao H. Experimental and numerical simulations of jointed rock block strength under uniaxial loading. Journal of Engineering Mechanics, 2001, 127(12): 1240-1247.

[53] Singh M, Rao K S, Ramamurthy T. Strength and deformational behaviour of a jointed rock mass.

Rock Mechanics and Rock Engineering, 2002, 35(1): 45-64.

[54] Brown E T, Trollope D H. Strength of a model of jointed rock. Journal of the Soil Mechanics and Foundations Division, 1970, 96: 685-704.

[55] Einstein H H, Hirschfeld R C. Model studies on mechanics of jointed rock. Journal of the Soil Mechanics and Foundations Division, 1973, 3(3): 229-248.

[56] Rosso R S. A comparison of joint stiffness measurements in direct shear, triaxial compression, and in situ. International Journal of Rock Mechanics and Mining Sciences & Geomechanics Abstract, 1976, 13(6): 167-172.

[57] Ramamurthy T, Arora V K. Strength predictions for jointed rocks in confined and unconfined states. International Journal of Rock Mechanics and Mining Sciences & Geomechanics Abstract, 1994, 31(1): 9-22.

[58] Arzua J, Alejano L R, Walton G. Strength and dilation of jointed granite specimens in servo-controlled triaxial tests. International Journal of Rock Mechanics and Mining Sciences, 2014, 69: 93-104.

[59] Alejano L R, Arzua J, Bozorgzadeh N, et al. Triaxial strength and deformability of intact and increasingly jointed granite samples. International Journal of Rock Mechanics and Mining Sciences, 2017, 95: 87-103.

[60] Kwasniewski M A, Mogi K. Faulting in an anisotropic, schistose rock under general triaxial compression//The 4th North American Rock Mechanics Symposium, Seattle, 2000: 737-746.

[61] Goodman R E, Shi G. Block Theory and Its Application to Rock Engineering. Englewood Cliffs: Prentice Hall Inc, 1985.

[62] Barton N. Shear strength criteria for rock, rock joints, rockfill and rock masses: Problems and some solutions. Journal of Rock Mechanics and Geotechnical Engineering, 2013, 5(4): 249-261.

[63] Kaiser P K, Cai M. Design of rock support system under rockburst condition. Journal of Rock Mechanics and Geotechnical Engineering, 2012, 4(3): 215-227.

[64] Jiang Y, Xiao J, Tanabashi Y, et al. Development of an automated servo-controlled direct shear apparatus applying a constant normal stiffness condition. International Journal of Rock Mechanics and Mining Sciences, 2004, 41(2): 275-286.

[65] Barla G, Barla M, Martinotti M E. Development of a new direct shear testing apparatus. Rock Mechanics and Rock Engineering, 2010, 43(1): 117-122.

[66] Oh J, Kim G W. Effect of opening on the shear behavior of a rock joint. Bulletin of Engineering Geology and the Environment, 2010, 69(3): 389-395.

[67] Muralha J, Grasselli G, Tatone B, et al. ISRM suggested method for laboratory determination of the shear strength of rock joints: Revised version. Rock Mechanics and Rock Engineering, 2014,

47(1): 291-302.

[68] Morris A P, Ferrill D A. The importance of the effective intermediate principal stress (σ_2) to fault slip patterns. Journal of Structural Geology, 2009, 31(9): 950-959.

[69] Kapang P , Walsri C , Sriapai T , et al. Shear strengths of sandstone fractures under true triaxial stresses. Journal of Structural Geology, 2013, 48(3): 57-71.

[70] Wang G, Wang P, Guo Y, et al. A novel true triaxial apparatus for testing shear seepage in gas-solid coupling coal. Geofluids, 2018, (2018): 1-9.

[71] Feng X T, Wang G, Zhang X, et al. Experimental method for direct shear tests of hard rock under both normal stress and lateral stress. International Journal of Geomechanics, 2021, 21(3): 04021013.

[72] Brantut N, Heap M J, Meredith P G, et al. Time-dependent cracking and brittle creep in crustal rocks: A review. Journal of Structural Geology, 2013, 52(5): 17-43.

[73] Brantut N, Baud P, Heap M J, et al. Micromechanics of brittle creep in rocks. Journal of Geophysical Research: Solid Earth, 2012, 117(8): 1-12.

[74] Aydan Ö, Ito T, Oezbay U, et al. ISRM suggested methods for determining the creep characteristics of rock. Rock Mechanics and Rock Engineering, 2014, 47(1): 275-290.

[75] Scholz C H. Mechanism of creep in brittle rock. Journal of Geophysical Research, 1968, 73(10): 3295-3302.

[76] Malan D F, Vogler U W, Drescher K. Time-dependent behaviour of hard rock in deep level gold mines. Journal of the South African Institute of Mining and Metallurgy, 1997, 97(3): 135-147.

[77] Hunsche U, Albrecht H. Results of true triaxial strength tests on rock salt. Engineering Fracture Mechanics, 1990, 35(4-5): 867-877.

[78] Xia K W, Nasseri M H B, Mohanty B, et al. Effects of microstructures on dynamic compression of Barre granite. International Journal of Rock Mechanics and Mining Sciences, 2008, 45(6): 879-887.

[79] 叶洲元, 李夕兵, 周子龙, 等. 三轴压缩岩石动静组合强度及变形特征的研究. 岩土力学, 2009, 30(7): 1981-1986.

[80] 李夕兵, 宫凤强, 高科, 等. 一维动静组合加载下岩石冲击破坏试验研究. 岩石力学与工程学报, 2010, 29(2): 251-260.

[81] 宫凤强, 李夕兵, 刘希灵. 三维动静组合加载下岩石力学特性试验初探. 岩石力学与工程学报, 2011, 30(6): 1179-1190.

[82] 马春德, 李夕兵, 陈枫, 等. 单轴动静组合加载对岩石力学特性影响的试验研究. 矿业研究与开发, 2004, 24(4): 1-3.

[83] 左宇军, 马春德, 朱万成, 等. 动力扰动下深部开挖洞室围岩分层断裂破坏机制模型试验研究. 岩土力学, 2011, 32(10): 2929-2936.

[84] 郝显福, 陆道辉, 孙嘉, 等. 微扰动作用下预静载硬岩的断裂特性研究. 黄金, 2016, 37(9): 34-38.

[85] 宫凤强, 张乐, 李夕兵, 等. 不同预静载硬岩在动力扰动下断裂特性的试验研究. 岩石力学与工程学报, 2017, 36(8): 1841-1854.

[86] 何满潮, 苗金丽, 李德建, 等. 深部花岗岩试样岩爆过程实验研究. 岩石力学与工程学报, 2007, 26(5): 865-876.

[87] 吴世勇, 龚秋明, 王鸽, 等. 锦屏Ⅱ级水电站深部大理岩板裂化破坏试验研究及其对 TBM 开挖的影响. 岩石力学与工程学报, 2010, 29(6): 1089-1095.

[88] Zhao X, Wang J, Cai M, et al. Influence of unloading rate on the strainburst characteristics of Beishan granite under true-triaxial unloading conditions. Rock Mechanics and Rock Engineering, 2014, 47(2): 467-483.

[89] Li X B, Du K, Li D Y. True triaxial strength and failure modes of cubic rock specimens with unloading the minor principal stress. Rock Mechanics and Rock Engineering, 2015, 48(6): 2185-2196.

[90] Du K, Tao M, Li X B, et al. Experimental study of slabbing and rockburst induced by true-triaxial unloading and local dynamic disturbance. Rock Mechanics and Rock Engineering, 2016, 49(9): 1-17.

[91] 苏国韶, 蒋剑青, 冯夏庭, 等. 岩爆弹射破坏过程的试验研究. 岩石力学与工程学报, 2016, 35(10): 1990-1999.

[92] Stacey T R. A simple extension strain criterion for fracture of brittle rock. International Journal of Rock Mechanics and Mining Sciences & Geomechanics Abstracts, 1981, 18(6): 469-474.

[93] 俞茂宏, 何丽南, 宋凌宇. 双剪应力强度理论及其推广. 中国科学(A 辑), 1985, (12): 1113-1120.

[94] Wiebols G A, Cook N G W. An energy criterion for the strength of rock in polyaxial compression. International Journal of Rock Mechanics and Mining Sciences & Geomechanics Abstracts, 1968, 5(6): 529-549.

[95] 高红, 郑颖人, 冯夏庭. 岩土材料能量屈服准则研究. 岩石力学与工程学报, 2007, (12): 2437-2443.

[96] 黄书岭, 冯夏庭, 张传庆. 脆性岩石广义多轴应变能强度准则及试验验证. 岩石力学与工程学报, 2008, (1): 124-134.

[97] Alejano L R, Bobet A. Drucker-Prager criterion. Rock Mechanics and Rock Engineering, 2012, 45(6): 995-999.

[98] Hoek E, Brown E T. Empirical strength criterion for rock masses. Journal of the Geotechnical Engineering Division, 1980, 106(GT9): 1013-1035.

[99] Mogi K. Fracture and flow of rocks under high triaxial compression. Journal of Geophys

Research, 1971, 76: 1255-1269.
[100] Chang C, Haimson B. A failure criterion for rocks based on true triaxial testing. Rock Mechanics and Rock Engineering, 2012, 45(6): 1007-1010.
[101] Zhang L, Zhu H. Three-dimensional Hoek-Brown strength criterion for rocks. Journal of Geotechnical and Geoenvironmental Engineering, 2007, 133(9): 1128-1135.
[102] da Fontoura S A B. Lade and modified lade 3D rock strength criteria. Rock Mechanics and Rock Engineering, 2012, 45(6): 1001-1006.
[103] Paul B. A modification of the Coulomb-Mohr theory of fracture. Journal of Applied Mechanics, 1961, 28(2): 259-268.
[104] Pan X D, Hudson J A. A simplified three dimensional Hoek-Brown yield criterion//Proceedings of Symposium on Rock Mechanics and Power Plants, Madrid, 1988: 95-103.
[105] Priest S D. Determination of shear strength and three-dimensional yield strength for the Hoek-Brown criterion. Rock Mechanics and Rock Engineering, 2005, 38(4): 299-327.
[106] Benz T, Schwab R, Kauther R A, et al. A Hoek-Brown criterion with intrinsic material strength factorization. International Journal of Rock Mechanics and Mining Sciences, 2008, 45(2): 210-222.
[107] Melkoumian N, Priest S D, Hunt S P. Further development of the three-dimensional Hoek-Brown yield criterion. Rock Mechanics and Rock Engineering, 2009, 42(6): 835-847.
[108] Singh M, Raj A, Singh B. Modified Mohr-Coulomb criterion for non-linear triaxial and polyaxial strength of intact rocks. International Journal of Rock Mechanics and Mining Sciences, 2011, 48(4): 546-555.
[109] Jiang H, Xie Y L. A new three-dimensional Hoek-Brown strength criterion. Acta Mechanica Sinica, 2012, 28(2): 393-406.
[110] Makhnenko R Y, Harvieux J, Labuz J F. Paul-Mohr-Coulomb failure surface of rock in the brittle regime. Geophysical Research Letters, 2015, 42(17): 6975-6981.
[111] Jiang H, Zhao J. A simple three-dimensional failure criterion for rocks based on the Hoek-Brown criterion. Rock Mechanics and Rock Engineering, 2015, 48(5): 1807-1819.
[112] Jiang H. Simple three-dimensional Mohr-Coulomb criteria for intact rocks. International Journal of Rock Mechanics and Mining Sciences, 2018, 105: 145-159.
[113] Aubertin M, Li L, Simon R. A multiaxial stress criterion for short- and long-term strength of isotropic rock media. International Journal of Rock Mechanics and Mining Sciences, 2000, 37(8): 1169-1193.
[114] Yu M H, Zan Y W, Zhao J, et al. A unified strength criterion for rock material. International Journal of Rock Mechanics and Mining Sciences, 2002, 39(8): 975-989.
[115] 谢和平, 鞠杨, 黎立云. 基于能量耗散与释放原理的岩石强度与整体破坏准则. 岩石力学

与工程学报, 2005, (17): 3003-3010.

[116] 郑颖人, 孔亮. 岩土塑性力学. 北京: 中国建筑工业出版社, 2010.

[117] You M. True-triaxial strength criteria for rock. International Journal of Rock Mechanics and Mining Sciences, 2009, 46(1): 115-127.

[118] Hajiabdolmajid V, Kaiser P K, Martin C D. Modelling brittle failure of rock. International Journal of Rock Mechanics and Mining Sciences, 2002, 39(6): 731-741.

[119] 江权, 冯夏庭, 陈国庆. 考虑高地应力下围岩劣化的硬岩本构模型研究. 岩石力学与工程学报, 2008, (1): 144-152.

[120] 周辉, 张凯, 冯夏庭, 等. 脆性大理岩弹塑性耦合力学模型研究. 岩石力学与工程学报, 2010, 29(12): 2398-2409.

[121] Cherry J T, Schock R N, Sweet J. A theoretical model of the dilatant behavior of a brittle rock. Pure and Applied Geophysics, 1975, 113(1): 183-196.

[122] Holcomb D J. A quantitative model of dilatancy in dry rock and its application to Westerly granite. Journal of Geophysical Research: Solid Earth, 1978, 83(B10): 4941-4950.

[123] Detournay E. Elastoplastic model of a deep tunnel for a rock with variable dilatancy. Rock Mechanics and Rock Engineering, 1986, 23(6): 99-108.

[124] Zhao X G, Cai M. A mobilized dilation angle model for rocks. International Journal of Rock Mechanics and Mining Sciences, 2010, 47(3): 368-384.

[125] Dragon A, Mroz Z. A continuum model for plastic brittle behavior of rock and concrete. International Journal of Engineering Science, 1979, 17(2): 121-137.

[126] Kachanov M L. A microcrack model of rock inelasticity part Ⅰ: Frictional sliding on microcracks. Mechanics of Materials, 1982, 1(1): 19-27.

[127] Costin L S. A microcrack model for the deformation and failure of brittle rock. Journal of Geophysical Research: Solid Earth, 1983, 88(B11): 9485-9492.

[128] Vermeer P A, de Borst R. Non-associated plasticity for soils, concrete and rock. Heron, 1984: 29(3): 1-64.

[129] Bažant Z P, Oh B H. Microplane model for progressive fracture of concrete and rock. Journal of Engineering Mechanics, 1985, 111(4): 559-582.

[130] Pijaudier-Cabot G, Bažant Z P. Nonlocal damage theory. Journal of Engineering Mechanics, 1987, 113(10): 1512-1533.

[131] Lade P V, Kim M K. Single hardening constitutive model for soil, rock and concrete. International Journal of Solids and Structures, 1995, 32(14): 1963-1978.

[132] Desai C S, Toth J. Disturbed state constitutive modeling based on stress-strain and nondestructive behavior. International Journal of Solids and Structures, 1996, 33(11): 1619-1650.

[133] Shao J F, Rudnicki J W. A microcrack-based continuous damage model for brittle geomaterials. Mechanics of Materials, 2000, 32(10): 607-619.

[134] Fang Z, Harrison J P. Application of a local degradation model to the analysis of brittle fracture of laboratory scale rock specimens under triaxial conditions. International Journal of Rock Mechanics and Mining Sciences, 2002, 39(4): 459-476.

[135] 徐卫亚, 韦立德. 岩石损伤统计本构模型的研究. 岩石力学与工程学报, 2002, 21(6): 787-791.

[136] Potyondy D O, Cundall P A. A bonded-particle model for rock. International Journal of Rock Mechanics and Mining Sciences, 2004, 41(8): 1329-1364.

[137] Shao J F, Chau K T, Feng X T. Modeling of anisotropic damage and creep deformation in brittle rocks. International Journal of Rock Mechanics and Mining Sciences, 2006, 43(4): 582-592.

[138] Golshani A, Okui Y, Oda M, et al. A micromechanical model for brittle failure of rock and its relation to crack growth observed in triaxial compression tests of granite. Mechanics of Materials, 2006, 38(4): 287-303.

[139] Cho N, Martin C D, Sego D C. A clumped particle model for rock. International Journal of Rock Mechanics and Mining Sciences, 2007, 44(7): 997-1010.

[140] Zhao X G, Cai M. A mobilized dilation angle model for rocks. International Journal of Rock Mechanics and Mining Sciences, 2010, 47(3): 368-384.

[141] 孙钧. 岩石流变力学及其工程应用研究的若干进展. 岩石力学与工程学报, 2007, (6): 1081-1106.

[142] Farmer I W. Engineering Behaviour of Rocks. Netherlands: Springer, 1983.

[143] Baud P, Reuschle T, Charlez P. An improved wing crack model for the deformation and failure of rock in compression. International Journal of Rock Mechanics and Mining Sciences, 1996, 33(5): 539-542.

[144] Perzyna P. Fundamental problems in viscoplasticity. Advances in Applied Mechanics, 1966, 9(2): 244-368.

[145] Ashby M F, Sammis C G. The damage mechanics of brittle solids in compression. Pure and Applied Geophysics, 1990, 133(3): 489-521.

[146] Shao J F, Zhu Q Z, Su K. Modeling of creep in rock materials in terms of material degradation. Computers and Geotechnics, 2003, 30(7): 549-555.

[147] Deere D U. Geological considerations//Stagg K G, Zienkiewicz O C. Rock Mechanics in Engineering Practice, New York, 1968, 1: 1-20.

[148] Golser J, Keuschnig M, Weichenberger F P. NATM—Review and outlook. Geomechanik und Tunnelbau, 2020, 13(5): 466-474.

[149] Barton N. Rock mass classification and tunnel reinforcement selection using the Q-system// Symposium on Rock Classification Systems for Engineering Purposes, Cincinnati, 1988: 59-88.

[150] Bieniawski Z T. Classification of rock masses for engineering: The RMR system and future trends. Rock Testing and Site Characterization, 1993: 553-573.

[151] Zhang C Q, Zhou H, Feng X T. An index for estimating the stability of brittle surrounding rock mass: FAI and its engineering application. Rock Mechanics and Rock Engineering, 2011, 44(4): 401-414.

[152] Hajiabdolmajid V, Kaiser P. Brittleness of rock and stability assessment in hard rock tunneling. Tunnelling and Underground Space Technology, 2003, 18(1): 35-48.

[153] Sakurai S. Back analysis for tunnel engineering as a modern observational method. Tunnelling and Underground Space Technology Incorporating Trenchless Technology Research, 2003, 18 (2-3): 185-196.

[154] Hajiabdolmajid V. Mobilization of strength in brittle failure of rock. Kingston: Queen's University, 2001.

[155] Cook N G W, Heok E, Pretorius J P G. Rock mechanics applied to the study of rockburst. Journal of the South African Institute of Mining and Metallurgy, 1966, 66(10): 436-528.

[156] Fang Z, Harrison J P. A mechanical degradation index for rock. International Journal of Rock Mechanics and Mining Sciences, 2001, 38(8): 1193-1199.

[157] Martino J B, Chandler N A. Excavation-induced damage studies at the underground research laboratory. International Journal of Rock Mechanics and Mining Sciences, 2004, 41(8): 1413-1426.

[158] Wang J A, Park H D. Comprehensive prediction of rockburst based on analysis of strain energy in rocks. Tunnelling and Underground Space Technology, 2001, 16(1): 49-57.

[159] Muller W. Numerical simulation of rock bursts. Mining Science and Technology, 1991, 12: 27-42.

[160] Da H, Shen W J, Kang D, et al. Detection of sound reflection in rockburst at deep mining and numerical simulation. Metals and Minerals, 1994, 220: 26-29.

[161] Karekal S, Das R, Mosse L, et al. Application of a mesh-free continuum method for simulation of rock caving processes. International Journal of Rock Mechanics and Mining Sciences, 2011, 48(5): 703-711.

[162] Müller A, Vargas E A. Stability analysis of a slope under impact of a rock block using the generalized interpolation material point method (GIMP). Landslides, 2019, 16(4): 751-764.

[163] Zhou S, Zhuang X, Rabczuk T. Phase field modeling of brittle compressive-shear fractures in rock-like materials: A new driving force and a hybrid formulation. Computer Methods in

Applied Mechanics and Engineering, 2019, 355: 729-752.

[164] Rabczuk T, Ren H. A peridynamics formulation for quasi-static fracture and contact in rock. Engineering Geology, 2017, 225: 42-48.

[165] Deng X F, Zhu J B, Chen S G, et al. Some fundamental issues and verification of 3DEC in modeling wave propagation in jointed rock masses. Rock Mechanics and Rock Engineering, 2012, 45(5): 943-951.

[166] Hadjigeorgiou J, Esmaieli K, Grenon M. Stability analysis of vertical excavations in hard rock by integrating a fracture system into a PFC model. Tunnelling and Underground Space Technology, 2009, 24(3): 296-308.

[167] Do T N, Wu J H. Simulation of the inclined jointed rock mass behaviors in a mountain tunnel excavation using DDA. Computers and Geotechnics, 2020, 117: 103249.

[168] Wu Z, Fan L, Liu Q, et al. Micro-mechanical modeling of the macro-mechanical response and fracture behavior of rock using the numerical manifold method. Engineering Geology, 2017, 225: 49-60.

[169] Mahabadi O K, Lisjak A, Munjiza A, et al. Y-Geo: New combined finite-discrete element numerical code for geomechanical applications. International Journal of Geomechanics, 2012, 12(6): 676-688.

[170] Hu Y, Chen G, Cheng W, et al. Simulation of hydraulic fracturing in rock mass using a smeared crack model. Computers and Structures, 2014, 137: 72-77.

[171] Gupta P, Duarte C A. Coupled formulation and algorithms for the simulation of non-planar three-dimensional hydraulic fractures using the generalized finite element method. International Journal for Numerical and Analytical Methods in Geomechanics, 2016, 40(10): 1402-1437.

[172] Goodman R E, Taylor R L, Brekke T L. A model for the mechanics of jointed rock. Journal of the Soil Mechanics and Foundations Division, 1968, 94(3): 637-659.

[173] Sakurai S. Back Analysis in Rock Engineering. Balkema: CRC Press, 2017.

[174] Guo H, Feng X T, Li S, et al. Evaluation of the integrity of deep rock masses using results of digital borehole televiewers. Rock Mechanics and Rock Engineering, 2017, 50(6): 1371-1382.

[175] Feng X T, Xu H, Qiu S L, et al. In situ observation of rock spalling in the deep tunnels of the China Jinping Underground Laboratory (2400m depth). Rock Mechanics and Rock Engineering, 2018, 51(4): 1193-1213.

[176] 江权, 冯夏庭, 苏国韶, 等. 基于松动圈-位移增量监测信息的高地应力下洞室群岩体力学参数的智能反分析. 岩石力学与工程学报, 2007, (S1): 2654-2662.

[177] 李仲奎, 周钟, 汤雪峰, 等. 锦屏一级水电站地下厂房洞室群稳定性分析与思考. 岩石力学与工程学报, 2009, 28(11): 2167-2175.

[178] 黄润秋, 黄达, 段绍辉, 等. 锦屏Ⅰ级水电站地下厂房施工期围岩变形开裂特征及地质力学机制研究. 岩石力学与工程学报, 2011, 30(1): 23-35.

[179] 朱维申, 周奎, 余大军, 等. 脆性裂隙围岩的损伤力学分析及现场监测研究. 岩石力学与工程学报, 2010, 29(10): 1963-1969.

[180] 刘宁, 张春生, 褚卫江, 等. 锦屏二级水电站深埋隧洞开挖损伤区特征分析. 岩石力学与工程学报, 2013, 32(11): 2235-2241.

[181] Hibino S, Motojima M. Characteristic behavior of rock mass during excavation of large caverns//Proceedings of the 8th International Congress on Rock Mechanics of the International Society for Rock Mechanics, Tokyo, 1995: 583-586.

[182] 钱七虎, 李树忱. 深部岩体工程围岩分区破裂化现象研究综述. 岩石力学与工程学报, 2008, (6): 1278-1284.

[183] 李术才, 王汉鹏, 钱七虎, 等. 深部巷道围岩分区破裂化现象现场监测研究. 岩石力学与工程学报, 2008, (8): 1545-1553.

[184] Li S, Feng X T, Li Z, et al. Evolution of fractures in the excavation damaged zone of a deeply buried tunnel during TBM construction. International Journal of Rock Mechanics and Mining Sciences, 2012, 55: 125-138.

[185] 冯夏庭, 吴世勇, 李邵军, 等. 中国锦屏地下实验室二期工程安全原位综合监测与分析. 岩石力学与工程学报, 2016, 35(4): 649-657.

[186] 江权, 史应恩, 蔡美峰, 等. 深部岩体大变形规律: 金川二矿巷道变形与破坏现场综合观测研究. 煤炭学报, 2019, 44(5): 1337-1348.

[187] Fairhurst C, Cook N. The phenomenon of rock splitting parallel to the direction of maximum compression in the neighborhood of a surface//Proceedings of the 1st Congress of the International Society of Rock Mechanics, Lisbon, 1966.

[188] Ortlepp W D, Stacey T R. Rockburst mechanisms in tunnels and shafts. Tunnelling and Underground Space Technology, 1994, 9(1): 59-65.

[189] Martin C D, Kaiser P K, Mccreath D R. Hoek-Brown parameters for predicting the depth of brittle failure around tunnels. Canadian Geotechnical Journal, 1999, 36(1): 136-151.

[190] Read R S. 20 years of excavation response studies at AECL's Underground Research Laboratory. International Journal of Rock Mechanics and Mining Sciences, 2004, 41(8): 1251-1275.

[191] Martin C D, Christiansson R. Estimating the potential for spalling around a deep nuclear waste repository in crystalline rock. International Journal of Rock Mechanics and Mining Sciences, 2009, 46(2): 219-228.

[192] Andersson J C, Martin C D, Stille H. The Äspö Pillar Stability Experiment: Part Ⅱ — Rock mass response to coupled excavation-induced and thermal-induced stresses. International

Journal of Rock Mechanics and Mining Sciences, 2009, 46(5): 879-895.
[193] 侯哲生, 龚秋明, 孙卓恒. 锦屏二级水电站深埋完整大理岩基本破坏方式及其发生机制. 岩石力学与工程学报, 2011, 30(4): 727-732.
[194] Liu G, Feng X T, Jiang Q, et al. In situ observation of spalling process of intact rock mass at large cavern excavation. Engineering Geology, 2017, 226: 52-69.
[195] Eberhardt E, Stead D, Stimpson B, et al. Identifying crack initiation and propagation thresholds in brittle rock. Canadian Geotechnical Journal, 1998, 35(2): 222-233.
[196] Cai M, Kaiser P K, Tasaka Y, et al. Generalized crack initiation and crack damage stress thresholds of brittle rock masses near underground excavations. International Journal of Rock Mechanics and Mining Sciences, 2004, 41(5): 833-847.
[197] Diederichs M S. The 2003 Canadian Geotechnical Colloquium: Mechanistic interpretation and practical application of damage and spalling prediction criteria for deep tunneling. Canadian Geotechnical Journal, 2007, 44(9): 1082-1116.
[198] 张传庆, 冯夏庭, 周辉, 等. 深部试验隧洞围岩脆性破坏及数值模拟. 岩石力学与工程学报, 2010, 29(10): 2063-2068.
[199] 周辉, 徐荣超, 卢景景, 等. 深埋隧洞板裂屈曲岩爆机制及物理模拟试验研究. 岩石力学与工程学报, 2015, 34(S2): 3658-3666.
[200] 陈宗基. 地下巷道长期稳定性的力学问题. 岩石力学与工程学报, 1982, (1): 1-20.
[201] Aydan O, Akagi T, Kawamoto T. The squeezing potential of rocks around tunnels: Theory and prediction. Rock Mechanics and Rock Engineering, 1993, 26(2): 137-163.
[202] 何满潮, 景海河, 孙晓明. 软岩工程力学. 北京: 科学出版社, 2002.
[203] 李术才, 徐飞, 李利平, 等. 隧道工程大变形研究现状、问题与对策及新型支护体系应用介绍. 岩石力学与工程学报, 2016, 35(7): 1366-1376.
[204] 林韵梅. 深部近矿体巷道的位移规律. 岩石力学与工程学报, 1983, 2(1): 89-102.
[205] Steiner W. Tunnelling in squeezing rocks: Case histories. Rock Mechanics and Rock Engineering, 1996, 29(4): 211-246.
[206] 李天斌, 孟陆波, 王兰生. 高地应力隧道稳定性及岩爆、大变形灾害防治. 北京: 科学出版社, 2016.
[207] Lunardi P, Barla G. Full face excavation in difficult ground. Geomechanics and Tunnelling, 2014, 7(5): 461-468.
[208] Barton N, Lien R, Lunde J. Engineering classification of rock masses for the design of tunnel support. Rock Mechanics, 1974, 6(4): 189-236.
[209] Deere D U, Deere D W. The rock quality designation (RQD) index in practice//Symposium on Rock Classification Systems for Engineering Purposes, Cincinnati, 1988: 91-101.
[210] Bieniawski Z T. The rock mass rating (RMR) system (geomechanics classification) in

engineering practice//Symposium on Rock Classification Systems for Engineering Purposes, Cincinnati, 1988: 35-51.

[211] 谷德振. 岩体工程地质力学基础. 北京: 科学出版社, 1979.

[212] 王迎超, 尚岳全, 徐兴华, 等. 隧道出洞口松散围岩塌方时空预测研究. 岩土工程学报, 2010, 32(12): 1868-1874.

[213] He M C, Miao J L, Feng J L. Rock burst process of limestone and its acoustic emission characteristics under true-triaxial unloading conditions. International Journal of Rock Mechanics and Mining Sciences, 2010, 47(2): 286-298.

[214] 顾金才, 范俊奇, 孔福利, 等. 抛掷型岩爆机制与模拟试验技术. 岩石力学与工程学报, 2014, 33(6): 1081-1089.

[215] Gong F Q, Luo Y, Li X B, et al. Experimental simulation investigation on rockburst induced by spalling failure in deep circular tunnels. Tunnelling and Underground Space Technology, 2018, 81: 413-427.

[216] Cook N. A note on rockbursts considered as a problem of stability. Journal of South African Institute of Mining and Metallurgy, 1965, 65: 437-446.

[217] Hoek E, Brown E T. Underground Excavations in Rock. London: CRC Press, 1980.

[218] 谢和平, Pariseau W G. 岩爆的分形特征和机理. 岩石力学与工程学报, 1993, (1): 28-37.

[219] 左宇军, 李夕兵, 马春德, 等. 动静组合载荷作用下岩石失稳破坏的突变理论模型与试验研究. 岩石力学与工程学报, 2005, (5): 741-746.

[220] 蔡美峰, 冀东, 郭奇峰. 基于地应力现场实测与开采扰动能量积聚理论的岩爆预测研究. 岩石力学与工程学报, 2013, 32(10): 1973-1980.

[221] Mendecki A J. Seismic Monitoring in Mines. London: Chapman and Hall, 1997.

[222] 陈炳瑞, 冯夏庭, 符启卿, 等. 综合集成高精度智能微震监测技术及其在深部岩石工程中的应用. 岩土力学, 2020, 41(7): 2422-2431.

[223] Xiao Y X, Feng X T, Hudson J A, et al. ISRM suggested method for in situ microseismic monitoring of the fracturing process in rock masses. Rock Mechanics and Rock Engineering, 2016, 49(1): 343-369.

[224] Fajklewicz Z. Rockburst forecasting and genetic research in coal-mines by microgravity method. Geophysical Prospecting, 2006, 31: 748-765.

[225] Li X, Wang E, Li Z, et al. Rock burst monitoring by integrated microseismic and electromagnetic radiation methods. Rock Mechanics and Rock Engineering, 2016, 49(11): 4393-4406.

[226] 陈宗基. 岩爆的工程实录、理论与控制. 岩石力学与工程学报, 1987, (1): 1-18.

[227] Cai M. Principles of rock support in burst-prone ground. Tunnelling and Underground Space Technology, 2013, 36: 46-56.

[228] Ortlepp W D. The design of support for the containment of rockburst damage in tunnels—An engineering approach//Proceedings of International Symposium on Rock Support in Mining and Underground Construction, Sudbury, 1992: 593-609.

[229] Li C C. A new energy-absorbing bolt for rock support in high stress rock masses. International Journal of Rock Mechanics and Mining Sciences, 2010, 47(3): 396-404.

[230] Li C C, Kristjansson G, Høien A H. Critical embedment length and bond strength of fully encapsulated rebar rockbolts. Tunnelling and Underground Space Technology, 2016, 59: 16-23.

[231] 何满潮，郭志飚. 恒阻大变形锚杆力学特性及其工程应用. 岩石力学与工程学报，2014, 33(7): 1297-1308.

[232] Kabwe E, Wang Y. Review on rockburst theory and types of rock support in rockburst prone mines. Open Journal of Safety Science and Technology, 2015, 5(4): 104-121.

[233] Cai M, Kaiser P K. Rockburst Support Reference Book—Volume I: Rockburst Phenomenon and Support Characteristics. Sudbury: Laurentian University, 2018.

[234] 冯夏庭，陈炳瑞，张传庆，等. 岩爆孕育过程的机制、预警与动态调控. 北京：科学出版社，2013.

[235] Feng X T. Rockburst Mechanisms, Monitoring, Warning and Mitigation. Oxford: Elsevier, 2017.

[236] 冯夏庭，王泳嘉，Webber S，等. 深部开采诱发的岩爆及其防止策略-综合集成智能系统研究. 中国矿业，1998, 7(6): 44-46.

[237] Deere D U. Technical description of rock cores for engineering purposes. Rock Mechanics and Engineering Geology, 1963, 1(1): 16-22.

[238] Terzaghi K. Rock defects and loads on tunnel supports//Proctor R V, White T L. Rock Tunneling with Steel Supports. Youngstown: Commercial Shearing and Stamping Company, 1946: 17-99.

[239] Rabcewicz L V. The New Austrian tunnelling method. Part I. Water Power, 1964, 16: 453-457.

[240] Brown E T, Bray J W, Ladanyi B. Ground response curves for rock tunnels. Journal of Geotechnical Engineering, 1983, 109(1): 15-39.

[241] Alonso E, Alejano L R, Varas F, et al. Ground response curves for rock masses exhibiting strain-softening behaviour. International Journal for Numerical and Analytical Methods in Geomechanics, 2003, 27(13): 1153-1185.

[242] Feng X T, Hudson J A. Rock Engineering Design. London: CRC Press, 2011.

[243] Hudson J A, Feng X T. Rock Engineering Risk. London: CRC Press, 2015.

[244] 冯夏庭，张传庆，李邵军，等. 深埋硬岩隧洞动态设计方法. 北京：科学出版社，2013.

[245] 冯夏庭，江权，等. 高应力大型地下洞室群设计方法. 北京：科学出版社，2023.

[246] Kalman K. History of the sprayed shotcrete lining method—Part I: Milestones up to the 1960s.

Tunnelling and Underground Space Technology, 2003, 18(1): 57-69.

[247] Barla G, Bonini M, Semeraro M. Analysis of the behaviour of a yield-control support system in squeezing rock. Tunnelling and Underground Space Technology, 2011, 26(1): 146-154.

[248] He M, Gong W, Wang J, et al. Development of a novel energy-absorbing bolt with extraordinarily large elongation and constant resistance. International Journal of Rock Mechanics and Mining Sciences, 2014, 67: 29-42.

第2章　深部工程地质特征

深部工程多赋存于不断变化的三维高地应力($\sigma_1^0 > \sigma_2^0 > \sigma_3^0$)条件，在长期的高温高压作用下，其岩性具有高压致密、高级变质、深层侵入、古老沉积的特征。由于持续强烈的构造活动，深部形成了具有典型地质构造特征的断层、活动断裂、硬性结构面、褶皱、错动带、岩脉、柱状节理、逆冲推覆构造、劈理和韧性剪切带，进而影响工程灾害类型、破坏程度和范围[1]。深部工程灾害的发育程度及方向主要受地层岩性、地质构造、地应力等赋存环境的影响。深部工程岩体结构的影响导致力学特性各向异性，结构面引起局部应力非均匀、变形非均匀分布与能量集中现象，在适当的条件下，往往会首先追踪这些缺陷发生破裂和局部能量释放。由于多次构造运动与地表沉积、剥蚀的耦合作用，深部工程岩体三维原岩应力场复杂。三维原岩地应力场特征为后续章节深部工程岩石力学特性、破裂过程数值分析、岩体破坏的致灾机理及控制等相关内容的研究和实施提供重要基础。深部工程所处真三向高原岩应力状态与地质构造不断演化，形成局部非均匀应力场、非连续变形场，促进岩体结构更加复杂。

2.1　深部工程地层岩性

深部工程多数处于深成侵入岩、古老沉积岩、高级变质岩之中。深成侵入岩(>2km)一般具有粗粒结构，如正长岩、二长岩。例如，双江口水电站地下厂房花岗岩属于深成侵入岩，是由岩浆缓慢冷却凝固生成的全晶质粒状岩石，再经变形变质改造而成的侵入岩体，矿物结晶颗粒较粗，常常是中粒、中粗粒半自形粒状结构，岩石单轴饱和抗压强度较高，最高可达 130MPa。深部工程典型花岗岩显微结构如图 2.1.1 所示。

埋深较大且经历过一次或多次沉积作用而未被变质改造过的称为古老沉积岩。例如，某隧道砂岩，浅灰色，其成分以石英、长石为主，含少量云母，块状构造，变余结构，岩体完整，节理裂隙较发育，可见绿色粉末状矿物，局部受构造挤压影响，小褶皱明显。深部工程典型砂岩小褶皱如图 2.1.2 所示。

高级变质岩形成于 600～850℃的环境中，如片麻岩和部分片岩；低级变质岩形成于 250～400℃的环境中，如板岩、千枚岩。拉月隧道最大埋深约 2080m，片麻岩约占 90.2%，为典型高级变质岩。深部工程典型片麻岩如图 2.1.3 所示。

(a) 黑云母二长花岗岩

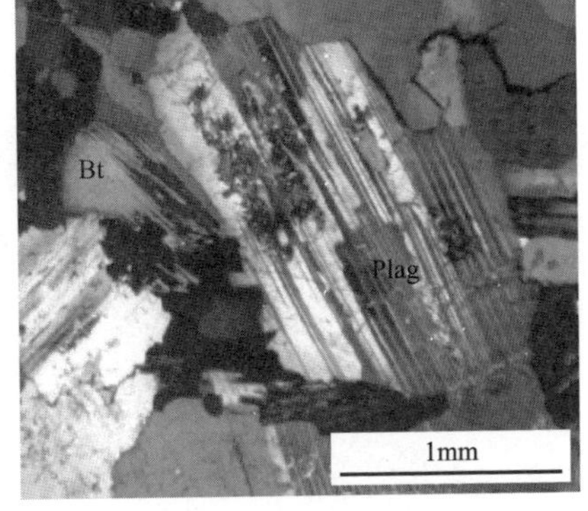

(b) 含次生白云母黑云母花岗闪长岩

图 2.1.1　深部工程典型花岗岩显微结构

Afs. 碱性长石；Bt. 云母；Plag. 斜长石；Qtz. 石英

图 2.1.2　深部工程典型砂岩小褶皱

图 2.1.3　深部工程典型片麻岩

2.2　深部工程地质构造

深部工程所处的地质环境大都经过构造和沉积耦合作用，沉积时期、成岩阶段、构造运动往往交错，且多期发生[2]，原岩应力水平高，特别是地质构造形成的局部封闭应力，使得深部工程围岩原生结构异常复杂，存在大量的非连续结构面。深部工程穿越复杂地质结构示意图如图 2.2.1 所示。

由于印度板块向欧亚板块的强烈推挤，我国西南区域地壳强烈隆升，活动断裂纵横交错、岩浆侵入、火山喷发。活动构造区山地环境对工程的影响较大，尤其在不良地质结构条件下更为突出。以锦屏二级水电站引水隧洞为例，该隧洞位于川滇菱形断块的中部偏东侧，靠近安宁河断裂带。从锦屏地区的地质构造形迹可见，工程区主要发育一系列近南北向展布的紧密复式褶皱和高倾角的压性或压扭性走向断裂，如图 2.2.2 所示。区内的断裂构造发育，主要构造形迹有近 SN 向、NNE 和 NE 向、NNW 和 NW 向。近南北向断裂与褶皱轴线一致，均是叠加在韧性断裂背景上的断裂。

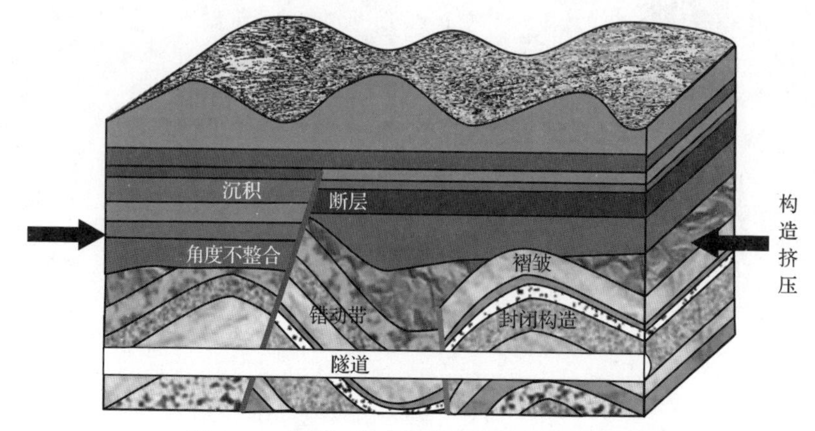

图 2.2.1　深部工程穿越复杂地质结构示意图

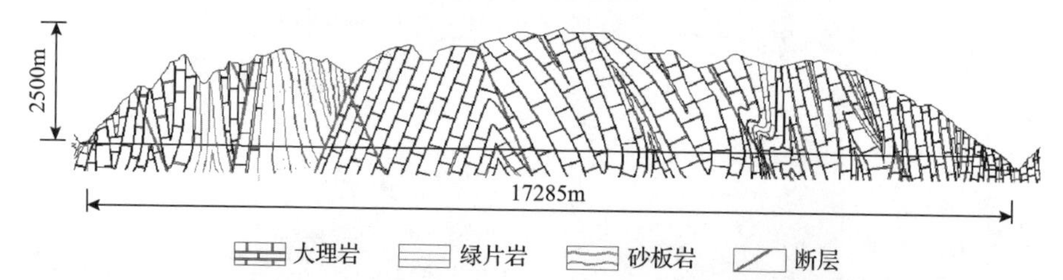

图 2.2.2　锦屏二级水电站引水隧洞沿线地质结构纵剖面图(见彩图)

以区域地质为例，青藏高原东缘构造区分为 Y 字形构造交汇区、川+X 构造区和东构造区三大构造区带，物理地质作用较强烈，如图 2.2.3 所示[3]。构造挤压的主要方向和断裂带的错断特征直接影响深部工程地质构造。印度板块继续强烈挤压欧亚板块，向欧亚板块南缘背斜倒转翼部产生俯冲和形成韧性剪切(剪切塑性大变形)构造断裂(缝合带或结合带)。青藏高原继续抬升的同时，因受其强烈的楔-顶-挤-压作用，以及在东、东北和西北侧三大盆地的强力约束性阻挡作用下，

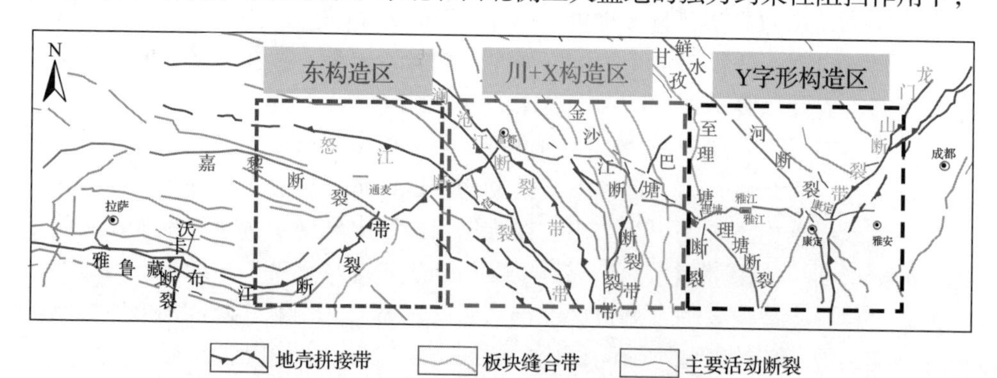

图 2.2.3　青藏高原东缘三大构造区带[3](见彩图)

其地壳物质向四周产生“超覆”或“满溢”，形成地形阶梯。该区域山高坡陡，受地形地貌、地层岩性、地质构造控制，不同规模褶皱、揉皱现象明显。

1. 断层

断层是地壳内部的岩层或岩体在应力作用下产生的面状破坏或面状流变带，其两侧岩块发生明显位移的构造。地壳受力发生断裂，沿断裂面两侧岩块发生显著相对位移的构造，断层规模大小不等，断层可沿走向延伸数百千米，或只有几十厘米，为深部工程中常见的不良地质现象。锦屏二级水电站引水隧洞断层如图 2.2.4 所示。

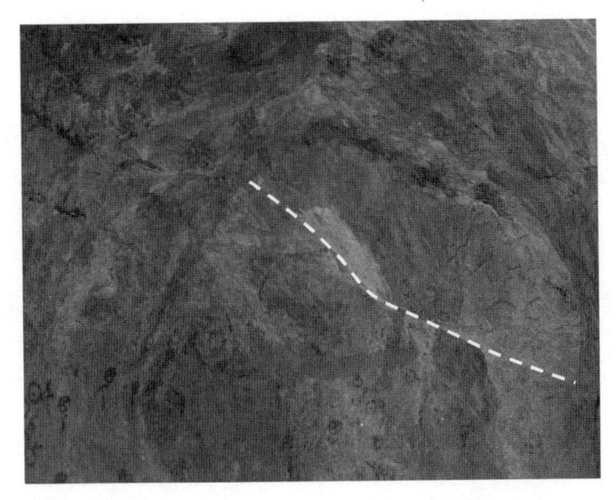

图 2.2.4　锦屏二级水电站引水隧洞断层

断层形成的原因是构造应力超过地壳岩石的强度极限时，岩石发生断裂，断裂后的岩块沿破裂面发生相对位移。按照深部断层的力学成因，断层主要分为压性断层和扭性断层两大类。压性断层是指受到水平挤压作用时，近垂直于压应力(σ_1)方向产生的断层。断层带内有挤压密实特性，常产生一些应变矿物(受压重结晶)，如云母、滑石、绿泥石、绿帘石等，并多定向排列，逆断层多属于压性断层，如图 2.2.5(a)所示。扭性断层是指深部沿着最大剪应力产生的断层，断层面出现大量擦痕，平直光滑，犹如刀切，有时甚至出现光滑的镜面，如图 2.2.5(b)所示。

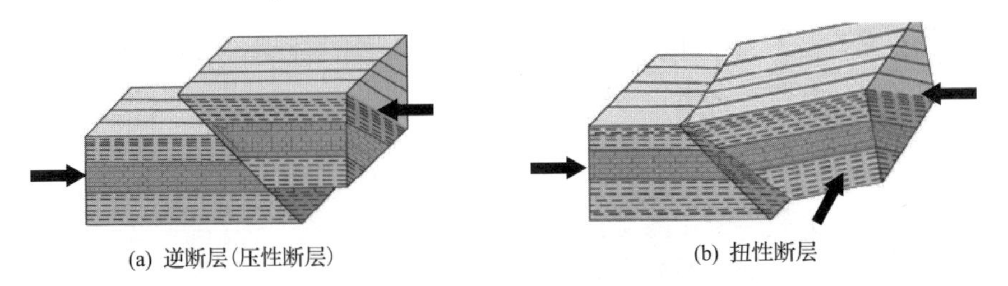

(a) 逆断层(压性断层)　(b) 扭性断层

图 2.2.5　深部典型断层示意图

深部工程主断层的发育可派生许多小断层，发育大量的断裂破碎带，对深部工程围岩稳定性的影响很大，能改变岩体的物理力学性质，降低围岩的整体强度，是造成工程塌方、大变形、突涌水等地质灾害的主要原因。

2. 活动断裂

活动断裂是指第四纪以来一直在活动，现在正在活动，未来一定时期内仍会发生活动的断裂，活动断裂的存在可以导致深部工程区域蠕滑，造成隧道变形破坏。深部工程穿越活动断裂带，由于构造应力场和大埋深自重应力场叠加作用，将会面临高地应力环境及最大主应力方向不断变化的问题，对工程选址和隧道选线具有较大影响。工程经历深层蠕滑后，一旦失稳，极易形成规模大、速度快、危害严重的灾难性事故。活动断裂引起的隧道错断如图 2.2.6 所示。

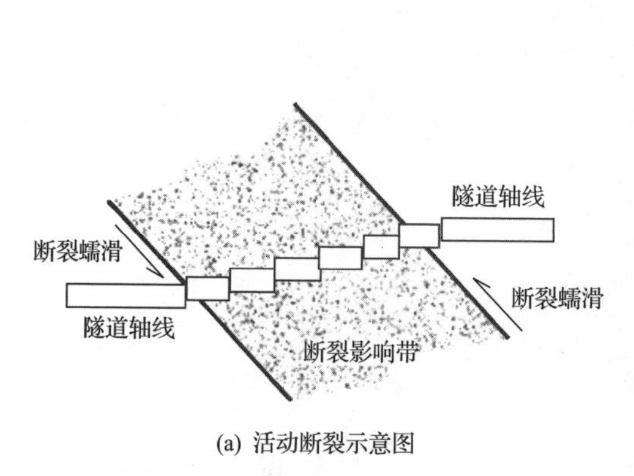

(a) 活动断裂示意图

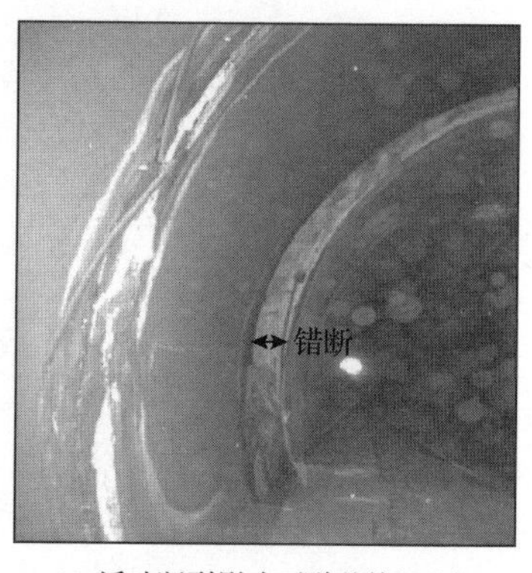

(b) 活动断裂影响下隧道剪切破坏

图 2.2.6　活动断裂引起的隧道错断

活动断裂是活动构造的一种，包括走向滑动或平移活动断裂、压性活动断裂和张性活动断裂。由于活动断裂存在于地壳中破碎且强度较弱的部分，受到大地构造力的作用容易产生错动。例如，印度板块与欧亚板块的持续碰撞作用造就了青藏高原，也形成了一系列大型区域性活动断裂带。

我国川西折多山地处活动断裂区域，如图 2.2.7 所示[4]。它处在鲜水河、龙门山、安宁河三条深大活动断裂带共同作用区域，发育有多条沿山势走向呈雁列组合的活动断裂，由东向西分布有雅拉河断裂、色拉哈-康定断裂、折多塘断裂三支鲜水河分支活动断裂及玉龙希活动断裂。

3. 硬性结构面

硬性结构面为硬质岩体内无充填或者微充填的高强度闭合结构面，广泛存在于深部工程岩体中。隧道洞周应力集中的状态下，硬性结构面附近能量集聚，往往成为控制岩体失稳的关键部位，结构面的存在可以分割岩体，使岩体具有各向异性。锦屏地下实验室二期工程含钙质胶结硬性结构面大理岩显微照片如图2.2.8所示。

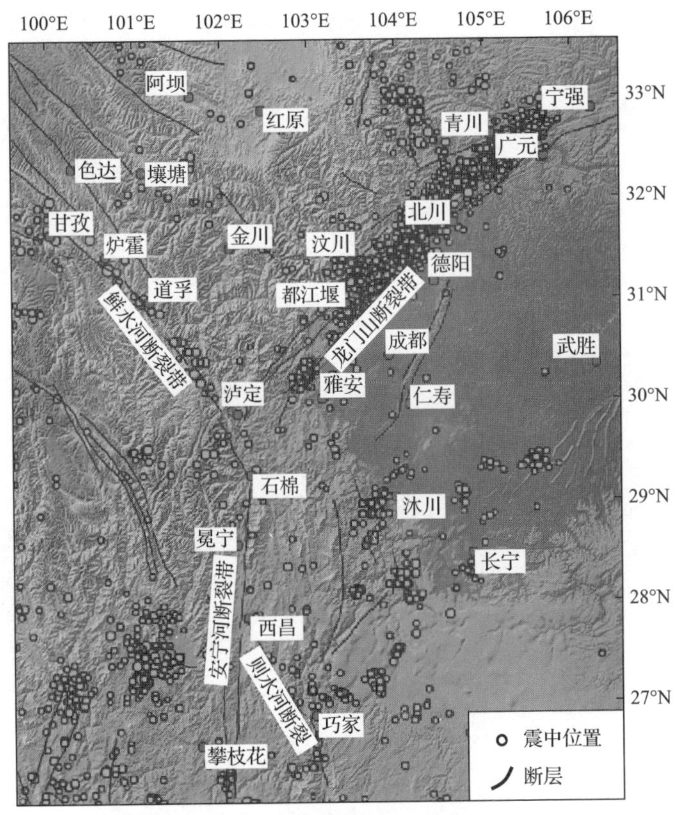

图2.2.7 折多山地处活动断裂区域[4]

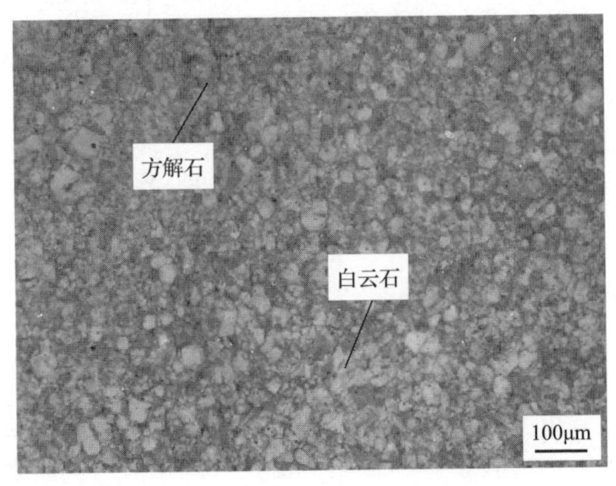

图2.2.8 锦屏地下实验室二期工程含钙质胶结硬性结构面大理岩显微照片(见彩图)

硬性结构面处变形不连续，应力和能量集中，往往是深埋隧洞围岩破坏的边界，影响围岩破坏的深度和范围。硬性结构面控制围岩破坏边界如图 2.2.9 所示。在高地应力条件下，可发生应变-结构面滑移型岩爆。

(a) 含硬性结构面大理岩

(b) 洞壁岩体顺结构面错动30cm

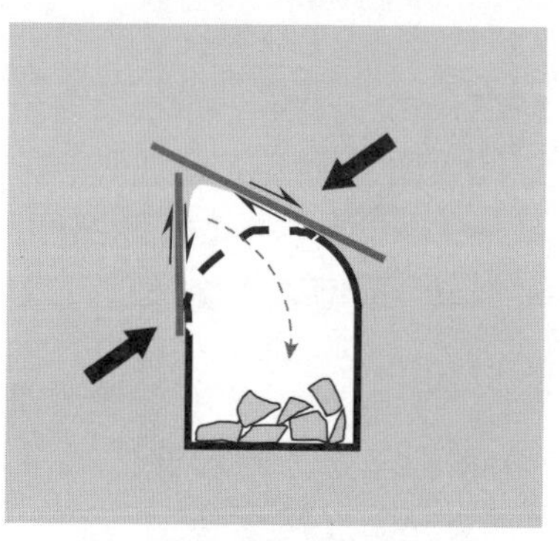

(c) 硬性结构面控制岩爆边界

(d) 硬性结构面组合效果(见彩图)

图 2.2.9 硬性结构面控制围岩破坏边界

我国西南地区某隧道进口平导洞掘进至 JPD1K194+682 时，在 JPD1K194+642 右边墙至拱顶位置发生了中等岩爆。硬性结构面触发的应变-结构面滑移型岩爆如图 2.2.10 所示。该区域围岩整体较完整，但在边墙至拱肩处发育有规模较大的结构面。该区域岩爆发生前时常有清脆的岩石破裂声响，进而产生弹射和塌落。岩爆破坏的轮廓线沿结构面形成，且导致初支混凝土被破坏，初支锚杆被拉弯、失效，不同块度的岩块挣脱锚杆束缚而弹射。该桩号岩爆爆坑范围约为 5m×2m×0.4m (长×宽×深)，爆坑边界由硬性结构面控制。

4. 褶皱

褶皱是岩层或岩石受力而发生的弯曲变形，形成波形起伏形态。与浅部相比，深部岩层形成的褶皱弯曲更深，褶皱核部岩层由于受到水平挤压作用，会有裂隙带产生，直接影响岩体的完整性和强度。褶皱成因是岩层在构造运动作用下，由于受力作用而发生弯曲，一个弯曲称为褶曲，当发生一系列弯曲变形时，就形成褶皱，其要素具体如图 2.2.11 所示。

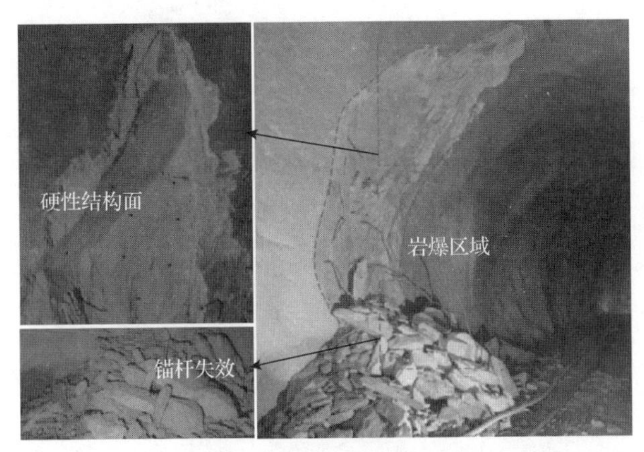

(a) 某隧道岩爆爆坑硬性结构面边界

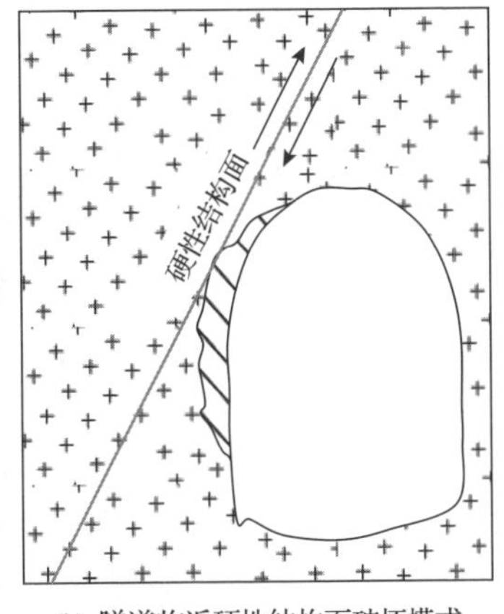

(b) 隧道临近硬性结构面破坏模式

图 2.2.10　硬性结构面触发的应变-结构面滑移型岩爆

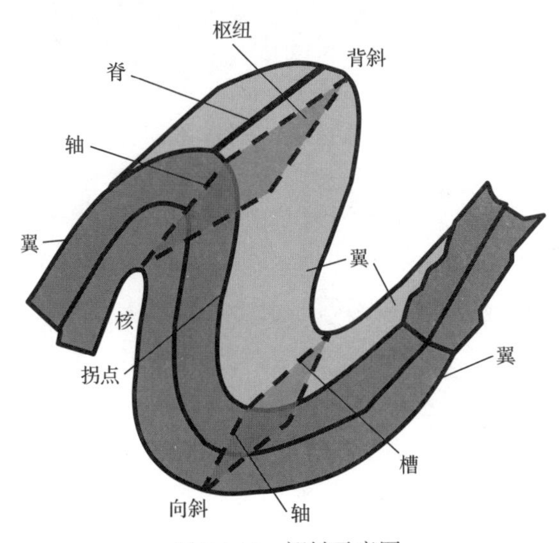

图 2.2.11　褶皱示意图

在直立或倾斜褶皱岩层的横剖面上，背斜核部岩层的时代最老，两翼依次变新；向斜核部岩层时代最新，两翼依次变老。深部工程开挖揭露的褶皱如图 2.2.12 所示，褶皱各部位具有不同的力学性质。

褶皱构造对深部工程的影响程度与褶皱类型、褶皱部位密切相关，与浅部相比，深部封闭应力作用下，褶皱的结构面闭合。一旦开挖，结构面张开，强度迅速降低，直接影响岩体完整性和强度。同时，向斜核部应力高，易发生硬岩岩爆或软岩大变形，但是背斜顶部受岩层张力作用，开挖后可能垮落。在褶皱构造带不同位置岩体中开挖引起的隧道围岩应力分布特征不同，如图 2.2.13 所示，深部岩体赋存高应力环境，褶皱通常有残余应力，即核部受压、转折端受拉。

图 2.2.12　深部工程开挖揭露的褶皱

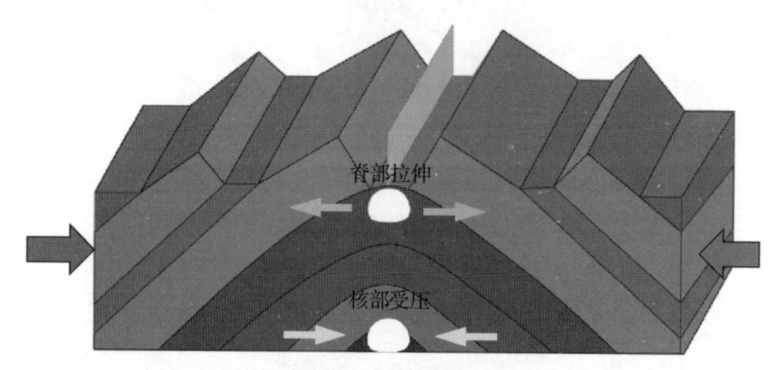

图 2.2.13　褶皱构造体中深埋隧道应力分布特征

锦屏地下实验室二期工程区位于轴向 N27°E 走向的背斜区，2# 交通洞轴线部位为褶皱背斜核部，现场地质调查观察到在 4# 实验室 K0+002 出露的褶皱背斜核部如图 2.2.14 所示。1#、2# 和 3# 实验室位于褶皱的北西翼，岩层走向为近 SN～NNE，倾向为 NW；4#～8# 实验室位于褶皱的南东翼，岩层走向为近 SN～NNE，倾向为 SE。工程区 3# 实验室 K0+015 和 4# 实验室 K0+040 分别发育 2 条挤压破碎带，记为 F1 挤压破碎带和 F2 挤压破碎带。F1 挤压破碎带宽度约为 1m，充填碎裂岩，延伸较长，铁锰质渲染，岩体软弱风化破碎，同产状节理断续平行密集发育，间距为 10～30cm；F2 挤压破碎带走向为 N40°～50°E，倾向为 SE，倾角为 50°～60°，该挤压破碎带宽度为 30～50cm，北侧边墙往南侧掌子面延伸，沿面铁锰质渲染，局部围岩较破碎，同产状节理断续平行密集发育，间距为 10～30cm。

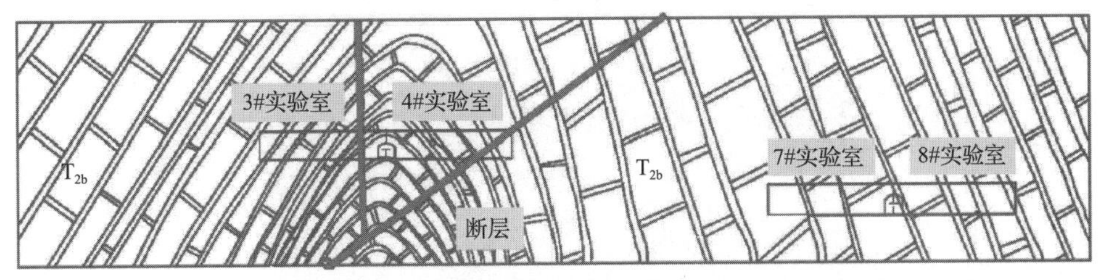

(a) 实验室穿越褶皱背斜核部剖面

(b) 2#交通洞揭露的背斜核部构造

图 2.2.14　锦屏地下实验室二期工程地质简图

5. 错动带

错动带是历史的区域性构造运动顺着层状岩体中若干彼此平行的弱层在剪切作用下形成的一组厚薄不一、间距不等的永久变形条带，可以从微观的剪切面到宏观的几十米、几十千米长。岩体中的软弱岩体在构造作用下因剪切错动使其原岩蚀变，结构遭到破坏，易受水软化和风化作用的一种结构疏松、性状软弱、多层产出、厚度不一、分布随机、延展性强、危险性大的薄层带状岩土系统，称为错动带。例如，白鹤滩水电站地下厂房纵弯褶皱的弯滑作用沿原生弱面产生层间错动带，如图 2.2.15 所示。

白鹤滩水电站地下厂房区域存在强烈的区域构造背景、复杂的柱状节理玄武岩体、深切 V 形河谷地应力条件、力学性质较差的错动带(见图 2.2.16)等不利的工程地质条件，现场实测最大主应力高达 33.39MPa，在左、右岸厂房第一层开挖过程中，洞室围岩整体上基本处于稳定，但受河谷复杂初始地应力、大型软弱构

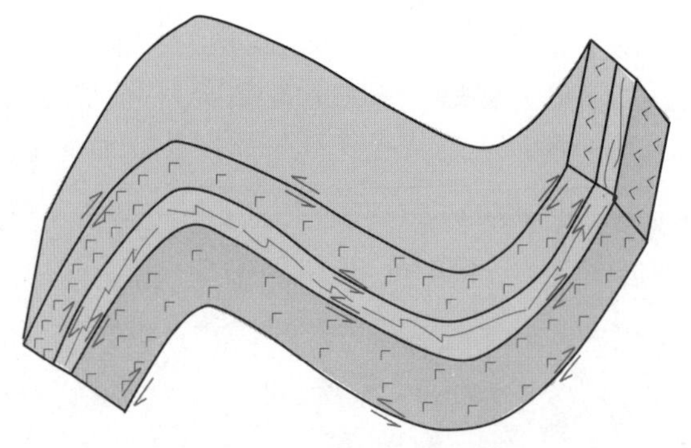

图 2.2.15　白鹤滩水电站地下厂房纵弯褶皱的弯滑作用沿原生弱面产生层间错动带

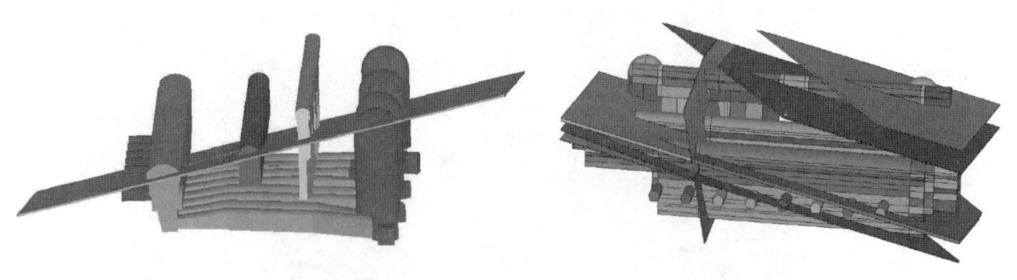

(a) 左岸地下洞室群(见彩图)　　(b) 右岸地下洞室群(见彩图)

(c) 开挖后揭露的典型错动带

图 2.2.16　白鹤滩水电站左右岸深埋地下洞室群与错动带相对关系

造及优势节理面的影响，依然产生了大量的围岩局部破坏现象，左岸 C2、LS3152 错动带和右岸 C3、C4 和 RS411 错动带附近岩体在开挖卸荷条件下顶拱和边墙处发生了不同规模的塌方与塑性挤出型破坏，使得错动带附近岩体的开挖与支护设计成为难题。

由于错动带空间展布范围广，尺寸上远远大于岩体工程结构尺寸，力学强度较低，且历史时期经受剪切错动，在大范围高地应力开挖卸荷扰动下，缓倾错动带附近岩体极易出现各种各样的变形破坏，从而严重威胁到地下洞室群的稳定性，如洞室边墙含错动带岩体剪切错位、顶拱岩层沿错动带垮塌、错动带上下盘岩体大变形、喷射混凝土或衬砌混凝土开裂、锚杆或锚索荷载超设计值等。错动带引起的滑移破坏如图 2.2.17 所示。错动带岩体的破坏与岩体所处的应力水平、岩体质量及错动带的组合形式密切相关，破坏模式大致可以分为拉裂破坏、掉块和剪切滑移破坏等。

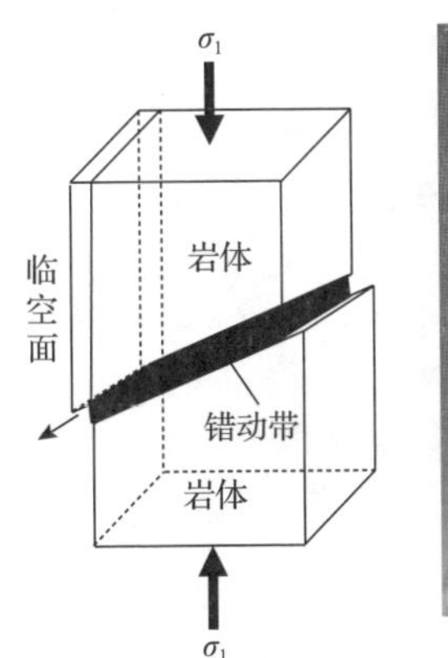

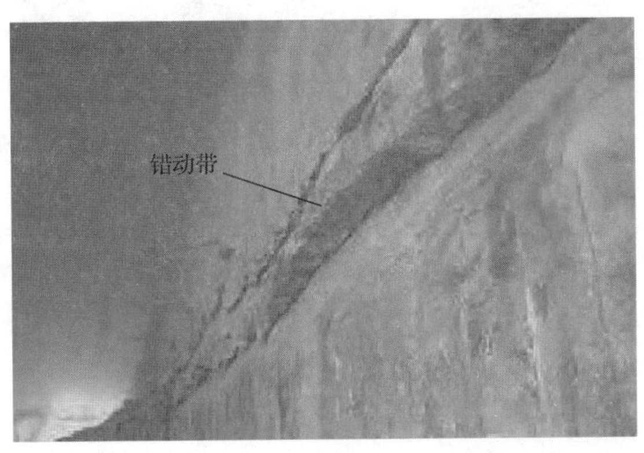

图 2.2.17　错动带引起的滑移破坏

6. 岩脉

岩脉是基岩中充填于裂缝与裂隙的火成岩体，岩脉的岩体质量通常比围岩差，在深部工程中，岩脉不良地质体是施工过程中容易破坏的部位。岩脉是一种分布较为普遍的脉状侵入体，它们在块状侵入岩体发育地区及岩体内部相对集中，成群成带分布，而有些岩脉具有区域性分布的特点。双江口水电站地下厂房围岩主要由致密坚硬的细～中粒似斑状黑云钾长花岗岩组成，厂房水平埋深 380～395m 发育一条煌斑岩脉，宽 0.8～1.1m，产状 N35°～50°W/SW∠72°～75°，沿接触面错动蚀变形成厚 3～5cm 的碎粉岩、片状岩，如图 2.2.18 所示。煌斑岩脉充填软弱夹层、极其破碎。

7. 柱状节理

柱状节理是发育于火成岩中的一种原生张性破裂构造，它常常以规则多边形长柱体形态出现。未扰动柱状节理火成岩的岩石质量指标(RQD)值普遍较低，完整性较差，具有明显的非连续、易开裂与各向异性力学特征。柱状节理的形成本质上是均质岩石在均匀应力条件下开裂。当岩浆喷溢出地表流动静止后，快速冷却造成固结的岩浆中出现均匀的收缩应力，引起分离与收缩运动，这种运动可以沿垂直方向发育很长距离，使岩石形成柱状节理，如图 2.2.19 所示。隐性节理在开挖卸荷前为密闭状态，开挖后随时间逐步出现松弛和开裂。

(a) 扩挖完成后K0+150　(b) 中导洞K0+130

图 2.2.18　双江口水电站地下厂房煌斑岩脉

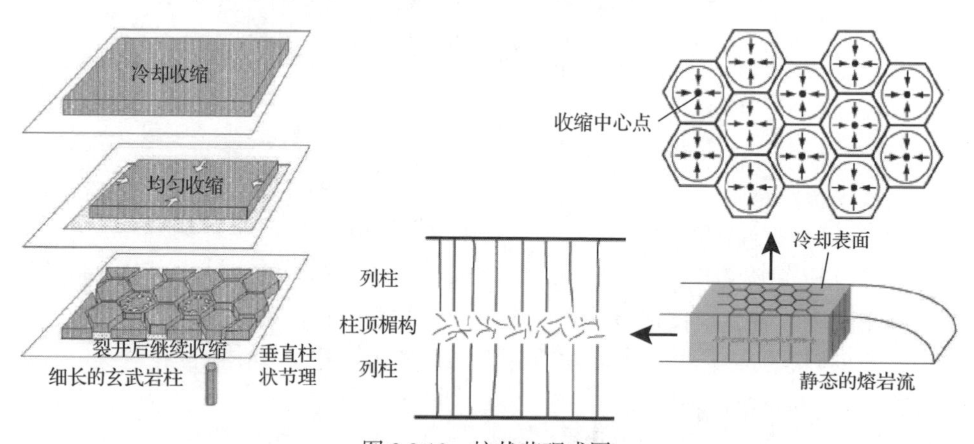

图 2.2.19　柱状节理成因

柱状节理围岩的变形模式与破坏行为较为特殊：开挖后首先是平行柱体轴线方向柱体间的结构面慢慢张开，进而是柱体内处于压密的隐性节理面逐步出现松弛和开裂，从而导致垂直柱体轴线方向的节理面张开与松脱(见图 2.2.20(a))，若不进行及时支护，则将进一步导致其表层围岩中柱体的渐进松脱和局部垮塌(见图 2.2.20(b))。现场观察发现，柱状节理岩体在平行柱体轴线方向和垂直轴线平面上的变形与破坏模式存在明显的差异性，因此深入认识柱状节理岩体的结构各向异性、变形各向异性和强度各向异性的特点及开挖卸荷下的破坏模式对后续的地下洞室柱状节理围岩区的开挖与支护优化十分重要。

(a) 柱状岩体节理面张开松脱　(b) 边墙柱体松动垮塌

图 2.2.20　玄武岩柱状岩体

柱状节理围岩基本为应力-结构型破坏模式，其具体表现形式如下：

(1) 柱间节理面张开导致柱体滑脱。洞室开挖卸荷使得柱状节理岩体的柱状节理面逐步张开，进而导致柱体与周围岩体脱离而滑落。这种破坏形式主要发生在柱体顺向倾向临空面的边墙部位，边墙缓倾角隐柱状节理张开。

(2) 柱内陡倾角隐节理张开导致柱体分解。开挖卸荷和爆破动力扰动作用使得柱体内原本较为紧密的陡倾隐节理松动，进而张开并导致柱体分解，形成多个柱内块体而掉落。这一破坏形式也在柱体顺向倾向临空面的边墙部位最为常见。

(3) 柱内缓倾角隐节理张开导致柱体断开。开挖爆破的扰动效应和地应力的卸荷效应同样导致柱体内较密集的缓倾角隐节理逐步卸荷开裂，明显破坏了柱体的完整性，从而导致柱体非连续性断开而形成分段柱体。

(4) 节理剪胀破坏导致柱体岩块剥落。在洞室开挖后形成的重分布围岩应力场作用下，柱状节理玄武岩中的密集节理在较大的切向应力作用下发生剪切滑动和体积扩容，进而导致岩体的结构破坏并诱发岩块与喷射混凝土的剥落。

8. 逆冲推覆构造

逆冲推覆构造是以挤压性应力为主的构造复杂区常见的地质结构类型，水平挤压是逆冲推覆构造的基本驱动力，容易引起深部工程塌方。

逆冲推覆构造是由逆冲断层及其上盘推覆体或逆冲岩席组合而成的大型挤压构造，多发育在挤压背景下的造山带前陆地区，表现为叠瓦构造和双重构造。推覆体分为褶皱推覆体和冲断推覆体，均是由挤压作用引起的岩层褶皱。其中褶皱推覆体是倒转平卧褶皱沿断层面发生运移时，因挤压作用产生拉伸撕裂；而冲断推覆体是构造沿拉伸撕裂的剪裂面只产生显著位移，并未发生强烈褶皱。

由于印度板块北向俯冲产生近南北向的强烈构造挤压作用，在青藏高原不同地块分别形成逆冲推覆构造体系，如喜马拉雅地块发育主中央逆冲系与主边界逆冲断裂，拉萨地块发育冈底斯逆冲系、纳木错西岸逆冲推覆构造与旁多逆冲推覆构造，青藏高原北部发育尼玛逆冲系、唐古拉山北逆冲推覆构造、风火山逆冲推覆构造与东昆仑南部逆冲推覆构造，在青藏高原北缘发育柴达木盆地北逆冲推覆构造、南祁连逆冲推覆构造与北祁连逆冲推覆构造。新生代逆冲推覆构造运动与强烈挤压构造变形导致地壳缩短增厚与青藏高原隆升。沿冲断方向可以分为后缘带、根带、中带、锋带和外缘带，各带的力学性质和变形特点不尽相同。根据青藏高原地质构造的演化过程，得到青藏高原板块逆冲推覆地质构造体系，如图 2.2.21 所示[5]。

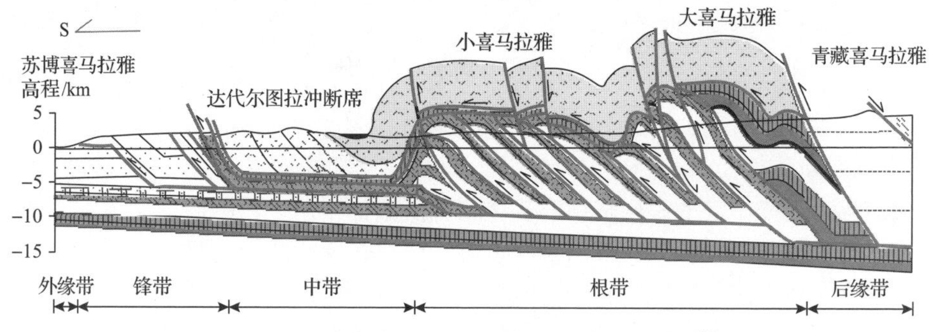

图 2.2.21 青藏高原板块逆冲推覆地质构造体系[5]

9. 劈理

深部工程岩石中发育的密集潜在的破裂面称为劈理，是一种将岩石按一定方向分割成平行密集的薄片或薄板的次生面状构造。它发育在强烈变形的浅变质岩石中，具有明显的各向异性特征，发育状况往往与岩石中所含片状矿物的数量及其定向的程度有密切关系。劈理的微观特征之一是具有域结构，表现为岩石中劈理域和微劈石相间的平行排列，如图 2.2.22 所示。

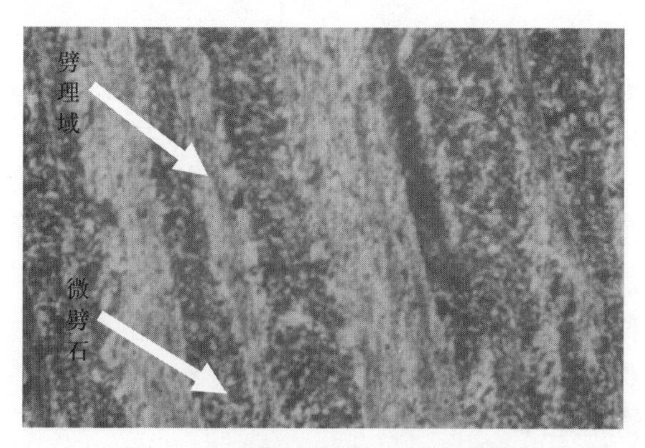

图 2.2.22 劈理的微观特征(见彩图)

劈理域内的层状硅酸盐矿物的定向排列使岩石具有潜在的可劈性，高应力深部工程开挖后，卸荷条件下劈理发生破裂(单区破裂、分区破裂、深层破裂)，强度急剧下降。

10. 韧性剪切带

韧性剪切带是形成于地壳深部、具有强烈非共轴塑性流变特征的线性高应变带(见图 2.2.23)，以十分发育的叶理为特征，带中没有明显的破裂面，但内部及与围岩之间的应变呈递进演化。

图 2.2.23　韧性剪切带

深部工程施工引起应力环境调整、应变及能量转换，容易诱发韧性剪切带岩体大变形等工程问题。目前，深部工程穿越韧性剪切带时的工程地质应用还没有形成体系。断层在地壳上部是脆性变形，到下部深层则变为韧性剪切变形，断层由脆性断层变为韧性断层。随着向地球深部进军，深埋隧道遇到的塑性变形带越来越多，这类韧性变形带的特点是在露头上一般见不到不连续面，两盘的位移完全由岩石塑性流动而成，似断非断，错而似连，剪切带中的矿物组分、粒度和标志层都发生一定程度的变化。

11. 构造结

构造结指的是构造急剧转向的地区，通常是构造应力作用最强、隆升和剥露速率最快、新生代变质和深熔作用最强的地区。例如，受印度板块与欧亚板块碰撞及后持续挤压作用影响，喜马拉雅东构造结所控制的区域地块运动特征具有较好的一致性和连贯性(见图 2.2.24[6])，反映了板块构造运动对地壳地应力方向的控制作用。东构造结地区以走滑型断层的地应力状态为主，色季拉山和鲁朗隧道侧压力系数趋近于 1.2，显示以水平应力为主的构造控制作用。

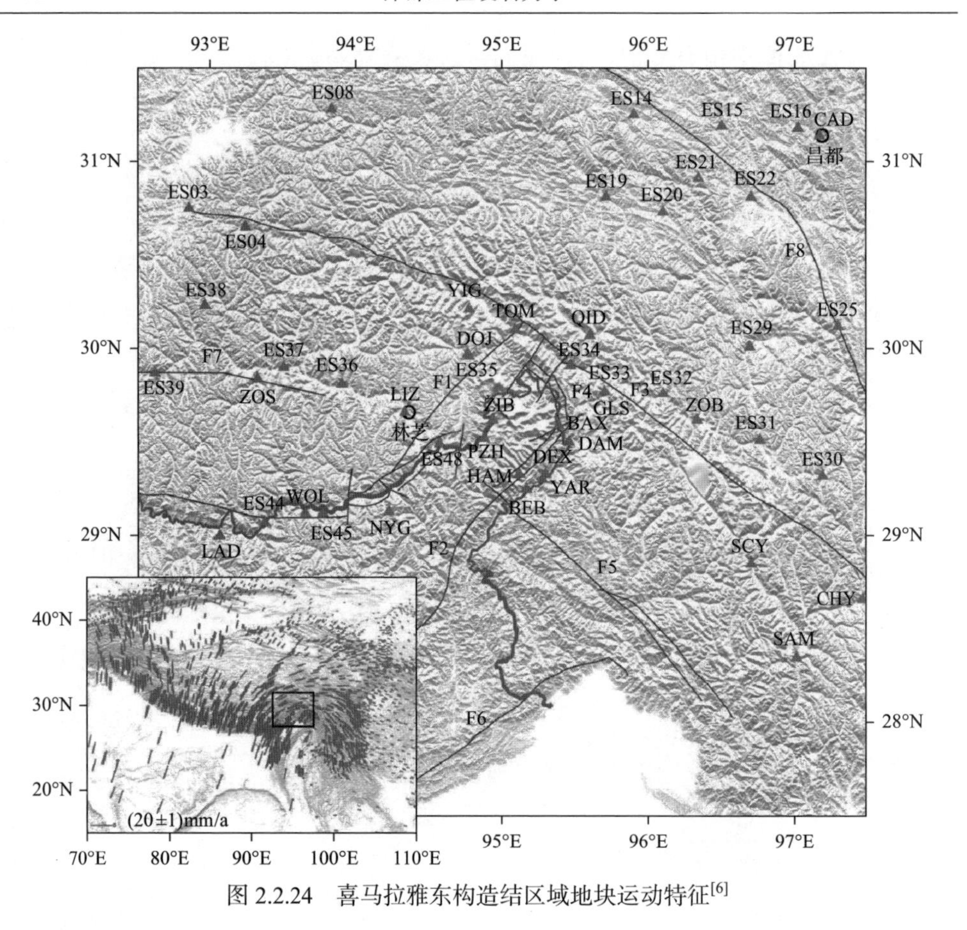

图 2.2.24 喜马拉雅东构造结区域地块运动特征[6]

印度洋板块与欧亚板块楔入构造的东构造结“犁入式”挤压作用，以及扬子地台西缘四川盆地地块的强烈顶推约束作用，历次强烈的构造作用，不同规模褶皱、揉皱现象明显，造成岩体结构破碎、产状杂乱，隧洞开挖过程中易出现局部大变形、塌方等工程灾害。

2.3 深部工程岩体结构

深部成岩过程中，在构造应力、大埋深自重应力和高地温多次作用下，形成了深部特有的工程地质结构且不断演化，其形成是一个动态的变化过程。在岩体中形成各种结构面，进而产生大量复杂岩体结构，具有不同程度的完整性[7]。深部高应力环境下，不同结构的岩体表现出显著不同的工程行为特征，当存在多组结构面时，岩体的强度行为将表现结构面组合效应。根据深部岩体的地质类别、完整性、结构面的发育程度，以及深部工程尺寸、变形破坏模式等因素，可将深部工程典型岩体结构类型划分为整体结构、块状结构、层状结构、镶嵌碎裂结构和蚀变散体结构。

1. 整体结构

整体结构岩体又称完整结构岩体，地质结构单一或强度相近，无明显结构面，变形由岩块本身控制，如图 2.3.1 所示。历史上所遭受的构造运动作用轻微，变形和破裂不显著。结构面延展性差，组数不超过两组，结构体间结合力强，或为紧闭状态，其围岩力学性质一般不受结构面的明显控制。此类围岩一般岩质较硬、完整程度较好，可以视为均匀、连续介质。

图 2.3.1　整体结构岩体

深部工程开挖后，表层围岩的切向应力增大、径向应力减小，应力差增大，完整岩体呈现脆性破坏，洞周应力集中程度主要受地应力大小和方向影响。深部高应力条件下开挖卸荷和应力集中，围岩破裂深度、范围的几何非对称分布与主应力大小和方向直接相关。

2. 块状结构

造山带总体挤压隆升，伴随岩浆侵入和变质作用，在后期遭受强烈卸荷剥蚀，岩体多为块状结构。处于构造运动不强的缓倾、中等倾斜岩体中，构造结构面以两组高角度剪切节理为主，偶有层间错动是此类岩体的显著标志。多数结构面延展性差，长度数米，块状结构岩体变形由结构面控制。整体强度较高，结构面间有一定的结合力，或为闭合呈刚性接触，或附有薄膜，或夹少量的岩石碎屑，或呈粗糙微张状态。岩体相对较为完整，受结构面切割而成块状结构，结构面稀疏、岩块块度大且常为硬质岩石，如图 2.3.2 所示。由于所遭受的构造作用不同，岩体完整性也有所差别，就力学介质类型而言，缓倾岩层区或构造微弱的岩体结构面虽然发育，但结合力尚好，岩体的整体强度仍然较高，可视为均匀连续的弹性体。对于构造运动强一些的岩体，由于存在明显结构面，对力的传递产生影响，则显示不连续介质的特点。

(a) 次块状结构(结构面间距30~50cm)

(b) 块状结构(结构面间距50~100cm)

图 2.3.2　块状结构岩体

3. 层状结构

层状岩体发育有一组软弱原生结构面，如层理、板理、片理等，宏观上呈现出层状、板状或片状结构。在构造运动中经历相对剧烈的褶皱、层间扭曲及错动，层状岩体的层厚和产状是影响其工程岩体力学性质的重要指标。根据层状岩体的单层厚度大小，可划分为厚层(50～100cm)、中厚层(30～50cm)、薄层(1～30cm)和极薄层(小于1cm)，图 2.3.3 为不同层厚的层状岩体。层状岩体不仅表现为结构面切割的不连续性，而且有岩性组合的不均一性，为横观各向同性体，非连续变

(a) 厚层(50~100cm)

(b) 中厚层(30~50cm)

(c) 薄层(1~30cm)

图 2.3.3　不同层厚的层状岩体

形和破裂受岩层组合和结构面所控制。高应力地质条件下，垂直于岩层方向应力释放，平行于岩层方向应力增大，缓倾岩层洞室拱顶可能产生弯折；而平行于边墙的陡立岩层可能产生鼓出、张裂、仰拱的鼓起。

巴基斯坦 N-J 水电站引水隧洞位于喜马拉雅西部区域，背斜、向斜轴向与地层走向近平行，与隧洞轴线呈大角度相交，其向斜、背斜呈连续分布发育规律。TBM 掘进段平均埋深约 1250m，其中埋深超过 1300m 的洞段长达 5.3km，最大埋深近 1899m。实测现场最大主应力为 70～110MPa，最大主应力方位角为 270°～330°，倾角为–30°～30°。在 TBM 隧洞掘进段揭露岩层为砂岩、粉砂岩、泥岩(见图 2.3.4(a)～(c))，三种岩性岩层交替出现呈互层状(见图 2.3.4(d))。岩层倾角为 38°～82°，属陡倾角岩层，岩体中节理及层理裂隙较为发育。

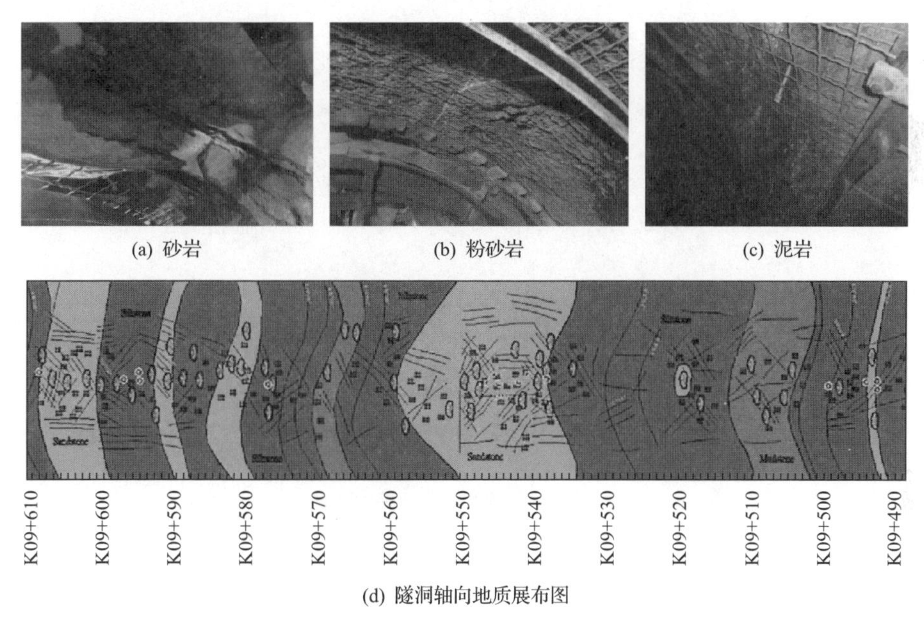

(a) 砂岩　(b) 粉砂岩　(c) 泥岩

(d) 隧洞轴向地质展布图

图 2.3.4　巴基斯坦 N-J 水电站引水隧洞岩层交替互层

4. 镶嵌碎裂结构

深部高地应力环境下紧密镶嵌结构岩体纵波速度高、完整性系数高、渗透性指标低、岩体变形模量高。虽然结构面很发育，但大多短小，岩块虽然较小，但彼此嵌合紧密。镶嵌碎裂结构岩体主要发育在坚硬岩层大断裂的压碎岩带和侵入岩的挤压破碎带内。结构面不规则、密度大，间距一般为 20～30cm，节理、劈理组数多，分散指数高，一般多于 3 组；结构面粗糙、紧闭无填充，岩块间呈刚性接触；结构面彼此穿插，相互切割，使得岩块的形态复杂多样、大小不等、棱角显著、互相咬合，彼此牢固，如图 2.3.5 所示。从整体上看，岩体破碎，可以视为均质的各向同性的不连续介质。岩性复杂，岩体中节理、裂隙发育，黏结力不强，结构面之间贯通性较好，岩体被切割至破碎状，整体强度低，塑性强，常常发育于多重褶皱和构造结地区。发生变形时具有明显的空间效应，岩体的变形破坏由软弱结构面的规模决定。

图 2.3.5　镶嵌碎裂结构岩体

5. 蚀变散体结构

蚀变散体结构岩体由泥、岩粉、碎屑、碎块组成的泥质条带和碎裂结构的透镜体共同构成，经历过剧烈的构造运动，此类岩体曾经遭受极度破坏，整体性完全丧失。结构面多组，互相交错，将岩体切割成均匀的小块颗粒岩石。它是挤压破碎和蚀变这两种动力破坏与热力变质过程的产物，可能是挤压破碎带(见图 2.3.6)，也可能是蚀变带(见图 2.3.7)，或者两者兼备。结构面高度密集而导致岩体解体，结构体呈现颗粒状、鳞片状、碎屑粉岩、角砾状及块状。蚀变作用的动力来源可分为热液交代蚀变、构造动力蚀变和次生风化蚀变，蚀变散体结构岩体中岩块主要形状为碎屑状、颗粒状。深部工程蚀变岩的形成往往是前两种蚀变作用综合作用的结果，主要特征是岩体极其破碎，岩体内结构面十分密集，岩体多呈片、碎屑、颗粒等散体状。

图 2.3.6　挤压破碎带

图 2.3.7　蚀变带

2.4　深部工程岩体三维原岩应力场

深部工程的围岩稳定性受工程区的地质条件、原岩应力场等多个因素的影响，相同地质条件下的岩体在不同的原岩应力场中会表现出不同的力学行为。因此，确定深部工程所处三维原岩应力场，对深部工程设计、施工和稳定性评价等环节具有重要意义。

2.4.1　深部工程岩体三维原岩应力场获取方法

深部工程岩体三维原岩应力的获取包括单点三维地应力的获取和三维地应力场的获取，前者主要采用三维地应力测试的方法获取，后者可以采用三维地应力场反演的方法获取。

深部工程岩体三维地应力测试测点的布置首先要考虑地下工程的类型、工程布置方式及设计要求等条件，所选位置要具有代表性，应满足以下要求：

(1)测点布置应具有全面性和代表性，在地应力环境复杂的区域，如位于构造应力场中时，应根据区域地质构造、地形地貌等进行一定的前期分析，在不同应力特征区域内均布置测点，以便获取整个工程区的应力场特征。

(2)测试位置应选在岩体完整或较完整的地方，这是由于地应力测试的方法主要建立在弹性理论基础上，而裂隙岩体并非理想的弹性体和连续体，会造成测试误差较大。

(3)对于工程区的测点，应避开应力扰动区，只有测试深度达到应力稳定区，所测试的成果才能代表原始地应力状态。

(4)根据测点位置的地质条件、空间大小确定施测钻孔深度并满足相关技术规范中的边界条件。

套孔应力解除法和水压致裂法是目前工程中应用最广泛的地应力测试方法。Hudson 等[8]提出了岩石应力估计建议方法并介绍了这两种方法的基本原理，对水压致裂法和套孔应力解除法的测试程序等进行了规范。但是这两种方法在深部工程使用时会出现岩芯饼化、无法将岩体压裂等问题，需要对测试方法进行改进。

套孔应力解除法是通过测量岩体中岩芯应力解除前后钻孔的变形或应变，计算出应力的大小和方向，属于间接测量法。套孔应力解除法要求测试位置附近岩体较完整，测试过程中传感器附近取出的岩芯完整。然而，深部工程中由于高地应力的影响，钻孔过程中易产生岩芯饼化现象(见图 2.4.1)，导致测试失败。为解决高应力区套孔应力解除法测试过程中岩芯饼化导致测试失败的问题，对试验方式进行了一些改进，以减小试验段岩芯饼化的概率，提高地应力测量的成功率。

图 2.4.1　钻孔岩芯饼化

随着钻孔的环向破岩深入，岩芯根部应力集中进一步增强，当应力集中程度达到岩体的破坏强度时，岩芯周边裂纹在微小缺陷处起裂，易产生岩芯饼化现象。因此，可采用阶梯状或楔形新式钻头，分级逐步解除，减小解除钻孔过程中岩芯的应力集中大小与范围，如图 2.4.2 所示[9]。同时，使用大直径解除钻头，增大套芯试验段岩芯壁厚，减缓岩芯裂缝扩展及饼化过程。试验发现，可以达到应力解除过程中岩芯饼化裂纹扩展而不会贯通导致岩芯断裂(在解除完成后，扭断岩芯的操作可能会使取出的岩芯呈饼化状态)。为提高试验效率，可先在选定试验孔钻孔扰动范围外近距离平行钻取小孔径取芯孔，根据取芯孔岩芯揭示的岩体条件，再选定套孔应力解除的测试段的深度位置，避开岩体破碎区域。

(a) 新型梯形钻头

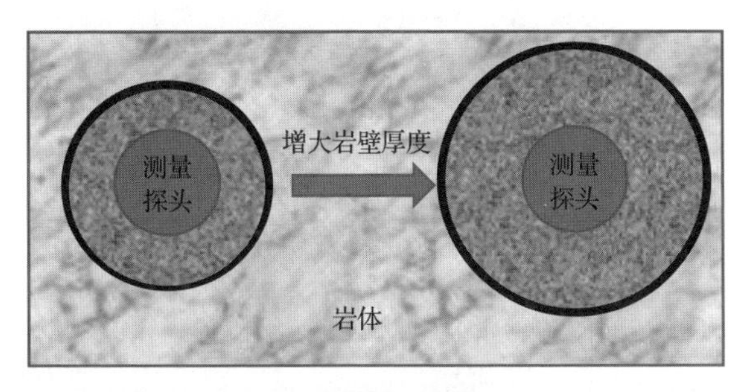

(b) 大直径解除钻孔

(c) 改进后效果：未产生饼化

图 2.4.2　深部岩体地应力测试的套孔应力解除法改进[9]

水压致裂法是选取一段岩体完整段的钻孔，用封隔器将上下两端密封起来；然后注入液体，加压直到孔壁破裂，记录压力随时间的变化，并用印模器或数字钻孔摄像观测破裂方位，根据记录的破裂压力、关泵压力和破裂方位，利用相应的公式算出地应力的大小和方向。传统的水压致裂法由于深部岩体初始地应力高，水压设备无法有效压裂钻孔孔壁岩体；而采用庞大的高水压力系统进行岩体压裂，因费用昂贵，难以大量应用。例如，超高压岩体水压致裂法地应力测试系统应用于锦屏二级水电站辅助 B 洞，埋深约 2000m 处测得最大应力可能达到 90MPa，但在测量过程中多次发生封隔器由于压力过大而破裂或裂缝不明显无法观察，导致测量失败而未获得完整的三维地应力实测数据的情况。同时，水压致裂法假设岩体中有一个主应力的方向和孔轴线平行，这个假设在深部工程存在使用的限制性。

如图 2.4.3 所示，高压自锁封隔器无需孔口坐封，通过高压流体可产生高压密封部位，通过高压密封部位实现高压流体的密封，最高密封压力达 150MPa。该封隔器无需其他措施，可在钻孔内保持平衡状态，实现自锁功能；可在任意角度的钻孔中开展原位地应力测试和原位压裂试验，无需其他耗材，可多次重复使用；同时，易于解锁和取出，不会出现卡孔损坏封隔器的风险。

图 2.4.3　高压自锁封隔器

对高压自锁封隔器进行耐压及密封性能测试发现，在高压 125MPa 条件下，将高压自锁封隔器与外部增压系统连接封闭 20h，封隔器内部流体压力基本无变化，表明高压自锁封隔器具有良好的密封性。高压自锁封隔器耐压及密封性能测试结果如图 2.4.4 所示。

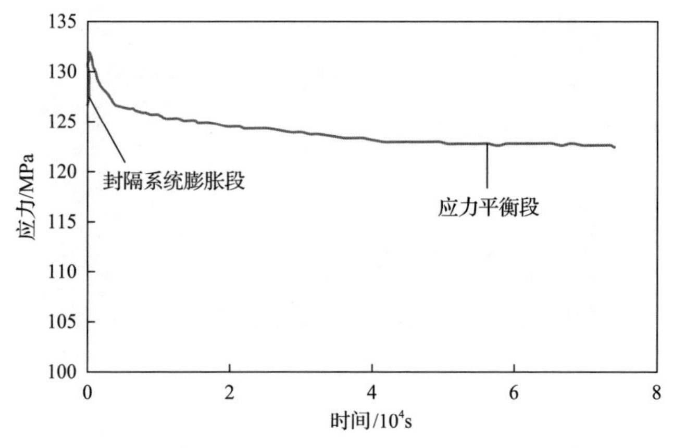

图 2.4.4　高压自锁封隔器耐压及密封性能测试结果

采用水压致裂法对完整围岩进行单孔应力测量过程中，只能获得垂直于钻孔轴平面应力场，所测得的应力是钻孔横截面上的二维应力状态，其与大地坐标系下的岩体地应力空间三维状态是有差别的。若要获得大地坐标系下的岩体地应力空间三维状态，则需要 3 个及以上的钻孔组成三维应力测量断面。由于开挖扰动会导致围岩内部应力变化，地应力测试位置应穿越应力调整区，一般钻孔长度应为测点所在工程断面直径的 3～5 倍。因此，地应力测试时，应选择在断面直径较小的地下工程中进行。钻孔的布置可以采用三孔交汇钻孔，具体包含以下几种方式：①边墙布置，可以在同一边墙上布置三个收敛会聚型钻孔，该方法测试段取样体积最小，各测点的地质差异小，更具有代表性；②端头布置，在靠近地下工程端头的位置及开挖面、边墙和底板处各布置一个钻孔，钻机不移动即可完成全部钻孔；③边墙及底板布置，在边墙布置 2 个钻孔，底板布置一个钻孔。深部岩体三维地应力水压致裂测试钻孔布置方式如图 2.4.5 所示[10]。

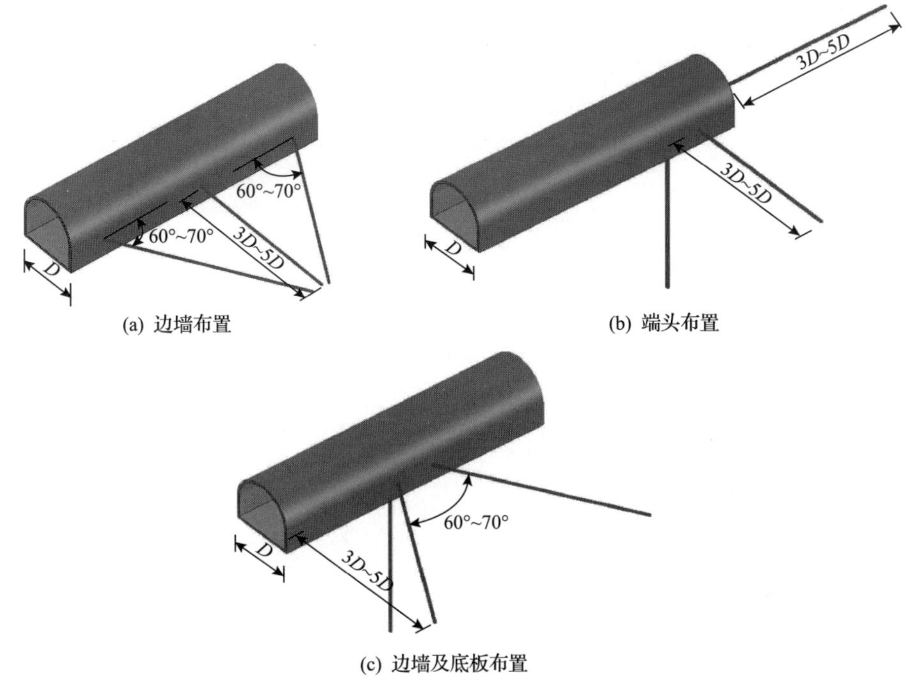

(a) 边墙布置

(b) 端头布置

(c) 边墙及底板布置

图 2.4.5　深部岩体三维地应力水压致裂测试钻孔布置方式[10]

三维地应力测试可以获得测点处三维地应力的方向和大小，但是地应力受众多因素的影响，其仅能代表测点附近的应力特征。由于受到现场条件及费用等的制约，难以在整个工程区开展系统的三维地应力测试。因此，可以结合实测地应力测试成果，进行三维地应力场回归分析，进而对局部洞段或整个工程区的应力场进行分析。

2.4.2　深部工程岩体三维原岩应力场特征

深部工程不仅自重应力大，还存在区域构造应力、封闭应力等，导致其应力场更加复杂。深部工程在自重应力、构造应力和封闭应力的影响下，呈现出应力水平高、应力差大、应力场与工程空间关系复杂的特征，也是深部工程灾害发生的重要原因。典型深部工程[9,11-20]的地应力如表 2.4.1 所示。

1. *原岩应力场*

原岩应力场按照组成原因和地形地貌等特征可以分为以下四类：自重应力场、构造应力场、河谷应力场和封闭应力场。

表 2.4.1 典型深部工程[9,11-20]的地应力

工程名称	测点埋深/m	工程轴线方位角	σ_1^0			σ_2^0			σ_3^0		
			应力值/MPa	方位角	倾角/(°)	应力值/MPa	方位角	倾角/(°)	应力值/MPa	方位角	倾角/(°)
锦屏地下实验室二期[9]	2400	N58°W	69.2	N34°W	55.6	67.32	S13°E	32.6	25.54	N19°E	9.98
巴基斯坦 N-J 水电站引水隧洞[11]	1785	N38°E	116.8	N78°W	35	75.8	N35°E	29	36.2	S25°E	42
玲珑金矿[12]	970	—	60.26	—	11	34.52	—	72.2	27.93	—	–12.5
红透山铜矿[13]	1217	—	50.6	—	51	36.6	—	10	18.8	—	37
乌东德水电站[14]	640	N60°E	19.5	N22°W	53	13.4	S20°W	35	9.9	S78°W	11
双江口水电站地下厂房[15]	308	N10°W	37.82	N29°W	46.8	16.05	N54.1°E	–7	8.21	S43°E	42.3
拉西瓦水电站地下厂房[16]	460	N25°E	29.7	N23°E	27	20.6	NE73°	27	9.8	N37°E	28
锦屏二级水电站地下厂房[17]	—	N64°W	16.8	N74°E	–11	10.9	S13°E	–28	8.9	S35°E	60
两河口水电站地下厂房[18]	440	SN	30.44	N35.5°E	–10.6	12.08	N67°W	–49.3	5.07	S44°E	–38.7
通渝隧道[19]	1015	S69°W	33.04	N35°E	10	26.51	N55°W	–78	12.16	S55°E	–8
天生桥二级水电站引水隧洞[20]	405	—	30.55	S57°E	1	21.88	N33°W	26	14.78	S35°W	31

注：倾角为正表示应力方向与水平面呈上倾角，倾角为负表示应力方向与水平面呈下倾角。

1) 自重应力场

自重应力场指岩体内自身重量引起的应力，是岩体地应力场形成的主导因素，主要由上覆岩层重量决定其大小。贺永胜等[21]总结了加拿大、澳大利亚、美国和南非的垂直地应力，如图 2.4.6 所示。统计显示，在 25～2700m 的深度范围内，自重应力与埋深成正比，比例系数约为 0.027。

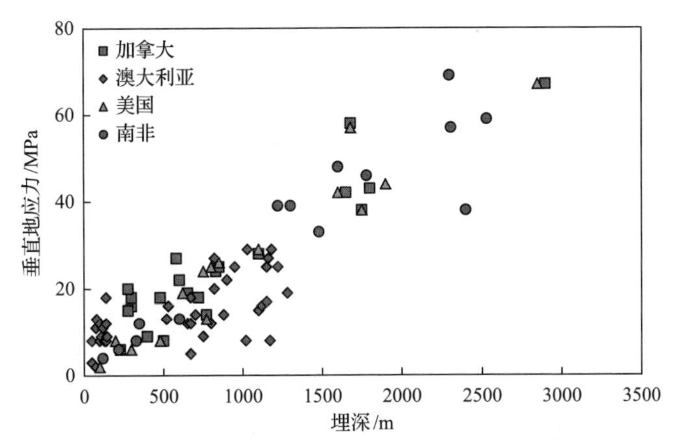

图 2.4.6　典型国家垂直地应力分布图[21]

2) 构造应力场

构造应力场通常指导致构造运动的地应力场，或者由于构造运动而产生的地应力场。构造应力场受工程区域的地形地貌及其位置关系影响较大，根据工程所处的地形环境，可以分为以下情况：

(1) 在无明显区域构造的平原地区深部地下工程中，一般情况下最大主应力以自重应力为主。

(2) 在受长期剥蚀等作用影响下形成的丘陵等区域，受剥蚀作用影响，垂直应力释放较多而水平应力基本不变，从而导致岩体内部存在部分地应力水平超过自重应力的情况，甚至以水平构造应力为最大主应力。例如，新疆某丘陵地带的深埋隧道工程，最大埋深 750m 左右，构造应力显著，最大主应力为 30MPa，且方向为近水平。

(3) 山体中位于地面以上的深部工程中，不同位置处的地应力特征有显著差异：靠近深切河谷时，在靠近河谷的区段，受河谷应力场的影响，最大主应力与河谷边坡近平行；在远离河谷埋深较大的区域，最大主应力可能为自重应力；中间区域出现最大主应力方向及数值的变化。例如，锦屏二级水电站，由于地下厂房区域靠近河谷谷底的应力集中区，最大主应力为沿隧洞轴向的水平应力；引水隧洞在埋深较大的洞段，最大主应力为偏于垂直方向的应力，沿隧洞轴向的水平应力转变为中间主应力。由于隧洞埋深的迅速增大，水平构造应力随埋深的增长不如自重应力增长快。因此，垂直方向的主应力逐渐从最小主应力转变为最大主应力；同时，存在一个过渡应力状态，即最大主应力为沿隧洞轴向的水平应力，中间主应力为垂直方向自重应力。锦屏二级水电站引水隧洞沿线地应力分布规律如图 2.4.7 所示[1]。

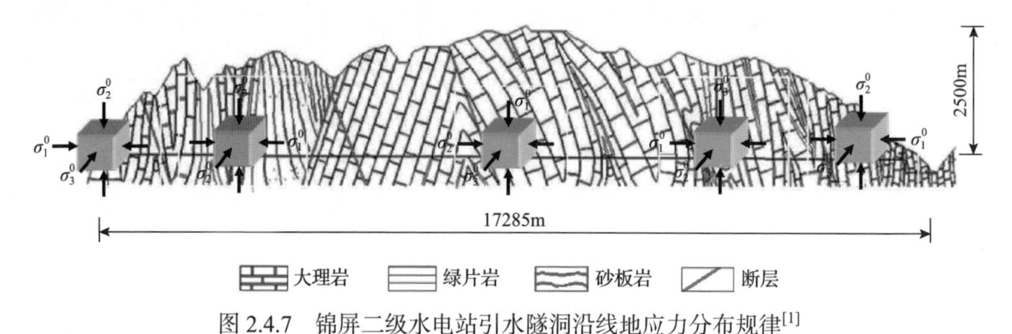

图 2.4.7　锦屏二级水电站引水隧洞沿线地应力分布规律[1]

(4)孤立山体中位于地面以下的深部工程中，以构造应力为主。如玲珑金矿，在地下 970m 处，最大主应力为 60.26MPa，最大主应力倾角约 11°。

(5)群山中位于地表以下的深部工程中，除受区域构造的影响外，还会受到起伏的山岭影响，最高峰两侧的起伏山体导致二级谷地的应力集中，使得主峰两侧构造应力小幅升高。如某铁路隧道穿越连续山脉，在埋深 1446m 处，最大主应力为 49.7MPa，最大主应力倾角为 2.3°，近水平方向。

3)深切河谷应力场

深切河谷区应力场是在区域地应力场的基础上由于地表剥蚀、河流侵蚀等地质作用，并伴随河流下切过程，在谷底和岸坡一定范围内发生应力调整而形成的局部地应力场，其分布规律受到岩组条件、区域地应力场条件、河谷形态及演化历史等因素的影响。地形对应力场的影响主要在地表附近，河谷下切或边坡开挖过程中，随着边坡侧向应力的解除(卸荷)，边坡产生回弹变形，边坡应力产生相应的调整，导致在其一定深度范围内形成二次应力场。最终呈现出在靠近河谷处，受到河谷应力集中的影响，构造应力升高，并在河谷岸坡附近降低的特征。

河谷边坡应力分布具有与隧洞围岩应力分布类似的特征，包括应力降低区、应力升高区和原岩应力区(实际为不受卸荷影响的区域)，边坡应力随深度的这种分布形式称为驼峰应力分布，如图 2.4.8 所示[22]。锦屏二级水电站地下厂房第 4# 机组剖面应力矢量图(图中方框部分为厂址区域)和最大主应力分布图如图 2.4.9 所示[17]。可以看出，从应力方向看，厂址区域浅层岩体最大主应力倾角与地表坡度大体一致，而距离地表较远位置，最大主应力倾角逐渐增大；从最大主应力量值上看，河谷区域出现应力集中现象，最大主应力量值较大，距河谷区域竖直方向上最大主应力梯度较大，而远离河谷的区域受深切河谷地形的影响较小。

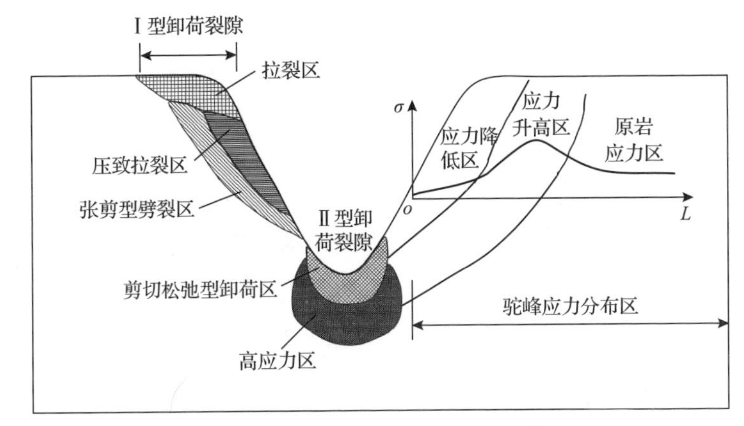

图 2.4.8 河谷边坡应力分布[22]

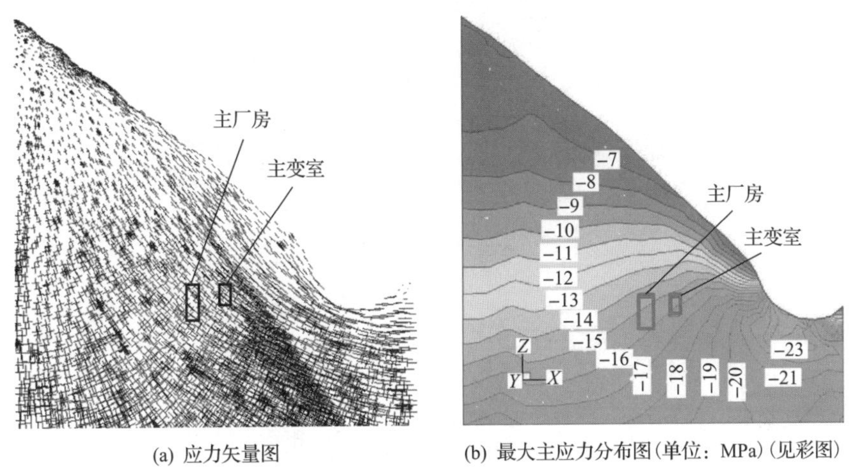

(a) 应力矢量图 (b) 最大主应力分布图(单位：MPa)(见彩图)

图 2.4.9 锦屏二级水电站地下厂房第 4# 机组剖面应力分布图[17]

4)封闭应力场

封闭应力是物体在不受外力作用的情况下，以自平衡状态存在于其内部的应力，是各种地质因素或构造的长期作用下产生的残余应力场。受岩石中的封闭孔隙压力、异质夹杂、岩石扰动、不协调变形、局部温度变化等各种因素影响，产生不均匀的内应力场，即使在外力释放或边界消除后，仍能在一段时间内封存于岩石中达到自我平衡[23]。封闭应力场是普遍存在的，热应力、冻胀力、位错造成的局部剪应力等都属于封闭应力。例如，褶皱的不均匀塑性应变导致的封闭应力；节理、断层等不连续面附近的完整岩体中，由于形成过程中的应力分异和后期可能的构造活动造成的应力集中效应，其内部也会储存大量弹性应变能。封闭应力受褶皱、断层、结构面等地质结构影响，在不同位置，地应力分布存在以下特征。

(1)褶皱的背斜和向斜因形态与地层关系的差异，呈现不同的内力状态。背斜外层呈拉应力集中，沿核部从外层向内层拉应力逐渐减小；向斜岩层向下凹陷弯曲，核部内层受压并从内层向外层压应力减小，在核部外层形成拉应力作用。因此，在褶皱附近形成了封闭应力，且水平应力分布呈现的特征为：褶皱核部的最大水平应力比翼部大，翼部的最大水平应力比背斜处大；背斜两翼的自重应力较大，核部相对较小；拉伸裂缝更容易在曲率较大的褶皱中形成，而剪切裂缝更容易在较平缓的褶皱中形成。褶皱区域不同位置的水平应力及破裂分布特征如图 2.4.10 所示[24]。

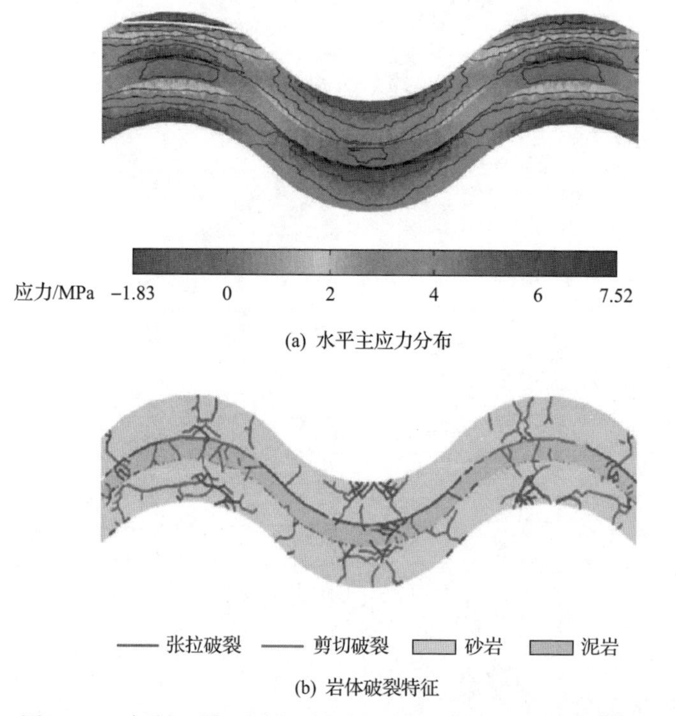

图 2.4.10　褶皱区域不同位置的水平应力及破裂分布特征[24](见彩图)

(2)断层由断裂面两侧岩块发生的显著相对位移形成，在其附近形成了封闭应力，表现为断层附近存在应力扰动区域，且该区域内的应力方向和大小有明显变化。断层附近地应力分布特征如图 2.4.11 所示[25]。应力的分布在断层两侧呈现出先急剧增大后急剧减小的特征，断层中部附近的应力一般较低，而断层端部的应力一般异常增大。断层端部的应力与断层长度有关，断层长度越大，应力集中程度越高。水平主应力随断层厚度的增大突变性地增大，应力扰动带的范围也相应增大。断层的间距、倾角、厚度等条件影响地应力的方向，导致应力产生偏转，断层间距或断层倾角越小、断层越厚，地应力方向偏转越显著。

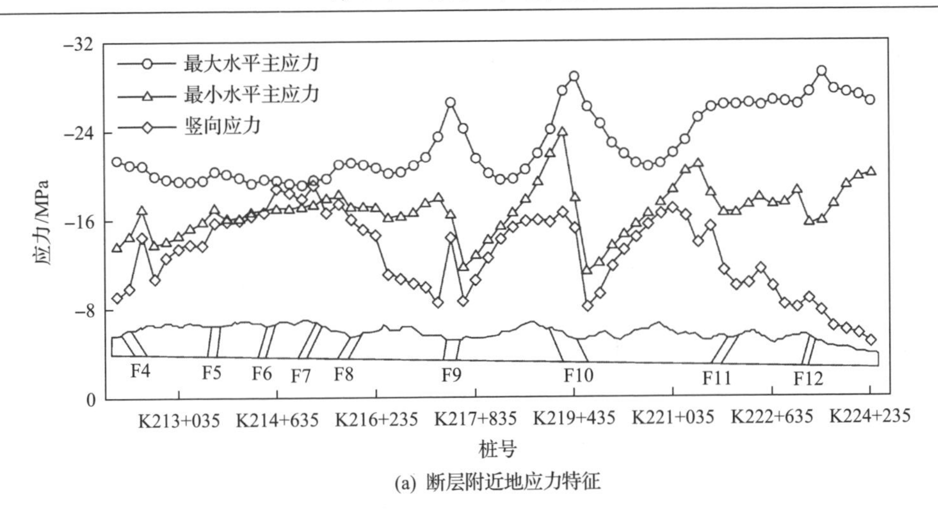

(a) 断层附近地应力特征

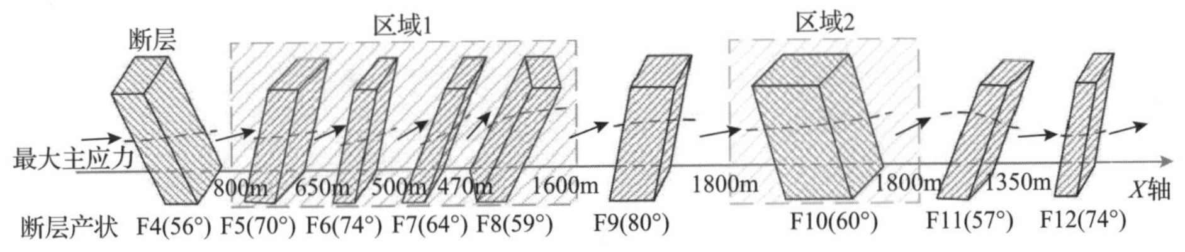

(b) 断层对应力方向的影响

图 2.4.11　断层附近地应力分布特征[25]

(3)结构面尖端因扩展受阻，往往会在其附近产生应力集中，从而形成封闭应力。结构面附近应力分布状态受到明显扰动，结构面越长，其应力集中程度越高。最大水平主应力的方向在结构面附近会发生不同程度的偏离，结构面尖端应力方向偏离严重，但远离结构面的应力方向趋于区域应力方向。

封闭应力的大小主要与构造有关，与埋深没有绝对的关系，但总体随深度的增加呈升高趋势。深部岩体中因封闭应力的存在，岩体内部应力往往要高于地应力，当受开挖卸荷作用而使封闭应力释放时，岩体会发生突然破坏。因此，岩石内部存在的封闭应力是产生岩石工程灾害的原因之一。深部工程存在大量的封闭应力系统，在开挖时造成地应力的突然卸荷，使得岩体在临空面处发生破坏，地应力突然释放，造成岩爆、大变形、分区破裂、流体突出等地质灾害。

2. 三维地应力分布特征

1)地应力水平高

深部工程三维地应力水平高，分为两种情况：以自重应力为主的深部工程和以构造应力为主的深部工程。以自重应力为主的深部工程，由于埋深较大，自重应力水平高，如锦屏二级水电站引水隧洞，最大埋深 2525m，其自重应力超过

60MPa。以构造应力为主的深部工程，由于受构造应力的影响，此时深部工程的最大主应力和中间主应力均较高。例如，玲珑金矿在 970m 埋深处测得的最大主应力达到 60.26MPa，巴基斯坦 N-J 水电站引水隧洞 1785m 埋深处测得的最大主应力达到 116.8MPa，中间主应力达到 75.8MPa。

2)地应力差大

在开挖的深部工程中，中间主应力和最小主应力的差值往往较大。目前，深部工程所在埋深大多为 500～3000m，在该深度范围内，由于深部工程中水平构造应力的存在，某些工程中自重应力小于水平最大主应力，导致中间主应力和最大主应力的差值较小，中间主应力和最小主应力的差值较大。如锦屏地下实验室二期工程，中间主应力与最小主应力的差值达到 41.78MPa。部分深部工程中间主应力与最小主应力的差值如图 2.4.12 所示。

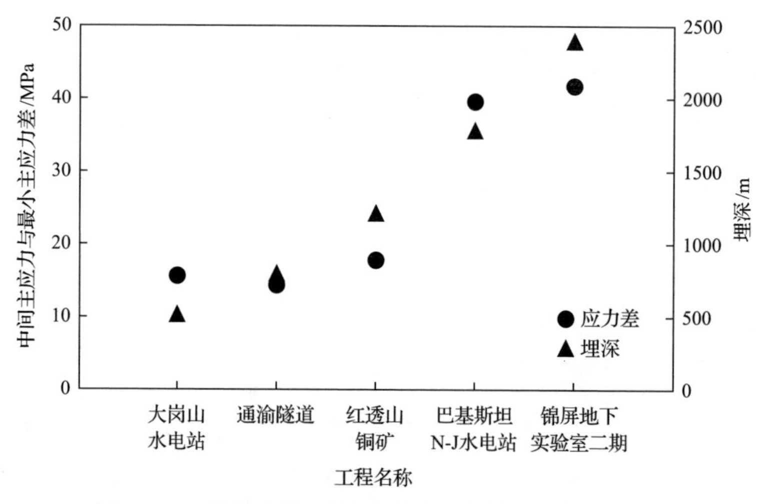

图 2.4.12　部分深部工程中间主应力与最小主应力的差值

由于深部工程中间主应力和最小主应力的差值较大，研究深部工程岩体力学性质时必须要考虑地应力差的影响，需要采用 3 个方向应力不等的真三轴试验系统开展试验和研究。

3)深部工程与应力场空间关系复杂

深部工程的布置和地应力的空间关系对地下工程的安全和稳定性有显著影响，一般情况下，最大主应力方向与地下工程轴线平行时对工程最有利。但当中间主应力接近最大主应力时，地下工程轴线布置需要综合考虑其与最大主应力方向和中间主应力方向的关系。由于深部工程的功能多样化，深部工程的结构也更加复杂，同时由于深部工程地质条件的复杂性，地下工程所处的构造应力场也会变化，这样就导致三维应力场和工程布置往往呈现复杂的空间关系，典型深部工程地应力方向与工程轴线方位角如表 2.4.1 所示。

在线性工程中，原岩应力场各主应力均具有一定的倾向和倾角，导致工程和地应力呈现斜交。某深埋隧道工程与地应力空间关系如图 2.4.13 所示。在非线性深部工程(如地下厂房、深部采场等)中，工程本身结构形状复杂，不同部位的空间关系不同。若深埋工程穿越不同的地质条件单元，如傍山段会受河谷构造应力影响，穿越构造带段落受构造应力显著影响，则地应力本身的方向也会发生变化，这样工程不同段落处地应力和深埋工程的空间关系将更加复杂。

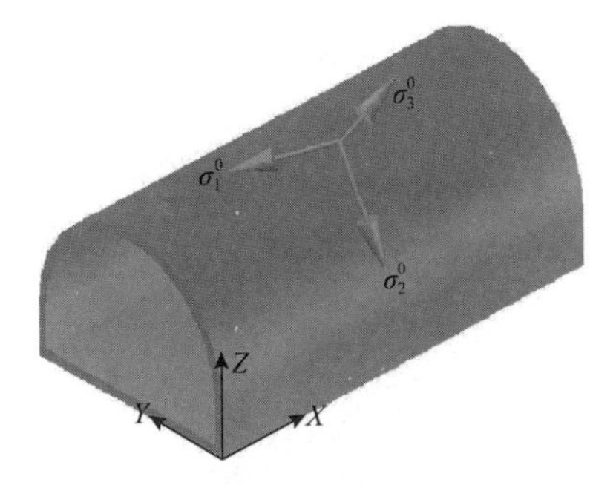

图 2.4.13　某深埋隧道工程与地应力空间关系

由于深部工程与地应力的空间关系复杂，三个主应力方向与工程坐标轴之间并不一定是绝对的平行或者垂直。进行数值分析时，若将其简化成二维问题，就不能反映真实三维地应力作用，进而导致计算结果出现偏差。因此，需要针对深部工程开展三维空间的理论分析或数值模拟。

2.5　深部工程其他赋存环境

越来越多的深部工程面临地下水流问题。在地下深处的岩体，由于高地应力、高地温等的影响，水的渗流及对岩体的力学影响具有不同于一般的特点，有时甚至会引起地质灾害。深部岩石工程处于真三向高应力、高水压及高温的赋存环境，岩体力学行为受应力场、渗流场与温度场的综合控制。在高应力作用下，岩体裂隙闭合，导致岩体渗透率降低。深部岩体渗透率的应力敏感效应不仅与最小主应力有关，其随最大主应力与中间主应力的增加也呈现显著降低的趋势。中间主应力与最大主应力对岩体渗透率的影响同时受结构面产状与三向主应力之间方位的控制，三向主应力会导致结构面承受压应力与剪应力的综合作用，结构面产状与三向主应力之间方位不同，岩体渗透率受压剪应力的综合控制效应也随之发生变化。应力与渗透率随时间的演化关系如图 2.5.1 所示。深部岩体的高水压作用会导致闭合裂隙开启、渗透率增加，同时导致岩体承受的有效应力降低，进而导致岩体强度降低、力学性质劣化。深部岩体的动水压力会导致岩体承受附加的剪应力作用，导致岩体抗剪强度降低。深部岩体的高温环境会引起流体黏度发生变化，进而影响流体在岩体内部的流动行为，导致渗透率发生改变；高温环境同时会引起岩石骨架的膨胀，导致裂隙开度降低、渗透率降低；渗透率的改变进一步导致岩体内部流体压力的变化，使得岩体承受的有效应力发生改变，进而影响岩体的力学行为。

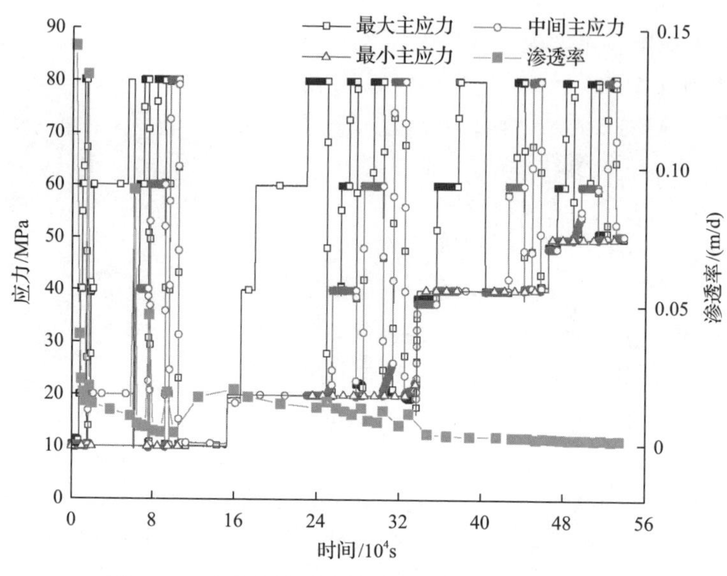

图 2.5.1　应力与渗透率随时间的演化关系(见彩图)

地温梯度的空间分布存在显著差异，主要受区域地质构造、局部岩浆活动、水热活动、岩石放射性生热率等多种因素的综合影响。川藏铁路穿越我国西南构造活跃区，区域内水热活动频繁，如新建拉月隧道隧址区多处温泉出露，钻孔实测温度达 54.7℃。而在一些构造运动不强烈、水热活动不频繁的地区所开展的深部工程建设与矿山开采中，如最大埋深 2400m 的锦屏地下实验室、埋深 1500m 的思山岭深部铁矿等，则未见地温显著增高的现象。有些地区如断层附近或导热率高的异常局部地区，地温梯度有时高达 200℃/km。岩石温度随地层深度的演化规律如图 2.5.2 所示[26]。可以看出，地温整体上随深度的增加而增大，但在同样的

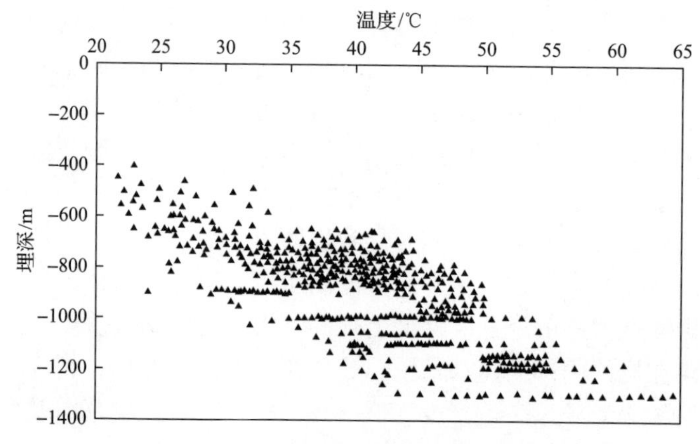

图 2.5.2　岩石温度随地层深度的演化规律[26]

深度水平上，地温分布的离散性较强，反映出地温梯度空间分布的差异性特征。岩体内温度变化 1℃可产生 0.4～0.5MPa 的地应力变化。因此，深部岩体的高地温对岩体的力学特性会产生显著的影响。特别是高地应力和高地温下深部岩体的流变和塑性失稳与普通环境条件下有巨大差别。

参考文献

[1] 冯夏庭. 深埋硬岩隧洞动态设计方法. 北京: 科学出版社, 2013.

[2] Cosgrove J W, Hudson J A. Structural Geology and Rock Engineering. London: Imperial College Press, 2016.

[3] 中铁第一勘察设计院集团有限公司. 新建某铁路隧道工程不良地质对策专题研究报告. 西安: 中铁第一勘察设计院集团有限公司, 2018.

[4] 姚文举, 唐红涛. 利用 GPS 数据分析四川“Y”型构造区地壳运动状态. 地震地磁观测与研究, 2021, 42(4): 57-66.

[5] 丁林, 蔡福龙, 张清海, 等. 冈底斯-喜马拉雅碰撞造山带前陆盆地系统及构造演化. 地质科学, 2009, 44(4): 1289-1311.

[6] 黄臣宇, 常利军, 丁志峰. 喜马拉雅东构造结及周边地区地壳各向异性特征. 地球物理学报, 2021, 64(11): 3970-3982.

[7] Palmstrom A. Measurements of and correlations between block size and rock quality designation (RQD). Tunnelling and Underground Space Technology, 2005, 20(4): 362-377.

[8] Hudson J A, Cornet F H, Christiansson R. ISRM suggested methods for rock stress estimation—Part 1: Strategy for rock stress estimation. International Journal of Rock Mechanics and Mining Sciences, 2003, 40(7-8): 991-998.

[9] 钟山, 江权, 冯夏庭, 等. 锦屏深部地下实验室初始地应力测量实践. 岩土力学, 2018, 39(1): 356-366.

[10] 全海. 三维水压致裂法地应力测试在水电工程中的应用. 四川水力发电，2017, 36(1): 75-80.

[11] Institute of Rock and Soil Mechanics. Measurement and Analysis of In-situ Stress in NJ TBM Tunnel. Wuhan: Chinese Academy of Sciences, 2016.

[12] 蔡美峰, 刘卫东, 李远. 玲珑金矿深部地应力测量及矿区地应力场分布规律. 岩石力学与工程学报, 2010, 29(2): 227-233.

[13] 吴满路, 廖椿庭, 张春山, 等. 红透山铜矿地应力测量及其分布规律研究. 岩石力学与工程学报, 2004, (23): 3943-3947.

[14] 李永松，刘颖，艾凯. 深切河谷区地应力场的非线性系统分析方法. 人民长江，2018, 49(23): 79-86, 123.

[15] 张强勇, 向文, 于秀勇, 等. 双江口水电站地下厂房区初始地应力场反演分析. 土木工程学

报, 2015, 48(8): 86-95.
[16] 姚显春, 李宁, 曲星, 等. 拉西瓦水电站地下厂房三维高地应力反演分析. 岩土力学, 2010, 31(1): 246-252.
[17] 江权, 冯夏庭, 陈建林, 等. 锦屏二级水电站厂址区域三维地应力场非线性反演. 岩土力学, 2008, 29(11): 3003-3010.
[18] 赵勇进. 两河口水电站坝区地应力测试成果分析及探讨. 四川水力发电, 2016, 29(S2): 181-183.
[19] 徐林生. 通渝隧道 Kaiser 效应地应力测试研究. 重庆交通学院学报, 2006, 25(2): 25-27.
[20] 徐志纬, 马安. 天生桥二级水电站地应力测试及分析. 贵州地质, 1992, 9(1): 87-93.
[21] 贺永胜, 王启睿, 刘恩来, 等. 深部岩体地应力分布及测试技术研究进展. 防护工程, 2021, 43(4): 71-78.
[22] 黄润秋. 岩石高边坡发育的动力过程及其稳定性控制. 岩石力学与工程学报, 2008, 27(8): 1525-1544.
[23] 耿汉生, 许宏发, 陈晓, 等. 岩石中封闭应力研究进展. 力学与实践, 2018, 40(6): 613-624.
[24] Wei Y. An extended strain energy density failure criterion by differentiating volumetric and distortional deformation. International Journal of Solids and Structures, 2012, 49(9): 1117-1126.
[25] 蒙伟, 何川, 陈子全, 等. 岭回归在岩体初始地应力场反演中的应用. 岩土力学, 2021, 42(4): 1156-1169.
[26] Szlazak N, Obracaj D, Borowski M. Methods for controlling temperature hazard in Polish coal mines. Archives of Mining Sciences, 2008, 53(4): 497-510.

第3章 深部工程硬岩开挖扰动效应

深部工程岩体受高应力作用处于平衡状态，而深部工程开挖使岩体内部应力平衡状态被打破，经历洞壁切向加载、径向卸载、主应力方向变化等复杂应力调整过程[1]。因此，需要有科学的手段系统认知开挖引起的岩体三维应力场变化特征，包括受初始地应力、岩石性质、地质构造、深部工程形状、开挖方式(钻爆法、TBM)等多因素的影响，揭示应力路径如何变化、深部工程的不同部位和围岩内部不同位置的应力分布特征。

应力场改变及储存的应变能释放诱发深部工程岩体内部原有结构面和微裂隙闭合、张开、扩展和贯通，新的破裂面萌生、张开、闭合、扩展和贯通，这使得岩体结构和完整性会发生变化，需要有合理的方法(如通过钻孔信息)进行评价，可通过测定钻孔中无宏观裂隙的岩体长度所占权重比例，动态评价宏观岩体完整性及局部围岩内部破裂的演化过程。

深部工程开挖引起岩体三维应力场变化、岩体结构变化以及能量的聚集与释放，进一步会诱发硬岩灾害，包括深层破裂、片帮、大变形、塌方或岩爆等。因此，需要从灾害的类型、破坏形态、时间、危害等多方面认知这些深部工程硬岩灾害的主要特征。

3.1 深部工程开挖引起岩体应力场变化特征

在深部工程开挖中，岩体的原始平衡状态被打破，岩体经历加载、卸载及加卸载等复杂应力调整，形成开挖扰动应力场，在此过程中岩体内部出现裂隙萌生、发育及贯通，进而发生岩体破坏，甚至产生工程灾害。应力场的变化受地应力、岩石性质、地质条件、深部工程形状等多因素的影响。同一开挖工程，在洞周的不同位置(如拱顶、边墙和拱底)和距边墙不同深度的应力变化特征差异明显。

3.1.1 深部工程开挖扰动应力获取方法

可以采取现场原位监测和数值分析两种方法获取深部工程开挖扰动应力。应力路径现场原位监测是基于测量扰动应力的手段获取应力路径的方法，需要在深部工程开挖前，通过已开挖洞室向待监测洞室布置钻孔，在钻孔不同深度处预埋监测设备，监测深部工程开挖过程中不同位置处应力的变化量及方向，可采用空心包体应力计等监测钻孔内三个方向的应力变化。待开挖洞室扰动应力监测点布置示意图如图 3.1.1 所示。

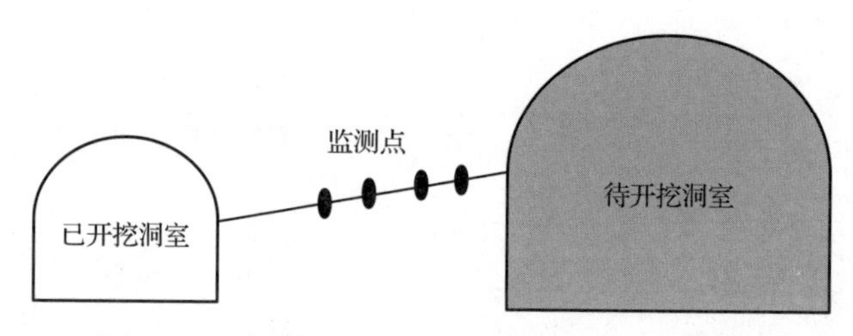

图 3.1.1　待开挖洞室扰动应力监测点布置示意图

应力路径数值分析方法是通过三维数值分析软件模拟深部工程开挖过程，在关键位置设置记录点，获取这些关键点在开挖过程中的应力变化情况。采用该方法需要注意以下几点：①应选用三维数值模拟软件和力学模型，可以模拟岩石在三维应力下的变形破裂过程；②物理模型外边缘尺寸不小于工程尺寸的 3～5 倍，避免边界效应；③应根据现场实测结果确定地应力，对模型施加初始边界条件；④围岩力学参数应充分反映围岩的力学性质；⑤为获取深部工程中关键点在开挖前、开挖中、开挖后整个过程的应力路径变化，监测点不宜靠近模型两端位置。

应力路径现场原位监测方法可以获得真实应力变化情况，但是仅能获取监测点附近的情况，难以获取整个工程不同部位、不同深度的应力路径变化情况；应力路径数值分析方法能够分析整个工程不同断面、不同位置处的应力路径变化情况，其结果的准确性依赖于地质体的合理表征、力学模型与力学参数。因此，应结合现场原位监测和数值分析两种手段，综合分析获取应力路径变化情况。

3.1.2　深部工程开挖扰动应力场变化特征

1. 深部工程开挖扰动应力场变化的掌子面效应显著

随着深部工程的开挖，围岩内部的应力变化与距开挖面的距离有明显的关系。当掌子面靠近时，监测断面围岩内部应力逐步集中。当掌子面通过时，监测断面围岩内部应力调整幅度减缓。当掌子面远离时，监测断面围岩内部应力不再发生调整。

应用 CASRock(Cellular Automata Software for engineering Rockmass fracturing process)数值计算软件，模拟计算锦屏地下实验室二期 7# 实验室中导洞开挖过程中的应力集中特征[2]。实验室断面尺寸为 14m×14m，以灰色夹灰白色条带厚层状细晶大理岩为主，围岩较完整，原岩应力水平σ_1^0=74MPa、σ_2^0=54MPa、σ_3^0=36MPa。如图 3.1.2 所示，随着掌子面向监测断面推进，掌子面前方应力逐渐开始集中。当掌子面距离监测断面 9m 时，监测断面围岩内部应力集中不明显，为原岩应力。当掌子面距离监测断面 6m 时，监测断面围岩内部应力逐渐集中。开挖断面上的最大集中应力随掌子面与监测断面距离的减小而逐渐增大(见图 3.1.2(g))。

2. 应力集中在深部工程断面上呈几何非对称分布

深部工程开挖过程中，应力发生调整，在空间上表现出明显的应力集中区域的断面几何非对称性。如图 3.1.2(f)所示，实验室左拱肩和右拱底处应力集中

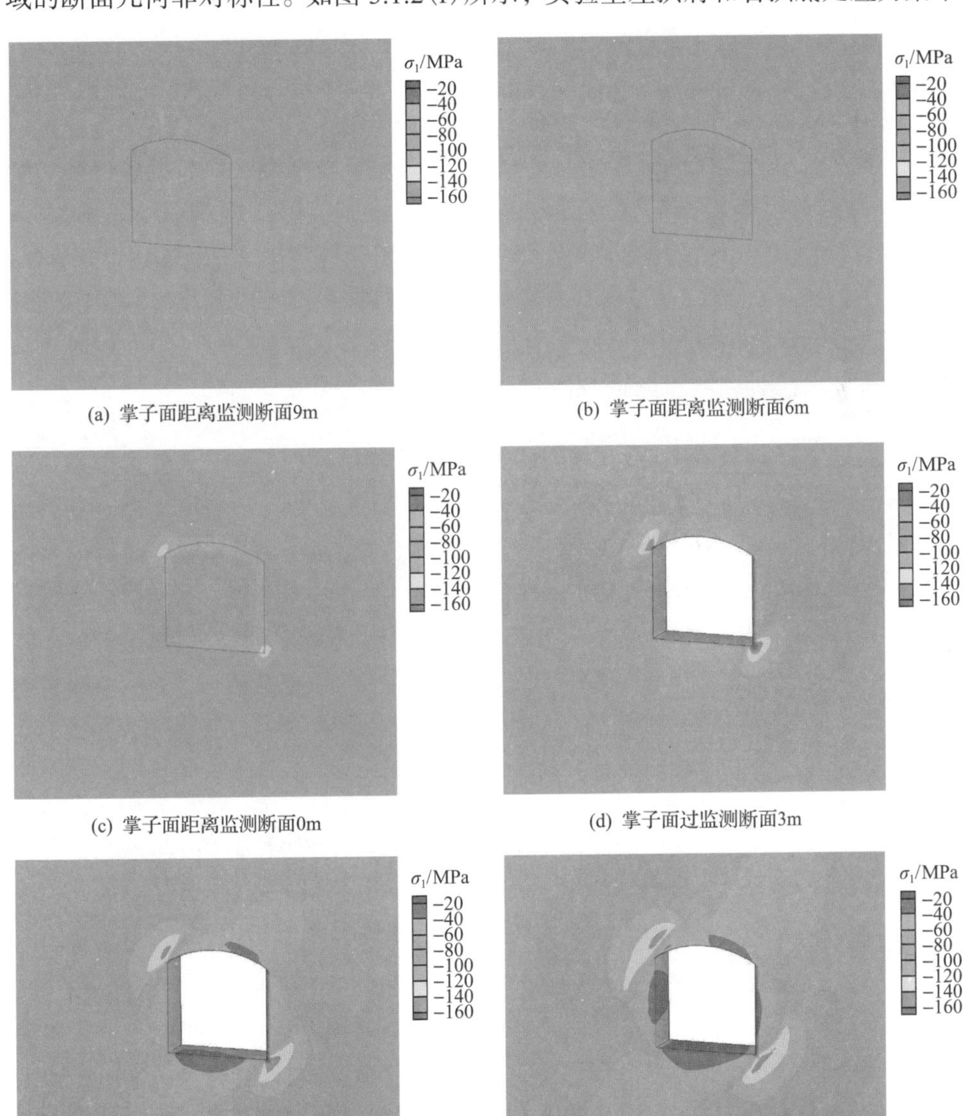

(a) 掌子面距离监测断面9m　(b) 掌子面距离监测断面6m

(c) 掌子面距离监测断面0m　(d) 掌子面过监测断面3m

(e) 掌子面过监测断面6m　(f) 掌子面过监测断面12m

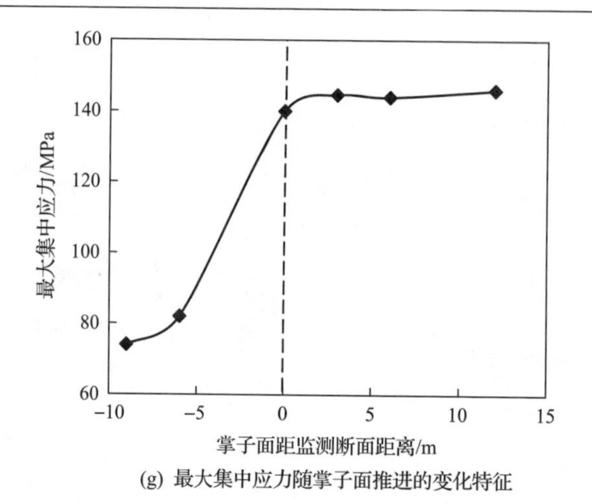

(g) 最大集中应力随掌子面推进的变化特征

图 3.1.2　锦屏地下实验室二期 7# 实验室中导洞开挖过程中监测断面应力变化

突出，σ_1 达到 140MPa，而右拱肩和左拱底处应力松弛现象明显，σ_1 大部分降到 40MPa 左右，表现出明显的应力集中区域的非对称性特征。

3. 应力集中向深部工程围岩深层转移

深部工程开挖过程中，靠近开挖面的围岩应力下降，应力集中区域由围岩表层向围岩深层转移。如图 3.1.2(d)～(f) 所示，掌子面过监测断面 3m 时，应力集中在边墙轮廓处，随着过监测断面距离的增加，应力集中区域不断向深层转移。图 3.1.3 为锦屏地下实验室二期 7# 实验室中导洞开挖过程中监测断面应力集中区域深度变化曲线。可以看出，当掌子面过监测断面 20m 左右时，监测断面围岩内部应力集中区域不再向深部转移，此时应力集中区距离边墙 1.7m 左右。

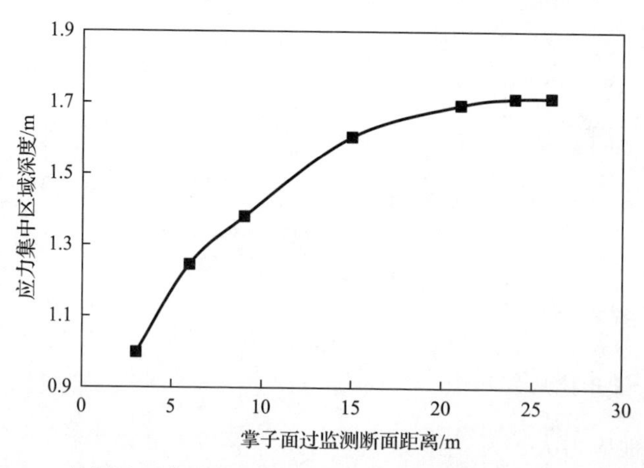

图 3.1.3　锦屏地下实验室二期 7# 实验室中导洞开挖过程中监测断面应力集中区域深度变化曲线

锦屏地下实验室二期 4# 实验室开挖前，通过已开挖洞室向待监测洞室布置钻孔，在钻孔不同深度处预埋应力传感器，监测 4# 实验室开挖过程中不同位置处应力的变化量及方向，如图 3.1.4 所示。图 3.1.5 为锦屏地下实验室二期 4# 实验室左边墙围岩应力监测结果。可以看出，上层中导洞开挖后，4# 实验室距离边墙 2m 左右出现最大主应力集中，数值为 48MPa；当上层边墙扩挖后，在距离边墙 4.5m 左右出现最大主应力集中，数值为 56MPa；当下层开挖后，在距离边墙 6.5m 左右出现最大主应力集中，数值为 60MPa，应力呈现多波峰分布特征。随着开挖的进行，应力集中区逐步向围岩深层转移，最大峰值应力转移到 0.5 倍洞径左右。

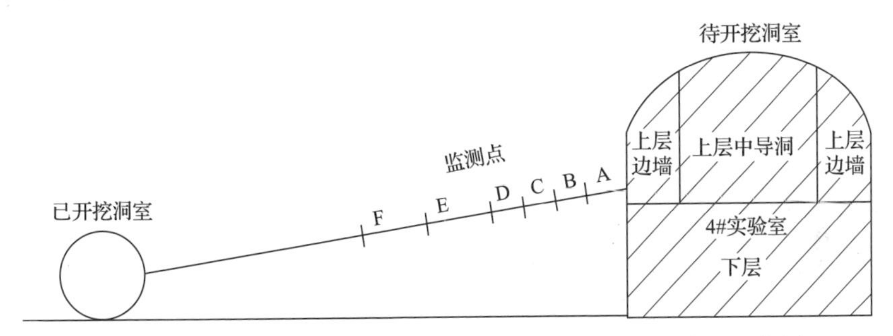

图 3.1.4　锦屏地下实验室二期 4# 实验室应力路径监测布置示意图

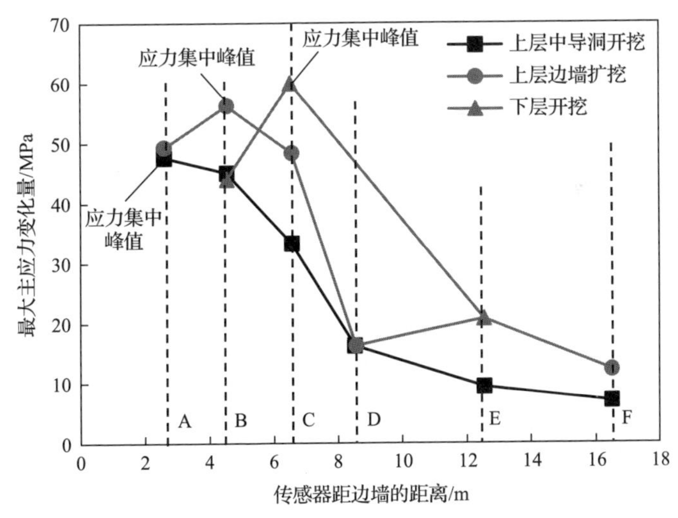

图 3.1.5　锦屏地下实验室二期 4# 实验室左边墙围岩应力监测结果

4. 深部工程开挖后围岩应力差增大

深部工程地应力大，开挖过程中应力发生调整，表现出加卸荷应力路径，最小主应力减小，中间主应力与最小主应力差逐渐增大。

Kaiser 等[2]通过 CSRIO HI 应力测试单元，测试了温斯顿湖矿 565# 采场在开采过程中应力的变化，最大主应力高达 50MPa，如图 3.1.6 所示。可以看出，在采场开挖初期，σ_2和σ_3接近，但随着开挖的进行，σ_2和σ_3差值逐渐增大，在接近应力下降区时，σ_2和σ_3差值达到最大值，围岩发生破坏。

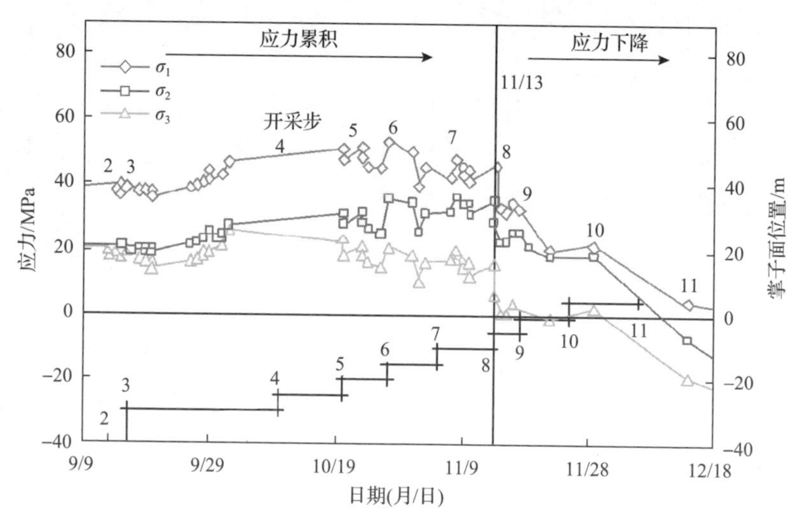

图 3.1.6 温斯顿湖矿 565# 采场在开采过程中测点处应力随时间的变化曲线[2]

在应力场调整过程中，从开挖边墙的表层到深层，应力差的变化也不同。在锦屏地下实验室二期 7# 实验室中导洞左拱肩从表层到深层分别布置 B1、B2 和 B3 三个监测点，如图 3.1.7 所示，左拱肩距离边墙不同深度围岩应力差特征如图 3.1.8 所示。可以看出，在边墙附近 B1 监测点处受开挖扰动影响大，应力差逐渐增大，直到临界破坏点时，才会开始下降；随着深度的增加，受开挖扰动效应减小，该区域围岩并未发生破坏，应力差并未增加到最大值(B2 监测点)；当距离

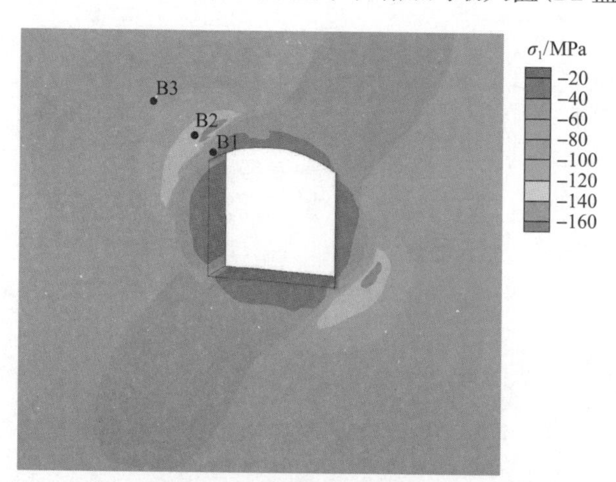

图 3.1.7 锦屏地下实验室二期 7# 实验室左拱肩距离边墙不同深度监测点位置示意图

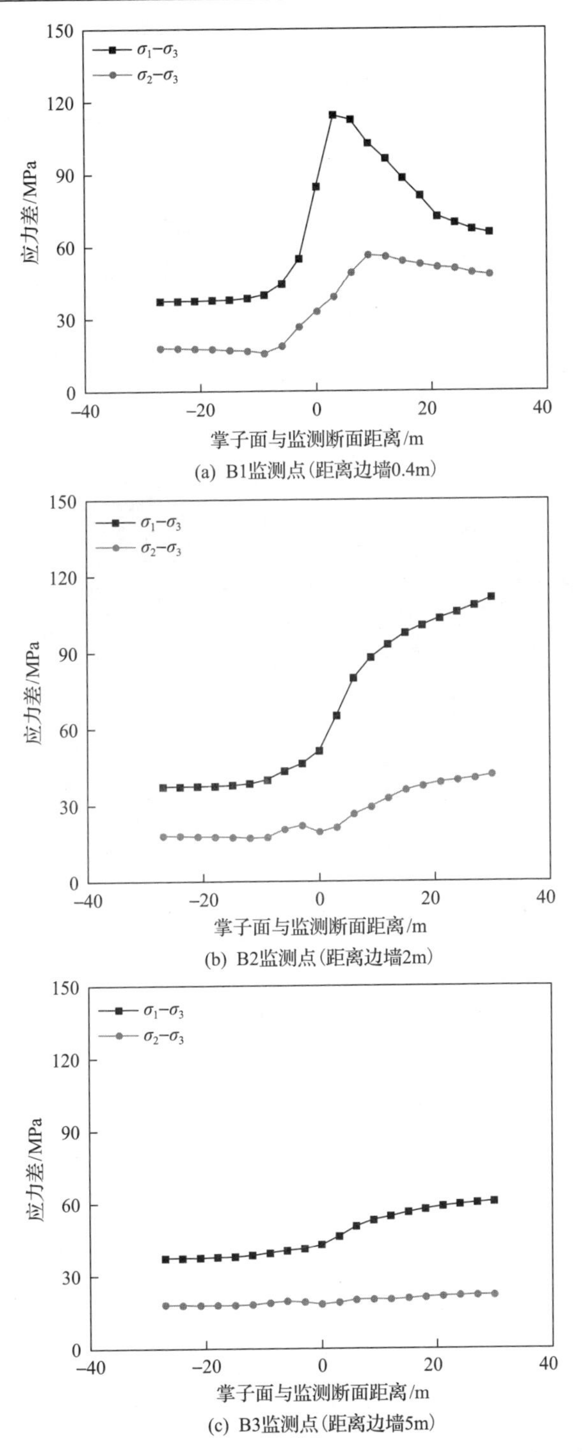

(a) B1监测点(距离边墙0.4m)

(b) B2监测点(距离边墙2m)

(c) B3监测点(距离边墙5m)

图 3.1.8　锦屏地下实验室二期 7# 实验室左拱肩距离边墙不同深度围岩应力差特征

边墙 5m 深度时(B3 监测点)，逐渐趋于原岩应力状态，应力差增加缓慢，且应力差量值较小。这是把岩体视为均质连续体计算得到的结果，如果考虑深部工程硬岩复杂工程地质和三维应力场引起的各向异性和局部化效应，开挖后围岩应力差变化将会更加显著。

5. 深部工程开挖后围岩主应力方向可能发生偏转

开挖后深部工程应力场的调整不仅仅是应力大小的变化，也包含应力方向的改变。图 3.1.9 为温斯顿湖矿 565# 采场开采过程中边墙测点处应力方向变化过程[2]。在采场开挖后，σ_1 方向转向原岩应力的σ_3 方向，σ_2 方向转向原岩应力的σ_1 方向，而σ_3 方向转向原岩应力的σ_2 方向。

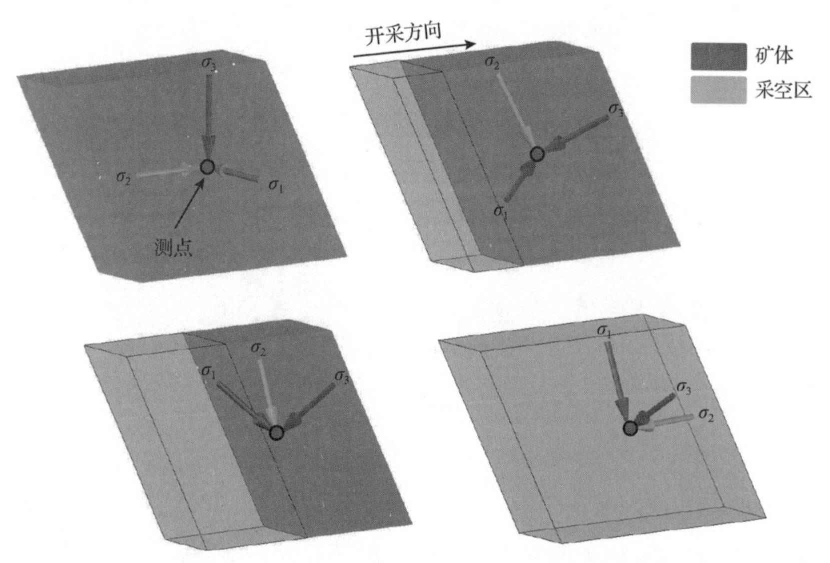

图 3.1.9　温斯顿湖矿 565# 采场开采过程中边墙测点处应力方向变化过程[2]

在距离边墙不同位置处，应力方向的改变程度不同。图 3.1.10 为某深埋硬岩隧道开挖后主应力方向变化特征，图中三维线条由长到短表征σ_1、σ_2 和σ_3 方向。可以看出，靠近边墙的应力方向变化幅度最大，σ_3 方向变化为垂直于边墙表面，而σ_1 和σ_2 分别变化为垂直于洞轴线方向的环向应力和平行于洞轴线方向的轴向应力。在距离边墙约 0.5 倍洞径处，应力方向改变不明显，趋近于原岩应力方向。

6. 深部工程开挖后围岩不同部位应力路径差异性大

同一断面不同位置处应力路径差异明显。在锦屏地下实验室二期 7# 实验室中导洞洞周同一断面上布置六个监测点，如图 3.1.11 所示。图 3.1.12 为同一断面不同位置应力路径特征。可以看出，随着开挖的进行，不同位置的应力路径不同，

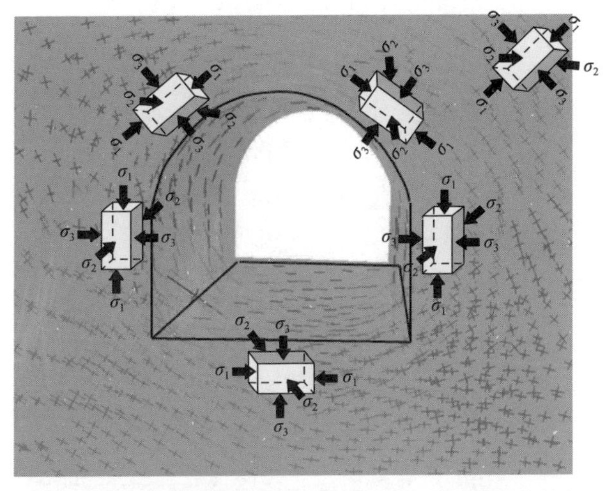

图 3.1.10　某深埋硬岩隧道开挖后主应力方向变化特征

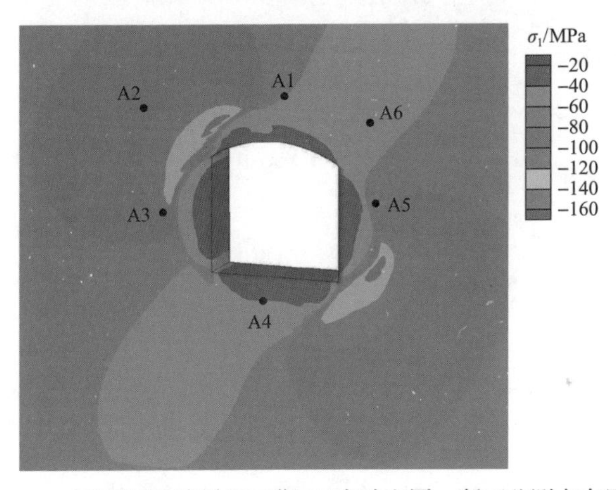

图 3.1.11　锦屏地下实验室二期 7# 实验室同一断面监测点布置图

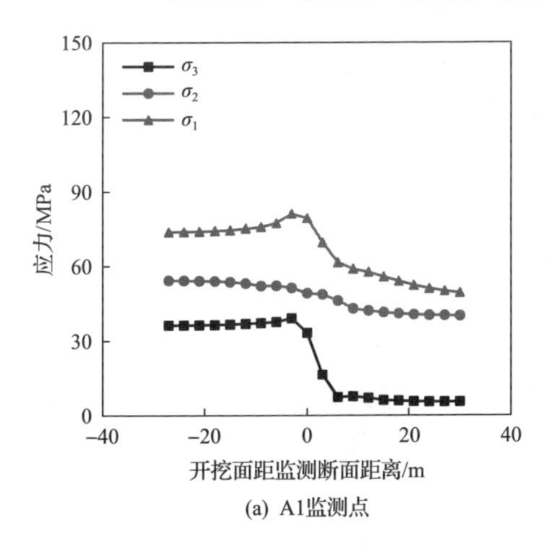

(a) A1监测点

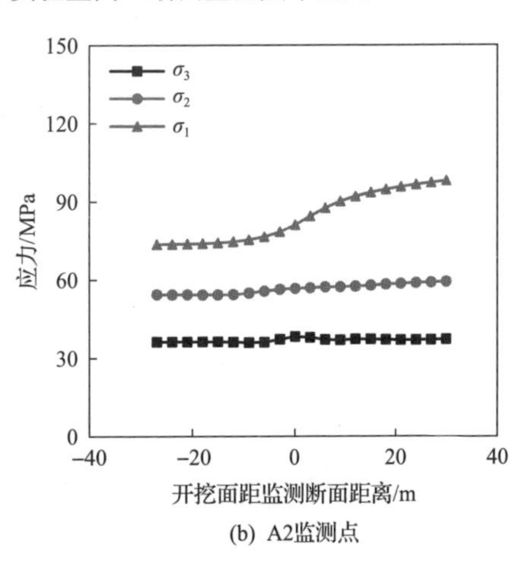

(b) A2监测点

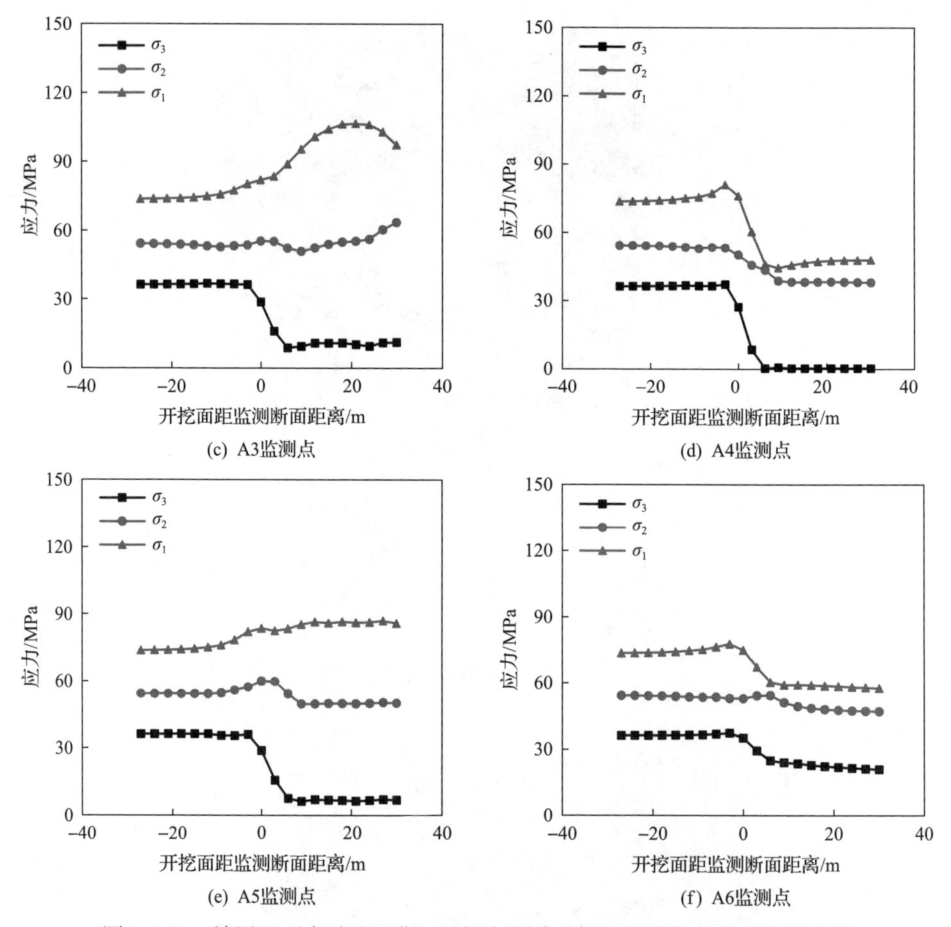

图 3.1.12　锦屏地下实验室二期 7# 实验室同一断面不同位置应力路径特征

其中 A2 和 A3 为应力集中区，σ_1 呈上升趋势；A1、A4 和 A6 为应力松弛部位，三个主应力都出现下降的趋势；在右边墙 A5 监测点处，σ_1 上升，σ_2 和 σ_3 下降。计算反映的这种规律是在考虑均质岩体的情况下给出的，若有硬性结构面、断裂等岩体构造、局部存在封闭应力或岩体非均质性增强，则计算结果反映的规律会有差异。

7. 深部工程地质构造对应力场变化作用显著

由于地质构造应力场和开挖应力场的相互作用，地质构造附近的扰动应力场也呈现出不同的特征：①掌子面沿地质构造的推进方向不同，应力调整不同；②开挖引起的应力集中与地质构造引起的构造应力相互叠加。

开挖方向不同，引起的开挖扰动应力也不同。隧道开挖通过断裂时，会引起断裂附近的应力集中更大，带来的应力型灾害风险增加。相对于掌子面从断裂上盘通过，掌子面从断裂下盘通过时的应力型灾害风险更高。例如，锦屏二级水电站排水洞 SK8+650～SK8+800 洞段，开挖向断裂下盘推进时，断裂附近发生了 5 次强烈岩爆和 2 次中等岩爆；开挖向断裂上盘推进时，断裂附近仅发生 1 次中等岩爆，图 3.1.13 给出了部分结果[3]。

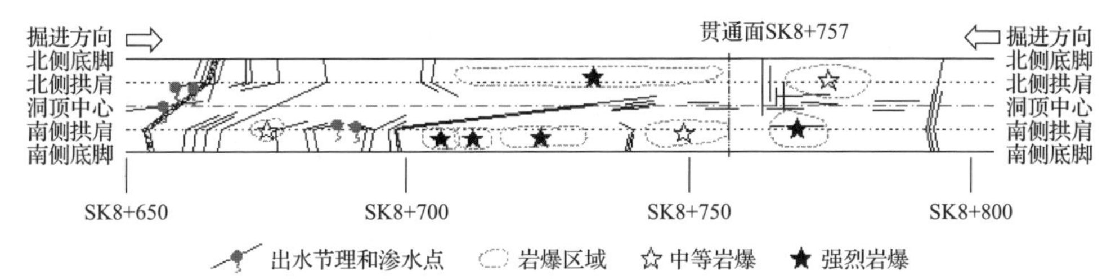

图 3.1.13 锦屏二级水电站排水洞 SK8+650～SK8+800 洞段不同掘进方向下断裂构造附近岩爆发生特征[3]

对于应力叠加特征，图 3.1.14 为某深部硬岩隧道硬性结构面附近和完整岩体应力随开挖的演化特征。原岩应力 σ_1^0=48MPa、σ_2^0=37MPa、σ_3^0=35MPa。当掌子面距离硬性结构面较远时，硬性结构面附近和完整岩体的应力分布相似，此时掌子面前方应力并不受硬性结构面影响；当掌子面接近硬性结构面时，开挖引起的隧道前方应力与硬性结构面引起的局部应力叠加，应力增大；当掌子面通过硬性结构面时，应力有所降低，与完整岩体的应力分布相似。

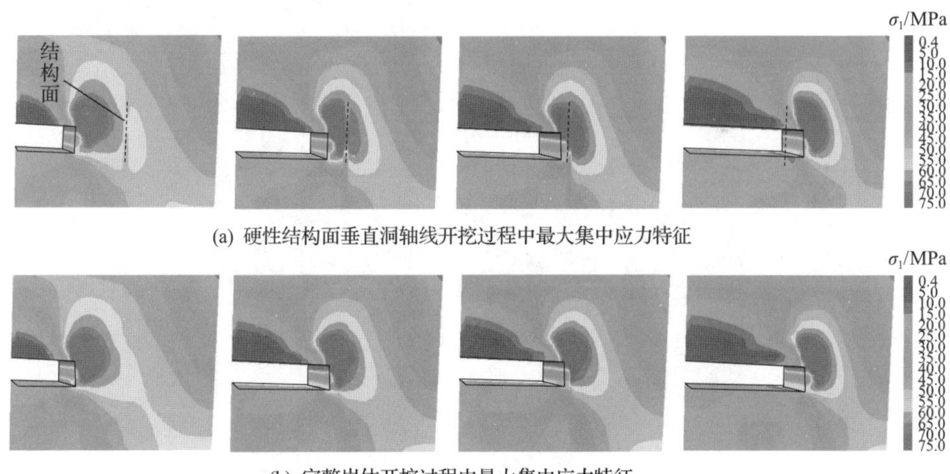

图 3.1.14 某深部硬岩隧道硬性结构面附近和完整岩体应力随开挖的演化特征

8. 深部工程开挖方式对应力场变化影响明显

由于钻爆法与机械法开挖(如 TBM、机械破岩等)影响的不同，开挖后围岩的扰动应力也呈现出不同的特征：①机械法开挖后扰动应力变化时间大于钻爆法，产生时效性破坏的风险更高；②钻爆法开挖导致的应力集中程度大于机械法开挖，机械法开挖时地应力调整过程较为平稳缓慢，而钻爆法开挖时，地应力经过一个高速动态的调整过程，应力调整过程加快，导致应力集中程度更高；③钻爆法开挖后的应力集中深度大于机械法开挖；④钻爆法开挖后围岩局部应力集中更明显，开挖后局部断面凹凸不平较为显著，容易导致局部应力集中，而机械法开挖断面较为光滑，应力集中程度降低。图 3.1.15 为 Mine-by 试验洞两种开挖形式下最大集中应力特征[4]。可以看出，凹凸不平断面开挖后最大集中应力达到 195MPa，而光滑断面开挖后最大集中应力为 169MPa，因此机械法开挖产生的断面应力集中程度小于钻爆法开挖。

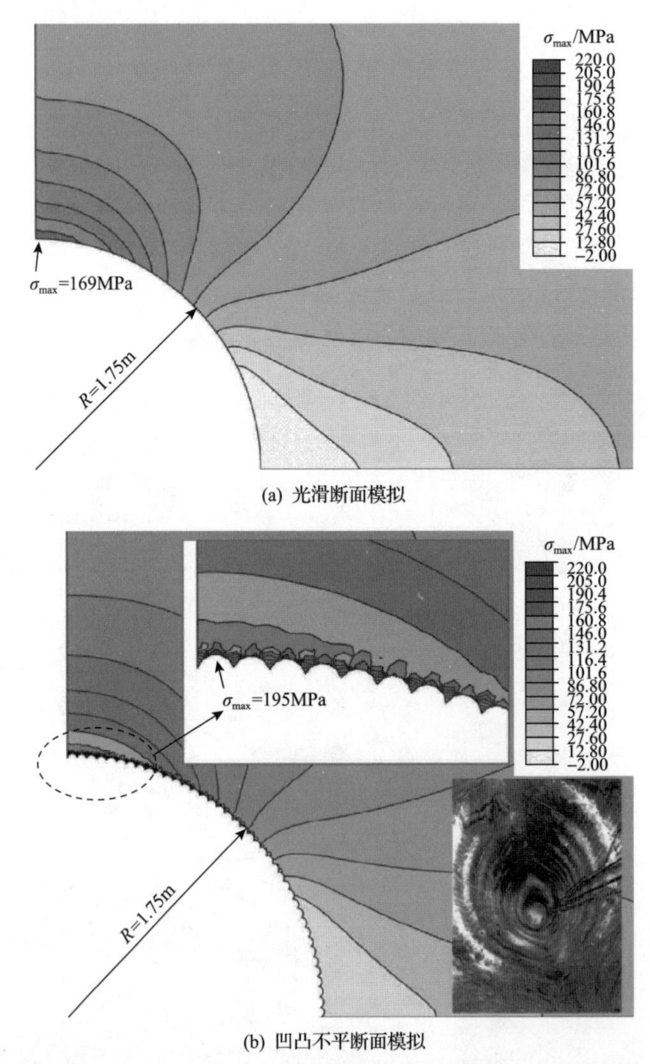

(a) 光滑断面模拟

(b) 凹凸不平断面模拟

图 3.1.15　Mine-by 试验洞两种开挖形式下最大集中应力特征[4]

3.2　深部工程开挖引起岩体结构变化特征

3.2.1　深部工程岩体结构变化原位观测方法

成岩过程中及地质构造运动的影响下会产生不同类型和规模的岩体结构，同时在工程开挖等扰动下，岩体结构也会产生不同程度和范围的变化。深部工程岩体内部结构变化常用的观测方法有声波测试方法和数字钻孔摄像观测方法，另外还有地质雷达、红外探测、瞬变电磁、高密度电阻率法等方法，本节重点介绍前面两种常用的方法。

1. 深部工程开挖引起岩体结构变化的声波测试方法

岩体声波测试是指以人工的方法向介质发射声波，并观测声波在介质中传播的特性，利用介质的物理性质与声波传播速度等参数之间的关系，探测岩体的结构特征、物理力学性质。岩体声波测试常用的方法有单孔一发双收和跨孔一发一收两种，单孔和跨孔测试示意图如图 3.2.1 所示。通过推杆将探头以一定间距在钻孔内移动，获得不同深度处岩体的波速。岩体中裂隙等地质结构的存在破坏了岩体的连续性，使波的传播路径复杂化，引起波形畸变，声波在有地质结构的岩体中传播时，振幅减小，波速降低，同时可能引起信号主频的变化。因此，弹性波在岩体中的传播特征反映了岩体完整性、破裂程度等特征，可采用岩体声波测试方法获得岩体结构的变化。岩体声波测试不仅可以测得宏观裂隙的产生和变化，同时开挖后围岩内部产生的微裂隙也会增加孔隙率，引起波速下降，因此岩体声波测试也可观测到微裂隙变化情况。

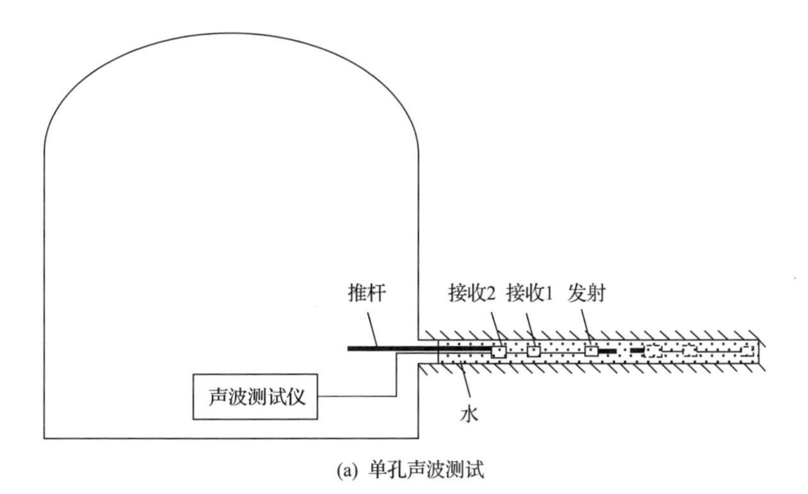

(a) 单孔声波测试

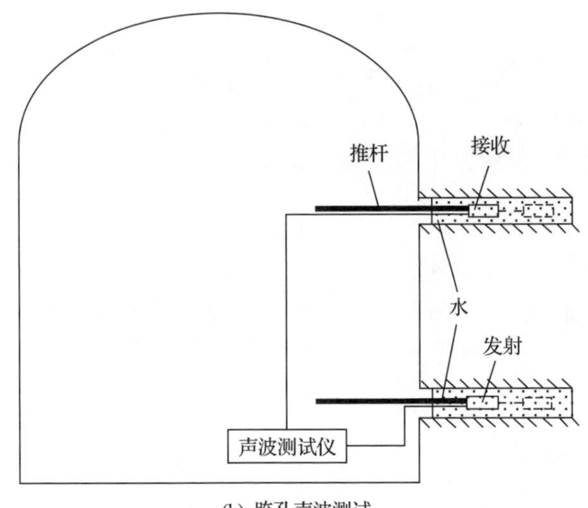

(b) 跨孔声波测试

图 3.2.1　岩体声波测试单孔和跨孔测试示意图

为保证深部工程岩体声波测试质量，应注意以下事项：

(1)测试前应对声波设备进行校核，复测接收段和发射段距离，测定采集仪延时。

(2)测量钻孔深度、倾角、方位角及其与围岩岩壁的关系。

(3)测试过程中应保证探头与岩体的耦合。对于下倾孔，应在孔口及时补水，对于水平及上倾孔，需要采用堵水、补水装置或采用干孔声波探头；对于钻孔漏水明显或遇水有明显变化的岩体，应采用干孔声波探头进行测试。

(4)由于单孔声波探头两个接收传感器间距为 20cm，一般情况下声波测试每次移动距离为 20cm，当测试区域地质结构尺度较小、存在岩性交界面或靠近洞壁时，可以减小测试间距至 10cm；测试过程中应保持探头与孔壁平行，且每次测试移动距离相同。

(5)每个钻孔至少测试 2 次。

(6)当开挖面在监测断面前方 1 倍洞径、后方 3 倍洞径范围内时，每开挖一个循环或每天测试一次，开挖完成后该范围应 1～3 个月测试一次。

岩体结构变化的声波测试钻孔布置应符合以下要求：

(1)钻孔宜采用预埋方式布置，在待测工程开挖前预埋钻孔。

(2)钻孔前应调查区域地质条件，钻孔应覆盖典型地质结构及结构可能发生显著变化的区域。

(3)宜采用地质钻进行钻孔，成孔质量高，可以与钻孔摄像测试共用钻孔；当无法采用地质钻时，应尽量适当降低钻孔钻进速度，保证钻孔平直和孔壁光滑度，跨孔声波测试的两个钻孔应保持平行。

(4) 为了钻孔内存储耦合介质，便于测试，钻孔可下倾 3°～5°。

每次测试时应记录当时开挖、支护及破坏情况，单次测试完成后绘制岩体波速随距边墙距离的变化曲线，多次测试后绘制不同时间或施工情况下岩体波速随距边墙距离的变化曲线。深部工程开挖引起岩体结构变化声波测试典型结果如图 3.2.2 所示。

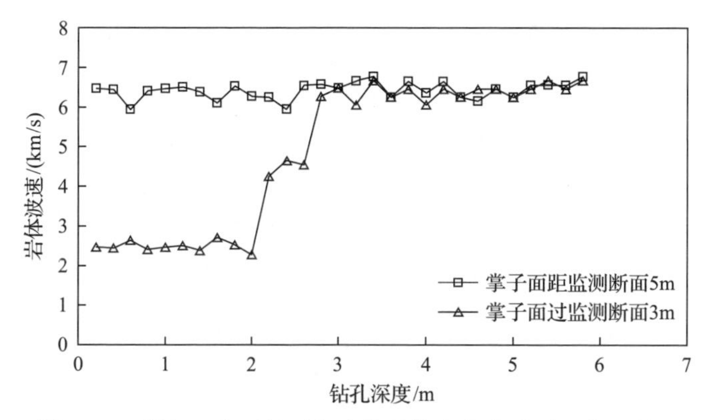

图 3.2.2　深部工程开挖引起岩体结构变化声波测试典型结果

声波测试操作方便，对钻孔质量要求相对较低，在现场容易开展，在岩体结构变化测试中应用广泛。但是，当岩体结构过于破碎时，声波在岩体中传播过程极其复杂、波形畸变严重，难以准确获取波形的到时，此时无法准确计算岩体波速，只能定性评价岩体的完整性。对于碎裂结构、散体结构或开挖后裂隙非常发育的区段，单独采用声波测试无法评价岩体结构的变化，应采用多种测试方法进行分析。对于塌孔的钻孔，可以用钻机扫孔或者在钻孔附近新打钻孔后测试。

2. 深部工程开挖引起岩体结构变化的数字钻孔摄像观测方法

1) 岩体裂隙演化的数字钻孔摄像观测

深部工程围岩裂隙演化可采用全景数字钻孔摄像系统来完成，实现对钻孔进行全面检测，可同时获取钻孔动态录像视频、局部高清图片、全孔壁展开平面图和钻孔空间轨迹，数字钻孔摄像最小可测得宽度为 0.05mm 的裂隙。JL-IDOI (D) 全景数字钻孔摄像系统如图 3.2.3 所示。

岩体结构变化的数字钻孔摄像观测的主要目的是获取钻孔内围岩的裂隙分布及变化情况，观察孔内岩体地质构造沿钻孔方向的发育情况，以及不同开挖时间内岩体结构演化特征，测试方法及结果如图 3.2.4 所示。

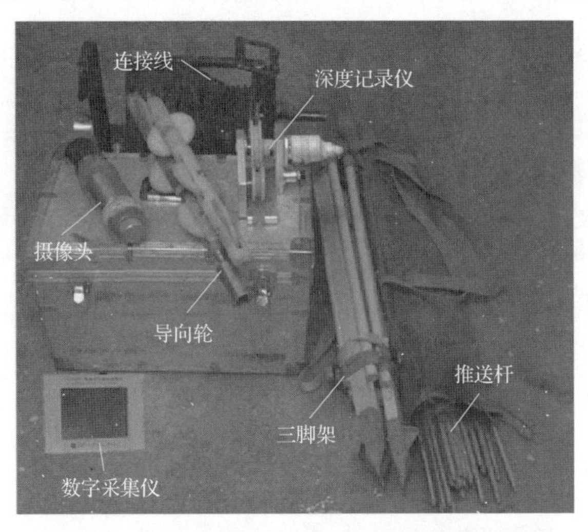

图 3.2.3　JL-IDOI(D)全景数字钻孔摄像系统

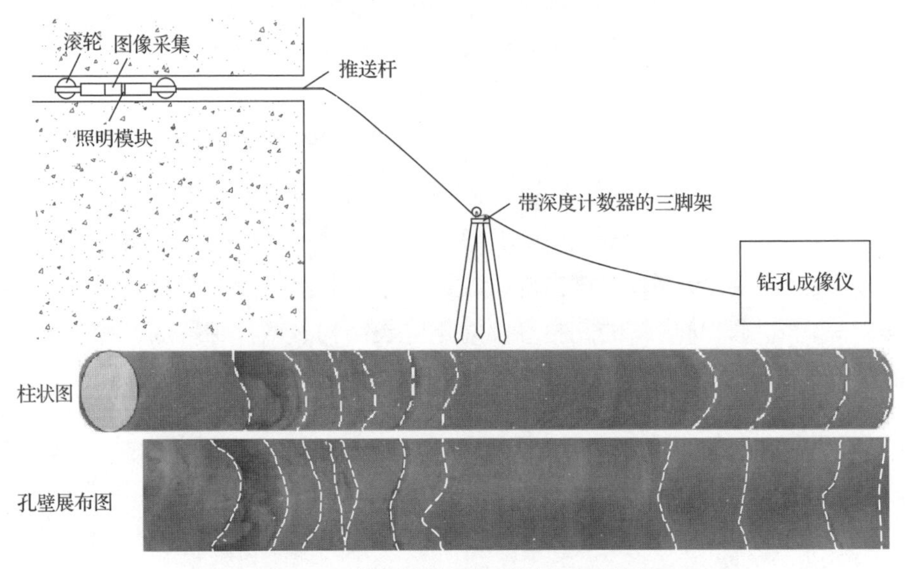

图 3.2.4　数字钻孔摄像观测方法及结果

使用数字钻孔摄像观测深部工程岩体结构变化时应注意以下几点：

(1)钻孔孔径至少应略大于钻孔摄像探头直径，保持孔壁平顺清洁。

(2)测试时应根据岩性变化及湿度等条件调节光源，如果光线强度较弱，图像不够清晰，或光源较强，易出现曝光等情况，给裂隙识别和展示效果带来困难。

(3)测试探头的推进需使用人力操作完成，在确保达到测试目的的前提下，尽可能慢速推进探头，测试速度宜在 2m/min 之内。

(4)测试完成后，从成像平面图上测量各种结构面宽度、走向、倾向和倾角等，需要注意的是产状的测量应根据钻孔倾斜角度换算。

(5)测孔布置原则与声波钻孔布置原则相同，但数字钻孔摄像不需要考虑钻孔倾角对测试结果的影响。

2)岩体结构变化的数字钻孔摄像观测

为测定岩体结构变化，需使用数字钻孔摄像对成组预设钻孔进行裂隙标定，并根据裂隙张开度、充填、产状等因素进行联立，获得围岩内部裂隙展布形态，如图3.2.5所示。

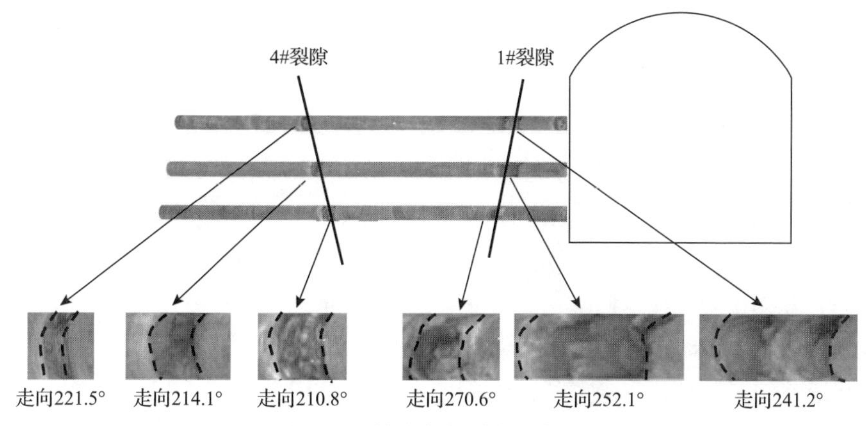

图3.2.5 钻孔内部裂隙标定实测

调查钻孔附近的结构面特征(结构面级别、组数、产状、间距、张开度，以及被切割岩体的空间组成状态)，并对裂隙迹长进行延展，获得围岩表层裂隙展布形态；结合围岩表层裂隙与内部裂隙展布结果，实现岩体结构的可视化重构，如图3.2.6所示。

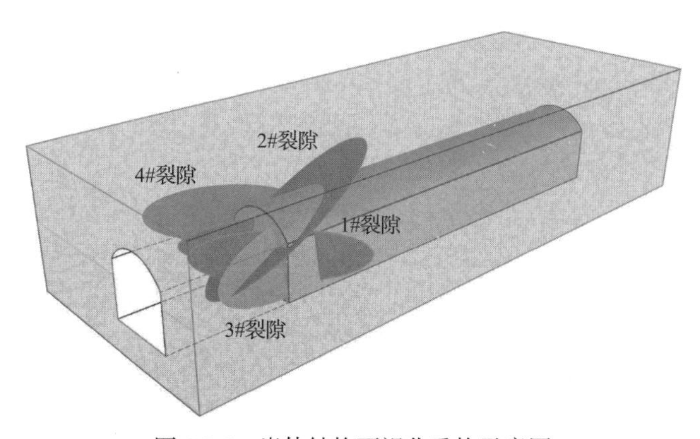

图3.2.6 岩体结构可视化重构示意图

随着深部工程的不断开挖，有频次地对开挖卸荷影响区域内的各个钻孔进行观测，根据钻孔摄像所观察到的钻孔内呈现的孔壁岩体裂隙产生、张开、闭合、扩展等变化，结合原位地质调研观测钻孔附近的裂隙随开挖卸荷的演化过程，可获取岩体结构破裂演化特征，如图 3.2.7 所示。

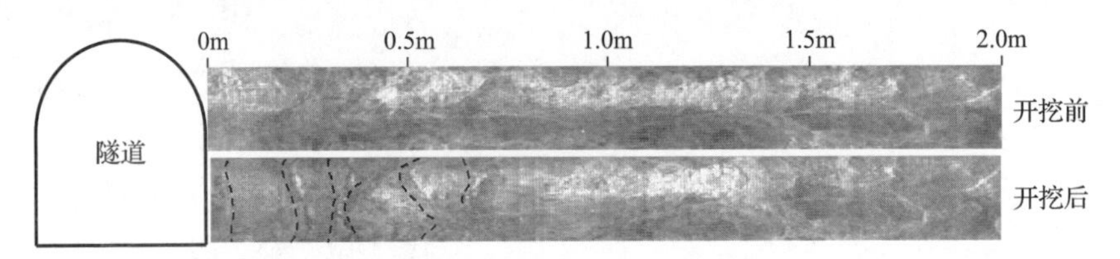

图 3.2.7 某深部工程开挖引起岩体结构变化钻孔摄像典型结果

3.2.2 深部工程开挖围岩结构变化特征

深部高地应力条件下岩体致密，维持相对的稳定，具有高应变能等力学特征。深部工程开挖卸荷与变形破坏演化过程受高应力、岩石强度、结构面特征共同控制[6]。开挖造成洞周岩体临空面通常是最小主平面，即 $\sigma_3 = 0$；σ_1 升高、σ_3 降低，应力差(σ_1–σ_3、σ_2–σ_3)增大[7]。开挖卸荷过程中，切向应力增加促使洞壁岩体结构面由开挖前的紧闭状态转化为张开状态。根据岩体中裂隙与工程开挖的关系，将工程开挖前已经存在的裂隙称为原生裂隙(如断层、活动断裂、硬性结构面、皱褶、错动带、岩脉等)，将工程开挖产生的裂隙称为新生裂隙。原生裂隙的扩展和新生裂隙的产生演化，直至整体变形破坏是一个累进性过程，具有明显的岩体结构变化特征。

1. 原生裂隙现场原位观测

通过对预埋钻孔进行声波测试和钻孔摄像，获得岩体波速随孔深的变化曲线和钻孔孔壁图像，对比分析岩体波速较低区域的位置、长度以及钻孔孔壁图像的对应关系，就可以获得该钻孔中岩性、原生裂隙产状等特征，通过多个钻孔的分析可以获得该区域内原生裂隙分布的整体分布。

白鹤滩水电站右岸地下厂房水平埋深 420～800m，垂直埋深 420～540m，右岸厂区最大主应力为 22～26MPa，方位为 N0°～20°E，倾角为 2°～11°，围岩主要由隐晶质玄武岩、斜斑玄武岩、杏仁玄武岩、角砾熔岩组成。为获取右岸地下厂房岩体结构信息，通过锚固洞向厂房顶部布置的设备安装钻孔 M1、M2 以及在中导洞底板垂直向下的钻孔 M3，开展声波测试和钻孔摄像，钻孔布置示意图如图 3.2.8 所示。

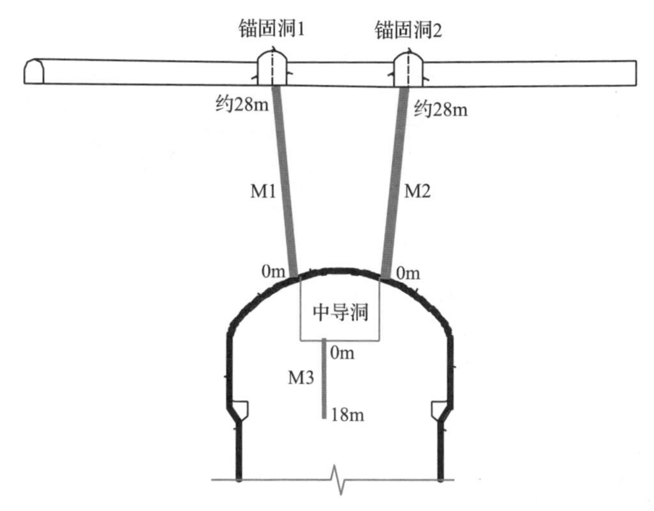

图 3.2.8　白鹤滩水电站右岸地下厂房钻孔布置示意图

白鹤滩水电站右岸地下厂房 K0–021 断面 M1 钻孔测试结果及岩芯照片如图 3.2.9 所示。可以看出，钻孔整体岩体波速在 6000m/s 左右；钻孔深度 15.7～16.3m 岩体波速突然降低至 4000m/s 左右，通过钻孔摄像发现该区域围岩呈明显蚀变特征，对比钻孔岩芯照片发现该区域为错动带穿过区域。

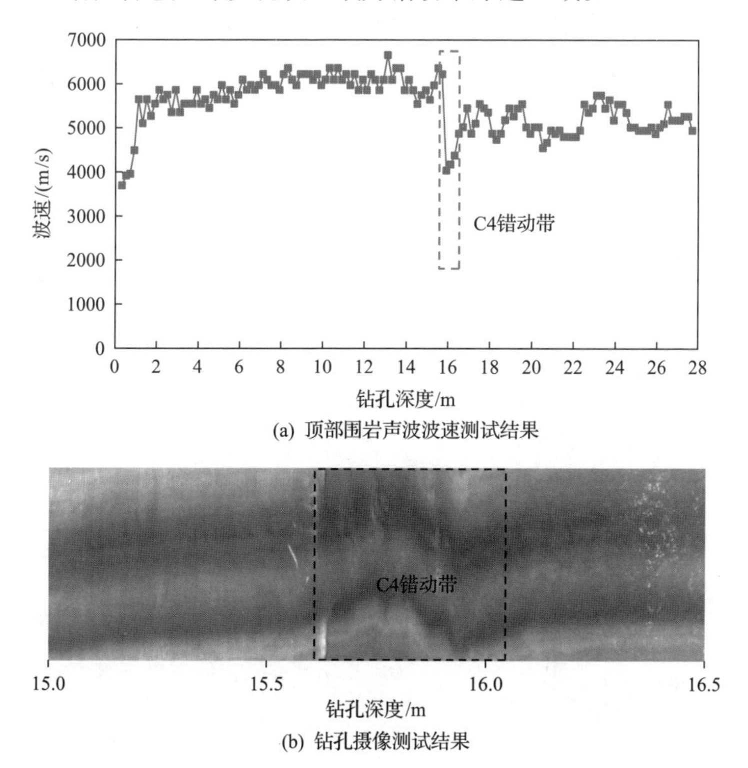

(c) 岩芯照片

图 3.2.9　白鹤滩水电站右岸地下厂房 K0–021 断面 M1 钻孔测试结果及岩芯照片

白鹤滩水电站右岸地下厂房 K0+123 断面 M3 钻孔声波测试结果如图 3.2.10 所示。从图 3.2.10(a)可以看出，钻孔深度 2～10m 岩体波速在 6000m/s 左右，4.5～4.9m 和 5.3～5.9m 岩体波速下降明显，14.3～18m 岩体完整段的平均波速相对降低。从图 3.2.10(b)～(d)可以看出，钻孔深度 4.5～4.9m 发育一条平均宽度约 3mm、产状为 77.75°∠76.08°的结构面，5.3～5.9m 发育 1 条宽度为 34.59mm 的破碎带；钻孔深度 12.3m 附近有 1 条宽度约 1mm、产状为 37.28°∠71.44°的结构面，对应声

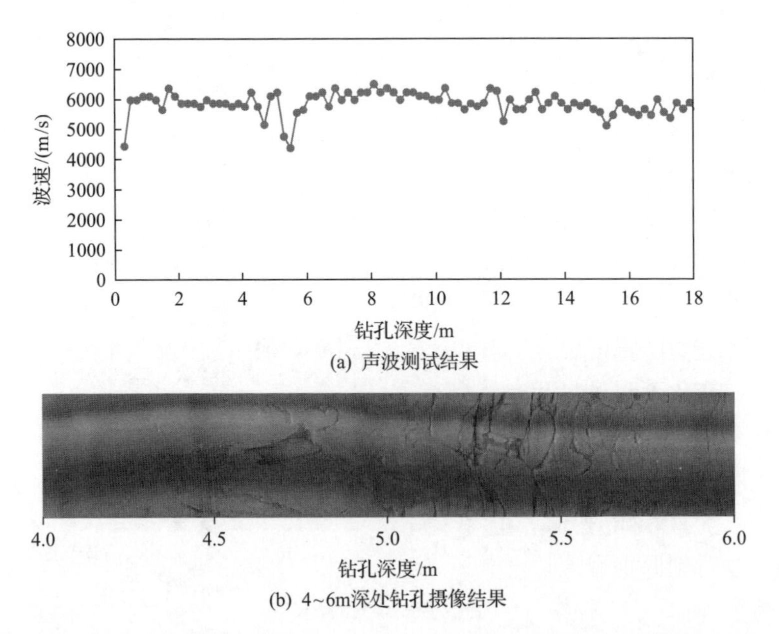

(a) 声波测试结果

(b) 4~6m深处钻孔摄像结果

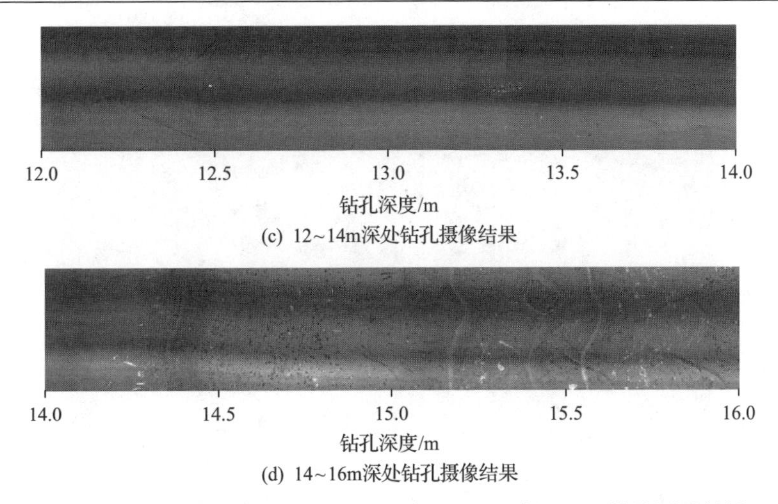

(c) 12~14m深处钻孔摄像结果

(d) 14~16m深处钻孔摄像结果

图 3.2.10　白鹤滩水电站右岸地下厂房 K0+123 断面 M3 钻孔测试结果

波测试结果中波速有轻微下降；0～14.3m 岩性主要为隐晶质玄武岩，14.3～16m 岩性主要为杏仁玄武岩。

2. 原生裂隙扩展、张开、闭合和贯通

通过对同一钻孔多次岩体声波测试和钻孔摄像，获得不同施工阶段岩体波速的变化和钻孔摄像中裂隙范围、宽度的变化，对比分析原生裂隙及附近区域波速下降的范围程度与钻孔原生裂隙的变化情况，可以获得岩体内部原生裂隙的张开、扩展、贯通等变化特征。

锦屏地下实验室二期 9-1# 实验室开挖前，通过 2# 交通洞向 9-1# 实验室 K0+015 断面预埋 CAP-06 钻孔，钻孔布置及工程背景详见 9.1 节。在 9-1# 实验室开挖过程中，对钻孔进行持续的钻孔摄像和声波测试，CAP-06 钻孔的测试结果如图 3.2.11 所示，深度为“–”代表开挖至该断面时被开挖掉部分。可以看出，在 9-1# 实验室掌子面经过监测断面时，CAP-06 钻孔不同深度处的原生裂隙张开、闭合和贯通：从 2015 年 4 月 28 日至 5 月 1 日掌子面靠近监测断面的过程中，距最终边墙 0.3m 处裂隙宽度由 15.8mm 增加至 15.9mm，结构面发生张开；距最终边墙 –0.3m 处裂隙宽度由 4.2mm 减小至 4.0mm，结构面发生闭合，此过程中该区段岩体波速变化不明显；从 2015 年 5 月 3 日后掌子面过监测断面的过程中，距最终边墙 0.3m 处裂隙宽度进一步增加，至 5 月 6 日掌子面过监测断面 8m 时，该处的裂隙宽度增加至 26.9mm，此过程中该区段岩体波速下降显著。

2015 年 5 月 6 日，9-1# 实验室 K0+015 断面围岩及 CAP-06 钻孔照片如图 3.2.12 所示，可以看到原生裂隙附近存在裂隙张开和掉块现象。

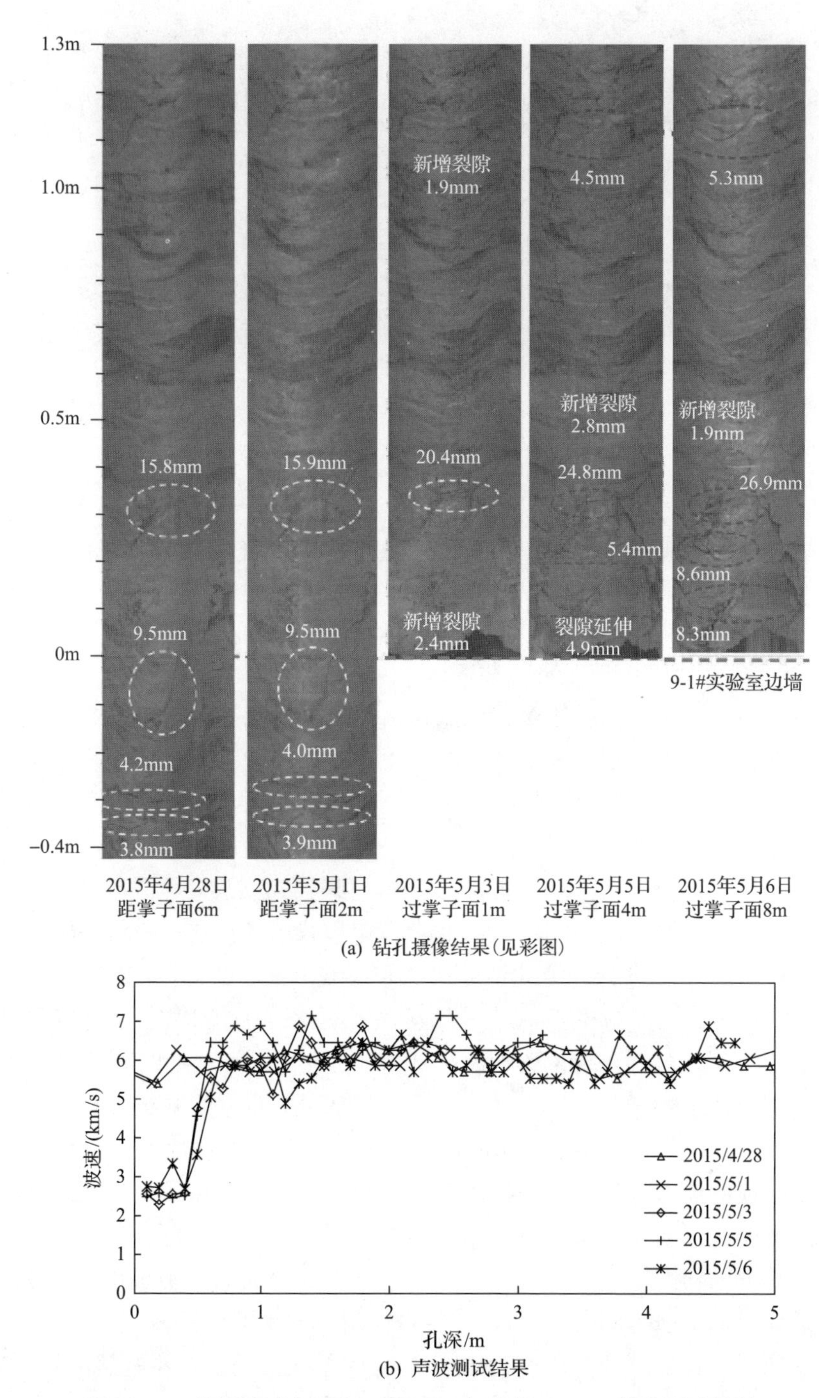

(a) 钻孔摄像结果(见彩图)

(b) 声波测试结果

图 3.2.11 锦屏地下实验室二期 9-1# 实验室 CAP-06 钻孔测试结果

(a) 实验室围岩

(b) CAP-06钻孔

图 3.2.12　锦屏地下实验室二期 9-1# 实验室 K0+015 断面围岩及 CAP-06 钻孔照片

3. 新生裂隙萌生、扩展、张开、闭合和贯通

深部工程开挖后，洞周径向应力减小，切向应力增大，洞壁内部完整岩体易压致拉裂出现新生裂纹，如图 3.2.13 所示，产生大量与最大主应力方向平行的裂隙簇，平行裂纹的间距受到开挖后应力路径、岩体颗粒粒径影响[8]。这种裂隙面表现为张开状态，破裂面新鲜，粗糙起伏不平。

图 3.2.13　深部工程洞壁表层新生裂隙

完整岩体的波速较高，裂隙产生后岩体波速降低，通过对同一钻孔多次岩体声波测试和钻孔摄像，对比无原生裂隙区域岩体开挖前后波速下降的程度与钻孔裂隙分布及变化情况，可以获得岩体内部新生裂隙的萌生、扩展、张开、闭合和贯通等变化特征。例如，锦屏地下实验室二期 9-1# 实验室开挖过程中不同深度处的新生裂隙萌生、扩展、张开和贯通，开挖过程中 CAP-06 钻孔的声波和钻孔摄像测试情况如图 3.2.11 所示。

(1) 2015 年 5 月 3 日，掌子面过监测断面 1m，距最终边墙 0.1m 处新生一条

2.4mm 宽的裂隙且未贯穿钻孔，距最终边墙 1.2m 产生一条 1.9mm 宽的裂隙。

(2) 2015 年 5 月 5 日，掌子面过监测断面 4m，距最终边墙 0.1m 处裂隙贯穿钻孔且裂隙宽度增加至 4.9mm，距最终边墙 0.3m 处新生一条 5.4mm 宽的裂隙，距最终边墙 0.3～0.5m 产生一条沿钻孔轴线的 2.8mm 宽的裂隙，距最终边墙 1.2m 处裂隙贯穿钻孔且裂隙宽度增加至 4.5mm。

(3) 在 2015 年 5 月 6 日，掌子面过监测断面 8m，距最终边墙 0.1m 处裂隙贯穿钻孔且裂隙宽度增加至 8.3mm，距最终边墙 0.3m 处裂隙贯穿钻孔且裂隙宽度增加至 8.6mm，距最终边墙 0.4m 处新生一条 1.9mm 宽的裂隙，距最终边墙 1.2m 处裂隙宽度增加至 5.3mm。

(4) 在此过程中，距边墙 0～0.6m 岩体波速下降明显，距边墙 1.2m 附近岩体波速有轻微下降。

4. 岩体结构变化特征

1) 整体结构

深部工程开挖引起的洞周加卸荷应力路径可能诱发整体结构围岩沿隐微裂隙端部产生的脆性破裂。在较高应力条件下，围岩由开挖卸荷扰动引起的损伤破坏加剧，隐节理、微节理张开。在大型地下厂房分层分部开挖过程中，洞壁切向应力集中，生成近平行临空面的微小裂纹，受同层水平方向开挖效应和垂直方向分层开挖影响，裂纹逐渐扩展贯通，发生应力控制型破坏，卸荷裂隙以拉破坏为主，断面角点处辅以剪破坏。出现平行于开挖面的薄板状劈裂，伴随着大量能量剧烈释放，地下厂房整体结构围岩表层破坏如图 3.2.14 所示[9]。

(a) 岩爆

(b) 片帮

图 3.2.14　地下厂房整体结构围岩表层破坏[9]

洞壁压应力集中导致整体结构围岩产生平行于洞室周边的拉破裂，以白鹤滩水电站左岸地下厂房为例，岩性为玄武岩，岩体新鲜坚硬，完整性较好，厂房开挖方式为钻爆法开挖，锚网喷及时支护。顶拱预设钻孔对开挖引起岩体结构的变化程度进行现场观测。该孔为厂房上方锚固洞向厂房拱顶方向预埋，孔深 27.4m，孔径 110mm。白鹤滩水电站地下厂房围岩内部 L-330-0-2 钻孔裂隙分布与演化如图 3.2.15 所示。

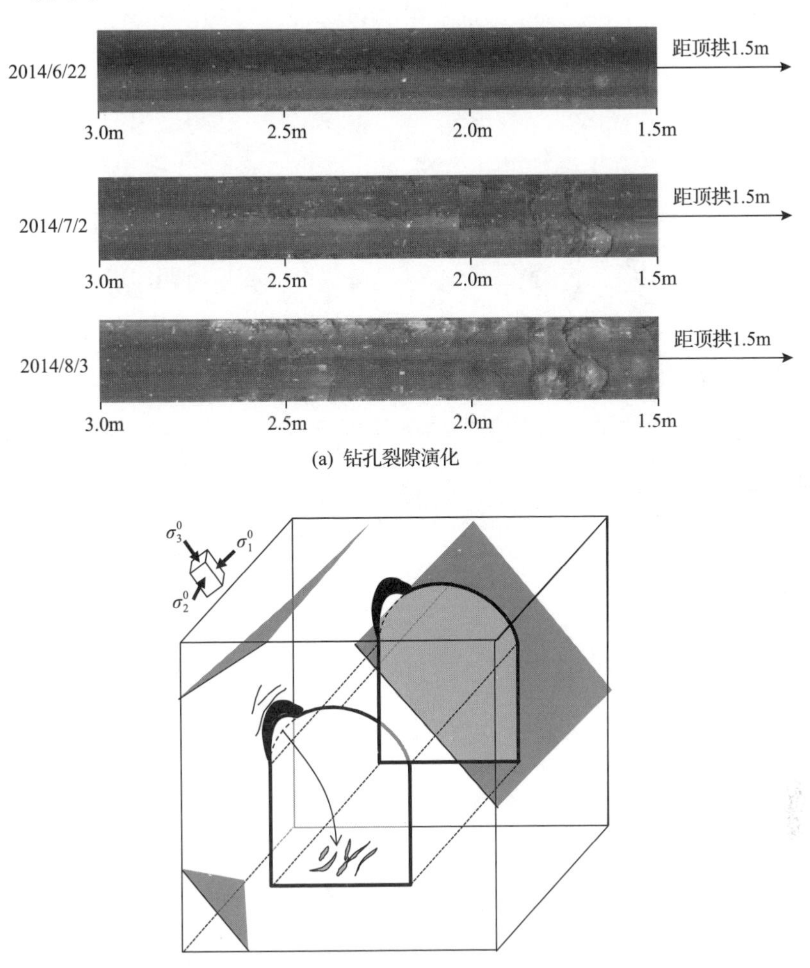

图 3.2.15　白鹤滩水电站地下厂房围岩内部 L-330-0-2 钻孔裂隙分布与演化

2) 块状结构

深部工程开挖后，结构面效应显著，原生结构面出现变形和应力不连续现象，往往成为深部工程破坏范围的边界。开挖卸荷造成垂直于洞壁方向的径向应力释放，发生卸荷回弹，甚至在表层产生较大范围的拉应力区，岩体将向临空面方向发生位移，原有构造或原生结构面张开，岩体强度迅速降低，其结果是在岩体中形成更多的卸荷裂隙。对于隐裂隙较为发育的玄武岩，质硬性脆，更容易形成卸荷裂隙。深部工程块状结构岩体失稳力学机制不单一，在结构面及其组合、岩块本身破坏联合作用下，孕育过程较为复杂。原有结构面进一步扩展，新破裂体系的形成，是径向应力减小、切向应力增大的累积效应。开挖前，应针对块体大小、形态和排列方式做出合理的预判。开挖引起块状结构岩体原本紧闭的结构面张开、掉块，部分岩块断裂掉块，可能发展成为一定规模的塌方，如图 3.2.16 所示。

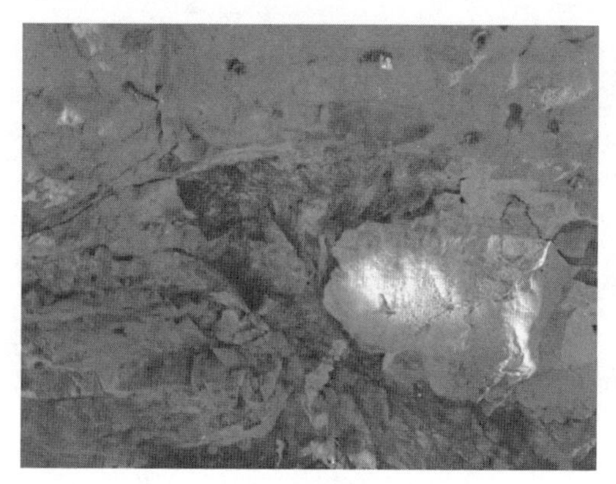

(a) 拱顶不稳定块体

(b) 拱肩不利结构面组合掉块

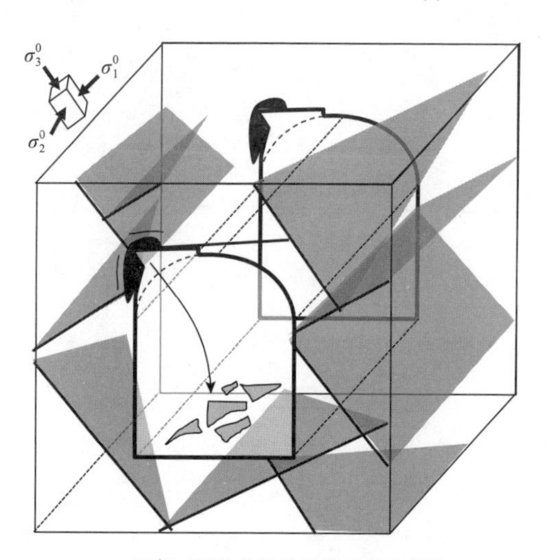

(c) 深部工程块状结构岩体破坏示意图

图 3.2.16　硬梁包水电站地下厂房块状结构岩体

焦家金矿受焦家Ⅰ级断裂及其次生的构造控制，结构面发育，属于块状结构岩体，最大主应力为北西西向，倾角近水平。在–390 阶段采场 104 号地质勘探线附近共设置了 5 个地质钻孔，钻孔平均深度为 30m，钻孔布置示意图如图 3.2.17 所示，区域内岩体结构及钻孔孔口照片如图 3.2.18 所示。

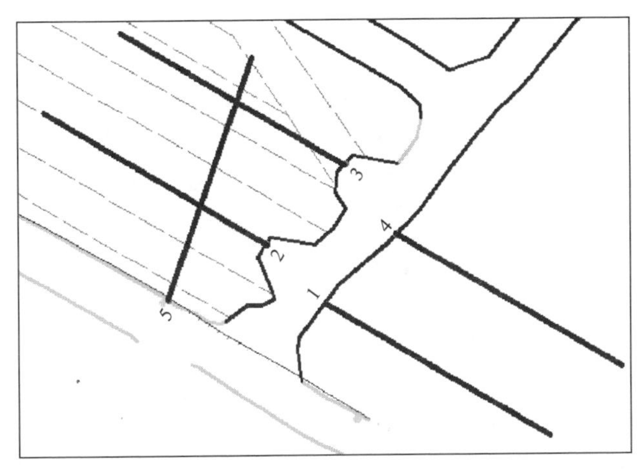

图 3.2.17　焦家金矿–390 阶段采场 104 号地质勘探线附近钻孔布置示意图

(a) 岩体结构

(b) 钻孔孔口

图 3.2.18　岩体结构及钻孔孔口照片

1# 钻孔倾向 120°，水平布置，长度为 24m，钻孔完成后初始典型钻孔摄像测试结果如图 3.2.19 所示，可以看出岩体裂隙发育，呈块状结构。

1# 钻孔延伸方向与大巷平行，受扰动影响比较严重，通过多次钻孔摄像分析附近采矿活动对钻孔附近岩体的影响。2012 年 7～8 月 1# 钻孔岩体结构变化如表 3.2.1 所示。在附近开挖爆破扰动下，不同深度区域岩体结构变化情况如下：

(1) 在 0.5m 深度处，出现裂隙闭合和扩展现象。

(2) 在 1.5m 深度处，裂缝有明显的增大趋势，说明受到的扰动较严重。

(3) 在 3m 深度处，出现孔壁剥落掉块现象。

(4) 在 4.5～5m 深度处，随着时间的推移和受爆破等产生的影响，孔内出现很多小的新扩展裂隙。

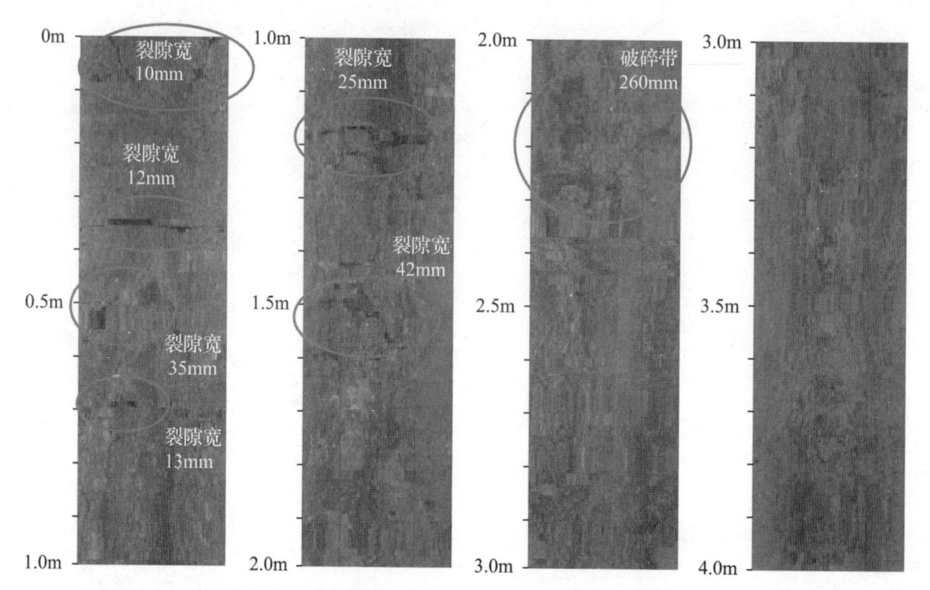

图 3.2.19　焦家金矿–390 阶段 1# 钻孔初始典型钻孔摄像测试结果(见彩图)

表 3.2.1　2012 年 7～8 月 1# 钻孔岩体结构变化

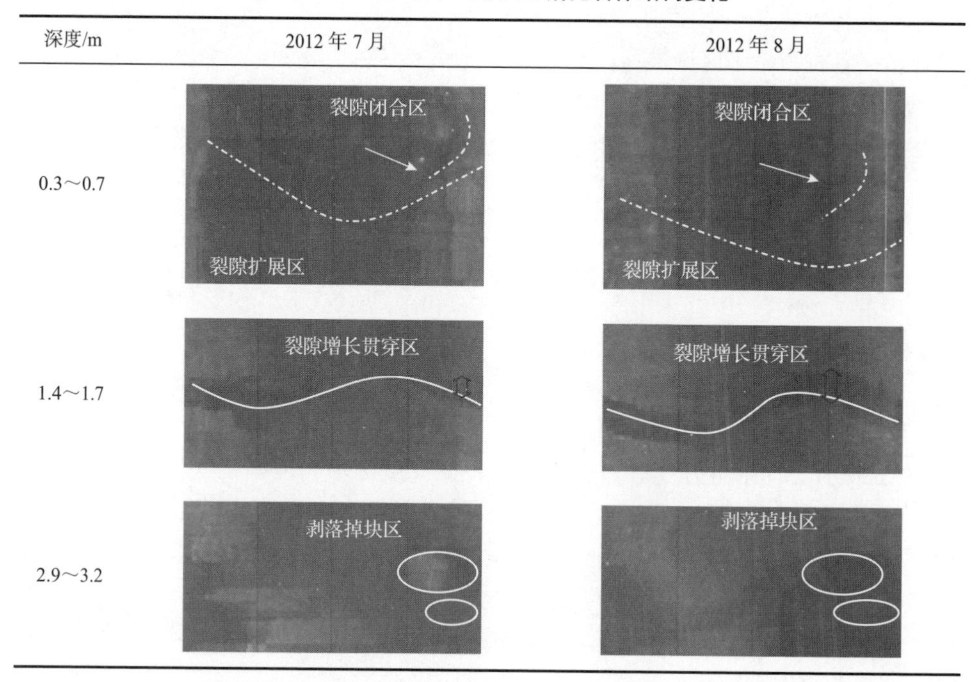

深度/m	2012 年 7 月	2012 年 8 月
0.3～0.7	裂隙闭合区 裂隙扩展区	裂隙闭合区 裂隙扩展区
1.4～1.7	裂隙增长贯穿区	裂隙增长贯穿区
2.9～3.2	剥落掉块区	剥落掉块区

续表

深度/m	2012 年 7 月	2012 年 8 月
4.3～5.0	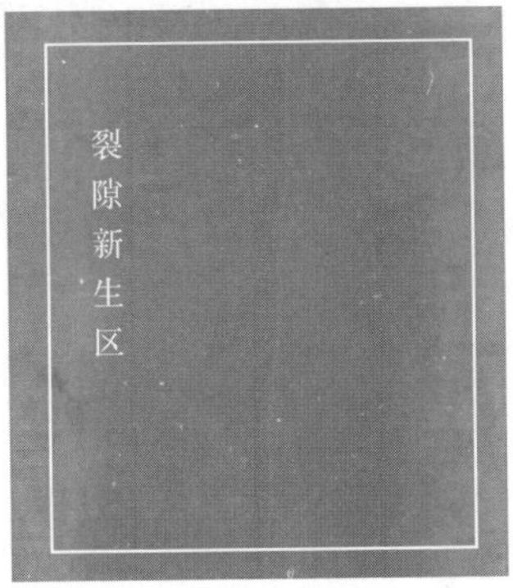 裂隙新生区	 裂隙新生区

3) 层状结构

在深部高地应力条件下，隧洞开挖后层状结构岩体的结构变化与地应力、岩层产状及洞轴线方位密切相关。尤其当岩层走向与洞轴线呈小夹角时，层面上的正应力释放程度较高，处于隧洞周边应力集中区的层状结构岩体会发生较大程度的沿层开裂或滑移。这是由于隧洞开挖后形成应力差大且水平高的应力集中区，而层面的抗剪强度和抗拉强度较低，致使表层岩体很快达到极限承载强度而沿层破裂，之后应力集中区渐进性向深层调整转移，继而引发深层岩体沿层破裂。以乌东德水电站地下洞室为例，其岩性主要为陡倾薄层～中厚层变质灰岩、大理岩，最大主应力为 11.3～14.9MPa。右岸地下厂房开挖后，在薄层灰岩区域，围岩表层发生沿层面开裂现象。通过钻孔摄像发现，右岸地下厂房围岩深层也发生了沿层面开裂现象，并且围岩的破裂深度和程度随观测时间的增加而增加，如图 3.2.20 所示。

(a) 层状结构岩体开挖后表层结构开裂

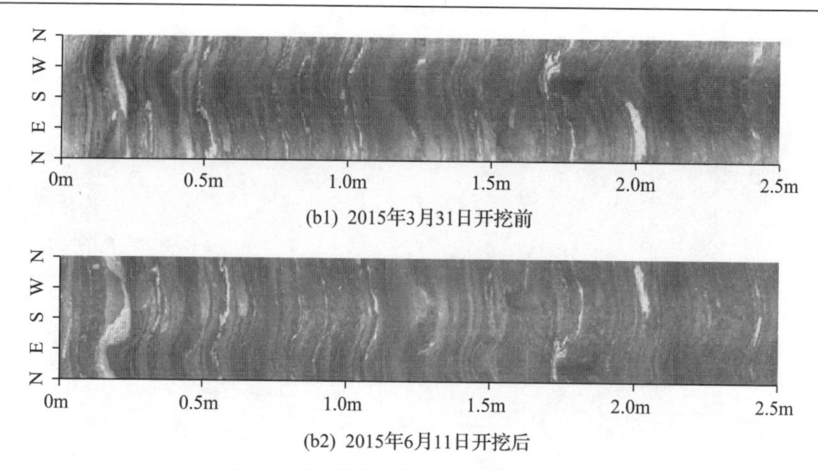

(b1) 2015年3月31日开挖前

(b2) 2015年6月11日开挖后

(b) 层状结构岩体开挖后内部结构沿层面开裂

图 3.2.20　乌东德水电站地下洞室层状结构岩体开挖后围岩表层和深层结构变化

当层状结构中的云母、绿泥石等片状矿物含量较多、层厚较薄时，沿层破裂的程度将大为增加。具体来讲，对于深部工程中陡倾小夹角层状岩体，当最大主应力与隧道轴线呈小角度相交时，边墙岩体易发生沿层板裂、溃屈；对于倾斜小夹角层状结构岩体，当最大主应力与隧道轴线呈大角度相交时，隧道拱肩及底角部位易发生沿层开裂或滑移；对于近水平层状结构岩体，隧道顶底板易发生沿层弯曲开裂。层状结构岩体的结构变化模式如图 3.2.21 所示。

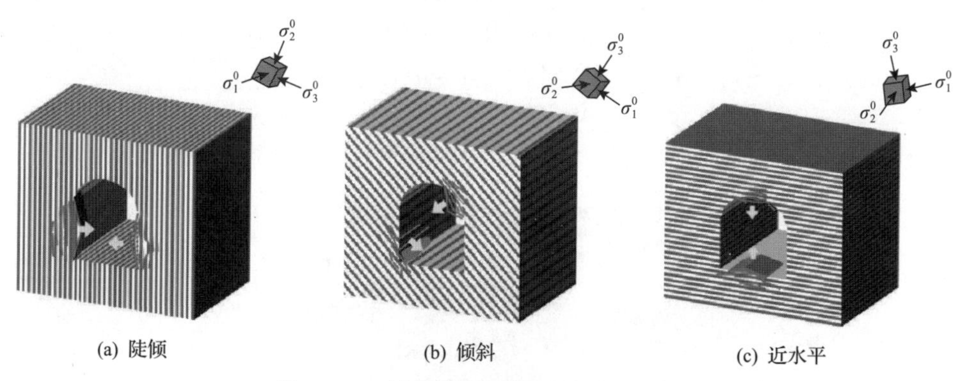

(a) 陡倾　　(b) 倾斜　　(c) 近水平

图 3.2.21　层状结构岩体的结构变化模式

4）镶嵌碎裂结构

深部环境下镶嵌碎裂结构岩体呈压密状，岩块强度较高。隧道开挖形成临空面后，围岩内部应力调整，导致原本压密闭合的结构面张开、滑移(见图 3.2.22(a))，同时围岩内部破裂程度增加，表现为多条原生裂隙扩展与新裂隙萌生(见图 3.2.22(b))。受断面形式、爆破扰动等因素影响，岩体内部进一步碎裂化(见图 3.2.22(c))。

5. 岩体结构变化分区特征

深部工程的开挖不可避免地使洞周一定距离内的岩体径向应力急剧减小(洞壁处为零)、切向应力成倍增加，导致围岩内部出现大量微裂纹的起裂、扩展和连通现象及应力重分布等，进而影响深部工程安全稳定。根据围岩物理力学性质、应力状态分布，深部工程从洞壁向内部分为破裂区、损伤区、扰动区、原岩区，如图 3.2.23 所示。

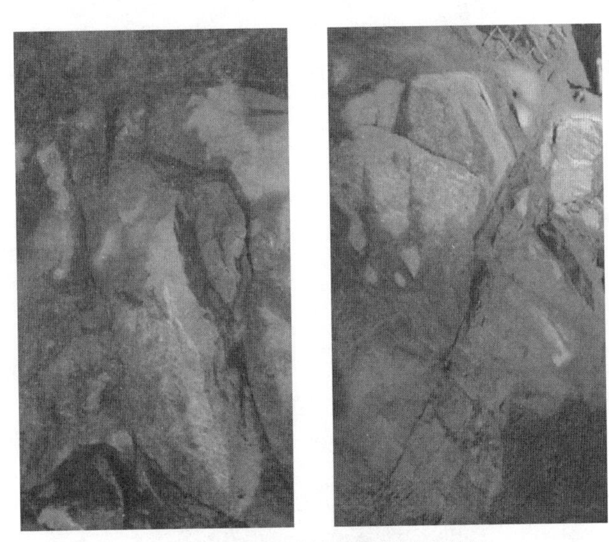

(a) 镶嵌碎裂结构岩体表面结构变化特征

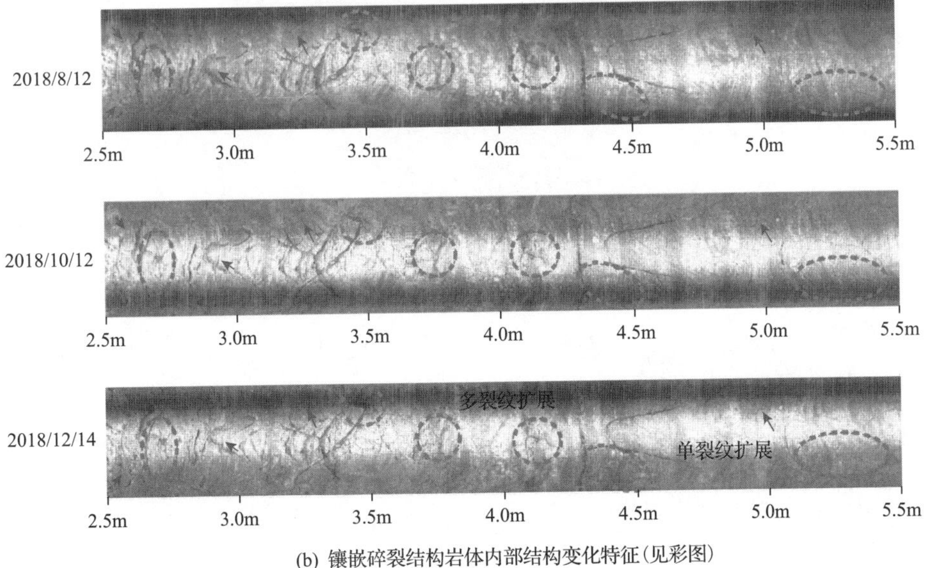

(b) 镶嵌碎裂结构岩体内部结构变化特征(见彩图)

(c) 镶嵌碎裂结构岩体结构变化模式(见彩图)

图 3.2.22　高地应力下镶嵌碎裂结构岩体结构变化特征

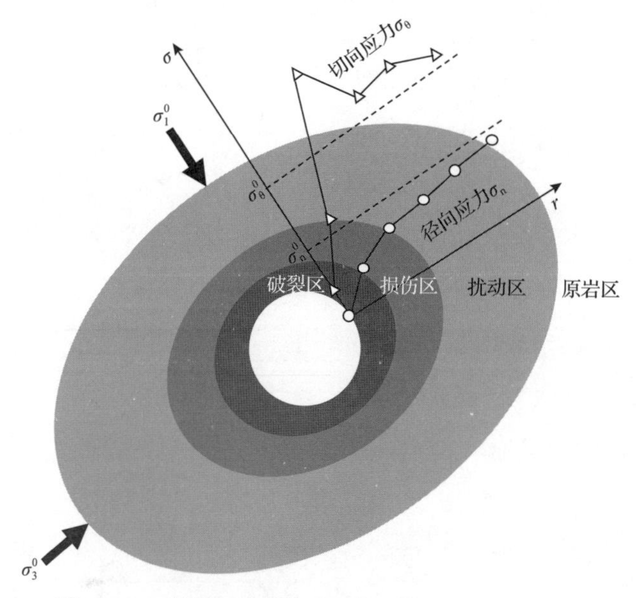

图 3.2.23　深部工程开挖后岩体结构变化分区示意图

(1)破裂区：开挖造成的宏观裂隙萌生、扩展、张开和掉块的区域，即洞周围岩内部可见明显的新生裂隙或裂隙张开，可采用钻孔摄像进行观测。

(2)损伤区：受开挖扰动岩体产生损伤和不可逆变形，但未有宏观破裂现象的区域，可采用声波现场监测，波速明显降低。通过岩体声波测试获得的岩体波速随深度的变化曲线，可知该区域为岩体波速连续低于原始岩体波速一定比例的区域，该比例一般为 10%～50%。

(3) 扰动区：原岩应力相较开挖前产生明显改变的区域，岩体仍然为弹性，该区域开挖后切向应力为开挖前初始应力场的105%以上，径向应力为开挖前初始应力场的95%以下。

(4) 原岩区：未受到工程开挖明显影响的区域，影响程度仅小于开挖前初始应力场的5%，可认为是原岩区。

锦屏地下实验室二期2#实验室在开挖前通过1#交通洞向2#实验室K0+025断面预埋ST-5～ST-9光纤光栅扰动应力计，距实验室边墙距离分别为15m、10m、7m、3m和1m，实时监测实验室开挖过程中围岩内部应力变化情况；在2#实验室中导洞开挖后，在K0+025断面通过中导洞向边墙预埋钻孔T-2-7，在上层边墙扩挖过程中进行钻孔摄像和声波测试，测点布置及典型测试结果如图3.2.24所示。

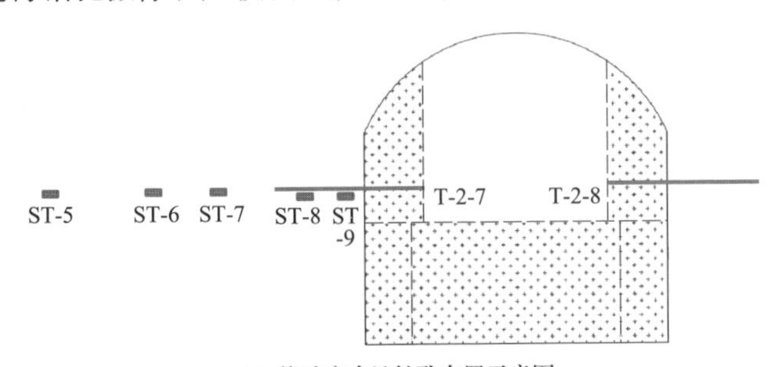

(a) 扰动应力计钻孔布置示意图

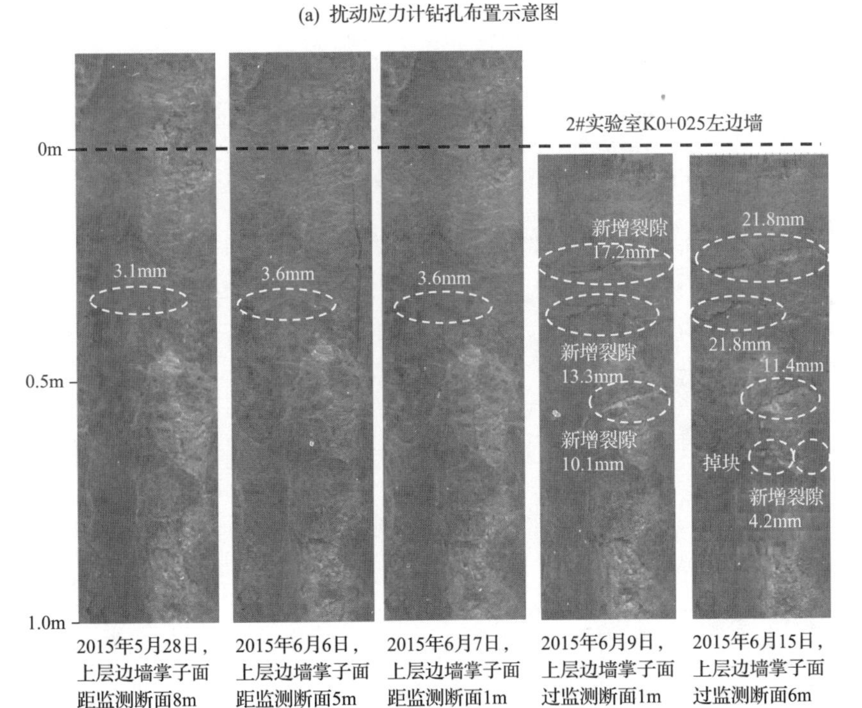

(b) T-2-7钻孔摄像测试结果(见彩图)

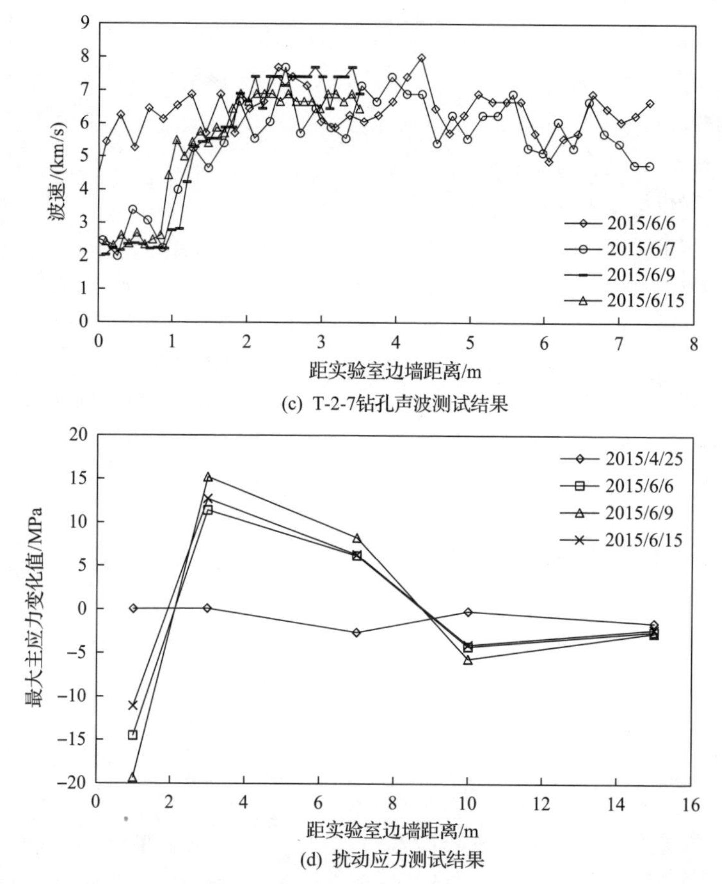

图 3.2.24　锦屏地下实验室二期 2# 实验室 K0+025 断面测点布置及典型测试结果

2# 实验室 K0+025 断面上层边墙破裂区范围为 0～0.7m，损伤区范围为 0.7～1.2m，扰动区范围为 1.2～10m，10m 以外为原岩区。

3.2.3　开挖引起深部工程岩体结构变化程度评价方法

深部工程开挖会引起围岩破裂损伤，其岩体结构会随着开挖活动的不断进行而逐渐演化，即岩体结构变化程度不断增加。工程上岩体结构变化程度的评价可用岩体体积节理数 J_v、岩石质量指标 RQD 和弹性波测试岩体完整性系数 K_v 等指标，这些指标仅从某一侧面反映了岩体的结构形态及程度演化，不能完全适用于深部岩体结构变化程度的评价，在评价深部工程岩体结构变化程度演化时存在以下不足。

(1) 指标本身不能满足深部需求。在深部条件下应用时由于受岩芯饼化及结构面产状等的影响，RQD 值不能满足评价要求；弹性波测试岩体完整性系数 K_v 在深部条件下易出现岩体波速大于岩石波速，致使测试结果失效；岩体体积节理

数 J_v 仅能反映岩体壁面结构面的几何发育特征等。

(2) 指标静态性。现阶段存在的岩体结构变化程度评价方法大多是静态的，而岩体结构通常会伴随工程的开挖影响有较大变化，因此动态结构变化评价指标的建立对深部工程很有必要。

数字钻孔摄像可以直观地反映钻孔内的地质特征，不受岩芯饼化及结构面组合等因素的影响，可以通过测定钻孔孔壁中无宏观裂隙的岩体长度所占的权重比例得出岩体结构变化程度(change degree of rock mass structure, CDRMS)指标。CDRMS 无法评价存在大型地质构造的岩体完整性及破裂演化，其主要作用在于动态评价以岩体宏观裂隙为主的深部岩体完整性及围岩破裂区的裂隙演化，因此监测钻孔应根据工程类比或数值模拟分析，布置在围岩破裂较发育区域。CDRMS 更适用于深部岩芯饼化和高应力取芯破碎条件下深部岩体完整性及破裂演化评价，已应用于多个深部工程证明了其有效性，为深部工程岩体评价、支护提供依据。

1. 深部工程岩体结构变化程度指标 CDRMS

基于高清数字钻孔摄像观测结果提出一种新的深部工程岩体结构变化程度评价指标——CDRMS，其计算公式为

$$\text{CDRMS} = 1 - \frac{\sum_{i=1}^{5} a_i l_i}{L} \tag{3.2.1}$$

$$l_i = \sum_{j=1}^{n_i} l_i^j \tag{3.2.2}$$

式中，a_i 为第 i 区间的系数，其中 a_1=0.19、a_2=0.41、a_3=0.63、a_4=0.77、a_5=1；L 为评价段总长度；l_1、l_2、l_3、l_4、l_5 分别为评价段内无宏观裂隙岩体段长度小于 0.25m、0.25～0.5m、0.5～0.75m、0.75～1m 和大于 1m 的区间累计长度；l_i^j 为第 i 区间内岩体长度；n_i 为第 i 区间内岩体段数。

以锦屏地下实验室二期某钻孔为例说明使用 CDRMS 计算岩体结构变化程度评价方法。准确确定岩体结构变化范围需在工程开挖前预设检测孔，初始检测标定原生裂隙，后续开挖造成的新生裂隙或原有裂隙的演化就作为评价岩体结构变化程度的依据，如图 3.2.25 所示。图中黑色线条为原生无演化裂隙，红色线条为新生裂隙，蓝色线条为原生裂隙出现扩展，去掉无演化的原生裂隙后，岩体结构变化范围为距孔口最远端的新生裂隙到孔口的距离，即 0.74m。岩体结构变化范围被开挖扰动裂隙分为 5 段，其中 4 段岩体长度在 0.1～0.25m，共计 0.48m，对

应的系数值为 0.19；有 1 段岩体长度在 0.25～0.5m，为 0.26m，对应的系数值为 0.41。其 CDRMS 值为

$$\text{CDRMS}=1-\frac{0.19\times0.48+0.41\times0.26}{0.74}=0.73 \tag{3.2.3}$$

计算样本为单区破裂，计算得出该段岩体的 CDRMS 值为 0.73。

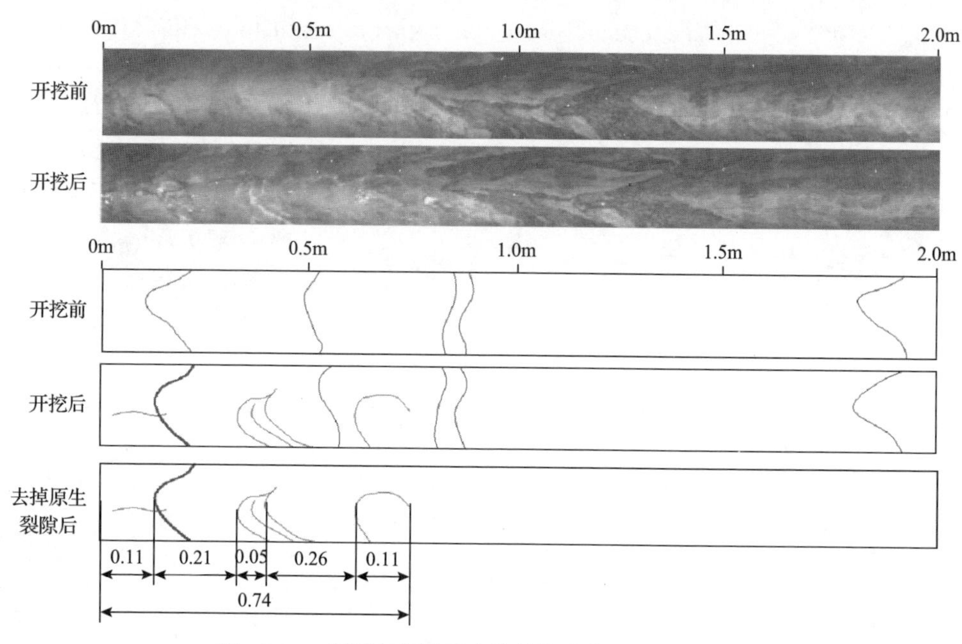

图 3.2.25　深部硬岩隧道岩体结构变化程度(见彩图)

基于钻孔摄像测试结果的深部硬岩隧道岩体结构变化程度划分标准如表 3.2.2 所示。

表 3.2.2　深部硬岩隧道岩体结构变化程度划分标准

变化程度	结构特征	CDRMS 值
轻微变化	1m 范围内开挖响应裂隙 0～2 条，间距为 40～50cm	0～0.25
中等变化	1m 范围内开挖响应裂隙 2～4 条，间距为 30～40cm	0.25～0.5
显著变化	1m 范围内开挖响应裂隙 4～6 条，间距为 20～30cm	0.5～0.75
强烈变化	1m 范围内开挖响应裂隙 7 条以上，间距小于 20cm	0.75～1

2. 深部工程岩体结构变化程度演化评价方法应用

将 CDRMS 指标应用于锦屏地下实验室二期及白鹤滩水电站工程，分析其对

深部硬岩的适用性。

1) 锦屏地下实验室二期工程应用

1# 实验室岩性为黑灰条纹细粒大理岩，最大主应力为 69.2MPa，其围岩以Ⅱ、Ⅲ级为主，岩体完整性较好，岩体强度较高，开挖方式为钻爆法开挖，锚网喷及时支护。CAP-01 钻孔为 1# 实验室开挖前由辅引支洞向 1# 实验室 K0+045 断面方向预设的钻孔，监测位置位于左拱肩，如图 3.2.26 所示。

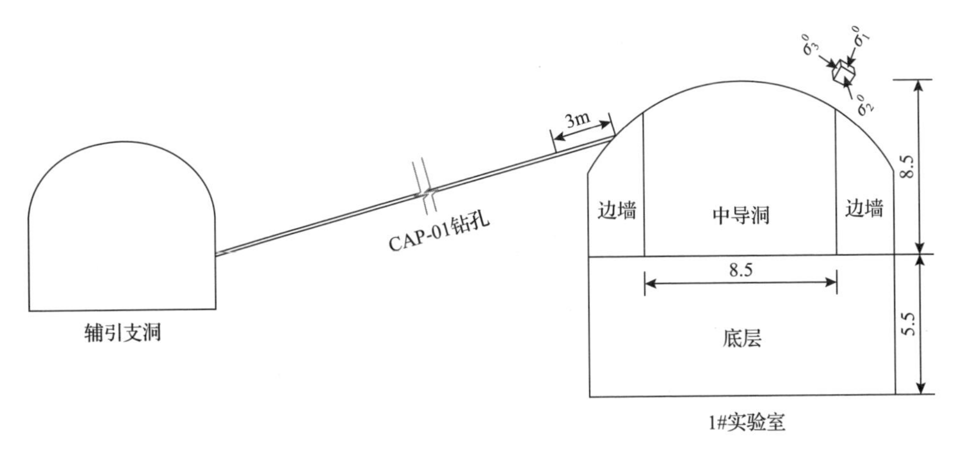

图 3.2.26　CAP-01 钻孔布置示意图(单位：m)

CAP-01 钻孔在中导洞开挖掌子面过测孔 9m 时出现最初破裂区，破裂范围为 2.2m，岩体的 CDRMS 值为 0.47，属于中等变化；上层边墙扩挖掌子面过测孔 2m 时，岩体结构变化范围为 2.5m，其 CDRMS 值为 0.66，属于显著变化；底层开挖掌子面过测孔 3m 时，岩体的 CDRMS 值为 0.76，属于强烈变化。为更加直观地反映岩体结构随开挖的变化过程，以 0.1m 为一个评价单元进行 CDRMS 值计算，计算结果如图 3.2.27 所示。

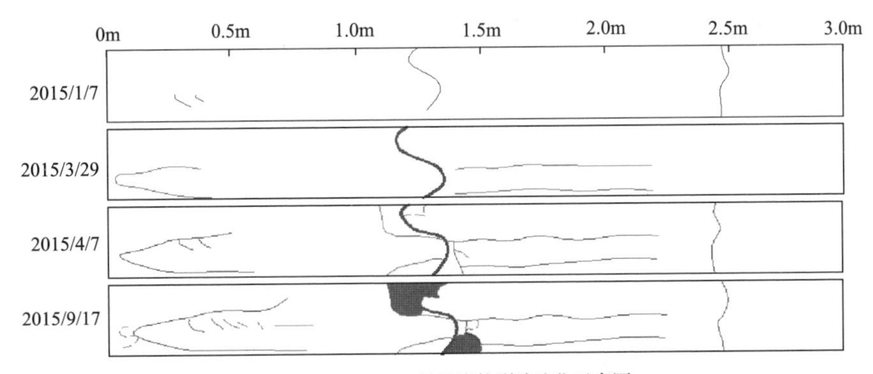

(a) CAP-01钻孔岩体裂隙演化示意图

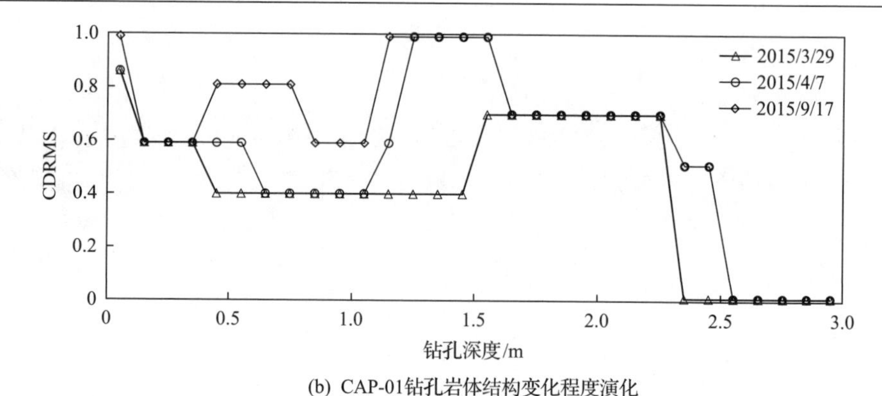

(b) CAP-01钻孔岩体结构变化程度演化

图 3.2.27 开挖过程沿 CAP-01 钻孔岩体结构变化程度演化

CAP-01 钻孔在分台阶开挖过程中，破裂区范围由 2.2m 扩展至 2.5m，岩体结构变化程度由中等变化转为强烈变化，如表 3.2.3 所示。

表 3.2.3 CAP-01 钻孔岩体结构变化程度演化结果

日期	开挖位置	变化范围/m	CDRMS 值	变化程度
2015/3/29	中导洞	2.2	0.47	中等变化
2015/4/7	上层边墙	2.5	0.66	显著变化
2015/9/17	底层	2.5	0.76	强烈变化

2)白鹤滩水电站工程应用

以白鹤滩水电站左岸地下厂房顶拱预设钻孔 L-330-0-2 为例对岩体结构变化程度进行研究，该工程区垂直埋深 260～330m，岩性为单斜玄武岩，岩层总体产状为 N42°～45°E、SE∠15°～20°，岩体新鲜坚硬，完整性较好，厂房开挖方式为钻爆法开挖，锚网喷及时支护。该孔为厂房上方锚固洞向厂房拱顶方向预埋的钻孔，孔深 27.4m，孔径 110mm，选取 1.5～3m 段为评价段，预设钻孔及钻孔摄像位置示意图如图 3.2.28 所示。

2014 年 6 月 22 日，钻孔尚未受开挖影响，预设钻孔初始结构变化程度 CDRMS 值为 0，为无破裂岩体；2014 年 7 月 2 日，随掌子面开挖至中导洞右下区域，出现 3 条新增裂隙，岩体结构变化段 CDRMS 平均值升至 0.19，岩体结构变化程度为轻微变化；2014 年 8 月 3 日，随掌子面继续开挖至Ⅱ层右端，评价段内岩体继续出现裂隙演化，再次出现 4 条新生裂隙，CDRMS 平均值升至 0.48，评价段内岩体结构变化程度由轻微变化演化为中等变化，如图 3.2.15(a)～(c)所示。开挖过程沿 L-330-0-2 钻孔岩体结构变化程度演化如图 3.2.29 所示。

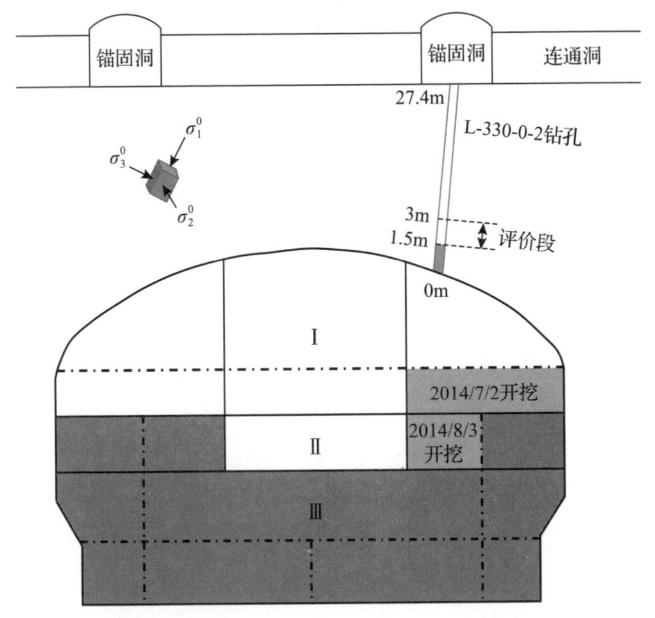

图 3.2.28　白鹤滩水电站左岸地下厂房顶拱预设钻孔 L-330-0-2 及钻孔摄像位置示意图

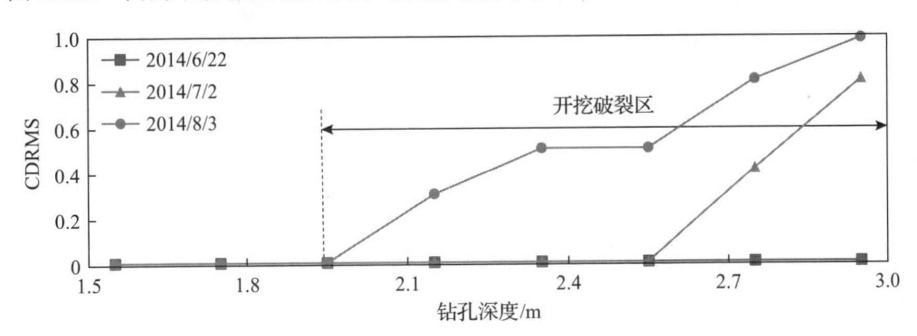

图 3.2.29　开挖过程沿 L-330-0-2 钻孔岩体结构变化程度演化

3.3　深部工程硬岩开挖诱发应力型灾害

高应力环境下深部工程开挖，引起三维应力场和路径的变化以及围岩结构的变化，会诱发硬岩应力型灾害，如围岩内部破裂(分区破裂、深层破裂、时效破裂)、片帮、硬岩大变形、硬岩大体积塌方、岩爆等，造成严重的人员伤亡、设备损毁、工期延误甚至工程失效。

3.3.1　深部工程硬岩破裂

深部工程硬岩破裂包括分区破裂、深层破裂和时效破裂。深部工程硬岩分区破裂是指深部硬岩洞室开挖后在其周边和掌子面前方围岩中产生的破裂区和非破裂区交替分布的现象。例如，锦屏地下实验室二期 7# 实验室埋深约 2400m，岩性为灰白大理岩，钻爆法分台阶开挖。2015 年 8 月 15 日，原位钻孔摄像观测到原生裂隙处应力集中产生分区破裂现象，如图 3.3.1 所示。

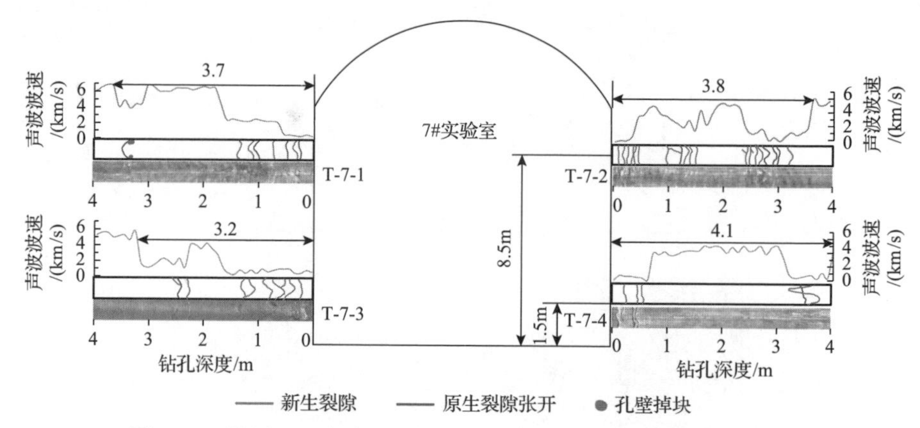

图 3.3.1　锦屏地下实验室二期 7# 实验室分区破裂示意图(见彩图)

深部工程硬岩深层破裂是指高应力条件下深部工程围岩距开挖边界一定径向距离的位置上发生破裂，一般这种距离为 7～10m，有些甚至超过 10m，或者大于施工的锚杆长度。如图 3.3.2 所示，白鹤滩水电站右岸地下厂房开挖后，围岩内部出现破裂，随着分层分部开挖，围岩破裂逐渐向深层围岩发展，在距离拱顶 11.9m 和 12.3m 的位置上围岩产生破裂。

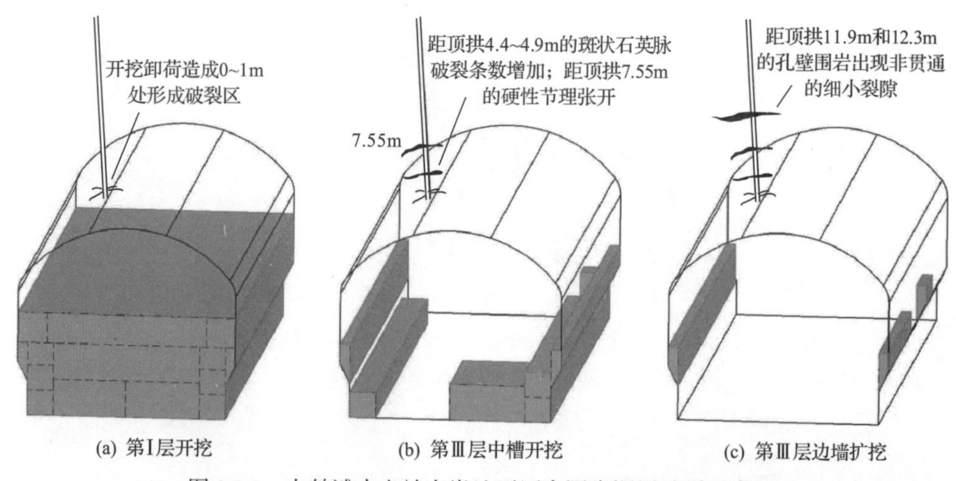

图 3.3.2　白鹤滩水电站右岸地下厂房围岩深层破裂示意图

深部工程硬岩时效破裂是指深部工程硬岩开挖结束后，岩体内部随时间持续产生不同程度的新裂纹萌生和扩展。白鹤滩水电站右岸地下厂房钻孔摄像监测围岩内部破裂随时间的演化如图 3.3.3 所示。监测段于 2014 年 9 月开挖完成，并分别在开挖完后一周内完成喷锚支护和 2014 年 12 月完成锚索支护。在岩体支护后数年，围岩内部仍产生新裂隙，于 2015 年 12 月裂隙宽度达到 2.7mm，再过 9 个月，此裂隙张开至最大宽度 31.7mm。深部工程硬岩时效破裂进一步发展，会产生时效大变形[10]、时滞型岩爆、支护失效及边墙开裂等时效灾害，如图 3.3.4 所示。

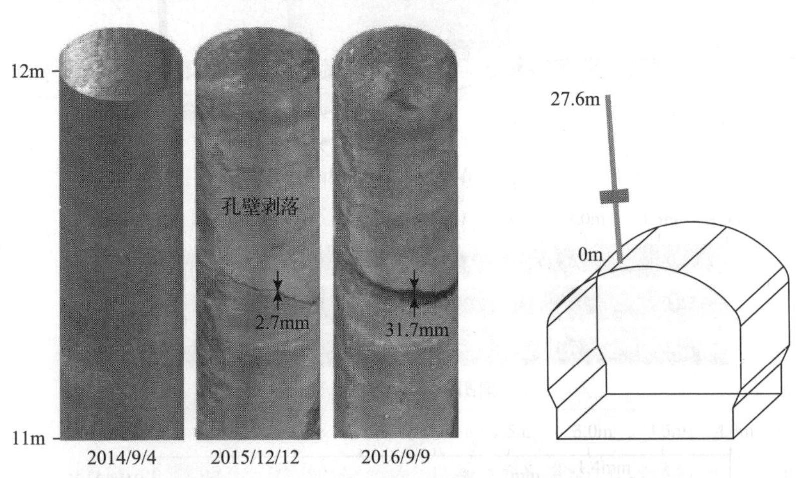

图 3.3.3　白鹤滩水电站右岸地下厂房钻孔摄像监测围岩内部破裂随时间的演化

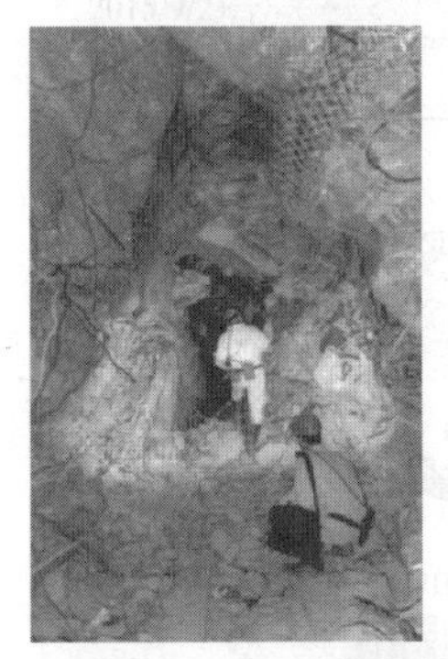

(a) 南非金矿岩体时效大变形[10]

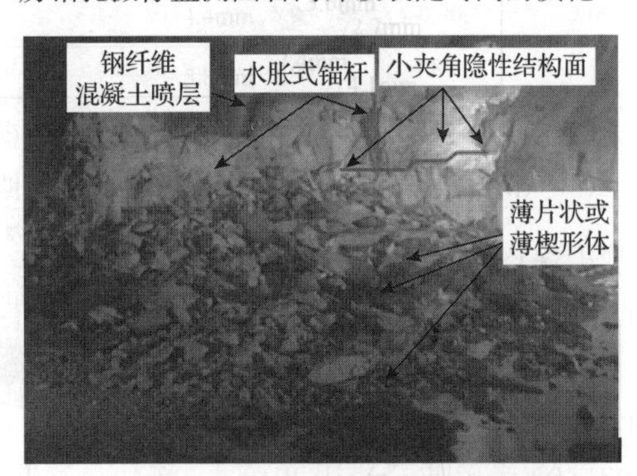

(b) 锦屏二级水电站引水隧洞时滞型岩爆

(c) 某深部工程锚索拉断[11]

(d) 金川镍矿深部巷道衬砌开裂

图 3.3.4　深部工程硬岩时效破裂诱发的典型时效灾害

3.3.2 深部工程硬岩片帮

深部工程硬岩片帮是指深部硬岩洞室开挖过程中出现的破裂面近似平行于开挖面的围岩劈裂破坏，往往引起围岩表层的片状或板状剥落，随开挖过程呈现渐进式破坏特征。片帮破坏深度和程度随地应力场及其开挖变化、围岩力学特性、洞室形状与尺寸、开挖顺序等的不同而差异明显，直接影响工程的开挖、支护效果和安全性。

1) Mine-by 试验洞

Mine-by 试验洞断面为圆形，直径 3.5m，全断面机械开挖，隧道穿越地层岩性单一、岩体完整性好，岩体片帮沿隧道轮廓呈对称的“狗耳朵”形状分布，如图 3.3.5 所示[12]。该试验洞围岩片帮破坏一般在试验洞开挖过程或开挖完数小时内发生，持续性短，对施工影响相对较小，但表层围岩片帮剥落依然会造成试验洞局部结构不完整、支护系统失效、工期延误等工程问题。

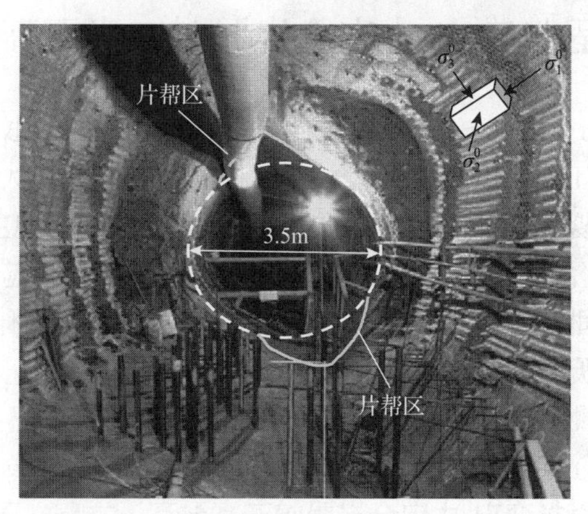

图 3.3.5 Mine-by 试验洞片帮破坏[12]

2) 锦屏地下实验室二期 7#、8# 实验室

锦屏地下实验室二期 7#、8# 实验室断面为城门洞形，断面尺寸为 14m×14m，分台阶钻爆法开挖。实验室沿轴线长 130m，穿越白色、黑色和灰色三种大理岩。中导洞开挖过程边墙和底角围岩出现大面积片帮剥落破坏，边墙扩挖也揭露中导洞围岩内部出现了显著片帮劈裂破坏，破坏深度超过 1m，如图 3.3.6 所示。在不同开挖阶段，断面上片帮位置和破坏深度呈现出差异性，随着分台阶开挖表现出一定的渐进性破坏特征，如图 3.3.7 所示[13]，且具有显著的几何非对称性破坏特征，片帮剥落导致局部实际开挖轮廓与设计轮廓相差较大。

3) 白鹤滩水电站左岸地下厂房

白鹤滩水电站左岸地下厂房轴线长 453m，高度 88.7m，最大跨度 34m，穿越斜斑玄武岩、隐晶质玄武岩、角砾熔岩等岩性地层，发育有长大裂隙、断层及错动带等地质结构，如图 3.3.8(a)所示[14]。厂房采用分层分部开挖，如图 3.3.8(b)所示[14]，开挖中导洞 I_1 和 I_2 部分时未发生片帮破坏。中导洞开挖完顶拱系统支护后，I_4 和 I_3 两部分自厂房两端相向开挖，扩挖中导洞下游侧 I_3 时未发生片帮破坏，而

(a) 中导洞开挖过程边墙和底角片帮剥落破坏

(b) 边墙扩挖揭露的中导洞围岩内部片帮劈裂破坏

图 3.3.6　锦屏地下实验室二期 7#、8# 实验室中导洞开挖围岩片帮

(a) 上台阶开挖完片帮破坏情况

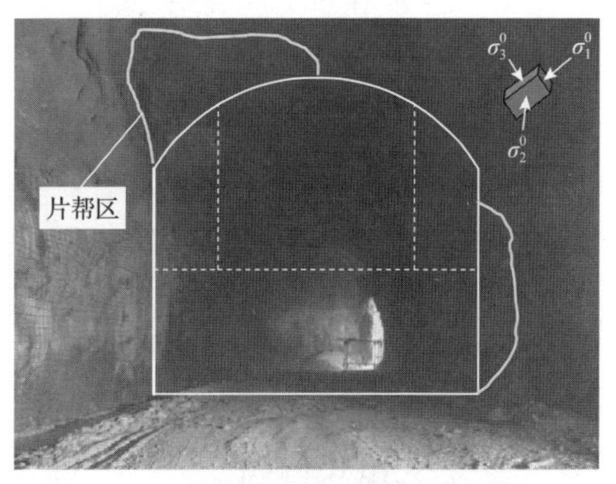

(b) 全断面开挖完片帮破坏情况

图 3.3.7　锦屏地下实验室二期 7#、8# 实验室分台阶开挖围岩片帮剥落引起轮廓变化[13]

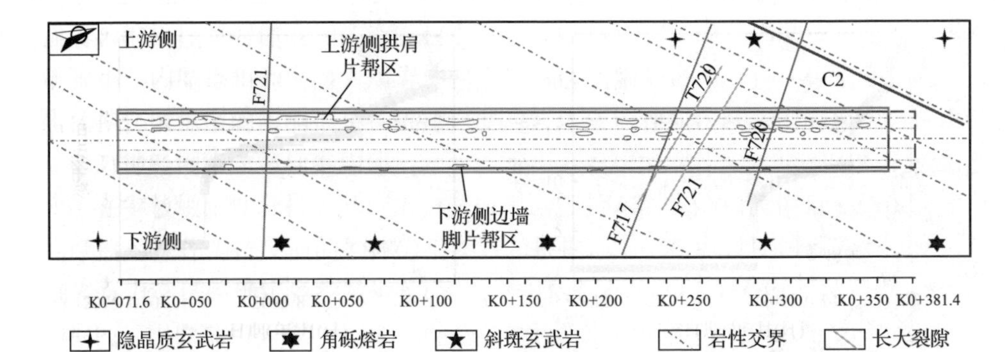

(a) 白鹤滩水电站左岸地下厂房602.6m高程处工程地质剖面简图及第Ⅰ层开挖沿厂房轴线片帮分布情况

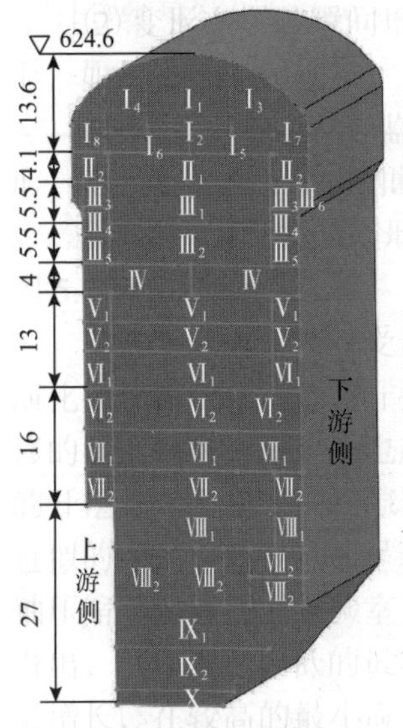

(b) 白鹤滩水电站左岸地下厂房分层分部开挖示意图(单位：m)

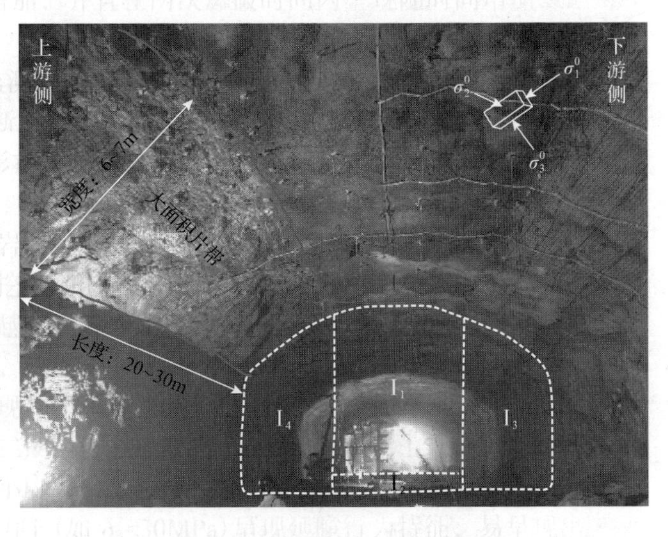

(c) 第Ⅰ层开挖期间K0+330附近拱顶斜斑玄武岩区域大面积片帮现象

图 3.3.8　白鹤滩水电站左岸地下厂房工程地质剖面简图及开挖过程中的大面积片帮现象[14](见彩图)

扩挖中导洞上游侧 I_4 时沿厂房轴线发生大面积片帮现象，片帮区长度一般为 20～30m，宽度为 6～7m，随区域岩性而变，如图 3.3.8(c)所示[14]。扩挖下游侧 I_5、I_7 及上游侧 I_6、I_8 时，上游侧片帮区范围稍有增加，片帮区围岩普遍破碎。支护系统遭到一定程度损坏，为保障施工安全，对该区域破碎岩体及损坏锚杆等进行清除，重新施作高强度系统支护，直至第Ⅰ层开挖结束，上游侧拱肩片帮深度达 1.8m，下游侧边墙脚区域也发生局部片帮破坏。随厂房向下开挖，片帮区深度与范围增加，甚至导致上游侧拱肩混凝土喷层开裂，直至第Ⅳ层开挖结束，片帮深度达到 2.8m[14]。

3.3.3　深部工程硬岩大变形

深部工程硬岩大变形主要表现为开挖后围岩收敛变形量大，通常可达数厘米至数米；初期变形速率大，每天可达数厘米；变形时间长，可持续数天至数月而不趋于稳定。围岩破坏深度大，可达数米。深部工程中高地应力条件下的大变形灾害可造成拱顶下沉、边墙内敛、基底隆起，致使开挖断面急剧减小，支护体系受力不断增大直至破坏，导致人员和机械通行困难、延误工期、后期返修率和支护拆换率高、工程投资显著增加等。

如图 3.3.9 所示，金川镍矿深部巷道围岩为镶嵌碎裂结构大理岩，采用全断面钻爆法开挖后在高地应力作用下发生 1m 以上大变形，断面形状严重畸变，引起支护结构损毁，需定期扩挖和返修，影响生产效率。

如图 3.3.10 所示，南非 Hartebeestfontein 金矿某巷道围岩为石英岩，单轴抗

图 3.3.9　金川镍矿深部巷道围岩大变形

图 3.3.10　南非 Hartebeestfontein 金矿某巷道石英岩时效大变形[15]

压强度约 130MPa，埋深约 2500m，采用全断面钻爆法开挖后曾发生每月 50cm 的时效大变形，致使巷道断面严重收缩，无法通行[15]。

锦屏一级水电站主变室围岩为大理岩，含小型断层和煌斑岩脉(见图 3.3.11(a)[16])，初始最大主应力约 35MPa，与地下厂房轴线呈小夹角(见图 3.3.11(b)[17])，采用分层分部开挖(见图 3.3.11(c))，下游边墙 1668m 高程开挖期间发生约 200mm 的大变形(见图 3.3.11(d)[18])，同一部位围岩内部开裂严重，最大破裂深度超过 10m(见图 3.3.11(e)[18])，严重威胁地下洞室长期稳定与安全。

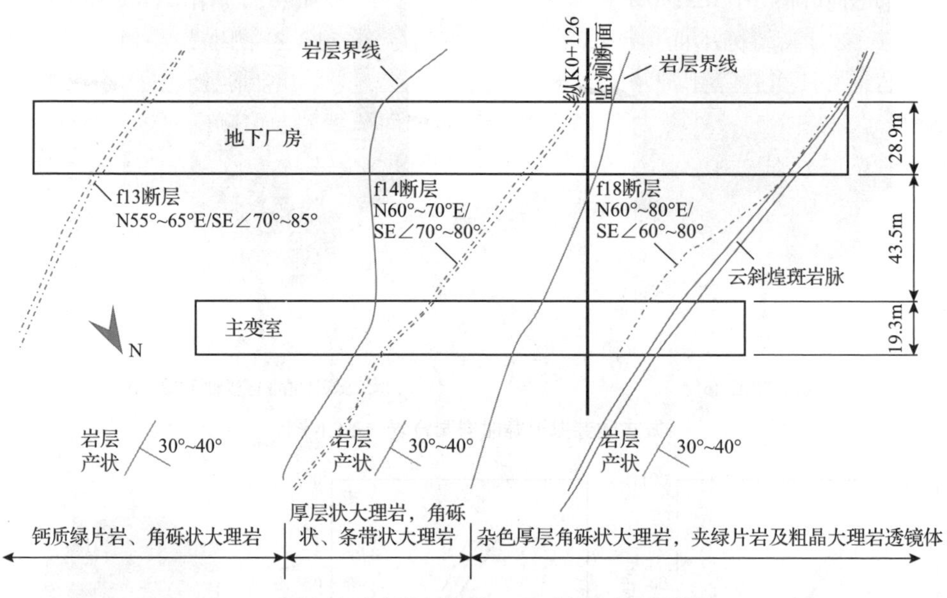

(a) 锦屏一级水电站地下洞室1668m高程地质平面图[16]

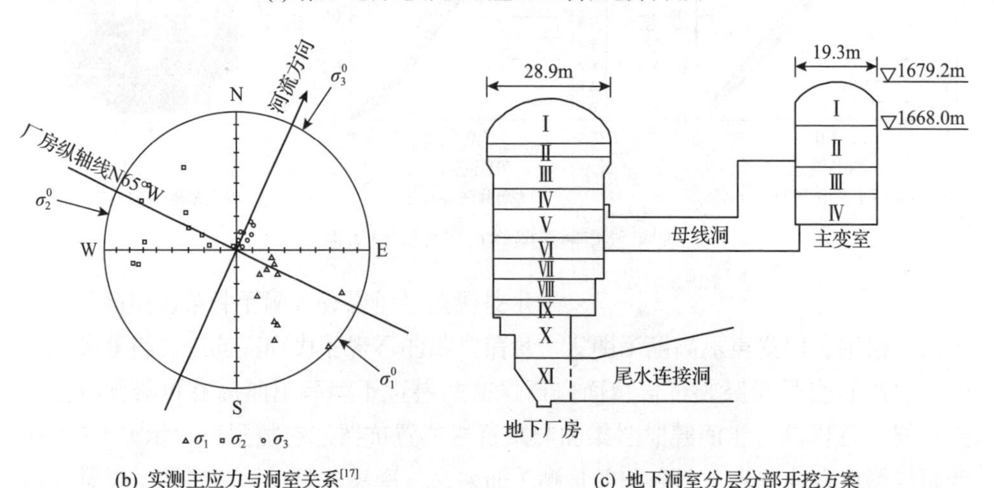

(b) 实测主应力与洞室关系[17]　　(c) 地下洞室分层分部开挖方案

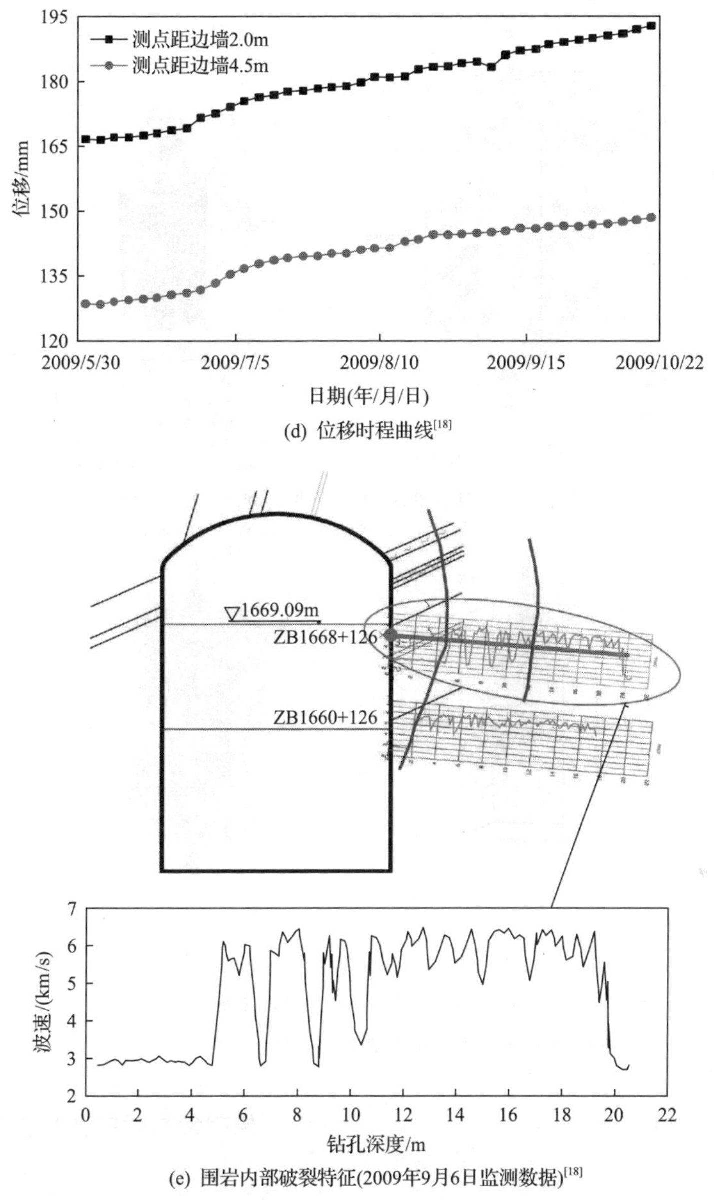

(d) 位移时程曲线[18]

(e) 围岩内部破裂特征(2009年9月6日监测数据)[18]

图 3.3.11　锦屏一级水电站主变室下游边墙 1668m 高程大变形特征

3.3.4　深部工程硬岩塌方

深部工程硬岩塌方包括应力型塌方、应力-结构型塌方和结构型塌方，多发生于高地应力环境下的节理密集带、挤压破碎带、风化蚀变带等不良地质区域，如图 3.3.12 所示。深部工程硬岩塌方主要表现为塌方体积大，前兆信息(如变形突增)

不明显，具有突发性，难以科学预测和防治。大体积塌方危害严重，可造成人员伤亡和财产损失，处置塌方导致工期延误和成本陡增。

(a) 节理密集带

(b) 挤压破碎带

(c) 风化蚀变带

图 3.3.12　深部工程硬岩易诱发塌方不良地质特征

大岗山水电站地下厂房围岩为花岗岩，并有多条辉绿岩脉穿插其中，初始最大主应力约 22.19MPa，采用分层分部开挖。如图 3.3.13 所示，顶拱扩挖期间在辉

图 3.3.13　大岗山水电站地下厂房顶拱岩脉大体积塌方特征[19]

绿岩脉影响下发生 3500m^3 的大体积塌方[19]。

锦屏地下实验室二期围岩为大理岩，初始最大主应力大于 60MPa，采用分台阶开挖，3# 和 4# 实验室均发生过较大规模塌方，其中 4# 实验室塌方单个块体尺寸为 0.2m×0.5m×0.7m，3# 实验室塌方主要是挤压破碎带内严重蚀变的松散大理岩发生的结构型塌方，如图 3.3.14 所示。

(a) 4# 实验室塌方　(b) 3# 实验室塌方

图 3.3.14　锦屏地下实验室二期工程塌方破坏

3.3.5　深部工程硬岩岩爆

岩爆是在开挖或其他外界扰动下，深部或高构造应力的岩体中聚积的弹性变形势能突然释放，导致围岩爆裂、弹射的动力现象。岩爆具有很强的突发性、随机性和危害性。根据孕育机制，岩爆一般分为应变型岩爆、应变-结构面滑移型岩爆和断裂型岩爆 3 个类型。根据发生的时间和空间特征，岩爆一般分为即时型岩爆、时滞型岩爆和间歇型岩爆 3 个类型。根据强烈程度和破坏规模，岩爆一般分为轻微岩爆、中等岩爆、强烈岩爆和极强岩爆 4 个等级。典型岩爆灾害总结如下。

(1) 2009 年 1 月 6 日，在加拿大 Kidd Creek 铜矿深度 2100m 的回采区内发生了一次高等级岩爆，震级达里氏 3.3 级，该次岩爆起因是连接主矿体和下盘卫星矿体的一组软弱节理面发生剪切滑动，岩爆造成上下左右上百米范围大面积巷道破坏，如图 3.3.15 所示[20]。从其成因来看，此次岩爆为断裂型岩爆。

(2) 巴基斯坦 N-J 水电站引水隧洞最大埋深 1900m，地应力高达 100MPa，砂岩、粉砂岩和泥岩互层，岩层陡倾、变化快且厚薄不一，采用 TBM 开挖。2015 年 5 月 31 日，该隧洞掌子面开挖至 K9+706 时发生一起极强岩爆。岩爆发生区域为 K9+706～K9+808 (长度约 102m)，在隧洞右侧墙形成 2m 深爆坑，在隧洞拱顶形成 4m 深爆坑。岩爆造成环形 TH 梁、锚杆、混凝土喷层等支护系统严重损毁，巴基斯坦 N-J 水电站引水隧洞“5 · 31”极强岩爆现场破坏情况如图 3.3.16 所示。

图 3.3.15　加拿大 Kidd Creek 铜矿岩爆现场破坏情况[20]

图 3.3.16　巴基斯坦 N-J 水电站引水隧洞“5 · 31”极强岩爆现场破坏情况

(3) 锦屏二级水电站施工排水洞长度约为 16.67km，开挖直径约为 7m，采用 TBM 开挖，上覆岩体一般埋深 1500～2000m，最大埋深 2525m，隧洞穿越岩层的岩性主要为大理岩。地应力反演结果表明，隧洞轴线上的最大主应力约为 63MPa，中间主应力约为 34MPa，最小主应力约为 26MPa。2009 年 11 月 28 日，施工排水洞在开挖过程中发生极强岩爆(见图 3.3.17[21])，顶拱最大深度超过 7m 范围内的岩体强烈弹射而出，刀盘至后支撑约 20m 范围内的围岩整体性崩塌，TBM 主梁前端被冲击折断，TBM 被严重损坏，被迫中途退役。事后分析认为，此次岩爆的发生与岩爆区一条断裂的滑移有关，为断裂型岩爆。

图 3.3.17　锦屏二级水电站施工排水洞“11 · 28”极强岩爆现场破坏情况[21]

(4) 锦屏地下实验室二期位于锦屏二级水电站施工辅助洞 A 洞南侧，最大埋深约为 2400m。其中 7# 和 8# 实验室长度均为 65m，开挖断面形状为城门洞形，尺寸为 14m×14m，采用钻爆法分台阶开挖。7# 实验室附近实测地应力结果表明，该区域最大主应力约为 69MPa，中间主应力约为 67MPa，最小主应力约为 26MPa。7# 和 8# 实验室围岩岩性主要为大理岩，整体较完整，局部发育有硬性结构面。

2015 年 8 月 23 日，在 7# 和 8# 实验室交界处发生一起应变-结构面滑移型极强岩爆，爆出岩块体积共约 $350m^3$，岩爆造成了 7# 和 8# 实验室上层南侧边墙已完成的支护系统严重破坏，锚杆被拉断或拔出、钢筋网和初喷混凝土被抛出，如图 3.3.18 所示。此次岩爆是在 7# 实验室下层开挖的一次爆破作业后立即发生的，但距岩爆区域所在洞段完成开挖已数月之久，属于爆破扰动诱发的时滞型岩爆。

图 3.3.18　锦屏地下实验室二期“8·23”极强岩爆现场破坏情况

(5) 某隧道全长约为 13km，最大埋深约为 2080m，由两条平行的隧道(正洞和平导洞)组成，两条隧道的中心线间距约为 30m，隧道穿越的岩层岩性主要为花岗岩。在 K194+200、埋深 1446m 处实测地应力结果表明，该测点处最大主应力约为 50MPa，中间主应力约为 37MPa，最小主应力约为 36MPa。两条隧道洞形均为城门洞形，断面尺寸分别为 8.4m×7.6m 和 7.2m×6.2m，均采用钻爆法全断面开挖。该隧道平导洞开挖过程中，在 K194+502～K194+505 处于 2017 年 5 月 3 日 8:54 发生 1 次中等岩爆，约 28h 后，5 月 4 日 12:32 在第 1 次岩爆区及其附近发生第 2 次中等岩爆，约 45h 后，5 月 6 日 9:00 在第 2 次岩爆区及其附近发生了第 3 次岩爆，第 3 次岩爆发生后，岩爆区趋于稳定，此次岩爆揭露了两条硬性结构面，且结构面控制了爆坑的边界，如图 3.3.19 所示[22]。岩爆被定义为间歇型岩爆，同时也是一起沿隧道轴向发展的“链式”岩爆。在该隧道正洞开挖过程中，从 2017 年 11 月 20 日开始，在 DK195+461～DK195+464 处同一部位发生多次岩爆，岩爆区域深度不断增大，持续时间达 108h，如图 3.3.20 所示，此次岩爆最终造成该工作面暂停施工数月，是一起沿隧道径向发展的“链式”岩爆。2018 年 10 月 14 日，该隧道正洞掌子面开挖至 DK196+627 处，掌子面附近围岩完整，无地下水，16:10 掌子面进行爆破，19:00 左右在正洞拱顶偏北发生岩爆，掌子面后方 0～15m 区域北侧围岩发生大面积弹射与剥落，但未揭露明显的结构面，如图 3.3.21 所示，此次岩爆为典型的即时应变型岩爆。

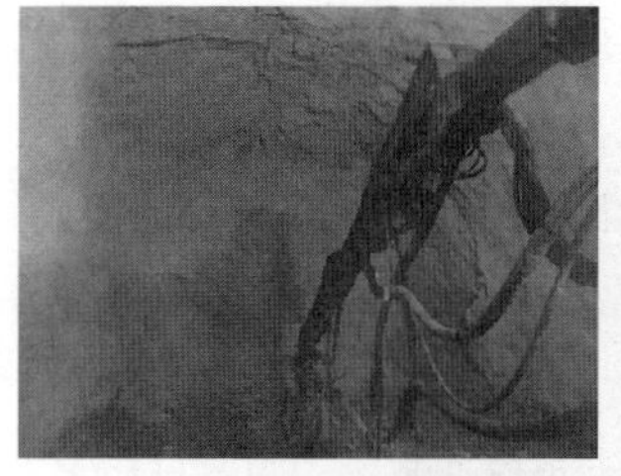
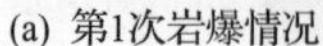
(a) 第1次岩爆情况

(b) 第2次岩爆情况

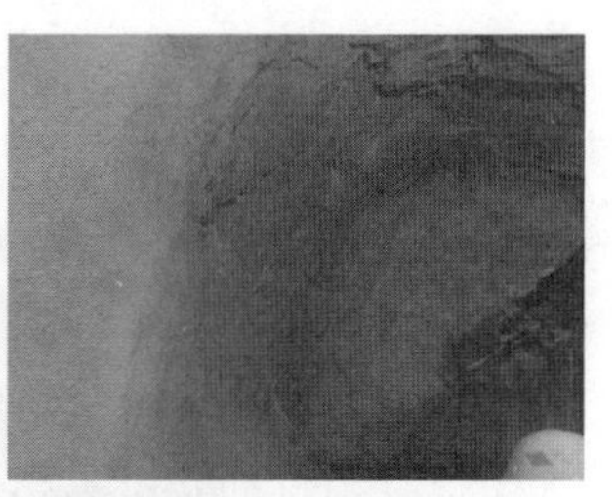
(c) 第3次岩爆情况

图 3.3.19 某隧道 2017 年 5 月发生的一次间歇型岩爆(沿隧道轴向发展的“链式”岩爆)[22]

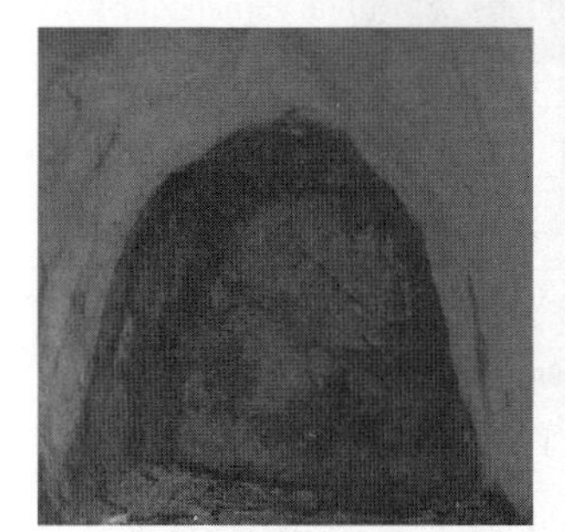
(a) 第1天岩爆情况

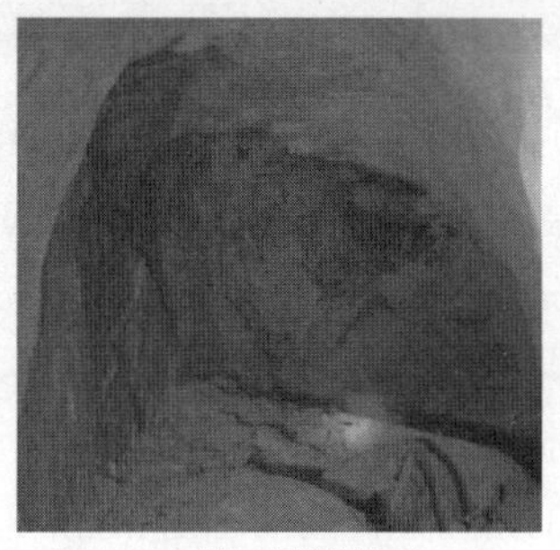
(b) 第3天岩爆情况

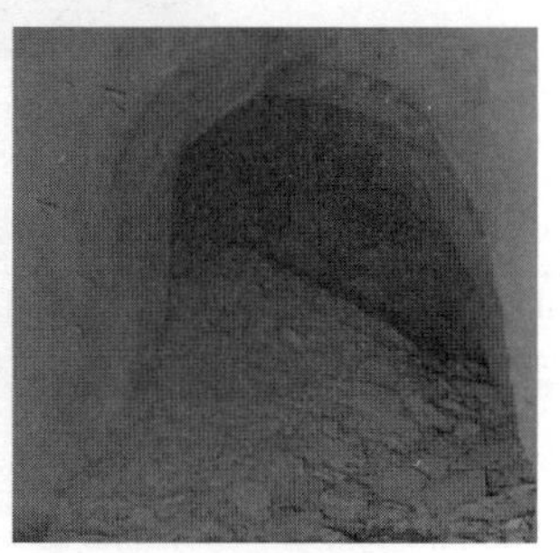
(c) 第6天岩爆情况

图 3.3.20 某隧道 2017 年 11 月发生的一次沿隧道径向发展的“链式”岩爆

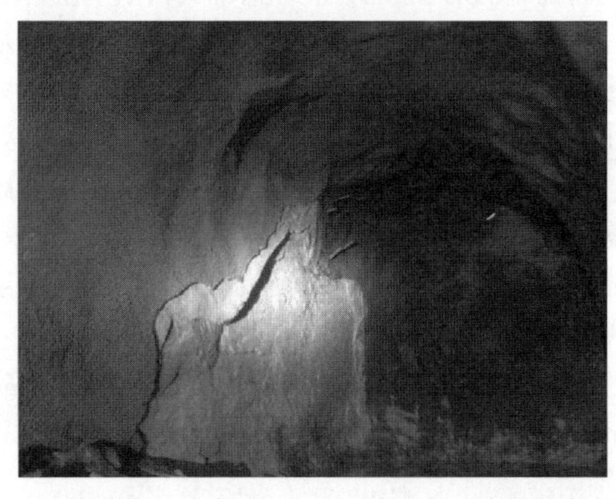

图 3.3.21 某隧道 2018 年 10 月 14 日发生的一次即时应变型岩爆

(6)某隧道 3 号横洞全长约为 3361m,最大埋深约为 1621m,穿越花岗岩地区。最大主应力约为 27MPa，横洞断面尺寸为 7.5m×7.5m，采用钻爆法全断面开挖。从 2022 年 4 月 11 日 9:45 开始，在 H3DK2+146.8 处沿着隧道轴线相邻位置依次发生三次岩爆，岩爆区域沿着轴线位置不断向前发展，持续时间达 6h，如图 3.3.22 所示。第一次岩爆发生于 H3DK2+149.3 处，爆坑深度为 0.4m，爆坑尺寸为 1.5m×1.5m×0.4m；第二次岩爆发生于 H3DK2+152.3 处，爆坑深度为 0.65m，爆坑尺寸为

2m×1.5m×0.65m；第三次岩爆发生于 H3DK2+147.3 处，爆坑深度为 0.3m，爆坑尺寸为 0.5m×1m×0.3m。

图 3.3.22　2022 年 4 月 11 日沿隧道轴线相邻位置依次发生“链式”岩爆

参 考 文 献

[1] Martin C D. The strength of massive Lac du Bonnet granite around underground openings. Winnipeg: University of Manitoba, 1993.

[2] Kaiser P K, Yazici S, Maloney S. Mining-induced stress change and consequences of stress path on excavation stability—A case study. International Journal of Rock Mechanics and Mining Sciences, 2001, 38(2): 167-180.

[3] 赵周能. 基于微震信息的深埋隧洞岩爆孕育成因研究. 沈阳: 东北大学, 2014.

[4] Cai M, Kaiser P K, Tasaka Y, et al. Generalized crack initiation and crack damage stress thresholds of brittle rock masses near underground excavations. International Journal of Rock Mechanics and Mining Sciences, 2004, 41(5): 833-847.

[5] Feng X T, Chen B R, Li S J, et al. Studies on the evolution process of rockbursts in deep tunnels. Journal of Rock Mechanics and Geotechnical Engineering, 2012, 4(4): 289-295.

[6] Feng X T, Wang Z, Zhou Y, et al. Modelling three-dimensional stress-dependent failure of hard rocks. Acta Geotechnica, 2021, 16(6): 1647-1677.

[7] Kirsch C. Die theorie der elastizitat und die bedurfnisse der festigkeitslehre. Zantralblatt Verlin Deutscher Ingenieure, 1898, 42: 797-807.

[8] Ortlepp W D, Stacey T R. Rockburst mechanisms in tunnels and shafts. Tunnelling and Underground Space Technology, 1994, 9(1): 59-65.
[9] 冯夏庭, 肖亚勋, 丰光亮, 等. 岩爆孕育过程研究. 岩石力学与工程学报, 2019, 38(4): 649-673.
[10] Malan D F. Simulating the time-dependent behaviour of excavations in hard rock. Rock Mechanics and Rock Engineering, 2002, 35(4): 225-254.
[11] 汉权. 大型地下洞室对穿预应力锚索失效形式与耦合模型. 岩土力学, 2013, 34(8): 2271-2279.
[12] Read R S. 20 years of excavation response studies at AECL's Underground Research Laboratory. International Journal of Rock Mechanics and Mining Sciences, 2004, 41(8): 1251-1275.
[13] Gao Y H, Feng X T, Zhang X W, et al. Characteristic stress levels and brittle fracturing of hard rocks subjected to true triaxial compression with low minimum principal stress. Rock Mechanics and Rock Engineering, 2018, 51(12): 3681-3697.
[14] Liu G, Feng X T, Jiang Q, et al. In situ observation of spalling process of intact rock mass at large cavern excavation. Engineering Geology, 2017, 226: 52-69.
[15] Malan D F, Basson F R P. Ultra-deep mining: The increased potential for squeezing conditions. Journal of the South African Institute of Mining and Metallurgy, 1998, 98(7): 353-363.
[16] 魏进兵, 邓建辉, 王俤剀, 等. 锦屏一级水电站地下厂房围岩变形与破坏特征分析. 岩石力学与工程学报, 2010, 29(6): 1198-1205.
[17] 陈长江, 刘忠绪, 孙云. 锦屏一级水电站地下厂房施工期下游拱腰部位的裂缝成因分析. 水电站设计, 2011, 27(3): 87-89, 93.
[18] 程丽娟, 李仲奎, 郭凯. 锦屏一级水电站地下厂房洞室群围岩时效变形研究. 岩石力学与工程学报, 2011, 30(S1): 3081-3088.
[19] 张学彬. 大岗山水电站厂房顶拱塌方处理研究与实践. 四川水力发电, 2010, 29(6): 55-59.
[20] Counter D B. Kidd Mine-dealing with the issues of deep and high stress mining-past, present and future//Proceedings of the Seventh International Conference on Deep and High Stress Mining, Perth, 2014: 3-22.
[21] Zhang C Q, Feng X T, Zhou H, et al. Case histories of four extremely intense rockbursts in deep tunnels. Rock Mechanics and Rock Engineering, 2012, 45(3): 275-288.
[22] Feng G L, Feng X T, Xiao Y X, et al. Characteristic microseismicity during the development process of intermittent rockburst in a deep railway tunnel. International Journal of Rock Mechanics and Mining Sciences, 2019, 124: 104135.

第 4 章　深部工程硬岩力学试验

深部工程硬岩力学试验是科学认知深部工程硬岩强度、变形、破裂、能量累积释放特性以及灾变孕育全过程的重要手段。深部工程硬岩所处三维地应力水平高、地应力差大、构造应力显著、地质结构复杂，导致深部工程硬岩破裂及灾变过程与开挖应力状态、应力路径、硬性结构面、时效及动力扰动作用密切相关，且具有变形小、破裂多、能量集中高以及时空变异性特点。为揭示深部工程硬岩破裂与灾变机理，其关键在于科学认知三维高应力(应力状态、应力路径、动力扰动等)下深部工程硬岩力学特性，揭示复杂应力状态及地质结构变化下深部工程硬岩灾变孕育全过程的破裂与能量演化机理。因此，为研究三维高应力诱导深部工程硬岩破裂规律及其能量累积释放等力学特性，需要开展深部工程硬岩厘米级试样三维力学性质试验；鉴于深部工程硬岩破坏的尺寸效应和开挖效应，需要开展深部工程硬岩开挖过程三维物理模型试验(米级试验模型)，明晰深部工程硬岩破裂与灾变过程的应力-结构耦合作用机制；为探究深部工程硬岩灾变孕育全过程的破裂、能量演化特征与规律，还需开展深部工程硬岩灾变过程原位监测试验(几十米～千米级试验模型)。

鉴于上述试验需求，构建了多尺度深部工程硬岩力学试验平台。针对深部工程硬岩三维力学特性研究需要，自主研发了系列深部工程硬岩(厘米级)三维力学性质试验装置，考虑深部工程硬岩脆性破坏力学特性，研发了超高-可变刚度脆性硬岩全应力-应变过程试验装置；为研究真三向应力及路径变化(加卸载、主应力方向变换)诱导深部工程硬岩破裂及能量累积释放特性，研发了高压真三轴硬岩全应力-应变过程试验装置；为研究深部工程硬岩时效破坏特性，研发了高压真三轴硬岩时效破裂过程试验装置；为研究深部工程硬岩硬性结构面剪切滑移破坏特性，研发了高压真三轴硬岩单面剪切试验装置；为研究深部工程硬岩动力扰动破坏特性，研发了高压真三轴硬岩动力扰动试验装置。针对深部工程硬岩灾变孕育机制研究需要，研发了深部工程硬岩开挖过程大型三维物理模型(米级)试验装置，并根据深部工程硬岩破裂、片帮、大变形及岩爆等灾变过程的差异性，针对性地提出了现场几十米～千米级原位综合监测方法。

4.1　深部工程硬岩力学试验需求

面向深部硬岩工程中不同的科学问题，采用不同尺度的深部工程硬岩力学试验方法以满足测试需要。从三个尺度(厘米、米、几十米～千米)分别阐述深部工程硬岩力学试验的需求，为研发相应的试验装置和建立相应的试验方法提供科学基础。

4.1.1 深部工程硬岩三维力学性质试验需求

为研究三维高应力下深部工程硬岩强度、变形、破裂、能量累积释放等力学特性，深部工程硬岩三维力学性质试验需要根据深部工程硬岩赋存应力条件和岩体结构特征，针对性地开展深部工程硬岩三维力学性质研究。此类试验需满足以下四个方面的要求。

1. 岩样采集

深部工程硬岩三维力学性质试验时，应根据工程需要和试验要求进行岩样采集和加工，采样时应尽可能保持岩样的原状结构和天然含水状态，避免因取样卸荷造成岩样损伤，而且应注意采样给试验结果带来的误差。每组岩样的数量应满足试样制备的需要，且不少于试验所需数目的 2 倍，含结构面岩样的数量应适当增加。岩样大小规格需保证可以加工成标准试样大小。

2. 试验功能

深部工程硬岩处于三向主应力不等的应力环境($\sigma_1 > \sigma_2 > \sigma_3$)，其最大主应力通常在 20MPa 以上，且受埋深及构造应力影响可高达 100MPa 以上。受工程开挖、地质构造等作用影响，深部工程硬岩的应力状态及路径变化具有明显的时空变异性，二次应力水平可高达 5 倍以上的原岩应力。为揭示不同应力状态及应力路径下深部工程硬岩破裂与能量演化特征，需要根据深部工程硬岩应力赋存特征及变化(加卸荷、主应力方向变换、动力扰动等)，针对性地开展深部工程硬岩三维力学性质试验，如表 4.1.1 所示[1]。

表 4.1.1　深部工程硬岩三维力学性质试验[1]

类型	应力状态示意图	功能特点
高压三轴硬岩全应力-应变过程试验	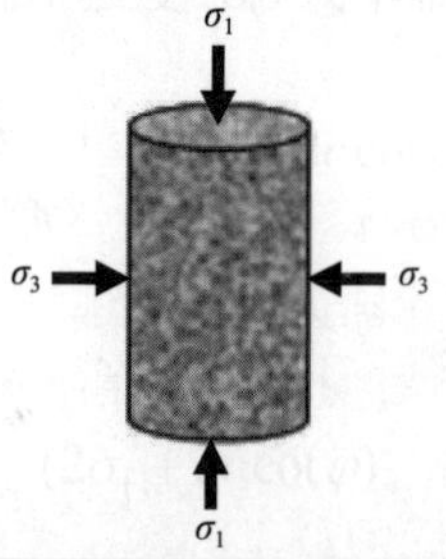 σ_1 σ_3 σ_3 σ_1	单轴压缩测试 三轴压缩测试

续表

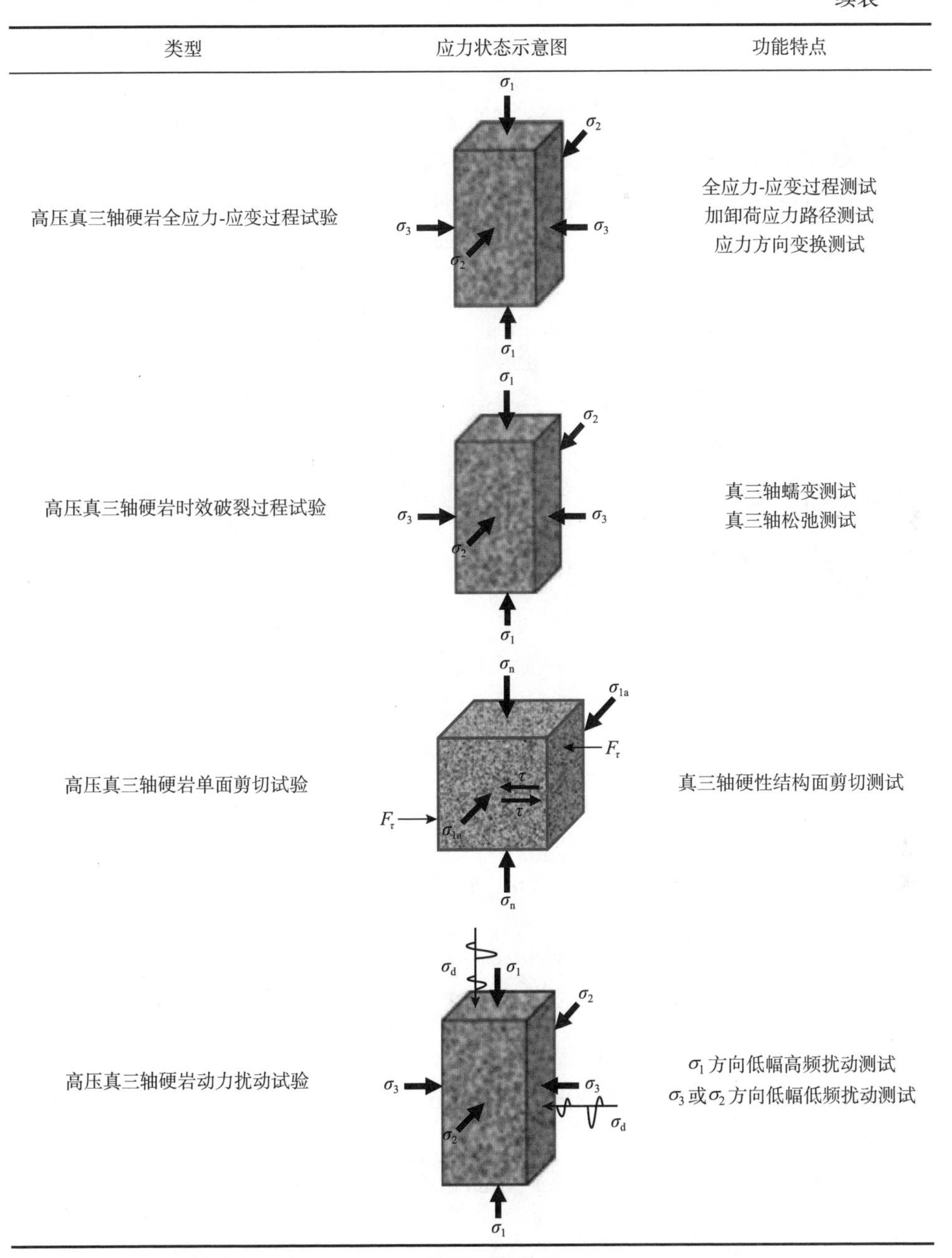

类型	应力状态示意图	功能特点
高压真三轴硬岩全应力-应变过程试验		全应力-应变过程测试 加卸荷应力路径测试 应力方向变换测试
高压真三轴硬岩时效破裂过程试验		真三轴蠕变测试 真三轴松弛测试
高压真三轴硬岩单面剪切试验		真三轴硬性结构面剪切测试
高压真三轴硬岩动力扰动试验		σ_1 方向低幅高频扰动测试 σ_3 或 σ_2 方向低幅低频扰动测试

1) 高压三轴/真三轴硬岩全应力-应变过程试验需求

深部工程硬岩开挖时，其原有平衡应力状态被打破，围岩经历了加卸荷及主应力方向变化等复杂应力路径调整，如图 4.1.1 所示[1]；且应力差增大，导致深部工程硬岩内部裂隙萌生、发育与贯通，进而发生脆性破坏甚至导致突发性工程灾害(如岩爆等)。若高应力诱导深部工程硬岩瞬时破裂过程“测不到”、“测不全”和“测不准”，将会导致深部工程硬岩破裂与灾变孕育规律不清、机理不明。因此，非常有必要借助硬岩全应力-应变过程试验装置，开展深部工程硬岩的全应力-应变过程试验，尤其是真三轴全应力-应变过程试验，揭示深部工程硬岩破裂与灾变过程的应力差及应力路径效应。

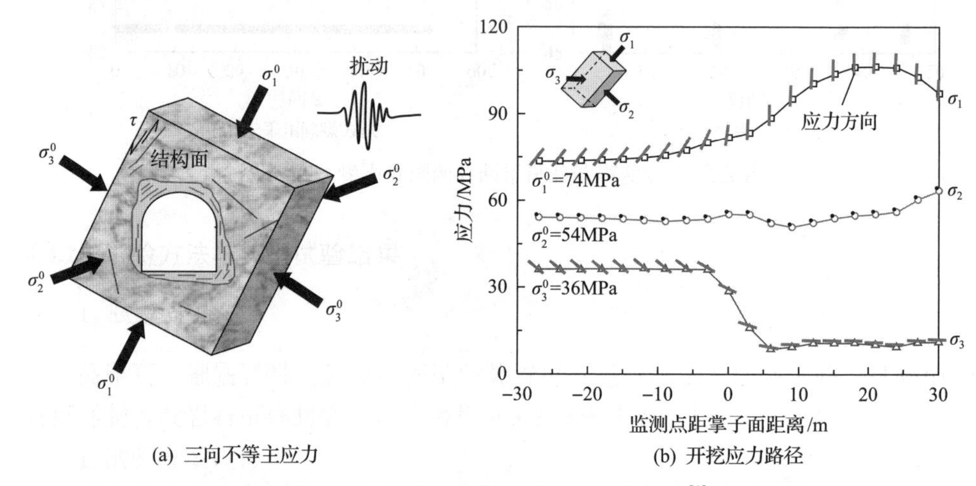

(a) 三向不等主应力　　(b) 开挖应力路径

图 4.1.1　深部工程硬岩的应力变化特征[1]

2)高压真三轴硬岩时效破裂过程试验需求

在深部工程硬岩开挖后，围岩面临深层开裂、时效大变形等时效破坏问题，尤其是真三向高应力环境下，深部硬岩的时效破坏特征、规律与机理认知不清，致使深部工程硬岩破坏分析预测与控制理论缺乏。因此，有必要研制高压硬岩真三轴时效破裂过程试验装置，进行真三轴高应力下时效(蠕变、松弛)试验，尤其是峰后流变试验，探究真三向高应力下硬岩发生时效破坏的条件，揭示硬岩发生时效破坏过程的特征、规律和机理，为深部岩体工程长期稳定性评价与控制提供科学依据。

3)高压真三轴硬岩单面剪切试验需求

深部工程硬岩中普遍发育不同产状、不同类型的结构面，且在高应力作用下，由于结构面的剪切滑移，往往产生大体积塌方、应变-结构面滑移型岩爆等灾害。因此，需要研发高压真三轴硬岩单面剪切试验装置，开展真三向应力下深部硬岩结构面剪切力学特性试验，进行岩石结构面的剪切力学特性研究。

4)高压真三轴硬岩动力扰动试验需求

深部工程硬岩还会受到爆破振动、岩爆冲击波、地震波、机械振动等动力扰动作用(应力波频率为 0～500Hz、幅值为 0～30MPa)，但动力扰动诱发灾害的破坏过程、破坏规律、破坏机理还不够清楚。因此，需要研发高压真三轴硬岩动力扰动试验装置，开展真三向应力下深部工程硬岩动力扰动试验，研究扰动应力下岩石的变形、破裂等力学特性及扰动诱发灾变的孕育机制。

3. 试验装置应力加载和伺服控制

深部工程硬岩具有强度高、刚度大等特性，为避免吨位和刚度不足而无法获得深部工程硬岩峰后破坏过程，深部工程硬岩力学试验装置必须满足大吨位、高刚度加载能力要求，其加载能力要满足深部硬岩峰值强度测试要求，其整体刚度要远远大于岩石试样的刚度。

试验加载过程中由于试样端部摩擦效应、试样偏心加载等，岩石试样表面应力分布不均及应力集中，进而导致岩石变形破坏模式和破坏机制失真。为获得真实的变形破坏模式及破坏机制，试验加载需要进行试样端部减摩处理和确保试样中心恒定等。

深部工程硬岩脆性破坏过程迅速、能量释放强，为避免反馈信号测不准以及控制滞后致使试样突发性脆断，需要高响应频率的伺服反馈控制系统，一般需要采用闭环控制，且静态试验的控制频率不宜小于 1kHz，动态试验的控制频率不宜小于 10kHz。

4. 试样破裂过程测量

深部工程硬岩破坏具有变形小、破裂为主的特点，深部工程硬岩三维力学性质试验要重点关注岩石破裂监测并辅以变形测量。深部工程硬岩破裂监测需要采用耐高压声发射传感器等对岩石破裂信号进行直接测量，且应对试验全过程进行监测。声发射传感器宜非对称布置于试样的相对面，且应通过耦合剂与试样表面紧密贴合。变形测量应为三维测量，需要分别在不同加载轴方向上进行测量。鉴于硬岩变形极小，传感器的测量分辨率宜达到 1μm，测量精度应为±0.1% F.S.[1)]，其量程应覆盖试样的最大变形。试验过程中声发射信号、应力信号、变形信号的采集时间应保持同步。

4.1.2　深部工程硬岩开挖过程大型三维物理模型试验需求

深部工程硬岩三维力学性质试验重点关注小尺寸岩石试样，但深部工程硬岩地质条件与赋存环境极为复杂，存在褶皱、断层、错动带及结构面等构造。小尺寸岩石试样试验已无法满足开挖活动下复杂岩体结构诱发工程灾害研究的需求。因此，急需研发深部工程硬岩开挖过程大型三维物理模型试验装置，通过三维物理模型试

1) F.S.为满量程输出（full scale），下同。

验模拟深部工程硬岩及其开挖过程，揭示深部高应力和复杂地质构造下深部工程硬岩开挖变形破裂过程及灾变孕育机理。由于深部工程现场岩体的强度高、脆性大，赋存三维地应力水平高，受扰动应力影响显著，且岩体结构复杂，对室内大型三维物理模型试验的成功开展提出了更高的要求，主要体现在以下三个方面。

1. 深部工程硬岩力学特性相似模拟需求

深部工程硬岩多表现为强度高、脆性大、储能强，其物理力学特性的差异决定了灾害发生的类型不同。研制合适的相似材料是实现深部工程硬岩力学特征相似模拟的关键，应分析不同深部工程硬岩灾害的特征，选取影响灾害发生的重要参数作为相似评价指标，进而针对性地进行相似材料的设计与制备，确保原型与模型间的力学相似、几何相似和物理相似，进而实现室内模型与工程原型的高度相似模拟。

2. 深部工程复杂地应力状态模拟需求

深部工程埋深大、受构造应力影响显著，岩体赋存应力环境常表现为三向不等的高应力状态，且随深度的增加，应力水平逐渐递增。此外，在人工开挖活动影响下，岩体受爆破或机械扰动影响明显。因此，为实现深部工程复杂地应力状态的模拟，大型三维物理模型试验加载系统应具有较高的加载能力，模拟深部高应力岩体所处的真三向应力状态；又能实现梯度应力的加载，模拟不同深度的岩体应力环境；并且具备一定的扰动应力加载能力，模拟现场扰动产生的应力波。

3. 深部工程复杂岩体结构模拟需求

深部工程岩体结构复杂，常包含断层、节理、裂隙等结构面，其对于灾害的发生具有极强的控制作用。如何通过室内模型对现场岩体结构进行还原与重构，是影响试验效果的关键因素。针对传统的人工分层浇注难以有效实现复杂岩体结构的模拟，亟须开发新的物理模型制备工艺，实现复杂岩体结构的精准制作，进而提高模型试验的模拟效果。

4.1.3 深部工程硬岩破裂与灾变过程原位监测需求

深部工程硬岩破裂与灾变过程原位监测可以获取现场工程岩体(几十米～千米级)在真实的地质结构、应力场及开挖过程中的力学特性和变化过程，可以用于深部工程硬岩破裂与灾变的特征、规律、机理研究以及工程开挖及运营期间破裂和灾变的预测预警，对工程的设计、施工及科学研究均具有重要意义。由于深部工程硬岩地质结构和赋存环境复杂，其破裂与灾变特征和类型呈现多样化特征，破裂与灾变过程呈现非线性演化特征，对深部工程硬岩破裂与灾变过程原位监测也有了更高的需求。

1. 监测内容需求

深部工程硬岩的破裂与灾变受多因素影响，其孕育及发生过程复杂，现场监测应关注孕育及发生全过程中围岩内部破裂等的监测，需要综合采用数字钻孔摄像、声波测量、位移测试、声发射技术、微震监测等多种手段对深部硬岩开挖过程进行现场综合监测，直接连续记录围岩破坏或灾变过程中的破裂、变形、能量释放等多重响应特性。同时，还需要监测区域的环境及状态变化，如温度、爆破振动、渗流场等。应积极采用新的监测方法和手段(如光纤、光栅等)，更加精细和准确地获取深部工程硬岩破裂与灾变的孕育过程演化特征。

不同类型灾变的主要特征也有明显的差异，应基于其灾变的主控因素选择监测手段。原位监测分为破裂和灾变监测，岩爆等应力主控型的灾害应侧重围岩内部破裂、能量、应力等的监测，塌方、碎裂硬岩大变形等应力-结构控制型的灾害应侧重围岩内部破裂、内部变形等的监测。同时，同一类型不同亚类的破裂和灾变监测也有差异，如即时型岩爆和时滞型岩爆的监测区域、监测位置、传感器布置等也不一样。

2. 监测布置需求

深部工程硬岩破裂与灾变监测布置前应该先评估可能发生的破裂和灾害类型及程度，并据此选择监测手段及设备的灵敏度、量程等参数。在监测布置前，需要收集待监测区域的地质条件、地应力及开挖方式等信息，采用工程类比、数值分析等方法对可能发生破裂与灾变的区域、类型和等级等内容进行评估预测。

深部工程硬岩破裂及灾变在断面上的分布明显受应力分布的影响，深部工程主应力与工程轴线往往非完全垂直或平行导致同一断面上围岩内部应力呈几何非对称分布，在断面上硬岩的破裂及灾变位置也呈现非对称分布。因此，深部工程硬岩破裂及灾变监测点的布置应该考虑断面上应力分布的几何非对称性，不同位置的监测点数量和深度应该不一样。随着开挖的进行，岩体的应力会向深层转移，断面上不同部位、不同深度处围岩的破裂等特征也不同，监测前应分析整个开挖过程中围岩破裂、应力变化的深度，监测点数量和深度应覆盖该范围。

深部工程硬岩在高应力环境下，开挖前后围岩内部的破裂、应力等变化显著，该阶段变化量值对硬岩破裂及灾变特征的研究与稳定性评价具有重要参考价值。因此，应该在开挖前预埋监测设备，获取岩体内部破裂、应力等从开挖前→开挖中→开挖后全过程的演化数据。

采用多种手段综合监测时，不同监测手段应尽可能在不相互影响的情况下邻近布置。

3. 设备安装要求

深部工程硬岩对监测设备的灵敏度要求较高，现场监测仪器设备在安装或使用前要进行标定，确保监测数据的可靠性。深部工程不同断面位置或不同深度处的应力状态均有差异。因此，要准确获得各监测点所处的空间位置及其与工程的相对空间关系，需要对监测点的坐标、钻孔孔口坐标、钻孔轴向、钻孔倾角、监测点埋设深度等空间位置信息进行测量，准确获取监测点的空间位置。

4. 监测频率需求

深部工程硬岩破裂及灾变的监测应注重孕育和发生过程的监测，因此需要在开挖全过程进行连续监测。对于位移、应力等可以自动化连续采集的监测，其重点部位应连续监测；对于声波、钻孔摄像等目前尚不能自动化连续采集的监测，应根据开挖过程及位移内部的变化情况动态调整监测频率。另外，深部工程硬岩具有时效破裂特性，对于运营期的工程，重点部位也应该开展长期监测。

5. 结果分析需求

深部工程破裂及灾变受地质条件、地应力、开挖、支护等多因素影响，其孕育过程具有一定的时空演化特征。因此，对于现场监测结果的分析，应结合监测点处的地质条件、应力条件、开挖过程、支护参数、支护时间等相关因素进行综合分析。在分析内容方面，要分析同一监测手段不同监测点结果的空间分布特征、同一监测手段同一监测点结果随时间的变化特征、不同监测手段在同一位置结果的对应特征以及以上特征随着开挖、支护等现场施工的变化过程。

深部工程硬岩破裂及灾变的监测结果可以很好地反映岩体的稳定状态，可以为工程的稳定性分析与评价提供重要支撑，深部工程硬岩破裂及灾变的监测宜采用自动化、智能化的监测设备，应具备数据自动采集和一定的智能化数据处理、数据分析和灾变预警能力，需提高数据分析的时效性，可在出现异常情况时及时发出警报。

4.2　高压三轴硬岩全应力-应变过程试验

深部工程硬岩脆性强、刚度高，对峰后应力-应变曲线测试、峰后脆性破裂过程稳定控制和精准监测提出了更高的要求。为系统研究深部工程硬岩强脆性峰后变形特征、各向异性破裂及能量聚集释放演化规律，研发了超高、可变刚度脆性硬岩三轴全应力-应变过程测试装置。该装置采用嵌套式组合刚性框架和岩石试样共同承载变形的设计、主副加载作动器协同控制接力加载的技术以及可变刚度框架的结构，成功实现了脆性硬岩超高、可变刚度下的单轴压缩加载、三轴压缩加载和循环加卸载，解决了单轴和三轴压缩下强脆性、高刚度硬岩全应力-应变过程测试难题，特别是峰后破裂过程的稳定控制和精准监测难题；建立了高压三轴硬岩全应力-应变过程试验方法，获得了可靠的高压三轴硬岩 I 型全应力-应变曲线与破裂模式，合理认知了高压三轴硬岩脆性破裂机制。

4.2.1　试验装置与技术

1. 试验装置

超高-可变刚度脆性硬岩全应力-应变过程测试装置(Stiffman)主要包括主加载系统、中承载系统、内承载系统、伺服控制系统、数据监测采集系统、动力源系统和水冷降温系统，如图 4.2.1 所示[2]。其中主加载系统包括主加载框架、主加载作动器、副加载作动器和胡克压力室。中承载系统为刚性中承载框架，可通过更换不同直径的刚性附加立柱调整加载系统的刚度。

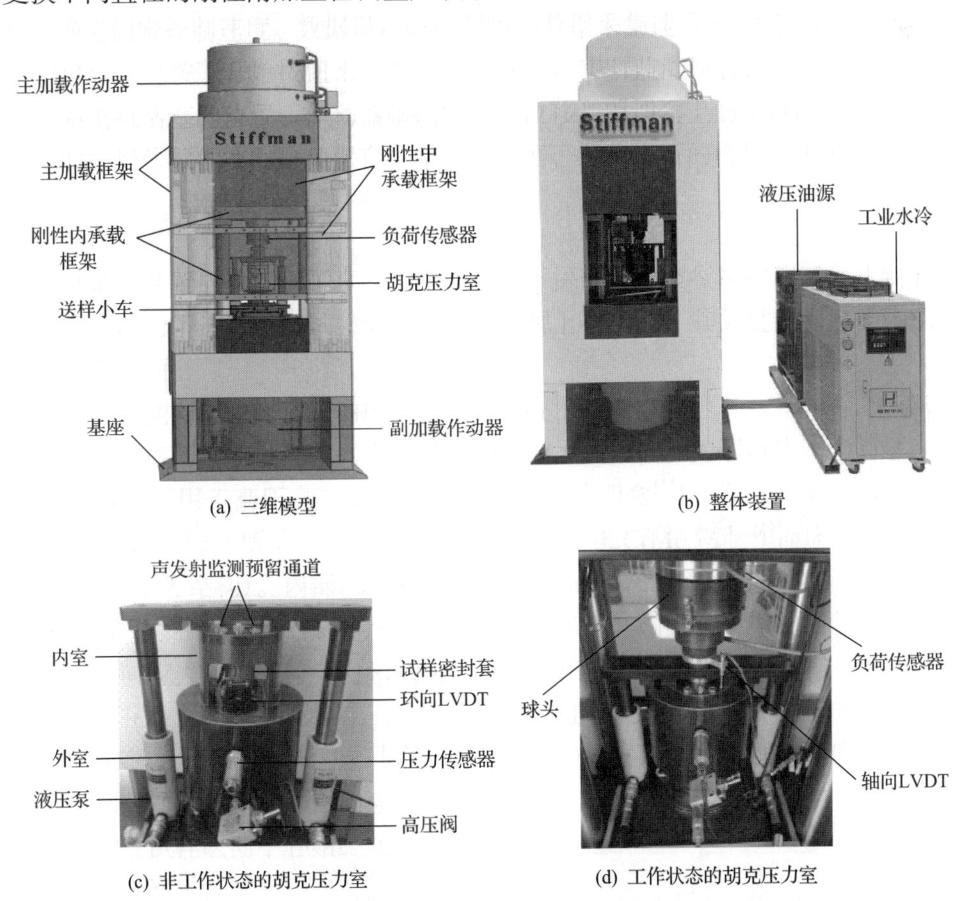

图 4.2.1　超高-可变刚度脆性硬岩全应力-应变过程测试装置[2]

LVDT. 线性可变位移传感器(linear variable displacement transducer)

Stiffman 采用嵌套式组合刚性框架与岩石试样共同承载变形的结构设计，解决了常规三轴试验机加载系统刚度不足的技术难题；利用主、副加载作动器协同控制接力加载的结构设计，解决了常规高刚度三轴试验机加载系统刚度和峰后有效加载能力相互矛盾的技术难题；通过更换不同直径刚性附加立柱的结构设计，解决了常规三轴试验机加载系统刚度不可变的技术难题。Stiffman 的主要性能指标如表 4.2.1 所示[2]。

表 4.2.1　Stiffman 主要性能指标[2]

序号	子系统	技术指标
1	主加载系统	主加载框架承载能力：10000kN 主加载框架刚度：20.4GN/m 主加载作动器能力：7000kN 副加载作动器能力：2000kN 胡克压力室能力：25MPa
2	中承载系统	中承载框架刚度：3.25～5.95GN/m 中承载框架变形：0～1.8mm 中承载框架刚度弹性荷载能力：8000kN 超限位保护功能和超荷载保护功能
3	内承载系统	内承载框架刚度：1GN/m 内承载框架变形：0～2.5mm 内承载框架刚度弹性荷载能力：3000kN 超限位保护功能和超荷载保护功能
4	伺服控制系统	处理器频率：133MHz 闭环控制频率：5kHz
5	数据监测采集系统	负荷传感器量程：0～10000kN 负荷传感器精度：±0.5% F.S. 油缸位移传感器量程：–100～100mm 油缸位移传感器精度：±0.5% F.S. 压力传感器量程：–250～250MPa 压力传感器精度：±0.1% F.S. 试样变形 LVDT 量程：–6.25～6.25mm 试样变形 LVDT 精度：±0.1% F.S. 静态采样率：＜1000Hz 声发射采集：12 通道(附加) 高速摄像采集：＞25000 帧/s(附加)
6	动力源系统	伺服油源：31.5MPa、10L/min 伺服阀：MOOG/D633/10L
7	水冷降温系统	油冷机功率：5hp1) 油温过高保护功能
8	其他	试样尺寸：ϕ50mm×100mm

1) 1hp=745.700W，下同。

2. 关键试验技术

超高-可变刚度脆性硬岩全应力-应变过程测试装置的关键技术主要体现在以下几个方面。

1) 超高刚度加载技术

图 4.2.2 为嵌套式组合框架结构示意图[2]。为了避免常规三轴试验机采用液压加载作动器和岩石试样串联布置时液压油的可压缩性降低加载系统刚度，Stiffman 采用嵌套式组合框架与岩石试样共同承载变形的结构设计。当岩石试样受力达到峰值后自身承载能力下降时，试验装置的主要压力由刚性中承载框架和刚性内承载框架来承受，从而避免岩石试样的爆裂破坏，保证试验机在岩石试样全应力-应变曲线任一状态都具有保持稳定控制的能力，尤其是处在峰后破裂过程中的任意状态保持控制稳定。岩石试样的力和位移传感器都布置在刚性承载框架内部。因此，刚性承载框架和岩石试样共同承载变形的加载方式不会影响获取岩石真实的应力-应变曲线。但是，这种结构设计的缺点是在加载过程中，承载能力不断在岩石试样和刚性承载框架之间调整，容易出现非线性的问题。因此，对于刚性框

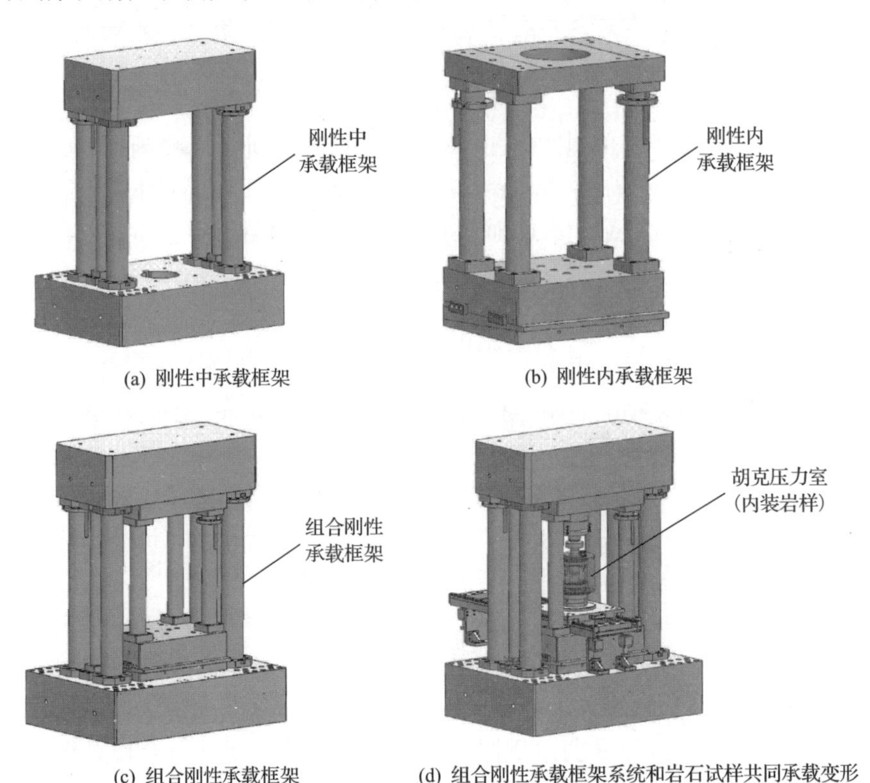

(a) 刚性中承载框架　(b) 刚性内承载框架

(c) 组合刚性承载框架　(d) 组合刚性承载框架系统和岩石试样共同承载变形

图 4.2.2　嵌套式组合框架结构示意图[2]

架与岩石试样的受力与变形需要进行连续监测。采用嵌套式组合框架与岩石试样共同承载变形的结构设计可以提升加载系统刚度，实现脆性硬岩的全过程轴向应变控制下三维超高刚度加载。

图 4.2.3 为常规三轴试验机和 Stiffman 的加载系统模型[2]。

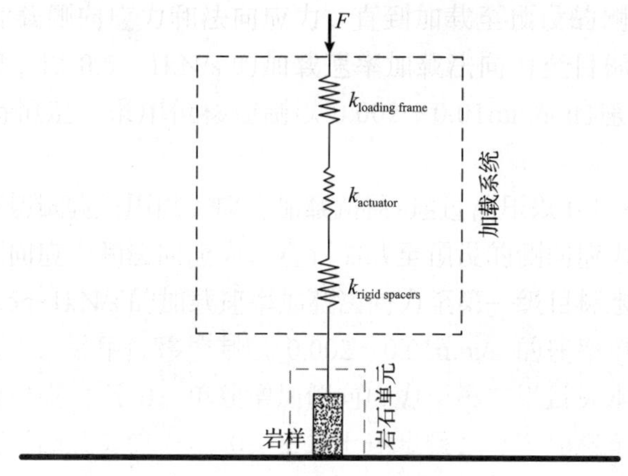

(a) 常规三轴试验机加载系统模型

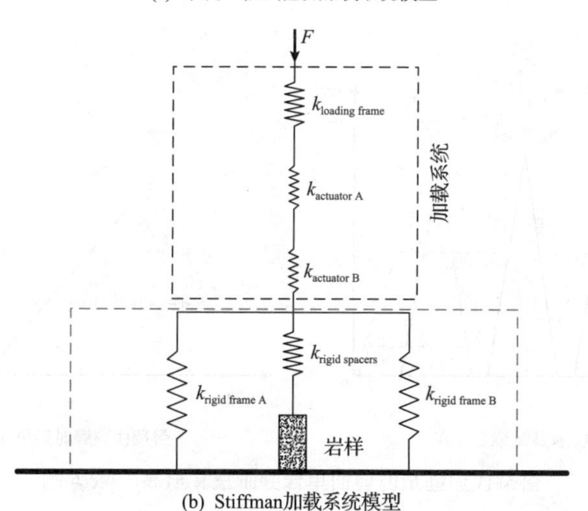

(b) Stiffman加载系统模型

图 4.2.3　常规三轴试验机和 Stiffman 的加载系统模型[2]

岩石常规三轴试验机的作动器、加载框架、压头、垫块和岩石试样串联布置，如图 4.2.3(a)所示。对于岩石试样，常规三轴试验机的加载系统刚度 LSS_0 为[3]

$$\mathrm{LSS}_0=\left(\frac{1}{k_{\text{loading frame}}}+\frac{1}{k_{\text{actuator}}}+\frac{1}{k_{\text{rigid spacers}}}\right)^{-1} \tag{4.2.1}$$

式中，$k_{\text{loading frame}}$、k_{actuator} 和 $k_{\text{rigid spacers}}$ 分别为加载框架、作动器、垫块的刚度，GN/m。

在常规三轴试验机中，即使采用刚度很大的加载框架，但是由于液压油的可压缩性，作动器的刚度远远小于其他两个的刚度。因此，岩石常规三轴试验机的加载系统刚度(loading system stiffness, LSS)受控于最柔软的作动器刚度。当采用全程轴向应变控制加载时，作动器以恒定速率向下移动，岩石试样单元边界的轴向应变以恒定速率增加。对于脆性硬岩，其峰后刚度 $k'_{\text{rock}}>\text{LSS}_0$。当岩石试样破裂时，储存于加载系统中的弹性能将会突然释放在岩石试样上，造成岩石试样的爆裂破坏，无法获取完整的峰后应力-应变曲线。

Stiffman 的主加载框架、两个作动器和增强岩石单元均串联布置，如图 4.2.3(b)所示。对于增强岩石单元，加载系统刚度 LSS_1 为[2]

$$\text{LSS}_1=\left(\frac{1}{k_{\text{loading frame}}}+\frac{1}{k_{\text{actuator A or B}}}\right)^{-1} \tag{4.2.2}$$

式中，$k_{\text{actuator A}}$ 和 $k_{\text{actuator B}}$ 分别为主、副加载作动器的刚度，GN/m；$k_{\text{loading frame}}$ 为主加载框架的刚度，GN/m；or 表示加载作动器 A 和 B 不同时使用。和常规三轴试验机的 LSS_0 一样，LSS_1 实际上也受控于刚度较小的加载作动器 A 或者 B。但 Stiffman 采用的是增强岩石单元和主加载框架、两个作动器串联布置形式。

增强岩石单元由岩石试样、串联构件和并联构件共同组成。对于岩石单元，其加载系统刚度 LSS_2 为[2]

$$\text{LSS}_2=k_{\text{rigid frame A or B}}+\left(\frac{1}{k_{\text{upper rigid spacers}}}+\frac{1}{k_{\text{bottom rigid spacers}}}\right)^{-1} \tag{4.2.3}$$

式中，$k_{\text{rigid frame A}}$ 和 $k_{\text{rigid frame B}}$ 分别为中承载框架和内承载框架的刚度，GN/m；$k_{\text{upper rigid spacers}}$ 和 $k_{\text{bottom rigid spacers}}$ 分别为岩石试样上、下垫块的刚度，GN/m；or 表示刚性框架 A 和 B 不同时使用。

由于岩石试样和刚性框架并联布置，岩石试样的 LSS_2 主要取决于 $k_{\text{rigid frame A}}$ 和 $k_{\text{rigid frame B}}$。虽然液压油的可压缩性大大降低了 LSS_1，但是 Stiffman 可以始终保证 $\text{LSS}_2>\text{LSS}_1$。这样在加载过程中储存于作动器和主加载框架中的弹性能在岩石试样破裂时不会突然释放，避免造成增强岩石单元中岩石试样的爆裂破坏。

2) 可变刚度加载技术

常规三轴试验机加载系统刚度不可变，无法模拟深部不同加载系统刚度的工况进行深部脆性硬岩变刚度加载试验。Stiffman 可通过更换刚性中承载框架中不同直径的附加刚性立柱，调整加载环境系统刚度，实现可变刚度加载技术，可进行深部脆性硬岩在不同加载环境系统刚度下的力学性能测试，获取全过程应力-应变曲线。图 4.2.4 为可变刚度结构示意图和不同直径附加刚性立柱。

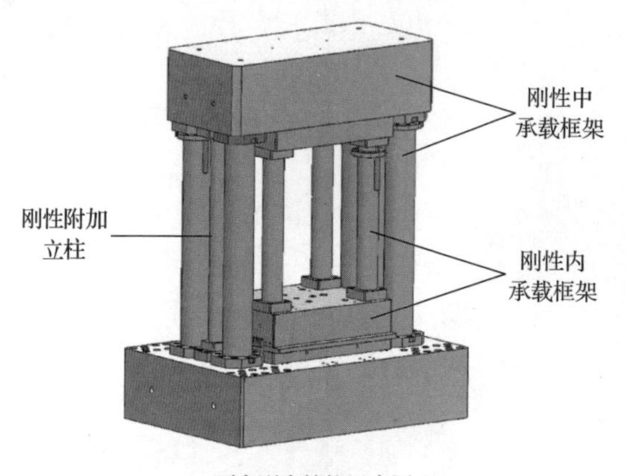

(a) 可变刚度结构示意图

(b) 不同直径附加刚性立柱

图 4.2.4　可变刚度结构示意图和不同直径附加刚性立柱

3) 主副加载作动器协同控制技术

采用嵌套式组合刚性框架和岩石试样共同承载变形的结构设计虽然可以保证加载系统刚度满足试验要求，但是同样会牺牲试验机的有效加载能力。这主要是由于试验机的加载能力大部分作用于刚性承载框架的变形，只有小部分才能真正施加在岩石试样上。与常规高刚度三轴试验机类似，加载系统刚度的提升可能导致峰后变形量不足，无法获取具有较大变形量(高围压下)的脆性硬岩完整的峰后应力-应变曲线和残余强度。为解决试验装置加载系统刚度和峰后变形量不足的技术难题，Stiffman 采用主、副加载作动器协同控制接力加载的解决方法，获得完整的峰后应力-应变曲线和残余强度。图 4.2.5 为主、副加载作动器协同控制接力加载结构示意图。刚性内承载框架主要负责峰后阶段的加载，采用刚度相对较小的材料(航空铝合金)锻造。通过主、副加载作动器协同控制接力加载的结构设计，可以解决加载系统刚度和峰后变形量相互矛盾的技术难题，实现硬岩高刚度-大应变的加载。

4) 变形及破裂精准监测技术

(1) 变形测量。

深部工程硬岩脆性强、刚度高，峰前变形小，峰后变形伴随着应力跌落呈现瞬时突增现象。为了准确测量硬岩变形，该装置选用两个对称布置的 LVDT 测量硬岩轴向变形，选用链式 LVDT 测量环向变形。LVDT 量程为−6.25～6.25mm，测量精度为±0.1% F.S.。

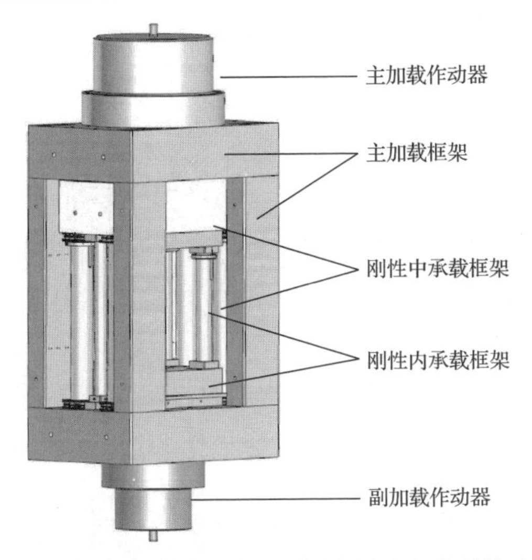

图 4.2.5　主、副加载作动器协同控制接力加载结构示意图

(2)破裂信号监测。

深部工程硬岩脆性强、刚度高，峰后破裂过程迅速且剧烈。为了精准捕获硬岩内部破裂信号，该装置采用声发射传感器及声发射系统进行连续监测。图 4.2.6 为硬岩破裂信号采集过程及声发射传感器布置方式。为了获取声发射震源的位置信息，3 个声发射传感器距离岩石试样上端面 25mm 处 120°间隔环向布置，另外

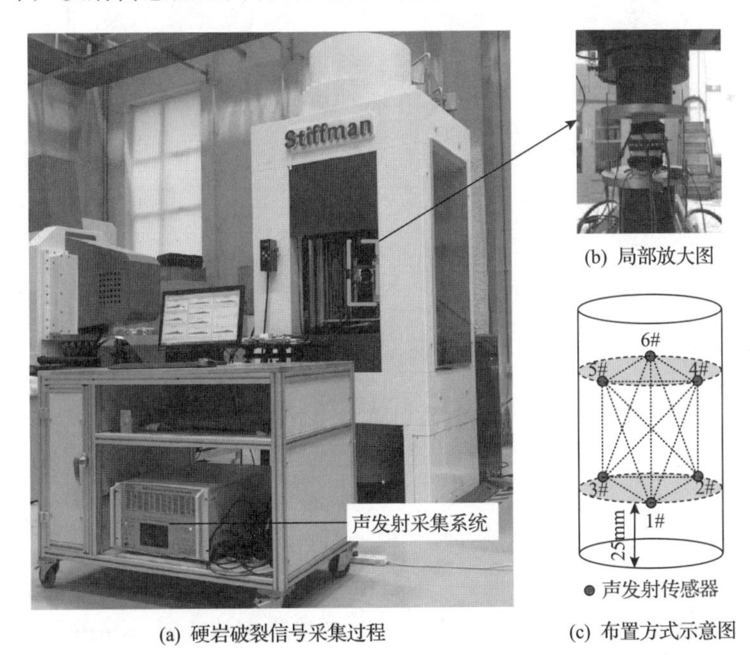

(a) 硬岩破裂信号采集过程　(c) 布置方式示意图

图 4.2.6　硬岩破裂信号采集过程及声发射传感器布置方式

3 个声发射传感器距离岩石试样下端面 25mm 处 120°间隔环向布置，以更好地覆盖岩石试样体积。声发射器与岩石试样通过一层薄的凡士林耦合接触，既保证信号采集率又提高了测量的准确性。图 4.2.7 为北山中粗粒二长花岗岩的声发射监测结果和破裂特征。

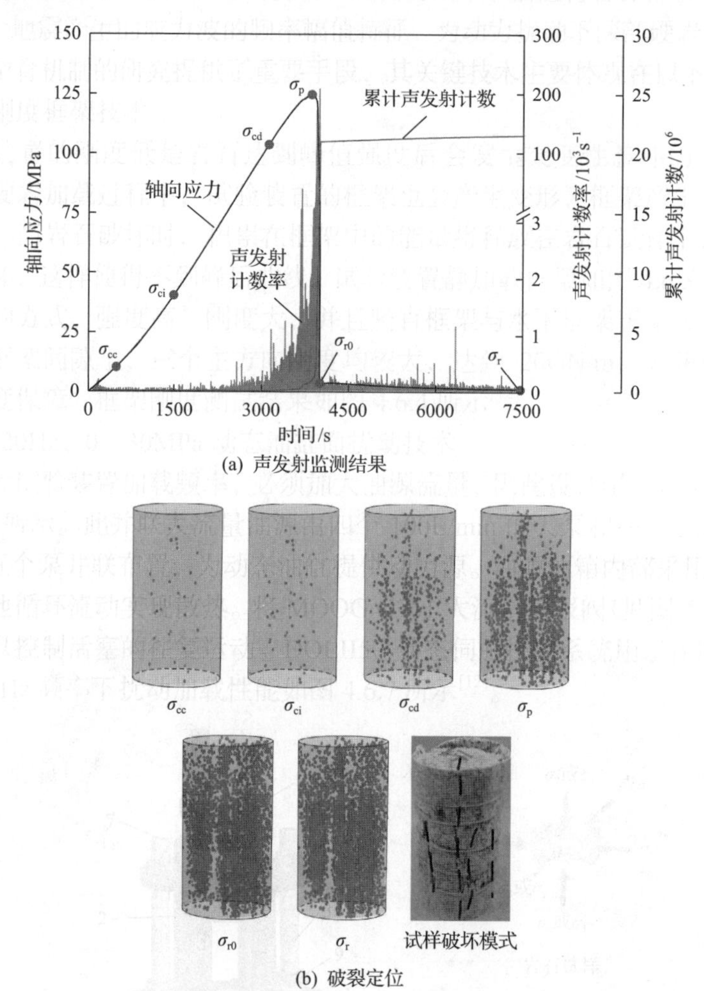

图 4.2.7　北山中粗粒二长花岗岩的声发射监测结果和破裂特征

4.2.2　试验方法与典型试验结果

1. 轴向应变控制岩石全应力-应变过程加载试验

1) 试验方法

(1) 试样制备。

根据工程需要和试验要求现场选取岩石大块，通过岩石切割机和取芯钻机按照不同试验条件间隔取样的方式钻取岩石试样。取样时应保持岩石试样的原状结构和天然含水状态，避免岩石试样损伤。每组岩石试样的数量应不少于试验所需数目的 2 倍，且含结构面岩石试样数量应适当增加。试样尺寸和加工精度应符合国际岩石力学与岩石工程学会建议方法[4]。本试验采用ϕ50mm×100mm 的标准圆柱试样。

(2) 试验方案设计。

试验方案应按照试验目的和研究需求选择不同的加载方式与路径。试验应力水平可根据等比或等差级数确定围压应力水平，加载速率可根据国际岩石力学与岩石工程学会建议方法[4]要求进行设定。本试验设置方案围压为 0MPa、2.5MPa、5MPa、10MPa，且每个围压测试试样不低于 3 个，保证试验结果的可重复性。

(3) 应力加载。

进行单轴压缩试验前，首先将岩石试样两端进行减摩处理，降低端部效应。随后将安装好 LVDT 的岩石试样置于旋转式试样安装平台上，并沿着滑道既定方向滑动至轴向加载中心位置。通过升降工程缸和轴向定位销将试样沿着轴向加载方向调整至合适高度后施加预应力，消除主加载作动器活塞摩擦力。在试验过程中，先按照 $1\times10^{-5}s^{-1}$ 的轴向应变速率控制加载，待轴向应力达到损伤强度σ_{cd}时，加载速率由 $1\times10^{-5}s^{-1}$ 逐渐降低为 $1\times10^{-6}s^{-1}$ 继续加载。当轴向应力降低至峰值强度σ_p的 50%时，加载速率由 $1\times10^{-6}s^{-1}$ 逐渐增加为 $1\times10^{-5}s^{-1}$ 直至岩石试样破坏。试验结束后，将主加载作动器卸载，并将试样安装平台滑动至初始位置进行传感器的拆除，随后通过旋转式试样安装平台进行 360°试样破坏形态的拍照记录和数据保存。

进行常规三轴压缩试验前，首先将胡克压力室安装在旋转试样承载台上，将减摩处理后的岩石试样置于胡克压力室内，安装 LVDT 并做密封处理。随后将装有岩石试样的胡克压力室沿着滑道既定方向滑动至轴向加载中心位置。调整试样合适高度后施加预应力，并通过围压加载系统提供所需围压。轴向应力加载方式和方法同单轴压缩试验，待轴向应力降低至残余强度后，先降低围压，随后再卸载轴压，并将试样安装平台滑动至初始位置进行岩石试样和 LVDT 的拆除，随后通过旋转式试样安装平台进行 360°试样破坏形态的拍照记录和数据保存。全程轴向应变控制加载的应力路径如图 4.2.8 所示。

2) 典型试验结果

图 4.2.9 为不同刚度试验装置的轴向应变控制加载试验结果[2]。采用加载系统刚度较低的 Rockman 进行全程轴向应变控制加载条件下脆性花岗岩的单轴与三轴压缩试验时，无法获取完整的峰后应力-应变曲线和残余强度。但是随着围压不断增大，峰后应力-应变曲线的完整性增加，直至最后获取到完整的峰后应力-应变曲线和残余强度。采用 Stiffman 进行试验时，脆性花岗岩能够实现全程稳定轴向

应变控制加载，获取完整的Ⅰ型峰后应力-应变曲线和残余强度，且随着围压不断增加，峰值强度和残余强度也不断增大。对于峰后变形量较大的岩石试样，Stiffman 可以通过主、副加载作动器协同控制加载至残余变形阶段，获取全应力-应变曲线和残余强度。

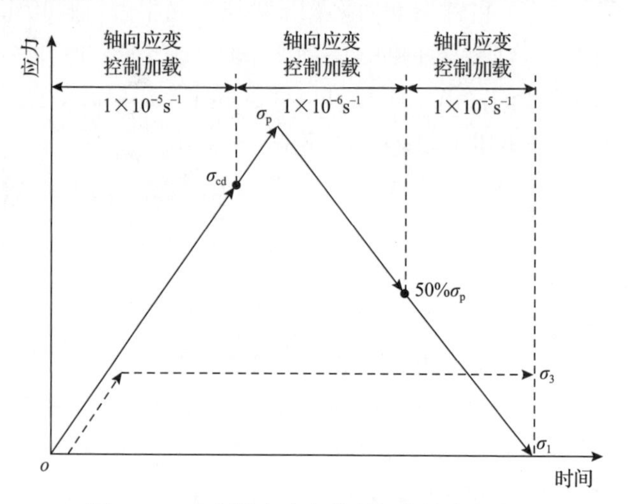

图 4.2.8 全程轴向应变控制加载的应力路径

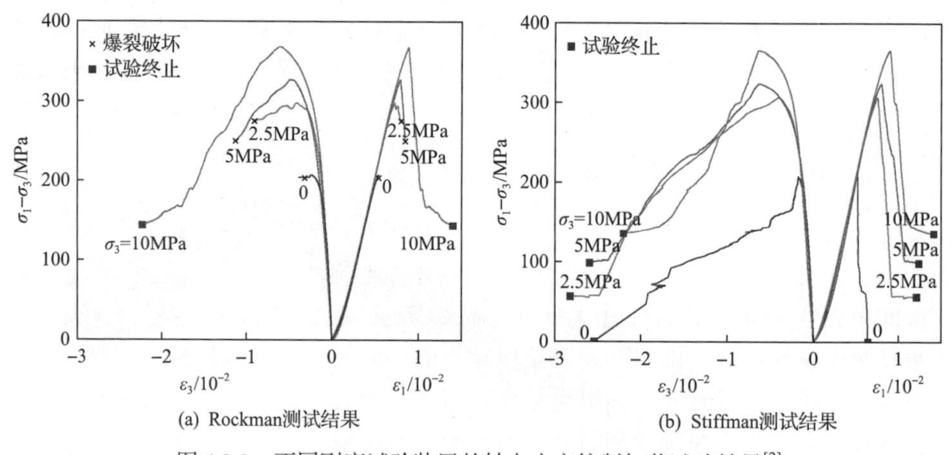

图 4.2.9 不同刚度试验装置的轴向应变控制加载试验结果[2]

2. 环向应变控制岩石全应力-应变过程加载试验

1) 试验方法

试样制备和试验方案设计方法参见轴向应变控制岩石全应力-应变过程加载试验。进行环向应变控制加载试验时，首先以 $1\times10^{-5}s^{-1}$ 的轴向应变速率控制加载至岩石试样的损伤应力，随后切换控制方式为环向应变控制加载，环向应变速

率保持 $1\times10^{-5}s^{-1}$ 继续加载。当轴向应力降低至峰值强度的 50%时，控制方式再次切换回轴向应变控制加载且速率为 $1\times10^{-5}s^{-1}$，直至岩石试样进入残余变形阶段。环向应变控制加载的应力路径如图 4.2.10 所示。

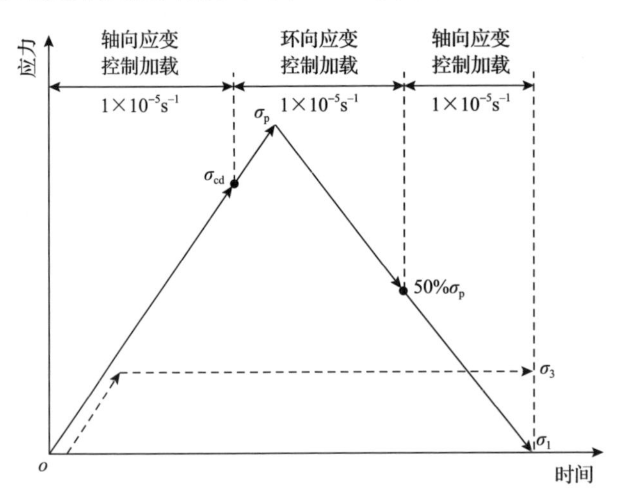

图 4.2.10　环向应变控制加载的应力路径

2) 典型试验结果

图 4.2.11 为不同加载控制方式下的花岗岩试验结果[5]。可以看出，不同围压和加载控制方式下的峰前变形阶段和残余变形阶段曲线的变化趋势类似，但是峰后变形阶段曲线有明显的差异。轴向应变控制加载下的花岗岩试样在不同围压加载条件下都可获得具有稳定破坏特征的Ⅰ型峰后应力-应变曲线。环向应变控制加载下的岩石试样一般获取具有稳定破坏特征的Ⅱ型峰后应力-应变曲线。随着围压的增大，Ⅱ型曲线特征减少，Ⅰ型曲线特征增多，直至σ_3=10MPa 时整体为Ⅰ型曲线。

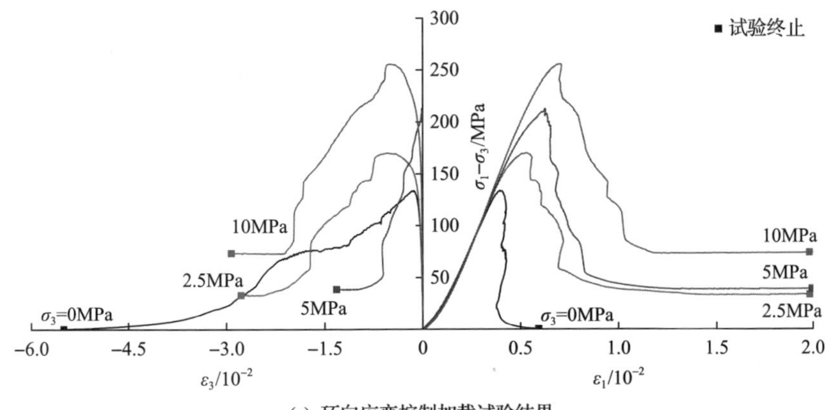

(a) 环向应变控制加载试验结果

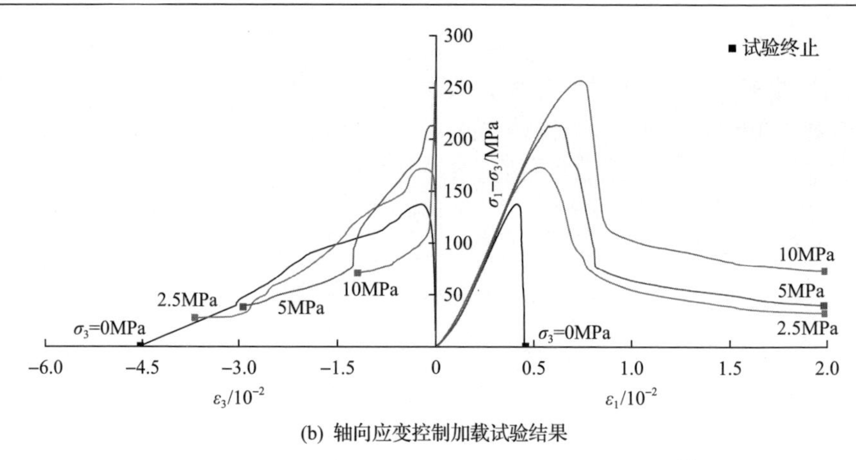

(b) 轴向应变控制加载试验结果

图 4.2.11　不同加载控制方式下的花岗岩试验结果[5]

4.3　高压真三轴硬岩全应力-应变过程试验

深部工程硬岩处于三向主应力不等的应力状态($\sigma_1>\sigma_2>\sigma_3$)，深部工程硬岩开挖导致应力差增大以及主应力方向偏转，为科学认知深部工程硬岩开挖应力路径变化(加卸载、主应力方向变换)下岩石的强度、变形、破裂及能量累积释放等特性，揭示真三向应力下硬岩全应力-应变过程破裂演化机理，研发了高压真三轴硬岩全应力-应变过程试验装置。该装置通过突破高刚度随动框架加载、自适应协调反馈控制、破裂和变形信号精密测量等技术难题，成功实现了真三轴压缩下硬岩的全应力-应变过程测试、真三轴加卸荷及主应力方向变换测试功能，解决了高压真三向应力下硬岩峰后破坏演化过程测不到的难题，避免了硬岩脆断冲击破坏导致的试验结果失真；建立了高压真三轴硬岩全应力-应变过程试验方法，获得了可靠的高压真三轴压缩、不同应力路径和峰后主应力方向变换下硬岩全应力-应变曲线、声发射信息与破裂模式，合理认知了高压真三轴硬岩脆性、延性特性和破裂机制。

4.3.1　试验装置与技术

1. 试验装置

为研究真三轴压缩下深部硬岩力学特性，东北大学研发了高压真三轴硬岩全应力-应变过程试验装置，如图 4.3.1 所示[6]。该装置为新型高刚度电液伺服试验装置，采用两个方向刚性加载和一个方向柔性加载的模式进行加载，主要由刚性加载框架、压力室、液压加载模块、数据采集与控制模块等主模块组成，并附有压裂渗透测试模块、声发射测试模块等。该装置采用水平和竖直布置的平面正交刚性随动加载框架结构，并在框架中心配置压力室。水平加载框架在支撑台的导轨上自由滑动，用于施加最大主应力；竖直加载框架能够通过气动-液压联动的平衡装置自由上下浮动，用于施加中间主应力；在压力室内，通过液压油柔性加载来施加最小主应力。试验装置主要性能指标如表 4.3.1 所示。

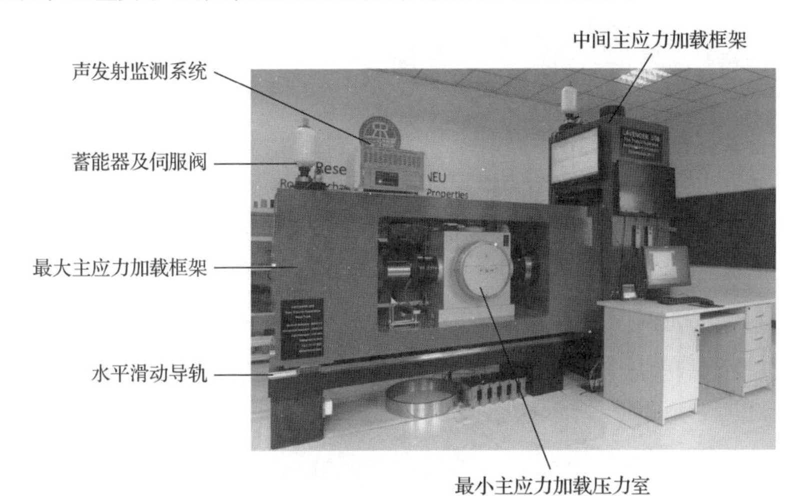

图 4.3.1　高压真三轴硬岩全应力-应变过程试验装置[6]

表 4.3.1　高压真三轴硬岩全应力-应变过程试验装置主要性能指标

序号	性能指标	指标值
1	水平方向刚度	6GN/m
2	竖直方向刚度	8GN/m
3	水平加载力	0～3000kN
4	竖直加载力	0～6000kN
5	围压	0～100MPa
6	测力传感器精度	±0.25% R.O.
7	测力传感器灵敏度	2mV/V
8	围压传感器精度	±0.2% R.O.
9	围压传感器灵敏度	1mV/V
10	试样变形 LVDT 量程	–2.54～2.54mm
11	试样变形 LVDT 精度	±0.1% R.O.
12	位移测量分辨率	0.001mm
13	闭环控制频率	5kHz
14	最大试样尺寸	100mm×100mm×100mm

注：R.O.为额定输出(rated output)。

2. 关键试验技术

该试验装置成功实现了真三轴压缩下深部硬岩全应力-应变过程测试，解决了真三向高应力下深部硬岩峰后脆性破裂演化过程测不到、测不准的难题，为深部硬岩破裂演化过程及孕育机制的研究提供了重要技术手段。为实现硬岩峰值强度后的脆性破坏过程测试，其关键技术主要体现在以下几个方面。

1) 大吨位高刚度框架随动加载技术

试验装置的刚度不够是导致岩石发生峰后突发性脆断的原因之一。硬岩加载过程中，试验装置框架变形产生的弹性应变能储存于加载框架中，当岩石破坏时，其内部储存的应变能释放到岩石试样上，从而引起岩石试样的急剧破裂和崩解。该装置加载框架采用整体铸造工艺，减少了拼装缝隙带来的刚度损失，框架刚度达到 6GN/m 以上，为获得硬岩全应力-应变破坏过程的试验数据提供了保障。同时，加载框架采用水平滑动-竖直浮动的设计，实现了岩石随动对中加载，成功解决了试验过程中试样偏心加载的问题。岩石试样真三轴加载示意图如图 4.3.2 所示。

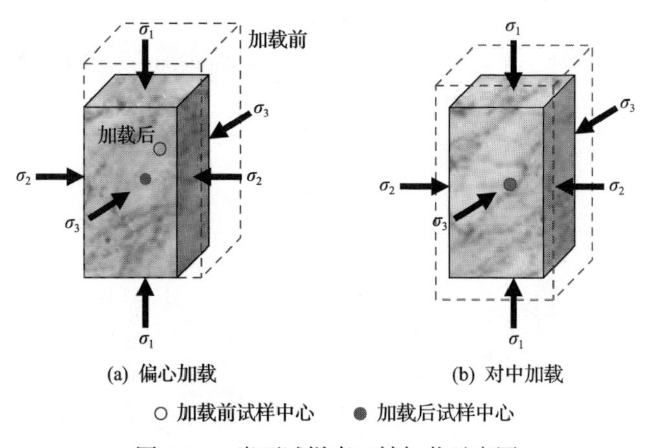

图 4.3.2　岩石试样真三轴加载示意图

为了验证真三轴压缩试验中岩石试样对中加载的结果，分别对水平应力加载和竖直应力加载两端的活塞位移进行了测量，如图 4.3.3 所示。可以看出，两端活塞位移具有高度的一致性，从而保证了岩石试样的对中加载。

2) 自适应协调反馈控制技术

除试验装置刚度外，岩石伺服反馈控制是实现真三轴压缩下深部硬岩全应力-应变过程测试的另一关键因素。硬岩破裂前具有小变形特点（<1mm），脆性破坏

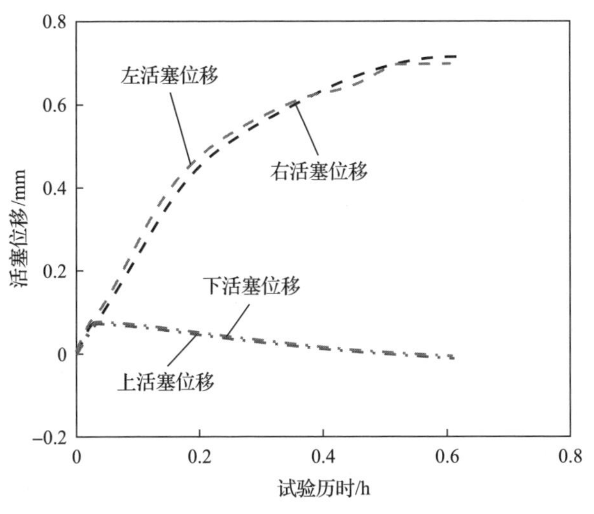

图 4.3.3　岩石试样对中加载实测数据

过程能量释放猛烈、历时短，测量信号反馈控制不及时是岩石试样急剧破裂和崩解的另一原因。针对真三向高应力诱导硬岩的各向异性变形破裂特点，试验可采用声发射破裂信号和最小主应力方向的变形作为反馈信号进行自适应协调控制。

3) 正交三向变形测量技术

岩石试样变形采用自复位、滑动型正交三向变形测量传感器进行测量，该测量方式具有精度高、响应快等特点。图 4.3.4 为自复位、滑动型正交三向变形测量传感器。

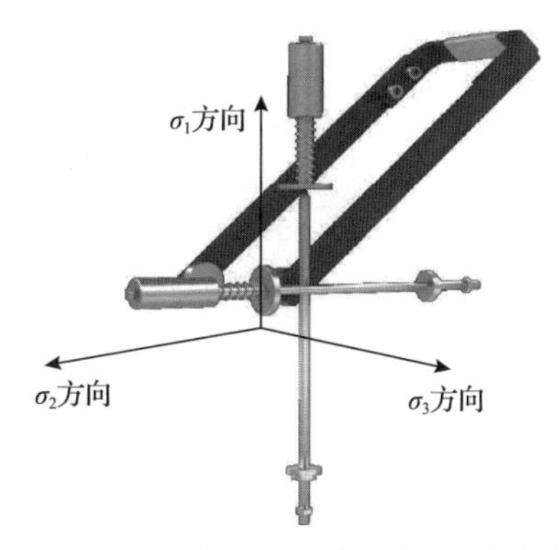

图 4.3.4　自复位、滑动型正交三向变形测量传感器

4) 岩石试样刚性加载表面应力均布技术

为了避免相邻压块间留有空白间隙造成试样边角出现应力集中，采用互扣式压块对岩石试样进行加载，如图 4.3.5 所示。另外，岩石试样刚性加载端面的端部摩擦会影响到岩石的变形、弹性模量、泊松比、破坏强度及破坏模式。试验装置

使用凡士林和硬脂酸混合物进行减摩，并通过多点应变测试结果对减摩效果进行了分析，发现采用硬脂酸和凡士林减摩后，试样端部变形和中心变形基本趋于一致。岩石试样端面减摩效果如图 4.3.6 所示[7]。

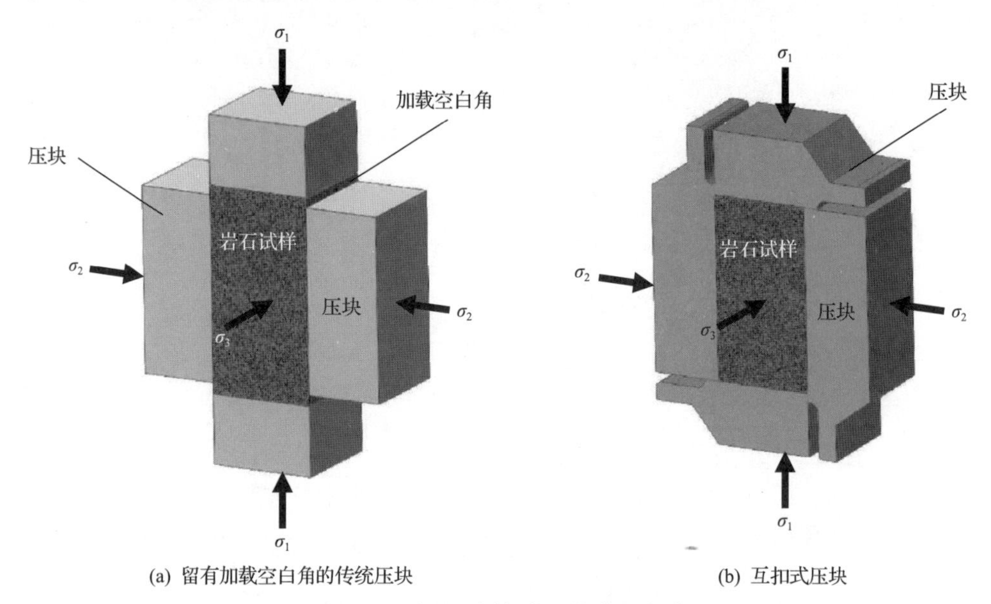

(a) 留有加载空白角的传统压块　(b) 互扣式压块

图 4.3.5　岩石试样加载压块装配方式

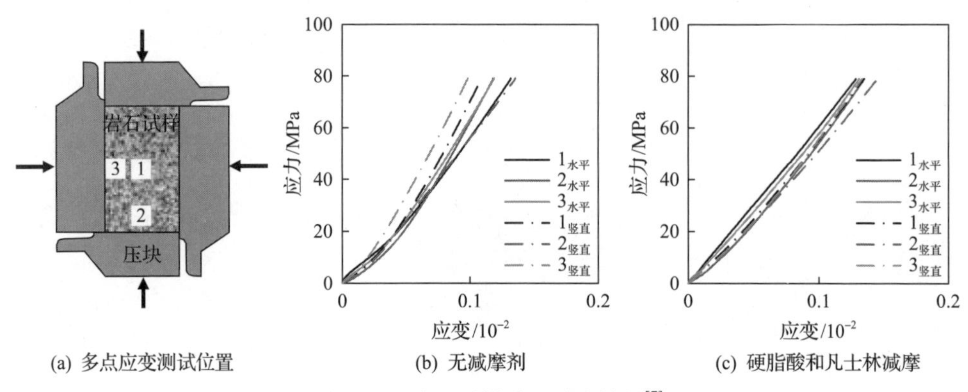

(a) 多点应变测试位置　(b) 无减摩剂　(c) 硬脂酸和凡士林减摩

图 4.3.6　岩石试样端面减摩效果[7]

5)高应力条件下硬岩破裂信号监测技术

为获得真三向高应力下岩石的破裂信息，发明了耐高压声发射传感器，该声发射传感器可在高油压环境下直接贴在岩石表面对岩石破裂信号进行测量，如图 4.3.7 所示。声发射传感器布置在岩石试样的柔性加载面上，与岩石试样直接耦合接触，既提高了信号采集率，又保证了测量的准确性。真三向应力诱导蚀变岩以拉破裂为主的破坏模式和声发射定位结果如图 4.3.8 所示[1]。

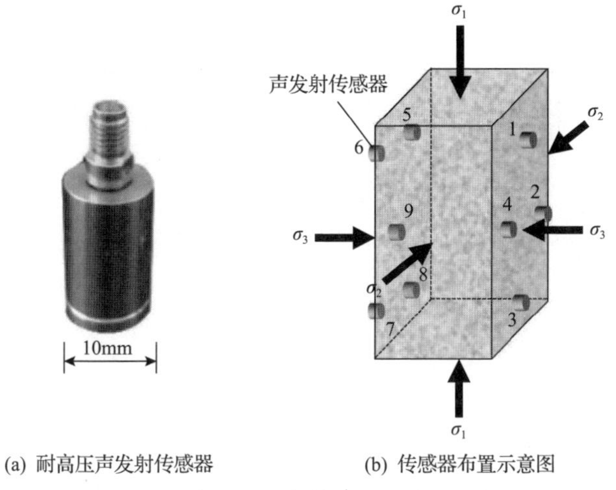

(a) 耐高压声发射传感器　　(b) 传感器布置示意图

图 4.3.7　耐高压声发射传感器及其布置示意图

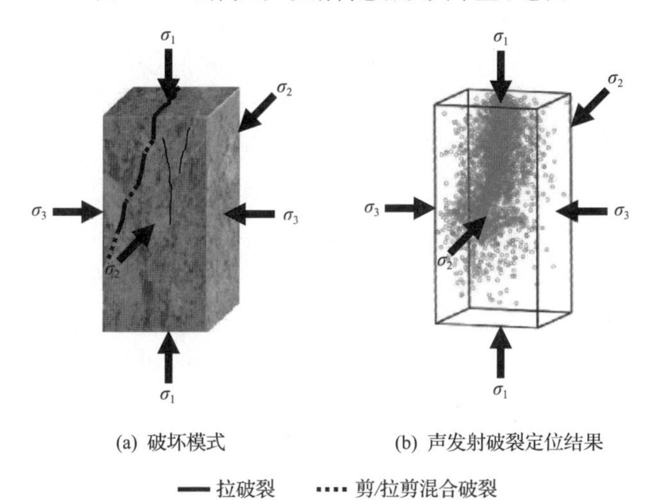

(a) 破坏模式　　(b) 声发射破裂定位结果

— 拉破裂　···· 剪/拉剪混合破裂

图 4.3.8　真三向应力诱导蚀变岩以拉破裂为主的破坏模式和声发射定位结果[1]

4.3.2　试验方法与典型试验结果

1. 试验方法

1) 试样制备

根据岩石真三轴试验的国际岩石力学与岩石工程学会建议方法[8]和《岩石真三轴试验规程》(T/CSRME 007—2021)[9]，真三轴压缩试验中试样尺寸采用长宽高为 1:1:2 的比例，且试样最大主应力方向的尺寸是其他方向尺寸的 2 倍。考虑到试样的尺寸效应，试验装置采用 50mm×50mm×100mm 的岩石为标准试样，特殊条件下则采用其他尺寸试样。试验所采用试样的边长允许偏差为±0.1mm，试样

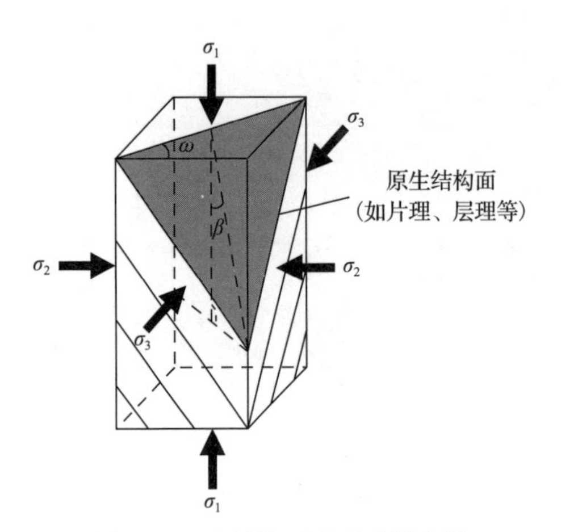

图 4.3.9　含结构面岩石试样中的应力与结构面产状的关系

端面不平整度允许偏差为±0.02mm，试样相邻两面互相垂直且允许偏差为±0.25°，试样相对端面不平行度的允许偏差为±0.02mm。含结构面岩石的真三轴试样需要考虑结构面的方位，与主应力构成不同的加载角度(β，ω)组合(β 为最大主应力与结构面的夹角；ω 为中间主应力与结构面的夹角)，如图 4.3.9 所示。

2) 试验方案设计

试验方案应按照试验目的和研究需求进行应力水平、应力路径、加载方式、加载速率等内容的确定。由于研究目的不同，试验应力水平和应力路径具有较大差异性，例如，研究岩石力学性质随最小主应力或中间主应力变化规律时，可根据等差级数确定最小主应力水平或中间主应力水平；深部工程硬岩开挖应力路径效应试验可根据实际应力路径和应力水平变化确定；需要进行多因素多水平试验确定最优组合时(如进行不同结构面倾角、结构面倾向及应力水平的试验)，可根据正交设计或均匀设计进行试验方案设计，以便减少试验数量。

3) 岩石试样封装

试验前应完成岩石试样的装配和密封、变形传感器和声发射传感器的安装等。首先将岩石试样通过互扣式压块进行装配，而且在试样与金属压块之间进行减摩处理，即将硬脂酸和凡士林混合润滑剂均匀涂抹在金属压块与试样接触的表面上并覆上铜膜，防止润滑剂浸入岩石；然后在岩石试样柔性加载面的中心粘贴固定变形传感器的垫片，以便后续最小主应力方向变形传感器的安装；接着在岩石试样柔性加载面安装布置声发射传感器，并用密封胶将岩石试样进行密封，防止液压油浸入岩石；待密封胶风干后，安装好变形传感器并将装配体放入压力室进行对中固定；连接好传感器，并调节变形传感器初始值以保证岩石变形量在传感器量程范围内；最后将压力室密封后充满液压油，并移动加载框架和压力室至加载工位等待加载。

4) 应力加载

岩石真三轴加载过程中，首先对试样施加 1～5kN 的预紧力，然后按照试验设定的应力路径进行加载。全应力-应变过程试验时，可采用应力控制方式，以 0.5～1MPa/s 速率同步加载σ_1、σ_2、σ_3，直到设定的最小主应力水平；然后保持σ_3不变，采用应力控制方式，以同样速率同步独立加载σ_1、σ_2，直到设定的中间主应力水平；其次保持σ_3与σ_2不变，采用应力控制方式，以同样速率继续施加σ_1，当试样的σ_1-ε_1变形曲线开始偏离线性或体积变形达到反转拐点时，应采用变形控制方式进行最大主应力的加载；当硬岩试样进入残余强度阶段或软岩试样达到极限应变时，应按照加载路径的反向顺序依次将施加的应力卸掉。

变形控制方式应根据岩石坚硬程度确定：硬岩试样宜选用最小主应力方向的变形控制，软岩试样可选择最大主应力方向的变形控制。变形控制速率可根据岩石类型和试样尺寸确定，但最大主应力方向变形控制的应变速率不宜超过$1\times10^{-6}s^{-1}$，最小主应力方向变形控制的应变速率不宜超过$1\times10^{-4}s^{-1}$。

2. 典型测试结果

本试验装置性能稳定，试验结果具有高度的可重复性(见图 4.3.10)，进一步说明了试验装置的可靠性。试验装置除可执行真三轴压缩下全应力-应变破坏过程试验外，还可进行真三轴加卸荷及主应力方向变换等复杂应力路径试验、真三轴

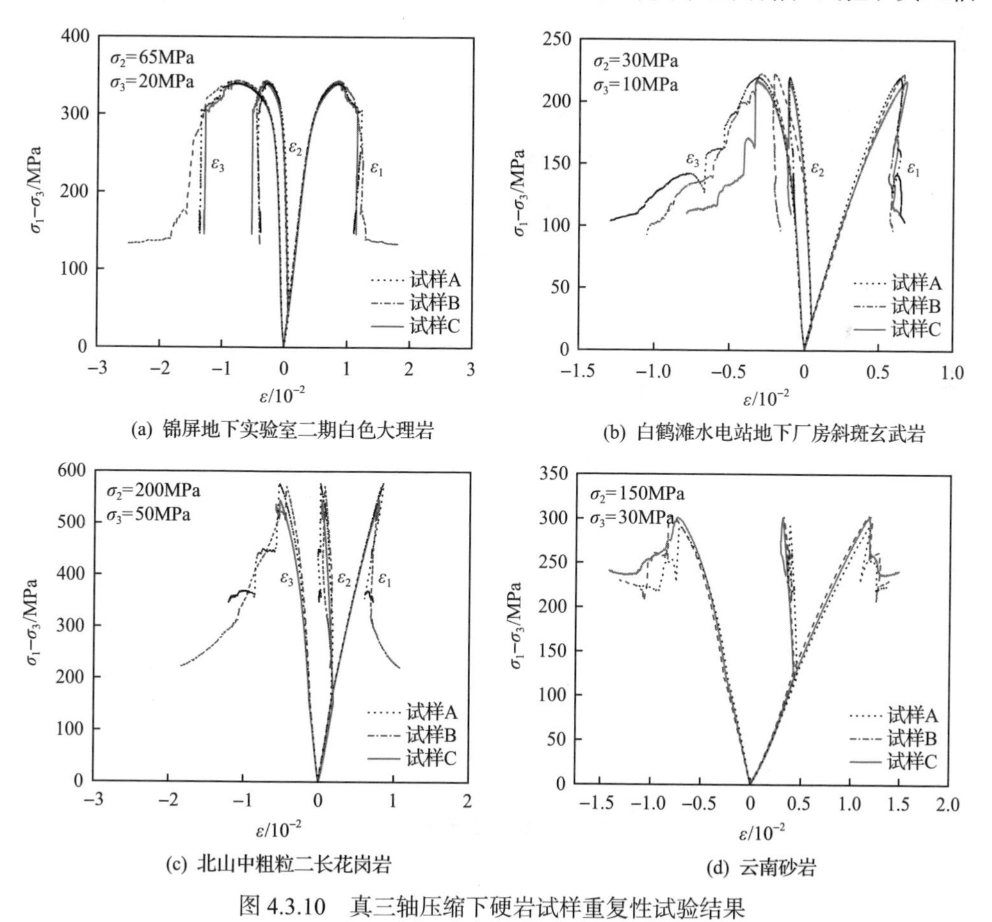

(a) 锦屏地下实验室二期白色大理岩　(b) 白鹤滩水电站地下厂房斜斑玄武岩

(c) 北山中粗粒二长花岗岩　(d) 云南砂岩

图 4.3.10　真三轴压缩下硬岩试样重复性试验结果

渗透测试试验、真三轴水力压裂试验等，并可对试验中岩石破裂声发射信号进行实时监测。图 4.3.11 为峰后主应力方向变换下葡萄牙花岗闪长岩变形破裂特征试验结果。图 4.3.12 为真三轴压缩下北山中粗粒二长花岗岩破裂过程的声发射监测结果。图 4.3.13 为真三轴压缩下牛塘蹄组页岩水压压裂和气压压裂试验结果。

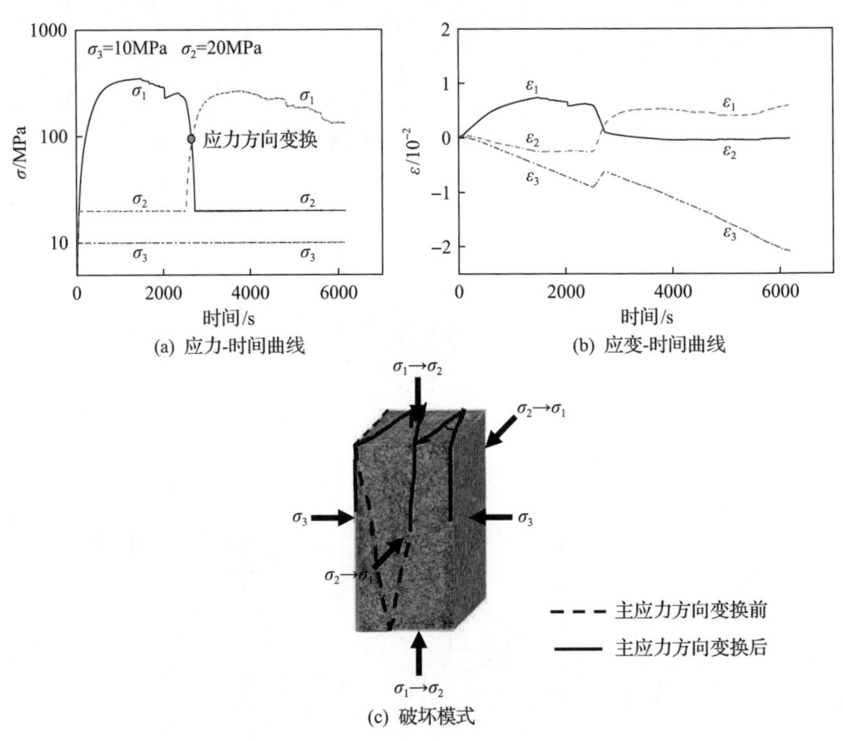

图 4.3.11 峰后主应力方向变换下葡萄牙花岗闪长岩变形破裂特征试验结果

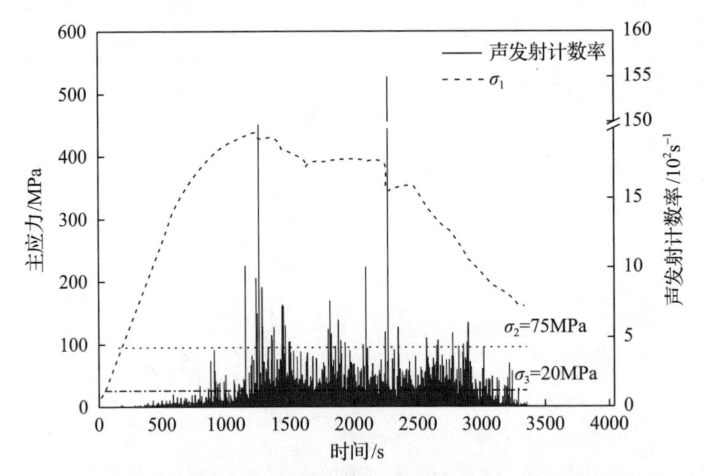

图 4.3.12 真三轴压缩下北山中粗粒二长花岗岩破裂过程的声发射监测结果

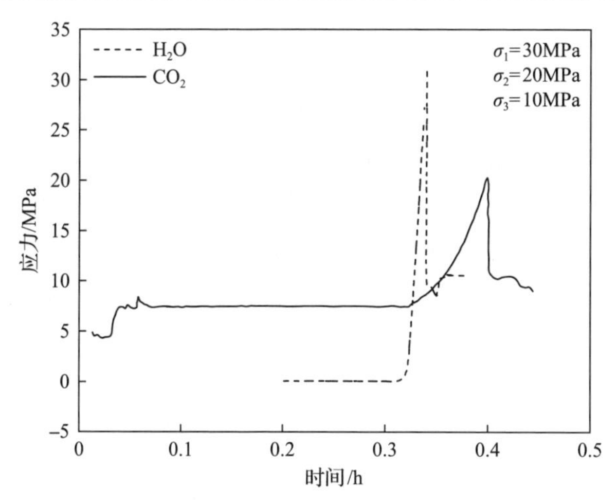

图 4.3.13　真三轴压缩下牛蹄塘组页岩水压压裂和气压压裂试验结果

4.4　高压真三轴硬岩时效破裂过程试验

深部工程硬岩存在强时效特性，继而造成部分深部工程在停止开挖后数月甚至数年仍可能发生时效灾害。对深部工程硬岩时效破坏过程的特征、规律及机理认识不清，致使深部工程硬岩长期稳定性预测理论缺乏，无法对深部工程硬岩长期稳定性进行有效预警。因此，研发了可以进行长时间恒定三向主应力或恒定应变的高压真三轴硬岩时效破裂过程试验装置，解决了装置框架刚度不够引起硬岩峰后时效过程测不到、长时偏心加载引起硬岩破坏模式测不准、强电磁噪声引起硬岩时效破裂测不全等关键技术难题，实现了真三轴高应力下硬岩峰前及峰后蠕变和松弛试验功能，并在测试过程中实时监测硬岩时效破裂、声发射及变形信息；建立了高压真三轴硬岩流变过程试验方法，获得了可靠的高压真三轴流变曲线、声发射信息与破裂模式，合理认知了高压真三轴硬岩时效破裂机制。

4.4.1　试验装置与技术

1. 试验装置

高压真三轴硬岩时效破裂过程试验装置由东北大学自主研发，主要用于研究真三向应力状态下深部硬岩的时效破裂及变形行为。高压真三轴硬岩时效破裂过程试验装置为“两刚一柔”式试验机(见图 4.4.1[10])，最大主应力σ_1和中间主应力σ_2通过 4 个刚性活塞加载，最小主应力σ_3通过液压油进行加载。该装置主要性能指标如表 4.4.1 所示。

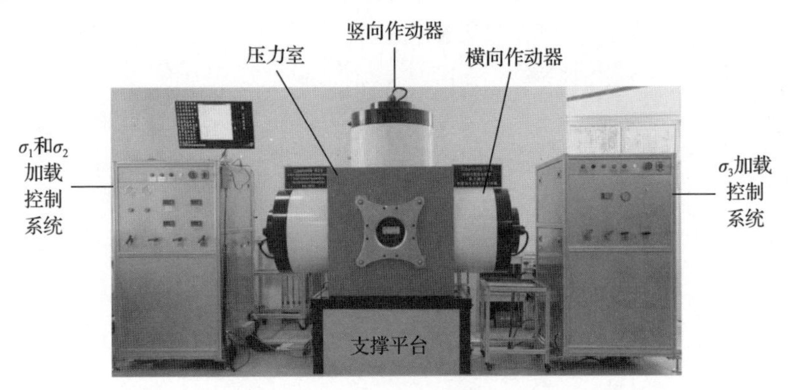

图 4.4.1　高压真三轴硬岩时效破裂过程试验装置[10]

表 4.4.1　高压真三轴硬岩时效破裂过程试验装置主要性能指标

序号	性能指标	指标值
1	框架刚度	＞16MN/mm
2	水平加载力	0～3000kN
3	竖直加载力	0～6000kN
4	围压	0～100MPa
5	测力传感器精度	±0.25% R.O.
6	围压传感器精度	±0.2% R.O.
7	试样变形 LVDT 量程	–2.54～2.54mm
8	位移测量分辨率	0.001mm
9	温度控制范围	0～100℃
10	温度控制精度	≤±1℃
11	试样尺寸	50mm×50mm×100mm
12	最大保载时长	＞6 个月

2. 关键试验技术

为了能够实现高压真三轴应力下应力-应变全过程硬岩时效破坏机理研究，从设备研发角度考虑，高压真三轴硬岩时效破裂过程试验装置需满足以下主要功能需求：硬岩峰后测试对装置刚度高的需求、岩石试样长时对中加载需求、岩石长时破裂信息监测及采集需求。为了实现真三轴应力下硬岩时效破坏过程测试，其关键技术主要体现在以下几个方面。

1）框架-压力室一体化高度集成技术

传统柱式框架结构试验装置刚度低，进行高应力加载时，框架内集聚着较大的应变能。当脆性岩石发生突然局部破裂时，会引起框架内储存的弹性应变能突然释放，造成真三向应力波动大，致使对岩石试样进行长时真三向高应力保载难。因此，研发了高度集成的框架-压力室一体化结构，如图 4.4.2 所示。高度集成一体化结构框架就是将作动器直接固定安装在压力室上，通过压力室自身反力作用提供岩石试样加载所需加载力。这种结构最大限度降低了框架体积，使应力加载时储存于框架上的能量降低，不至于岩石试样在峰后失稳破坏阶段造成突然的框架内部大量能量释放，使岩石试样受到冲击发生破坏。

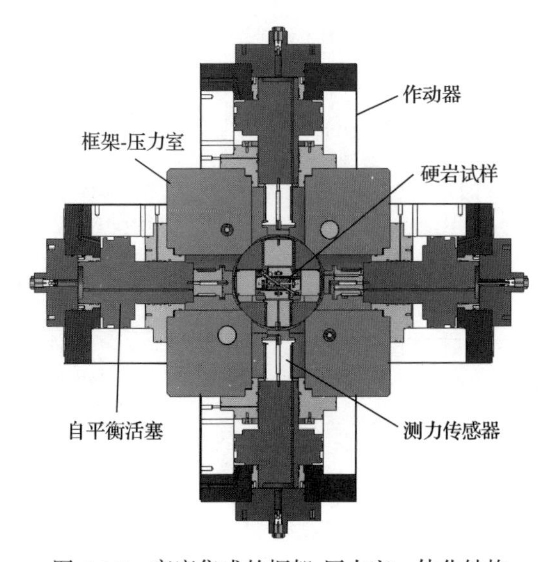

图 4.4.2　高度集成的框架-压力室一体化结构

通过测试螺栓及框架变形，可计算装置整体刚度，达到 15GN/m，如图 4.4.3(a)所示。在对锦屏地下实验室二期白色大理岩进行长达 72 天的高压真三轴应力(σ_3=

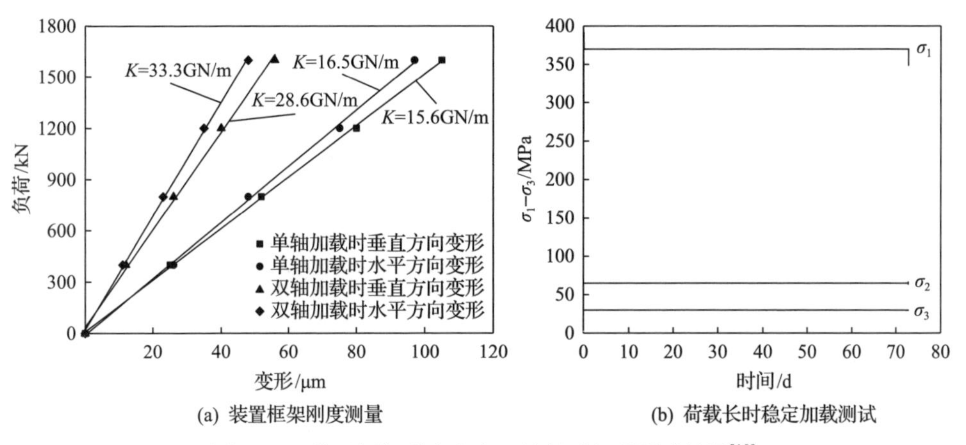

(a) 装置框架刚度测量　(b) 荷载长时稳定加载测试

图 4.4.3　装置框架刚度和真三轴长时加载测试结果[10]

30MPa，σ_2=65MPa，σ_1=370MPa)长时加载中，三个主应力方向的压力波动度始终小于 0.1%，如图 4.4.3(b)所示。与此同时，通过采用轴向变形控制方式，将锦屏地下实验室二期白色大理岩加载(σ_3=30MPa，σ_2=50MPa)至峰值强度后阶段后，分别进行峰后松弛和峰后蠕变试验，如图 4.4.4 所示[10]。图中 A 点至 B 点为峰后应力松弛阶段，B 点至 C 点为峰后蠕变阶段。测试结果表明，高刚度框架设计使真三轴应力长时保载时，作用于硬岩端面的应力波动幅度小，解决了真三轴高应力长时保载难的问题；与此同时，峰后破裂硬岩时效破坏过程测得到。

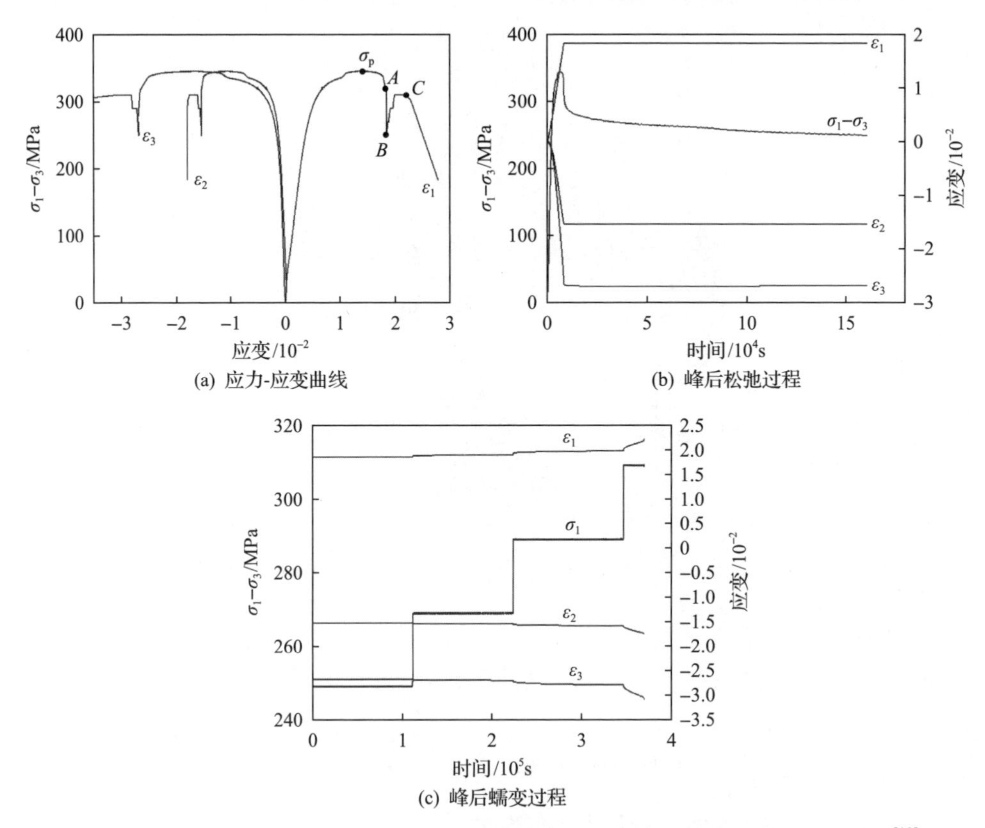

图 4.4.4　高刚度框架下锦屏地下实验室二期白色大理岩真三轴峰后流变试验结果[10]

2) 长时“主”动“从”随对中加载控制技术

真三轴时效加载过程不同于瞬时真三轴加载试验，随着时间的增加，试样偏心程度也会增加，尤其当加载接近加速蠕变阶段时，岩样同一轴向两对称端面会由于局部破坏，两端面所受应力不均匀，在长时间不均匀应力下，两端变形也存在偏差，从而导致岩样偏心情况更加严重，继而造成岩样破坏模式测不准。锦屏地下实验室二期白色大理岩偏心与非偏心加载试验测得的破坏模式如图 4.4.5 所示。

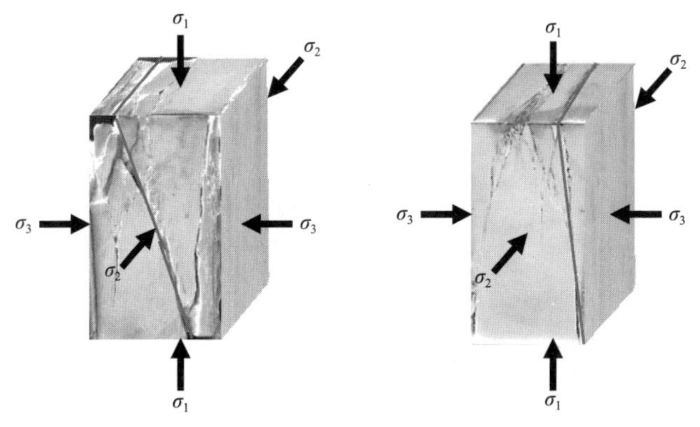

(a) 偏心加载引起的剪切破坏　(b) 对中加载后的近劈裂破坏

图 4.4.5　锦屏地下实验室二期白色大理岩偏心与非偏心加载试验测得的破坏模式

为了克服长时间加载过程的偏心问题，同时确保轴向两端受力均匀。真三轴时效试验采用一种多轴双闭环伺服随动加载方式进行长时间加载。将同轴两个加载活塞分为主动加载轴活塞和随动加载轴活塞，主动加载轴活塞以力控制或位移控制进行加载，而随动加载轴活塞以主动轴活塞位移为目标进行加载，与此同时，两个加载活塞同时受控制器控制运动，这就保证了主动加载轴活塞与随动加载轴活塞始终同步运动，从而使岩石试样始终处于加载中心位置。“主”动“从”随对中加载控制技术原理如图 4.4.6 所示。

图 4.4.6(a)中，当进行真三轴压缩下硬岩蠕变试验时，σ_1、σ_2、σ_3 保持恒定，这个过程中，岩石产生压缩或膨胀变形，导致主动端边界产生 Δu_1 和 Δu_2 的位移增量，而对应的从动端边界产生 $\Delta u_1'$ 和 $\Delta u_2'$ 的位移增量，为了使岩石受力中心与岩石中心始终重合，需要实时对岩石试样从动端位移进行调整，跟随主动端位移量进行运动。

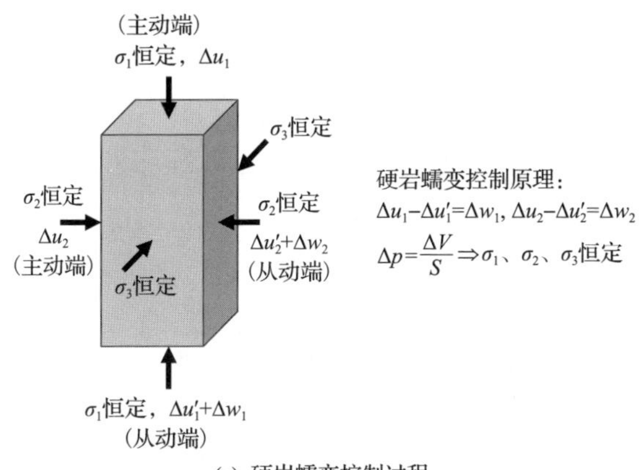

(a) 硬岩蠕变控制过程

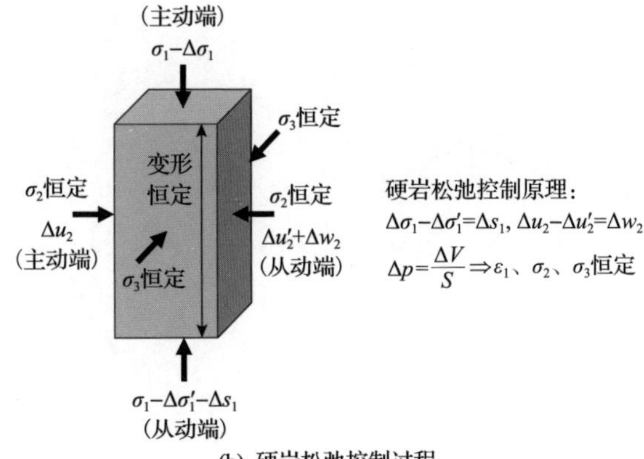

(b) 硬岩松弛控制过程

图 4.4.6　“主”动“从”随对中加载控制技术原理

Δu_1 和 Δu_2 分别为σ_1方向和σ_2方向主动端位移增量；$\Delta u_1'$ 和 $\Delta u_2'$ 分别为σ_1方向和σ_2方向从动端位移增量；Δw_1 和 Δw_2 分别为σ_1方向和σ_2方向被动加载端位移控制调节量；$\Delta\sigma_1$ 和 $\Delta\sigma_1'$ 分别为σ_1方向主动端和从动端应力增量；Δs_1 为从动端应力调节量

图 4.4.6(b)中，当进行真三轴压缩下硬岩松弛试验时，σ_2、σ_3和ε_1保持恒定，这个过程中，由于高应力导致岩石破裂产生塑性变形，σ_1方向主动端与从动端应力降低；与此同时，σ_1方向主动端与从动端产生变形，为了保证岩石受均匀应力，需要实时对岩石试样主动端和从动端位移及应力进行调整。

整个加载过程中，岩石试样水平中心位置(σ_1方向)和垂直中心位置(σ_2方向)只有在破坏瞬间偏离中心，其余阶段岩石试样中心几乎一直保持不变，偏差在±2μm 以内，如图 4.4.7 所示。从活塞位移也可以明显观察到，加载过程中随动

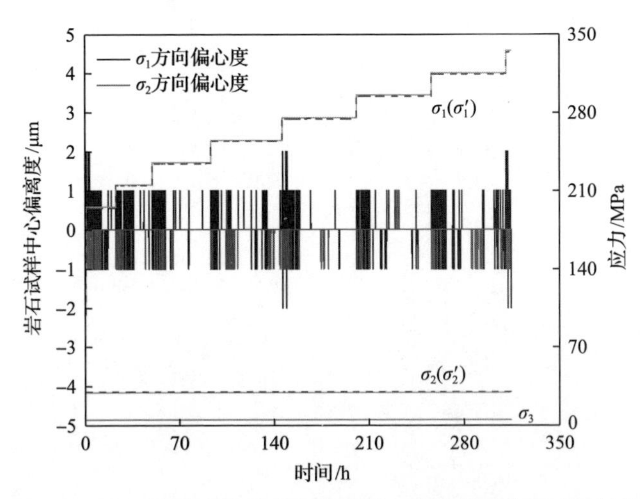

图 4.4.7　长时间岩石试样均匀应力对中加载测试结果(见彩图)

活塞位移始终与主动活塞位移保持高度一致，同进同退。同一方向上的变形具有良好的重合性，显示出岩石试样对称变形的特征，证实了偏心控制技术在真三轴时效设备上的有效性。

3) 声发射长时采集过程降噪技术

岩石流变试验一般采用电机伺服控制方式实现长时低功率加载。但是电机伺服过程产生的强电磁噪声使岩石流变过程采集到的噪声数量远大于岩石破裂的信号数量。因此，进行声发射长时采集过程降噪有利于提高时效破裂过程声发射测试效果，从而能够更加正确地认识时效破裂机制。

为了实现流变试验装置声发射信号低噪声下采集，对装置进行了如下改进：

(1) 所有信号传输线缆采用屏蔽双绞线代替，降低线缆内电磁信号向外辐射；电源插口与插排连接后，分别与输入滤波器、伺服驱动器、输出滤波器连接，降低伺服驱动器产生的电流噪声，如图 4.4.8 所示。

(2) 将真三轴装置和声发射信号接收处理装置均利用铜线接地，降低装置内静电产生的噪声信号。

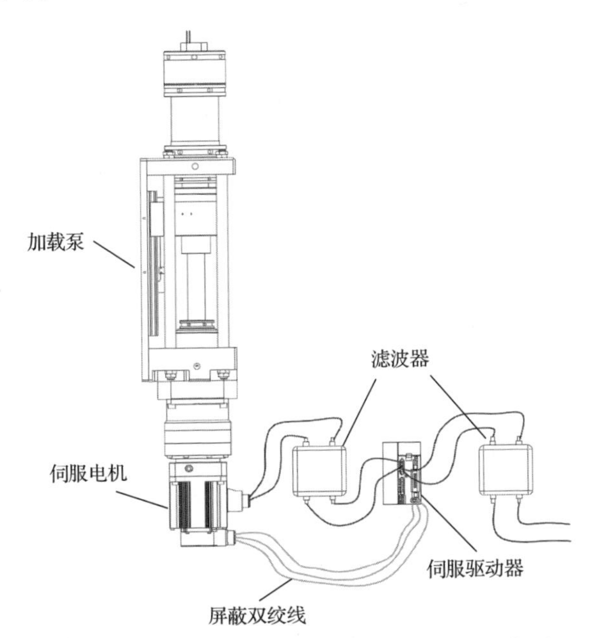

图 4.4.8　试验装置电磁噪声消除改进措施示意图

图 4.4.9 为噪声处理前后断铅试验的声发射测试结果。在降噪处理前，声发射装置从启动开始便产生大量幅值最高达 64Hz 的噪声信号。而在噪声处理后，噪声几乎全被消除，只有在断铅时产生明显的撞击事件。

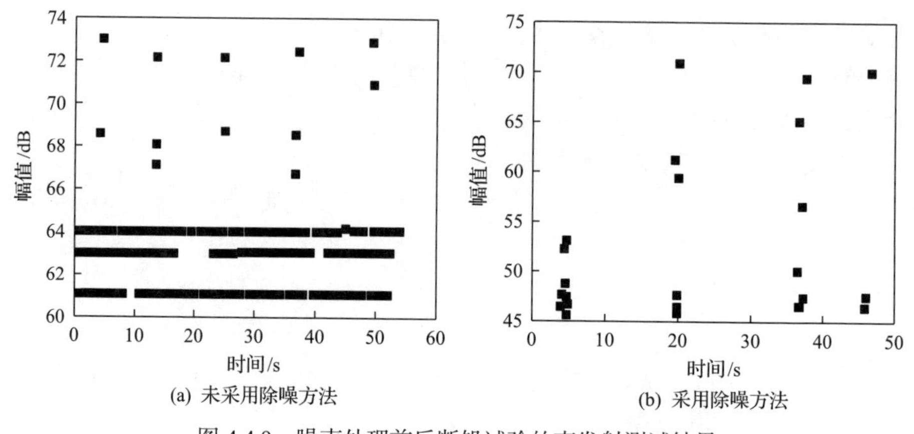

(a) 未采用除噪方法　　(b) 采用除噪方法

图 4.4.9　噪声处理前后断铅试验的声发射测试结果

4.4.2　试验方法与典型试验结果

1. 试验方法

高压真三轴硬岩时效破裂过程试验装置可以进行蠕变及松弛试验。试验前岩石试样制备及岩石试样封装方法应遵循 4.3.2 节中步骤进行。

1) 试验方案设计

试验应力路径方案要根据试验需求确定。当研究硬岩流变模型时，σ_2和σ_3应该由小到大分多组分别进行试验；为了研究特定应力的影响，可以采用正交设计的方式进行试验，以减少试验数量。

2) 应力加载

应力加载时，先对试样施加夹紧力，再按照试验设定的应力路径进行加载；通过监测同轴方向加载压头的位移确定试样偏心加载程度，同轴方向加载压头的位移偏差不宜超过 0.05mm。另外，试验过程中，应力恒定误差不宜超过 0.1%，同轴方向加载压头的应力值偏差应小于 1%。

硬岩蠕变试验可采用单级蠕变加载方式或多级蠕变加载方式。单级蠕变加载和多级蠕变加载应根据研究需求确定，研究时效破坏时间、蠕变三阶段特征宜采用单级蠕变加载方式；研究应力水平、应力差等对岩石试样的影响宜采用多级蠕变加载方式。多级蠕变加载级差应根据试验目的确定。多级蠕变加载条件宜选用固定的加载时间或单位时间允许 ε_1 增加量，固定的加载时间是指上一级蠕变试验维持固定时间后，进行下一级蠕变试验加载；单位时间允许 ε_1 增加量是指上一级蠕变试验过程中，随着时间的增加，单位时间 ε_1 增加量小于蠕变变形临界值时，进行下一级松弛试验加载。蠕变变形临界值是指试样单位时间 ε_1 增量小于某一量值时，可以认为试样蠕变行为消失。蠕变变形临界值应根据试样岩性确定。

硬岩松弛试验宜采用多级松弛加载方式。当达到梯级松弛加载条件时，以相同的速率采用变形控制方式，进行最大主应力加载，直至设定的下一级最大主应力方向变形。多级松弛加载级差应根据试验目的确定。梯级松弛加载条件宜选用固定的加载时间或单位时间允许σ_1降低量，固定的加载时间是指上一级松弛试验维持固定时间后，进行下一级松弛试验加载；单位时间允许σ_1降低量是指上一级松弛试验过程中，随着时间的增加，单位时间σ_1降低量小于应力松弛临界值时，进行下一级松弛试验加载。应力松弛临界值是指试样单位时间σ_1降低量小于该量值时，可以认为试样松弛行为消失。应力松弛临界值应根据试样岩性确定。

2. 应力路径及典型试验结果

真三轴压缩条件下硬岩蠕变试验的加载过程，主动加载活塞以力控制为主，随动加载活塞以位移控制为主，通过随动加载活塞跟随主动加载活塞位移进行加载。首先，以恒定的应力加载速率，通过液压油向压力室内增压至σ_3设定的目标值。在这个过程中，三个主应力方向应力始终以静水压力的形式增长。然后，保持σ_3不变，以恒定的速率增加σ_1和σ_2至σ_2设定的目标值。在这个过程中，σ_1和σ_2始终保持相等。最后，保持σ_2与σ_3不变，增加σ_1至设定初始应力值，然后分级增加σ_1直至岩石试样发生破坏。硬岩真三轴蠕变试验应力路径如图4.4.10所示。

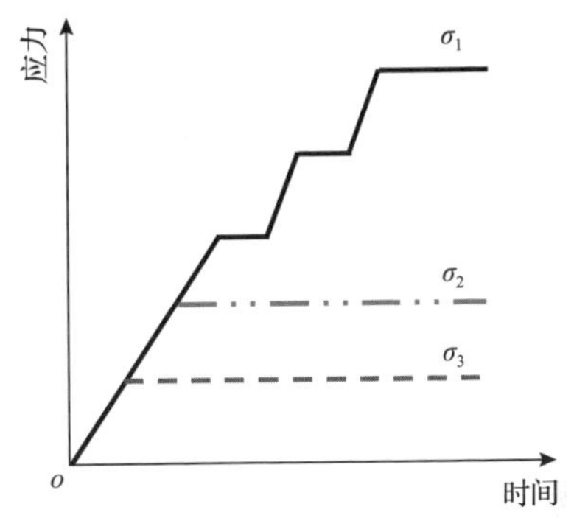

图4.4.10　硬岩真三轴蠕变试验应力路径

通过上述试验方法获得的锦屏地下实验室二期白色大理岩典型真三轴(σ_3=30MPa，σ_2=65MPa，σ_1=370MPa)蠕变试验结果如图4.4.11所示。可以看出，真三轴应力下，最小主应力方向时效变形与中间主应力方向时效变形差异明显，说明真三向应力引起岩石各向异性时效变形。

图4.4.12为硬岩真三轴松弛试验的应力路径。σ_3和σ_2加载路径参照硬岩真三轴蠕变试验应力路径，当应力加载到预设的σ_2值时，最大主应力方向的控制模式由应力控制方式切换到应变控制方式。此时，依然保持σ_2和σ_3不变，σ_1以恒定的变形速率加载至目标变形值。然后，以恒定的轴向变形逐级进行应力松弛试验。

图4.4.13为锦屏地下实验室二期白色大理岩在σ_3=20MPa和σ_2=80MPa时的典

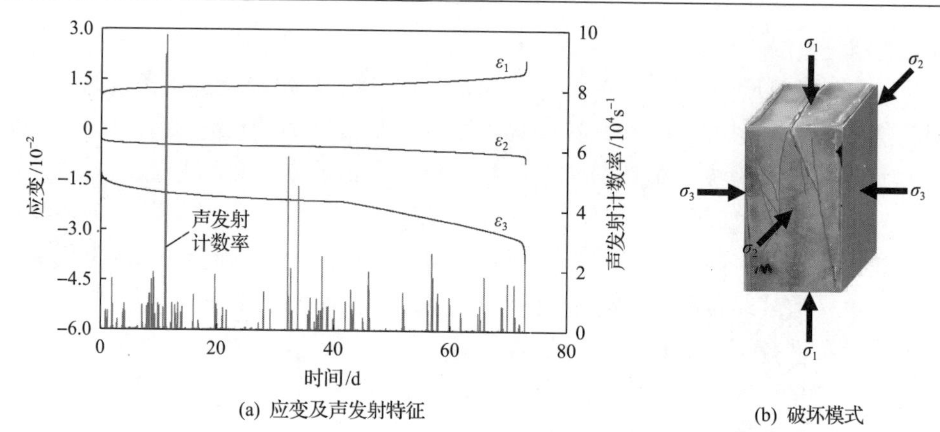

(a) 应变及声发射特征　　(b) 破坏模式

图 4.4.11　锦屏地下实验室二期白色大理岩典型真三轴蠕变试验结果（σ_3=30MPa，σ_2=65MPa，σ_1=370MPa）

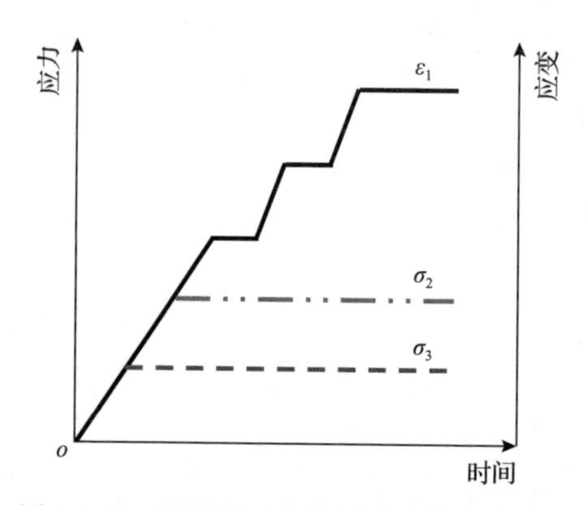

图 4.4.12　硬岩真三轴松弛试验的应力路径

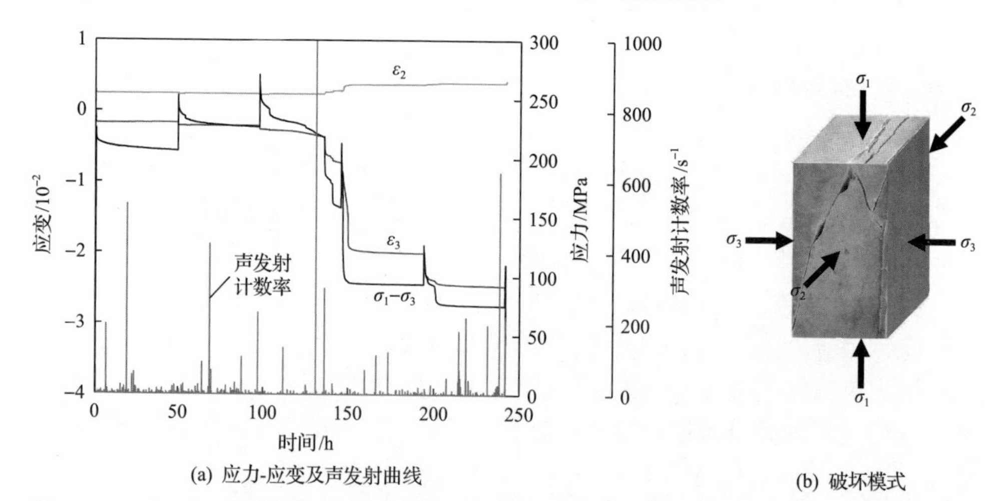

(a) 应力-应变及声发射曲线　　(b) 破坏模式

图 4.4.13　锦屏地下实验室二期白色大理岩典型真三轴松弛试验结果（σ_3=20MPa，σ_2=80MPa）

型真三轴松弛试验结果。当 ε_1 不变时，σ_1 方向的应力逐渐减小。随着 ε_1 的增大，σ_1 的应力降低量增大，表明岩石的损伤程度越高，应力松弛行为越明显。在应力松弛过程中，虽然最大主应变保持不变(即 ε_1 不变)，但是侧向变形 ε_2 和 ε_3 随时间逐渐增加，σ_3 方向的时效变形明显大于 σ_2 方向的时效变形。

4.5　高压真三轴硬岩单面剪切试验

真三轴单面剪切下深部工程硬岩的强度、破裂机理和能量聚集释放与围岩稳定性问题紧密相关，尤其是深部工程硬岩硬性结构面的剪切滑移破坏，可导致能量累积、强度弱化、岩体大变形，甚至诱发工程灾害，给深部硬岩工程安全建设和运营稳定性带来极大威胁，其关键在于科学认知真三轴应力下深部工程硬岩和硬性结构面的剪切力学特性及其破裂机理。为了进行高压真三轴硬岩单面剪切试验，通过新型剪切盒的创新性设计研发了高压真三轴硬岩单面剪切试验装置，能够针对完整硬岩和结构面硬岩进行高压真三轴单面剪切试验，建立了高压真三轴硬岩单面剪切试验方法，获得了可靠的剪切曲线、声发射信息与破裂模式，合理认知了高压真三轴硬岩剪切破裂机制。

4.5.1　试验装置与技术

1. 试验装置

深部工程岩体处于真三向应力状态，只有当侧向应力与法向应力和剪应力同时存在时，才能够最真实地模拟深部工程岩体的三维应力条件，以获得最接近真实地应力环境的岩体剪切力学行为。真三轴单面剪切试验是指试样在侧向应力 σ_{la}、法向应力 σ_n 和剪应力 τ 共同作用下的剪切破坏试验。高压真三轴硬岩单面剪切试验剪切盒如图 4.5.1 所示[11]。试验装置主要性能指标如表 4.5.1 所示。

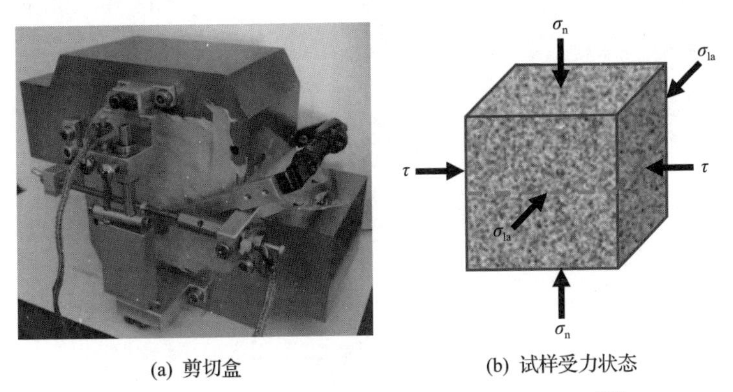

(a) 剪切盒　(b) 试样受力状态

图 4.5.1　高压真三轴硬岩单面剪切试验剪切盒[11]

表 4.5.1　高压真三轴硬岩单面剪切试验装置主要性能指标

序号	性能指标	指标值
1	剪切力	0～3000kN
2	法向力	0～6000kN
3	侧向应力	0～100MPa
4	变形范围	0～3mm
5	试样变形 LVDT 精度	±0.1% R.O.
6	位移传感器分辨率	0.001mm
7	最大试样尺寸	70mm×70mm×70mm

高压真三轴硬岩单面剪切试验剪切盒采用“两刚一柔”的加载方式，以达到在三维应力条件下进行硬岩单面剪切试验的目的，可以保证试样体积变形测量的精度并且易于实现恒温环境的控制。

新型剪切盒与高压真三轴硬岩时效破裂过程试验装置的配合图如图 4.5.2 所示[11]。真三轴试验装置采用方便装样设计，内部圆柱形承载平台可通过辅助泵方便推出，承载平台四周分布有四个通孔，试验时四个作动器通过通孔施加载荷。试验前，将安装 LVDT 的剪切盒放置在装载台的几何中心，然后在通孔放置刚性垫块，初步固定其位置。施加剪切力时，保持右侧活塞静止，与上半剪切盒接触的刚性垫块起反力杆作用，按预设的剪切位移速度移动左侧活塞驱动下部剪切盒进行剪切试验。

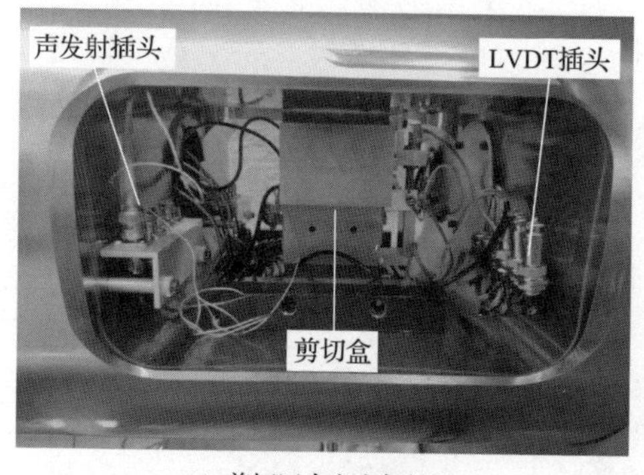

(a) 剪切压力室内部结构

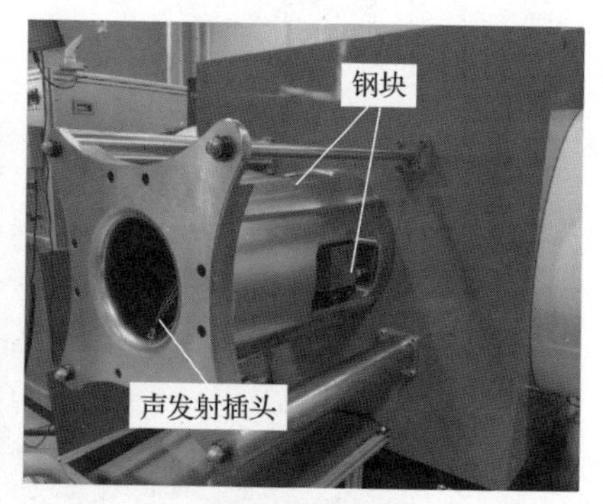

(b) 装置总体图

图 4.5.2　新型剪切盒与高压真三轴硬岩时效破裂过程试验装置的配合图[11]

试验机加载系统包括竖直加载系统、水平加载系统和油压加载系统，竖直加载系统实现试验过程中法向力的稳定加载，可实现恒定法向位移、恒定法向应力边界条件控制。水平加载系统实现剪切力的伺服加载，可通过剪切力、位移或剪切方向变形等控制方式进行剪切试验。法向应力和剪切应力通过布置在压力室上下左右外壁上的四个液压作动器加载。作动器采用自平衡活塞设计，确保施加侧向应力时作动器活塞位置保持不变。活塞位移由布置在作动器底部的LVDT(行程±12.5mm)测量，荷载由布置在作动器前端的测力传感器测量。四个高压精密螺旋加载泵分别与四个作动器连接，驱动作动器的活塞进行加载，剪切方向设计最大荷载为6000kN，法向设计最大荷载为3000kN。油压加载系统实现试验过程中侧向应力的稳定加载，密封后的超高压压力室由辅助泵充满液压油，侧向应力通过两个伺服电机驱动液压泵加载，最高压力可达到 100MPa，由布置在压力室上的压力传感器反馈压力伺服控制反馈信号，通过高压精密螺旋加载泵上的伺服反馈控制系统实现压力的稳定控制。

试验操作软件可对控制方式和控制参数进行设定，如位移控制/应力控制的选择、确定伺服控制速度、数据显示时间间隔和数据采集速率等，定义特定参数后，用户可以通过按下开始按钮来进行试验。软件可实时监测所有传感器的示数，包括伺服电机活塞的位置、作动器施加的力与位移和剪切盒上的LVDT示数。试验进行时，操作软件实时自动保存采集到的数据，绘制岩石的剪切行为曲线。

2. 关键试验技术

该试验装置成功实现了真三轴单面剪切下深部硬岩破裂过程测试，达到了在真三向高应力下进行剪切试验的目的。为实现上述功能，其关键技术主要体现在以下几个方面。

1)考虑侧向应力的真三轴单面剪切加载技术

目前的剪切盒在设计时均没有考虑侧向应力的影响，为了解决这个问题，东北大学研发了用于高压真三轴单面剪切试验的剪切盒[11]。剪切盒及变形测量装置示意图如图4.5.3所示。其中，剪切盒由高刚度42CrMo钢制作而成，其分为上下两部分(U形结构)。内部尺寸为70mm×70mm×70mm，可通过在剪切盒内增加垫块对尺寸相对较小的试样进行剪切试验。采用“两刚一柔”的加载方式，可直接将法向应力、水平剪应力和侧向应力作用在岩石试样上，并且三个方向的运动彼此相互独立，可以满足在三维应力条件下进行硬岩单面剪切试验的目的，并且可以保证变形测量的精度。其中法向应力和剪应力采用刚性加载，侧向应力采用柔性加载。对试样施加法向应力时，试样的上下边界同时向试样中心移动，这样可以保证试样法向中心始终在一个平面上。

2)变形测量技术

高压真三轴单面剪切试验需要在三个方向上单独测量试样变形，在设计中，

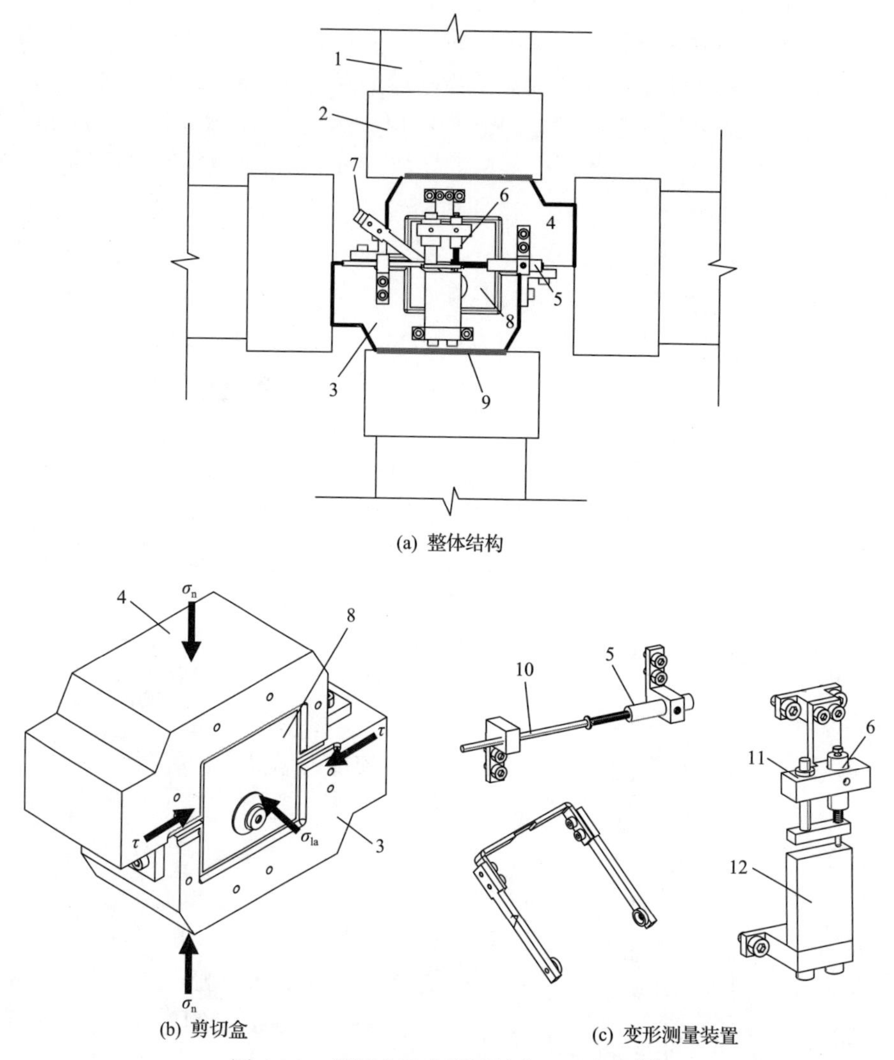

图 4.5.3　剪切盒及变形测量装置示意图[11]

1. 测力传感器；2. 钢块；3. 下剪切盒；4. 上剪切盒；5. 切向 LVDT；6. 法向 LVDT；7. 梁式应变计；8. 试样；9. 减摩材料；10. 铁棒；11. 直线轴承；12. 滑板

切向(水平方向)和法向(竖直方向)采用安装在剪切盒上的 LVDT 测量试样变形，侧向采用梁式应变计(U 形传感器)测量试样变形。其中，切向 LVDT 和对应的不锈钢杆分别安装在上下剪切盒，传感器铁芯的接触界面与不锈钢杆接触处为平端结构，试验时不锈钢杆的圆头可在平端自由滑动。在剪切过程中，岩石试样不仅会在法向产生剪胀，同时会在剪切方向产生相对滑动位移，此时法向 LVDT 的铁芯则会产生相应的径向偏转，从而导致所测得的剪胀数据失真。为了解决这个问题，设计了一种法向 LVDT 固定装置，通过将传感器铁芯与直线轴承相连接，能够有效避免法向 LVDT 的铁芯发生径向偏转，从而使所测得的法向变形数据更加准确。U 形传感器的支臂顶部具有小磁铁，安装时将磁铁与圆柱垫片相吸合，在剪切盒上设置限位销，令支臂紧靠在限位销上，保证其随下剪切盒一起运动。

4.5.2 试验方法与典型试验结果

1. 试验方法

1) 试样制备

《岩石真三轴试验规程》(T/CSRME 007—2021)[9]给出了高压真三轴硬岩单面剪切试验中试样的形状尺寸：试样边长不宜小于 50mm，试样高度应与边长相等。因此，在真三轴单面剪切试验中，试样尺寸可采用 1:1:1 比例的正方体。

2) 试验方案设计

深部工程开挖后，从临空面到围岩内部，围岩的应力环境逐渐从双轴应力状态变化为真三轴应力状态。试验中应力水平应根据地应力的大小确定，侧向应力和法向应力按梯级变化，并且根据岩石试样强度和研究内容确定每级应力水平。建立力学模型时需要将试验中所涉及的各个应力水平全面组合形成不同的备选方案，每个备选方案进行三次或三次以上的独立重复试验。这样所获得的力学特性信息量充足，可以准确地估计各因素主效应的大小，还可估计各因素之间各级交互作用效应的大小。为了高效率、快速、经济地获得试验结果，也可采用正交设计方法，即根据正交性挑选出部分有代表性的点进行试验。

3) 试样封装

装样时首先在试样安装槽内涂抹减摩剂并覆盖铜膜，然后将试样缓慢放入下剪切盒内，调整好试样和剪切盒位置后由 L 形固定件将试样预紧在剪切盒内，在试样侧面 1/4 高度处粘贴两个铁制圆柱垫片，这样试样与剪切盒构成组合件。

密封是试验的核心问题，组合件侧向临空面和上下剪切盒之间的缝隙均用密封胶进行密封，侧面密封胶完全固化后，拆除 L 形固定件，然后在 L 形固定件处再涂抹一层密封胶，将剪切盒暴露在空气中待密封胶风干。确保达到密封要求后，安装 LVDT 进行试验。法向应力和剪应力通过作动器推动刚性垫块加载至试样，试验过程中剪切盒和刚性垫块接触处存在摩擦，为了减小摩擦力的影响，在剪切盒和刚性垫块之间涂硬脂酸和凡士林(1:1)的混合物，以达到减小摩擦力的目的。

4) 应力加载

岩石真三轴单面剪切试验加载过程中，首先对试样施加夹紧力，然后按照试验设定的应力路径进行加载。图 4.5.4 为高压真三轴硬岩单面剪切试验应力路径。真三轴单面剪切试验按照应力加载路径可分为单级单面剪切试验和多级单面剪切试验。

单级单面剪切试验采用以下应力加载路径：通过油压以 0.1～0.5MPa/s 的加载速率同时加载侧向应力和法向应力，直到加载至预设的侧向应力水平；侧向应力保持不变，以 0.5～1kN/s 的加载速率加载法向力至目标水平；侧向应力和法向应力保持恒定，采用位移控制以 0.002～0.01mm/s 的速率单独加载剪应力至残余阶段。

多级单面剪切试验采用以下应力加载路径：通过油压以 0.1～0.5MPa/s 的加载速率同时加载侧向应力和法向应力，直到加载至预设的侧向应力水平；侧向应力保持不变，以 0.5～1kN/s 的加载速率加载法向力至第一级目标水平；侧向应力和法向应力保持恒定，采用位移控制以 0.002～0.01mm/s 的速率单独加载剪应力至第一峰值后卸载剪应力至 0；单独增加侧向应力至第二级目标水平，之后加载剪应力至第二峰值后卸载剪应力至 0；重复上述步骤，直至加载至最终目标法向应力和侧向应力，之后采用位移控制以 0.002～0.01mm/s 的速率单独加载剪应力至残余阶段。

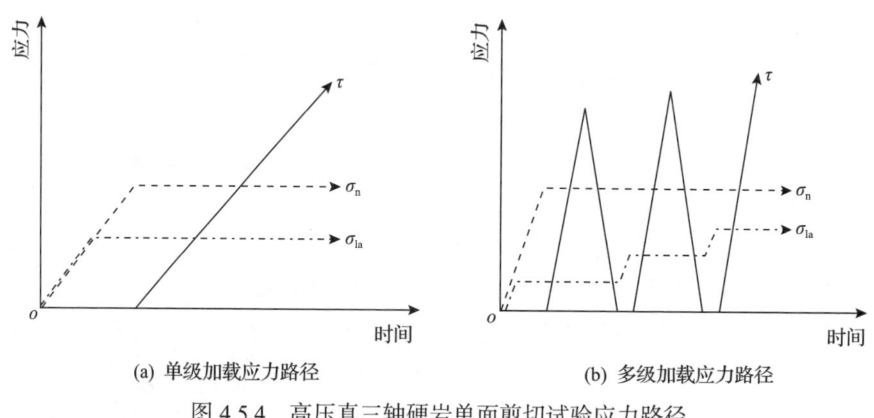

(a) 单级加载应力路径　(b) 多级加载应力路径

图 4.5.4　高压真三轴硬岩单面剪切试验应力路径

2. 典型试验结果

采用本节所述关键技术结合破裂监测技术，可以得到高压真三轴单面剪切试验结果。图 4.5.5 为真三轴单面剪切下结构面花岗岩剪应力、变形及声发射计数与时间的关系。由于深部工程岩体的开挖方案及工艺不同，应力路径也不尽相同。结合试验机性能和可操作性，应力路径可根据工程岩体的实际应力调整过程进行设计。

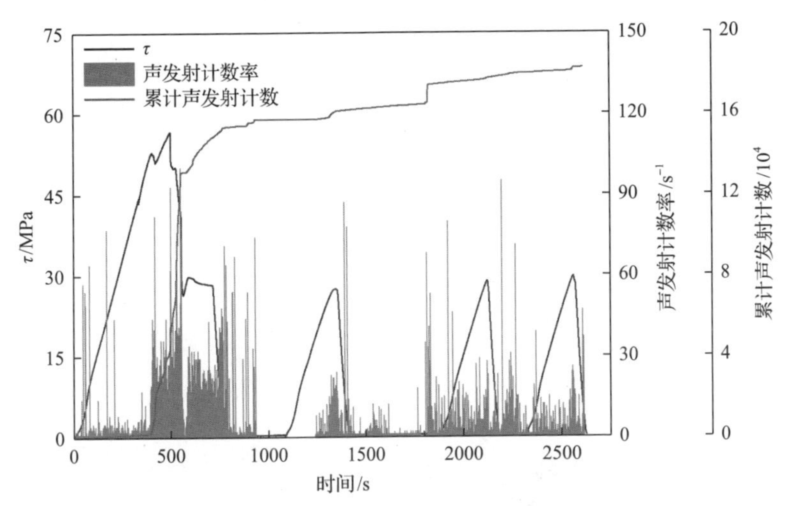

图 4.5.5　真三轴单面剪切下结构面花岗岩剪应力及声发射计数与时间的关系

图中 1000s 之前为单级加载路径，1000s 之后为多级加载路径

4.6　高压真三轴硬岩动力扰动试验

深部工程硬岩开挖过程中，围岩除受到真三向高应力的作用外，还会受到爆破应力波以及岩爆产生的应力波等低幅值弱扰动作用(应力波频率为 0～500Hz，应力幅值为 0～30MPa)，极易诱发岩爆、开裂等工程灾害。为揭示弱扰动作用下深部工程硬岩的脆延性、强度、破裂、能量聚集与释放等性质，研发了高压真三轴硬岩动力扰动试验装置，可以进行不同真三向应力水平下峰前或峰后岩石受不同方向、不同扰动幅值、不同扰动频率、不同扰动次数的面扰动试验；建立了高压真三轴硬岩动力扰动试验方法，获得了可靠的应力-应变、应力-时间、应变-时间等曲线及声发射信息与破裂模式，合理认知了峰前或峰后不同扰动方向、幅值、频率、次数下硬岩破裂机制。

4.6.1　试验装置与技术

1. 试验装置

针对深部硬岩受动力扰动诱发岩爆等深部工程灾害的问题，东北大学研制了高压真三轴硬岩动力扰动试验装置[12]。该装置为高刚度动力扰动电液伺服试验装置，主要由刚性加载框架模块、试样盒模块、液压加载模块、扰动杆模块、数据采集模块和控制模块等组成，如图 4.6.1 所示。采用“三刚”型真三轴进行静载的施加。为模拟典型爆破应力波和极强岩爆波，其频谱特征如图 4.6.2 所示，在 Z 方向通过油缸施加 0～20Hz 的扰动力 σ_{dc}，在 X 方向通过扰动杆施加 100～500Hz 的扰动力 σ_{dr}。该装置主要性能指标如表 4.6.1 所示。

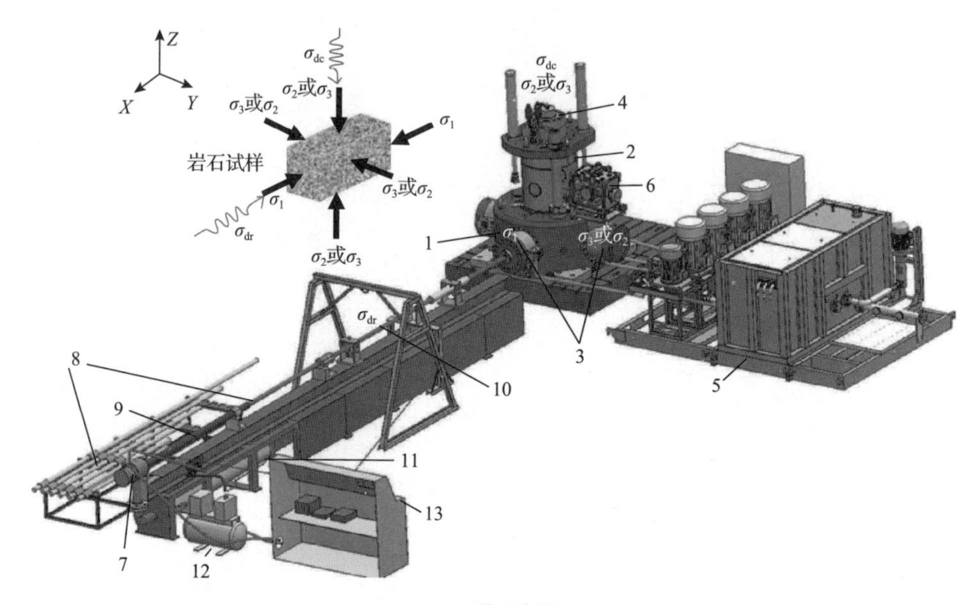

(a) 三维示意图

1. 水平框架；2. 竖直框架；3. 静态油缸；4. 动态油缸；5. 油源；6. 试样盒；7. 子弹发射器；8. 不同频率子弹；9. 炮管；10. 入射杆；11. 气室；12. 气源；13. 扰动杆控制柜

(b) 实物图

图 4.6.1 高压真三轴硬岩动力扰动试验装置[12]

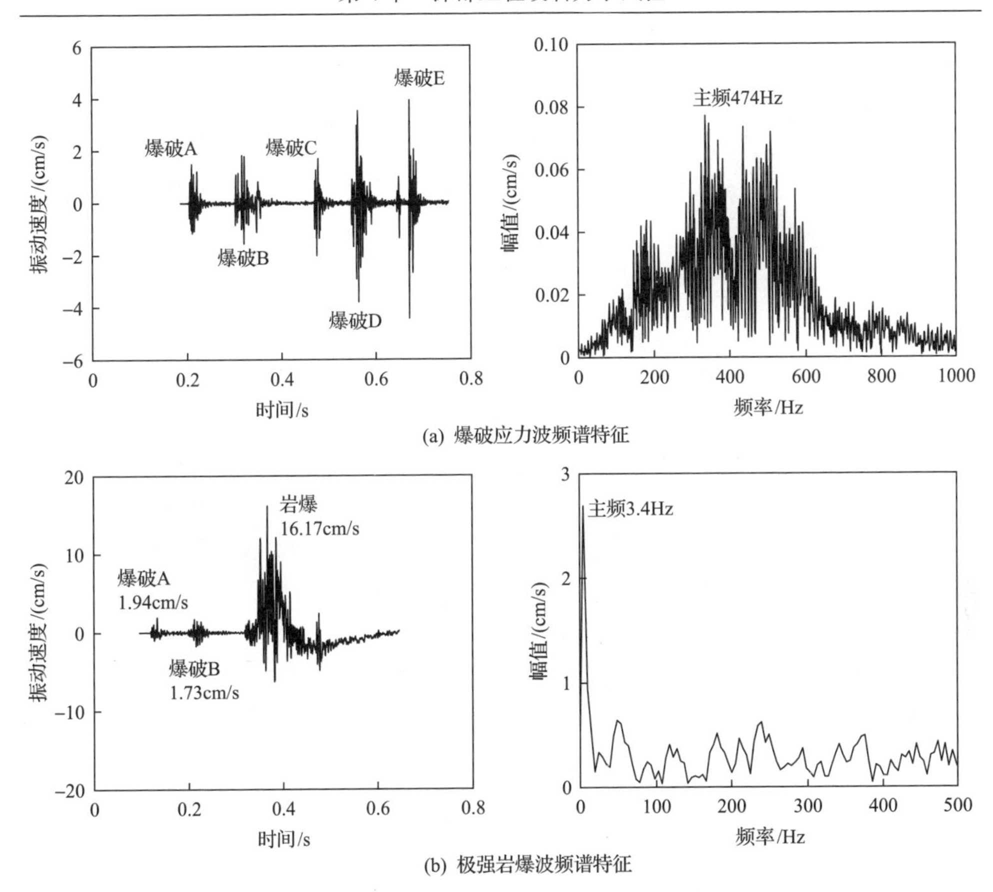

(a) 爆破应力波频谱特征

(b) 极强岩爆波频谱特征

图 4.6.2　典型爆破应力波和极强岩爆波频谱特征

表 4.6.1　高压真三轴硬岩动力扰动试验装置主要性能指标

序号	性能指标	指标值
1	水平方向刚度	20GN/m
2	竖直方向刚度	20GN/m
3	X方向加载力	0～2MN
4	Y方向加载力	0～3MN
5	Z方向加载力	0～2MN
6	Z方向扰动频率和扰动力	0～20Hz、0～30MPa
7	X方向扰动频率和扰动力	100～500Hz、0～30MPa
8	试样变形 LVDT 量程	–2.54～2.54mm
9	位移传感器分辨率	0.001mm
10	闭环控制频率	10kHz
11	最大试样尺寸	50mm×50mm×100mm

2. 关键试验技术

该试验装置成功实现了真三轴动静组合下深部硬岩全应力-应变过程测试。首次实现了应力-应变全过程下的面扰动，其扰动频率、幅值符合深部硬岩工程中爆破、岩爆、地震产生的应力波的频率幅值特征，为动力扰动下深部硬岩破裂演化过程及灾害孕育机制的研究提供了重要手段，其关键技术主要体现在以下几个方面。

1) 高刚度框架技术

试验装置的刚度低是岩石达到峰值强度后会发生突变性破坏的一个重要原因。因为硬岩加载过程中，试验装置的框架也会产生变形，框架产生的变形积累在框架中，当岩石破坏时，积累在框架中的能量将释放在岩石试样上，从而将岩石试样冲坏，这样便得不到峰后曲线。试验装置静加载框架如图 4.6.3 所示，采用整体锻造的方式，强度高、刚度大，并且竖直框架与水平框架正交布置，竖直框架和水平框架间隙小，三个主方向刚度均较大，达到 20GN/m，为获得峰后过程提供了刚度保障。框架刚度测试结果如图 4.6.4 所示[12]。

2) 0～20Hz、0～30MPa 动态油缸面扰动技术

为加大试验装置加载频率，必须加大油源流量，因此设计了并联大流量油源，如图 4.6.5 所示。此并联大流量油源由四个 100L/min 的大泵和一个 30L/min 的小泵组成，五个泵并联布置，为动态油缸提供动力源。油源油箱内部采用隔板设计，让油有机地循环流动实现散热。将 MOOG G761 大流量伺服阀(见图 4.6.6)装配在油缸上，以控制活塞的往复运动。DOLII50 动态伺服控制系统用于控制阀门的动作。0～20Hz 频率下扰动加载性能如图 4.6.7 所示[12]。

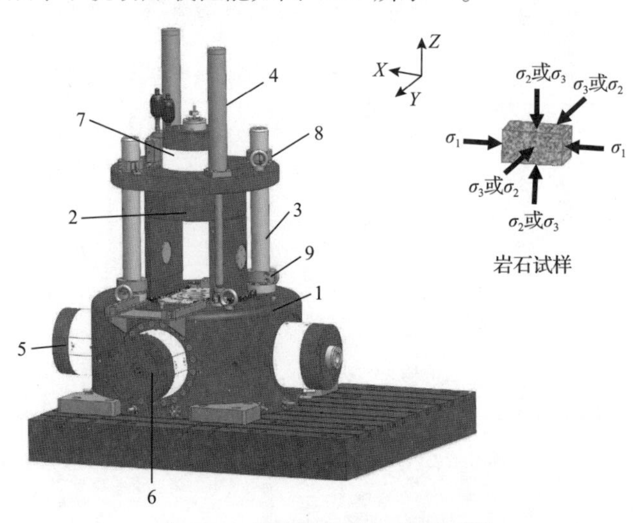

图 4.6.3　试验装置静加载框架[12]

1. 水平框架；2. 竖直框架；3. 导向柱；4. 抬升油缸；5. 静态油缸(*X* 方向)；6. 静态油缸(*Y* 方向)；7. 动态油缸(*Z* 方向)；8. 上限位环；9. 下限位环

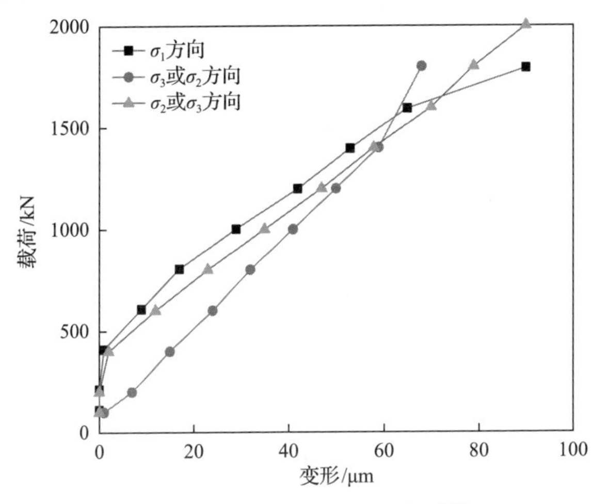

图 4.6.4　框架刚度测试结果[12]

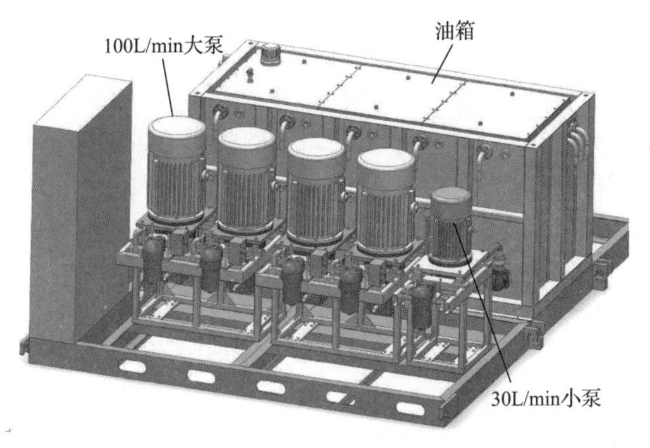

图 4.6.5　并联大流量油源[12]

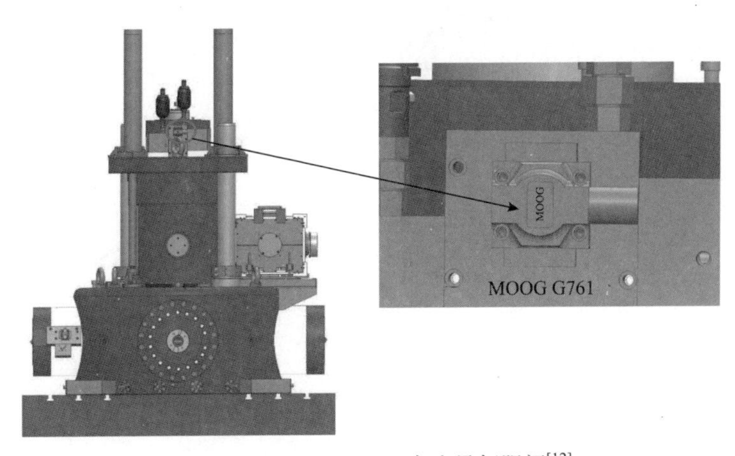

图 4.6.6　MOOG G761 大流量伺服阀[12]

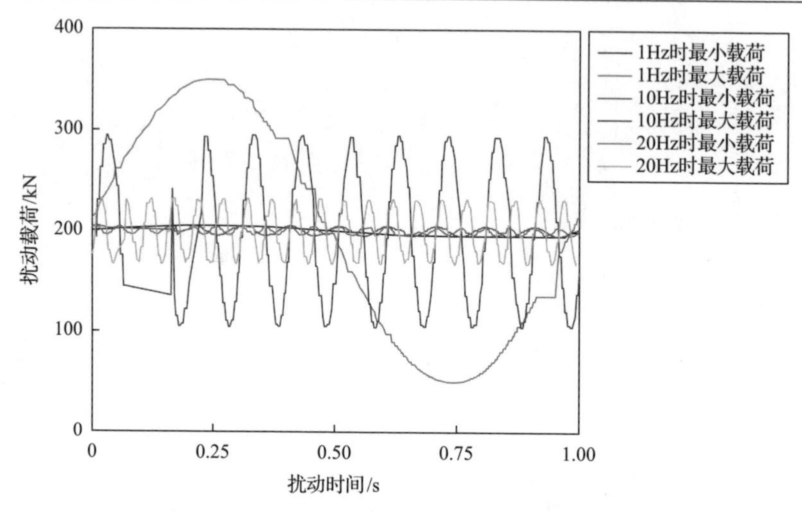

图 4.6.7　0～20Hz 频率下扰动加载性能曲线[12]（见彩图）

3）100～500Hz、0～30MPa 扰动杆面扰动技术

扰动杆系统由控制柜、空气压缩机、储气室、发射器、子弹、入射杆组成，如图 4.6.8 所示。控制柜控制发射器的发射，空气压缩机提供动力气体，发射器在控制柜的控制下使气体流动进而实现子弹的发射。传统发射系统发射器内活塞与发射器筒壁摩擦大，气动球阀最小工作压力较高，因此只适合高速子弹的发射。此系统采用高低压双气路发射，其示意图如图 4.6.9 所示。发射前，高压气体进入

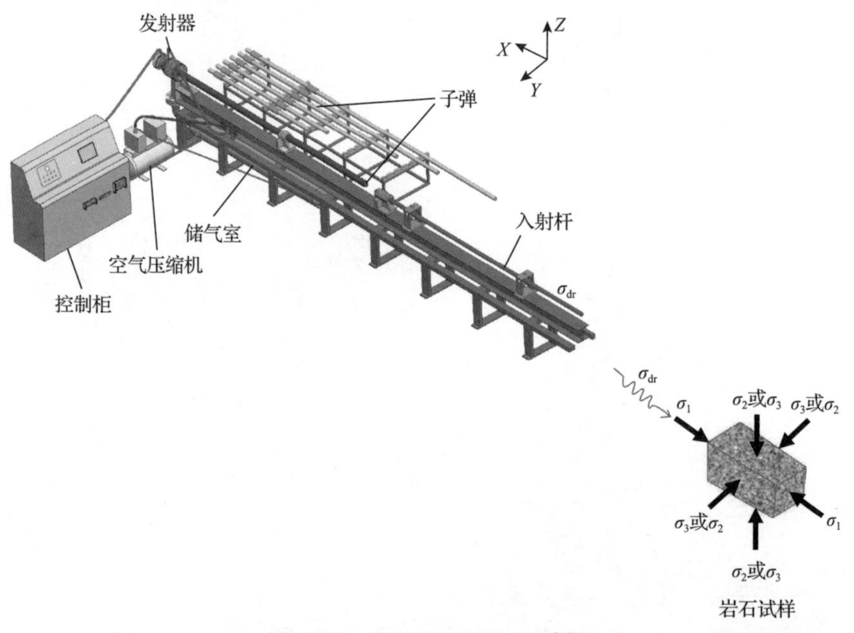

图 4.6.8　扰动杆系统示意图[12]

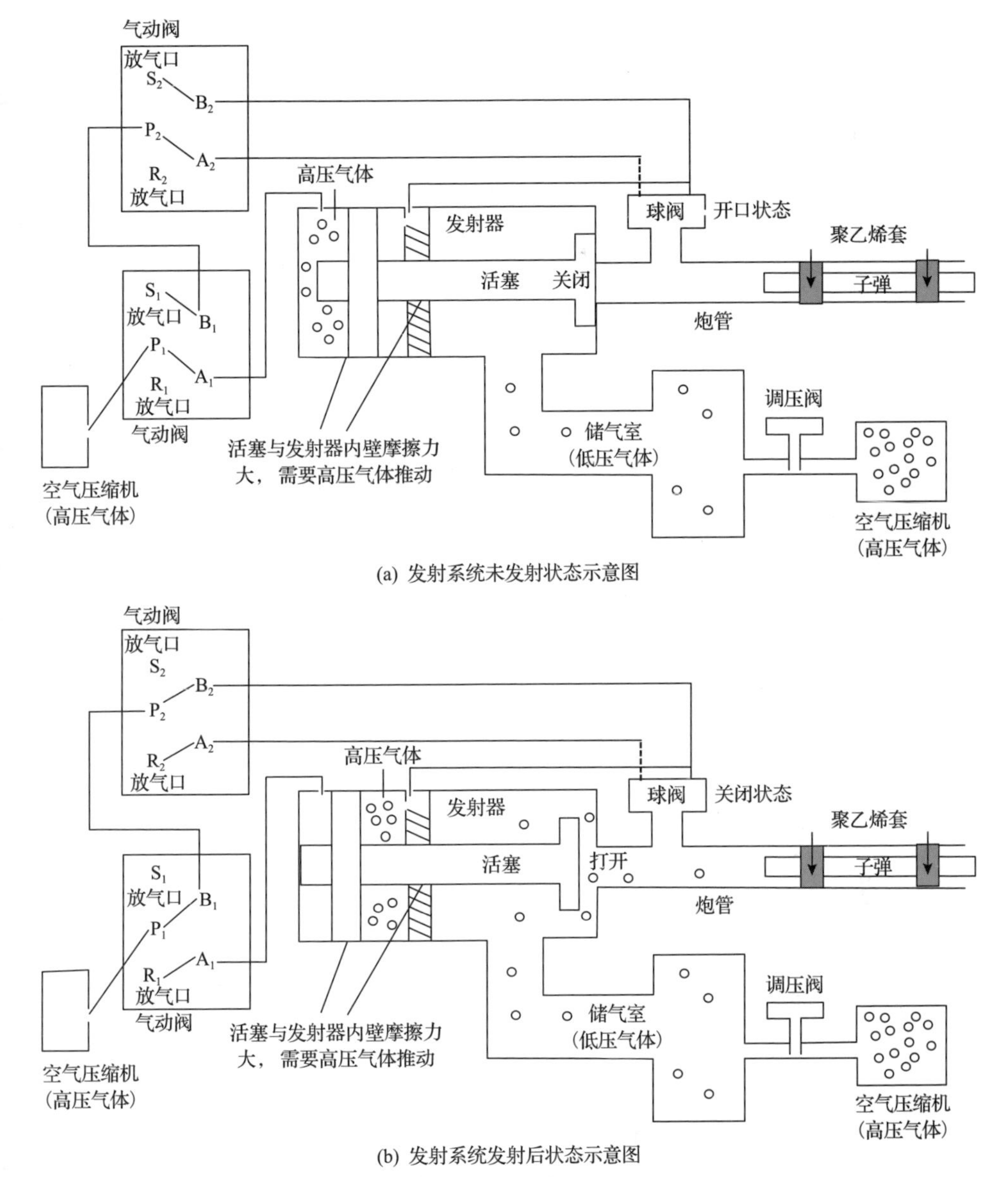

(a) 发射系统未发射状态示意图

(b) 发射系统发射后状态示意图

图 4.6.9 高低压双气路发射示意图[12]

发射器后端将活塞往前顶，同时气源向发射器内充入低压气体，实现发射气体的注入。按下发射按钮后，高压气体从中端进入发射器将活塞往后顶，顶开活塞后低压气体进入发射管推动杆低速运动。同时，使用聚乙烯套来减小子弹发射时所受的阻力，从而使子弹能够以较低的速度从炮管中发射出来，最终实现低幅值扰动应力的施加。扰动杆扰动载荷性能测试结果如图 4.6.10 所示。

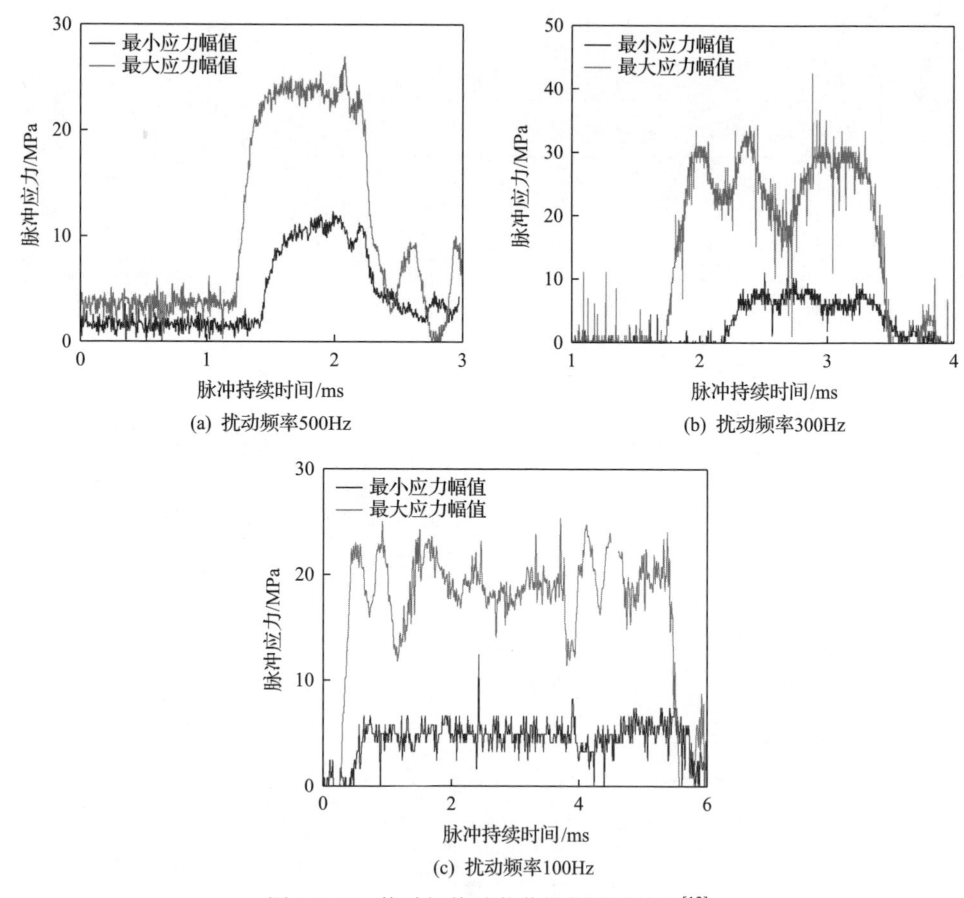

图 4.6.10　扰动杆扰动载荷性能测试结果[12]

4)应力(静态、动态)、应变、声发射测量技术

“三刚”型真三轴六面均为刚性加载，采用自稳式试样盒系统实现夹具的固定，LVDT 能够固定在夹具上紧贴试样的位置，测量的位移数据与试样的实际位移误差小。静态应力通过静态负荷传感器测量，油缸活塞位移由 LVDT 测量，0～20Hz 扰动力通过动态负荷传感器测量，100～500Hz 扰动力通过应变片间接测量(应变片信号受夹具体上 LVDT 电磁信号干扰,采用铝膜包裹的方式屏蔽电磁信号的干扰)。声发射传感器置于夹具上测量岩石破裂信号。夹具体压头由直角弹簧固定，直角弹簧具有约 1kN 的夹紧力，能够保证 6 块压头的稳定固定，同时又不影响试验过程及数据的准确性。试样盒系统如图 4.6.11 所示[12]，负荷传感器和 LVDT 位置示意图如图 4.6.12 所示[12],夹具三维示意图如图 4.6.13 所示[12]。

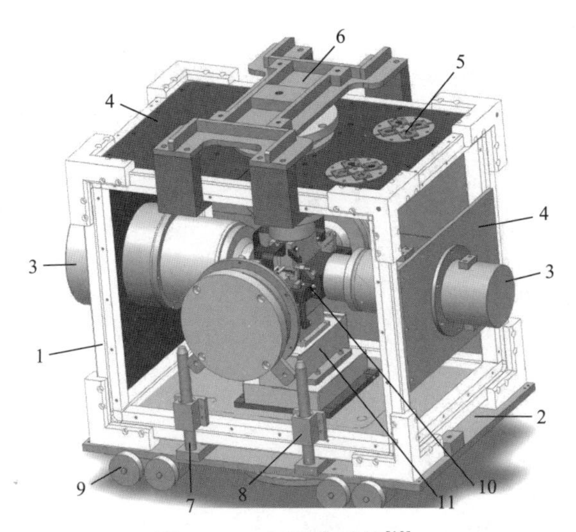

图 4.6.11　试样盒系统[12]

1. 试样盒骨架；2. 试样盒底座；3. 传力柱；4. 支撑板；5. 传感器信号线接头；6. 吊装板；
7. 定位柱；8. 定位环；9. 滚轮；10. 夹具体；11. 夹具体底座

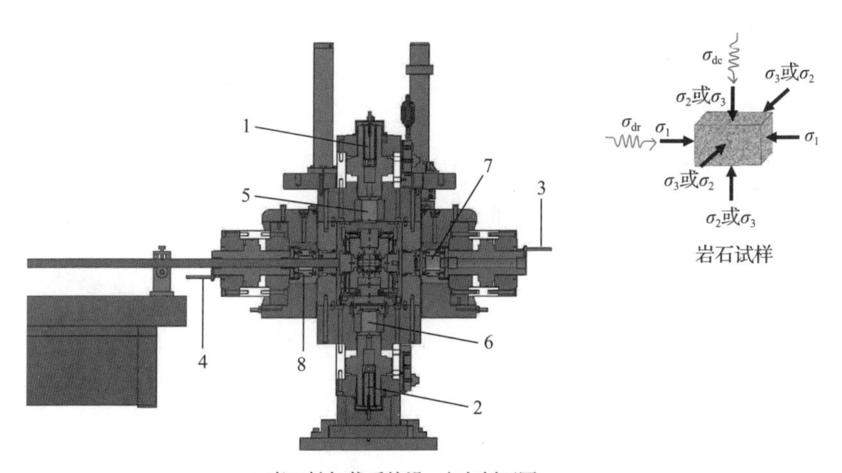

(a) 真三轴加载系统沿σ_1方向剖面图

1. LVDT 01(位移)；2. LVDT 02(位移)；3. LVDT 03(位移)；4. LVDT04(位移)；
5. 负荷传感器01(动态)；6. 负荷传感器02(动态)；7. 负荷传感器03(静态)；8. 负荷传感器04(静态)

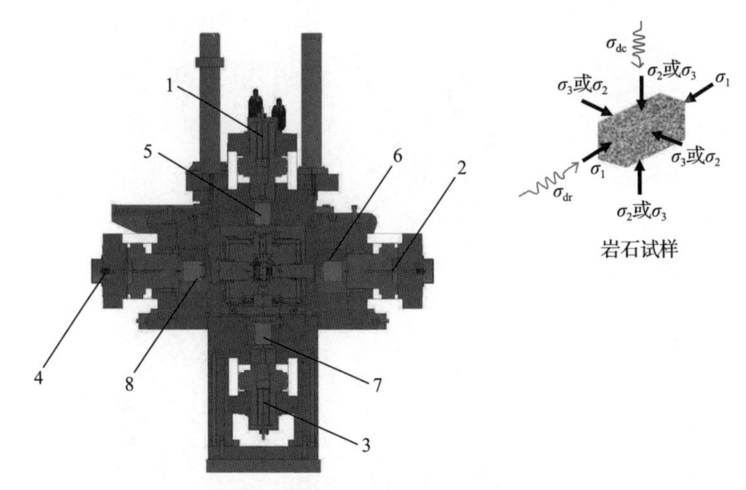

(b) 真三轴加载系统垂直σ_1方向剖面图

1. LVDT 01(位移)；2. LVDT 05(位移)；3. LVDT 03(位移)；4. LVDT06(位移)；

5. 负荷传感器01(动态)；6. 负荷传感器05(静态)；7. 负荷传感器03(动态)；8. 负荷传感器06(静态)

图 4.6.12　负荷传感器和位移传感器位置示意图[12]

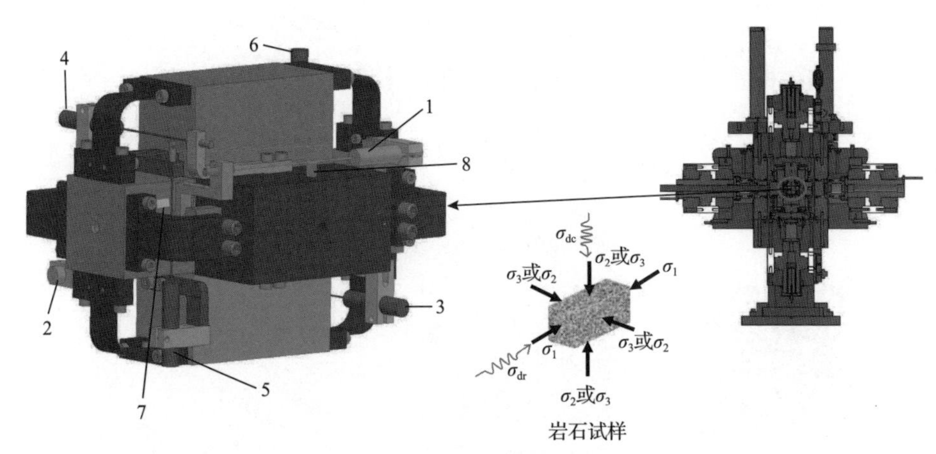

图 4.6.13　夹具三维示意图[12]

1. LVDT 07(变形)；2. LVDT 08(变形)；3. LVDT 09(变形)；4. LVDT 10(变形)；5. LVDT 11(变形)；

6. LVDT 12(变形)；7. 应变片(100～500Hz 扰动力应变)；8. 声发射传感器

4.6.2　试验方法与典型试验结果

1. 试验方法

试验前岩石试样制备方法参照 4.3 节的要求。

1）试验方案设计

深部工程开挖后，从围岩表层到内部，岩石所处应力状态由二维变为真三向应力状态。试验中应力水平可根据开挖后围岩由表及里的地应力大小确定，扰动力幅值和频率可根据现场应力波特征确定。试验方案根据研究内容确定，建立强度准则和力学模型时需要将试验中所涉及的各个应力水平、扰动幅值、扰动频率全面组合形成不同的试验方案，每个方案做三次重复试验。这样所获得的力学特性信息量充足，可以准确地估计各因素的影响效果，还可估计各因素之间相互作用的效果。为提高试验效率，可采用正交设计的方法，选取代表性应力状态点进行试验。

2）试样封装

装样时首先在试样安装槽内涂抹减摩剂并覆盖铜膜，然后将试样缓慢放入夹具体内，调整好试样和夹具体位置后由顶丝将侧面压头固定到夹具体上，最后通过顶丝调整测量压头的位置，保证试样处于夹具体的中心。然后调整 LVDT 到零点附近。

3）应力加载

岩石真三轴动力扰动试验加载过程中，应按照试验设定的应力路径进行加载。

静态试验采用以下路径：首先以 0.5MPa/s 的加载速率通过力控制方式将σ_3、σ_2和σ_1加载至预定值，然后保持σ_3和σ_2不变，σ_1通过力控制方式加载到设定值，再以 0.015mm/min 的加载速率转换为变形控制模式，直至试样破坏到残余阶段，得到试样的静态应力-应变曲线。

峰前最小主应力方向扰动试验采用以下路径：首先以 0.5MPa/s 的速率通过力控制方式将σ_3、σ_2和σ_1加载至设定值，然后保持σ_3和σ_2不变，在峰值强度之前将σ_1以 0.5MPa/s 的速率加载到给定的应力水平，最后设置σ_3方向扰动力幅值和频率，从σ_3方向开始动态扰动，直到试样破坏。

峰后最小主应力方向扰动试验采用以下路径：首先以 0.5MPa/s 的应力加载速率将σ_3、σ_2和σ_1加载到预定值，然后保持σ_3和σ_2不变，再以 0.5MPa/s 的速率通过力控制方式将σ_1加载到一定的值后转为变形控制（速率为 0.015mm/min）直至峰后，接着采用力控制方式以 0.5MPa/s 的速率将σ_1卸载至设定值，最后设置σ_3方向扰动力幅值和频率，从σ_3方向开始动态扰动，直到试样破坏。

峰后最大主应力方向扰动试验采用以下路径：首先采用力控制方式以 0.5MPa/s 的速率以将σ_3、σ_2和σ_1加载至预定值，然后保持σ_3和σ_2不变，接着采用力控制方式以 0.5MPa/s 的速率加载σ_1到一定值后转为变形控制（速率为 0.015mm/min）直至峰后，接着采用力控制方式以 0.5MPa/s 的速率将σ_1卸载至设定值，最后设置σ_1方向扰动力幅值和频率，从σ_1方向开始动态扰动，直到试样破坏。

2. 典型试验结果

图 4.6.14 为某深埋隧道花岗岩真三轴压缩下(σ_3=5MPa，σ_2=20MPa)的静态试验结果。可以看出，该试验装置能够获得完整的应力-应变曲线和破坏模式，试验结果具有良好的可重复性。

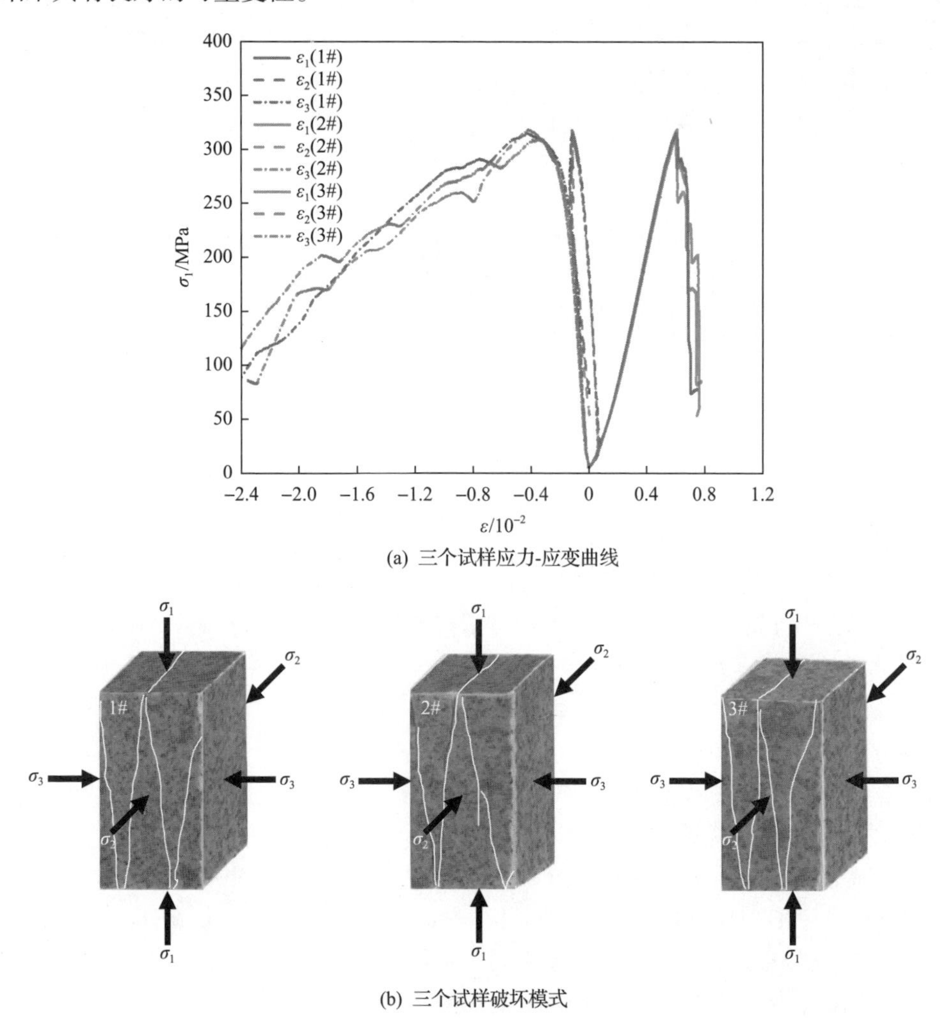

(a) 三个试样应力-应变曲线

(b) 三个试样破坏模式

图 4.6.14　某深埋隧道花岗岩真三轴压缩静态试验结果(见彩图)

图 4.6.15 为某深埋隧道花岗岩真三轴压缩下峰前最小主应力方向扰动(σ_3=5MPa，σ_2=20MPa，频率为 20Hz，幅值为 4MPa)试验结果，得到了完整的应力-应变曲线和破坏模式，以及声发射测试结果。从图 4.6.15(e)和(f)可以看出，最小主应力方向的扰动对其余方向的应力水平影响不大。

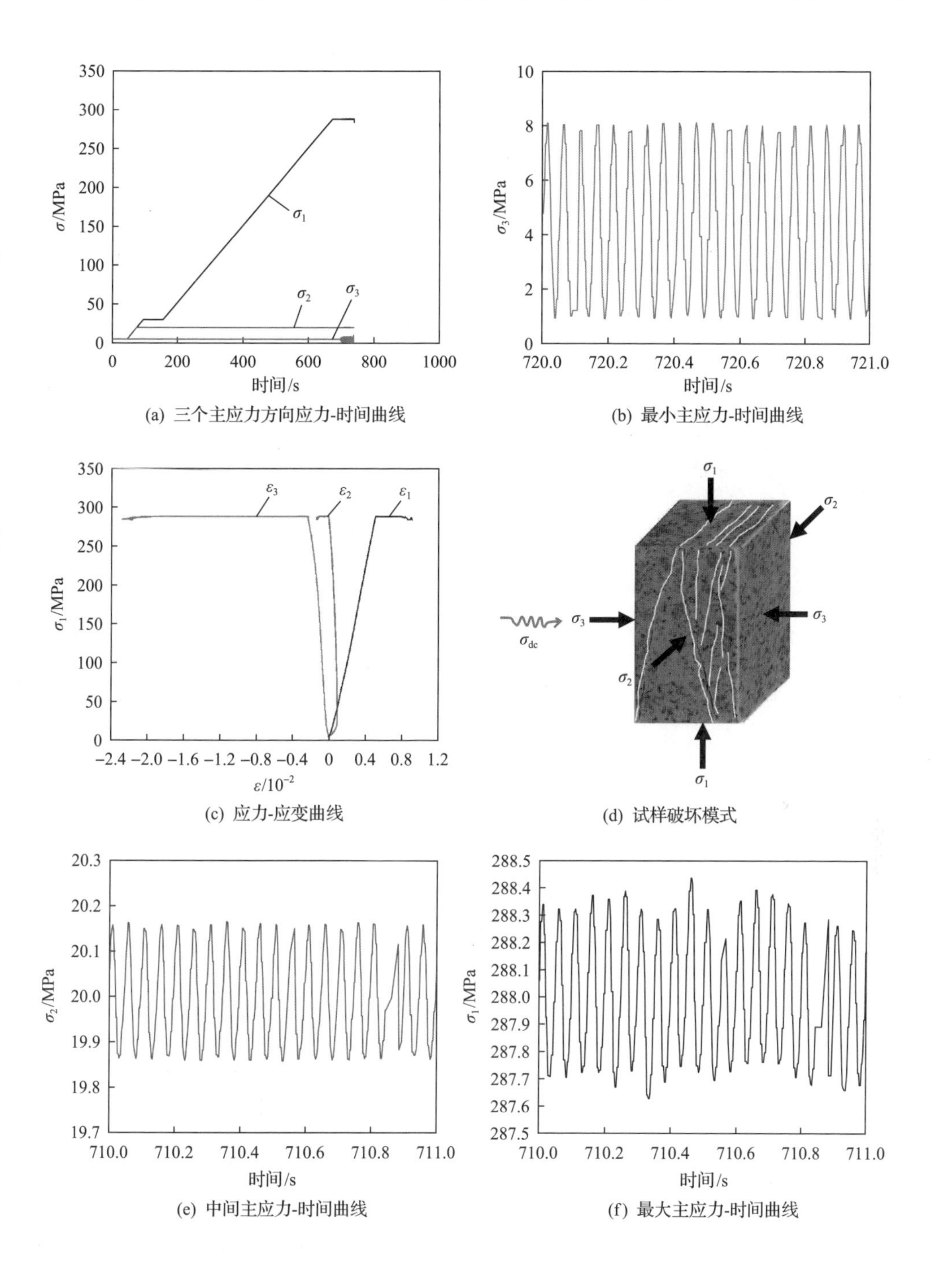

(a) 三个主应力方向应力-时间曲线　(b) 最小主应力-时间曲线

(c) 应力-应变曲线　(d) 试样破坏模式

(e) 中间主应力-时间曲线　(f) 最大主应力-时间曲线

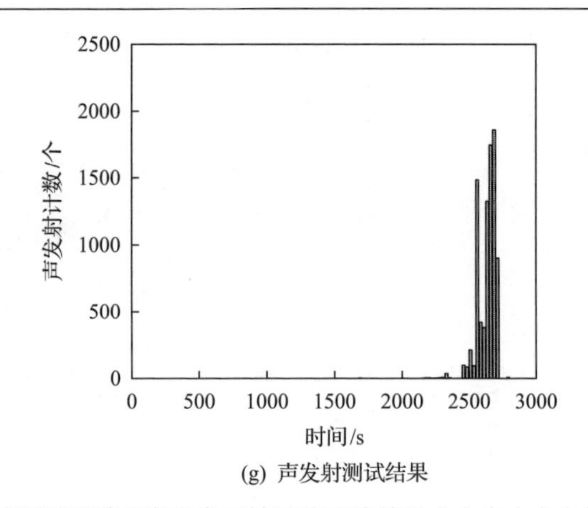

(g) 声发射测试结果

图 4.6.15 某深埋隧道花岗岩真三轴压缩下峰前最小主应力方向扰动试验结果

图 4.6.16 和图 4.6.17 分别为某深埋隧道花岗岩真三轴压缩下峰后最小主应力方向扰动(σ_3=5MPa，σ_2=20MPa，频率为 20Hz，幅值为 4MPa)和峰后最大主

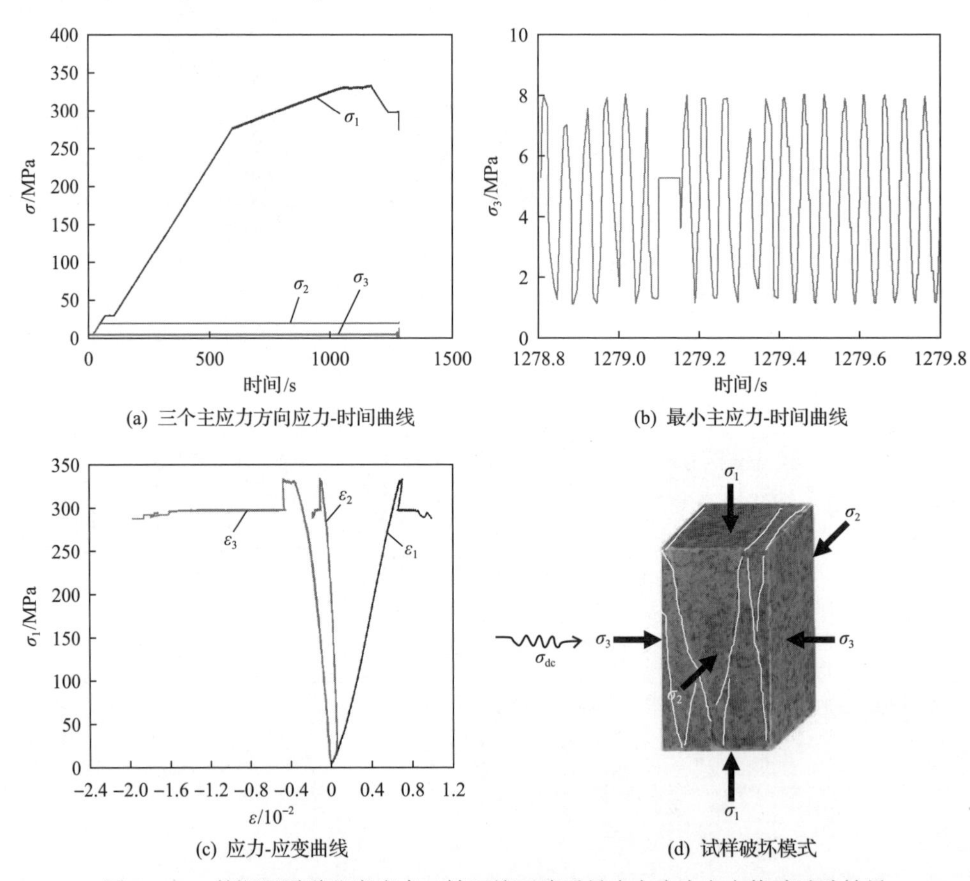

(a) 三个主应力方向应力-时间曲线

(b) 最小主应力-时间曲线

(c) 应力-应变曲线

(d) 试样破坏模式

图 4.6.16 某深埋隧道花岗岩真三轴压缩下峰后最小主应力方向扰动试验结果

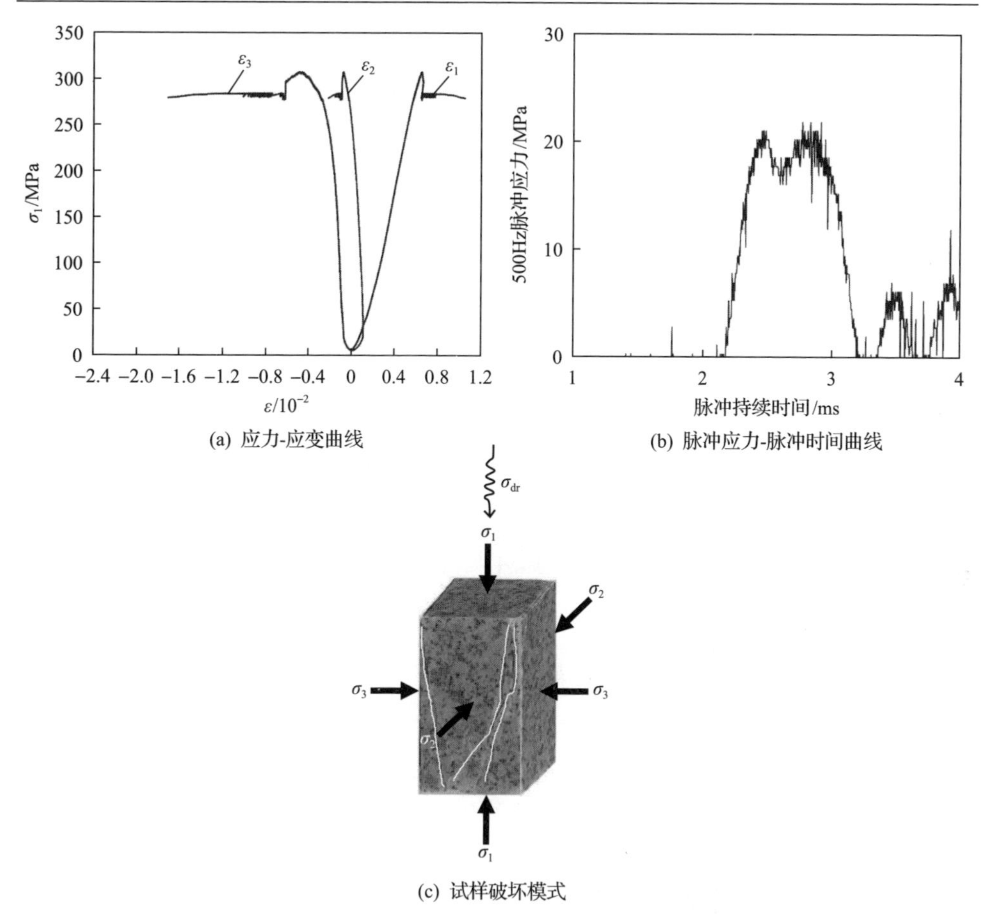

(a) 应力-应变曲线　(b) 脉冲应力-脉冲时间曲线

(c) 试样破坏模式

图 4.6.17　某深埋隧道花岗岩真三轴压缩下峰后最大主应力方向扰动试验结果

应力方向扰动(σ_3=5MPa，σ_2=20MPa，频率为 500Hz，幅值为 20MPa)试验结果。可以看出，试验装置能够获得试样峰后扰动破坏完整的应力-应变曲线和破坏模式。

4.7　深部工程硬岩开挖过程大型三维物理模型试验

深部工程因地质构造复杂、赋存地应力高、岩体强度大，在开挖卸荷作用下常诱发片帮、深层破裂、岩爆等类型灾害，为室内再现深部工程硬岩灾害孕育过程，揭示深部工程硬岩灾害的灾变机理，研发了深部工程硬岩开挖过程大型三维物理模型试验装置。该装置由大型深部复杂地质模型 3D 打印机和大型三维物理模型试验加载系统组成。大型深部复杂地质模型 3D 打印机采用湿料挤出沉积成型工艺，突破了传统人工浇筑难以制作复杂岩体结构的难题，可实现大型三维复杂地质模型的 3D 打印成型。大型三维物理模型试验加载系统采用大吨位预应力框架和自动启闭式加载主机结构，具备长时保载和多面多点协同位移控制加载能力。建立了大型三维物理模型 3D 打印制作及高应力水平加载方法，实现了真三向高应力条件及动力扰动下不同施工工艺的开挖过程模拟，获得了开挖过程中洞室围岩内部的变形及破裂特征，合理认知了深部工程硬岩灾害的发生机制。

4.7.1　试验装置与技术

深部工程硬岩开挖过程大型三维物理模型试验装置由东北大学自主研发设计。其中，大型深部复杂地质模型 3D 打印机主要用于均质或复杂岩体结构模型的制作。大型三维物理模型试验加载系统主要用于边界应力的施加，可完成真三向高应力条件下长时保载及动力扰动下深部复杂结构岩体的开挖过程模拟，并实现岩体内部变形、破裂等多元信息的同步监测。

1. 试验装置

1) 大型深部复杂地质模型 3D 打印机

大型深部复杂地质模型 3D 打印机基于湿料挤出沉积成型工艺设计，可完成多组分多结构复杂岩体的 3D 打印成型，主要由打印架体、输料系统、控制系统和转运装置组成，如图 4.7.1 所示。3D 打印机的主要性能指标如表 4.7.1 所示。

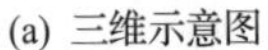
(a) 三维示意图

(b) 实物图

图 4.7.1　大型深部复杂地质模型 3D 打印机

1. 密实滚筒；2. 围板；3. 打印模型；4. 转运装置

表 4.7.1　3D 打印机主要性能指标

序号	性能指标	指标值
1	打印尺寸	2m×2m×1.5m
2	喷头精度	1～20mm
3	粒径范围	≤5mm
4	滚筒压力	1MPa
5	输料能力	$0.5m^3/h$
6	泵送压力	0～5MPa

2) 大型三维物理模型试验加载系统

大型三维物理模型试验加载系统主要由预应力高刚度反力框架、动-静组合液压加载系统、长时保载系统、监测系统及其他配套设施组成，如图 4.7.2 所示。物理模型试验加载系统的主要性能指标如表 4.7.2 所示。

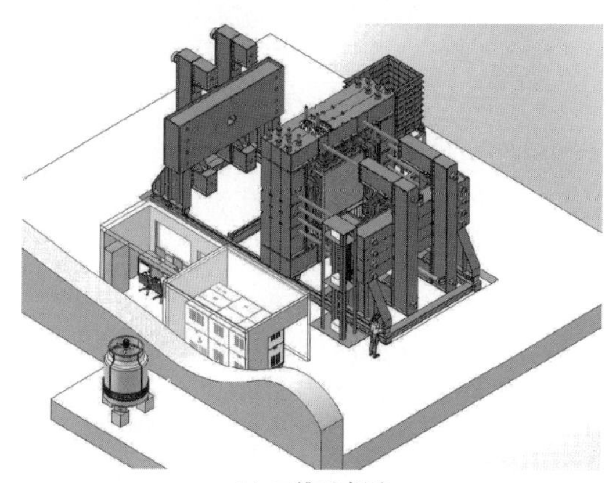

(a) 三维示意图

(b) 实物图

图 4.7.2　大型三维物理模型试验加载系统

表 4.7.2　物理模型试验加载系统主要性能指标

序号	性能指标	指标值
1	试样尺寸	2m×2m×1.5m
2	洞室尺寸	洞室直径≤0.4m
3	加载能力	水平(前后)24000kN、水平(左右)18000kN、竖向 18000kN
4	通道个数	12 通道(竖向 4 个、前后 4 个、左右 4 个)
5	保载能力	保载时长≥12 个月，保载精度≤设定值的 2%
6	动载能力	最大动载幅值 1.5MPa，最高频率 10Hz
7	监测手段	应力、变形、振动、声发射

2. 关键试验技术

1)大型深部复杂地质模型 3D 打印关键技术

大型深部复杂地质模型 3D 打印机首次实现了常规岩石相似材料的打印成型，可完成均质或复杂岩体模型的 3D 重构。打印流程主要包括三维数字模型建立、分层切片、路径智能规划和打印成型，其关键技术主要体现在以下几个方面。

(1)深部硬岩相似材料可打印性能调控技术。

深部硬岩相似材料通常包括胶凝材料、骨料颗粒和化学添加剂。为了满足可打印需求，选择常用于模拟硬岩的水泥和石膏为胶凝材料，其与水拌和后形成的浆体具有较好的流动性。骨料颗粒的选配需从多个环节考虑，涉及拌和、输送、挤出、成型等多个过程，其粒径与形状需满足 3D 打印系统中相关设备的适配性要求。相较于带有棱角的颗粒，外形圆滑的颗粒更利于挤出。此外，为了优化深部硬岩相似材料的可打印性能，往往需要添加适量的化学添加剂，主要包括缓凝剂和保水剂[13]。缓凝剂主要用于调控材料的初凝时间，确保材料在打印过程中不过早固化堵塞管道；保水剂可提高材料的黏聚力及保水性，避免材料在挤出时出现泌水现象堵塞打印喷头。

(2)复杂地质模型路径智能规划技术。

复杂地质模型 3D 打印成型的关键在于其路径的智能规划，打印路径规划方法不同，直接导致喷头运动轨迹不同，进而影响模型的打印质量。合理的路径规划应该尽可能减少运行时的空行程，降低供料系统的启停次数，避免喷头跨越已打印区。此外，路径应当以直线填充为主，确保相邻线条材料间无缝隙，上下层间贴合紧密。基于深部硬岩相似材料的特性及模型的路径规划需求，自主开发了快速成型软件，可实现复杂地质模型路径的智能规划，并针对模型的复杂程度，提出了“整体分块、单层分区”的路径智能规划方法，可实现复杂地质模型的打印成型。

(3)大尺度地质模型连续打印技术。

大尺度地质模型的连续打印不仅意味着挤出头的尺寸更大，而且要求驱动喷头的机械结构必须足够大，才能将打印的模型完全封闭起来。为此，打印架体设计为龙门式框架结构，具有整体刚度高、精度高、承载能力强、结构简单、稳定性强等优点，可有效缓解喷头打印过程中频繁变向时产生的振动。此外，采用了固定式打印平台结构，即打印过程中打印平台不移动，依靠 X、Y 轴的联动实现打印喷头在平面范围内自由移动，依靠 Z 轴的上下抬升，实现打印喷头的分层打印。大尺度模型打印过程中应同时兼顾打印效率与打印精度，在 X 轴上设置了喷头固定板，可安装多个不同孔径的喷头，实现多喷头的协同打印，模型中基岩部分采用大孔径喷头打印以提高成型效率，模型中结构(断层等)采用小孔径喷头打印以提高成型精度。

2)大型三维物理模型试验加载关键技术

大型三维物理模型试验加载系统成功实现了现场真三向高应力状态的室内模拟，并完成了深部硬岩大型三维相似材料模型的开挖与多元数据监测，再现了深部工程硬岩灾害的发生过程，揭示了深部复杂岩体的变形与破坏特征，为深部工程硬岩灾害的演化过程及孕育机制研究提供了重要技术手段。加载系统的关键技术主要体现在以下几个方面。

(1)自动启闭式大吨位预应力框架加载技术。

针对现有三维物理模型试验装置采用的螺栓连接式加载框架结构，无法有效控制加载过程中试验装置自身的变形难题，该加载系统对加载设备的框架结构进行革新设计，采用自动启闭式大吨位预应力加载框架结构。该框架结构主要包括后置固定式支撑框架、三榀可分离式回字形主框架、前置门式可滑动反力框架、导轨式底座、高强度拉杆及预应力紧固构件。通过施加预应力提升框架结构的整体刚度，进而有效控制大吨位加载过程中试验设备的自身变形。同时，框架结构的三个主体部分采用滑块与导轨式底座滑动配合，通过工程液压缸控制试验装置的自动开启与闭合，大大降低了试验人员的劳动强度及作业风险。框架结构开启与闭合状态如图 4.7.3(a)所示，框架不同区域测点的刚度校验结果如图 4.7.3(b)所示。

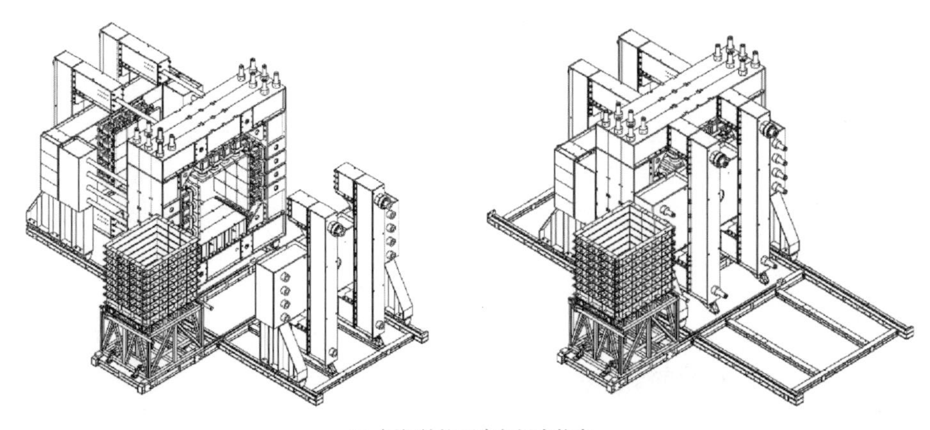

(a) 框架结构开启与闭合状态

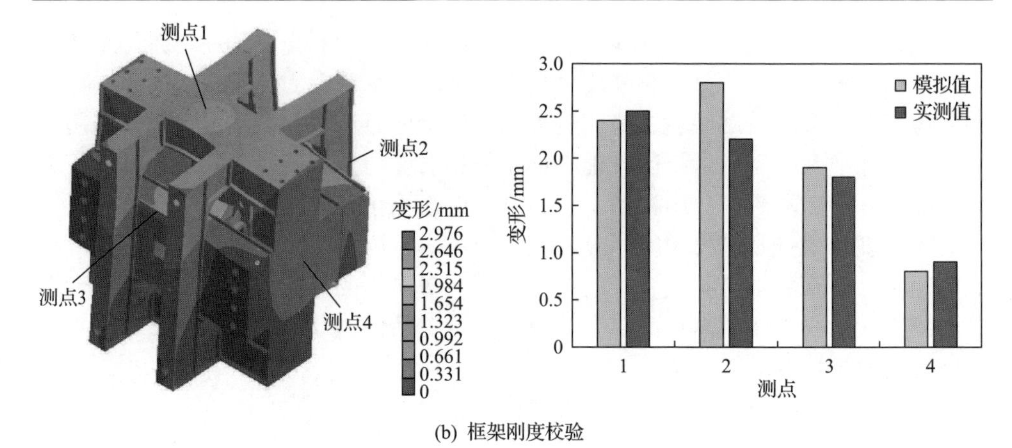

(b) 框架刚度校验

图 4.7.3　加载系统框架结构

(2)独立长时保载技术。

深部硬岩开挖卸荷后，其内部应力场将重新调整，进而导致围岩的变形与破裂。现场监测结果证实，围岩的变形与破裂演化在一定时间内随时间而增长，特别是在深部工程中，由于围岩赋存的高地应力环境，围岩的变形常常需要数月甚至更长的时间才会完全收敛，即深部硬岩在长时间荷载作用下会产生时效破裂现象。因此，对岩体时效破裂规律的研究关乎到深部工程的长期安全运营。目前，在米级尺度的相似材料物理模型试验领域，尚无具备独立长时保载能力的三维加载试验装置，以致无法开展大尺寸相似材料模型时效破裂方面的研究。本试验装置通过空气压缩机、气液增压泵和电磁阀的协同工作，首次实现大型三维物理模型尺度下的时效破裂试验功能，可完成多通道不同应力水平的长时稳定协同保载。此外，该试验装置设置有可断续工作的独立气液保载通道，可在长时保载时关闭液压回路，具备低功耗的优点，同时避免液压系统长时间运转对设备的损害。设备长时保载测试结果如图 4.7.4 所示。

(3)多面多点协同位移控制加载技术。

深部工程岩体赋存的地应力环境十分复杂，常表现为三向不等的高应力状态。受上覆岩层自重作用，随埋深增大应力水平梯度上升；在高山峡谷等地形地貌强烈变化和强烈地质构造活动区域，构造应力更为突出，存在应力集中和封闭应力等对工程致灾影响显著的局部更高应力。因此，大型三维物理模型加载设备应能够完成均布应力、梯度应力、局部集中应力的施加。相较于室内小尺寸岩样试验，物理模型试验尺寸大，对加载能力和加载功能提出了更高需求。对于大尺寸物理模型，单个作动器难以实现对各个加载端面的应力施加，无法完成单点位移控制高精度加载。本加载装置采用的多面多点协同位移控制加载技术，将各个大的加载端面离散成若干个小的等面积加载分区，各加载分区分别设置独立的加载通道，

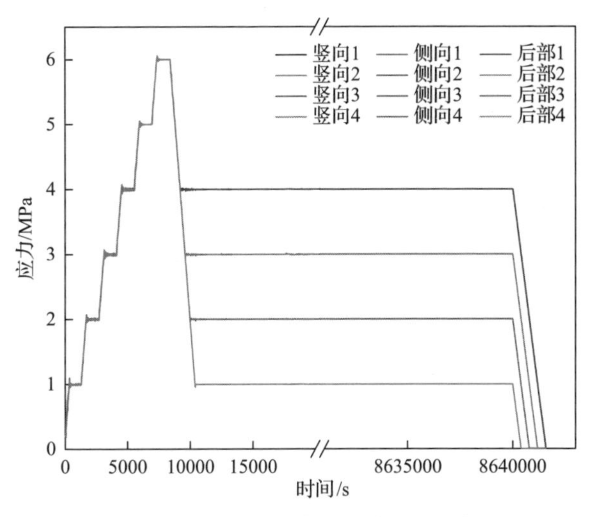

图 4.7.4　设备长时保载测试结果(见彩图)

每个通道上分别安装位移传感器，能够实现加载过程中各加载分区之间的独立控制和协同配合，进而实现高精度加载。通过对多通道作动器进行多面位移协同控制，能够实现三向均布应力的施加。通过对某一加载面上的作动器进行独立位移加载控制，将其沿高度方向离散成若干个平行的通道，并对每个通道设置不同的加载阈值，能够完成梯度应力的施加。通过对某一个或几个作动器进行多点位移独立控制，能够实现对某一局部区域进行集中应力的施加。

(4)竖向多点动力扰动技术。

在岩土工程、水利水电工程、矿山开采等领域，深部岩体除要经历开挖卸荷扰动外，还会不断受到不同频率的外部动荷载影响，如机械振动、爆破振动等。外部动力扰动是诱发岩爆等深部工程地质灾害发生的重要因素，研究外部动力扰动对深部工程岩体灾害的诱发机制及防控措施具有重要意义。深部工程岩体在开挖卸荷过程中，首先有一个自身应力状态重新调整的过程，同时还受到爆破振动、机械振动等动力扰动。要完整地模拟这个过程，小尺寸岩石力学试验是无法完成的，需要借助大型三维物理模型试验装置来开展。本试验装置首次在大型三维物理模型试验技术领域实现侧向荷载恒定下顶部多榀面动力扰动的施加，最大扰动频率为 10Hz，最大应力幅值不低于 1.5MPa。竖向多点动力扰动测试结果如图 4.7.5 所示。

4.7.2　深部工程硬岩相似理论

深部工程硬岩破裂过程物理模型试验最重要的是要确保研制的相似材料与模拟的硬岩具有相似的物理力学性质(强度、脆性、延性等)，满足低强度、高脆性、低变形模量的需求。室内模型及开挖洞室的尺寸要与工程现场实际条件保持

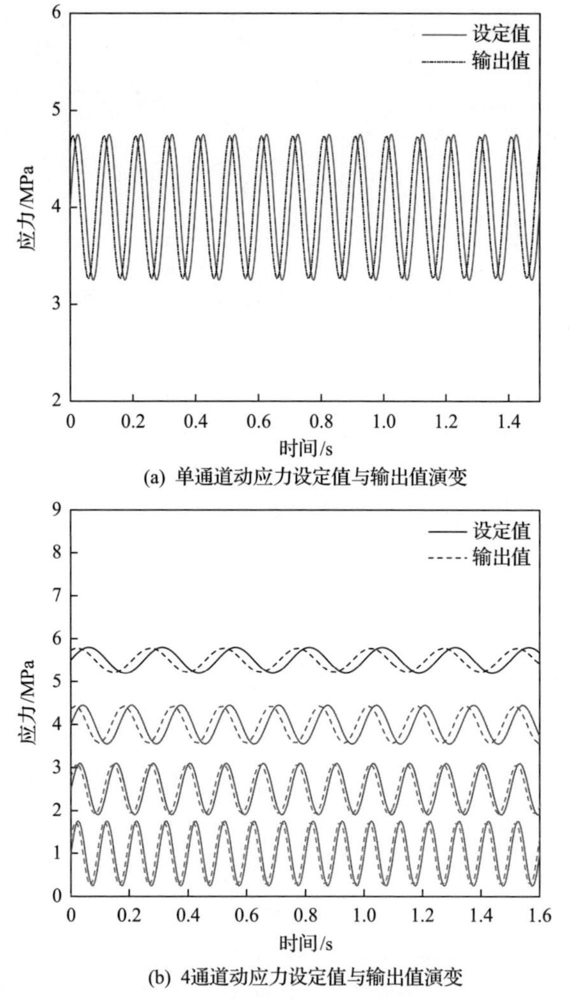

图 4.7.5 竖向多点动力扰动测试结果

几何相似，应力边界条件需结合现场地应力大小并依据应力相似比进行确定。此外，物理模型试验监测的信息要满足深部工程硬岩破裂过程、变形及其能量释放的需要。

深部工程硬岩原型(p)与模型(m)各物理力学参数的相似常数统一表示为

$$C_i = \frac{i^{\mathrm{p}}}{i^{\mathrm{m}}} \tag{4.7.1}$$

式中，i 表示各种物理量，包括应力 σ、应变 ε、杨氏模量 E、泊松比 ν、黏聚力 c、内摩擦角 φ、容重 γ、脆性系数 k 及几何尺寸 L 等。

根据原型和模型的平衡方程、几何方程、物理方程、应力和位移边界条件，可建立物理模型试验的相似条件：

$$\frac{C_\gamma C_L}{C_\sigma}=1 \tag{4.7.2}$$

$$\frac{C_\varepsilon C_E}{C_\sigma}=1 \tag{4.7.3}$$

式中，C_γ 为容重相似常数；C_L 为几何相似常数；C_σ 为应力相似常数；C_ε 为应变相似常数；C_E 为杨氏模量相似常数。

对于无量纲物理量，其相似常数均为 1，则

$$C_\varepsilon = C_\nu = C_k = 1 \tag{4.7.4}$$

式中，C_ε 为应变相似常数；C_ν 为泊松比相似常数；C_k 为脆性系数相似常数。

对深部工程硬岩进行相似模拟时，模型自身所受重力与边界荷载相比小得多，可忽略不计[14,15]。因此，应力相似常数 C_σ 与几何相似常数 C_L 可以自由选取，但要考虑模型相似材料与原岩的性质及相似关系的制约。此外，深部工程硬岩相似材料研制时，要使所有的相似指标严格遵循相似条件往往是很困难的，应关注现象背后的机制，抓住主要相似参数，以期实现最佳的相似化。

4.7.3　试验方法与典型试验结果

1. 试验方法

深部工程硬岩开挖过程大型三维物理模型试验的开展，首先需依据相似理论确定模型与原型间的相似评价指标，进而研制可表征深部硬岩物理力学特性的模型相似材料；然后利用研制的相似材料制作物理模型，并开展加载、开挖及监测试验；最后借助获取的多元监测信息对模型试验结果进行分析，以期揭示深部工程硬岩灾害的孕育过程及机制。试验方法所涉及关键内容如下。

1) 深部硬岩相似材料研制及模型制作

鉴于以往传统相似材料研制方法很难制备出深部硬岩多特征相似材料，深部硬岩相似材料研制依据原岩的矿物成分、颗粒粒径及微观结构特征等信息，采取以骨料为主、胶结剂为辅的方法调控相似材料的物理力学特性。其中，选择与原岩矿物质组成一致、颗粒大小相近的材料为骨料颗粒，以尽可能还原岩石的物质属性特征。选取常用于模拟深部硬岩的水泥和石膏为胶凝材料，水泥硬化后表现为高强度低脆性，石膏硬化后表现为低强度高脆性，两者配合使用可有效还原岩石的硬脆性特征。选用重晶石粉为增重剂，以提高材料容重。基于上述所选原材料，依据均匀法设计多组相似材料配比，制作试样并开展物理力学性能测试，最

终确定可模拟原岩的最佳相似材料配比。该方法将相似材料多特征作为整体进行调控，克服了各个特征单独调控时多因素相互制约的局限，提高了相似材料与原岩物理力学特性的相似度。

模型的制作主要包括两种方法，分别为整体均匀浇筑法和 3D 打印成型法。整体均匀浇筑法主要用于均质模型的制作，流程主要包括搅拌、密实和养护。3D 打印成型法主要用于含复杂地质结构模型的制作，流程主要包括三维数字模型构建、分层切片、路径规划、打印成型和养护。

2) 深部硬岩物理模型加载、开挖、监测及数据分析

基于构建的大型三维物理模型试验平台，结合现场实测地应力水平和相似理论，对模型边界进行初始加载，以还原深部硬岩所处的高应力环境及其含能属性。待模型内部应力调整结束后，通过电机驱动螺旋钻头的方式对模型进行分步开挖，开挖的步距及时间间隔依据工程现场实际与相似关系确定。模型开挖完成后，依据模型的实际破坏情况，确定是否需要对模型进行分级过载试验。整个试验过程中，多元信息监测设备应进行同步监测，主要包括声发射设备、分布式光纤、压力盒、高清摄像机和内窥镜。试验结束后，对采集的多元监测数据进行整体分析，以期揭示渐进开挖过程及开挖后围岩的破坏特征。监测数据分析内容如表 4.7.3 所示。

表 4.7.3　监测数据分析内容

监测设备	数据分析内容
声发射设备	特征参数：围岩损伤渐进演化趋势
	三维空间源定位：模型内部破坏的三维时空演化过程
分布式光纤	边墙光纤：洞室两侧围岩的变形演化规律
	拱顶光纤：拱顶附近围岩的变形演化规律
压力盒	模型内部应力演化特征
视频观测设备	高清摄像机：洞室围岩宏观破坏渐进过程
	内窥镜：围岩表面裂纹萌生、扩展、贯通过程

2. 典型试验结果

以锦屏地下实验室二期为工程背景，开展了城门洞形隧洞开挖过程中围岩变形演化特征的大型三维物理模型试验研究，主要试验参数如表 4.7.4 所示。将基于 3D 打印构建的大型三维均质体模型(2m×2m×1.5m)借助转运装置运送至自主研发的大型三维物理模型试验加载系统，如图 4.7.6 所示。为监测隧洞开挖过程中模型内部的破裂、应变等多元信息演化过程，试验采用包括声发射、分布式光纤

等在内的多元信息监测手段。其中声发射传感器通过预埋的方式安装在试样的浅表层，保证其与试样完全耦合。声发射探头共布置 24 个，其空间布置位置如图 4.7.7 所示。分布式光纤在 3D 打印的过程中实现同步预埋，分别设置了若干竖向和水平向的传感光纤，其中竖向分布式光纤布置示意图如图 4.7.8 所示。初始应力加载后，借助声发射监测信号，跟踪试样的应力调整过程。初始应力加载及保载阶段声发射事件数和声发射计数率演化特征如图 4.7.9 所示，可以看出，声发射事件数随保载时长的延长逐渐减少，说明模型内部应力调整活动日趋平稳。待初始应力平衡后(声发射事件平息)，实施了锦屏地下实验室二期城门洞形隧洞的分部开挖过程模拟，如图 4.7.10 所示。每次开挖后，模型内部均出现明显的应力调整与重分布过程，声发射计数率随时间呈现整体衰减的趋势，表明应力调整在逐渐减弱，如图 4.7.11 所示。声发射的空间定位结果表明，随着隧洞的开挖，岩体破裂逐渐由无序状态向临空面附近转移，如图 4.7.12 所示。保载及开挖阶段拱顶中心处竖向光纤的变形特征如图 4.7.13 所示，随着保载时间的增加及开挖步数的推进，拱顶处围岩的微应变表现出渐进增加的趋势，但总体微应变较小，围岩稳定性较好。

表 4.7.4　锦屏地下实验室二期城门洞形隧洞开挖过程物理模拟试验主要参数

主要参数	参数设置
几何相似比	40
应力相似比	14.7
初始地应力	70.5/14.7=4.70(MPa)(Z 方向) 65.6/14.7=4.46(MPa)(X 方向) 26.3/14.7=1.79(MPa)(Y 方向)
开挖	每天开挖 10cm，共开挖 120cm，留下 30cm 不开挖，模拟掌子面效应
监测	分布式光纤、声发射、视频观测系统

图 4.7.6　3D 打印物理模型试样转运过程

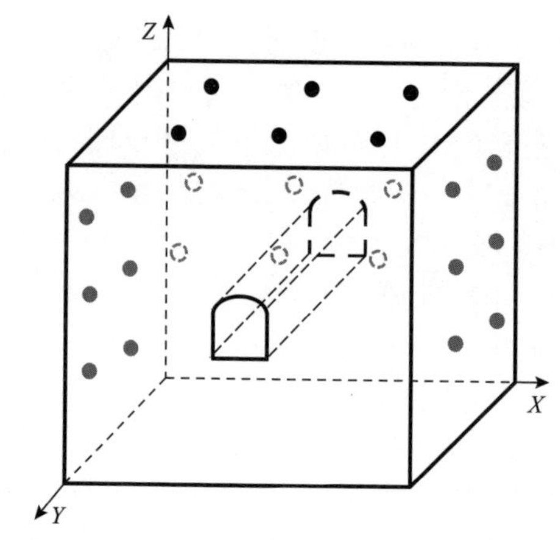

图 4.7.7　声发射探头空间布置位置示意图

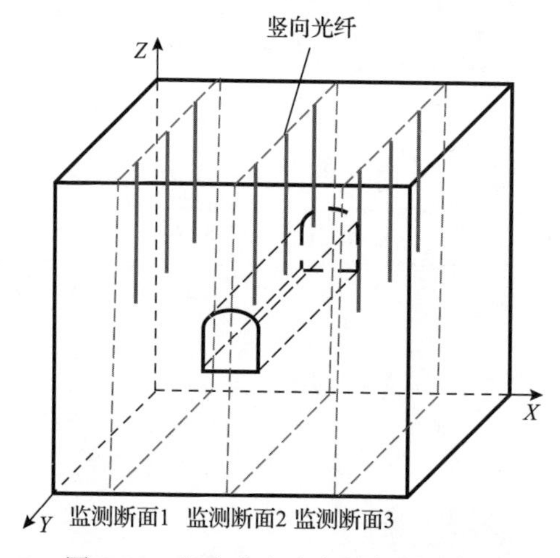

图 4.7.8　竖向分布式光纤布置示意图

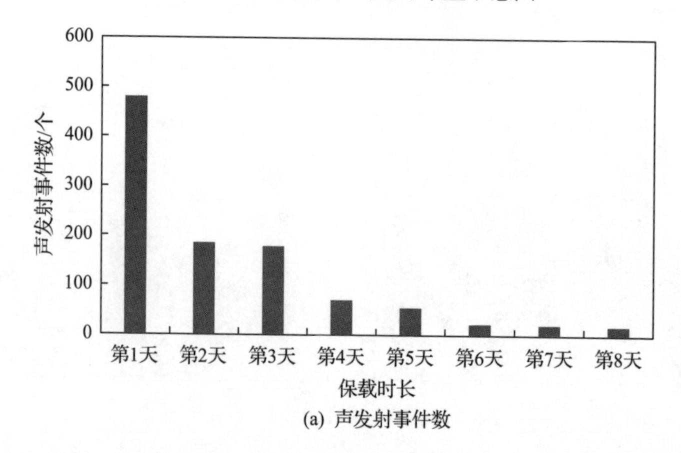

(a) 声发射事件数

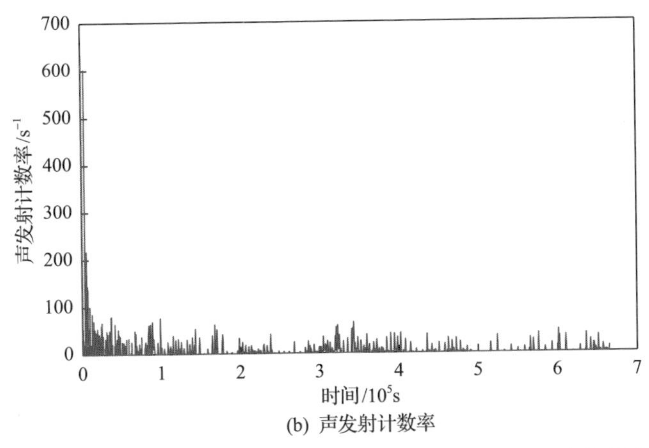

(b) 声发射计数率

图 4.7.9　初始应力加载及保载阶段的声发射事件数和声发射计数率演化特征

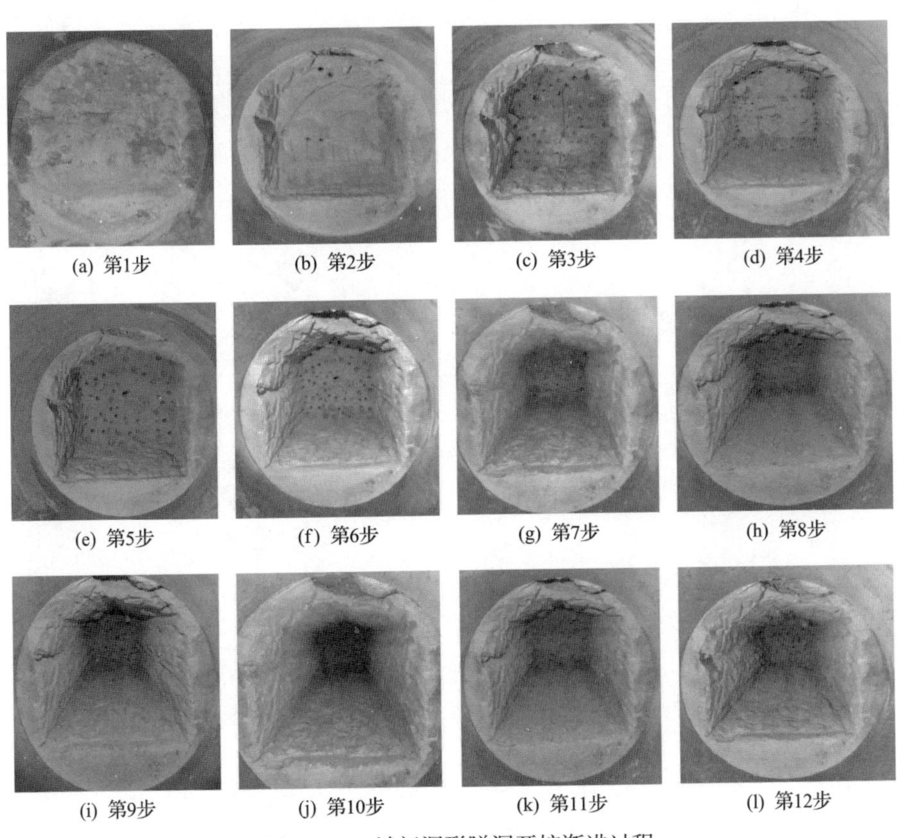

图 4.7.10　城门洞形隧洞开挖渐进过程

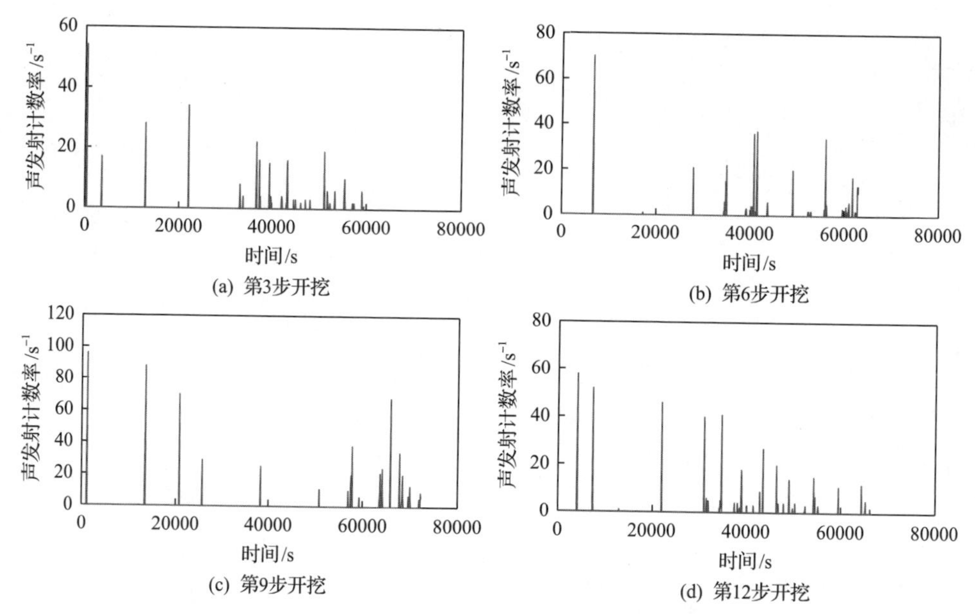

图 4.7.11 每次开挖后保载阶段的声发射计数率演化规律

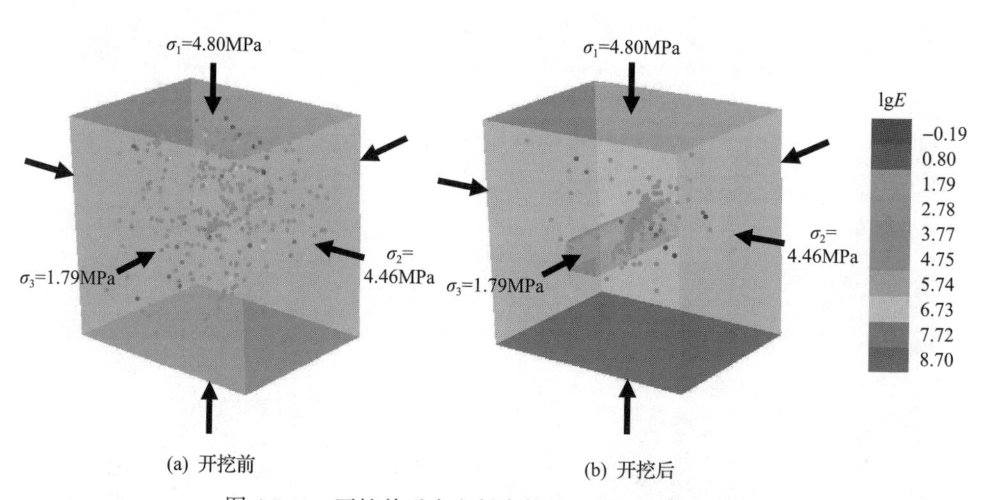

图 4.7.12 开挖前后声发射事件的三维空间分布特征

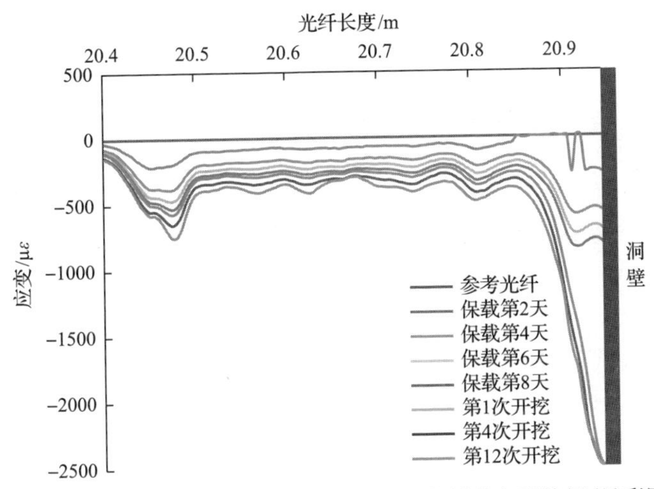

图 4.7.13　保载及开挖阶段拱顶中心处竖向光纤的变形特征(见彩图)

4.8　深部工程硬岩破裂与灾变过程原位监测

受高地应力条件、复杂工程地质环境及剧烈开挖扰动影响，深部工程硬岩易出现深层破裂、岩爆、大变形及塌方等类型灾害。这些灾害在发生前通常存在着岩体内部破裂的萌生、扩展及贯通过程，以及围岩应变能的聚集与耗散过程。因此，为了深入理解各类深部工程硬岩灾害的孕育机制，并有针对性地制定控制措施，关键在于对开挖后岩体内部破裂萌生演化及能量聚集释放全过程的捕捉与分析。但由于不同类型深部工程硬岩灾害的孕育机制有差别，破裂和能量信息的时空分布存在显著差异，需要依据灾害类型采用针对性的监测方法。

4.8.1　深部工程硬岩破裂区监测方法

深部工程硬岩破裂观测的主要目的是观测区域钻孔内围岩裂隙分布情况，掌握钻孔内岩体地质构造沿钻孔方向的发育情况，从而获得围岩破裂损伤特征及岩体裂隙的时空演化特征，全时空监测围岩内部的破裂程度和破裂深度。通常采用全景数字钻孔摄像系统观察岩体内宏观裂隙发育情况，监测方法的技术要求详见关于钻孔摄像观测岩体内部破裂的建议方法[16]。

1. 钻孔布置原则

根据破裂发育区域与断面上最大主应力方向的对应关系布置钻孔，即观测孔应布置在易出现较严重破裂的位置。此外，对于深部大型洞室，因其工序繁多，对应的开挖卸荷路径复杂，随着洞室开挖，可能会有新生裂隙或原生裂隙张开等情况，当确定围岩破裂现象高发区域后，可及时增补新的观测孔，观测孔应随着洞室开挖动态布置。

数字钻孔摄像观测的钻孔需要考虑测试探头外径尺寸、光线图像校正和测试便捷性三个方面的影响。为保持钻孔的通畅性，孔径至少应略大于钻孔摄像探头直径。但由于孔径过大，孔壁接收到的光线强度较弱，图像不够清晰，给裂隙识别和展示效果带来困难，因此合适的孔径应通过现场实践确定。从钻孔布设角度考虑，测试探头推进使用人力操作完成，在确保达到测试目的的前提下，为使推动探头较为便捷、省力，钻孔倾向应尽量保持在下倾 1°～15°。

钻孔摄像测试破裂区结果通常要与声波测试损伤区结果对比分析，因此测孔布置需同时考虑声波测试的影响。声波测试钻孔布置主要考虑声波探头外径、水耦合性和测试准确度三个影响方面。声波发射和接收传感器外径较小，由于测试过程需要水做耦合剂，为保证探头与水充分耦合，孔径不宜过大；但孔径过小，探头推进时通畅性不够，影响下一段测试数据的提取，为此需综合考虑来确定最优钻孔直径。

2. 钻孔预设类型

通过现场原位测试确定破裂区范围需要监测开挖造成的围岩裂隙萌生、扩展的区域，最直观的办法就是在工程开挖前预设钻孔进行检测，随着工程的开挖，逐步确定破裂区的演化结果。为了保证大型地下洞室顺利施工及稳定安全运营，其周围往往预先开挖各类辅助的小型洞室(如锚固洞、排水廊道等)，利用这些小型洞室可以向关注的大型洞室设置预埋观测孔。

布孔方式可选择预设钻孔和直接钻孔两种方式。预设钻孔是指未开挖之前在关注的重点区域布置观测孔，主要有两类实现途径，一类是利用先期开挖的辅助洞室向待开挖工程的预估开挖破裂风险区域钻孔，其布置方式如图 4.8.1(a)所示。预设钻孔的优点是显而易见的，可以观测到开挖前后围岩的破裂演化全过程。另一类是在工程自身已开挖区域向后续待开挖区域钻孔，如图 4.8.1(b)所示。此类观测孔能观测到关注区域岩体开挖卸荷后的围岩破裂演化过程，且该类观测孔的布置位置较为灵活，一旦工程开挖期间围岩破裂发育明显，可及时布置该类观测孔。

3. 监测频率

确定监测频率的基本原则是当观测孔内可能出现新生裂隙或裂隙扩展演化时，应持续跟踪观测，直至孔内无裂隙演化。一般来说，围岩开裂发展较为剧烈的阶段往往出现在围岩应力重分布期间，即持续的开挖卸荷扰动期间。因此，当观测孔附近出现施工活动时，应密切进行跟踪观测。根据前期监测，预判后续施工扰动可能引发围岩内部严重破裂的区域，当该区域有施工活动时要实时监测钻孔破裂情况。对于深埋隧洞开挖，掌子面距测试孔 1.5 倍洞径范围内的每次开挖都需要观测。钻孔监测频率示意图如图 4.8.2 所示。

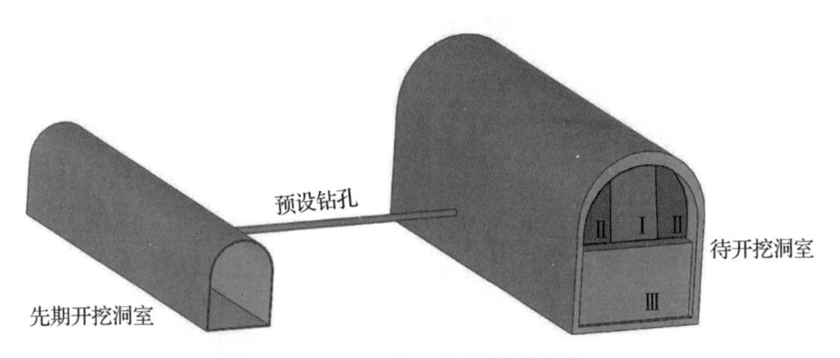

(a) 由先期开挖洞室向待开挖工程布置预设钻孔

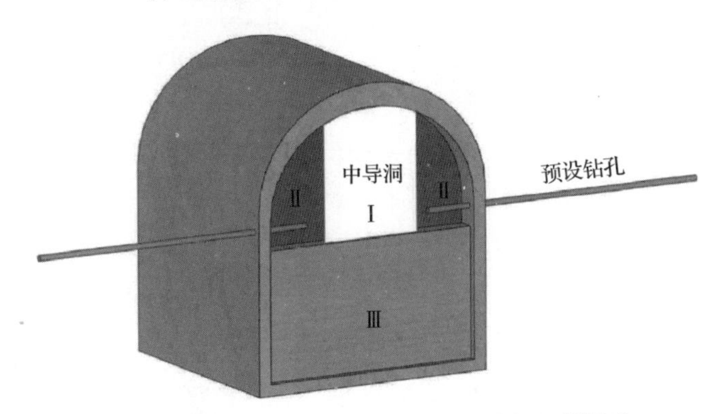

(b) 由工程自身已开挖区域向后续待开挖区域布置预设钻孔

图 4.8.1　围岩破裂区观测钻孔现场布置方案示意图

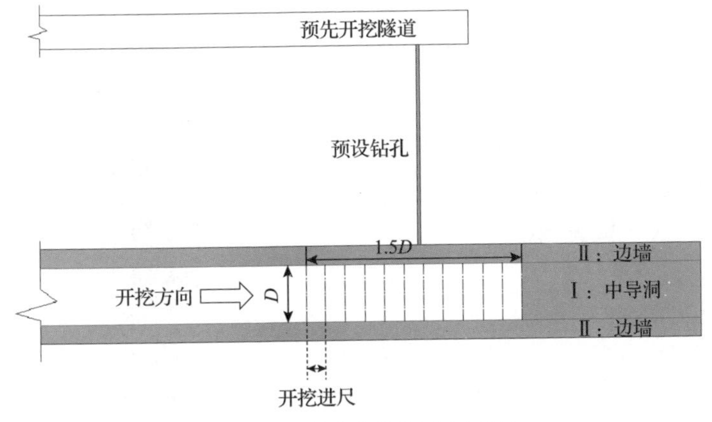

图 4.8.2　钻孔监测频率示意图

4.8.2　深埋隧道硬岩片帮孕育过程监测方法

1. 片帮深度、程度及位置预测

为了合理地设计片帮孕育过程监测方案，有针对性地对片帮破坏重点区域进行监测，在开展片帮孕育过程监测前，需要根据现场岩性、地应力及开挖方式等，对将要开挖的隧道围岩片帮破坏情况进行评估。片帮破坏最严重位置大致出现在与断面最大主应力方向垂直方位，片帮破坏深度可以根据围岩力学性质、地应力及开挖方式进行简要估计。片帮破坏深度、程度及位置等特征还可以利用数值模拟方法进行评估。

2. 片帮孕育过程监测方法

片帮破坏现场监测内容包括片帮发生部位、产状、厚度及破坏深度等。由于传统的测量方法在获取片帮破坏信息时存在一定的缺陷，如罗盘测试需逐个对岩板产状进行测试，钻孔摄像只能获得对应钻孔揭露的片帮破坏信息，三维激光扫描识别片帮破坏信息的过程较为烦琐，而摄影测量无法获取围岩内部片帮破坏信息等。为了获得深埋硬岩隧道开挖全过程的片帮破坏特征，安全、快速、精细地测量片帮特征参数，通过理论分析并结合深埋硬岩隧道工程特点总结出一套片帮孕育过程的原位测试方法。测试方法利用摄影测量、钻孔摄像及数码摄像与摄影相结合的方式，对深部工程开挖全过程片帮破坏特征进行获取和分析。测量时采用摄影测量和钻孔摄像分别精确监测围岩表面和内部的片帮破坏特征，用摄影方法对难测部位进行补充，用摄像对重要破坏过程进行记录，实现对深埋硬岩工程开挖全过程片帮破坏特征的识别和分析。深埋隧道片帮破坏特征监测方法如图 4.8.3 所示。片帮孕育过程也可通过现场布设微震和声发射监测系统进行实时全程监测[1,17]。

(a) 全景数字钻孔摄像测试

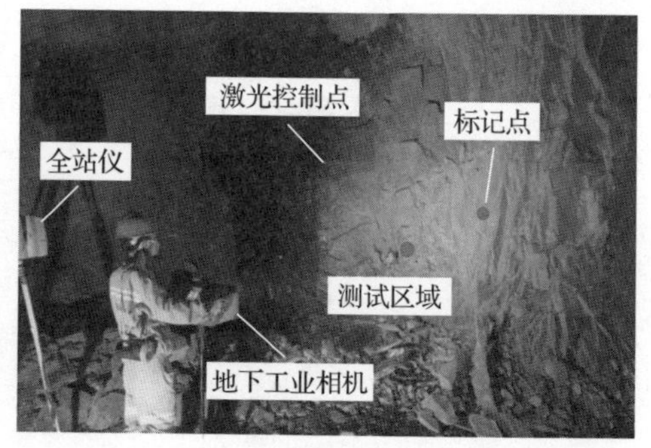

(b) 摄影测量测试

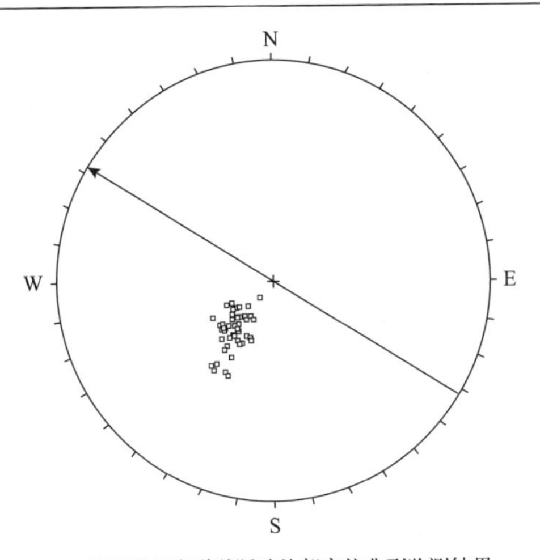

(c) 某深埋硬岩隧道洞壁片帮产状典型监测结果

图 4.8.3　深埋隧道片帮破坏特征监测方法

1) 针对性监测方案布置

根据评估结果合理布置钻孔摄像钻孔的位置和深度，并对重点部位在开挖揭露时进行摄影测量监测。隧道开挖方式不同，摄影测量时也应进行适当调整。全断面开挖时，只能对前方掌子面的片帮破坏进行揭露，摄影测量工作只需跟随掌子面推进进行即可，监测钻孔尽量布置在垂直于主应力方向的两侧边墙上，如图 4.8.4(a) 所示。在分台阶开挖过程中，中导洞开挖和扩挖时可以直接揭露片帮破坏，所以摄影测量的重点是对掌子面进行测试；在下层开挖过程中，不仅掌子

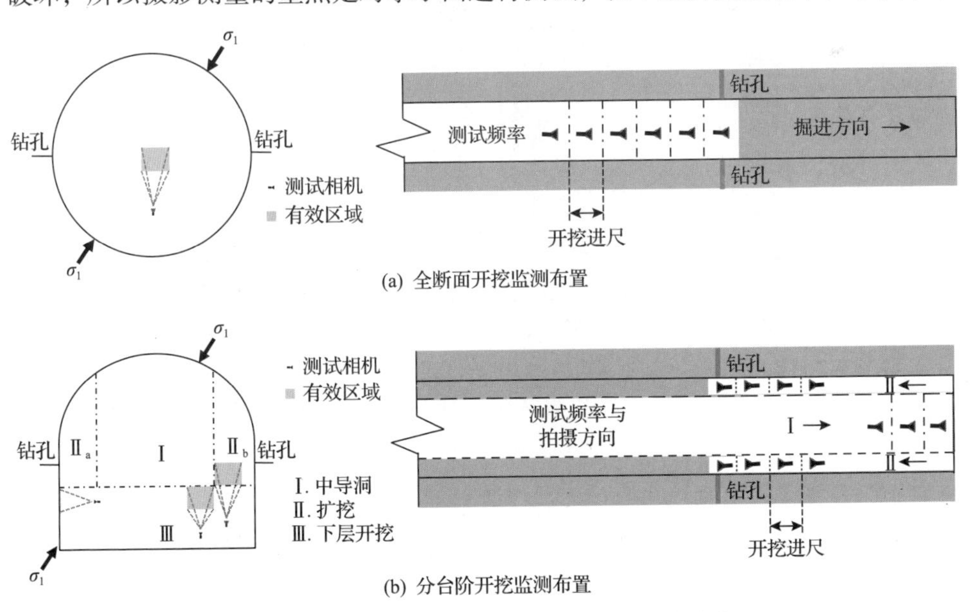

(a) 全断面开挖监测布置

(b) 分台阶开挖监测布置

图 4.8.4　不同开挖方式下片帮孕育过程监测方案

面会揭露上层开挖产生的片帮破坏，掌子面两侧边墙也会对上层开挖产生的片帮破坏进行揭露，且两侧边墙所在位置片帮产状变化明显，测量结果的准确性直接影响片帮破坏信息的判断，同样需要进行重点监测。钻孔摄像需要重点关注片帮的最大破坏深度位置，根据预测结果布置在与断面最大主应力近垂直的隧洞周边位置，如图 4.8.4(b)所示。监测钻孔同一断面一般布置两个以上，且不少于两个监测断面。大型地下厂房监测方式可以参照分台阶开挖监测方式进行。

2)孕育过程监测

在开展片帮孕育过程监测时，需要根据工程布置和地应力特征以及开挖方案对片帮破坏位置进行大致的预判，并对主要位置预设监测钻孔。开挖过程中，利用摄影测量技术对开挖揭露岩面片帮破坏特征进行定量监测，通过数码摄影、摄像并在岩面放置比例尺进行定性测量补充。开展钻孔摄像监测时，需要随掌子面与监测点距离接近逐步增加监测频率，建议 1.5 倍洞径内每次开挖后都进行监测。在摄影测量和数码照相时，每次爆破完成先在岩面放置标尺进行数码照相，再清理岩面并布置坐标点后进行摄影测量。在工程因故停滞时，按照半天、一天、两天直至一周逐渐减少摄影测量监测频率，按照一天、两天、一周直至一个月逐渐减少钻孔摄像监测频率，确保片帮破坏孕育过程被监测到。图 4.8.5 为某深埋硬岩隧道洞壁片帮破坏孕育过程典型监测结果。

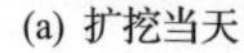

(a) 扩挖当天

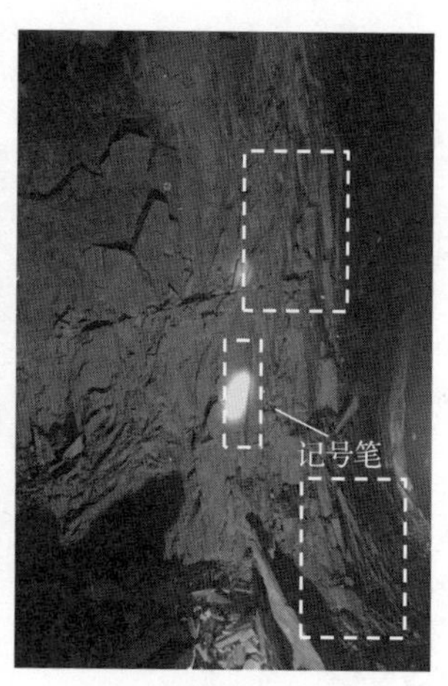

(b) 扩挖后两天

图 4.8.5　某深埋硬岩隧道洞壁片帮破坏孕育过程典型监测结果

4.8.3　深埋隧道硬岩大变形灾害孕育过程监测方法

1. 硬岩大变形预测

为了有针对性地设计监测方案并选择合适的监测手段，首先应对具体工程开展大变形预测或评估。通过经验公式、查表、工程类比及数值模拟等一种或多种方法，确定大变形类型、等级及可能发生的部位、段落，如图 4.8.6 所示。硬岩大变形监测首先应基于现场工程地质信息和岩体力学参数，开展围岩大变形风险评估，获得开挖断面上大变形风险等级较高的部位，并将其作为重点关注部位。

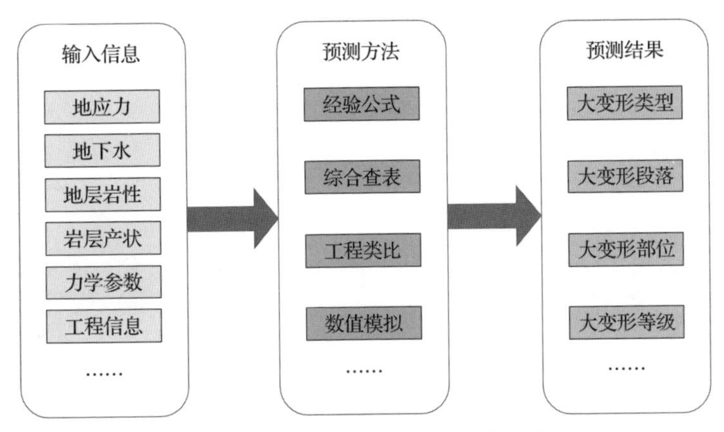

图 4.8.6　深埋隧道围岩大变形预测

硬岩大变形根据其诱因可分为碎裂硬岩大变形和由围岩深层破裂诱发的大变形两类。围岩大变形等级可以参照《铁路挤压性围岩隧道技术规范》(Q/CR 9512—2019)[18]进行划分，将围岩变形等级划分为一级大变形(相对变形 2%～4%)、二级大变形(相对变形 4%～6%)和三级大变形(相对变形＞6%)，其中相对变形是指绝对变形量与工程断面当量半径的比值。对于不同类型的工程，其使用年限和安全要求等也不同，因而大变形等级划分中的相对变形可能有差异，如矿山临时性工程可允许的变形量要远大于交通隧道等永久性工程。

2. 硬岩大变形灾害孕育过程监测方法

硬岩大变形监测重点内容是开挖过程中及后续运营维护阶段围岩内部破裂的孕育过程及演化特征，因此在布置测点时应根据大变形预测结果，对隧道大变形高风险段落及断面进行重点监测，同时还应针对不同大变形模式进行相应的监测方案调整。下面对两种类型硬岩大变形灾害的监测布置方法进行详细介绍。

1) 镶嵌碎裂硬岩大变形灾害孕育过程监测方法

为了监测到开挖过程中掌子面前方围岩内部破裂特征，可利用周边已建成隧道向掌子面前方岩体钻设超前监测孔，并在开挖过程中采用数字钻孔摄像监测等手段持续监测孔内围岩破裂过程，直至掌子面通过该超前监测断面，如图 4.8.7 所示。

每个断面超前监测孔的位置、角度和数量应确保掌子面前方开挖影响区内岩体可以被充分监测到。此外，超前钻孔布置应根据大变形预测结果，对重点关注区域及部位进行适当加密。

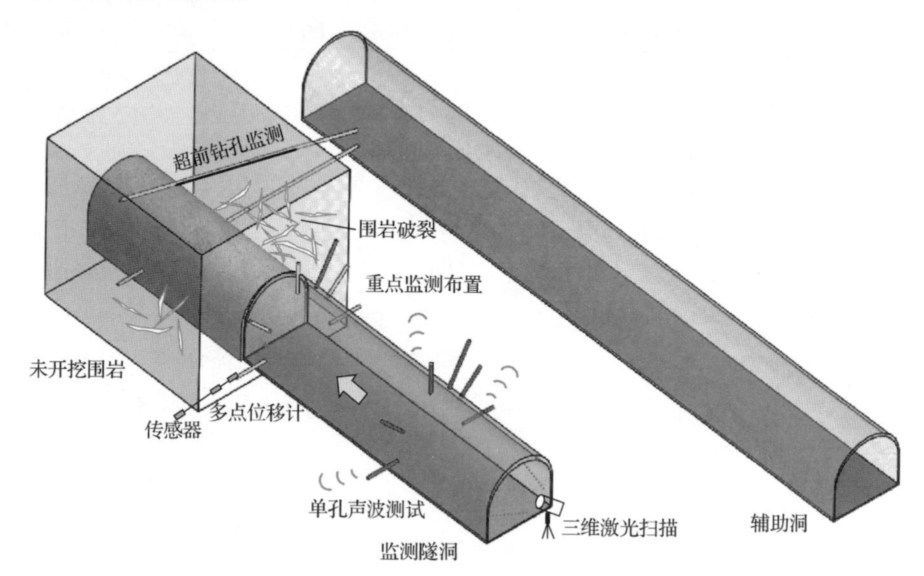

图 4.8.7 深埋隧道镶嵌碎裂硬岩大变形灾害孕育过程监测方法

掌子面后方可根据实际情况选择一种或多种监测手段进行长期监测。对隧道断面周边不同部位布置声波测试及数字钻孔摄像监测孔用于持续监测围岩内部破裂演化，并埋设多点位移计或滑动测微计用于连续监测围岩内部不同深度的变形演化[19]。对于断面上大变形预测风险较高部位，可将监测孔及位移计测点设置得更深更密一些。如果现场条件不允许，可仅针对大变形高风险部位进行监测。围岩表面收敛变形可通过全站仪或三维激光扫描等手段获取，而支护结构内力可通过安装对应的监测仪器测定。监测频次一般遵从国家及行业规范要求，若实测变形量或变形速率发生突增，应及时停工并加密监测。

关于监测孔需要说明的是，由于碎裂岩体成孔质量一般较差，存在塌孔及孔径收缩等问题，影响长期监测，在确定孔径时，不仅应考虑监测视野及成像质量等因素，还应考虑施工方便性及长期稳定性，因此可采用较小孔径的钻孔(如锚杆钻孔)，并在钻孔完成后做好孔壁防护，如插入透明耐压材料制成的管材等。此外，对于下向孔及底板孔，应及时排出施工后的孔内积水及岩粉等。

采用上述监测方法获得的深埋隧道镶嵌碎裂硬岩大变形灾害孕育过程典型监测结果如图 4.8.8 所示，图中显示了采用三维激光扫描技术获取的某深埋隧道轮廓三维模型及不同部位钻孔摄像观察到的围岩内部破裂情况。

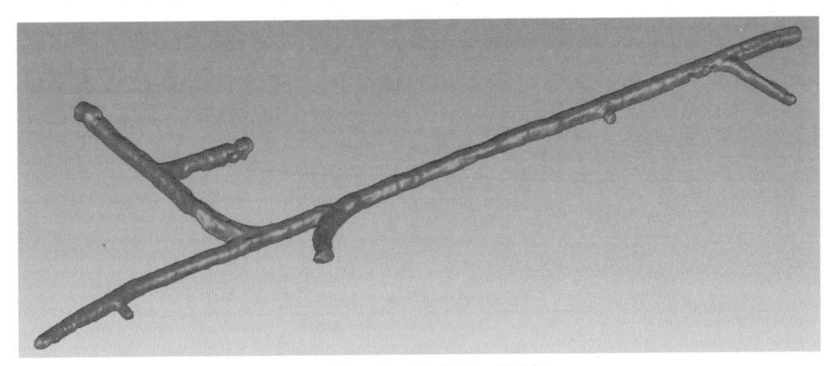

(a) 隧道轮廓三维激光扫描结果

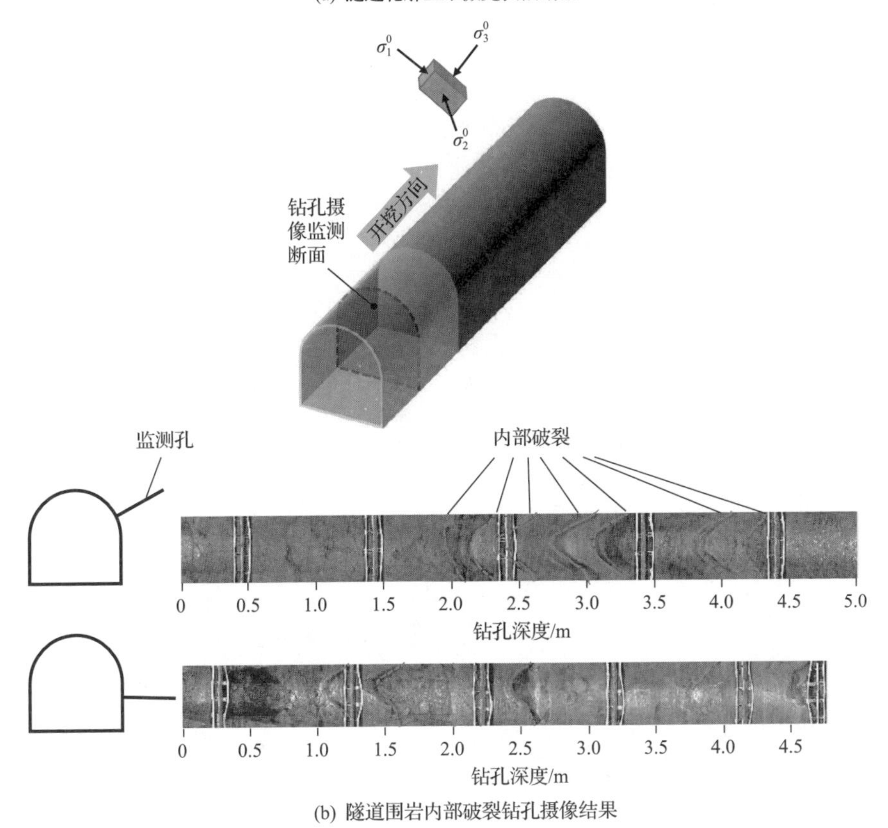

(b) 隧道围岩内部破裂钻孔摄像结果

图 4.8.8　深埋隧道镶嵌碎裂硬岩大变形灾害孕育过程典型监测结果

2) 围岩深层破裂大变形灾害孕育过程监测方法

围岩深层破裂主要是由于距洞壁不同位置处结构面张开引起的不连续破裂，以及多洞室交叉区域岩柱由于多面卸荷和应力集中形成的渐进式破裂，其破裂深度和程度主要受初始地应力大小和方向、洞室开挖规模以及岩体质量影响。因此，为保证监测到深层破裂的全面演化及大变形灾害孕育全过程，利用已建成的临近地下洞室向正在施工洞室布置超前数字钻孔摄像和围岩内部位移监测，如图 4.8.9 所示。同时由于破裂发生时，位移会发生突增，且破裂宽度增长量接近位移增长值，在开挖过程中应对监测频率进行加密，以期掌握围岩深层破裂的全过程信息。在掌子面开挖通过以后，还应及时布置多点位移计或数字钻孔摄像监测孔等进行深层破裂长期监测，对于早期超前监测到的深层破裂程度严重区域，应适当加密监测孔的布置。

采用上述监测方法获得的深埋硬岩洞室围岩内部深层破裂监测结果如图 4.8.10 所示。图中给出了深埋硬岩洞室工程侧拱监测孔内观察到的围岩内部深层破裂，

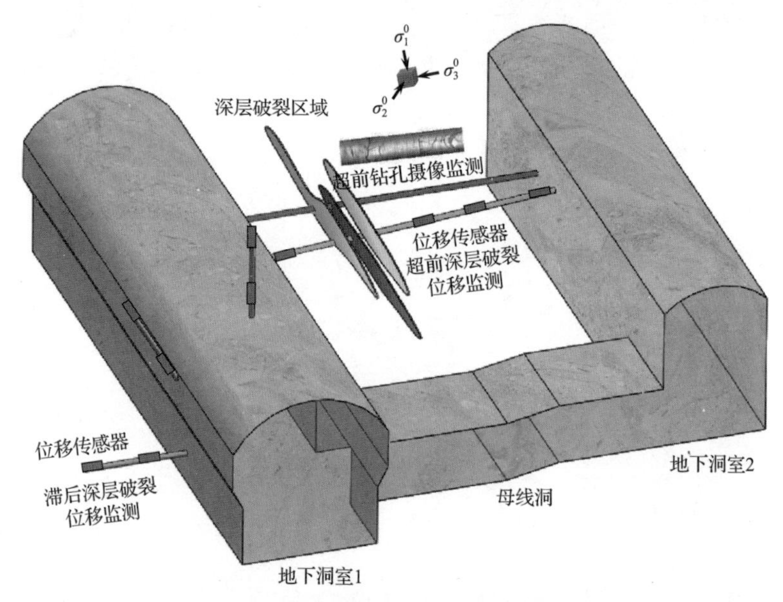

图 4.8.9　深埋硬岩洞室围岩深层破裂诱发大变形灾害孕育过程监测方法

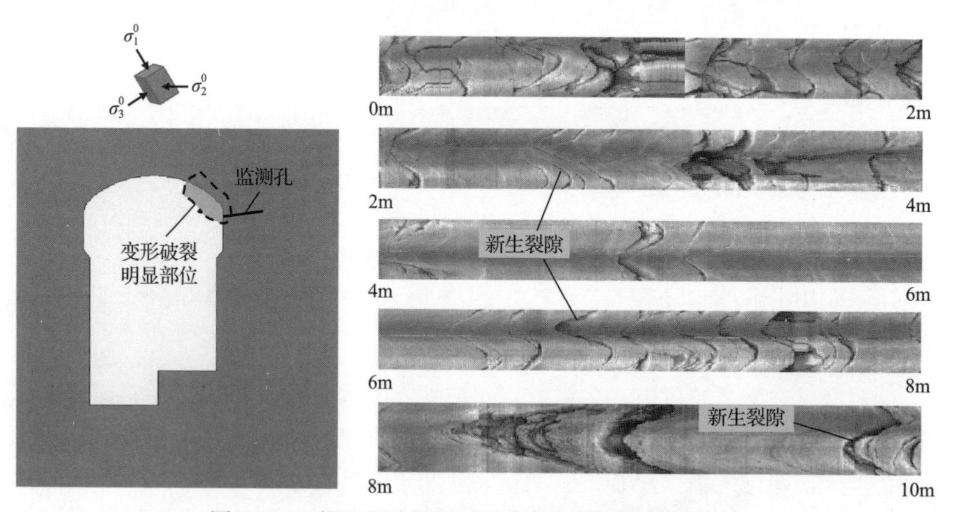

图 4.8.10　深埋硬岩洞室围岩内部深层破裂监测结果

最深的新生破裂距开挖轮廓近 10m。

4.8.4　深埋隧道硬岩岩爆孕育过程微震监测方法

岩爆的孕育过程主要利用微震监测技术进行监测[20,21]，微震监测技术是指利用微震监测系统对岩体破裂产生的震动数据进行实时采集和分析的技术。微震监测系统主要由传感器、数据采集单元、数据传输单元及带有管理和分析软件的中心服务器四个部分组成。该系统硬件由数据采集服务器、采集仪、授时服务器、电源稳压器、防电涌浪保护卡、传感器等组成，如图 4.8.11 所示。图 4.8.12 为自主研发的高精度高灵敏度速度型微震传感器及其灵敏度测验结果，该传感器频宽为 10～2000Hz，灵敏度达到 100V/(m/s)。岩爆微震监测步骤主要包括监测区域的确定、传感器阵列的布置、通信方案的设计以及监测数据的整理和分析。

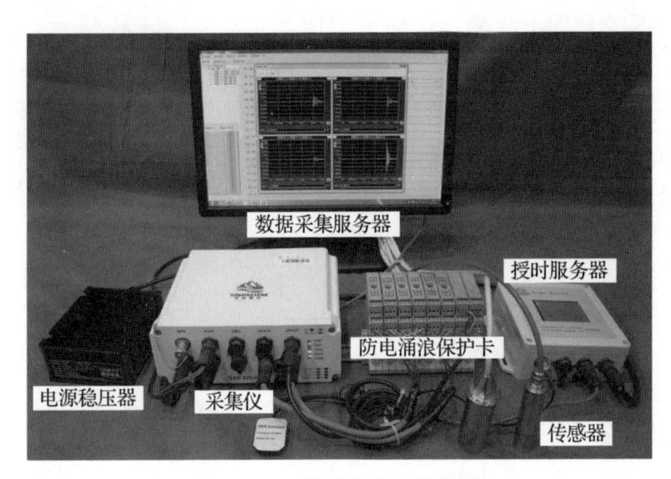

图 4.8.11　微震监测系统硬件

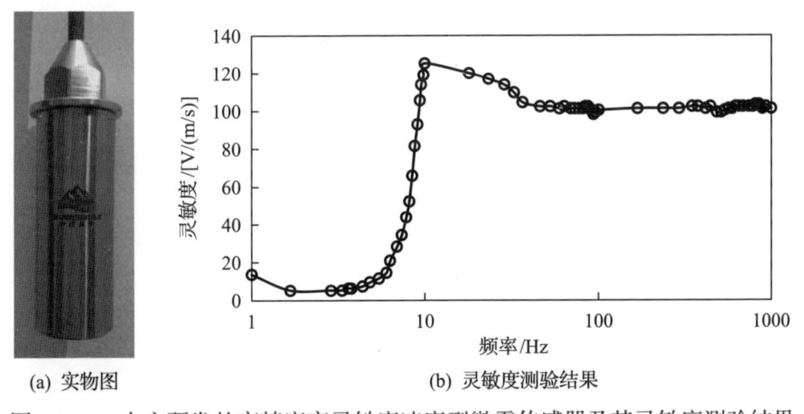

(a) 实物图　(b) 灵敏度测验结果

图 4.8.12　自主研发的高精度高灵敏度速度型微震传感器及其灵敏度测验结果

1. 监测区域的确定

岩爆监测区域一般根据工程类型和施工方法确定，且监测区域应包裹预警区域。对于深埋隧道，岩爆监测区域一般位于掌子面附近并包裹掌子面。此外，在重点工程结构与部位，隧道交叉部位，隧道曲率变化较大的部位，相向开挖临近贯通时掌子面间的岩柱，已发生强烈或极强岩爆区域的相邻平行洞段，岩性、地质构造、岩体结构发生明显变化的区域，宜布置岩爆监测区域。在隧道施工过程中，随着掌子面的推进，岩爆监测区域不断向前移动。

2. 传感器阵列的布置

传感器阵列由分布在空间上的多个传感器构成，传感器阵列的布置对监测系统的性能和岩爆监测预警效果具有重要影响。传感器数量在考虑传感器灵敏度、类别和接收范围的基础上应满足微震源定位所需最少传感器数量的要求。传感器阵列的监测范围应覆盖岩爆微震监测区域，且在空间上宜包裹岩爆微震监测区域。然而，对于独头掘进的隧道等线性工程，受现场条件限制，传感器阵列一般只能布置在掌子面后方一定范围内，而岩爆主要发生在掌子面附近，因而传感器阵列往往难以包裹监测区域。此外，当未知潜在岩爆类型和已知潜在岩爆类型时，传感器阵列的布置方法存在差异，下面分别进行阐述。

1)潜在岩爆类型未知时传感器阵列布置方法

当潜在岩爆类型未知时，一般沿隧道轴线在掌子面后方布置 2 个或 3 个监测断面，每个监测断面布置 3 个或 4 个微震传感器。对于钻爆法施工隧道，靠近掌子面的监测断面与掌子面间的距离一般为 60～80m，相邻监测断面间距一般为 20～50m，如图 4.8.13 所示。对于敞开式 TBM 施工隧道，靠近掌子面的监测断面一般布置在 TBM 护盾盾尾与撑靴之间，相邻监测断面间距一般为 20～50m，如图 4.8.14 所示。随着隧道掌子面向前推进，及时将距离掌子面较远的监测断面挪到与掌子面间距适宜的位置重新布置，如此循环往复，直至监测任务结束。

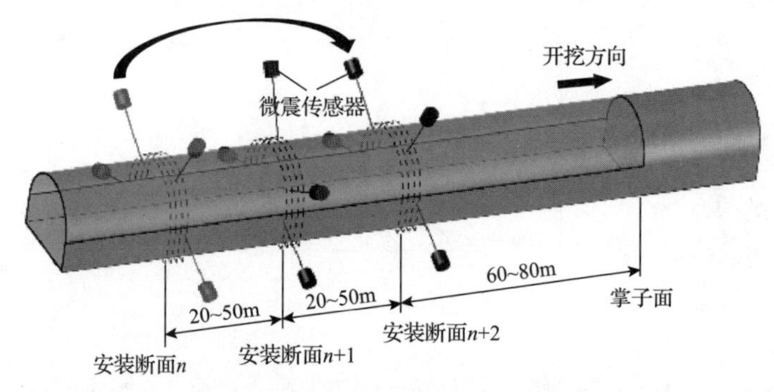

图 4.8.13　钻爆法施工隧道潜在岩爆类型未知时微震传感器阵列动态布置示意图

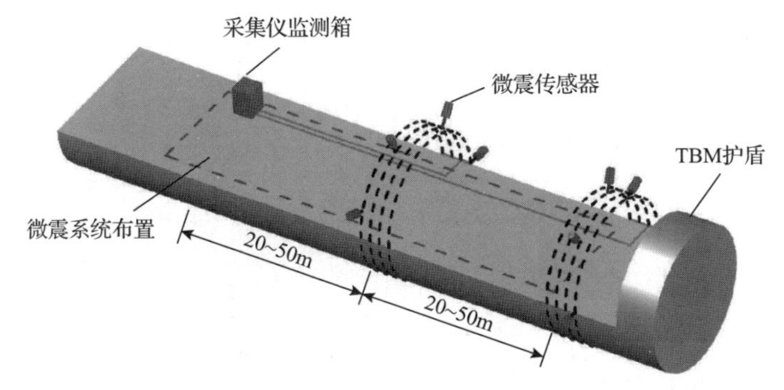

图4.8.14 TBM施工隧道潜在岩爆类型未知时微震传感器阵列动态布置示意图

2)潜在岩爆类型已知时传感器阵列布置方法

当已知潜在岩爆为即时型岩爆或应变型岩爆或应变-结构面滑移型岩爆时，其传感器阵列布置方法与未知岩爆类型时的布置方法相同。而当已知潜在岩爆为时滞型岩爆或断裂型岩爆或间歇型岩爆时，由于这三种类型岩爆的产生条件、孕育规律和发生特征差异性较大，监测这三种类型岩爆时传感器阵列的布置方法具有较大的差异。

(1)时滞型岩爆微震传感器阵列布置方法。时滞型岩爆往往发生在隧道掌子面开挖应力调整扰动范围之外，发生时往往空间上滞后于掌子面一定距离，时间上滞后该区域开挖一段时间。由于隧道岩爆微震监测过程中传感器阵列一般紧跟掌子面向前移动，在隧道开挖过程中，当预警某洞段潜在时滞型岩爆时，需要在该部位新增一套包裹时滞型岩爆潜在区域的传感器阵列，并保持该阵列不随掌子面向前移动，以监测时滞型岩爆孕育过程中产生的微破裂事件，如图4.8.15所示[22]。

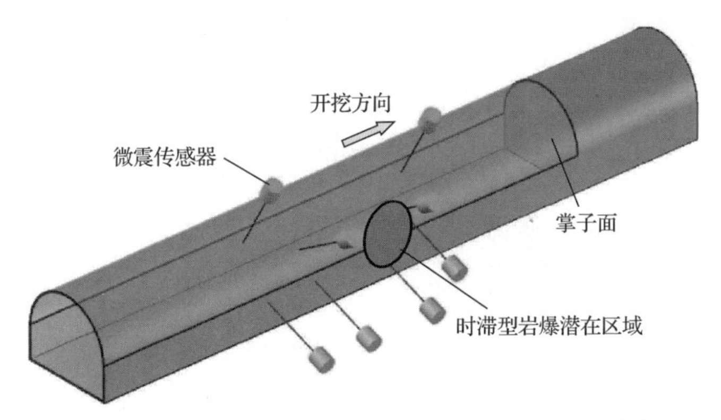

图4.8.15 时滞型岩爆微震传感器阵列布置示意图[22]

(2)间歇型岩爆微震传感器阵列布置方法。间歇型岩爆往往发生在掌子面附近且在同一区域多次发生岩爆。如图4.8.16所示，当预警某洞段有间歇型岩爆时，可在原有传感器阵列与掌子面之间临时增设一排传感器，以提高监测系统的灵敏度，从而在间歇型岩爆孕育过程中捕捉更多的微破裂事件，为间歇型岩爆的预警提供更全面的微震信息[22]。

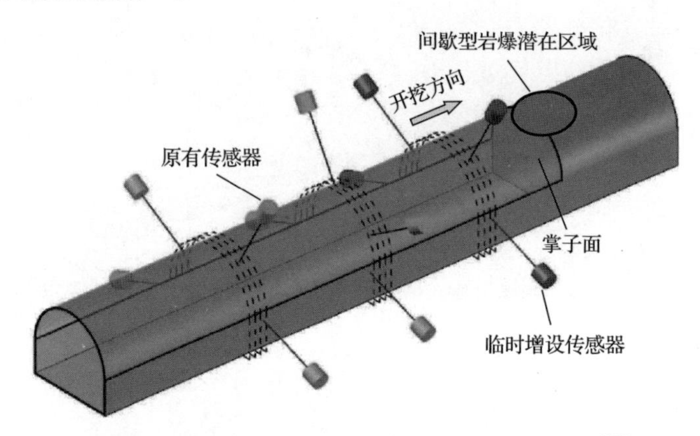

图 4.8.16　间歇型岩爆微震传感器阵列布置示意图[22]

(3)断裂型岩爆微震传感器阵列布置方法。断裂型岩爆往往发生在断层附近。如图 4.8.17 所示，当隧道开挖至断层附近时，在掌子面后方开挖临时凿岩洞室，通过临时凿岩洞室钻凿穿越断层的传感器安装孔，从而在断层的上下盘分别临时增设一排传感器，形成包裹断裂型岩爆潜在区域的传感器阵列，提高监测系统的整体性能。同时还可以捕捉发生在断层前方因断层的阻隔而不能被原有传感器阵列捕捉到的微破裂事件，实现对断裂型岩爆的高效监测。

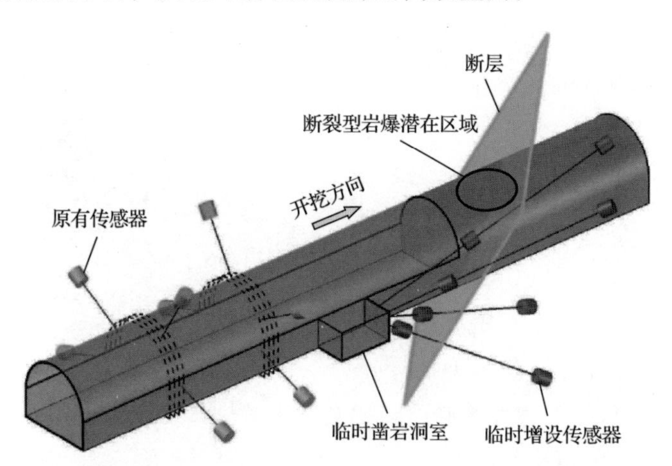

图 4.8.17　断裂型岩爆微震传感器阵列布置示意图

3. 通信方案的设计

隧道岩爆微震监测系统中的传感器、监测基站、地下监测中心和地表监控中心之间的通信方案主要有四种：电缆通信、光纤通信、局域网通信和无线通信。各部分之间的通信方案一般根据各部分之间所处的环境进行设计，并应充分利用已有的通信设施。传感器与监测基站之间一般采用电缆通信。监测基站与地下监测中心之间，当通信线路经过强电磁干扰区时，一般选用光纤通信；当通信线路不经过强电磁干扰区但经过密集施工区时，一般选用电缆通信。地下监测中心与地表监控中心之间一般根据已有的通信条件灵活选用光纤通信、局域网通信或无线通信。

4. 监测数据的整理和分析

隧道岩爆微震监测除需要采集微震监测数据外，还需要采集监测区域的地质、岩性、应力、开挖、支护及现场破坏情况等信息，采集到的微震监测数据还需要进行整理和分析，从而为岩爆预警提供可靠数据。人工进行微震监测数据整理和分析的方法详见《岩爆孕育过程的机制、预警与动态调控》[23]，这里主要对微震监测数据智能分析方法进行介绍。

1) 基本原理

微震监测系统采集信号后，首先要解决的就是微震信号的快速准确处理问题，其目的是快速准确获取岩体破裂信号的数量、大小和分布，为准确及时预警打下基础。现有的微震监测系统一般可以通过数字波形自动计算微震源参数，但实现微震信号的快速处理还需要信号识别、到时拾取以及进一步的定位。岩爆微震监测智能分析的基本原理是：采用深度学习的方法，自适应挖掘波形及到时的深度特征，建立基于深度卷积神经网络和 U-net 神经网络的波形识别模型与到时拾取模型，所不同的是波形识别模型的输出是一个标签，用以表示波形的类型，而到时拾取模型的输出是一个与输入等长的一维序列，用以表示某个采样点是 P 波到时或 S 波到时的概率。

2) 岩石破裂信号智能识别

(1) 模型的建立与训练。

采用深度卷积神经网络 (deep convolution neural network，DCNN) 来构建岩石破裂信号智能识别模型，相比传统的神经网络，DCNN 通过多层卷积，自适应提取深度特征，而无需人工提取特征值，其识别效率和准确率得到提升。图 4.8.18 为基于 DCNN 的岩石破裂波形识别模型，主要结构包括输入层、卷积层、池化层、全连接层、决策层和输出层。经过模型调优，最终确定的模型参数为二维卷积模型，包含 5 层二维卷积层，每层二维卷积层包含 64 个二维卷积核，每个卷积核大小为 3×3，采用 ReLU 作为激活函数，卷积层后接 2 层全连接层，每层全连接层包含 64 个节点，全连接层之间的随机失活率为 0.05。模型以微震波形为输入层，样本长度为 3000。输出层为波形类型，0 代表岩石破裂波形，1 代表爆破波形，2 代表噪声波形。

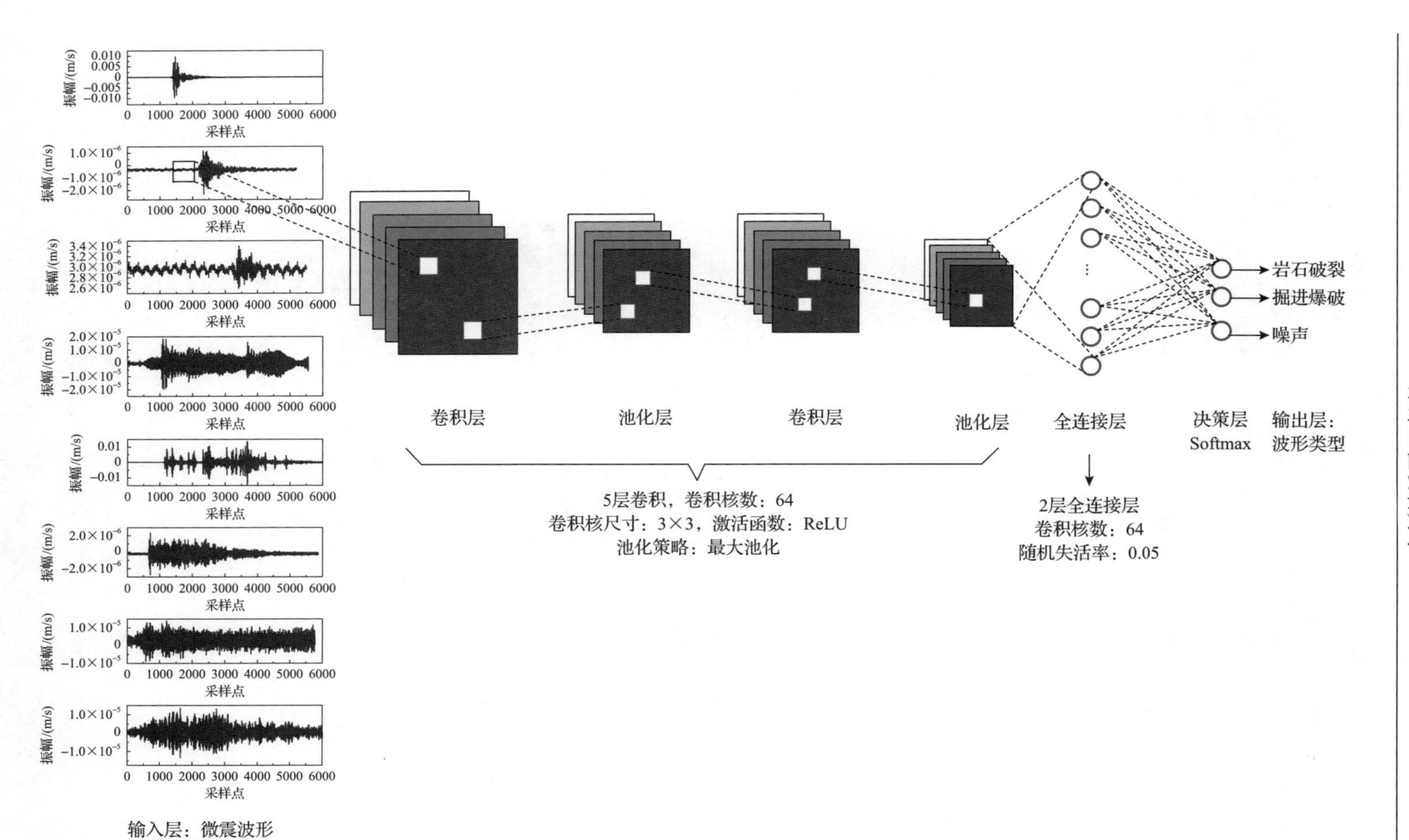

图4.8.18　基于DCNN的岩石破裂波形识别模型

(2)有效微震事件判定规则。

一个岩石破裂事件往往会触发多个微震传感器，且只有触发多个微震传感器的岩石破裂事件才是有效的岩石破裂事件。微震事件的类型由该微震事件所触发传感器产生的所有微震波形的类型共同决定。因此，给定某微震事件，判定其类型主要有两个步骤：首先，利用波形识别模型，确定一个微震事件对应的每个微震波形的类型；然后，根据有效微震事件判定规则，确定微震事件类型。

图 4.8.19 为有效岩石破裂事件的判定规则。该判定规则的设置考虑了微震源的定位要求，并尽量保留有效微震事件。首先，破裂事件的定位包含 4 个未知量：空间坐标(x, y, z)和触发时间 t_0，因此能够准确定位的岩石破裂事件至少需要触发 4 个传感器并产生有效的破裂波形。其次，采用此判定规则一定程度上可以降低异常波形对识别效果的影响。因为在微震监测系统运行中，不可避免会出现传感器异常或线路破损，造成波形奇异而识别为噪声的情况，设计此有效事件判定规则，在满足定位的前提下，能有效抑制个别奇异波形对识别结果的影响。

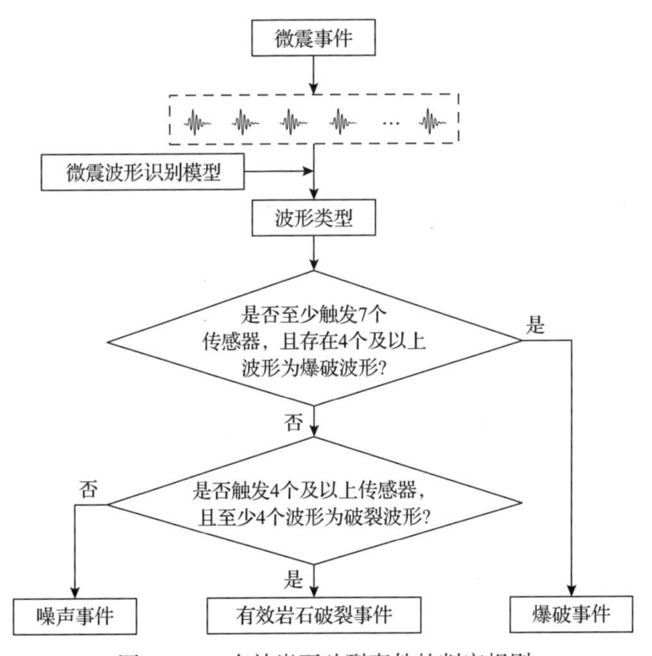

图 4.8.19　有效岩石破裂事件的判定规则

(3)应用结果分析。

分别采用微震监测系统自带识别方法及所述智能信号识别方法对某隧道 2018 年 4 月 25 日采集到的微震事件进行识别，结果如图 4.8.20 所示。微震监测系统自带识别方法识别结果中，包含大量锚杆钻机、机械振动及电气噪声等环境噪声信号，这些噪声信号分布于远离隧道的岩体中。智能识别方法识别结果中，噪声信号明显减少，岩体破裂信号集中分布于掌子面附近。基于深度学习的岩石破裂信号智能识别方法提高了破裂信号识别准确率，为实现岩爆智能微震监测预警奠定了基础。

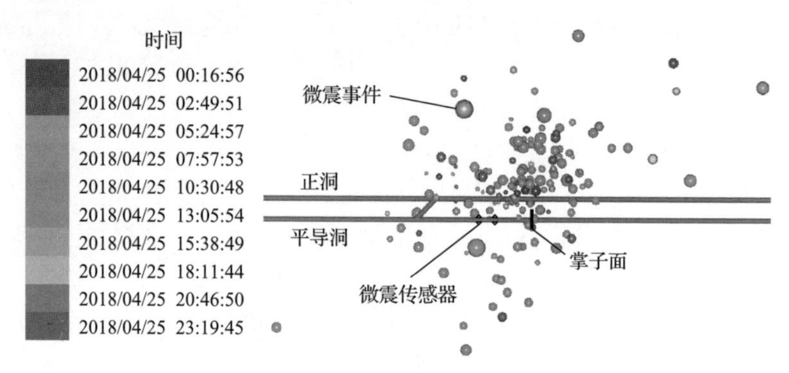

(a) 微震监测系统自带识别方法识别结果

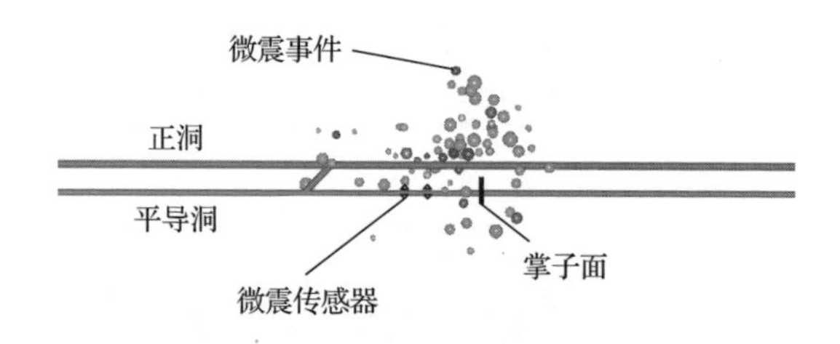

(b) 智能识别方法识别结果

图 4.8.20　某隧道 2018 年 4 月 25 日采集到的微震事件的识别结果

3) 岩石破裂信号到时智能拾取

(1) 模型的建立与训练。

图 4.8.21 为基于 U-net 深度神经网络的岩石破裂信号到时智能拾取模型[24]。该深度神经网络模型由用于捕捉语义的收缩路径和用于精准定位的对称扩展路径

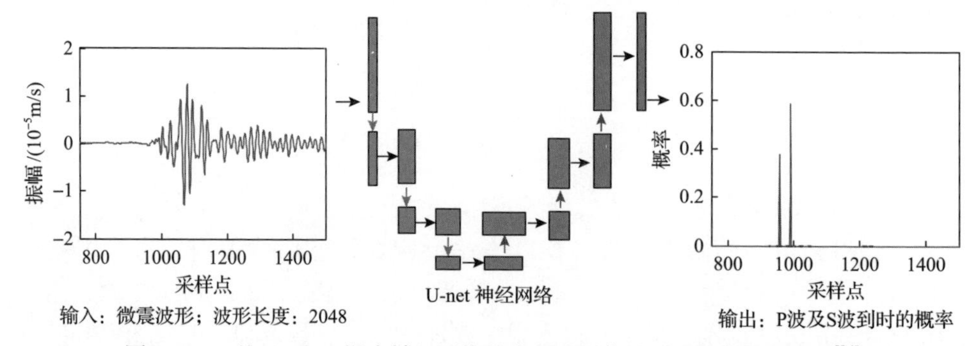

图 4.8.21　基于 U-net 深度神经网络的岩石破裂信号到时智能拾取模型[24]

组成，模型在收缩过程中对波形进行编码，提取微震波形的深度特征，并在扩张过程中实现解码，精确获取 P 波和 S 波的到时信息。这种神经网络的输入为微震波形，输出是与输入数据等长的一维序列，序列中每个点的值表示该采样点是 P 波和 S 波到时的概率。

(2)应用结果分析。

分别采用波形到时智能拾取方法和 STA/LTA 到时拾取方法，基于相同的定位算法与参数，对某次岩爆孕育过程中微震事件进行定位，爆坑中心坐标为(3390，32，–34)，结果如图 4.8.22 所示。可以看出，采用 STA/LTA 到时拾取方法得到的岩爆事件坐标为(3388.4，–8.4，–46.1)，岩石破裂事件较为分散；采用波形到时智能拾取方法得到的岩爆事件坐标为(3381.7，44.9，–33.6)，与岩爆爆坑中心距离减小了 63.8%，定位误差大大降低。同时，大多数岩石破裂事件都分布于岩爆

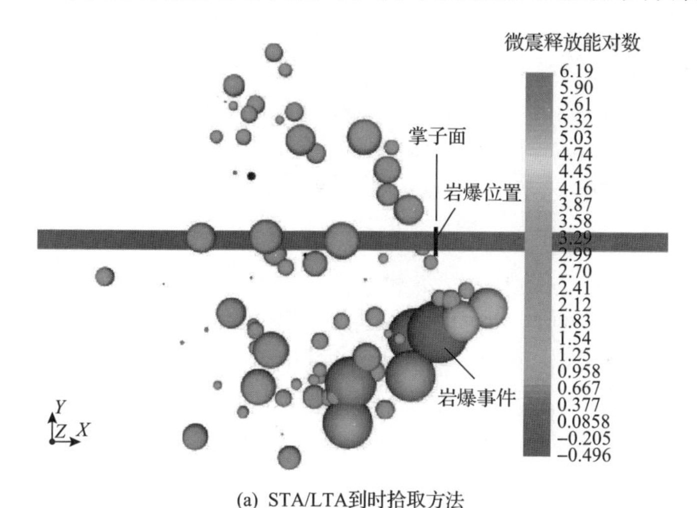

(a) STA/LTA到时拾取方法

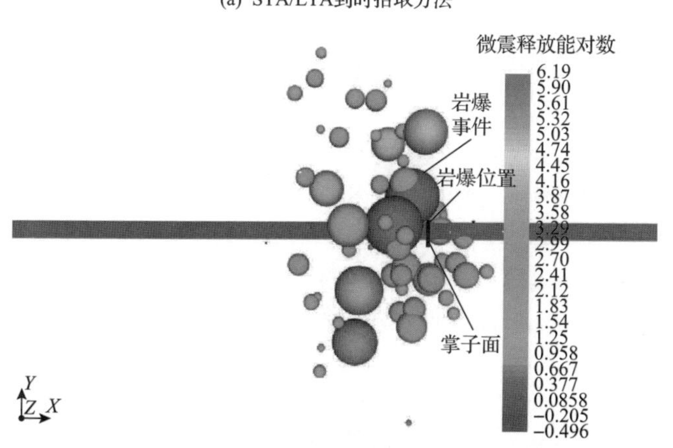

(b) 波形到时智能拾取方法

图 4.8.22　采用不同到时拾取方法对某次岩爆孕育过程中微震事件进行定位的结果[24]

周围，表明波形到时智能拾取方法的定位精度较高，可以满足岩爆预警的要求。

参 考 文 献

[1] Feng X T, Yang C X, Kong R, et al. Excavation-induced deep hard rock fracturing: Methodology and applications. Journal of Rock Mechanics and Geotechnical Engineering, 2022, 14(1): 1-34.

[2] Cai M, Hou P Y, Zhang X W, et al. Post-peak stress-strain curves of brittle hard rocks under axial-strain-controlled loading. International Journal of Rock Mechanics and Mining Sciences, 2021, 147: 104921.

[3] Hudson J A, Crouch S L, Fairhurst C. Soft, stiff and servo-controlled testing machines: A review with reference to rock failure. Engineering Geology, 1972, 6(3): 155-189.

[4] Fairhurst C E, Hudson J A. Draft ISRM suggested method for the complete stress-strain curve for intact rock in uniaxial compression. International Journal of Rock Mechanics and Mining Sciences, 1999, 36(3): 279-289.

[5] Hou P Y, Cai M, Zhang X W, et al. Post-peak stress-strain curves of brittle rocks under axial-and lateral-strain-controlled loadings. Rock Mechanics and Rock Engineering, 2022, 55(2): 855-884.

[6] Feng X T, Zhang X, Kong R, et al. A novel Mogi type true triaxial testing apparatus and its use to obtain complete stress-strain curves of hard rocks. Rock Mechanics and Rock Engineering, 2016, 49(5): 1649-1662.

[7] Feng X T, Zhang X, Yang C, et al. Evaluation and reduction of the end friction effect in true triaxial tests on hard rocks. International Journal of Rock Mechanics and Mining Sciences, 2017, 97: 144-148.

[8] Feng X T, Haimson B, Li X, et al. ISRM suggested method: Determining deformation and failure characteristics of rocks subjected to true triaxial compression. Rock Mechanics and Rock Engineering, 2019, 52(6): 2011-2020.

[9] 中国岩石力学与工程学会团体标准. 岩石真三轴试验规程(T/CSRME 007—2021). 北京: 中国标准出版社, 2021.

[10] Feng X T, Zhao J, Zhang X, et al. A novel true triaxial apparatus for studying the time-dependent behaviour of hard rocks under high stress. Rock Mechanics and Rock Engineering, 2018, 51(9): 2653-2667.

[11] Feng X T, Wang G, Zhang X, et al. Experimental method for direct shear tests of hard rock under both normal stress and lateral stress. International Journal of Geomechanics, 2021, 21(3): 04021013.

[12] Feng X T, Tian M, Yang C X, et al. A testing system to understand rock fracturing processes induced by different dynamic disturbances under true triaxial compression. Journal of Rock Mechanics and Geotechnical Engineering, 2023, 15(1): 102-118.

[13] Feng X T, Gong Y H, Zhou Y Y, et al. The 3D-printing technology of geological models using rock-like materials. Rock Mechanics and Rock Engineering, 2019, 52(7): 2261-2277.

[14] Zhu G Q, Feng X T, Zhou Y Y, et al. Experimental study to design an analog material for jinping marble with high strength, high brittleness and high unit weight and ductility. Rock Mechanics and Rock Engineering, 2019, 52(7): 2279-2292.

[15] Zhu G Q, Feng X T, Zhou Y Y, et al. Physical model experimental study on spalling failure around a tunnel in synthetic marble. Rock Mechanics and Rock Engineering, 2020, 53(2): 909-926.

[16] Li S J, Feng X T, Wang C Y, et al. ISRM suggested method for rock fractures observations using a borehole digital optical televiewer. Rock Mechanics and Rock Engineering, 2013, 46(3): 635-644.

[17] Feng X T, Young R P, Reyes-Montes J M, et al. ISRM suggested method for in situ acoustic emission monitoring of the fracturing process in rock masses. Rock Mechanics and Rock Engineering, 2019, 52(5): 1395-1414.

[18] 中国铁路总公司企业标准. 铁路挤压性围岩隧道技术规范(Q/CR 9512—2019). 北京: 中国铁道出版社, 2019.

[19] Li S J, Feng X T, Hudson J A. ISRM suggested method for measuring rock mass displacement using a sliding micrometer. Rock Mechanics and Rock Engineering, 2013, 46(3): 645-653.

[20] Xiao Y X, Feng X T, Hudson J A, et al. ISRM suggested method for in situ microseismic monitoring of the fracturing process in rock masses. Rock Mechanics and Rock Engineering, 2016, 49(1): 343-369.

[21] 中华人民共和国能源行业标准. 水电工程岩爆风险评估技术规范(NB/T 10143—2019). 北京: 中国水利水电出版社, 2019.

[22] 冯夏庭, 肖亚勋, 丰光亮, 等. 岩爆孕育过程研究. 岩石力学与工程学报, 2019, 38(4): 649-673.

[23] 冯夏庭, 陈炳瑞, 张传庆, 等. 岩爆孕育过程的机制、预警与动态调控. 北京: 科学出版社, 2013.

[24] Zhang W, Feng X T, Bi X, et al. An arrival time picker for microseismic rock fracturing waveforms and its quality control for automatic localization in tunnels. Computers and Geotechnics, 2021, 135: 1-13.

第 5 章　深部工程硬岩力学特性

深部工程开挖过程的应力卸荷、爆破应力扰动及开挖后的时间效应，使深部工程不同岩体结构围岩的三维应力状态在不同位置、不同深度发生变化和调整，导致深部工程硬岩内部破裂及能量释放，诱发深部工程硬岩深层破裂、片帮、大变形、塌方和岩爆等灾害。深部工程硬岩不同位置、不同深度的灾害类型、等级及强度都不相同，主要受深部工程硬岩力学特性影响。深部工程硬岩力学特性包括脆延性、强度、破裂、变形、能量、时效性等。研究深部工程硬岩在岩块尺度到现场岩体尺度的力学特性，有助于揭示深部工程硬岩开挖破坏的孕育规律及灾变机制。

本章通过室内真三轴试验，研究加卸荷、应力旋转等复杂应力路径下完整和含硬性结构面岩块的基本力学特性；通过室内真三轴试验和现场观测试验，研究深部工程不同结构岩体在不同位置所处应力状态和应力路径变化条件下的脆延性、能量、破裂和变形特性。

5.1　深部硬岩基本力学特性

深部工程硬岩大部分处于三向主应力不等($\sigma_1>\sigma_2>\sigma_3$)的高地应力状态，深部硬岩力学特性研究必须关注硬岩在真三向应力下的脆延性、强度、破裂、变形、能量释放等基本力学特性。为科学认知真三向高应力诱导的深部工程硬岩破坏特征、规律及机理，系统地开展了真三轴压缩破坏试验，合理揭示了深部工程硬岩脆延性和强度的应力依赖性、应力诱导的变形破坏各向异性以及能量累积释放规律，并为深部硬岩三维破坏准则和力学模型的建立提供重要依据。

5.1.1　深部硬岩脆性和延性特性

深部硬岩脆延性关注的是硬岩过峰值强度后的破裂及变形特征，真三轴应力下可以将深部硬岩脆延性划分为 Ⅰ 型脆性、Ⅱ 型脆性和延性。低 σ_3 时，深部硬岩发生 Ⅰ 型脆性破坏；高 σ_3 且 $\sigma_2-\sigma_3$ 大时，深部硬岩发生 Ⅱ 型脆性破坏；高 σ_3 且 $\sigma_2-\sigma_3$ 小时，深部硬岩发生延性破坏。

1. *深部硬岩脆性和延性破坏机理*

1) 真三轴压缩下硬岩 Ⅰ 型脆性破坏机理[1]

硬岩 Ⅰ 型脆性定义为：真三轴压缩下硬岩在过峰值强度后发生突然失稳破坏，

并伴随着应力突然下降的一种性质(见图 5.1.1(a))，即峰值强度后阶段，硬岩产生较小的轴向变形便发生突然的应力跌落。硬岩发生Ⅰ型脆性破坏时的破坏模式以近劈裂破坏为主(见图 5.1.1(b))。Ⅰ型脆性状态下，随着应力水平达到峰值强度，硬岩声发射计数率持续增加，在峰值强度后一段时间仍然产生许多破裂，但这个过程中硬岩轴向几乎不产生较大变形，只有局部破裂贯穿，应力突然跌落，声发射信号突增，硬岩才发生突然脆断(见图 5.1.1(c))。低 σ_3 使得硬岩内部局部应力集中，局部高应力使得硬岩内部晶体发生拉破裂模式的穿晶断裂(见图 5.1.1(d))。拉伸裂纹在局部集中大量生长，硬岩容易发生脆性断裂，最终形成近劈裂破坏。

2)真三轴压缩下硬岩Ⅱ型脆性破坏机理[2]

硬岩Ⅱ型脆性定义为：真三轴压缩下硬岩在过峰值强度后仍然具有一定承载能力，随着 ε_1 增加，σ_1 缓慢下降，直至发生突然失稳破坏，并伴随着应力突然下降的一种性质(见图 5.1.2(a))。硬岩发生Ⅱ型脆性破坏后，试样展现出倾角较缓的近剪切破坏模式(见图 5.1.2(b))。Ⅱ型脆性状态下，随着应力达到峰值强度，

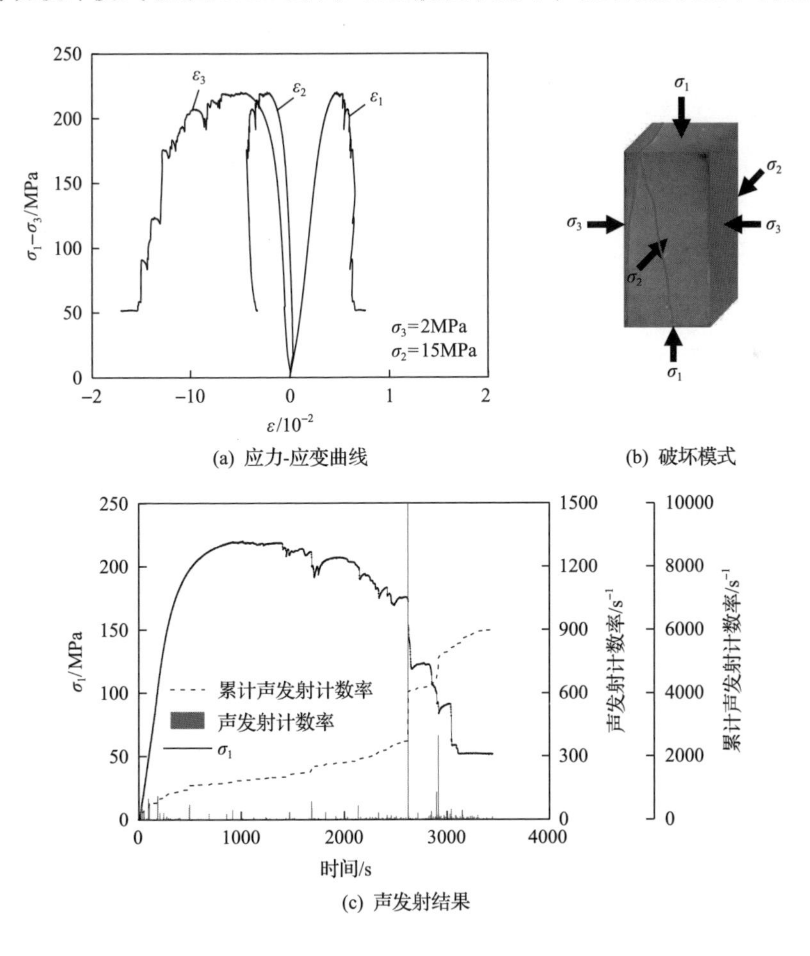

(a) 应力-应变曲线　(b) 破坏模式

(c) 声发射结果

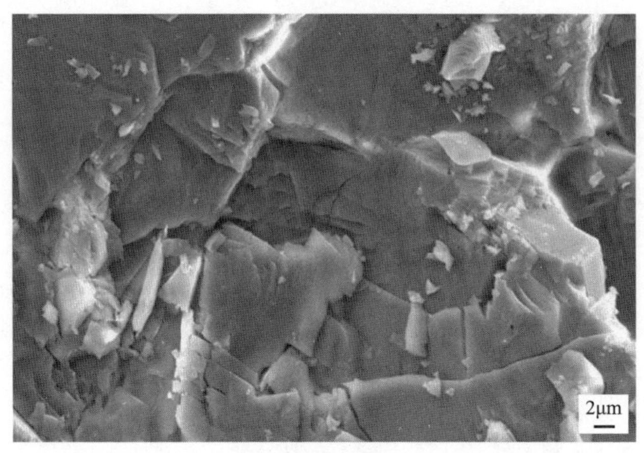

(d) 微观破裂模式

图 5.1.1　真三轴压缩下锦屏地下实验室二期白色大理岩 I 型脆性变形及破坏特征[1]

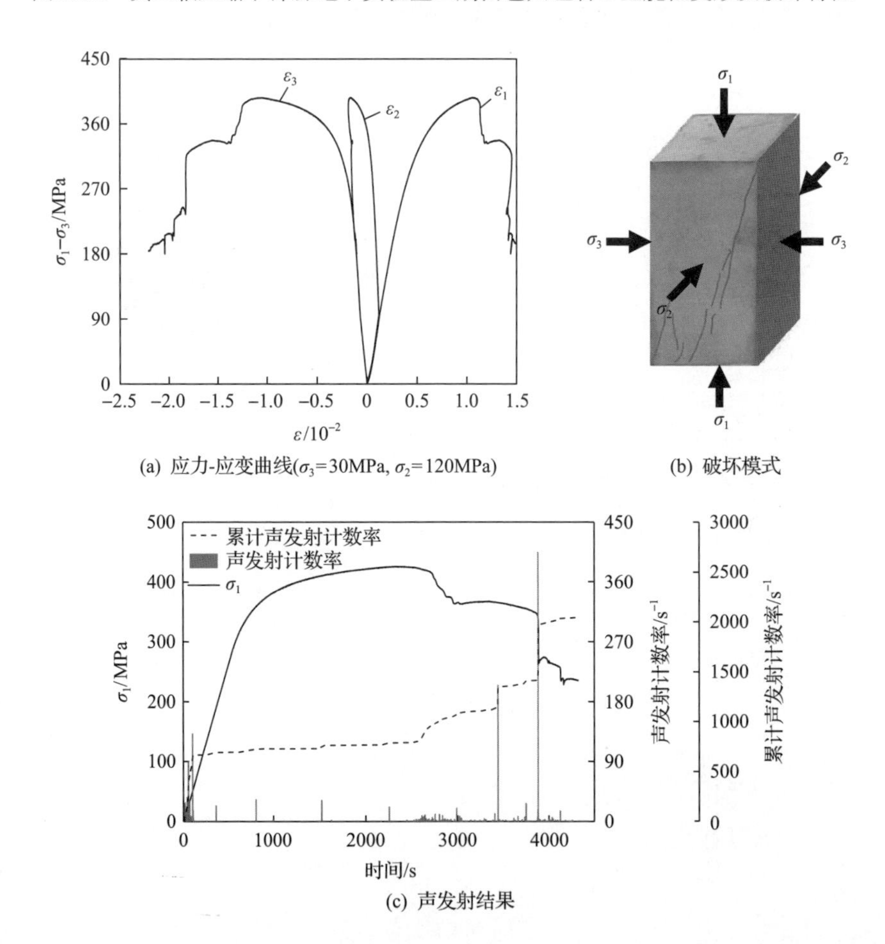

(a) 应力-应变曲线(σ_3=30MPa, σ_2=120MPa)

(b) 破坏模式

(c) 声发射结果

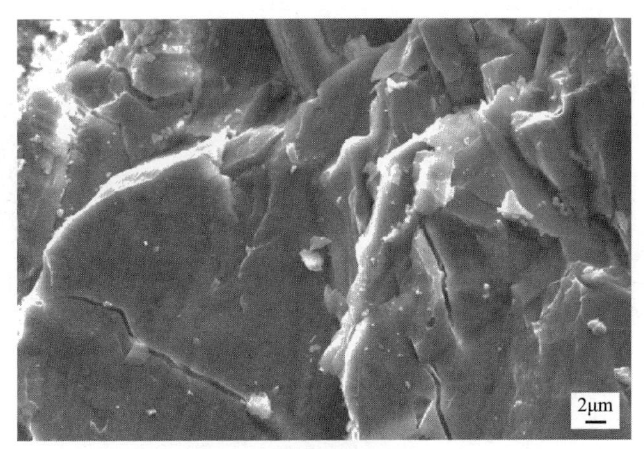

(d) 微观破裂模式

图 5.1.2　真三轴压缩下锦屏地下实验室二期白色大理岩Ⅱ型脆性变形及破坏特征[2]

声发射信号变得相对密集。高 σ_3 且 $\sigma_2-\sigma_3$ 较大时，硬岩内部应力相对集中，集中应力使得硬岩内部产生一些宏观裂纹，而高 σ_3 使得硬岩并未发生突然的应力跌落，造成硬岩峰后破坏以摩擦滑移为主，产生许多连续型声发射信号，累计声发射计数率增加明显；当相邻宏观裂纹贯通时，试样才会出现应力跌落，承载能力降低，声发射计数率陡增(见图 5.1.2(c))。不同于硬岩Ⅰ型脆性微观破坏模式，白色大理岩在试样Ⅱ型脆性状态下产生了许多蛇形裂纹(见图 5.1.2(d))。穿晶断裂是由拉伸裂纹形成的，蛇形裂纹是由剪应力作用下的摩擦滑移形成的。硬岩Ⅱ型脆性破坏同时受到拉伸应力和剪应力的共同影响，最终形成剪切破坏面。

3)真三轴压缩下硬岩延性特征[2]

硬岩延性定义为：真三轴压缩下硬岩在过峰值强度后仍然具有一定承载能力，随着 ε_1 增加，σ_1 几乎不下降并形成近似屈服平台或者缓慢下降但不会发生应力突然跌落，直至试样发生失稳破坏的一种性质(见图 5.1.3(a))。硬岩发生延性破坏后，试样展现出倾角较缓的近剪切破坏模式(见图 5.1.3(b))。延性状态下，随着应力接近峰值强度，岩石声发射计数率突增，而峰后应力缓慢降低过程仍然可以采集到显著声发射信号(见图 5.1.3(c))。高 σ_3 且 $\sigma_2-\sigma_3$ 较小时，硬岩内部应力分布较均匀，较低的均匀应力只能造成强度较弱的晶界张开(见图 5.1.3(d))，因此硬岩内部沿晶裂纹均匀分布产生，只有裂纹密度达到一定数量，相邻裂纹贯通，局部形成宏观破坏面，应力才开始突然跌落，直至岩石发生失稳破坏，最终形成剪切破坏面。

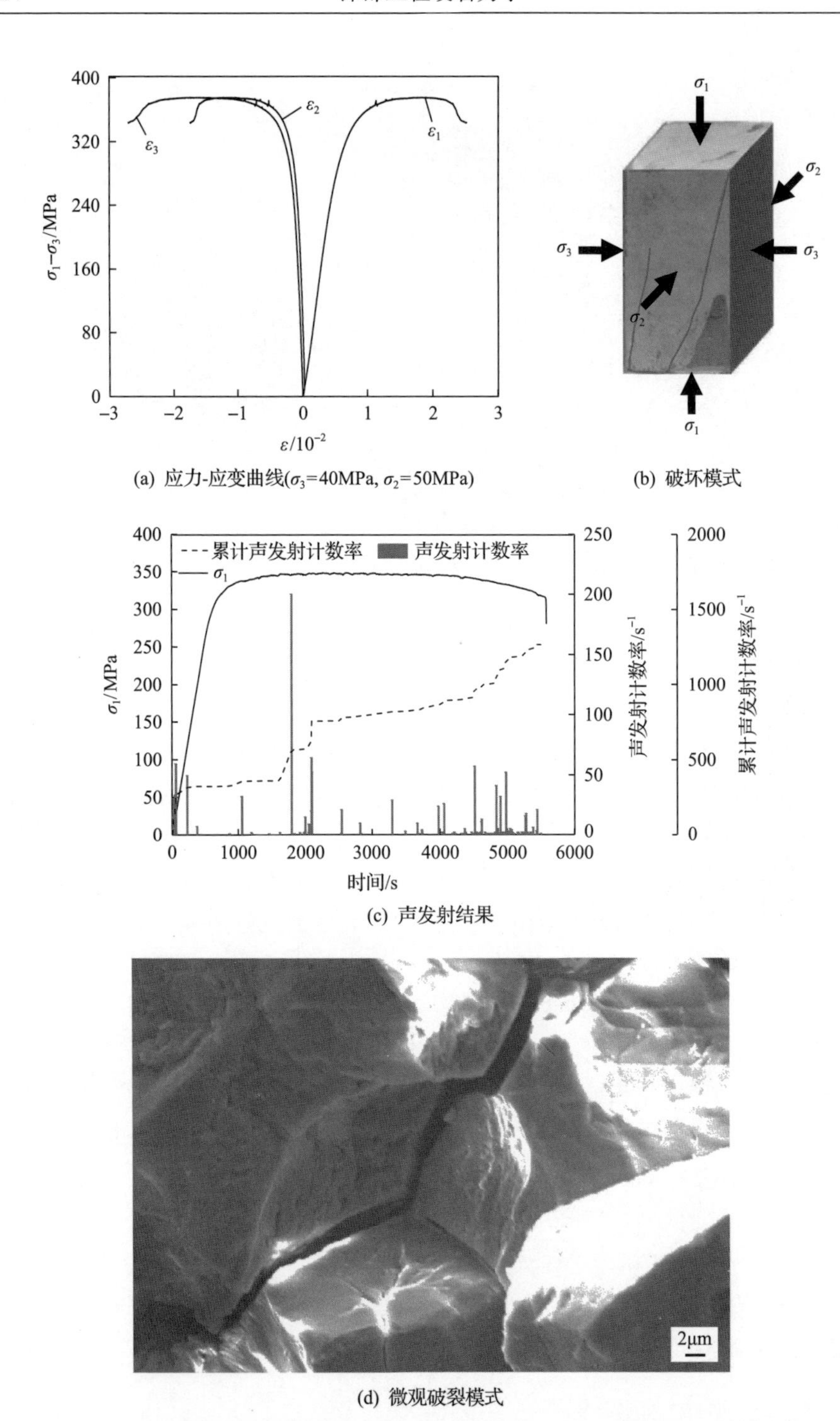

(a) 应力-应变曲线(σ_3=40MPa, σ_2=50MPa)　(b) 破坏模式

(c) 声发射结果

(d) 微观破裂模式

图 5.1.3　真三轴压缩下锦屏地下实验室二期白色大理岩延性变形及破坏特征[2]

2. 深部硬岩延-脆性转换的三维应力相关性[2]

真三轴压缩下硬岩延-脆性转换过程同时受 σ_3 和 σ_2 影响。相同 σ_3 条件下，随着 σ_2 增加，锦屏地下实验室二期白色大理岩试样逐渐由延性向脆性转化(见图 5.1.4(a))；相同 σ_2 条件下，随着 σ_3 增加，锦屏地下实验室二期白色大理岩试样逐渐由脆性向延性转化(见图 5.1.4(b))。

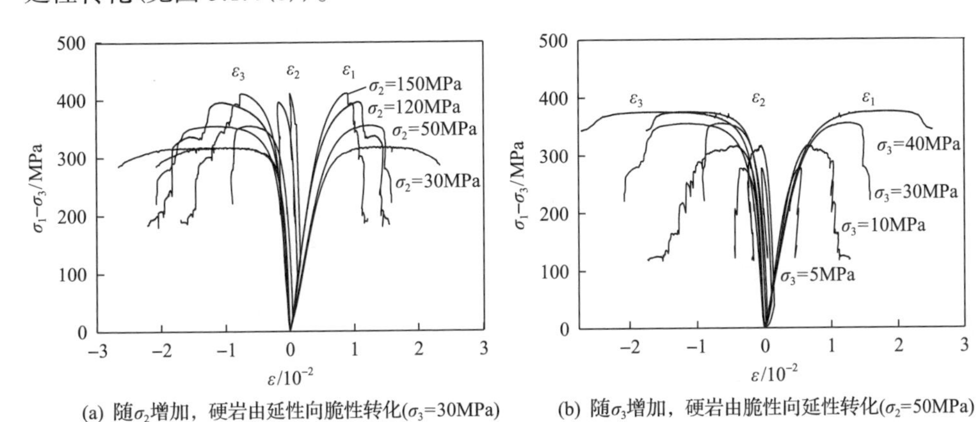

(a) 随 σ_2 增加，硬岩由延性向脆性转化(σ_3=30MPa)　(b) 随 σ_3 增加，硬岩由脆性向延性转化(σ_2=50MPa)

图 5.1.4　真三轴应力对锦屏地下实验室二期白色大理岩延-脆性转换特征影响[2]

定义真三轴压缩下深部硬岩峰后应力跌落点对应的 σ_1 方向不可逆变形 ε_{D} 为延性变形量，则硬岩延性变形量为

$$\varepsilon_{\mathrm{D}}=\varepsilon_{\mathrm{f}}-\frac{\sigma_{\mathrm{f}}}{E} \tag{5.1.1}$$

式中，ε_{f} 为试样峰后脆断时产生的 σ_1 方向应变；σ_{f} 为试样峰后脆性跌落点的应力。

分别统计锦屏地下实验室二期白色大理岩在发生Ⅰ型脆性破坏、Ⅱ型脆性破坏和延性破坏时的延性变形量，并分析 ε_{D} 与 σ_2、σ_3 的关系，如图 5.1.5(a)所示。锦屏地下实验室二期白色大理岩延性变形量与($\sigma_3-0.15\sigma_2$)满足对数关系。通过区分三种脆延性状态下硬岩的延性变形量，可以获得硬岩脆延性的真三轴应力条件，如图 5.1.5(b)所示。当 σ_3＜10MPa 时，锦屏地下实验室二期白色大理岩均展现出Ⅰ型脆性破坏特征；当 $\sigma_3\geqslant$10MPa 且 $\sigma_3-0.15\sigma_2$＜9MPa 时，锦屏地下实验室二期白色大理岩均展现出Ⅱ型脆性破坏特征；当 $\sigma_3\geqslant$10MPa 且 $\sigma_3-0.15\sigma_2\geqslant$9MPa 时，锦屏地下实验室二期白色大理岩均展现出延性破坏特征。

3. 深部硬岩脆性和延性的岩性相关性

深部硬岩脆性和延性受矿物成分、矿物排列方式、矿物结构影响，自形程度高、排列规则、粒度较均匀且矿物平均硬度低的硬岩更容易出现延性变形特征。由锦屏地下实验室二期白色大理岩、北山中粗粒二长花岗岩、巴基斯坦 N-J 水电站引水隧洞砂岩和白鹤滩水电站地下厂房斜斑玄武岩延性变形量统计可知，仅锦屏地下实验室二期白色大理岩在 $\sigma_3<30$MPa 范围内出现了延性特征，如图 5.1.6 所示[3]。

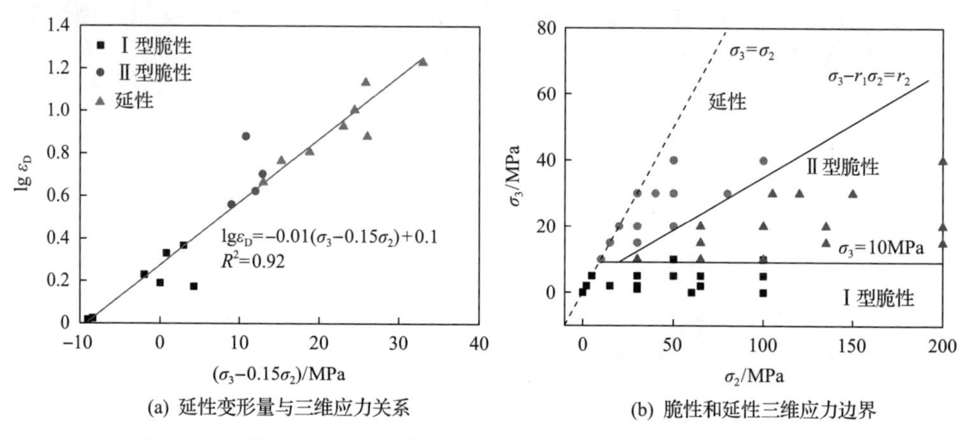

(a) 延性变形量与三维应力关系　　(b) 脆性和延性三维应力边界

图 5.1.5　真三轴压缩下锦屏地下实验室二期白色大理岩Ⅰ型、Ⅱ型脆性破坏和延性破坏应力边界

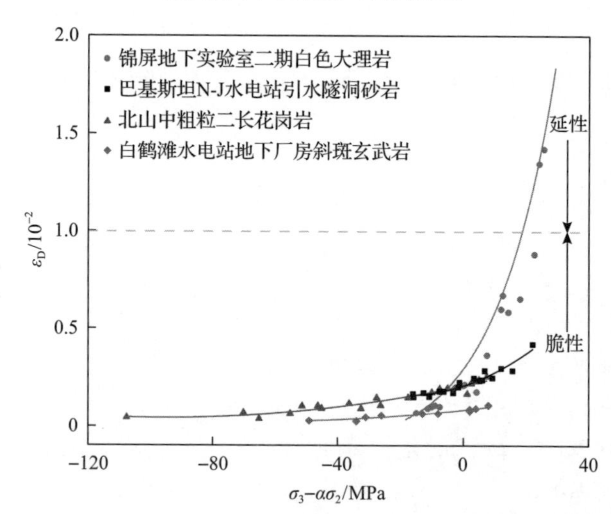

图 5.1.6　四种不同岩性深部硬岩延性变形量与$(\sigma_3-\alpha\sigma_2)$关系[3]

(1)从矿物成分角度分析。白色大理岩试样主要成分是白云石和方解石，玄武岩试样中的辉石含量远大于其他三种硬岩中的辉石含量，砂岩试样和花岗岩试样的石英含量均较高。此外，花岗岩试样和玄武岩试样具有相似的高长石含量。不同的矿物有不同的硬度，石英是一种氧化物矿物，莫氏硬度为 7，而长石和辉石是硅酸盐矿物，莫氏硬度略低，方解石和白云石是硬度较低的碳酸盐矿物(莫氏硬

度分别为 3 和 3.5)。矿物成分硬度越高的硬岩，性质越脆。

(2)从岩石结构角度分析。白色大理岩试样主要为粒状变晶结构，矿物颗粒排列相对规则有序。其中，方解石和白云石的自形程度较高，并且粒度相近(50～100μm)，都具有相对平直圆滑的颗粒边界，部分相邻颗粒之间相交面夹角近 120°，形成三边镶嵌的平衡结构，如图 5.1.7(a)所示。砂岩试样为中砂粗粒结构，石英颗粒的分选较好(粒度为 180～230μm)，磨圆度为次圆，矿物颗粒排列也相对规则，如图 5.1.7(b)所示。花岗岩试样的矿物颗粒排列相对无序，粒度差异较大(500～1500μm)，主要由较自形的长石和他形的石英组成，还含有交代残留的辉石和云母，如图 5.1.7(c)所示。玄武岩试样为斑状结构，矿物颗粒的粒度差异悬殊，斑晶为辉石和斜长石(粒度大于 3mm)，基质为辉石和斜长石微晶(粒度小于100μm)，在小板条状微晶斜长石组成的不规则格架中还充填隐晶质-玻璃质颗粒，如图 5.1.7(d)所示。矿物结构及排列方式越不规则的硬岩，性质越脆。

(a) 锦屏地下实验室二期白色大理岩

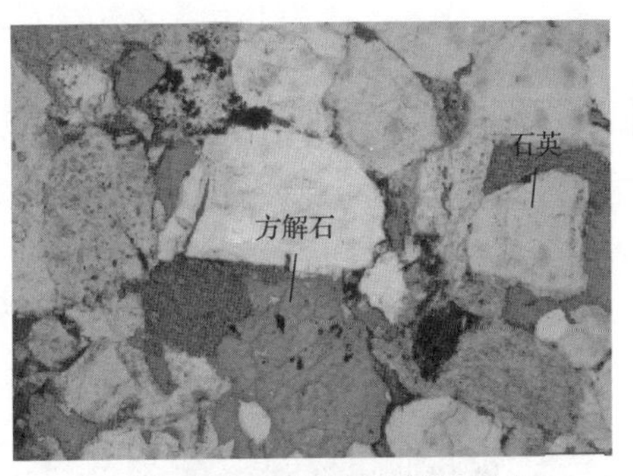

(b) 巴基斯坦N-J水电站引水隧洞砂岩

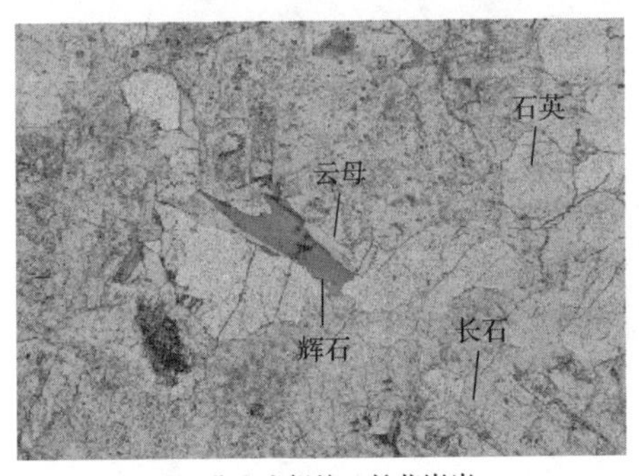

(c) 北山中粗粒二长花岗岩

(d) 白鹤滩水电站地下厂房斜斑玄武岩

图 5.1.7　四种深部完整硬岩微观结构[3](见彩图)

图 5.1.8 为四种深部硬岩破坏后的微观结构[3]。对于矿物颗粒自形程度较高且粒度差异较小的白色大理岩试样，在应力分布均匀时，虽然局部矿物颗粒产生破坏，相邻颗粒仍具有一定的承载能力，没有突然发生脆性破坏。白色大理岩试样

发生脆性破坏时(见图 5.1.8(a))，由于局部应力集中，晶粒均有不同程度的损伤。白色大理岩试样发生延性破坏时(见图 5.1.8(b))，断裂沿晶界发生，有晶粒拔出现象，晶粒表面光滑，可见明显的晶界相。这是由于晶体颗粒形状相似且分布均匀，某晶体产生沿晶裂纹后，相邻晶体依然提供一定的承载能力，从而岩石不至于发生突然的脆性破坏。砂岩试样自形程度较高，规律性较好，很难出现延性特征。砂岩试样压实作用强烈，粒间孔隙不发育，且砂岩中含有 15%的方解石，方解石将石英颗粒胶结在一起，具有很强的胶结作用。从图 5.1.8(c)可以看出，方解石将石英颗粒胶结在一起，且相邻石英的晶内裂纹通过方解石内的贯穿裂纹连接在一起。由于方解石的较强胶结作用，岩石内部很难像白色大理岩试样那样形成沿晶裂纹。当局部发生破坏时，很容易发生整体的脆性断裂。从图 5.1.8(d)花岗岩试样的断口中可见石英的贝壳状断口及与玄武岩试样相似的长石的解理台阶，说明花岗岩脆性破坏也很剧烈。而对于矿物粒度差异较大的玄武岩试样，可以将斑状结构的基质视为一个整体，随着应力的增加，基质或者斑晶产生局部破坏时，岩石整体失去承载能力，出现突然的应力跌落。图 5.1.8(e)为玄武岩试样间隐结构脆断特征的微观结构。其中，长石颗粒表现出相互平行的解理台阶，说明岩石破坏过程伴随着很强的脆性断裂。

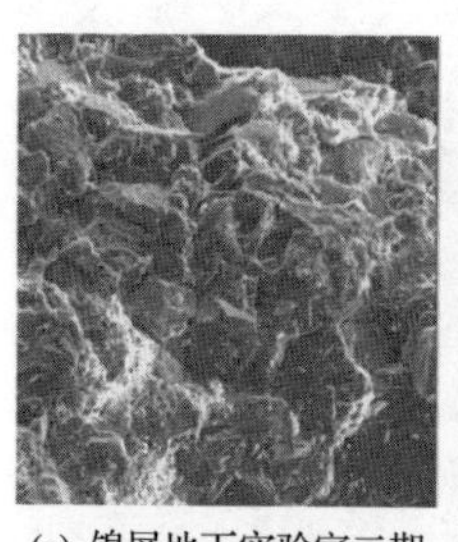

(a) 锦屏地下实验室二期白色大理岩(脆性破坏)

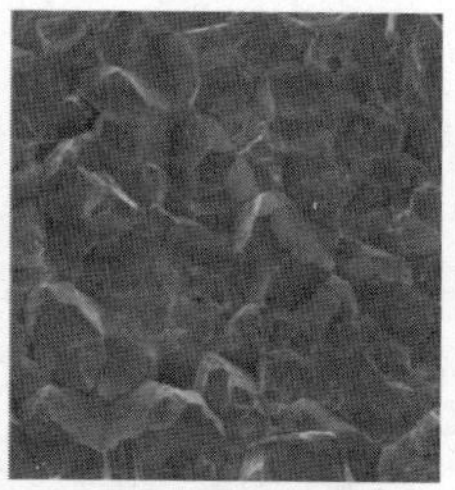

(b) 锦屏地下实验室二期白色大理岩(延性破坏)

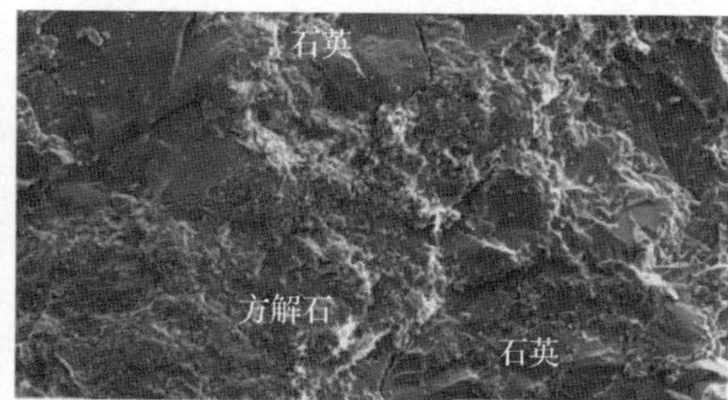

(c) 巴基斯坦N-J水电站引水隧洞砂岩

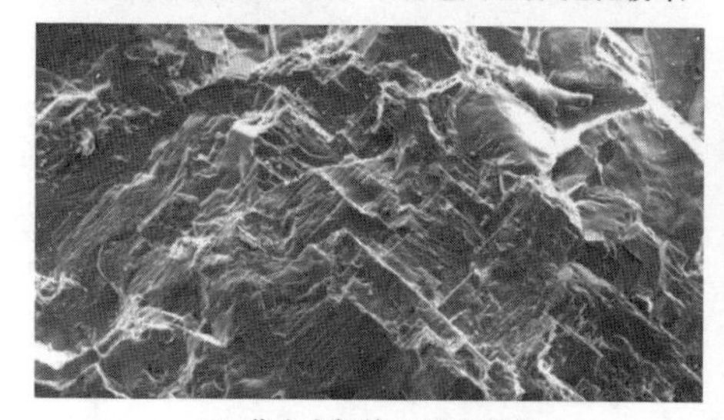

(d) 北山中粗粒二长花岗岩

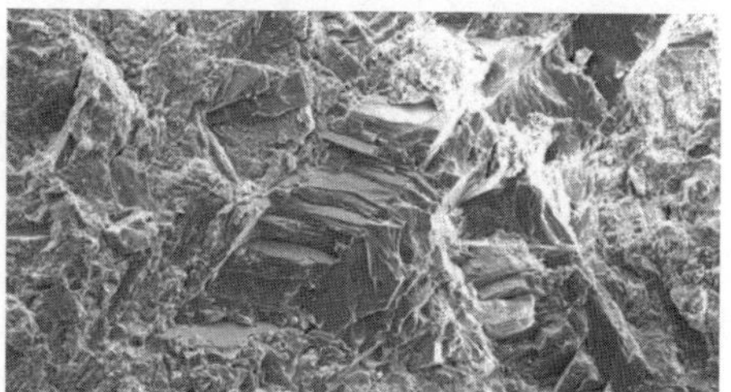

(e) 白鹤滩水电站地下厂房斜斑玄武岩

图 5.1.8　四种深部硬岩破坏后的微观结构[3]

5.1.2　深部硬岩强度特性

深部硬岩强度包括峰值强度 σ_p、残余强度 σ_r 和峰前破裂特征强度。峰前破裂特征强度包括裂纹稳定扩展阶段的起裂强度 σ_{ci}、裂纹非稳定扩展阶段的损伤强度 σ_{cd}。真三轴压缩下深部硬岩特征强度如图 5.1.9 所示[4]。

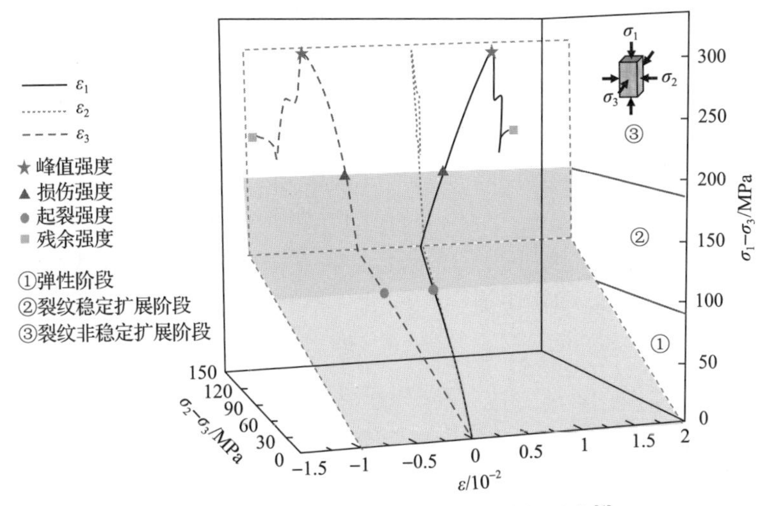

图 5.1.9　真三轴压缩下深部硬岩特征强度[4]

1. 深部硬岩起裂强度特征

深部硬岩起裂强度定义为应力-应变曲线弹性段结束时刻对应的应力，是硬岩长期强度阈值的最低极限值。为识别真三轴压缩下硬岩起裂强度，提出了真三轴压缩下最小主应变响应法：选择参考线，即连接曲线原点和损伤强度点(见图 5.1.10(a))；计算参考线和应力差-最小主应变曲线之间的间距，记为ΔTLSR；ΔTLSR-应力差曲线最大值对应的应力即为起裂强度(见图 5.1.10(b))。在计算ΔTLSR-应力差曲线最大值时，可以通过三次多项式拟合确定。

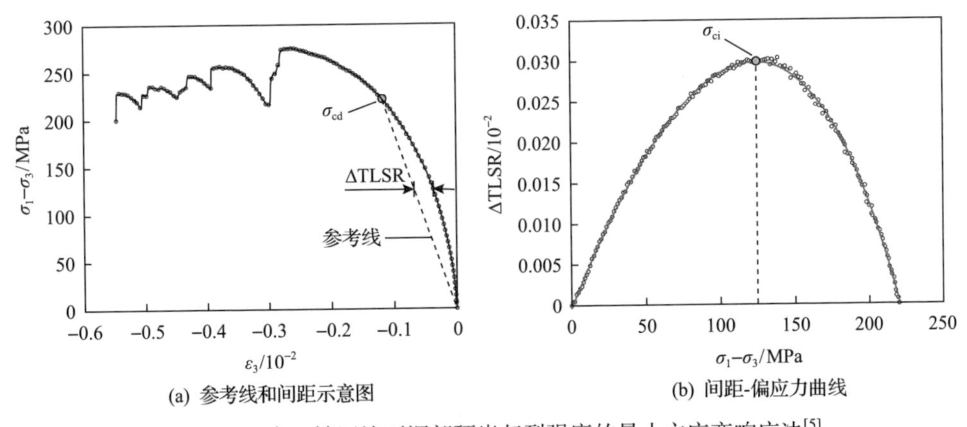

图 5.1.10　真三轴压缩下深部硬岩起裂强度的最小主应变响应法[5]

采用真三轴压缩下最小主应变响应法，计算三种不同典型硬岩的起裂强度。结果表明，大多数应力水平下硬岩真三轴压缩起裂强度与其真三轴峰值强度的比值大于 0.5，与单轴抗压强度的比值大于 1[5]。此比值远远大于硬岩单轴压缩试验的结果(0.3～0.5)，也区别于常规三轴压缩试验结果[6]，说明中间主应力对硬岩起裂强度的影响程度不容忽视。图 5.1.11 和图 5.1.12 分别为真三轴压缩下硬岩起裂强度随中间主应力和最小主应力的变化规律。随着中间主应力和最小主应力的增加，硬岩起裂强度不断增加，硬岩起裂强度对最小主应力的敏感性更强。

图 5.1.13 为真三轴压缩下北山中粗粒二长花岗岩破裂面微观结构。硬岩起裂强度与中间主应力和最小主应力密切相关，主要是由于应力水平的提高致使硬岩内部颗粒孔隙和间隙不断缩小，增加了硬岩内部颗粒之间的咬合力，使得硬岩内部更加密实，需要更大的应力才可以产生新生微裂纹，进而起裂强度得到提高。

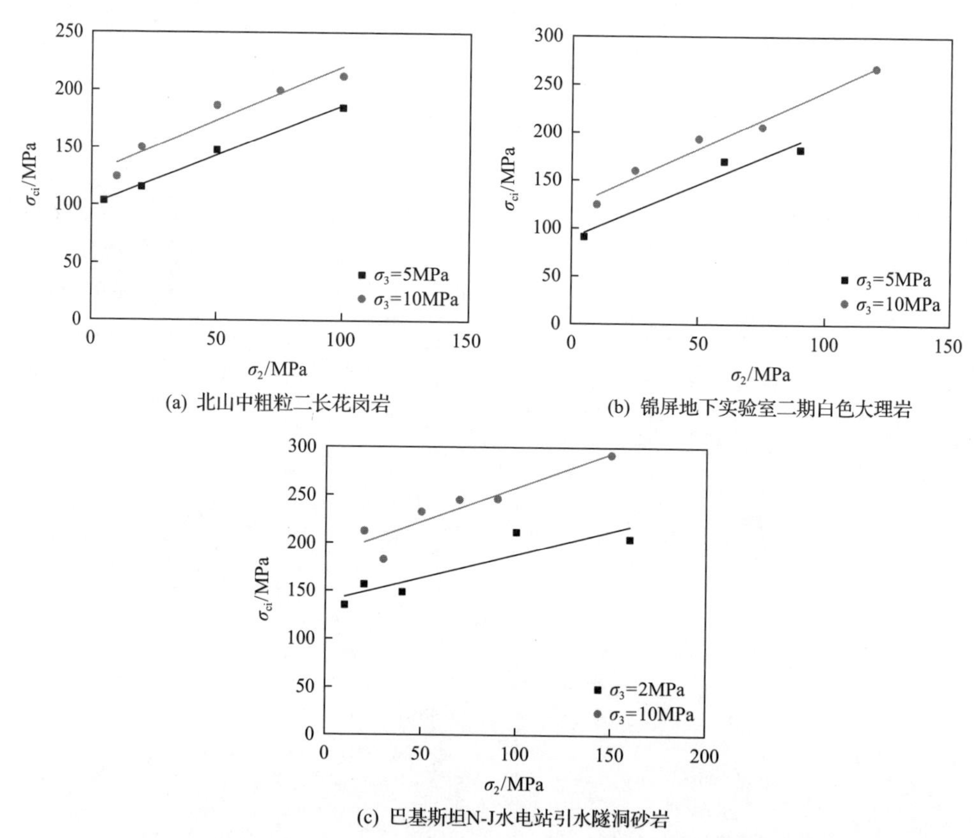

图 5.1.11　真三轴压缩下硬岩起裂强度随中间主应力的变化规律

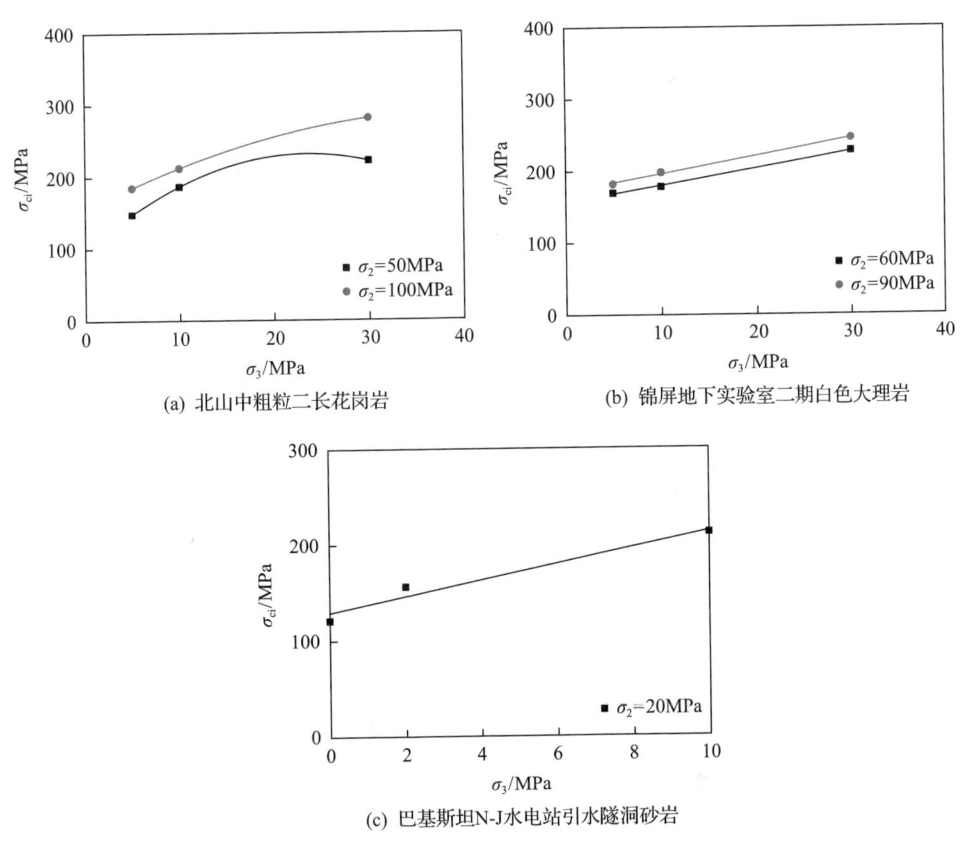

图 5.1.12　真三轴压缩下硬岩起裂强度随最小主应力的变化规律

(a) $\sigma_2=\sigma_3$=5MPa

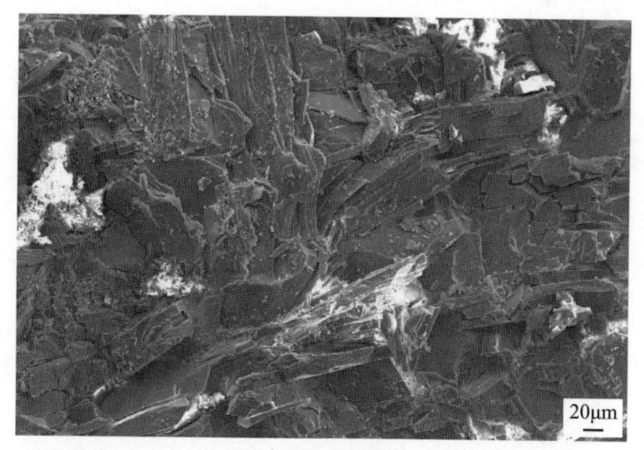

(b) $\sigma_2=\sigma_3=20$MPa

(c) $\sigma_2=75$MPa，$\sigma_3=30$MPa

图 5.1.13　真三轴压缩下北山中粗粒二长花岗岩破裂面微观结构

硬岩的起裂强度往往被用于评估深部工程发生片帮等应力型灾害的可能性及危害性，σ_2和σ_3对硬岩起裂强度有增强作用。

2. 深部硬岩损伤强度特征[7]

深部硬岩损伤强度定义为体积应变曲线拐点时的应力值。真三轴压缩下硬岩损伤强度随中间主应力和最小主应力的变化规律如图 5.1.14 和图 5.1.15 所示[7]。从图 5.1.14 可以看出，在中间主应力小于单轴压缩强度的应力区间，硬岩损伤强度随中间主应力的增加呈线性趋势增加，与硬岩起裂强度一样。从图 5.1.15 可以看出，随着最小主应力的增加，硬岩损伤强度呈近似线性趋势增加，在低最小主应力范围内，硬岩损伤强度随最小主应力的增加而快速增加，随后缓慢增加[7]。

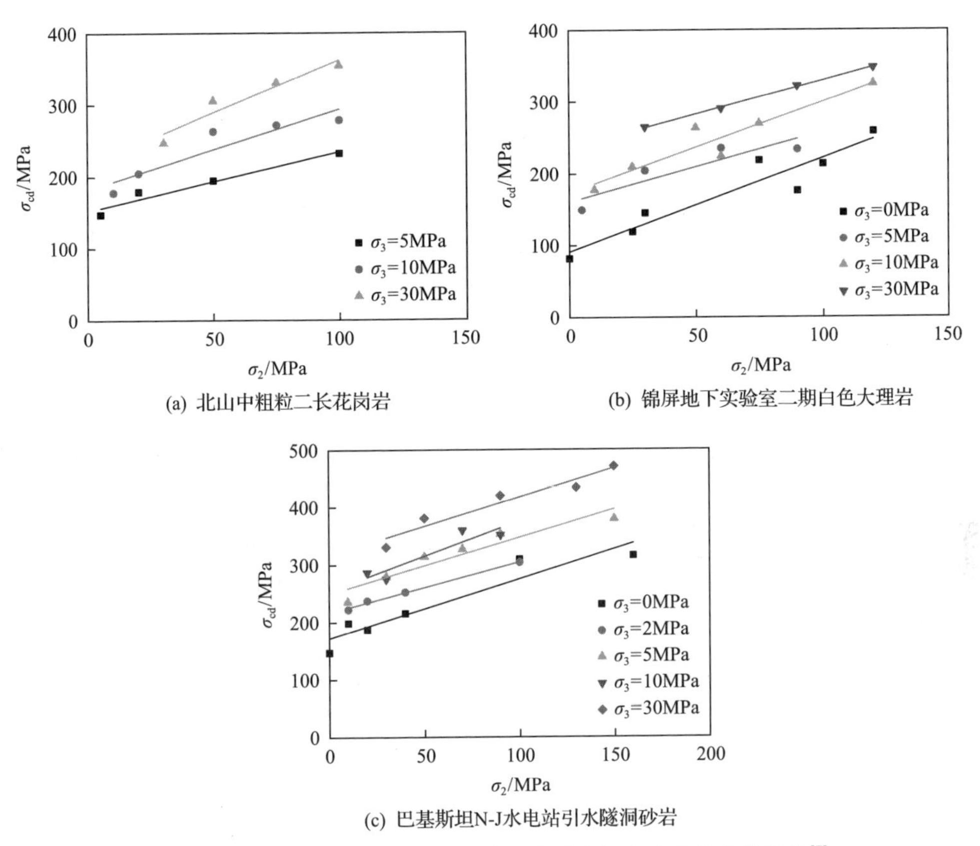

(a) 北山中粗粒二长花岗岩　(b) 锦屏地下实验室二期白色大理岩

(c) 巴基斯坦N-J水电站引水隧洞砂岩

图 5.1.14　真三轴压缩下硬岩损伤强度随中间主应力的变化规律[7]

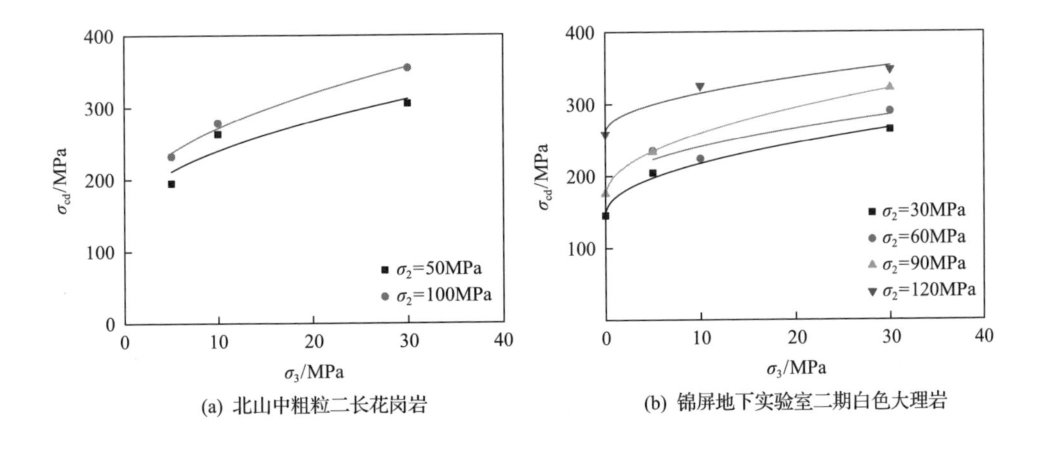

(a) 北山中粗粒二长花岗岩　(b) 锦屏地下实验室二期白色大理岩

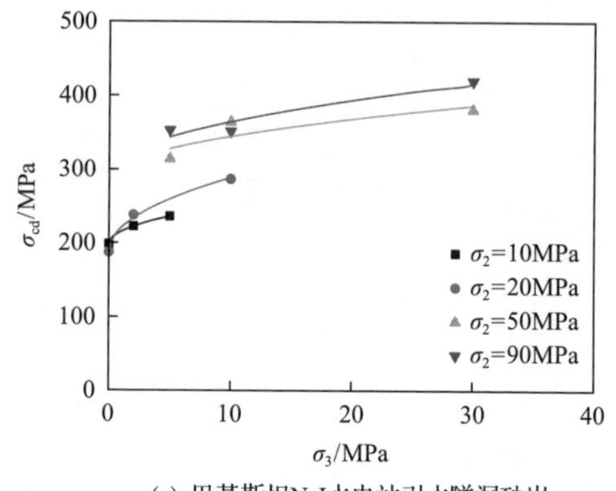

(c) 巴基斯坦N-J水电站引水隧洞砂岩

图 5.1.15 真三轴压缩下硬岩损伤强度随最小主应力的变化规律[7]

硬岩损伤强度同时受中间主应力和最小主应力影响，而损伤强度标志着硬岩体积应变曲线的拐点，表征着硬岩体积的变化，中间主应力和最小主应力的提高都具有限制硬岩体积膨胀的作用，高应力促使了硬岩损伤强度的提高。

一方面，硬岩损伤强度可以作为硬岩的长期强度，与硬岩长期失稳密切相关，损伤强度的量化规律可以为时效试验提供参考；另一方面，深部应力环境下损伤强度的精确确定可以有效地评估围岩不同损伤程度的范围，也可为深部工程长期稳定性评估提供依据。

3. 深部硬岩峰值强度特征

硬岩峰值强度代表岩石的极限承载力，对应硬岩全应力-应变曲线的峰值应力点。硬岩峰值强度除受最小主应力影响外，还受中间主应力、主应力差影响，而且与静水压力、应力洛德角等因素密切相关。

1) 主应力空间岩石峰值强度非线性变化特征

图 5.1.16 为云南砂岩[8]和土耳其安山岩峰值强度随中间主应力的非对称变化特征，其涵盖了从 $\sigma_1>\sigma_2=\sigma_3$ 到 $\sigma_1=\sigma_2>\sigma_3$ 的应力状态变化。最小主应力和中间主应力对硬岩峰值强度均有强化作用；最小主应力恒定条件下，硬岩的峰值强度随中间主应力的增加呈现先增后减的非对称变化特征；在中间主应力恒定条件下，在一定范围内，硬岩的峰值强度随最小主应力的增加呈单调非线性增加的变化趋势，但最小主应力对硬岩的强化作用明显高于中间主应力的作用。

为量化应力差对硬岩峰值强度的强化作用，对上述硬岩的峰值强度进行了归一化处理：使用应力洛德参数 μ 表示中间主应力从广义三轴压缩应力状态 ($\sigma_1>\sigma_2=\sigma_3$) 到广义三轴拉伸应力状态 ($\sigma_1=\sigma_2>\sigma_3$) 的变化；相对广义三轴压缩状态的强度提升系数 λ 代表中间主应力对硬岩峰值强度的提升百分比。这两个参数均为无量纲参数，表达式为

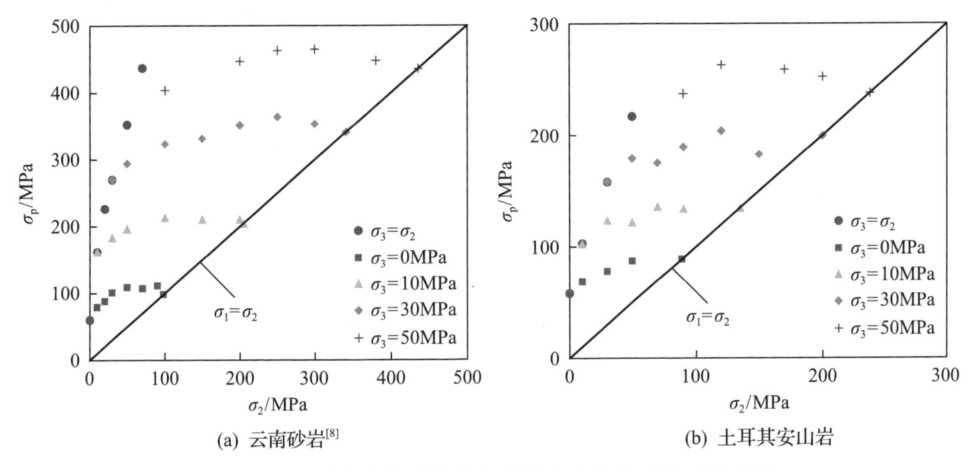

(a) 云南砂岩[8]　(b) 土耳其安山岩

图 5.1.16　硬岩峰值强度随中间主应力的非对称变化特征

$$\mu = 2\frac{\sigma_2 - \sigma_3}{\sigma_1 - \sigma_3} - 1 \tag{5.1.2}$$

$$\lambda = \frac{\sigma_\mu - \sigma_{\mu=-1}}{\sigma_{\mu=-1}} \times 100\% \tag{5.1.3}$$

式中，应力洛德参数 μ 变化范围为[–1,1]。当 $\mu=-1$ 时，表示硬岩处于广义三轴压缩应力状态（也就是常规三轴压缩应力状态），中间主应力等于最小主应力；当 $\mu=1$ 时，表示硬岩处于广义三轴拉伸应力状态，中间主应力等于最大主应力。因此，硬岩在不同中间主应力状态下的峰值强度用 σ_μ 表示，$\sigma_{\mu=-1}$ 表示硬岩在广义三轴压缩应力状态下的峰值强度。

对云南砂岩和土耳其安山岩在不同中间主应力状态下的峰值强度提升系数 λ 进行计算，如图 5.1.17 所示。最小主应力接近零时的硬岩峰值强度明显有别于最小主应力处于高应力水平时的峰值强度，其主要由硬岩的拉剪破裂机制差异导致。这种破坏的差异性及其作用机理的认知对破坏准则的建立具有重要意义。

2）硬岩峰值强度的三轴拉压异性

硬岩峰值强度的非对称变化说明岩石在广义三轴压缩应力状态下（$\sigma_1>\sigma_2=\sigma_3$）的峰值强度与广义三轴拉伸应力状态下（$\sigma_1=\sigma_2>\sigma_3$）的峰值强度并不相等。图 5.1.18 为广义三轴压缩应力状态（$\sigma_1>\sigma_2=\sigma_3$）和广义三轴拉伸应力状态下（$\sigma_1=\sigma_2>\sigma_3$）岩石的峰值强度。广义三轴压缩应力状态（$\sigma_1>\sigma_2=\sigma_3$）和广义三轴拉伸应力状态（$\sigma_1=\sigma_2>\sigma_3$）的应力洛德参数分别为–1 和 1，可以看出硬岩的峰值强度存在明显的应力洛德角依赖性。在恒定应力洛德参数条件下，当最小主应力接近零时，硬岩峰值强度随最小主应力增加的非线性变化趋势比较明显；随着最小主应力的继续增加，硬岩的峰值强度逐渐趋于线性变化。因此，这种变化规律可以近

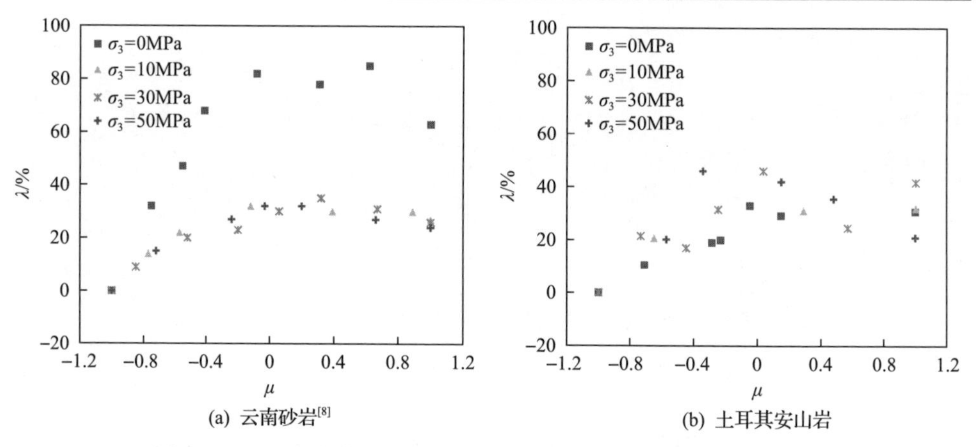

图 5.1.17　硬岩峰值强度提升系数 λ 随应力洛德参数 μ 的变化特征

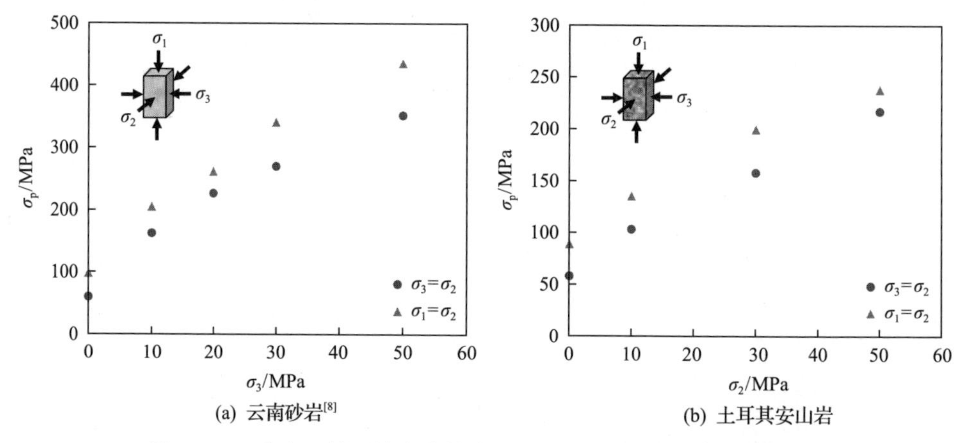

图 5.1.18　广义三轴压缩应力状态 $(\sigma_1>\sigma_2=\sigma_3)$ 和广义三轴拉伸应力状态下 $(\sigma_1=\sigma_2>\sigma_3)$ 岩石的峰值强度

似地用双曲线或抛物线等非线性关系进行描述。这种非线性变化往往与硬岩的拉剪破裂机制有关：低 σ_3 条件下硬岩的破坏主要以拉破裂为主；随着最小主应力的增加，硬岩剪破裂的比例增加，逐渐变为以剪破裂为主。

3) 硬岩峰值强度的应力洛德角依赖性

硬岩在某一偏平面上的峰值强度包络特征可以表示为恒定八面体正应力 σ_{oct} ($\sigma_{oct}=(\sigma_1+\sigma_2+\sigma_3)/3$) 下八面体剪应力 τ_{oct} ($\tau_{oct}=1/3\sqrt{(\sigma_1-\sigma_2)^2+(\sigma_1-\sigma_3)^2+(\sigma_2-\sigma_3)^2}$) 与应力洛德角 θ_σ $\left(\theta_\sigma=\arctan\left(\dfrac{1}{\sqrt{3}}\dfrac{2\sigma_2-\sigma_1-\sigma_3}{\sigma_1-\sigma_3}\right)\right)$ 的关系。以云南砂岩为例，通过真三轴试验获得恒定应力洛德角下云南砂岩的八面体剪应力 τ_{oct} 随八面体正应力 σ_{oct} 的关系特征，如图 5.1.19 所示[9]，通过数据拟合和插值计算，得到云南砂岩偏

平面上的峰值强度包络，即在恒定八面体正应力下八面体剪应力与应力洛德角的关系特征，如图 5.1.20 所示[9]。可以看出，云南砂岩在恒定八面体正应力下的峰值强度包络呈弧三角形(莱洛三角形)，而且随着八面体正应力的增大，弧三角形的弧度增大；与之相反，当八面体正应力降低时，破坏包络面呈三角形趋势逼近。

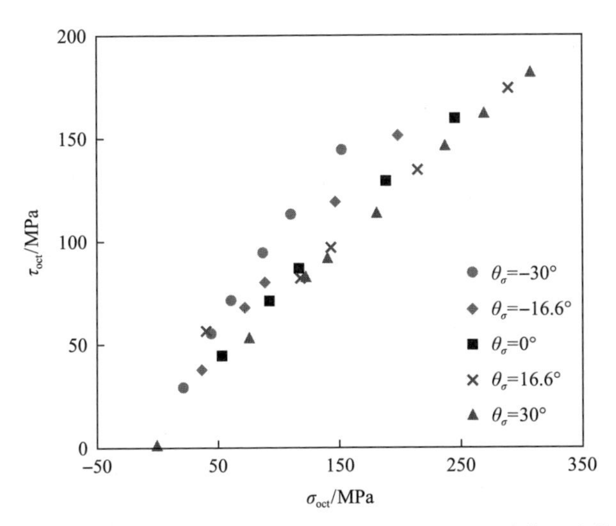

图 5.1.19　恒定应力洛德角下云南砂岩在子午面上的峰值强度特征[9]

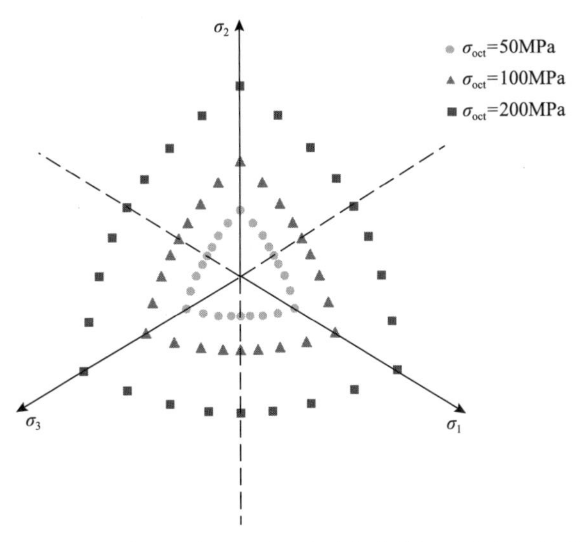

图 5.1.20　恒定八面体正应力 σ_{oct} 下云南砂岩在偏平面上的峰值强度特征[9]

硬岩峰值强度与岩石的稳定性密切相关，真三向高应力硬岩峰值强度特征的研究可以更好地认知硬岩不同应力状态下的承载力，对深部工程设计和安全建设具有重要意义。在较小的应力差$(\sigma_2-\sigma_3)$作用下，应力差可以提高硬岩的强度，有利于硬岩的稳定；但在较高应力差$(\sigma_2-\sigma_3)$作用下，应力差将不利于硬岩的稳定。硬岩峰值强度特征的认知可为硬岩破坏准则及力学模型的建立提供有力理论支撑。

4. 深部硬岩残余强度特征

硬岩残余强度代表硬岩破裂后的承载力，是评估深部工程围岩破裂损伤区承载力的重要依据。残余阶段硬岩的承载力具有较强的变形依赖性，会随着残余变形的增加发生缓慢降低(见图 5.1.21)，而室内试验难以获得绝对稳定的残余强度，残余强度还没有统一的确定方法。残余强度 σ_r 可以定义为硬岩全应力-应变曲线残余阶段初始点的应力值，如图 5.1.22 所示[1]，该点为硬岩贯通破裂面刚形成时

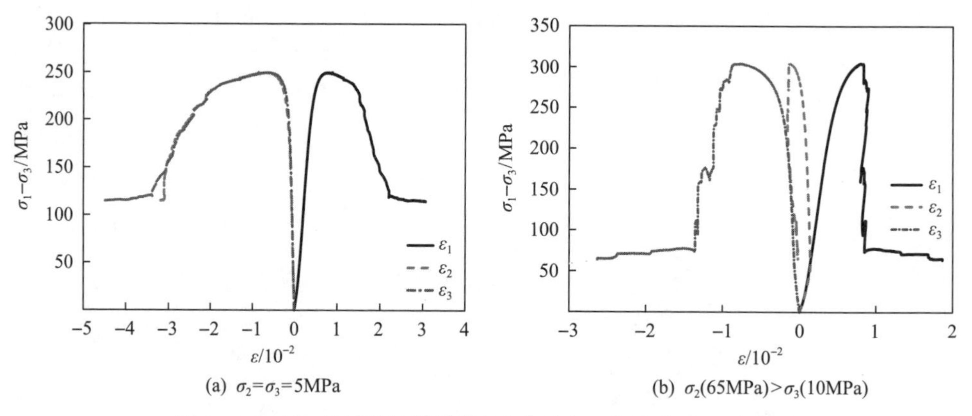

(a) $\sigma_2=\sigma_3$=5MPa　　(b) σ_2(65MPa)>σ_3(10MPa)

图 5.1.21　真三轴压缩下锦屏地下实验室二期白色大理岩典型全应力-应变曲线(含残余阶段)[1]

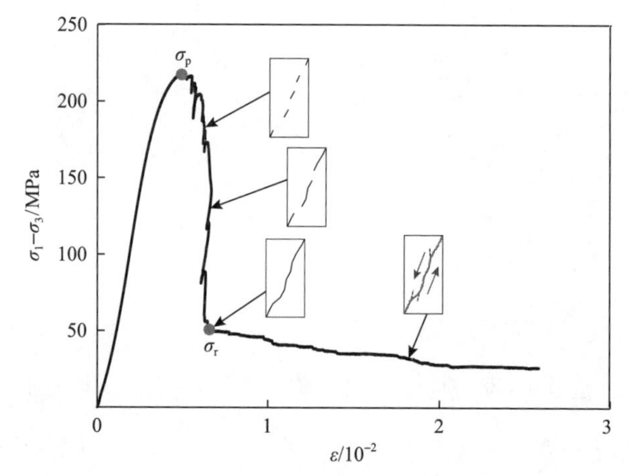

图 5.1.22　真三轴压缩条件下硬岩残余强度定义[1]

对应的强度值，该点以前(峰后阶段)主要是硬岩内部微裂纹和局部裂纹的产生、扩展和贯通，逐渐形成宏观破裂面，而该点以后主要是已形成宏观破裂面相互错动滑移，破裂面上凹凸处被局部磨碎。

真三轴压缩下硬岩的残余强度与中间主应力和最小主应力密切相关，以锦屏地下实验室二期白色大理岩残余强度真三轴试验结果为例，其主要特征总结如下：

(1)残余强度具有显著最小主应力效应。相同中间主应力下，残余强度随最小主应力的增加呈近似线性增大的变化规律，如图 5.1.23 所示[1]。

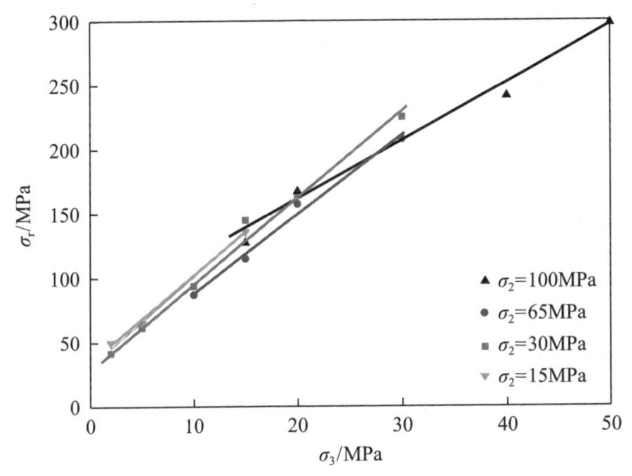

图 5.1.23　真三轴压缩下锦屏地下实验室二期白色大理岩残余强度随最小主应力的变化规律[1]

(2)残余强度具有一定中间主应力效应。真三轴压缩下锦屏地下实验室二期白色大理岩残余强度的中间主应力效应如图 5.1.24 所示[10]。相同最小主应力下，残余强度随中间主应力的增加呈先减小后略增大的变化规律，如图 5.1.24(a)所示。

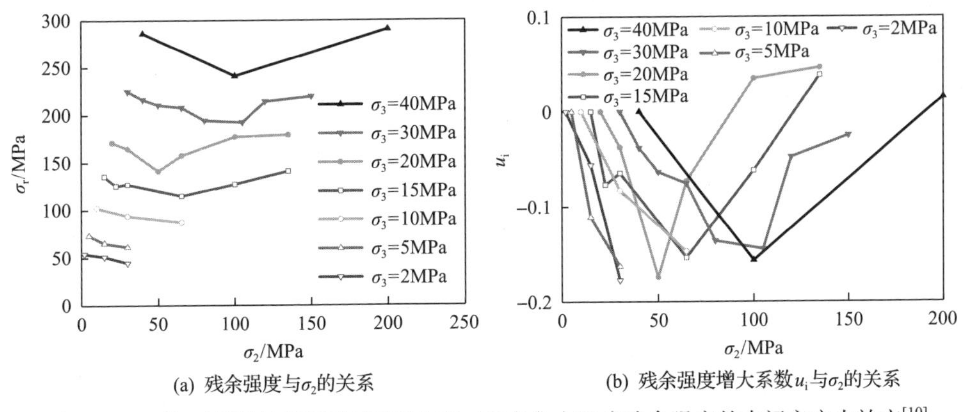

(a) 残余强度与σ_2的关系　(b) 残余强度增大系数u_i与σ_2的关系

图 5.1.24　真三轴压缩下锦屏地下实验室二期白色大理岩残余强度的中间主应力效应[10]

为了定量表征 σ_2 对残余强度的影响效应，定义残余强度增大系数 u_i：

$$u_{\mathrm{i}} = \frac{\sigma_{\mathrm{rij}} - \sigma_{\mathrm{ric}}}{\sigma_{\mathrm{ric}}} \tag{5.1.4}$$

式中，$\Delta\sigma_{\mathrm{ric}}$ 和 $\Delta\sigma_{\mathrm{rij}}$ 分别为常规三轴应力状态下残余强度和真三轴应力下相同 σ_3 不同 σ_2 的残余强度，前者对应 $u_{\mathrm{i}} = 0$ 。

图 5.1.24(b)为残余强度增大系数 u_i 与 σ_2 的关系。σ_3 较高时(≥15MPa)，随着 $\sigma_2-\sigma_3$ 的增加，u_i 先从 0 明显减小至低值，然后增加至 0 附近。σ_3 较低时(σ_3 = 2MPa 和 5MPa)，u_i 随 $\sigma_2-\sigma_3$ 的增加而降低。因此，锦屏地下实验室二期白色大理岩残余强度中间主应力效应与峰值强度的规律不一致，且真三轴应力下的残余强度一般小于相同 σ_3 时常规三轴应力状态下的残余强度。

硬岩破坏达到残余阶段，宏观破裂面已经完全形成，此后的位移主要为破坏后块体沿着破坏面的相对摩擦滑动，残余强度主要与沿着破坏面相对滑移的摩阻力相关。真三轴应力下大理岩的破裂面平行于 σ_2、倾向于 σ_3，因而增加 σ_3 会提高破坏面上的法向应力，引起破坏面摩阻力增加，残余强度提高。同时 σ_2 对锦屏地下实验室二期白色大理岩破坏角、破坏模式和破坏面形态产生一定的影响，进而改变了滑移摩擦阻力，从而影响残余强度，对锦屏地下实验室二期白色大理岩，随着 σ_2 增加，破坏形态由主破坏面与小 V 形次生破坏面组成的复合型破坏面(对应的摩阻力高)转化为单主破坏面(对应的摩阻力低)，再转化为复合型破坏面[10]，导致残余强度有先降低后增加的趋势，中间主应力对残余强度的影响与其对破坏面特征的改变相关。

5.1.3 深部硬岩破裂特性

1. 真三向应力诱导深部硬岩破裂各向异性

硬岩破裂各向异性是指在真三向应力下，在三个主应力方向上呈现出的破坏差异性，即破裂面大致平行于 σ_2 方向，如图 5.1.25 所示。

图 5.1.26 为破坏面与 σ_2 夹角随中间主应力系数的演化规律。可以看出，破裂各向异性与中间主应力系数呈负指数关系，随着中间主应力系数的增加，破坏面与 σ_2 夹角逐渐减小，破裂各向异性逐渐增加。

2. 真三向应力诱导三维台阶形破裂特性

真三向应力诱导三维台阶形破裂特性是指硬岩在真三向应力下，宏观主裂纹呈现出竖直裂纹和倾斜裂纹交替出现的台阶形形态，如图 5.1.27 所示。图中的局部放大图是试样图虚线框的局部放大，实线圈标注的是张开度较大的竖直部分，虚线圈标注的是倾斜部分。

图 5.1.28 为真三轴压缩后硬岩主破坏面三维激光扫描结果。可发现硬岩三维

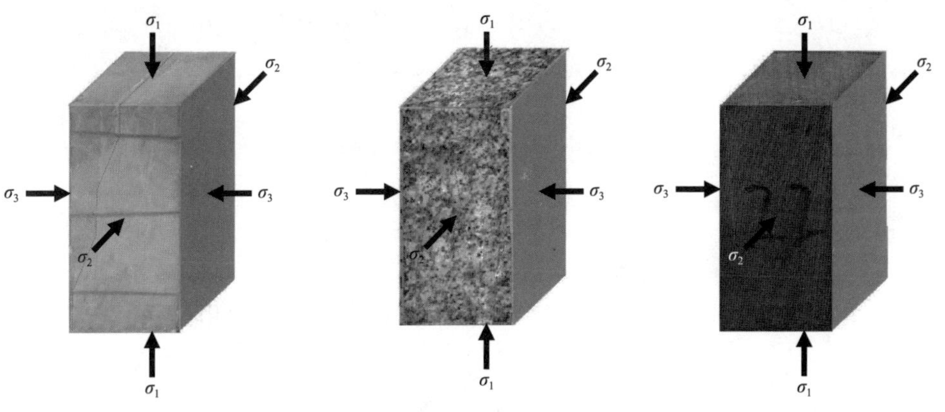

(a) 锦屏地下实验室二期白色大理岩 (σ_2=60MPa，σ_3=5MPa)　(b) 北山中粗粒二长花岗岩 (σ_2=50MPa，σ_3=10MPa)　(c) 巴基斯坦N-J水电站引水隧洞砂岩 (σ_2=70MPa，σ_3=10MPa)

图 5.1.25　真三向应力下硬岩破裂面平行于 σ_2 方向

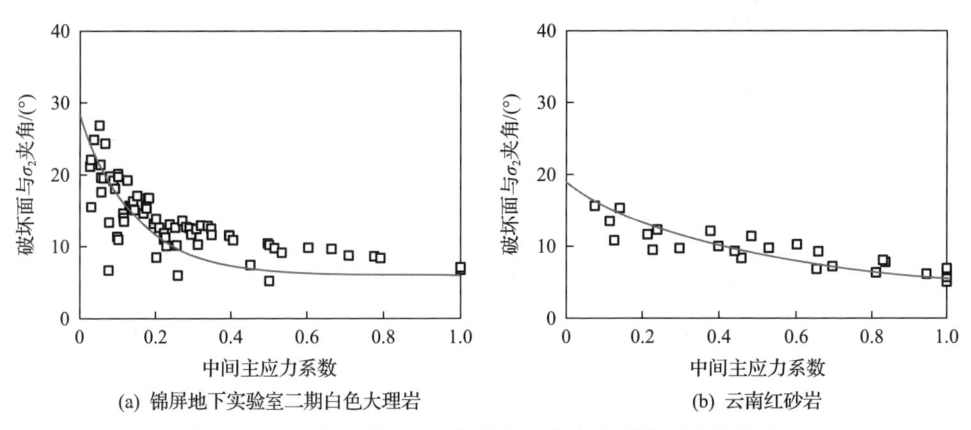

(a) 锦屏地下实验室二期白色大理岩　(b) 云南红砂岩

图 5.1.26　破坏面与 σ_2 夹角随中间主应力系数的演化规律

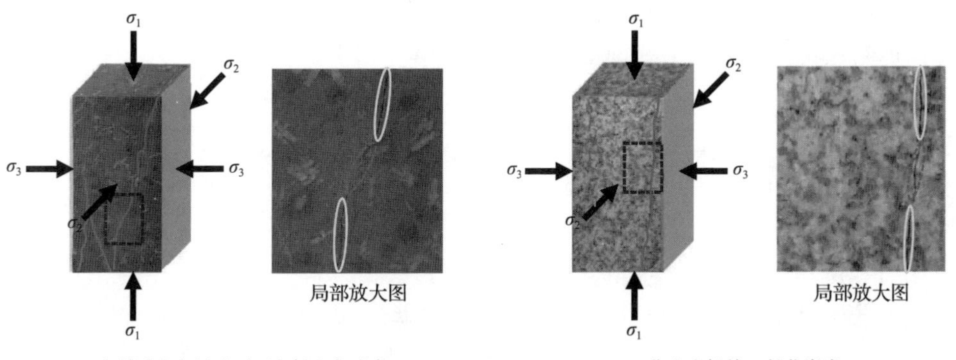

(a) 白鹤滩水电站地下厂房斜斑玄武岩　(b) 北山中粗粒二长花岗岩

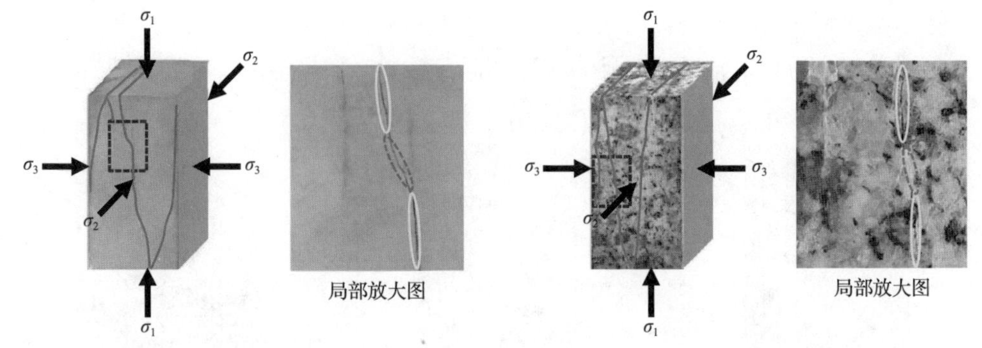

(c) 锦屏地下实验室二期白色大理岩　　(d) 某深埋隧道中粒角闪黑云花岗岩

图 5.1.27　真三向应力诱导硬岩拉剪混合破坏型三维台阶形裂纹

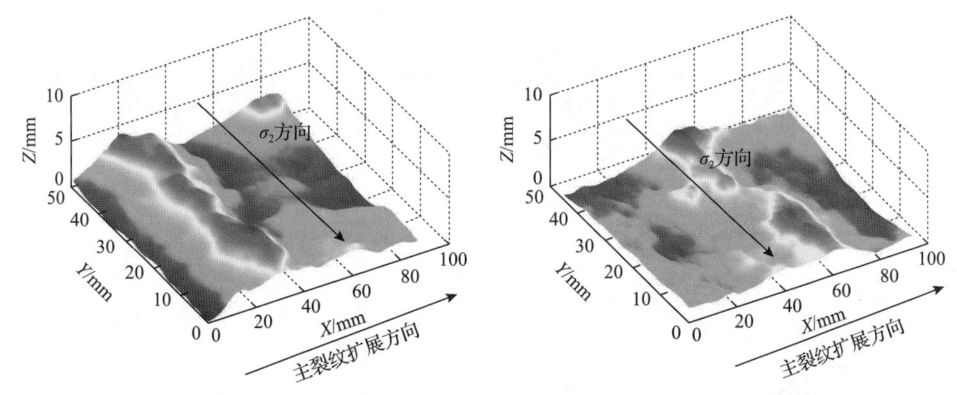

(a) 锦屏地下实验室二期白色大理岩　　(b) 白鹤滩水电站地下厂房斜斑玄武岩

图 5.1.28　真三轴压缩后硬岩主破坏面三维激光扫描结果(见彩图)

台阶形裂纹具有以下特征：其台阶表面大致平行于 σ_2 方向，且在主裂纹扩展方向观测到起伏。

真三向应力诱导硬岩三维台阶形裂纹可以分为三种类型：①拉剪混合破坏型，破裂竖直-倾斜-竖直贯穿，如图 5.1.27 所示；②拉伸劈裂型，破裂完全竖直贯穿，如图 5.1.29(a)所示；③剪切滑移型，破裂倾斜贯穿，如图 5.1.29(b)所示。

这三种类型的台阶面和破裂面整体均大致平行于 σ_2 方向。拉剪混合破坏型是较为常见的类型，拉伸劈裂型大多只出现在较低的 σ_3 水平或较高的 σ_2 水平，剪切滑移型出现在较高的 σ_3 水平。拉伸劈裂型和剪切滑移型中，三维台阶分别变成相对光滑竖直面和相对光滑斜面，分别与劈裂破坏和剪切破坏类似。

可利用声发射监测研究真三轴压缩加载过程中硬岩三维台阶形裂纹形成的破裂机理。如图 5.1.30 所示，锦屏地下实验室二期白色大理岩拉破裂事件约为 4000 个，而剪破裂事件只有 100 个左右，这说明硬岩在真三轴压缩下的破坏以拉破裂

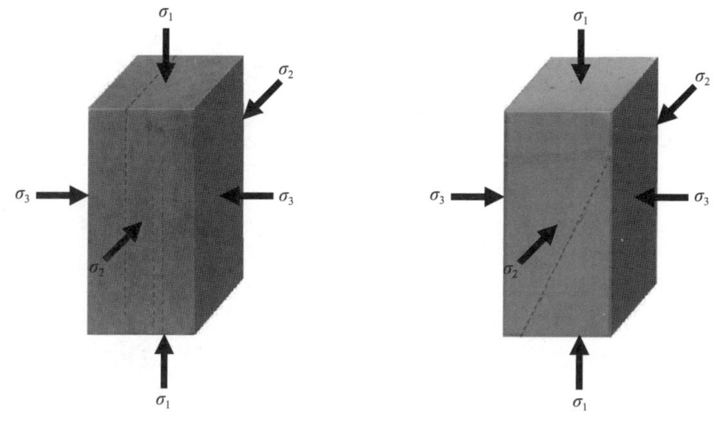

(a) 拉伸劈裂型，锦屏地下实验室二期灰色大理岩(σ_3=0MPa，σ_2=150MPa)　(b) 剪切滑移型，锦屏地下实验室二期白色大理岩(σ_3=50MPa，σ_2=80MPa)

图 5.1.29　真二向应力诱导拉伸劈裂型和剪切滑移型三维台阶形裂纹

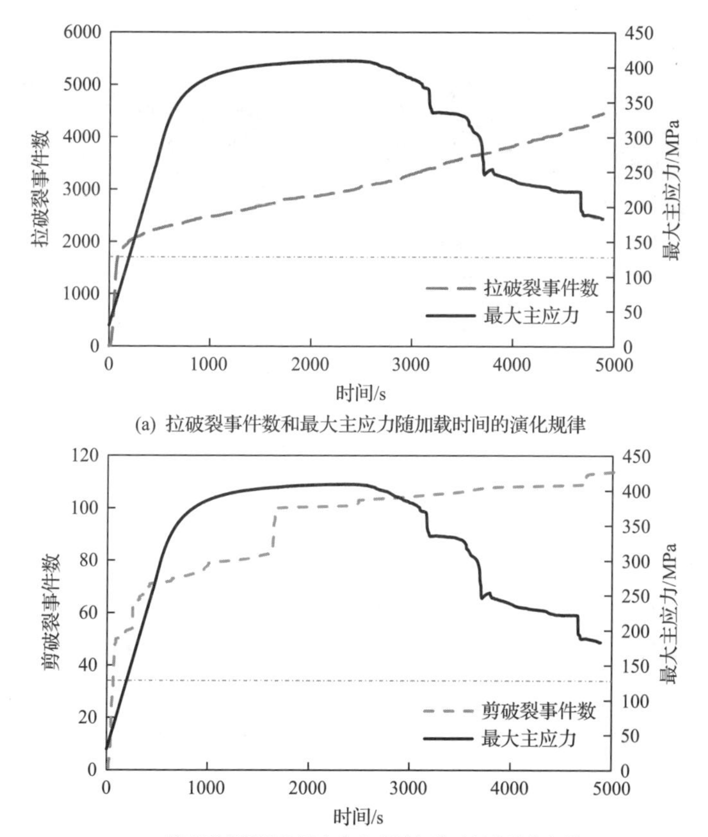

(a) 拉破裂事件数和最大主应力随加载时间的演化规律

(b) 剪破裂事件数和最大主应力随加载时间的演化规律

图 5.1.30　真三轴压缩加载过程中锦屏地下实验室二期白色大理岩(σ_3 = 30MPa，σ_2 = 100MPa)拉剪破裂事件数和最大主应力随加载时间的演化规律

为主导。拉剪破裂演化大致分为两个阶段，一个是最大主应力从 0 到 125MPa 左右(大致为起裂强度水平)，剪破裂事件也在急剧增加，这说明在这一阶段发生了拉剪混合作用，对应翼裂纹的萌生与扩展；当最大主应力达到 125MPa 以后，拉破裂事件数逐渐增加，剪破裂事件数演化规律呈现出明显的台阶形态，即先缓慢增加，随后突然上升(最大上升值出现在峰值附近)，再缓慢增加，循环往复直到最终残余状态。这从一定程度上说明了竖向拉裂纹不断张开，同时竖向拉裂纹尖端应力集中，临近裂纹间相互影响进而剪断岩桥的力学机理。这样不断进行下去，直到主裂纹贯穿试样(彻底失稳)，从而形成三维台阶形裂纹。

可运用扫描电子显微镜 SEM 研究真三轴压缩后最终破坏状态下硬岩三维台阶形裂纹的破坏机制，如图 5.1.31 所示。可以看出，在三维台阶形裂纹的竖直段出现了河流状和台阶状的解理断裂，在三维台阶形裂纹的倾斜段发现了晶粒上的剪切划痕。因此，可以从一定程度上得出三维台阶形裂纹竖直段的破裂机制为张拉，而倾斜段以剪切机制为主导。

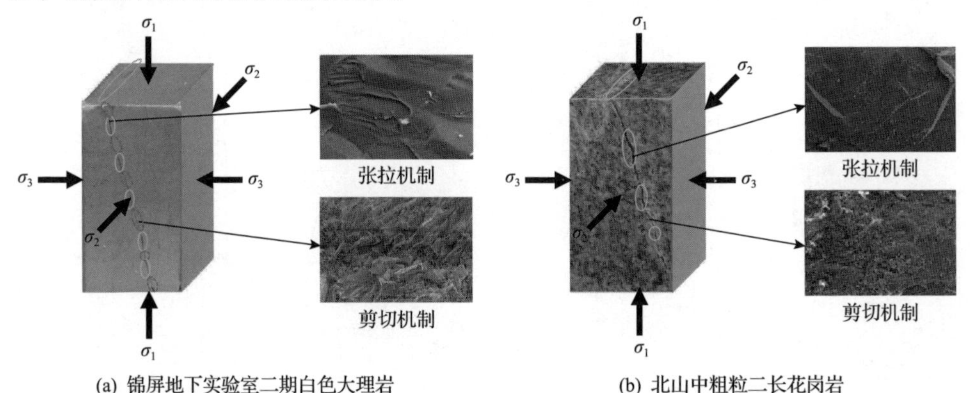

(a) 锦屏地下实验室二期白色大理岩　　(b) 北山中粗粒二长花岗岩

图 5.1.31　真三轴压缩后最终破坏状态下硬岩三维台阶形裂纹的破坏机制(见彩图)

3. 深部硬岩破裂特性的应力依赖性

在不同的应力条件下，应力诱导的岩石破坏机制也不尽相同。结合最小主应力和中间主应力对岩石宏微观破坏模式的分析，在 τ_{oct}-σ_{oct} 应力关系区间对岩石不同破坏模式进行分区，如图 5.1.32 所示[8]。可以看出，岩石的破坏模式被分为三个区：拉伸破裂区、剪切破裂区和拉剪混合破裂区。广义三轴压缩应力状态($\sigma_1>\sigma_2=\sigma_3$)和广义三轴拉伸应力状态($\sigma_1=\sigma_2>\sigma_3$)的峰值强度包络线分别作为破坏分区的上下边界线。在较低应力水平时，岩石处于拉伸破裂区，拉破裂主导岩石的破坏，岩石的最终破坏模式表现为宏观劈裂破坏；随着应力水平的增加，岩石破坏向拉剪破裂区过渡；之后应力水平继续增加，岩石的张拉裂纹扩展受到抑制，岩石的剪切裂纹扩展起主导作用，岩石的破坏模式表现为宏观剪切破坏。而且，在拉破裂主导破坏的应力范围内，由于岩石具有较低的抗拉能力，其峰值强度变

化趋势呈现非线性变化规律。

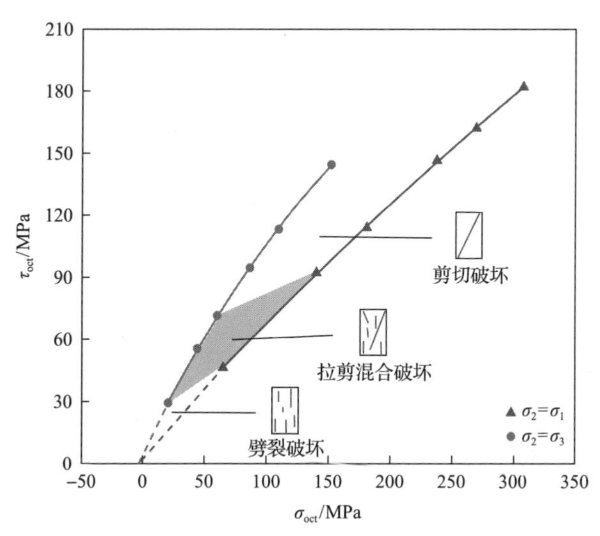

图 5.1.32　真三向应力下深部硬岩的破坏模式分区[8]

当深部工程岩体开挖后，由于应力重新调整和分布，围岩表层应力状态将发生巨大变化：围岩表层最小主应力接近零，且应力差($\sigma_1-\sigma_3$)在增大，并伴随高储存能的释放，此时岩石破坏以拉破裂为主，表现为片帮、板裂、岩爆等破坏形式。因此，应力状态变化对围岩稳定性有着重要影响。

5.1.4　深部硬岩变形特性

1. 深部硬岩变形的应力分区特性

真三轴压缩下，硬岩应力-应变曲线形态可分为三种类型：弹脆型(elastic-brittle，EB)、弹塑脆型(elastic-plastic-brittle，EPB)和弹塑延型(elastic-plastic-ductile，EPD)。弹塑延型包含三个子类型：峰后瞬时应力降型(典型弹塑脆型，EPB-instant，EPB-I)、峰后多阶段应力降型(多阶段型，EPB-multi drop，EPB-M)和峰后延迟应力降型(弹塑延脆型，EPB-delayed drop，EPB-D)。

1)深部硬岩弹脆型应力-应变曲线

如图 5.1.33 所示，弹脆型应力-应变曲线是指峰前只存在弹性阶段，不存在塑性阶段，应力达到峰值后会瞬间下降。

2)深部硬岩峰后瞬时应力降型应力-应变曲线

如图 5.1.34 所示，峰后瞬时应力降型应力-应变曲线是指峰前存在塑性阶段，应力达到峰值后会瞬间下降。

3)深部硬岩峰后多阶段应力降型应力-应变曲线

如图 5.1.35 所示，峰后多阶段应力降型应力-应变曲线是指应力达到峰值后会

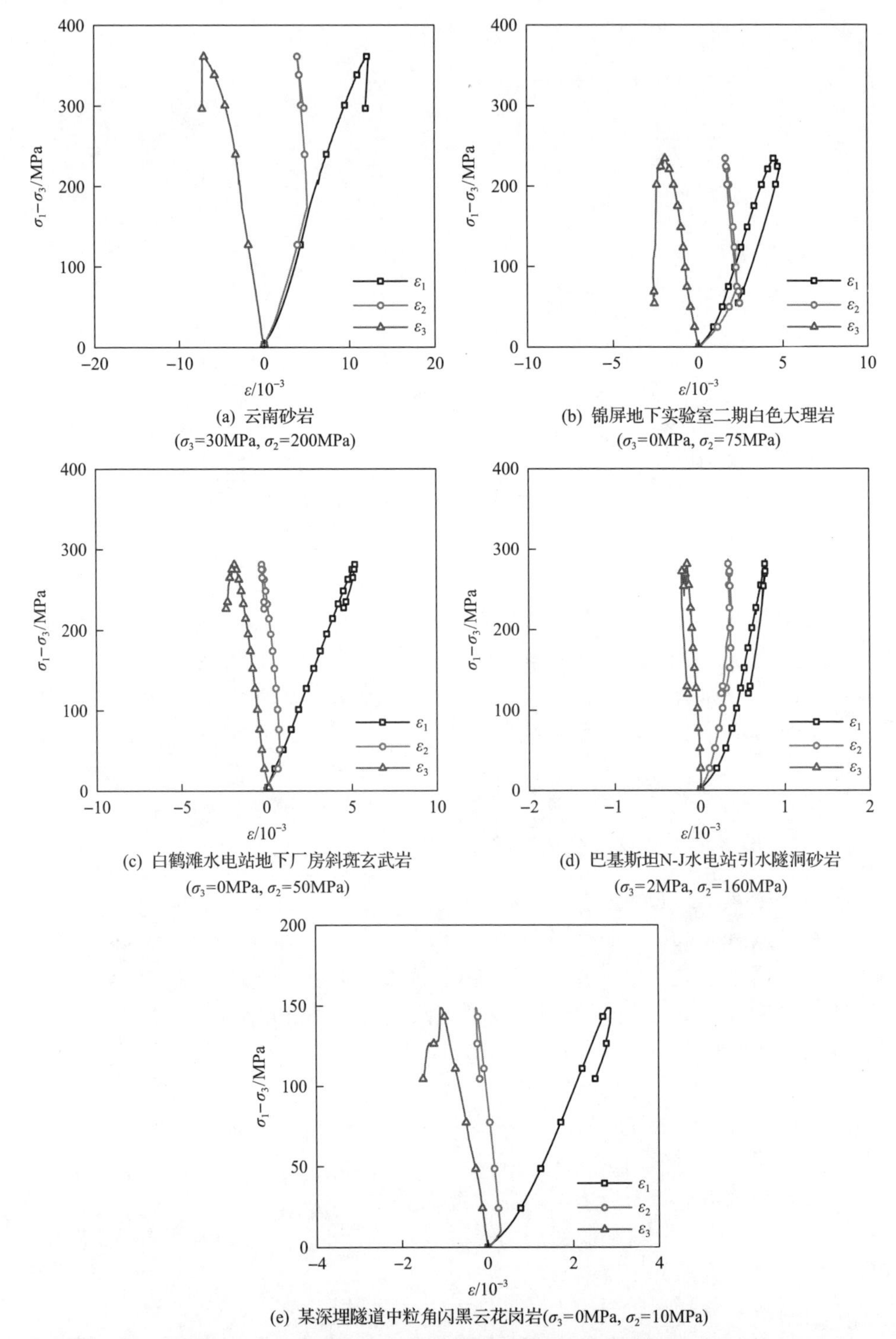

(a) 云南砂岩
(σ_3=30MPa, σ_2=200MPa)

(b) 锦屏地下实验室二期白色大理岩
(σ_3=0MPa, σ_2=75MPa)

(c) 白鹤滩水电站地下厂房斜斑玄武岩
(σ_3=0MPa, σ_2=50MPa)

(d) 巴基斯坦N-J水电站引水隧洞砂岩
(σ_3=2MPa, σ_2=160MPa)

(e) 某深埋隧道中粒角闪黑云花岗岩(σ_3=0MPa, σ_2=10MPa)

图 5.1.33　真三轴压缩下多种硬岩弹脆型应力-应变曲线特征

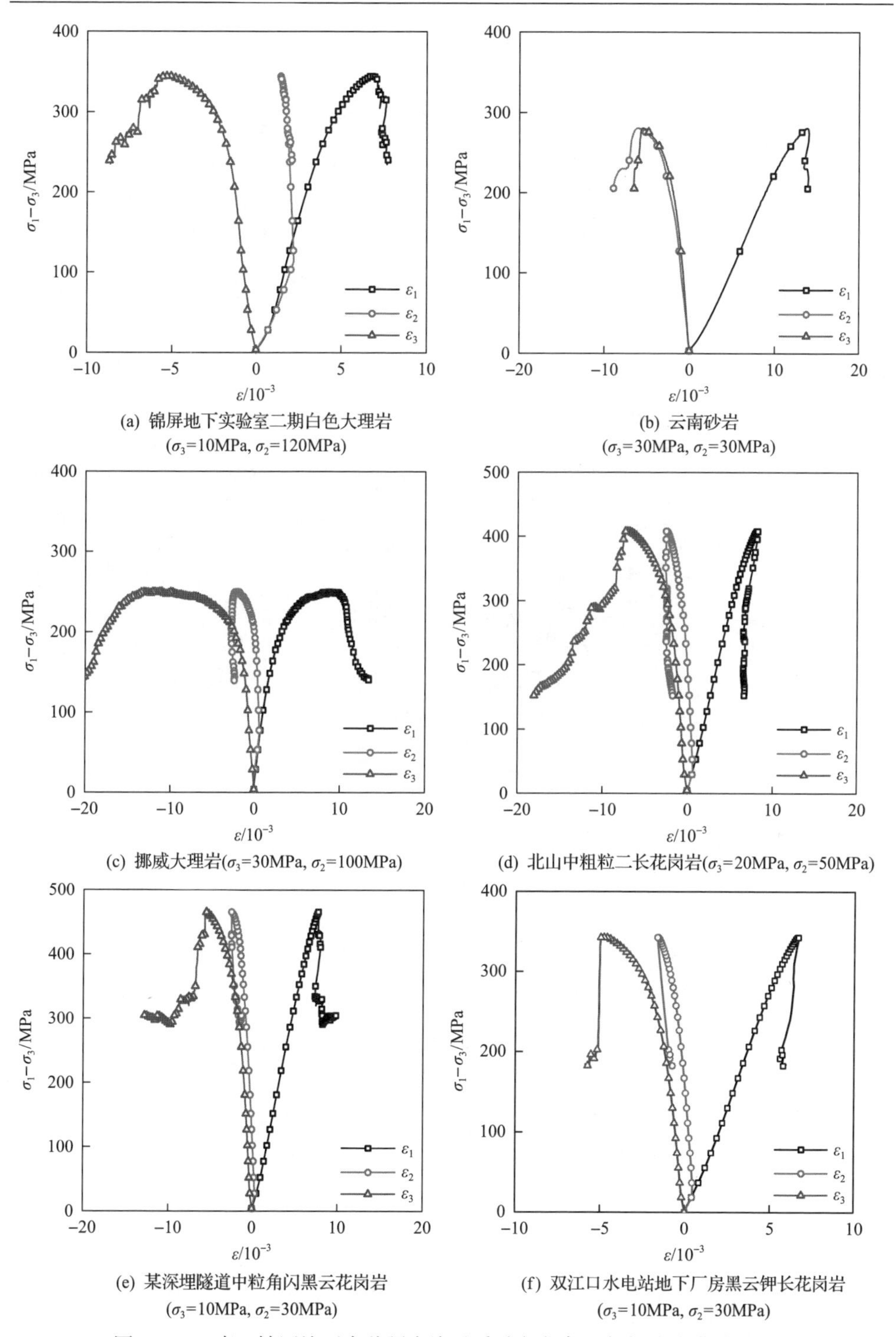

(a) 锦屏地下实验室二期白色大理岩
(σ_3=10MPa, σ_2=120MPa)

(b) 云南砂岩
(σ_3=30MPa, σ_2=30MPa)

(c) 挪威大理岩(σ_3=30MPa, σ_2=100MPa)

(d) 北山中粗粒二长花岗岩(σ_3=20MPa, σ_2=50MPa)

(e) 某深埋隧道中粒角闪黑云花岗岩
(σ_3=10MPa, σ_2=30MPa)

(f) 双江口水电站地下厂房黑云钾长花岗岩
(σ_3=10MPa, σ_2=30MPa)

图 5.1.34　真三轴压缩下多种硬岩峰后瞬时应力降型应力-应变曲线特征

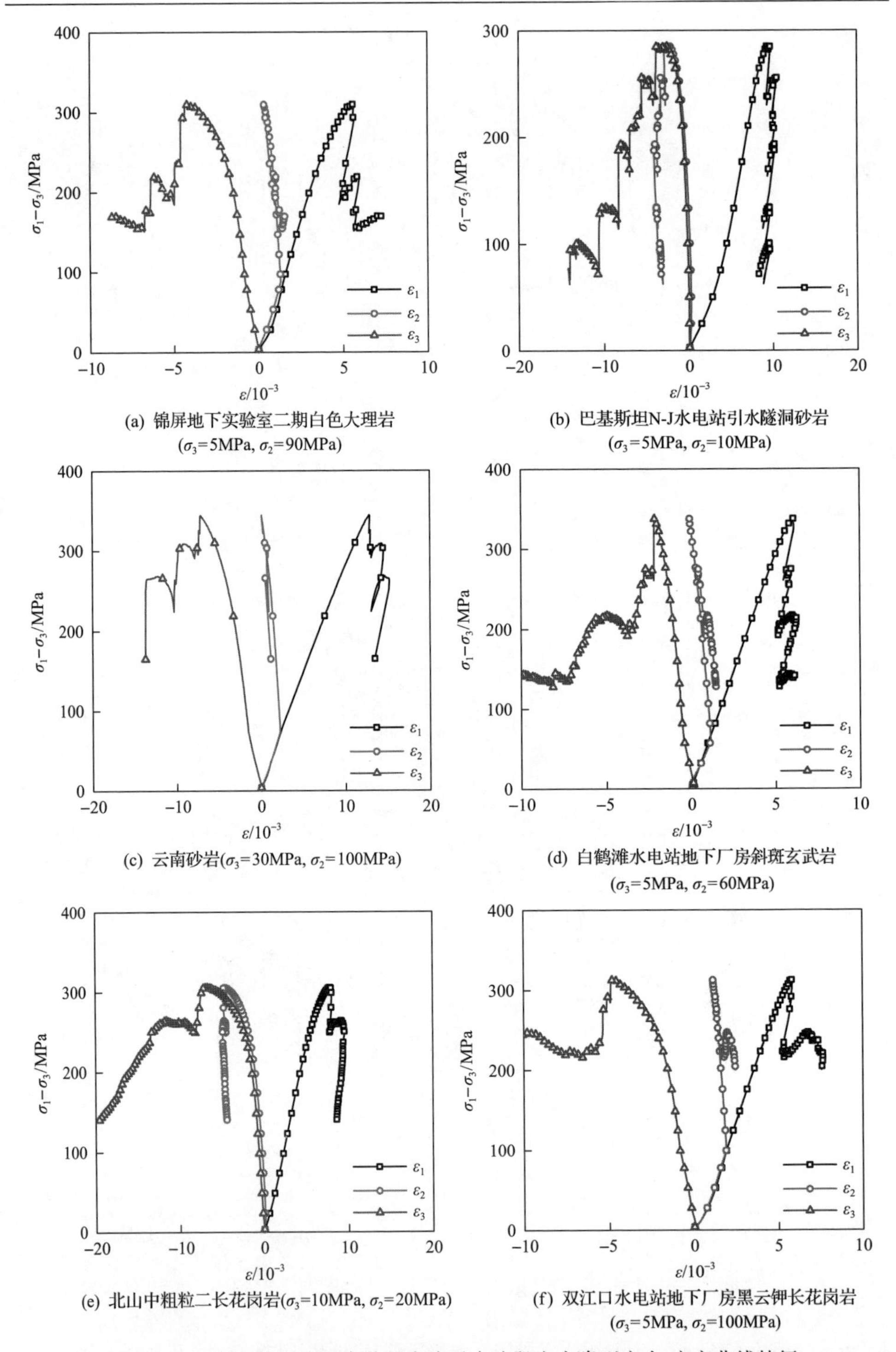

图 5.1.35　真三轴压缩下多种硬岩峰后多阶段应力降型应力-应变曲线特征

多次下降与上升。

4) 深部硬岩峰后延迟应力降型应力-应变曲线

如图 5.1.36 所示，峰后延迟应力降型应力-应变曲线是指峰后脆性破坏被延缓，发生一定程度的延性变形后最终还是会发生脆性破坏。

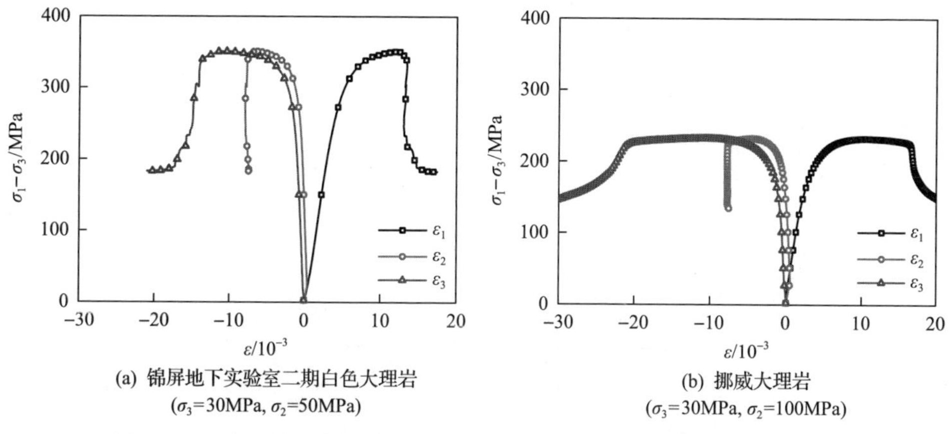

图 5.1.36　真三轴压缩下多种硬岩峰后延迟应力降型应力-应变曲线特征

5) 深部硬岩弹塑延型应力-应变曲线

如图 5.1.37 所示，弹塑延型应力-应变曲线是指应力达到峰值后硬岩会发生稳定的塑性应变软化。

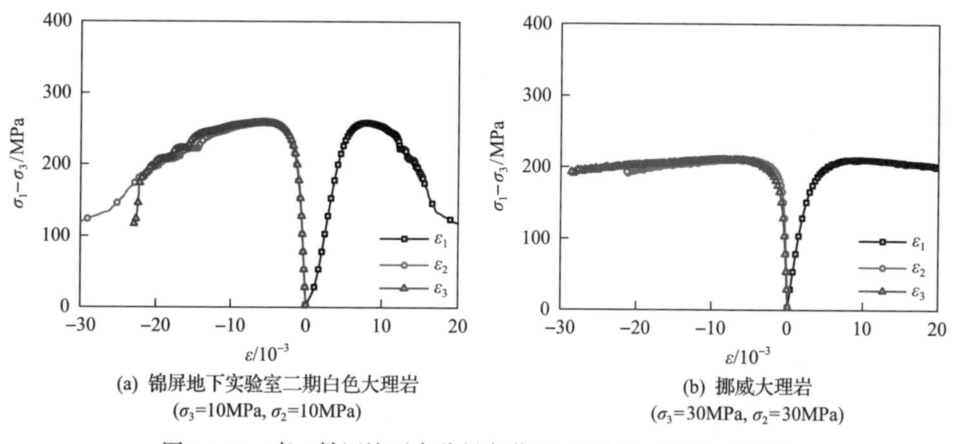

图 5.1.37　真三轴压缩下多种硬岩弹塑延型应力-应变曲线特征

硬岩变形的应力分区特性是指真三轴压缩下硬岩的变形具有应力水平依赖性和应力分区特性(见图 5.1.38)：随着最小主应力的增加，硬岩变形特征逐渐由弹脆型转变为弹塑脆型、峰后多阶段型、弹塑延脆型和弹塑延型特征。随着应力差 $(\sigma_2-\sigma_3)$ 的增加，硬岩变形特征逐渐由弹塑延型转变为弹塑延脆型、峰后多阶段型、弹塑脆型和弹脆型特征。

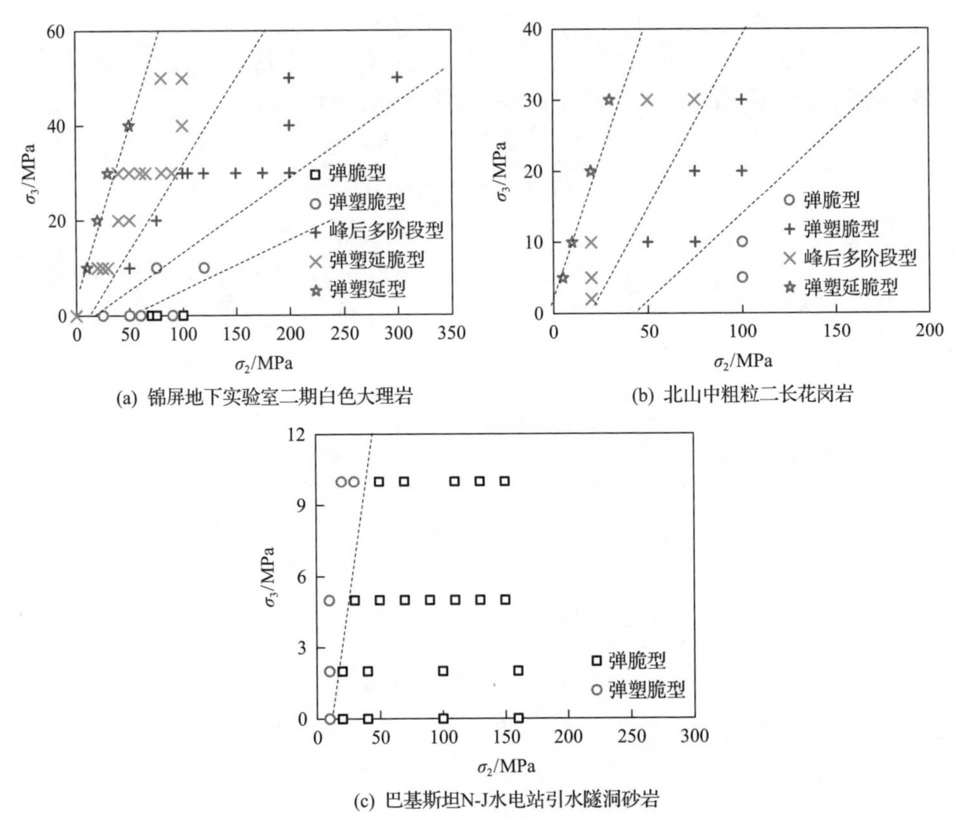

图 5.1.38　真三轴压缩下硬岩变形的应力分区特性

真三轴压缩下深部硬岩变形的应力分区特性机理是由不同应力条件下脆性不同导致的。依照式(5.1.1)，利用延性变形量倒数的自然对数 $\ln(1/\varepsilon_D)$ 计算多种硬岩不同应力-应变曲线类型的平均脆性指标，如图 5.1.39 所示。随着脆性的增加，

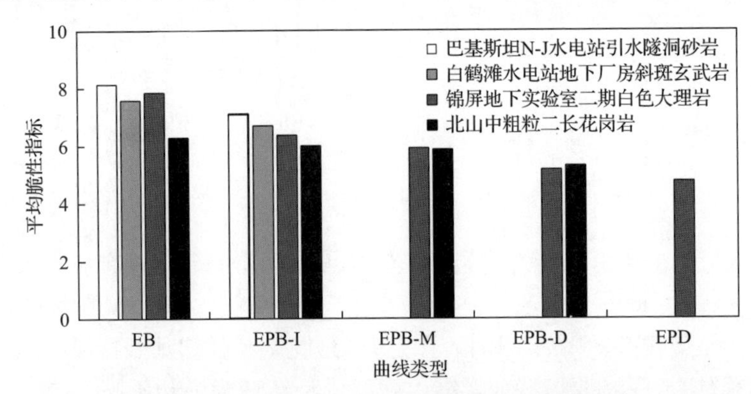

图 5.1.39　不同应力-应变曲线类型的平均脆性指标

深部硬岩峰后脆性特性从弹塑延型依次转变为弹塑延脆型、多阶段型、典型弹塑脆型和弹脆型。由于脆性具有应力分区特性，造成了高压真三轴压缩下硬岩变形的应力分区特性。

2. 深部硬岩小变形特性

图 5.1.40 为典型深部硬岩最大主应力方向峰值应变与应力差的关系。可以看出，在真三轴压缩下硬岩最大主应力方向峰值应变相对较小，大多小于 0.01，即硬岩具有小变形特性。

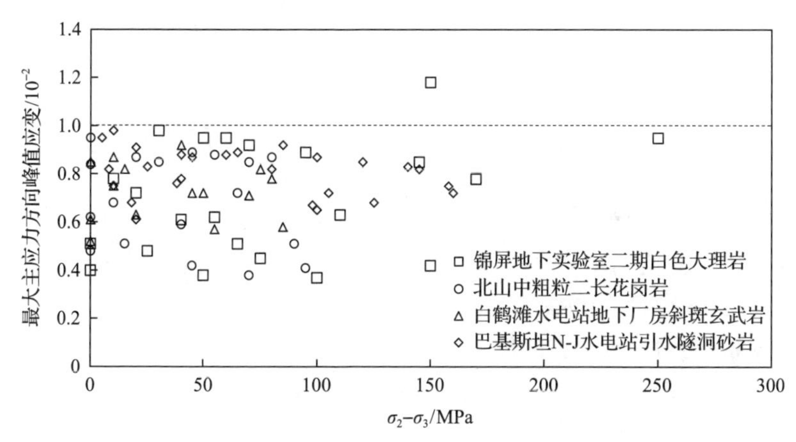

图 5.1.40　典型深部硬岩最大主应力方向峰值应变与应力差的关系

真三轴压缩下硬岩小变形特性可通过最大主应力方向峰值应变进行量化。图 5.1.41 为最大主应力方向峰值应变与最小主应力的关系。可以看出，最大主应力方向峰值应变随最小主应力的增加而增加，且大致呈线性关系，其斜率与硬岩的岩性有关。

造成真三轴压缩下硬岩具有小变形特性的原因主要有：①真三轴压缩下硬岩应力-应变曲线压密段不明显；②真三轴压缩下硬岩弹性模量相对较大；③真三轴

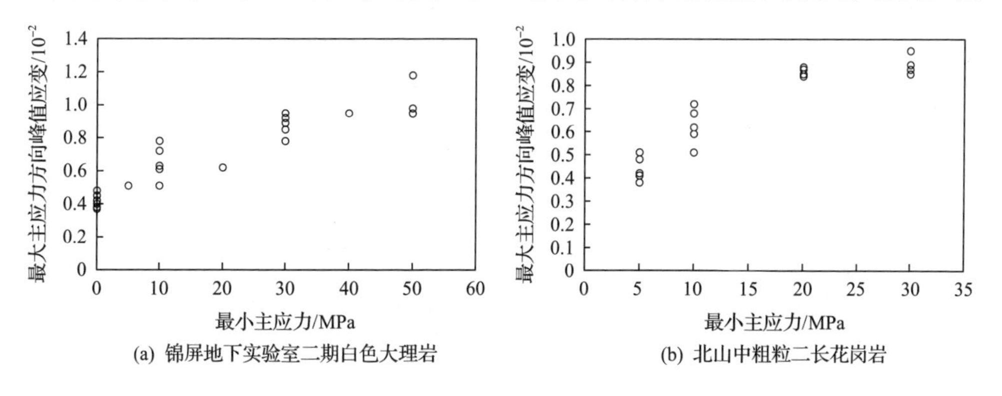

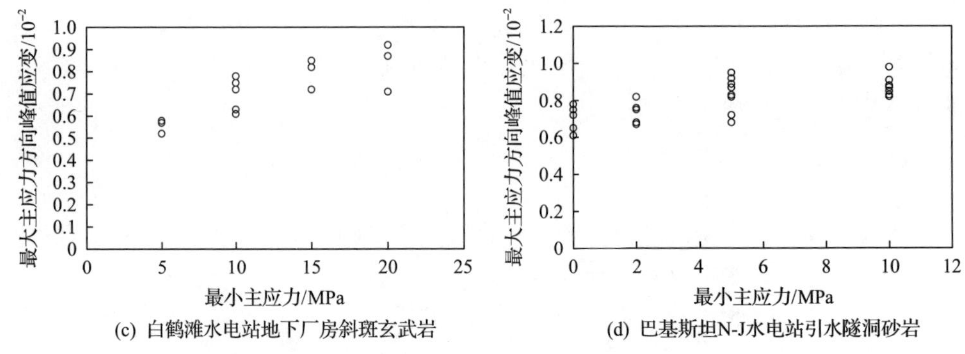

(c) 白鹤滩水电站地下厂房斜斑玄武岩　(d) 巴基斯坦N-J水电站引水隧洞砂岩

图 5.1.41　最大主应力方向峰值应变与最小主应力的关系

压缩下硬岩脆性较大，峰前非弹性应变小。

3. 应力诱导深部硬岩变形各向异性

真三向应力诱导深部硬岩变形各向异性是岩石变形破坏的典型特征。在真三向应力下，中间主应力对岩石的变形起到限制作用，中间主应力和最小主应力方向上岩石的变形表现出明显的应力诱导变形各向异性。

为了评价三维应力诱导变形各向异性程度，分别利用中间主应力和最小主应力方向上的变形模量 K_2 和 K_3，定义岩石的变形各向异性系数 A。

$$A=\frac{K_2-K_3}{K_3} \tag{5.1.5}$$

基于该指标分别对锦屏地下实验室二期白色大理岩、凌海花岗岩、云南砂岩的应力诱导变形各向异性系数进行统计分析，结果如图 5.1.42 所示[8]。三种岩石

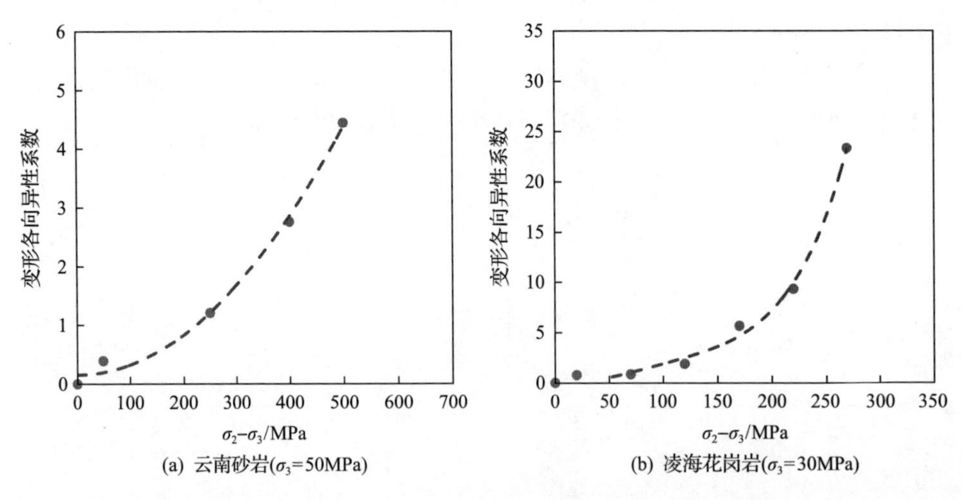

(a) 云南砂岩(σ_3=50MPa)　(b) 凌海花岗岩(σ_3=30MPa)

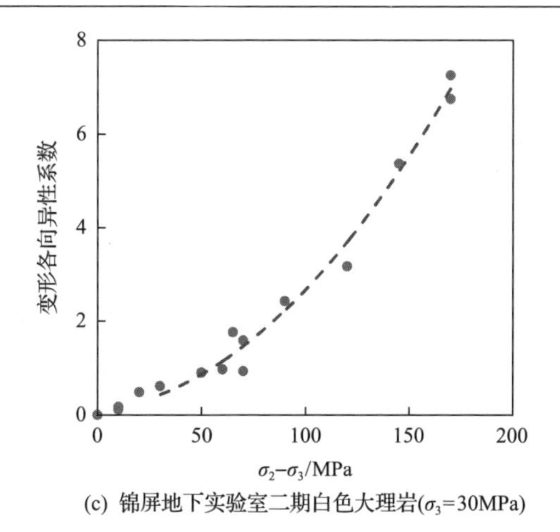

(c) 锦屏地下实验室二期白色大理岩(σ_3=30MPa)

图 5.1.42　几种典型硬岩的应力诱导变形各向异性系数统计结果[8]

的变形各向异性系数随应力差($\sigma_2-\sigma_3$)的增加呈指数函数增长。因此，在研究深部硬岩力学模型时，需要考虑这种应力诱导变形各向异性特性。

中间主应力和最小主应力方向上的变形差异性主要是因为中间主应力方向上岩石裂隙的膨胀受到约束，应力诱导致使裂纹扩展和膨胀具有方向性。在峰值强度前，微裂纹迅速发展，就发展程度而言，最小主应力方向大于中间主应力方向，中间主应力方向大于最大主应力方向。当应力接近峰值强度或到达峰后阶段时，宏观裂纹发育占主导，微裂纹发育则逐渐减缓。当宏观破裂面形成后，进入残余阶段，此时微裂纹的发展几乎停止。在整个加载过程中，不同方向上微裂纹的发展程度不同导致真三向应力诱导的变形各向异性，如图 5.1.43 所示。

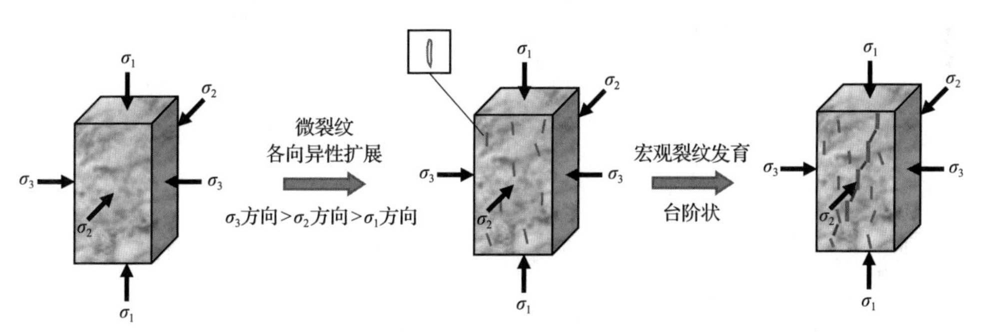

图 5.1.43　三维应力诱导硬岩变形各向异性示意图

5.1.5　深部硬岩能量特性

真三轴压缩下硬岩的破裂过程伴随着其内部能量的累积、耗散、转化与释放，岩石内部的能量演化也会反过来影响其内部的破裂过程。深部硬岩所处的复杂真三向应力环境使其能量的储能大小、释能多少及能量水平各不相同，进而导致不同的深部岩体灾害。基于高压真三轴应力下硬岩的非单调变形特性，提出了适用于真三轴应力状态的硬岩全应力-应变过程能量计算方法，研究了真三轴应力下硬岩的能量演化过程与特征。下面所提及的能量均为单位体积能量，即能量密度。

1. 能量计算方法

1) 总应变能计算

图 5.1.44 为真三轴压缩下硬岩单位体积总应变能的计算方法[11]。真三轴压缩条件下硬岩分别历经了最小主应力加载、中间主应力加载和最大主应力加载三个不同的加载阶段，如图中的 OA 段、AB 段和 BC 段所示。其中，硬岩在 A 点和 B 点的应力分别为 σ_A 和 σ_B(即预先设定的 σ_3 和 σ_2)，应变分别为 ε_A^t 和 ε_B^t。硬岩在 C 点(峰值应力点)时，σ_1、σ_2 和 σ_3 对应的峰值应变分别为 ε_1^{tc}、ε_2^{tc} 和 ε_3^{tc}。

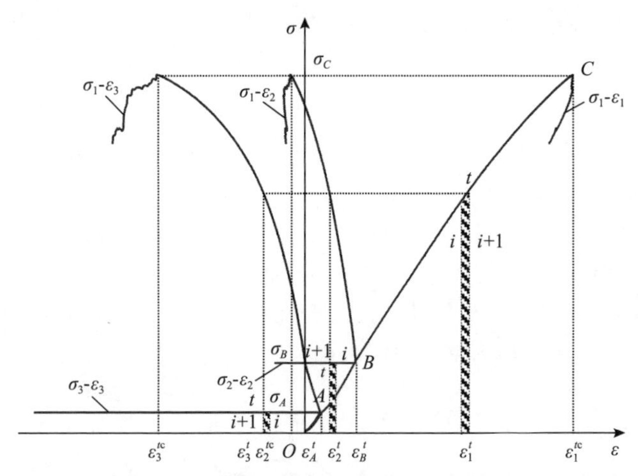

图 5.1.44 真三轴压缩下硬岩单位体积总应变能的计算方法[11]

由图 5.1.44 可以看出，硬岩对应于三个主应力的主应变并不都是单调增加的。峰值应力点 C 点之前，ε_3 在 A 点之前都是单调增加的，A 点之后开始减小；ε_2 在 B 点之前都是单调增加，B 点之后开始减小；只有 ε_1 在峰值应力点 C 点之前都是单调增加的。也就是说，峰值应力点 C 点之前，硬岩对应于 σ_3 和 σ_2 的应变都先后经历了由压缩状态向膨胀状态的转变，只有对应于 σ_1 的应变一直处于压缩状态。

图 5.1.44 中对于试验中的任一时刻 t，ε_1^t、ε_2^t、ε_3^t 分别为任一时刻 t 硬岩对应于 σ_1、σ_2、σ_3 的应变，单位体积岩石的总应变能计算公式为

$$U = \int_0^{\varepsilon_1^t} \sigma_1 \mathrm{d}\varepsilon_1 + \int_0^{\varepsilon_2^t} \sigma_2 \mathrm{d}\varepsilon_2 + \int_0^{\varepsilon_3^t} \sigma_3 \mathrm{d}\varepsilon_3 \tag{5.1.6}$$

实际计算时，可根据定积分的定义通过采用曲线下微小梯形面积求和的方法计算相应能量的量值，将应力-应变曲线下的面积划分为 n 个小分段，n 即为任一时刻 t 微小梯形的分段数，i 为分段点。以 i 为上标的应力和应变分别代表该点的应力和应变，以 j 为下标的应力和应变分别代表相应的主应力和主应变，那么真三轴应力下总应变能的计算公式为

$$U=\sum_{j=1}^{3}\sum_{i=1}^{n}\frac{1}{2}(\sigma_j^i+\sigma_j^{i+1})(\varepsilon_j^{i+1}-\varepsilon_j^i) \tag{5.1.7}$$

2) 弹性应变能与耗散应变能计算

假设硬岩受力变形破坏的过程中与外界没有产生热交换而是处于一个封闭的系统中，那么真三轴压缩条件下单位体积的硬岩实际储存的总应变能 U 可认为由弹性应变能 U^{e} 和耗散应变能 U^{d} 组成。在真三轴压缩试验中，硬岩的弹性应变能受到对应于 σ_1、σ_2、σ_3 的弹性应变 $\varepsilon_1^{\mathrm{e}}$、$\varepsilon_2^{\mathrm{e}}$、$\varepsilon_3^{\mathrm{e}}$ 的影响，若 $\varepsilon_1^{\mathrm{e}t}$、$\varepsilon_2^{\mathrm{e}t}$、$\varepsilon_3^{\mathrm{e}t}$ 分别为对应于 σ_1、σ_2、σ_3 任意时刻 t 的弹性应变，则总应变能与弹性应变能的计算公式为

$$U=U^{\mathrm{d}}+U^{\mathrm{e}} \tag{5.1.8}$$

$$U^{\mathrm{e}}=\int_0^{\varepsilon_1^{\mathrm{e}t}}\sigma_1\mathrm{d}\varepsilon_1^{\mathrm{e}}+\int_0^{\varepsilon_2^{\mathrm{e}t}}\sigma_2\mathrm{d}\varepsilon_2^{\mathrm{e}}+\int_0^{\varepsilon_3^{\mathrm{e}t}}\sigma_3\mathrm{d}\varepsilon_3^{\mathrm{e}} \tag{5.1.9}$$

由于真三轴压缩下硬岩的三个主应变并不都是单调增加的，为了使表述和计算更加清楚，需要对硬岩的弹性应变和单位体积硬岩的弹性应变能分段计算。图 5.1.45 为真三轴压缩下硬岩单位体积弹性应变能的计算方法[12]。根据硬岩应力加载路径的三个阶段，即最小主应力加载阶段 (OA)、中间主应力加载阶段 (AB)、最大主应力加载阶段 (BC)，其计算过程如下。

(1) 最小主应力加载阶段 (OA)（$\varepsilon_1^t,\varepsilon_2^t,\varepsilon_3^t\leqslant\varepsilon_A^t$，$\sigma_1,\sigma_2,\sigma_3\leqslant\sigma_A$）。

最小主应力加载阶段硬岩同时受到三个主应力 σ_1、σ_2、σ_3 的压缩做功，理论上是不存在能量耗散的，也就是说单位体积耗散应变能 U^{d} 的值为零。该阶段硬岩对应于 A 点的单位体积弹性应变能为图 5.1.45 (a) 中阴影部分的面积，其中 $\varepsilon_3^{\mathrm{e}_1}$ 为硬岩 A 点对应于 σ_3 方向的弹性应变（见图 5.1.45 (a)），则岩石的弹性应变和单位体积弹性应变能的计算公式为

$$\varepsilon_1^{\mathrm{e}}=\varepsilon_2^{\mathrm{e}}=\varepsilon_3^{\mathrm{e}}=\varepsilon_3^{\mathrm{e}_1} \tag{5.1.10}$$

$$U^{\mathrm{e}}=\int_0^{\varepsilon_1^{\mathrm{e}t}}\sigma_1\mathrm{d}\varepsilon_1^{\mathrm{e}}+\int_0^{\varepsilon_2^{\mathrm{e}t}}\sigma_2\mathrm{d}\varepsilon_2^{\mathrm{e}}+\int_0^{\varepsilon_3^{\mathrm{e}t}}\sigma_3\mathrm{d}\varepsilon_3^{\mathrm{e}}=3\int_0^{\varepsilon_3^{\mathrm{e}t}}\sigma_3\mathrm{d}\varepsilon_3^{\mathrm{e}}=\frac{3}{2}\sigma_A\varepsilon_3^{\mathrm{e}_1} \tag{5.1.11}$$

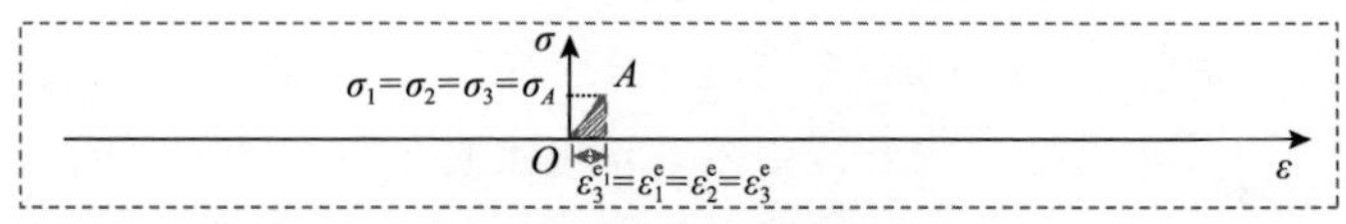

(a) 最小主应力加载阶段

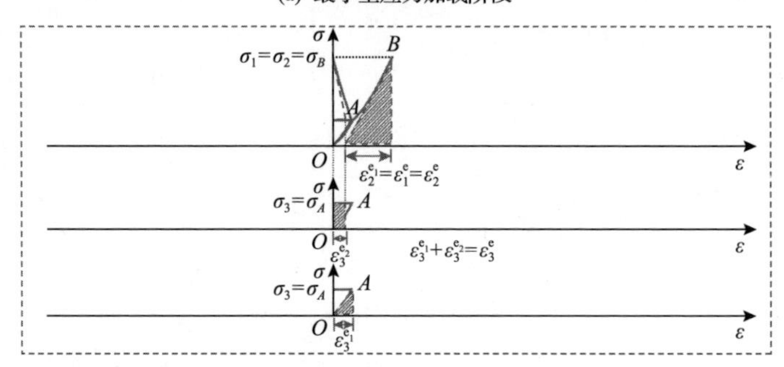

(b) 中间主应力加载阶段

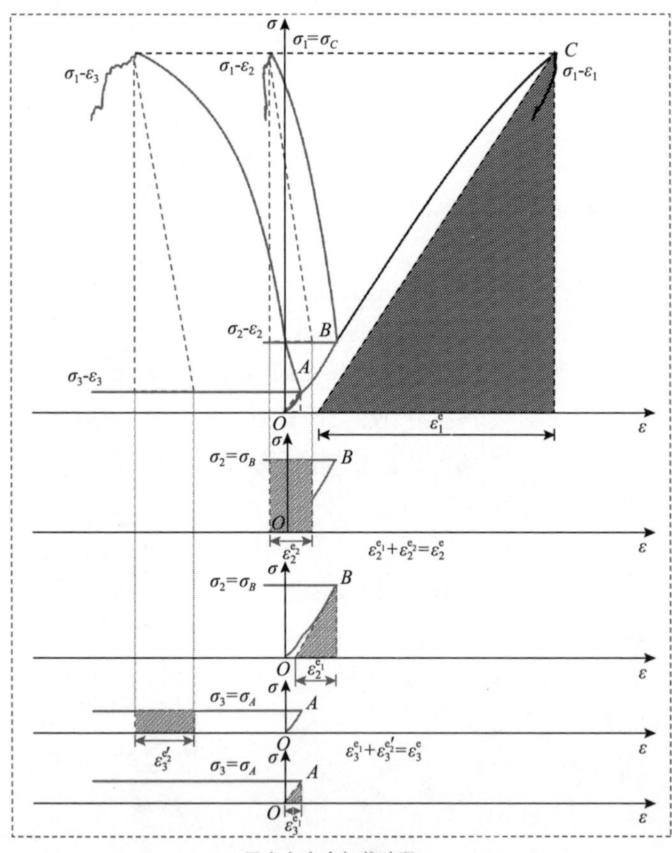

(c) 最大主应力加载阶段

图 5.1.45　真三轴压缩下硬岩单位体积弹性应变能的计算方法[11]

(2) 中间主应力加载阶段 (*AB*)（$\varepsilon_A^t \leqslant \varepsilon_1^t, \varepsilon_2^t \leqslant \varepsilon_B^t$，$\sigma_A \leqslant \sigma_1, \sigma_2 \leqslant \sigma_B$）。

中间主应力加载阶段 σ_3 保持不变，同时加载 σ_1 和 σ_2 达到预先设定的 σ_2 水平。此时，在 σ_1 和 σ_2 方向上硬岩继续受压，ε_1 和 ε_2 继续增加，其增量为正值。在 σ_3 方向上，试样的变形由最小主应力加载阶段的压缩状态转变为膨胀状态，ε_3 开始减小，其增量为负值。因此，试样对应于 σ_3 的弹性应变需要分段计算，该阶段硬岩对应于 *B* 点的单位体积弹性应变能为图 5.1.45(b) 中阴影部分的面积，其中 $\varepsilon_2^{\mathrm{e}_1}$ 为硬岩 *B* 点 σ_2 方向的弹性应变，$\varepsilon_3^{\mathrm{e}_2}$ 为硬岩从 *A* 点到 *B* 点对应于 σ_3 方向的弹性应变（见图 5.1.45(b)），则硬岩的弹性应变和单位体积弹性应变能的计算公式为

$$\varepsilon_1^{\mathrm{e}} = \varepsilon_2^{\mathrm{e}} = \varepsilon_2^{\mathrm{e}_1}, \quad \varepsilon_3^{\mathrm{e}_1} + \varepsilon_3^{\mathrm{e}_2} = \varepsilon_3^{\mathrm{e}} \tag{5.1.12}$$

$$\begin{aligned} U^{\mathrm{e}} &= \int_0^{\varepsilon_1^{et}} \sigma_1 \mathrm{d}\varepsilon_1^{\mathrm{e}} + \int_0^{\varepsilon_2^{et}} \sigma_2 \mathrm{d}\varepsilon_2^{\mathrm{e}} + \int_0^{\varepsilon_3^{et}} \sigma_3 \mathrm{d}\varepsilon_3^{\mathrm{e}} = 2\int_0^{\varepsilon_2^{et}} \sigma_2 \mathrm{d}\varepsilon_2^{\mathrm{e}} + \int_0^{\varepsilon_3^{et}} \sigma_3 \mathrm{d}\varepsilon_3^{\mathrm{e}} \\ &= \sigma_B \varepsilon_2^{\mathrm{e}_1} + \left(\frac{1}{2} \sigma_A \varepsilon_3^{\mathrm{e}_1} + \sigma_A \varepsilon_3^{\mathrm{e}_2} \right) \end{aligned} \tag{5.1.13}$$

(3) 最大主应力加载阶段 (*BC*)（$\varepsilon_B^t \leqslant \varepsilon_1^t$，$\sigma_B \leqslant \sigma_1$，$\sigma_2 = \sigma_B$，$\sigma_3 = \sigma_A$）。

最大主应力加载阶段 σ_2 和 σ_3 保持不变，加载 σ_1 直至试样破坏，试验终止。峰值应力之前，试样在 σ_1 方向上继续受压，ε_1 继续增大，其增量为正值。同时，在 σ_2 方向上，试样的变形由中间主应力加载阶段的压缩状态转变为膨胀状态，ε_2 开始减小，其增量为负值；在 σ_3 方向上，试样继续保持膨胀变形，ε_3 继续减小，其增量为负值。因此，试样对应于 σ_2 和 σ_3 的弹性应变需要分段计算，该阶段硬岩对应于 *C* 点的单位体积弹性应变能为图 5.1.45(c) 中阴影部分的面积，其中 $\varepsilon_2^{\mathrm{e}_2}$ 为硬岩从 *B* 点到 *C* 点对应于 σ_2 方向的弹性应变，$\varepsilon_3^{\mathrm{e}_2'}$ 为硬岩从 *A* 点到 *C* 点对应于 σ_3 方向的弹性应变（见图 5.1.45(c)），则硬岩的弹性应变和单位体积弹性应变能的计算公式为

$$\varepsilon_1^{\mathrm{e}} = \varepsilon_1^{\mathrm{e}}, \quad \varepsilon_2^{\mathrm{e}_1} + \varepsilon_2^{\mathrm{e}_2} = \varepsilon_2^{\mathrm{e}}, \quad \varepsilon_3^{\mathrm{e}_1} + \varepsilon_3^{\mathrm{e}_2'} = \varepsilon_3^{\mathrm{e}} \tag{5.1.14}$$

$$\begin{aligned} U^{\mathrm{e}} &= \int_0^{\varepsilon_1^{et}} \sigma_1 \mathrm{d}\varepsilon_1^{\mathrm{e}} + \int_0^{\varepsilon_2^{et}} \sigma_2 \mathrm{d}\varepsilon_2^{\mathrm{e}} + \int_0^{\varepsilon_3^{et}} \sigma_3 \mathrm{d}\varepsilon_3^{\mathrm{e}} \\ &= \frac{1}{2} \sigma_C \varepsilon_1^{\mathrm{e}} + \left(\frac{1}{2} \sigma_B \varepsilon_2^{\mathrm{e}_1} + \sigma_B \varepsilon_2^{\mathrm{e}_2} \right) + \left(\frac{1}{2} \sigma_A \varepsilon_3^{\mathrm{e}_1} + \sigma_A \varepsilon_3^{\mathrm{e}_2'} \right) \end{aligned} \tag{5.1.15}$$

当得到真三轴压缩下硬岩的总应变能和弹性应变能后，可通过式(5.1.8)求得真三轴压缩下硬岩的耗散应变能。

2. 深部硬岩破裂过程能量演化分析

1) 不同应力差状态下硬岩典型破裂过程能量演化分析

图 5.1.46 为北山中粗粒二长花岗岩两种典型类型的真三轴压缩全应力-应变曲线[11]。下面研究这两种典型真三轴试验应力-应变曲线的能量演化特征。

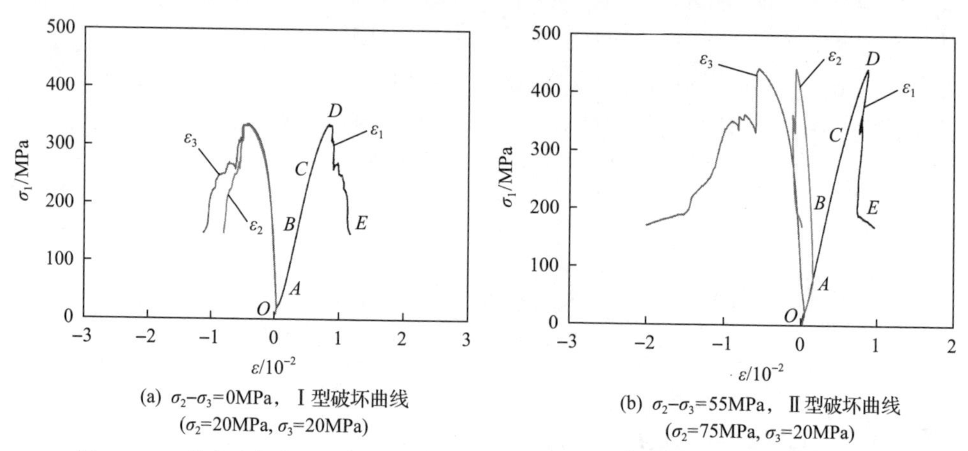

图 5.1.46　北山中粗粒二长花岗岩两种典型类型的真三轴压缩全应力-应变曲线[11]

图 5.1.47 为与图 5.1.46 相对应的真三轴压缩下硬岩的能量演化时程[11]。总的来看，不同应力-应变曲线类型的能量演化特征和差异较为明显。结合图 5.1.47 与图 5.1.46，其能量演化规律与特征分析如下：

(1) 从应力-应变曲线的不同阶段来看，无论是Ⅰ型曲线还是Ⅱ型曲线，对于硬岩的总应变能 U 和弹性应变能 U^{e}，当处于裂纹压密阶段 (OA) 和弹性压缩阶段 (AB) 时，其能量时程曲线基本重合或呈平行发展趋势，弹性应变能 U^{e} 稳定增加。当处于裂纹稳定扩展阶段 (BC) 时，其能量时程曲线开始分叉，弹性应变能 U^{e} 增加减缓，其曲线斜率开始减小。

(2) 对于耗散应变能 U^{d}，当处于裂纹压密阶段 (OA) 和弹性压缩阶段 (AB) 时，其量值均很小且其曲线基本平行于图中能量值为零的水平虚线。当处于裂纹稳定扩展阶段 (BC) 时，耗散应变能 U^{d} 开始缓慢增加，其曲线斜率也开始逐渐变大。总体来看，在裂纹压密阶段 (OA)、弹性压缩阶段 (AB) 和裂纹稳定扩展阶段 (BC)，不同曲线类型之间的能量演化规律和特征基本相似，差别不大。

(3) 对于Ⅰ型曲线 (见图 5.1.46(a)) 和Ⅱ型曲线 (见图 5.1.46(b)) 来说，裂纹非稳定扩展阶段 (CD) 的能量转化规律与裂纹稳定扩展阶段 (BC) 相类似，只是硬岩的能量耗散程度进一步加剧。

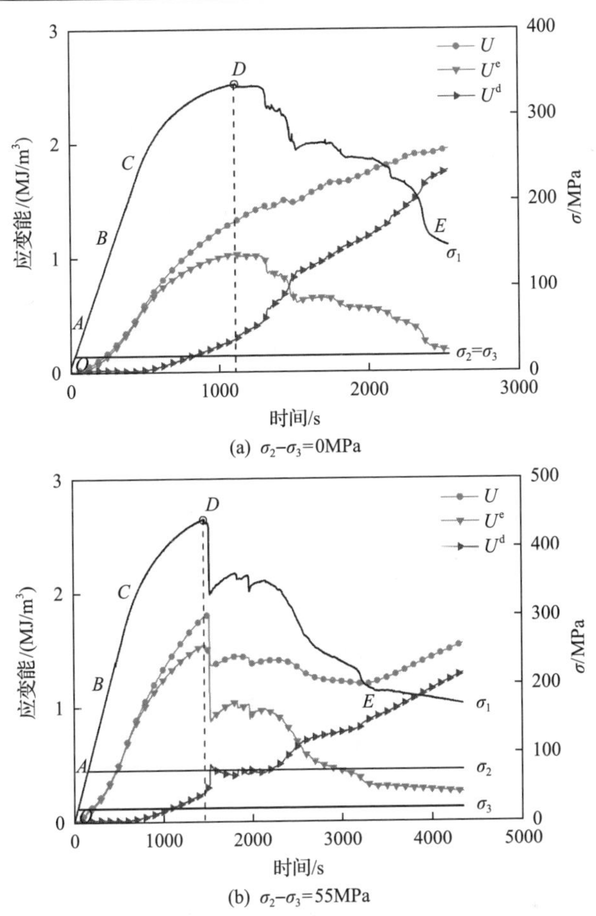

图 5.1.47 北山中粗粒二长花岗岩两种典型类型的真三轴压缩能量演化过程[11]

(4) 在宏观裂纹形成阶段(*DE*)，硬岩内部积蓄的可释放弹性应变能释放并使硬岩承载能力降低，弹性应变能曲线会下降而耗散应变能曲线会增加。对Ⅰ型曲线而言，硬岩峰值点所储存的弹性应变能不足以完全支撑其峰后段的破坏，需要试验机不断对硬岩输入能量来维持其峰后的破裂，因此图 5.1.47(a) 中的总应变能曲线在峰后仍然继续上升。对Ⅱ型曲线而言，硬岩破坏前所储存的弹性应变能要大于硬岩峰后破坏所需能量。因此，为了达到控制硬岩峰后稳定破坏的目的，试验机会通过伺服反馈系统将压头回撤从而将多余的弹性应变能释放掉，图 5.1.47(b) 中的总应变能曲线在峰后应力跌落时也会降低。

受应力水平、硬岩非均质性、加载条件和控制方式等因素影响，试验中有的硬岩有残余阶段，有的则没有。当存在残余阶段时，由于该阶段试验机仍然对硬岩输入能量，硬岩的总应变能曲线仍然呈上升趋势，弹性应变能则基本稳定在较低的残余水平且其曲线较为平缓，耗散应变能由于硬岩破裂的进一步发展和沿滑移面的剪切变形等能量耗散行为而继续增加，其曲线仍然呈稳定增长趋势。

2) 不同类型硬岩破裂过程能量演化分析

为研究真三轴应力下不同硬岩变形破坏过程中的能量演化特征，分别选取北山中粗粒二长花岗岩、云南砂岩和锦屏地下实验室二期白色大理岩代表火成岩、沉积岩和变质岩三大岩类，以其为研究对象开展相关研究。图 5.1.48 为相同真三轴应力下三类硬岩的应力-应变曲线[12]。可以看出，在相同的初始应力条件(σ_2=100MPa，σ_3=30MPa)和应力差($\sigma_2-\sigma_3$ =70MPa)状态下，花岗岩试样、砂岩试样和大理岩试样的峰值强度分别为 511MPa、371MPa 和 428MPa，峰值应变分别为 0.988×10^{-2}、1.16×10^{-2} 和 1.47×10^{-2}。从曲线形态来看，花岗岩试样的峰后应力跌落十分明显，表现出较强的硬脆性破坏特征(见图 5.1.48(a))；砂岩试样表现出了峰后多阶段跌落的特征(见图 5.1.48(b))，具有一定的脆性破坏特征；大理岩试样表现出了明显的延性破坏特征(见图 5.1.48(c))。

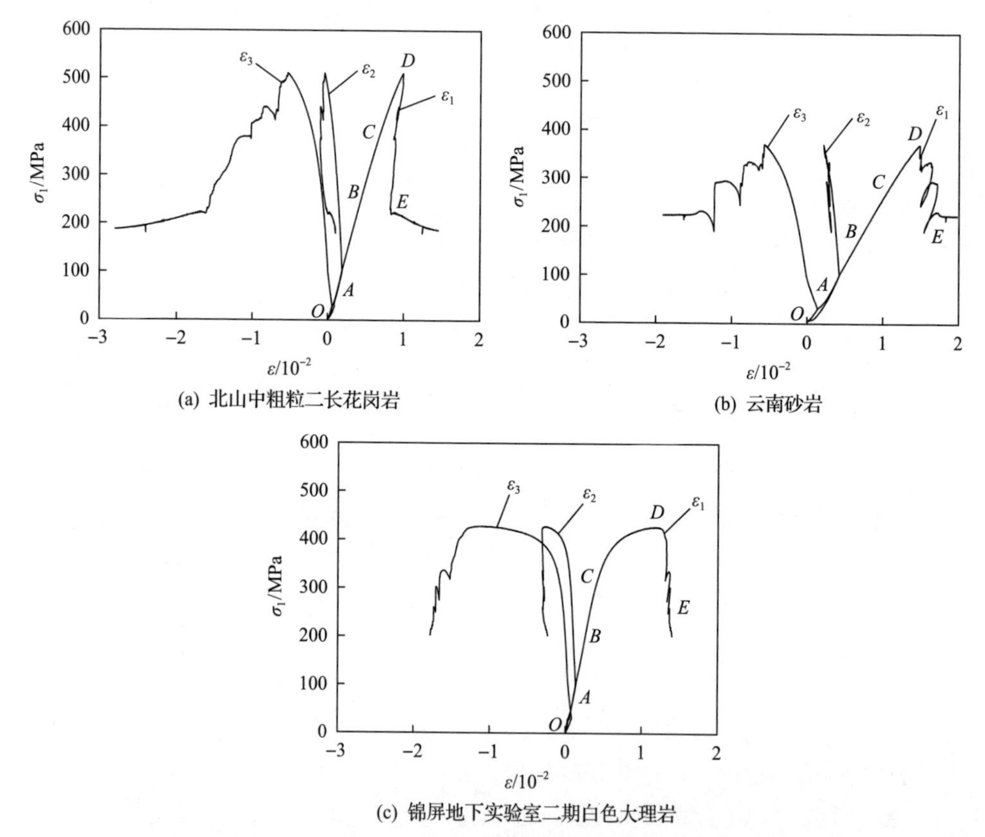

(a) 北山中粗粒二长花岗岩
(b) 云南砂岩
(c) 锦屏地下实验室二期白色大理岩

图 5.1.48　相同真三轴应力下三类硬岩的应力-应变曲线($\sigma_2-\sigma_3$=70MPa)[12]

硬岩受力后的破裂失稳过程是一个损伤逐渐发展的过程，是硬岩内部裂纹从萌生、扩展、聚集到贯通并产生宏观破坏的过程，基于该过程可将真三轴压缩全应力-应变曲线大致划分为五个阶段(见图 5.1.48)，分别为压密阶段(*OA*)、弹性阶段(*AB*)、稳定破裂发展阶段(*BC*)、不稳定破裂发展阶段(*CD*)和应力跌落阶段(*DE*)。结合花岗岩、砂岩、和大理岩试样的全能量演化时程曲线(见图 5.1.49[12])，对硬岩受力变形破坏五个阶段的能量演化机制与特征进行如下分析：

(1) 压密阶段(*OA*)。在压密阶段，硬岩内部的微裂隙和微小缺陷会在试验机的压缩作用下逐渐闭合，试验机通过对硬岩的压缩作用对其做功从而输入能量，硬岩会将绝大部分输入的能量转化为自身的弹性应变能储存起来。此外，还有小部分输入能量会因硬岩微裂隙的压密及内部颗粒的压实咬合等原因耗散掉。

(2) 弹性阶段(*AB*)。该阶段硬岩的变形为线弹性的，试验机输入硬岩的能量会全部转化为弹性应变能储存起来，该阶段是硬岩的主要储能阶段。由于弹性变形的可逆性，假设在该阶段对硬岩进行应力卸载，其储存的弹性应变能又会向外释放，并不会对硬岩造成损伤破坏。

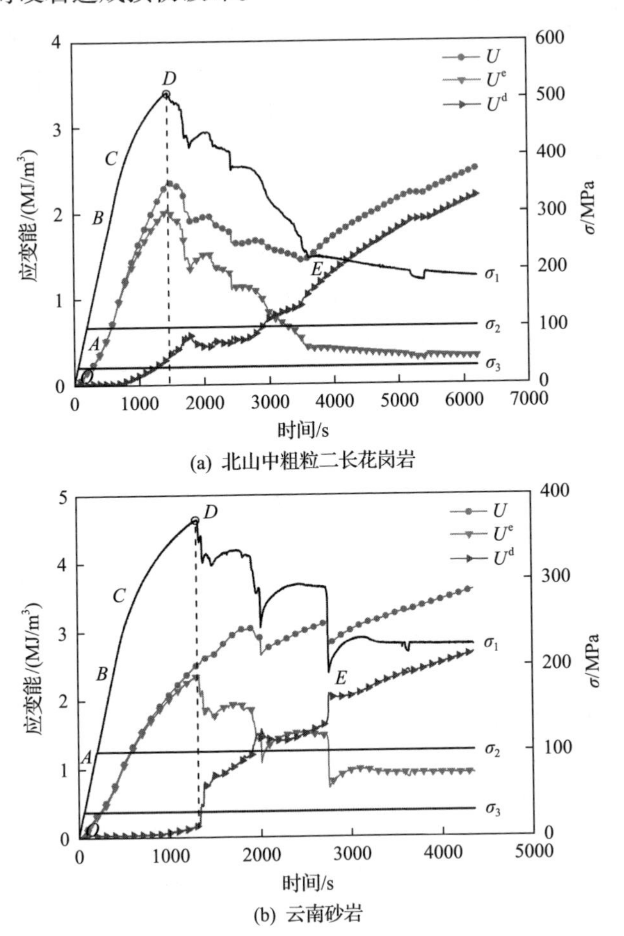

(a) 北山中粗粒二长花岗岩

(b) 云南砂岩

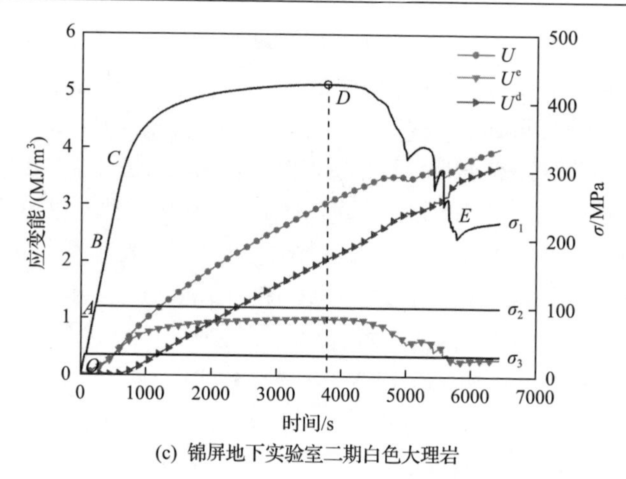

(c) 锦屏地下实验室二期白色大理岩

图 5.1.49　相同真三轴应力下三类硬岩的能量演化曲线($\sigma_2-\sigma_3$=70MPa)[12]

(3)稳定破裂发展阶段(*BC*)。硬岩内部的微裂纹在该阶段会逐步稳定扩展，试验机输入的能量会部分转化为硬岩的弹性应变能，部分会因塑性变形而转化为塑性应变能，还有部分会因微裂纹的生成与扩展而以表面能的形式耗散掉，同时还伴随有电磁辐射和声波等其他形式的能量释放。该阶段硬岩内部的弹性应变能仍然占主导地位，塑性应变能次之，其他形式的能量耗散和转化虽然存在但数量上很小，可不予考虑。

(4)不稳定破裂发展阶段(*CD*)。该阶段的能量转化规律与稳定破裂发展阶段(*BC*)类似，但随着硬岩内部微裂纹的充分孕育和加速扩展，硬岩内部的弹性应变能储存减弱，塑性应变能储存增强，表面能、电磁辐射和声波等各种其他形式的能量释放不断增强。总体来看，该阶段硬岩由于损伤演化而耗散掉的能量占比快速增加。

(5)应力跌落阶段(*DE*)。该阶段硬岩内部大量微裂纹融合贯通，宏观主裂纹开始形成，导致硬岩承载能力快速降低，峰后应力-应变曲线出现应力跌落现象，该过程中硬岩内部前期储存的可释放弹性应变能向外释放并转化为峰后断裂能。硬岩的峰后断裂能一般包括：硬岩内部进一步形成微裂纹和主裂纹所需的表面能，裂纹尖端形成塑性区所需的塑性应变能，硬岩碎片弹射等产生的动能，以及电磁辐射与声波等各种其他形式的能量。该阶段由于硬岩产生宏观破裂，岩石以向外界释放能量占主要地位。

硬岩的压密阶段(*OA*)和弹性阶段(*AB*)是其能量积累阶段，稳定破裂发展阶段(*BC*)和不稳定破裂发展阶段(*CD*)是硬岩能量耗散不断增加的阶段，应力跌落阶段(*DE*)是硬岩能量释放的阶段。硬岩在每个阶段都有不同的能量演化过程和特征，硬岩峰前的能量转化和耗散比较缓慢，峰后则比较剧烈。能量耗散使得硬岩内部的微裂纹孕育并不断扩展，加剧了硬岩的损伤程度并降低了其强度，能量释放则使硬岩产生突然破坏，是造成硬岩产生灾变破坏的内在原因。

总体来看，在压密阶段(*OA*)、弹性阶段(*AB*)和稳定破裂发展阶段(*BC*)，三种硬岩的能量演化规律和特征基本相似。在不稳定破裂发展阶段(*CD*)，三种硬岩的能量转化规律与稳定破裂发展阶段(*BC*)类似，只是能量耗散程度进一步加剧。特别地，锦屏地下实验室二期白色大理岩的延性破坏特征十分明显，不稳定破裂发展阶段(*CD*)的总弹性应变能曲线由于大理岩塑性变形的充分发展而十分平缓，总耗散应变能曲线则由于塑性应变能的不断增加而呈持续上升趋势。

在应力跌落阶段(*DE*)，硬岩由于其内部积蓄的弹性应变能释放而使其承载力迅速降低，弹性应变能曲线下降，耗散应变能曲线增加。同时，花岗岩、砂岩和大理岩试样在 σ_2=100MPa、σ_3=30MPa 应力水平下的峰后曲线形态差异较大，因此其能量演化过程也有所不同。花岗岩试样峰后呈现Ⅱ型破坏(见图 5.1.49(a))，这是因为其峰值点储存的弹性应变能要大于其峰后破坏所需的能量，需要将多余的弹性应变能释放掉，该过程中硬岩的总应变能曲线和总弹性应变能曲线随峰后应力跌落而降低，总耗散应变能曲线持续上升。

砂岩试样峰后呈现出多阶段跌落的破坏特征(见图 5.1.49(b))，这是其峰后宏观裂纹多阶段破裂导致的，当硬岩宏观裂纹开裂到一定程度后，由于能量的耗散和释放，硬岩内积蓄的弹性应变能不足以支撑宏观裂纹的继续开裂，此时需要外界对硬岩做功来积蓄弹性应变能，当硬岩内部积蓄的弹性应变能大于其宏观裂纹再次开裂所需的能量时，硬岩宏观裂纹进一步开裂，随着这一能量释放-能量积蓄-能量再次释放过程，硬岩应力-应变曲线表现出多阶段跌落的特征，其总弹性应变能曲线也表现出类似的多阶段跌落特征。

大理岩呈现出典型的延性破坏特征(见图 5.1.49(c))，峰值点过后其并不会马上进入应力跌落阶段，而是在其塑性变形持续一段时间后应力才开始跌落，该阶段所用大理岩的总应变能曲线和总耗散应变能曲线在峰后仍然继续上升，总弹性应变能曲线在峰后塑性变形阶段仍然十分平缓并随峰后应力跌落而逐渐降低。

3. 深部硬岩破裂过程储能极限特征分析

硬岩内部的弹性应变能在其变形破坏过程中经历了从积累、耗散、释放再到维持在残余水平的过程，硬岩在该过程中的弹性应变能峰值点即称为岩石的储能极限 $U_{\max}^{e}$。硬岩的储能极限 $U_{\max}^{e}$ 是对其储存弹性应变能能力的表征，其值越大则说明硬岩所储存的弹性应变能越多，所以要让硬岩产生破坏需要外界对其做的功也更多。因此，可以用该值来衡量不同硬岩或同一硬岩在不同应力状态下的储能能力和破坏难易程度[12]。

真三轴压缩下北山中粗粒二长花岗岩的储能极限演化规律如图 5.1.50 所示[12]。

分析北山中粗粒二长花岗岩储能极限 U_{max}^{e} 随 σ_2 的演化规律(见图 5.1.50(a))，发现当 σ_3= 5MPa、10MPa、20MPa、30MPa 时，花岗岩试样的储能极限 U_{max}^{e} 均随 σ_2 的增加呈近似线性缓慢增加，这表明在本节研究范围内(σ_2＜100MPa)，σ_2 的增加促进了花岗岩试样的储能能力，使其随 σ_2 的增加越来越不容易破坏。

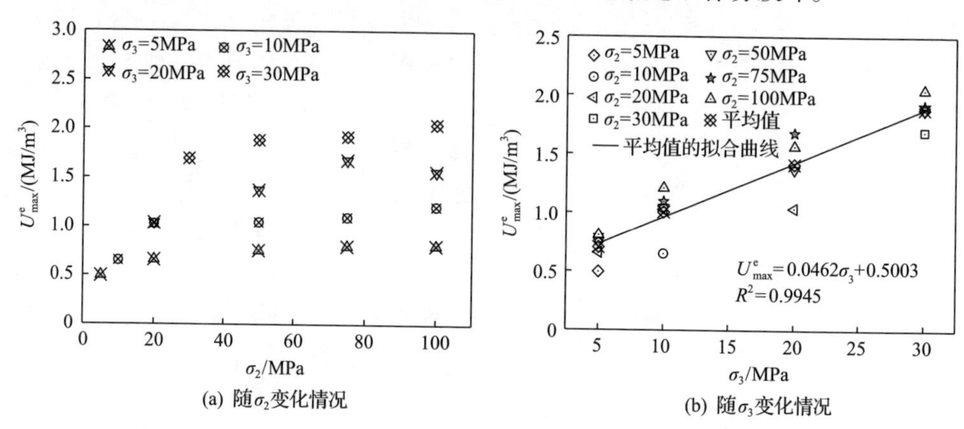

图 5.1.50　真三轴压缩下北山中粗粒二长花岗岩的储能极限演化规律[12]

分析北山中粗粒二长花岗岩储能极限 U_{max}^{e} 随 σ_3 的演化规律(见图 5.1.50(b))，发现当 σ_2= 5MPa、10MPa、20MPa、30MPa、50MPa、75MPa、100MPa 时，花岗岩试样的储能极限 U_{max}^{e} 均随 σ_3 的增加而增加。对每个 σ_3 水平下所有不同 σ_2 对应的花岗岩试样储能极限 U_{max}^{e} 求平均值，发现其随 σ_3 的增加呈现出良好的线性增加趋势，其线性拟合公式满足关系：$U_{max}^{e} = 46.20\sigma_3 + 500.30\ (R^2 = 0.9945)$。这说明随 σ_3 的增加，花岗岩试样的储能能力呈线性增加，硬岩抵抗失稳破坏的能力越来越强。

硬岩储能极限随 σ_2 或 σ_3 的增加而增加，其根本原因在于 σ_2 或 σ_3 的增加改变了试样内部微裂纹及微孔隙等的微观结构，使硬岩材料得到一定程度的硬化，进而使硬岩抵抗和容纳变形的能力增加，弹性性能提升。最终，硬岩对外界输入能量的容纳能力和容纳速率也随之提升，表现出随 σ_2 或 σ_3 的增加，试样的储能极限增大的规律。

4. 深部硬岩破裂过程的声发射与能量对比分析

硬岩受力变形破坏过程中的破裂发展既可以通过能量演化来表征和分析，也可以通过声发射来分析和反映。为了探究同一破裂过程中硬岩能量与声发射特征之间的相互联系，对北山中粗粒二长花岗岩在 σ_2=75MPa、σ_3=5MPa 和 σ_2=75MPa、σ_3=20MPa 时的两组真三轴试验结果进行声发射和能量分析，如图 5.1.51 和图 5.1.52 所示[11]。

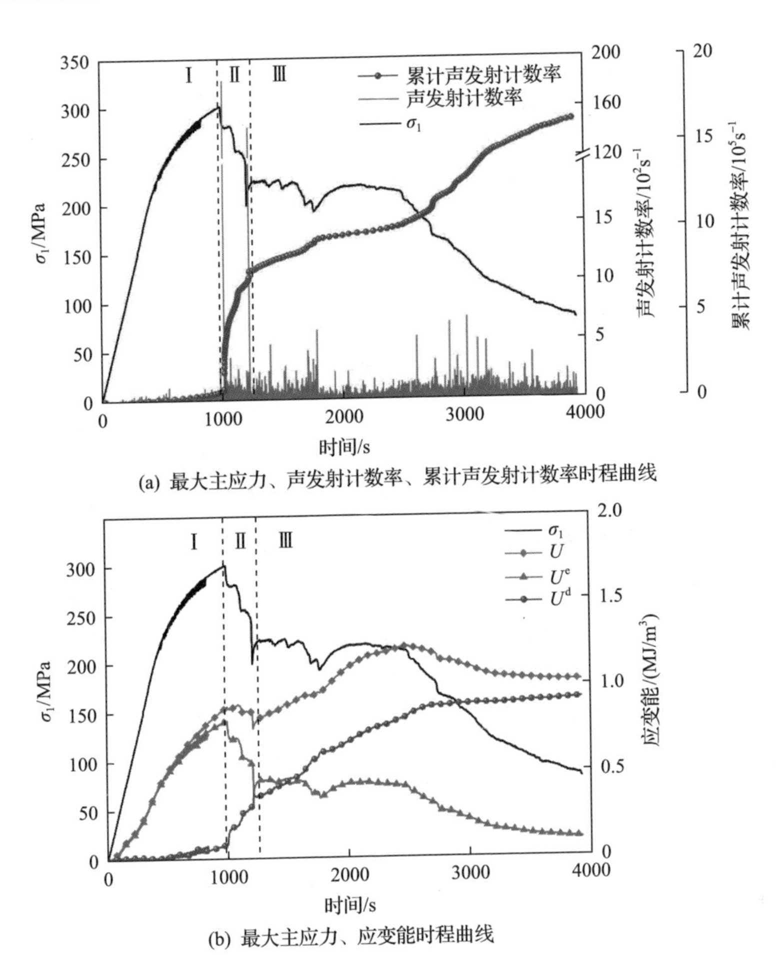

(a) 最大主应力、声发射计数率、累计声发射计数率时程曲线

(b) 最大主应力、应变能时程曲线

图 5.1.51　σ_2=75MPa、σ_3 =5MPa 时北山中粗粒二长花岗岩的声发射和能量演化过程[11]

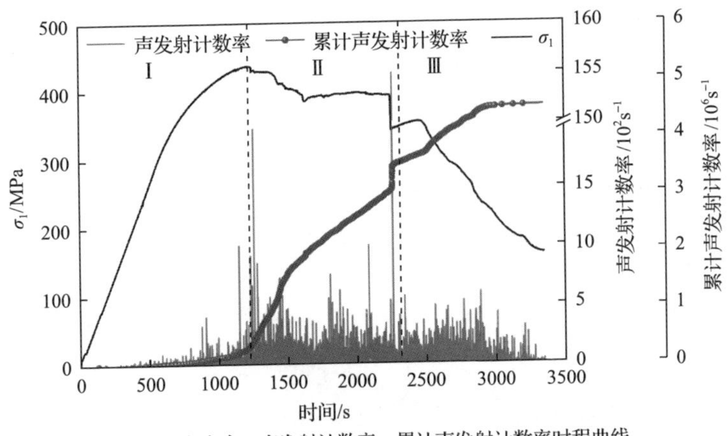

(a) 最大主应力、声发射计数率、累计声发射计数率时程曲线

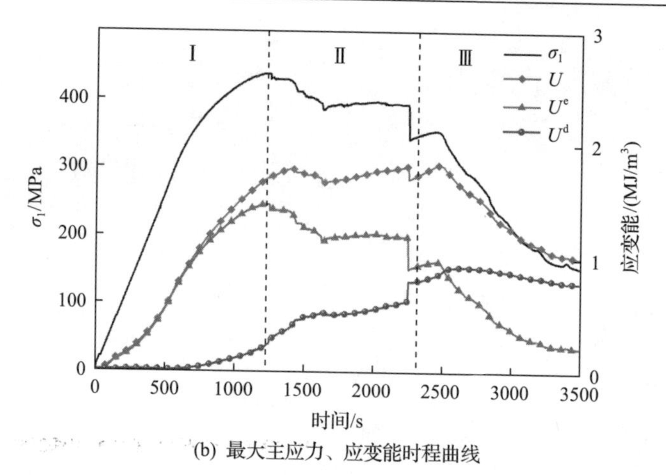

(b) 最大主应力、应变能时程曲线

图 5.1.52　σ_2=75MPa、σ_3=20MPa 时北山中粗粒二长花岗岩的声发射和能量演化过程[11]

如图 5.1.51 和图 5.1.52 所示，北山中粗粒二长花岗岩的累计声发射计数率曲线与耗散应变能曲线的变化趋势十分相似，根据这种变化趋势，依据全应力-应变曲线形态明显不同的阶段，可将硬岩峰前峰后破裂损伤全过程分为三个阶段：峰前裂纹演化阶段、峰后主破裂发生阶段和主破裂后阶段。

从硬岩破裂全过程来看，虽然硬岩在峰前也存在破裂行为，但从图 5.1.51 和图 5.1.52 可以看出：

(1) 峰前裂纹演化阶段硬岩破裂激发的声发射信号相对较少较弱，声发射计数率都很小，累计声发射计数率曲线比较平缓。与之相似，耗散应变能曲线在该阶段也较为平缓，说明硬岩峰前因破裂损伤演化而耗散的能量相对较少较弱。

(2) 峰后主破裂发生阶段一般从峰值点开始到最大应力跌落点结束，该阶段可能包含多个连续的应力跌落过程。该阶段内硬岩破裂的声发射信号十分强烈，声发射计数率随着应力跌落现象而出现瞬时激增，其瞬时增量超过 10^2 数量级，累计声发射计数率曲线在该阶段内迅速抬升并在应力跌落点处出现突跳。同时，耗散应变能曲线在该阶段也表现出相同的变化趋势，因硬岩宏观破裂而产生的能量耗散迅速增加并在硬岩的应力跌落点处产生耗散应变能突增的现象。因此，硬岩峰后主破裂发生阶段的历时长短与其脆性破坏程度相关，硬岩脆性越强，其峰后的主破裂及应力跌落就越迅猛，该阶段历时就越短。

(3) 主破裂后阶段硬岩破裂的声发射信号仍然比较密集但开始迅速减弱，声发射计数率减小，累计声发射计数率曲线在该阶段增速减缓但仍保持稳定增长。与之类似，总耗散应变能曲线在该阶段增速减缓并保持缓慢增长趋势，这是硬岩微破裂进一步发展和沿滑移面的剪切变形等行为持续耗散能量导致的。

综上所述，硬岩破裂过程的本质特征就是能量的演化过程特征。耗散应变能曲线与累计声发射计数率曲线具有相同的变化趋势，从能量和破裂过程的声发射角度分析硬岩的受力破坏过程具有异曲同工的效果，深部硬岩真三轴能量演化可以真实有效地反映出硬岩破裂的全过程。

5.2　真三向应力路径下深部硬岩力学特性

深部工程开挖过程中，由于地质构造、地应力大小和方向、开挖方式、顺序和速度等的不同，围岩经历复杂的应力路径，包括加卸荷起点、卸荷速率及主应力方向的变化等，导致围岩的力学特性和应力型灾害存在显著差异。为此，需要进行反映深部硬岩真三向应力下加卸荷应力路径、卸荷起点、卸荷速率及主应力方向变换条件下的真三轴试验，揭示开挖应力路径下硬岩强度、破裂、变形和能量的特征、规律与机理。

5.2.1　主应力加卸荷下深部硬岩力学特性

1. 加卸荷应力路径下深部硬岩力学特性

对锦屏地下实验室二期 7# 实验室典型断面不同位置围岩在开挖过程中的应力变化特征进行分析，发现不同位置围岩的应力变化可以简化为 3 种典型应力路径，分别开展这 3 种应力路径硬岩力学特性真三轴试验研究。卸荷应力路径下试样若在卸荷完成后仍未发生破坏，则再继续加载直至试样破坏，以此作为补充试验应力路径，试验方案如表 5.2.1 所示[13]。真三轴加卸荷试验基于锦屏地下实验室二期原岩应力（σ_2=65MPa、σ_3=30MPa）开展，各试样最终破坏时的应力状态均为 σ_2=65MPa、$\sigma_3\approx$0MPa。

图 5.2.1 为 5 种应力路径下锦屏地下实验室二期灰色大理岩峰值强度特征[13]。通过对比分析可知，卸荷路径下试样的峰值强度均比加载条件下试样的峰值强度高。其中，应力路径Ⅱ与应力路径Ⅲ加载下试样峰值强度相近，而由应力路径Ⅱ

表 5.2.1　5 种应力路径下锦屏地下实验室二期灰色大理岩真三轴试验方案[13]

应力路径	σ_1 加载速率/(MPa/s)	σ_3 卸荷速率/(MPa/s)	卸荷起点应力 σ_1/MPa	应力加卸载示意图
Ⅰ	—	—	—	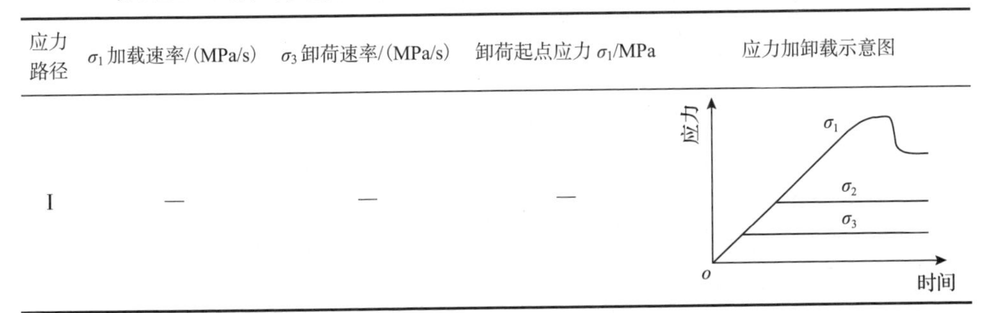

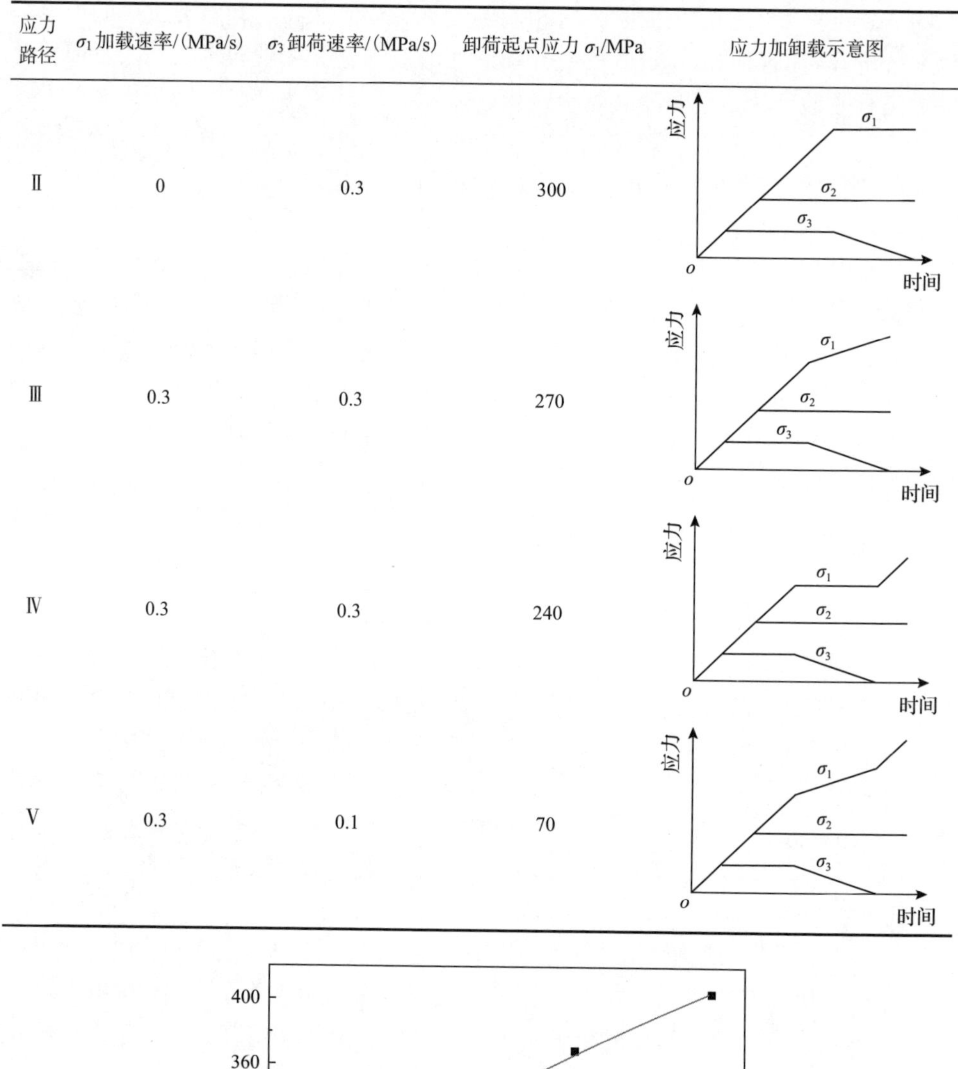

续表

应力路径	σ_1加载速率/(MPa/s)	σ_3卸荷速率/(MPa/s)	卸荷起点应力 σ_1/MPa	应力加卸载示意图
Ⅱ	0	0.3	300	应力 σ_1 σ_2 σ_3 o 时间
Ⅲ	0.3	0.3	270	应力 σ_1 σ_2 σ_3 o 时间
Ⅳ	0.3	0.3	240	应力 σ_1 σ_2 σ_3 o 时间
Ⅴ	0.3	0.1	70	应力 σ_1 σ_2 σ_3 o 时间

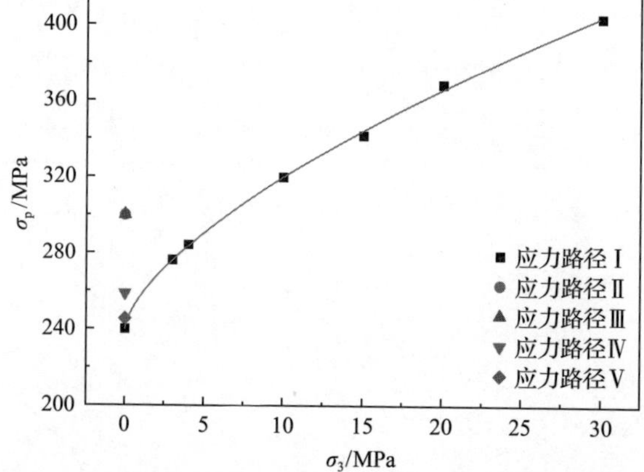

图 5.2.1　5 种应力路径下锦屏地下实验室二期灰色大理岩峰值强度特征[13]

向应力路径Ⅴ过渡时试样的峰值强度逐渐降低。试验结果表明，试样的卸荷起点应力 σ_1 越低，峰值强度也越低，且越接近于加载试验试样峰值强度的特征。

图5.2.2为5种应力路径下锦屏地下实验室二期灰色大理岩破坏模式[13]。5种应力路径下破坏面以与 σ_1-σ_2 面近平行的拉破坏为主，卸荷应力路径的不同导致破坏模式与破坏程度存在差异。在应力路径Ⅰ下，试样呈现出渐进的损伤破裂特征，在达到峰值强度后逐渐劈裂破坏，且破坏主要发生在试样两侧，在没有 σ_3 的条件下试样存在一定的脆性，但因没有卸荷作用，脆性破坏特征还不明显，破坏程度也不剧烈。在应力路径Ⅱ下，试样在高 σ_1 水平下 σ_3 卸荷导致强度降低，随卸荷过程的进行，试样最终发生剧烈破坏，σ_3 水平降低导致试样脆性迅速增加，整体破坏程度较大，除多条贯穿主裂纹外，还存在许多未贯穿的细小裂纹。在应力路径Ⅲ下，试样受 σ_3 卸荷和 σ_1 加载共同作用，脆性随卸荷过程的进行快速增加，试样在不断增大的应力差$(\sigma_1-\sigma_3)$作用下裂纹迅速扩展，随卸荷过程的进行，试样的裂纹逐渐贯通并最终发生剧烈破坏，破裂面整体较为平直。在应力路径Ⅳ下，试样在卸荷初期处于损伤应力水平以下，在卸荷过程中后期，试样因卸荷 σ_3 而导

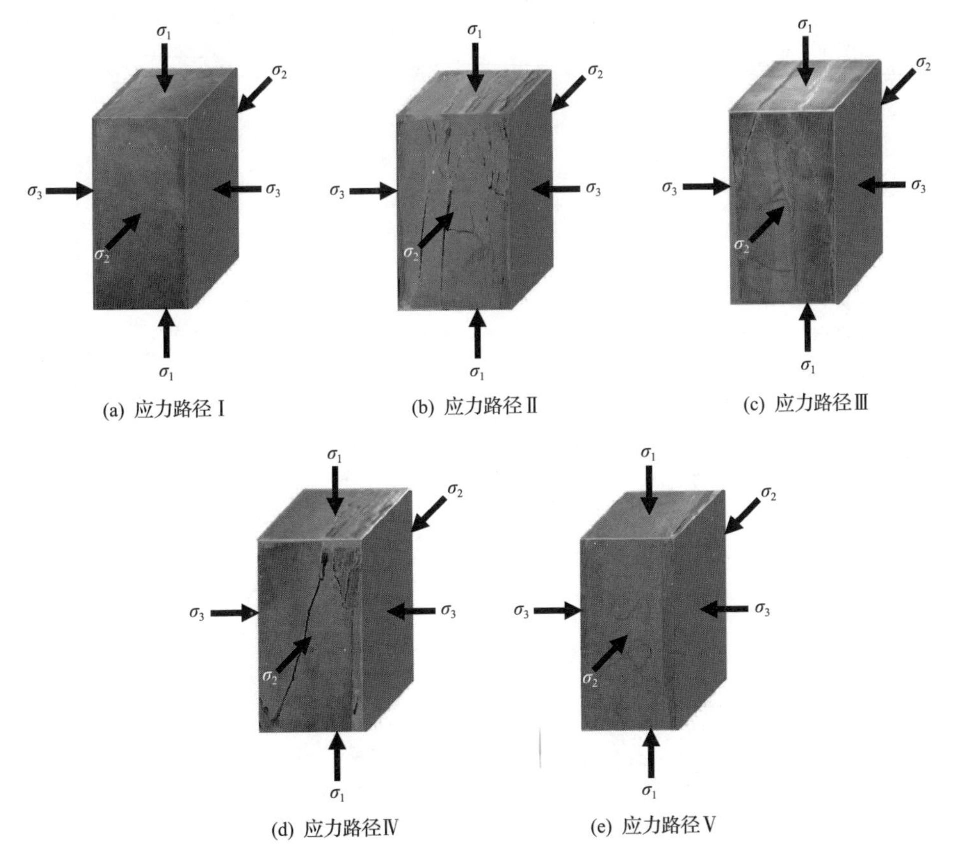

图5.2.2　5种应力路径下锦屏地下实验室二期灰色大理岩破坏模式[13]

致强度下降、脆性增加，随卸荷过程的进行，试样发生破裂，在随后的加载过程中，试样的破裂继续扩展，在加载作用下发生破坏，整体破坏较为剧烈。由于在卸荷过程中试样已有一定的损伤累积，在单独加载过程中没有 σ_3 方向卸荷的促进，试样破坏时局部还存在竖向裂纹的剪切贯通。在应力路径Ⅴ下，试样在卸荷前中期均处于较低的 σ_1 水平，未发生明显破裂，在随后的 σ_1 加载过程中逐渐发生破坏，卸荷完成后其应力条件和脆延性特征与加载条件下基本类似，试样破坏剧烈程度有限。

试样的脆延性特征和破坏形态受破坏时的最小主应力水平影响显著，在较小 σ_3 条件下，试样以近平行于 σ_1-σ_2 面的张拉破坏为主，呈现出劈裂破坏的形态；随着最小主应力的增大，试样多呈拉剪混合破坏模式；而对应条件下的加载试验试样破坏模式仍以张拉破坏为主，宏观破坏面大多近平行于 σ_1-σ_2 面。卸荷破坏剧烈程度与应力路径关系密切，卸荷起点越高、卸荷破坏发生越快，试样破坏剧烈程度越大。

为了深入研究不同应力路径下大理岩的卸荷破坏机制，对不同卸荷应力路径下破坏的试样微观结构进行分析。所有试验试样均按照照片竖直方向与 σ_1 方向平行布置，5 种应力路径下锦屏地下实验室二期灰色大理岩微观破坏特征如图 5.2.3 所示[13]。对比卸荷应力路径下的锦屏地下实验室二期灰色大理岩微观破裂图 5.2.3(d)～(h)

(a) 应力路径Ⅰ(沿晶与穿晶拉破裂为主)

(b) 应力路径Ⅰ(拉破裂明显)

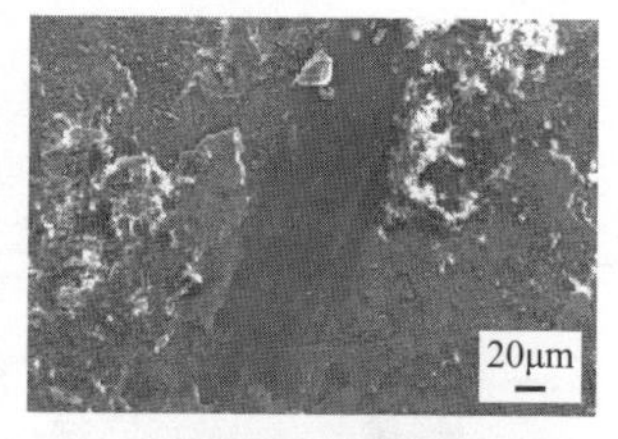

(c) 应力路径Ⅰ(局部剪破裂)

(d) 应力路径Ⅱ(穿晶拉破裂为主)

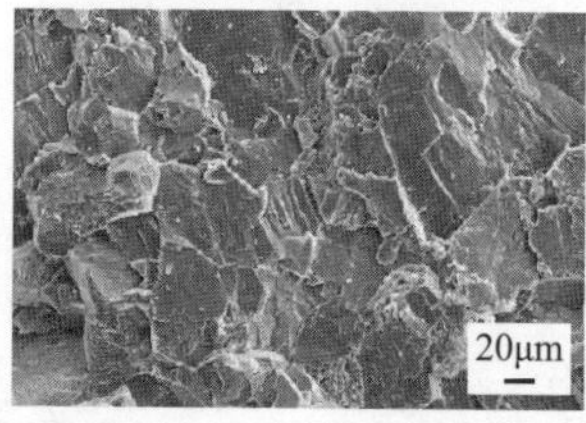

(e) 应力路径Ⅲ(穿晶拉破裂为主)

(f) 应力路径Ⅳ(穿晶拉破裂为主)

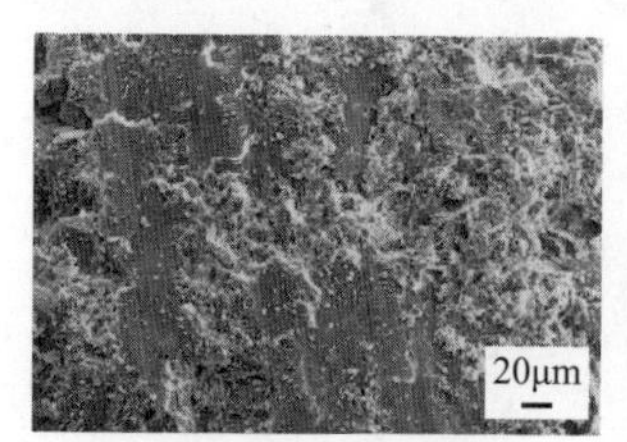

(g) 应力路径Ⅳ(局部剪破裂)

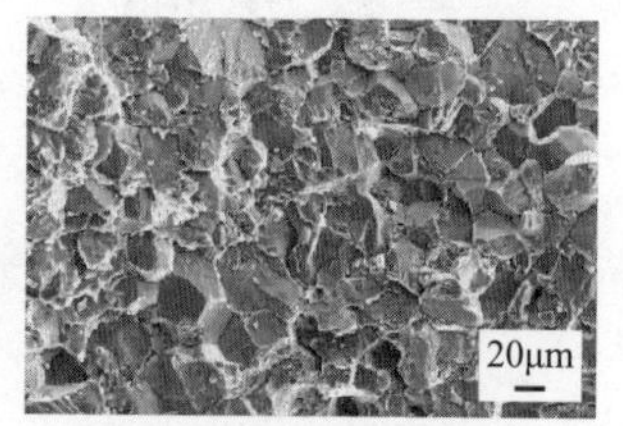

(h) 应力路径Ⅴ(沿晶与穿晶拉破裂为主)

图 5.2.3　5 种应力路径下锦屏地下实验室二期灰色大理岩微观破坏特征[13]

与常规加载试样微观破裂图 5.2.3(a)～(c)可以看出，试样卸荷破坏时的穿晶张拉破裂特征比加载破坏更为明显，这也反映出卸荷破坏更为剧烈的特征。各卸荷应力路径下的微观断裂特征也存在不同，整体上随着卸荷起点应力 σ_1 的增加，试样的穿晶张拉破裂特征更加明显。在卸荷过程发生较早、卸荷起点应力水平较低的应力路径Ⅳ和应力路径Ⅴ条件下，试样的微观破裂特征和加载较为接近，呈现出较为明显的沿晶破裂特征，在局部还有剪切破坏发生。

图 5.2.4 为 5 种应力路径下锦屏地下实验室二期灰色大理岩声发射计数率与累积能量特征[13]。可以看出，在加载路径下，试样的声发射在峰前段存在一定的事件数和能量增加，随后出现一段平静期，在试样接近峰值强度时声发射事件数和能量快速增加，呈渐进性破坏的特征；而卸荷试验试样峰前声发射不明显，声发

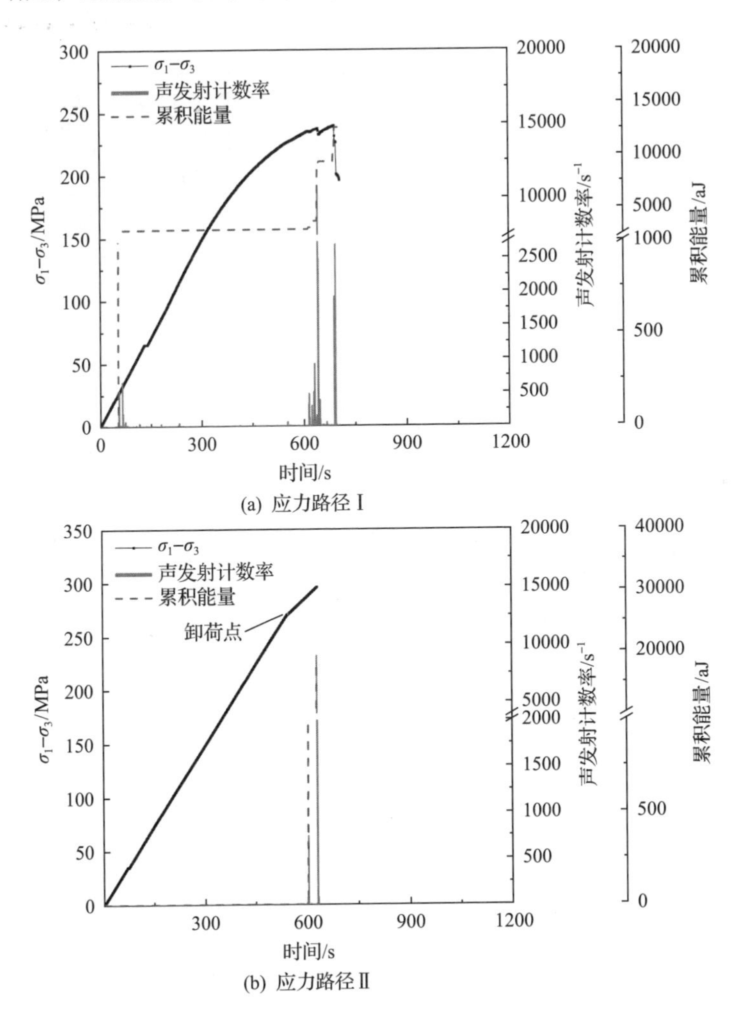

(a) 应力路径Ⅰ

(b) 应力路径Ⅱ

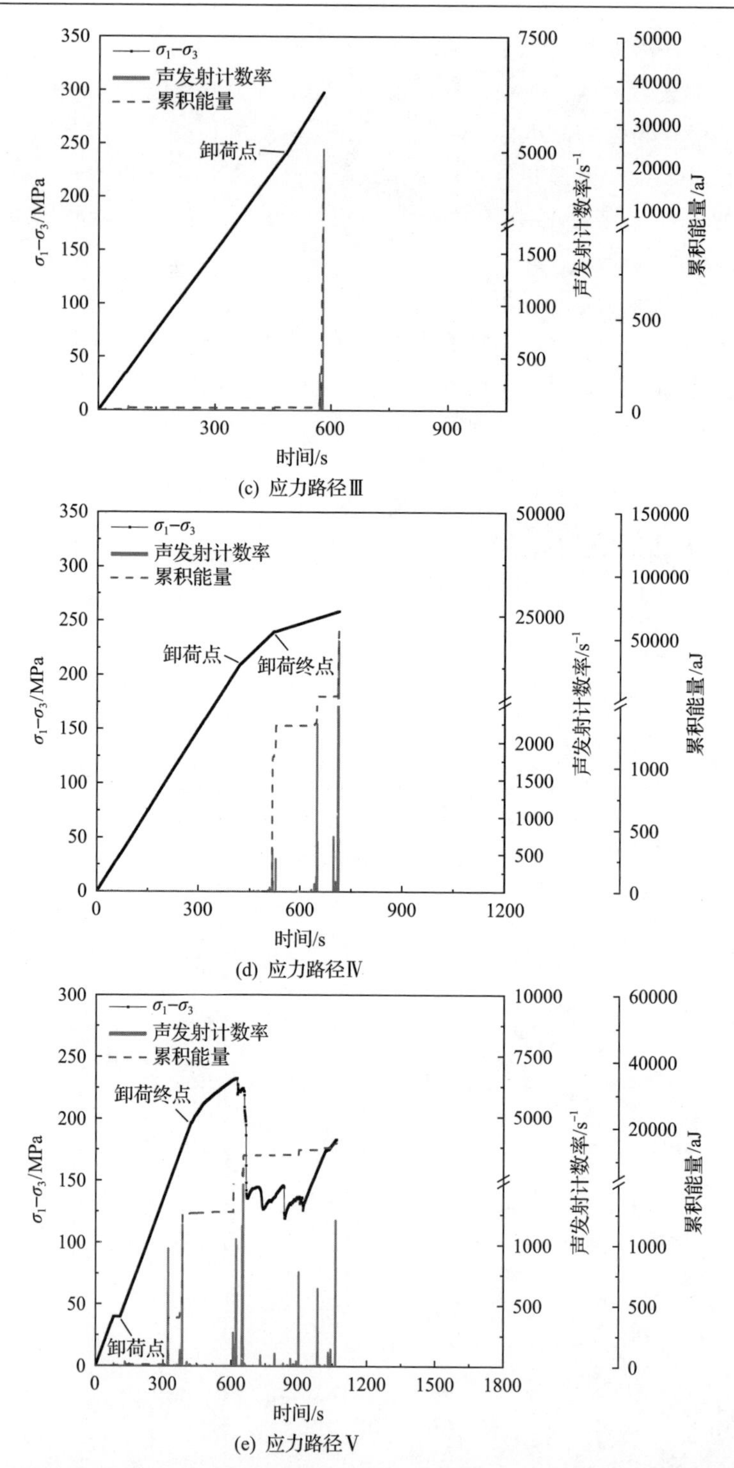

(c) 应力路径Ⅲ

(d) 应力路径Ⅳ

(e) 应力路径Ⅴ

图 5.2.4　5 种应力路径下锦屏地下实验室二期灰色大理岩声发射计数率与累积能量特征[13]

射事件数和能量仅在试样接近破坏时突增。

对比破坏时所处的σ_2与σ_3水平相同时的加载路径 I 的声发射结果与卸荷路径 Ⅱ～Ⅴ的声发射结果可知，在加载试验初期，试样达到起裂强度以后存在少数声发射事件，在达到峰值前声发射事件明显增加，在峰值处声发射事件数达到最大值，且试样发生脆性破坏，试样整体呈现出一个渐进的破坏过程。

卸荷试验的声发射在卸荷破坏前不明显，仅在宏观破坏前有一个先兆性的小破坏时出现声发射事件突增，达到峰值强度附近时微裂纹快速不稳定扩展，声发射事件急剧增加并达到峰值，试样突然发生脆性破坏，整体呈现出应力路径Ⅱ到应力路径Ⅴ剧烈程度减小的特征。卸荷过程发生得越早，试样破坏过程中的声发射特征越接近加载时的渐进性增加的特征，卸荷过程发生得越晚，试样破坏过程中的声发射越容易呈现出在接近破坏时突然性增加的特征。

图 5.2.5 为 5 种应力路径下锦屏地下实验室二期灰色大理岩应力-应变曲线[13]。不同应力路径下，试样在 σ_1 方向的变形差异不大，这说明试样 σ_1 方向的变形主要与最终破坏时的应力状态相关。加载路径 I 下试样在 σ_2 与 σ_3 方向的变形明显小于卸荷路径下的变形，说明卸荷作用促进了试样在 σ_2 与 σ_3 方向的变形，体现出试样在卸荷条件下变形破坏程度比加载条件下更大的特征。在不同应力路径下，试样的变形破坏呈现出卸荷过程发生越晚，试样破坏时的变形越大，试样破坏越剧烈的特征。试样变形随卸荷起点应力 σ_1 的降低呈现出应力路径Ⅱ、应力路径Ⅲ、应力路径Ⅳ、应力路径Ⅴ到加载应力路径 I 逐渐变小的特征。应力路径Ⅲ下试样的变形会比应力路径Ⅱ下更快，在应力-应变曲线上也呈现出更大的斜率。因此，试样虽然在应力路径Ⅲ下卸荷初期变形更小，但随卸荷过程的发展，试样变形速率

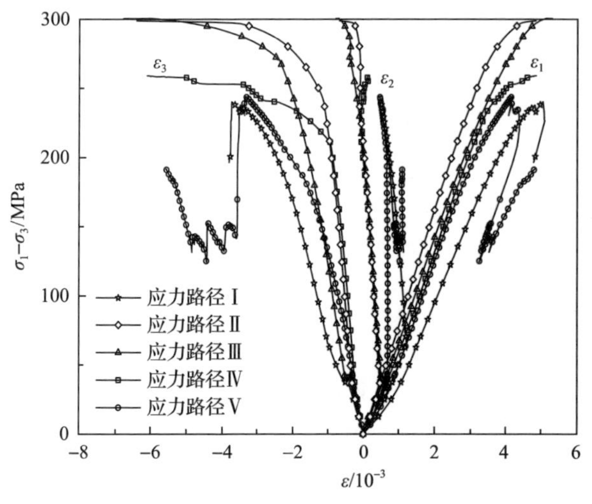

图 5.2.5 5 种应力路径下锦屏地下实验室二期灰色大理岩应力-应变曲线[13]

更快，试样的最终变形与卸荷起点更高的应力路径Ⅱ差异不大。

在应力路径Ⅱ下，由于 σ_1 维持不变，试样仅在 σ_3 卸荷作用下破裂，因此在卸荷过程中破裂在 σ_1-σ_2 方向的扩展速率和对应方向的变形速率相对不大，但是卸荷时 σ_3 应力水平已经较高，卸荷时应力差 $(\sigma_1-\sigma_3)$ 已经较大，因此总的变形量仍然较大。在应力路径Ⅲ下，试样在 σ_1 加载与 σ_3 卸荷的共同作用下发生快速破裂，在增加的应力差 $(\sigma_1-\sigma_3)$ 和 σ_2 的作用下，试样裂纹主要沿 σ_1-σ_2 方向扩展，因此 σ_3 方向变形十分明显，试样的总变形也和应力路径Ⅱ差别不大。在应力路径Ⅴ下，由于 σ_1 方向的加载速率与 σ_3 方向的卸荷速率更小，在卸荷过程中出现了与应力路径Ⅱ类似的变化特征，而在卸荷结束以后，试样在 σ_1 加载作用下直至破坏，从曲线形态也可以看出加载作用明显小于卸荷作用，试样在加载过程中逐步破裂，在局部小破裂时应变速率出现突增，并在卸荷破坏时应变速率达到加载破坏阶段的最大值。因此，可以得到应力路径Ⅲ相对于应力路径Ⅱ更利于试样在平行于 σ_2 方向发生破裂。

2. 不同 σ_1 卸荷起点时卸荷 σ_3 的深部硬岩力学特性

为了研究 σ_1 卸荷起点对硬岩力学特性的影响，开展了多组不同卸荷主应力下的真三轴卸荷试验。图 5.2.6 为恒定 σ_1 和 σ_2、卸荷 σ_3 的真三轴压缩试验应力路径示意图，最小主应力 σ_3 的卸荷速率选定 0.3MPa/s。

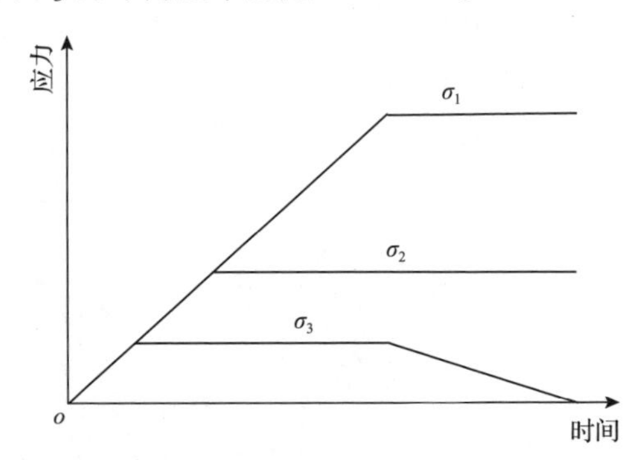

图 5.2.6　恒定 σ_1 和 σ_2、卸荷 σ_3 的真三轴压缩试验应力路径示意图

图 5.2.7 和表 5.2.2 分别为不同恒定 σ_1 和 σ_2、卸荷 σ_3 时锦屏地下实验室二期灰色大理岩强度特征和试验结果[14]。可以看出，卸荷条件下硬岩试样的强度整体上大于加载条件下。当 σ_1 接近试样峰值强度进行卸荷 σ_3 时，卸荷开始后试样很快就发生破坏，试样的变形、破坏主要由加载过程引起，此时加卸荷强度也比较接近。从图 5.2.7(b)可以看出，相同 σ_2 下 σ_1 越大和卸荷前 σ_3 越大，大理岩加载和卸荷强度差别越小。

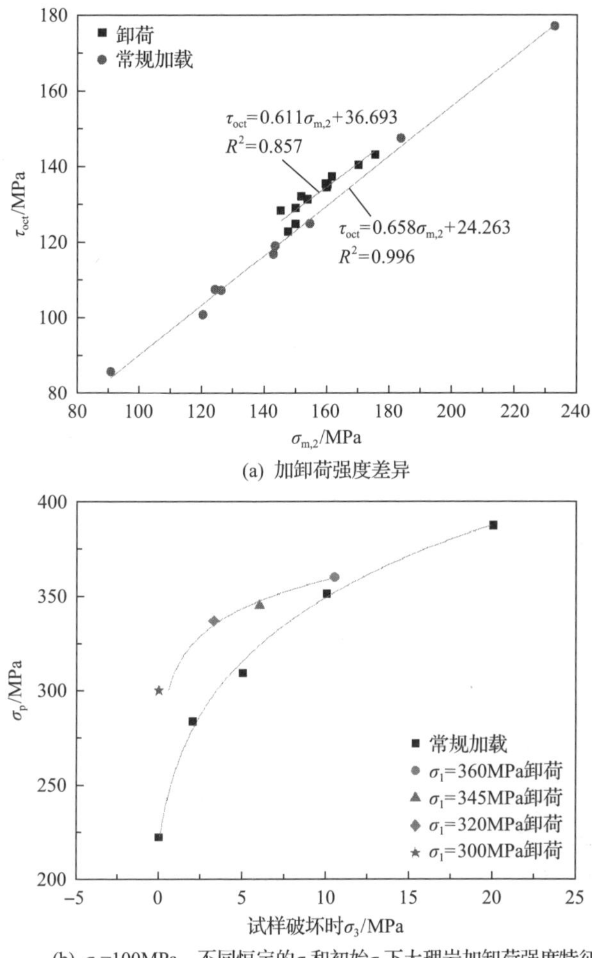

(a) 加卸荷强度差异

(b) σ_2=100MPa、不同恒定的σ_1和初始σ_3下大理岩加卸荷强度特征

图 5.2.7　不同恒定 σ_1 和 σ_2、卸荷 σ_3 时锦屏地下实验室二期灰色大理岩强度特征[14]

表 5.2.2　不同恒定 σ_1 和 σ_2、卸荷 σ_3 时锦屏地下实验室二期灰色大理岩试验结果[14]

编号	卸荷时 σ_3 /MPa	卸荷时 σ_2 /MPa	卸荷时 σ_1 /MPa	试样破坏时 σ_3 /MPa	卸荷时间/s
1	35	65	332	11.4	96.1
2	35	65	300	5	126.0
3	30	100	360	10.5	65.2
4	30	100	345	6	79.9
5	30	100	337	3.3	89.6
6	30	100	300	0	109.8
7	30	65	320	3	91.1
8	30	65	316	3	87.5

续表

编号	卸荷时 σ_3 /MPa	卸荷时 σ_2 /MPa	卸荷时 σ_1 /MPa	试样破坏时 σ_3 /MPa	卸荷时间/s
9	30	65	315	4.6	86.4
10	30	65	300	0	104.7
11	30	40	300	3.5	90
12	30	40	290	0.4	99.7
13	25	65	316	4	70.0
14	25	65	306	1.5	71.3
15	25	65	290	0	85.0

图 5.2.8 为不同恒定 σ_1 和 σ_2、卸荷 σ_3 时锦屏地下实验室二期灰色大理岩破坏模式[14]。σ_1 越大时，卸荷破坏时的 σ_3 应力水平也越高。试样在卸荷前已有拉裂纹的起裂、扩展以及剪切裂纹的局部贯通，因此破坏面也呈现出拉剪混合破坏特征(见图 5.2.8(a))。当 σ_1 较低或者接近 σ_{cd} 时，试样的破坏以张拉破坏为主(见图 5.2.8(c)和(d))。

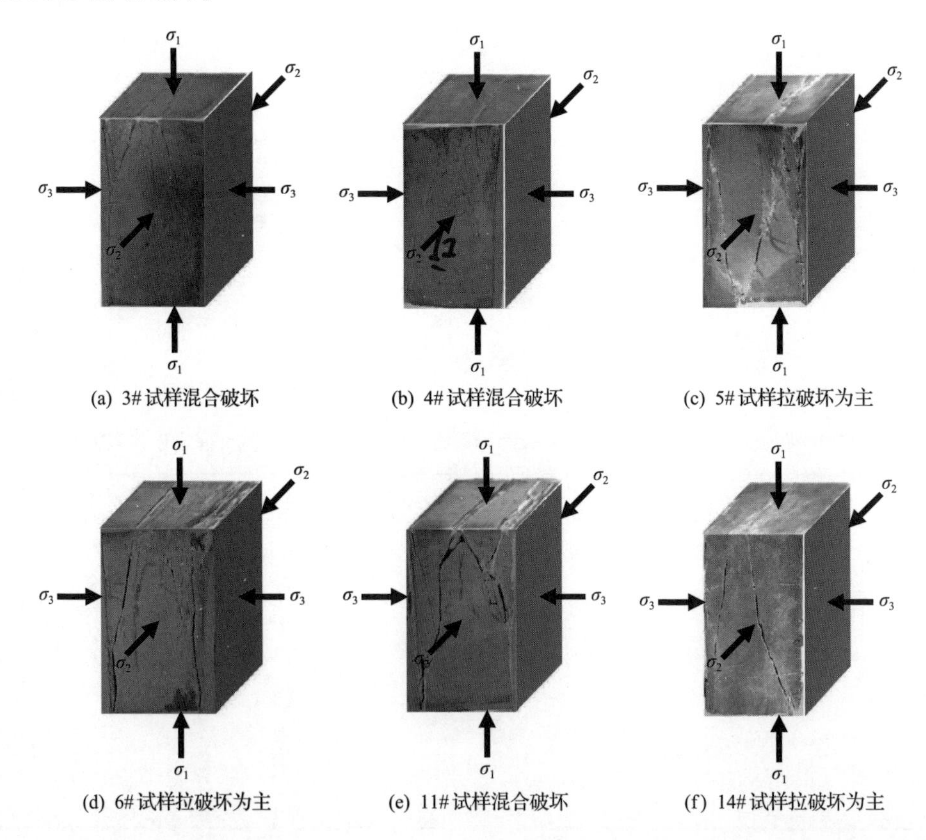

(a) 3#试样混合破坏　(b) 4#试样混合破坏　(c) 5#试样拉破坏为主

(d) 6#试样拉破坏为主　(e) 11#试样混合破坏　(f) 14#试样拉破坏为主

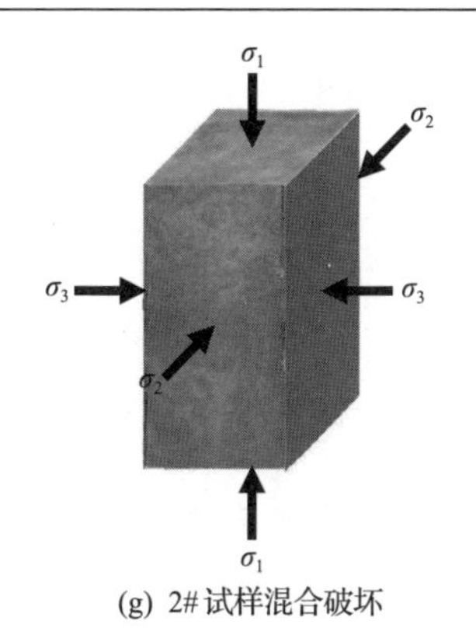

(g) 2# 试样混合破坏

图 5.2.8　不同恒定 σ_1 和 σ_2、卸荷 σ_3 时锦屏地下实验室二期灰色大理岩破坏模式[14]

σ_2 较小时，试样在卸荷破坏时的 σ_3 应力水平较高，脆性相对较低，呈现出明显剪切破坏特征(见图 5.2.8(e))；σ_2 越大，试样卸荷破坏时的 σ_3 应力水平越低，试样脆性特征越明显，破裂面随 σ_2 的增大越趋向于沿 σ_1-σ_2 面发育(见图 5.2.8(d))。

初始 σ_3 越低，试样破坏时的 σ_3 越接近卸荷前的初始值，张拉起裂后在 σ_3 的作用下剪切裂纹发生扩展、贯通，破坏面整体呈现出拉剪混合特征(见图 5.2.8(f))。随着初始 σ_3 的提高，试样卸荷破坏时的 σ_3 越小，试样主要由拉裂纹的扩展贯通导致破坏，破坏面呈现出以张拉破坏为主的特征(见图 5.2.8(g))。

试样破坏时的 σ_3 越小，试样的张拉破坏越多，剪切破坏越少，破裂面越趋近于与 σ_1-σ_2 面平行，如图 5.2.8(c)、(d)和(g)所示。反之，试样破坏时的 σ_3 越大，试样越容易呈现出图 5.2.8(a)、(b)、(e)和(f)所示的混合破坏或局部剪切破坏特征。

图 5.2.9 为不同恒定 σ_1 和 σ_2、卸荷 σ_3 时锦屏地下实验室二期灰色大理岩微观破坏特征[14]。由图 5.2.9(a)和(b)可知，σ_1 较高时，试样在较高的初始最小主应力(σ_3＞10MPa)条件下就发生破坏，岩石试样破坏面可见较为明显的划痕，体现出较强的剪切破坏特征，局部可见呈台阶状破裂的张拉破坏特征，破裂面整体除剪切摩擦划痕或岩粉覆盖区域无法看到晶体颗粒外，其他区域可见明显的穿晶破坏特征，可以认为试样呈现出以剪切破坏为主，剪切破坏与张拉破坏共存，穿晶破坏为主，沿晶破坏与穿晶破坏相结合的特征。当 σ_1 较小时，试样破坏时的 σ_3 也越小(见图 5.2.9(c))，破坏面由剪切破坏特征转为张拉破坏特征，试样表面仍有较多的岩粉，体现出卸荷破坏的剧烈性，破裂面晶体颗粒特征相对高 σ_1 时更为明显，但仍可见穿晶破裂，可以得出卸荷 σ_1 应力水平较低时试样呈现出以张拉破坏为主，沿晶破坏与穿晶破坏相混合的特征。

对比不同 σ_2 下卸荷试验试样的微观结构(见图 5.2.9(c)和(d))可知，不同 σ_2 下试样破裂面微观破裂形态差异相对不同 σ_1 时较小。破裂面体现出以张拉破坏

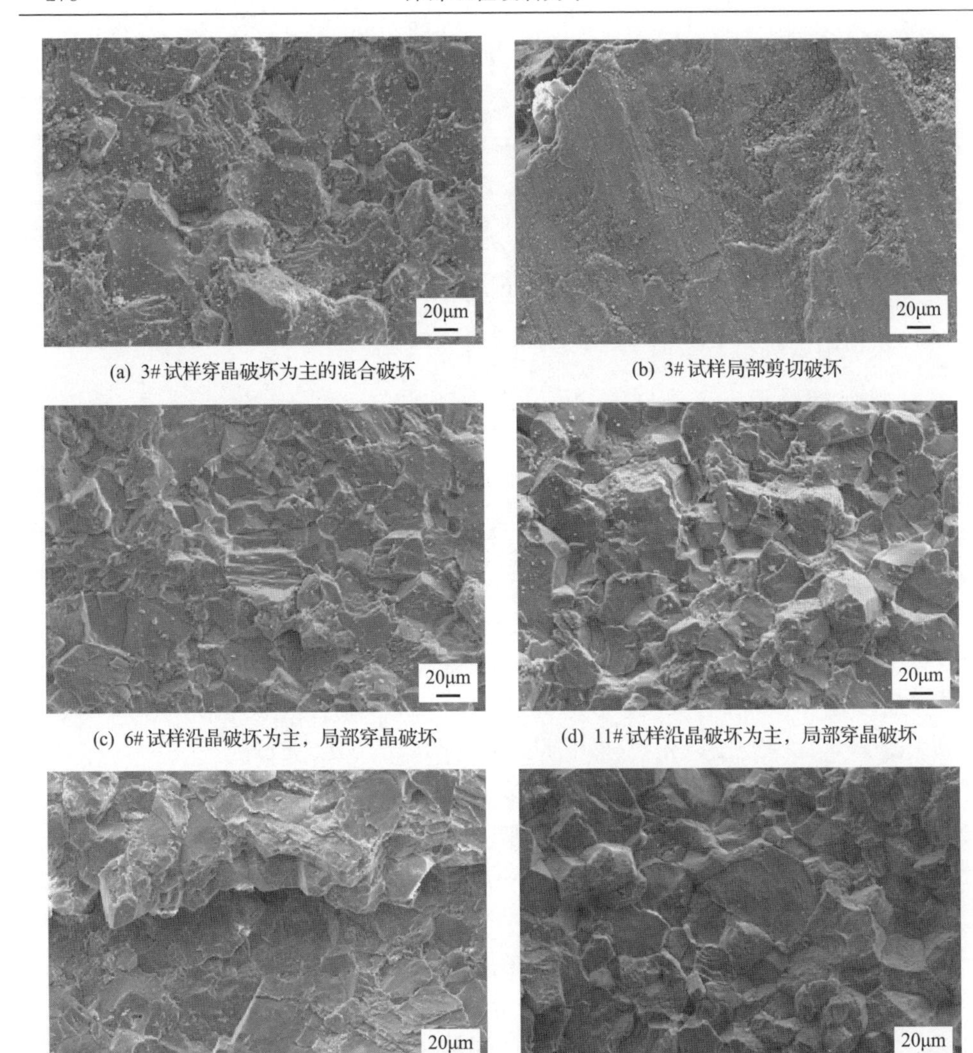

(a) 3# 试样穿晶破坏为主的混合破坏

(b) 3# 试样局部剪切破坏

(c) 6# 试样沿晶破坏为主，局部穿晶破坏

(d) 11# 试样沿晶破坏为主，局部穿晶破坏

(e) 8# 试样穿晶破坏为主的混合破坏

(f) 13# 试样沿晶破坏为主

图 5.2.9　不同恒定 σ_1 和 σ_2、卸荷 σ_3 时锦屏地下实验室二期灰色大理岩微观破坏特征[14]

为主，穿晶破裂与沿晶破裂共存的特征。但是当 σ_2 较高时，穿晶破裂特征更明显，显示出破坏更剧烈；当 σ_2 较低时，试样破裂面局部存在剪切，且穿晶破坏会减少。对比不同初始 σ_3 下卸荷试验试样的微观结构（见图 5.2.9(e)和(f)）可知，初始 σ_3 较高时，试样破坏时的 σ_3 更小，破裂面以穿晶张拉破坏为主；而初始 σ_3 较低时，试样破坏时的 σ_3 更高，试样以沿晶张拉破坏为主。

整体来说，试样在 σ_1 较高、σ_2 和 σ_3 较小条件下卸荷 σ_3 容易发生剪切破坏，在 σ_1 较低、σ_2 和 σ_3 较高条件下卸荷 σ_3 容易发生张拉破坏。σ_1 越高，卸荷 σ_3 变化

量越大，穿晶破坏特征越明显，破坏越剧烈。

图 5.2.10 为不同恒定 σ_1 和 σ_2、卸荷 σ_3 时锦屏地下实验室二期灰色大理岩声发射计数率与累积能量特征[14]。整体上，锦屏地下实验室二期灰色大理岩在卸荷破坏前的声发射不明显，直到试样即将发生脆性破坏时才出现声发射事件和能量的突增。试样在 σ_1 较高时，卸荷破坏时 σ_3 也会相对更高(σ_3>4MPa)，试样破坏突然，声发射事件呈突增即峰值的特征，释放的能量较大。在 σ_1 相对较低或接近 σ_{cd} 时，试样在 σ_3 较小或者为零时发生破坏，试样在没有 σ_3 作用时容易发生劈裂剥落，声发射事件出现突增；局部脆性破坏发生之后，试样仍然存在承载能力，之后仍处于卸荷状态，试样继续发生卸荷破坏，而后达到峰值并发生彻底的

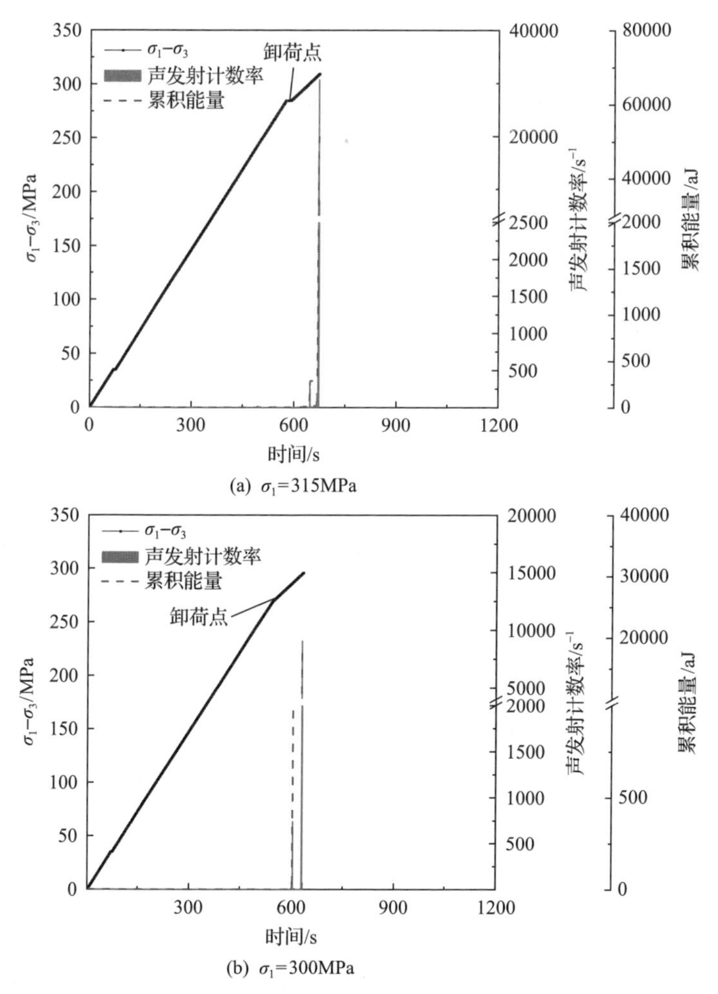

(a) σ_1=315MPa

(b) σ_1=300MPa

图 5.2.10　不同恒定 σ_1 和 σ_2、卸荷 σ_3 时锦屏地下实验室二期灰色大理岩声发射计数率与累积能量特征[14]

脆性破坏，声发射事件也迅速达到峰值，但声发射事件突增幅度没有较高卸荷起点时大。其他试样在卸荷破坏时的 σ_3 较低或者为零时，在接近卸荷破坏时都有同样的劈裂破坏特征，然后再宏观破坏。总体来说，σ_1 越低，累积能量和声发射计数率都越低。

图 5.2.11 为不同恒定 σ_1 和 σ_2、卸荷 σ_3 时锦屏地下实验室二期灰色大理岩应力-应变曲线[14]。在不同 σ_1 下，试样的卸荷变形有明显的差异，σ_2 越大，总体变形量越小。从卸荷过程中曲线斜率分析卸荷变形速率可知，当 σ_2=40MPa 时，试样在达到一定的变形速率后保持一个较低的速率直至接近破坏才开始快速增加；当 σ_2=100MPa 时，试样卸荷变形速率在卸荷初期便快速增加，试样很快发生破坏。

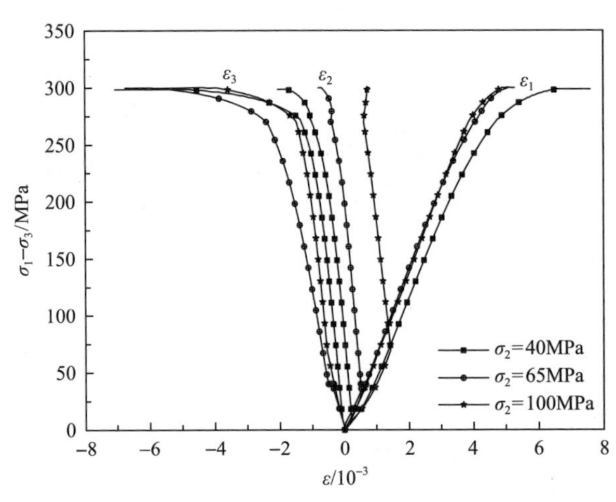

图 5.2.11 不同恒定 σ_1 和 σ_2、卸荷 σ_3 时锦屏地下实验室二期灰色大理岩应力-应变曲线[14]

3. 卸荷速率影响下的深部硬岩力学特性

在不同的开挖进尺速率下，深部工程围岩破坏特征存在明显的差异，开挖进尺速率的不同可以类比为试验过程中卸荷速率的差异。为研究真三轴条件下卸荷速率对硬岩破坏的影响，基于原岩应力开展了不同卸荷速率下锦屏地下实验室二期灰色大理岩的真三轴试验研究，试验应力路径如图 5.2.12 所示[14]。

在 σ_1=300MPa、σ_2=65MPa、σ_3=30MPa 的初始应力水平下，锦屏地下实验室二期灰色大理岩卸荷破坏较为明显。因此，在此初始应力条件下，开展了不同 σ_3 卸荷速率(0.01MPa/s、0.05MPa/s、0.1MPa/s、0.2MPa/s、0.3MPa/s)的真三轴试验，研究卸荷速率对试样强度、变形及破坏特征的影响。

图 5.2.13 为不同 σ_3 卸荷速率下锦屏地下实验室二期灰色大理岩强度特征[14]。可以看出，在研究所涉及的卸荷速率范围内，随着卸荷速率的增加，试样发生卸荷破坏所需的 σ_3 应力降越大，卸荷破坏时的 σ_3 越低。不同卸荷速率下试样的强度

与加载强度存在明显的差异，体现出卸荷速度越快，大理岩的瞬时承载能力也越强的特征。当卸荷速率降到 0.05MPa/s 时，试样加卸荷强度基本相同。

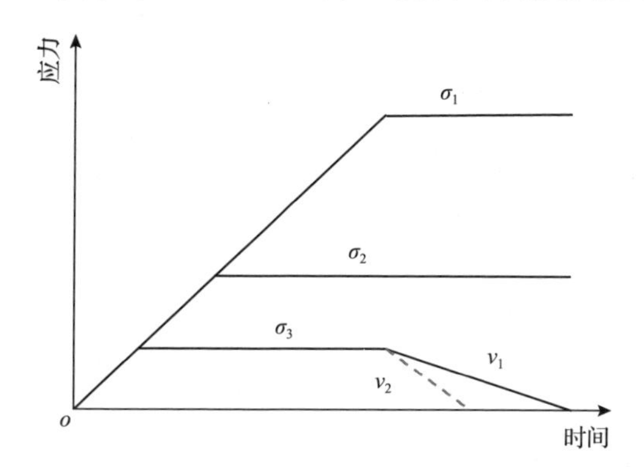

图 5.2.12　不同 σ_3 卸荷速率的硬岩真三轴试验应力路径[14]

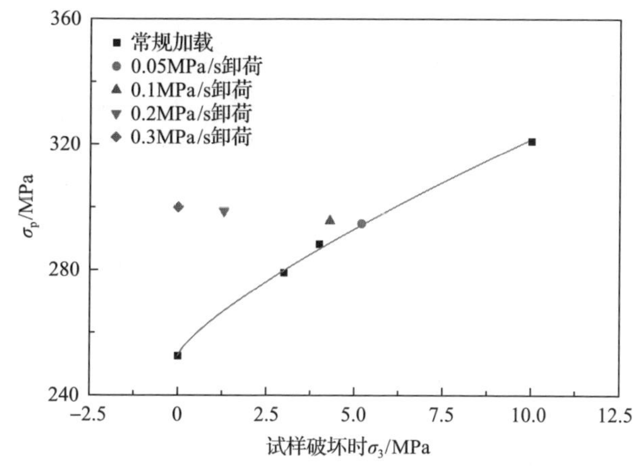

图 5.2.13　不同 σ_3 卸荷速率下锦屏地下实验室二期灰色大理岩强度特征(σ_2=65MPa)[14]

图 5.2.14 为不同 σ_3 卸荷速率下锦屏地下实验室二期灰色大理岩破坏模式[14]。当卸荷速率为 0.01MPa/s 时，试样破坏时的 σ_3 相对较高(3.1MPa)，试样脆性特征相对不明显，在卸荷过程中试样破坏平稳发展，宏观上呈现出拉剪混合的破坏特征(见图 5.2.14(a))。卸荷速率越大，试样破坏时的 σ_3 越小，σ_3 对试样在 σ_3 方向上变形的限制作用也越小，试样的脆性特征越明显，破坏时的剧烈程度也越大(见图 5.2.14(b))，剪切破坏特征明显减少，张拉破坏特征明显增多，破裂面更加趋向于与 σ_1-σ_2 面平行。当卸荷速率增大到一定程度时，试样在破坏发生时的 σ_3 越接近 0MPa，试样脆性特征更加明显，破坏程度也越大，主裂纹附近的微裂纹数目也越多(见图 5.2.14(c))，竖向裂纹密集贯穿，呈薄片、板状劈裂片帮破坏形态。

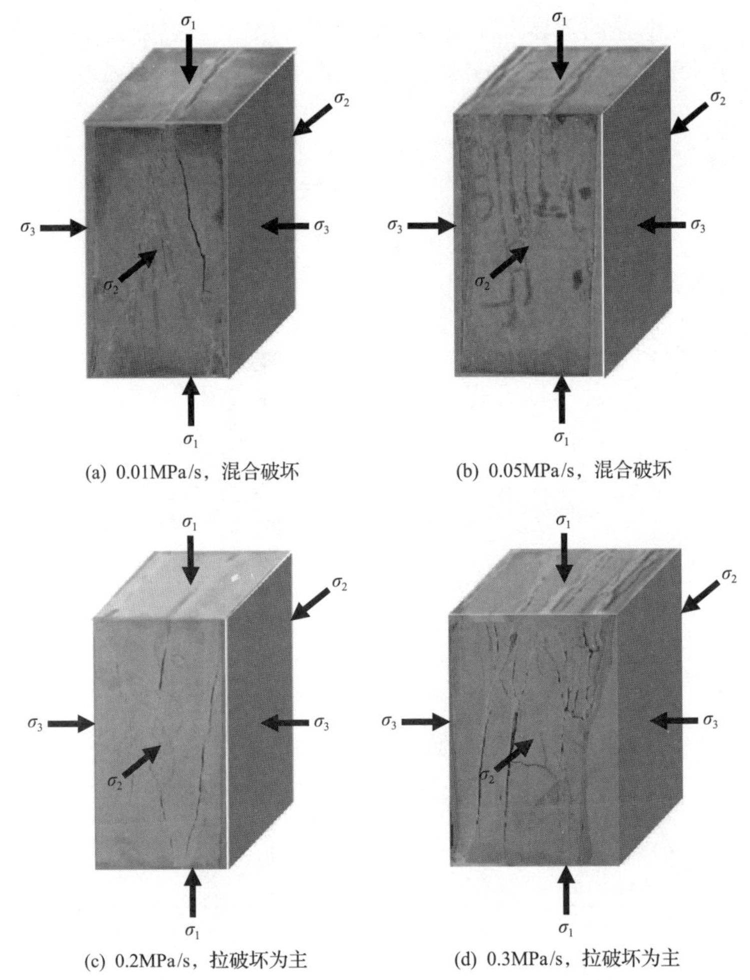

图 5.2.14　不同 σ_3 卸荷速率下锦屏地下实验室二期灰色大理岩破坏模式[14]

图 5.2.15 为不同 σ_3 卸荷速率下锦屏地下实验室二期灰色大理岩微观结构破坏特征[14]。卸荷速率较大时，试样微观破裂面参差不齐，且多见台阶状张拉断口，部分区域可见晶粒轮廓，呈现出以穿晶张拉破坏为主，沿晶破坏与穿晶破坏相混合的特征(见图 5.2.15(a))；当卸荷速率较小时，试样微观破裂面可见明显的晶粒特征，呈现出沿晶张拉破坏为主的特征，破坏剧烈程度明显下降(见图 5.2.15(b))。

图 5.2.16 为不同 σ_3 卸荷速率下锦屏地下实验室二期灰色大理岩声发射计数率与累积能量特征。可以看出，不同卸荷速率下试样声发射同样呈现出破坏前征兆不明显，接近破坏时突增并释放巨大能量的特征。0.1MPa/s 卸荷速率下试样破坏时的声发射能量明显比 0.3MPa/s 卸荷速率下小，这也体现出试样的卸荷破坏程度随卸荷速率的增加而增大的特征。

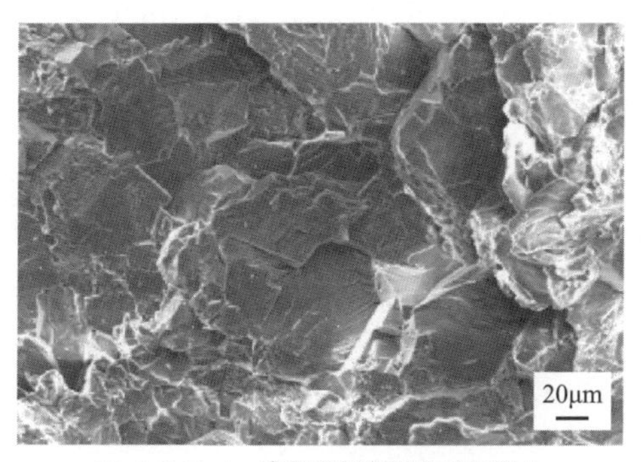

(a) 0.3MPa/s，穿晶破坏与沿晶破坏混合

(b) 0.01MPa/s，沿晶破坏为主

图 5.2.15　不同 σ_3 卸荷速率下锦屏地下实验室二期灰色大理岩微观结构破坏特征[14]

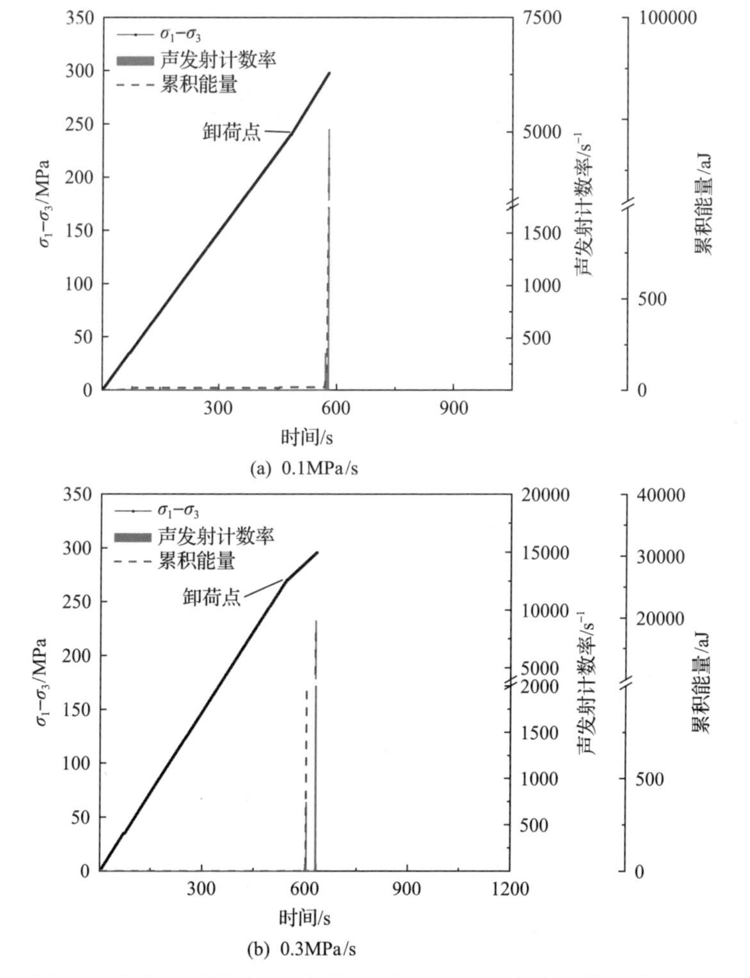

(a) 0.1MPa/s

(b) 0.3MPa/s

图 5.2.16　不同 σ_3 卸荷速率下锦屏地下实验室二期灰色大理岩声发射计数率与累积能量特征

图 5.2.17 为不同 σ_3 卸荷速率下锦屏地下实验室二期灰色大理岩应力-应变曲线。可以看出，不同卸荷速率下试样的卸荷变形过程及在 σ_1 方向的总变形量有着明显的差异，但 σ_2 与 σ_3 方向的总变形量随卸荷速率的变化差异有限。从卸荷过程中曲线斜率分析卸荷变形速率，可知在卸荷速率小于 0.05MPa/s 时，试样在达到一定的变形速率后保持一个较低的速率直至破坏；当卸荷速率达到 0.3MPa/s 后，试样卸荷变形速率在卸荷初期快速增加，达到一定速率后随卸荷的进行逐渐线性增加，在接近试样破坏时呈指数型增加直至试样发生破坏，且卸荷速率越快，卸荷变形速率突变过程发生越早，试样越早发生破坏。

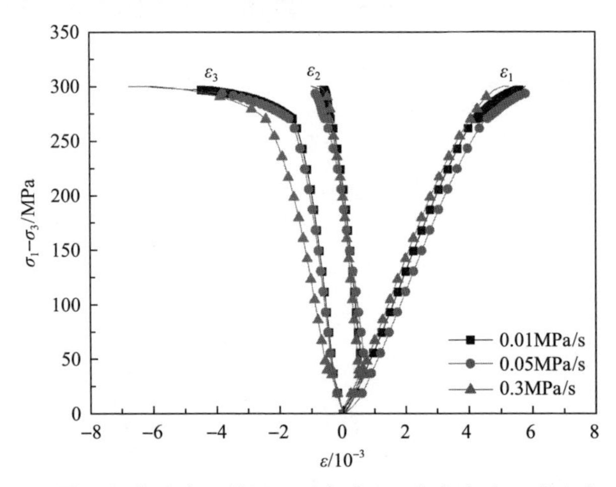

图 5.2.17　不同 σ_3 卸荷速率下锦屏地下实验室二期灰色大理岩应力-应变曲线

5.2.2　主应力方向变换下深部硬岩力学特性

试验采用真三轴加载下的中间主应力和最大主应力方向变换的方法(见图 4.3.11)，试验过程分为两个阶段：主应力方向未变换阶段和主应力方向变换阶段。在主应力方向未变换下的真三轴加载过程中先加 σ_3，保持 $\sigma_1 = \sigma_2 = \sigma_3$，以 0.5MPa/s 的速率加载油压至 σ_3 设定值；然后保持 σ_3 不变，以 0.5MPa/s 的速率同时按 $\sigma_1 = \sigma_2$ 加载最大主应力和中间主应力，使应力达到 σ_2 设定值；最后保持 σ_2、σ_3 不变，以 0.5MPa/s 的速率加载 σ_1，同时记录最小主应力方向变形速率，当变形速率接近 0.012mm/min 时，采用伺服控制加载 σ_1，使 σ_3 变形速率恒为 0.012mm/min，直至达到预计的中间主应力和最大主应力方向变换点。在主应力方向变换阶段，当达到中间主应力和最大主应力方向变换点时，为了防止峰后阶段岩石突然破坏，最大主应力开始以 1MPa/s 的速率下降，中间主应力以 0.5MPa/s 的速率上升，直到最大主应力下降到中间主应力水平，然后保持不变，最小主应力方向变形速率接近 0.012mm/min 时，采用环向伺服控制加载，使 σ_3 变形速率恒为 0.012mm/min，

在整个过程中 σ_3 保持不变，直至试验结束。试验所用岩石试样为葡萄牙某水电工程的花岗闪长岩。

1. 中间主应力和最大主应力方向变换诱导深部硬岩破坏模式改变

中间主应力和最大主应力方向变换后的试样宏观破坏面平行于 σ_1-σ_2 面，与中间主应力和最大主应力方向不变下试样真三轴破坏模式有显著的差别。为了更清楚地对比分析中间主应力和最大主应力方向变换后试样破坏模式的特征，进行了主应力方向变换前、变换过程中和变换后的试样真三轴压缩试验，其中主应力方向变换前应力条件下产生的破坏线用白色线条描绘（见图 5.2.18(a)），主应力方向变换后应力条件下产生的破坏线用黄色线条描绘（见图 5.2.18(c)）。

如图 5.2.18(a2) 和 (c2) 所示，最大主应力作用面的破坏线较为垂直，而中间主应力作用面的破坏线有一定的倾角并呈 V 形相交。如图 5.2.18(b2) 所示，试样的上下面和前后面分别经历了最大主应力和中间主应力的作用，因此两个面的破坏线既有较为垂直的破坏线（如白色破坏线），也有带一定倾角呈 V 形相交的破坏线（如黄色破坏线），主应力方向变化前后，试样的宏观破坏面发生了一定的偏转。

设定中间主应力和最大主应力方向变换后加载的峰值强度为 σ_{2p}，中间主应力和最大主应力方向变换点对应的 σ_1 应力值为 σ_{st}。如图 5.2.18(b1) 所示，峰值强度 $\sigma_p = 347\text{MPa}$，$\sigma_{st} = 226\text{MPa}$，$\sigma_{2p} = 266\text{MPa}$，中间主应力和最大主应力方向变换后，$\sigma_{2p}$ 比 σ_p 减小了 34.9%，但比 σ_{st} 增加了 17.7%。在中间主应力和最大主应力

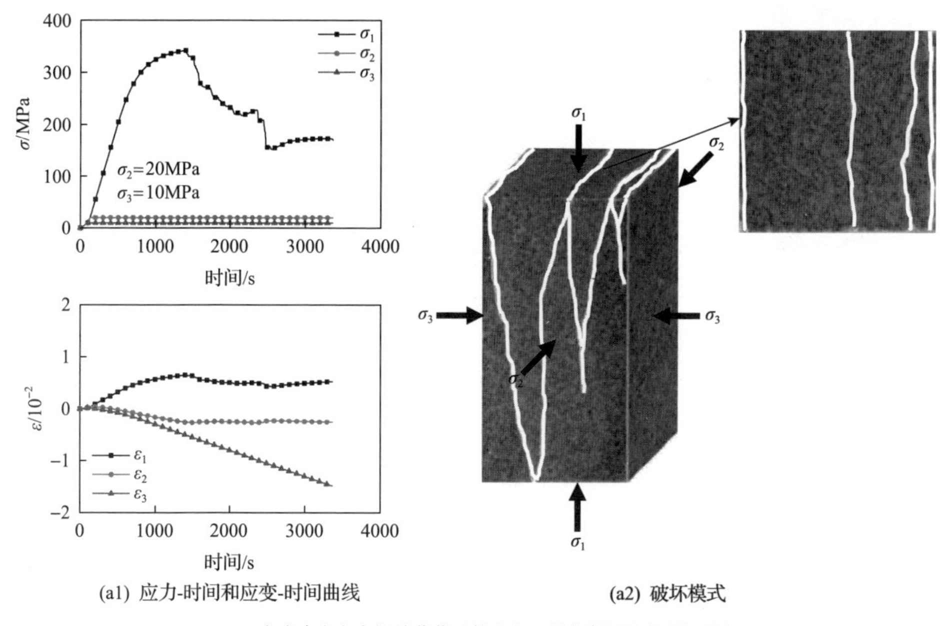

(a1) 应力-时间和应变-时间曲线　　(a2) 破坏模式

(a) 主应力方向变换前葡萄牙某水电工程花岗闪长岩破坏形态

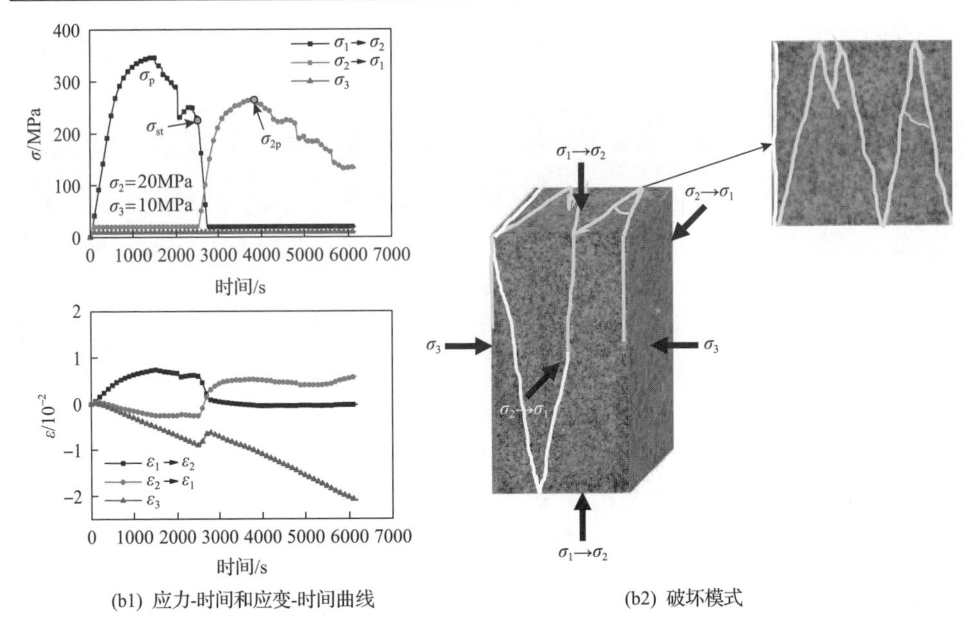

(b1) 应力-时间和应变-时间曲线　　(b2) 破坏模式

(b) 主应力方向变换过程中葡萄牙某水电工程花岗闪长岩破坏形态

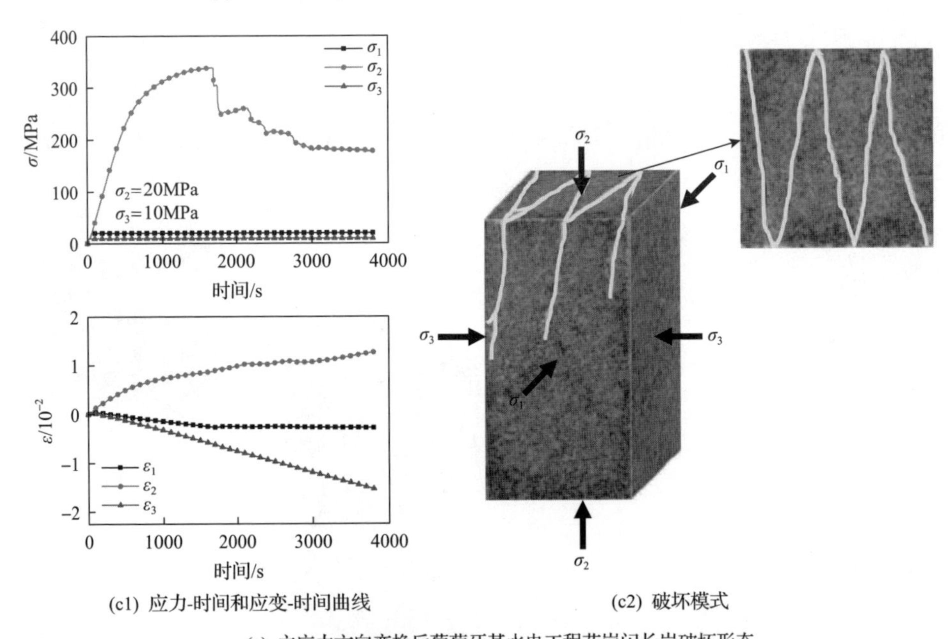

(c1) 应力-时间和应变-时间曲线　　(c2) 破坏模式

(c) 主应力方向变换后葡萄牙某水电工程花岗闪长岩破坏形态

图 5.2.18　中间主应力和最大主应力方向变换下葡萄牙某水电工程花岗闪长岩应力-时间、应变-时间曲线和破坏特征(见彩图)

方向变换处，最大主应力方向的花岗岩试样变形由压缩变换为膨胀，中间主应力方向的花岗岩试样变形由膨胀变换为压缩，两个方向的变形各向异性特征发生了变换。

2. 中间主应力和最大主应力方向变换诱导深部硬岩破裂机制

图 5.2.19 为中间主应力和最大主应力方向变换下葡萄牙某水电工程花岗闪长岩声发射特征和破坏模式。从图 5.2.19(a)可以看出，在主应力方向变换前(阶段Ⅰ)，峰前阶段声发射特征与峰后阶段相比非常微弱，峰后阶段在每次应力降处声发射计数率都有大幅值突变，累计声发射计数率也呈相应台阶状增加；在主应力方向变换后(阶段Ⅱ)的初始加载阶段，声发射信号较为薄弱，当达到 σ_{2p} 的 80%左右时，声发射信号突增，说明主应力方向变换后也经历裂纹的起裂和扩展。

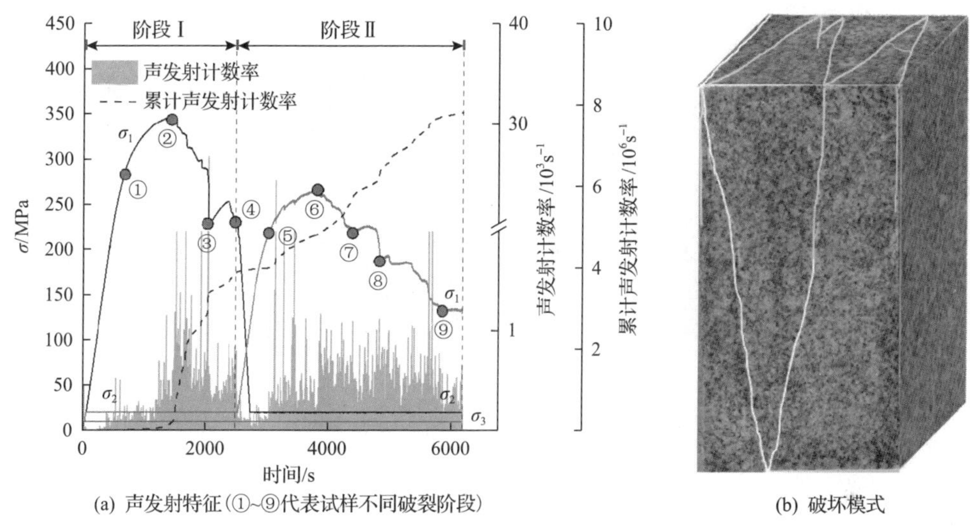

(a) 声发射特征(①~⑨代表试样不同破裂阶段)　(b) 破坏模式

图 5.2.19　中间主应力和最大主应力方向变换下葡萄牙某水电工程花岗闪长岩声发射特征和破坏模式(见彩图)

图 5.2.20 为中间主应力和最大主应力方向变换下葡萄牙某水电工程花岗闪长岩破坏全过程的破裂演化，颜色代表声发射信号的时间顺序，蓝色事件最先产生，红色事件最后产生。可以看出，在应力加载的不同阶段，花岗闪长岩试样破裂发育的位置不同，裂纹产生的先后顺序不同，在中间主应力和最大主应力方向未发生变换时(阶段Ⅰ)，裂纹发育区间主要集中在宏观破坏的白色裂纹带附近；当中间主应力和最大主应力方向发生变换后(阶段Ⅱ)，花岗闪长岩试样上部分的声发射事件增多，裂纹的发育主要集中在黄色裂纹带附近(见图 5.2.19(b))。

图 5.2.21 为中间主应力和最大主应力方向变换后葡萄牙某水电工程花岗闪长岩的 CT 扫描图和试样顶部、底部破坏模式，在方框内的不同位置进行切片，编号为①和②区域裂纹的发展方向较为一致，当进入③和④区域时，裂纹扩展方向

发生了偏转，在最终宏观破坏面上，顶部破坏线相对于底部破坏线偏转了一定的角度。

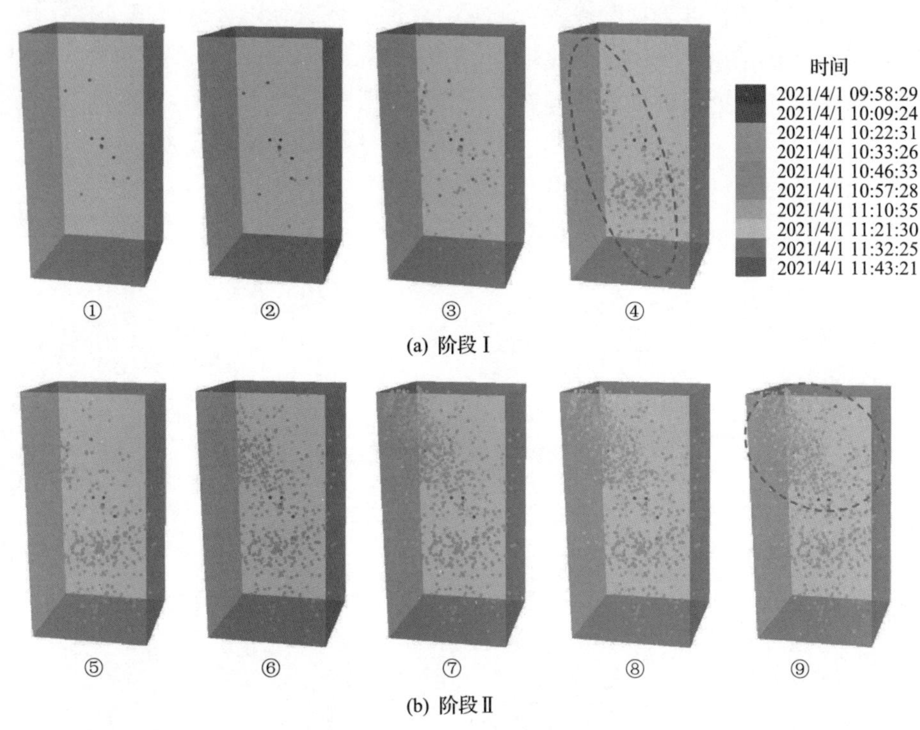

图 5.2.20 中间主应力和最大主应力方向变换下葡萄牙某水电工程花岗闪长岩破坏全过程的破裂演化(见彩图)

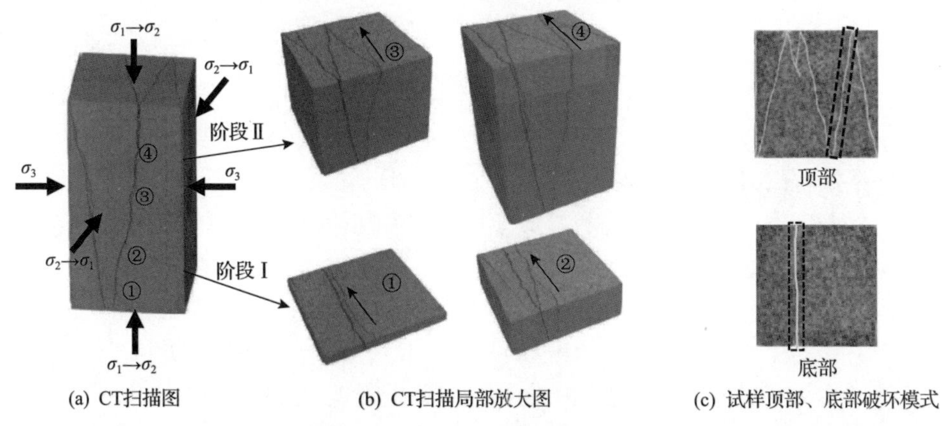

图 5.2.21 中间主应力和最大主应力方向变换后葡萄牙某水电工程花岗闪长岩的CT 扫描图和试样顶部、底部破坏模式

当中间主应力和最大主应力方向变换时，花岗闪长岩试样破坏模式发生改变

的原因可用图 5.2.22 表示。在最大主应力与中间主应力方向未变换时，裂纹扩展方向向绿色区域发展，形成绿色形式的破坏面；当中间主应力和最大主应力方向发生变换后，裂纹扩展方向向红色区域发展，形成红色形式的破坏面，造成破坏面发生偏转。但是，该模式的最终形态取决于裂纹发育的程度，而裂纹发育的程度又取决于邻近扩展裂纹之间相对于应力场的相互作用。

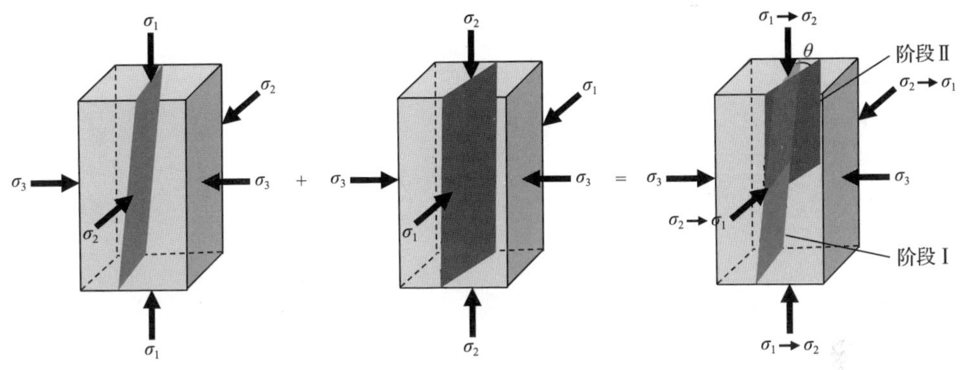

图 5.2.22　中间主应力和最大主应力方向变换诱导硬岩内部裂纹发育方向变化示意图(见彩图)

为了加深主应力方向变换诱导硬岩破裂机制的认识，选取图 5.2.23(a)中①～④断裂区域运用 SEM 进行扫描，结果如图 5.2.23(b)～(e)所示。区域②的微观断裂以穿晶破坏为主，断口整体较为平整(见图 5.2.23(c))，在局部放大图中，晶间断裂表现为不规则台阶状撕裂棱，受拉应力作用明显；在主应力方向变换区域(如区域①和④处)，受阶段Ⅰ应力作用的影响，该区域晶体破裂更为严重，表面堆积大量的岩石碎屑和部分穿晶微裂隙(见图 5.2.23(a)和(g))。在图 5.2.23(b)和(e)局部放大图中，箭头指向的晶粒河流状花纹的行走方向发生偏转，晶粒中出现相互交错的破裂，这是由于主应力方向的改变，岩石矿物颗粒或者晶体中产生大量的位错，点阵发生严重扭曲，同一晶粒内部的空间位向发生差异，微裂纹在晶粒内开始向新的方向扩展，造成同一晶粒体中的摩擦棱或者撕裂棱方向发生扭转。在主应力方向变换后的区域③中，穿晶断裂占主导，有部分岩石碎屑分布，断面光滑(见图 5.2.23(e))，断口十分平整，并无撕裂棱和摩擦棱出现，断裂瞬间发生，并无塑性变形，表现为明显的脆性断裂。

3. 不同破裂程度下中间主应力和最大主应力方向变换诱导深部硬岩破裂特征

图 5.2.24 为不同破裂程度下中间主应力和最大主应力方向变换过程葡萄牙某水电工程花岗闪长岩$(\sigma_1-\sigma_2)$-ε曲线。可以看出，随着岩石破裂程度(rock fracturing degree, RFD)的增加，中间主应力和最大主应力方向变换后的峰值变形量逐渐靠近，两个方向的各向异性特征减弱。

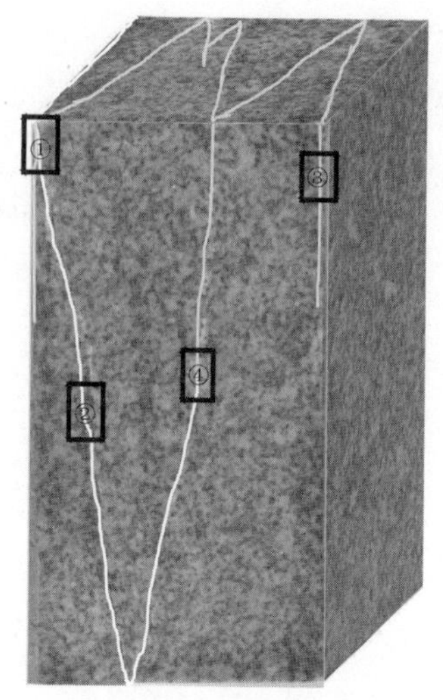

(a) 宏观破坏模式

(b) 区域①微观断裂模式

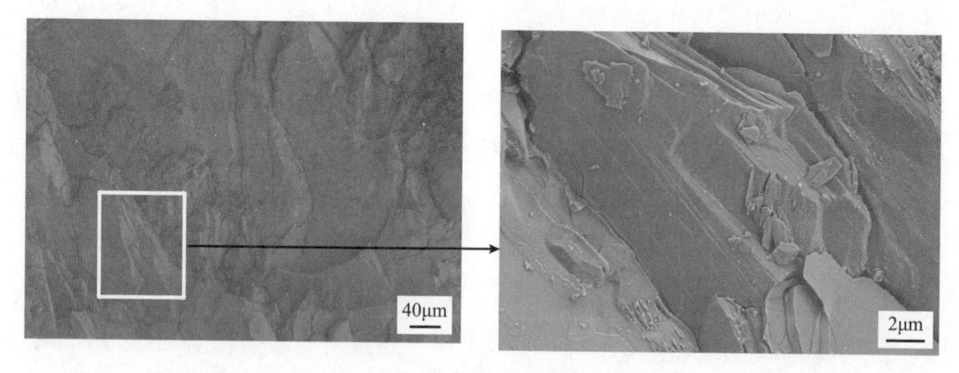

(c) 区域②微观断裂模式

(d) 区域③微观断裂模式

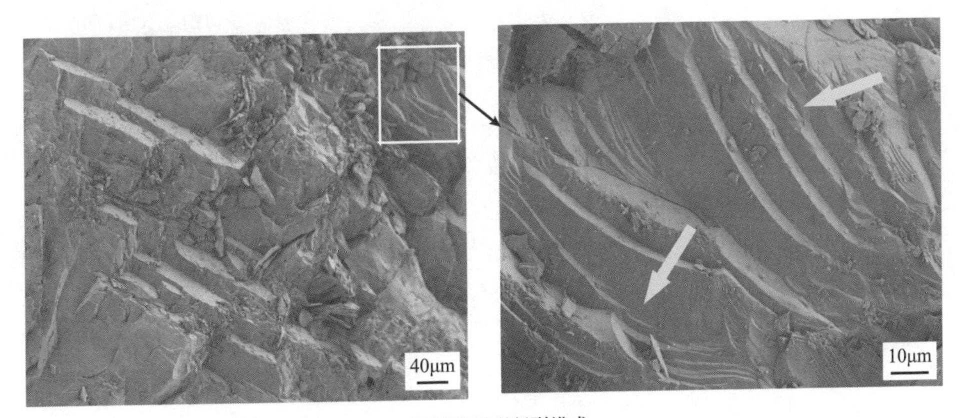

(e) 区域④微观断裂模式

图 5.2.23　中间主应力和最大主应力方向变换后葡萄牙某水电工程花岗闪长岩宏观破坏模式及微观断裂模式

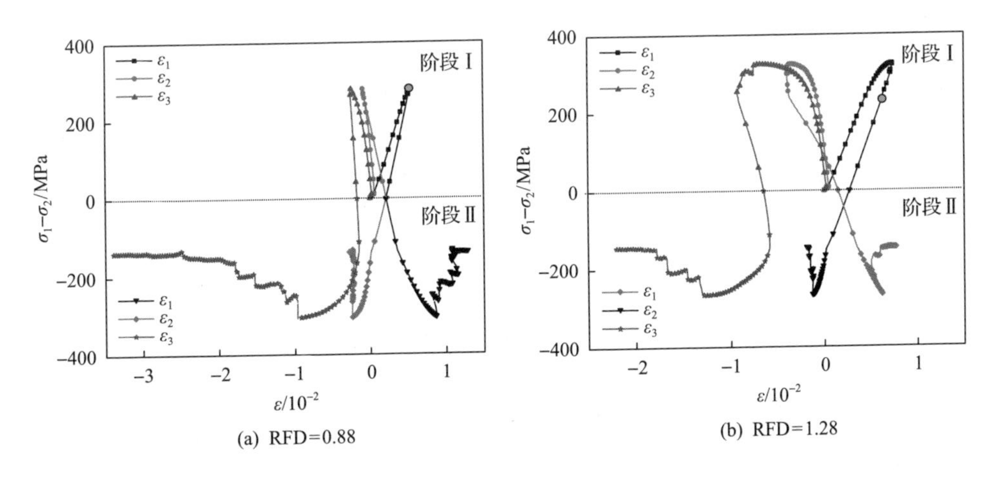

(a) RFD=0.88　　(b) RFD=1.28

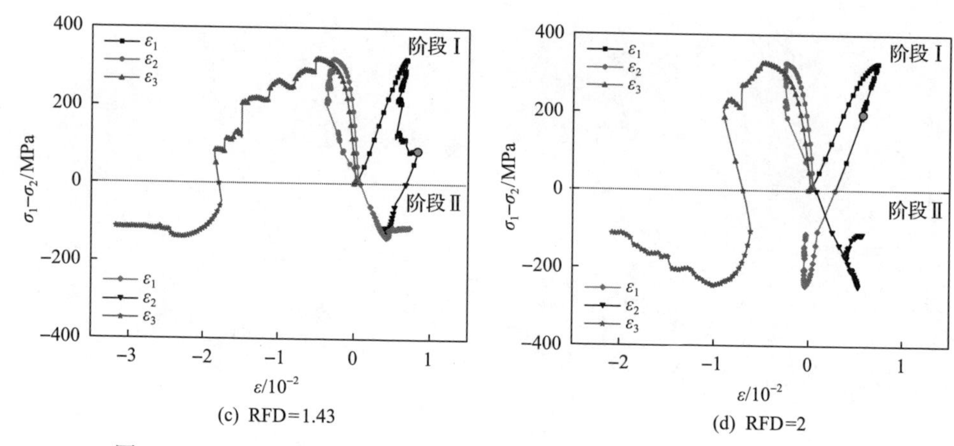

图 5.2.24　不同破裂程度下中间主应力和最大主应力方向变换过程葡萄牙某水电工程花岗闪长岩$(\sigma_1-\sigma_2)$-ε曲线

图 5.2.25 为中间主应力和最大主应力方向变换后葡萄牙某水电工程花岗闪长岩强度特征。可以看出，随着破裂程度的增加，σ_{2p}呈线性降低，说明主应力方向变换前岩石的损伤破裂程度越大，主应力方向变换后的强度越小。因此，破裂损伤的累积对强度是不可逆的。随着破裂程度的增加，相对于主应力方向变换点的硬岩峰后强度增长幅值变大。

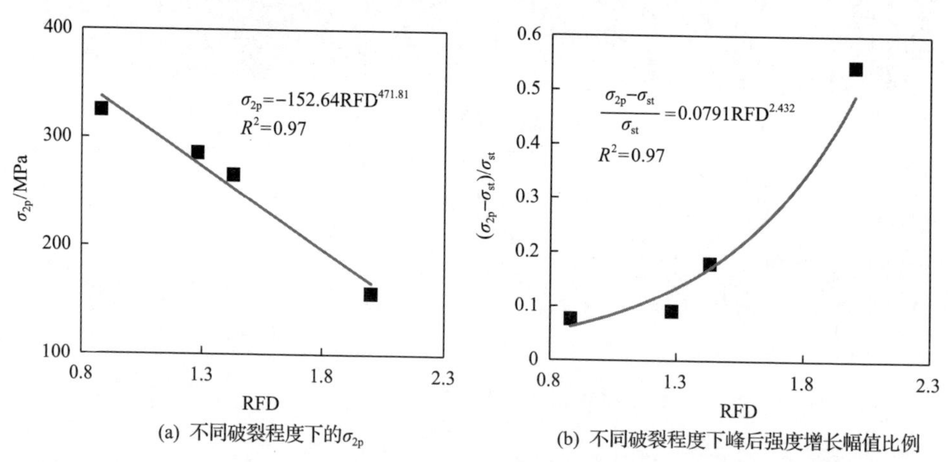

(a) 不同破裂程度下的σ_{2p}　　(b) 不同破裂程度下峰后强度增长幅值比例

图 5.2.25　中间主应力和最大主应力方向变换后葡萄牙某水电工程花岗闪长岩强度特征

图 5.2.26 为不同破裂程度下中间主应力和最大主应力方向变换后葡萄牙某水电工程花岗闪长岩破坏差异性特征。在宏观破坏模式方面，随着破裂程度的增加，岩石上端面带有一定倾角的 V 形相交破坏线逐渐减少，变换后的应力状态对破裂的影响程度逐渐减弱。

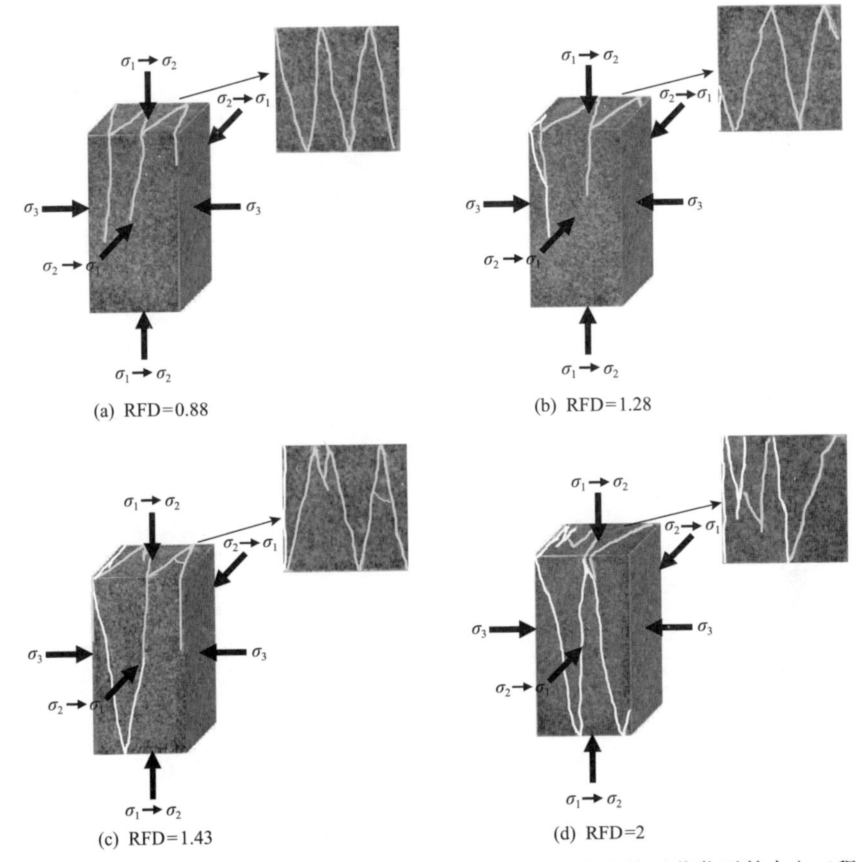

图 5.2.26　不同破裂程度下中间主应力和最大主应力方向变换后葡萄牙某水电工程花岗闪长岩破坏差异性特征

在深部硬岩隧道和洞室开挖过程中，工作面前方主应力的大小和方向是不断变化的。在高应力条件下，这种三维应力的调整有助于沿开挖边界脆性破裂的发展。如图 5.2.27 所示，双江口水电站地下厂房开挖过程中片帮产生的岩石片状结

(a) 双江口水电站地下厂房片帮平行边墙

(b) 某深埋隧道片帮倾斜边墙

图 5.2.27　深部硬岩隧道和洞室开挖片帮差异性特征

构沿平行于边墙延伸，由紧密间隔的脆性断裂形成，其厚度为 2～4cm；某深埋隧道开挖过程中，有一部分片帮的破坏与边墙具有一定倾角。其中双江口水电站地下厂房洞轴线方位角为 N10°W，某深埋隧道洞轴线方位角为 S76°E。表 5.2.3 为两个工程的地应力测试结果。

表 5.2.3 地应力测试结果

工程案例	主应力	大小/MPa	方位角/(°)	倾角/(°)
双江口水电站地下厂房	σ_1	37.82	331.6	46.8
	σ_2	16.05	54.1	–7
	σ_3	8.21	137.7	42.3
某深埋隧道	σ_1	49.7	197.7	2.3
	σ_2	37.0	86.7	83.5
	σ_3	36.1	108.0	–6.1

真三轴试验表明，脆性断裂的扩展依赖于最大主应力轴的方向，当双江口水电站地下厂房的最大主应力旋转到垂直边墙的应力状态时，方位角旋转了 18.4°，倾角旋转了 43.2°；而该深埋隧道的最大主应力旋转到垂直边墙的应力状态时，方位角旋转了 53.8°，倾角旋转了 87.7°，最大主应力旋转角度较大。因此，该深埋隧道开挖中产生的片帮与边墙具有一定倾角的原因是应力旋转角度较大，在应力旋转还未到达平行于边墙的切向应力时，应力的集中已经达到一些岩体的强度，使这部分岩体发生了破坏，从而造成破坏模式不再平行于开挖边墙。不过，这只是建立在主应力轴旋转导致完整岩石破坏模式发生改变的情况下，并没有考虑结构面等其他地质因素的影响。

5.3 深部硬岩力学特性的硬性结构面效应

在深部高地应力环境下，硬性结构面产状与地应力和洞室轴线之间的空间关系不同，会使洞室不同位置的围岩产生或趋于稳定或易于破裂等截然不同的力学响应，在不利的空间关系组合下会诱发一系列工程灾害，如岩爆、片帮、大变形、塌方等。因此，需关注硬性结构面性质、产状及应力条件影响下深部硬岩力学特性的硬性结构面效应，这对破解深部硬岩工程的致灾机制具有重要意义。本节应用 4.3 节试验方法，以硬性节理面硬岩、片理硬岩、钙质胶结结构面硬岩三种不同类型的硬性结构面硬岩为例，研究不同应力条件下硬性结构面性质、产状对深部硬岩的脆延性、强度、破裂、能量等特性的影响，探讨硬性结构面对深部工程灾害机理认知及控制的启示。

5.3.1　深部硬岩力学特性的硬性节理面效应

金川镍矿地下巷道围岩节理发育，巷道开挖后易发生严重的大变形问题，因此选取该矿含有硬性节理面的大理岩进行真三轴压缩试验，以分析硬性节理面对大理岩力学特性的影响。图 5.3.1 为金川镍矿典型的含硬性节理面大理岩试样。可以看出，试样表面节理发育，但均为闭合节理。节理长度为 10～100mm，宽度为 0.01～1mm。节理分布形态复杂，有直线、折线及曲线，部分节理互相交叉汇合。为了定量分析节理对大理岩力学性能的影响，建立了一种节理发育程度和优势方位的统计方法。

图 5.3.1　金川镍矿典型的含硬性节理面大理岩试样

将试样上节理较为发育的面设置为中间主应力加载面，并将该面称为节理优势面。如图 5.3.2 所示，将试样节理优势面内的所有节理投影在某一 θ_k 的投影线上，则 θ_k 方向上节理投影长度的总和为

$$L_{\theta_k} = \sum_{i=1}^{N} l_i \cos\left|\theta_k - \alpha_i\right| \tag{5.3.1}$$

式中，l_i 为第 i 条节理的长度；N 为节理优势面内节理的总条数；α_i 为 y 轴正向逆时针旋转至第 i 条节理所呈的夹角；θ_k 为 y 轴正向逆时针旋转至第 k 条投影线所呈的夹角，范围为 0°～180°，θ_k 的增量设为 5°，所以投影线总数为 36。

为了统一考虑节理优势面内所有节理对岩石力学特性的影响，定义某一投影线 θ_k 上所得的 L_{θ_k} 最大值为综合优势长度 L_{p}，此时对应的 θ_k 值为综合节理优势角 θ_{p}。由于节理在试样最大主应力方向的发育程度不同，节理对试样造成的初始损伤程度不同，统计试样 σ_1 加载面和 σ_3 加载面上所有节理长度 l_j，并将所有节理沿

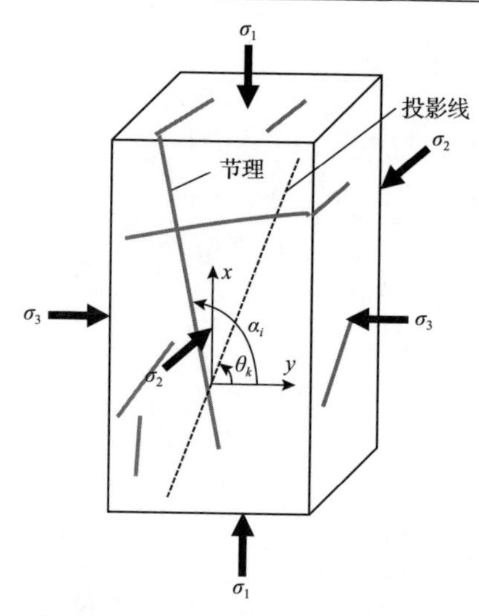

图 5.3.2　节理发育程度和优势方位特征统计方法示意图

σ_2 加载方向进行投影，通过得到的投影长度总和量化节理在试样内部纵向延伸程度，定义为节理等效宽度 W，即

$$W = \frac{1}{2}\sum_{j=1}^{M} l_j \cos\beta_j \tag{5.3.2}$$

在确定试样的节理优势发育方位后，采用体积裂隙面密度的方法衡量裂隙的发育程度。将得到的节理综合优势长度 L_{p} 和等效宽度 W 相乘并除以试样的体积 V，定义为节理发育程度系数 K_{j}，即

$$K_{\mathrm{j}} = \frac{L_{\mathrm{p}}W}{V} \tag{5.3.3}$$

根据上述方法可以利用综合节理优势角 θ_{p} 和节理发育程度系数 K_{j} 定量评价节理面对金川镍矿大理岩力学性质的影响，含硬性节理面金川镍矿大理岩的真三轴压缩试验方案如表 5.3.1 所示。

1. 节理面对深部硬岩脆性和延性特性的影响

图 5.3.3 为金川镍矿完整大理岩和含节理面大理岩真三轴压缩下典型应力-应变曲线。可以看出，在该应力水平下，完整试样的应力-应变曲线在峰值强度附近无明显的塑性变形及延性变形阶段，峰后应力突然跌落，呈现出显著的脆性变形特征。当节理发育程度系数 K_{j} 相近时，不同综合节理优势角 θ_{p} 试样的应力-应变曲线在峰值强度前呈现出明显的塑性变形阶段，但峰后依然呈现出显著的脆性变

表 5.3.1 含硬性节理面金川镍矿大理岩的真三轴压缩试验方案

试样类型	分组	σ_3 /MPa	σ_2 /MPa	K_j /mm^{-1}	θ_p /(°)	试验目的
含单一节理试样	第一组	30	50	0.0095	3	研究综合节理优势角 θ_p 对试样力学特性的影响
		30	50	0.0096	45	
		30	50	0.0098	75	
		30	50	0.0104	85	
含多条节理试样	第二组	30	50	0.1218	15	研究单一节理和多条节理对试样力学特性影响的差异
		30	50	0.1190	45	
		30	50	0.1208	65	
		30	50	0.1262	85	
	第三组	30	50	0.0439	65	研究节理发育程度系数 K_j 对试样力学特性的影响
		30	50	0.0974	65	
		30	50	0.2985	65	
		30	50	0.5557	65	

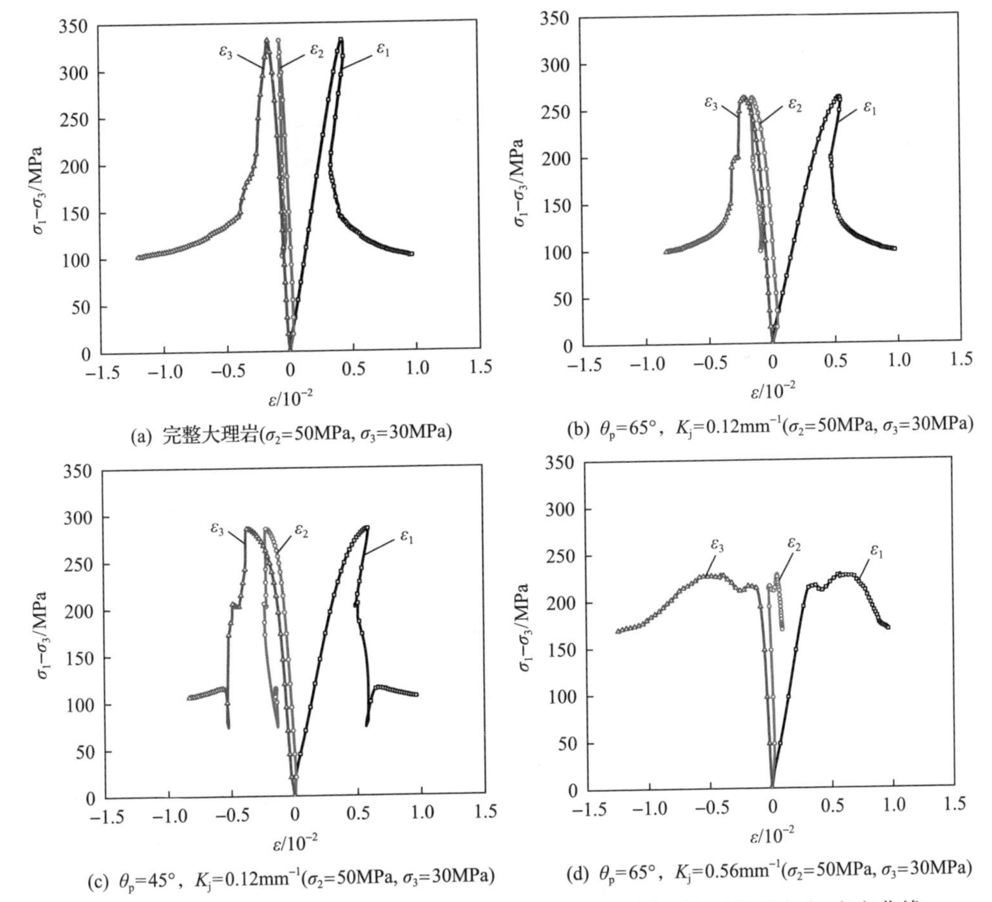

(a) 完整大理岩(σ_2=50MPa, σ_3=30MPa)

(b) θ_p=65°，K_j=0.12mm^{-1}(σ_2=50MPa, σ_3=30MPa)

(c) θ_p=45°，K_j=0.12mm^{-1}(σ_2=50MPa, σ_3=30MPa)

(d) θ_p=65°，K_j=0.56mm^{-1}(σ_2=50MPa, σ_3=30MPa)

图 5.3.3 金川镍矿完整大理岩和含节理面大理岩真三轴压缩下典型应力-应变曲线

形特征。这种现象是由于试样内部微裂纹的起裂、扩展等演化过程受到了节理面的影响，微裂纹的相互作用导致该过程变慢，最终呈现出明显的塑性变形阶段。由于主裂纹多沿单一节理面或贯穿岩石基质，试样依然呈现出显著的脆性变形特征。当节理发育程度系数 K_j 较大时，试样峰后应力-应变曲线呈现出明显的延性特征。这是由于试样的节理发育程度较大时，试样在受压过程中，微裂纹多循着节理面发育，峰值强度附近试样发生沿节理面的局部开裂，当沿节理面的开裂行为完全贯穿整个试样后，试样的承载能力才缓慢降低。上述现象表明，在节理发育程度较大时，试样的延性变形特征较为明显，反之，脆性变形特征较为显著。

2. 节理面对深部硬岩峰值强度的影响

图 5.3.4 为 σ_2=50MPa、σ_3=30MPa 下金川镍矿含节理大理岩试样的峰值强度随综合节理优势角 θ_p 和节理发育程度系数 K_j 的变化特征。从图 5.3.4(a)可以看出，含单一节理和多条节理大理岩试样的峰值强度规律相似，均随综合优势角 θ_p 的增加呈非线性变化，大致呈“勺”形。随着 θ_p 的增大，峰值强度呈减小趋势，当 θ_p 接近 65°时，峰值强度达到最低点，之后又呈增加的趋势，这与常规三轴加载下单一节理试样的强度规律相似。相比之下，单一节理试样的强度随 θ_p 变化的各向异性更强。这主要是由于多条节理试样的破坏受节理控制的可能性大大增加，在多条节理的叠加效应下，试样的强度大大弱化，趋于各向同性。这可由图 5.3.4(b)佐证，即在 σ_2= 50MPa、σ_3=30MPa、θ_p=65°情况下，含多条节理试样的峰值强度随节理发育程度系数 K_j 的增加而降低，但降低的幅度呈减小趋势。由以上分析表

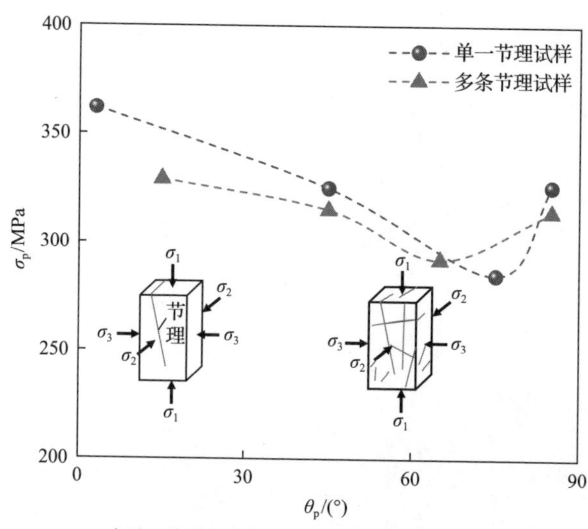

(a) 含单一节理和多条节理金川镍矿大理岩试样的峰值强度随综合节理优势角θ_p的变化特征

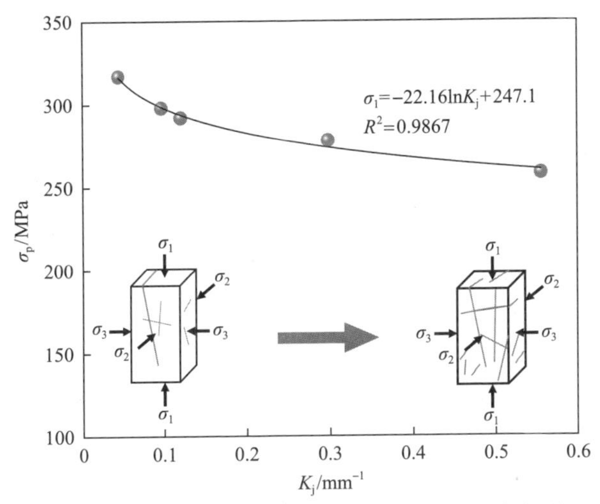

(b) θ_p=65°时含多条节理金川镍矿大理岩试样的峰值强度随节理发育程度系数K_j的变化特征

图 5.3.4　σ_2=50MPa、σ_3=30MPa 下金川镍矿含节理大理岩试样的峰值强度随综合节理优势角 θ_p 和节理发育程度系数 K_j 的变化特征

明，单一节理大理岩强度的各向异性效应较强，即随 θ_p 变化的敏感性较强。随着试样内节理发育程度的增加，试样的强度呈下降趋势。

3. 节理面对深部硬岩破裂特性的影响

图 5.3.5 为 σ_2=50MPa、σ_3=30MPa 下不同节理优势角 θ_p 和节理发育程度系数 K_j 的金川镍矿含节理大理岩试样的宏观破裂特征。从图 5.3.5(a)可以看出，当 θ_p=3°和 45°时，试样的破坏模式为剪切破坏，主裂纹的发育、延伸方位受节理影响程度较小，仅在局部循着节理发育；当 θ_p=75°时，主裂纹完全沿着节理发育；但当 θ_p=85°时，主裂纹与节理相交，发生试样完整部分剪切破坏，主破裂面倾角约为 65°。因此，在单一节理情况下，节理倾角和试样完整部分破坏角相差较大时，节理对试样的破坏模式影响较小，即主裂纹一般不沿与最大主应力近似垂直或平行的节理，仅在两者相近时，主裂纹的延伸路径受节理影响显著。从图 5.3.5(b)可以看出，其破坏模式受节理的影响程度比单一节理大，当 θ_p=15°时，试样的破坏模式较为复杂，宏观裂纹较多且多循着节理发育，甚至在垂直于最大主应力的节理处也观察到沿着节理发育的裂纹；同样当 θ_p=85°时，其宏观破裂面也部分沿与最大主应力近似平行的节理发育，形成拉-剪混合破坏；而当 θ_p=65°时，试样的破裂面完全沿其中一条节理发育，未受其他节理的影响，形成剪切滑移破坏。

从图 5.3.5(c)可以看出，随着 K_j 的增加，大理岩试样的宏观破坏形态更加复杂，破裂面受节理的影响程度大大增加。当 K_j=0.56mm^{-1} 时，试样的破裂面几乎

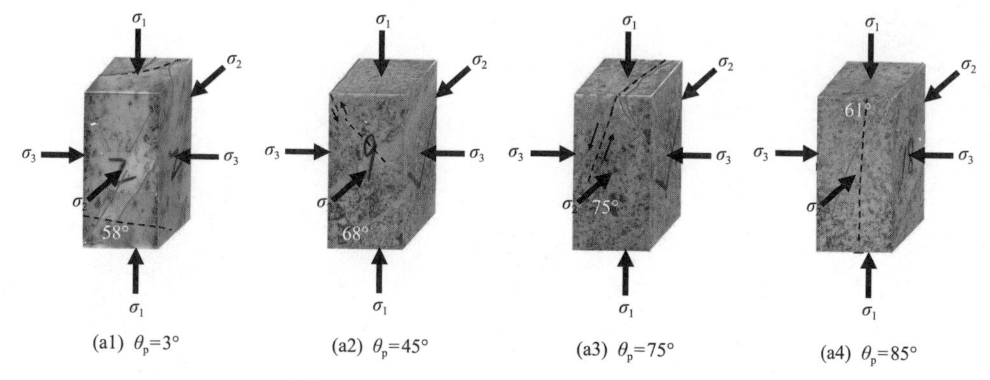

(a1) θ_p=3°　(a2) θ_p=45°　(a3) θ_p=75°　(a4) θ_p=85°

(a) 含单一节理大理岩试样在不同节理优势角时的破裂特征

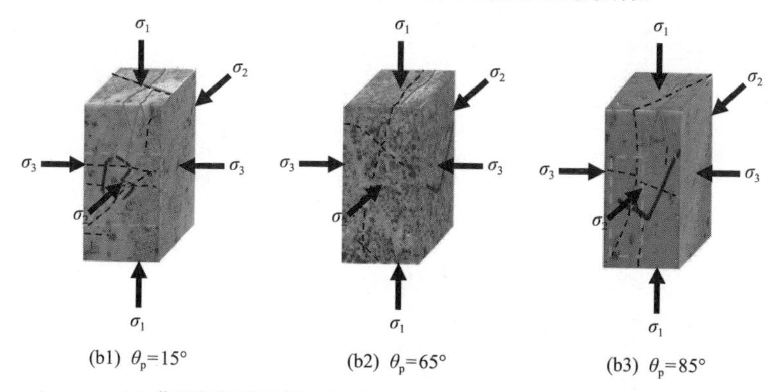

(b1) θ_p=15°　(b2) θ_p=65°　(b3) θ_p=85°

(b) 节理发育程度系数K_j相近时不同节理优势角试样的破裂特征

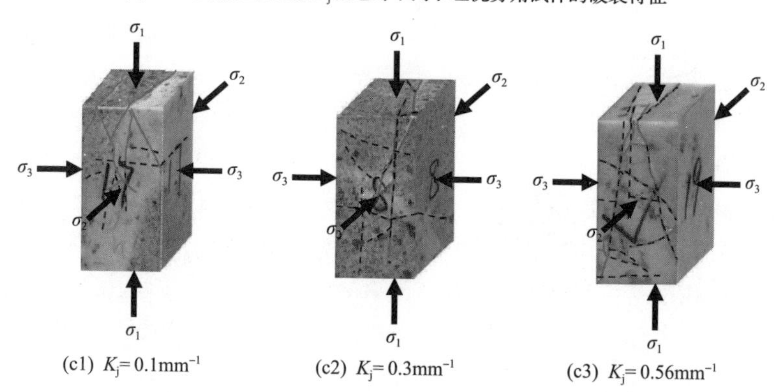

(c1) K_j= 0.1mm^{-1}　(c2) K_j= 0.3mm^{-1}　(c3) K_j= 0.56mm^{-1}

(c) θ_p约为65°时不同节理发育程度系数K_j下试样的破裂特征

------ 节理　—— 破裂面　破裂面与节理重合

图 5.3.5　σ_2=50MPa、σ_3=30MPa 下不同节理优势角 θ_p 及节理发育程度系数 K_j 的金川镍矿含节理大理岩试样的宏观破裂特征(见彩图)

完全沿节理发育。为了研究试样沿节理破裂和新生破裂之间的差异，选取特定位置的多个试块并通过 SEM 获取其微观形貌。这里以 K_j=0.3mm^{-1}时的试样为例进行说明，如图 5.3.6 所示，当破裂面沿节理时，微观形貌相对较为平整，而当破裂面沿岩石基质时，微观形貌较为粗糙，有较多的矿物颗粒，表明试样破裂面发生了剧烈的摩擦。破裂面的粗糙度在一定程度上反映了试样破裂时的能量消耗特征，且粗糙度越大，耗能越高，因而沿节理破裂时，试样耗能较小。

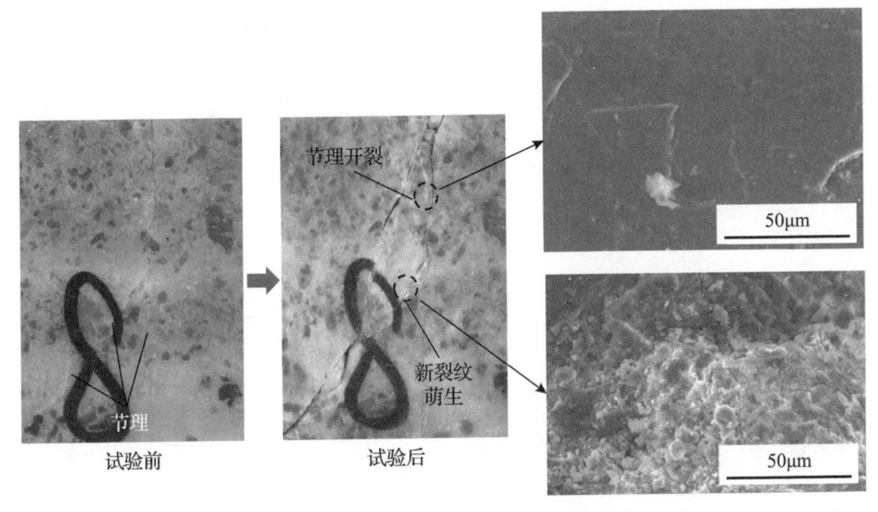

图 5.3.6　K_j=0.3mm^{-1} 时含节理面大理岩试样破坏前后的局部放大图及微观形貌

4. 节理面对深部硬岩能量特性的影响

基于 5.1.5 节真三轴压缩下深部硬岩能量计算方法，得到了金川镍矿完整大理岩及含节理面大理岩试样的能量演化过程，如图 5.3.7 所示。从图 5.3.7(a)可以看出，完整大理岩在峰前储存的弹性应变能(U^e)较高，在峰后随应力跌落，弹性应变能急剧释放，耗散应变能(U^d)持续稳定上升。从图 5.3.7(b)可以看出，含节理面大理岩由于峰值强度附近塑性变形的充分发展，其弹性应变能曲线十分平缓，耗散应变能曲线由于塑性变形的不断增加而呈持续上升的趋势。从图 5.3.7(c)可以看出，当试样的节理发育程度进一步增加时，其储能能力显著降低，峰后耗散应变能持续增加，应力作用输入的能量主要消耗于裂纹沿节理面的扩展延伸，表明节理面的存在会导致试样的储能能力降低。

以上分析表明，在试样含有较多节理情况下，由于局部应力场的作用，节理的弱化效应易被激活且试样储能较少，容易沿节理破裂，尤其存在与最大主应力夹角为 30°附近的优势节理时，裂纹的延伸路径易被节理所俘获，试样多发生由节理控制的破裂，破坏形态较为复杂。在深部高地应力条件下，巷道开挖时的掌子面效应会导致前方节理发育的岩体产生沿节理开裂，并在开挖后重分布应力的驱使下向巷道内挤出，从而形成大变形灾害。

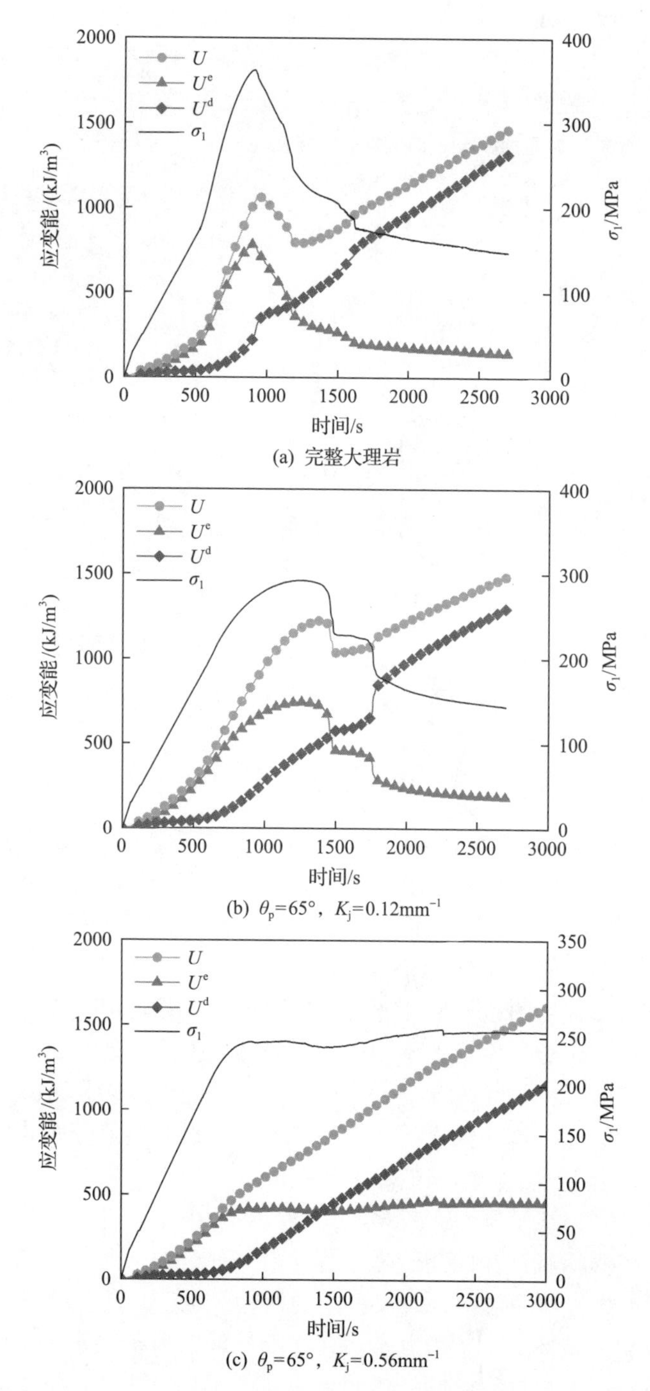

(a) 完整大理岩

(b) θ_p=65°，K_j=0.12mm^{-1}

(c) θ_p=65°，K_j=0.56mm^{-1}

图 5.3.7 σ_2=50MPa、σ_3=30MPa 下金川镍矿完整大理岩及含节理面大理岩试样的能量演化过程

5.3.2　深部硬岩力学特性的片理效应

层状硬岩的力学特性与主应力方向和原生结构面之间的角度有关。以红透山铜矿的片麻岩为例，研究真三轴压缩条件下硬岩的片理效应。该片麻岩的矿物成分主要为石英、长石和黑云母。石英和长石颗粒粒径主要为 0.1～0.3mm，黑云母颗粒粒径主要为 0.2～0.8mm，一组完全解理发育，呈鳞片状定向排列，形成了试样的片理弱面，如图 5.3.8 中虚线框所示。片麻岩真三轴试样的加工方法参见 4.3 节，制样过程中需考虑片理加载角度 β、ω(见图 4.3.9)。图 5.3.9 为红透山铜矿片麻岩的典型真三轴试样。真三轴压缩试验中控制加载角度 β、ω 分别为 0°、30°、60°、90°(β、ω 分别为片理面与 σ_1 及 σ_2 的夹角)。最小主应力设定为 5MPa，中间主应力变化范围为 10～80MPa。

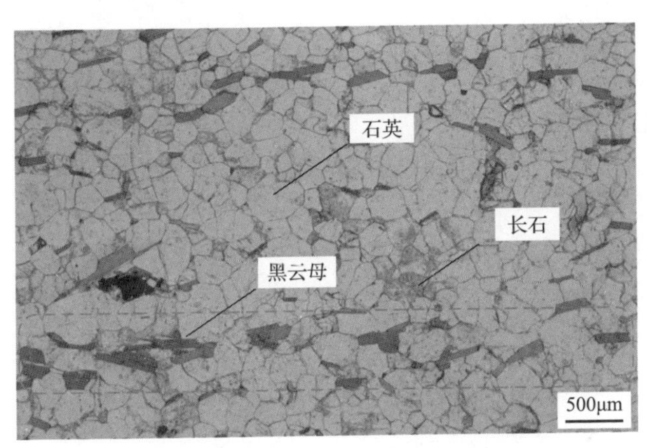

图 5.3.8　红透山铜矿片麻岩试样的偏光显微照片

图 5.3.9　红透山铜矿片麻岩的典型真三轴试样

1. 片理对深部硬岩脆延特性的影响

图5.3.10为红透山铜矿片麻岩试样真三轴压缩典型应力-应变曲线。可以看出，不同片理加载角度下试样的应力-应变曲线均呈现出Ⅱ型曲线特征，除β=0°、ω=0°试样外，峰前无明显的塑性变形段，峰后应力出现大幅跌落，呈现出显著的脆性变形特征。这种现象主要与应力条件及片理对微裂纹演化的作用机制有关。当β=0°、ω=0°时，应力诱导效应和片理结构效应叠加，微裂纹主要沿着片理面发育，由于片状云母矿物的抗拉强度低，易沿解理张开，试样在受载过程中发生大范围的云母矿物解理破裂，因而在峰值强度附近出现明显的塑性变形段，并在峰后出现短暂的延性变形阶段。而在其他加载角度下，试样发生沿片理或穿片理的剪切破坏，微裂纹主要发育于弱片理面或岩石基质中，裂纹扩展、合并过程较快，呈现出显著的脆性变形特征。

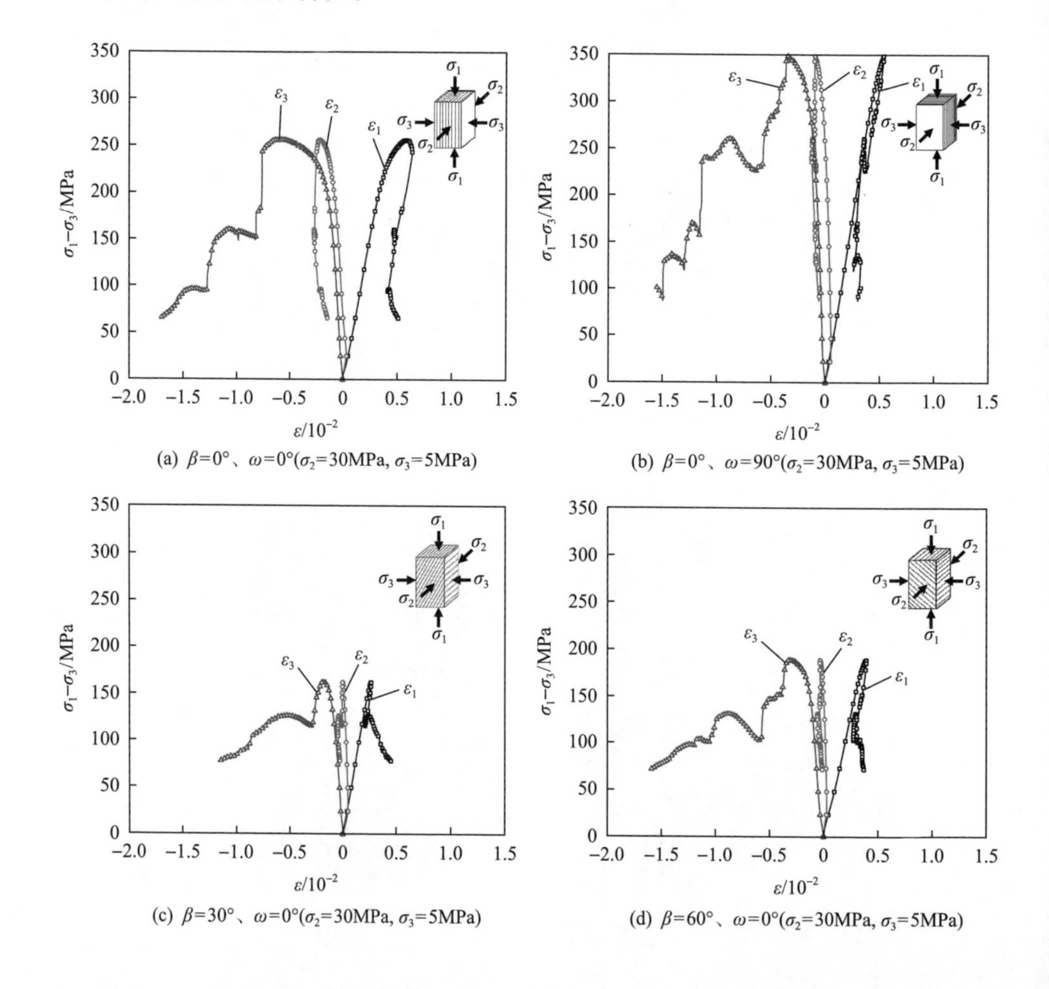

(a) β=0°、ω=0°(σ_2=30MPa, σ_3=5MPa)

(b) β=0°、ω=90°(σ_2=30MPa, σ_3=5MPa)

(c) β=30°、ω=0°(σ_2=30MPa, σ_3=5MPa)

(d) β=60°、ω=0°(σ_2=30MPa, σ_3=5MPa)

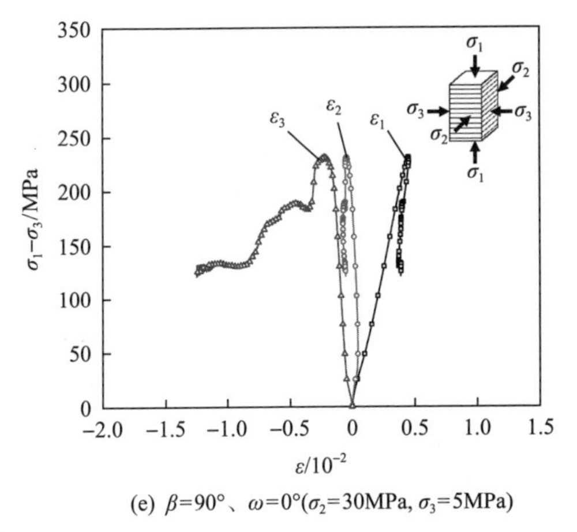

(e) $\beta=90°$、$\omega=0°(\sigma_2=30\text{MPa}, \sigma_3=5\text{MPa})$

图 5.3.10　红透山铜矿片麻岩试样真三轴压缩典型应力-应变曲线

2. 片理对深部硬岩峰值强度的影响

当 $\beta=30°$时，对于给定的加载角 ω，试样的强度随着中间主应力的增加而增加，并且加载角 ω 越大，强度对中间主应力的变化越敏感，强度增加越大，如图 5.3.11 所示[15]。与 $\beta=30°$相比，当 $\beta=0°$和 60°时，试样的强度特征具有类似的规律，而当 $\beta=90°$时，试样的 $\omega=0°$，强度特征与近似各向同性岩石相似，如图 5.3.12 所示[16]。在相同应力状态下，除 $\beta=90°$外，试样的强度均随 ω 的增加呈增大趋势，如图 5.3.13 所示[16]。这表明片理结构方位对试样的承载能力有着重要的影响。对于片麻岩，试样的强度随加载角 β 变化呈 U 形。然而在真三轴压缩下，片麻岩的强度也受 ω 的影响，$\beta\neq90°$时，片麻岩的强度与 ω 呈正相关。

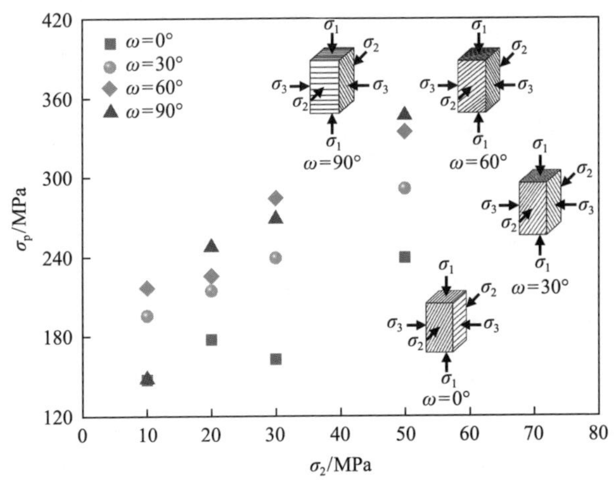

图 5.3.11　$\beta=30°$时红透山铜矿片麻岩试样真三轴压缩下的强度变化规律[15]

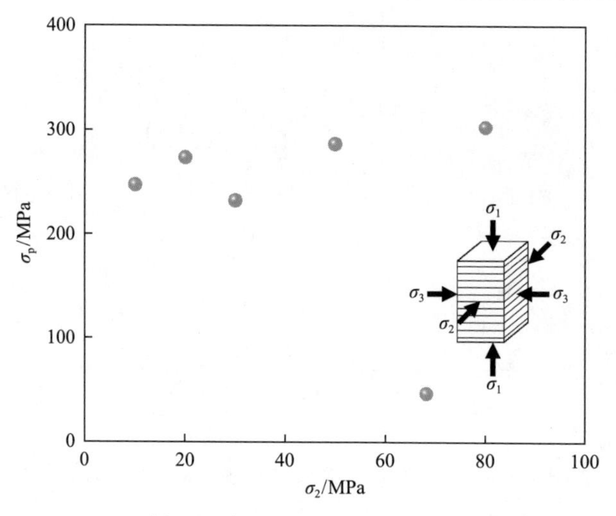

图 5.3.12　β=90°、ω=0°时红透山铜矿片麻岩试样真三轴压缩下的强度变化规律[16]

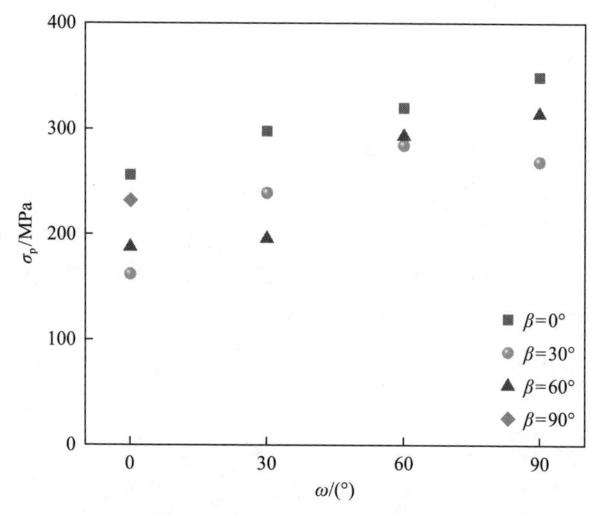

图 5.3.13　相同应力状态下(σ_2=30MPa，σ_3=5MPa)不同 β 时红透山铜矿片麻岩试样的强度随 ω 的变化规律[16]

综上所述，红透山铜矿片麻岩的强度特征具有 ω 强化效应，体现在两个方面：①当应力状态不变时，ω 越大，岩石强度越高；②当应力状态变化时，ω 越大，岩石强度随 σ_2 的增加越显著。片麻岩的 ω 强化效应可归因于 σ_2 作用在片理面上的法向应力大小，而法向应力与片理面的抗剪能力和抗拉能力有关。这种影响的大小取决于 ω 和 σ_2 的大小，ω 和 σ_2 越大，试样的强度越大。由于片麻岩的强度具有 ω 强化效应，其强度受 σ_2 的影响比花岗岩、玄武岩、大理岩等近似各向同性岩石更为显著。

3. 片理对深部硬岩破裂特性的影响

如图 5.3.14 所示[15]，当 β=30°时，整体上在应力差($\sigma_2-\sigma_3$)较小情况下，片理面作为弱面控制试样的破坏，主破裂面与片理方向平行，与主应力方向无关。随着应力差的增大，片理结构对试样的弱化作用明显降低，破坏面多穿切岩石片理，与中间主应力方向平行。当中间主应力相同时，随着加载角 ω 的增大，破坏模式对片理结构的依赖性逐渐减弱，而应力差的控制作用更加突出。当试样发生穿片理破坏时，矿物晶体的损伤程度更大。如图 5.3.15 所示[15]，当试样沿片理破坏时，破裂面较为平坦，矿物晶体较为完整，而且在偏光显微图像上几乎观察不到穿晶微裂纹，而当试样穿片理破坏时，破裂面较为粗糙曲折且附着大量的岩屑，伴随大量的微裂纹穿过石英和长石晶体。产生这种现象的原因主要是作用于片理面上正应力大小的变化。当最小主应力和最大主应力不变时，作用于片理面上的正应

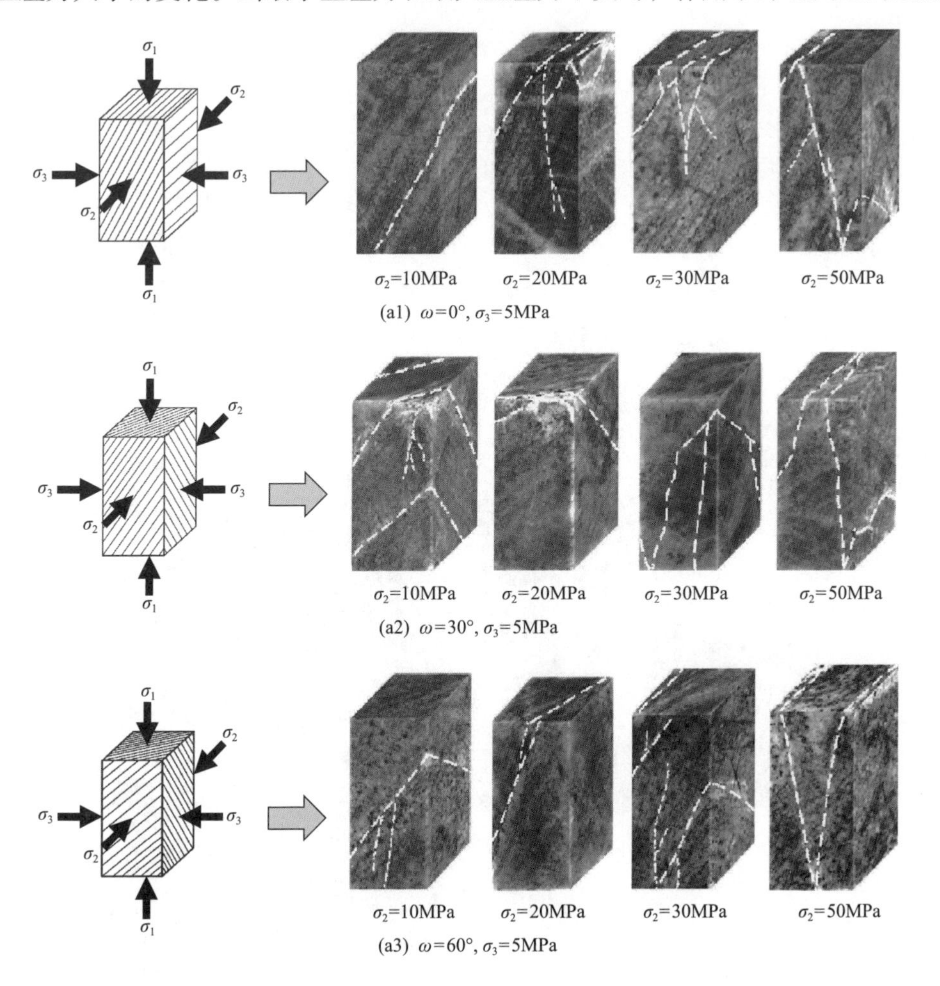

(a1) ω=0°, σ_3=5MPa

(a2) ω=30°, σ_3=5MPa

(a3) ω=60°, σ_3=5MPa

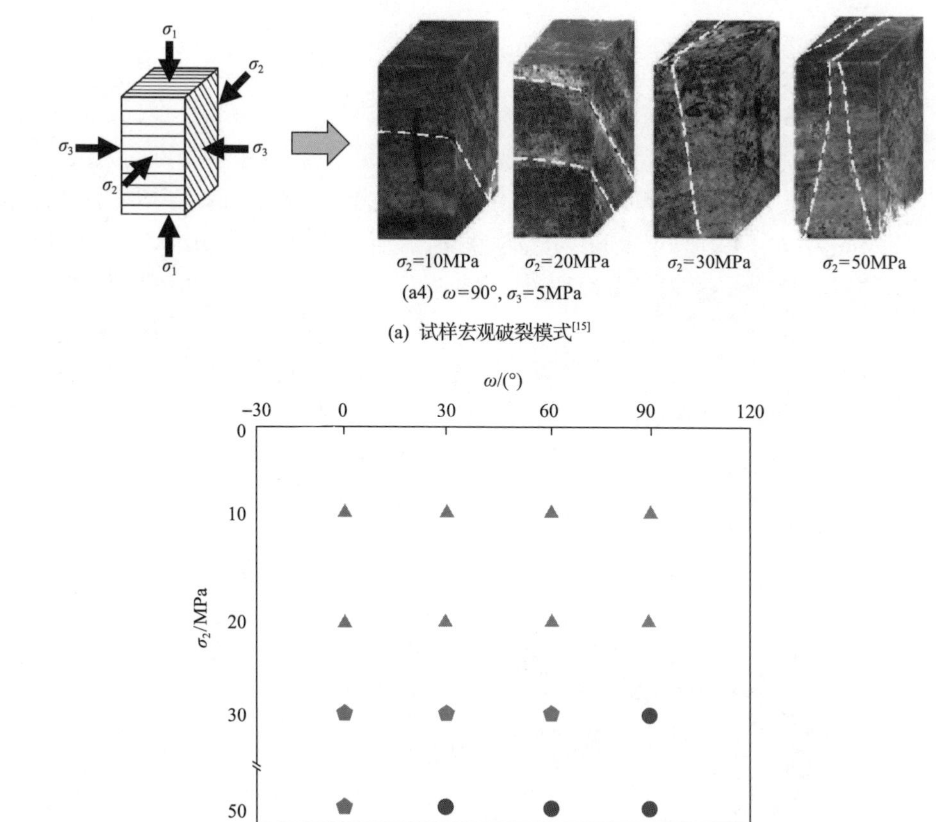

图 5.3.14 β=30°时红透山铜矿片麻岩试样真三轴压缩下的宏观破裂模式及破裂机制[15]

(a) β=30°，ω=90°，σ_3=5MPa，σ_2=10MPa

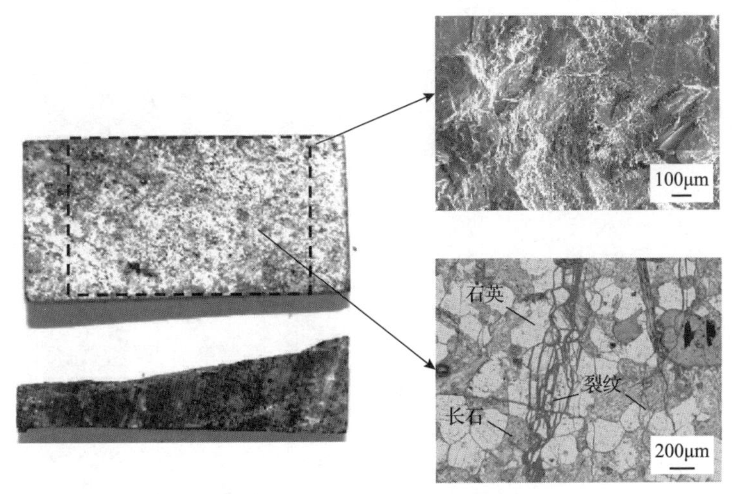

(b) β=30°，ω=90°，σ_3=5MPa，σ_2=50MPa

图 5.3.15　红透山铜矿片麻岩试样沿片理和穿片理两种破坏模式的典型宏观及微观破裂面照片[15]

力与 $\sigma_2\cos^2\beta\sin^2\omega$ 正相关。σ_2 和 ω 越小，片理面上的正应力越小，易沿片理产生滑移破坏。此外，片理面上的矿物晶体多呈有规律的定向排列，沿晶界或解理的低耗能剪切破坏也易于发生；反之，则沿片理面的剪切滑移受到抑制，片理的弱化作用下降，试样破坏主要受到应力条件控制。

与 β=30°相比，β=0°和 60°时试样的破裂模式与之类似，在低应力差且 ω 较小时，试样的破坏以沿片理张拉或剪切为主，反之则试样破坏趋于受应力差控制，破裂面平行于中间主应力，如图 5.3.16 所示。当 β=0°、ω=0°时，试样的破坏模式主要为沿片理面的张拉劈裂，应力差越大，越容易沿片理面开裂。这种破裂特征主要是由片理结构效应与应力诱导效应叠加作用的结果。即一方面，片麻岩的内部矿物结构特征导致其抗拉强度低，易沿片理开裂；另一方面，在较大的应力差$(\sigma_2-\sigma_3)$下，σ_2 方向上的变形受到较大程度的抑制，而 σ_3 方向上的膨胀变形能力增强，拉应变增大，且当 ω = 0°时片理面垂直于 σ_3，因而在应力诱导的作用下易沿片理开裂。随着 ω 及应力差$(\sigma_2-\sigma_3)$的增大，作用于片理面上的正应力增大，沿片理面开裂的行为受到较大程度的抑制，因此试样的破裂模式迅速转变为拉剪混合破坏或贯穿片理面的剪切破坏。而当 β=90°时，试样的破坏不受片理结构的影响，破裂面平行于中间主应力。这主要是由于当 β=90°时，ω=0°，最小主应力及中间主应力在片理面上的作用力为 0，应力差与片理不存在耦合关系，试样的破坏仅受应力条件控制。

综上所述，当应力差$(\sigma_2-\sigma_3)$较大时，β 和 ω 越大，破裂模式越趋于受应力诱导控制，β 和 ω 越小，破裂模式越趋于受片理结构控制；当应力差$(\sigma_2-\sigma_3)$较小时，破裂模式趋于受应力诱导与片理结构共同控制。

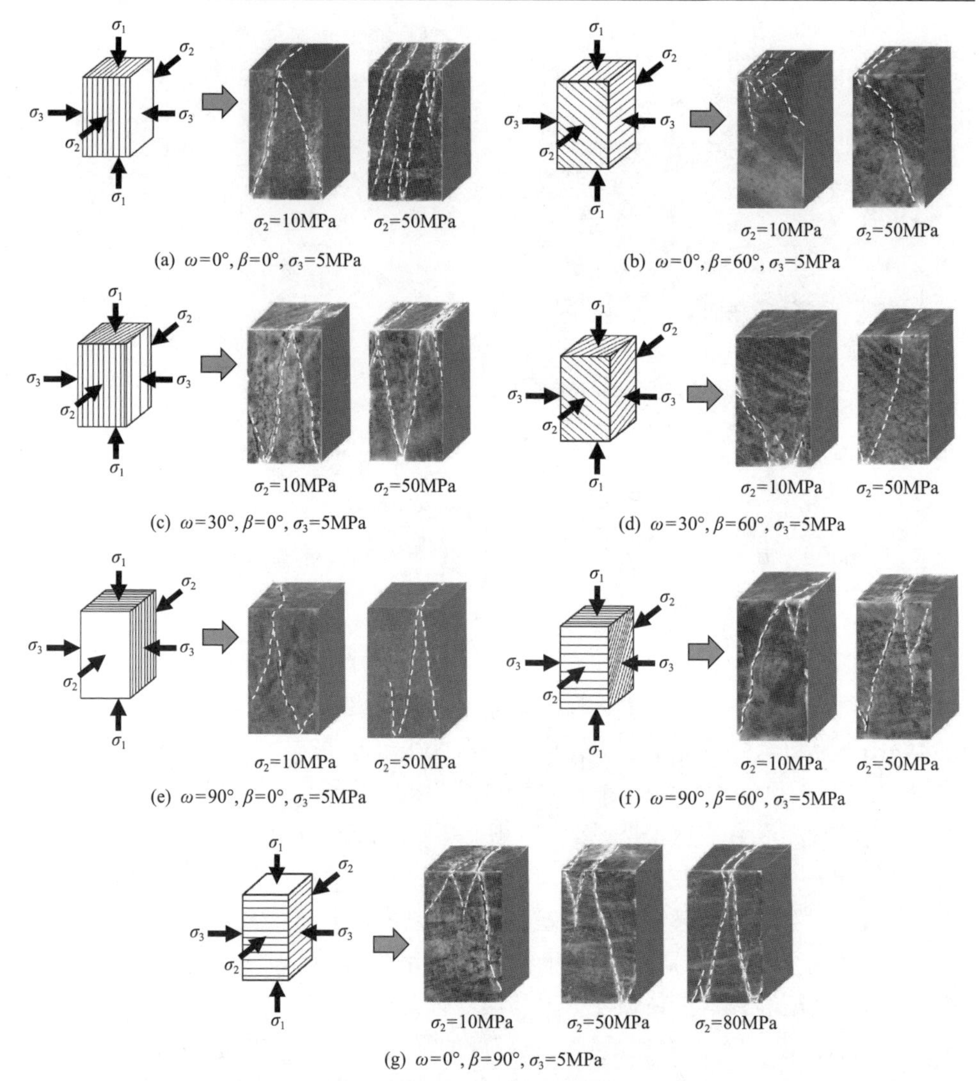

图 5.3.16　β=0°、60°、90°时红透山铜矿片麻岩试样真三轴压缩下典型的破裂模式

4. 片理对深部硬岩能量特性的影响

基于 5.1.5 节真三轴压缩下深部硬岩能量计算方法，得到了红透山铜矿片麻岩试样典型的能量演化过程，如图 5.3.17 所示。可以看出，当 β=0°时，ω=0°试样在峰值强度附近，由于应力诱导效应，微破裂在片理面上渐进发展，弹性应变能(U^{e})曲线较为平缓，而耗散应变能(U^{d})曲线呈稳定增加趋势，在微裂纹经历长时间相互作用后，形成沿片理的宏观破裂，弹性应变能曲线出现跌落。与 ω=0°试样相比，ω=90°试样峰前弹性应变能的储能能力较大，能量耗散较小，峰后随着试样发生穿片理的剪切破裂，弹性应变能在短时间内大幅度跌落。β=30°试样与 β=0°试样

类似，但其峰前储能能力大幅降低，峰后能量主要耗散于沿片理面的剪切破裂。β=90°试样由于最终发生穿片理的剪切破裂，其能量演化特性与 β=0°、ω=90°试样

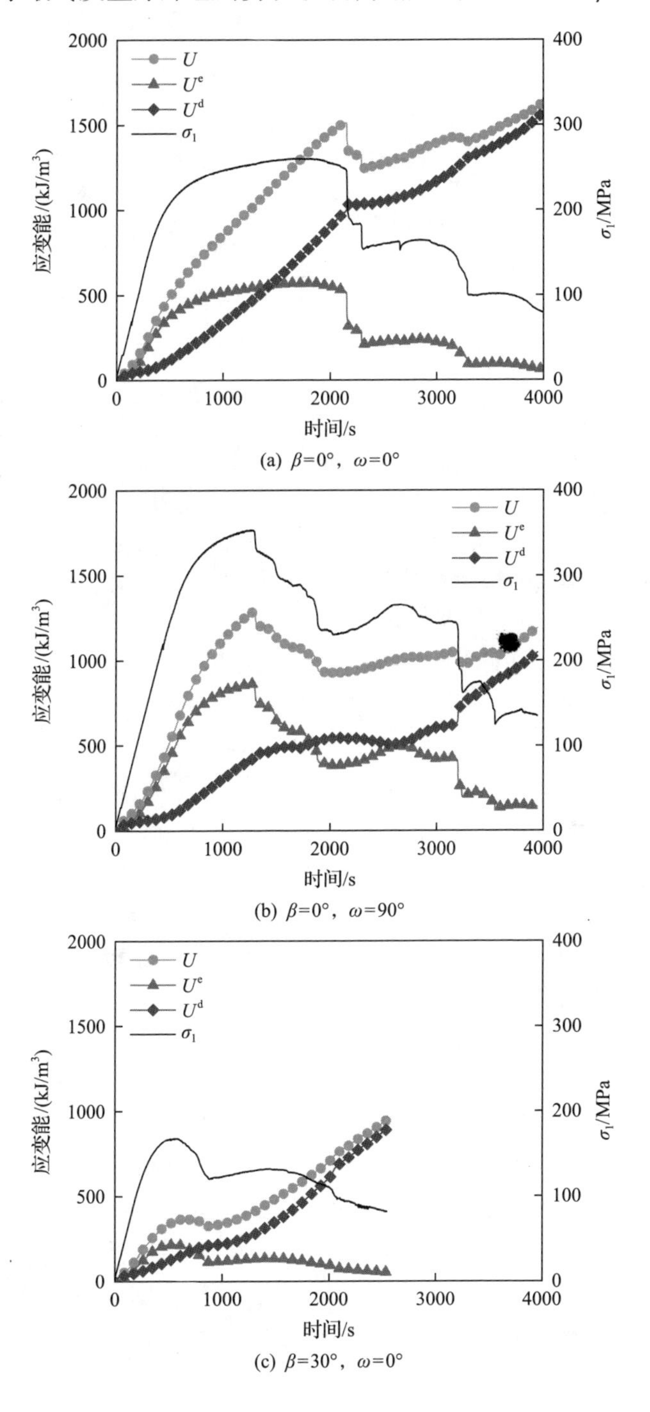

(a) β=0°，ω=0°

(b) β=0°，ω=90°

(c) β=30°，ω=0°

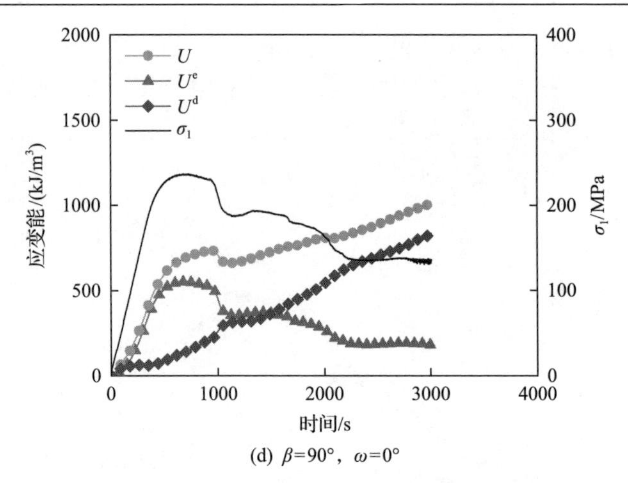

(d) β=90°，ω=0°

图 5.3.17　σ_2=30MPa、σ_3=5MPa 时红透山铜矿片麻岩试样典型的能量演化过程

类似。以上分析表明，ω=0°试样沿片理破裂时峰前储能能力较低，能量主要消耗于沿片理的渐进破裂，从而发生岩爆等动力型灾害的可能性相对较低。

试验结果表明，片麻岩的强度和破坏等力学特性受片理结构和应力条件影响较大。上述试验结果对现场深埋隧道层状围岩破坏机制的认知和灾害防控提供了理论支撑。

当层状岩体为陡倾或倾斜时，如果设计隧道轴线与岩层走向的夹角α较小，则层面上的正应力释放程度较高，容易沿层面产生开裂或滑动，如图 5.3.18 所示。特别是在高地应力条件下，隧道开挖后应力重分布，隧道周围切向应力(σ_θ)、轴向应力(σ_m)和径向应力(σ_r)之间的应力差较大，应力水平较高，这将进一步加大顺层结构岩体的破坏程度。具体而言，对于陡倾层状围岩隧道，当隧道轴线与片理走向呈小夹角时，围岩破坏问题较为突出，如图 5.3.18(a)所示，该情况下围岩的破坏位置主要在边墙。隧道开挖后边墙岩体片理面上的正应力释放程度高，在高应力差诱导和片理结构效应的叠加作用下，易引发浅层岩体沿片理产生开裂，并逐渐扩展导致岩体板裂，进而导致岩板断裂。隧道表层岩体开裂后形成伪自由面，导致破裂行为渐进性向深层扩展。围岩的渐进性破坏会引发二次应力场不断调整，使得围岩破坏区不断向深层转移。深层围岩破裂也会导致隧道断面的实际跨度增大，进一步恶化围岩的受力状态，不利于围岩稳定。当最大主应力近于垂直时，边墙围岩的切向应力水平较高且应力差大，此时围岩的破裂程度及深度会更大。当隧道轴线与片理走向呈大夹角时，由于层面上正应力较高且在高应力差条件下，围岩的破坏受片理结构的影响程度大为减小，岩体相对较为稳定。围岩的破坏位置主要与最大主应力方位有关。由以上对陡倾层状围岩破坏机制的分析可知，其围岩破坏控制的重点在于抑制小夹角情形下的沿层开裂行为，并控制开裂行为向深层扩展。

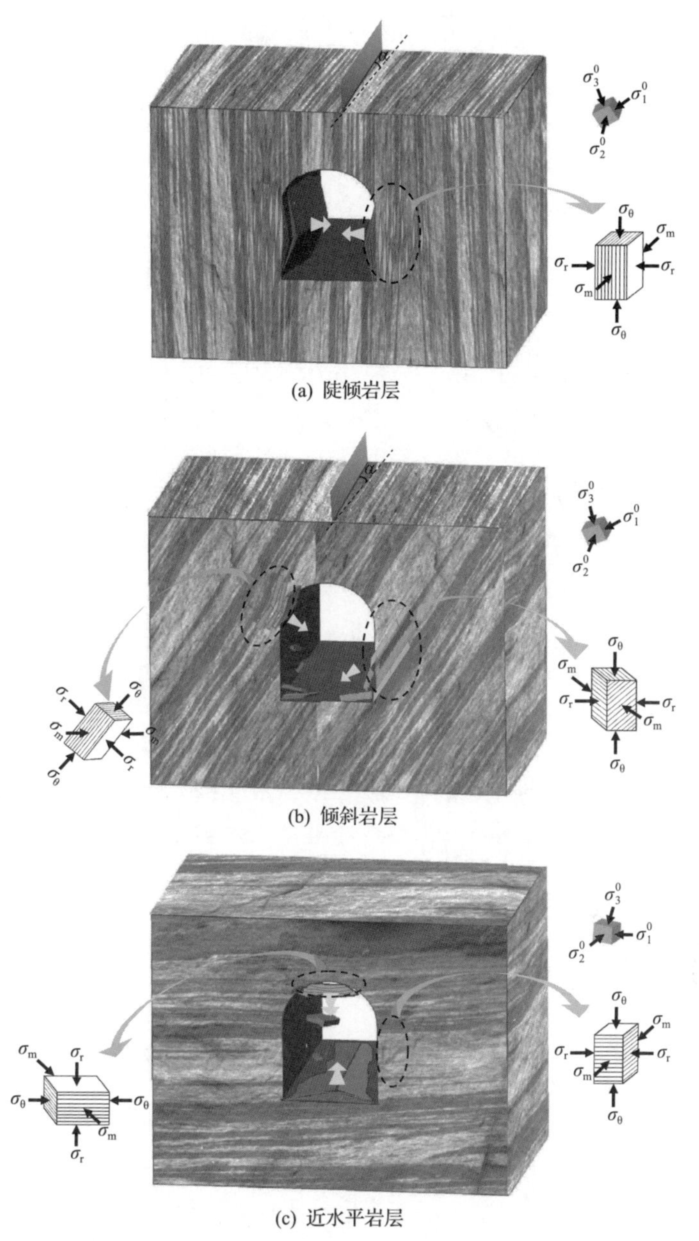

(a) 陡倾岩层

(b) 倾斜岩层

(c) 近水平岩层

图 5.3.18　层状围岩隧道破坏模式概念图(见彩图)

α. 隧道轴线与岩层走向的夹角

对于倾斜层状围岩隧道，围岩的破裂部位及机制与切向应力集中区和片理的夹角相关。与陡倾岩层相似，当隧道轴线与片理走向呈小夹角时，片理面上的正应力较小，围岩破坏问题突出。如图 5.3.18(b)所示，当片理与切向应力平行时，易出现沿片理开裂，其破裂机制与陡倾岩体边墙开裂情况类似，不再赘述。当片理与切向应力之间夹角约为 30°时，围岩易沿片理面向临空面滑移挤出。这主要由该片理方位时岩体的抗剪强度较低导致。真三轴试验结果表明，该加载方位下，试样偏于发生沿片理面的剪切破坏且发育有多条潜在的剪切弱面。而现场围岩内部存在较多的片理弱面，这些弱面将是潜在的剪切滑移通道，因而现场岩体的抗剪强度比试样更低。隧道开挖后由于围岩承载力较低，可能在支护措施尚未充分发挥作用前，就已发生较大深度的剪切破坏，并缓慢沿片理面滑移挤出。集中应力随之向深层转移，继续恶化深层岩体的受力状态。因此，对于倾斜层状围岩沿片理弱面剪切滑移型破坏的控制，应尽可能增大层面上的正应力，以增加弱面的抗剪强度，抑制沿层滑移。

对于近水平层状围岩隧道，围岩的破裂位置主要在顶底板，尤其当最大主应力呈近水平时，顶底板岩层易发生沿片理开裂，如图 5.3.18(c)所示。因此，该类型破裂模式的支护与陡倾围岩边墙支护原理类似。在开挖后迅速施加高预应力锚杆，抑制顶底板岩体的开裂，发挥锚杆减小跨度的作用。

5.3.3　深部硬岩力学特性的钙质胶结结构面效应

钙质胶结结构面是胶结厚度小而胶结强度高的一类结构面。采用 X 射线衍射技术定量分析含钙质胶结结构面大理岩的矿物成分及其含量，发现其是由 72.3 % 的白云石和 27.7%的方解石组成的。采用 X 射线能谱分析技术定性分析钙质胶结结构面的矿物组成，发现钙质胶结结构面呈棕黄色的原因是其含有少量的铁和锰元素。含钙质胶结结构面大理岩试样(50mm×50mm×100mm)和薄片显微图像如图 5.3.19 所示[17,18]。表明试样具有典型的粒状变晶结构，白云石、方解石颗粒之间呈紧密镶嵌结构，试样晶粒的粒径主要为 18～30μm。采用与 5.1.1 节相同的试验方法研究深部硬岩力学特性的钙质胶结结构面效应。

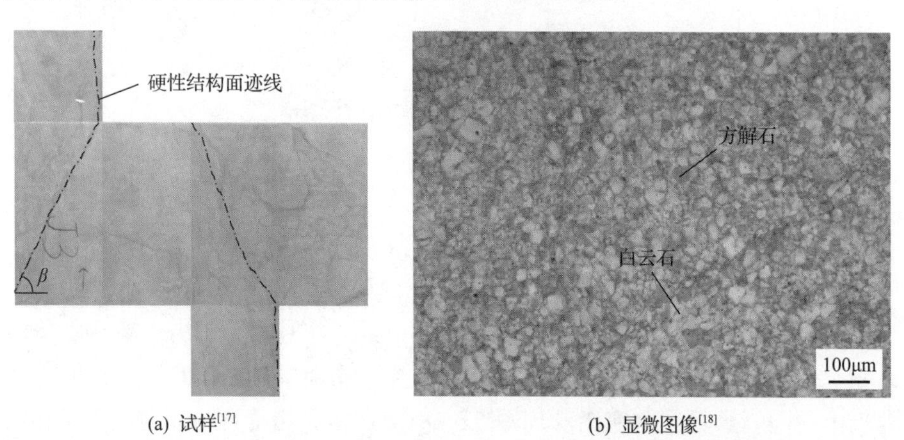

(a) 试样[17]　　(b) 显微图像[18]

图 5.3.19　含钙质胶结结构面大理岩试样和薄片显微图像

1. 钙质胶结硬性结构面对深部硬岩脆性和延性特性的影响

图 5.3.20 为真三轴压缩下($\sigma_2 = 60$MPa，$\sigma_3 = 30$MPa)锦屏地下实验室二期完整白色大理岩和含钙质胶结硬性结构面大理岩试样典型应力-应变曲线。可以看出，与完整白色大理岩试样应力峰值附近的延性段相比，含钙质胶结硬性结构面大理

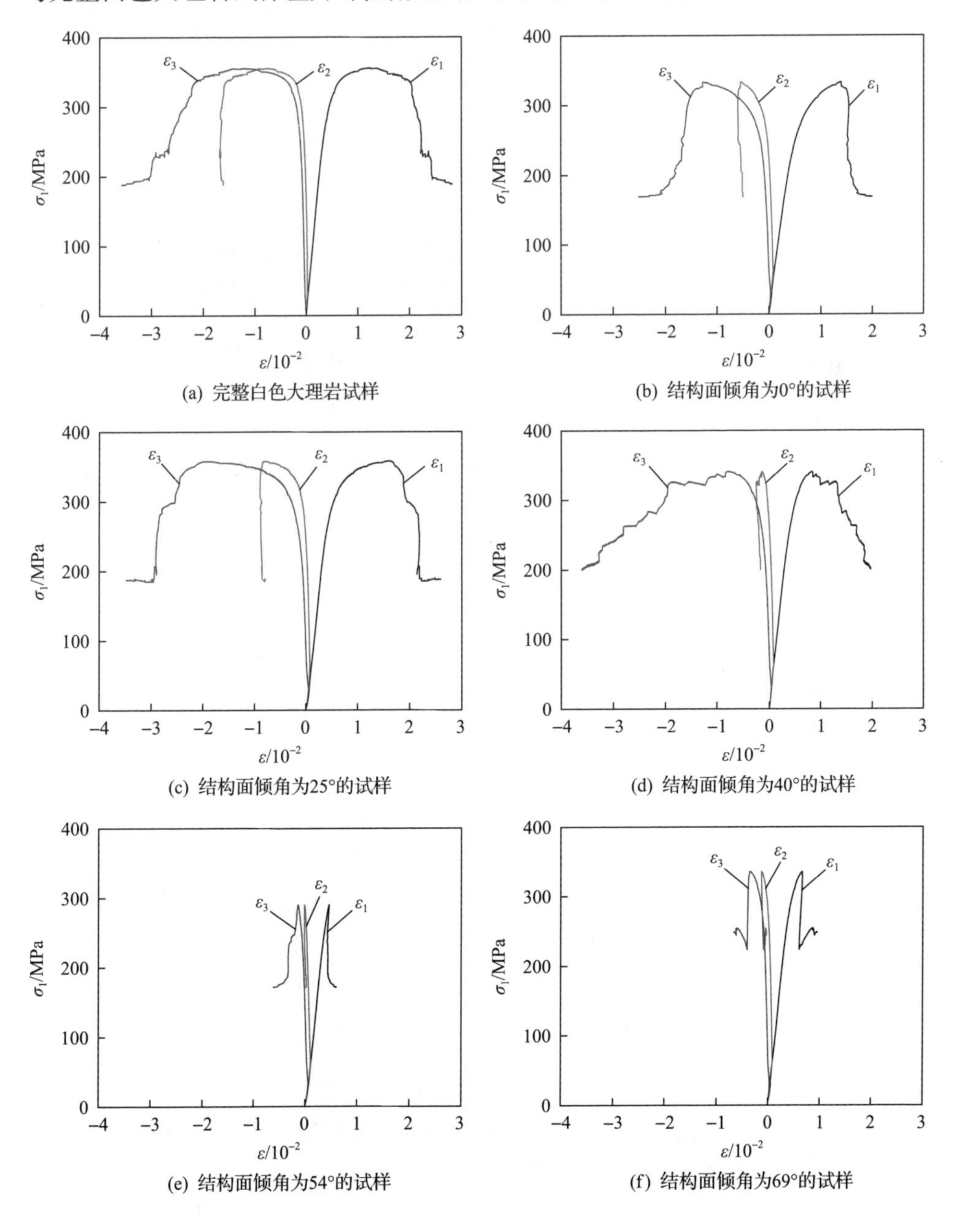

(a) 完整白色大理岩试样

(b) 结构面倾角为0°的试样

(c) 结构面倾角为25°的试样

(d) 结构面倾角为40°的试样

(e) 结构面倾角为54°的试样

(f) 结构面倾角为69°的试样

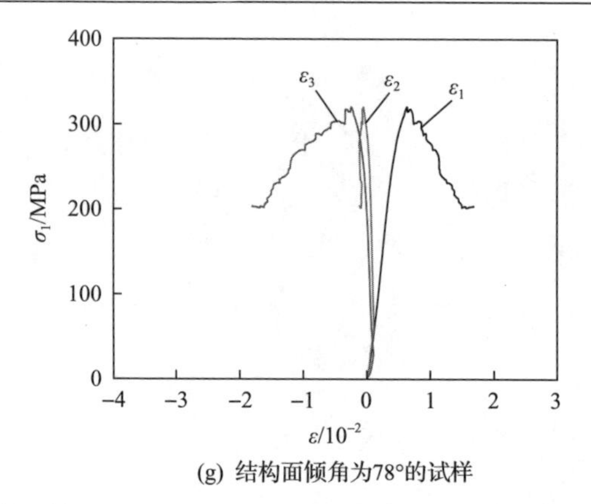

(g) 结构面倾角为78°的试样

图 5.3.20　真三轴压缩下($\sigma_2 = 60$MPa，$\sigma_3 = 30$MPa)锦屏地下实验室二期完整白色大理岩和含钙质胶结硬性结构面大理岩试样典型应力-应变曲线

岩试样应力-应变曲线在峰值附近的延性段不明显，结构面倾角为 54°和 69°的试样(见图 5.3.20(e)和(f))没有延性段，这说明硬性结构面的存在增强了试样的脆性。

采用真三轴压缩下硬岩试样残余时刻塑性体积应变的倒数来量化含钙质胶结结构面大理岩的脆性(B_{I})。图 5.3.21 为含钙质胶结硬性结构面大理岩试样脆性指标的拟合结果。可以看出，最小主应力为 10MPa 时试样的 B_{I} 值远大于最小主应力为 30MPa 时，随着中间主应力从 60MPa 增加到 120MPa，B_{I} 值稍有增加，说明试样的脆性对最小主应力的变化更加敏感。B_{I} 值随着硬性结构面倾角的增加呈倒 U 形改变，高斯函数可以很好地描述 B_{I} 随着钙质胶结结构面倾角的变化。

2. 钙质胶结硬性结构面对深部硬岩峰值强度特性的影响

图 5.3.22 为含钙质胶结硬性结构面大理岩试样真三轴压缩的强度结果[17]。可以看出，单轴压缩下含钙质胶结硬性结构面大理岩试样的峰值强度与硬性结构面倾角呈 U 形关系；在真三轴压缩下，随着最小主应力的增加，U 形关系逐渐变化为波浪形或者余弦函数形关系；当最小主应力为 30MPa 时，随着硬性结构面倾角的增加，含钙质胶结硬性结构面大理岩试样的峰值强度线性减小，随着中间主应力的增加，含钙质胶结硬性结构面大理岩试样峰值强度的改变不是很明显，说明相对于中间主应力效应，含钙质胶结硬性结构面大理岩试样的峰值强度对最小主应力的变化更加敏感。

为了量化中间主应力、最小主应力和硬性结构面倾角对试样峰值强度的影响，需要不同应力水平下相同钙质胶结结构面倾角的强度数据，由于含钙质胶结硬性结构面大理岩试样在采集和制作过程中无法精确地保证完全相同的硬性结构面倾角，需要先对上述强度数据进行高度拟合。基于上述含钙质胶结硬性结构面大理岩试样的峰值强度与硬性结构面倾角的关系，使用余弦函数($\sigma_{\mathrm{pj}} = p_1 + p_2\cos(p_3\beta + p_4)$)拟合试验数据，拟合结果如表 5.3.2 所示。拟合结果和实测结果具有很好的相关性，可使用该拟合公式近似估算含钙质胶结硬性结构面试样真三轴强度。

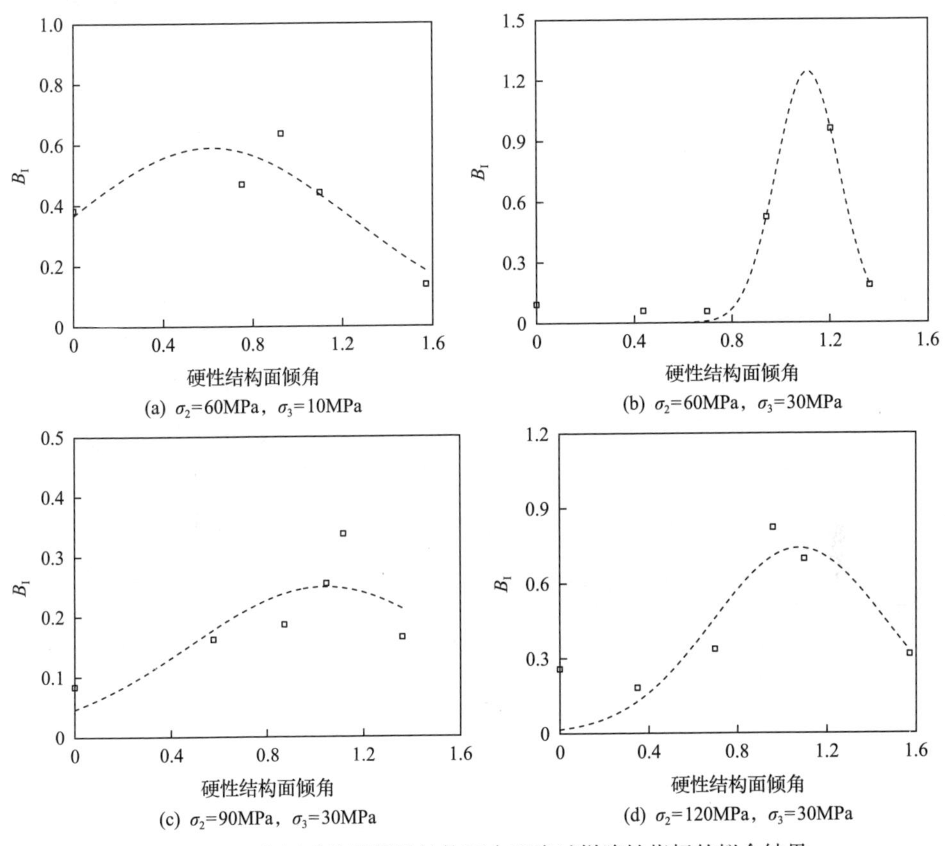

图 5.3.21　含钙质胶结硬性结构面大理岩试样脆性指标的拟合结果

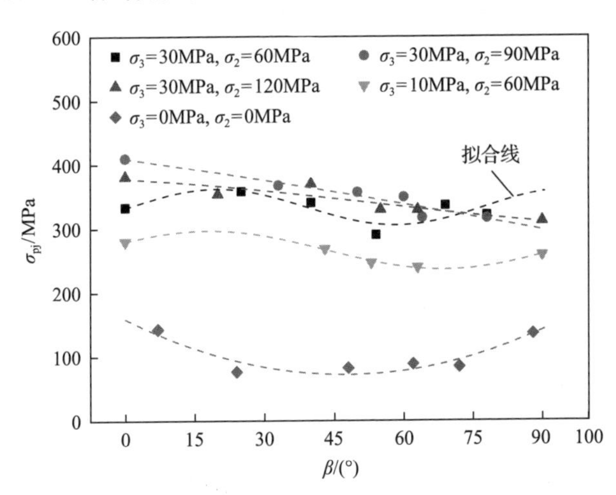

图 5.3.22　含钙质胶结硬性结构面大理岩试样真三轴压缩的强度结果[17]

表 5.3.2　含钙质胶结硬性结构面大理岩试样真三轴强度的余弦函数拟合结果

σ_3 /MPa	σ_2 /MPa	经验系数				相关系数 R^2
		p_1	p_2	p_3	p_4	
0	0	11913.93	−11842.30	0.15	−0.12	0.92
10	60	266.26	−30.43	3.54	−4.25	0.99
30	60	333.21	28.35	−4.66	1.60	0.79
30	90	75.89	459.37	0.20	0.76	0.97
30	120	338.55	−44.70	−1.12	2.63	0.91

采用表 5.3.2 中的拟合参数计算含相同硬性结构面倾角试样在不同应力水平下的强度，如表 5.3.3 所示。图 5.3.23 为中间主应力和最小主应力对含钙质胶结硬性结构面大理岩试样峰值强度的影响[17]。可以看出，随着最小主应力的增加，试样峰值强度迅速增加；随着中间主应力的增加，硬性结构面倾角为 0°、20°、40°、50°和 60°的试样峰值强度先缓慢增加后略微下降，硬性结构面倾角为 80°和 90°的试

表 5.3.3　含钙质胶结硬性结构面大理岩试样使用余弦函数计算的真三轴强度结果

σ_3 /MPa	σ_2 /MPa	β /(°)						
		0	20	40	50	60	80	90
0	0	158.6	100.8	73.8	71.8	77.6	112.2	141.1
10	60	279.9	296.4	272.4	254.0	240.1	243.0	258.6
30	60	332.3	361.6	331.0	311.1	305.1	338.6	357.2
30	90	409.8	387.2	363.1	350.6	337.7	311.0	297.2
30	120	377.5	366.2	350.8	342.2	333.5	317.0	309.8

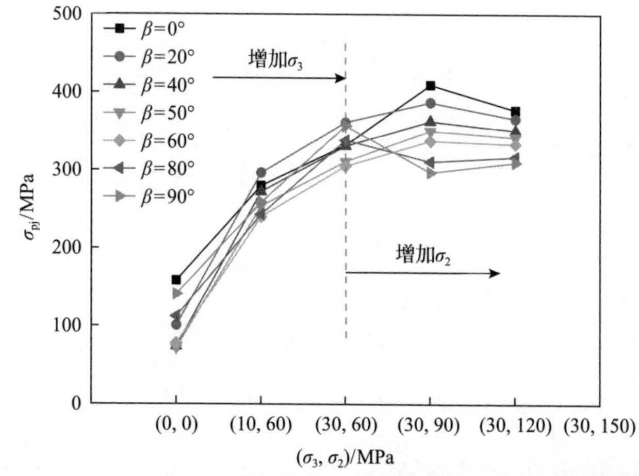

图 5.3.23　中间主应力和最小主应力对含钙质胶结硬性结构面大理岩试样峰值强度的影响[17]

样峰值强度则与之相反。这说明了含钙质胶结硬性结构面大理岩试样强度对最小主应力的敏感性远大于中间主应力，也说明了钙质胶结硬性结构面产状对试样强度的影响存在差异。

3. 钙质胶结硬性结构面对深部硬岩破裂特性的影响

含钙质胶结硬性结构面大理岩试样的破坏类型可以分为 4 类：完整硬岩的劈裂破坏和剪切破坏、硬性结构面的张开破坏和沿硬性结构面的滑移破坏，以下简称劈裂破坏、剪切破坏、张开破坏和滑移破坏。真三轴压缩下含钙质胶结硬性结构面大理岩试样的典型破坏结果如图 5.3.24 所示[17]。

(1) 劈裂破坏(见图 5.3.24(a))。当含硬性结构面大理岩试样发生劈裂破坏时，试样的破坏角接近 90°，试样的破坏面几乎平行于最大主应力方向。试样破坏面的微观结构显示，完整大理岩材料内部的张拉应力导致此破坏的发生，在破坏面上可以明确地发现大量的穿晶破坏和沿晶破坏，晶粒的形态非常清晰。当最小主

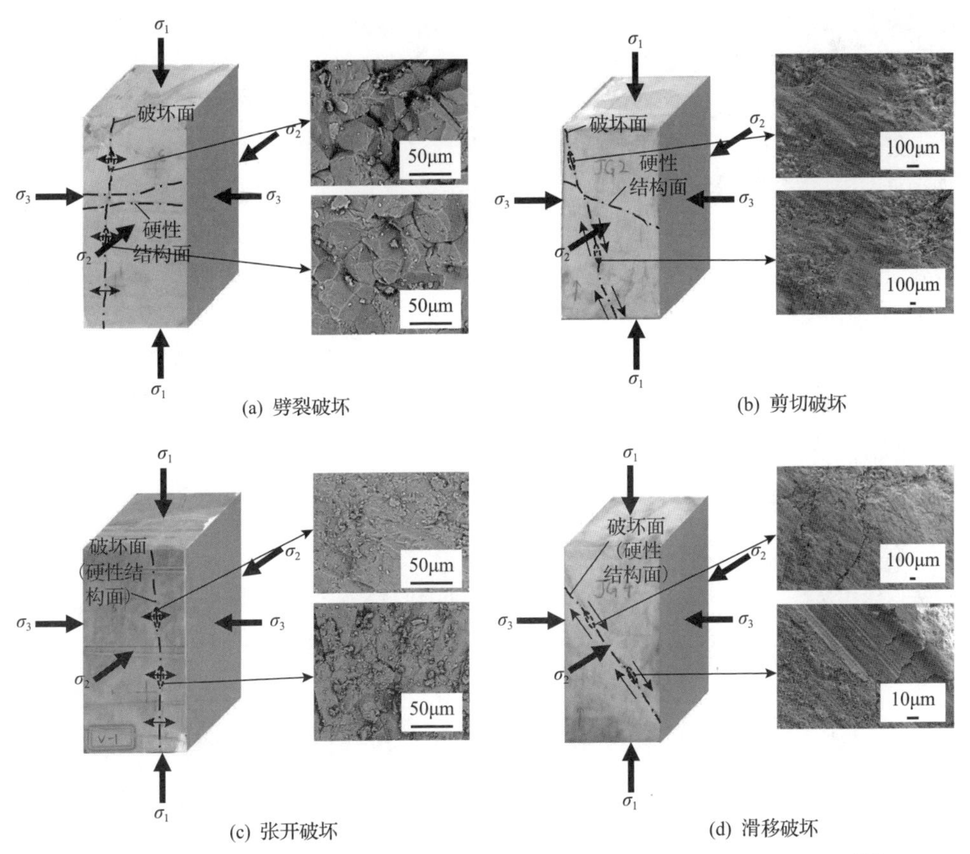

(a) 劈裂破坏　(b) 剪切破坏　(c) 张开破坏　(d) 滑移破坏

图 5.3.24　真三轴压缩下含钙质胶结硬性结构面大理岩试样的典型破坏结果[17]

应力和硬性结构面倾角都较小时，完整大理岩材料区域容易发生劈裂破坏。

(2)剪切破坏(见图 5.3.24(b))。当含硬性结构面大理岩试样在完整岩石材料内发生剪切破坏时，有一条倾斜剪切面贯穿整个试样。试验剪切破坏面的微观结构显示，破坏表面充满相互平行的划痕和岩石碎屑，这些产物是剪应力作用下的结果。当最小主应力较高而硬性结构面倾角较小时，完整大理岩材料区域的剪切破坏容易发生。

(3)张开破坏(见图 5.3.24(c))。当含硬性结构面大理岩试样发生沿硬性结构面的张开破坏时，破坏面实际上就是硬性结构面，此破坏面近乎平行于最大主应力方向。张开破坏的破坏面比较粗糙，且表面附着大量的试样碎屑，此结果为硬性结构面内部张拉应力作用所致。当最小主应力较小而硬性结构面倾角非常大时，沿硬性结构面的张开破坏容易发生。

(4)滑移破坏(见图 5.3.24(d))。当含硬性结构面大理岩试样发生沿硬性结构面的滑移破坏时，破坏面实际上就是硬性结构面，并且此破坏面与最大主应力作用面之间的夹角较大。从滑移破坏面上可以清晰地看出相互平行的划痕，此结果是硬性结构面内剪应力作用导致的，此划痕的走向与硬性结构面的倾向平行。当最小主应力和硬性结构面倾角都较大时，沿硬性结构面的滑移破坏容易发生。

基于上述含钙质胶结硬性结构面大理岩试样的 4 种典型破坏模式的统计，含钙质胶结硬性结构面大理岩试样的破坏主要受最小主应力和硬性结构面倾角的影响，4 种典型破坏模式的发生条件也存在明显的差异性，最小主应力大致决定了张拉应力和剪应力的破坏机制，而硬性结构面倾角会很大程度上影响张拉应力的破坏机制。在低最小主应力下，张拉破坏和劈裂破坏容易发生，只有硬性结构面倾角满足特定角度时，才会发生滑移破坏；在高最小主应力下，剪切破坏和滑移破坏容易发生。在复杂应力条件下，试样的破坏结果往往不是上述 4 种破坏机制的单一机制作用所致，而是由 2 种甚至多种破坏机制共同作用的。

4. 钙质胶结硬性结构面对深部硬岩能量特性的影响

深部硬岩的变形和破坏均伴随能量转换，硬岩破坏过程的实质是能量耗散的过程。基于 5.1.5 节真三轴压缩下深部硬岩能量计算方法计算完整的大理岩弹性应变能和耗散应变能随等效塑性应变 e_{p}($e_{\mathrm{p}}=\sum_{i=1}^{n}\sqrt{(\mathrm{d}\varepsilon_{1,i}^{\mathrm{p}})^2+(\mathrm{d}\varepsilon_{2,i}^{\mathrm{p}})^2+(\mathrm{d}\varepsilon_{3,i}^{\mathrm{p}})^2}$，其中，$n$ 为循环次数，$\mathrm{d}\varepsilon_1^{\mathrm{p}}$、$\mathrm{d}\varepsilon_2^{\mathrm{p}}$ 和 $\mathrm{d}\varepsilon_3^{\mathrm{p}}$ 是三个主应力方向的塑性应变增量)增加的变化曲线，如图 5.3.25 所示[18]。可以看出，U^{e}-e_{p} 曲线的变化趋势类似于应力-应变曲线(σ_1-ε_1)(见图 5.3.20)，弹性应变能在峰前阶段持续增加，在峰值应力时达到最大值，在峰后阶段逐渐减小；耗散应变能随着 e_{p} 的增加基本呈线性增长。硬性结构面的倾角对弹性应变能的影响规律与其对应力-应变曲线的影响规律类似，强度越大对应极限弹性应变能越大，脆性越强则弹性应变能跌落越快；硬性结构面倾角对耗散应变能的影响主要体现在耗散应变能增加速率上，随着硬性结构面倾角的增大，耗散应变能增加速率先减小后增大[18]。

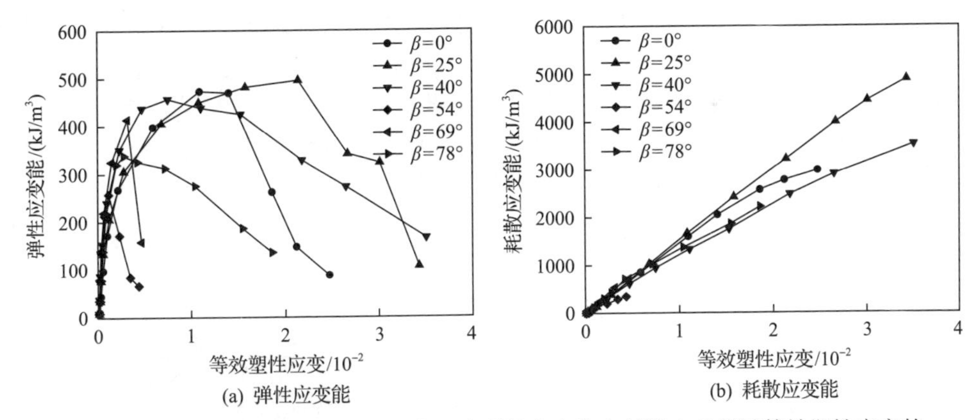

图 5.3.25　含钙质胶结硬性结构面大理岩弹性应变能和耗散应变能随等效塑性应变的变化曲线(σ_3=30MPa，σ_2=60MPa)[18]

相比于完整大理岩的力学性质，在特定硬性结构面倾角范围内，含硬性结构面大理岩的强度降低，而其脆性增强，这两个力学参数的改变均不利于材料的承载能力。将真三轴压缩下含硬性结构面大理岩试样的结果应用于深部工程围岩稳定性分析中，还应考虑工程现场隧洞轴线走向与硬性结构面产状的关系以及硬性结构面的分布位置和性质，同时需考虑地应力和开挖方式的影响。

5.4　深部硬岩流变力学特性

深部工程开挖应力调整后，真三向高应力长时间作用引起深部硬岩时效破裂及变形诱发时间滞后型灾害。因真三向高应力的差异性，产生有差异的深部工程硬岩流变力学特性，致使深部工程硬岩不同位置、不同深度的时间滞后型灾害发生时间、等级和强度不相同。深部工程硬岩流变力学特性包括蠕变与松弛特性，通过高压真三轴蠕变与松弛试验，研究真三向恒应力或恒应变条件下深部工程硬岩破裂、变形及强度随时间的演化特征，揭示深部工程硬岩时效破坏孕育过程及其影响机制。

5.4.1　深部硬岩蠕变特性

1. 微破裂时效性聚集降低深部硬岩强度

硬岩开挖过程发生破坏所需的强度可以通过真三轴压缩下硬岩全应力-应变

过程试验获得，即峰值强度。峰值强度并未考虑时间效应的影响，当施加在硬岩上的 σ_1 足够高时，高 σ_1 引起硬岩蠕变过程伴随着许多微破裂的产生，微破裂持续聚集，引起硬岩强度降低，即在低于峰值强度的条件下硬岩发生失稳破坏。

图 5.4.1 为真三轴压缩下(σ_3 = 5MPa, σ_2 = 30MPa)某深埋隧道中粒角闪黑云花岗岩蠕变过程变形及破裂特征[19]。施加于试样上的 σ_1 较低时，试样内部微破裂较少产生，几乎采集不到声发射信号，而随着 σ_1 增加至第 4 级，蠕变阶段声发射计数率逐渐增加(见图 5.4.1(a))，持续的破裂聚集使试样产生许多次生微破裂，试样表面可以看见这些微裂纹(见图 5.4.1(b))。

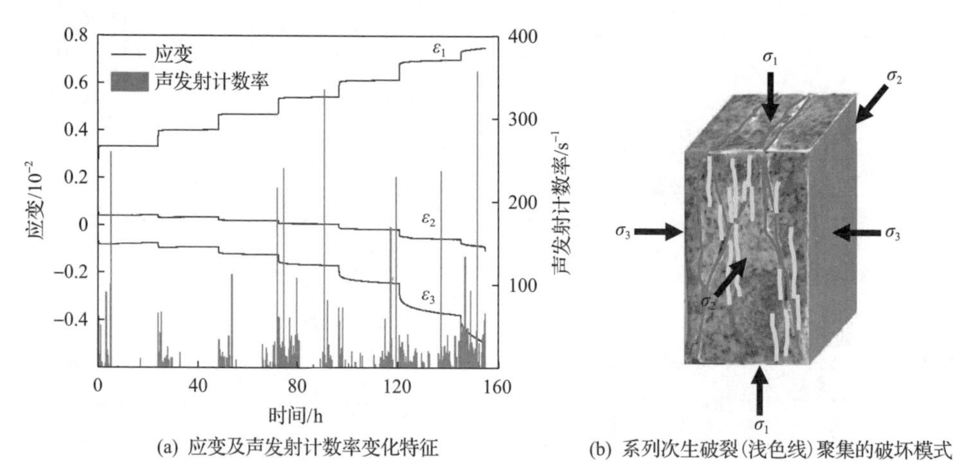

(a) 应变及声发射计数率变化特征　　(b) 系列次生破裂(浅色线)聚集的破坏模式

图 5.4.1　真三轴压缩下(σ_3 = 5MPa, σ_2 = 30MPa)某深埋隧道中粒角闪黑云花岗岩蠕变过程变形及破裂特征[19]

图 5.4.2 为真三轴压缩下(σ_3 = 50MPa, σ_2 = 80MPa)锦屏地下实验室二期白色大理岩瞬时及蠕变加载后变形及破坏特征[19]。蠕变加载时试样发生失稳破坏所需强度均出现显著降低(见图 5.4.2(a))。在相同 σ_3 和 σ_2 下，试样瞬时压缩和蠕变加

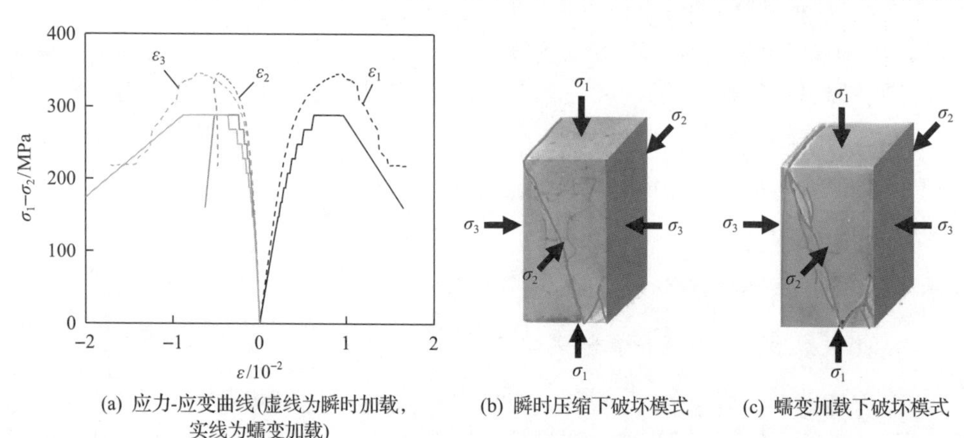

(a) 应力-应变曲线(虚线为瞬时加载，实线为蠕变加载)　　(b) 瞬时压缩下破坏模式　　(c) 蠕变加载下破坏模式

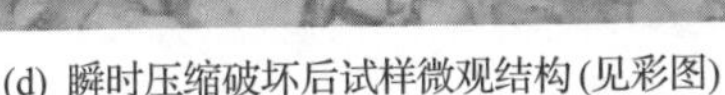

(d) 瞬时压缩破坏后试样微观结构(见彩图)　　(e) 蠕变破坏后试样微观结构(见彩图)

图 5.4.2　真三轴压缩下($\sigma_3 = 50$MPa, $\sigma_2 = 80$MPa)锦屏地下实验室二期白色大理岩瞬时及蠕变加载后变形及破坏特征[19]

载获得的主破裂面破坏模式相近，但是时间效应使蠕变加载后的主破裂面周围形成许多次生裂纹(见图 5.4.2(b)和(c))。通过对破坏后试样无明显裂隙区域进行无损切片，并对切片进行染色处理(见图 5.4.2(d)和(e))，可以发现真三轴瞬时压缩下锦屏地下实验室二期白色大理岩微观结构主要以沿晶破坏为主，并未出现显著的穿晶裂纹；真三轴蠕变加载下锦屏地下实验室二期白色大理岩微观结构出现了均匀分布的穿晶裂纹。在高 σ_1 和时间效应的双重作用下，试样内部微破裂持续聚集，最终引起试样在应力低于峰值强度的条件下发生失稳破坏。

2. 脆性引起深部硬岩小变形蠕变破坏

深部硬岩发生蠕变破坏时的变形量随着 σ_2 的增加或 σ_3 的降低而显著降低。高 σ_2 和低 σ_3 都会增加深部硬岩脆性，强脆性引起硬岩局部应力集中，集中应力使得硬岩内部破裂较集中，在时间效应作用下，深部硬岩内部破裂持续性聚集，造成破裂聚集诱发的硬岩失稳破坏。因此，深部硬岩在强脆性下发生蠕变破坏时产生较小的蠕变变形。

图 5.4.3(a)为真三轴压缩下($\sigma_3 = 20$MPa)锦屏地下实验室二期白色大理岩蠕变曲线。可以看出，随着 σ_2 的增加，试样三个主应力方向应变均逐渐减小。统计锦屏地下实验室二期白色大理岩发生蠕变破坏时最大主应力方向延性变形量 ε_D 与 $\sigma_3-\alpha\sigma_2$ 关系，如图 5.4.3(b)所示[20]。可以看出，ε_D 与 $\sigma_3-\alpha\sigma_2$ 呈近线性关系。锦屏地下实验室二期白色大理岩经历了长期的应力加载，但岩石的最终延性变形仍取决于应力水平。锦屏地下实验室二期白色大理岩发生蠕变破坏时产生的延性变形随 σ_2 的增加而减少，随 σ_3 的增加而增加。σ_2 的增加和 σ_3 的降低都能增加硬岩脆性，说明脆性越大，硬岩发生蠕变破坏时产生的不可逆变形越小[20]。

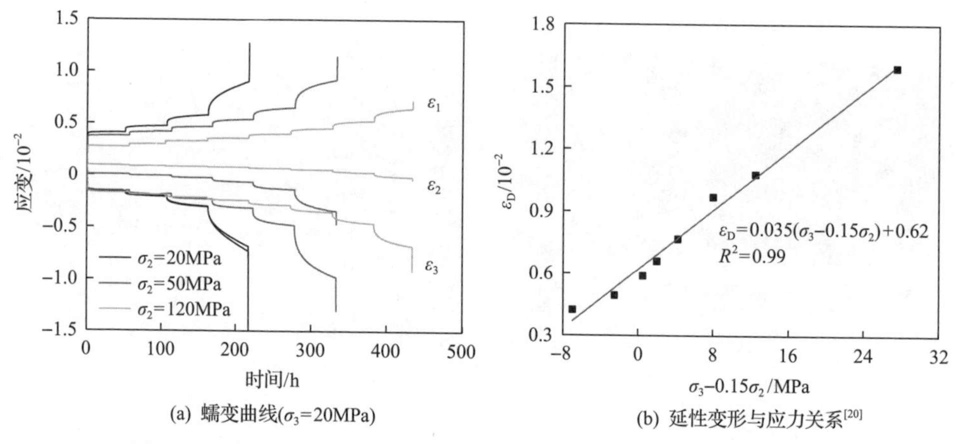

(a) 蠕变曲线(σ_3=20MPa)　(b) 延性变形与应力关系[20]

图 5.4.3　真三轴压缩下锦屏地下实验室二期白色大理岩蠕变变形特征

图 5.4.4 为锦屏地下实验室二期白色大理岩发生脆性蠕变破坏后的微观结构[20]。脆性蠕变时，锦屏地下实验室二期白色大理岩微观结构的晶粒间界线模糊(见图 5.4.4(a))，晶粒均存在一定的损伤，脆性蠕变破坏微观结构主要以穿晶断裂为主。脆性应力状态下，随着 σ_1 的增加，试样内部局部应力集中，当瞬时应力超过晶体强度时，穿晶裂纹产生。与此同时，相邻晶体内部的穿晶裂纹和沿晶裂纹(见图 5.4.4(b))相互贯穿，最后形成破坏面。对于脆性应力状态下的瞬时加载过程，试样内部容易在拉应力作用下形成河流状解理裂纹(见图 5.4.4(c))，并随着 σ_1 的增加，晶体内产生台阶状裂纹(见图 5.4.4(d))。不同于瞬时真三轴压缩试验，在

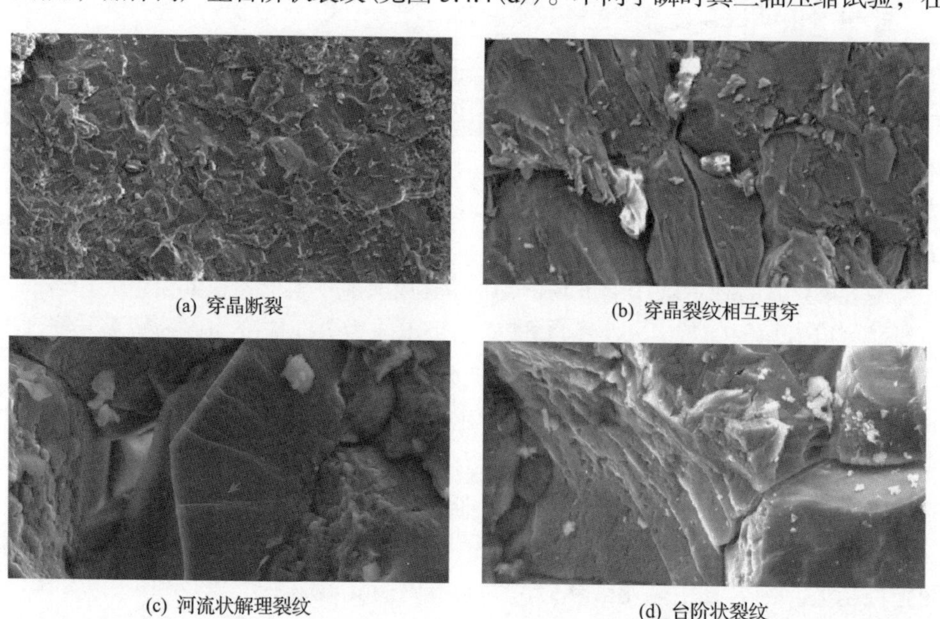
(a) 穿晶断裂　(b) 穿晶裂纹相互贯穿

(c) 河流状解理裂纹　(d) 台阶状裂纹

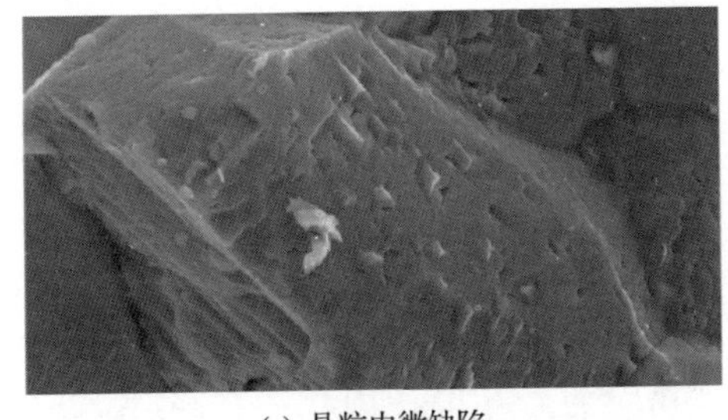

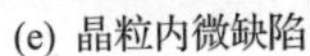
(e) 晶粒内微缺陷

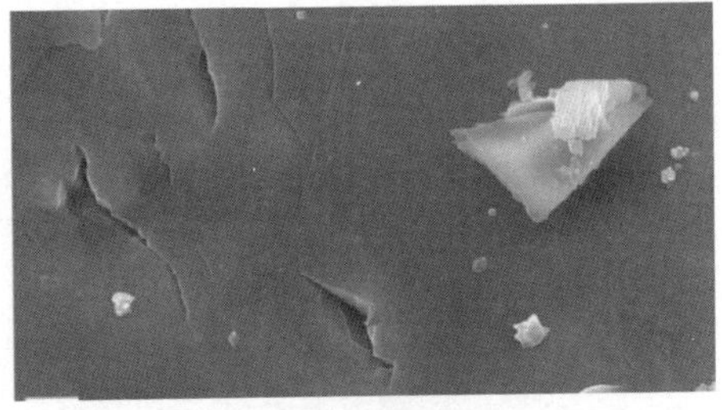

(f) 集中式微裂纹

图 5.4.4　锦屏地下实验室二期白色大理岩发生脆性蠕变破坏后的微观结构[20]

脆性蠕变时大理岩微观结构中常见到布满分散微裂纹的晶体颗粒(见图 5.4.4(e))。图 5.4.4(f)为其局部放大图，相邻裂纹通过其翼裂纹连接。这是由于试样处于长时间的恒定高应力条件，当试样内部微孔隙张开时，裂纹在应力腐蚀的长时间作用下，在裂纹尖端形成翼裂纹并逐渐扩展，当相邻翼裂纹连接时，穿晶裂纹形成，晶粒发生破坏。

图 5.4.5 为锦屏地下实验室二期白色大理岩发生延性蠕变破坏后的微观结构[20]。延性蠕变时，锦屏地下实验室二期白色大理岩断口主要以穿晶破坏为主(见图 5.4.5(a))。在延性蠕变试验后断口 SEM 观测结果中也可以发现晶体内部拉剪应力混合作用形成的晶内锯齿形裂纹(见图 5.4.5(b))，晶内锯齿形裂纹与晶体边界的沿晶裂纹相融合，使晶体颗粒部分整体从晶体内部剥落下来。在长时间的剪应力作用下，晶体内部可以发现许多明显的孪晶裂纹(见图 5.4.5(c))和位错滑移后留下的划痕(见图 5.4.5(d))。锦屏地下实验室二期白色大理岩内部相邻晶体间的挤压破碎(见图 5.4.5(d))在时间效应的影响下也比瞬时真三轴试验时明显。延性蠕变的穿晶裂纹与应力的时间效应密切相关，图 5.4.5(e)中晶体颗粒表面可以发现许多规则性排列的微裂纹。其形成主要是在应力作用下，试样内部微孔隙张开(见图 5.4.5(f))，在应力腐蚀作用下，形成许多均匀分布的裂纹，当裂纹密度达到一定量时，微裂纹直接融合贯通，最终形成穿晶裂纹。

关于脆性蠕变和延性蠕变过程，锦屏地下实验室二期白色大理岩内部裂纹时效扩展机理上存在显著差异。脆性蠕变时，试样内部处于脆性应力条件，应力在局部相对集中，所以当局部发生破坏时，裂纹时效扩展主要发生在已经形成的局部脆性破坏区，随着 σ_1 的增加，裂纹扩展也相对稳定，宏观上表现为稳态蠕变速率随着应力差$(\sigma_1-\sigma_3)$的增加呈近线性增长(见图 5.4.6(a))。延性蠕变时，试样内部处于延性应力条件，应力分布均匀。随着 σ_1 的增加，试样内部裂纹最初分布较分散，此时裂纹扩展速率随着应力差$(\sigma_1-\sigma_3)$的增加变化较缓慢。只有当应力差$(\sigma_1-\sigma_3)$增加至某一极限值，使试样内部裂纹密度达到一定量时，局部破坏产生，之后裂纹时效扩展主要沿着已经形成的局部剪切带进行，宏观上表现为相同应力

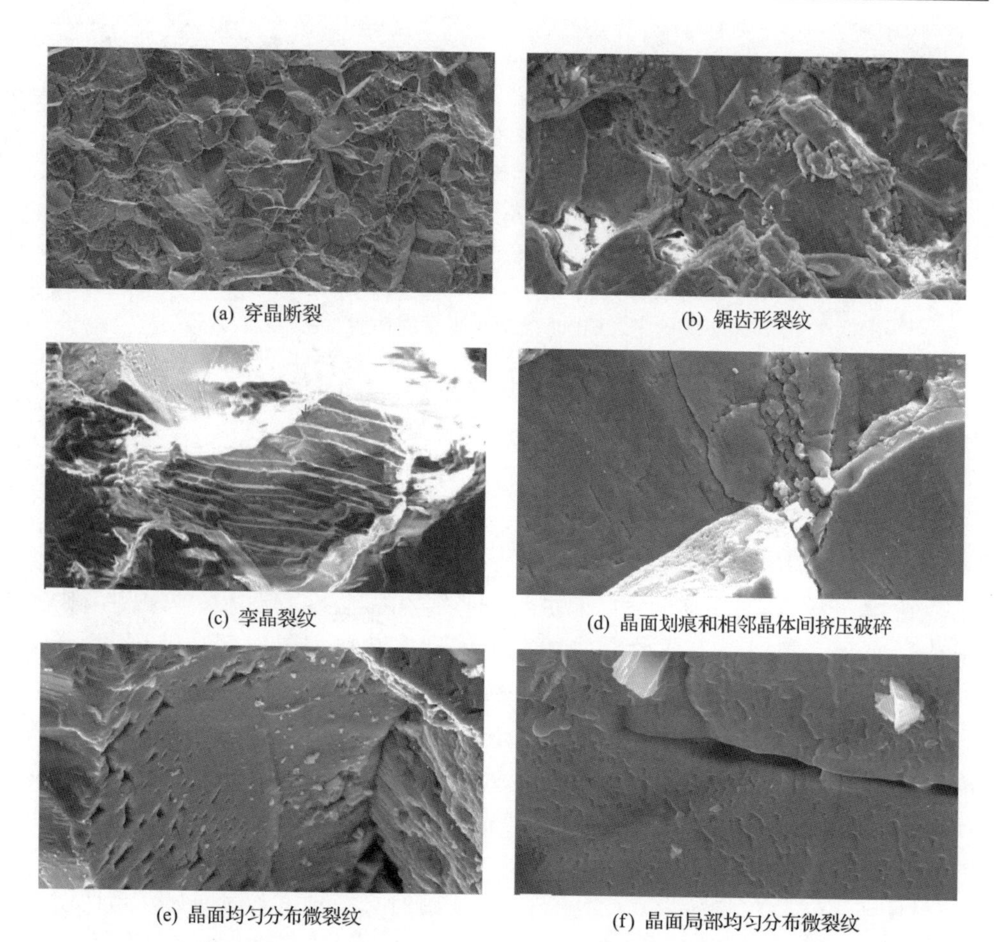

图 5.4.5　锦屏地下实验室二期白色大理岩发生延性蠕变破坏后的微观结构[20]

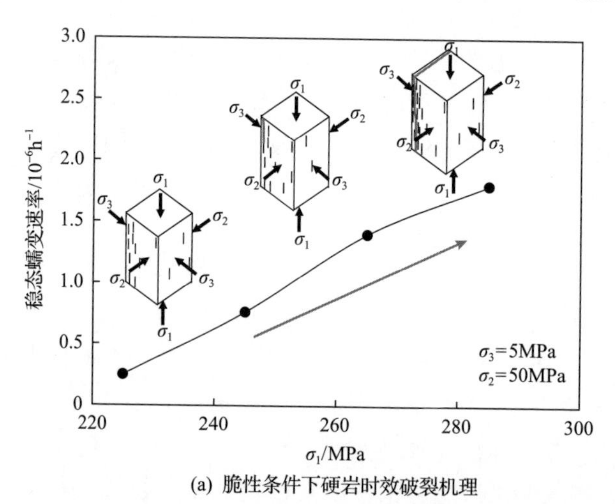

(a) 脆性条件下硬岩时效破裂机理

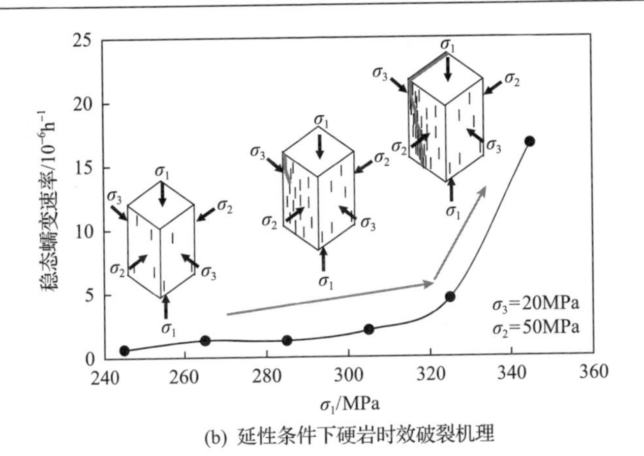

(b) 延性条件下硬岩时效破裂机理

图 5.4.6　脆延性对深部硬岩蠕变破裂影响机理

差$(\sigma_1-\sigma_3)$的增长使蠕变速率突增(见图 5.4.6(b))。随着 σ_2 的增加或 σ_3 的降低，深部硬岩脆性增强，强脆性的微观破裂时效扩展集中性使得硬岩产生小变形时效破坏。

3. 裂纹方向性时效生长引起深部硬岩各向异性蠕变破坏

真三轴压缩下，硬岩经历较长时间蠕变后，最终试样破坏模式均是破坏面近平行于 σ_2 方向，沿着 σ_3 方向张开[21]。以锦屏地下实验室二期白色大理岩为例，当 $\sigma_2=\sigma_3$ 时(见图 5.4.7(a))，大理岩试样经历较长蠕变后，最终破坏面沿着 σ_2 方向和 σ_3 方向均有张开；当 $\sigma_2>\sigma_3$ 时(见图 5.4.7(b))，大理岩试样经历较长蠕变后，最终破坏面均沿着 σ_3 方向张开，未发现沿着 σ_2 方向张开的宏观破坏面。

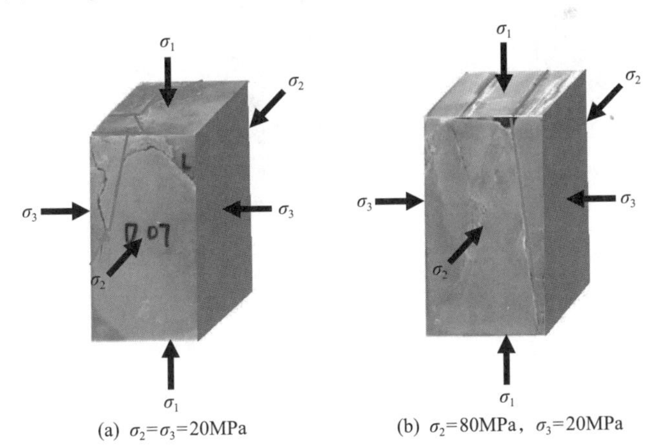

(a) $\sigma_2=\sigma_3$=20MPa　(b) σ_2=80MPa，σ_3=20MPa

图 5.4.7　锦屏地下实验室二期白色大理岩蠕变破坏模式[21]

真三轴压缩下，硬岩蠕变破坏模式各向异性特征是三向不等应力使得硬岩微观裂纹时效扩展存在方向性。图 5.4.8 为三个主应力方向的锦屏地下实验室二期白色大理岩细观结构[21]。在 $\sigma_2=\sigma_3=20$MPa 时(见图 5.4.8(a)),试样处于延性应力状态,在经历较长的蠕变加载后,许多均匀分布的微裂纹见于晶体表面。而且 σ_1-σ_2 和 σ_1-σ_3 平面内的裂纹延展长度明显高于 σ_2-σ_3 平面,σ_1-σ_2 和 σ_1-σ_3 平面内的微观裂纹演化特征无明显差别。从 σ_1-σ_3 平面图可以发现,当晶体内微裂纹密度达到一定量时,在晶体内形成穿晶裂纹,相邻晶体间穿晶裂纹有聚合成贯穿大裂纹的趋势。当 $\sigma_2=80$MPa、$\sigma_3=20$MPa 时(见图 5.4.8(b)),试样处于脆性应力状态,在晶体局部产生 1～3 条较大的穿晶裂纹。这是由于脆性应力状态下,应力相对集中,容易产生局部微裂隙。而且 σ_1-σ_3 平面内的微裂纹数量明显高于 σ_1-σ_2 平面,真三轴压缩下,σ_1-σ_2 平面内裂纹时效扩展受抑制。同时,σ_1-σ_2 平面和 σ_1-σ_3 平面内的裂纹扩展均近平行于 σ_1 方向,而且当 $\sigma_2>\sigma_3$ 时,σ_2-σ_3 平面内的裂纹延展主要近平行于 σ_2 方向且沿着 σ_3 方向张开。裂纹时效延展方向近平行于较大主应力方向。

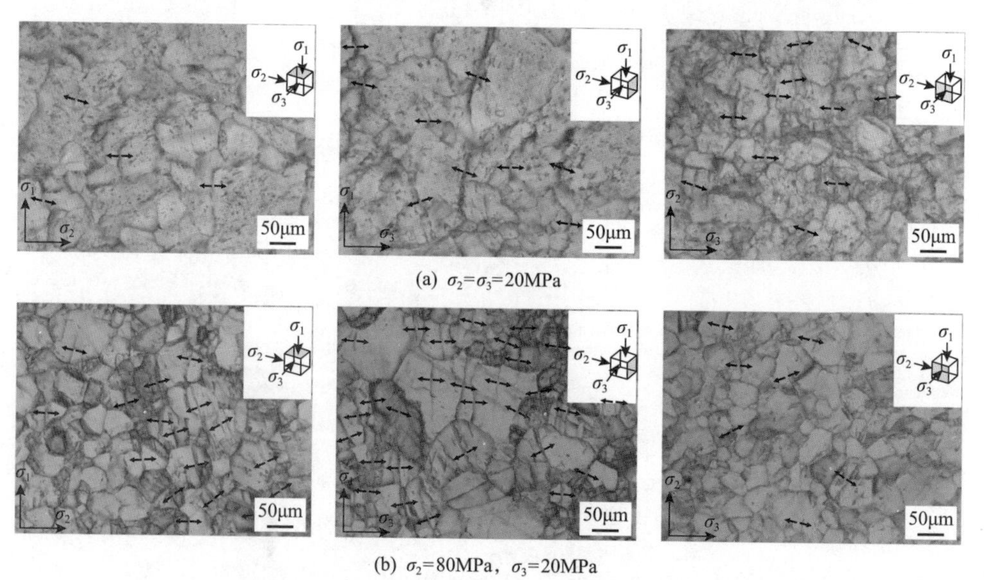

图 5.4.8　三个主应力方向的锦屏地下实验室二期白色大理岩细观结构[21]

为了分析真三轴压缩下应力差对硬岩时效破裂差异性演化机制的影响,采用以下公式计算蠕变过程中的主应力方向变形系数:

$$k_{12}=\left|\frac{\Delta\varepsilon_2}{\Delta\varepsilon_1}\right| \tag{5.4.1}$$

$$k_{13}=\left|\frac{\Delta\varepsilon_3}{\Delta\varepsilon_1}\right| \tag{5.4.2}$$

为了能够定量分析硬岩在真三轴蠕变条件下 σ_2 和 σ_3 方向变形和破坏的差异性，将 σ_3 方向与 σ_2 方向变形系数差值与 σ_3 方向变形系数的比值用于比较 σ_3 方向与 σ_2 方向的时效变形差异，称为 σ_3 方向与 σ_2 方向时效变形差异性指标：

$$\mathrm{DI} = f(\sigma_1,\sigma_2,\sigma_3,t) = \frac{k_{13} - k_{12}}{k_{13}} \tag{5.4.3}$$

DI 可以描述相同时间间隔内，σ_2 方向时效变形增量与 σ_3 方向时效变形增量的差异。当 DI=0 时，说明 σ_2 方向时效变形行为与 σ_3 方向时效变形行为相同，而 DI 的增加，说明 σ_3 方向时效变形逐渐高于 σ_2 方向时效变形。

图 5.4.9 为锦屏地下实验室二期白色大理岩时效变形差异性指标与时间的关系[21]，图中为蠕变加载过程中每隔 1h 计算的 DI 值。可以看出，在三个主应力保持不变的条件下，随着时间的增加，DI 几乎不发生变化。说明岩石试样在 σ_2 和 σ_3 方向裂纹时效扩展导致的变形增量比值并不会随着时间的增加而有所改变，二者的差异性主要还是受三维应力的影响。

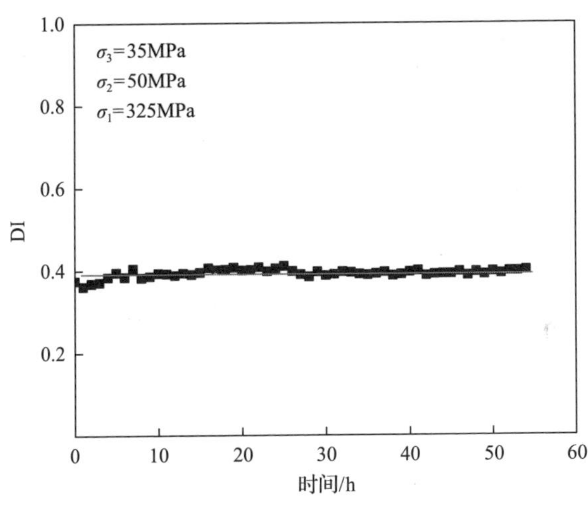

图 5.4.9　锦屏地下实验室二期白色大理岩时效变形差异性指标与时间的关系[21]

图 5.4.10 为锦屏地下实验室二期白色大理岩时效变形差异性指标与 σ_1 的关系[21]。由于 DI 几乎不受时间影响，取每级蠕变加载时 DI 的平均值讨论 DI 与三维应力的关系。可以看出，在常规三轴条件下（$\sigma_2 = \sigma_3$），随着 σ_1 的增加，DI 几乎维持在 0 左右，说明常规加载时，σ_2 方向和 σ_3 方向的时效变形几乎一致。而当 $\sigma_2 > \sigma_3$ 时，DI 始终大于零，说明 σ_2 方向和 σ_3 方向的时效变形差异开始显现。随着 σ_1 的增加，DI 略有波动，但几乎仍然保持在一个恒定的水平，说明 σ_2 和 σ_3 方向的时效破裂差异性几乎不受 σ_1 影响。

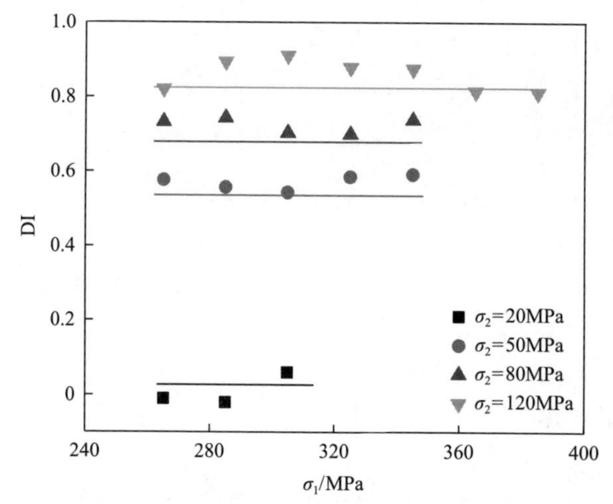

图 5.4.10　锦屏地下实验室二期白色大理岩时效变形差异性指标与 σ_1 的关系(σ_3=20MPa)[21]

图 5.4.11 为锦屏地下实验室二期白色大理岩时效变形差异性指标与 σ_2 的关系[21]。可以看出，随着 σ_2 的增加，DI 非线性增加，σ_2 的增加使得岩石时效变形差异更加明显。当保持 σ_1 和 σ_2 不变时，DI 随着 σ_3 的增加线性降低(见图 5.4.12[21])，σ_3 具有抑制 σ_2 和 σ_3 方向差异性时效变形的趋势。

存在某一函数，满足 DI=$f(\sigma_2, \sigma_3)$。由于 $\sigma_2-\sigma_3$ 具有增加硬岩时效变形差异性的作用，而 σ_3 具有抑制硬岩时效变形差异性的作用，将公式无量纲化，DI 与应力的关系可以表示为

$$\mathrm{DI}=f\left(\frac{\sigma_2-\sigma_3}{\sigma_3}\right)=d_1\left\{1-\exp\left[\frac{d_2(\sigma_2-\sigma_3)}{\sigma_3}\right]\right\} \tag{5.4.4}$$

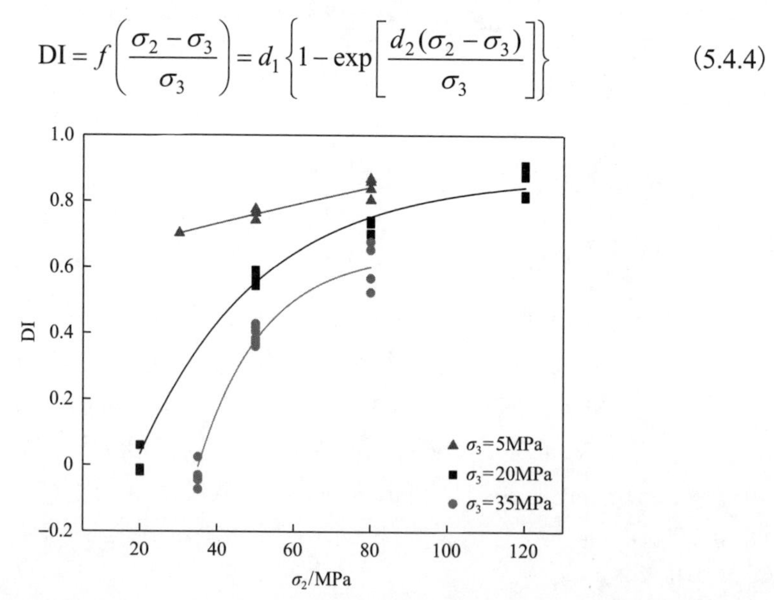

图 5.4.11　锦屏地下实验室二期白色大理岩时效变形差异性指标与 σ_2 的关系[21]

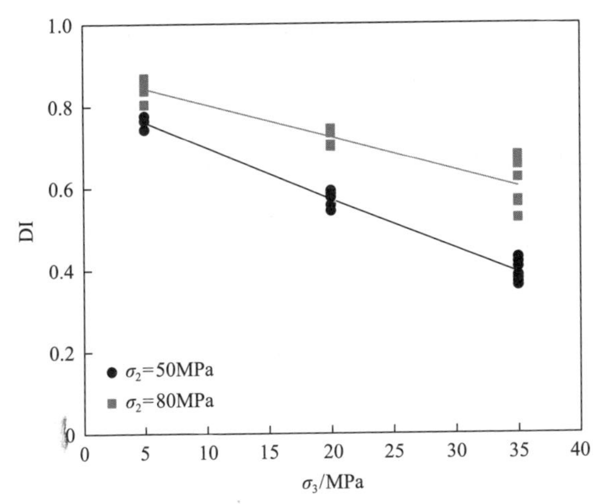

图 5.4.12　锦屏地下实验室二期白色大理岩时效变形差异性指标与 σ_3 的关系[21]

图 5.4.13 为锦屏地下实验室二期白色大理岩时效变形差异性指标与三维应力的关系[27]。可以看出，式(5.4.4)的拟合效果较好，拟合系数达到 0.98。随着$(\sigma_2-\sigma_3)/\sigma_3$的增加，试样时效变形差异性指标 DI 逐渐增加，但当$(\sigma_2-\sigma_3)/\sigma_3=4$ 时，DI 随着$(\sigma_2-\sigma_3)/\sigma_3$的增加趋于平缓。说明锦屏地下实验室二期白色大理岩在 σ_2 方向与 σ_3 方向的差异性时效变形并不是无限增加的，σ_2 方向与 σ_3 方向的时效变形差异性在 $\sigma_2-\sigma_3<4\sigma_3$ 时随着 σ_2 的增加快速增加。当 $\sigma_2-\sigma_3>4\sigma_3$ 时，σ_2 方向与 σ_3 方向的时效变形差异性不会随着应力的改变出现明显的增加。

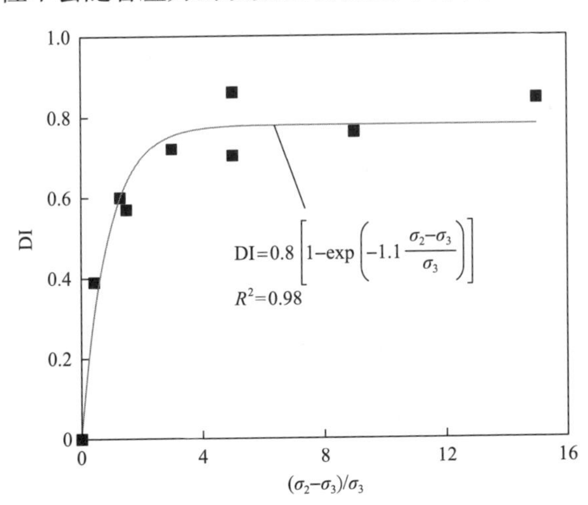

图 5.4.13　锦屏地下实验室二期白色大理岩时效变形差异性指标与三维应力的关系[21]

4. 初始破裂程度不同引起深部硬岩蠕变过程拉-剪破裂机制不同

不同破裂程度硬岩的时效破裂特征及机理不同。峰前完整性较好硬岩蠕变变形和声发射计数率特征受 σ_1 应力水平影响。σ_1 应力水平较低时，硬岩内部时效破裂不显著，因此蠕变变形与声发射计数率特征相协调，逐渐趋于稳定；σ_1 应力水平较高时，高 σ_1 引起硬岩微破裂持续聚集，局部微破裂贯通产生较大破裂，造成蠕变变形与声发射计数率特征不协调，声发射数量突增但是变形不显著。峰后完整性较差硬岩由于产生了宏观裂隙，微裂纹与宏观裂隙间贯通造成硬岩蠕变变形和声发射计数率特征不协调，声发射数量增加但是变形不显著。而且，峰后阶段硬岩时效破裂过程也存在显著的破坏前声发射计数率较低的平静期和声发射计数率突增的失稳破坏前兆。峰前完整性较好硬岩，高应力使其拉裂纹持续增加。峰后完整性较差硬岩，由于形成局部贯穿裂纹，产生应力集中，硬岩时效破裂以剪切滑移为主。

图 5.4.14 为真三轴压缩下($\sigma_3 = 50$MPa、$\sigma_2 = 80$MPa)锦屏地下实验室二期白色大理岩的蠕变过程声发射监测结果[19]。结果表明，施加轴向应力时，峰值前采集的声发射信号较少，声发射计数率很低。蠕变试验中，应力增加阶段的声发射计数率不明显。在恒应力阶段获得了许多声发射信号，表明裂纹在这一阶段经历了随时间变化的扩展。当应力小于硬岩损伤强度时，累计声发射计数率缓慢增加。当应力高于硬岩损伤强度时(蠕变试验的第五阶段)，累计声发射计数率突然增加，直至试样发生破坏。为了揭示硬岩在高真三轴蠕变应力作用下的张拉及剪切破裂机制，利用声发射参数定性分析了硬岩的裂纹类型，如图 5.4.15 所示[19]，RA 为声发射撞击上升时间与幅度的比值，AF 为声发射平均频率。当 AF 较高、RA 较低时，裂纹可视为拉伸裂纹；相反，当 AF 较低、RA 较高时，则可视为剪切裂纹。结果表明，在蠕变加载的第一级到第五级，几乎没有裂纹产生。声发射信号还表现出高 AF 和低 RA 的特征，因此裂纹主要以拉伸破坏为主。从蠕变加载的第六级(应力大于损伤强度)开始，出现低 AF、高 RA 的剪切裂纹。

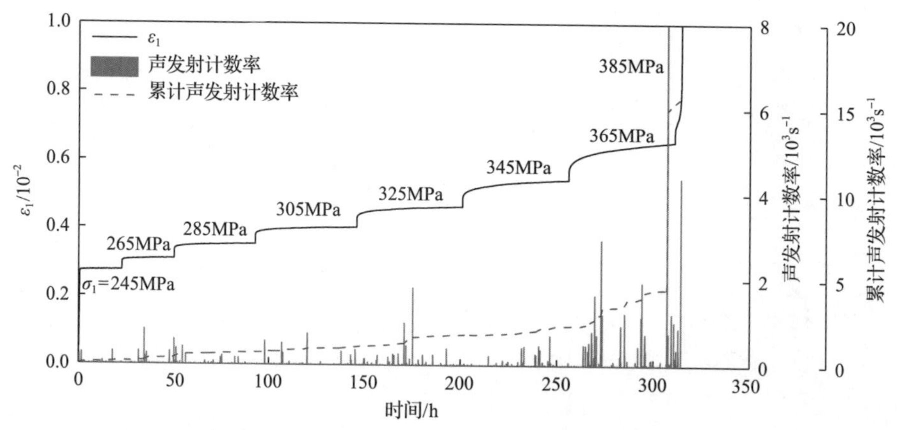

图 5.4.14　真三轴压缩下(σ_3=50MPa、σ_2=80MPa)锦屏地下实验室二期白色大理岩的蠕变过程声发射监测结果[19]

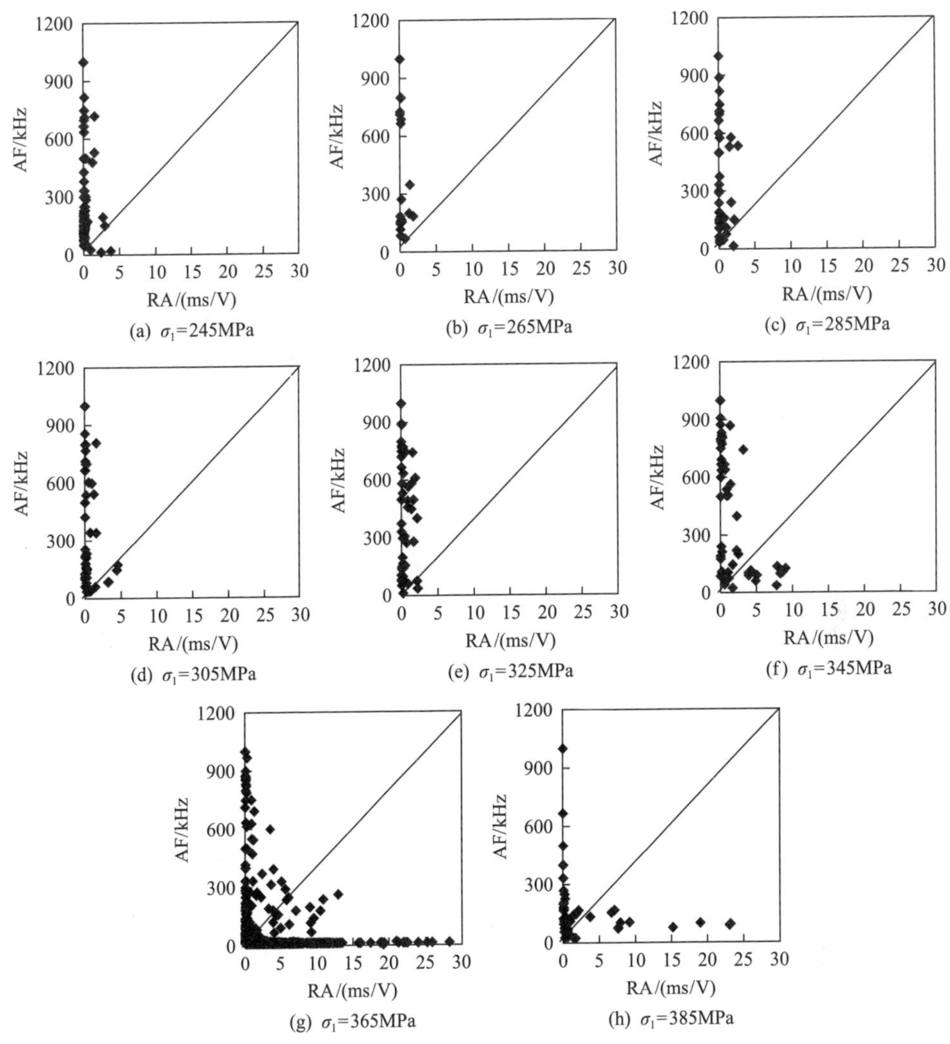

图 5.4.15　锦屏地下实验室二期白色大理岩每级蠕变过程 AF 与 RA 的关系[19]

图 5.4.16 为真三轴压缩下(σ_3= 5MPa、σ_2 = 30MPa)北山中粗粒二长花岗岩峰前及峰后蠕变试验结果。峰前完整花岗岩试样蠕变过程中，蠕变变形曲线与累计声发射计数率曲线变化趋势相似(见图 5.4.16(c))；当最大主应力 σ_1 增加至目标应力时，声发射计数率达到最高值。随着时间的增加，声发射计数率逐渐降低。由于峰前阶段 σ_1 较低，花岗岩试样的裂纹生长随着时间的增加趋于稳定。峰后破裂花岗岩试样蠕变过程中，蠕变曲线与累计声发射计数率曲线趋势完全不一样(见图 5.4.16(d))。当 σ_1 达到目标应力时，声发射计数率并不是最高值。随着时间的增加，声发射计数率显著升高，但当达到最高值后，声发射计数率进入一个短暂的平静期。当过了这段平静期，声发射计数率突增。整个过程中，花岗岩试样

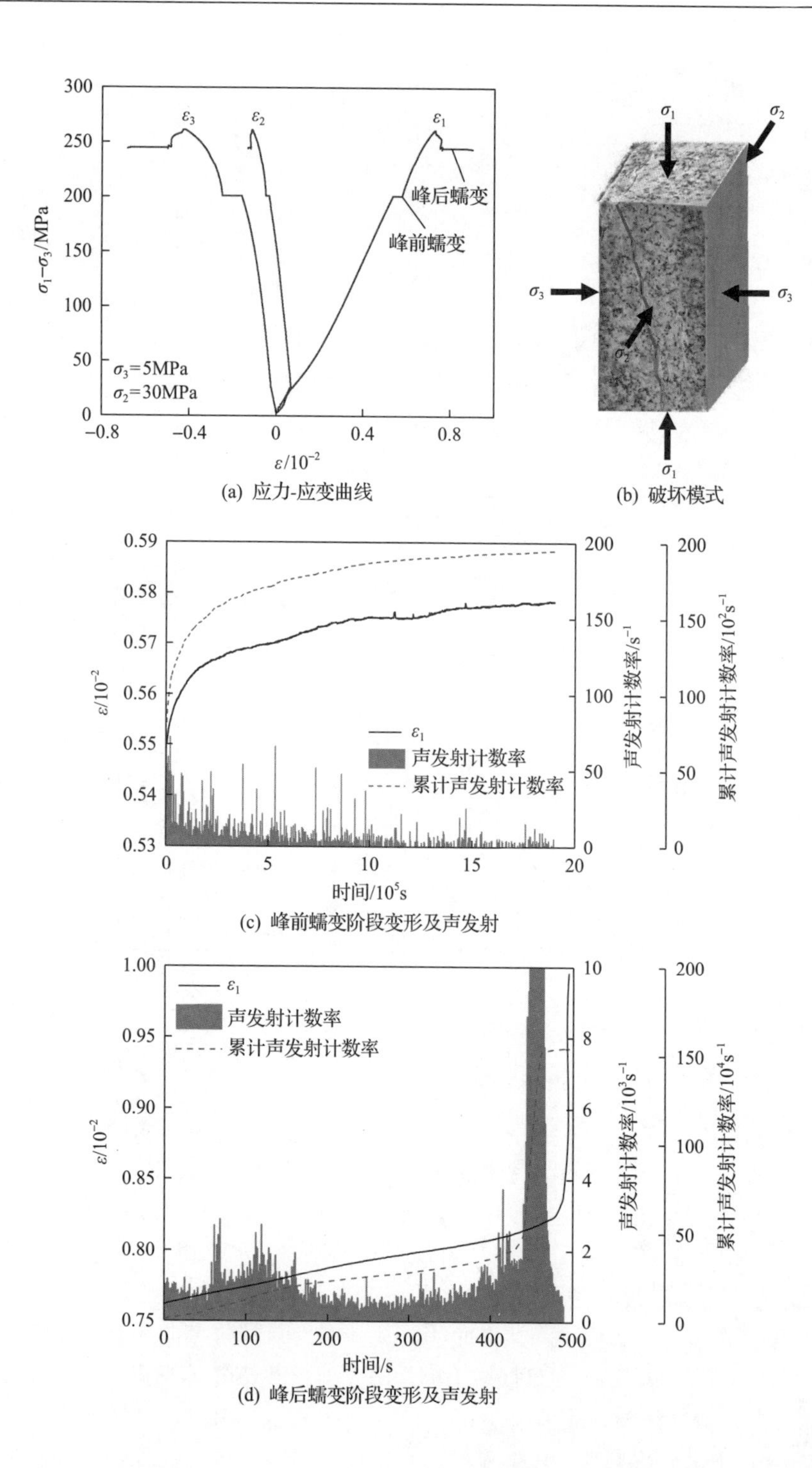

(a) 应力-应变曲线　　(b) 破坏模式

(c) 峰前蠕变阶段变形及声发射

(d) 峰后蠕变阶段变形及声发射

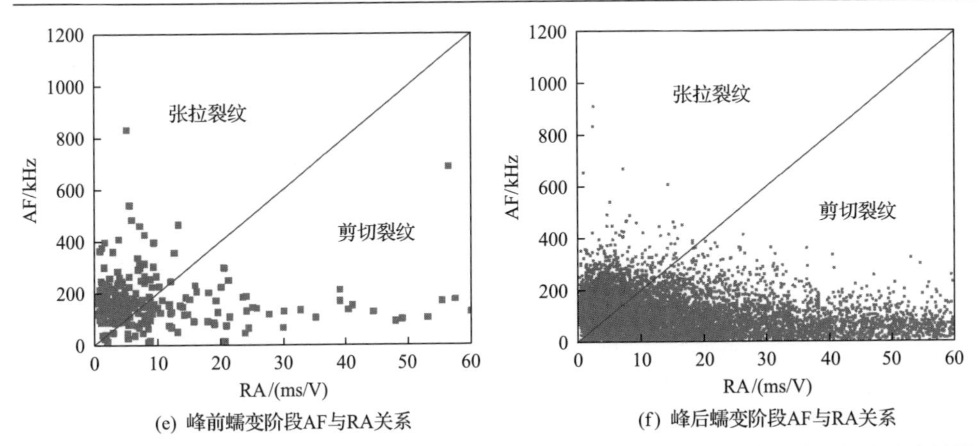

图 5.4.16　真三轴压缩下(σ_3 = 5MPa、σ_2 = 30MPa)北山中粗粒二长花岗岩峰前及峰后蠕变试验结果

蠕变变形并未发生显著的突变。峰后破裂花岗岩试样时效破裂特征和时效变形特征不一致。花岗岩试样峰前蠕变阶段，张拉裂纹数量显著高于剪切裂纹数量。区别于峰前蠕变阶段，在峰后蠕变阶段，剪切裂纹数量显著高于张拉裂纹数量。

5.4.2　深部硬岩松弛特性

1. 高 σ_2 引起深部硬岩 σ_2 方向压缩时效变形

真三轴压缩下硬岩松弛试验中，σ_1 方向始终保持应变恒定不变，而 σ_2 和 σ_3 方向始终保持应力恒定不变。在高 σ_1 的长时间作用下，硬岩内部裂纹时效扩展，使轴向变形中部分弹性变形转化为塑性变形，从而导致轴向应力降低。高应力下的松弛试验过程中，硬岩 σ_2 和 σ_3 方向出现两种变形行为：①σ_1 应力降低时，由于泊松效应，σ_2 和 σ_3 方向变形回弹，产生收缩变形；②高 σ_1 使硬岩内部裂纹沿着 σ_2 和 σ_3 方向时效性张开，引起 σ_2 和 σ_3 方向产生膨胀变形[28]。高 σ_2 作用使 σ_2 方向裂纹张开受抑制，因此 σ_2 方向最终引起泊松效应产生的回弹收缩变形；硬岩松弛过程裂纹张开主要沿着应力较低的 σ_3 方向发生，导致 σ_3 方向裂纹张开产生的膨胀变形高于泊松效应引起的收缩变形，最终引起硬岩破坏时 σ_3 方向始终为膨胀变形。

图 5.4.17 为锦屏地下实验室二期白色大理岩真三轴松弛试验过程应力差($\sigma_1-\sigma_3$)、应变和时间曲线[22]。可以看出，当 $\sigma_2=\sigma_3$ 时，侧向应变 ε_2 和 ε_3 逐渐增加，且 ε_2 和 ε_3 的曲线几乎重合；当 $\sigma_2>\sigma_3$ 时，侧向应变 ε_2 和 ε_3 不重合，且 σ_3 方向时效变形显著高于 σ_2 方向时效变形。因此，真三轴松弛下，硬岩 σ_2 和 σ_3 方向的时效变形差异性取决于 σ_2 和 σ_3 的差值。

图 5.4.18 为 ε_1 = 0.0046 时锦屏地下实验室二期白色大理岩真三轴松弛试验过程 σ_2 和 σ_3 方向应变-时间曲线[22]。可以看出，随着 σ_2 的增加，σ_3 方向时效变形始终处于膨胀状态，而 σ_2 方向时效变形逐渐由膨胀状态(σ_2 = 50MPa)向压缩状态(σ_2 = 120MPa 和 150MPa)转化。

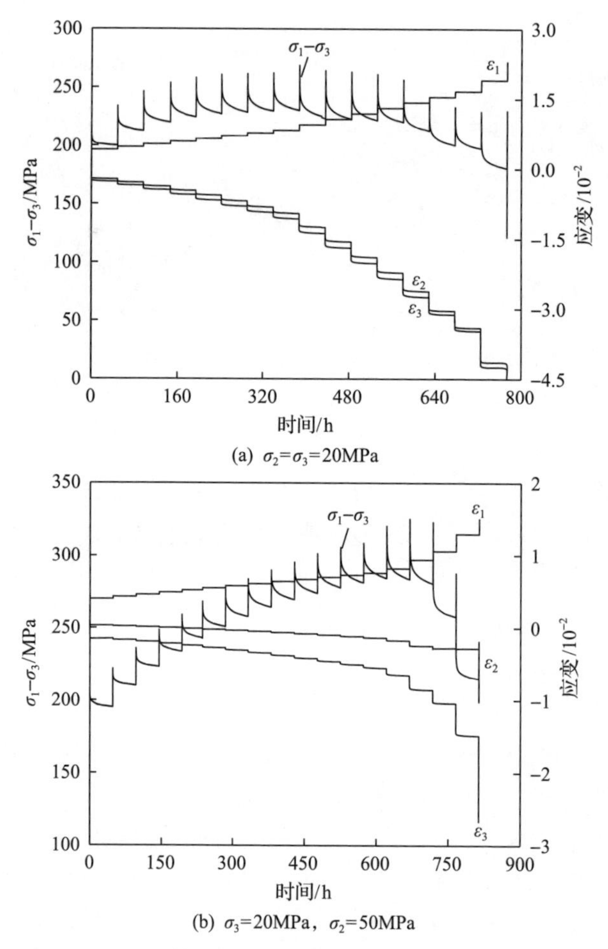

(a) $\sigma_2=\sigma_3=20\text{MPa}$

(b) $\sigma_3=20\text{MPa}$，$\sigma_2=50\text{MPa}$

图 5.4.17　锦屏地下实验室二期白色大理岩真三轴松弛试验过程应力差($\sigma_1-\sigma_3$)、应变和时间曲线[22]

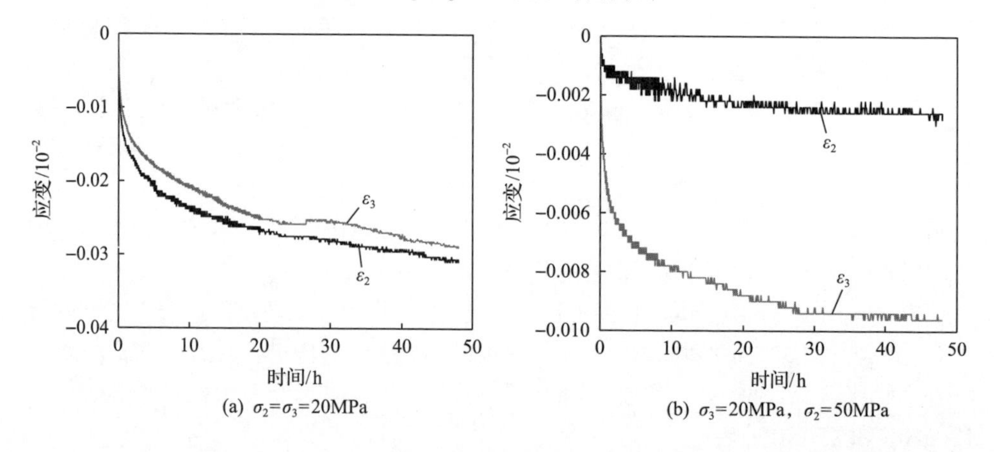

(a) $\sigma_2=\sigma_3=20\text{MPa}$

(b) $\sigma_3=20\text{MPa}$，$\sigma_2=50\text{MPa}$

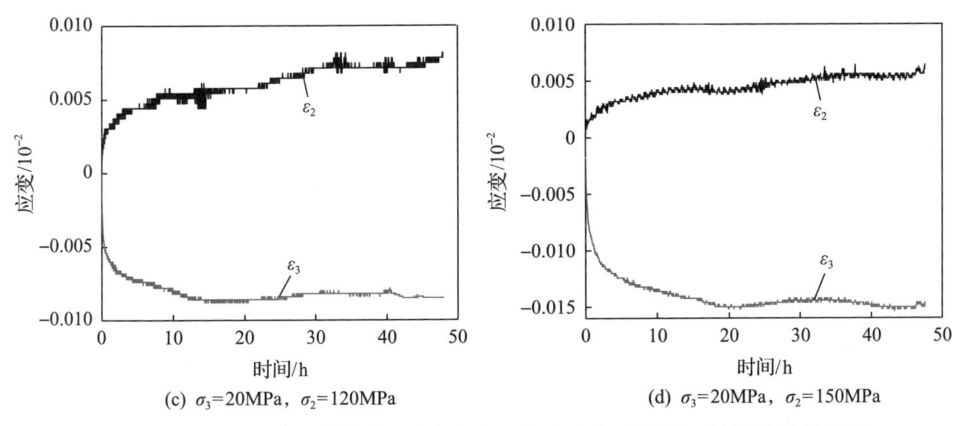

图 5.4.18　ε_1=0.0046 时锦屏地下实验室二期白色大理岩真三轴松弛试验过程 σ_2 和 σ_3 方向应变-时间曲线[22]

当 ε_1 加载至恒定值时，随时间的增加，σ_1 方向发生应力降低。基于泊松效应，σ_1 降低使 σ_3 和 σ_2 方向回弹的弹性变形为

$$\varepsilon_{2\mathrm{s}} = \frac{\nu_{12}\Delta\sigma_1^{\mathrm{re}}}{E} \tag{5.4.5}$$

$$\varepsilon_{3\mathrm{s}} = \frac{\nu_{13}\Delta\sigma_1^{\mathrm{re}}}{E} \tag{5.4.6}$$

式中，ν_{12} 和 ν_{13} 分别为对应 σ_3 和 σ_2 条件下锦屏地下实验室二期白色大理岩 σ_2 和 σ_3 方向的泊松比，通过计算应力-应变曲线弹性段侧向变形与轴向变形增量比值获得；$\Delta\sigma_1^{\mathrm{re}}$ 为最大主应力松弛过程降低量值。

随着 σ_1 增加，硬岩内部裂纹非稳定扩展，弹性模量会因此改变。为了准确地获得杨氏模量，通过计算每级应变加载时应力增量和应变增量的比值确定每级松弛试验时杨氏模量大小。

高应力长时间作用使硬岩时效破裂导致的不可恢复塑性变形为

$$\varepsilon_i^{\mathrm{p}} = \Delta\varepsilon_i - \varepsilon_{i\mathrm{s}} \tag{5.4.7}$$

式中，$\varepsilon_i^{\mathrm{p}}$ 为 σ_i 方向应力松弛过程硬岩产生的不可恢复塑性变形，i=2 或 3。

当 $\varepsilon_i^{\mathrm{p}}$ 接近 0 时，轴向应力松弛产生的侧向时效变形均为弹性变形；当 $\varepsilon_i^{\mathrm{p}} < 0$ 时，轴向应力松弛除使侧向弹性变形回弹外，还使硬岩产生不可恢复的黏塑性变形。

图 5.4.19 为 ε_1=0.0046 时锦屏地下实验室二期白色大理岩真三轴松弛试验过程 σ_2 和 σ_3 方向的不可恢复塑性变形[22]。当 σ_2=σ_3=20MPa 时，$\varepsilon_2^{\mathrm{p}}$ 和 $\varepsilon_3^{\mathrm{p}}$ 几乎同步随着应变的增加而降低。这说明对于完整锦屏地下实验室二期白色大理岩，随着 σ_1 的

增加，松弛试验引起的不可恢复塑性变形增加，σ_2 和 σ_3 方向产生的不可恢复塑性变形表现为各向同性的特征。当 σ_3=20MPa、σ_2=50MPa 时，$\varepsilon_2^{\mathrm{p}}$ 和 $\varepsilon_3^{\mathrm{p}}$ 不再重合，表现出明显的差异性。随着 σ_2 的增加，$\varepsilon_3^{\mathrm{p}}$ 始终小于 0。随着 ε_1 的增加，$\varepsilon_3^{\mathrm{p}}$ 向负的方向量值增加，说明 σ_3 方向不可逆塑性变形由于 σ_1 的增加逐渐增加。这个结论与 σ_2=σ_3 下 $\varepsilon_3^{\mathrm{p}}$ 的变化规律相似。但是，$\varepsilon_2^{\mathrm{p}}$ 变化相对较小，随着轴向应变的增加，$\varepsilon_2^{\mathrm{p}}$ 向负的方向量值增加特征不是很明显，此时硬岩松弛引起的不可恢复塑性变形主要沿着 σ_3 方向发生。当 σ_3=20MPa、σ_2=120MPa 和 150MPa 时，$\varepsilon_3^{\mathrm{p}}$ 始终小于 0，而且随着 ε_1 的增加，$\varepsilon_3^{\mathrm{p}}$ 向负的方向量值逐渐增加。但是 $\varepsilon_2^{\mathrm{p}}$ 是始终在 0 值附近变化，σ_2 方向由于应力松弛引起的不可恢复塑性变形几乎为 0。

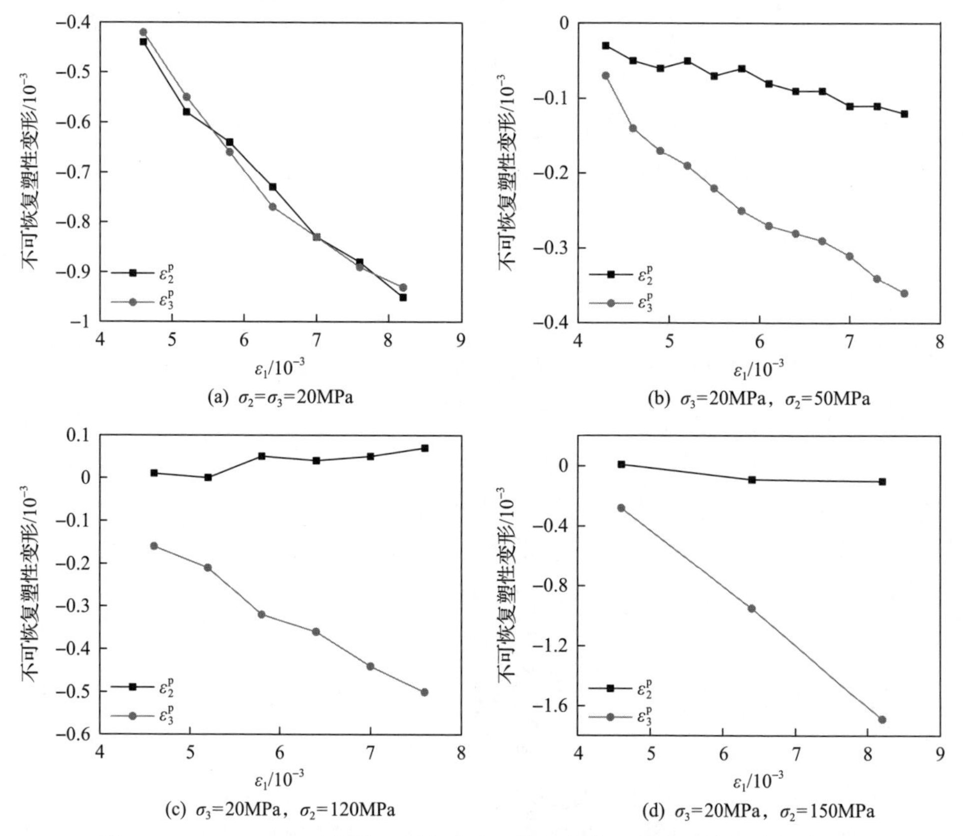

图 5.4.19 ε_1=0.0046 时锦屏地下实验室二期白色大理岩真三轴松弛试验过程 σ_2 和 σ_3 方向的不可恢复塑性变形[22]

2. 初始破裂程度对深部硬岩抗应力松弛能力的影响

为了定量比较应力水平对应力松弛量的影响，定义应力松弛度 S_{r}，即

$$S_r = \frac{\sigma_{1b} - \sigma_{1e}}{\sigma_{1b}} \tag{5.4.8}$$

式中，σ_{1b}和σ_{1e}分别为每一级真三轴松弛试验开始时和结束时轴向应力水平。S_r越高，代表硬岩抗松弛能力越弱。

图 5.4.20 为锦屏地下实验室二期白色大理岩真三轴松弛试验的起始应力 σ_{1b}、结束应力 σ_{1e} 和应力松弛度[22]。峰前阶段，随着ε_1 的增加，每级松弛试验过程 σ_1 的应力起点和终点均逐级增加。随着松弛起点 σ_1 应力水平的增加，松弛度也表现为增长的趋势。峰后阶段，随着ε_1 的增加，试样破坏程度逐渐加剧，使得松弛起点 σ_1 的应力水平和松弛终点 σ_1 的应力水平均降低。虽然峰后松弛起点 σ_1 的应力水平随着ε_1 的增加而降低，但是峰后松弛度并未出现明显的持续下降特征，相对于峰前阶段始终维持在较高的水平。

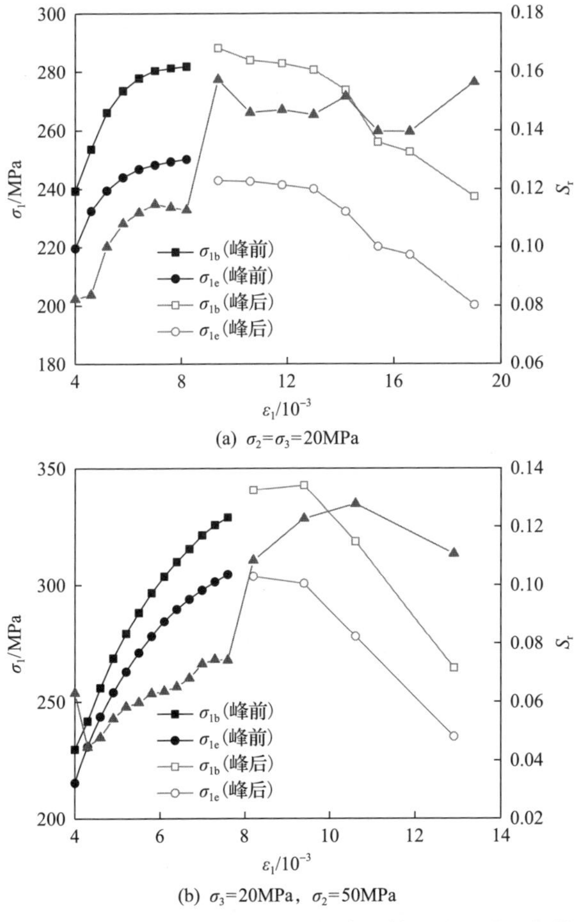

图 5.4.20　锦屏地下实验室二期白色大理岩真三轴松弛试验的起始应力 σ_{1b}、结束应力 σ_{1e} 和应力松弛度[22]

峰后试样松弛度明显高于峰前试样松弛度。即使峰前松弛起点 σ_1 的应力水平高于峰后松弛起点 σ_1 的应力水平，峰后松弛度仍然高于峰前松弛度。以 σ_3=20MPa、σ_2=50MPa 为例，峰前 ε_1=0.0049 时的松弛起始应力 σ_{1b}=268.64MPa，峰后 ε_1=0.0129 时的松弛起始应力 σ_{1b}=264.42MPa。虽然两种情况下松弛起点 σ_1 的应力水平相近，但是峰后的应力松弛度(S_r=0.11)明显高于峰前的应力松弛度(S_r=0.05)。

峰前阶段，试样内部虽然随着轴向应变 ε_1 的增加损伤逐渐累积，但仍未出现明显的失稳破坏。这个阶段，轴向应变 ε_1 的增加直接导致 σ_1 逐渐增大。σ_1 越大越有利于试样内部裂纹时效扩展，使塑性变形增加。恒定轴向应变 ε_1 的弹性变形大量转化成塑性变形，导致应力松弛度增加。峰后阶段，试样内部裂纹充分发育，且产生宏观破坏。较低 σ_1 也可以使试样发生明显的时效破裂行为，这些时效开裂大部分转化成塑性变形，使 σ_1 大幅度降低，导致峰后破裂试样的松弛度明显高于峰前各个应力水平。破裂硬岩的抗松弛能力显著低于完整硬岩。

5.5 深部硬岩剪切特性

深部岩体内部存在不同程度的原生裂隙、硬性结构面和硬岩受压所产生的破裂等影响工程稳定性的结构缺陷。深部岩体开挖后，在剪应力的作用下，这些结构缺陷位错滑移，产生不同类型的工程灾害。深部岩体处于真三向应力状态，在研究深部岩体及其结构剪切特性时，除考虑剪应力和法向应力外，还应考虑侧向应力的作用。因此，有必要进行硬岩真三轴单面剪切试验，揭示真三向应力下深部硬岩剪切的强度、破裂、变形、能量特性。为此，针对典型完整硬岩和含结构面硬岩试样，采用高压真三轴硬岩单面剪切试验装置，开展不同应力水平下的剪切试验，讨论三向应力对硬岩剪切破裂过程和破裂机理的影响。

5.5.1 深部完整硬岩剪切特性

深部完整硬岩真三轴单面剪切试验所用试样为取自某深埋隧道的完整中粒角闪黑云花岗岩、云南砂岩和锦屏地下实验室二期灰色大理岩。岩石试样均加工成 70mm×70mm×70mm 的正方体试样，端面磨削时控制其垂直度公差在 0.025mm 以内，端面光洁度为 1.6。中粒角闪黑云花岗岩矿物成分为石英(30.7%)、长石(21.8%)、斜长石(36.8%)、黑云母(8.3%)、黏土矿物(2.4%)，云南砂岩矿物成分为石英(73.5%)、钾长石(16.5%)、铁白云石(5.3%)，锦屏地下实验室二期灰色大理岩矿物成分为白云石(89.1%)和方解石(10.9%)。试验过程及步骤见 4.5 节，高压真三轴硬岩单面剪切试验方案如表 5.5.1 所示。

表 5.5.1　高压真三轴硬岩单面剪切试验方案

试样类型	编号	密度/(g/cm^3)	波速/(m/s)	法向应力 σ_n/MPa	侧向应力 σ_{la}/MPa	应力路径
云南砂岩	IS1	2.23	2383	30	0	单级加载
	IS2	2.20	2395	30	5	
	IS3	2.22	2428	30	10	
	IS4	2.16	2404	30	20	
	IS5	2.17	2169	20	0	
	IS6	2.16	2161	20	10	
	IS7	2.16	2195	20	20	
	IS8	2.16	2189	10	0	
	IS9	2.16	2251	10	5	
某深埋隧道中粒角闪黑云花岗岩	IG1	2.64	4207	30	0	单级加载
	IG2	2.63	4137	30	10	
	IG3	2.64	4235	50	0	
	IG4	2.64	3958	50	10	
	IG5	2.57	4026	50	30	
	IG6	2.63	4005	70	0	
	IG7	2.64	4120	70	10	
	IG8	2.66	4202	70	30	
	IG9	2.63	4050	90	0	
	IG10	2.64	3995	90	10	
	IG11	2.65	4095	90	30	
锦屏地下实验室二期灰色大理岩	JP1	2.82	4301	30	0→10→20	多级加载
	JP2	2.81	4260	40	0→10→20	
	JP3	2.83	1258	65	0→10→20	

1. 侧向应力对完整硬岩峰值剪切强度的增强作用

硬岩峰值剪切强度是岩石承载剪应力的极限值，可为工程现场支护参数的设计提供重要参考。真三轴压缩下完整硬岩峰值剪切强度如图 5.5.1 所示。可以看出，在试验应力范围内，砂岩和花岗岩试样的峰值剪切强度随侧向应力的增加而增加。由于大理岩试样具有较好的均质性，对其进行了增侧向应力的多级直剪试验以验证侧向应力对剪切强度的影响。对于灰色大理岩试样，侧向应力会强化试样的剪切强度，但其增幅随着侧向应力的增加而逐渐降低，这与真三轴压缩试验中的中间主应力效应类似。对试验数据采用深部硬岩三维破坏准则(详见 6.1 节)进行拟合，可以发现随着侧向应力的增加，大理岩试样的黏聚力增加，而内摩擦角轻微降低。这说明侧向应力的施加对试样起到压密作用，提高了硬岩的抗剪断能力，而硬岩的抗剪强度又主要取决于胶结颗粒间的抗剪断能力和摩擦能力，所以导致其剪切强度增加。

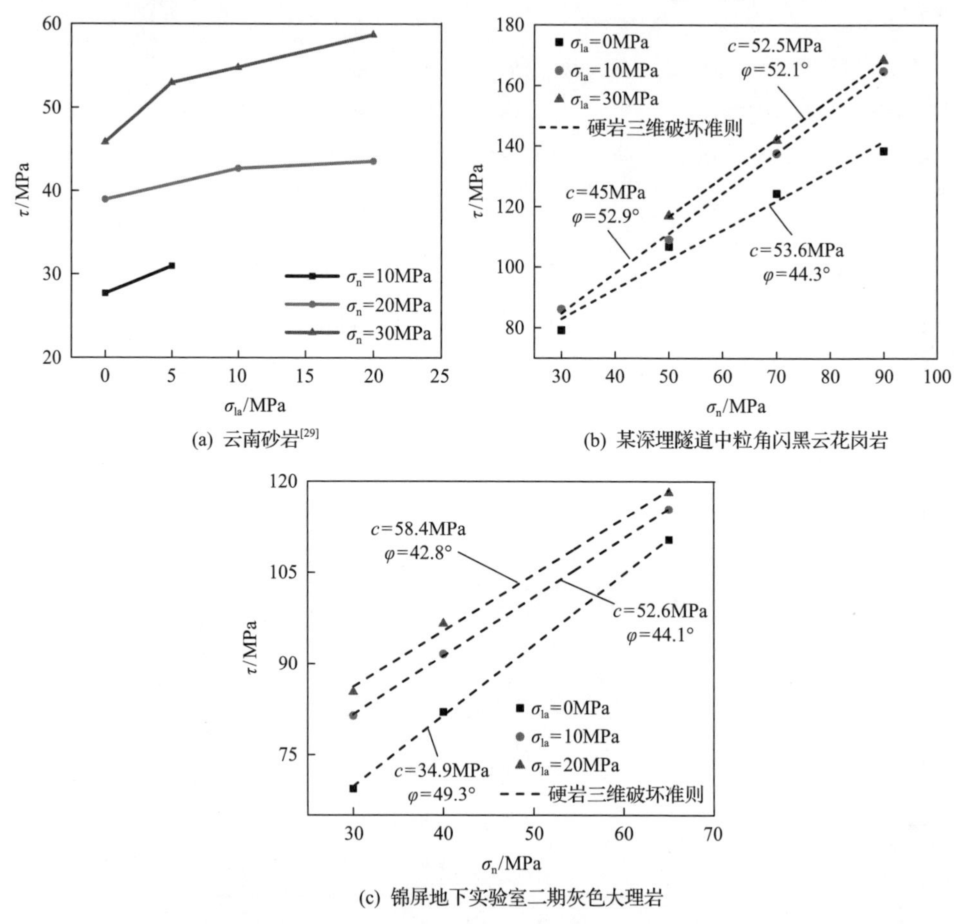

图 5.5.1　真三轴压缩下完整硬岩峰值剪切强度

2. 侧向应力对完整硬岩剪切破裂特性的影响

图 5.5.2 为法向应力σ_n=30MPa 和不同侧向应力作用下云南砂岩试样的剪切破坏图。图 5.5.3 为不同法向应力和侧向应力作用下某深埋隧道中粒角闪黑云花岗岩试样的剪切破坏图。可以看出，侧向应力对试样宏观剪切破坏模式具有很大的影响。不施加侧向应力时，试样侧向临空面会在剪切面附近出现掉块和剥落，并且临空面附近的剪切面起伏较大。另外，从花岗岩试样的破坏图(见图 5.5.3)可以

看出，随着法向应力的增加，侧向剥落的面积逐渐增加，侧向剥落会减少有效剪切面积，从而导致试样的剪切强度降低。随着侧向应力的增加，侧面剥落面积逐渐减小，剪切面越来越平缓。

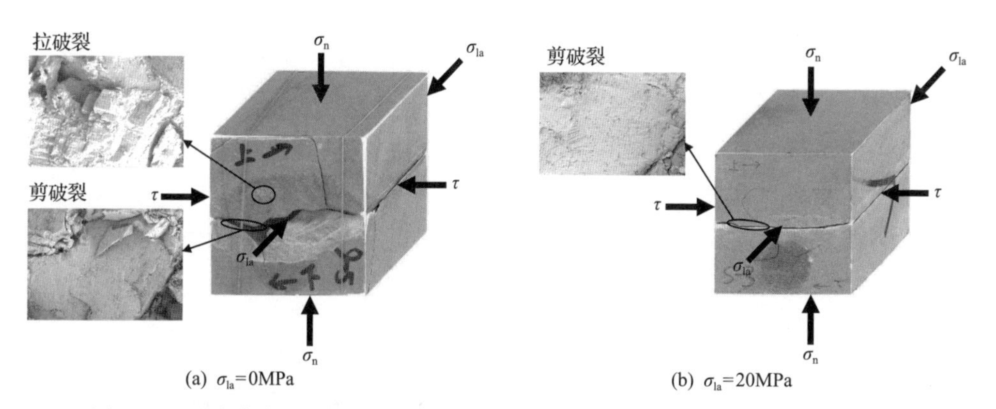

图 5.5.2　法向应力 σ_n=30MPa 和不同侧向应力作用下云南砂岩试样的剪切破坏图

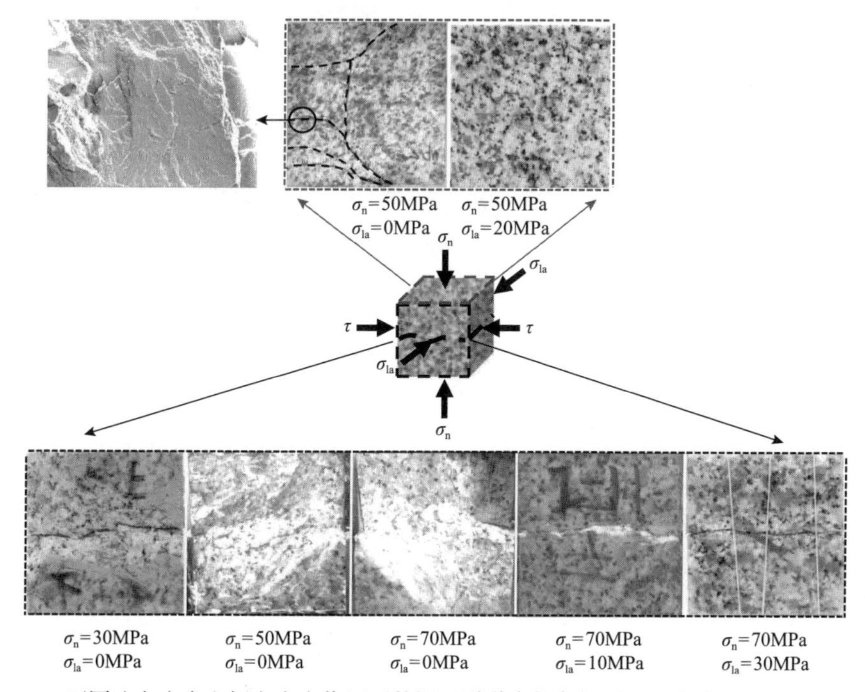

图 5.5.3　不同法向应力和侧向应力作用下某深埋隧道中粒角闪黑云花岗岩试样的剪切破坏图

图 5.5.4 为真三轴压缩下锦屏地下实验室二期灰色大理岩试样在不同应力条件下的剪切破坏图。可以看出，随着 σ_n 的增加，完整大理岩的侧向剥落深度逐渐增加。当法向应力为 40MPa 时，只有一小部分剥落在临空面附近形成，而当法向应

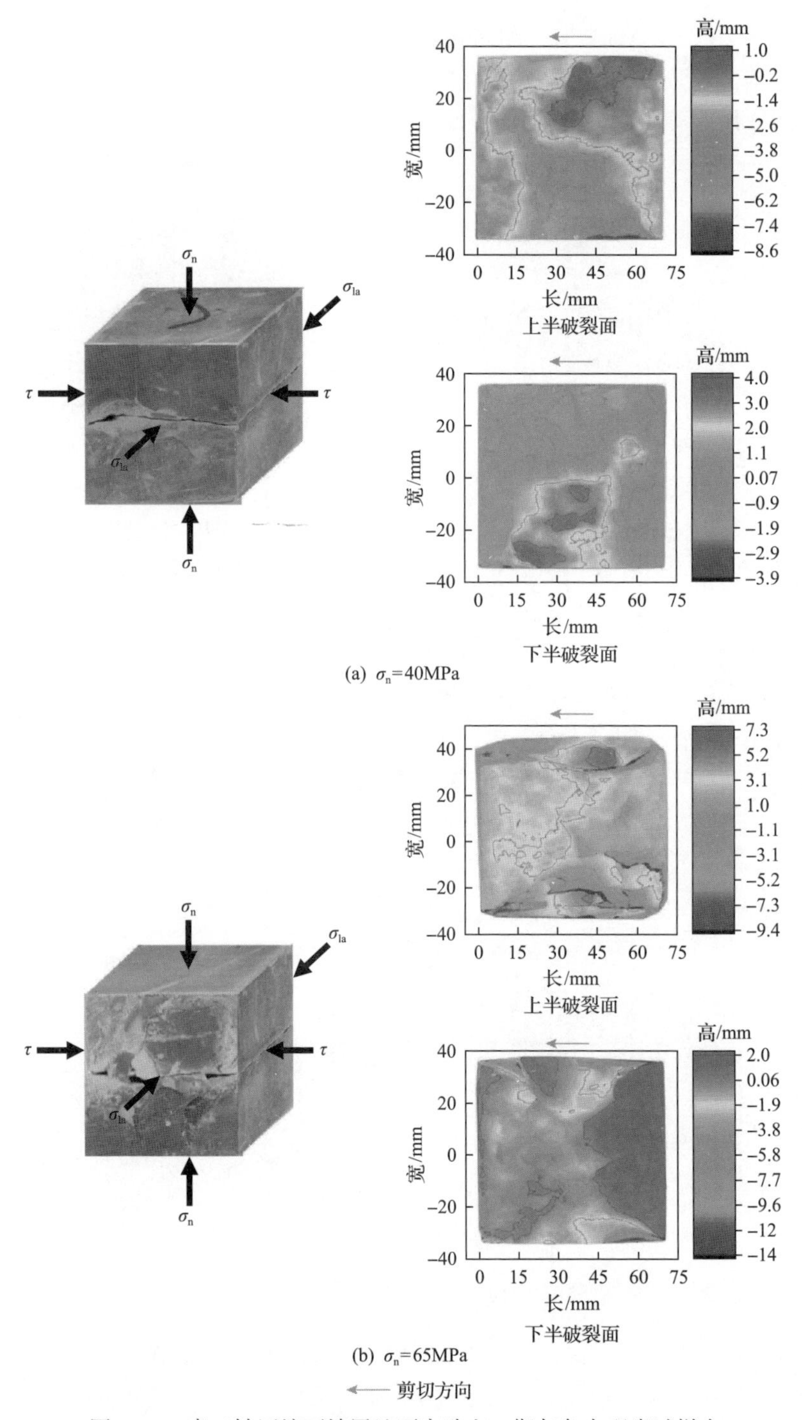

图 5.5.4　真三轴压缩下锦屏地下实验室二期灰色大理岩试样在不同应力条件下的剪切破坏图(见彩图)

力增加到 65MPa 时，大理岩试样的上剪切面产生了很多垂直于 σ_{la} 方向的破裂，并从临空面逐渐扩展到试样内部。由于大理岩产生了侧向劈裂和剥落，最终上下剪切破裂面仅剩 60%左右的面积相互接触，结构面粗糙度 JRC 计算仅考虑了长度为 70mm、宽度为 40mm 的破坏面中部。两种应力条件下，沿大理岩最终破坏面剪切方向的 JRC 分别为 7.5 和 5，沿侧向的 JRC 分别为 8.7 和 5.4。

剪切面在预剪面附近呈一定的起伏分布，这是由于试样的非均质性，剪切裂纹沿着试样矿物颗粒间的软弱区域发展，形成穿晶破坏与绕晶破坏，但受沿着预剪面的剪应力影响，主裂纹始终沿预剪面附近发展，最终形成沿预剪面的起伏分布。从破坏模式分析，不施加侧向应力时，受剪应力和法向应力的协同影响，试样的侧向膨胀变形较大，容易产生平行于剪应力和法向应力所在平面的破裂面，这会造成上下剪切破裂面产生“互嵌现象”，这种裂纹的产生会降低试样的抗剪断能力，从而降低试样的剪切强度。施加侧向应力后，试样的侧向变形受到限制，抑制了平行于剪应力和法向应力所在平面的破裂面发育，增强了剪切面附近岩石的完整性，从而使剪切断裂面与预定剪切面的重复度增加，增强了岩石的剪切强度。

3. 不同法向应力和侧向应力作用下完整硬岩的剪切变形特性

图 5.5.5 为不同法向应力和侧向应力作用下云南砂岩剪应力-位移曲线[23]。选取砂岩试样在 30MPa 法向应力下的剪切试验结果进行分析，可以看出，施加侧向应力后，剪切刚度增加，剪应力-剪切位移曲线总体趋势与不施加侧向应力时相似，但应变软化阶段曲线的波动变小，不施加侧向应力时，峰后剪应力-剪切位移曲线

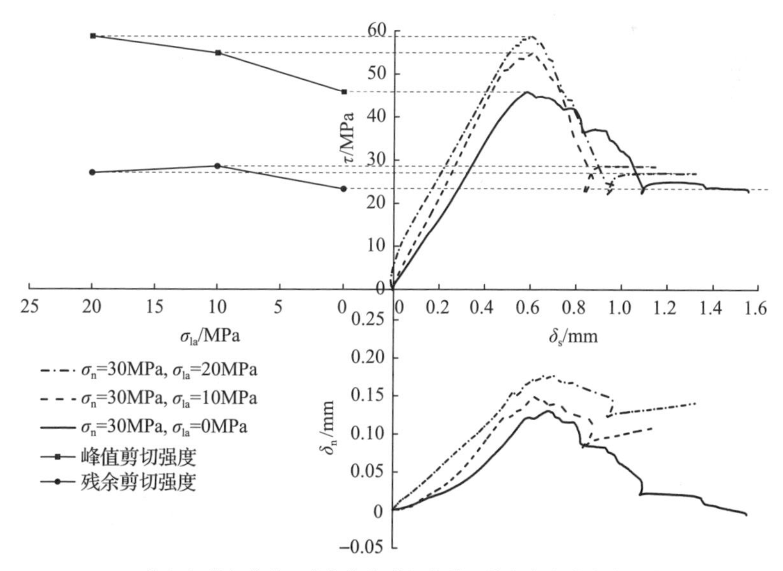

(a) 剪应力-剪切位移、法向位移-剪切位移及剪应力-侧向应力曲线

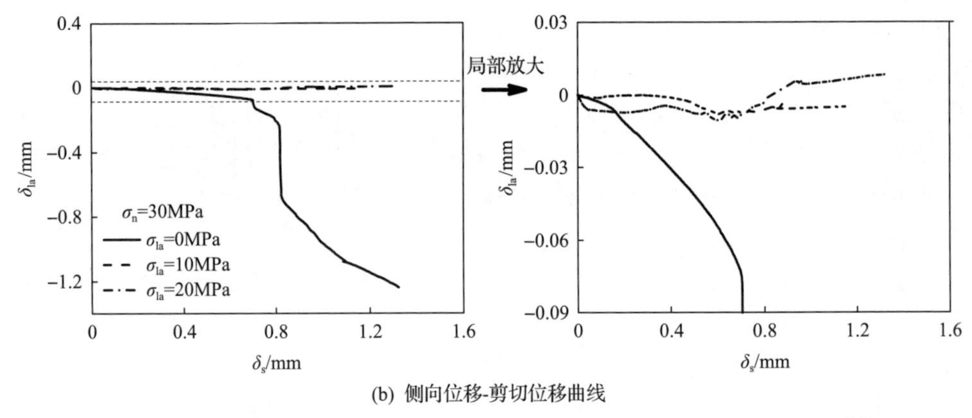

(b) 侧向位移-剪切位移曲线

图 5.5.5　不同法向应力和侧向应力作用下云南砂岩剪应力-剪切位移曲线[23]

呈台阶形下降至残余强度；施加侧向应力后，试样在峰后会出现应力突降(裂纹贯通)。由于试验采用试样为完整致密砂岩试样，其剪缩现象不明显；施加侧向应力后，砂岩试样的法向变形增加，可知在定法向刚度条件下，侧向应力的影响会更加明显。在应变软化阶段，不同侧向应力的试样均发生剪缩现象；在残余变形阶段，不施加侧向应力的试样一直发生剪缩，而施加侧向应力的试样发生缓慢剪胀。侧向位移-剪切位移曲线中侧向压缩变形设为正，膨胀变形设为负。施加侧向应力后，砂岩试样的侧向变形受抑制。不施加侧向应力时，试样侧向一直发生膨胀变形，试样剪断后，侧向变形会出现突增；施加侧向应力后，试样侧向变形较平缓，应变软化阶段侧向均发生压缩。

图 5.5.6 为不同法向应力和侧向应力作用下中粒角闪黑云花岗岩剪应力-剪切

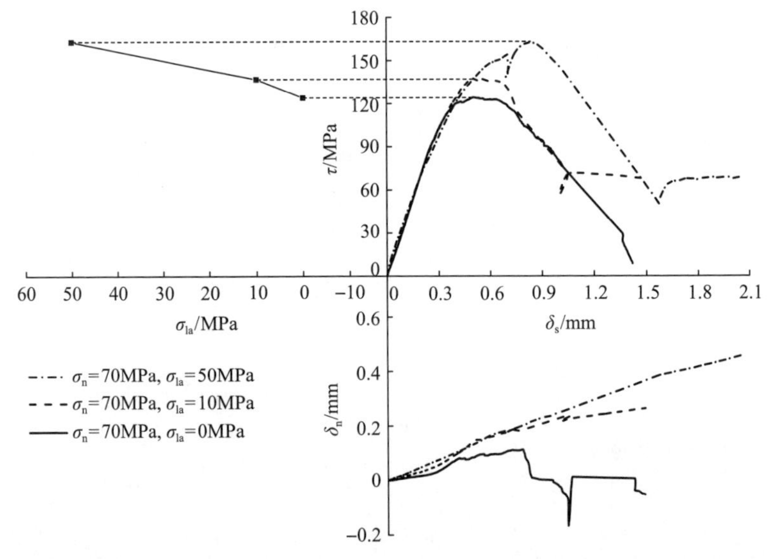

图 5.5.6　不同法向应力和侧向应力作用下中粒角闪黑云花岗岩剪应力-剪切位移曲线

位移曲线。可以看出，其变形规律与云南砂岩类似，但是不同于云南砂岩峰后呈现阶段性跌落的软化特征，中粒角闪黑云花岗岩峰后呈现一次性脆断特征。这是因为中粒角闪黑云花岗岩的脆性比云南砂岩要强，并且其强度更高，剪切过程中积聚的能量也更高，剪切试验裂纹完全贯通时容易发生突然的脆性破坏。

图 5.5.7 为真三轴压缩下锦屏地下实验室二期灰色大理岩试样剪切变形曲线。可以看出，锦屏地下实验室二期灰色大理岩试样峰后也呈现阶段性跌落的软化特征，并且其阶段性跌落特征比云南砂岩更为明显，这是由于大理岩试样矿物颗粒自形程度较高并且粒度差异较小，剪切面首先主要由沿晶裂纹贯穿形成，之后又进行了部分凸台剪断破裂，所以峰后呈现明显的阶段性跌落软化特征。

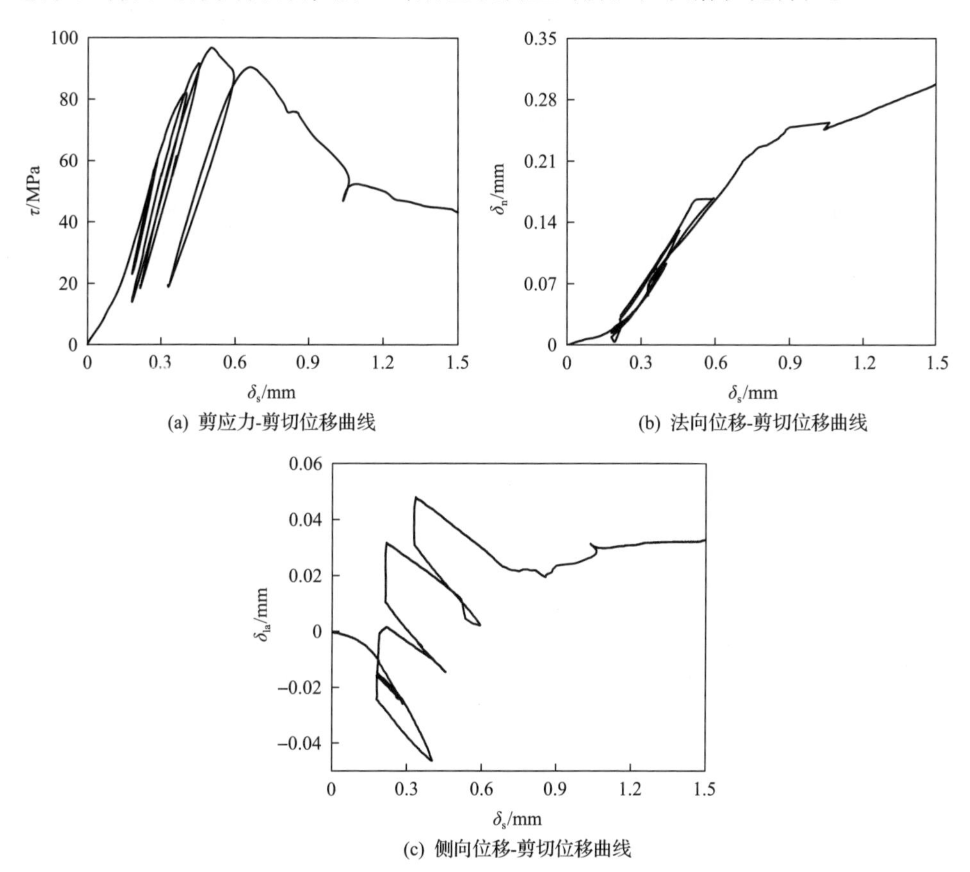

(a) 剪应力-剪切位移曲线　(b) 法向位移-剪切位移曲线

(c) 侧向位移-剪切位移曲线

图 5.5.7　真三轴压缩下锦屏地下实验室二期灰色大理岩试样剪切变形曲线

图 5.5.8 为不同法向应力作用下云南砂岩剪切刚度、峰值剪胀角及峰值侧向位移随侧向应力的变化。图 5.5.9 为真三轴压缩下中粒角闪黑云花岗岩剪切刚度、峰值剪胀角随侧向应力的变化。可以看出，侧向应力会增大试样的剪切刚度并降低试样的峰值剪胀角。

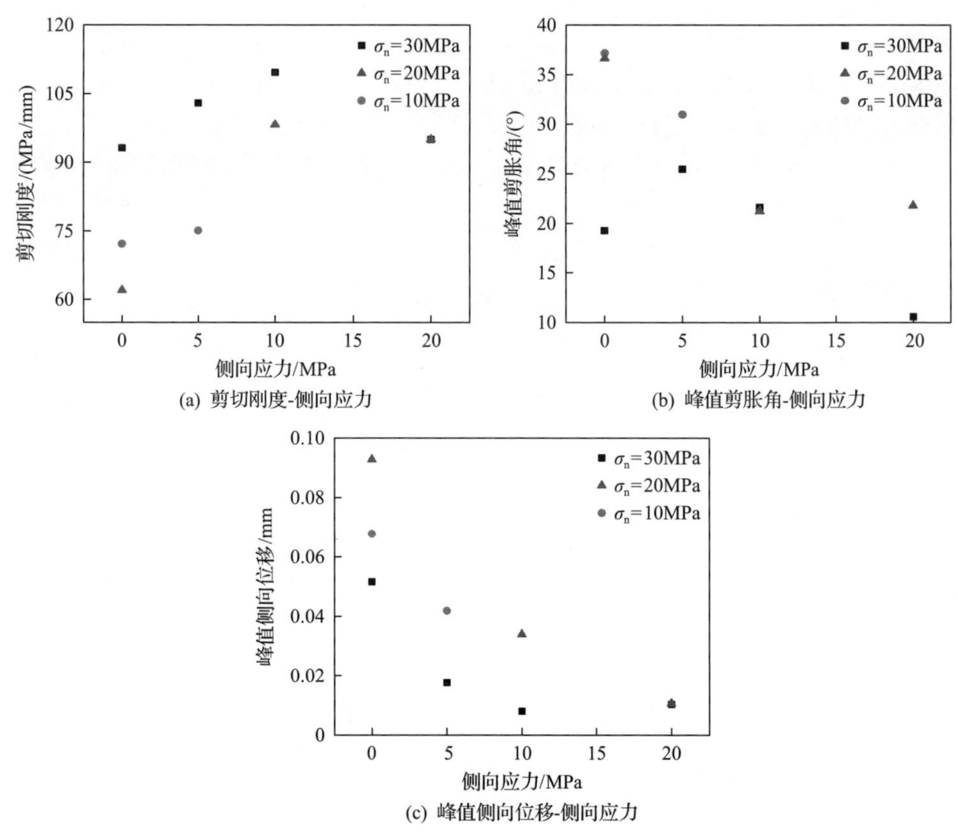

(a) 剪切刚度-侧向应力　　(b) 峰值剪胀角-侧向应力

(c) 峰值侧向位移-侧向应力

图 5.5.8　不同法向应力作用下云南砂岩剪切刚度、峰值剪胀角及峰值侧向位移随侧向应力的变化

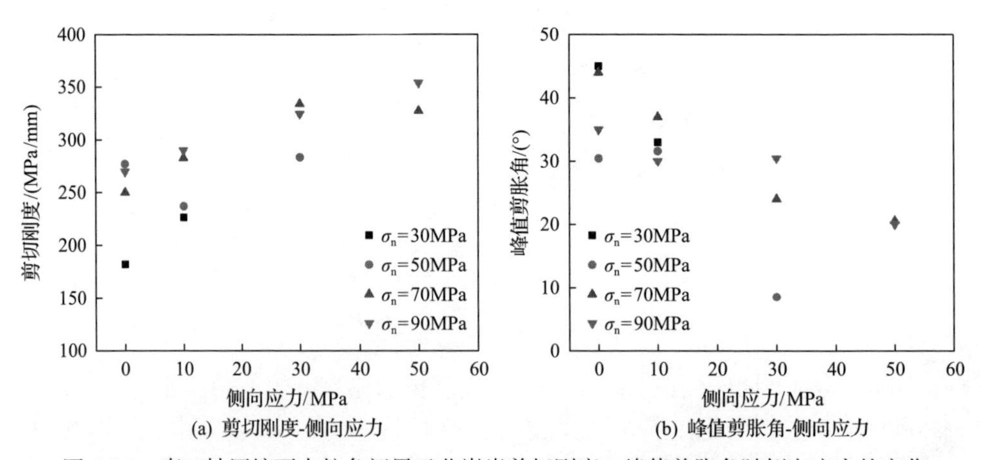

(a) 剪切刚度-侧向应力　　(b) 峰值剪胀角-侧向应力

图 5.5.9　真三轴压缩下中粒角闪黑云花岗岩剪切刚度、峰值剪胀角随侧向应力的变化

5.5.2　深部绿泥石化硬性结构面剪切特性

图 5.5.10 为某深埋隧道含绿泥石化硬性结构面花岗岩试样及结构面成分。其取自某隧道施工现场，主要矿物成分及含量分别为石英 40%、长石 45%、云母+绿泥石 10%、碳酸盐矿物 5%。结构面由绿泥石化形成，远离绿色结构面部分几乎未发生蚀变；黑云母多发生绿泥石化，黑云母+绿泥石的含量约 6%，结构面部位的黑云母几乎蚀变为白云母；碳酸盐矿物仅位于结构面处，主要分布在长石内部或者长石与长石或石英接触界面上，石英之间未见碳酸盐。

图 5.5.10　某深埋隧道含绿泥石化硬性结构面花岗岩试样及结构面成分(见彩图)

1. 绿泥石化硬性结构面峰值剪切强度特性

图 5.5.11 为真三轴压缩下不同结构面花岗岩峰值剪切强度对比。可以看出，从剪断试样到含绿泥石化硬性结构面试样，再到完整硬岩试样，侧向应力对试样摩擦能力的提升越来越小，其中侧向应力对剪断试样剪切强度几乎没有增强作用。这是由于侧向应力主要影响试样的黏聚力，剪断后试样分为两部分，再施加侧向应力不会影响到试样的黏聚力，绿泥石化硬性结构面的黏聚力要小于完整硬岩的黏聚力。

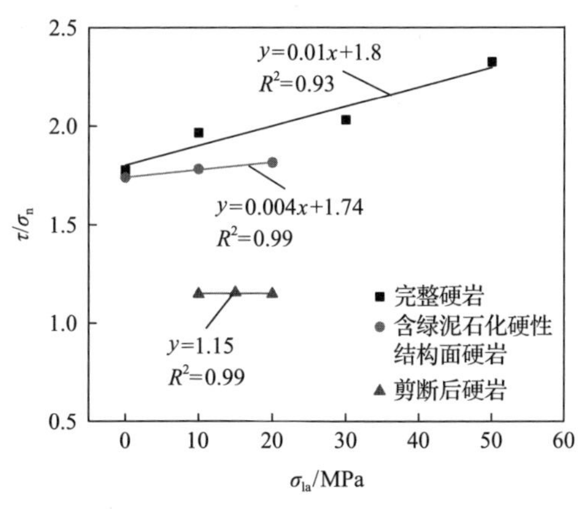

图 5.5.11　真三轴压缩下不同结构面花岗岩峰值剪切强度对比

2. 侧向应力对绿泥石化硬性结构面花岗岩破坏的影响

图 5.5.12 为不同试验类型下含绿泥石化硬性结构面花岗岩残余强度对比。试验中，侧向应力垂直于法向应力和水平剪应力所在平面，并与剪切面平行。真三轴试验的中间主应力垂直于最大主应力和最小主应力所在平面，并与破裂面平行，侧向应力对剪切强度的影响与中间主应力对压缩强度的影响类似。为了验证侧向应力的弱化作用，对硬岩进行了残余阶段增中间主应力的多级加载试验。中间主应力对完整硬岩的压缩强度具有明显的增强作用，但在残余阶段，增加中间主应力后硬岩的压缩强度几乎不变，说明结构面对中间主应力效应也具有弱化作用，也证明了真三轴单面剪切试验结果的可靠性。

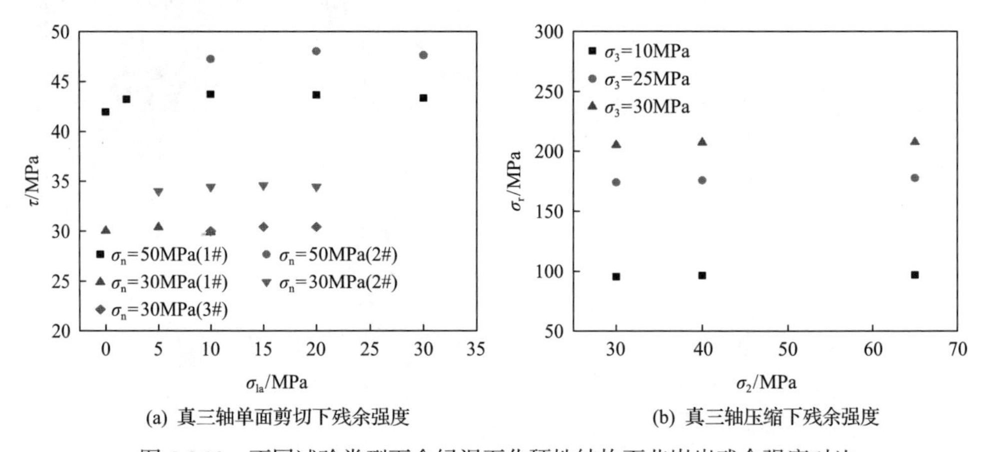

(a) 真三轴单面剪切下残余强度　　(b) 真三轴压缩下残余强度

图 5.5.12　不同试验类型下含绿泥石化硬性结构面花岗岩残余强度对比

图 5.5.13(a)为含绿泥石化硬性结构面花岗岩试样剪切试验中剪应力、声发射计数率及时间关系曲线。可以看出，最大声发射计数率均出现在峰值剪切强度位置，塑性变形阶段之前，累计声发射计数率大致呈线性增加，接近峰值应力处，累

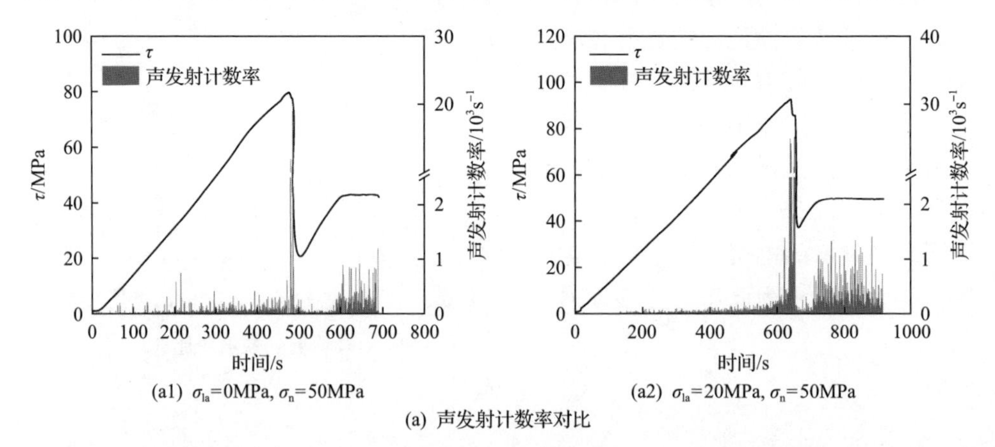

(a1) σ_{la}=0MPa, σ_n=50MPa　　(a2) σ_{la}=20MPa, σ_n=50MPa

(a) 声发射计数率对比

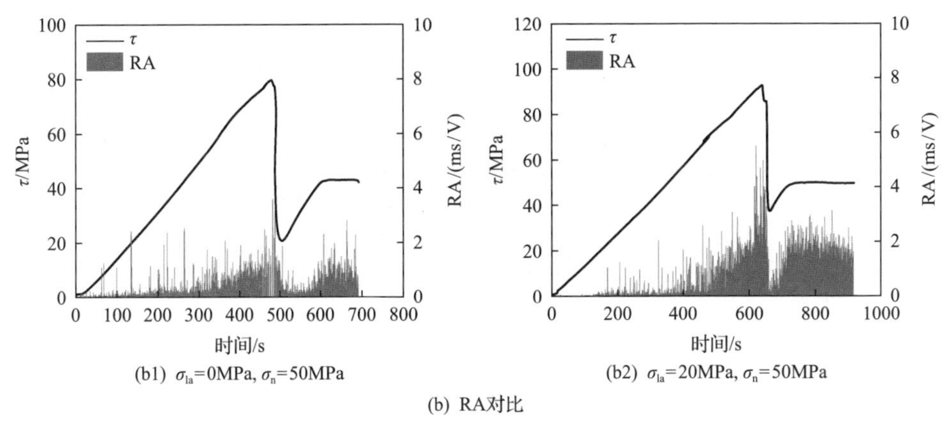

(b1) σ_{la}=0MPa, σ_n=50MPa　(b2) σ_{la}=20MPa, σ_n=50MPa

(b) RA对比

图 5.5.13　不同法向应力和侧向应力下含绿泥石化硬性结构面花岗岩真三轴单面剪切下声发射监测结果

计声发射计数率增加速度变快。由于施加侧向应力后剪切强度增加，其相应最大声发射计数率也随之增加。图 5.5.13(b)为两种应力状态下试样的 RA 参数(声发射上升时间与幅值的比值)与时间的关系。在破裂稳定扩展阶段，试样表现出拉剪混合破裂模式，其中裂纹的闭合和滑移致使产生较高 RA 值，微观裂纹的起裂导致 RA 值减小，整体来看，此时拉裂纹起主导地位。在破裂非稳定扩展阶段至峰值剪切强度阶段，由于内部损伤的加剧，微裂隙面发生摩擦，致使试样较短时间内产生剪切破裂或复合破裂，导致 RA 值迅速增大，其中 10MPa 侧向应力试样的 RA 值变化幅度高于 0MPa 侧向应力试样。

图 5.5.14 为法向应力 σ_n=50MPa 时不同侧向应力作用下含绿泥石化硬性结构面花岗岩试样剪切破坏图。可以看出，侧向应力对试样的剪切模式有很大影响。当不施加侧向应力时，试样在剪切面附近会发生碎裂和剥落。由微观结构图可知，侧

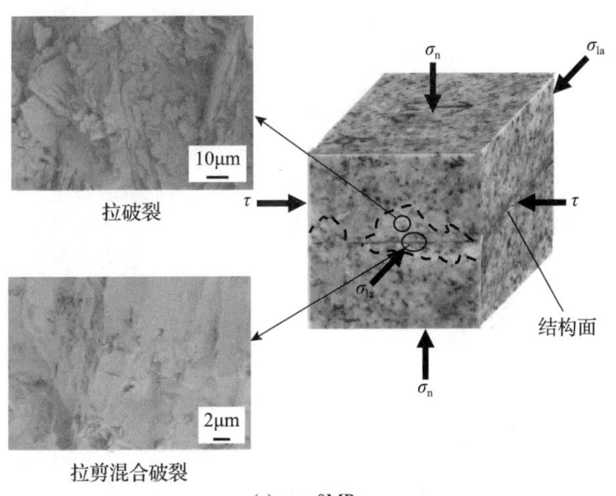

(a) σ_{la}=0MPa

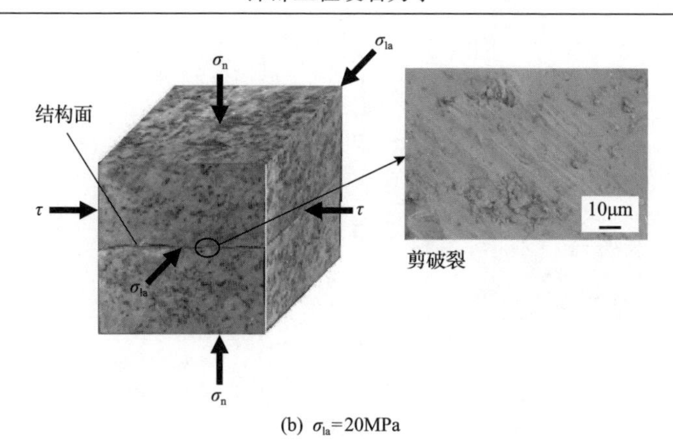

(b) σ_{la}=20MPa

图5.5.14　法向应力σ_n=50MPa时不同侧向应力作用下含绿泥石化硬性结构面花岗岩试样剪切破坏图

向剥落区主要为拉伸破裂，剪切破坏面主要为剪切破裂。结合声发射结果可知，施加侧向应力后，试样的侧向变形受到限制，抑制了试样侧向剥落破坏，使试样的拉破裂比例降低而剪破裂比例增加。

含硬性结构面硬岩的脆延性和强度特征与试样的破坏模式密切相关，当硬性结构面的倾角在60°附近时，岩石发生滑移破坏。这种情况下，试样的脆性最强，而强度最弱，硬性结构面对试样的承载能力是最为不利的。当工程现场存在倾角较大的硬性结构面时，中间主应力平行于硬性结构面走向，最小主应力较小，在开挖扰动下结构面可能会发生剪切破坏或剪切-张拉复合型破坏，从而诱发滑移型或剪切破裂型灾害。深部工程硬性结构面处于闭合状态，其内部无充填或含高强度微充填物，并具有一定的抗拉强度。岩体受硬性结构面控制发生剪切破裂，既涉及结构面凸台或结构面微充填物的剪断，又涉及完整岩体中的剪断破裂，剧烈程度要高于张开结构面(抗拉强度小于或等于 0MPa)所诱发的剪切滑移型灾害。对于剪切破坏导致的灾害，应以加强控制、抑制结构面滑移作为防控手段。

侧向应力会影响试样的黏聚力与内摩擦角，增强试样的抗剪强度。结构面被剪断前，在应力作用下不断积聚能量，能量的积聚水平与结构面的强度有关，强度越高，积累的能量越多，当外力足以克服结构面的剪切强度时，原来处于平衡状态的结构面瞬间被剪断，释放出能量，岩体发生震动，使处于洞壁开裂的岩板或岩块弹射抛出而诱发灾害。

5.6　深部硬岩力学特性的弱扰动效应

深部工程围岩除受高地应力及其开挖扰动应力(静应力)作用外，还会受到钻爆开挖、机械振动、岩爆、地震等产生的应力波动力扰动作用。相对于爆炸作用，这种动力扰动可以称为弱扰动效应。动力扰动有强弱之分，对深部硬岩力学特性的影响也会有明显差异。同一种动力扰动，对完整硬岩、不同破裂程度的硬岩、含硬性结构面硬岩等会产生不同的效果。硬岩的扰动破坏通常具有明显的时空滞后性，扰动灾害发生的位置和烈度具有更强的随机性。为此，以花岗岩为例，开展真三轴压缩弱扰动下的试验，研究深部硬岩力学特性的弱扰动效应。

5.6.1　深部硬岩力学特性的真三轴压缩 σ_1 方向弱扰动效应

对真三轴压缩下的花岗岩试样进行峰后 σ_1 方向动力扰动试验。通过力控制的模式以 0.5MPa/s 的速率将 σ_3、σ_2 和 σ_1 分别加载至 5MPa、20MPa、30MPa；保持 σ_3 和 σ_2 稳定，继续采用力控制模式以 0.5MPa/s 的速率加载 σ_1 到一定值后，转为变形控制(速率为 0.015mm/min)加载到峰后某一点，再采用力控制以 0.5MPa/s 的速率将 σ_1 降至 284MPa(峰值强度为 308MPa)；紧接着实施幅值 20MPa 和频率 500Hz 的 σ_1 方向弱扰动，直到试样破坏。试验结果如图 4.6.17 所示。从图 4.6.17(a)可以看出，动力扰动使试样强度降到 284MPa，扰动破坏时 σ_1 方向应变为扰动开始时应变的 1.53 倍，σ_2 方向应变为扰动开始时应变的 2.09 倍，σ_3 方向应变为扰动开始时应变的 2.56 倍。从图 4.6.17(c)可以看出，破裂面近似垂直于 σ_3 方向，说明扰动下的试样破裂方向与主应力方向依然存在相关性，花岗岩试样在真三向高应力下垂直于 σ_3 方向膨胀，导致破裂面近似垂直于 σ_3，试样宏观破裂模式以拉破裂为主。

5.6.2　深部硬岩力学特性的真三轴压缩 σ_3 方向弱扰动效应

对真三轴压缩下的花岗岩试样进行峰前 σ_3 方向动力扰动试验。通过力控制的模式以 0.5MPa/s 的速率将 σ_3、σ_2 和 σ_1 分别加载至 5MPa、20MPa、30MPa；保持 σ_3 和 σ_2 稳定，继续采用力控制模式以 0.5MPa/s 的速率加载 σ_1 到 288MPa；紧接着实施幅值 4MPa 和频率 20Hz 的 σ_3 方向弱扰动，直到试样破坏。试验结果如图 4.6.15 所示。从图 4.6.15(a)可以看出，动力扰动使试样强度降到 288MPa(该应力水平根据岩石强度确定)。从图 4.6.15(c)可以看出，扰动破坏时 σ_1 方向应变为扰动开始时应变的 1.64 倍，σ_2 方向应变为扰动开始时应变的 1.47 倍，σ_3 方向应变为扰动开始时应变的 7.94 倍。从图 4.6.15(d)可以看出，花岗岩试样扰动破坏导致原本未破坏的试样发生破坏，且扰动破坏下产生的裂纹多于无扰动破坏下产生的裂纹，试样宏观破裂模式以拉破裂为主。

对真三轴压缩下的花岗岩试样进行峰后 σ_3 方向动力扰动试验。首先通过力控制模式以 0.5MPa/s 的速率将 σ_3、σ_2 和 σ_1 分别加载至 5MPa、20MPa、30MPa；保持 σ_3 和 σ_2 稳定，继续采用力控制方式以 0.5MPa/s 的速率加载 σ_1 到峰后，σ_1 降至 293.4MPa；紧接着实施幅值 4MPa 和频率 20Hz 的 σ_3 方向弱扰动，直到试样破坏。试验结果如图 4.6.16 所示。从图 4.6.16(a)可以看出，动力扰动使试样强度降到

293.4MPa。从图 4.6.16(c)可以看出，扰动破坏时 σ_1 方向应变为扰动开始时应变的 1.46 倍，σ_2 方向应变为扰动开始时应变的 1.8 倍，σ_3 方向应变为扰动开始时应变的 4.03 倍。从图 4.6.16(d)可以看出，峰后扰动破坏下的岩石裂纹数量多于静态破坏下的裂纹数量，但少于峰前扰动破坏下的裂纹数量。试样宏观破裂模式以拉破裂为主。

对比峰后与峰前动力扰动试验结果可以看出，在相同静应力水平、扰动幅值和频率下，试样峰后开始受扰至破坏的时长明显小于峰前开始受扰至破坏的时长。说明扰动作用下，岩石在峰后比峰前更易破坏。由破坏模式可以看出，峰后破坏宏观裂纹数少于峰前破坏宏观裂纹数。

5.6.3 深部硬岩力学特性的真三轴压缩 σ_2 方向弱扰动效应

利用高压动真三轴岩石力学试验机[24]，采用某铁路隧道花岗岩试样(70mm×70mm×140mm)，开展深部硬岩力学特性弱扰动效应试验研究。σ_2 方向弱扰动硬岩真三轴压缩试验应力路径如图 5.6.1 所示[25]，当 σ_1 达到约 0.8 倍无扰动试样峰值强度后保持不变，沿 σ_2 方向施加幅值为 1.5MPa、频率为 20Hz 的正弦波动力扰动荷载 σ_d；如果试样破坏，则停止试验，否则将 σ_1 增大 5MPa，再施加动力扰动，如此循环直至试样破坏；σ_2 为 35MPa(根据某铁路隧道实测地应力确定)，并考虑不同 σ_3 对弱扰动效应的影响。花岗岩试样应力-应变曲线如图 5.6.2 所示[25]。

1. σ_2 方向弱扰动降低深部硬岩峰值强度

图 5.6.3 为 σ_2=35MPa、不同 σ_3、有无弱扰动作用下真三轴压缩花岗岩试样强度[25]。可以看出，有弱扰动下花岗岩试样峰值强度(σ_{pd})低于无弱扰动下花岗岩试样峰值强度(σ_p)，说明弱扰动会降低岩石峰值强度。随着 σ_3 的增大，σ_p 与 σ_{pd} 的差值明显增大。当 σ_3 较小时(0.5MPa)，σ_p 与 σ_{pd} 的差值约为 σ_p 的 4%；当 σ_3 较大

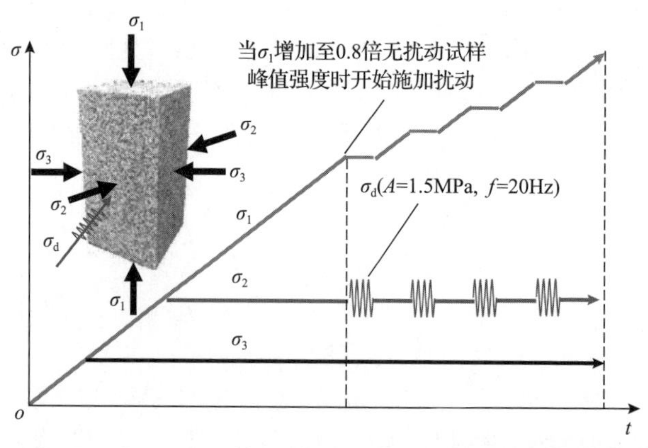

图 5.6.1　σ_2 方向弱扰动硬岩真三轴压缩试验应力路径[25]

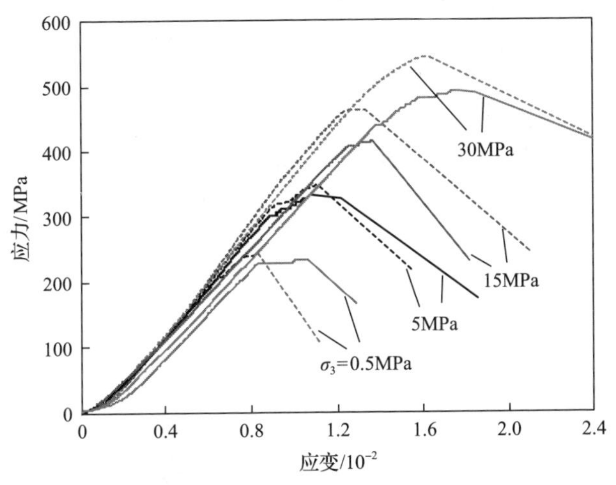

图 5.6.2　花岗岩试样应力-应变曲线[25]

图中虚线为无弱扰动试验结果，实线为有弱扰动试验结果

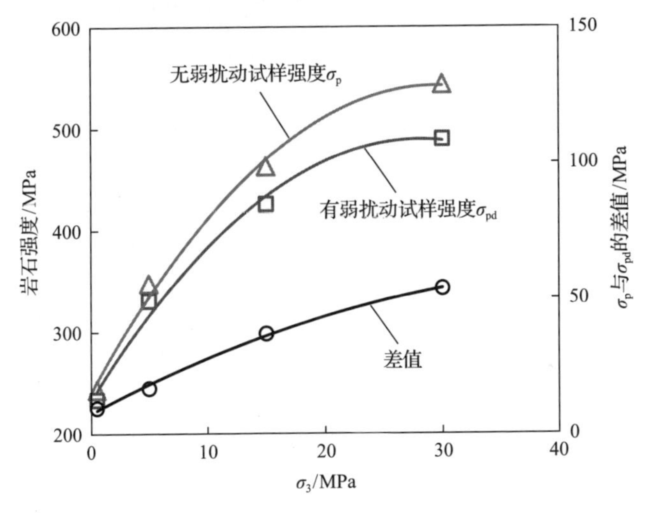

图 5.6.3　σ_2=35MPa、不同 σ_3、有无弱扰动作用下真三轴压缩花岗岩试样强度[25]

(30MPa)时，σ_p 与 σ_{pd} 的差值约为 σ_p 的 10%，说明 σ_3 增强了弱扰动对试样峰值强度的降低作用。

随着 σ_3 的增加，试样峰值强度均增加，说明试样峰值强度具有明显的 σ_3 效应。σ_3 从 0.5MPa 增加至 30MPa，无弱扰动情况下试样峰值强度增幅低于有弱扰动情况，说明弱扰动会降低岩石峰值强度的 σ_3 效应。

2. σ_2 方向弱扰动促进深部硬岩裂纹发育

图 5.6.4 为 σ_2=35MPa、不同 σ_3、有无弱扰动作用下真三轴压缩花岗岩试样破坏特征对比[25]。可以看出，不同 σ_3 条件下花岗岩试样的破裂形态存在明显差异。

当 σ_3 较小时，试样表面分布有贯通拉剪裂纹、非贯通拉剪裂纹和张拉裂纹。其中，实线标记的拉剪裂纹从试样上部贯通至下部，是导致试样最终破坏的决定因素，称为主导裂纹；虚线标记的未贯通(短)拉剪裂纹和拉裂纹称为次要裂纹，这些裂纹虽然不是促使岩石破坏的主要因素，但是导致岩石的破坏表现出更为复杂的形态。随着 σ_3 的增大，裂纹的张拉成分降低，相应的剪切成分增大。当 σ_3 为 15MPa 时，试样表面仅有拉剪裂纹，未出现张拉裂纹；拉剪裂纹将试样分割为锲形状岩块，岩块体积大于 σ_3 较低的情况。

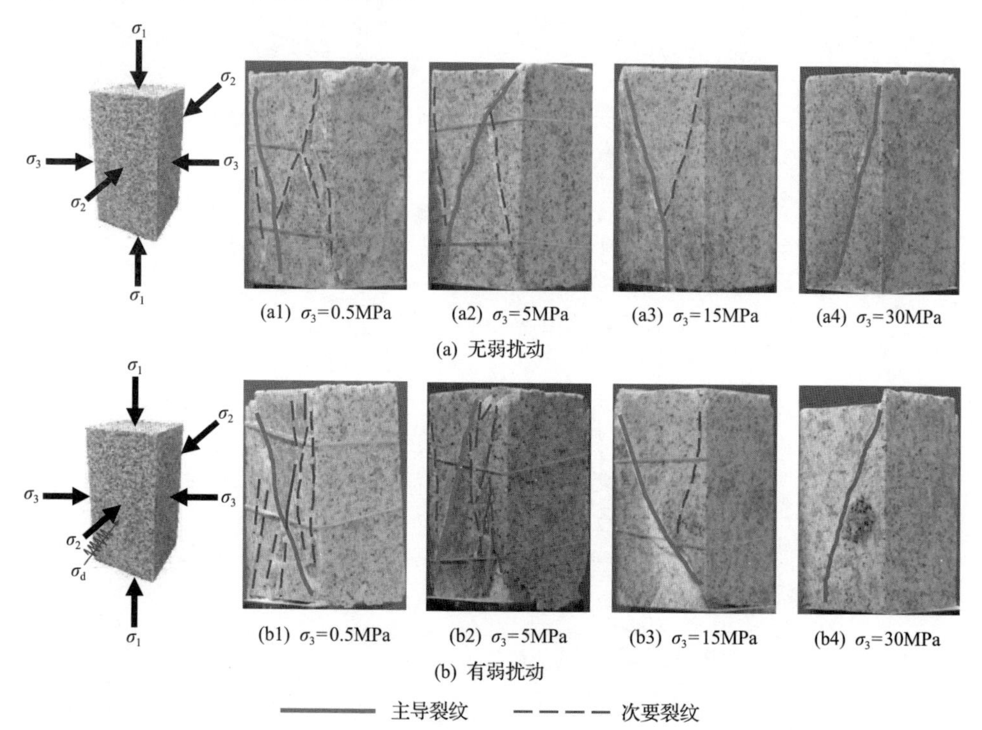

图 5.6.4　σ_2=35MPa、不同 σ_3、有无弱扰动作用下真三轴压缩花岗岩试样破坏特征对比[25]

相同 σ_3 条件下，有弱扰动试样的破裂更为明显。当 σ_3 较小时，与无弱扰动相比，有弱扰动情况下试样的破坏具有“次要裂纹多、试样完整性降低”的特点，表明弱扰动对岩石破坏模式的影响表现为对次要裂纹的促进作用，这也解释了为什么弱扰动在 σ_3 较小时对试样强度的降低作用较弱；当 σ_3 较大时，有弱扰动情况下，拉剪裂纹更为明显，裂纹宽度更大，裂纹面上附有更多的白色粉末，弱扰动对岩石破坏的影响表现为对主导裂纹的促进作用，这也是弱扰动在 σ_3 较大时对试样强度降低作用较强的原因。

3. σ_2 方向弱扰动增加深部硬岩应变

σ_3=30MPa 时真三轴压缩 σ_2 方向弱扰动作用下花岗岩试样的典型应力-应变

曲线如图 5.6.5 所示[25]。弱扰动施加时，静应力保持不变，但应变却不断增加，说明弱扰动会增加岩石的应变；不断增大的应变表示岩石在不断损伤，该损伤主要由裂纹的发展引起，说明弱扰动对岩石破坏的触发机制为弱扰动输入的能量促进岩石裂纹发展进而降低试样承载能力。早期扰动阶段弱扰动导致的应变明显低于后期，说明弱扰动对岩石的损伤破坏与静应力水平密切相关。随着静应力水平的增加，弱扰动的作用越明显；特别是在岩石破坏前夕，这种促进作用更为明显，弱扰动将快速促进裂纹汇聚贯通进而迅速降低试样承载能力，在应力-应变曲线上表现为显著的应变增长。

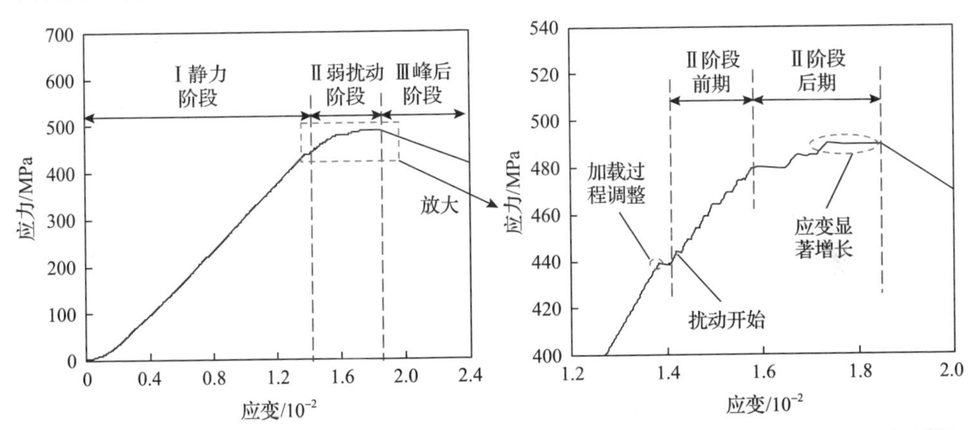

图 5.6.5　σ_3=30MPa 时真三轴压缩 σ_2 方向弱扰动作用下花岗岩试样的典型应力-应变曲线[25]

如图 5.6.2 所示，相比无扰动的情况，有弱扰动条件下花岗岩试样的峰前变形明显较大，进一步说明弱扰动能增加岩石的应变。

4. σ_2 方向弱扰动增加深部硬岩能量耗散

σ_3=30MPa 时 σ_2 方向弱扰动真三轴压缩下花岗岩试样能量演化过程如图 5.6.6 所示[25]。当施加弱扰动时，耗散能快速增加；特别是 σ_1 应力水平较高时，耗散能

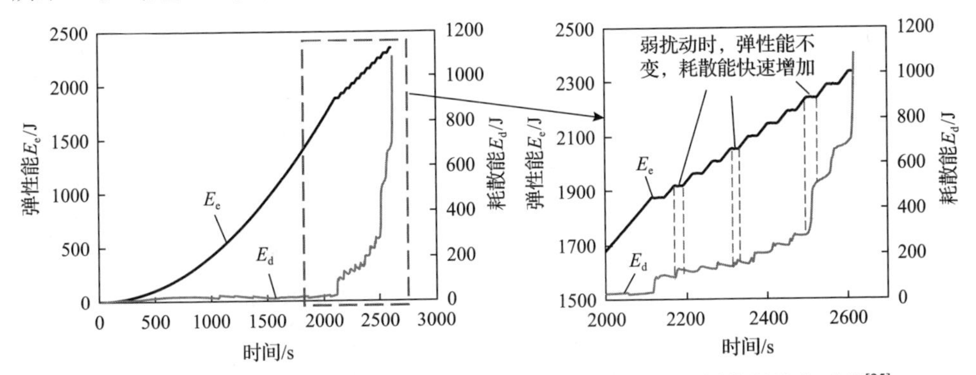

图 5.6.6　σ_3=30MPa 时 σ_2 方向弱扰动真三轴压缩下花岗岩试样能量演化过程[25]

增加更为显著。这是因为弱扰动会促使裂纹迅速发展，进而导致耗散能快速增加。在这个过程中，试验机输入的能量用于岩石破裂，岩石内部的弹性能保持不变。

5.7　深部工程坚硬围岩力学特性

岩体脆性和延性特性、能量特性、破裂特性和变形特性共同构成深部工程硬岩岩体的主要力学特性，其中破裂特性和能量特性是深部工程硬岩力学行为的本质，而脆性、延性特性和变形特性是破裂萌生扩展和能量积聚释放后的表象。鉴于室内试验能够还原工程现场开挖卸荷应力环境及其变化特征，从室内真三轴试验出发，考虑所处位置的应力状态、水平与路径作用，揭示洞壁到围岩内部一定深度上的岩体力学特性和能量特性；从现场观测出发，揭示深部工程围岩不同位置的破裂特性和变形特性。这些特性可为阐明各类深部工程硬岩灾害孕育机理提供依据。

5.7.1　深部工程坚硬围岩脆性和延性特性

由于岩体尺寸效应和结构效应等的影响，完整岩石与岩体的脆性和延性存在差异。深部工程开挖以后，围岩发生卸荷和应力集中等应力状态的变化，岩体脆性和延性随之改变。由于室内试验的应力状态、应力水平和应力路径可反映工程岩体开挖后三维应力场演化特征，试验获得的试样脆性和延性规律与工程岩体脆性和延性规律之间存在一定的相似性。从室内试验结果出发，以锦屏地下实验室二期为例，从完整岩体和含结构面岩体两方面分别阐述从表层到深层围岩脆性和延性特征及演化规律。

1. 深部工程完整岩体脆性和延性特性

深部工程开挖后，围岩经历应力卸荷、应力集中和应力转移等复杂的调整过程，岩体的脆性和延性也随之发生改变。通过原位应力监测、理论分析和数值模拟等方法可以获取开挖后深部工程围岩重分布应力场，提取围岩由深层到表层的应力大小和方向，按照不同深度对应的应力水平开展真三轴试验，获取相应的全应力-应变曲线，根据曲线特征判断该应力水平下硬岩的脆性和延性，进而获得围岩由深层到表层的脆性和延性特征及演化规律。

以锦屏地下实验室二期 7#、8# 实验室为例，根据数值计算的重分布应力场特征开展真三轴压缩试验，获取大理岩的全应力-应变曲线和破坏，分析由深层到表层围岩的脆性和延性特性及相应的破裂机制，如图 5.7.1 所示。可以看出，深层岩体(d 点)σ_3 与 σ_2 差值小，处于延脆性状态，其破裂机制主要表现为剪切破坏；由深层到表层($d \to c \to b \to a$)，岩体 σ_3 与 σ_2 差值逐渐增大，大理岩应力-应变曲线峰

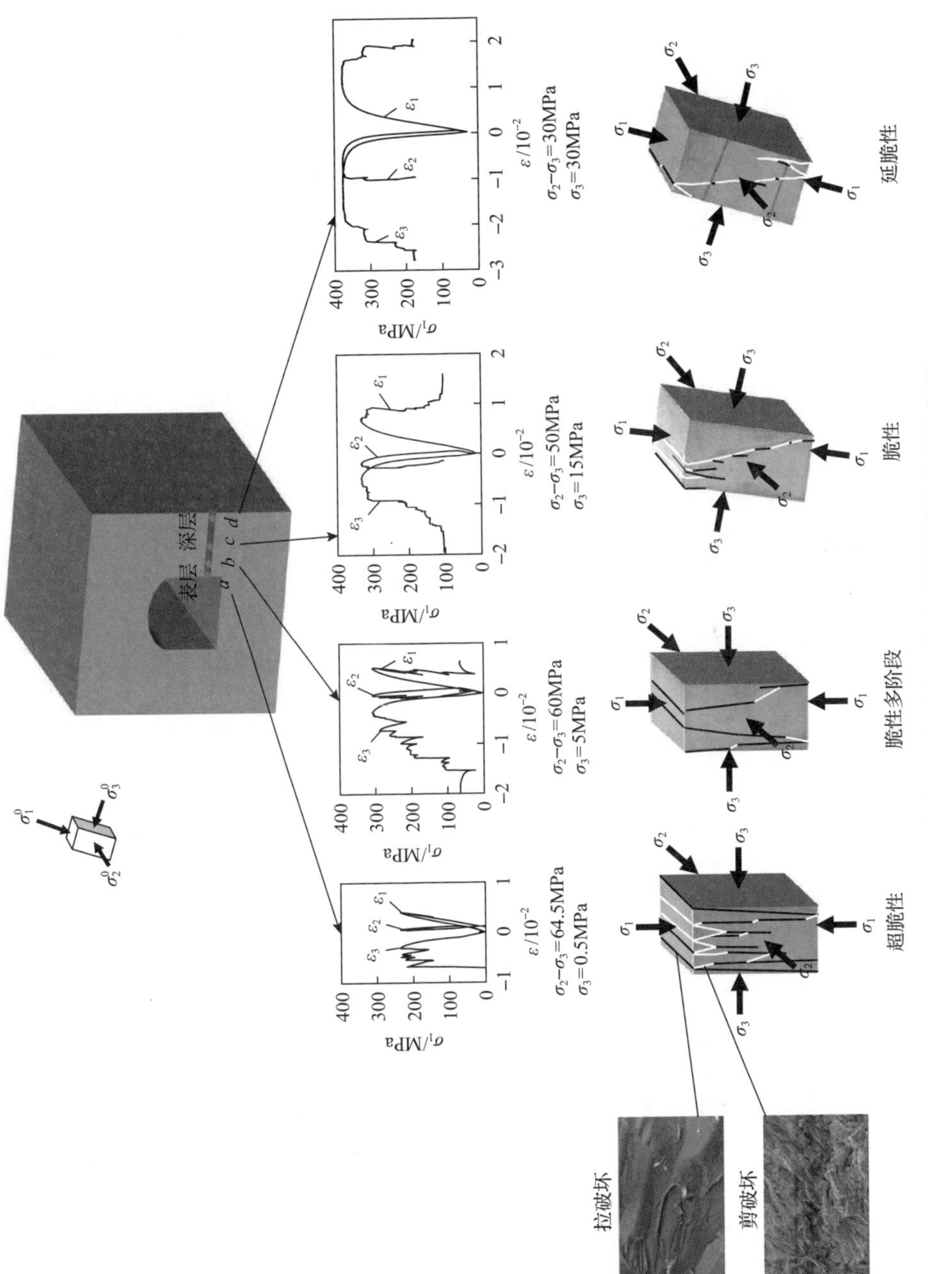

图5.7.1 锦屏地下实验室二期完整围岩脆性和延性特性

前塑性变形逐渐减小，峰值处延性段逐渐消失，延性逐渐降低，大理岩由延脆性向脆性、脆性多阶段转变，最终转变为超脆性，该处的岩体破裂机制为劈裂拉破裂。由深层到表层围岩脆性逐渐增强，相应的拉破坏机制随之突出。

由上述分析可知，深部工程开挖后围岩由深层到表层应力差$(\sigma_2-\sigma_3)$逐渐增大，岩体脆性逐渐增强。在围岩表层及其附近，σ_3低、应力差高，超脆性破坏特征显著，硬岩达到峰值后储存的能量立即释放，应力迅速跌落，易形成片帮或板裂等表层破坏；表层破坏以后，会引起围岩内部相邻区域σ_3进一步减小，应力差增加，导致脆性增强，即在距离围岩表层一定深度范围内岩体仍表现为高脆性特征，具有发生较深层片帮、板裂或岩爆破坏的风险；围岩较深层的岩体由于高应力集中和应力差的影响仍具有较高延脆性，这部分岩体应力达到峰值以后，其能量呈现多阶段渐进释放，周围岩体容易集聚大量能量，存在发生高等级岩爆的风险。

2. 深部工程含硬性结构面岩体脆性和延性特性

硬性结构面的存在对深部岩体脆性和延性影响很大，5.3.3 节已详细论述了含硬性结构面硬岩脆性和延性特征及其与应力条件和加载角度的相关性。深部工程围岩从洞周到内部整体表现为最小主应力逐渐增加而中间主应力变化不显著，结合真三轴试验获得的一般规律发现，与最大主应力夹角较小且平行于中间主应力的硬性结构面使得岩体脆性显著增强。此规律适用于围岩表层和深层，如在深部工程洞周，当硬性结构面与最大主应力夹角较小且平行于中间主应力时，硬岩应力-应变曲线峰前塑性变形和峰值应变都较小，峰值附近延性段消失，峰后应力跌落现象明显，甚至应力直接从峰值强度跌落至残余强度(见图 5.7.2 中 b 点，β=90°)；在深部工程围岩内部，当硬性结构面与最大主应力夹角较小且平行于中间主应力时，岩体脆性增强，强度显著减低(见图 5.7.2 中 d 点，β=69°)，而当硬性结构面与最大主应力夹角较大时，岩体在高最小主应力条件下依然会出现延性段(见图 5.7.2 中 d 点，β=0°)，峰后应力跌落减缓。

以锦屏地下实验室二期实验室含硬性结构面岩体为例，如图 5.7.2 所示，实验室表层应力在工程开挖后迅速调整，开挖卸荷使得表层围岩最小主应力迅速降低，在此低最小主应力环境下，含硬性结构面岩体表现为显著的弹脆性，其破坏前塑性变形小，峰后应力跌落明显，表层围岩易造成硬性结构面张开、扩展破坏，形成由结构面控制边界的脆性破坏；实验室深层围岩区域因工程开挖应力集中，岩体处于真三向高应力压缩状态，含硬性结构面岩体脆性和延性受硬性结构面产状影响。当深层围岩存在陡倾且平行于中间主应力的硬性结构面时，岩体脆性较大，且其起裂强度和峰值储能极限较小，工程爆破扰动产生的应力和能量集中可造成硬性结构面扩展或剪切滑移破坏，出现深层破裂。此时，硬性结构面往往是深埋

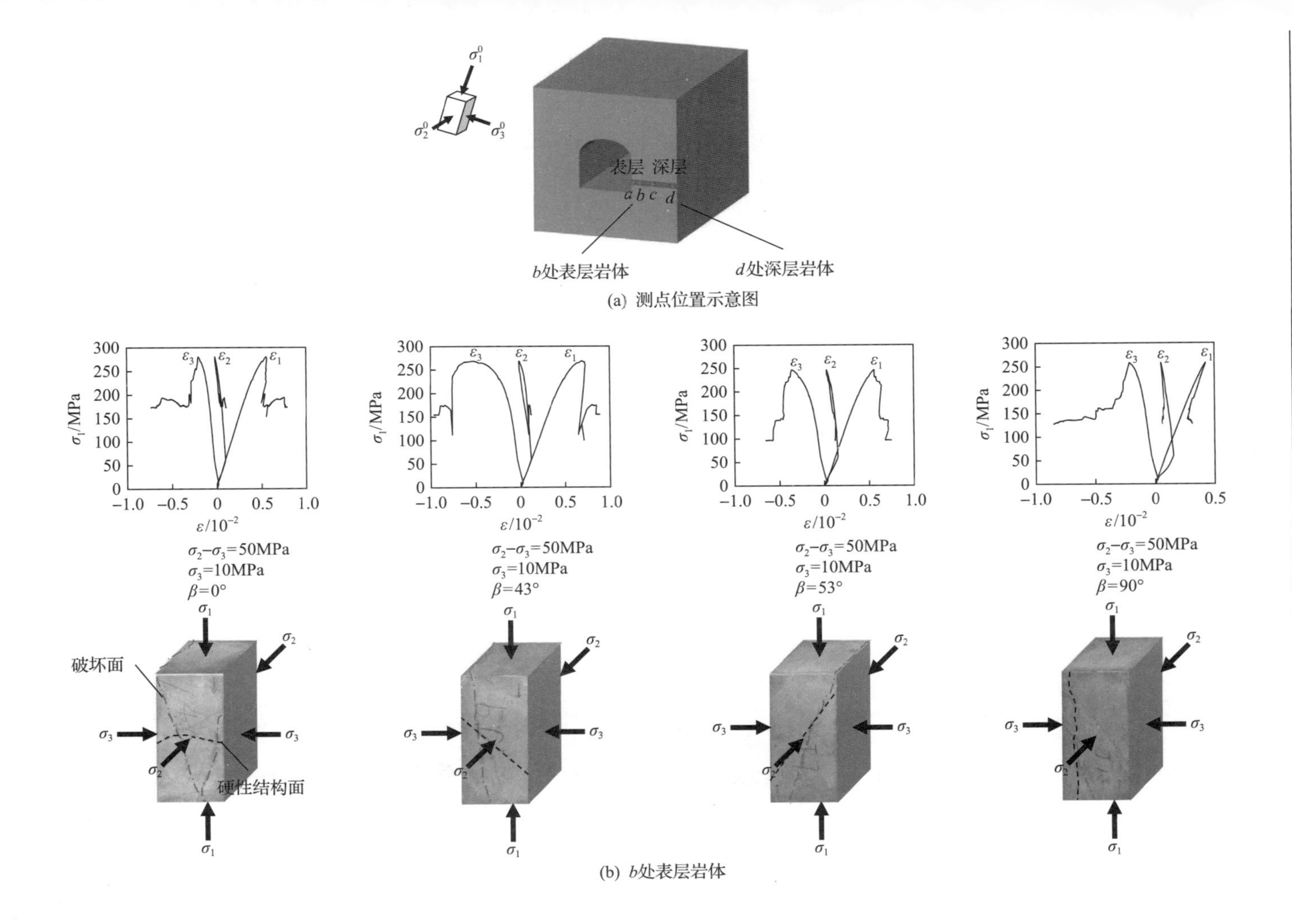

(a) 测点位置示意图

(b) b处表层岩体

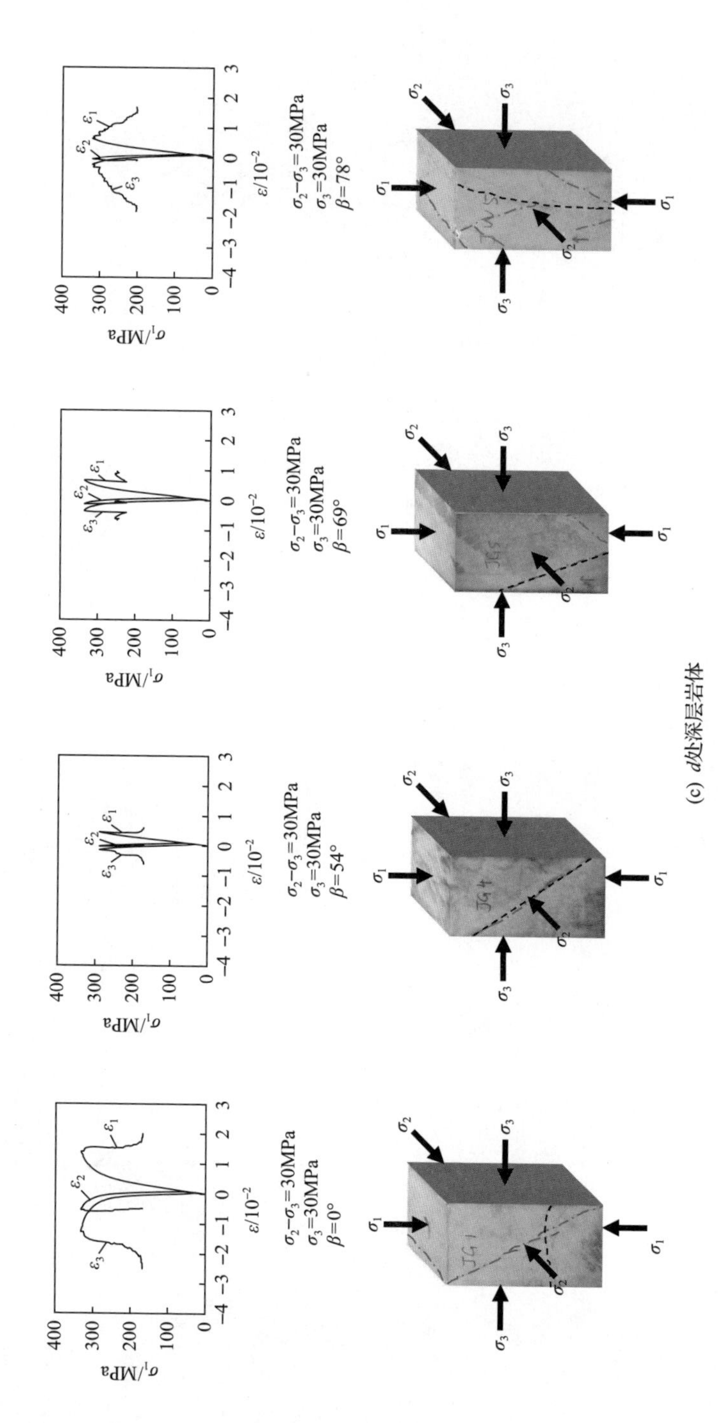

(c) d处深层岩体

图5.7.2　锦屏地下实验室二期含硬性结构面围岩脆性和延性特征

实验室围岩破坏的边界，对围岩破坏的深度和范围起控制作用，当硬性结构面产状为其他状态时，由于深埋实验室最小主应力较大，岩体表现为明显的延性特征。

5.7.2　深部工程坚硬围岩能量特性

因室内试验的应力状态、应力水平和应力路径与工程岩体开挖后三维应力场之间具有一定相似性，深部工程岩体能量积聚与释放特性可通过不同应力水平试样的能量演化规律来近似获知。由应力-应变曲线计算试验过程中试样的能量演化，可获得深部工程岩体在应力重分布后由表层向深层的能量演化特征，这里所提及的能量均为单位体积能量，即能量密度。图 5.7.3 为锦屏地下实验室二期围岩能量特性。可以看出，随着围岩由表层向深层应力状态过渡，其受到的卸荷作用越来越弱，应力-应变曲线形态由Ⅱ型破坏向Ⅰ型破坏转化，脆性破坏特征越来越不明显，围岩由表层向深层的能量演化特征如下。

(1) 表层(*a* 点)围岩能量储存能力最弱，储存的能量水平也相对较低，能量释放能力相对最强。如图 5.7.3 所示，*a* 点处于边墙部位的表层，由于临空面的存在，该点附近岩体最小主应力方向上的变形失去约束，导致能量储存的环境相对较差。以典型真三轴试验结果为例分析该点能量演化特征，由图 5.7.3 可知，该点的最小主应力和中间主应力分别为 0.5MPa 和 65MPa，能量计算可得该点的峰值总应变能约为 0.35MJ/m^3，峰值弹性应变能约为 0.34MJ/m^3，峰值耗散应变能约为 0.01MJ/m^3，峰后岩石弹性应变能曲线快速跌落，耗散应变能曲线快速提升。从能量角度分析，该点附近的岩体具有能量水平低、储能能力弱、能量释放快等特征。因此，该部位往往容易发生脆性开裂等深部工程硬岩灾害。

(2) 表层向内(*b* 点)岩体的能量演化过程较为复杂，能量储存能力和储存的能量水平均比表层围岩有所提升，其能量释放能力比表层围岩有所降低，其能量释放并不是一次性的快速释放，而是多次能量释放-调整-再释放的过程，预示着该点附近的岩体可能发生多次开裂释能过程。如图 5.7.3 所示，*b* 点处于边墙稍往里部位，该点附近岩体最小主应力方向上的变形约束相对较弱，其能量储存的环境相对 *a* 点更好，从图 5.7.3 中获得的结果可知该点的最小主应力和中间主应力分别为 5MPa 和 65MPa，能量计算可得该点的峰值总应变能约为 0.79MJ/m^3，峰值弹性应变能约为 0.5MJ/m^3，峰值耗散应变能约为 0.29MJ/m^3，峰后岩石的弹性应变能曲线表现为多次反复跌落和提升，耗散应变能曲线不断增加。从能量角度分析，该点附近岩体具有的能量水平比临空面岩体有所提升，其储能能力也有所增加，能量存在多次快速释放的特征。因此，该部位往往容易发生片帮、板裂等深部工程硬岩灾害。

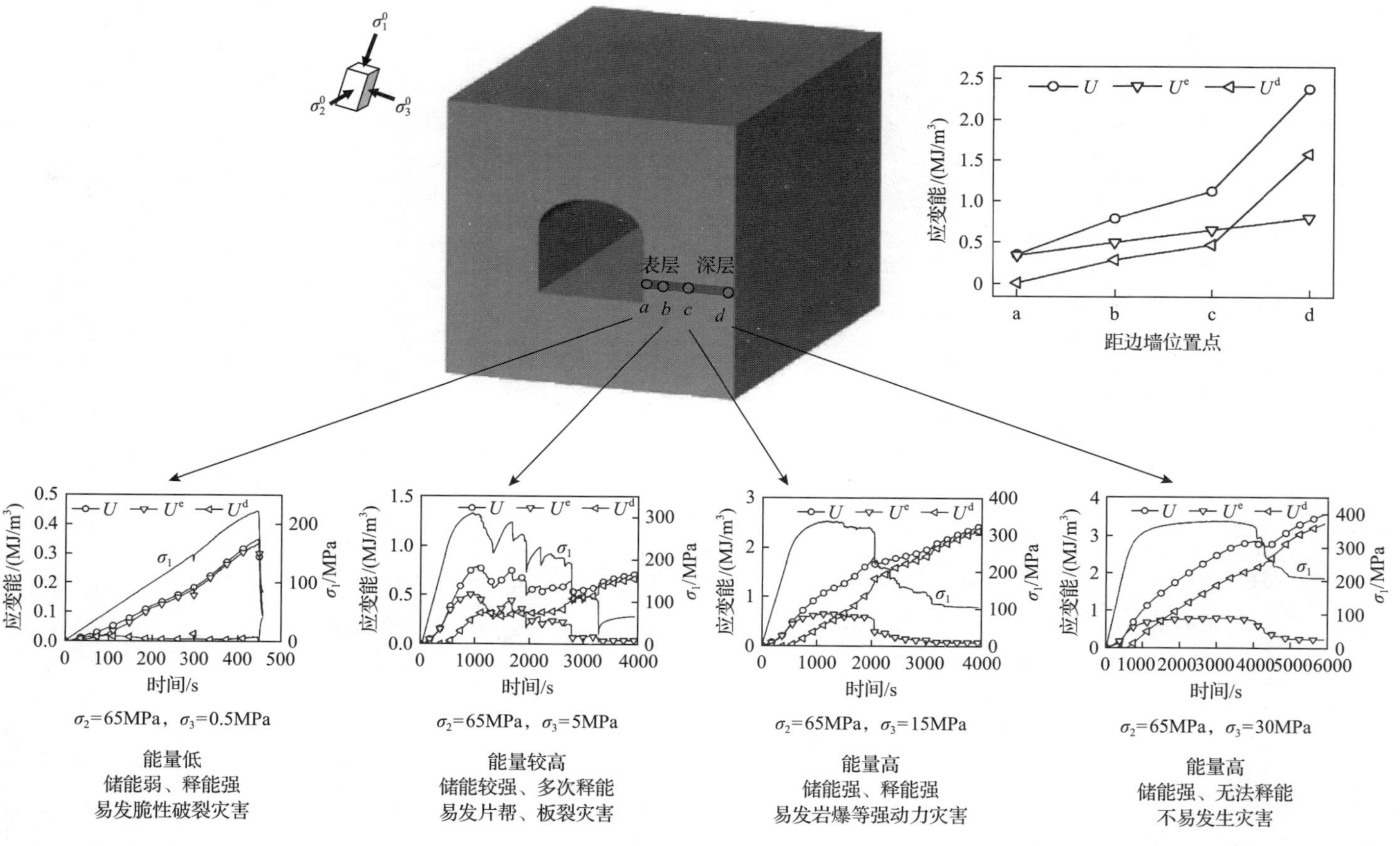

图 5.7.3　锦屏地下实验室二期围岩能量特性

(3) 较深层 (c 点) 岩体能量储存能力和储存的能量水平均有较大提升，可能存在峰后缓慢变形和破裂，并在某个时刻存在一次较大的能量释放过程。如图 5.7.3 所示，c 点处于边墙相对较深部位，该点附近岩体最小主应力方向上的变形约束作用增强，其能量储存的环境较为良好，从图 5.7.3 中获得的结果可知该点的最小主应力和中间主应力分别为 15MPa 和 65MPa，能量计算可得该点的峰值总应变能约为 1.12MJ/m^3，峰值弹性应变能约为 0.65MJ/m^3，峰值耗散应变能约为 0.47MJ/m^3。该点附近的岩石在达到峰值强度后，其弹性应变能曲线缓慢下降，耗散应变能曲线不断提升，总应变能不断增加，并且在峰后的某个阶段存在突然的应力跌落，使得岩石的弹性应变能曲线有一个快速跌落，耗散应变能曲线快速提升，其能量释放能力在缓慢降低的过程中存在快速突然的骤降。从能量角度分析，该点附近岩体具有的能量水平有明显提升，其储能能力也有较大增强，能量存在不断积聚-缓慢释放-快速猛烈释放的特征。因此，该部位往往容易发生岩爆灾害。

(4) 深层 (d 点) 岩体能量储存能力相对最高，储存的能量水平也相对高很多，能量释放能力相对最弱，能量多以持续变形的方式耗散或者处于天然储能状态。如图 5.7.3 所示，d 点处于边墙部位深处，该点附近的岩体在三个主应力方向上受到的变形约束作用均较强，其能量储存的环境较好，岩石表现出较为明显的延性破坏特征，从图 5.7.3 中获得的结果可知该点的最小主应力和中间主应力分别为 30MPa 和 60MPa，能量计算可得该点的峰值总应变能约为 2.38MJ/m^3，峰值弹性应变能约为 0.8MJ/m^3，峰值耗散应变能约为 1.58MJ/m^3，峰值后岩石弹性应变能曲线基本保持不变，耗散应变能曲线持续快速提升。从能量角度分析，该点附近岩体具有能量水平相对最高、储能能力相对最强、能量释放慢、耗散大等特征。因此，该部位往往不容易发生破坏或存在发生深层破裂的可能。

从图 5.7.3 还可以看出，由于临空面对岩体自由变形的约束作用由表层向内部逐渐增强，其能量储存的环境逐渐好转，岩体的峰值总应变能、峰值弹性应变能和峰值耗散应变能水平均不断增大，岩体的能量储存能力逐渐增强，储存的能量水平也不断增大，但其能量释放的能力逐渐弱化。

综上所述，从能量角度来看，随着围岩体应力状态由深层向表层演化，其极限储能能力也随之降低，即相较于深层岩体，表层岩体的能量储存能力较弱，释放较为容易。因此，导致其在较低的应力水平下可能发生破坏。但由于表层岩体储存的能量相对较小，一般易发生开裂及片帮等能量释放相对较小的灾害；反之，深层岩体的能量储存能力较强，释放较为困难，因此其在较低的应力水平下不易发生破坏，处于相对安全状态。一旦由于开挖卸荷及爆破扰动等其他外因导致其发生破坏，由于深层岩体储存的能量相对较高，当岩体储存的巨大能量快速释放导致其发生破坏时，往往易产生极强岩爆等强释能灾害。

当深部岩体中存在结构面时，结构面与洞轴线的平行关系、与洞轴线的夹角、与层状岩体的层理面交角以及结构面的性质等都将对其能量的储存、耗散与释放过程产生影响。通常，当结构面的走向与洞轴线平行或近平行时，其将对深部围岩体的能量演化产生较大的不利影响，反之则影响较小。当结构面走向与洞轴线近平行时，其倾角在 30°～60°时深部围岩体的极限储能水平与能力将受到较大削减。当结构面与层状岩体的层理面近垂直相交时，其对深部围岩体的完整性影响较大，也将弱化深部围岩体的极限储能水平与能力，使其能量耗散增加。结构面为刚性结构面或软弱结构面也对其能量特性的影响不同，通常刚性结构面的储能特性要强于软弱结构面，而耗能特性要弱于软弱结构面，这使得含刚性结构面的围岩体较易发生能量的突然剧烈释放，产生较强的动力灾害，而软弱结构面则由于能量的较大耗散，发生强动力灾害的可能性较低。

因此，深部工程沿洞径方向不同位置岩体的能量储存能力各不相同，导致其储存的能量大小不同，甚至存在量级上的差异。正是这种能量储存能力的差异使深部工程岩体发生破坏时其可释放的能量和释放的速率差异巨大，因而产生不同危害范围与程度的深部工程岩体灾害。在考虑深部工程岩体的灾害防治时，应当针对不同深部和部位的岩体，根据其能量储存的能力和水平不同以及能量释放的难易程度和速率，开展有针对性的防控。

5.7.3 深部工程坚硬围岩破裂特性

深部工程开挖后，当重分布应力超出岩体强度时，岩体内部将出现破裂；而当岩体内部发生剧烈的应力调整或应力集中区转移时，岩体破裂区深度将渐进发展，从而表现出多种与高应力相关的破裂特征，主要包括以下几种。

(1) 围岩破裂几何非对称分布特征。主要表现为在开挖断面上局部存在破裂深度和程度明显大于其他区域的破裂集中区，且其位置在与断面上最大主应力方向连线近垂直方位，如图 5.7.4 所示。例如，锦屏地下实验室二期 9-1# 实验室开挖过程中的声发射监测结果表明，围岩内部破裂声发射信号在不同断面上呈现明显的几何非对称分布特征，如图 5.7.5 所示。

围岩破裂沿隧道径向分布的一般特征为：围岩破裂最严重的区域是随着开挖从边墙逐步向围岩深层发展，围岩破裂主要发生在距边墙一定范围内，该处到边墙岩体破裂最为严重。例如，锦屏地下实验室二期 9-1# 实验室声发射事件径向分布演化图如图 5.7.6 所示，围岩破裂主要发生在距边墙 2m 范围内，并且以 1.5m 处破裂最为严重。

(2) 围岩深层破裂特征。深部工程开挖过程中，卸荷开挖会导致围岩内部应力发生明显的调整和转移，应力集中区空间跳跃式剧烈转移易引起围岩内部出现非连续的深层破裂。例如，如图 5.7.7 所示，某水电站地下厂房顶拱玄武岩破裂深度最深达 8.8m，而锦屏一级水电站地下厂房围岩破裂区最深达 19m。

图 5.7.4　深埋硬岩隧道破裂几何非对称分布特征

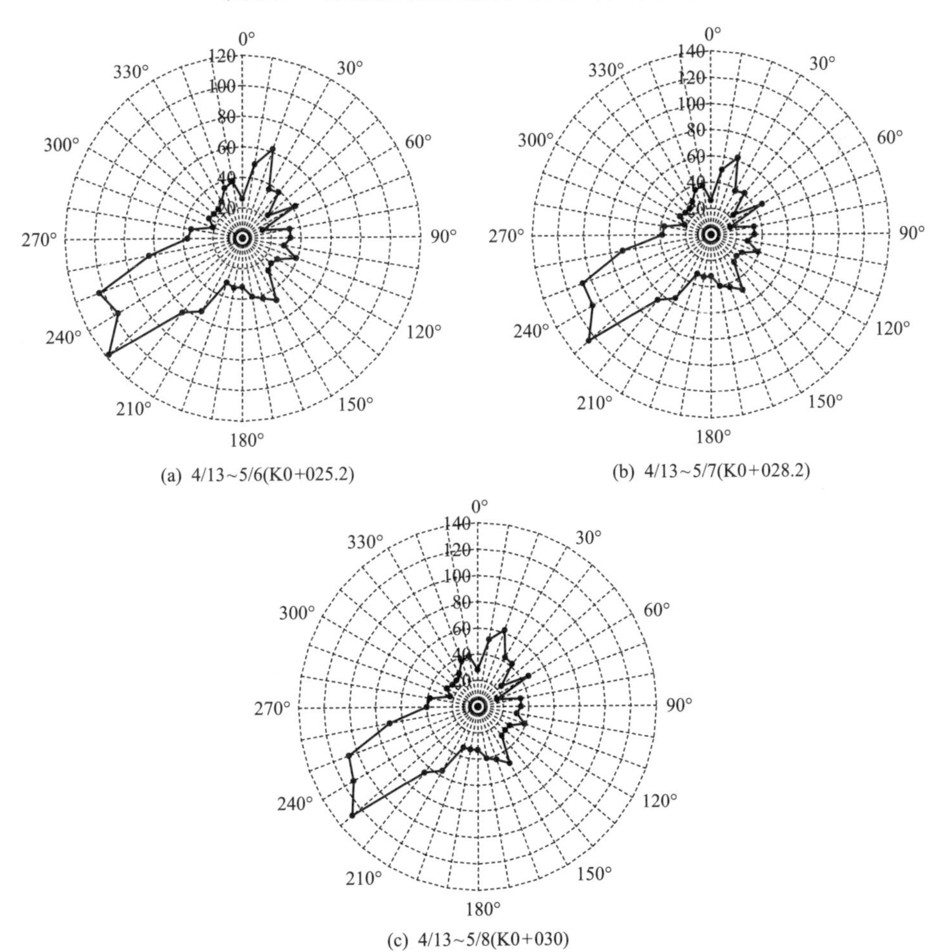

图 5.7.5　锦屏地下实验室二期 9-1# 实验室声发射事件数断面分布演化规律图

图中径向数轴为声发射事件数；括号内数字为监测断面桩号，括号外数字为监测日期

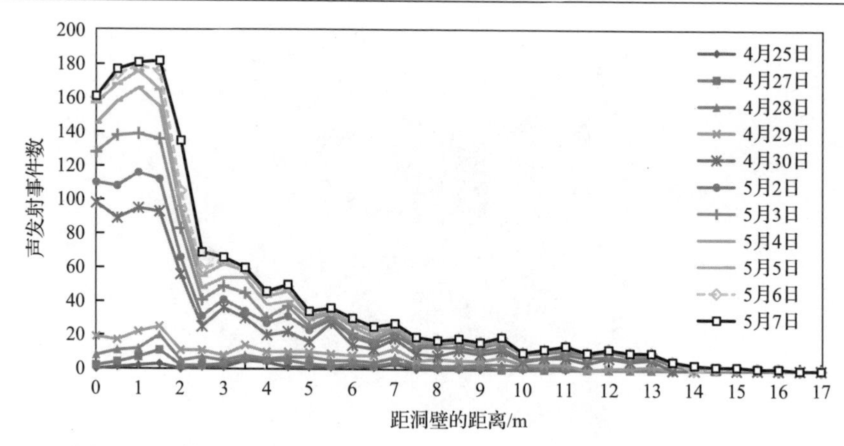

图 5.7.6　锦屏地下实验室二期 9-1# 实验室声发射事件径向分布演化图

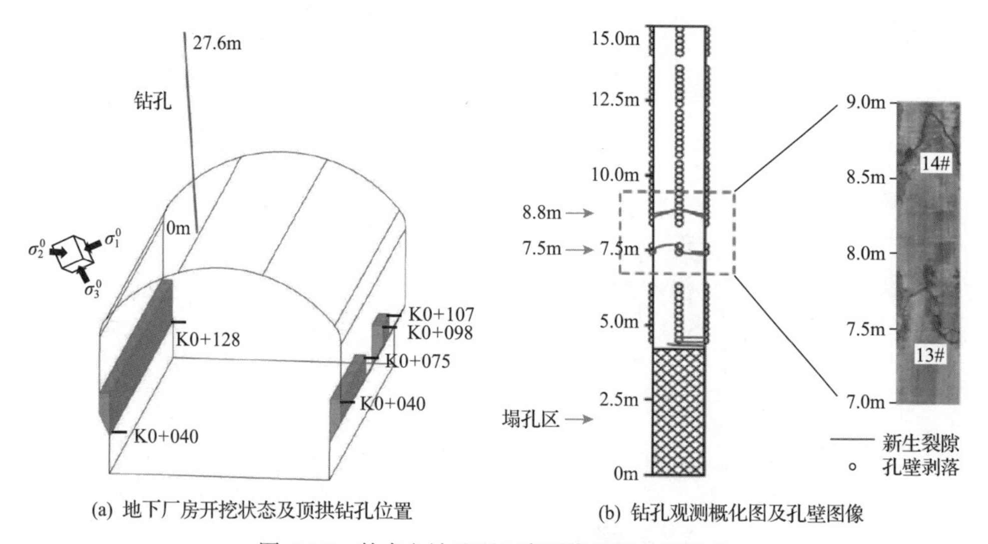

(a) 地下厂房开挖状态及顶拱钻孔位置　　(b) 钻孔观测概化图及孔壁图像

图 5.7.7　某水电站地下厂房顶拱深层破裂特征

(3) 围岩分区破裂特征。深部工程开挖过程中，围岩内部不断出现应力集中区及其跳跃式转移，当某一次开挖后形成的应力集中区导致岩体发生劈裂破坏后，形成一个新的“伪自由面”，使得再次应力调整时应力集中区进一步向内部转移，产生新的破裂区，从而形成破裂区间隔排列的分区破裂现象。多个深部工程均观测到岩体分区破裂，如在锦屏地下实验室二期通过钻孔摄像观测到岩体内部分区破裂现象，如图 5.7.8 所示。

(4) 围岩内部破裂时效特征。主要表现为无开挖活动影响时，围岩内部新生破裂宽度增大，扩展连通，破裂数量不断增加，岩体完整性降低，破裂区深度向岩体内部转移。例如，图 5.7.9 为某地下厂房围岩时效变形及破裂特征[26]，表现为无开挖爆破活动影响下持续时间达 1 年以上的自发破裂。

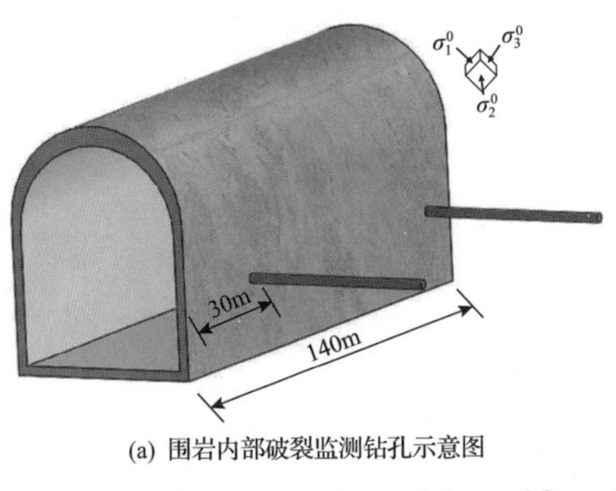

(a) 围岩内部破裂监测钻孔示意图

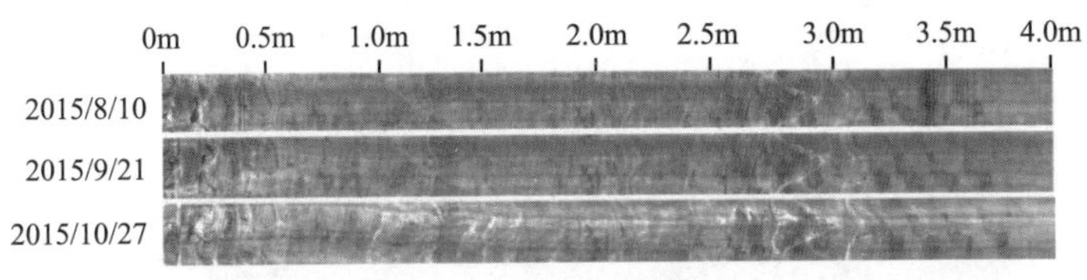

(b) 孔壁图像

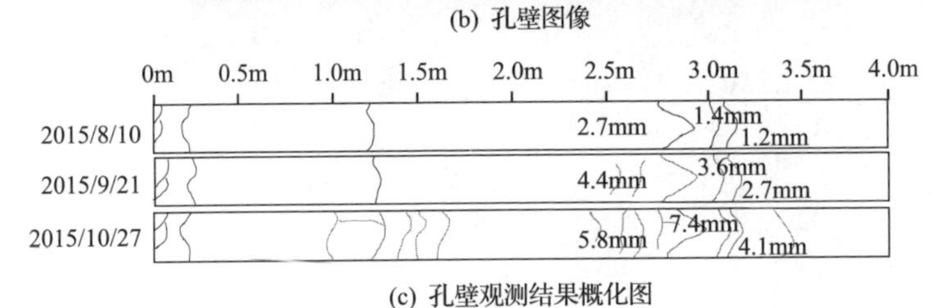

(c) 孔壁观测结果概化图

图 5.7.8　锦屏地下实验室二期某洞室围岩内部分区破裂特征(见彩图)

图中数字表示裂隙隙宽

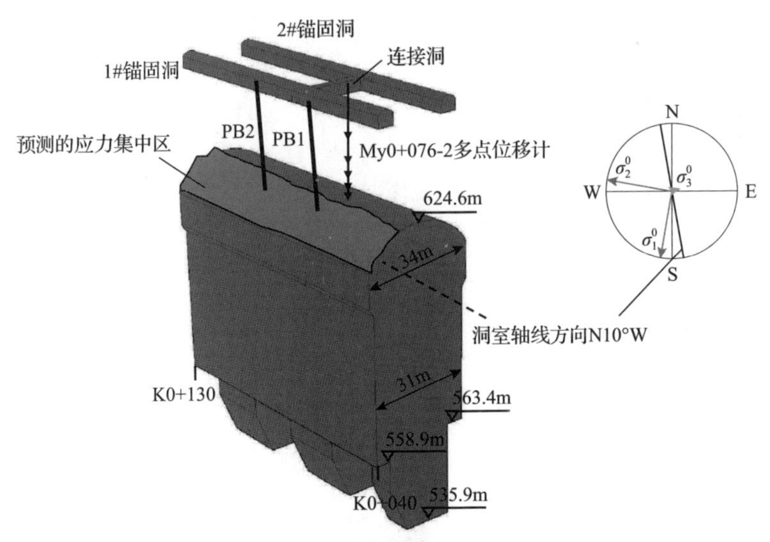

(a) 地下厂房顶拱岩体变形及破裂观测孔布置(PB1和PB2为破裂观测孔)

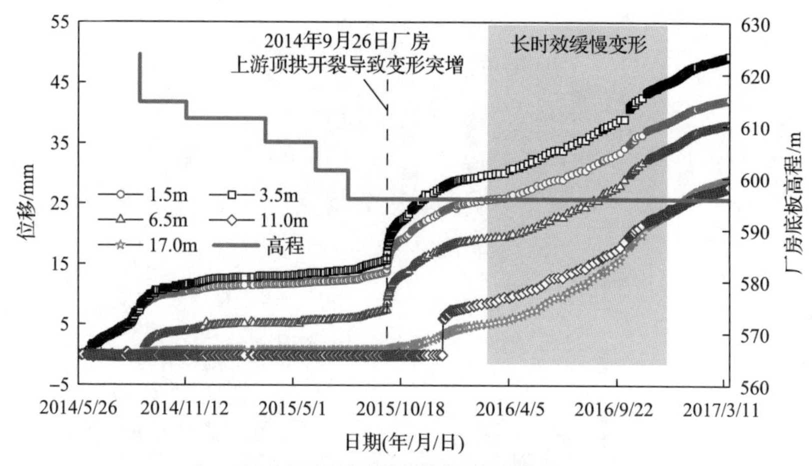

(b) 地下厂房顶拱岩体变形监测结果

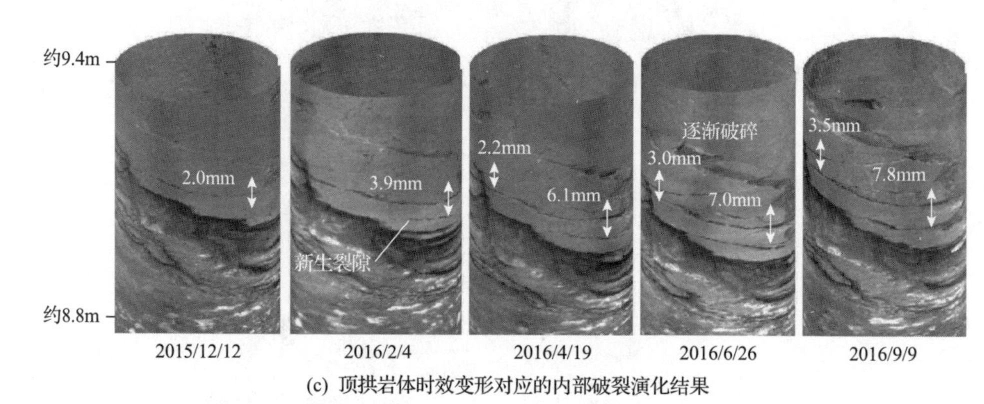

(c) 顶拱岩体时效变形对应的内部破裂演化结果

图 5.7.9　某地下厂房围岩时效变形及破裂特征[26] (见彩图)

5.7.4　深部工程坚硬围岩变形特性

1. 深部工程围岩内部变形特征

深部工程开挖过程中，围岩内部会发生变形，不同情况下围岩内部位移随开挖及时间的变化呈现出多模态特征，变形量沿径向也会呈现出多波峰分布的特征。这些特征会因掌子面效应和爆破等应力波作用而发生变化。锦屏地下实验室二期 1# 实验室 DSP-01-M 各测点变形随开挖演化如图 5.7.10 所示[27]。

1) 变形增长多模态特征

通过围岩内部多点位移计每个测点的变形演化特征，观测到四种与开挖过程有关的变形增长模式，如图 5.7.11 所示[27]。

(1) 变形在每次爆破时突然增加，在两次爆破中间没有变化，即变形随爆破呈现台阶式增长，为方便起见记为 S 形，如图 5.7.11 (a) 所示。

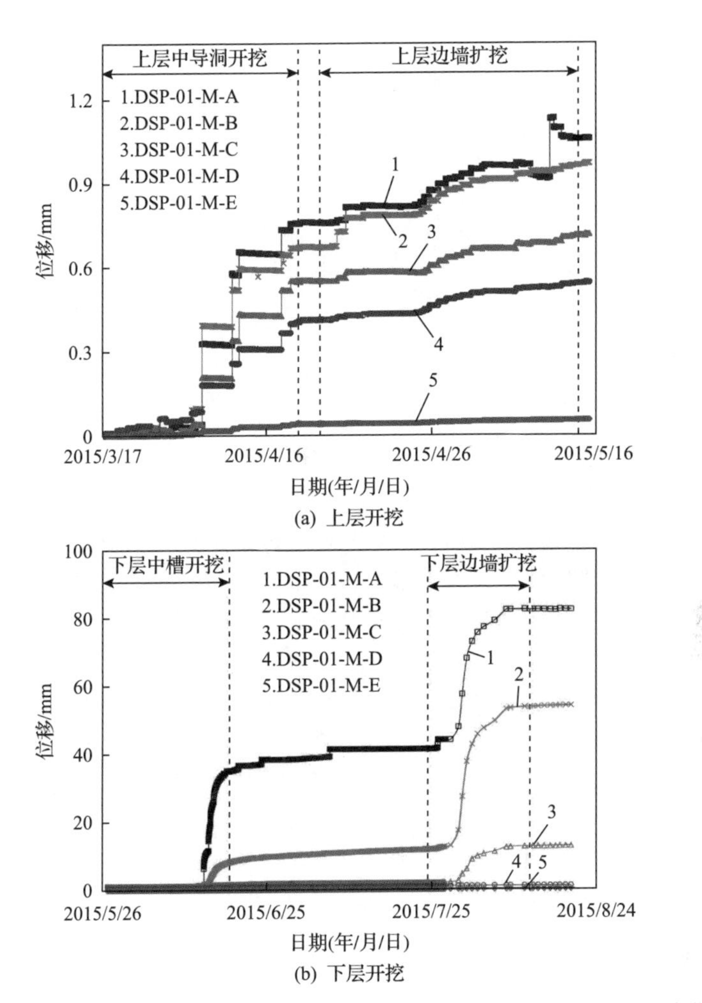

(a) 上层开挖

(b) 下层开挖

图 5.7.10　锦屏地下实验室二期 1# 实验室 DSP-01-M 各测点变形随开挖演化[27]

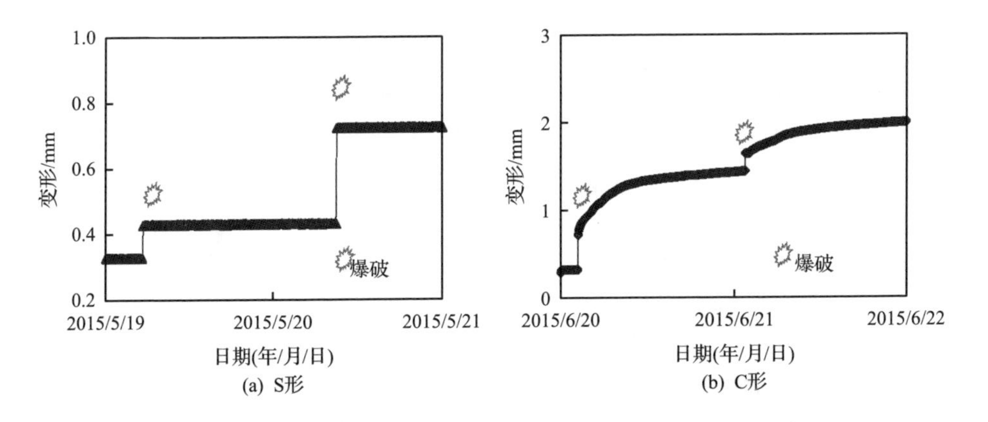

(a) S形

(b) C形

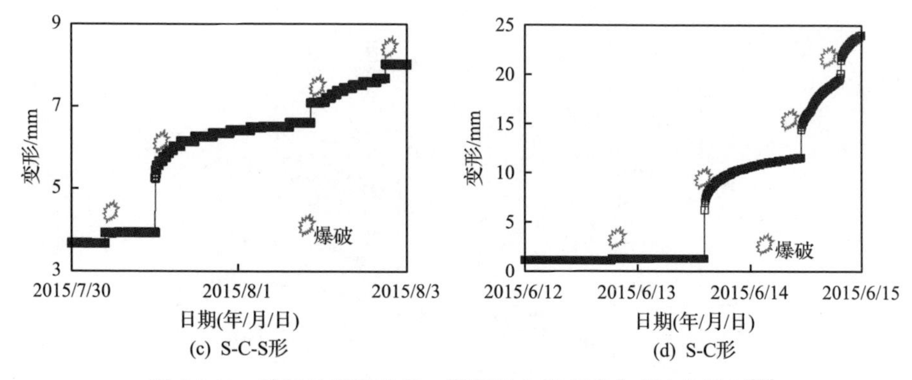

(c) S-C-S形 (d) S-C形

图 5.7.11 锦屏地下实验室二期围岩内部变形典型演化特征[27]

(2)变形在爆破瞬间增加，并且在两次爆破时间内呈现随时间增加，记为 C 形，如图 5.7.11(b)所示。

(3)随着掌子面靠近监测断面，某些测点处的变形先呈现 S 形，然后呈现 C 形，最后当掌子面过监测断面后又呈现 S 形，记为 S-C-S 形，如图 5.7.11(c)所示。

(4)一些测点处的变形在掌子面过监测断面后仍呈现 C 形，记为 S-C 形，如图 5.7.11(d)所示。

围岩变形增长模式受岩体完整性、开挖损伤及应力状态的影响。原有裂隙的演化导致即使在较小的开挖扰动下也会产生时效行为。岩体完整性越差，C 形位移的比重越大，总位移也越大。若岩体较完整，开挖损伤也起很大的作用，较强的开挖可能引起宏观裂隙，能够被钻孔摄像观测到。这里破裂将起到与原有裂隙近似的作用，导致位移呈现 C 形。应力状态也对位移的演化有明显的影响。真三轴压缩下锦屏地下实验室二期白色大理岩应力-应变曲线如图 5.7.12 所示[27]。可以看出，大理岩在较低的最小应力状态下(如 $\sigma_3 = 5$MPa)呈现脆性行为，易呈现出 S 形增长，在较高的最小应力下(如 σ_3=30MPa)呈现延脆行为特征，易呈现出 C 形增长，根据深部工程开挖过程中应力状态的不断变化以及 5.7.1 节内容，可以看出不同应力状态下围岩脆、延性可以发生转换，引起围岩内部位移增长模式的变化。

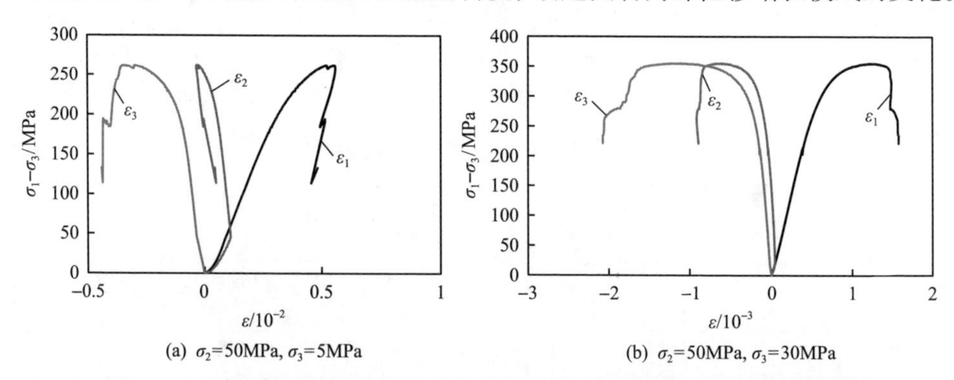

(a) σ_2=50MPa, σ_3=5MPa (b) σ_2=50MPa, σ_3=30MPa

图 5.7.12 真三轴压缩下锦屏地下实验室二期白色大理岩应力-应变曲线[27]

2) 围岩内部变形空间分布多波峰特征

深部工程围岩内部不同深度的测点变形在开挖过程中呈现出更复杂的空间分布特征。在某些开挖阶段，远离边墙的测点变形大于边墙附近测点的变形，可以观察到多波峰分布的特征，如图 5.7.13 所示[27]。多波峰空间分布特征多出现在上层中导洞开挖过程中。以多点位移计 DSP-02 为例(见图 5.7.13(c))，当 S_{I}(上层中导洞掌子面和监测断面之间的距离)≤–31m 时，测点变形按照 C、B、A 依次递减。随着掌子面的靠近，当 S_{I} = –9m 时，测点变形按照 B、C、A 依次递减。当 S_{I}≥ –2m 时，测点变形按照 A、B、C 依次递减。

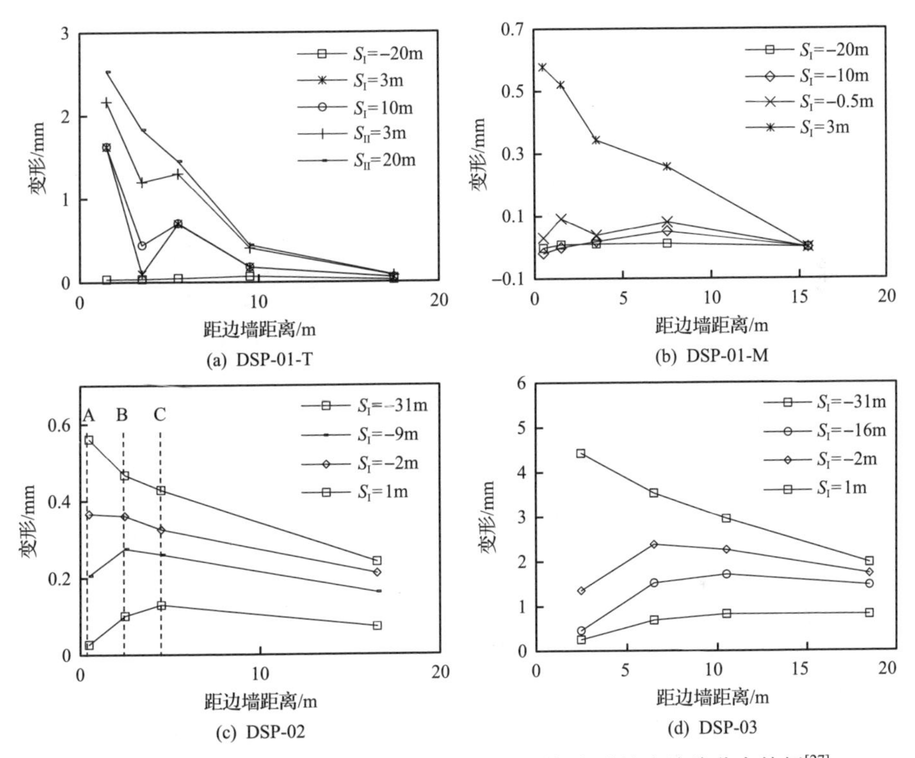

图 5.7.13　锦屏地下实验室二期开挖过程中测点变形的多波峰分布特征[27]

围岩内部变形空间分布多波峰特征受岩体非均质性、内部裂隙、结构面和开挖扰动的影响。当掌子面距离监测断面较远时，各测点处受到的扰动相差不大，此时岩体内部非均质性和裂隙分布成为影响变形的主要因素。这种情况下，岩体非均质性越差、裂隙越发育，围岩变形越大，离边墙较远的岩体随机分布的裂隙张开、扩展，变形多波峰分布出现。

2. 深部工程开挖过程断面轮廓变化特征

深部工程围岩断面轮廓随开挖不断变化，受地应力和地质构造的影响，围岩断面轮廓在空间上呈现几何非对称特征，在时间上存在间歇性特征。围岩断面轮廓在开挖引起强应力集中区域和不利硬性结构面作用区域变化大，且随着开挖的不断进行，围岩断面轮廓也逐渐改变。因此，需要随开挖进度连续监测围岩断面轮廓改变。

以锦屏地下实验室二期为例，实测围岩断面轮廓几何非对称变化表现为断面不同位置轮廓变化差异大。如图 5.7.14 所示，锦屏地下实验室二期 8# 实验室 K0+010 边墙开挖后断面轮廓变化，北侧边墙轮廓变化主要是由围岩内部开裂引起的；而南侧边墙区域断面轮廓向围岩内部方向变化，这主要是围岩片帮和岩爆破坏造成的凹陷。锦屏地下实验室二期 8# 实验室 K0+020 中导洞开挖断面轮廓变化观测结果如图 5.7.15 所示。可以看出，随开挖面不断远离，8# 实验室 K0+020 断面变化逐渐趋于稳定，当围岩内部应力超过岩体起裂强度时，围岩发生脆性破坏，致使南侧边墙区域断面轮廓突然发生改变。

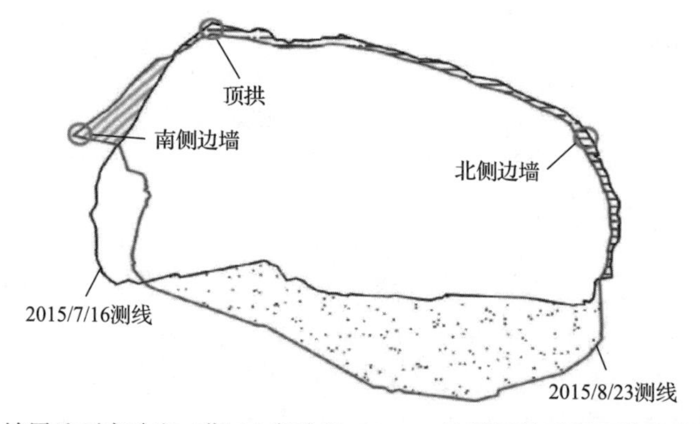

图 5.7.14　锦屏地下实验室二期 8# 实验室 K0+010 边墙开挖后断面轮廓变化观测结果

图中横线填充区域表示向临空面变化，斜线填充区域表示破坏，点填充区域表示实验室底部变化

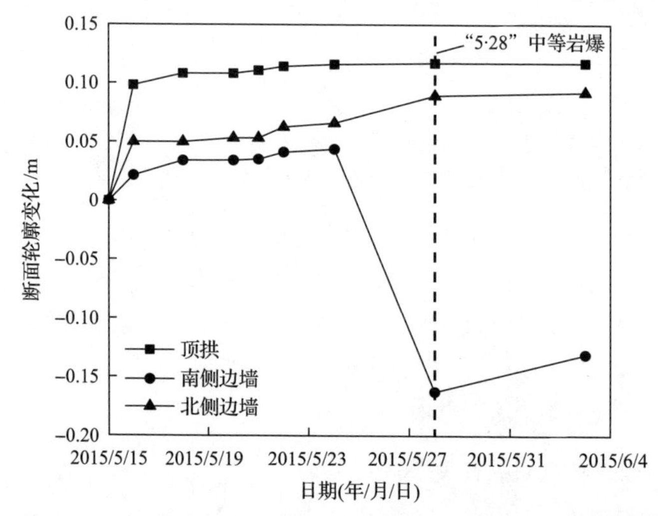

图 5.7.15　锦屏地下实验室二期 8# 实验室 K0+020 中导洞开挖断面轮廓变化观测结果

3. 深部工程围岩破裂与变形的关系

根据现场观测资料，深部工程岩体内部破裂与变形的关系密切，可归纳为以下几点：

(1) 硬岩变形与新增裂隙或原有裂隙扩展、张开同步增长，破裂区稳定后围岩变形还会有少量增加。例如，锦屏地下实验室二期 4# 实验室开挖前由 9-1# 实验室 K0+035 位置预设钻孔埋设多点位移计监测该实验室围岩变形情况，随着实验室分台阶开挖，变形演化规律表现为爆破瞬间变形协调增加，同时原生裂隙进一步张开，岩体位移也协调增大。掌子面过开挖影响范围后未有明显破裂区演化现象，而变形有少量增加，如图 5.7.16 所示。

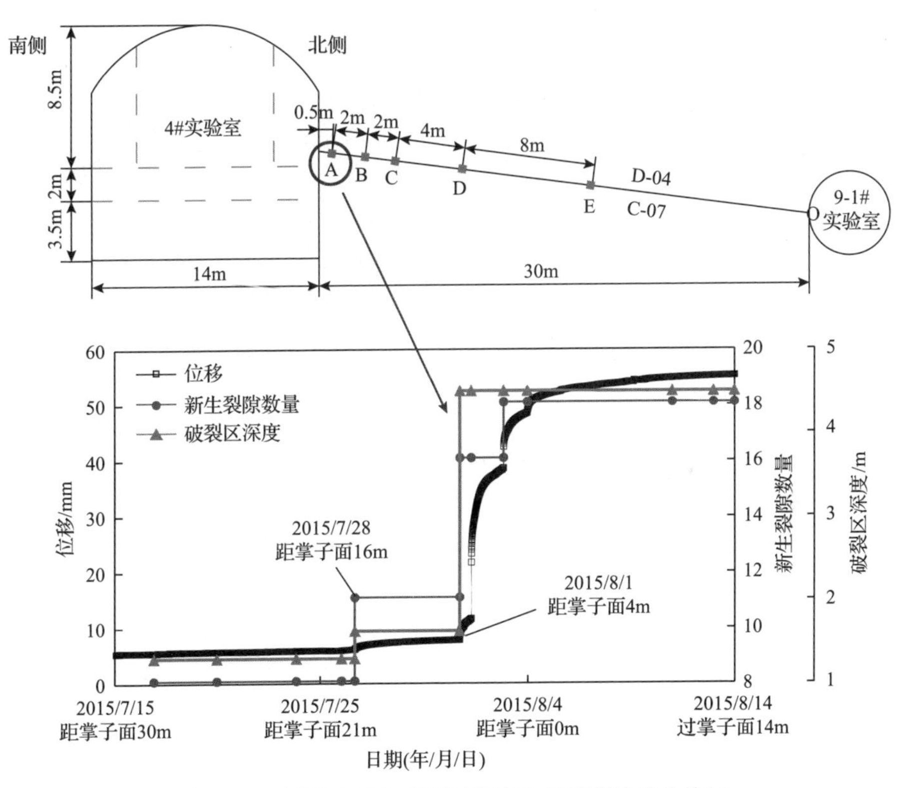

图 5.7.16　围岩变形与破裂区深度和新增裂隙演化特征

(2) 有时围岩内部破裂深度与程度的变化与表层收敛变形不协调，即围岩表层位移很小，但围岩内部发生破裂。这种情况常导致岩体突增式大变形与大体积塌方。例如，某水电站地下厂房岩性为中粒二长花岗岩，第 I 层扩挖时曾发生超过 3000m^3 的大体积塌方(见图 5.7.17[28])，塌方前实测围岩表层变形很小。

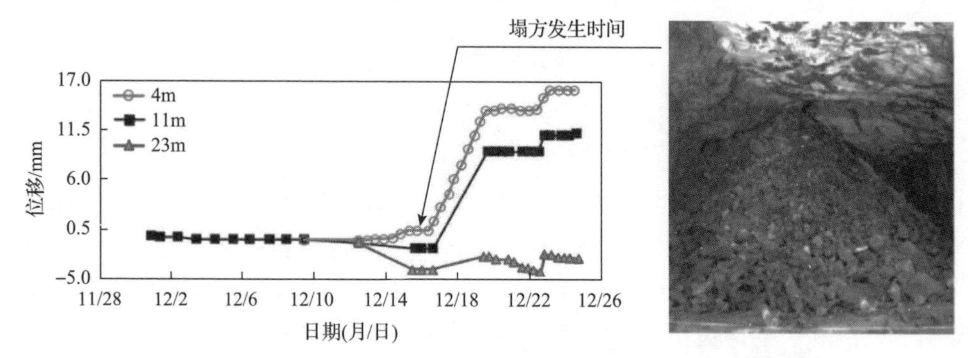

图 5.7.17　某水电站地下厂房大体积塌方及邻近点位移演化特征[28]

5.7.5　深部工程岩体波速特性

1. 深部工程岩体波速高

深部工程岩体在高应力下处于压密状态，岩体的波速高，完整岩体的波速可以达到 8000m/s。典型深部工程岩体声波测试结果如图 5.7.18 所示。可以看出，白鹤滩水电站左岸 3# 导流洞和右岸厂房完整玄武岩的波速主要在 5000～6000m/s；新疆某花岗岩深埋隧道完整岩体的波速主要为 6000m/s 左右；某深埋隧道埋深 1500m 处完整花岗岩的波速主要为 6000～7000m/s；锦屏地下实验室二期 8# 实验室完整大理岩的波速可以达到 8000m/s，局部应力集中部位岩体波速甚至可以达到 9000m/s。

2. 深部工程岩体波速大于岩块波速

深部工程岩体受高应力作用处于压密状态，在非保真取样或具有扰动效应取样的情况下，岩石试样脱离围岩的过程中应力消失，可能造成一定的损伤，试样的波速就会低于原位岩体的波速。这种情况下，岩体波速与岩块波速的比值(岩体

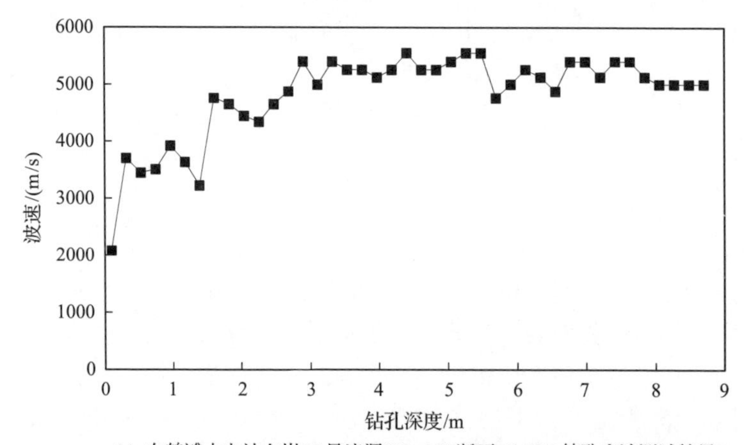

(a) 白鹤滩水电站左岸 3# 导流洞 K0+320 断面 T1-E12 钻孔声波测试结果

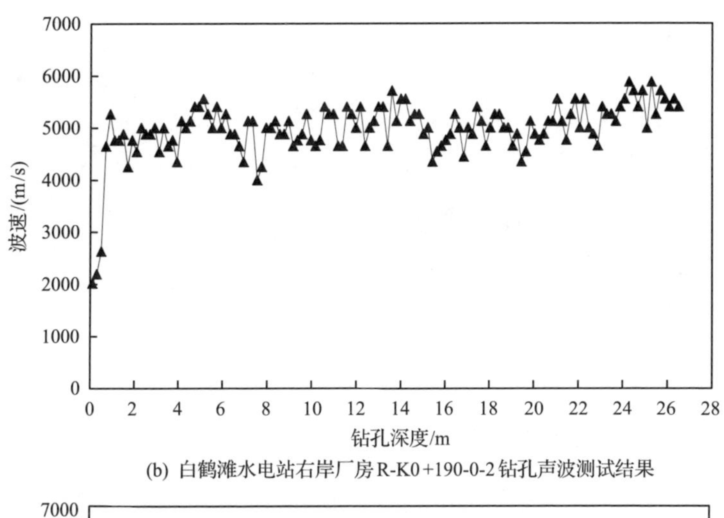

(b) 白鹤滩水电站右岸厂房 R-K0+190-0-2 钻孔声波测试结果

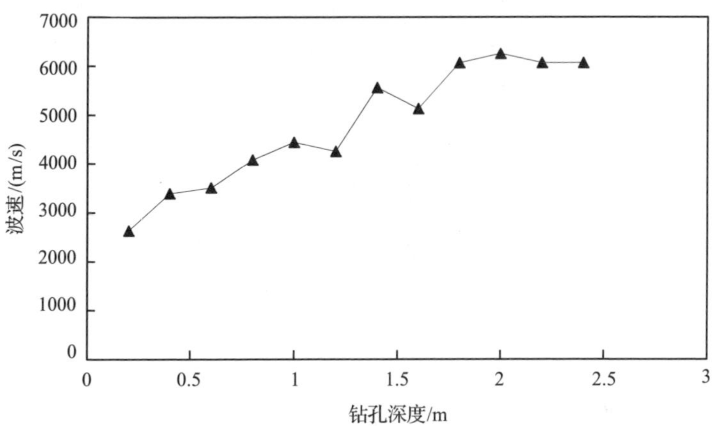

(c) 新疆某花岗岩深埋隧道 K228+812-2 钻孔声波测试结果(埋深约700m)

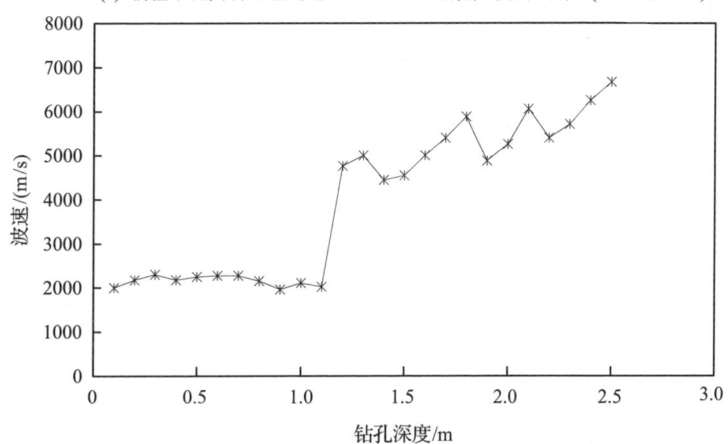

(d) 某深埋隧道平导洞 K194+653-2 钻孔声波测试结果(埋深约1500m)

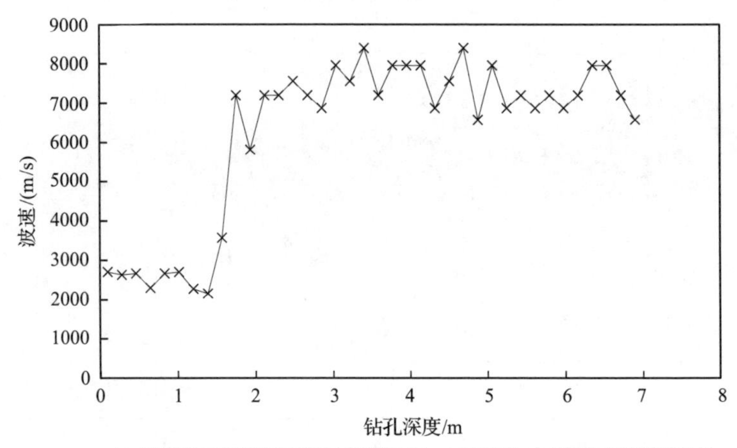

(e) 锦屏地下实验室二期 8# 实验室 K0＋045 断面T-8-1钻孔声波测试结果

图 5.7.18　典型深部工程岩体声波测试结果

完整性系数 k_v)就会大于 1，该方法无法用于评价深部工程岩体的完整性。例如，锦屏地下实验室二期钻孔取样加工的完整大理岩波速在 4500～5500m/s，显著小于图 5.7.18(e)的岩体波速。

3. 深部工程应力集中区岩体波速升高

由 3.1.2 节可知，深部工程开挖后靠近开挖面的围岩应力下降，应力集中向围岩深层转移，应力集中区域内岩体波速会高于开挖前岩体波速，应力集中程度越高，该现象越明显。锦屏地下实验室二期 8# 实验室 K0+045 断面 T-8-4 钻孔声波测试结果如图 5.7.19 所示。可以看出，2015 年 8 月 27 日钻孔深度 3～4.5m 区间岩体波速在 7000m/s 左右，2015 年 9 月 20 日该区间岩体波速增加，最大值约为 8400m/s。

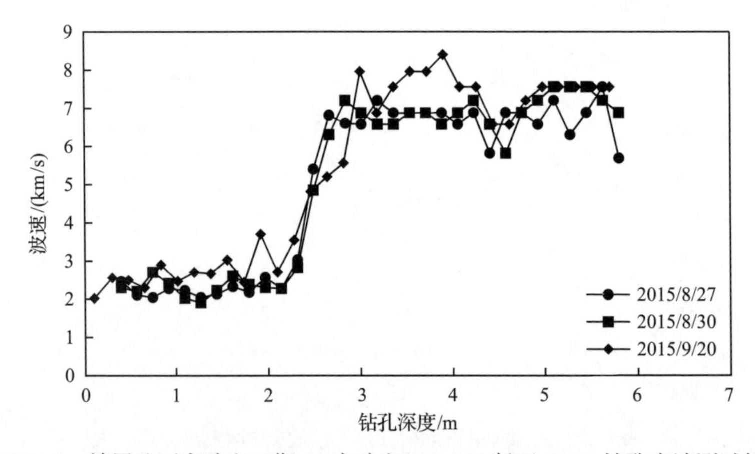

图 5.7.19　锦屏地下实验室二期 8# 实验室 K0+045 断面 T-8-4 钻孔声波测试结果

参 考 文 献

[1] Zheng Z, Feng X T, Zhang X W, et al. Residual strength characteristics of CJPL marble under true triaxial compression. Rock Mechanics and Rock Engineering, 2019, 52: 1247-1256.

[2] Zhao J, Feng X T, Zhang X W, et al.Brittle-ductile transition and failure mechanism of Jinping marble under true triaxial compression. Engineering Geology, 2018, 232: 160-170.

[3] Feng X T, Zhao J, Wang Z F, et al. Effect of high differential stress and mineral properties on deformation and failure mechanism of hard rocks. Canadian Geotechnical Journal, 2021, 58(3): 411-426.

[4] Kong R, Feng X T, Zhang X, et al. Study on crack initiation and damage stress in sandstone under true triaxial compression. International Journal of Rock Mechanics and Mining Sciences, 2018, 106: 117-123.

[5] Gao Y H, Feng X T, Zhang X W, et al. Characteristic stress levels and brittle fracturing of hard rocks subjected to true triaxial compression with low minimum principal stress. Rock Mechanics and Rock Engineering, 2018, 51(12): 3681-3697.

[6] Martin C D. The Strength of Massive Lac du Bonnet Granite Around Underground Openings. Winnipeg: University of Manitoba, 1993.

[7] Gao Y H, Feng X T, Zhang X W, et al. Generalized crack damage stress thresholds of hard rocks under true triaxial compression. Acta Geotechnica, 2020, 15: 565-580.

[8] Feng X T, Kong R, Zhang X, et al. Experimental study of failure differences in hard rock under true triaxial compression. Rock Mechanics and Rock Engineering, 2019, 52(7): 2109-2122.

[9] Feng X T, Kong R, Yang C, et al. A three-dimensional failure criterion for hard rocks under true triaxial compression. Rock Mechanics and Rock Engineering, 2020, 53(1): 103-111.

[10] Zheng Z, Feng X T, Yang C X, et al. Post-peak deformation and failure behaviour of Jinping marble under true triaxial stresses. Engineering Geology, 2020, 265: 1-12.

[11] Zhang Y, Feng X T, Zhang X W, et al. A novel application of strain energy for fracturing process analysis of hard rock under true tr iaxial compression. Rock Mechanics and Rock Engineering, 2019, 52: 4257-4272.

[12] Zhang Y, Feng X T, Zhang X W, et al. Strain energy evolution characteristics and mechanisms of hard rocks under true triaxial compression. Engineering Geology, 2019, 260: 105222.

[13] Feng X T, Xu H, Yang C, et al. Influence of loading and unloading stress paths on the deformation and failure features of Jinping marble under true triaxial compression. Rock Mechanics and Rock Engineering, 2020, 53(7): 3287-3301.

[14] Xu H, Feng X T, Yang C X, et al. Influence of initial stresses and unloading rates on the

deformation and failure mechanism of Jinping marble under true triaxial compression. International Journal of Rock Mechanics and Mining Sciences, 2019, 117: 90-104.

[15] Liu X F, Feng X T, Zhou Y Y. Experimental study of mechanical behavior of gneiss considering the orientation of schistosity under true triaxial compression. International Journal of Geomechanics, 2020, 20(11): 04020199.

[16] Liu X F, Feng X T, Zhou Y Y. Influences of schistosity structure and differential stress on failure and strength behaviors of an anisotropic foliated rock under true triaxial compression. Rock Mechanics and Rock Engineering, 2023, 56: 1273-1287.

[17] Gao Y H, Feng X T, Wang Z F, et al. Strength and failure characteristics of jointed marble under true triaxial compression. Bulletin of Engineering Geology and the Environment, 2020, 79: 891-905.

[18] Gao Y H, Feng X T. Study on damage evolution of intact and jointed marble subjected to cyclic true triaxial loading. Engineering Fracture Mechanics, 2019, 215: 224-234.

[19] Zhao J, Feng X T, Yang C X, et al. Study on time-dependent fracturing behaviour for three different hard rock under high true triaxial stress. Rock Mechanics and Rock Engineering, 2021, 54(3): 1239-1255.

[20] Zhao J, Feng X T, Zhang X W, et al. Brittle and ductile creep behavior of Jinping marble under true triaxial stress. Engineering Geology, 2019, 258: 105157.

[21] Zhao J, Feng X T, Yang C X, et al. Differential time-dependent fracturing and deformation characteristics of Jinping marble under true triaxial stress. International Journal of Rock Mechanics and Mining Sciences, 2021, 138: 1-17.

[22] Zhao J, Feng X T, Yang C X, et al. Relaxation behaviour of Jinping marble under high true-triaxial stresses. International Journal of Rock Mechanics and Mining Sciences, 2022, 149: 104968.

[23] Feng X T, Wang G, Zhang X W, et al. Experimental method for direct shear tests of hard rock under both normal stress and lateral stress. International Journal of Geomechanics, 2021, 21(3): 04021013.

[24] Su G S, Jiang J Q, Zhai S B, et al. Influence of tunnel axis stress on strainburst: An experimental study. Rock Mechanics and Rock Engineering, 2017, 50: 1551-1567.

[25] Jiang J, Feng X, Yang C, et al. Experimental study on the failure characteristics of granite subjected to weak dynamic disturbance under different σ_3 conditions. Rock Mechanics and Rock Engineering, 2021, 54(11): 5577-5590.

[26] Feng X T, Pei S F, Jiang Q, et al. Deep fracturing of the hard rock surrounding a large underground cavern subjected to high geostress: in situ observation and mechanism analysis.

Rock Mechanics and Rock Engineering, 2017, 50(8): 2155-2175.

[27] Feng X T, Yao Z B, Li S J, et al. In situ observation of hard surrounding rock displacement at 2400m deep tunnels. Rock Mechanics and Rock Engineering, 2018, 51(8): 873-892.

[28] 张学彬. 大岗山水电站厂房顶拱塌方处理研究与实践. 四川水力发电, 2010, 29(6): 55-59.

第 6 章　深部工程硬岩破坏理论

依据深部工程硬岩力学特性、破坏机理与规律的认知，构建深部工程硬岩破坏理论。该理论包括深部工程硬岩的三维破坏强度理论、破坏力学模型与破裂评价指标以及深部工程硬岩破裂过程数值分析方法和岩体力学参数智能反演方法。深部工程硬岩三维破坏强度理论重点关注深部工程硬岩在不同三维高应力条件及不同工程应力路径下的破坏准则、破坏模式和机制差异性。深部工程硬岩破坏力学模型注重描述高应力条件下深部工程硬岩由开挖引起的拉破裂主导的脆延性破坏机理、三维应力诱导的变形破坏各向异性以及能量转移、释放与耗散过程。深部工程硬岩破裂评价指标着重研究不同开挖条件下深部工程硬岩破裂的程度、范围、位置以及破裂诱发的能量释放程度的描述。深部工程硬岩破裂过程数值分析方法基于等效连续介质数值分析思想，采用细胞自动机的局部化处理原理，描述局部破裂的萌生、相互影响和演化过程，反映不同地应力场、地层岩性、岩体结构等工程地质条件和开挖方式的影响。深部工程岩体力学参数智能反演方法主要是基于上述三维破坏准则、三维破坏力学模型、三维破坏评价指标和三维局部化的数值分析方法，通过现场观测的多元信息综合反演确定关键岩体力学参数及其变化。

6.1　深部工程硬岩三维破坏准则

深部工程硬岩三维破坏准则作为岩石破坏失稳判据，涉及深部工程硬岩的稳定性评价和灾害预测分析。在科学认知深部工程硬岩破坏强度的非线性破坏包络特征及破坏机制的应力依赖性基础上，建立深部工程硬岩三维非线性破坏准则(three dimensional hard rock nonlinear failure criterion, 3DHRFC)，合理反映出深部工程硬岩破裂深度大、能量集中水平高的特征，深部工程硬岩破坏深度、破坏程度和能量释放率的三维应力依赖性特征及深部工程硬岩以拉破裂为主的破坏机制等，为深部工程的分析、设计、施工和深部工程灾害的防控提供了科学依据。

6.1.1　准则构建

深部硬岩的破坏强度呈现以下主要特征：峰值强度随中间主应力增加的非对称变化特征、岩石峰值强度的三轴拉压异性、岩石峰值强度的应力洛德角依赖性特征等。深部工程硬岩三维破坏准则必须全面反映深部硬岩的上述破坏强度特征，这也是深部工程硬岩开挖稳定性分析的关键。

1. 构建思路

试验发现中间主应力对岩石的黏聚-内摩擦效应具有重要影响，可以从考虑中间主应力效应的内摩擦角 φ_b 出发，得到不同中间主应力系数或洛德系数下内摩擦角的函数表达式，建立 3DHRFC 破坏准则[1]。根据上述认知，深部工程硬岩破坏强度特征的理论描述如下：

1) 强度随中间主应力非对称变化特征描述

为了反映深部工程硬岩破坏强度随中间主应力非对称变化特征，建立不同应力洛德角或中间主应力系数下的内摩擦角公式，即内摩擦角 φ_b 随中间主应力系数或洛德系数的变化关系式。

将不考虑中间主应力影响的岩石内摩擦角记为 φ，此时岩石处于广义三轴压缩应力状态($\sigma_1>\sigma_2=\sigma_3$)，通过常规三轴压缩试验可获得其内摩擦角参数。考虑中间主应力对岩石峰值强度的影响，可建立岩石在不同中间主应力系数 b 时的内摩擦角公式，即

$$\sin\varphi_b=\frac{\sin\varphi}{\sqrt{1-b+sb^2}+t\left(1-\sqrt{1-b+b^2}\right)\sin\varphi} \tag{6.1.1}$$

式中，φ_b 为岩石在不同中间主应力系数 b 下的内摩擦角；s 和 t 为材料参数。

当 $b=0$ 时，$\sin\varphi_b=\sin\varphi$；当 $b=1$ 时，$\sin\varphi_b=\sin\varphi/\sqrt{s}$。$b=0$ 代表广义三轴压缩应力状态，$b=1$ 代表广义三轴拉伸应力状态($\sigma_1=\sigma_2>\sigma_3$)，式(6.1.1)可以反映岩石的三轴拉压强度差异性特征。

根据岩石的黏聚-内摩擦关系，联合考虑中间主应力效应的内摩擦角公式(6.1.1)，建立三维破坏准则的线性表达式。

在恒定应力洛德角(或中间主应力系数)下，根据岩石峰值强度的莫尔圆特征，岩石在不同中间主应力系数 b 下的内摩擦角又可以表示为

$$\sin\varphi_b=\frac{\sigma_1-\sigma_3}{\sigma_1+\sigma_3+2c\cot\varphi} \tag{6.1.2}$$

式中，c 为不考虑中间主应力影响的黏聚力。

结合式(6.1.1)和式(6.1.2)，可以得到深部工程硬岩三维线性破坏准则，其理论表达式为[1]

$$\left[\sqrt{1-b+sb^2}+t\left(1-\sqrt{1-b+b^2}\right)\sin\varphi\right](\sigma_1-\sigma_3)=(\sigma_1+\sigma_3)\sin\varphi+2c\cos\varphi \tag{6.1.3}$$

根据式(6.1.3)得出岩石强度随中间主应力变化的理论曲线，如图 6.1.1(a)所示。可以看出，岩石理论计算强度随中间主应力增加呈现先增后减的非对称变化特征，与岩石实测变化规律一致。

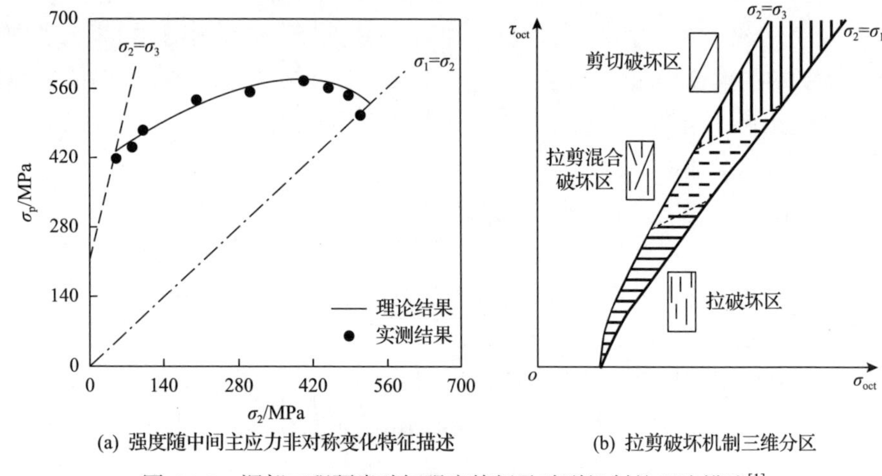

(a) 强度随中间主应力非对称变化特征描述　　(b) 拉剪破坏机制三维分区

图 6.1.1　深部工程硬岩破坏强度特征及破裂机制的理论描述[1]

2) 拉剪破坏机制的三维应力空间判别

考虑岩石拉剪破裂差异性导致岩石峰值强度的非线性变化规律，将破坏准则的线性表达式作为破坏渐近线，构建双曲线型非线性破坏准则表达式。

根据真三轴压缩下岩石宏微观破坏模式和峰值强度的分析，受拉破裂的影响，岩石的破坏强度在低应力区呈非线性变化，且随应力水平的增加，岩石破坏强度逐渐趋于线性变化。采用非线性函数来反映拉压破坏强度的非线性特征。以式(6.1.3)作为破坏强度的渐近线，采用双曲线函数对其进行非线性化修正，则 3DHRFC 破坏准则的非线性形式可表示为

$$\left(\frac{\sigma_1-\sigma_3}{\sin\varphi_b}\right)^2=(\sigma_1+\sigma_3+2c\cot\varphi)^2+a \tag{6.1.4}$$

式中，a 为材料常数，可用单轴抗压强度(σ_c)或单轴抗拉强度(σ_t)表示。

$$a=\left(\frac{\sigma_c}{\sin\varphi_b}\right)^2-(\sigma_c+2c\cot\varphi)^2 \tag{6.1.5}$$

或

$$a=-(2\sigma_t+2c\cot\varphi)^2 \tag{6.1.6}$$

根据式(6.1.4)，当 a=0 时，则退化为线性表达式，即式(6.1.3)。在八面体应

力空间，根据上述准则非线性表达，可将岩石破坏机制判别由二维应力空间推广到三维应力空间，如图 6.1.1(b)所示。

3) 子午面非线性破坏包络特征与偏平面弧三角形破坏包络特征描述

根据式(6.1.4)得到 3DHRFC 破坏准则的三维破坏包络面，如图 6.1.2 所示[1]。在子午面上，岩石破坏包络呈现非线性特征，反映了岩石在不同拉剪破坏区间破坏包络的差异。在偏平面上，岩石破坏包络呈现弧三角形变化特征，可以更好地反映应力洛德角对深部工程硬岩破坏强度的影响。

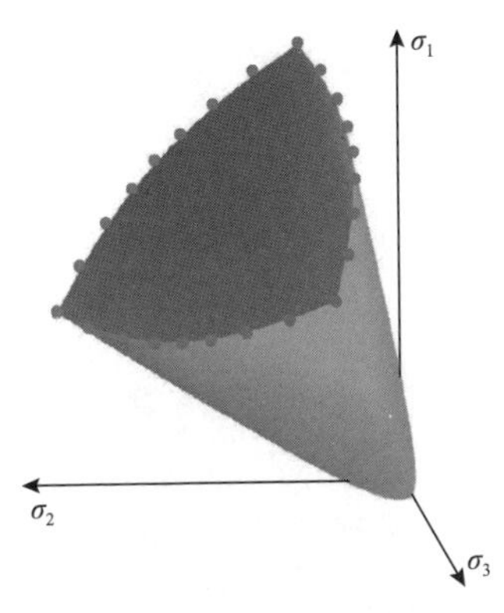

图 6.1.2　3DHRFC 破坏准则的理论破坏包络面[1]

2. 3DHRFC 破坏准则的统一表达形式

根据主应力空间与八面体应力空间的应力转换关系表达式：

$$
\begin{cases}
\sigma_3=\sigma_{\text{oct}}-\sqrt{2}\tau_{\text{oct}}\sin\left(\theta_\sigma+\dfrac{\pi}{3}\right)\\
\sigma_2=\sigma_{\text{oct}}+\sqrt{2}\tau_{\text{oct}}\sin\theta_\sigma\\
\sigma_1=\sigma_{\text{oct}}-\sqrt{2}\tau_{\text{oct}}\sin\left(\theta_\sigma-\dfrac{\pi}{3}\right)
\end{cases}
\tag{6.1.7}
$$

将 3DHRFC 破坏准则的线性表达式(6.1.3)转换成八面体应力表达形式，即

$$
\left[\frac{\sqrt{3}\cos\theta_\sigma}{2\sqrt{2}}\sqrt{s(\sqrt{3}\tan\theta_\sigma+1)^2-2\sqrt{3}\tan\theta_\sigma+2}\right.
\left.+\left(\frac{\sqrt{3}\cos\theta_\sigma}{\sqrt{2}}-\frac{3}{2\sqrt{2}}\right)t\sin\varphi+\frac{\sin\theta_\sigma\sin\varphi}{\sqrt{2}}\right]\tau_{\text{oct}}=\sigma_{\text{oct}}\sin\varphi+c\cos\varphi
\tag{6.1.8}
$$

根据式(6.1.8)可以获得偏平面上的破坏包络函数 $g(\theta_\sigma)$，简称偏平面函数。

偏平面函数控制了偏平面上岩石破坏强度包络的形状，即岩石破坏强度随应力洛德角的变化规律。一般规定当应力洛德角 $\theta_\sigma=-30°$时，$g(-30°)=1$，通过式(6.1.8)可得到 3DHRFC 破坏准则的偏平面函数，其表达式为

$$g(\theta_\sigma)=\frac{3-\sin\varphi}{\sqrt{3}\cos\theta_\sigma\sqrt{s\left(\sqrt{3}\tan\theta_\sigma+1\right)^2-2\sqrt{3}\tan\theta_\sigma+2+\left(2\sqrt{3}\cos\theta_\sigma-3\right)t\sin\varphi+2\sin\theta_\sigma\sin\varphi}} \tag{6.1.9}$$

因此，3DHRFC 破坏准则的线性表达式(6.1.3)可以表示为八面体应力的形式，即

$$\frac{\tau_{\text{oct}}}{g(\theta_\sigma)}=\frac{2\sqrt{2}\sigma_{\text{oct}}\sin\varphi}{3-\sin\varphi}+\frac{2\sqrt{2}c\cos\varphi}{3-\sin\varphi} \tag{6.1.10}$$

当$\sigma_2=\sigma_3$时，$b=0$，式(6.1.3)和式(6.1.10)退化为 Mohr-Coulomb 准则。因此，3DHRFC 破坏准则的线性形式是 Mohr-Coulomb 准则的三维扩展。当$g(\theta_\sigma)=1$时，式(6.1.10)退化为 Drucker-Prager 准则，其表达式为

$$\tau_{\text{oct}}=\frac{2\sqrt{2}\sigma_{\text{oct}}\sin\varphi}{3-\sin\varphi}+\frac{2\sqrt{2}c\cos\varphi}{3-\sin\varphi} \tag{6.1.11}$$

当 $s=1$ 和 $t=0$ 时，式(6.1.9)退化为

$$g(\theta_\sigma)=\frac{3-\sin\varphi}{3+2\sin\theta_\sigma\sin\varphi} \tag{6.1.12}$$

此时，3DHRFC 破坏准则的线性形式用八面体应力表达为

$$\tau_{\text{oct}}=\frac{2\sqrt{2}\sigma_{\text{oct}}\sin\varphi}{3+2\sin\theta_\sigma\sin\varphi}+\frac{2\sqrt{2}c\cos\varphi}{3+2\sin\theta_\sigma\sin\varphi} \tag{6.1.13}$$

根据式(6.1.7)主应力与八面体应力的转换关系，将式(6.1.13)中的应力洛德角参数和八面体正应力代入替换，得到

$$\tau_{\text{oct}}=\frac{2\sqrt{2}\sigma_{\text{m},2}\sin\varphi}{3}+\frac{2\sqrt{2}c\cos\varphi}{3} \tag{6.1.14}$$

式中，$\sigma_{\text{m},2}=(\sigma_1+\sigma_3)/2$ 为平均有效正应力。

可以看出，式(6.1.14)正是线性 Mogi 准则即 Mogi-Coulomb 准则的表达式[2]。

综上所述，3DHRFC 破坏准则与经典强度准则的关系如表 6.1.1 所示。

表 6.1.1 3DHRFC 破坏准则与经典强度准则的关系

经典强度准则	表达式	3DHRFC 破坏准则对应的参数
Mohr-Coulomb	$\sigma_1-\sigma_3=(\sigma_1+\sigma_3)\sin\varphi+2c\cos\varphi$	a=0, $\sin\varphi_b=\sin\varphi$
Drucker-Prager (θ_σ=–30°)	$\tau_{oct}=\dfrac{2\sqrt{2}\sigma_{oct}\sin\varphi}{3-\sin\varphi}+\dfrac{2\sqrt{2}c\cos\varphi}{3-\sin\varphi}$	a=0, $g(\theta_\sigma)$=1
Mogi-Coulomb	$\tau_{oct}=\dfrac{2\sqrt{2}\sigma_{m,2}\sin\varphi}{3}+\dfrac{2\sqrt{2}c\cos\varphi}{3}$	s=1, t=0, a=0

图 6.1.3 为不同准则的理论破坏强度随中间主应力的变化特征。可以看出，Mohr-Coulomb 准则的预测结果没有变化；Mogi-Coulomb 准则的预测结果呈先增后减的对称变化趋势，在广义三轴压缩应力状态和广义三轴拉伸应力状态下的破坏强度相同；Drucker-Prager 准则高估了中间主应力对破坏强度的影响；3DHRFC 破坏准则正好处于 Drucker-Prager 准则和 Mohr-Coulomb 准则中间，而且可以反映破坏强度随中间主应力的非对称变化趋势。

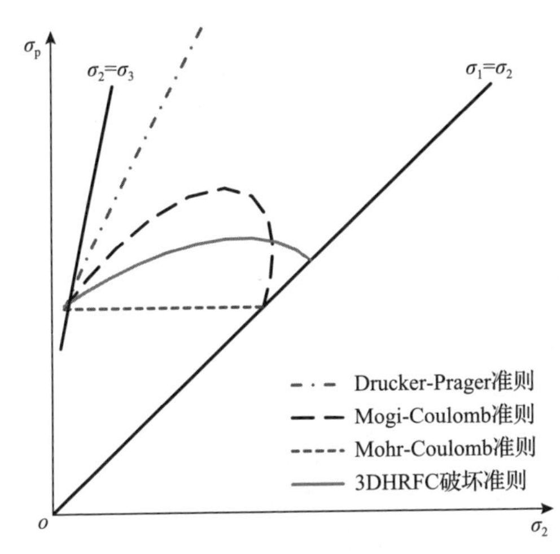

图 6.1.3 不同准则的理论破坏强度随中间主应力的变化特征

3. 3DHRFC 破坏准则参数取值及意义

3DHRFC 破坏准则中，c 和 φ 分别为不考虑中间主应力影响的岩石黏聚力和内摩擦角，可通过常规三轴压缩试验获得。由式(6.1.9)可知，3DHRFC 破坏准则的偏平面函数与岩石黏聚力 c 无关，主要与岩石内摩擦角 φ 和材料参数 s、t 相关。

由式(6.1.1)可知，参数 s 反映了岩石在广义三轴压缩应力状态和广义三轴拉伸应力状态下的破坏强度差异。因此可以通过广义三轴拉伸应力状态下岩石的破坏强度来确定参数 s，由式(6.1.3)可得

$$\sigma = \frac{\sqrt{s} + \sin\varphi}{\sqrt{s} - \sin\varphi}\sigma_3 + \frac{2c\cos\varphi}{\sqrt{s} - \sin\varphi} \tag{6.1.15}$$

根据试验数据分析，岩石的参数 s 一般小于 1，经验取值在 0.8～1，具体数值依赖于广义三轴压缩应力状态和广义三轴拉伸应力状态下岩石破坏强度的差异程度。当 s=1 时，二者无差异，这种情况一般适用于某些软土和软岩。因此，改变参数 s 可以使 3DHRFC 破坏准则适用于不同的材料。

参数 t 控制着中间主应力对岩石峰值强度的影响程度。由于深部硬岩峰值强度随中间主应力的增加呈先增后减的非对称变化，在非对称变化趋势线的最高点对应的内摩擦角 φ_b 为最大值。根据表达式(6.1.1)，当 $\frac{\partial \sin\varphi_b}{\partial b} = 0$ 时，存在最大的 $\sin\varphi_b$ 值，可得

$$\frac{2bs-1}{\sqrt{1-b+sb^2}} = \frac{2b-1}{\sqrt{1-b+b^2}} t\sin\varphi \tag{6.1.16}$$

因此，只要确定峰值强度非对称变化趋势线最高点对应的中间主应力系数 b，材料参数 t 即可获得。

材料参数 s 和 t 对 3DHRFC 破坏准则在偏平面上的破坏包络形状有影响，而对 3DHRFC 破坏准则在子午面上的破坏包络形状没有影响，岩石子午面上的破坏包络形状和变化程度均受黏聚力 c、内摩擦角 φ 的影响。

6.1.2　准则验证

为了验证 3DHRFC 破坏准则的适用性和准确性，选取 12 种不同种类的硬岩试样，包括云南砂岩、凌海花岗岩、土耳其安山岩、锦屏地下实验室二期白色大理岩、某深埋隧道中粒角闪黑云花岗岩、白鹤滩水电站地下厂房斜斑玄武岩、加拿大某深部工程苏长岩、金川镍矿大理岩、双江口水电站地下厂房黑云钾长花岗岩、葡萄牙某水电工程花岗闪长岩、北山中粗粒二长花岗岩、巴基斯坦 N-J 水电站引水隧洞砂岩等，进行了验证和分析。

根据这些不同种类硬岩的真三轴压缩破坏强度数据，获得它们的 3DHRFC 破坏准则力学参数(黏聚力 c、内摩擦角 φ、材料参数 s 和 t)，如表 6.1.2 所示。根据 3DHRFC 破坏准则，获得这些硬岩的峰值强度理论预测结果，其与试验结果的对比分析如图 6.1.4 所示[1]。

表 6.1.2　不同种类硬岩的 3DHRFC 破坏准则力学参数

岩石种类	c /MPa	φ /(°)	s	t
云南砂岩	28	41.5	0.88	0.90
凌海花岗岩	49	50	0.95	0.80

续表

岩石种类	c /MPa	φ /(°)	s	t
土耳其安山岩	22	29	0.90	0.80
锦屏地下实验室二期白色大理岩	52	39	0.84	0.70
某深埋隧道中粒角闪黑云花岗岩	50	52	0.95	0.88
白鹤滩水电站地下厂房斜斑玄武岩	27	62	0.95	0.91
加拿大某深部工程苏长岩	42	42.5	0.96	0.50
金川镍矿大理岩	14	51	0.95	0.50
双江口水电站地下厂房黑云钾长花岗岩	30	55.1	0.95	0.90
葡萄牙某水电工程花岗闪长岩	36	54	1.05	0.88
北山中粗粒二长花岗岩	34	53	0.99	0.90
巴基斯坦 N-J 水电站引水隧洞砂岩	45	48.5	0.90	0.95

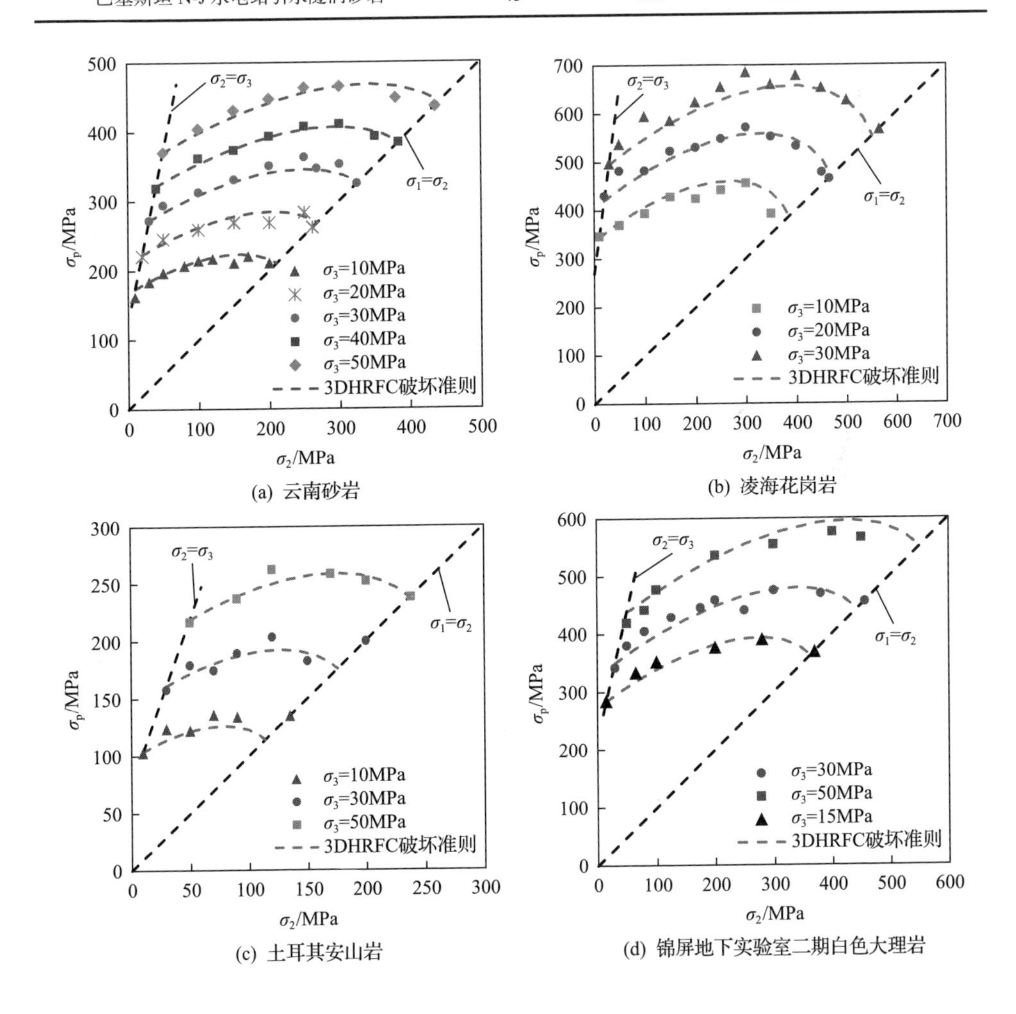

(a) 云南砂岩

(b) 凌海花岗岩

(c) 土耳其安山岩

(d) 锦屏地下实验室二期白色大理岩

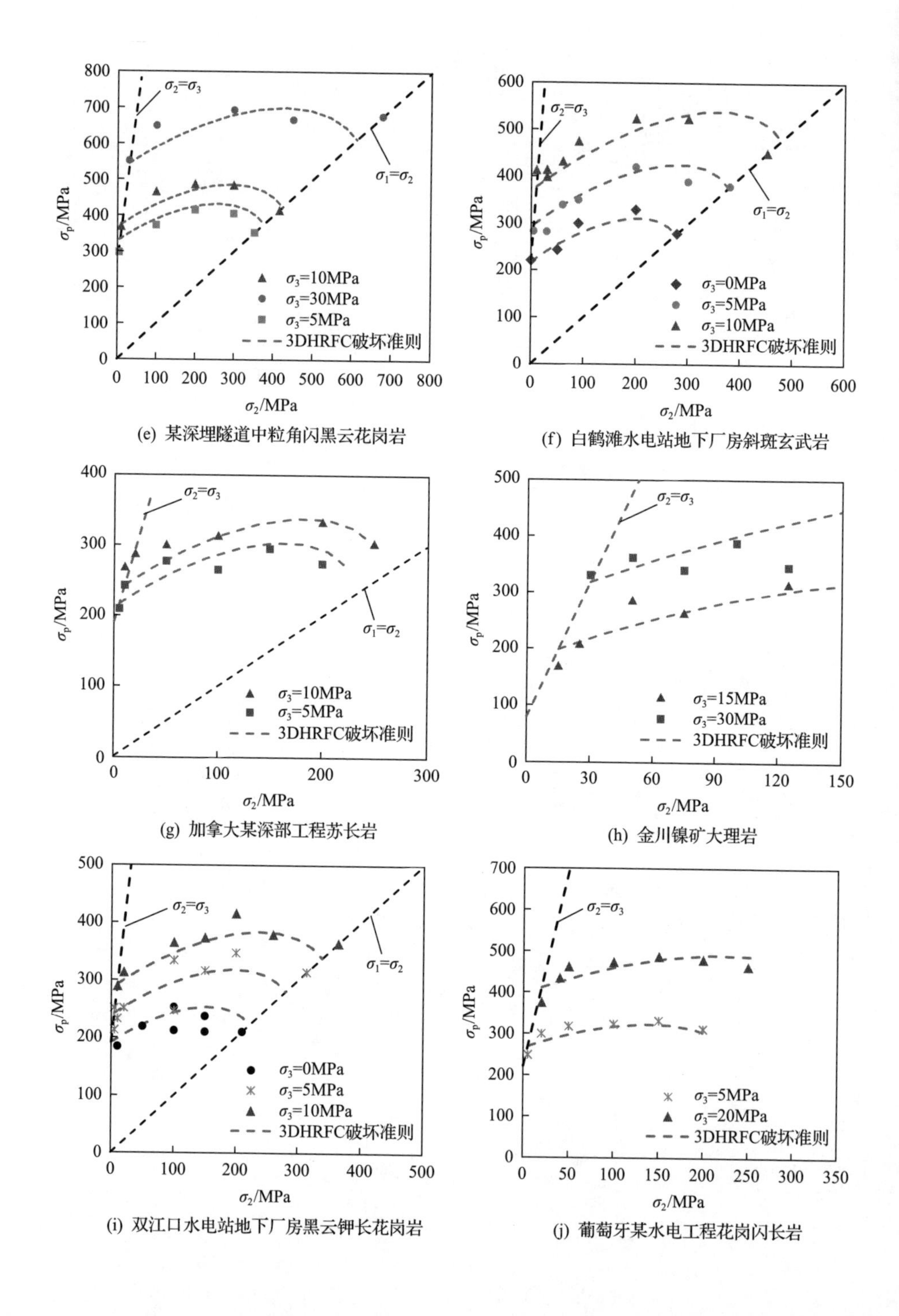

(e) 某深埋隧道中粒角闪黑云花岗岩

(f) 白鹤滩水电站地下厂房斜斑玄武岩

(g) 加拿大某深部工程苏长岩

(h) 金川镍矿大理岩

(i) 双江口水电站地下厂房黑云钾长花岗岩

(j) 葡萄牙某水电工程花岗闪长岩

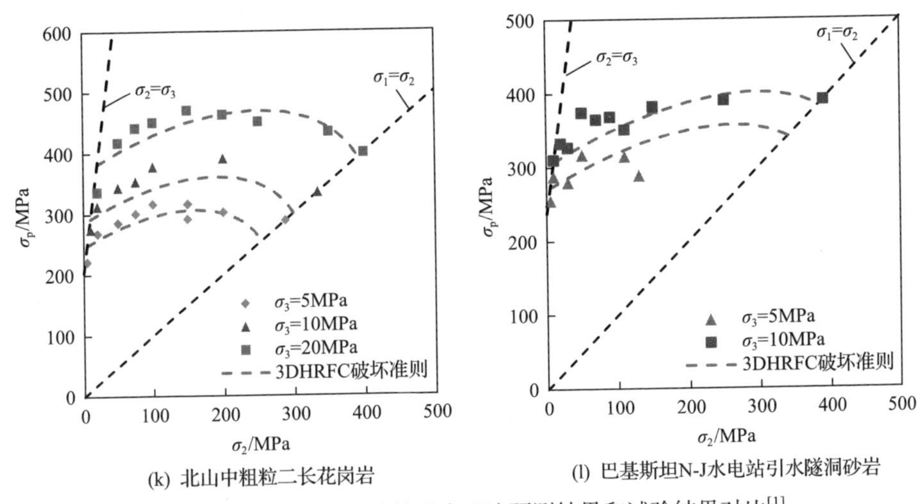

图 6.1.4　典型硬岩的峰值强度理论预测结果和试验结果对比[1]

从图 6.1.4 可以看出，3DHRFC 破坏准则理论预测结果和试验结果具有高度的一致性，而且 3DHRFC 破坏准则很好地描述了深部硬岩峰值强度随中间主应力的非对称变化特征。

为了在八面体应力空间验证3DHRFC破坏准则对深部硬岩峰值强度及破坏包络特征的描述，以云南砂岩为例，对其在偏平面和子午面上岩石峰值强度及破坏包络的理论预测结果和试验结果进行对比分析，结果如图 6.1.5 和图 6.1.6 所示[1]。根据在偏平面上云南砂岩的弧三角形破坏包络特征，3DHRFC 破坏准则可以很好地反映八面体剪应力随应力洛德角的变化规律。在云南砂岩峰值强度的子午面上，理论预测结果和试验结果也具有高度的一致性，而且此 3DHRFC 破坏准则可以很好地描述低应力拉破裂区、岩石峰值强度的非线性变化特征。

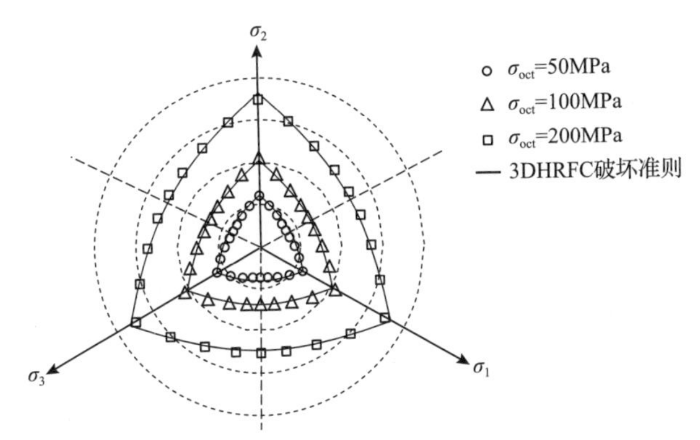

图 6.1.5　云南砂岩在偏平面上岩石峰值强度及破坏包络的理论预测结果和试验结果[1]

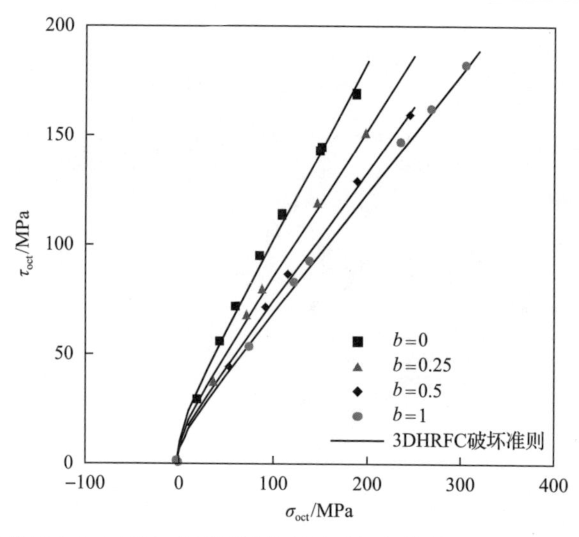

图 6.1.6　云南砂岩在子午面上岩石峰值强度及破坏包络的理论预测结果和试验结果[1]

6.2　应力诱导硬岩各向异性脆延破坏力学模型

本节基于真三轴压缩试验所获得的科学认知，构建深部工程硬岩破坏力学模型。在合理认知深部工程硬岩脆延性破坏机理、强度特性、真三向应力诱导变形破裂各向异性和能量演化特征的基础上，建立应力诱导硬岩各向异性脆延破坏力学模型，利用强度参数演化反映硬岩在三维应力条件下弹性、塑性、延性和脆性变形破裂的规律和机理，利用与三维应力水平有关的内变量反映破裂三维应力依赖性，利用三个方向变形模量演化反映真三向应力诱导变形破坏各向异性。该模型合理反映了深部工程硬岩以拉破裂为主、高能量集中与释放的工程特性，可为深部工程的分析、设计、施工和深部工程灾害防控提供科学理论。

6.2.1　模型构建

1. 构建思路

依据真三轴压缩试验下深部工程硬岩的破坏机理，应力诱导硬岩各向异性脆延破坏力学模型基于增量的应力-应变关系，可表示为[3]

$$\dot{\boldsymbol{\sigma}} = \boldsymbol{E}^{\mathrm{a}}(\kappa)\cdot(\dot{\boldsymbol{\varepsilon}} - \dot{\boldsymbol{\varepsilon}}^{\mathrm{p}}) \tag{6.2.1}$$

式中，$\dot{\boldsymbol{\sigma}}$、$\dot{\boldsymbol{\varepsilon}}$和$\dot{\boldsymbol{\varepsilon}}^{\mathrm{p}}$分别为增量应力矩阵、增量应变矩阵和增量塑性应变张量矩阵；$\boldsymbol{E}^{\mathrm{a}}$为基于杨氏模量$E$、泊松比$\nu$和内变量$\kappa$的应力诱导各向异性弹性刚度矩阵

张量。该增量应力-应变关系严格遵循热力学第二定律。

破坏状态的判断条件为

$$F \leqslant 0,\quad \dot{\lambda} \geqslant 0,\quad \dot{\lambda} F = 0 \tag{6.2.2}$$

式中，$\dot{\lambda}$ 为塑性算子的增量比率；F 为破坏函数。

破坏函数 F 采用 3DHRFC 破坏准则表示，即

$$F = \left(\frac{\sigma_1 - \sigma_3}{\sin\varphi_\mathrm{b}}\right)^2 - \left[\sigma_1 + \sigma_3 + 2c(\kappa)\cdot\cot\varphi(\kappa)\right]^2 + \left[2\sigma_\mathrm{t} + 2c(\kappa)\cdot\cot\varphi(\kappa)\right]^2 \tag{6.2.3}$$

$$\sin\varphi_\mathrm{b} = \frac{\sin\varphi(\kappa)}{\sqrt{1-b+sb^2} + t(1-\sqrt{1-b+b^2})\sin\varphi(\kappa)} \tag{6.2.4}$$

式中，s 和 t 为 3DHRFC 破坏准则相关的材料参数。

增量塑性应变通过非关联流动法则定义为

$$\dot{\boldsymbol{\varepsilon}}^\mathrm{p} = \dot{\lambda}\frac{\partial g(c(\kappa),\psi)}{\partial \boldsymbol{\sigma}} \tag{6.2.5}$$

式中，塑性势函数 g 可通过将破坏函数 F 中的内摩擦角 φ 替换为扩容角 ψ 获得。

在上述基本框架内，模型通过以下几个特征建立：

1) 内变量定义与硬岩脆延性变形破坏特征的三维应力分区

内变量 κ 为

$$\kappa = \bar{\varepsilon}^\mathrm{p}\cdot \mathrm{Brit}(\sigma_2,\sigma_3) \tag{6.2.6}$$

式中，等效塑性应变 $\bar{\varepsilon}^\mathrm{p}$ 为塑性体积应变 $\varepsilon_\mathrm{V}^\mathrm{p}$ 或等效塑性剪切应变 $\bar{\gamma}^\mathrm{p}$；$\mathrm{Brit}(\sigma_2,\sigma_3)$ 为脆性指标，即

$$\mathrm{Brit}(\sigma_2,\sigma_3) = \ln\frac{\mathrm{e}^{\frac{\sigma_2}{\sigma_\mathrm{c}}}}{D_\mathrm{d}\dfrac{\sigma_3}{\sigma_\mathrm{c}} + D_\mathrm{u}} \tag{6.2.7}$$

式中，D_d 和 D_u 为脆性指标参数；σ_c 为单轴抗压强度。

综合数据统计与聚类分析结果，可得到脆延性变形破坏类型分区的定量描述，即

$$\begin{cases} \text{Brit}(\sigma_2,\sigma_3) < 5, & \text{EPD} \\ 5 \leqslant \text{Brit}(\sigma_2,\sigma_3) < 5.6, & \text{EPB-D} \\ 5.6 \leqslant \text{Brit}(\sigma_2,\sigma_3) < 6.3, & \text{EPB-M} \\ 6.3 \leqslant \text{Brit}(\sigma_2,\sigma_3) < 7.3, & \text{EPB-I} \\ \text{Brit}(\sigma_2,\sigma_3) \geqslant 7.3, & \text{EB} \end{cases} \tag{6.2.8}$$

式中，EPD、EPB-D、EPB-M、EPB-I 和 EB 表示不同的脆延性变形破坏类型。

2）硬岩脆延性破裂机制描述

采用强度参数演化的方法来描述硬岩微观或宏观破坏行为及相应的破裂机制。真三轴压缩试验结果表明，深部工程硬岩的黏聚力在变形破坏过程中不断弱化，而内摩擦角不断增强，不同变形阶段的黏聚力或内摩擦角的变化速率不同，表现出不同的变形破裂机理。因此，整个变形破坏过程中黏聚力 c 和内摩擦角 φ 的关系为

$$c = c_0 - \sum_{\lambda=1}^{n} w_i \Delta\kappa_i \langle c_0 - c_r \rangle \tag{6.2.9}$$

$$\varphi = \varphi_0 + \sum_{\lambda=1}^{n} s_i \Delta\kappa_i \langle \varphi_r - \varphi_0 \rangle \tag{6.2.10}$$

$$\Delta\kappa_i = \kappa_i - \ \kappa_{i-1} - \kappa_i - \kappa \tag{6.2.11}$$

式中，w_i 和 s_i 分别为黏聚力 c 和内摩擦角 φ 在第 i 个变形阶段中的减弱和增强比率；κ_i 为第 i 个变形阶段中内变量的最终值；$\langle x \rangle$ 为取正运算符，定义为 $\max(0,x)$；c_0、c_r、φ_0 和 φ_r 分别为初始黏聚力、残余黏聚力、初始内摩擦角和残余内摩擦角；n 为变形破裂阶段个数。

相应地，不同变形阶段的机制由 w_i^{type} 和 s_i^{type} 的不同量值描述：

（1）对于弹性阶段，w_i^{e} 和 s_i^{e} 设为零，以描述不发生破裂的弹性骨架变形。

（2）对于塑性阶段，w_i^{p} 和 s_i^{p} 设为非零值，以分别反映由翼裂纹的起裂、发展引起的黏聚力减弱和局部剪切带的形成。

（3）对于脆性破坏阶段，采用 w_i^{b} 来描述由宏观裂纹张开或贯穿引起的黏聚力的突然损失。由于该过程短暂且摩擦强度几乎没有改变，s_i^{b} 设为零。

（4）对于延性阶段，次要裂纹张开导致的黏聚力损失可忽略不计，且剪切强度保持大致恒定，故 w_i^{d} 和 s_i^{d} 设为零。

（5）对于残余阶段，w_i^{r} 和 s_i^{r} 均设为零，以描述受主破坏面控制的结构剪切。

通过 w_i^{type} 和 s_i^{type} 不同取值表征硬岩变形破裂机理，结合式(6.2.8)～式(6.2.10)描述真三轴压缩下硬岩三大类五小类典型变形破裂特征，如图 6.2.1 所示。图中包含黏聚力和摩擦强度的演化规律及相应的破裂机制，其中 κ_p、κ_b、κ_d 和 κ_u 为应力峰值点、峰后脆性跌落点、峰后阶段性跌落应力谷值点和峰后阶段性跌落应力

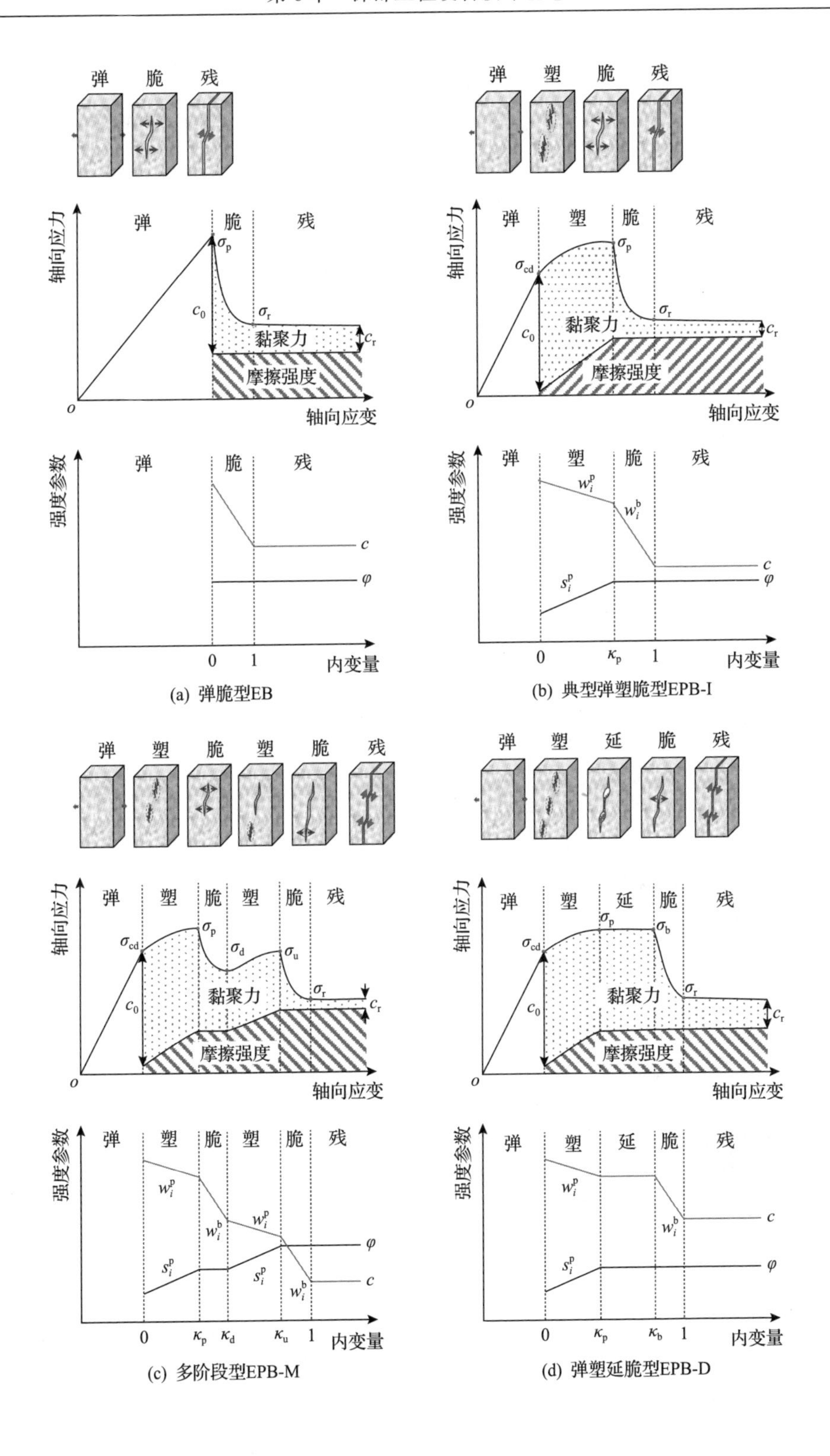

(a) 弹脆型EB　(b) 典型弹塑脆型EPB-I

(c) 多阶段型EPB-M　(d) 弹塑延脆型EPB-D

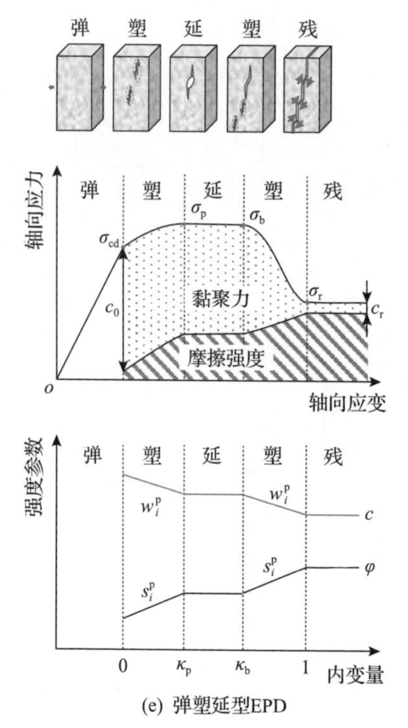

(e) 弹塑延型EPD

图 6.2.1　真三轴压缩下硬岩不同脆延性变形破坏类型的强度参数演化过程

峰值点处的内变量 κ 阈值，弹、塑、脆、延、残分别表示弹性阶段、塑性阶段、脆性破坏阶段、延性阶段、残余阶段。

3) 真三向应力诱导硬岩变形各向异性

系列真三轴压缩循环加卸载试验结果表明，锦屏地下实验室二期白色大理岩三个主应力方向的变形模量演化存在差异，如图 6.2.2 所示。

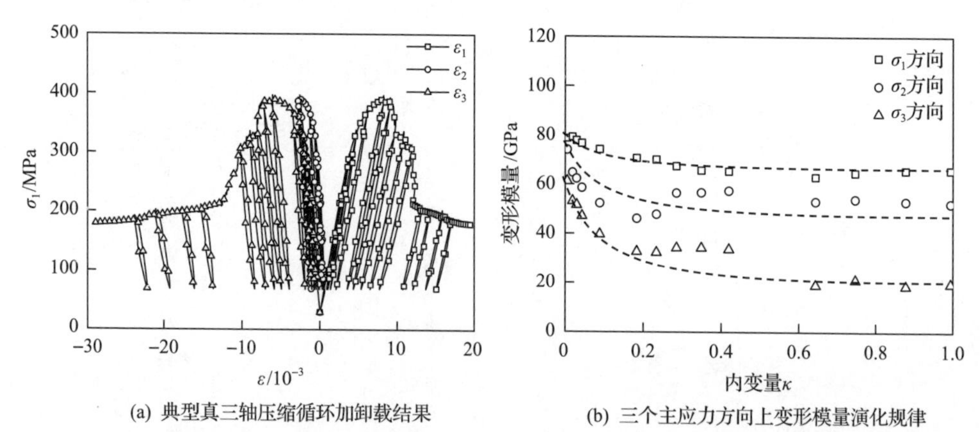

(a) 典型真三轴压缩循环加卸载结果　　(b) 三个主应力方向上变形模量演化规律

图 6.2.2　真三轴压缩下锦屏地下实验室二期白色大理岩三个主应力方向的变形模量演化规律

因此，可以通过不同主应力方向的变形模量演化规律来描述真三向应力诱导的变形各向异性。三个主应力方向变形模量演化规律为

$$E_j = E_0 d_j(\sigma_2, \sigma_3, \kappa), \quad j=1, 2, 3 \tag{6.2.12}$$

式中，E_j 为 σ_j 方向的变形模量；E_0 为初始杨氏模量；d_j 为 σ_j 方向变形模量的劣化程度，由于三维应力诱导的各向异性与真三向应力水平相关，d_j 为应力水平 (σ_2, σ_3) 的函数。

采用 E_j 和对称化内积型方法，构建各向异性弹性刚度张量 $\boldsymbol{E}^{\mathrm{a}}(\kappa)$。柔度矩阵 $[\boldsymbol{E}^{\mathrm{a}}(\kappa)]^{-1}$ 为

$$[\boldsymbol{E}^{\mathrm{a}}(\kappa)]^{-1} = \begin{bmatrix} \dfrac{1}{E_1} & \dfrac{-\nu}{\sqrt{E_1E_2}} & \dfrac{-\nu}{\sqrt{E_1E_3}} & 0 & 0 & 0 \\ \dfrac{-\nu}{\sqrt{E_1E_2}} & \dfrac{1}{E_2} & \dfrac{-\nu}{\sqrt{E_2E_3}} & 0 & 0 & 0 \\ \dfrac{-\nu}{\sqrt{E_1E_3}} & \dfrac{-\nu}{\sqrt{E_2E_3}} & \dfrac{1}{E_3} & 0 & 0 & 0 \\ 0 & 0 & 0 & \dfrac{-\nu}{\sqrt{G_1G_2}} & 0 & 0 \\ 0 & 0 & 0 & 0 & \dfrac{-\nu}{\sqrt{G_2G_3}} & 0 \\ 0 & 0 & 0 & 0 & 0 & \dfrac{-\nu}{\sqrt{G_1G_3}} \end{bmatrix} \tag{6.2.13}$$

式中，G_j 为剪切模量。

$$G_j = \frac{E_j}{2(1+\nu)}, \quad j = 1,2,3 \tag{6.2.14}$$

若三个主应力方向变形模量的劣化程度 d_j 均为 1，则上述方程退化为各向同性弹性本构关系。

2. 模型参数确定

1) 脆性指标 $\mathrm{Brit}(\sigma_2, \sigma_3)$

脆性指标 $\mathrm{Brit}(\sigma_2, \sigma_3)$ 表达式中的 D_{u} 可以通过计算硬岩在单轴压缩条件下的峰值等效塑性应变获得，D_{d} 可以通过计算硬岩在常规三轴压缩(围压较大)条件下

的峰值等效塑性应变获得。结合单轴抗压强度 σ_c，代入式(6.2.7)即可计算脆性指标 $\mathrm{Brit}(\sigma_2,\sigma_3)$。

2)硬岩强度演化参数 w_i^{p}、s_i^{p} 和 w_i^{b}

$$w_i^{\mathrm{p}} = \frac{1}{\dfrac{\bar{\varepsilon}_{\mathrm{c}}^{\mathrm{p}}}{\bar{\varepsilon}_{\mathrm{f}}^{\mathrm{p}}}} \tag{6.2.15}$$

$$s_i^{\mathrm{p}} = 1 \tag{6.2.16}$$

式中，$\bar{\varepsilon}_{\mathrm{c}}^{\mathrm{p}}$ 和 $\bar{\varepsilon}_{\mathrm{f}}^{\mathrm{p}}$ 分别为黏聚力损失时的等效塑性应变和摩擦强度增强时的等效塑性应变。

w_i^{b} 由单轴压缩试验结果确定：

$$w_i^{\mathrm{b}} = \frac{1}{1-\dfrac{\bar{\varepsilon}_{\mathrm{p}}^{\mathrm{p}}}{D}} \tag{6.2.17}$$

式中，$\bar{\varepsilon}_{\mathrm{p}}^{\mathrm{p}}$ 为单轴压缩试验峰值应力处的等效塑性应变；D 为在残余起始点的等效塑性应变 $\bar{\varepsilon}_{\mathrm{r}}^{\mathrm{p}}$。

对于图 6.2.1(a)中的弹脆型曲线，w_i^{b} 与式(6.2.17)略有不同，并可设为 1。

3) κ_{p}、κ_{b}、κ_{d} 和 κ_{u}

κ_{p}、κ_{b}、κ_{d} 和 κ_{u} 的取值可以通过开展真三轴压缩试验，计算硬岩在应力峰值点、峰后脆性跌落点、峰后阶段性跌落应力谷值点和峰后阶段性跌落应力峰值点处的内变量阈值，进而分别计算其统计平均值确定。

4)变形模量劣化程度 d_j

采用负指数函数来描述不同应力状态下三个主应力方向变形模量劣化程度 d_j 随内变量 κ 的演化规律，即

$$d_j = R_j + (1-R_j)\mathrm{e}^{-30\kappa} \tag{6.2.18}$$

式中，R_j 为 d_j 的残差值。

可以通过真三轴压缩试验获得变形模量劣化程度规律。例如，不同应力水平下锦屏地下实验室二期白色大理岩真三轴压缩试验三个主应力方向变形模量的劣化程度演化规律如图 6.2.3 所示。

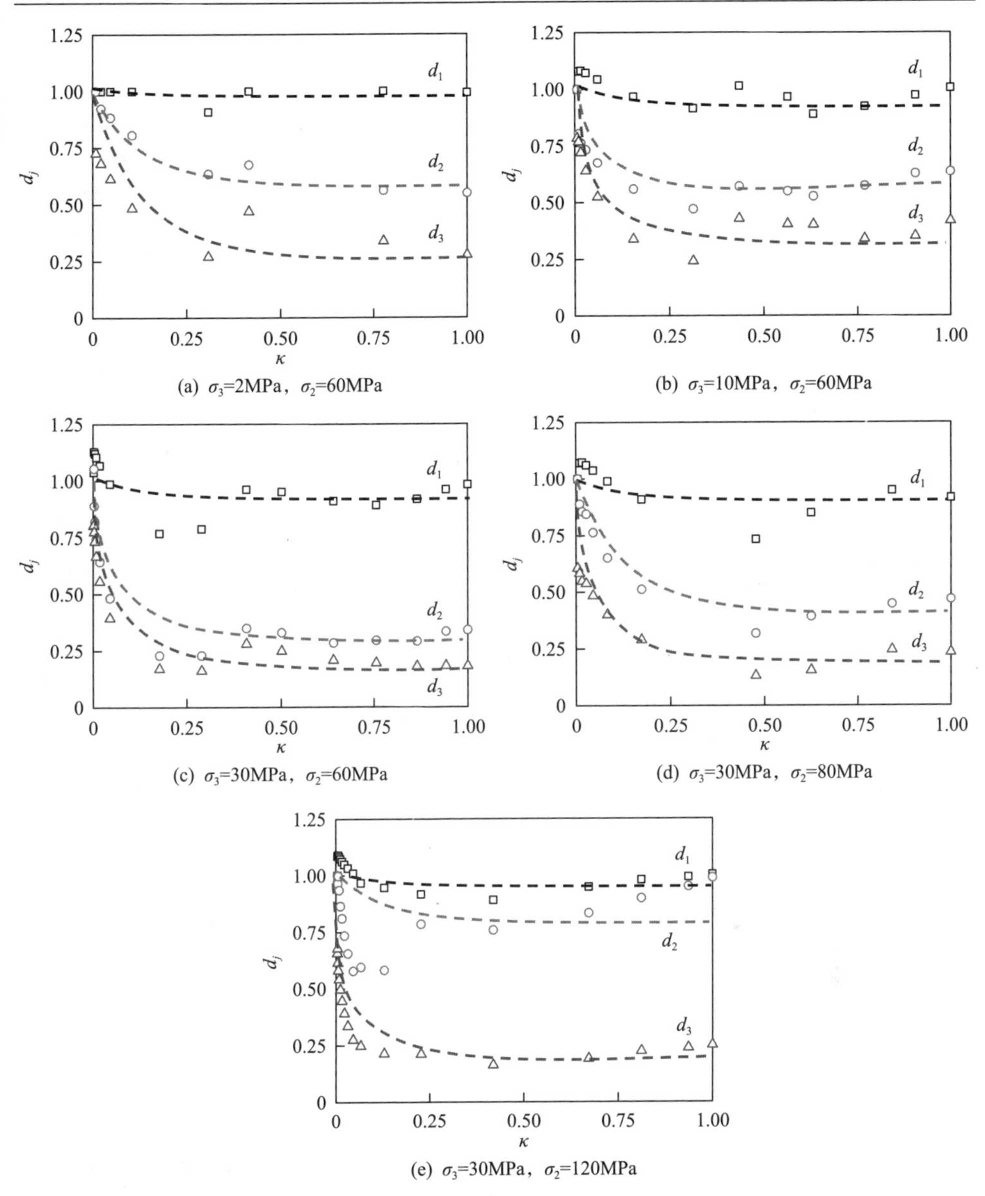

(a) σ_3=2MPa，σ_2=60MPa　(b) σ_3=10MPa，σ_2=60MPa

(c) σ_3=30MPa，σ_2=60MPa　(d) σ_3=30MPa，σ_2=80MPa

(e) σ_3=30MPa，σ_2=120MPa

图 6.2.3　不同应力水平下锦屏地下实验室二期白色大理岩真三轴压缩试验三个主应力方向变形模量的劣化程度演化规律

5) d_j 的残差值 R_j

通过双轴压缩试验与常规三轴压缩试验相结合确定 d_j 的残差值 R_j，R_3 可以通过计算常规三轴压缩试验卸载过程中的变形模量劣化程度 d_3 获得。R_2 与应力差 $\sigma_2-\sigma_3$ 之间满足线性关系，即

$$R_2 = R_{\mathrm{s}}(\sigma_2 - \sigma_3) + R_3 \tag{6.2.19}$$

式中，R_{s} 为该线性关系的斜率，可通过计算双轴压缩试验 R_3 - $(\sigma_2 - \sigma_3)$ 曲线的斜率获得。R_1 不会随应力的变化而变化，表现出与 R_3 类似的特性，可以通过计算常规三轴压缩试验卸载过程中的变形模量裂化程度 d_1 获得。

图 6.2.4 为真三轴压缩下锦屏地下实验室二期白色大理岩三个主应力方向变形模量劣化程度残差值 R_j 与应力水平的关系。可以看出，$R_1 \approx 1$，$R_2 \approx 0.25$。当 $\sigma_2 = \sigma_3$ 时，$R_2 = R_3$，适用于常规三轴压缩试验；如果 $\sigma_2 - \sigma_3$ 的量值足够大，则此应力状态类似于广义拉伸情况（$\sigma_1 \approx \sigma_2$），并且 $R_2 \approx R_1$。如果 $\sigma_2 - \sigma_3$ 足够大，则 $R_2 > 1$，此时 R_2 设置为 1。

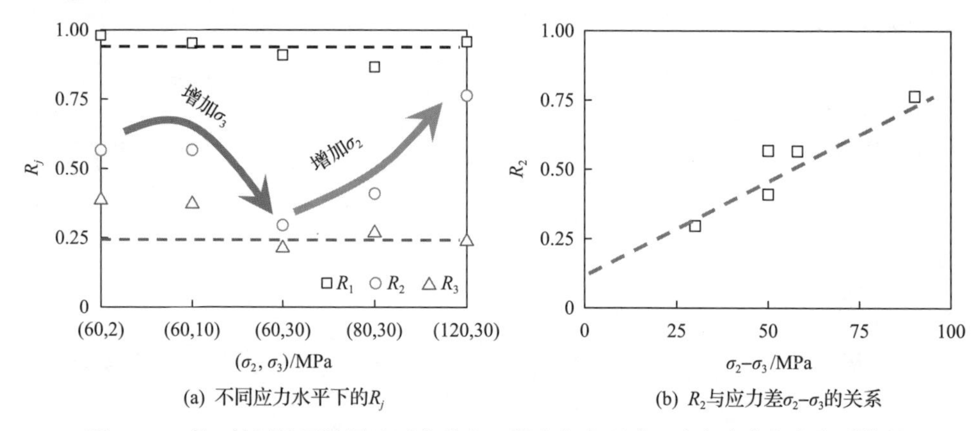

图 6.2.4　真三轴压缩下锦屏地下实验室二期白色大理岩三个主应力方向变形模量劣化程度残差值 R_j 与应力水平的关系

3. 模型特征

应力诱导硬岩各向异性脆延破坏力学模型考虑了岩石三维应力依赖的脆延性、脆性和延性破坏过程中的应力应变响应及相应的机制、真三向应力诱导的变形和破坏各向异性。作为一种统一的硬岩力学模型，改变其力学参数定义范围可退化为其他硬岩力学模型。应力诱导硬岩各向异性脆延破坏力学模型与其他力学模型[4-9]的关系如表 6.2.1 所示。

表 6.2.1　应力诱导硬岩各向异性脆延破坏力学模型与其他力学模型的关系

经典模型	退化方法
CWFS 模型[4]	$c = c_0 - w^{\mathrm{p}}\Delta\kappa^{\mathrm{p}}(c_0 - c_{\mathrm{r}})\ \varphi = \varphi_0 + s^{\mathrm{p}}(\varphi_{\mathrm{r}} - \varphi_0)$
弹脆性模型[5]	$c = c_{\mathrm{r}}$，$\varphi = \varphi_{\mathrm{r}}$
理想弹塑性模型[6]	$c = c_0$，$\varphi = \varphi_0$

续表

经典模型	退化方法
扩容角演化模型[7]	$\psi = f(\sigma_3, \kappa)$
围压依赖模型[8]	$\kappa = f(\sigma_3)$
各向同性损伤模型[9]	$d_1 = d_2 = d_3 \neq 0$

6.2.2　模型验证

通过不同硬岩真三轴压缩下力学行为的数值模拟结果与试验结果对比来验证模型。应用 CASRock 数值计算软件，采用应力诱导硬岩各向异性脆延破坏力学模型和 3DHRFC 破坏准则，试样长方体数值模型含 70785 个节点和 65536 个单元，每个单元的尺寸为 1.5mm×1.5mm×1.5mm。其中锦屏地下实验室二期白色大理岩和云南砂岩的力学参数如表 6.2.2 所示。

表 6.2.2　锦屏地下实验室二期白色大理岩和云南砂岩的力学参数

岩石类型	变形参数			强度参数						模型参数				
	E /GPa	ν	ψ /(°)	c_0 /MPa	c_r /MPa	φ_0 /(°)	φ_r /(°)	s	t	D_b /10^{-3}	w_i^p	w_i^b	R_3	R_s
锦屏地下实验室二期白色大理岩	63.3	0.23	30	52	18	39	52	0.88	0.9	5.2	0.37	1.31	0.25	0.0049
云南砂岩	24.3	0.26	35	28	10	41	46	0.84	0.7	8.4	0.57	1.52	0.18	0.0082

锦屏地下实验室二期白色大理岩真三轴压缩试验结果与应力诱导硬岩各向异性脆延破坏力学模型模拟结果对比如图 6.2.5 所示。从真三轴压缩下三大类五小类变形特征的全应力-应变曲线可以看出，所建立的应力诱导硬岩各向异性脆延破坏力学模型不仅可以合理描述三大类五小类全应力-应变曲线，而且对峰后多级应力下降(EPB-M)和延性变形后的脆性破坏(EPB-D)等均可较好地描述。裂纹和破坏面的发展通过岩石破裂程度 RFD 指标进行评价，RFD 越大表示破裂程度越严重，有关 RFD 的内容会在后续章节(6.4.1 节)详细介绍。从真三轴压缩下五种典型脆延性变形破坏模式可以看出，真三轴压缩下模拟结果出现了明显的三维台阶形裂纹，如图 6.2.5(a2)、(b2)、(c2)和(d2)所示，其破坏面大致平行于σ_2方向。模拟结果均与试验结果一致，表示该模型能够较好地反映硬岩真三轴压缩下的台阶形裂纹破坏形态和真三轴应力诱导破坏各向异性。真三轴压缩下五种典型脆延性变形破坏模拟得到的最终破坏机理结果表明，该模型能够较好地模拟以拉破裂为主的真三轴压缩条件下硬岩破裂特征，同时还可以反映脆性破坏和延性破坏机理的差异性。

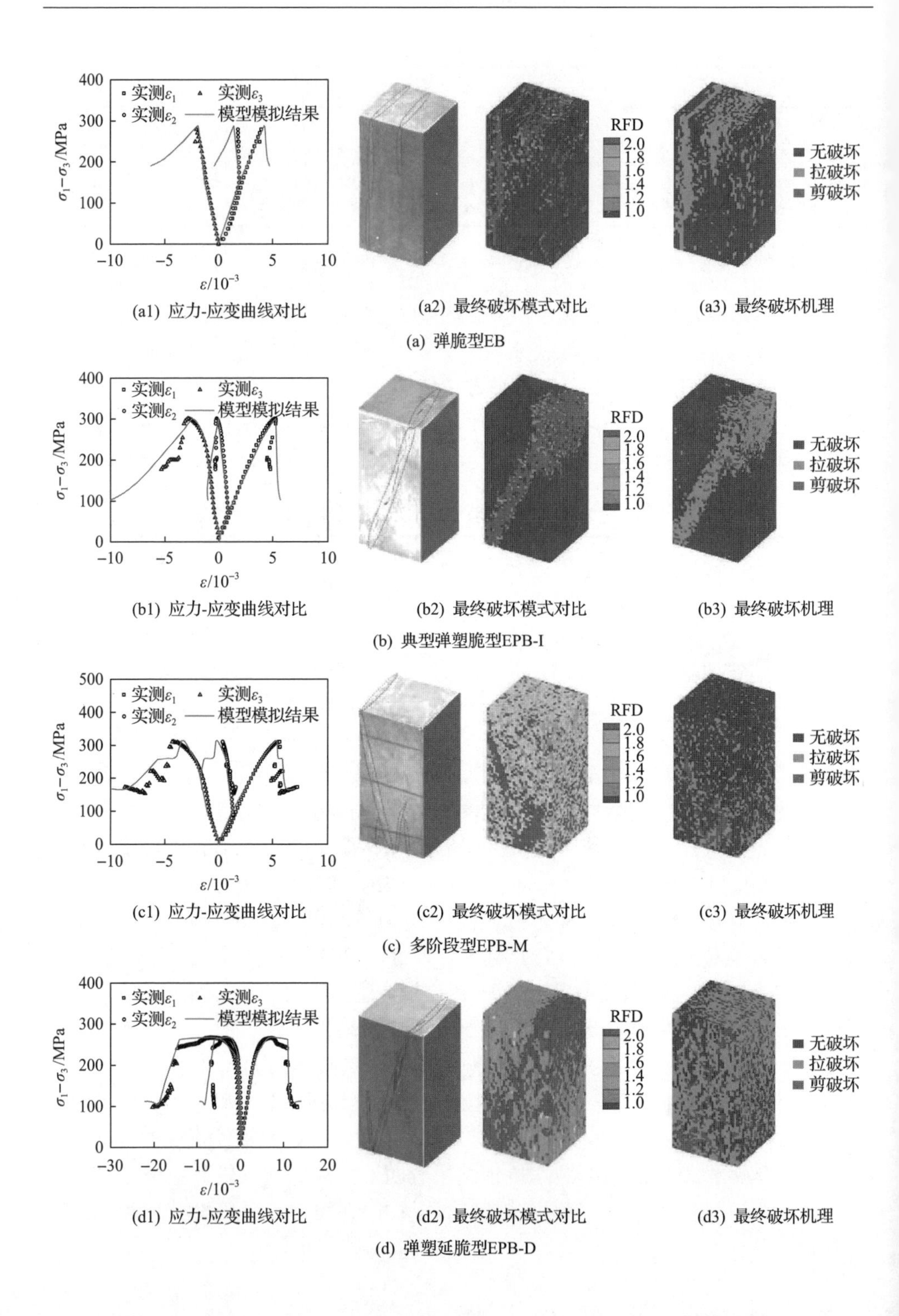

(a1) 应力-应变曲线对比　(a2) 最终破坏模式对比　(a3) 最终破坏机理

(a) 弹脆型EB

(b1) 应力-应变曲线对比　(b2) 最终破坏模式对比　(b3) 最终破坏机理

(b) 典型弹塑脆型EPB-I

(c1) 应力-应变曲线对比　(c2) 最终破坏模式对比　(c3) 最终破坏机理

(c) 多阶段型EPB-M

(d1) 应力-应变曲线对比　(d2) 最终破坏模式对比　(d3) 最终破坏机理

(d) 弹塑延脆型EPB-D

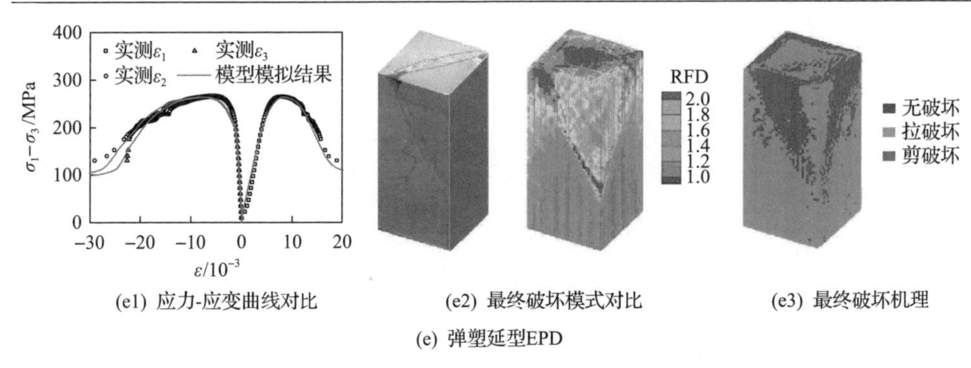

(e1) 应力-应变曲线对比　(e2) 最终破坏模式对比　(e3) 最终破坏机理

(e) 弹塑延型EPD

图 6.2.5　锦屏地下实验室二期白色大理岩真三轴压缩试验结果与应力诱导硬岩各向异性脆延破坏力学模型模拟结果对比

真三轴压缩下云南砂岩应力-应变曲线试验结果与应力诱导硬岩各向异性脆延破坏力学模型模拟结果对比如图 6.2.6 所示，图 6.2.6(d)给出了最小主应力方向和中间主应力方向变形差异性试验与模拟结果对比，此处变形差异性通过式(5.1.25)

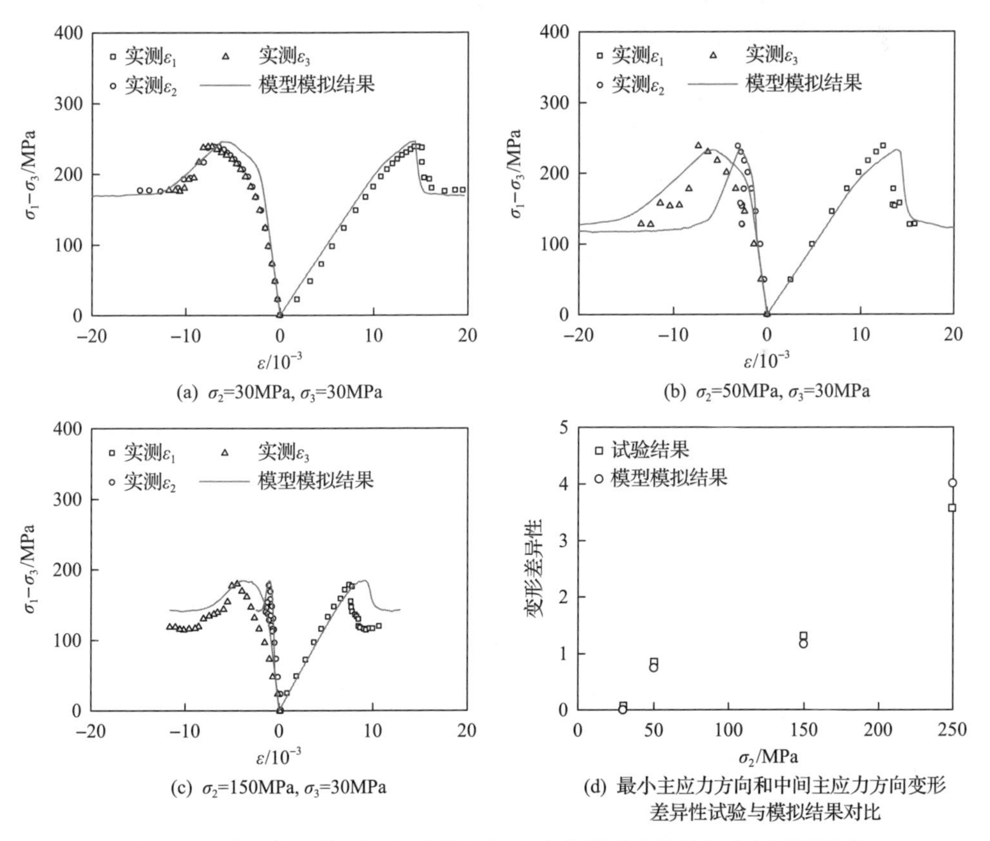

(a) σ_2=30MPa, σ_3=30MPa　(b) σ_2=50MPa, σ_3=30MPa

(c) σ_2=150MPa, σ_3=30MPa　(d) 最小主应力方向和中间主应力方向变形差异性试验与模拟结果对比

图 6.2.6　真三轴压缩下云南砂岩应力-应变曲线试验结果与应力诱导硬岩各向异性脆延破坏力学模型模拟结果对比

计算。可以看出，模拟结果与试验结果吻合良好，证明该模型能够模拟硬岩真三向应力诱导的变形各向异性。

其他 8 种不同硬岩的真三轴压缩应力-应变曲线试验结果与应力诱导硬岩各向异性脆延破坏力学模型模拟结果对比如图 6.2.7 所示。可以看出，试验结果和模拟结果吻合较好，证明该模型可以合理地描述真三轴压缩条件下硬岩的变形破坏特征。

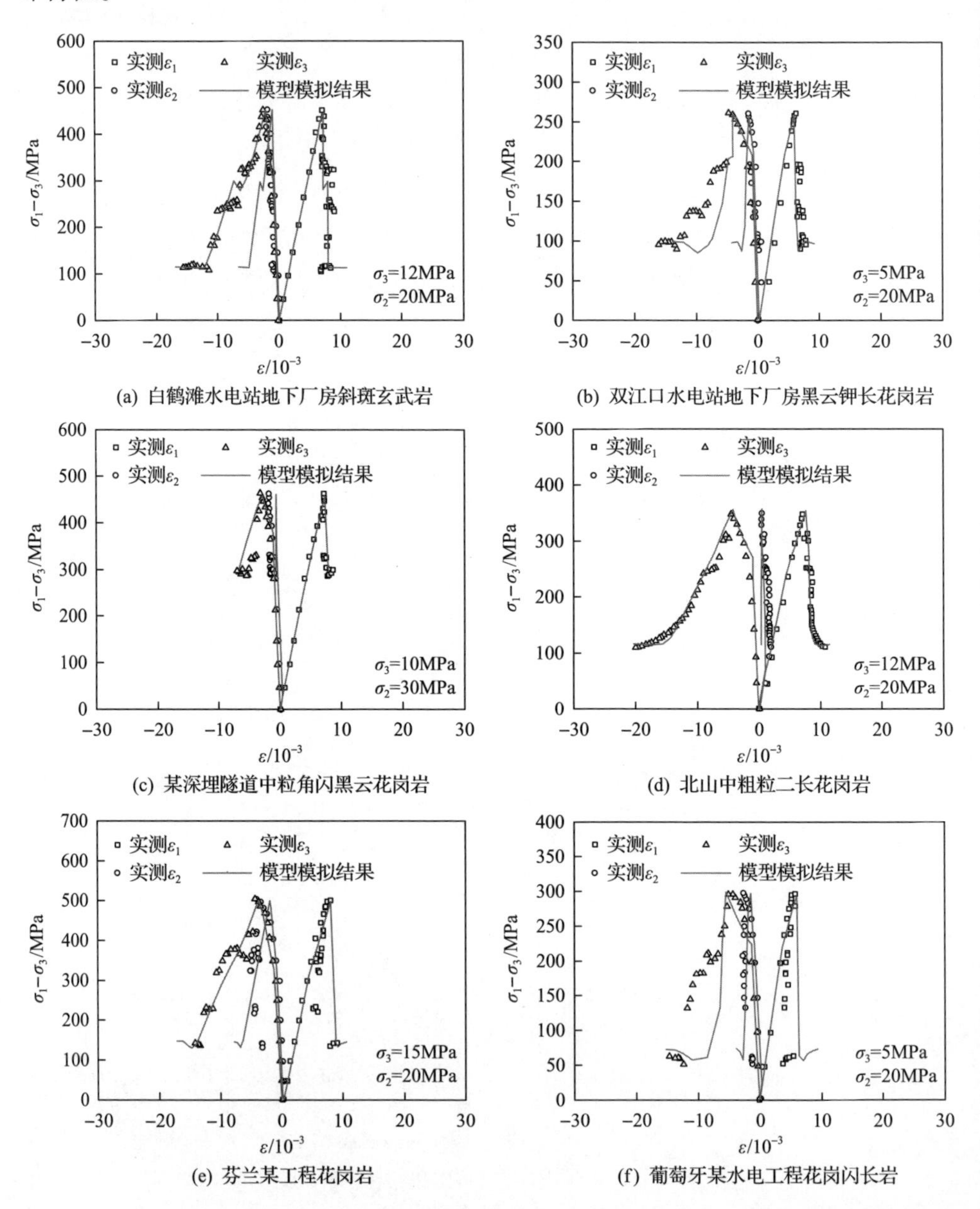

(a) 白鹤滩水电站地下厂房斜斑玄武岩　(b) 双江口水电站地下厂房黑云钾长花岗岩

(c) 某深埋隧道中粒角闪黑云花岗岩　(d) 北山中粗粒二长花岗岩

(e) 芬兰某工程花岗岩　(f) 葡萄牙某水电工程花岗闪长岩

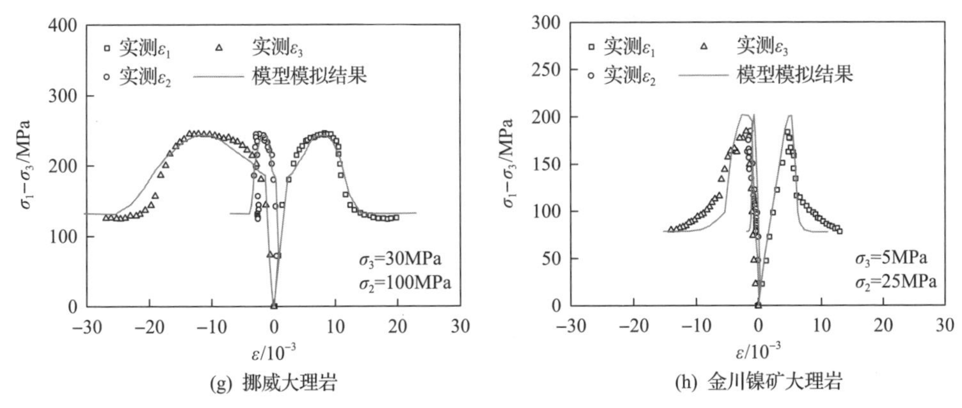

(g) 挪威大理岩　(h) 金川镍矿大理岩

图 6.2.7　不同硬岩的真三轴压缩应力-应变曲线试验结果与应力诱导硬岩各向异性脆延破坏力学模型模拟结果对比

6.3　应力诱导硬岩各向异性时效破坏力学模型

根据深部硬岩流变力学试验认知，为了合理描述深部工程硬岩时效破裂过程的机制、特征与规律，建立的力学模型需同时考虑脆延性引起的硬岩时效变形差异、三维应力诱导的各向异性时效破裂及变形和峰前拉破裂持续聚集引起的强度弱化等特征。本节以硬岩时效变形由其内部破裂时效扩展引起为核心，建立应力诱导硬岩各向异性时效破坏力学模型，给出相关岩体力学参数的确定方法，并以锦屏地下实验室二期白色大理岩为例，对模型可靠性进行验证。

6.3.1　模型构建

1. 构建思路

硬岩内部破裂时效扩展是引起变形随时间变化的本质原因。破裂引起的硬岩总应变 ε_{ij} 主要由弹性应变 $\varepsilon_{ij}^{\mathrm{e}}$、黏弹性应变 $\varepsilon_{ij}^{\mathrm{ve}}$ 和黏塑性应变 $\varepsilon_{ij}^{\mathrm{vp}}$ 构成。硬岩的总应变为

$$\varepsilon_{ij}=\varepsilon_{ij}^{\mathrm{e}}+\varepsilon_{ij}^{\mathrm{ve}}+\varepsilon_{ij}^{\mathrm{vp}} \tag{6.3.1}$$

$$\sigma_{ij}=C_{ijkl}\varepsilon_{kl}^{\mathrm{e}} \tag{6.3.2}$$

式中，C_{ijkl} 为弹性张量。

根据广义胡克定律，弹性体三维本构关系为

$$\varepsilon_{ij}^{\mathrm{e}}=\frac{S_{ij}}{2G^{\mathrm{e}}}+\frac{\sigma_{\mathrm{m}}\delta_{ij}}{3K^{\mathrm{e}}} \tag{6.3.3}$$

$$K^{\mathrm{e}}=\frac{E}{3(1-2\nu)} \tag{6.3.4}$$

$$G^{\mathrm{e}}=\frac{E}{2(1+\nu)} \tag{6.3.5}$$

式中，G^{e} 和 K^{e} 分别为剪切模量和体积模量；S_{ij} 为偏应力张量；$\sigma_{\mathrm{m}}\delta_{ij}$ 为球应力张量。

硬岩的黏弹性变形可采用开尔文体描述，其三维本构关系为

$$\varepsilon_{ij}^{\mathrm{ve}}=\frac{1}{2G^{\mathrm{ve}}}\left[1-\exp\left(-\frac{G^{\mathrm{ve}}}{\eta^{\mathrm{ve}}}t\right)\right]S_{ij} \tag{6.3.6}$$

式中，G^{ve} 和 η^{ve} 分别为黏弹性剪切模量和剪切黏滞系数。

硬岩的黏塑性应变率可以采用波兹纳(Perzyna)本构方程进行描述：

$$\dot{\varepsilon}_{ij}^{\mathrm{vp}}=\gamma_{ij}\left\langle\Phi\right\rangle\frac{\partial Q}{\partial\sigma_{ij}} \tag{6.3.7}$$

式中，γ_{ij} 为岩石的黏性流动系数；$\left\langle\Phi\right\rangle$ 为与三维应力相关的函数，直接影响蠕变速率的变化，可以将其理解为驱动硬岩产生黏塑性应变的三维驱动应力；Q 为塑性势函数，当采用关联流动法则时，$Q=F$。

式(6.3.7)中 $\partial Q/\partial\sigma_{ij}$ 表征塑性应变增量与加载曲面的关系，即黏塑性应变在三维应变空间流动方向。黏塑性应变率大小可以认为由黏性流动系数 γ_{ij} 与函数 $\left\langle\Phi\right\rangle$ 确定。而黏性流动系数 γ_{ij} 可以理解为随着时间增加产生的破裂引起硬岩黏滞性改变，从而导致硬岩黏塑性应变率的改变。因此，这个量值只与硬岩自身属性和随时间增加产生的硬岩内部破裂有关。函数 $\left\langle\Phi\right\rangle$ 可以通过试验获得的稳态蠕变速率与三维应力水平确定。

在上述基本框架内，模型通过以下几个特征建立。

1)通过裂纹非稳定扩展面判断硬岩是否发生时效破裂

裂纹非稳定扩展与破坏是两个概念。非稳定扩展是指硬岩受荷载作用下，由弹性变形状态过渡到裂纹大量萌生并非稳定扩展状态的过程；破坏是指硬岩产生宏观破坏，承载力明显降低。常将硬岩损伤强度定义为裂纹非稳定扩展点，将峰值强度对应的点称为破坏点。裂纹非稳定扩展点与破坏点可以描述在不考虑时间效应时，岩石所处的不同损伤及破裂状态。对于时效力学模型，裂纹非稳定扩展点和破坏点主要用于判别当施加的应力水平不超过试样的承载极限时，试样是否发生速率非零的蠕变。

一般认为，裂纹非稳定扩展点的表达形式与破坏点的表达形式一致。三维应力空间内，二者形成的曲面可以用相同的表达式，只是力学参数存在差异，可表达为

$$F = f(I_1, J_2, \theta, c, \varphi) \tag{6.3.8}$$

假设硬岩初始破坏面函数为 F_0，此时硬岩的初始黏聚力和初始内摩擦角分别为 c_0 和 φ_0；而裂纹非稳定扩展面的函数为 F_1，此时硬岩的黏聚力和内摩擦角分别为 c_1 和 φ_1。

图 6.3.1 为基于 3DHRFC 破坏准则绘制的 π 平面上应力点与裂纹非稳定扩展面和破坏面的关系。P_0、P_1、P_2、A、B 均在同一 π 平面上，裂纹非稳定扩展面和破坏面将应力空间分为三个部分。π 平面上，P_0 点坐标为(σ_π，0)，P_1 点坐标为(σ_π，τ_{π_1})，P_2 点坐标为(σ_π，τ_{π_2})。A、B 均代表三维应力水平处于不同区域时的状态，其坐标可以统一表示为(σ_π，τ_π)，其中，$\sigma_\pi = I_1/\sqrt{3}$。

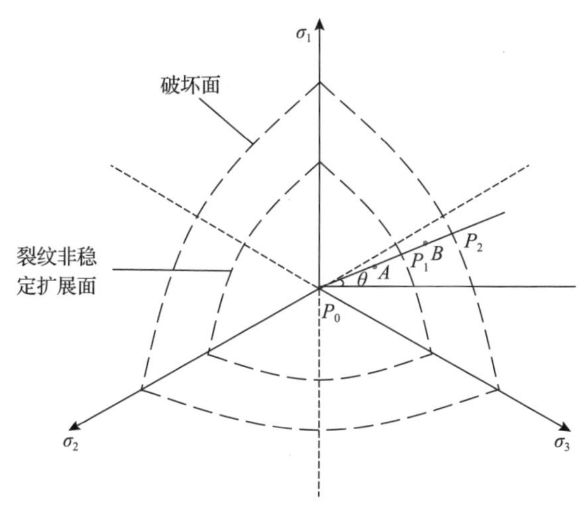

图 6.3.1　基于 3DHRFC 破坏准则绘制的 π 平面上应力点与裂纹非稳定扩展面和破坏面的关系

当应力点 A 处于裂纹非稳定扩展面内时，硬岩并不会发生时效破裂，$F_1(\sigma_{ij}) \leqslant 0$；当应力点 B 处于裂纹非稳定扩展面和破坏面之间时，硬岩会发生时效破裂，引起岩石发生时间可测的失稳破坏，$F_1(\sigma_{ij}) > 0$。因此，在对时效破裂程度定义时，必然包含两种状态：一是在裂纹非稳定扩展面内，所处应力点状态接近裂纹非稳定扩展面并引起硬岩发生时效破裂的危险系数；另一种是在裂纹非稳定扩展面外，长时间时效破裂行为致使硬岩内部塑性应变累积。

2)脆延性诱导硬岩蠕变变形差异性描述

深部硬岩蠕变受三维应力影响，增加 σ_1、降低 σ_2 和 σ_3 能够提高硬岩蠕变速

率。为了描述三维应力状态下硬岩的蠕变速率特征，需要建立蠕变速率与等效三维应力之间的关系。图 6.3.2 为真三轴应力下锦屏地下实验室二期白色大理岩稳态蠕变速率与对应的等效三维应力 F_2 的关系。可以看出，蠕变速率与等效三维应力 F_2 只能在相同 σ_2 和 σ_3 条件下符合某个确定的函数关系，不同 σ_2 和 σ_3 条件下很难用一个关系式全部描述。

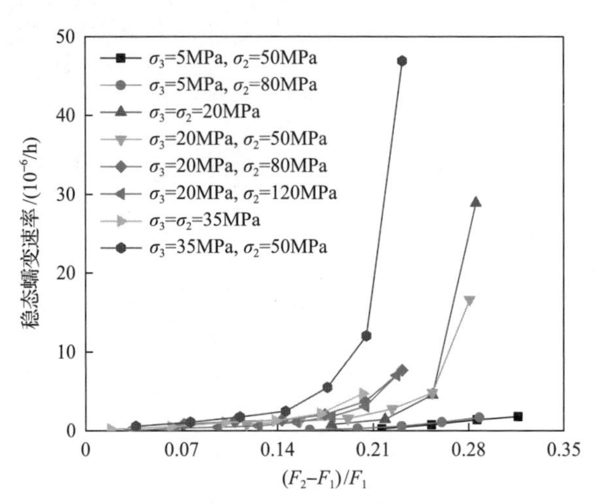

图 6.3.2　真三轴应力下锦屏地下实验室二期白色大理岩稳态蠕变速率与对应的等效三维应力 F_2 的关系

三维应力空间内，$F_2–F_1$ 的大小描述的是当前应力水平点与裂纹非稳定扩展面间的距离。但是，不同八面体正应力 σ_{oct} 条件下，相同的等效三维应力差值可以对应多种应力状态。不同三维应力状态除使岩石蠕变速率大小发生改变外，还会使岩石的脆延性质改变。在考虑函数 $\langle \Phi \rangle$ 与三维应力关系时，应该同时考虑脆性和延性两种条件下的函数关系式。

在 π 平面上，应力点处于裂纹非稳定扩展面与破坏面之间时，硬岩内部会产生能引起失稳破坏的时效破裂。可以参照图 6.3.1 在 π 平面上描述三维空间应力状态的方法，将三维应力对岩石蠕变行为的影响进行量化，即描述应力状态点与裂纹非稳定扩展面间的距离，用符号 d_{stress} 表示。d_{stress} 为应力点在三维应力空间沿最不利应力路径到达破坏面的距离与裂纹非稳定扩展面上相应参考点在相同洛德角方向上沿最不利应力路径到达破坏面的距离之比，可以表示为

$$d_{stress} = \frac{\tau_{\pi_2} - \tau_\pi}{\tau_{\pi_2} - \tau_{\pi_1}} \tag{6.3.9}$$

$$\tau_\pi = \sqrt{2J_2} \tag{6.3.10}$$

τ_{π_1} 和 τ_{π_2} 可以表示为

$$\tau_{\pi_1}=\sqrt{3}g(\theta)\left[\frac{2\sqrt{2}\sin\varphi}{3(3-\sin\varphi)}I_1+\frac{2\sqrt{2}c_1\cos\varphi}{3-\sin\varphi}\right] \tag{6.3.11}$$

$$\tau_{\pi_2}=\sqrt{3}g(\theta)\left[\frac{2\sqrt{2}\sin\varphi}{3(3-\sin\varphi)}I_1+\frac{2\sqrt{2}c_0\cos\varphi}{3-\sin\varphi}\right] \tag{6.3.12}$$

d_{stress} 可以等效为剪应力对硬岩蠕变行为的影响，硬岩的时效行为还受八面体正应力 σ_{oct} 的影响，函数 $\langle\Phi\rangle$ 应该满足如下形式：

$$\langle\Phi\rangle=f(d_{\text{stress}},\sigma_{\text{oct}}) \tag{6.3.13}$$

d_{stress} 具有促进硬岩蠕变的作用，而 σ_{oct} 具有抑制硬岩蠕变的作用。图 6.3.3 为基于 3DHRFC 破坏准则获得的锦屏地下实验室二期白色大理岩轴向稳态蠕变速率与 $d_{\text{stress}}\sigma_c/\sigma_{\text{oct}}$ 的关系。可以看出，硬岩发生脆性蠕变和延性蠕变时，稳态蠕变速率分别可以通过近似线性函数和指数函数描述，即

$$\dot{\varepsilon}_1^{\text{steady}}=3.7\left(\frac{d_{\text{stress}}\sigma_c}{\sigma_{\text{oct}}}\right)+3.4,\quad R^2=0.73 \tag{6.3.14}$$

$$\dot{\varepsilon}_1^{\text{steady}}=1.5\left(\frac{d_{\text{stress}}\sigma_c}{\sigma_{\text{oct}}}\right)^{-1.7},\quad R^2=0.86 \tag{6.3.15}$$

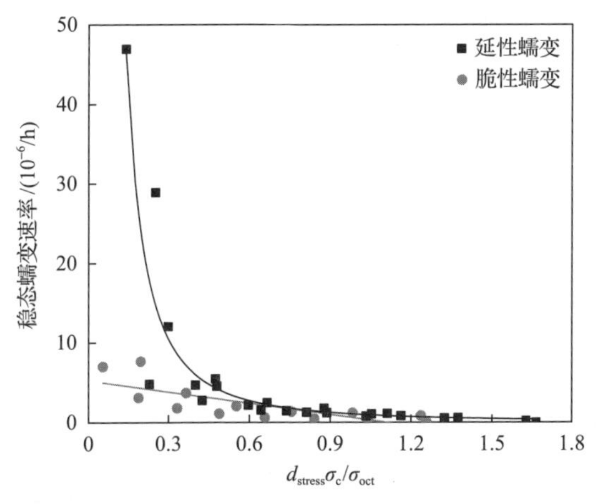

图 6.3.3　基于 3DHRFC 破坏准则获得的锦屏地下实验室二期白色大理岩轴向稳态蠕变速率与 $d_{\text{stress}}\sigma_c/\sigma_{\text{oct}}$ 关系

那么，真三轴应力下函数$\langle \Phi \rangle$可以描述为

$$\langle \Phi \rangle = \begin{cases} 0, & F_1 \leqslant 0 \\ k_1 \left(\dfrac{d_{\text{stress}} \sigma_{\text{c}}}{\sigma_{\text{oct}}} \right) + k_2, & F_1 > 0, \sigma_3 - 0.15\sigma_2 \leqslant 13 \\ k_3 \left(\dfrac{d_{\text{stress}} \sigma_{\text{c}}}{\sigma_{\text{oct}}} \right)^{k_4}, & F_1 > 0, \sigma_3 - 0.15\sigma_2 > 13 \end{cases} \tag{6.3.16}$$

式中，k_1、k_2、k_3、k_4可以通过真三轴试验数据获得。

3）真三向应力诱导硬岩时效变形各向异性描述

假设岩石蠕变变形以恒定速率增加，那么 t 时刻第 i 主应力方向黏塑性变形增量可以表示为

$$\Delta \varepsilon_i^{\text{vp}} = \gamma_i \langle \Phi \rangle t \tag{6.3.17}$$

由锦屏地下实验室二期白色大理岩真三轴流变试验结果可知，其侧向差异性时效变形不受 σ_1 和时间影响，主要与 σ_2、σ_3 有关，σ_2 增加不影响 σ_3 方向时效变形增量与 σ_1 方向时效变形增量比值的变化，可以假设 σ_3 方向时效变形与 σ_1 方向时效变形差异性主要受 σ_1、σ_3 影响。图 6.3.4 为锦屏地下实验室二期白色大理岩真三轴蠕变变形增量比与应力的关系，统计的变形增量时间间隔为 50h。三个主应力方向蠕变变形增量与三维应力关系函数为

$$\frac{\Delta \varepsilon_3^{\text{vp}}}{\Delta \varepsilon_1^{\text{vp}}} = -27 \exp\left(\frac{-50\sigma_3}{\sigma_1 - \sigma_3} \right) - 0.8, \quad R^2 = 0.94 \tag{6.3.18}$$

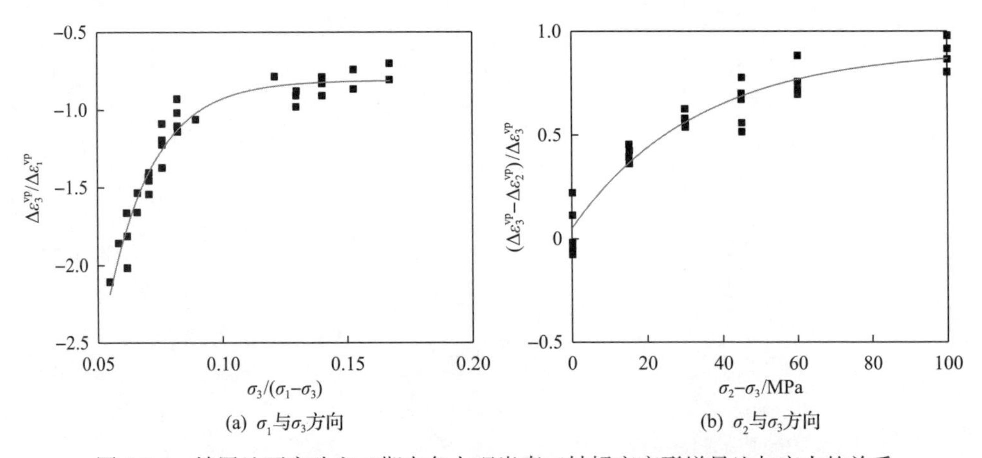

(a) σ_1与σ_3方向　　(b) σ_2与σ_3方向

图 6.3.4　锦屏地下实验室二期白色大理岩真三轴蠕变变形增量比与应力的关系

$$\frac{\Delta\varepsilon_3^{\mathrm{vp}}-\Delta\varepsilon_2^{\mathrm{vp}}}{\Delta\varepsilon_3^{\mathrm{vp}}}=0.9\left\{1-\exp\left[\frac{-6(\sigma_2-\sigma_3)}{\sigma_{\mathrm{c}}}\right]\right\},\quad R^2=0.95 \tag{6.3.19}$$

函数$\langle\Phi\rangle$是一个标量，代表三维应力水平对黏塑性蠕变速率的影响。因此，对于应力诱导各向异性蠕变速率的描述通过黏性流动系数实现[10]。假设不考虑时效损伤对岩体力学参数的影响，式(6.3.18)和式(6.3.19)可以改写为

$$\gamma_3=A\gamma_1 \tag{6.3.20}$$

$$\gamma_2=\gamma_3(1-B) \tag{6.3.21}$$

式中，

$$A=l_1\exp\left(\frac{l_2\sigma_3}{\sigma_1-\sigma_3}\right)+l_3 \tag{6.3.22}$$

$$B=n_1\left\{1-\exp\left[\frac{n_2(\sigma_2-\sigma_3)}{\sigma_{\mathrm{c}}}\right]\right\} \tag{6.3.23}$$

式中，γ_1、γ_2、γ_3分别为三个主应力方向的黏性流动系数；l_1、l_2、l_3、n_1 和 n_2 分别为岩石各向异性时效变形参数，可以通过对真三轴流变试验数据拟合获得。

那么，

$$\dot{\varepsilon}_1^{\mathrm{vp}}=\gamma_1\langle\Phi\rangle\frac{\partial F_1}{\partial\sigma_1} \tag{6.3.24}$$

$$\dot{\varepsilon}_2^{\mathrm{vp}}=A(1-B)\gamma_1\langle\Phi\rangle\frac{\partial F_1}{\partial\sigma_2} \tag{6.3.25}$$

$$\dot{\varepsilon}_3^{\mathrm{vp}}=A\gamma_1\langle\Phi\rangle\frac{\partial F_1}{\partial\sigma_3} \tag{6.3.26}$$

4)拉破裂引起硬岩时效损伤的描述

硬岩蠕变破坏主要是拉破裂引起的，拉破裂损伤引起岩石强度和变形参数弱化，导致硬岩的失稳破坏。因此，可以假设硬岩时效破裂主要引起岩石杨氏模量和黏聚力改变，即

$$E=(1-D)E_0 \tag{6.3.27}$$

$$c=(1-D)c_0+c_1 \tag{6.3.28}$$

式中，c_1为硬岩损伤强度点对应的黏聚力。

损伤因子遵循蠕变损伤规律[11]：

$$D = 1 - \left(1 - \frac{t}{t_{\mathrm{R}}}\right)^{1/(\zeta+1)} \tag{6.3.29}$$

式中，t_{R}和ζ为材料参数；D为损伤因子。

2. 模型参数确定

提出的应力诱导硬岩各向异性时效破坏力学模型主要包括3类参数：①强度参数c_0、c_1、φ_0、σ_{c}；②变形参数E_0、ν、G^{ve}、η^{ve}、γ_1；③损伤参数t_{R}和ζ。这些参数可以直接通过岩石室内真三轴瞬时压缩试验和真三轴长时压缩流变试验获得。

6.3.2 模型验证

以锦屏地下实验室二期白色大理岩为例，验证所建立的应力诱导硬岩各向异性时效破坏力学模型的可靠性。应用CASRock数值计算软件，采用应力诱导硬岩各向异性时效破坏力学模型和3DHRFC破坏准则，建立尺寸为50mm×50mm×100mm的岩石试样数值网格模型，网格单元尺寸为2mm× 2mm×2mm，模型含有31250个六面体单元和34476个节点，试样长轴方向进行位移约束。锦屏地下实验室二期白色大理岩的流变力学参数如表6.3.1所示，其他参数同表6.2.2。

表 6.3.1 锦屏地下实验室二期白色大理岩的流变力学参数

G^{ve} /GPa	η^{ve} /(GPa · h)	γ_1	t_{R}/h	ζ
210	482	0.025	1000	20

图6.3.5和图6.3.6分别为σ_3=20MPa、σ_2=50MPa和σ_3=20MPa、σ_2=120MPa时，锦屏地下实验室二期白色大理岩真三轴蠕变试验结果与应力诱导硬岩各向异

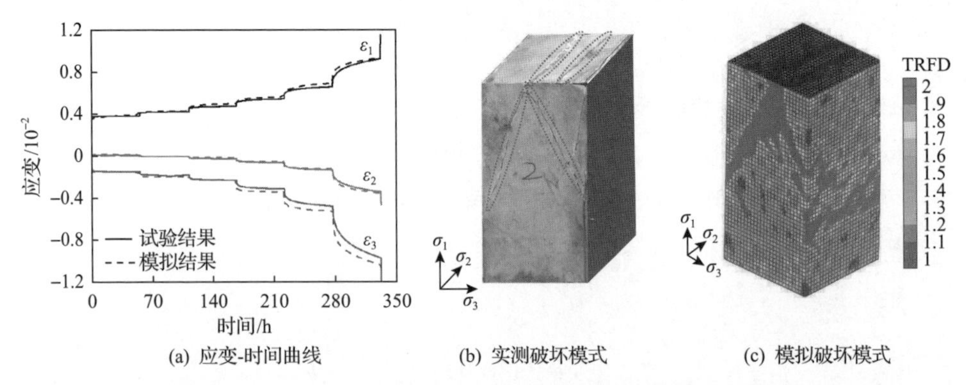

(a) 应变-时间曲线 (b) 实测破坏模式 (c) 模拟破坏模式

图 6.3.5 锦屏地下实验室二期白色大理岩真三轴压缩延性蠕变试验结果与应力诱导硬岩各向异性时效破坏力学模型模拟结果对比(σ_3=20MPa，σ_2=50MPa)

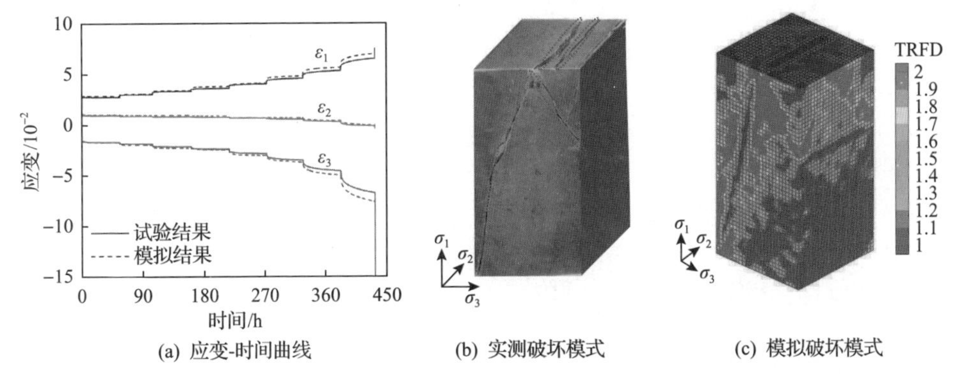

(a) 应变-时间曲线　(b) 实测破坏模式　(c) 模拟破坏模式

图 6.3.6　锦屏地下实验室二期白色大理岩真三轴压缩脆性蠕变试验结果与应力诱导硬岩各向异性时效破坏力学模型模拟结果对比(σ_3=20MPa、σ_2=120MPa)

性时效破坏力学模型模拟结果对比。可以看出，建立的应力诱导硬岩各向异性时效破坏力学模型可以很好地描述三个主应力方向时效变形及破裂的各向异性。

6.4　深部工程硬岩破坏评价指标

深部工程硬岩具有以破裂为主、破裂不连续和拉破裂主导的主要破坏特征，使得深部工程硬岩的变形破坏表现出时间空间上的非均匀性和几何非对称分布。不同开挖与时效过程深部工程硬岩破裂的程度、范围、位置及其产生的能量释放程度等会不同，从而诱发不同类型和风险的灾害。需要从室内试验和现场监测获得的深部工程硬岩应力诱导的破裂与时效破裂演化机制入手，建立深部工程硬岩破裂程度和能量释放评价指标及其数值计算方法，为深部工程硬岩灾害评估与防控提供依据。

6.4.1　深部工程硬岩破裂程度指标

系列真三轴压缩试验结果表明，深部工程硬岩破裂程度与其脆延性力学特性、特征强度、破裂变形的阶段特征及能量演化规律相关。

基于真三轴试验获得的全应力-应变曲线、试样变形破裂过程的声发射特征和破裂引起的塑性变形分析，深部工程硬岩破裂程度指标可表示为[3]

$$\mathrm{RFD}=\begin{cases}1-\dfrac{g(\theta_\sigma)\sqrt{A\sigma_{\mathrm{m}}^2+B\sigma_{\mathrm{m}}+C}-q}{g(\theta_\sigma)\sqrt{A\sigma_{\mathrm{m}}^2+B\sigma_{\mathrm{m}}+C}}, & F<0\\ 1+\max\left(\dfrac{\varepsilon_{\mathrm{V}}^{\mathrm{p}}}{(\varepsilon_{\mathrm{V}}^{\mathrm{p}})|_{\mathrm{limit}}},\dfrac{\bar{\gamma}^{\mathrm{p}}}{(\bar{\gamma}^{\mathrm{p}})|_{\mathrm{limit}}}\right), & F\geqslant 0\end{cases}\tag{6.4.1}$$

式中，$g(\theta_\sigma)$ 为偏平面上的形函数；σ_m 和 q 分别为平均主应力和等效剪应力；A、B 和 C 为 RFD 的峰前参数，可以通过黏聚力和内摩擦角类比计算得到；$(\varepsilon_\mathrm{V}^\mathrm{p})|_\mathrm{limit}$ 和 $(\bar{\gamma}^\mathrm{p})|_\mathrm{limit}$ 分别为 $\varepsilon_\mathrm{V}^\mathrm{p}$ 和 $\bar{\gamma}^\mathrm{p}$ 的极限值。

硬岩破裂程度指标具有以下特征：①反映深部围岩在真三向应力状态下的三维破裂过程与三维破坏准则；②体现深部围岩以拉破裂为主的破裂机制；③反映深部围岩不同位置不同时刻的破裂程度的差异与变化。

对应室内试验和现场监测结果，RFD 的不同取值范围的意义如下：

$$\begin{cases} \mathrm{RFD} < \mathrm{RFD}_{\sigma_\mathrm{ci}}, & \text{未破裂(原岩区)} \\ \mathrm{RFD}_{\sigma_\mathrm{ci}} \leqslant \mathrm{RFD} < \mathrm{RFD}_{\sigma_\mathrm{cd}}, & \text{微破裂(扰动区)} \\ \mathrm{RFD}_{\sigma_\mathrm{cd}} \leqslant \mathrm{RFD} < 1, & \text{非稳定扩展破裂(损伤区)} \\ 1 \leqslant \mathrm{RFD} \leqslant 2, & \text{峰后破坏(破裂区)} \end{cases} \tag{6.4.2}$$

式中，$\mathrm{RFD}_{\sigma_\mathrm{ci}}$ 为硬岩在真三轴应力下起裂强度 σ_ci 对应的 RFD 量值；$\mathrm{RFD}_{\sigma_\mathrm{cd}}$ 为硬岩在真三轴应力下损伤强度 σ_cd 对应的 RFD 量值。

RFD 的数值可通过深部工程硬岩破裂过程数值计算中全程跟踪计算单元应力状态和塑性变形，由式(6.4.1)计算获得。图 6.4.1 为锦屏地下实验室二期工程 6# 实验室围岩 RFD 模拟结果与实测结果对比。可以看出，该指标与现场监测、室内试验和数值分析结果有如下关系(其中原岩区、扰动区、损伤区和破裂区为围岩破裂引起的岩体结构变化分区，见图 3.2.23)。

(1) $\mathrm{RFD} < \mathrm{RFD}_{\sigma_\mathrm{ci}}$ 时的模拟结果对应原岩区(见图 6.4.1(a))，此时波速与原岩波速大致相同(见图 6.4.1(c))，CDRMS(岩体结构变化程度指标)的量值为 0(见图 6.4.1(c)、(d))，对应真三轴压缩下硬岩全应力-应变曲线起裂强度之前的阶段(见图 6.4.1(b))，此时破裂未发展。

(2) $\mathrm{RFD}_{\sigma_\mathrm{ci}} \leqslant \mathrm{RFD} < \mathrm{RFD}_{\sigma_\mathrm{cd}}$ 时的模拟结果对应扰动区(见图 6.4.1(a))，此时波速比原岩波速略高(见图 6.4.1(c))，CDRMS 的量值为 0(见图 6.4.1(c)、(d))，对应真三轴压缩下硬岩全应力-应变曲线起裂强度与损伤强度之间的阶段(见图 6.4.1(b))，此时微破裂发展。

(3) $\mathrm{RFD}_{\sigma_\mathrm{cd}} \leqslant \mathrm{RFD} < 1$ 时的模拟结果对应损伤区(见图 6.4.1(a))，此时波速大致低于原岩波速且随钻孔深度逐渐升高(见图 6.4.1(c))，CDRMS 的量值为 0(见图 6.4.1(c)、(d))，对应真三轴压缩下硬岩全应力-应变曲线损伤强度与峰值强度之间的阶段(见图 6.4.1(b))，此时破裂非稳定扩展(见图 6.4.1(e))。

(4) $1 \leqslant \mathrm{RFD} \leqslant 2$ 时的模拟结果对应破裂区(见图 6.4.1(a))，此时波速远小于原岩波速且随钻孔深度保持大致恒定(见图 6.4.1(c))，CDRMS 的量值随钻孔深度从 1 到 0 逐渐降低(见图 6.4.1(c)、(d))，对应真三轴压缩下硬岩全应力-应变曲线峰值强度之后的阶段(见图 6.4.1(b))，此时宏观裂纹扩展(见图 6.4.1(e))。

图 6.4.1 的应用案例表明，RFD 指标可直观、定量地表征围岩的破裂位置和程度，且与室内试验和现场监测确定的相应岩石试样和岩体破裂程度相互对应。

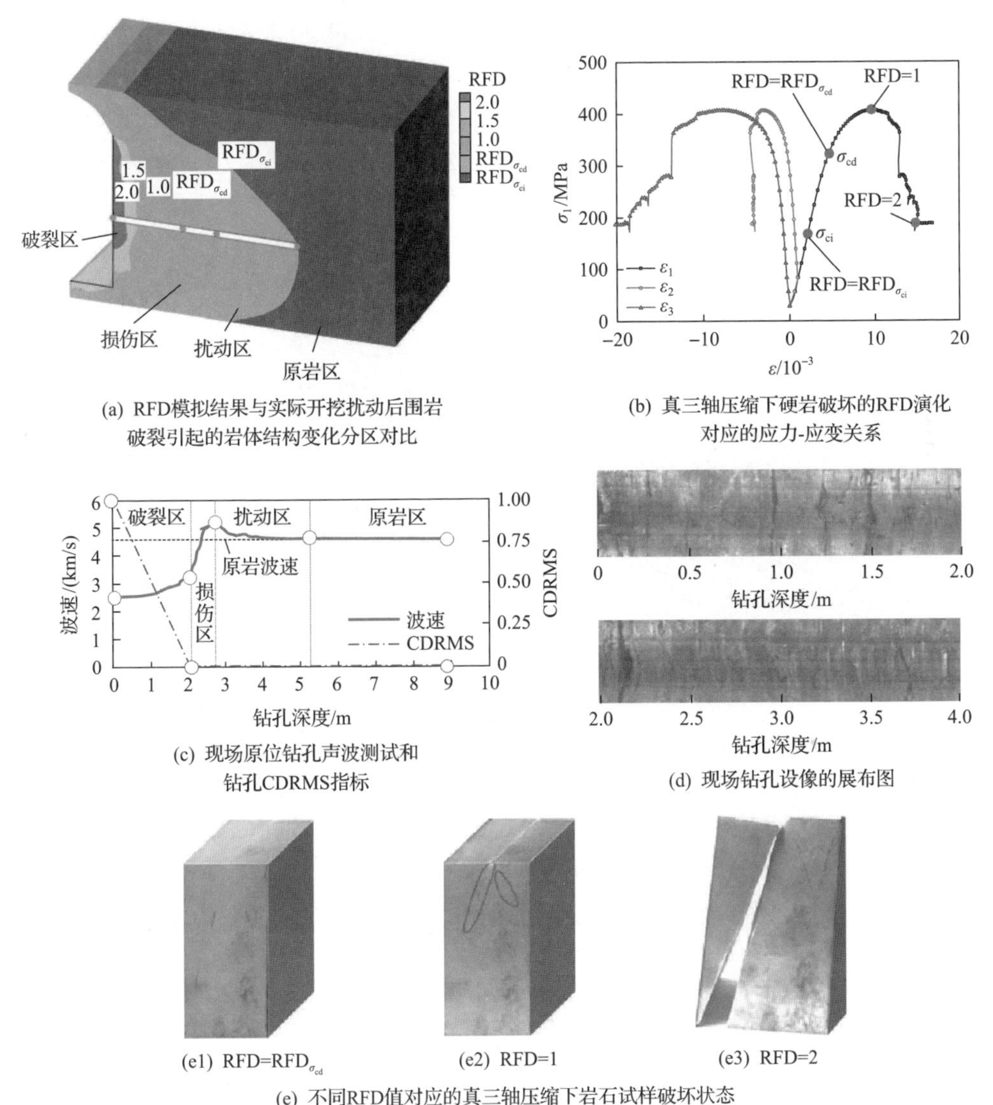

图 6.4.1　锦屏地下实验室二期工程 6# 实验室围岩 RFD 模拟结果与实测结果对比(见彩图)

6.4.2　深部工程硬岩时效破裂程度指标

深部工程硬岩时效破裂程度(time effect on rock failure degree, TRFD)指标包

含两种状态：当应力水平低于损伤应力时，岩石并未发生时效破裂，但是随着应力水平的增加，硬岩发生时效破裂的危险性增加，可以用硬岩时效破裂危险系数表征；当应力水平高于损伤应力时，硬岩发生时效破裂，随着时间的增加，硬岩逐渐趋近于失稳破坏，可以用硬岩时效破坏渐进度表征。

硬岩时效破裂危险系数可以定义为：裂纹非稳定扩展面内任意应力状态下的一点沿最不利应力路径到裂纹非稳定扩展面的距离与相应的最稳定参考点在相同洛德角方向上沿最不利应力路径到裂纹非稳定扩展面的距离之比。在 π 平面(见图 6.3.1)上,可以描述为 A 点距 P_1 点的距离 L_{P_1A} 与最安全点 P_0 距 P_1 点的距离 $L_{P_0P_1}$ 之比。时效破裂危险系数越高，说明应力水平更加接近裂纹非稳定扩展面，发生时效破裂的可能性越高。

那么，A 点所处应力状态使岩体发生时效破裂的危险系数 w 可以表示为

$$w = 1 - \frac{L_{P_1A}}{L_{P_0P_1}} = 1 - \frac{\tau_{\pi_1} - \tau_{\pi}}{\tau_{\pi_1}} \tag{6.4.3}$$

应力水平未达到引起硬岩产生大量非稳定扩展裂纹时，硬岩并未表现出显著的流变特性，不会出现长期稳定性失效问题。w 一般取值为 0～1，w 越小，现有的应力水平越难以使硬岩产生时效破裂行为。

基于 3DHRFC 破坏准则，A 点的时效破裂危险系数可以表示为

$$w = \frac{\sqrt{2J_2}}{\sqrt{3}g_1(\theta_\sigma)\left[\dfrac{2\sqrt{2}\sin\varphi}{3(3-\sin\varphi)}I_1 + \dfrac{2\sqrt{2}c_1\cos\varphi}{3-\sin\varphi}\right]} \tag{6.4.4}$$

硬岩时效破坏渐进度可以定义为：任意时刻的累积轴向塑性变形与最终发生时效破坏时累积轴向塑性变形的比值。在 π 平面上，应力点 B 过裂纹非稳定扩展面后，岩石便随着时间增加，破裂逐渐累积，引起塑性变形增加。具体表达式为

$$\text{TFAI} = \frac{\varepsilon_1^{\text{vp}}}{m_1(\sigma_3 - m_2\sigma_2) + m_3} \tag{6.4.5}$$

式中，m_1、m_2 和 m_3 为岩石极限变形参数。

TFAI 取值为 0～1，当 TFAI=0 时，岩石未产生流变行为；当 TFAI=1 时，岩石经历流变达到变形极限最终导致单元发生时效失稳破坏。TFAI 越大，岩体长期稳定性问题越严重。

基于上述内容，硬岩时效破裂程度指标表达式为

$$\mathrm{TRFD}=\begin{cases} w, & F_1 \leqslant 0 \\ 1+\mathrm{TFAI}, & F_1 > 0 \end{cases} \tag{6.4.6}$$

当 TRFD＜1 时，硬岩不会发生时效破裂，当前应力状态下可长时间稳定。当 TRFD＞1 时，硬岩会发生时效破裂，当前应力状态下需要关注其长期稳定性问题，而且 TRFD 越大，说明裂纹扩展导致的岩石时效破裂程度越大，强度弱化程度也越高，长期稳定性越弱，工程上需要考虑二次支护提高岩体的整体强度；当 TRFD=2 时，说明岩石发生时效失稳破坏。

应用 CASRock 数值计算软件，采用应力诱导硬岩各向异性时效破坏力学模型、3DHRFC 破坏准则和 TRFD 指标进行深部工程硬岩时效破坏过程三维数值计算，全程跟踪计算单元时效应力状态和塑性变形，由式(6.4.4)～式(6.4.6)计算获得深部工程硬岩时效破裂过程的 TRFD 变化。图 6.4.2 为计算的锦屏地下实验室二期 1# 辅引支洞开挖完成后围岩破裂时效演化结果。开挖后第二年，距南侧

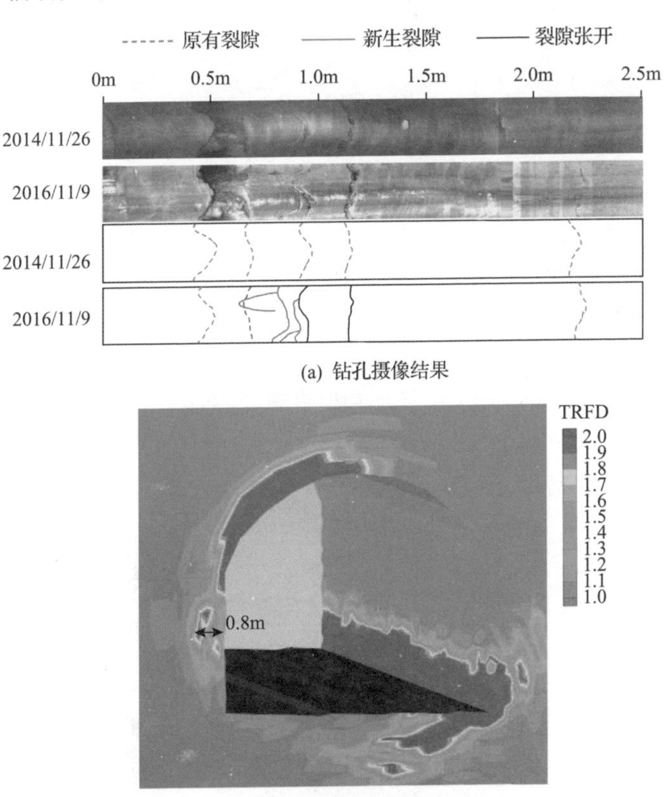

(a) 钻孔摄像结果

(b) 数值计算结果

图 6.4.2　锦屏地下实验室二期 1# 辅引支洞开挖完成后围岩破裂时效演化计算结果

边墙 0.8m 处 TRFD 达到 2，说明该区域时效破裂程度高。现场钻孔摄像观测到距边墙 0.8m 处出现了新生裂纹，表明数值计算的 TRFD 结果与现场实测破裂位置相吻合，证明了 TRFD 指标的可靠性。

6.4.3 深部工程硬岩局部能量释放率指标

为了定量分析深部工程硬岩内部破裂的能量释放特征，提出了局部能量释放率(local energy release rate, LERR)评价指标[12]，其量值是在深部工程硬岩的破裂过程中，局部集聚的应变能超过其极限储存能时单位体积岩体突然释放的能量。该指标是单位体积硬岩脆性破坏时释放能量大小的一种近似表示，可作为反映脆性破裂强度的一种量化指标。LERR 的表达式为

$$\mathrm{LERR} = U_{\max}^{\mathrm{e}} - U_{\mathrm{cur}}^{\mathrm{e}} \tag{6.4.7}$$

式中，$U_{\max}^{\mathrm{e}}$ 为脆性破坏前的弹性应变能密度峰值；$U_{\mathrm{cur}}^{\mathrm{e}}$ 为脆性破坏后当前的弹性应变能密度[13]。

$$\begin{cases} U_{\max}^{\mathrm{e}} = \int_0^{\varepsilon_1^{et}} \sigma_1 \mathrm{d}\varepsilon_1^{\mathrm{e}} + \int_0^{\varepsilon_2^{et}} \sigma_2 \mathrm{d}\varepsilon_2^{\mathrm{e}} + \int_0^{\varepsilon_3^{et}} \sigma_3 \mathrm{d}\varepsilon_3^{\mathrm{e}} \\ U_{\mathrm{cur}}^{\mathrm{e}} = \int_0^{\varepsilon_1^{\mathrm{e}'t}} \sigma_1' \mathrm{d}\varepsilon_1^{\mathrm{e}'} + \int_0^{\varepsilon_2^{\mathrm{e}'t}} \sigma_2' \mathrm{d}\varepsilon_2^{\mathrm{e}'} + \int_0^{\varepsilon_3^{\mathrm{e}'t}} \sigma_3' \mathrm{d}\varepsilon_3^{\mathrm{e}'} \end{cases} \tag{6.4.8}$$

式中，σ_1、σ_2、σ_3 和 σ_1'、σ_2'、σ_3' 分别为应变能峰值和当前值对应的应力水平；$\varepsilon_1^{\mathrm{e}}$、$\varepsilon_2^{\mathrm{e}}$、$\varepsilon_3^{\mathrm{e}}$ 和 $\varepsilon_1^{\mathrm{e}'}$、$\varepsilon_2^{\mathrm{e}'}$、$\varepsilon_3^{\mathrm{e}'}$ 分别为应变能峰值和当前值对应的弹性应变；ε_1^{et}、ε_2^{et}、ε_3^{et} 和 $\varepsilon_1^{\mathrm{e}'t}$、$\varepsilon_2^{\mathrm{e}'t}$、$\varepsilon_3^{\mathrm{e}'t}$ 分别为应变能峰值和当前值对应的任意时刻 t 的弹性应变。

应用含硬岩力学模型、三维破坏准则和 LERR 指标的数值模拟软件进行深部工程硬岩破裂过程数值计算，可全程追踪单元弹性能量密度变化。该指标考虑了应力路径对深部工程硬岩能量集聚与释放的影响、围岩不同位置极限储存能、能量释放、能量转移和塑性能耗散等的差异性。图 6.4.3 为应用所建立的应力诱导硬

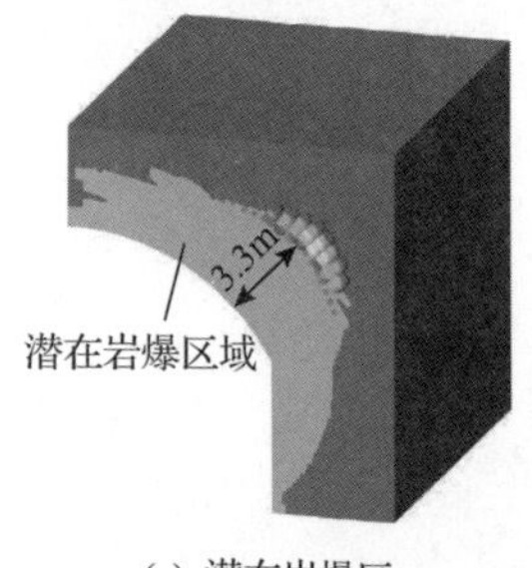

(a) 潜在岩爆区

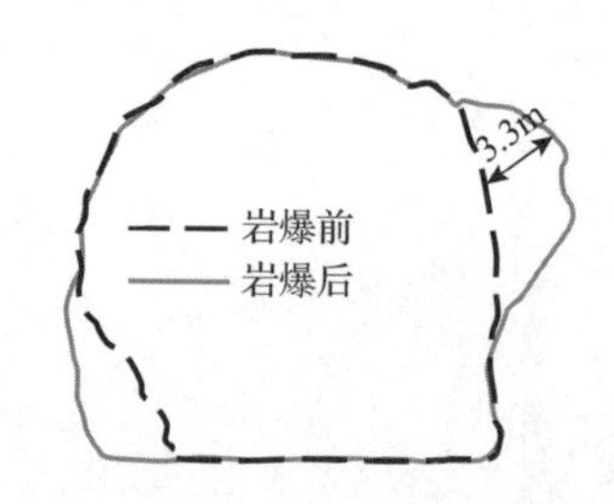

(b) 岩爆前后实验室轮廓变化

(c) 岩爆照片

图 6.4.3　基于 LERR 的锦屏地下实验室二期“8 · 23”极强岩爆爆坑深度及能量释放描述

岩各向异性脆延破坏力学模型，对锦屏地下实验室二期“8·23”极强岩爆案例的典型 LERR 计算结果，表明了 LERR 指标的科学性。

6.5　深部工程硬岩破裂过程数值模拟方法

数值模拟方法是深部工程硬岩破裂过程分析和预测的重要手段，可合理指导开挖和优化设计。针对深部工程硬岩局部化变形破裂过程的特点，研究提出一种针对性的三维数值分析方法。采用细胞自动机原理描述深部工程硬岩局部破裂变形演化过程，反映不同地应力场、地层岩性、岩体结构及其不同开挖方式诱发的效应，融合所建立的 3DHRFC 破坏准则、应力诱导硬岩各向异性脆延破坏力学模型和应力诱导硬岩各向异性时效破坏力学模型，以及反映深部工程硬岩破裂程度、范围与能量释放程度等的评价指标，实现深部工程硬岩变形破裂过程三维数值分析预测。下面重点介绍深部工程硬岩破裂过程局部化数值模拟方法、深部工程硬岩三维破坏准则和破坏力学模型的数值实现方法及深部工程硬岩破坏评价指标的数值计算方法。

6.5.1　深部工程硬岩破裂过程局部化数值模拟方法

1. 深部工程硬岩破裂过程局部化数值模拟方法

深部工程硬岩破裂过程数值分析面临的主要问题包括：①开挖前地质结构高度压密，包括深部硬性结构面、断层、褶皱等地质构造，开挖后这些复杂结构会发生明显变化；②三维应力条件突出，三维应力场复杂多变，局部存在封闭应力，三维应力场往往不与重力坐标系统重合，也往往与深部工程坐标系统不一致，是个典型的三维力学问题；③工程活动影响突出，包含开挖与支护的加卸荷作用、爆破与岩爆等多种应力波的动力扰动影响等；④深部工程硬岩力学特性差异性大，开挖和支护会引起其力学性质改变，岩性硬脆，破坏以破裂为主导，破裂过程局部化突出且能量释放大，表现出多种应力型灾害，如围岩内部破裂、片帮、应力型塌方、硬岩大变形和岩爆等。深部工程硬岩破裂过程数值分析的主要特点如图 6.5.1 所示。

为此，可在连续介质数值模拟方法基础上，采用局部化分析来研究深部工程硬岩整体力学行为[14]。由于深部工程硬岩存在局部破裂行为，在计算深部工程硬岩局部点的应力、变形和破裂状态时，可以不考虑该点邻域之外岩体破坏的影响，即认为深部工程硬岩局部点力学状态仅能根据周围邻近点破坏的影响确定。结合细胞自动机方法，采用这种局部化分析更符合深部工程硬岩局部破裂特征。

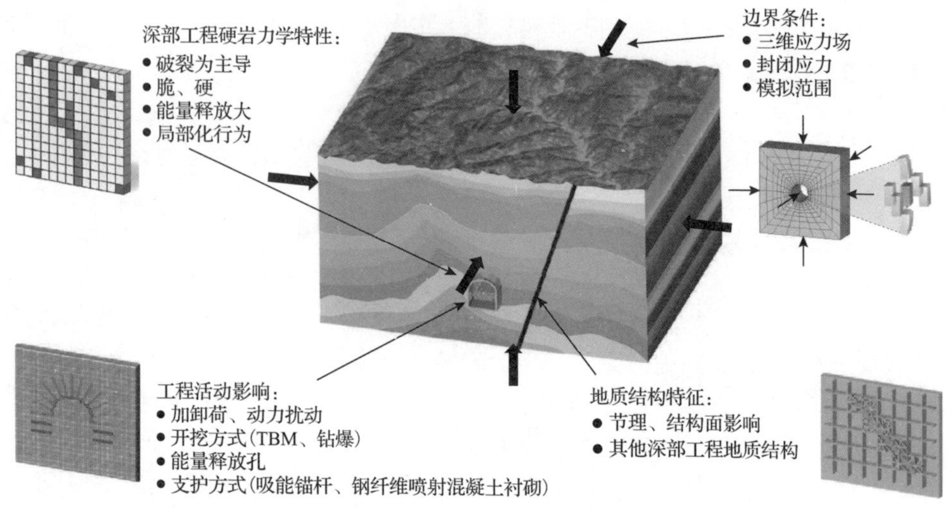

图 6.5.1　深部工程硬岩破裂过程数值分析的主要特点(见彩图)

反映深部工程硬岩力学特性的连续细胞自动机分析的主要特征为[14]：将工程岩体离散为由元胞单元组成的实体细胞自动机模型，基于确定性或者随机的方法对岩体结构进行表征，通过元胞的受力和位移表征元胞状态，采用基于应力诱导各向异性变形破坏力学模型建立的细胞自动机更新规则对元胞的状态进行更新，根据三维硬岩破裂准则来判断元胞单元是否破坏，对破坏的单元利用破裂程度对其强度及变形参数进行演化，描述工程活动的影响，从而模拟深部工程硬岩破裂过程。为此，综合弹脆塑性理论、岩体力学、工程地质、断裂力学和细胞自动机等多学科交叉，基于深部工程硬岩力学特性的连续细胞自动机分析思路，自主研发了工程岩体破裂过程细胞自动机分析软件 CASRock。

2. 深部工程硬岩破裂过程局部化数值模拟流程

1)工程硬岩离散为元胞空间

(1)离散方法。

深部工程硬岩可以离散成众多元胞，形成一个三维元胞空间，如图 6.5.2 所示[15]。

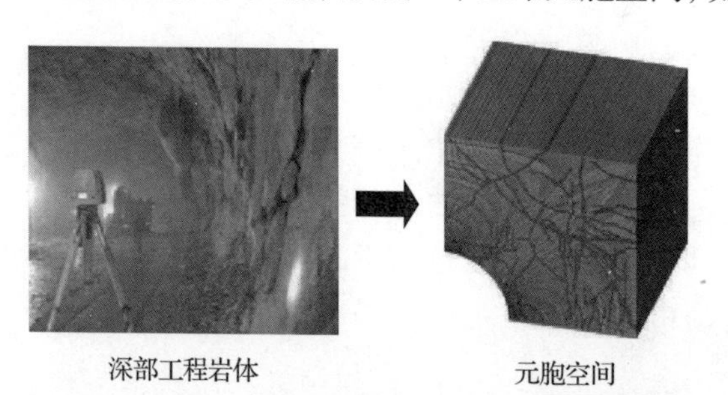

图 6.5.2　深部工程硬岩离散为元胞空间示意图[15]

元胞空间的形式反映了所研究问题的维数，元胞空间可以有不同的几何形状，如六面体、四面体等，如图 6.5.3 所示。

(a) 六面体元胞空间

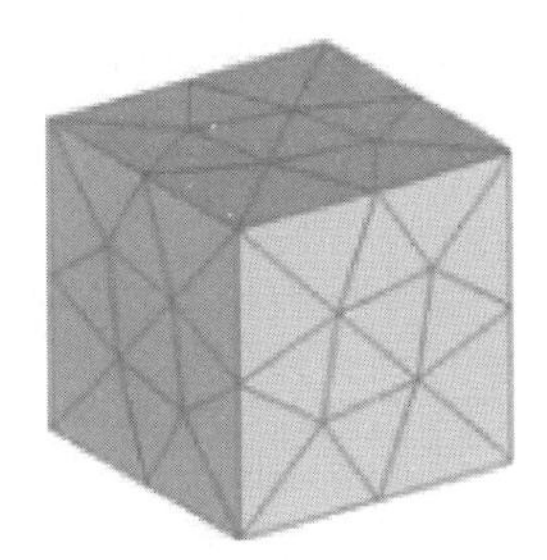

(b) 四面体元胞空间

图 6.5.3　三维元胞空间的不同几何形状

元胞空间由元胞构成(见图 6.5.4)，元胞是细胞自动机的基本组件，在三维实体细胞自动机中，元胞可以定义为[15]

$$D_i = N_i \cup \{E_i^1, E_i^2, \cdots, E_i^{m_i}; N_i^1, N_i^2, \cdots, N_i^{n_i} \mid N_i \in E_i^j; N_i^k \in E_i^j, j = 1, 2, \cdots, m_i\} \tag{6.5.1}$$

元胞 D_i 由元胞节点 N_i、与之相关的元胞单元 E_i^j 及其邻居元胞节点 N_i^k 组成。邻居和邻居的影响是细胞自动机最本质的特征，当采用更新规则对元胞的状态进行更新时，仅考虑元胞本身和它的邻居。

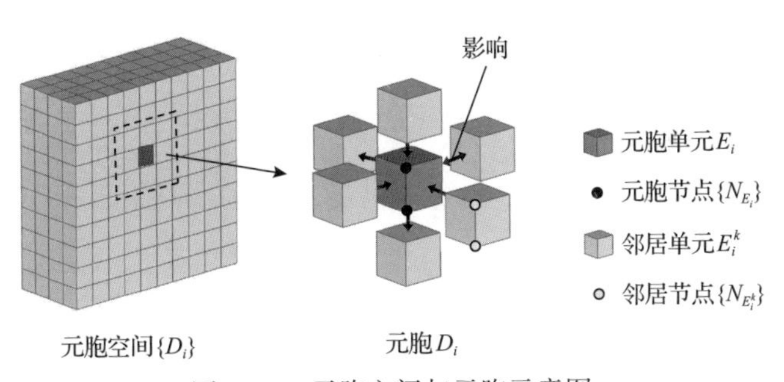

图 6.5.4　元胞空间与元胞示意图

(2) 工程地质构造表征方法。

针对深部工程地质构造结构，如断层、活动断裂、硬性结构面、褶皱、错动带、岩脉及柱状节理等，逐一建立相应的数值表征方法。

①深部断层表征。

采用连续介质的数值分析方法，可以将深部断层看成一定强度的弱单元进行数值建模和模拟。如果需要考虑断层面上的接触摩擦行为，则可以采用界面单元法进行数值模拟。弱单元法，亦称等效方法，将断层穿越的元胞进行相对于母岩的一定程度的性质弱化。这种方法既可以用来描述较小尺度的初始裂隙，也可以用来描述尺度较大的断层等地质结构，特别是深部含大量破碎带的断层结构。例如，元胞的变形模量弱化方法可以表达为

$$E = \left(1 - \epsilon\right) E_0 \tag{6.5.2}$$

式中，ϵ 为弱化系数，其取值范围一般为 0～1。当 ϵ 越接近于 1，表示缺陷处的材料属性弱化越严重。

图 6.5.5 为含深部断层的岩体三维几何模型。

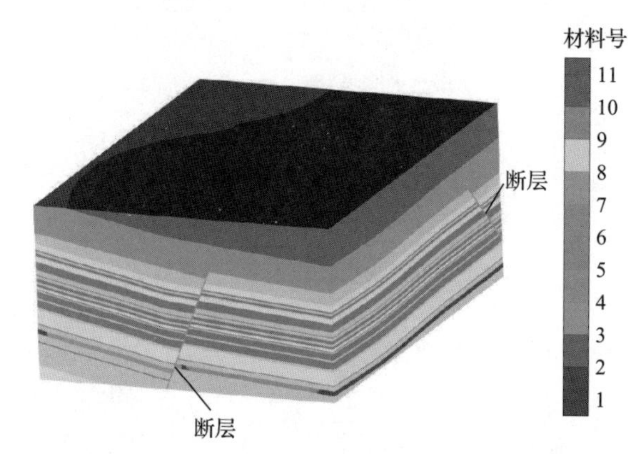

图 6.5.5　含深部断层的岩体三维几何模型

②硬性结构面表征。

硬性结构面，无充填或微充填、钙质胶结，初始闭合且强度较高。可采用界面单元法或一种变刚度的处理方法。基于 Bandis 双曲线方程，有效法向应力与结构面黏结闭合量之间存在以下关系：

$$\sigma_{\mathrm{n}} = \frac{\Delta u_{\mathrm{n}}}{\alpha - \beta \Delta u_{\mathrm{n}}} \tag{6.5.3}$$

式中，σ_{n} 为有效法向应力；Δu_{n} 为结构面黏结闭合量；α 和 β 为常数。

据此推导得到变法向刚度 K_{n} 表达式为

$$K_{\mathrm{n}} = \frac{K_{\mathrm{n0}} b_{\mathrm{n}}^2}{\left(b_{\mathrm{n}} - \Delta u_{\mathrm{n}}\right)^2} \tag{6.5.4}$$

式中，K_{n0} 为初始法向刚度；b_{n} 为最大结构面闭合量。K_{n0} 和 b_{n} 可以通过试验和经验公式获得。

图 6.5.6 为含硬性结构面的岩体三维几何模型。

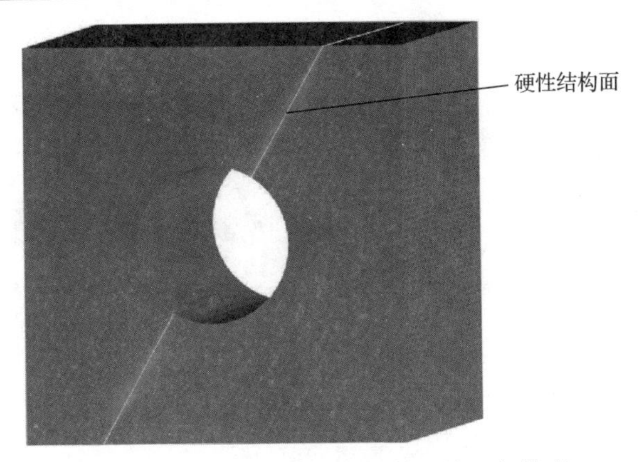

图 6.5.6　含硬性结构面的岩体三维几何模型

③深部褶皱表征。

深部褶皱是深部岩层受水平挤压作用形成的，严重影响深部岩体的完整性和强度。在数值模拟过程中，深部褶皱弯曲相对较大导致地层的弯曲度很大，采用整体参数设置相同的横观各向同性模型往往不能真实反映实际情况；由于深部褶皱的核部受挤压作用更为破碎，导致其核部与其他位置的强度性质明显不同。为此，可采用与空间位置相关的横观各向同性模型参数设置方法，以反映地层弯曲度较大情况下不同位置处变形和强度性质的区别，其表达式为

$$\theta_{\mathrm{dip}} = f_{\mathrm{dip}}(x,y,z) \tag{6.5.5}$$

$$\theta_{\mathrm{dd}} = f_{\mathrm{dip}}(x,y,z) \tag{6.5.6}$$

式中，θ_{dip} 和 θ_{dd} 为 (x,y,z) 处深部岩层的倾角和走向。

根据式(6.5.5)和式(6.5.6)在 (x,y,z) 处设置相应的层面倾角和走向参数。

经过这种处理后，可以表征深部褶皱不同位置处的地层力学特性差异。另外，针对深部褶皱核部更为破碎的特点，可在全场强度参数设置的基础上，根据现场实测结果对深部褶皱核部的强度参数(如黏聚力和内摩擦角等)进行适当的折减，以反映深部褶皱核部挤压破碎的特点。图 6.5.7 为含深部褶皱的岩体三维几何模型。

④深部错动带表征。

深部错动带空间展布范围大，且错动带层面之间可以发生相对滑动，因此在表征时应建立大范围的模型，且错动带层面之间采用可张开、摩擦、滑动的界面单元。同时深部岩层具有横观各向同性，宜采用层状岩体单元。对于深部错动带内部，由于岩体比较破碎，应该采用弱化的层状岩体单元。对于岩层，采用和褶皱相同的与位置相关的横观各向同性参数设置方式。含深部错动带的岩体三维几

何模型如图 6.5.8 所示。

图 6.5.7　含深部褶皱的岩体三维几何模型

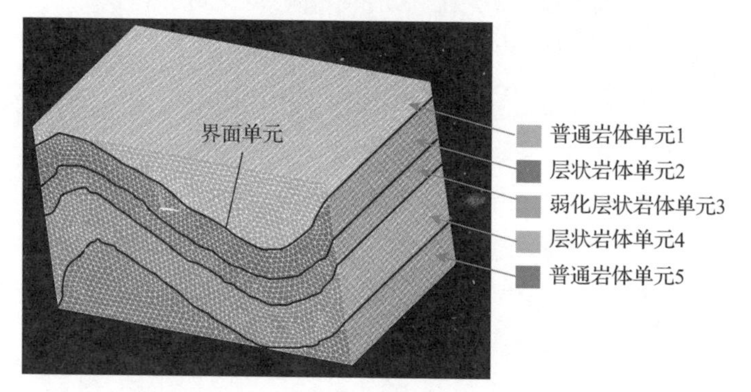

图 6.5.8　含深部错动带的岩体三维几何模型

⑤深部岩脉表征。

深部岩脉具有区域性分布的特点，且内含充填软弱夹层。深部岩脉建模可以采用等效单元法，将岩脉等效为一种弱化单元，结合试验结果进行参数设置。图 6.5.9 为含深部岩脉的岩体三维几何模型。

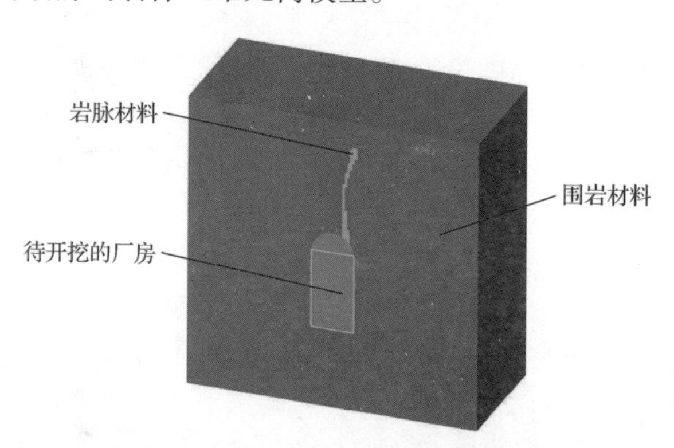

图 6.5.9　含深部岩脉的岩体三维几何模型

⑥深部柱状节理表征。

柱状节理的空间几何形态可根据现场统计结果，采用 Voronoi 多面体生成的方法建立。针对深部柱状节理的变形及破坏特点，在具体计算时一方面应考虑沿不同方向上柱状节理层面变形各向异性，即平行柱体轴线方向和垂直轴线平面上的变形模式存在明显的差异；另一方面在破坏模式上，深部柱状节理围岩基本为应力-结构型破坏模式。因此，建议采用表征柱状节理空间产状和变形破坏特征的本构模型[16]。含深部柱状节理的岩体三维几何模型如图 6.5.10 所示。

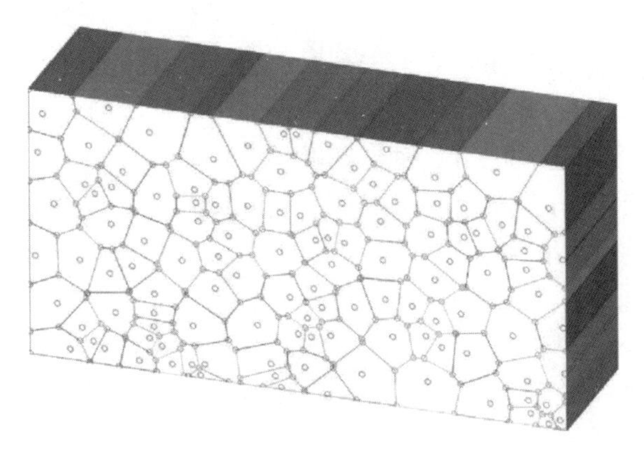

图 6.5.10　含深部柱状节理的岩体三维几何模型

2) 元胞力学行为表征

(1) 元胞力学性质非均质表征。

元胞材料性质表征主要是针对元胞的材料参数进行赋值，整体材料参数可以是均质的，也可以按照一定的随机分布函数进行材料的非均质赋值。对于非均质性，可以结合统计学中的随机方法，采用材料属性不同赋值的方法来实现。深部工程硬岩中的一些材料属性，如弹性模量、泊松比和黏聚力等，其分布大致符合 Weibull 分布。对于 Weibull 分布，其概率密度函数可以表示为[14]

$$p(x)=\begin{cases}\dfrac{m}{x_0}\left(\dfrac{x}{x_0}\right)^{m-1}\exp\left[-\left(\dfrac{x}{x_0}\right)^{m}\right], & x\geqslant 0\\ 0, & x<0\end{cases} \tag{6.5.7}$$

式中，x 为某个材料属性，x_0 为这个材料属性的平均值，参数 m 表示 Weibull 分布的形状，如图 6.5.11(a) 所示；参数 m 代表的是均质性程度，最小值一般取为 1.1，如图 6.5.11(b) 所示。图 6.5.11(c) 给出了利用这种方法建立的非均质岩体。

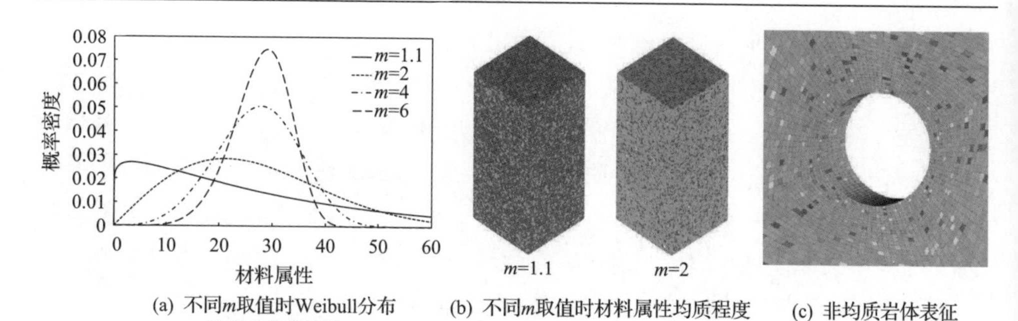

(a) 不同m取值时Weibull分布的概率密度函数　(b) 不同m取值时材料属性均质程度　(c) 非均质岩体表征

图 6.5.11　通过 Weibull 分布的随机方法定义深部非均质岩体的材料属性

(2)元胞力学模型。

元胞力学模型包括 3DHRFC 破坏准则、应力诱导硬岩各向异性脆延破坏力学模型和应力诱导硬岩各向异性时效破坏力学模型等，具体数值实现方法将在 6.5.2 节详细论述。

3)元胞状态定义

为了描述和研究元胞的演化过程，每个元胞必须有一系列连续的或离散的值来确定其状态。对于三维实体细胞自动机模型，元胞的状态定义为[15]

$$\phi_i^{(k)} = \left\{ \{u_x, u_y, u_z\}, \{M_p\}, \{f_x, f_y, f_z\}, \{\kappa\} \right\} \tag{6.5.8}$$

式中，u_x、u_y和u_z分别为元胞节点 x、y 和 z 方向的位移；M_p为材料参数，如元胞单元的弹性模量和泊松比等；f_x、f_y和f_z分别为元胞节点在 x、y 和 z 方向的节点力；κ为元胞单元的内变量，如表征塑性发展程度的等效塑性剪应变、RFD 指标、TRFD 指标、LERR 指标等。

4)元胞状态更新

深部工程硬岩元胞状态更新是通过更新规则实现的，建立细胞自动机更新规则时，只需考虑求解域中的一个元胞。对于元胞 D_i，存在以下局部平衡关系[14](见图 6.5.12)：

$$K_i \Delta u_i = \Delta I_i \tag{6.5.9}$$

式中，K_i和Δu_i分别为元胞节点自身的刚度矩阵和增量位移；ΔI_i为由邻居变形、破裂、接触等造成的增量不平衡力。

如图 6.5.12 所示，增量不平衡力包括外力、弹塑性变形抗力、惯性力、侵入抗力、摩擦抗力、开裂抗力、热力输运、渗流等。实际上，右侧项反映的是元胞节点受到的周围邻居的影响，而左侧项反映的是元胞节点自身的力学响应。

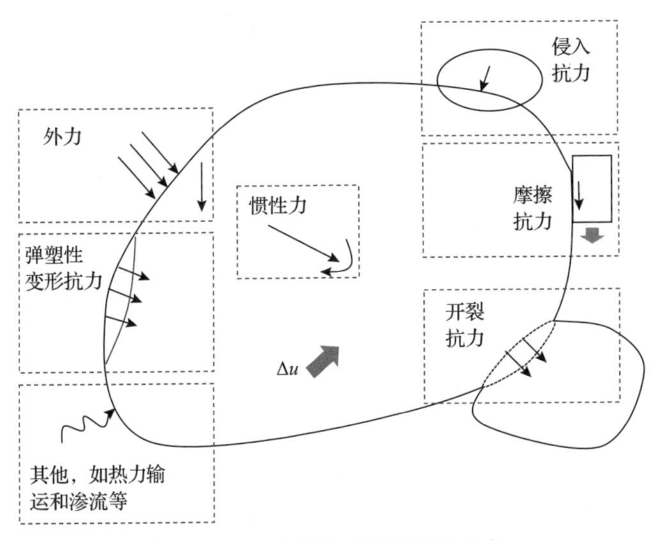

图 6.5.12　元胞节点局部平衡状态

5) 破坏局部化过程计算

先计算 ΔI_i，然后通过式(6.5.9)求得元胞节点的增量位移 Δu_i，随后通过计算得到的 Δu_i 更新元胞状态 $\phi_i^{(k)}$。系统中各个元胞按同样的规则进行状态更新[14]，通过力→位移→力……的循环迭代使增量 $\Delta u_i \to 0$ 达到自组织平衡。同一岩体分区的各个元胞按照同样的规则进行状态更新，以前后两次循环的全部节点位移的最大绝对误差 $\max\left|u_i^{k+1}-u_i^k\right|<\epsilon$ 作为迭代收敛的条件。

6) 三维原岩应力场施加方法

经现场监测或地应力分析获得的深部三维应力场为 $\boldsymbol{\sigma}_i(x,y,z)$，对于空间中的某个位置 (x,y,z)，可施加初始应力 $\boldsymbol{\sigma}_i'$ 为

$$\boldsymbol{\sigma}_i' = \boldsymbol{\sigma}_i(x,y,z),\quad i=1,2,\cdots,6 \tag{6.5.10}$$

数值模型可能存在一定的差应力，需要进行一次自平衡计算。采用这一方法可以反映不同位置三维应力的差异，相对来说，应力场表征更为精细，更适用于深部工程硬岩相关的模拟计算。不同方法构建的深部三维应力场如图 6.5.13 所示。

7) 封闭应力施加方法

首先明确封闭应力的范围和位置，然后确定封闭应力范围内边界上的单元，最后在这些单元内边界节点上施加与封闭应力相关的等效节点力。封闭应力的施加过程示意图如图 6.5.14 所示。

图 6.5.13　不同方法构建的深部三维应力场

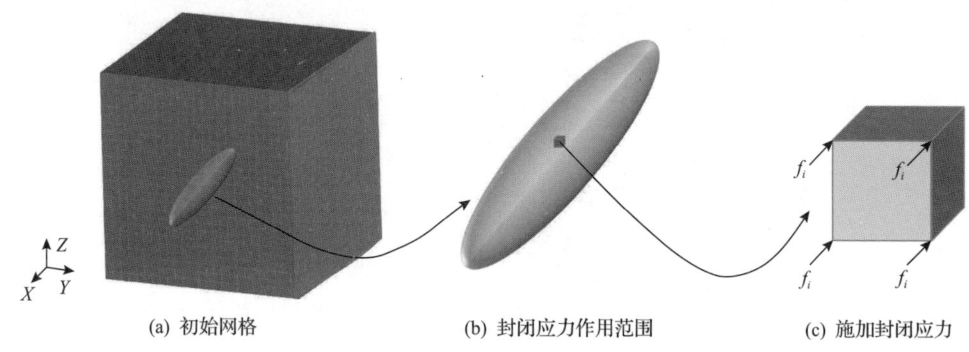

图 6.5.14　封闭应力的施加过程示意图

8) 开挖方式模拟方法

深部工程多采用钻爆法和 TBM 掘进开挖，它们的区别为：钻爆法开挖引起的围岩应力卸荷量大，对周边岩体产生较大的爆破扰动；TBM 开挖相对卸荷量较小，产生的围岩扰动较小。由于卸荷速率、卸荷量、开挖工艺等对深部工程硬岩的影响巨大，常常需要优化开挖方案。因此，针对深部工程开挖的数值模拟研究尤为重要。

如图 6.5.15 所示，在尚未进行开挖前，围岩和待开挖岩体是黏结在一起的(见图 6.5.15(a))，围岩与待开挖岩体之间共用开挖内边界(见图 6.5.15(b))。如图 6.5.15(c)所示，开挖边界上围岩单元与待开挖岩体单元之间的等效节点力为

$$f_{\mathrm{b}} = f'_{\mathrm{b}} \tag{6.5.11}$$

开挖后利用单元生死法删除待开挖岩体单元，原有的开挖边界上的力学平衡被打破，此时有两种处理方法：

$$f_{\mathrm{b}} = 0 \tag{6.5.12}$$

$$f_{\mathrm{b}} = f_{\mathrm{b}0} g_{\mathrm{TBM}}(t) \tag{6.5.13}$$

式中，f_{b0} 表示初始等效节点力；t 表示和时间有关的量，可用计算步或收敛步表示；$g_{TBM}(t)$ 为与 TBM 掘进速率相关的参数。

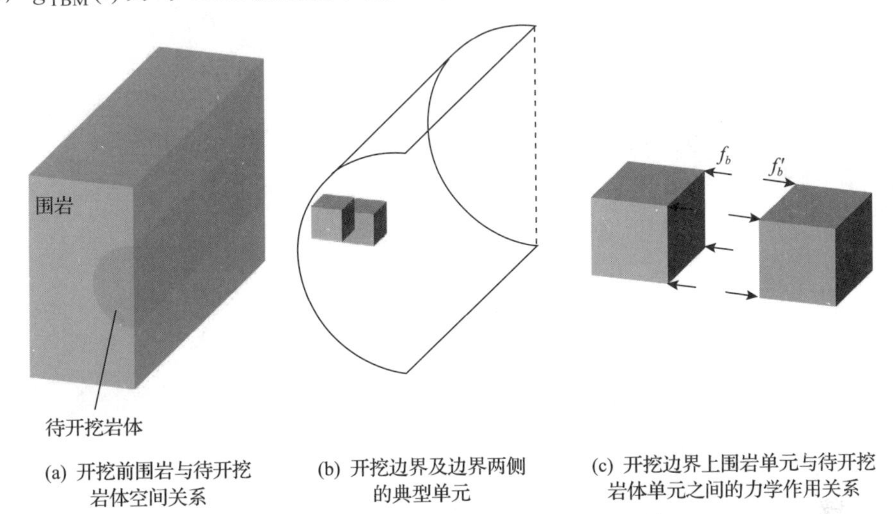

(a) 开挖前围岩与待开挖岩体空间关系　(b) 开挖边界及边界两侧的典型单元　(c) 开挖边界上围岩单元与待开挖岩体单元之间的力学作用关系

图 6.5.15　开挖边界的空间位置及开挖边界上单元的力学关系

由式(6.5.12)和式(6.5.13)可以分别代表钻爆法和 TBM 开挖。其中钻爆法瞬间卸荷，而 TBM 以一个相对缓慢的速度卸荷。除这一简单方法外，还可以通过施加爆破振动或者重现 TBM 凿岩破坏过程等方式较为精确地模拟钻爆法和 TBM 开挖施工。

9) 开挖扰动效应模拟方法

深部工程开挖扰动效应主要包括开挖引起应力场变化和结构变化等，这两方面效应的数值模拟原理可以分述如下。

(1) 开挖引起应力场变化。

根据第 3 章的内容，深部工程开挖引起应力场变化的特点包括掌子面效应、应力集中转移效应、应力旋转效应、三维扰动应力差大及应力路径复杂等。在数值模拟过程中应采用能够反映三维应力作用下变形与破坏的模型和准则，同时合理地反映不同开挖与支护方式的影响，以科学地模拟深部工程开挖引起的三维应力场变化。

(2) 开挖引起岩体结构变化。

深部工程硬岩开挖后受开挖扰动的影响，岩体内部可能会产生裂纹，进而改变围岩的岩体结构。可采用连续-非连续的计算方法，根据计算得到的局部应力、位移等判断局部位置是否发生断裂，一旦达到断裂的启动条件，在原有围岩的基础上添加裂纹，同时考虑裂纹面上的接触、摩擦等作用。

10）吸能锚杆支护模拟方法

吸能锚杆的支护作用可通过下列方法进行模拟：

（1）锚杆加固作用。

可采用复合锚固单元（见图 6.5.16）实现锚杆加固作用的计算，在不改变计算网格的基础上，输入锚杆起止点的坐标和锚杆的材料性质（如弹性模量 E、横截面面积 A、长度 L），计算添加锚杆后锚杆-围岩复合单元的刚度矩阵并替换原有围岩刚度矩阵，即可反映锚杆自身的加固作用。

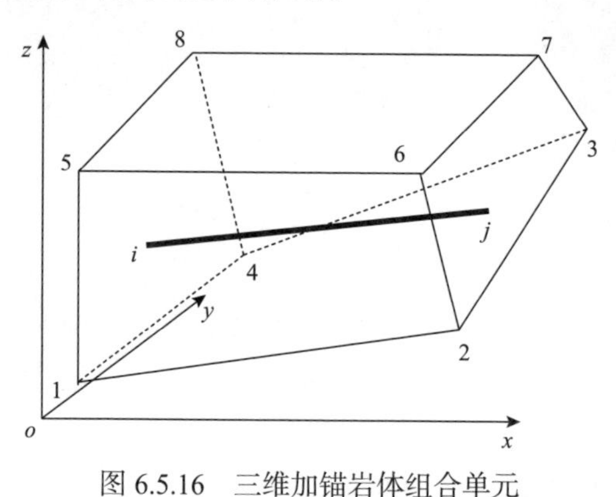

图 6.5.16　三维加锚岩体组合单元

（2）锚杆吸能作用。

锚杆的吸能作用主要是锚杆杆体或套管耗散行为提供的。如图 6.5.17 所示，在复合锚固单元未变形前，锚杆起点和终点分别为 i 和 j。复合锚固单元变形后，锚杆起点和终点相对移动到 i' 和 j' 的位置，变形前后的锚杆长度分别为 l 和 l_0。

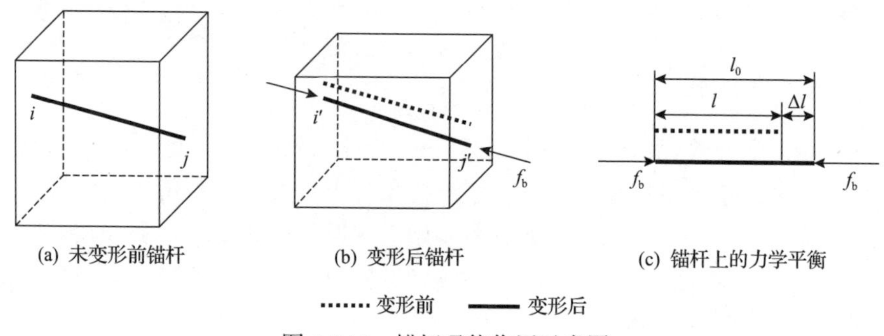

图 6.5.17　锚杆吸能作用示意图

锚杆的相对伸长量为

$$\Delta l = l_0 - l \tag{6.5.14}$$

由于锚杆伸长，吸能锚杆所产生的抵抗力为

$$f_b = g_{吸能锚杆}(\Delta l) \tag{6.5.15}$$

式中，$g_{吸能锚杆}(\Delta l)$ 为与锚杆耗散、吸能或抵抗变形有关的函数。

采用所得的抵抗力叠加到锚固复合体单元对应面的等效节点力上，即可实现锚杆的吸能作用。吸能锚杆支护效果图如图 6.5.18 所示。

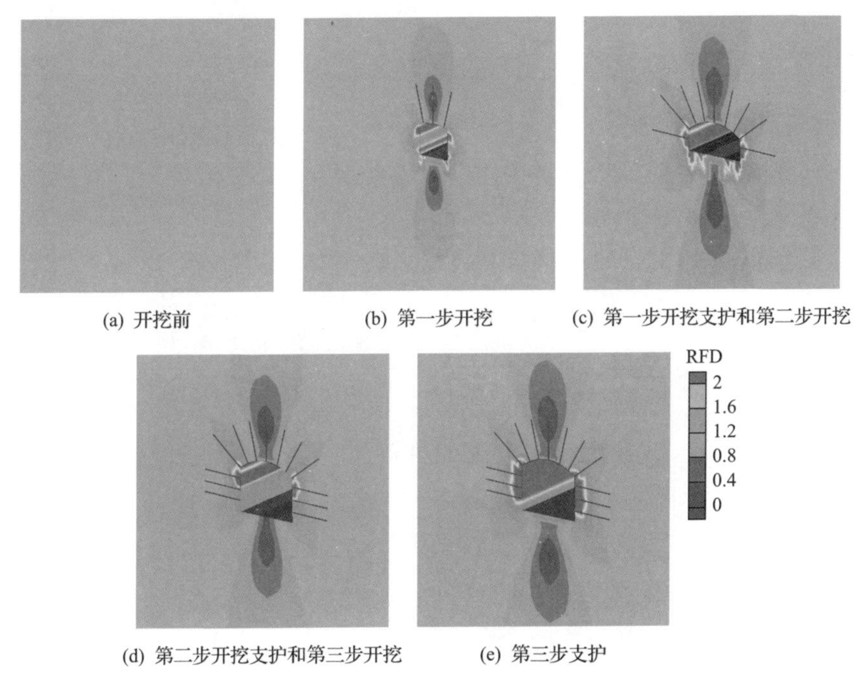

(a) 开挖前　(b) 第一步开挖　(c) 第一步开挖支护和第二步开挖

(d) 第二步开挖支护和第三步开挖　(e) 第三步支护

图 6.5.18　吸能锚杆支护效果图

11) 能量释放措施模拟方法

能量释放或卸压孔是深部工程常见的处理应力集中的方式，可以在划分网格之前提前划分好能量释放孔位置的网格，在隧道开挖之后杀死能量释放孔位置的单元，也可以在计算的过程中对能量释放孔位置的单元进行弱化。

6.5.2　深部工程硬岩三维破坏准则和破坏力学模型数值实现方法

1. 3DHRFC 破坏准则数值实现方法

1) 3DHRFC 破坏准则子午面光滑处理

3DHRFC 破坏准则本身在子午面上是光滑连续的，但 3DHRFC 破坏准则是一个双曲线的非线性形状。对于双曲线的子午面形状，双曲线有两个分支，在图 6.5.19 的左侧阴影区域中，强度准则的量值小于零。

如果直接应用 3DHRFC 破坏准则中的双曲线形式，有可能将应力水平回调到左边的分支上，如图 6.5.19 所示。此外，有时会使得算法在两个分支间来回进行应力回调，介于两个分支间的偏导数可能并不是连续的，会带来 3DHRFC 破坏准则不光滑的问题。为了解决这个问题，3DHRFC 破坏准则子午线形状函数可以用另一种双曲线形式表示：

$$f\left(\frac{\sqrt{J_2}}{g(\theta)}, I_1\right) = |MP_1| - |MP_2| - 2D \tag{6.5.16}$$

$$|MP_1| = \sqrt{\left(\frac{\sqrt{J_2}}{g(\theta)}\right)^2 + \left(I_1 + d + \sqrt{a^2 + b^2}\right)^2} \tag{6.5.17}$$

$$|MP_2| = \sqrt{\left(\frac{\sqrt{J_2}}{g(\theta)}\right)^2 + \left(I_1 + d - \sqrt{a^2 + b^2}\right)^2} \tag{6.5.18}$$

$$D = a \tag{6.5.19}$$

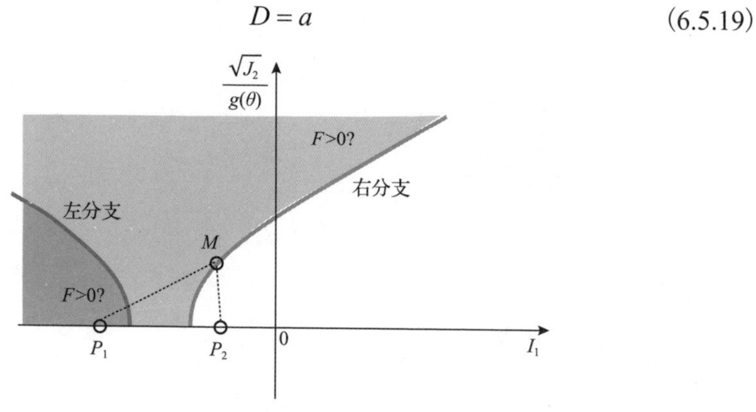

图 6.5.19　3DHRFC 破坏准则子午面形态

根据式(6.5.16)～式(6.5.19)，采用这种形式的破坏准则只会将超过破坏面的应力水平回调到双曲线右边的分支上(见图 6.5.19 的右分支)，而由于右边的分支本身即为光滑的，不光滑的问题得到解决。

2) 3DHRFC 破坏准则偏平面光滑处理

由于 3DHRFC 破坏准则在偏平面空间存在一定的尖锐角，需要对其进行光滑处理。如图 6.5.20 所示，可以在偏平面进行一定的近似处理，图中临近 29°的 3DHRFC 破坏准则尖锐角进行了一定的截断。这种处理虽然不能使得偏平面变得光滑，但是能够使得尖端过渡稍平滑。

可以采用一种 Hermite 光滑插值方法[17]，对偏平面形状的尖锐角进行处理。对于$[x_1, x_2]$区间，分段三次 Hermite 插值多项式可以表示为

$$f(x) = a(x - x_1)^3 + b(x - x_1)^2 + b(x - x_1) + d \tag{6.5.20}$$

Hermite 光滑插值方法的流程为先将所要光滑的曲线分段，然后在每一分段中添加一个三次 Hermite 插值多项式，且保证在分段点处偏导数连续。

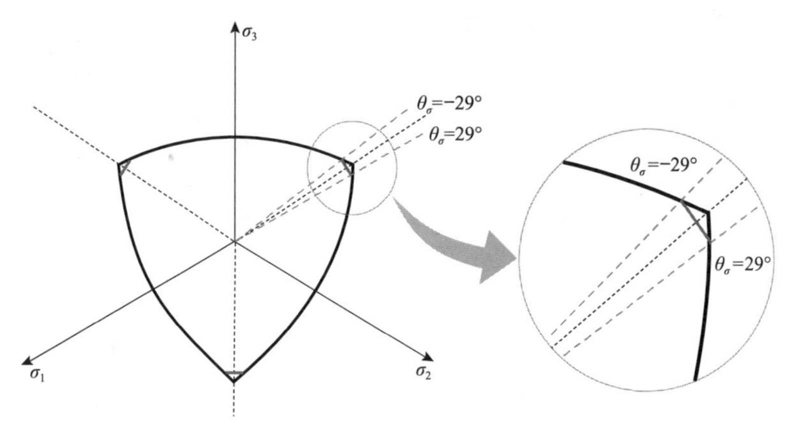

图 6.5.20　偏平面近似处理方法

3) 3DHRFC 破坏准则的深部工程应用分析

根据现场监测结果，锦屏地下实验室二期 7# 实验室上层中导洞和边墙开挖时，在洞室右侧拱脚及底板具有明显的片帮和板裂现象，且边墙扩挖时左侧拱肩上部发生多处开裂并最终导致塌方。利用 3DHRFC 破坏准则模拟分析锦屏地下实验室二期 7# 实验室 K0+020 边墙扩挖后洞室围岩的破坏位置、破坏深度、破裂程度及破裂机制，与现场实测结果进行对比验证，在岩体力学参数相同的情况下，与 Mohr-Coulomb 准则、Drucker-Prager 准则和 Mogi-Coulomb 准则等的数值计算结果进行对比分析。

对锦屏地下实验室二期 7# 实验室 K0+020 附近区域边墙扩挖后洞室围岩的破坏位置及破裂程度进行分析，各准则的计算结果如图 6.5.21 所示。可以看出，在洞室围岩的破坏位置和破坏深度方面，3DHRFC 破坏准则、Mohr-Coulomb 准则、Drucker-Prager 准则和 Mogi-Coulomb 准则的计算结果存在明显区别。3DHRFC 破坏准则的计算结果显示，围岩的破坏位置集中在左拱肩和右拱脚附近，而且计算的破坏位置和破坏深度与现场实测结果基本一致。而利用 Mohr-Coulomb 准则计算得到的结果显示洞室围岩几乎整体破坏，基本不具备成洞能力。Drucker-Prager 准则的计算结果则表明围岩几乎没有破坏，绝大部分处于弹性阶段，围岩非常稳定。Mogi-Coulomb 准则的计算结果显示，洞室围岩的破坏深度比 3DHRFC 破坏准则的计算结果较小，但比 Drucker-Prager 准则的计算结果大；与现场实测结果对比，Mogi-Coulomb 准则的计算结果可以在一定程度上反映岩石的破坏位置，但在破坏深度和范围上不够准确。

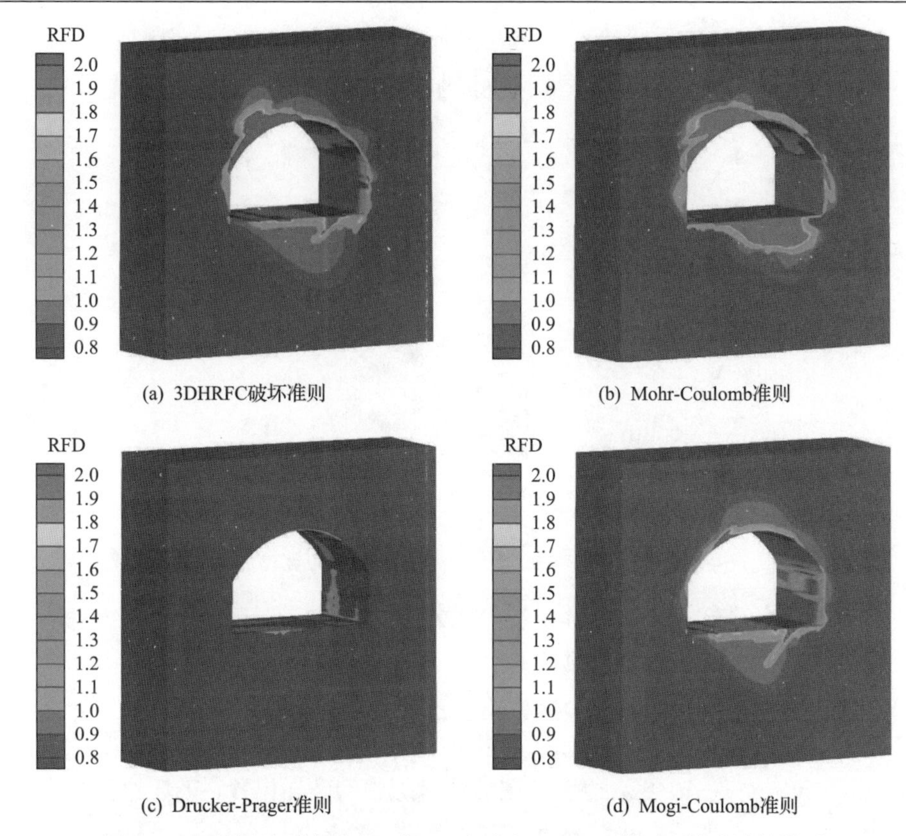

(a) 3DHRFC破坏准则 (b) Mohr-Coulomb准则

(c) Drucker-Prager准则 (d) Mogi-Coulomb准则

图 6.5.21 锦屏地下实验室二期 7# 实验室 K0+020 附近区域边墙扩挖后洞室围岩的破坏位置及破裂程度

在洞室围岩的破裂程度方面，不同准则的计算结果也不尽相同。3DHRFC 破坏准则和 Mogi 准则的计算结果显示，围岩破裂程度更加严重；但 Mohr-Coulomb 准则的计算结果表明围岩破坏范围更大，最大破裂程度相对较低；利用 Drucker-Prager 准则计算的围岩破裂程度也相对较低。以上分析说明 3DHRFC 破坏准则能够更准确地反映洞室围岩的非对称破坏、局部破裂深度大和破裂程度高的特点。

对锦屏地下实验室二期 7# 实验室 K0+020 附近区域边墙扩挖后洞室围岩的破裂机制进行分析，各破坏准则的计算结果如图 6.5.22 所示。Mohr-Coulomb 准则和 Drucker-Prager 准则的计算结果显示，围岩破坏主要以剪破裂为主。恰好相反，3DHRFC 破坏准则结果显示，边墙扩挖后洞室边墙的破裂主要是以拉破裂为主，这正好也与现场以拉破裂为主的片帮或板裂破坏模式一致。Mogi-Coulomb 准则的计算结果显示，洞室右侧边墙破坏以剪破裂为主，这与现场实测结果不符。因此，3DHRFC 破坏准则除在围岩破坏位置和破裂程度的计算上具有优势外，其在围岩拉剪破裂机制的描述上也更准确。

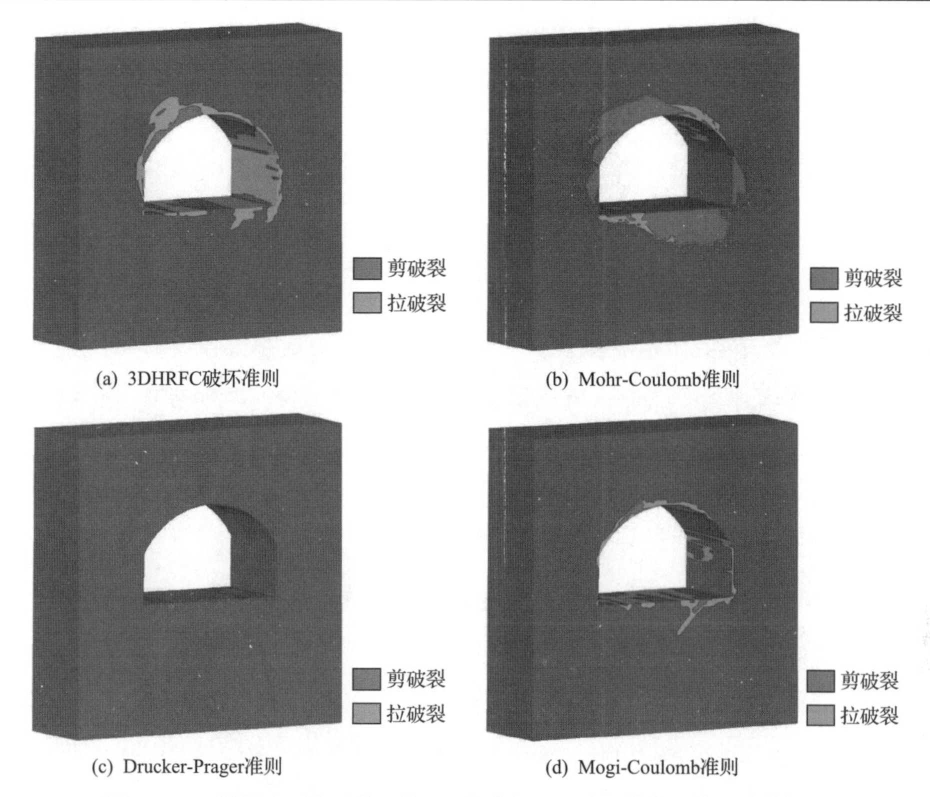

(a) 3DHRFC破坏准则　(b) Mohr-Coulomb准则

(c) Drucker-Prager准则　(d) Mogi-Coulomb准则

图 6.5.22　锦屏地下实验室二期 7# 实验室 K0+020 附近区域边墙扩挖后洞室围岩的破裂机制(见彩图)

对锦屏地下实验室二期 7# 实验室 K0+020 附近区域边墙扩挖后洞室围岩的 LERR 进行分析，各准则的计算结果如图 6.5.23 所示。可以看出，采用 3DHRFC 破坏准则时，左拱肩处的 LERR 最大，右边墙的 LERR 相对较小，这与现场左拱肩处岩爆、右边墙处片帮的破坏类型一致；Mohr-Coulomb 准则计算结果显示，洞室左拱肩和右边墙处的 LERR 都比较大；除墙角位置外，Mogi-Coulomb 准则的计算

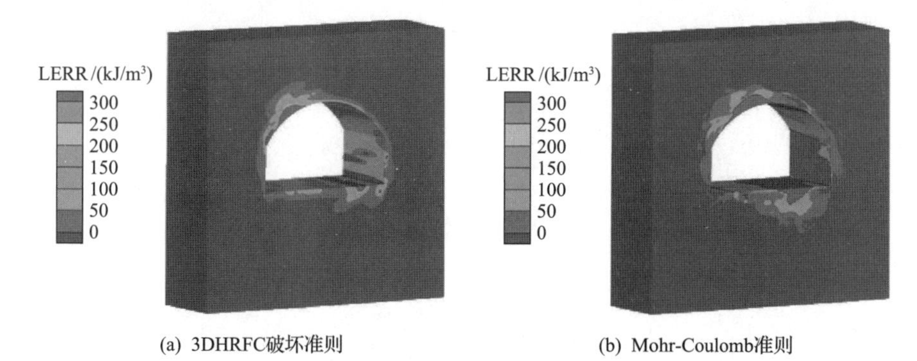

(a) 3DHRFC破坏准则　(b) Mohr-Coulomb准则

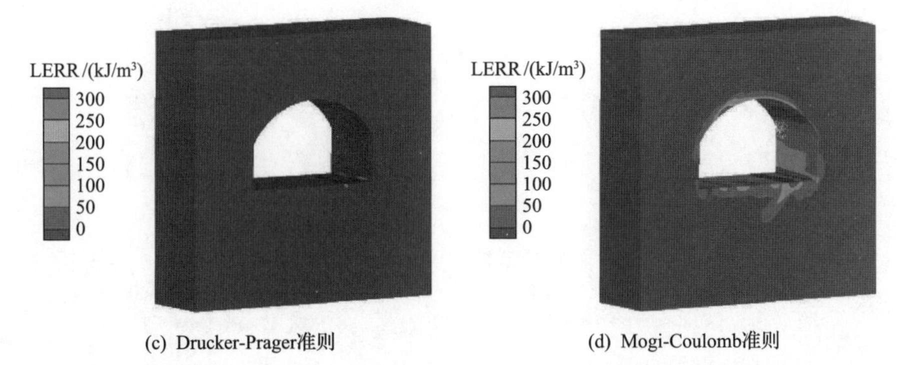

(c) Drucker-Prager准则　(d) Mogi-Coulomb准则

图 6.5.23　锦屏地下实验室二期 7# 实验室 K0+020 附近区域边墙扩挖后洞室围岩的 LERR

结果显示，洞室围岩 LERR 较小；而 Drucker-Prager 准则计算结果表明，围岩稳定性好，基本无能量释放，这与实际结果严重不符。这说明 3DHRFC 破坏准则更符合深部硬岩局部能量集中高的特点。

2. 深部工程硬岩三维各向异性脆延破坏力学模型数值实现方法

1) 计算原理与控制方程

在局部化过程细胞自动机分析框架中，静力学弹塑性模型的控制方程是基于虚位移原理提出的。对于图 6.5.24 所示的 Ω 区域，在边界 $\partial\Omega$ 上受到外力 $\boldsymbol{f}$ 的作用，而在 Ω 区域内部受到体应力场 $\boldsymbol{b}$ 的作用，由于 Ω 区域内部会产生应力场 $\boldsymbol{b}$，其中 $\delta\boldsymbol{\varepsilon}$、$\delta\boldsymbol{u}$ 和 $\delta\boldsymbol{d}$ 分别为应力场 $\boldsymbol{\sigma}$、体应力场 $\boldsymbol{b}$ 和外力 $\boldsymbol{f}$ 引起的虚应变和虚位移。可以得到如下积分形式的控制方程：

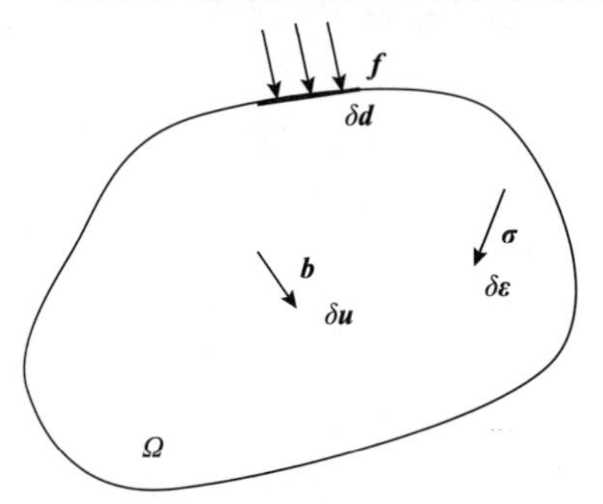

图 6.5.24　研究区域受力条件示意图

$$\int_{\Omega}\delta\boldsymbol{\varepsilon}^{\mathrm{T}}\boldsymbol{\sigma}\mathrm{d}\Omega-\int_{\Omega}\delta\boldsymbol{u}^{\mathrm{T}}\boldsymbol{b}\mathrm{d}\Omega-\delta\boldsymbol{d}^{\mathrm{T}}\boldsymbol{f}=0 \tag{6.5.21}$$

又由有限划分原理，有

$$\delta\boldsymbol{\varepsilon}=\boldsymbol{B}\delta\boldsymbol{d},\quad \delta\boldsymbol{u}=\boldsymbol{N}\delta\boldsymbol{d} \tag{6.5.22}$$

式中，$\boldsymbol{B}$ 和 $\boldsymbol{N}$ 分别为应变矩阵和形函数矩阵。

将式(6.5.21)代入式(6.5.22)，同时考虑虚位移原理对任意 $\delta\boldsymbol{d}$ 成立，约去 $\delta\boldsymbol{d}$ 后可以得到

$$\boldsymbol{\Phi}=\int_{\Omega}\boldsymbol{B}^{\mathrm{T}}\boldsymbol{\sigma}\mathrm{d}\Omega-\int_{\Omega}\boldsymbol{N}^{\mathrm{T}}\boldsymbol{b}\mathrm{d}\Omega-\boldsymbol{f}=0 \tag{6.5.23}$$

式中，Φ 为残余力，一般来说，对于平衡体系，$\Phi=0$。

基于元胞更新法则式(6.5.9)可得

$$K\Delta u=\Delta F+\Delta F' \tag{6.5.24}$$

式中，$K\Delta u$ 为元胞节点自身力学响应；ΔF 为邻近单元弹性变形造成的增量不平衡力；$\Delta F'$ 为邻近单元破坏造成的增量不平衡力，即破坏造成的等效节点力。

2) 数值实现流程

嵌入新模型的数值实现主要是通过 $\Delta F'$ 体现，而 $\Delta F'$ 可以根据破坏力学模型中单元破坏造成的增量残余力 $\Delta\Phi$ 计算：

$$\Delta\Phi=\Delta\left(\int_{\Omega}\boldsymbol{B}^{\mathrm{T}}\boldsymbol{\sigma}\mathrm{d}\Omega-\int_{\Omega}\boldsymbol{N}^{\mathrm{T}}\boldsymbol{b}\mathrm{d}\Omega-\boldsymbol{f}\right)=\int_{\Omega}\boldsymbol{B}^{\mathrm{T}}\Delta\boldsymbol{\sigma}\mathrm{d}\Omega=\int_{\Omega}\boldsymbol{B}^{\mathrm{T}}\boldsymbol{D}^{\mathrm{ep}}\Delta\varepsilon\mathrm{d}\Omega \tag{6.5.25}$$

考虑到邻居都是麻木的，只有自身是激活的，因此增量残余力 $\Delta\Phi$ 只有和内力有关的部分，也就是 $\int_{\Omega}\boldsymbol{B}^{\mathrm{T}}\Delta\boldsymbol{\sigma}\mathrm{d}\Omega$，它也可以表示为 $\int_{\Omega}\boldsymbol{B}^{\mathrm{T}}\boldsymbol{D}^{\mathrm{ep}}\Delta\varepsilon\mathrm{d}\Omega$，其中的 $\boldsymbol{D}^{\mathrm{ep}}$ 表示弹塑性刚度矩阵。

应力诱导硬岩各向异性脆延破坏力学模型的数值实现流程如图 6.5.25 所示。

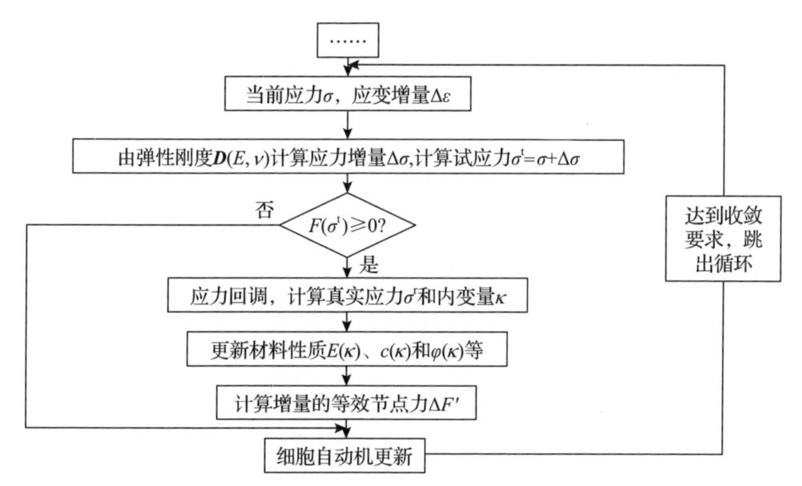

图 6.5.25　应力诱导硬岩各向异性脆延破坏力学模型的数值实现流程

……表示前处理过程

首先计算得到当前的应力 $\boldsymbol{\sigma}$ 和应变增量 $\Delta\boldsymbol{\varepsilon}$，通过刚度 $\boldsymbol{D}(E,\nu)$ 计算应力增量 $\Delta\boldsymbol{\sigma}$，进而计算试应力 $\boldsymbol{\sigma}^{\mathrm{t}}=\boldsymbol{\sigma}+\Delta\boldsymbol{\sigma}$。然后代入 3DHRFC 破坏准则 $F(\boldsymbol{\sigma}^{\mathrm{t}})\geqslant 0$ 判断是否发生破坏。如果发生破坏，则应力回调，计算真实应力 $\boldsymbol{\sigma}^{\mathrm{r}}$ 和内变量 κ，进而更新材料性质 $E(\kappa)$、$c(\kappa)$ 和 $\varphi(\kappa)$ 等，最后计算增量的等效节点力 $\Delta F'$，进入下一

步元胞自动机状态更新。如果没有发生破坏，则直接进入元胞自动机状态更新的环节。一旦达到收敛要求，跳出循环，从而得到该步的计算结果。

3) 精确应力回调计算方法

常规的应力回调算法一般先判断当前试应力是否超出破坏面，一旦判断当前试应力在破坏面之外，按照破坏函数和塑性势函数在试应力处的偏导数计算弹塑性刚度和回调应力，继而得到位于破坏面上的最终应力。

采用一种退步欧拉间接法解决应力回调问题。在弹塑性破坏力学模型框架下，可以根据连续性、内时演化性和塑性的不可逆性建立三个相应的协调关系，即

$$\boldsymbol{\varepsilon}_n-\boldsymbol{\varepsilon}_{n-1}=\boldsymbol{E}^{-1}\boldsymbol{\sigma}_n-\boldsymbol{E}^{-1}\boldsymbol{\sigma}_{n-1}+\Delta\lambda\frac{\partial G(\boldsymbol{\sigma}_n,\kappa_n)}{\partial\boldsymbol{\sigma}^{\mathrm{T}}} \tag{6.5.26}$$

$$\kappa_n-\kappa_{n-1}=k(\boldsymbol{\sigma}_n,\kappa_n)\Delta\lambda \tag{6.5.27}$$

$$F(\boldsymbol{\sigma}_n,\kappa_n)=0 \tag{6.5.28}$$

上述协调关系可以在当前状态 State$(\boldsymbol{\sigma}_n,\kappa_n)$ 处进行一阶泰勒展开。将内变量增量 $\delta\kappa_n$ 的协调关系代入破坏函数的增量 $\delta F(\boldsymbol{\sigma}_n,\kappa_n)$ 中，可以得到

$$\delta\boldsymbol{\varepsilon}_n=\left(\boldsymbol{E}^{-1}+\Delta\lambda\frac{\partial^2 G(\boldsymbol{\sigma}_n,\kappa_n)}{\partial\boldsymbol{\sigma}^{\mathrm{T}}\partial\boldsymbol{\sigma}_n}\right)\delta\boldsymbol{\sigma}_n+\frac{\partial G(\boldsymbol{\sigma}_n,\kappa_n)}{\partial\boldsymbol{\sigma}^{\mathrm{T}}}\delta\Delta\lambda \tag{6.5.29}$$

$$\delta F(\boldsymbol{\sigma}_n,\kappa_n)=\left(\frac{\partial F(\boldsymbol{\sigma}_n,\kappa_n)}{\partial\boldsymbol{\sigma}_n}+\Delta\lambda\frac{\partial F(\boldsymbol{\sigma}_n,\kappa_n)}{\partial\kappa_n}\frac{\partial k(\boldsymbol{\sigma}_n,\kappa_n)}{\partial\boldsymbol{\sigma}_n}\right)\delta\boldsymbol{\sigma}_n+\frac{\partial F(\boldsymbol{\sigma}_n,\kappa_n)}{\partial\kappa_n}k(\boldsymbol{\sigma}_n,\kappa_n)\delta\Delta\lambda \tag{6.5.30}$$

合并式(6.5.29)和式(6.5.30)，可以得到

$$\begin{bmatrix}\boldsymbol{E}^{-1}+\Delta\lambda\dfrac{\partial^2 G(\boldsymbol{\sigma}_n,\kappa_n)}{\partial\boldsymbol{\sigma}^{\mathrm{T}}\partial\boldsymbol{\sigma}_n} & \dfrac{\partial G(\boldsymbol{\sigma}_n,\kappa_n)}{\partial\boldsymbol{\sigma}^{\mathrm{T}}}\\ \dfrac{\partial F(\boldsymbol{\sigma}_n,\kappa_n)}{\partial\boldsymbol{\sigma}_n}+\Delta\lambda\dfrac{\partial F(\boldsymbol{\sigma}_n,\kappa_n)}{\partial\kappa_n}\dfrac{\partial k(\boldsymbol{\sigma}_n,\kappa_n)}{\partial\boldsymbol{\sigma}_n} & \dfrac{\partial F(\boldsymbol{\sigma}_n,\kappa_n)}{\partial\kappa_n}k(\boldsymbol{\sigma}_n,\kappa_n)\end{bmatrix}_i\begin{bmatrix}\delta\boldsymbol{\sigma}_n\\ \delta\Delta\lambda\end{bmatrix}_i=\begin{bmatrix}\delta\boldsymbol{\varepsilon}_n\\ \delta F(\boldsymbol{\sigma}_n,\kappa_n)\end{bmatrix}_i \tag{6.5.31}$$

根据牛顿拉普森迭代法原理，有

$$f^{(1)}(x_i)(x_{i+1}-x_i)=f(x_{i+1})-f(x_i) \tag{6.5.32}$$

因此，式(6.5.31)等式的右边可以改写为

$$\begin{bmatrix} \delta\boldsymbol{\varepsilon}_n \\ \delta F(\boldsymbol{\sigma}_n,\kappa_n) \end{bmatrix}_i = \begin{bmatrix} \boldsymbol{\varepsilon}_n^{i+1} - \boldsymbol{\varepsilon}_n^i \\ F^{i+1}(\boldsymbol{\sigma}_n,\kappa_n) - F^i(\boldsymbol{\sigma}_n,\kappa_n) \end{bmatrix}_i \tag{6.5.33}$$

当第 $i+1$ 步的 $\boldsymbol{\varepsilon}_n^{i+1}$ 和 $F^{i+1}(\boldsymbol{\sigma}_n,\kappa_n)$ 达到理想状态，即分别为全应变 $\boldsymbol{\varepsilon}_{n-1}$ 和 0，式(6.5.33)又可改写为

$$\begin{bmatrix} \boldsymbol{\varepsilon}_n^{i+1} - \boldsymbol{\varepsilon}_n^i \\ F^{i+1}(\boldsymbol{\sigma}_n,\kappa_n) - F^i(\boldsymbol{\sigma}_n,\kappa_n) \end{bmatrix}_i = \begin{bmatrix} \boldsymbol{\varepsilon}_{n-1} - \boldsymbol{\varepsilon}_n^i \\ 0 - F^i(\boldsymbol{\sigma}_n,\kappa_n) \end{bmatrix}_i \tag{6.5.34}$$

利用式(6.5.31)和式(6.5.34)从初始状态开始逐步迭代。在当前第 i 步的迭代过程中，方程式系数和常数矩阵都可以根据第 i 步的偏导数等计算。每一步迭代期间要根据 $\delta\boldsymbol{\sigma}_n$ 和 $\delta\Delta\lambda$ 结果更新 $\boldsymbol{\sigma}_n$ 和 $\Delta\lambda$，同时更新 κ_n，进而更新 $F(\boldsymbol{\sigma}_n,\kappa_n)$ 和 $G(\boldsymbol{\sigma}_n,\kappa_n)$，直到满足以下条件跳出迭代。

$$\delta\boldsymbol{\varepsilon}_n < \epsilon_{\mathrm{tol}} \cap \delta F < f_{\mathrm{tol}} \tag{6.5.35}$$

此时累积的 $\delta\boldsymbol{\sigma}_n$ 即为所求回调应力 $\Delta\boldsymbol{\sigma}^{\mathrm{p}}$。

式(6.5.31)的求解实际上是求解七元一次方程组，在计算过程中需要反复大量计算，涉及七行七列的矩阵精确求逆和高效求解方程组的问题。

针对需要求解 $\boldsymbol{S}$ 的线性方程组

$$\boldsymbol{M}\cdot\boldsymbol{S}=\boldsymbol{R} \tag{6.5.36}$$

为了追求速度和准确性，可采用 LUP 分解的方式。LUP 分解[18]的误差上限可表示为

$$\mathrm{error} \leqslant 2^{\mathrm{nd}-1} n^2 \epsilon_{\mathrm{m}} \tag{6.5.37}$$

式中，nd 为系数矩阵 $\boldsymbol{M}$ 的维数；ϵ_{m} 为计算机的机器精度。

对系数矩阵 $\boldsymbol{M}$ 进行 LUP 分解可得

$$\boldsymbol{P}\cdot\boldsymbol{M}=\boldsymbol{L}\cdot\boldsymbol{U} \tag{6.5.38}$$

式中，$\boldsymbol{L}$ 和 $\boldsymbol{U}$ 分别为 $\boldsymbol{R}$ 分解得到的上三角矩阵和下三角矩阵；$\boldsymbol{P}$ 为相应的次序矩阵。

由于 $\boldsymbol{P}$ 的逆矩阵等同于自身，可得

$$\boldsymbol{L}\cdot\boldsymbol{Y}=\boldsymbol{P}\cdot\boldsymbol{R} \tag{6.5.39}$$

式中，$\boldsymbol{Y}=\boldsymbol{U}\cdot\boldsymbol{S}$。

由于式(6.5.39)中的系数矩阵为上三角矩阵，可以求得$\boldsymbol{Y}$，有

$$\boldsymbol{S}=\boldsymbol{U}^{-1}\cdot\boldsymbol{Y} \tag{6.5.40}$$

即可求得线性方程组的解$\boldsymbol{S}$。

4)基于三维各向异性脆延破坏力学模型的数值模拟分析

综合模拟计算结果，可以得到表 6.5.1 所示的三类模型的对比结果。

表 6.5.1　三类模型的比较

对比内容	弹脆性模型[5]	应变软化模型[4]	深部工程硬岩三维各向异性脆延破坏力学模型[3]
位移	大于实测值	小于实测值	接近实测值
应力转移深度	大	小	大
应力集中程度	小	大	大
破裂位置	符合实际	符合实际	符合实际
破裂深度	大于实测值	小于实测值	接近实测值
破裂程度	大于实测值	小于实测值	接近实测值
能量转移深度	大	小	较大
高能量区域	小	大	大
片帮形态	—	不能反映	可以反映
片帮机理	—	不合理	合理

从表 6.5.1 可以看出，弹脆性模型计算的破裂深度、应力转移深度和能量转移深度往往很大，而计算的位移相应也会大于实测值，应力集中程度和高能量区域相对较小，总的来说就是破裂深、位移大、能量集中低。应变软化模型计算的位移、破裂深度、应力转移深度和能量转移深度都很小，且应力集中程度和高能量区域很大，同时不能合理地反映工程灾害，总的来说就是破裂浅、位移小、能量集中高。深部工程硬岩三维各向异性脆延破坏力学模型计算的位移、破裂位置、破裂程度和破裂深度都比较接近实测值，且应力转移深度、能量转移深度、应力集中程度和高能量区域都很大，同时可以合理地模拟工程灾害的形态和机理。

3. 深部工程硬岩三维各向异性时效破坏力学模型数值实现方法

1)计算原理与控制方程

CASRock 数值计算软件中流变计算功能参考已有成果实现[19]。通过隐式时间步长方案来定义在时间间隔$\Delta t_n=t_{n+1}-t_n$内出现的黏塑性应变增量：

$$\Delta\varepsilon_{\mathrm{vp}}^{n}=\Delta t_{n}[(1-\Theta)\dot{\varepsilon}_{\mathrm{vp}}^{n}+\Theta\dot{\varepsilon}_{\mathrm{vp}}^{n+1}] \tag{6.5.41}$$

$\Theta=0$ 时表示显式法，$\Theta=1$ 时表示全隐式法，$\Theta=1/2$ 时表示隐式梯形法或半隐式法，其中全隐式法和半隐式法是无条件稳定的。

为了定义 $\dot{\varepsilon}_{\mathrm{vp}}^{n+1}$，可利用有限泰勒级数展开式展开为

$$\dot{\varepsilon}_{\mathrm{vp}}^{n+1}=\dot{\varepsilon}_{\mathrm{vp}}^{n}+\boldsymbol{H}^{n}\Delta\sigma^{n} \tag{6.5.42}$$

$$\boldsymbol{H}^{n}=\left(\frac{\partial\dot{\varepsilon}_{\mathrm{vp}}^{n}}{\partial\sigma}\right)^{n}=\boldsymbol{H}^{n}(\sigma^{n}) \tag{6.5.43}$$

$$\Delta\varepsilon_{\mathrm{vp}}^{n}=\dot{\varepsilon}_{\mathrm{vp}}^{n}\Delta t_{n}+\boldsymbol{C}^{n}\Delta\sigma^{n} \tag{6.5.44}$$

$$\boldsymbol{C}^{n}=\Theta\Delta t_{n}\boldsymbol{H}^{n} \tag{6.5.45}$$

式中，矩阵 $\boldsymbol{H}$ 取决于应力水平。

应力的增量形式为

$$\Delta\sigma^{n}=\boldsymbol{D}\Delta\varepsilon_{\mathrm{e}}^{n}=\boldsymbol{D}(\Delta\varepsilon^{n}-\Delta\varepsilon_{\mathrm{vp}}^{n}) \tag{6.5.46}$$

或者用位移增量来表示总应变增量：

$$\Delta\varepsilon^{n}=\boldsymbol{B}^{n}\Delta d^{n} \tag{6.5.47}$$

将式(6.5.44)代入式(6.5.46)，可得

$$\Delta\sigma^{n}=\hat{\boldsymbol{D}}^{n}(\boldsymbol{B}^{n}\Delta d^{n}-\dot{\varepsilon}_{\mathrm{vp}}^{n}\Delta t_{n}) \tag{6.5.48}$$

$$\hat{\boldsymbol{D}}^{n}=(\boldsymbol{I}+\boldsymbol{D}\boldsymbol{C}^{n})^{-1}\boldsymbol{D}=(\boldsymbol{D}^{-1}+\boldsymbol{C}^{n})^{-1} \tag{6.5.49}$$

通过显式法解决线弹性问题时($\Theta=0$)，$\hat{\boldsymbol{D}}^{n}=\boldsymbol{D}$，此时式(6.5.48)变为

$$\Delta\sigma^{n}=\boldsymbol{D}(\boldsymbol{B}^{n}\Delta d^{n}-\dot{\varepsilon}_{\mathrm{vp}}^{n}\Delta t_{n}) \tag{6.5.50}$$

在任一时刻 t_n 都需要满足以下平衡方程：

$$\int_{\Omega}(\boldsymbol{B}^{n})^{\mathrm{T}}\sigma^{n}\mathrm{d}\Omega+f^{n}=0 \tag{6.5.51}$$

式中，f^{n} 为施加的表面力、体力和热载荷等产生的等效节点载荷矢量。

在一个时间增量内，式(6.5.51)的增量形式需得到满足，即

$$\int_{\Omega}(\boldsymbol{B}^{n})^{\mathrm{T}}\Delta\sigma^{n}\mathrm{d}\Omega+\Delta f^{n}=0 \tag{6.5.52}$$

在实际工程中碰到的很多问题，其载荷增量施加的时间步长是不连续的，除第一步时间步长有变化外，对于其他时间步，都有 $\Delta f^{n}=0$。

2)数值实现流程

通过上述黏塑性应变增量、应力增量求解方程和平衡方程，并结合 6.3 节的时效破坏力学模型，通过图 6.5.26 所示的流程实现深部工程硬岩三维各向异性时效破坏力学模型的数值应用。

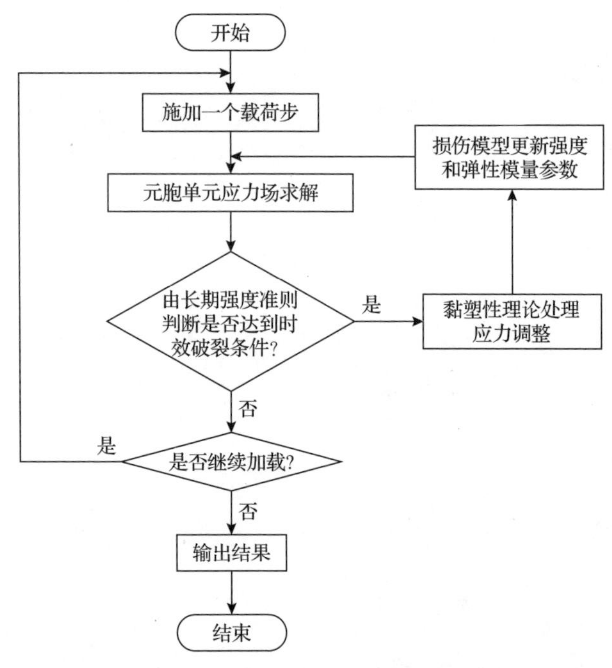

图 6.5.26　深部工程硬岩三维各向异性时效破坏力学模型的数值实现流程

6.5.3　深部工程硬岩破坏评价指标数值计算方法

1. 硬岩 RFD 指标数值计算方法

为了在 CASRock 数值计算软件中实现硬岩破裂程度指标，在其数值计算的每个计算步内，计算单个元胞(cell)的硬岩破裂程度指标 $\mathrm{RFD}_{\mathrm{cell}}$，其数值实现的主要流程如下。

1)计算单个元胞强度参数

单个元胞强度参数包括单个元胞黏聚力 c_{cell}、内摩擦角 φ_{cell} 和抗拉强度

σ_{tcell}，它们的计算公式为

$$c_{\text{cell}} = \frac{1}{n}\sum_{i=1}^{n} c_{\text{cell}}^{i} \tag{6.5.53}$$

$$\varphi_{\text{cell}} = \frac{1}{n}\sum_{i=1}^{n} \varphi_{\text{cell}}^{i} \tag{6.5.54}$$

$$\sigma_{\text{tcell}} = \frac{1}{n}\sum_{i=1}^{n} \sigma_{\text{tcell}}^{i} \tag{6.5.55}$$

式中，n 为元胞中的元胞节点的个数；c_{cell}^{i}、$\varphi_{\text{cell}}^{i}$ 和 $\sigma_{\text{tcell}}^{i}$ 分别为第 i 个元胞节点演化过程中的黏聚力、内摩擦角和抗拉强度。

2)计算单个元胞 RFD_{cell} 的峰前参数 A_{cell}、B_{cell} 和 C_{cell}

以 3DHRFC 破坏准则为例，依据式(6.1.4)和式(6.1.5)，峰前参数 A_{cell}、B_{cell} 和 C_{cell} 的计算公式为

$$A_{\text{cell}} = \frac{9(b_{\text{t}}^2 - a_{\text{f}}^2)}{a_{\text{f}}^2} \tag{6.5.56}$$

$$B_{\text{cell}} = -\frac{6g_{\text{m}}(b_{\text{t}}^2 - a_{\text{f}}^2)}{a_{\text{f}}^2} \tag{6.5.57}$$

$$C_{\text{cell}} = \frac{g_{\text{m}}^2 - a_{\text{f}}^2}{a_{\text{f}}^2}(b_{\text{t}}^2 - a_{\text{f}}^2) \tag{6.5.58}$$

式中，a_{f}、b_{t} 和 g_{m} 为数值实现过程中的准则系数，它们与单个元胞强度参数 c_{cell}、φ_{cell} 和 σ_{tcell} 的关系为

$$a_{\text{f}} = \frac{6c_{\text{cell}}\cos\varphi_{\text{cell}} - 6\sigma_{\text{tcell}}\sin\varphi_{\text{cell}}}{2\sin\varphi_{\text{cell}}} \tag{6.5.59}$$

$$b_{\text{t}} = \frac{(3c_{\text{cell}}\cot\varphi_{\text{cell}} - 3\sigma_{\text{tcell}})\sqrt{3(3-\sin\varphi_{\text{cell}})^2 + 4\sin^2\varphi_{\text{cell}}}}{\sqrt{3}(3-\sin\varphi_{\text{cell}})} \tag{6.5.60}$$

$$g_{\text{m}} = 3c_{\text{cell}}\cot\varphi_{\text{cell}} \tag{6.5.61}$$

3)计算单个元胞的主应力 σ_{1cell}、σ_{2cell} 和 σ_{3cell}

单个元胞的主应力计算公式为

$$\sigma_{1\text{cell}} = \frac{1}{n}\sum_{i=1}^{n}\sigma_{1\text{cell}}^{i} \tag{6.5.62}$$

$$\sigma_{2\text{cell}} = \frac{1}{n}\sum_{i=1}^{n}\sigma_{2\text{cell}}^{i} \tag{6.5.63}$$

$$\sigma_{3\text{cell}} = \frac{1}{n}\sum_{i=1}^{n}\sigma_{3\text{cell}}^{i} \tag{6.5.64}$$

4) 计算单个元胞峰前 RFD_{cell} 量值

获得以上参数后，代入式(6.4.1)即可计算单个元胞峰前 RFD_{cell} 量值。

5) 计算单个元胞峰后 RFD_{cell} 量值

峰后 RFD_{cell} 主要是计算塑性体积应变和等效塑性剪应变，这两个参数可以通过增量塑性因子计算，其计算关系为

$$\dot{\varepsilon}_{\text{V}}^{\text{p}} = 3I_1\dot{\lambda} \tag{6.5.65}$$

$$\overline{\gamma}^{\text{p}} = \frac{2}{3}\sqrt{\frac{3}{2}\left(\frac{\partial F}{\partial\sqrt{J_2}}\right)^2 + \frac{3}{2J_2}\left(\frac{\partial F}{\partial\theta}\right)^2}\, I_1\dot{\lambda} \tag{6.5.66}$$

在每个计算步中，获得增量塑性因子后，即可计算塑性体积应变和等效塑性剪应变的增量，然后将它们累加即可计算相应的元胞节点的塑性体积应变和等效塑性剪应变。与上面的方式相同，通过取平均的方法即可获得元胞的塑性体积应变和等效塑性剪应变。最后代入式(6.4.1)即可计算峰后 RFD_{cell} 量值。

2. 硬岩 TRFD 指标数值实现

在实际计算过程中的每个计算步内，均可获得演化过程中每个元胞的强度参数、应力和最大主应力方向的累积塑性应变。

在获得元胞的应力后，首先要判断元胞是否达到时效破裂条件。如果未达到，元胞还未发生时效破裂行为，此时可以直接通过强度参数和应力计算元胞的时效破裂危险系数。如果元胞达到时效破裂条件，元胞开始发生时效破裂行为，此时可以直接通过元胞所受最小主应力、中间主应力和最大主应力方向的累积塑性应变计算元胞的时效破坏渐进度。通过这个过程，并结合 6.4.2 节中硬岩 TRFD 指标计算公式，可以获得硬岩 TRFD。

图 6.5.27 为锦屏地下实验室二期 1# 实验室南侧拱肩处岩体破裂时效演化数值模拟结果。可以看出，开挖后第 10 天，拱肩区域 TRFD 最大达到 1.8，岩体局部时效破裂程度较高，但是还没达到失稳破坏的极限。而在距边墙 1m 左右，TRFD

接近 0.8，岩体虽然还没有达到发生时效破裂的条件，但是趋于发生时效破裂的危险系数已经很高。岩体开挖后第 100 天，南侧拱肩 TRFD 最大值还维持在 1.8 左右，但是在 1.8 的范围有所增加，而且距拱肩 1m 处的岩体发生时效破裂的危险系数增加。开挖完成后第 1 年，在距拱肩 0.5m 范围内的岩体由于长时间破裂而发生失稳破坏；距拱肩 1m 处岩体达到发生时效破裂的条件，发生了一定的时效破裂。随着时间的增加，由于岩体持续开裂，在开挖后第 2 年，发生破坏区域的深度增加至 1m，而围岩发生时效破裂危险系数较高的区域逐渐向深层发展，与此同时，由于长时间破裂，南侧边墙也发生了一定的失稳破坏。开挖完成后第 5 年，拱肩处破裂深度达到 1.5m，而且拱肩处破坏与边墙处破坏连接在一起，形成 V 形破坏

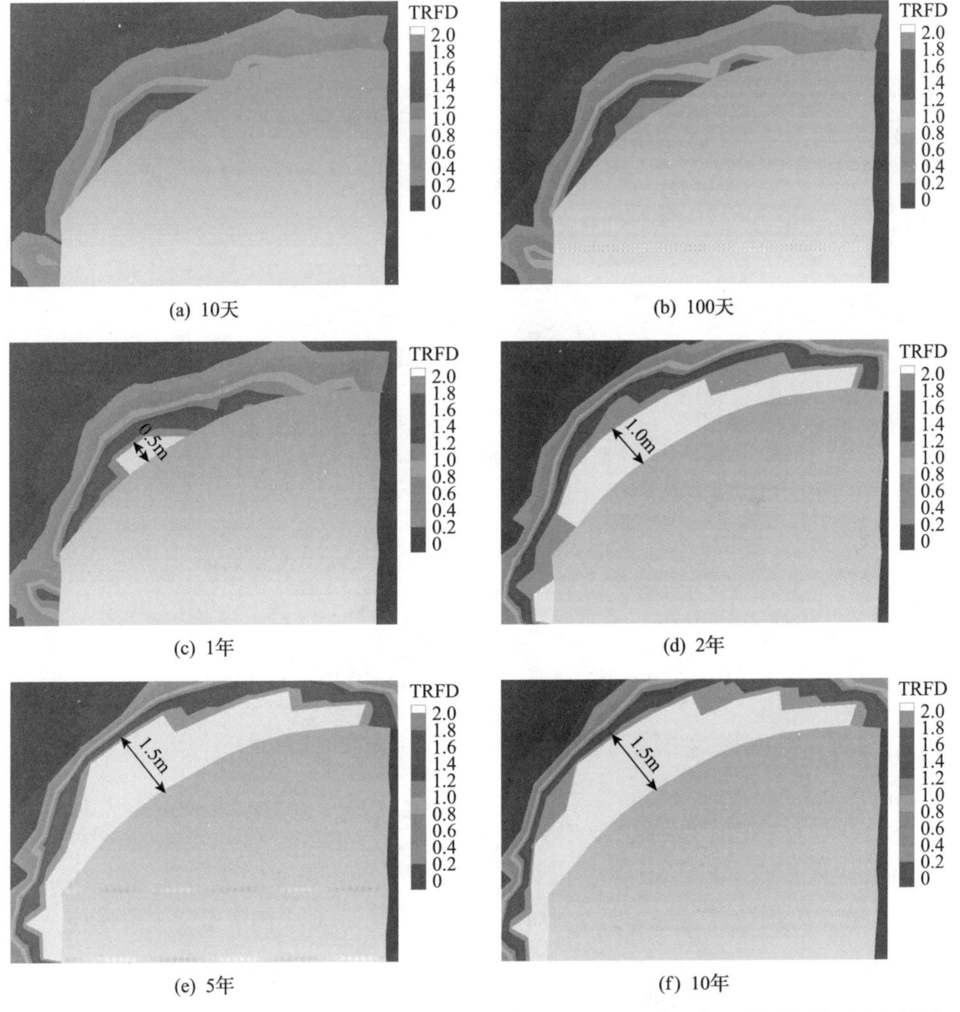

(a) 10天　(b) 100天

(c) 1年　(d) 2年

(e) 5年　(f) 10年

图 6.5.27　锦屏地下实验室二期 1# 实验室南侧拱肩处岩体破裂时效演化数值模拟结果(见彩图)

模式，但是总体上发生时效破裂危险系数较高的区域未再向深层发展，更多的是原来 TRFD 较高区域持续开裂。开挖完成后第 10 年，与开挖完成后第 5 年对比，发生时效破裂的深度并未增加，主要表现为原有 TRFD 较高区域持续开裂，但是变化量较小，而且发生时效破裂的危险系数较高区域的深度也未再有所增加，岩体整体趋于稳定。

硬岩 TRFD 指标可以很好地描述深部工程硬岩时效破裂过程的渐进破坏特征。传统塑性区难以充分体现围岩时效破裂过程中其破裂程度的渐进演化特征，通过引入硬岩 TRFD 指标，可以清晰地反映出围岩的时效破坏过程由表层向深层渐进发展的特征。

3. *硬岩 LERR 指标数值实现*

为了在 CASRock 数值计算软件中实现 LERR 指标，在其数值计算过程中的每个计算步内，可按照式(6.5.62)～式(6.5.64)计算出单个元胞的主应力，代入式(6.4.8)计算出元胞当前计算步的应变能密度 U_{cell}^{i}。单个元胞弹性应变能密度随计算时步的演化过程如图 6.5.28 所示。

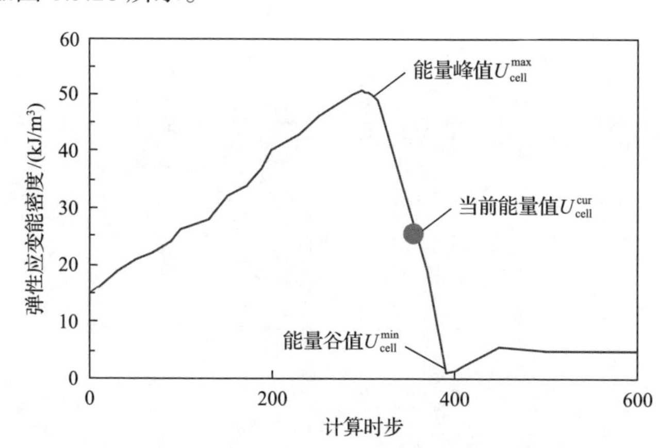

图 6.5.28　单个元胞弹性应变能密度随计算时步的演化过程

计算过程中采用一种动态追踪的策略计算单个元胞的局部能量释放率 $\text{LERR}_{\text{cell}}$。具体步骤如下：

(1) 在计算之初，暂存 $U_{\text{cell}}^{\max}$ 和 $U_{\text{cell}}^{\min}$ 为 0。

(2) 如果 $U_{\text{cell}}^{\min}=0$，则比较当前计算步的应变能密度 U_{cell}^{i} 和 $U_{\text{cell}}^{\max}$ 的大小。若 $U_{\text{cell}}^{i} \geqslant U_{\text{cell}}^{\max}$，则令 $U_{\text{cell}}^{\max}=U_{\text{cell}}^{i}$，此时 $\text{LERR}_{\text{cell}}=0$，对应图 6.5.28 中的能量峰值前的阶段。

(3) 如果 $U_{\text{cell}}^{\min}=0$，并且 $U_{\text{cell}}^{i} < U_{\text{cell}}^{\max}$，固定 $U_{\text{cell}}^{\max}$ 量值不变，同时令 $U_{\text{cell}}^{\max}=U_{\text{cell}}^{\text{i}}$，此时 $\text{LERR}_{\text{cell}}=0$，对应图 6.5.28 中的能量峰值点。

(4) 如果$U_{\text{cell}}^{\min} \neq 0$，则比较当前计算步的应变能密度$U_{\text{cell}}^{i}$和$U_{\text{cell}}^{\min}$的大小。若$U_{\text{cell}}^{i} \leqslant U_{\text{cell}}^{\min}$，则令$U_{\text{cell}}^{\min} = U_{\text{cell}}^{i}$，此时$\text{LERR}_{\text{cell}} = U_{\text{cell}}^{\max} - U_{\text{cell}}^{i}$，对应图 6.5.28 中的能量峰值点与能量谷值点之间的阶段。

(5) 如果$U_{\text{cell}}^{\min} \neq 0$，并且$U_{\text{cell}}^{i} > U_{\text{cell}}^{\min}$，固定$U_{\text{cell}}^{\min}$量值不变，此时$\text{LERR}_{\text{cell}} = U_{\text{cell}}^{\max} - U_{\text{cell}}^{\min}$，对应图 6.5.28 中的能量谷值后的阶段。

以上为单个元胞$\text{LERR}_{\text{cell}}$的计算步骤，遍历所有元胞即可获得所有元胞的 LERR 云图。如图 6.5.29 所示，通过 LERR 的数值实现方法，可获得深部硬岩数值模拟后的 LERR 云图，继而揭示脆性破坏的位置、范围和能量释放程度。

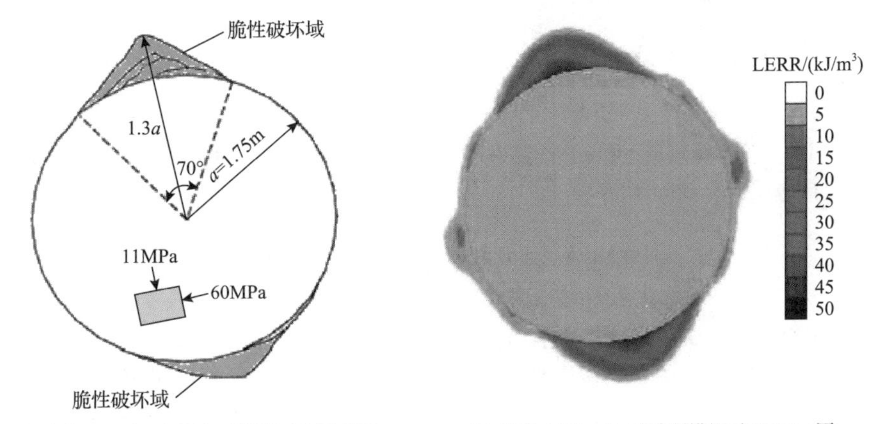

(a) 加拿大Mine-By试验洞V形脆性破坏示意图　　(b) 加拿大Mine-By试验洞模拟后LERR云图

图 6.5.29　基于数值模拟后 LERR 云图判断脆性破坏的位置、范围和能量释放程度

6.6　深部工程硬岩力学参数智能反演方法

应用上述建立的 3DHRFC 破坏准则、各向异性脆延破坏力学模型、破坏与能量释放评价指标和破裂过程数值计算方法，可以合理模拟深部工程地层岩性、岩体结构特征、地应力场及其开挖扰动效应，进行灾害预测分析评价，为开挖支护设计和施工优化提供依据。但是，数值计算结果的可靠性还要取决于岩体力学参数的合理取值，由于岩体自身结构及其赋存环境的复杂性，其力学参数具有显著的尺寸效应，室内试验获得的岩块力学参数不能直接用于工程岩体力学计算。为了解决工程问题，可根据现场监测得到的围岩开挖响应信息，通过反分析确定岩体力学参数。对于深部工程，地应力场与工程三维空间关系复杂，三维应力路径下深部硬岩力学特性具有各向异性，导致围岩的破坏变形呈现几何非对称性、空间非均匀性，反分析过程要体现这种空间差异性和变化性；深部工程硬岩灾害主要由围岩内部破裂引起，孕育过程中其变形往往并不显著，更需要关注其破裂行为，

应该合理利用监测的围岩内部破裂演化信息反演对其更为敏感的强度参数；针对深部工程硬岩力学行为的高度非线性特征，反分析求解过程的大计算量问题和结果的不确定性问题，应充分利用人工智能技术提升求解效率和结果可靠性。因此，围绕深部工程硬岩三维应力路径依赖性和破裂为主导的破坏行为，本节提出基于岩体内部变形和破裂损伤区范围信息综合的深部工程硬岩力学参数(强度参数和变形参数)三维智能反演方法，阐明深部工程硬岩力学参数反分析的主要思想和算法步骤，通过工程应用分析验证该方法的可靠性。

6.6.1 深部工程硬岩力学参数三维智能反演原理

根据前面建立的3DHRFC破坏准则、力学模型、评价指标和数值方法，给定工程地质、地应力条件、开挖支护方案和岩体力学参数 $\boldsymbol{P}=\begin{bmatrix}E_0 & c_0 & \varphi_0 & \cdots\end{bmatrix}$，就可以模拟工程开挖过程，计算获得围岩的响应信息(如开挖损伤区深度 $\boldsymbol{d}_{\mathrm{RFD}\geqslant\mathrm{RFD}_{\sigma_{\mathrm{cd}}}}$、内部位移 $\boldsymbol{u}$ 等)，进而可以进行工程安全性评价和预测分析，即

$$\boldsymbol{R}^k\to\boldsymbol{R}^l:\{\boldsymbol{d}_{\mathrm{RFD}\geqslant\mathrm{RFD}_{\sigma_{\mathrm{cd}}}},\ \boldsymbol{u},\cdots\}=\psi(\boldsymbol{P}) \tag{6.6.1}$$

式中，$\psi(\cdot)$ 可以为数值计算过程，也可以为某个数学函数或其他计算方式。

如果工程地质和地应力条件已知，则该正分析过程可看成岩体开挖力学响应与岩体力学参数间存在的某种映射关系。因此，可以根据现场监测获得的工程岩体实际响应信息通过逆映射求得所需的岩体力学参数，这就是反分析过程，即

$$\boldsymbol{R}^l\to\boldsymbol{R}^k:\boldsymbol{P}=\psi^{-1}(\boldsymbol{d}_{\mathrm{RFD}\geqslant\mathrm{RFD}_{\sigma_{\mathrm{cd}}}},\ \boldsymbol{u},\cdots) \tag{6.6.2}$$

针对深部工程硬岩开挖的复杂非线性问题，其求解过程可定义为计算结果与实测结果之间的误差最小化问题，通过优化搜索一组岩体力学参数，使得计算结果逼近实测结果。用于反分析的实测结果即反演信息应该体现工程岩体响应特性。针对深部工程硬岩，主要关注岩体内部变形和破裂损伤区范围。因此，目标函数可定义为多元信息的计算值和实测值之间误差的加权求和形式，即

$$\begin{cases}F(\boldsymbol{P})=\left[(1-\alpha)\displaystyle\sum_{i=1}^{m}\left(\psi(\boldsymbol{P})_i^{\mathrm{d}}-\hat{d}_{i,\mathrm{RFD}\geqslant\mathrm{RFD}_{\sigma_{\mathrm{cd}}}}\right)^2+\alpha\sum_{j=1}^{n}\left(\psi(\boldsymbol{P})_j^{\mathrm{u}}-\hat{u}_j\right)^2\right]^{1/2}, \\ \qquad\qquad\qquad\qquad\qquad\qquad i=1,2,\cdots,m;\ j=1,2,\cdots,n \\ \text{s.t.}\quad p_k\in[p_k^{\max},p_k^{\min}],\quad k=1,2,\cdots,N\end{cases} \tag{6.6.3}$$

式中，$\boldsymbol{P}=[p_1\quad p_2\quad\cdots\quad p_N]$为一组待反演参数；$p_k^{\max}$、$p_k^{\min}$分别为各待反演参数的最大值和最小值，定义其搜索空间；N为参数个数；m、n分别为工程断面不

同位置围岩损伤区深度和围岩从表层到内部不同位置位移的测点个数；$\psi(\boldsymbol{P})_i^{\mathrm{d}}$、$\hat{d}_{i,\mathrm{RFD}\geqslant \mathrm{RFD}_{\sigma\mathrm{cd}}}$ 分别为测点 i 计算和实测损伤区深度；$\psi(\boldsymbol{P})_j^{\mathrm{u}}$、$\hat{u}_j$ 分别为测点 j 计算和实测围岩内部位移；$\alpha\in[0,1]$ 为权系数，用于平衡位移信息和损伤区范围信息在目标函数中的比重，一般可以取 0.5，即假设两类信息的可靠性和重要性相同。

深部工程处于三向不等的真三向高应力状态，三个主应力方向与工程布置空间关系往往十分复杂。如图 6.6.1 所示，相同条件下主应力方向的不同会导致计算的围岩破坏模式显著不同。因此，深部工程数值计算不能采用基于平面假设的二维简化模型，必须建立反映地层岩性、岩体结构、三维应力场和工程开挖扰动等特征的三维数值模型来反映深部工程岩体复杂的变形破坏模式，因而其反分析过程也应该反映其三维特征。

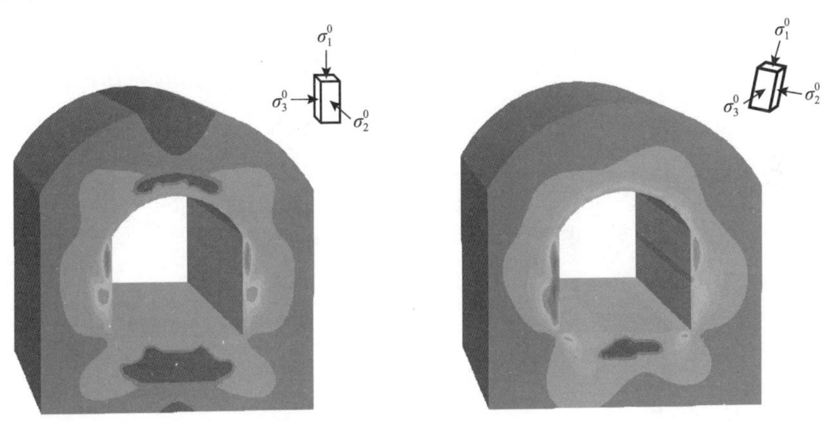

图 6.6.1　三维应力方向变化导致数值计算围岩损伤破裂区分布模式变化

6.6.2　深部工程硬岩力学参数三维智能反演步骤

1. 获取深部工程围岩内部代表性现场三维监测信息

1) 确定对深部工程硬岩力学参数敏感的监测信息

为了确定对深部工程硬岩变形参数和强度参数敏感的监测信息，以典型深埋隧道工程为例开展数值试验，工程测点布置如图 6.6.2(a) 所示(原岩应力 $\sigma_1^0=70\mathrm{MPa}$，$\sigma_2^0=55\mathrm{MPa}$，$\sigma_3^0=48\mathrm{MPa}$，岩体力学模型采用深部硬岩各向异性脆延破坏力学模型，岩体损伤区深度由岩体破裂程度指标 RFD≥1 确定)，研究围岩损伤区深度和内部位移随杨氏模量、黏聚力和内摩擦角各自围绕其基准值(分别为 30GPa、25MPa 和 30°)变化的响应情况，结果如图 6.6.2(b)～(g) 所示。可以看出，深部工程硬岩内部位移对岩体杨氏模量十分敏感，而其损伤区深度对强度参数敏感，对岩体杨氏模量不敏感。因此，需要基于围岩破裂损伤和变形信息综合反演深部工程硬岩的变形参数和强度参数。根据现场观测，硬岩工程在开挖后有明显的脆性破坏现象，通过声波测试或钻孔摄像技术获得的开挖破裂损伤区数据本质上是岩体强度特征的直接体现，与岩体强度参数(内摩擦角和黏聚力等)的关联更为紧密。

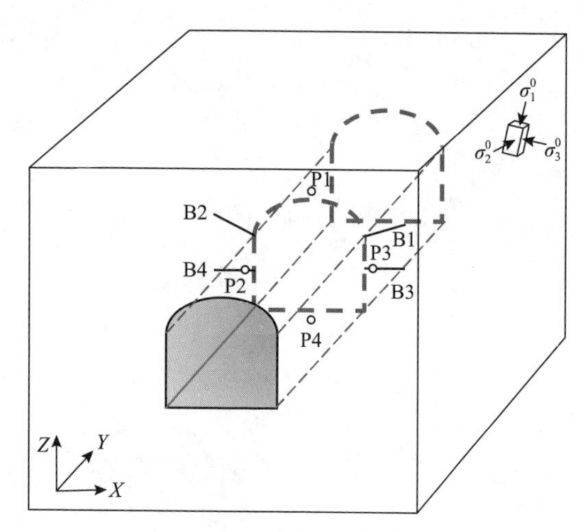

(a) 模拟深埋隧道工程监测断面布置

B1、B2、B3、B4. 弹性波速测试钻孔；P1、P2、P3、P4. 位移监测点

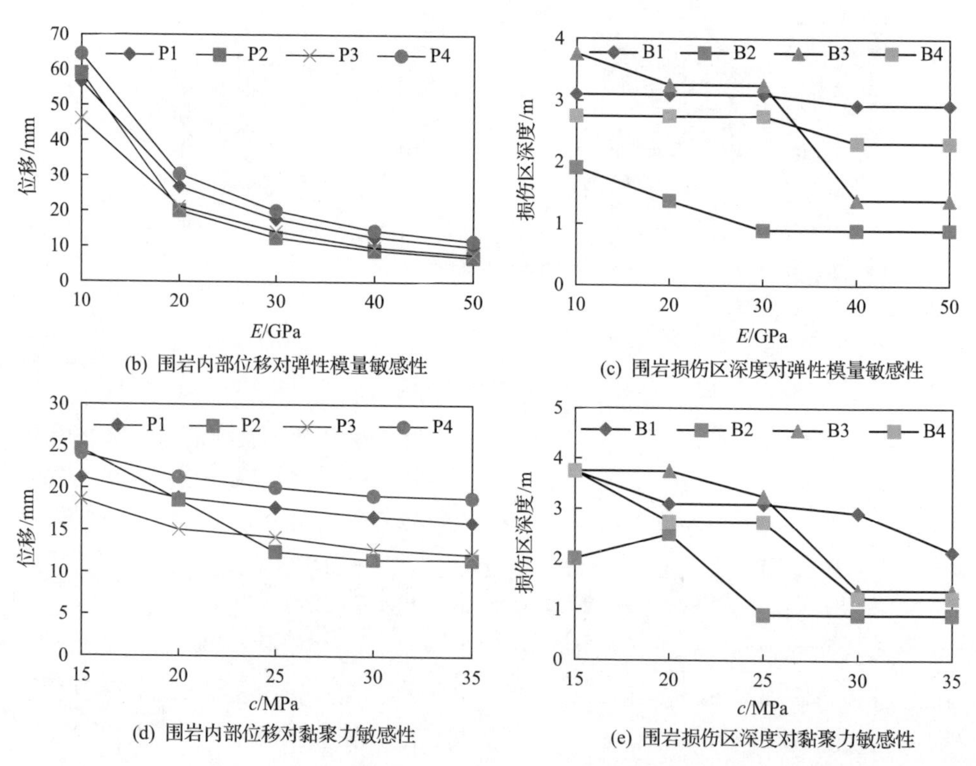

(b) 围岩内部位移对弹性模量敏感性

(c) 围岩损伤区深度对弹性模量敏感性

(d) 围岩内部位移对黏聚力敏感性

(e) 围岩损伤区深度对黏聚力敏感性

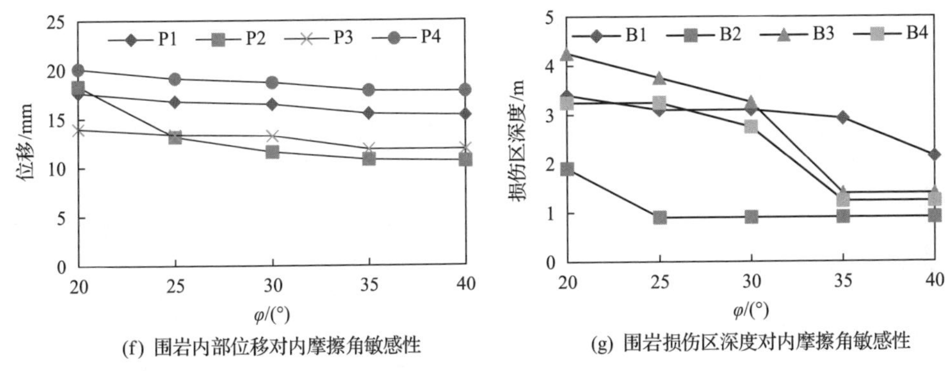

(f) 围岩内部位移对内摩擦角敏感性　　(g) 围岩损伤区深度对内摩擦角敏感性

图 6.6.2　深部工程硬岩开挖损伤区深度和内部位移对岩体强度参数和变形参数敏感性的数值试验分析

为了得到深部工程硬岩内部空间非均匀和几何不对称的变形破坏信息，必须合理设计监测方案，包括监测仪器、监测点布设和信息提取方法，以获取最具代表性和敏感性的三维反分析信息。

2) 深部工程硬岩内部三维破裂损伤与变形监测布置

深埋长隧道和地下厂房等大型深埋工程沿洞轴走向延展长，可达数百米乃至数十千米，可能穿越多种岩层，这些岩层之间的岩体力学参数可能显著不同，需分别进行反分析。另外，即使是同一岩层，也会受到不同的地质构造作用，从而表现出不同的变形破坏特征。因此，现场获取反演信息时应区分岩层岩性、地质条件和围岩开挖响应特征。这可以通过考虑岩性和岩体结构的变化、局部构造活动(断层和褶皱)引起地应力状态(特别是方向)的变化、开挖过程中揭示的围岩变形破坏模式进行岩体力学参数变化分区。位移和破裂损伤监测点应设置在相应的需要确定岩体力学参数的分区内，进行有针对性的反分析。

为了获得围岩三维内部变形和破裂损伤区范围信息及其空间分布模式，应获取沿地下洞室轴向和径向以及从开挖边界到围岩内部不同深度的监测信息。在实际工程中，需要布置多个包含多测点和测试钻孔的监测断面，在每个监测断面不同位置向岩体内部钻孔布置多点位移计和声波测试孔。每个监测断面的测点和测试钻孔原则上布置在一个面内，以减少工程地质条件变化造成的影响。深部三维高应力与岩体工程复杂的空间关系和开挖应力路径变化会导致围岩内部变形破坏的空间分布具有几何非对称性和空间非均匀性，如图 6.6.3 所示(与图 6.6.2 相同示例，岩体力学参数取其基准值)。因此，在每个监测断面内，根据监测信息变化越灵敏，反演结果越可靠的一般认知，还应将测试孔或测点设置在监测信息变化较大的位置，这可通过数值模拟结果或根据地应力方向按经验进行判别。例如，图 6.6.3(a)中的位移监测应尽可能布置在隧道断面的左下方和右上方，而破裂损伤区深度监测布置方位正好相反。确定监测信息数量时，在满足一般反问题求解定解条件的

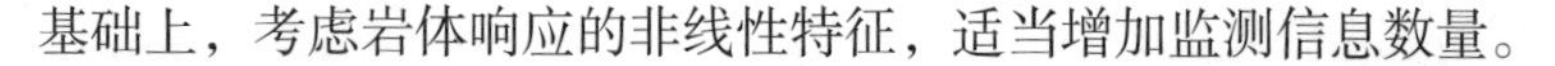
基础上，考虑岩体响应的非线性特征，适当增加监测信息数量。

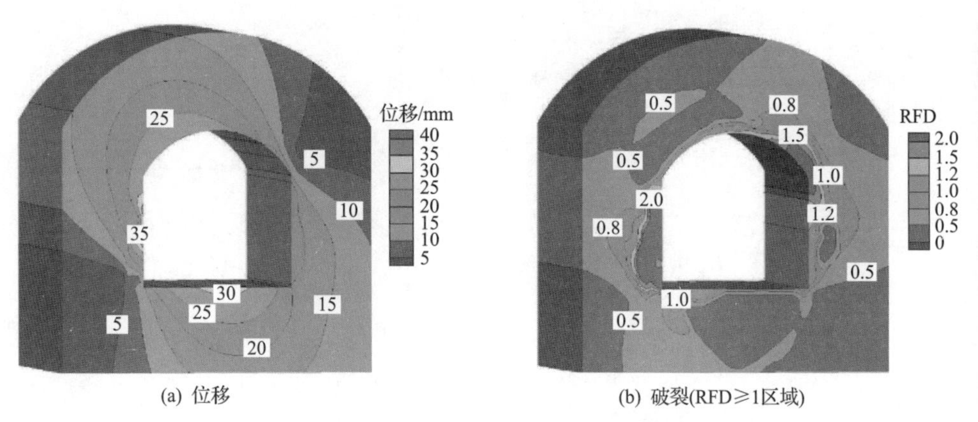

(a) 位移　　　　　　　　　　(b) 破裂(RFD≥1区域)

图 6.6.3　深部工程硬岩隧道围岩破裂变形典型分布模式

3)深部工程开挖全过程监测信息提取

多点位移计是获取岩体内部变形的主要手段。深部工程硬岩开挖时，一般在发生灾变(岩爆、片帮、塌方)前总位移小，且大部分属于高应力下开挖瞬时卸荷产生的弹性变形，而开挖后快速脆性破坏引起的位移不显著。此外，从开挖面到围岩内部的位移可能会出现多模态特征。因此，需要采用预埋安装方式来捕获围岩内部变形演化全过程。在预埋安装条件受到限制时，如果工程是分部开挖的，也可近似将先期开挖完成后布设的多点位移计作为后续开挖的预埋安装，采用后续分部开挖产生的位移增量作为反演信息。一般来讲，可以在开挖任意阶段通过单个钻孔或钻孔之间的弹性波速测试获得损伤区深度信息。为了得到原始岩体的波速以便进一步比较分析其开挖演化特征，也需要预设钻孔。数字钻孔摄像既可以跟踪围岩的开裂，也可以用来估算岩体破坏范围，可作为确定损伤区深度的参考。为保证现场测量的可靠性，监测频率应至少与开挖扰动同步，为了掌握其演变过程并消除异常值，建议采用连续监测方法。另外，能够反映围岩破裂的声发射和微震等监测信息不仅可以提供监测参考，而且可以加深对围岩变形破裂机理的理解。

2. 确定待反演的深部工程硬岩力学参数

描述深部工程硬岩力学特性的岩体力学参数有多个，包括强度参数和变形参数。深部工程硬岩开挖力学响应是高度非线性问题，如果通过反演确定的参数过多，会导致多目标优化过程中解的唯一性问题更突出。因此，一部分关键参数通过反分析确定，按照选择那些对最为关注的工程响应行为最为敏感的少数关键参数的原则，即选择导致监测信息发生显著变化的最敏感参数，可以通过参数敏感性分析确定，其余参数通过试验、工程类比分析等估算方法确定。

参数敏感性分析方法很多，如单因素(基准值)敏感性分析和正交设计敏感性分析。单因素敏感性分析通过研究某参数在其基准值附近变化时引起的计算结果偏离基准状态的趋势和程度进行敏感性分析，针对每个参数每次变化的计算中设定其他参数保持基准值不变。对于待反演参数 $\boldsymbol{P}$ 的基准值 $\boldsymbol{P}^* = [p_1^* \quad p_2^* \quad \cdots \quad p_N^*]$，计算结果为 F^*，则定义参数 $p_k(k=1,2,\cdots,N)$ 的敏感度为

$$S_k(p_k) = \frac{\Delta F}{F^*} \Bigg/ \left|\frac{\Delta p^k}{p_k^*}\right| = \left|\frac{\Delta F}{\Delta p^k}\right| \frac{F^*}{p_k^*} \tag{6.6.4}$$

该方法适用于参数较少的情况，精确度较高，一般用于已确定较少参数及其工程取值范围的参数敏感性分析。正交敏感性分析是在岩体力学模型确定后，将模型参数(包括岩体力学参数)视为随机变量，数值模拟过程视为试验，基于正交试验设计及其统计分析模型研究数值模拟结果对模型参数的敏感性，具有试验水平设置灵活、效率高等优点，适用于参数较多或对模型参数影响规律认知不清的情况。也可以将单因素敏感性分析与正交敏感性分析相结合形成梯级敏感性分析，以综合考虑参数敏感性分析的广度(参数个数)和深度(精度)。

3. 建立待反演参数与围岩损伤区深度和内部位移之间的非线性映射关系

为了解决反分析中的逆向求解问题，必须建立待反演岩体力学参数与现场监测的损伤区深度和位移信息之间的映射关系，这可以通过数值模拟工程开挖的正向预测分析过程间接实现。然而，由于深部工程硬岩力学参数反分析是一个反复优化迭代的非线性求解过程，每一次迭代都需要进行一次大规模三维数值计算，导致工作量巨大，难以满足施工过程动态反馈分析和设计优化的需要。可通过 AI 机器学习和数据挖掘技术建立待反演参数与数值模拟结果之间的直接非线性映射关系，来替代上述间接数值计算过程。用于表达非线性映射关系的智能模型有很多，如神经网络、支持向量机等。图 6.6.4 为基于 BP 神经网络表达的待反演参数与围岩损伤区深度和内部位移间的非线性映射模型，模型输入为待反演参数 $p_k(k=1,2,\cdots,N)$，模型输出为实测位移 U 和损伤区深度 D。式(6.6.3)中的映射关系 $\psi(\boldsymbol{P})_j^{\mathrm{d}}$ 和 $\psi(\boldsymbol{P})_j^{\mathrm{u}}$ 可综合表示为

$$\begin{cases} NN(N,h_1,\cdots,h_l,m+n)(\boldsymbol{P}): \boldsymbol{R}^N \to \boldsymbol{R}^{m+n} \\ (U(\boldsymbol{P}),D(\boldsymbol{P})) = NN(N,h_1,\cdots,h_l,m+n)(\boldsymbol{P}) \\ D=(d_1,d_2,\cdots,d_i,\cdots,d_m) \\ U=(u_1,u_2,\cdots,u_j,\cdots,u_n) \end{cases} \tag{6.6.5}$$

式中，$NN(N,h_1,\cdots,h_l,m+n)$ 为一个有 N 个输入、$m+n$ 个输出、含 l 个隐含层(各层神经元数为 h_l)的 BP 神经网络模型。

则反分析目标函数变为

$$F(\boldsymbol{P})=\left[(1-\alpha)\sum_{i=1}^{m}(NN(N,h_1,\cdots,h_l,m+n)(\boldsymbol{P})_i-\hat{d}_i)^2\right.$$
$$\left.+\alpha\sum_{j=m+1}^{m+n}(NN(N,h_1,\cdots,h_l,m+n)(\boldsymbol{P})_j-\hat{u}_j)^2\right]^{1/2} \tag{6.6.6}$$

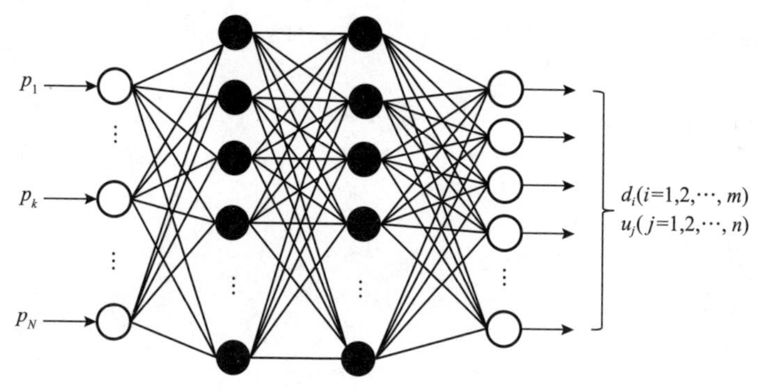

图 6.6.4　基于BP神经网络表达的待反演参数与围岩损伤区深度和内部位移间的非线性映射模型

结合具体深部工程，对岩体力学参数进行均匀/正交试验设计，通过深部工程开挖过程三维数值模拟计算与各试验参数组合对应的围岩内部位移和损伤区深度，构造训练样本进行训练就可以建立待反演参数与围岩损伤区深度和位移监测信息间的非线性映射关系。

4. 以全局逼近实测三维围岩内部位移和损伤区深度信息为目标智能搜索识别待反演参数

从优化角度讲，深部工程硬岩力学参数反分析过程是一个典型的多参数目标的非线性优化问题，解的稳定性和唯一性是关键。在求解此类高度非线性优化问题的智能算法方面，遗传进化算法和粒子群优化等全局优化算法已经证明是有效的。以遗传算法为例，结合神经网络映射模型(式(6.6.5))，形成进化神经网络反分析过程，其迭代优化过程可表达为

$$\begin{cases}\{U,D\}(\boldsymbol{P}_g)=NN(N,h_1,\cdots,h_l,m+n)(\boldsymbol{P}_g)\\ F_g=\text{Fitness}(\boldsymbol{P}_g)=\left[(1-\alpha)\sum_{i=1}^{m}(D(\boldsymbol{P}_g)_i-\hat{d}_i)^2+\alpha\sum_{j=1}^{n}(U(\boldsymbol{P}_g)_j-\hat{u}_j)^2\right]^{1/2}\\ \boldsymbol{P}_{g+1}=\text{GA}(\boldsymbol{P}_g,F_g)\end{cases} \tag{6.6.7}$$

式中，下标 g 为进化代数；GA 表示遗传进化操作。

5. 以工程开挖过程围岩内部位移和损伤破裂三维时空演化验证反分析结果

在将反演获得的岩体力学参数用于工程实践前，还需要对其进行验证。可将反分析结果作为实际岩体力学参数输入数值模型计算岩体力学响应，与实际岩体力学响应进行比较验证。通常做法是采用不同位置的几个测点的计算结果和监测结果进行比较，根据数值的差异来评价反分析结果。针对非线性优化过程，这种验证方法容易陷入局部最优解的陷阱，这些解在局部某些测点能够满足计算结果与监测结果良好的一致性，而在其他测点则会出现较大偏差。特别是在深部硬岩工程中，变形破坏的几何不对称性和空间非均匀性是支护设计的重要信息，应着重考虑。仅仅通过几个观测点的计算结果和实测结果的比较分析验证反分析结果的可靠性往往是不够的，必须考虑这些监测信息的空间分布模式和演变趋势。具体可以采用相同分区不同监测断面或者同一监测断面后续不同开挖状态的监测信息进行非样本检验，例如，全断面开挖时，应采用不同断面监测结果(位于相同工程岩体分区)进行验证分析，或者掌子面推进过程的位移监测信息增量；分部开挖时，可以基于反演结果，将后续开挖的计算结果与现场监测结果进行对比验证。可采用灰关联度法进行趋势评价，实测位移序列 $\{\hat{u}_n\}$ 和计算位移序列 $\{\hat{u}_n\}$ 的灰关联度为

$$\xi = \frac{1}{n}\frac{\min\left|u_k - \hat{u}_k\right| + \rho\max\left|u_k - \hat{u}_k\right|}{\left|u_k - \hat{u}_k\right| + \rho\max\left|u_k - \hat{u}_k\right|},\quad k = 1,2,\cdots,n \tag{6.6.8}$$

灰关联度 $\xi \in (0,1)$，其值越大，两个序列间的相关性越高，即其随开挖演化规律的相似性越好。

6.6.3　深部工程硬岩力学参数三维智能反演方法应用

以锦屏地下实验室二期 5# 实验室(以下简称 5# 实验室)开挖工程为例，阐述深部工程硬岩力学参数三维智能反分析方法的实施过程和可靠性验证。工程围岩主要为灰白色大理岩，详细工程地质见 9.1 节。

1. 监测信息

如图 6.6.5 所示，距 5# 实验室端头 20m 处布置一个监测断面，从与实验室平行且相距 60m 的辅助洞钻孔预埋可连续观测的 DSP-03 多点位移计，包括岩体内部不同深度的 5 个测点(实际测量过程中 B 测点损坏，只有 4 个测点获得了可靠数据)，根据开挖顺序在不同位置和角度布置 8 个声波钻孔。5# 实验室开挖过程 DSP-03 多点位移计各测点位移变化如图 6.6.6 所示，声波钻孔测得的损伤区深度演化情况如图 6.6.7 所示。

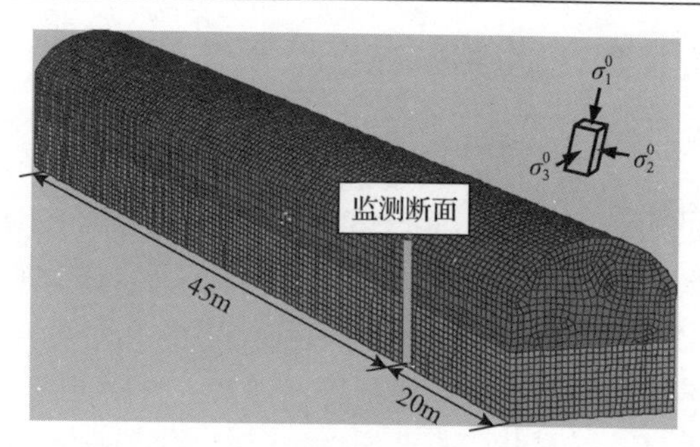

(a) 监测断面位置

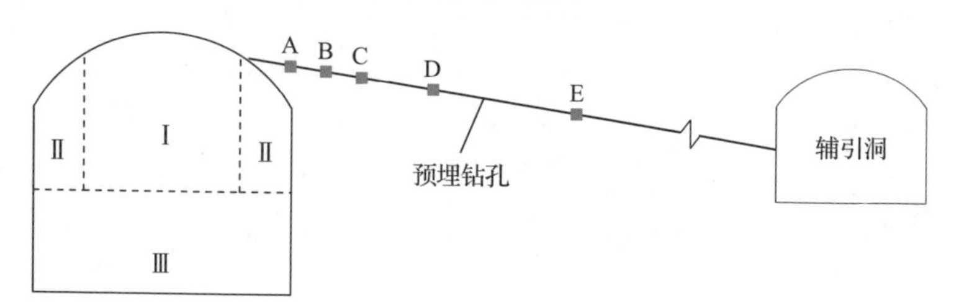

(b) DSP-03多点位移计布置

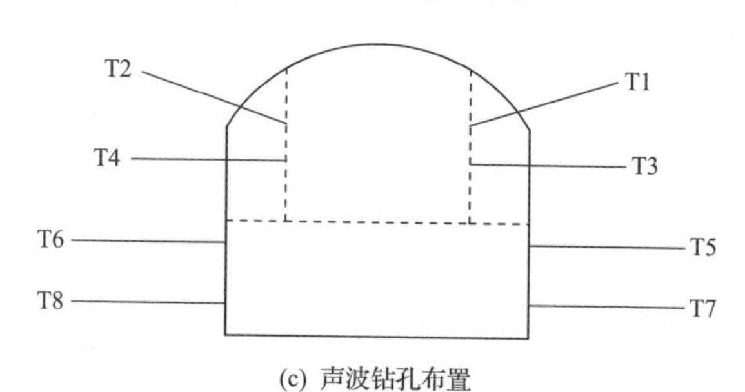

(c) 声波钻孔布置

图 6.6.5　现场监测布置方案

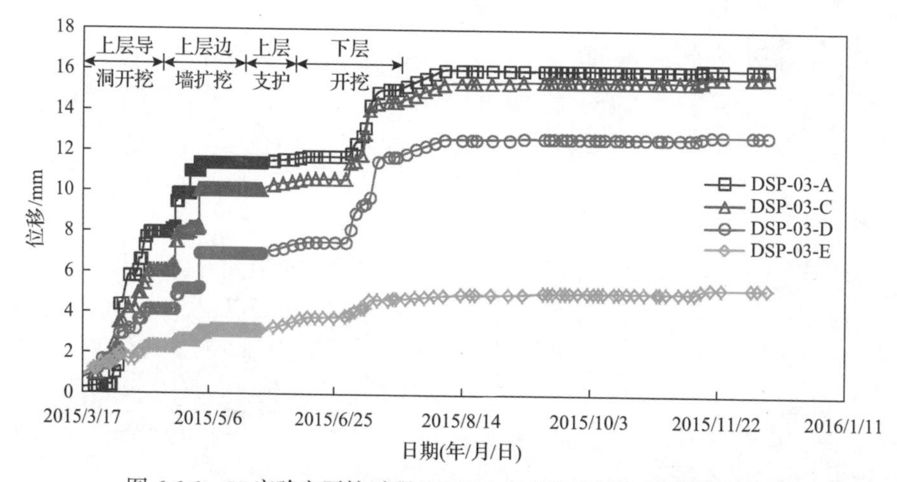

图 6.6.6　5# 实验室开挖过程 DSP-03 多点位移计各测点位移变化

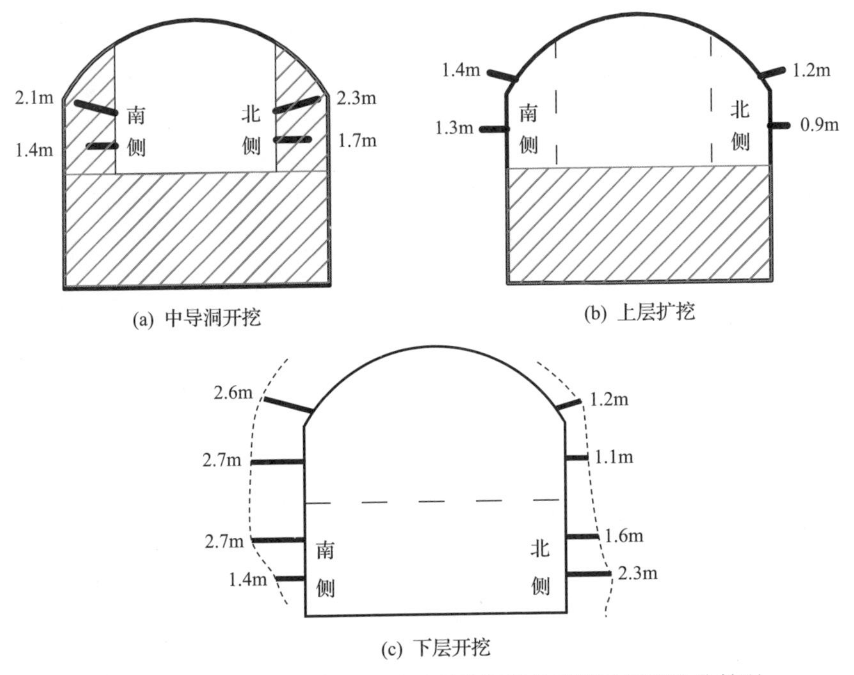

图 6.6.7　5# 实验室开挖过程声波钻孔测得的损伤区深度演化情况

2. 正交敏感性分析确定待反演参数

根据开挖尺寸和位移约束边界条件要求，数值模型尺寸为 125m×100m×100m，如图 6.6.8 所示。多点位移计测点和围岩进行局部网格加密，保证数值监测点与实际监测点位置具有较好的一致性。数值模型所有边界均为位移约束，上表面施加表面力模拟上覆岩层自重产生的应力，模型内部应力按实测初始地应力

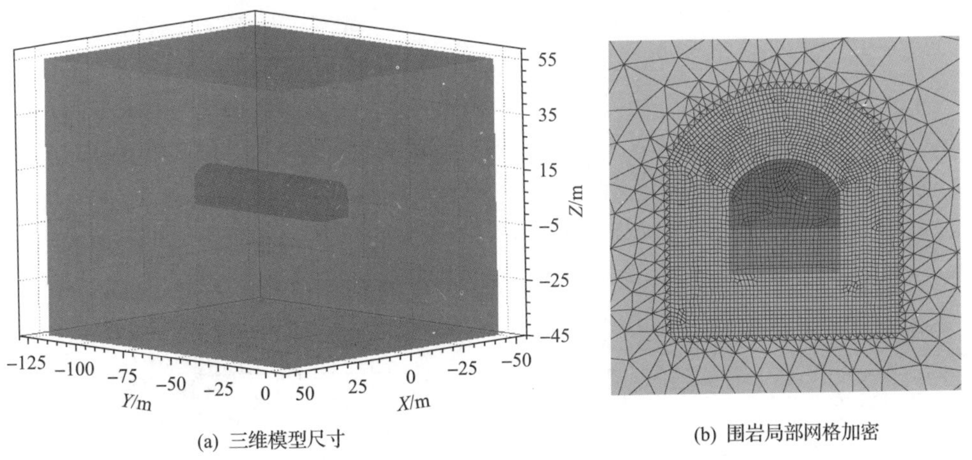

图 6.6.8　锦屏地下实验室二期 5# 实验室三维数值模型

赋值。根据 5# 实验室现场取样的灰白色大理岩系统的真三轴试验结果，符合典型深部硬岩力学特性和变形破裂机制，因而采用 3DHRFC 破坏准则和各向异性延脆性力学模型。

参考 6.1 节和 6.2 节的 3DHRFC 破坏准则及力学模型中参数的物理意义和建议的确定方法，选择参与敏感性分析的岩体力学参数有初始杨氏模量 E_0、泊松比 ν、初始黏聚力 c_0、初始内摩擦角 φ_0 和抗拉强度 σ_t，模型参数为 3DHRFC 破坏准则中的 s、t 值及各向异性脆延性破坏力学模型中的岩体残余黏聚力 c_r、残余内摩擦角 φ_r 和临界塑性应变，其他参数直接根据真三轴试验确定。

由于参数较多，采用正交敏感性分析，关于正交试验设计及其统计分析模型和计算过程详见相关参考文献。根据待分析参数个数，选择 13 因素正交表，为 10 因素 3 水平，预留三个空白列用于方差统计分析，共 27 个试验。表 6.6.1 为正交敏感性分析各参数水平设置，其中各参数水平值首先根据室内岩石力学试验及工程岩体结构特征估计合理范围的上下限值，再按等分法确定。试验结果为按各试验参数进行数值模拟分析获得的如图 6.6.5 所示的多点位移计测点的位移值和声波钻孔的损伤区深度。

表 6.6.1　正交敏感性分析各参数水平设置

参数	E_0/GPa	ν	c_0/MPa	φ_0/(°)	c_r/MPa	φ_r/(°)	s	t	$D_b/10^{-3}$	σ_t /MPa
水平	10	0.15	15	18	1	30	0.8	0.5	5	0
	30	0.25	25	25	5	40	0.9	0.75	12.5	2.5
	50	0.35	35	32	9	50	1	1	20	5

图 6.6.9 为围岩损伤区深度和内部位移对岩体力学参数的正交敏感性极差分析结果。极差反映各参数对数值计算结果的敏感程度，其值越大，敏感性越高。

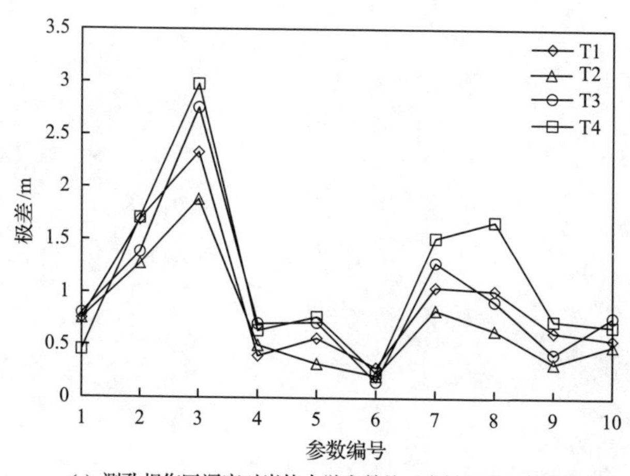

(a) 测孔损伤区深度对岩体力学参数的正交敏感性极差分析结果

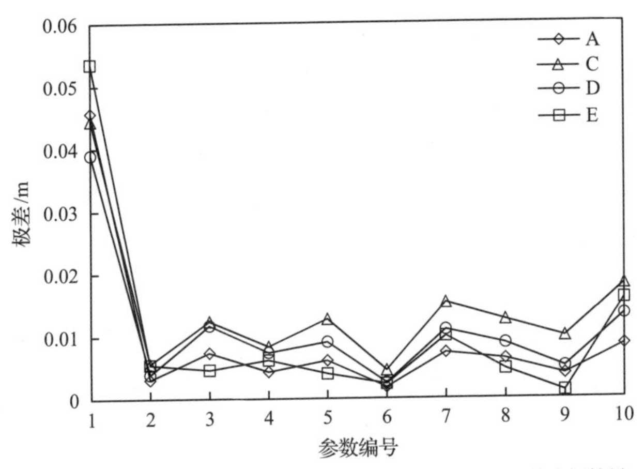

(b) 内部测点位移对岩体力学参数的正交敏感性极差分析结果

图 6.6.9　围岩损伤区深度和内部位移对岩体力学参数的正交敏感性极差分析结果

可以看出，对位移计算结果敏感的只有初始杨氏模量，其他参数敏感性低且差别不大；对损伤区深度敏感性按从大到小排序分别为初始黏聚力、初始内摩擦角、残余黏聚力及临界塑性应变，其他参数敏感性小。

为进一步确定待反演参数，进行了正交敏感性方差分析和可靠性检验，结果如表 6.6.2 所示，取敏感性显著水平 $a\leqslant 0.1$ 的参数进行反演。结合上述正交试验极差和方差分析结果，可以确定待反演参数为岩体初始杨氏模量、初始黏聚力、初始内摩擦角 3 个参数。

表 6.6.2　围岩损伤区深度和内部位移对岩体力学参数正交敏感性方差分析结果

参数	围岩损伤区深度测点				围岩内部位移测点			
	T1	T2	T3	T4	A	C	D	E
E_0	Ⅳ	Ⅴ	Ⅴ	Ⅴ	Ⅰ	Ⅲ	Ⅲ	Ⅱ
v	Ⅴ	Ⅴ	Ⅴ	Ⅴ	Ⅴ	Ⅴ	Ⅴ	Ⅴ
c_0	Ⅱ	Ⅲ	Ⅲ	Ⅲ	Ⅴ	Ⅴ	Ⅴ	Ⅴ
ϕ_0	Ⅲ	Ⅳ	Ⅳ	Ⅳ	Ⅴ	Ⅴ	Ⅴ	Ⅴ
c_r	Ⅳ	Ⅴ	Ⅴ	Ⅳ	Ⅴ	Ⅴ	Ⅴ	Ⅴ
ϕ_r	Ⅴ	Ⅴ	Ⅴ	Ⅴ	Ⅴ	Ⅴ	Ⅴ	Ⅴ
s	Ⅳ	Ⅴ	Ⅴ	Ⅳ	Ⅴ	Ⅴ	Ⅴ	Ⅴ
t	Ⅴ	Ⅴ	Ⅴ	Ⅴ	Ⅴ	Ⅴ	Ⅴ	Ⅴ
Db	Ⅳ	Ⅴ	Ⅴ	Ⅳ	Ⅳ	Ⅴ	Ⅴ	Ⅴ
σ_t	Ⅴ	Ⅴ	Ⅴ	Ⅴ	Ⅴ	Ⅴ	Ⅴ	Ⅴ

注：Ⅰ、Ⅱ、Ⅲ、Ⅳ、Ⅴ分别对应 $a\leqslant 0.01$、$0.01<a\leqslant 0.025$、$0.025<a\leqslant 0.1$、$0.1<a\leqslant 0.25$、$a>0.25$。

3. 建立待反演参数到围岩损伤区深度和内部位移的神经网络映射模型

对待反演的 3 个参数按正交试验进行样本设计，包括学习样本和测试样本。学习样本每个参数 7 个水平，根据室内岩石力学试验、现场监测变形破坏情况及工程经验类比设定(E_0=6～42GPa，c_0=20～38MPa，φ_0=16°～34°)，共 49 个参数组合。测试样本每个参数 4 个水平(E_0=15～33GPa，c_0=22～34MPa，φ_0=20°～32°)，共 16 个参数组合，注意测试样本的参数取值范围应包含在学习样本的参数取值范围内。对每个试验方案进行数值计算获得测孔的损伤区深度和围岩内部测点的位移，正交试验设计构造的学习样本和测试样本分别列于表 6.6.3 和表 6.6.4。

表 6.6.3　正交试验设计构造的学习样本

编号	E_0/GPa	c_0/MPa	φ_0/(°)	测孔损伤区深度/m				围岩内部测点位移/mm			
				T1	T2	T3	T4	A	C	D	E
1	6	20	16	7.12	8.26	7.76	6.75	55.3	25.3	16.5	7.8
2	6	23	22	3.33	3.55	3.26	3.75	23.8	10.8	6.9	3.1
3	6	26	28	2.18	1.63	2.76	2.16	22.7	13.2	9.0	4.4
4	6	29	34	1.44	1.63	2.32	1.73	23.3	14.3	9.8	4.9
5	6	32	19	2.62	2.21	2.76	2.75	23.6	13.2	9.0	4.5
6	6	35	25	2.97	2.21	3.76	3.25	18.1	6.4	3.3	0.9
7	6	38	31	1.44	1.63	2.32	1.73	23.5	14.6	10.1	5.1
8	12	20	34	2.18	1.63	2.32	1.73	11.8	7.4	5.1	2.6
9	12	23	19	4.58	4.69	4.76	4.75	16.8	7.8	5.3	2.5
10	12	26	25	2.18	2.21	2.76	2.75	11.0	6.7	4.6	2.3
11	12	29	31	2.62	2.21	3.26	3.75	11.4	4.8	2.7	0.9
12	12	32	16	3.33	2.88	3.26	3.25	11.9	6.2	4.2	2.0
13	12	35	22	1.44	1.63	2.32	1.73	11.6	7.2	4.9	2.5
14	12	38	28	1.44	1.63	2.32	1.73	11.6	7.3	5.0	2.5
15	18	20	31	2.62	2.21	3.76	3.75	7.0	3.3	2.1	0.9
16	18	23	16	3.78	4.69	4.26	4.25	8.6	4.8	3.3	1.6
17	18	26	22	3.33	3.49	4.26	3.75	7.3	3.2	1.9	0.7
18	18	29	28	1.44	1.63	2.32	1.73	7.9	4.9	3.4	1.7
19	18	32	34	1.44	1.63	2.32	1.73	7.9	4.9	3.4	1.7
20	18	35	19	2.62	1.63	2.76	3.25	7.9	3.9	2.5	1.2
21	18	38	25	2.18	2.21	2.76	3.75	8.2	3.3	1.7	0.5
22	24	20	28	2.18	2.21	3.76	3.25	5.9	3.5	2.4	1.1
23	24	23	34	2.18	1.63	2.32	1.73	6.0	3.7	2.6	1.3
24	24	26	19	3.78	4.16	4.26	4.25	6.1	2.3	1.3	0.4

续表

编号	E_0/GPa	c_0/MPa	φ_0/(°)	测孔损伤区深度/m				围岩内部测点位移/mm			
				T1	T2	T3	T4	A	C	D	E
25	24	29	25	2.18	1.63	2.76	3.25	5.1	2.7	1.9	0.9
26	24	32	31	1.44	1.63	2.32	1.73	5.9	3.7	2.6	1.3
27	24	35	16	2.62	2.88	3.26	2.75	6.0	2.9	1.9	0.9
28	24	38	22	1.44	1.63	2.32	1.73	5.5	3.5	2.4	1.2
29	30	20	25	2.97	3.49	3.76	3.75	4.9	2.8	1.9	0.9
30	30	23	31	2.18	1.63	2.32	1.73	4.8	3.0	2.1	1.0
31	30	26	16	3.33	4.16	4.26	4.25	5.2	2.8	1.9	0.9
32	30	29	22	2.62	2.83	4.76	4.25	5.2	2.3	1.3	0.5
33	30	32	28	1.44	1.63	2.32	1.73	4.7	2.9	2.0	1.0
34	30	35	34	1.44	1.63	2.32	1.73	4.7	3.0	2.0	1.0
35	30	38	19	2.18	1.63	2.32	1.73	4.7	2.9	2.0	1.0
36	36	20	22	3.33	3.49	4.26	3.75	4.2	2.4	1.6	0.8
37	36	23	28	2.97	2.21	4.26	3.75	3.6	1.5	0.8	0.2
38	36	26	34	2.18	1.63	2.32	1.73	3.9	2.5	1.7	0.9
39	36	29	19	2.62	2.88	3.26	3.25	4.1	2.4	1.6	0.8
40	36	32	25	2.18	2.21	3.76	3.25	3.5	1.5	0.9	0.4
41	36	35	31	1.44	1.63	2.32	1.73	3.9	2.4	1.7	0.9
42	36	38	16	2.97	2.88	3.26	3.25	3.9	1.5	0.8	0.3
43	42	20	19	4.58	5.15	4.76	4.75	3.8	1.7	1.1	0.5
44	42	23	25	2.98	2.21	4.26	3.75	3.3	1.7	1.1	0.5
45	42	26	31	1.44	1.63	2.32	1.73	3.4	2.1	1.5	0.7
46	42	29	16	3.33	4.16	3.76	3.75	3.7	1.8	1.2	0.6
47	42	32	22	2.18	1.63	2.32	2.16	3.4	2.1	1.4	0.7
48	42	35	28	1.44	1.63	2.32	1.73	3.4	2.1	1.4	0.7
49	42	38	34	1.44	1.63	2.32	1.73	3.4	2.1	1.4	0.7

表 6.6.4　正交试验设计构造的测试样本

编号	E_0/GPa	c_0/MPa	φ_0/(°)	测孔损伤区深度/m				围岩内部测点位移/mm			
				T1	T2	T3	T4	A	C	D	E
1	15	22	20	5.56	5.73	5.26	5.25	12.7	5.5	3.4	1.4
2	15	26	24	2.97	2.88	3.76	3.75	8.3	3.6	2.1	0.8
3	15	30	28	1.44	1.63	2.32	2.16	7.9	4.7	3.3	1.7
4	15	34	32	1.44	1.63	2.32	1.73	9.4	5.8	4.0	2.1
5	21	22	24	2.62	2.21	3.26	3.25	6.9	4.1	2.8	1.4

续表

编号	E_0/GPa	c_0/MPa	φ_0/(°)	测孔损伤区深度/m				围岩内部测点位移/mm			
				T1	T2	T3	T4	A	C	D	E
6	21	26	20	3.33	2.88	3.26	3.25	7.0	4.0	2.7	1.3
7	21	30	32	2.18	1.63	2.32	1.73	6.6	4.1	2.8	1.4
8	21	34	28	2.18	1.63	2.32	2.16	5.1	3.1	2.2	1.1
9	27	22	28	2.18	2.21	2.76	3.25	4.9	2.9	2.0	1.0
10	27	26	32	2.18	1.63	2.32	1.73	5.3	3.3	2.3	1.1
11	27	30	20	2.62	2.21	3.26	3.25	5.3	3.1	2.1	1.0
12	27	34	24	2.18	2.21	2.76	3.25	4.6	2.0	1.3	0.6
13	33	22	32	2.18	1.63	2.32	1.73	4.4	2.7	1.9	0.9
14	33	26	28	2.18	1.63	2.32	1.73	4.3	2.7	1.9	0.9
15	33	30	24	2.18	1.63	2.76	2.66	3.9	2.3	1.6	0.8
16	33	34	20	2.18	1.63	2.76	2.16	4.1	2.4	1.6	0.8

本案例中，采用遗传算法优化 BP 神经网络训练，主要相关参数设置如下：

(1)遗传算法搜索网络结构相关参数：种群规模 12，隐含层节点数搜索范围 5～50(考虑到问题的复杂性，参考神经网络函数逼近理论，设置 2 个隐含层)，杂交概率 0.5，变异概率 0.4，复制概率 0.1，种群中最佳适应值连续 3 代保持不变则终止算法。

(2)遗传算法搜索网络初始权值相关参数：种群规模 50，初始权值取值–0.5～0.5，杂交概率 0.7，变异概率 0.2，复制概率 0.1，种群中最佳适应值连续 3 代保持不变则终止算法。

(3)BP 算法参数设置：学习概率 0.1(本例计算规模不大，在不影响计算效率的前提下，为了保证算法稳定性，可以适当减小)，冲量项系数 0.8，在学习过程中随时跟踪学习误差和测试误差变化，当出现学习误差继续降低，而测试误差升高时，判定出现“过学习”，终止算法。

图 6.6.10 为神经网络结构参数和初始权值进化过程种群中最佳适应值的变化，最终得到的最佳网络结构两个隐含层节点个数分别为 31 和 41(见图 6.6.11)。基于优化的网络结构参数和初始权值训练神经网络建立映射模型，训练过程学习误差和测试误差变化如图 6.6.12 所示，可以看到稳定的收敛过程，最终达到学习的最佳平衡点。与数值计算结果相比，无论是学习样本还是测试样本，训练获得的神经网络模型对测孔损伤区深度和围岩内部测点位移都具有较好的预测精度，如图 6.6.13 所示。

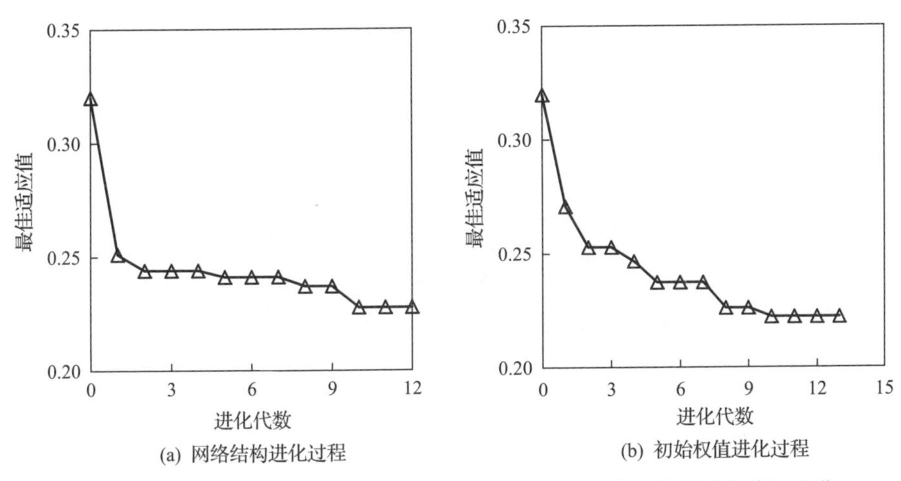

图 6.6.10　神经网络结构参数和初始权值进化过程种群中最佳适应值的变化

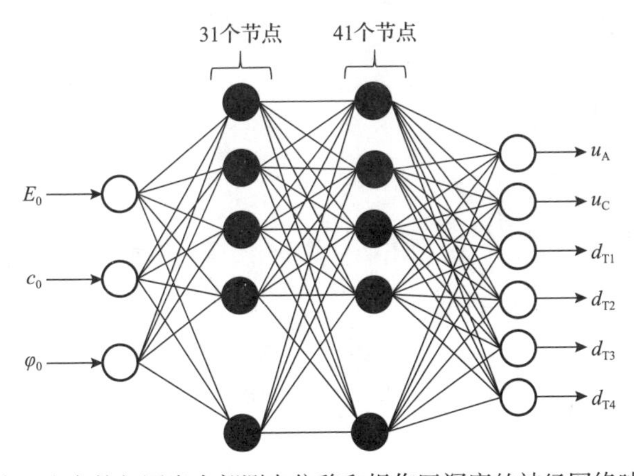

图 6.6.11　待反演参数与围岩内部测点位移和损伤区深度的神经网络映射模型结构

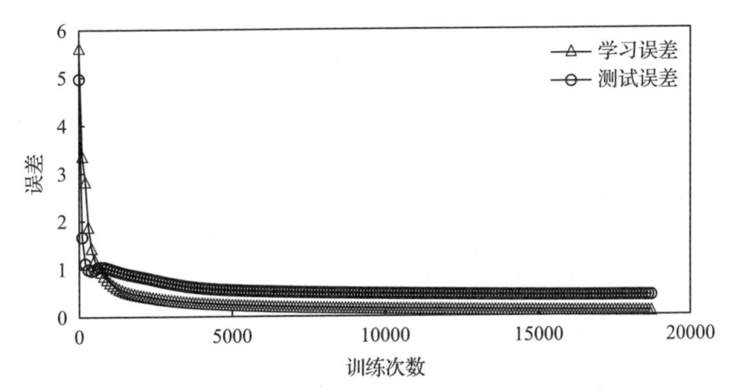

图 6.6.12　基于优化的网络结构参数和初始权值的训练过程学习误差和测试误差变化

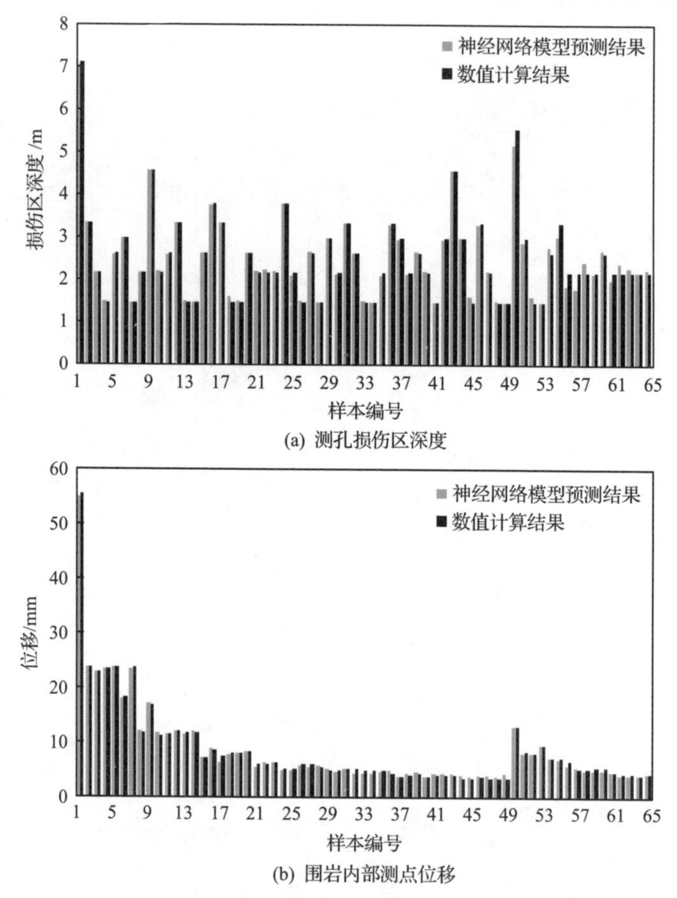

(a) 测孔损伤区深度

(b) 围岩内部测点位移

图 6.6.13　训练获得的神经网络模型预测结果和数值计算结果比较

4. 遗传进化识别待反演参数

为了获得合理的反分析结果，优化反分析方法目标函数中监测信息的确定应该全面考虑深部工程硬岩的力学特性和工程响应。针对灰白色大理岩真三向压缩下的力学特性和工程开挖揭露的变形破坏特征，对应如图 6.6.5 所示监测方案，取中导洞开挖后的 2 个监测点 A 和 C 位移和 T1～T4 测孔的损伤区深度作为反演的监测信息。采用遗传算法进行全局最优搜索，相关参数设置如下：种群规模 50，杂交概率 0.6，变异概率 0.3，复制概率 0.1，种群中最佳适应值连续 10 代保持不变则终止算法。进化过程种群中最佳适应值变化情况如图 6.6.14 所示，最终选取具有最佳适应值个体对应的参数作为反分析结果。

5. 岩体力学参数反演结果验证

表 6.6.5 为反分析获得的 5# 实验室岩体力学参数。该结果是基于中导洞开挖

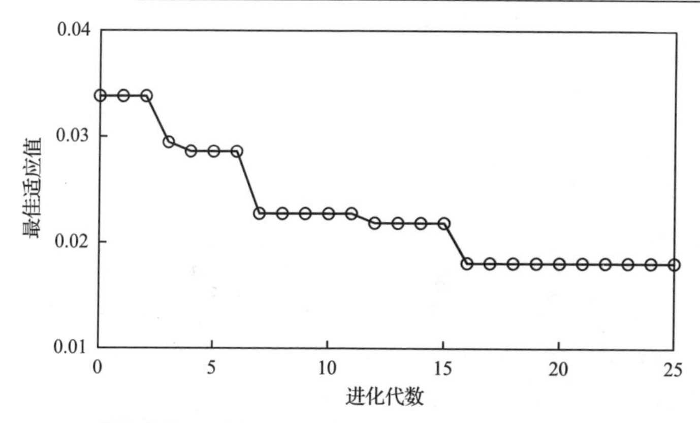

图 6.6.14　遗传进化识别待反演岩体力学参数过程种群中最佳适应值变化

表 6.6.5　反分析获得的 5# 实验室岩体力学参数

E_0 /GPa	c_0 /MPa	φ_0 /(°)
23.6	18.5	26.5

获取的监测信息反演获得的，为了验证结果的可靠性，对 5# 实验室整个分台阶开挖过程进行模拟分析，结果如表 6.6.6、图 6.6.15 和图 6.6.16 所示。可以看出，无论是测点位移还是损伤区深度，不仅对中导洞开挖，对后续未用于反演分析的上层边墙扩挖和下层开挖，计算值与实测值均具有良好的一致性，空间分布模式吻合较好，表明反分析获得的岩体力学参数能够反映其在实际工程中的力学响应，验证了反分析方法的可靠性。

表 6.6.6　基于反分析结果的 5# 实验室分台阶开挖过程计算位移和实测位移比较　(单位：mm)

测点	中导洞开挖		上层边墙扩挖		下层开挖	
	实测值	计算值	实测值	计算值	实测值	计算值
A	7.96	8.56	11.44	13.92	16.03	17.78
C	6.12	6.08	10.06	10.35	15.33	14.95
D	4.15	4.37	6.94	7.43	12.60	12.12
E	2.32	2.55	3.15	3.48	4.90	5.35

为进一步探讨反演参数对不同反演信息的依赖性，取α=0、0.25、0.5、0.75 和 1 时的参数优化识别过程进行分析。当α=0 时，按照目标函数的定义，反分析只用到位移信息；当α=1 时，只有损伤区深度作为唯一反演信息。根据遗传算法进行多参数全局最优搜索时，各参数调整过程不是同步完成的，可由进化过程各参数进化序列的方差系数平方(标准差与总体平均值的比值)表征，由此可

以通过分析搜索过程中各参数的收敛速度和结果可靠性来探讨，结果如图 6.6.17 所示。可以看出，当α=0 时，杨氏模量很快收敛，而强度参数收敛过程复杂且不

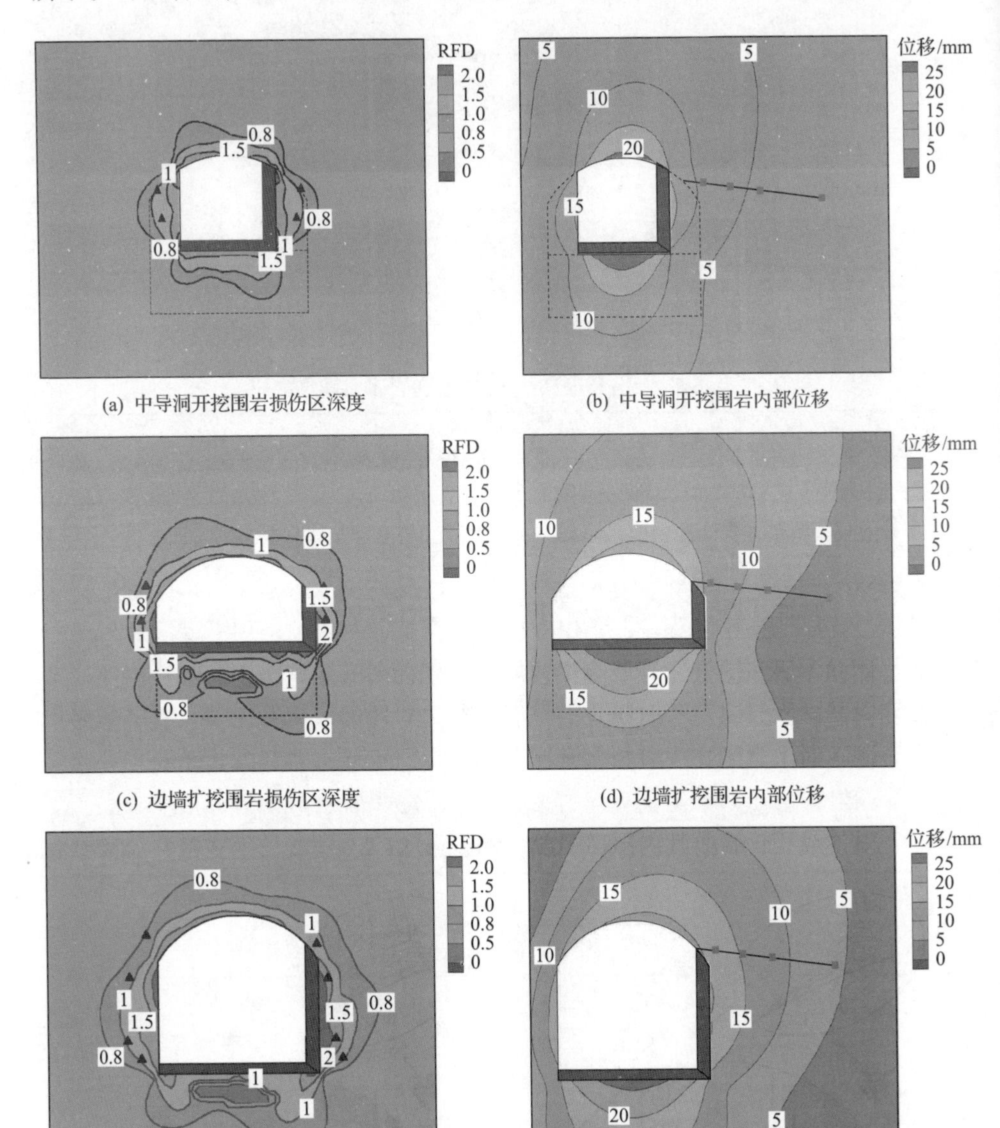

图 6.6.15　基于反分析结果的锦屏地下实验室二期 5# 实验室开挖过程岩体内部位移和损伤区深度计算值与实测值比较(见彩图)

▲ 实测损伤区深度，RFD=1 等值线为计算损伤区边界；■ 实测位移，等值线为计算位移

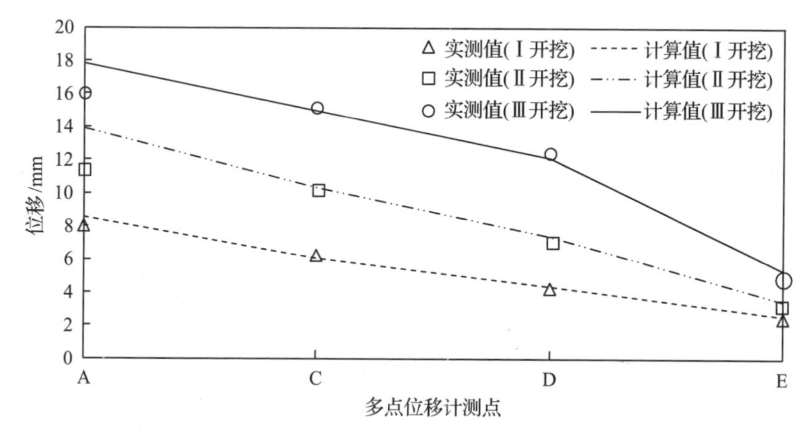

图 6.6.16　基于反分析结果的锦屏地下实验室二期 5# 实验室分台阶开挖过程岩体内部位移演化过程计算值与实测值比较

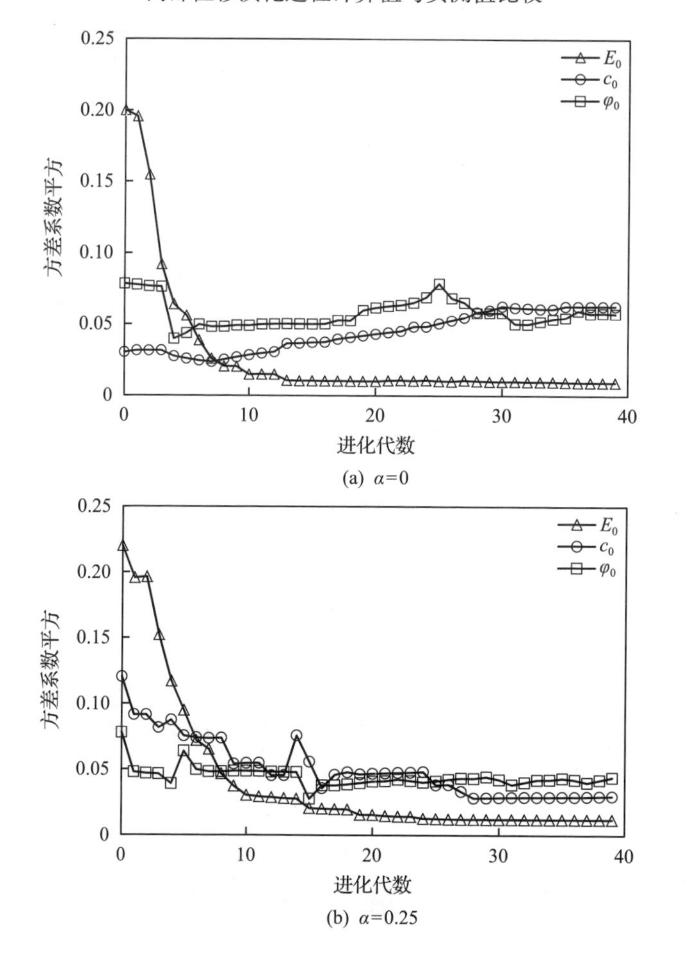

(a) α=0

(b) α=0.25

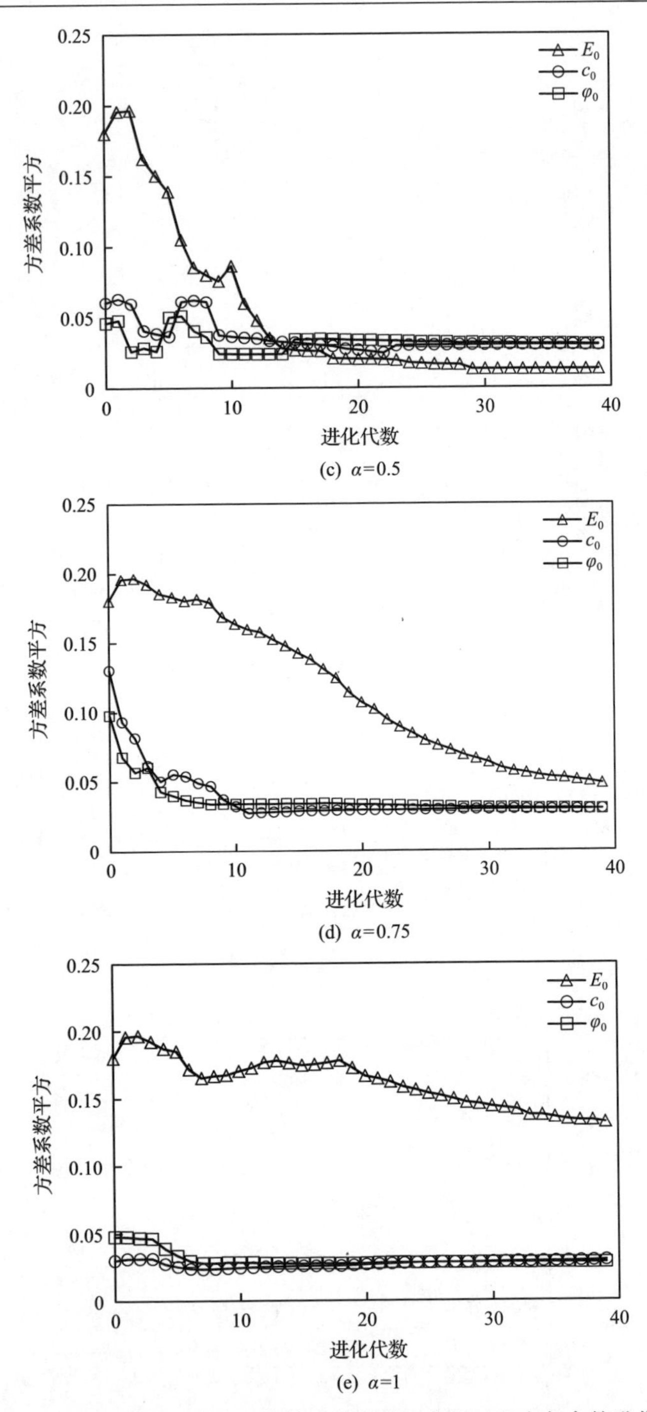

图 6.6.17　不同反演信息条件下岩体力学参数反分析过程中各参数进化序列的方差系数平方的变化情况

稳定；随着α的增加，即损伤区深度信息的加入，强度参数的收敛逐渐好转；当α=0.5 时，二者达到协同收敛；当α=1 时，强度参数快速收敛，而杨氏模量进化过程缓慢。这也说明反演深部工程硬岩力学参数，仅靠位移或者损伤区深度作为唯一反演信息难以得到合理的结果，需要进行两类信息的综合反演。

参 考 文 献

[1] Feng X T, Kong R, Yang C, et al. A three-dimensional failure criterion for hard rocks under true triaxial compression. Rock Mechanics and Rock Engineering, 2020, 53(1): 103-111.

[2] Al-Ajmi A M, Zimmerman R W. Relation between the Mogi and the Coulomb failure criteria. International Journal of Rock Mechanics and Mining Sciences, 2005, 42(3): 431-439.

[3] Feng X T, Wang Z, Zhou Y, et al. Modelling three-dimensional stress-dependent failure of hard rocks. Acta Geotechnica, 2021, 16(6): 1647-1677.

[4] Hajiabdolmajid V, Kaiser P K, Martin C D. Modelling brittle failure of rock. International Journal of Rock Mechanics and Mining Sciences, 2002, 39(6):731-741.

[5] Hoek E, Brown E T. Underground Excavations in Rock. London: CRC Press, 1980.

[6] Vermeer P A, de Borst R. Non-associated plasticity for soils, concrete and rock. Heron, 1984, 29(3): 153-184.

[7] Zhao X, Cai M. A mobilized dilation angle model for rocks. International Journal of Rock Mechanics and Mining Sciences, 2010, 47(3): 368-384.

[8] Zhou H, Yang F, Zhang C, et al. An elastoplastic coupling mechanical model for marble considering confining pressure effect. Chinese Journal of Rock Mechanics and Engineering, 2012, 12: 781-792.

[9] Unteregger D, Fuchs B, Hofstetter G. A damage plasticity model for different types of intact rock. International Journal of Rock Mechanics and Mining Sciences, 2015, 80: 402-411.

[10] 潘鹏志，冯夏庭，申林方，等. 裂隙花岗岩各向异性蠕变特性研究. 岩石力学与工程学报, 2011, 30(1): 36-44.

[11] Kachanov L M. Theory of Creep. Boston: Library for Science and Technology, 1967.

[12] 苏国韶，冯夏庭，江权，等. 高地应力下地下工程稳定性分析与优化的局部能量释放率新指标研究. 岩石力学与工程学报, 2006, 25(12): 2453-2460.

[13] Zhang Y, Feng X T, Zhang X, et al. A novel application of strain energy for fracturing process analysis of hard rock under true triaxial compression. Rock Mechanics and Rock Engineering, 2019, 52(11): 4257-4272.

[14] Pan P Z, Feng X T, Zhou H. Development and applications of the elasto-plastic cellular automaton. Acta Mechanica Solida Sinica, 2012, 25(2): 126-143.

[15] Feng X T, Pan P Z, Zhou H. Simulation of the rock microfracturing process under uniaxial compression using an elasto-plastic cellular automaton. International Journal of Rock Mechanics and Mining Sciences, 2006, 43(7): 1091-1108.

[16] Feng X T, Hao X, Jiang Q, et al. Rock cracking indices for improved tunnel support design: A case study for columnar jointed rock masses. Rock Mechanics and Rock Engineering, 2016, 49(6): 2115-2130.

[17] Fritsch F N, Carlson R E. Monotone piecewise cubic interpolation. SIAM Journal on Numerical Analysis, 1980, 17: 238-246.

[18] Toledo S. Locality of reference in LU decomposition with partial pivoting. SIAM Journal on Matrix Analysis and Applications, 1997, 18(4): 1065-1081.

[19] 姜鹏, 潘鹏志, 赵善坤, 等. 基于应变能的岩石黏弹塑性损伤耦合蠕变本构模型及应用. 煤炭学报, 2018, 43(11): 2967-2979.

第7章　深部工程硬岩灾变机理

TBM 或钻爆法开挖会引起深部真三向高应力下含复杂地质构造的高度压密坚硬岩体的内部应力调整，诱发围岩力学性质发生明显变化而产生系列破裂或(和)能量释放，发生不同类型的应力型灾害。根据灾害特征和机制以及发生条件等方面的差异，将其分为围岩内部破裂(单区破裂、分区破裂、深层破裂、时效破裂)、大面积片帮(全断面开挖深埋隧洞片帮、分台阶开挖深埋隧洞片帮、分层分部开挖大跨度高边墙长洞室片帮)、大变形(深层破裂诱发大变形、镶嵌碎裂硬岩大变形)、大体积塌方(应力型塌方、应力-结构型塌方、结构型塌方)和岩爆(应变型岩爆、应变-结构面滑移型岩爆、断裂型岩爆、即时型岩爆、时滞型岩爆、间歇型岩爆、隧道径向“链式”岩爆、隧道轴向“链式”岩爆)等。利用现场监测总结归纳不同类型灾害特征和孕育过程，从室内试验、数值模拟分析等角度阐释各种灾害的发生条件和破坏机制，阐明这些由岩体内部破裂诱发的深部工程硬岩灾害(单区破裂、分区破裂、深层破裂、时效破裂、大面积片帮、大变形、大体积塌方)和由围岩能量聚集释放诱发的不同类型岩爆的致灾机理，为建立深部工程岩体灾害控制原理提供科学依据。

7.1　深部工程硬岩开挖破裂区形成与演化机理

深部工程硬岩开挖形成的二次应力场造成岩体内产生破裂区、损伤区、扰动区和原岩区等稳定性不同的区域。开挖过程中的围岩开裂致使岩体破裂区形成及演化。根据破裂区在空间上的分布特征，可将围岩内部破裂模式分为单区破裂、分区破裂和深层破裂。分区破裂与深层破裂是在高应力条件下发生的深部工程硬岩的一种特殊工程地质现象。根据破裂区在时间上的演化特征，可将围岩内部破裂类型分为开挖期间应力调整产生的破裂和开挖应力调整结束后产生的时效破裂。在原位观测的基础上，总结分析深部工程硬岩破裂模式，包括单区破裂、分区破裂、深层破裂与时效破裂的产生条件及表现特征，揭示深部工程硬岩单区破裂、分区破裂、深层破裂与时效破裂发育特征及其演化规律，阐明破裂区内裂隙分布特征与围岩完整性、强度的关系。结合真三轴力学试验、数值模拟等结果，揭示深部工程硬岩单区破裂、分区破裂、深层破裂与时效破裂的形成机制。

7.1.1 深部工程硬岩单区破裂特征与机理

1. 单区破裂特征

深部工程硬岩单区破裂表现为洞周围岩损伤区范围内原生裂隙张开与扩展及新裂隙萌生发育，形成一个集中破裂区。可以用数字钻孔摄像进行观测，洞壁钻孔孔口到围岩内部一定距离内可观测到新生裂隙、原生裂隙张开与扩展，该钻孔内其他位置不会出现开挖响应裂隙，如图 7.1.1 所示。

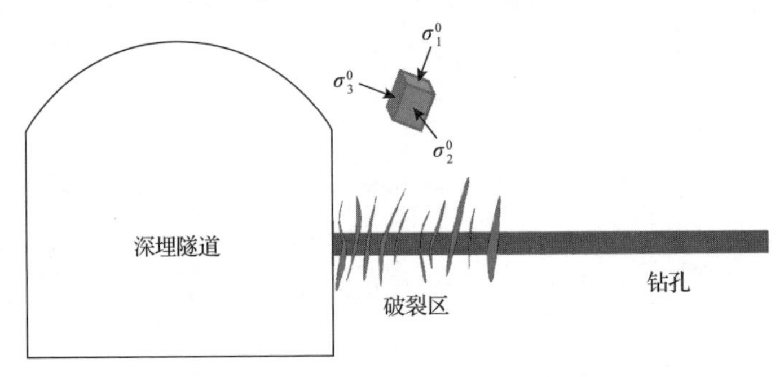

图 7.1.1　深部工程硬岩单区破裂示意图

深部工程硬岩开挖时，围岩应力会发生卸荷和集中等变化，诱导其发生宏观拉破坏，单区破裂形成后，其破裂范围会进一步向围岩内部发展，破裂深度和程度不断增加，但不会跳跃式发展。单区破裂关于断面上最大主应力方向呈对称分布。

例如，锦屏地下实验室二期 6# 实验室岩性为灰白色大理岩，CAP-04 孔为 6# 实验室开挖前预设钻孔(见图 7.1.2(a))。实验室开挖过程围岩单区破裂钻孔摄像测试结果如图 7.1.3 所示。2015 年 4 月 1 日未开挖状态下(见图 7.1.2(b))，测得 CAP-04 孔钻孔摄像初始数据，仅有 4 条原生裂隙。2015 年 7 月 8 日，在中导洞开挖掌子面距测孔 1m 时(见图 7.1.2(c))，孔内新增少量微裂隙，并在 0.4～1.1m 处发育一条长裂隙，形成单一破裂区，破裂区范围为距离实验室边墙 1.2m，声波测试获得的损伤区范围为距离实验室边墙 2.5m；2015 年 8 月 25 日，上层边墙扩挖掌子面过测孔 8m 时(见图 7.1.2(d))，孔内新增多条裂隙，原生裂隙也出现张开情况，单一破裂区向围岩内部扩展，破裂区范围为距离实验室边墙 2.2m，声波测试获得的损伤区范围为距离实验室边墙 3.1m；2015 年 9 月 19 日，底层开挖掌子面距测孔 5m 时(见图 7.1.2(e))，新裂隙持续萌生，原生裂隙不断扩展，但由于孔内掉块出现堵孔，只能检测到 1.1～3.4m 的破裂区，单一破裂区进一步向围岩内部扩展，破裂区范围为距离实验室边墙 3.4m，声波测试获得的损伤区范围为距离实验室边墙 4.4m。

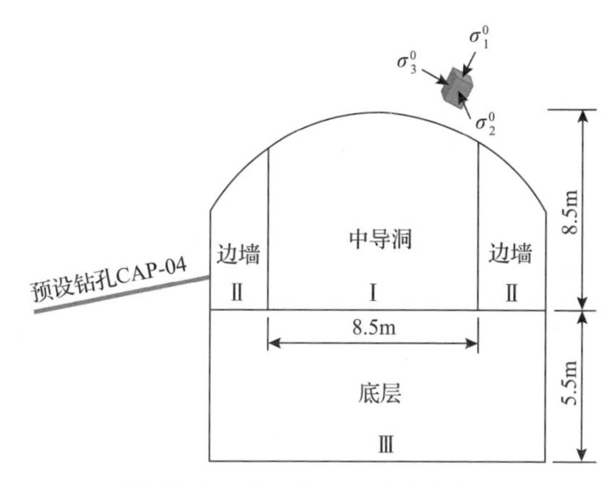

(a) 锦屏地下实验室二期6#实验室分台阶开挖顺序

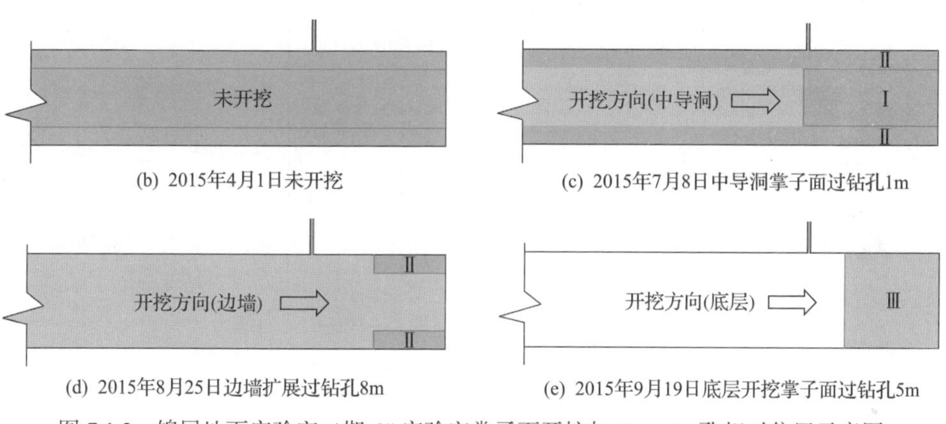

(b) 2015年4月1日未开挖

(c) 2015年7月8日中导洞掌子面过钻孔1m

(d) 2015年8月25日边墙扩展过钻孔8m

(e) 2015年9月19日底层开挖掌子面过钻孔5m

图 7.1.2　锦屏地下实验室二期 6# 实验室掌子面开挖与 CAP-04 孔相对位置示意图

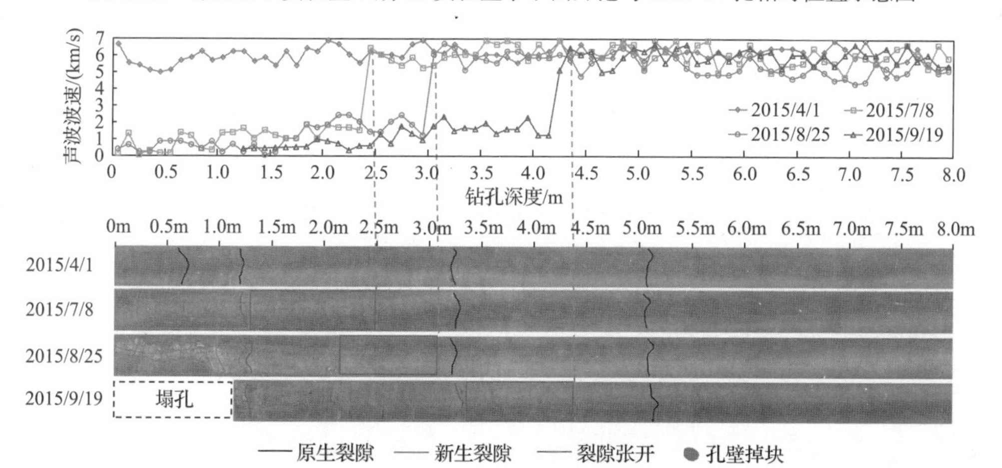

图 7.1.3　锦屏地下实验室二期 6# 实验室围岩单区破裂钻孔摄像测试结果(见彩图)

2. 单区破裂的发生条件

岩体强度、岩体完整性和地应力水平是深部工程硬岩破裂区形成的关键影响因素。原位测试结果表明，高地应力条件下全断面开挖或分层开挖时，若开挖损伤区内岩体完整或存在较多的硬性结构面，则深部工程硬岩易出现单区破裂。

例如，锦屏地下实验室二期 1# 实验室 K0+045 断面岩性为灰黑条纹细粒大理岩，埋深为 2400m 左右，岩体强度较高，原生裂隙较少，开挖前钻孔摄像观测到围岩内无原生裂隙，开挖后围岩破裂区发育表现为单区破裂，CAP-01、T-1-1、T-1-2 和 T-1-3 的破裂区深度分别为 2.2m、1.4m、1.8m 和 1.3m，如图 7.1.4(a)所示。

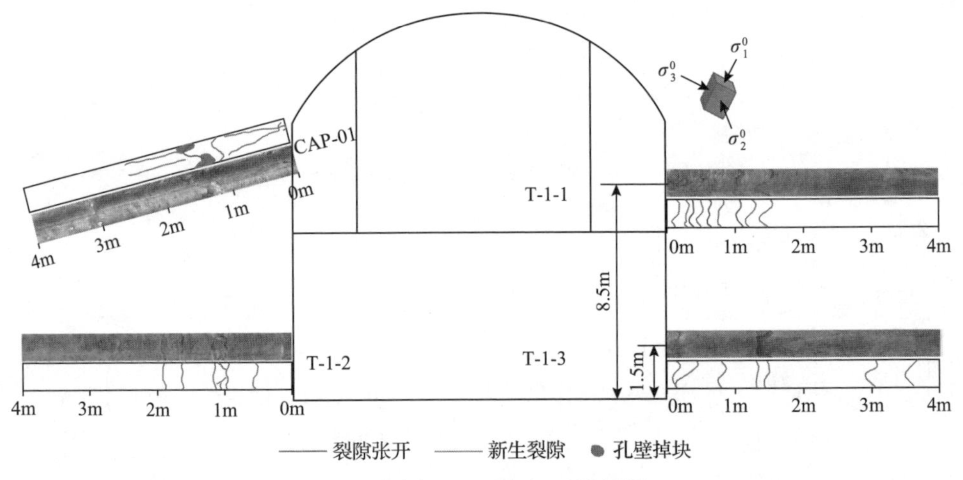

(a) 1# 实验室K0+045断面，无原生裂隙

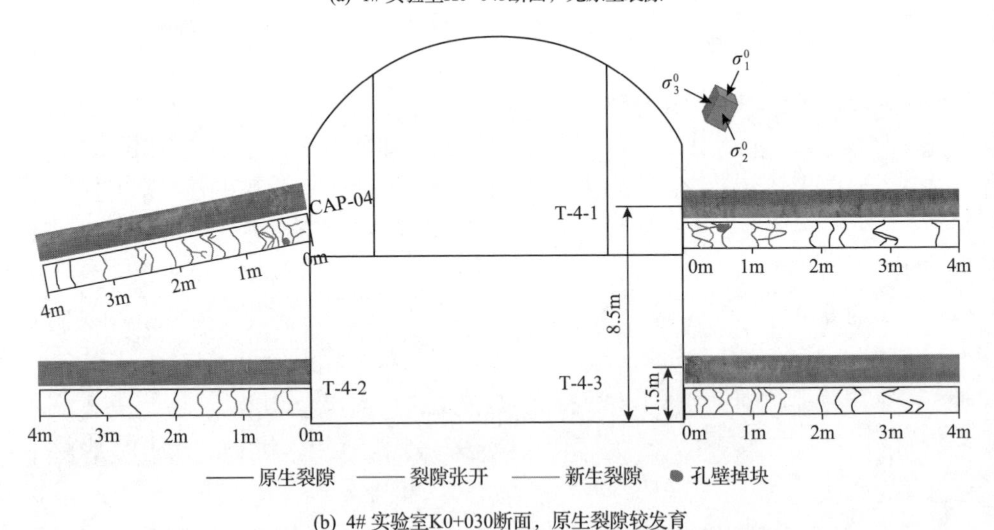

(b) 4# 实验室K0+030断面，原生裂隙较发育

图 7.1.4　锦屏地下实验室二期 1# 和 4# 实验室围岩单区破裂钻孔摄像测试结果(见彩图)

锦屏地下实验室二期 4# 实验室 K0+030 断面岩性为多色大理岩，岩体强度较低，原生裂隙较多。开挖前钻孔摄像观测到围岩内存在较多原生裂隙，开挖后围岩破裂区发育表现为单区破裂，CAP-04、T-4-1、T-4-2 和 T-4-3 的破裂区深度分别为 3.2m、1.4m、1.8m 和 1.4m。由于原生裂隙较多，破裂区多表现为原生裂隙的张开，新生裂隙较少，如图 7.1.4(b)所示。

3. 单区破裂机理

深部工程围岩单区破裂的机理可通过现场原位观测和室内试验获知，锦屏地下实验室二期 1# 实验室 K0+045 断面和 4# 实验室 K0+030 断面围岩单区破裂随开挖演化过程可归纳为以下几个阶段：

(1)破裂区开始发育阶段。在开挖产生的扰动应力场作用下，中导洞开挖掌子面前方 0.5～0.7 倍洞径处测试断面岩体开始出现新裂隙萌生、原生裂隙张开及孔壁掉块，形成围岩破裂区，如图 7.1.5(a)所示。

(2)破裂区强烈发育阶段。边墙扩挖掌子面距测试断面 2m 到掌子面过测试断面 4m 的区间多为孔内破裂区强烈发育阶段，如图 7.1.5(b)所示。

(3)破裂区结束发育阶段。破裂区最终在底层开挖掌子面过测试断面 1 倍洞径左右处停止发育，也就是破裂区不再受施工扰动的影响。破裂区的最终深度和破裂发育程度受围岩初始强度及完整性控制。若围岩延性较强，则围岩会产生时效破裂，破裂区的深度和破裂发育程度会进一步发展，如图 7.1.5(c)所示。

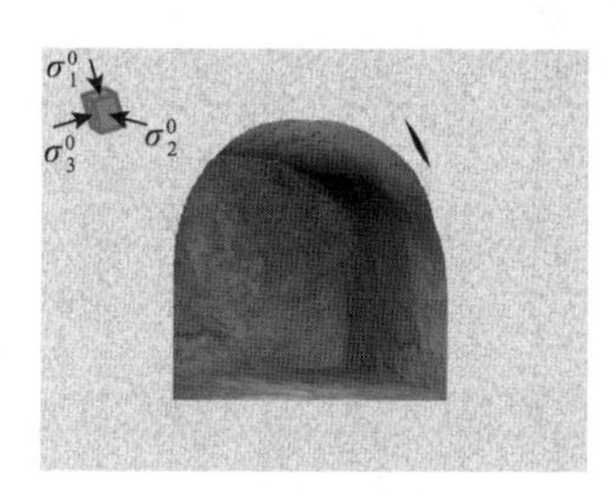

(a) 中导洞开挖完成

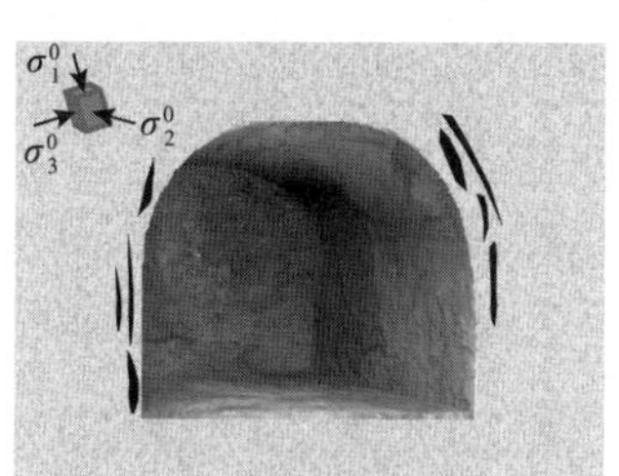

(b) 边墙扩挖完成

(c) 底层开挖完成

图 7.1.5 不同开挖掌子面效应下深埋洞室围岩单区破裂孕育过程示意图

从力学角度讲，深埋硬岩洞室随着分台阶开挖，应力差集中区向围岩深部发展且范围扩大，致使应力差集中区内岩体原生裂隙张开和扩展，产生新的破裂，并向内部发展，形成单区破裂，如图 7.1.6 所示。

7.1.2 深部工程硬岩分区破裂特征与机理

1. 分区破裂特征

分区破裂是指深埋硬岩隧道开挖后围岩中产生的破裂区和非破裂区交替分布

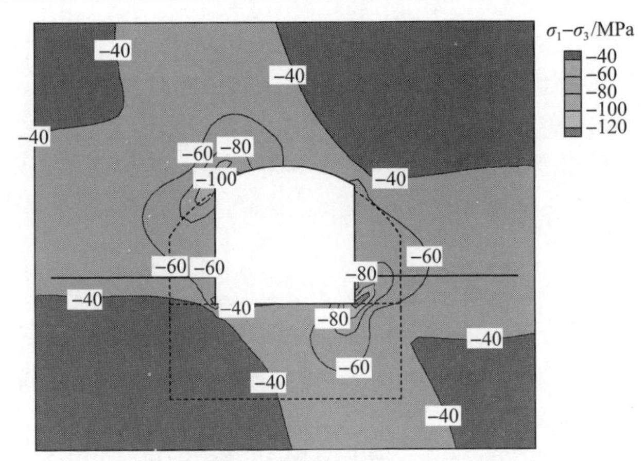

(a) 中导洞开挖完成

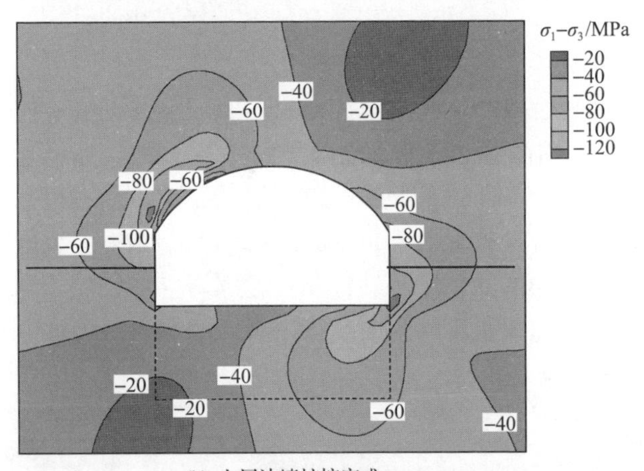

(b) 上层边墙扩挖完成

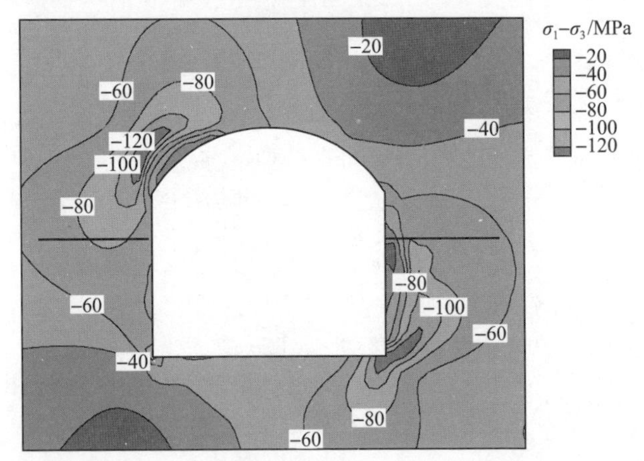

(c) 下层开挖完成

图 7.1.6　锦屏地下实验室二期 1# 实验室 K0 + 045 断面围岩应力差演化示意图(见彩图)

图中负值表示压应力

的现象，分区破裂的特征为破裂区被相对完好的非破裂区分隔开。两个破裂区之间的非破裂区长度在 0.5m 及以上，可认为是分区破裂。根据分隔后破裂区的数量，可将分区破裂细分为两区破裂、三区破裂等，如图 7.1.7 所示。分区破裂关于断面上最大主应力方向近似对称分布。

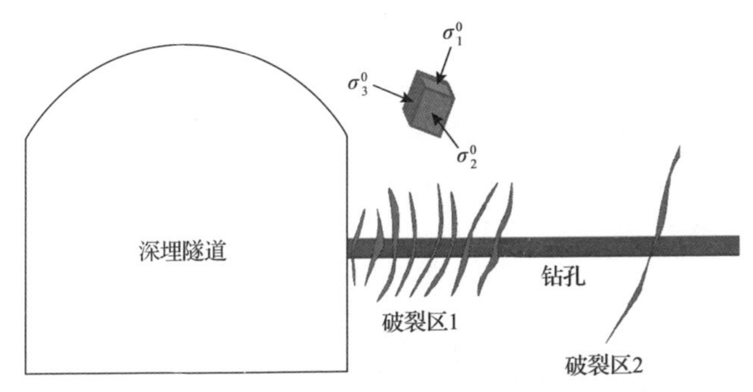

图 7.1.7　深部工程硬岩分区破裂示意图

分区破裂出现在强度较高且岩体完整性较好的岩体内，围岩发育有 1～2 条(组)原生裂隙时，更易出现分区破裂，深部工程硬岩开挖应力集中区向围岩内部转移引起原生裂隙附近出现新生裂隙且范围扩大，形成破裂区 2，有时可能会形成破裂区 3。深部工程硬岩存在分区破裂时，靠近洞壁出现一个破裂区，围岩的深层出现另一个破裂区或两个破裂区。中间的破裂区在其中心两侧会出现新的破裂，离洞壁最远的一个破裂区会向洞壁方向扩展，即在该破裂区的临近洞壁一侧会产生新的破裂。破裂区 3 有可能先于破裂区 2 形成。

例如，锦屏地下实验室二期 7# 实验室 K0+045 断面岩性为灰白色大理岩，岩体强度较高，且原生裂隙较少。T-7-4 为 7# 实验室中导洞开挖后预设钻孔(见图 7.1.8(a))，实验室开挖过程钻孔摄像测试结果如图 7.1.9 所示。2015 年 8 月 10 日中导洞开挖过测孔后(见图 7.1.8(b))，仅孔口附近 0～0.3m 范围内围岩出现新

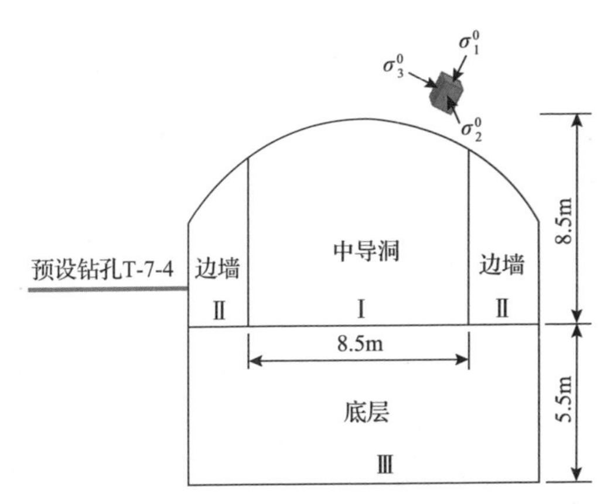

(a) 锦屏地下实验室二期 7# 实验室分台阶开挖顺序

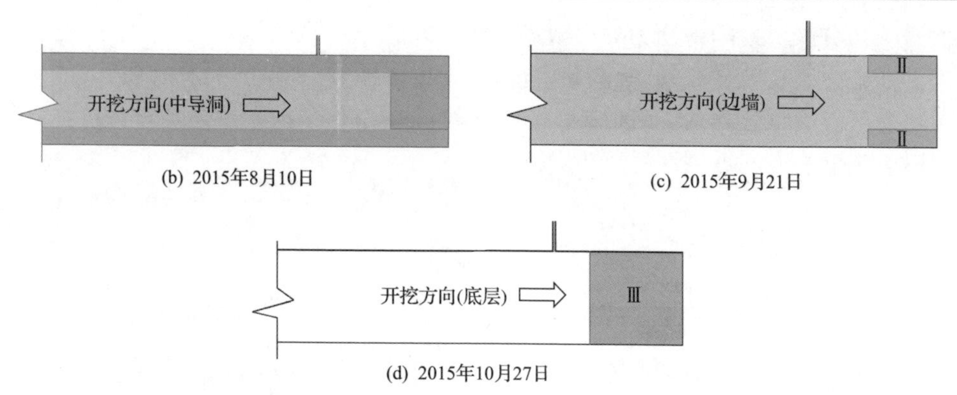

图 7.1.8　锦屏地下实验室二期 7# 实验室掌子面开挖与 T-7-4 孔相对位置示意图

生破裂；2015 年 9 月 21 日，在扩挖边墙掌子面开挖过测孔 4m 时(见图 7.1.8(c))，在 0～0.3m 和 2.5～3.2m 处出现分区破裂，形成 2 个破裂区；2015 年 10 月 27 日，底层开挖推进过钻孔 10m 后(见图 7.1.8(d))，形成 0～0.3m、1～1.6m 和 2.4～3.4m 3 个破裂区。从图 7.1.9 可以看出，从洞壁开始，破裂区 1 和破裂区 3 是在扩挖边墙掌子面开挖过测孔 4m 时观测到的，破裂区 1 范围没有变化，破裂区 3 范围分别向钻孔两端扩展 0.1m 和 0.2m，破裂区 2 是新出现的，原生裂隙发生张开，原生裂隙两侧出现新生裂隙。

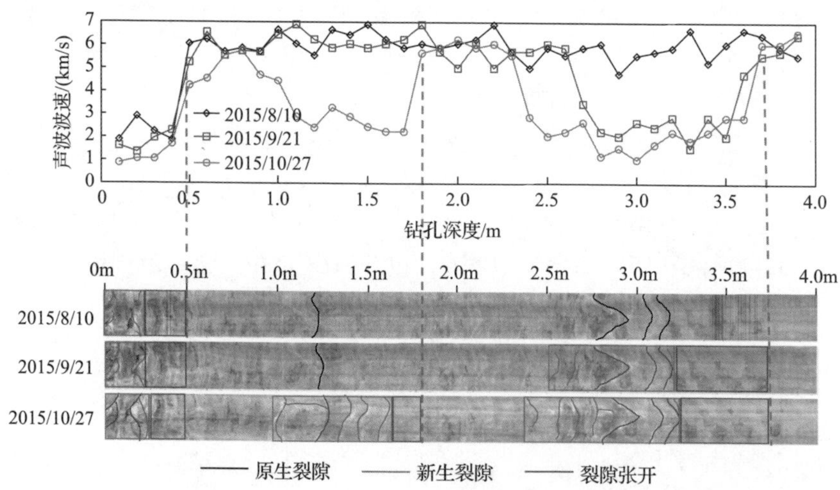

图 7.1.9　锦屏地下实验室二期 7# 实验室钻孔摄像测试结果(见彩图)

2. 分区破裂的发生条件

高应力下围岩开挖损伤区内间隔(＞0.5m)发育随机原生裂隙的深部工程硬岩容易出现分区破裂。例如，锦屏地下实验室二期 7# 实验室 K0+045 断面岩性为灰白大理岩，施工中原位观测到发生分区破裂现象，4 个孔内均在 3～4m 的位置发育有 1～2 条原生裂隙，开挖后除在洞壁边缘形成了较小的破裂区外，在原生裂隙附近衍生出 4～5 条新生裂隙并伴随原生裂隙的张开，从而形成第 2 个甚至第 3 个破裂区。这主要是由于原生裂隙附近应力集中，导致原生裂隙张开和扩展，衍生出新裂隙，如图 7.1.10 所示。

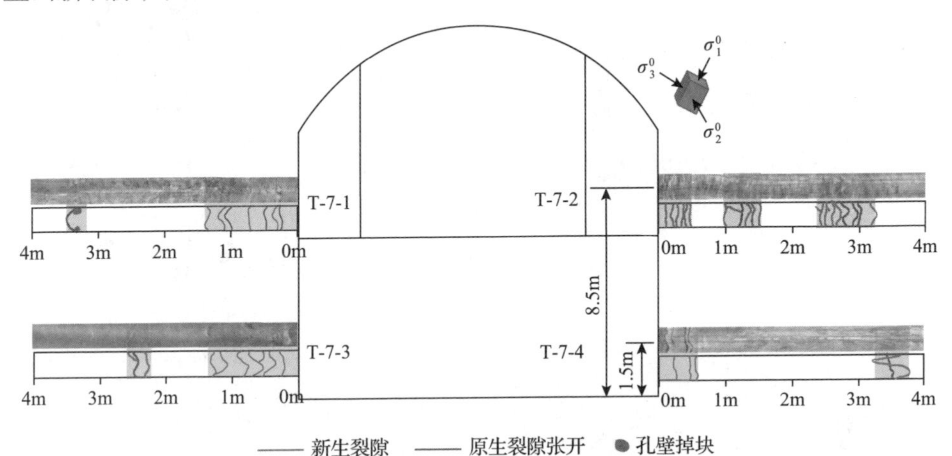

图 7.1.10　锦屏地下实验室二期 7# 实验室围岩分区破裂钻孔摄像测试结果(见彩图)

3. 分区破裂机理

深埋硬岩洞室围岩分区破裂随开挖演化过程可归纳为以下几个阶段：

(1)破裂区开始发育阶段。与单区破裂一样，在开挖产生的扰动应力场作用下，中导洞开挖掌子面前方 0.6～0.8 倍洞径处测试断面岩体开始出现新裂隙萌生、原生裂隙张开及孔壁掉块，形成围岩破裂区，如图 7.1.11(a)所示。

(2)破裂区强烈发育阶段。边墙开挖掌子面距测试断面 4m 到掌子面过测试断面 6m 的区间多为孔内破裂区强烈发育阶段。该阶段围岩最远破裂区开始发育，延伸方向由围岩内部向外部发展，如图 7.1.11(b)所示。

(3)破裂区结束发育阶段。分区破裂以在原生裂隙附近衍生新裂隙为主，破裂区最终在底层开挖掌子面过测试断面 1 倍洞径左右处停止发育，如图 7.1.11(c)所示。

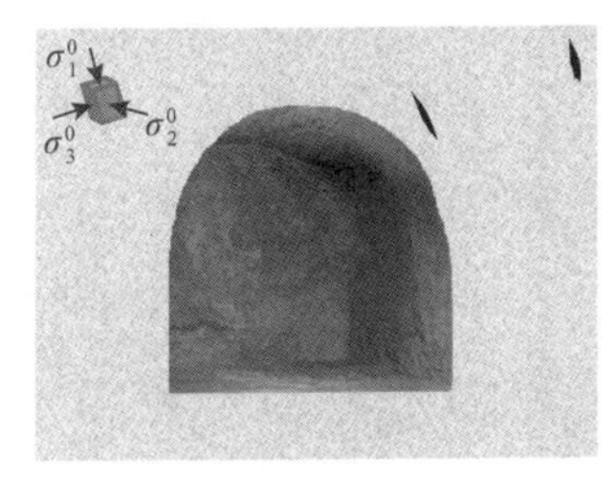

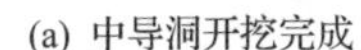
(a) 中导洞开挖完成

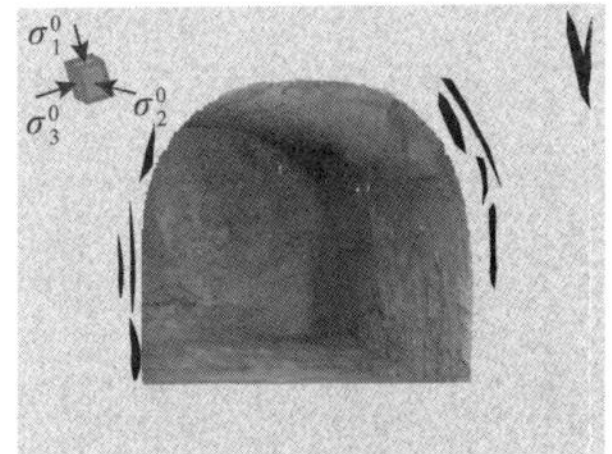

(b) 边墙扩挖完成

(c) 底层开挖完成

图 7.1.11　不同开挖掌子面效应下深埋洞室围岩分区破裂孕育过程示意图

数值模拟结果表明，深埋硬岩洞室围岩损伤区内赋存 1～2 条(组)原生裂隙的地质条件更易出现分区破裂。如图 7.1.12 所示，深部高应力条件下开挖导致的应力差集中区从围岩表层向内部转移，并在原生裂隙处集中，致使原生裂隙附近出现衍生裂隙且范围逐步扩大，形成了破裂区 2 和破裂区 3。

7.1.3　深部工程硬岩深层破裂特征与机理

1. 深层破裂特征

深层破裂是指破裂的位置距洞壁一定深度处的破裂，多发生在高应力下高边墙大跨度洞室的围岩内部，一般距离洞壁超过 5～7m。深层破裂多发生在洞室断面内与最大主应力方向近垂直的方位。深部工程硬岩的深层破裂主要有三种模式，如图 7.1.13 所示。

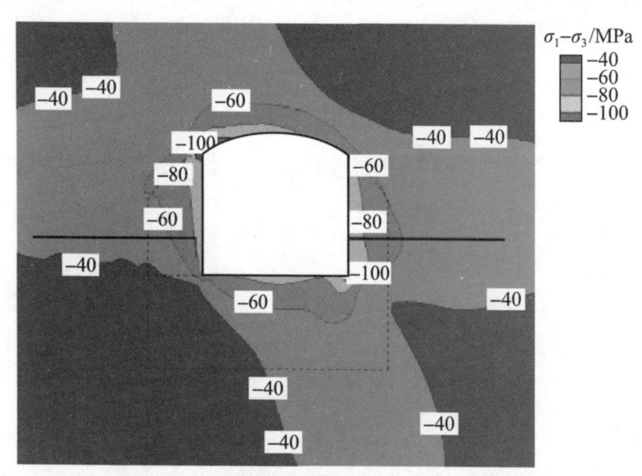

(a) 中导洞开挖完成

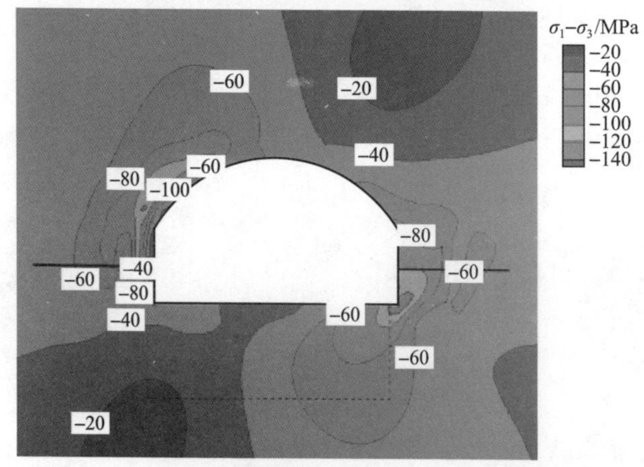

(b) 上层边墙扩挖完成

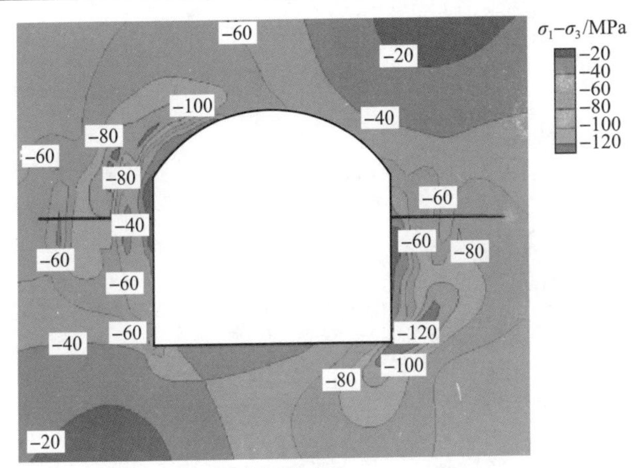

(c) 下层开挖完成

图 7.1.12 锦屏地下实验室二期 7# 实验室 K0 + 035 断面围岩应力差演化示意图(见彩图)

图中负值表示压应力

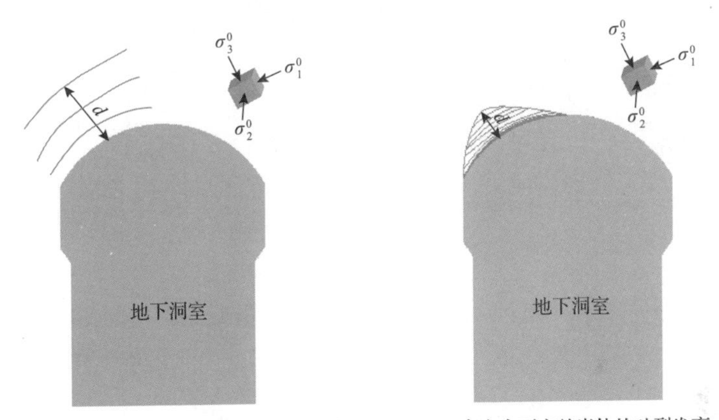

(a) 高应力下结构面张开导致的间隔破裂 (b) 高应力下完整岩体的破裂发育

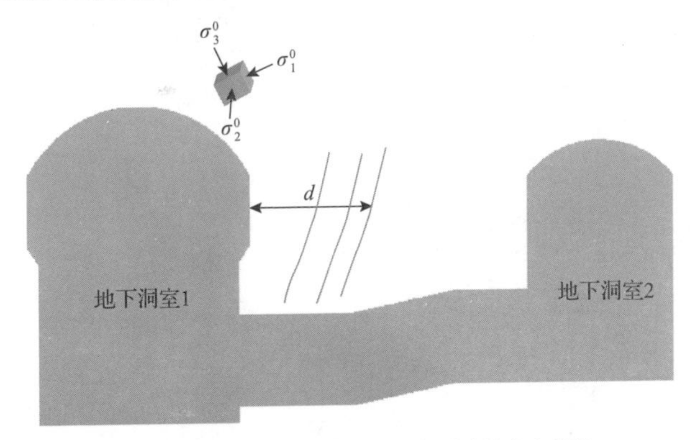

(c) 高应力下两个或多个洞室间的岩柱发生破裂

图 7.1.13 大型地下洞室围岩深层破裂模式示意图

d. 最大破裂深度

(1) 由距洞壁不同位置处结构面张开引起的间隔破裂，如图 7.1.13 (a) 所示。

(2) 完整岩体渐进破裂形成的多条近似平行于洞壁的破裂，破裂位置离洞壁较远，如图 7.1.13 (b) 所示。

(3) 多洞室交叉区域岩柱由多面卸荷和应力集中形成的岩柱破裂，如图 7.1.13 (c) 所示。

深层破裂对开挖扰动较为敏感，不同开挖扰动条件下破裂程度差异显著。深层破裂形成后，其破裂程度和深度会随着洞室开挖活动的进行而进一步增大，并会造成破裂区围岩质量的恶化及岩体波速的显著降低。

2. 深层破裂的发生条件

高地应力下高边墙大跨度硬岩洞室距洞壁一定距离处 (＞5m) 局部存在硬性结构面等不良地质构造的围岩易出现深层破裂。洞室开挖过程中强烈的卸荷效应会导致原岩应力重分布，形成应力集中区并发生明显的空间调整和转移，应力集中区的空间跳跃式转移易引发深层硬质岩体尤其是含结构面岩体出现非连续的深层破裂。

3. 深层破裂机理

深层破裂的演化机理可以归结于高地应力条件下开挖过程中应力向深部围岩传递，进而导致完整岩体或者原生硬性结构面张开或扩展，如图 7.1.14 所示[1]。

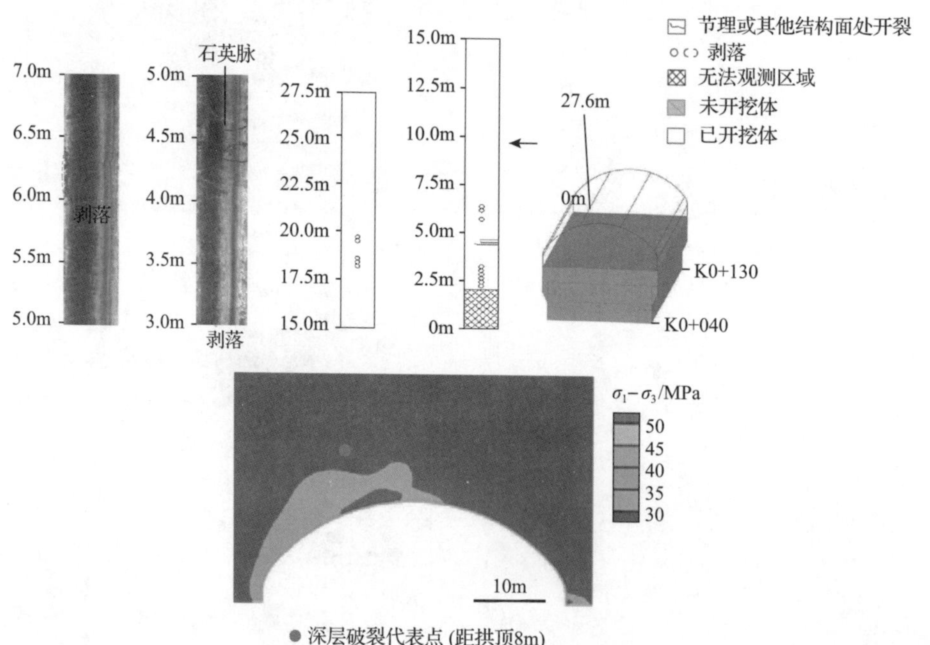

(a) 2014年12月2日观测结果 (地下厂房第 I 层开挖后)

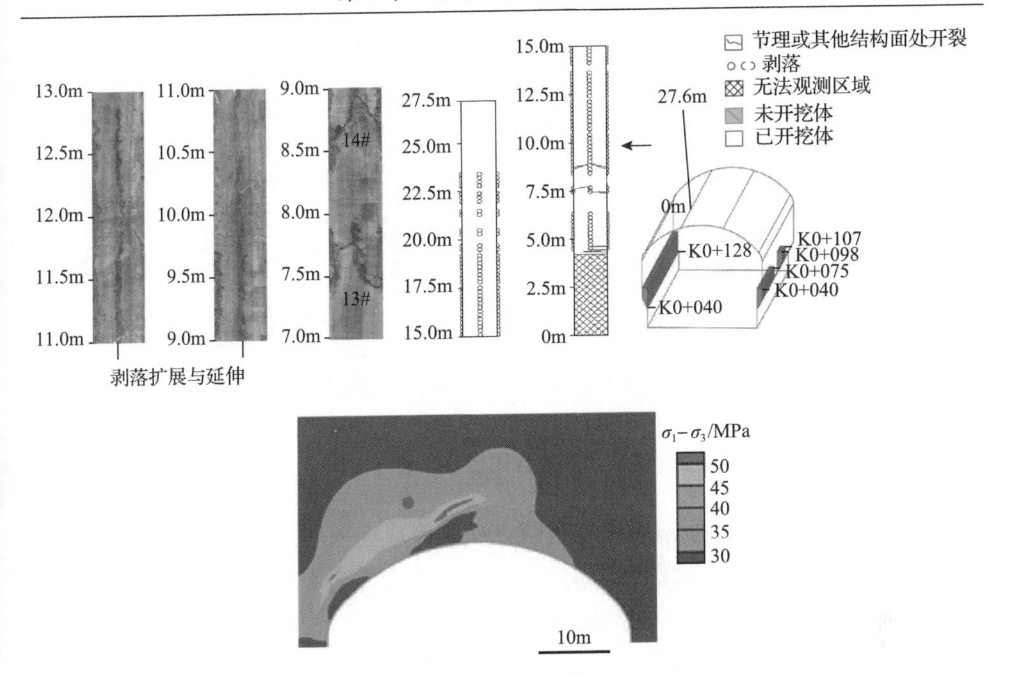

(b) 2015年11月29日观测结果 (地下厂房第Ⅲ层开挖后)

图 7.1.14　白鹤滩水电站右岸地下厂房开挖过程中 K0+072 上游拱肩围岩破裂及应力差演化模拟结果[1]

图中正值表示压应力

岩体的破裂深度主要受初始地应力大小和方向、洞室开挖规模以及岩体力学性质的影响，当破裂发生时，位移会发生突增，且裂纹宽度有时接近位移值，如图 7.1.15 所示[1]。

7.1.4　深部工程硬岩时效破裂特征与机理

1. 时效破裂特征

时效破裂是指深部工程硬岩开挖后数月甚至数年仍有破裂发生的现象，如图 7.1.16 所示。深部工程硬岩时效破裂在距洞壁较近的表层和距洞壁较远的深层均会发生。

2. 时效破裂的发生条件

高应力、强延性、原生裂隙发育条件下深部工程硬岩容易发生时效破裂。其中，高应力是必要条件，在长时间高应力作用下，强延性岩体或含原生裂隙岩体内部破裂随时间推移仍然持续萌生、扩展及贯通，造成岩体整体强度降低，严重时会发生时效灾害。

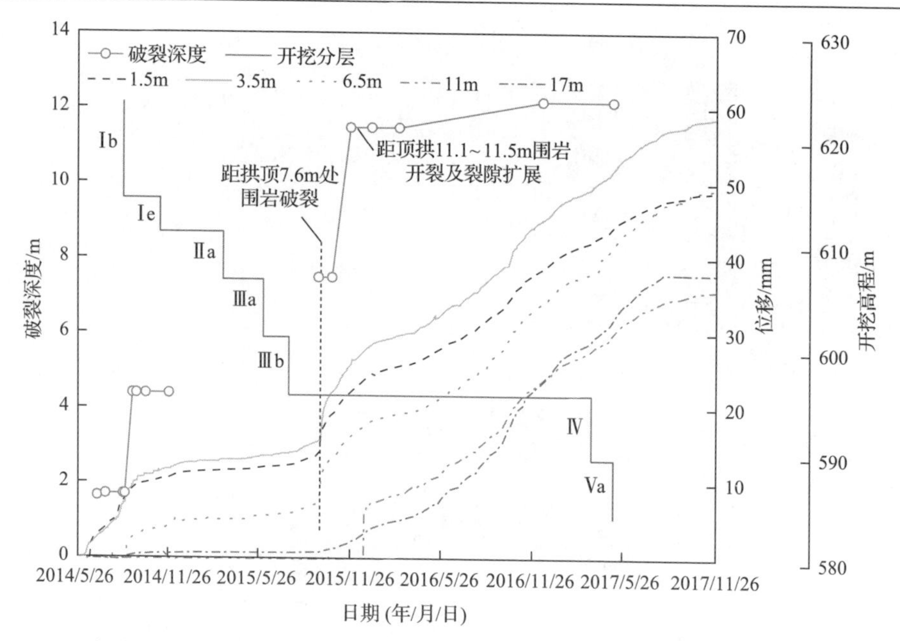

图 7.1.15　白鹤滩水电站右岸地下厂房 K0+076 断面围岩内部破裂深度和位移随开挖高程和时间的变化规律[1]

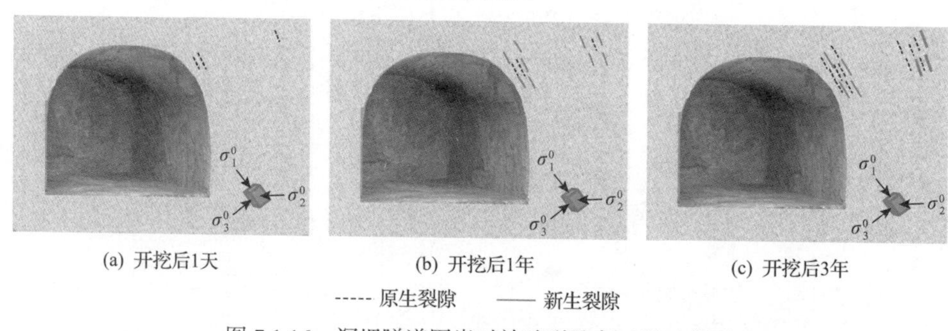

图 7.1.16　深埋隧道围岩时效破裂孕育过程示意图

图 7.1.17 为锦屏二级水电站 2# 试验洞试验支洞 C 开挖数字钻孔摄像裂隙演化图[2]。2# 试验洞位于白山组大理岩最大埋深处，埋深 2430m，岩层主要为 T_{2b} 地层的大理岩。该区域大理岩表现出坚硬、结构致密和孔隙度较小的特征，岩体易发生脆性破坏，岩体时效变形是裂隙张开引起的。图 7.1.17(a) 为孔深 16～18m 距边墙较远位置岩体孔内破裂演化特征。在断面开挖前 32 天时，该区域已经存在原生裂隙。由于距边墙较远，开挖引起的扰动应力并未使该区域裂隙发生显著变化，只是原生裂隙宽度增加并有一定的扩展。而开挖后 3 天，在原生裂隙周围产生了新生裂纹，并随着时间的增加逐渐扩展。距岩体较深区域破裂主要是由于隧洞开挖引起应力向深层转移，深层应力水平虽未达到岩石发生破坏所需的强度，但足以使硬岩内部微裂纹时效扩展，最后形成宏观裂隙。图 7.1.17(b) 为孔深 22～

24m 距边墙较近位置岩体孔内破裂演化特征。在断面开挖前 32 天时，该区域已经存在点状原生裂隙，但是该段岩体整体完整性好。在开挖完后 1～3 天，该段原生点状裂隙扩展并贯通，与此同时，该区域产生新的裂隙。但是在开挖后 690 天，岩体内部裂纹时效扩展主要表现为原生裂隙的张开和扩展。这是由于隧洞开挖引

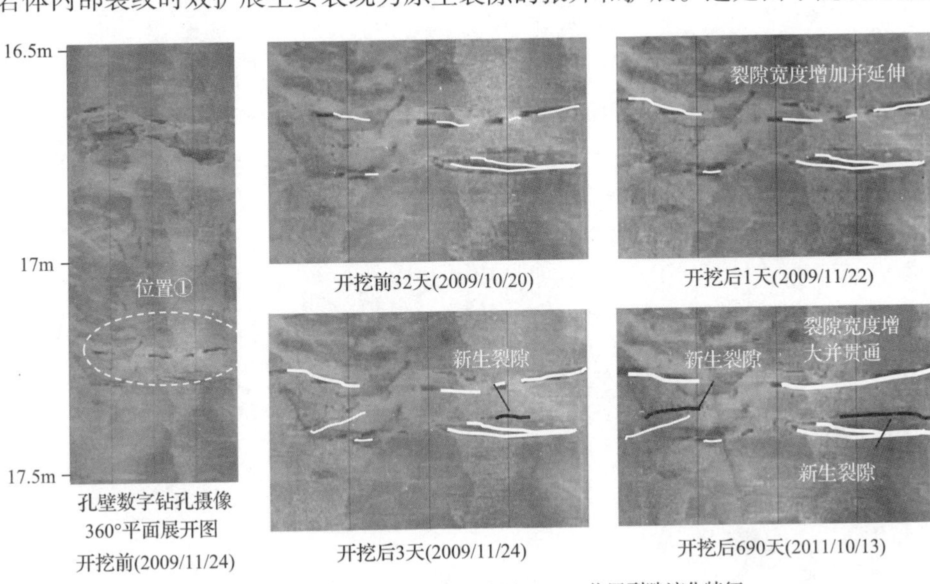

(a) 2# 试验洞钻孔ED12，孔深16~18m位置裂隙演化特征

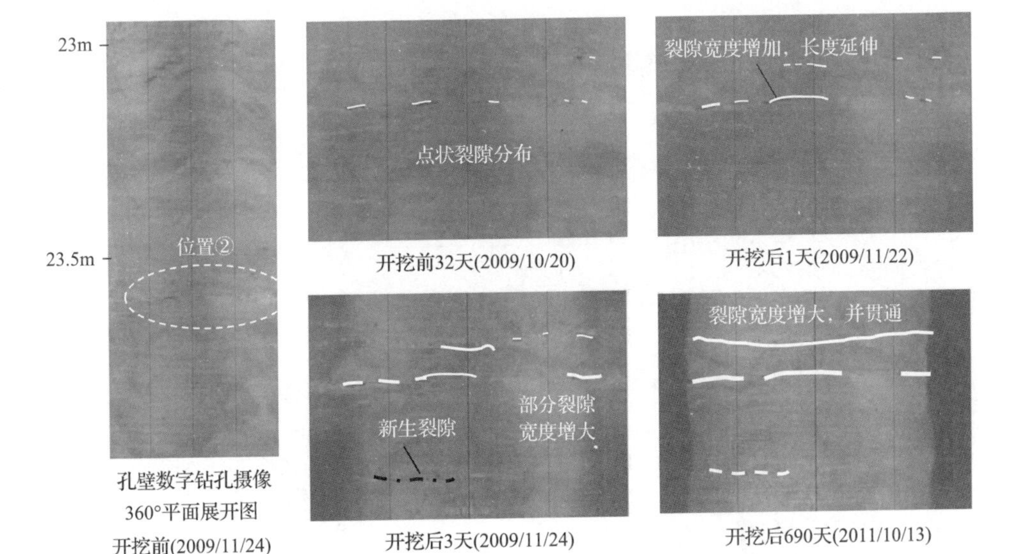

(b) 2# 试验洞钻孔ED12，孔深22~24m位置裂隙演化特征

图 7.1.17　锦屏二级水电站 2# 试验洞试验支洞 C 开挖数字钻孔摄像裂隙演化图（白山组 T_{2b} 地层）[2]

起距边墙较近区域的应力突然增加，并超过局部岩体强度，使岩体内部产生新生裂隙，而经过一定时间应力调整后，该区域应力由于新生裂隙的产生得到一定释放，岩体内部裂纹时效扩展表现为原生裂隙的扩展。

3. 时效破裂机理

图 7.1.18 为锦屏地下实验室二期 1# 辅引支洞开挖后不同时间的钻孔摄像结果对比。可以看出，岩体内部在第一次钻孔摄像时就观察到许多原有裂隙，裂隙分布位置分别距边墙 0.6m、1.2m 和 2.2m 左右。第二次钻孔摄像结果显示，在距边墙 1.2m 处岩体裂隙张开，时效破裂程度增强。与此同时，在距边墙 0.8m 位置有较多的新裂隙生成。第 5 章通过真三轴试验研究了不同三维应力下锦屏大理岩时效破裂特征、规律与机理，将不同应力状态的时效破裂试样与围岩对应位置钻孔摄像结果进行比较，可以看出，对于应力差较大的近边墙区域，岩石破坏时产生许多次生裂纹，而且破坏面较陡；随着距边墙距离的增加，深层围岩逐渐向剪切破坏模式过渡。这说明近围岩表层区域由于应力差较大，发生时效破裂更为显著。

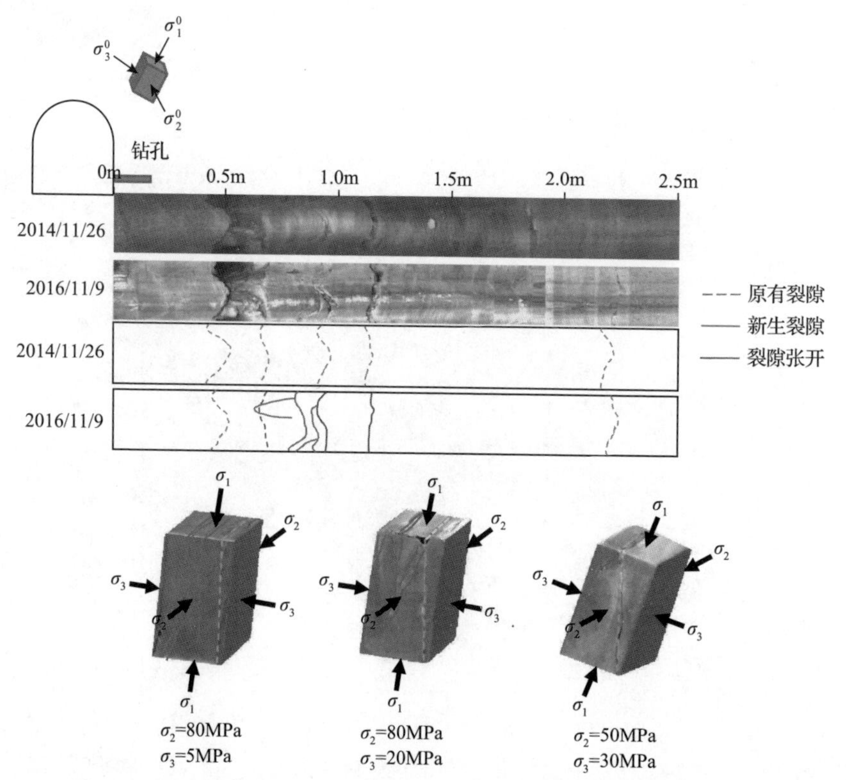

图 7.1.18　锦屏地下实验室二期 1# 辅引支洞开挖后不同时间的钻孔摄像结果对比(见彩图)

岩石试样红色线表示系列拉破裂，蓝色虚线表示贯穿剪破裂面

7.2　深部工程硬岩片帮孕育机理

片帮破坏是深部工程硬岩开挖过程中的一种常见破坏，一般认为是近平行于开挖边墙或拱顶轮廓面的一种高应力诱导的围岩破坏。片帮破坏常表现为岩体的片状或板状劈裂剥落，随工程开挖而呈现出一种渐进式的脆性破坏特征，其破坏特征受深部工程高应力、大应力差以及应力路径影响明显。本节将重点介绍三种深部工程开挖情况(全断面开挖深埋隧洞、分台阶开挖深埋洞室以及分层分部开挖大跨度高边墙长洞室)下的片帮特征、孕育过程及破坏机制。

7.2.1　深部工程硬岩片帮特征与发生条件

1. 片帮破坏特征

深部工程硬岩片帮是指在开挖或其他外部扰动作用下，发生在完整或较完整的硬脆性岩体中的片状或板状劈裂剥落现象。片帮发生在隧道或地下洞室的洞周附近，片帮剥落的岩片或岩板与隧道或洞室断面轮廓呈近似平行或小角度相交的张拉破裂特征，破裂方向与最大切向应力方向基本一致。

全断面开挖方式下深埋硬岩隧洞片帮通常呈 V 形破坏特征，完整或较完整硬脆性岩体的隧洞围岩边界附近片帮呈片状或板状劈裂剥落。随片帮持续发展，更深处围岩的最小主应力水平开始下降甚至降为零，围岩所处的应力差增大，进而导致脆性增加，片帮破坏呈现出渐进式的劈裂剥落破坏特征，且劈裂剥落的岩片或岩板呈现近似平行于开挖面的张拉破裂特征，破裂方向与最大切向应力方向基本一致，全断面开挖完成后隧洞片帮形态呈现出较强的主应力方向相关性，如图 7.2.1(a)所示[3]。

对于分台阶开挖方式下深埋城门洞形洞室片帮，如图 7.2.1(b)所示[4]，洞室开挖过程中边界周围发生片帮，片帮岩板近平行于洞室边界，其破坏过程与全断面开挖隧洞类似。由于开挖尺寸更大且洞室为城门洞形，应力方向调整空间与幅度更大，随着片帮向围岩内部发育，片帮岩板角度发生偏转，其倾角与地应力和切向应力的方向有关，由围岩表层向内部片帮破坏产状呈现出由近平行于临空面向最大主应力方向偏转的特征；由于从洞室壁面向围岩内部，围岩的脆性随最小主应力的增加而降低，加之还可能出现多个应力集中区，片帮岩板呈厚板和薄板交替、厚度从侧壁向内逐渐增加的特征；片帮破坏深度在洞室断面上与最大主应力垂直的一侧更大。在中导洞开挖过程中，由于开挖卸荷的影响，片帮破坏在临空面附近形成，在垂直于最大主应力的方向破坏更为剧烈，这部分的片帮破坏随着扩挖、下层开挖逐渐揭露；在扩挖过程中，开挖卸荷作用使得片帮破坏程度增加，仍在垂直于最大主应力方向的部位破坏深度更大，在洞室形状变化的拱肩、拱脚部位片帮破坏因切向应力方向变化而发生方向偏转；在下层开挖过程中，片帮破坏深度及程度进一步加大，破坏位置与扩挖后形成的部位相近。

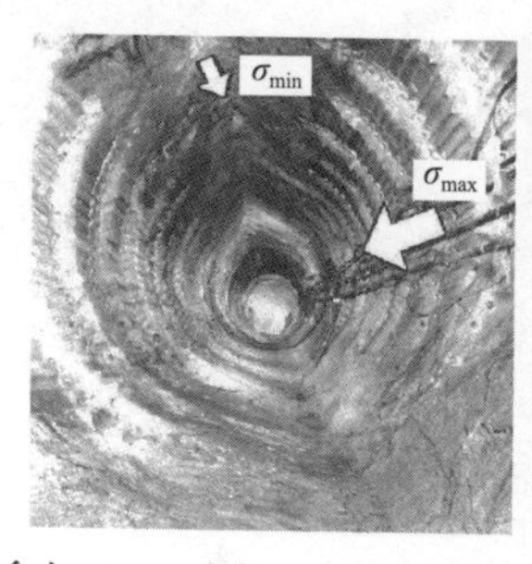

(a) 加拿大Mine-by直径3.5m圆形花岗岩试验洞全断面液压劈裂开挖形成的围岩片帮破坏[3]

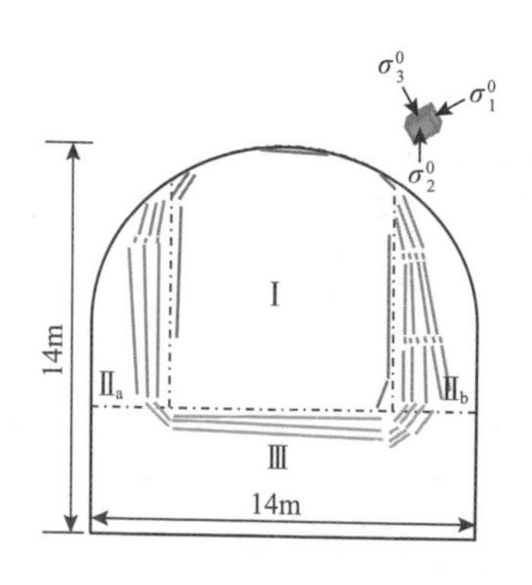

(b) 锦屏地下实验室二期7#实验室上层$Ⅱ_a$、$Ⅱ_b$扩挖和Ⅲ层开挖后揭示的中导洞Ⅰ围岩片帮破坏(钻爆法分台阶开挖14m×14m城门洞形大理岩洞室)[4]

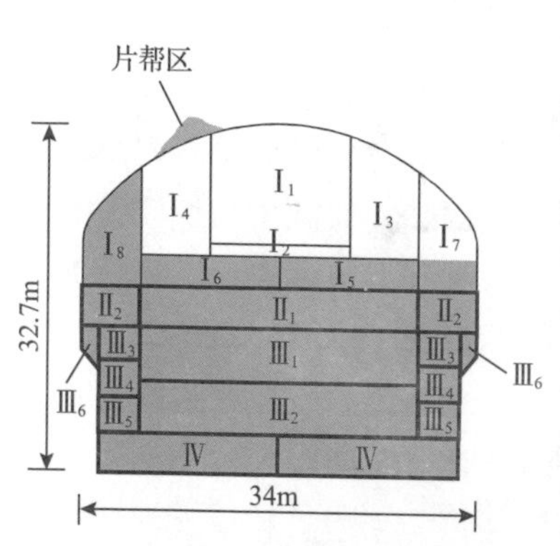

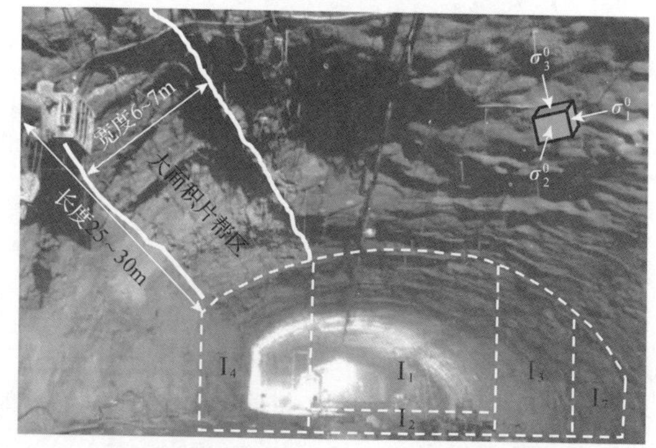

(c) 白鹤滩水电站左岸地下厂房第Ⅰ层开挖过程中K0+330附近上游侧拱顶斜斑玄武岩区域发生的大面积片帮破坏(钻爆法分层分部开挖跨度34m玄武岩洞室，洞室长453m)

图 7.2.1　不同开挖方式下深部工程硬岩片帮典型模式

分层分部开挖方式下深埋大型地下厂房大面积片帮特征显著，如图 7.2.1(c)所示，加之大型地下厂房巨大尺寸与复杂结构特征，其穿越复杂地质构造与多岩性地层的可能性增加，沿厂房轴线方向，在其拱肩、拱顶、边墙、岩台等位置均可能发生片帮破坏。此外，大型地下厂房分层分部开挖过程中其高跨比由小于 1 逐渐增加并超过 1，围岩片帮面积与深度不断增大。

另外，由于地应力水平、岩性和开挖断面大小等影响，深部不同规模洞室围岩片帮特征对比如表 7.2.1 所示。

表 7.2.1　深部不同规模洞室围岩片帮特征对比

洞室规模	断面尺寸	开挖方式	片帮典型特征
小型洞室	几米	全断面：液压劈裂开挖 TBM 钻爆法	沿洞室洞壁呈 V 形对称分布；应力集中区位置固定；片帮位置相对 σ_1^0 方向变化不明显；诱发片帮的应力路径相对简单；渐进性破坏特征相对不明显
中型洞室	十几米	分台阶：钻爆法	沿洞室洞壁呈几何非对称分布；应力集中区位置随分台阶开挖发生一定的改变；片帮岩板随分台阶开挖会发生明显的角度偏转；片帮岩板薄厚相间分布；诱发片帮的应力路径相对复杂；渐进性破坏特征相对明显
大型洞室	几十米	分层分部：钻爆法	沿大型洞室洞壁几何非对称分布；应力集中区位置与程度随开挖变化较大；片帮区位置变化较大；多掌子面开挖应力叠加效应；大面积片帮剥落；诱发片帮的应力路径复杂；渐进性和时效性特征明显

片帮破坏特征还受到结构面和岩性的影响。硬性结构面与临空面呈小角度相交时，片帮破坏平行于结构面发育。硬性结构面与临空面呈大角度相交时，结构面常截断片帮岩板作为破坏边界，如图 7.2.2 所示[4,5]。当穿越不同岩性进行开挖时，岩石间的起裂强度和脆性差异也会造成片帮深度的差异，同一应力条件下，起裂强度越小，片帮破坏深度越大，如图 7.2.3 所示[4,5]。

2. 片帮发生条件

高地应力开挖卸荷与爆破扰动应力作用下，当深部工程完整或较完整硬脆性围岩中的应力集中程度超过岩体强度时，容易发生近似平行于洞壁的围岩片帮破坏。不同开挖方式下片帮发生条件主要有以下区别：

(1) 高地应力条件下，小型圆形隧洞全断面开挖围岩经历简单加卸荷应力路径，当岩体中应力集中程度超过其强度后，片帮破坏发生。

(2)高地应力条件下，中等尺寸城门洞形洞室采用先开挖中导洞，后两侧扩挖，最后下层开挖的分台阶开挖方式，围岩经历相对复杂的加卸荷应力路径，中导洞开挖过程中因开挖卸荷作用片帮破坏开始发生，受后续扩挖或爆破扰动影响，应力集中程度增加，片帮破坏深度与程度逐渐增大。

(3)高地应力条件下，大型地下厂房采用分层分部开挖方式，围岩经历更加复杂的加卸荷应力路径，发生片帮破坏。应力集中程度受多掌子面交汇与逐层扩挖影响不断增加，片帮破坏深度与范围也随之增加，容易发生大面积片帮破坏。

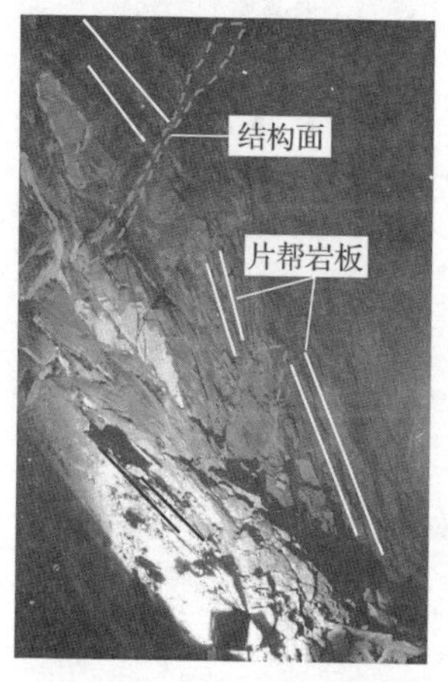

(a) 锦屏地下实验室二期8#实验室含硬性结构面大理岩片帮破坏[4]

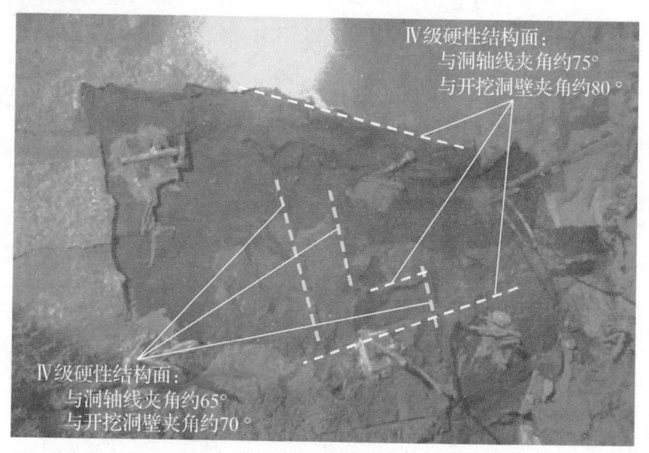

(b) 白鹤滩水电站右岸地下厂房上游侧侧拱K0+148~K0+153区域含硬性结构面隐晶玄武岩片帮破坏[5]

图 7.2.2　硬性结构面对片帮形态的影响

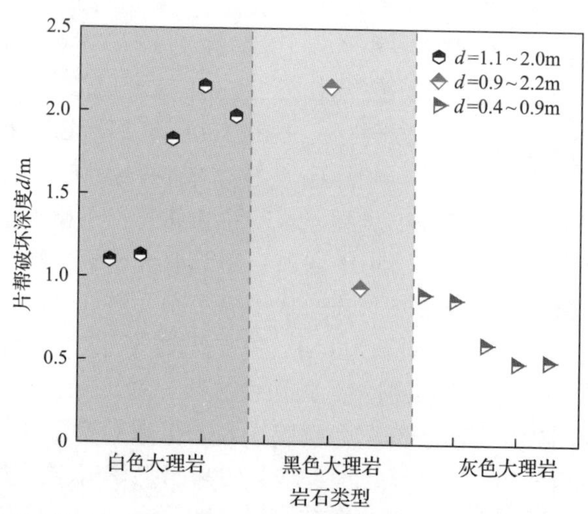

(a) 锦屏地下实验室二期7#和8#实验室沿隧洞轴线不同位置处12例片帮案例统计结果[4]
(开挖顺序依次为黑色大理岩、白色大理岩、灰色大理岩)

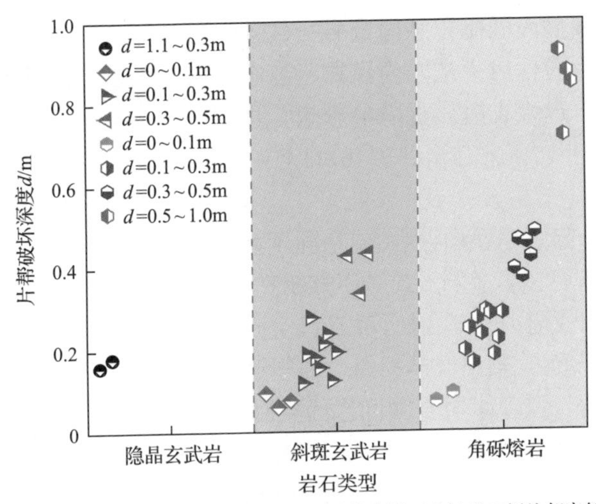

(b) 白鹤滩水电站左岸地下厂房第Ⅰ层开挖结束沿厂房轴线39例片帮案例统计结果[5]

图 7.2.3　岩性对围岩片帮破坏深度的影响

7.2.2　深部工程硬岩片帮孕育过程与机理

片帮破坏是高地应力下围岩开挖卸荷导致在开挖边界面上产生的一种近平行于最大切向应力方向的破坏。洞室开挖卸荷导致围岩出现应力集中，新生裂隙沿着最大切向应力方向发展并逐渐形成近平行于洞室壁面的片帮破坏。切向应力集中导致表层围岩劈裂成板状或片状片帮。按照破坏位置和深度的不同，片帮破坏机制存在一定的差异，围岩表层片帮主要以穿晶张拉破坏为主，内部片帮则多呈沿晶张拉破坏；在洞室轮廓明显变化的位置，因切向应力方向发生改变，片帮破坏还存在剪切破裂的特征。虽然破坏机理相近，但是不同开挖方式下片帮孕育过程明显不同，下面对全断面开挖深埋隧洞片帮、分台阶开挖深埋洞室片帮及分层分部开挖大跨度高边墙长洞室片帮孕育过程与机理进行介绍。

1. 全断面开挖深埋隧洞片帮孕育过程与机理

片帮既可以发生在完整岩体中，也可以发生在含少量硬性结构面的较完整岩体中，据此可将片帮划分为完整岩体片帮和含硬性结构面岩体片帮两个亚类，其对应的孕育机理如下。

1) 完整岩体片帮

随着掌子面的不断推进，应力的调整、集中与释放及能量的聚集、耗散与释放也随之变化，掌子面的开挖和向前推进又进一步加剧能量的聚集，张拉裂隙随着切向应力增加和法向应力卸载进一步发展开裂成板状，岩板在切向应力与围岩法向支撑力的共同作用下，逐渐向临空面方向发生内鼓变形，当内鼓至一定程度时，在岩板内鼓曲率最大处出现径向水平张裂缝，随着径向张裂缝的逐渐扩张，岩板折断失稳并在重力作用下从母岩脱离、自然滑落或在爆破扰动下剥落，随着应力的不断调整或附近累积爆破扰动的影响，岩板由表及里渐进折断、剥落，最终形成片帮坑，如图 7.2.4(a)所示[5]。

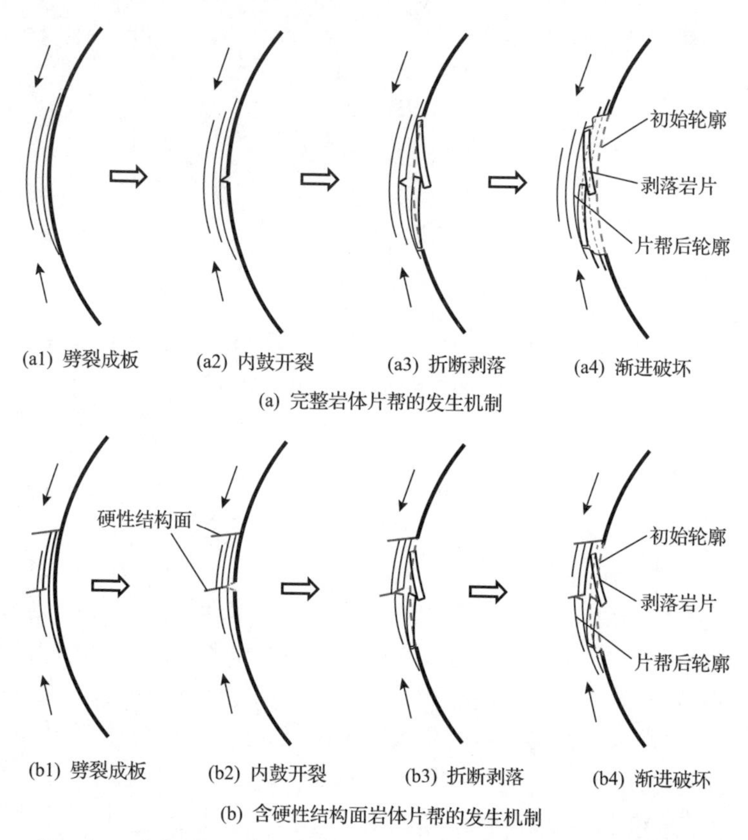

图 7.2.4　全断面开挖硬岩隧洞不同结构岩体片帮发生机制示意图[5]

2)含硬性结构面岩体片帮

这类片帮发生区域的岩体完整性较高，破坏区域揭露的结构面主要是随机无充填的硬性结构面，发育条数有限，延伸不长，且多与洞轴线及洞壁大角度相交。结构面的存在对围岩破裂及片帮剥落的形成过程具有一定的影响。

同样，洞室开挖后围岩应力调整，洞壁围岩法向卸荷而切向应力集中，造成浅表层范围内的硬脆性围岩产生近似平行于开挖卸荷面的张拉裂隙，随着切向应力增加和法向应力卸载进一步发展开裂成板状，与完整岩体中破裂成板状不同的是，由于结构面的切割作用，围岩的开裂往往止于结构面而不穿过。因此，形成了多段短小的岩板，在切向应力与围岩法向支撑力的共同作用下，岩板逐渐向临空面方向发生内鼓变形，且沿着内鼓曲率最大处附近的硬性结构面扩展和张开，出现径向水平张裂缝。随着径向水平张裂缝的逐渐扩张，岩板之间开始分离，最终在重力作用下从母岩脱离、自然滑落或在爆破扰动下剥落。随着应力的不断调整或附近累积爆破扰动的影响，岩板由表及里渐进地沿硬性结构面分离、脱落，最终形成片帮坑，如图 7.2.4(b)所示[5]，且硬性结构面构成了片帮破坏的边界。由于这类大角度硬性结构面的存在，压致拉裂产生的近似平行于开挖卸荷面的开裂岩板更易发生折断、剥落。因此，这类硬性结构面的存在可能会降低片帮破坏的应力门槛值。

2. 分台阶开挖深埋洞室片帮孕育过程与机理

分台阶开挖方式下洞室的片帮破坏与开挖顺序和断面形状关系密切。临空面的片帮破坏往往平行于洞室边界；随着片帮破坏深度的增加，片帮破坏的角度发生偏转，其倾角与地应力和切向应力的方向有关，由围岩表层向内部片帮破坏产状呈现出由近平行于临空面向最大主应力方向偏转的特征；片帮岩板呈厚板和薄板交替、厚度从侧壁向内逐渐增加；片帮破坏深度在洞室断面与最大主应力垂直的方位上更大；片帮破坏角度在实验室轮廓发生变化的拱肩、拱脚处发生偏转。洞室开挖过程中，先开挖的中导洞引发的片帮破坏常在后续开挖过程中揭露，而后续的开挖又会进一步促使片帮破坏深度和程度加大，其破坏过程如图 7.2.5 所示。

锦屏地下实验室二期边墙扩挖以及下层开挖揭露的片帮岩板为现场取样提供了条件。对锦屏地下实验室二期 7#、8# 实验室不同断面位置和不同围岩深度的片帮岩板取样，进行岩板的 SEM 扫描，深入分析片帮破坏机制。图 7.2.6 为锦屏地下实验室二期 7# 实验室 K0+024 北侧边墙表层岩板 SEM 照片[4]。从图 7.2.6(a)可以明显看到晶粒轮廓和部分破碎晶粒，由此判断岩板断口整体表现出穿晶破裂与沿晶破裂混合的破裂特征。结合图 7.2.6(b)和(c)可以看出，试样断面呈阶梯状高

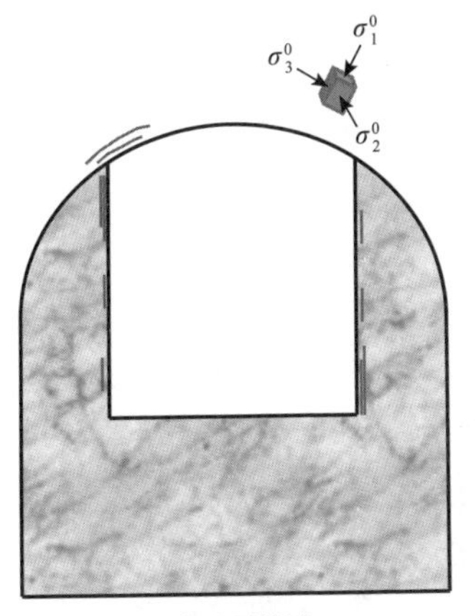

(a) 掌子面挖过1m

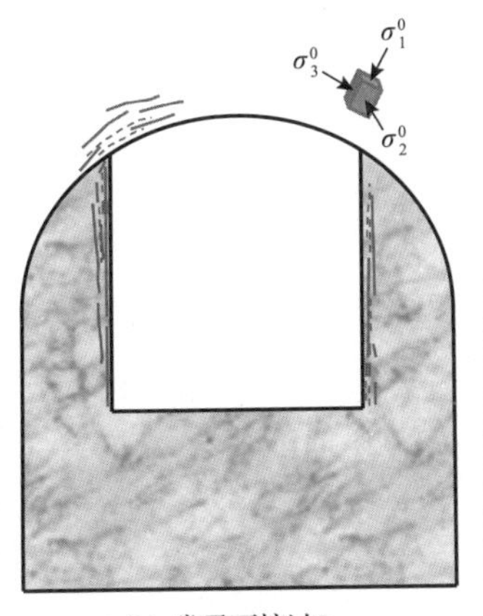

(b) 掌子面挖过5m

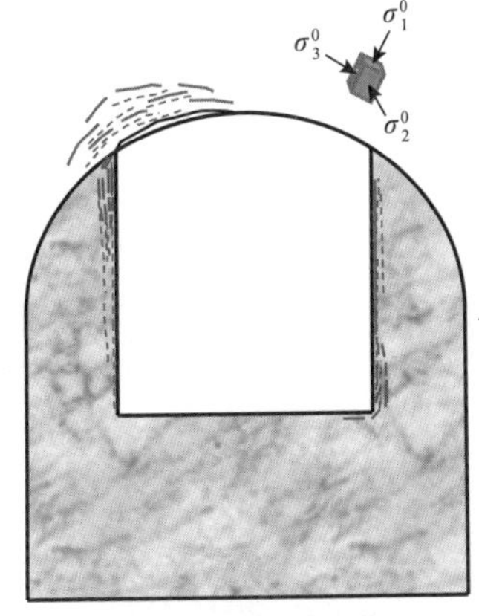

(c) 中导洞开挖完

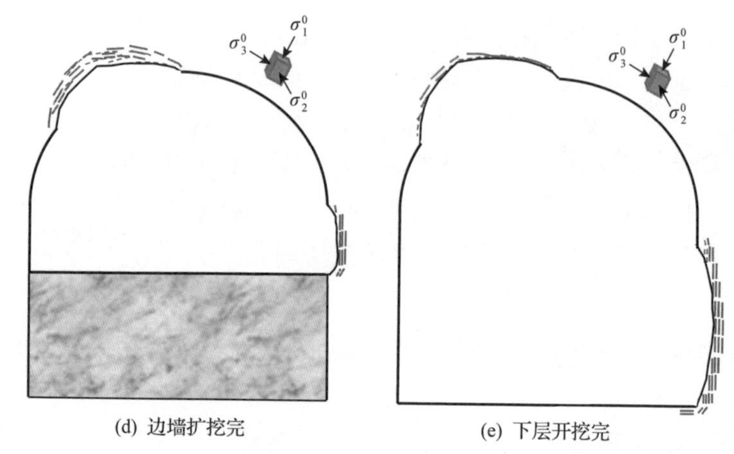

图 7.2.5 分台阶开挖方式下深埋硬岩实验室片帮孕育过程

图中长线表示新生破裂，短虚线表示已有破裂

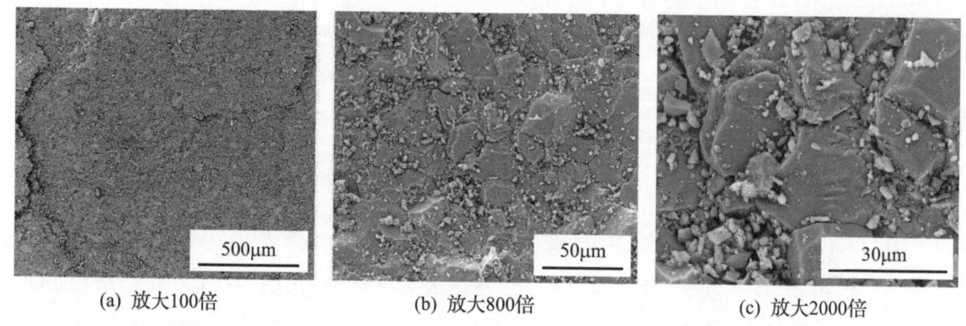

图 7.2.6 锦屏地下实验室二期 7# 实验室 K0+024 北侧边墙表层岩板 SEM 照片[4]

低起伏，在断面及侧面散落的岩屑不多，试样断口棱角锋利鲜明，侧面光滑平整，且没有明显的擦痕。因此，锦屏地下实验室二期大理岩表层片帮岩板整体是沿晶破裂与穿晶破裂混合的张拉破裂模式。

图 7.2.7 和图 7.2.8 分别为锦屏地下实验室二期 7# 实验室 K0+024 北侧边墙内部和底脚岩板 SEM 照片[4]。对比图 7.2.6 和图 7.2.7 可知，边墙表层围岩片帮岩板的穿晶破裂特征明显，而围岩内部片帮岩板的晶粒轮廓明显，体现出更多的沿晶破裂特征。这是因为临空面附近最小主应力较小或基本为零，围岩以穿晶张拉破坏为主，而围岩内部破裂受到最小主应力的影响，加之应力集中程度相对更低，从而沿晶破裂特征更为明显。对比图 7.2.6 和图 7.2.8 可知，在边墙处岩板主要以张拉破裂为主，而在拐角处(底脚)岩板虽然仍以张拉破裂为主，但是因洞室轮廓变化，局部应力方向发生改变，岩板在轮廓变化区域受切向应力作用，局部存在剪切破裂特征，微观破裂面上局部可见划痕。产生剪切破裂的原因可能是拐角处主应力方向变化，不同方向的裂纹在此处贯穿，进而导致剪切错动。

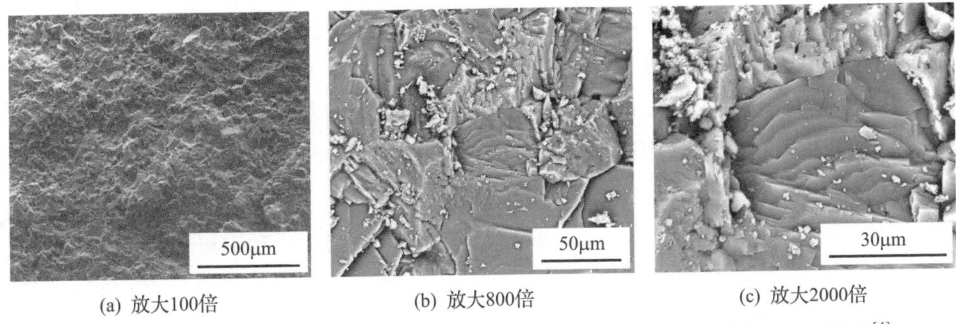

(a) 放大100倍　(b) 放大800倍　(c) 放大2000倍

图 7.2.7　锦屏地下实验室二期 7# 实验室 K0+024 北侧边墙内部岩板 SEM 照片[4]

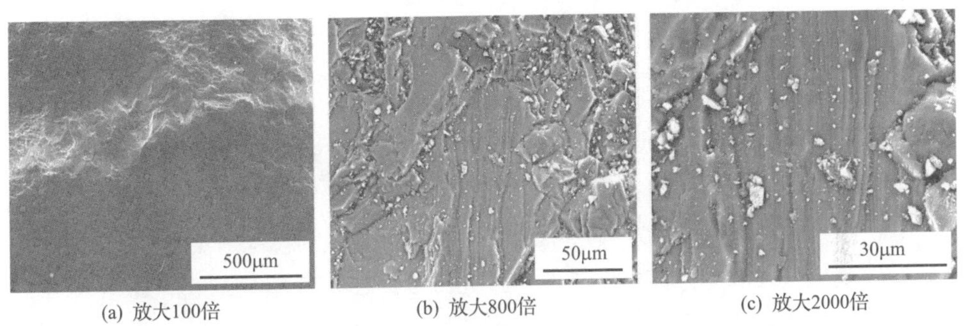

(a) 放大100倍　(b) 放大800倍　(c) 放大2000倍

图 7.2.8　锦屏地下实验室二期 7# 实验室 K0+024 北侧底脚岩板 SEM 照片[4]

进一步采用物理模型试验方法，揭示锦屏地下实验室二期分台阶开挖硬岩洞室片帮机理。由于试验模拟的原型是深部岩石工程，即物理模型自身重力远小于边界应力。因此，试验时可忽略模型重力的影响，应力相似常数和几何相似常数可独立选取。试验中实验室截面尺寸取为 75mm×75mm，实验室位于模型中央的水平位置。锦屏地下实验室二期截面尺寸为 14m×14m，几何相似常数 C_L=14/0.075=187。根据加载系统等试验条件，取应力相似比 C_σ=22。

待模拟工程的竖直方向和水平方向主应力分别为 σ_1^{p}=67.42MPa 和 σ_2^{p}=52.13 MPa。根据应力相似理论，物理模拟的竖直方向和水平方向边界应力分别为 $\sigma_1=\sigma_1^{\mathrm{p}}/C_\sigma$=3.06MPa，$\sigma_2=\sigma_2^{\mathrm{p}}/C_\sigma$ = 2.37MPa。

实验室开挖前，在物理模型竖直方向和垂直于实验室的水平方向分别施加初始边界应力 σ_1 和 σ_2，然后保持边界应力恒定，进行实验室的开挖模拟；实验室贯通后，再不断增加 σ_1 直至开挖轮廓开始产生破裂后保载，加载速率为 0.5kN/s，σ_2 保持不变。试验主要分为初始地应力加载、初始地应力保载和超载三个阶段，初始地应力保载阶段是为了模拟工程所处地应力环境，超载阶段是为了模拟应力环境的调整。锦屏地下实验室二期片帮破坏物理模型试验应力路径如图 7.2.9 所示[6]。

试验中使用集成式监测方法，监测设备主要包括高速摄像机、数字散斑系统(VIC-2D)、分布式光纤系统(DFOS)和声发射(AE)系统。高速摄像机可捕捉模型脆性破裂的瞬间过程，VIC-2D 可获得物理模型表面变形场，DFOS 可获得模型内部变形，AE 可监测模型表面和内部的破裂信号及破裂时刻，监测设备主要分布在三个监测断面（z=0、z=30mm 和 z=225mm）。锦屏地下实验室二期片帮破坏物理模型试验示意图如图 7.2.10 所示[6]，模型尺寸为 225mm×300mm×300mm。

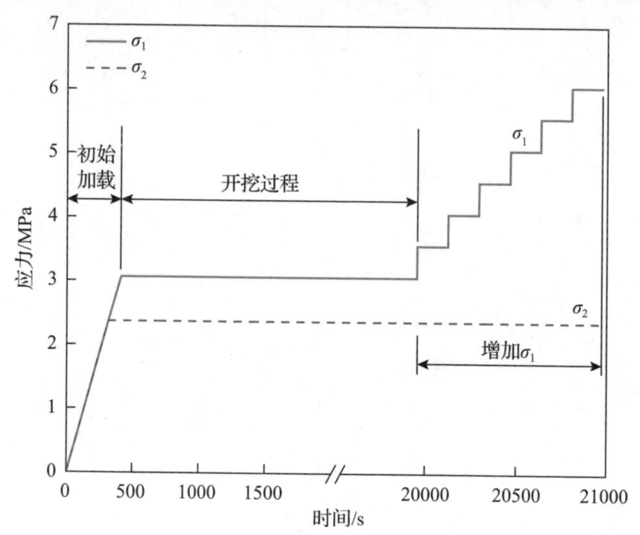

图 7.2.9　锦屏地下实验室二期片帮破坏物理模型试验应力路径[6]

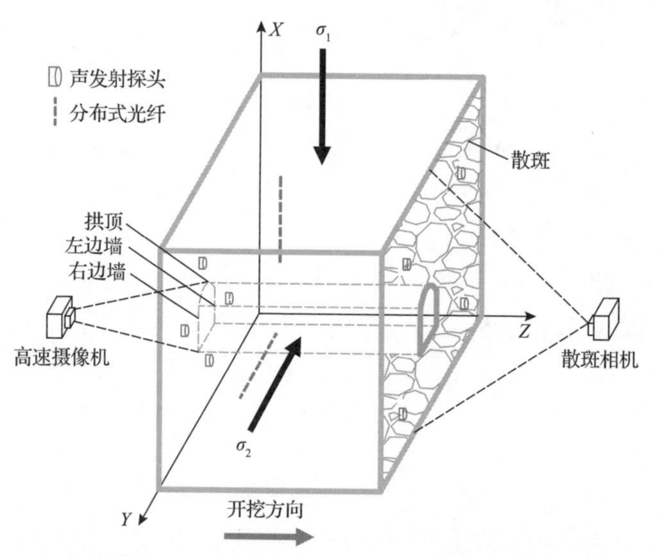

图 7.2.10　锦屏地下实验室二期片帮破坏物理模型试验示意图[6]

物理模型试验采用先加载后开挖的方式，首先对物理模型施加竖直方向和水平方向的初始边界应力，然后布置集成式监测系统，最后进行物理模型的开挖。根据相似常数，开挖分 9 步进行，步距为 25mm。试验先从实验室拱顶部分开挖，开挖深度为一个步距，开挖完一层后继续向下逐层开挖。一个步距全断面开挖完成后，用同样的方法推进下一步距，直至最终形成城门洞形模型实验室。每一步开挖完后，待监测数据稳定再开始记录，然后进行下一步开挖。按照图 7.2.9 中的应力路径，城门洞形模型实验室贯通后不断增加σ_1直至开挖轮廓开始产生破裂后保载，σ_2保持不变。

物理模型试验获得的锦屏地下实验室二期边墙围岩片帮孕育过程如图 7.2.11 所示[6]，以高速摄像机捕捉的第一张照片(见图 7.2.11(a))为起始时刻(0s)。以图 7.2.11(a)中区域 A 为例，试验刚开始时围岩处于稳定阶段。随着σ_1增大，边墙围岩出现鼓胀(见图 7.2.11(b))，说明边墙处岩体开始损伤及出现微裂纹。4.58s 时，边墙处出现宏观裂纹，并伴随着粉末状岩石颗粒掉落，如图 7.2.11(c)所示。随后，裂纹持续向周围扩展，且裂纹宽度越来越大，掉落的岩石颗粒尺寸变大、数量增多，如图 7.2.11(d)～(g)所示。6.72s 时，边墙处裂纹贯通，形成近似平行于洞壁的宏观破裂面，并产生薄岩片，如图 7.2.11(h)和(i)所示。最终，围岩从边墙上脱离，呈片状剥落，并伴随清脆的声音，即发生片帮破坏，如图 7.2.11(j)所示。

上一层薄岩片的应力约束解除后，片帮破坏区自由面应力重分布，导致里面一层围岩不稳定，边墙由浅部向深部进一步发生片帮破坏，如图 7.2.11(k)所示。上一层岩石薄片剥落后，破坏区两端呈悬臂状，约束下一层岩片的跨度。因此，破坏区岩片的跨度由浅部向深部越来越小，最终由于跨度过小，难以造成薄岩片继续剥落，破坏区围岩变得稳定，边墙处则形成 V 形凹槽，如图 7.2.11(l)所示。

模型试验结果显示，边墙围岩的拉伸应变远高于拱顶部位，当拉伸应变高于岩体临界应变时，边墙围岩先发生拉伸破坏。因此，在边墙处出现鼓胀现象，如图 7.2.11(b)所示。根据试验结果，边墙围岩拉伸应变由开挖边界向远场逐渐减小，因此微裂纹先在边墙表面出现，如图 7.2.11(c)所示。由于岩体在微裂纹处应力集中，且随σ_1增大，边墙围岩拉伸应变不断增大，表面裂纹持续向周边及内部扩展。最终边墙表面和内部裂纹贯通，形成近似平行于边墙的薄岩片，如图 7.2.11(d)～(h)所示。薄岩片在重力及内部岩体持续径向挤压作用下脱离边墙，即围岩发生片帮破坏。

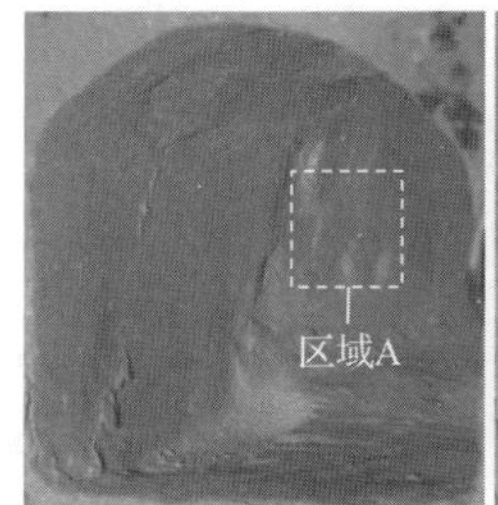

(a) 0s

(b) 4.17s

(c) 4.58s

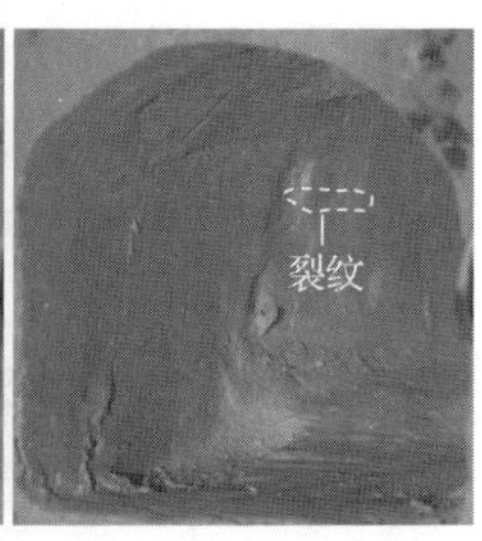

(d) 4.83s

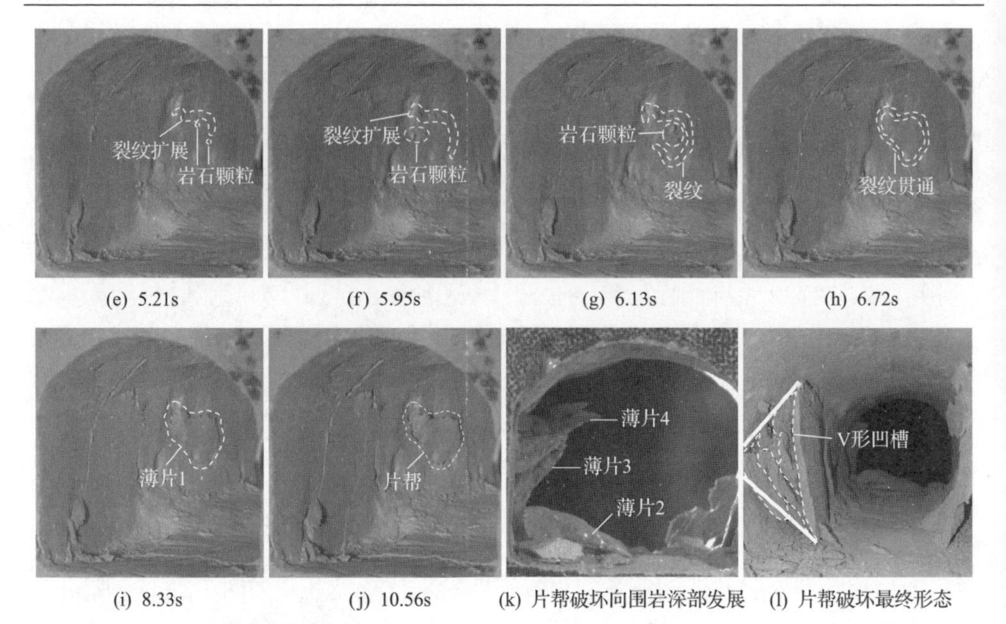

(e) 5.21s　(f) 5.95s　(g) 6.13s　(h) 6.72s

(i) 8.33s　(j) 10.56s　(k) 片帮破坏向围岩深部发展　(l) 片帮破坏最终形态

图 7.2.11　物理模型试验获得的锦屏地下实验室二期边墙围岩片帮孕育过程[6]

3. 分层分部开挖大跨度高边墙长洞室围岩片帮孕育过程与机理

大跨度高边墙长洞室开挖的围岩片帮与中小型洞室开挖过程中的围岩片帮发生机理存在一定的区别，如图 7.2.12 所示[7]。大型地下厂房尺寸与结构巨大，需采用分层分部方式开挖。地下厂房层内分部开挖过程中，随掌子面不断推进，片帮区应力调整、应力集中程度随之发生变化，当应力集中程度超过岩体强度后，片帮破坏开始发生，如图 7.2.12(a)所示。随厂房层内其他部分开始扩挖且掌子面

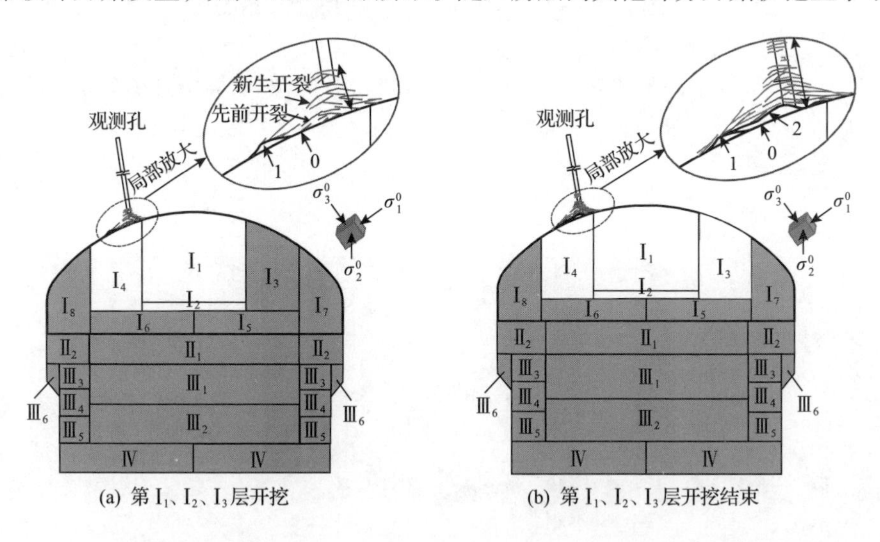

(a) 第 I_1、I_2、I_3层开挖　(b) 第 I_1、I_2、I_3层开挖结束

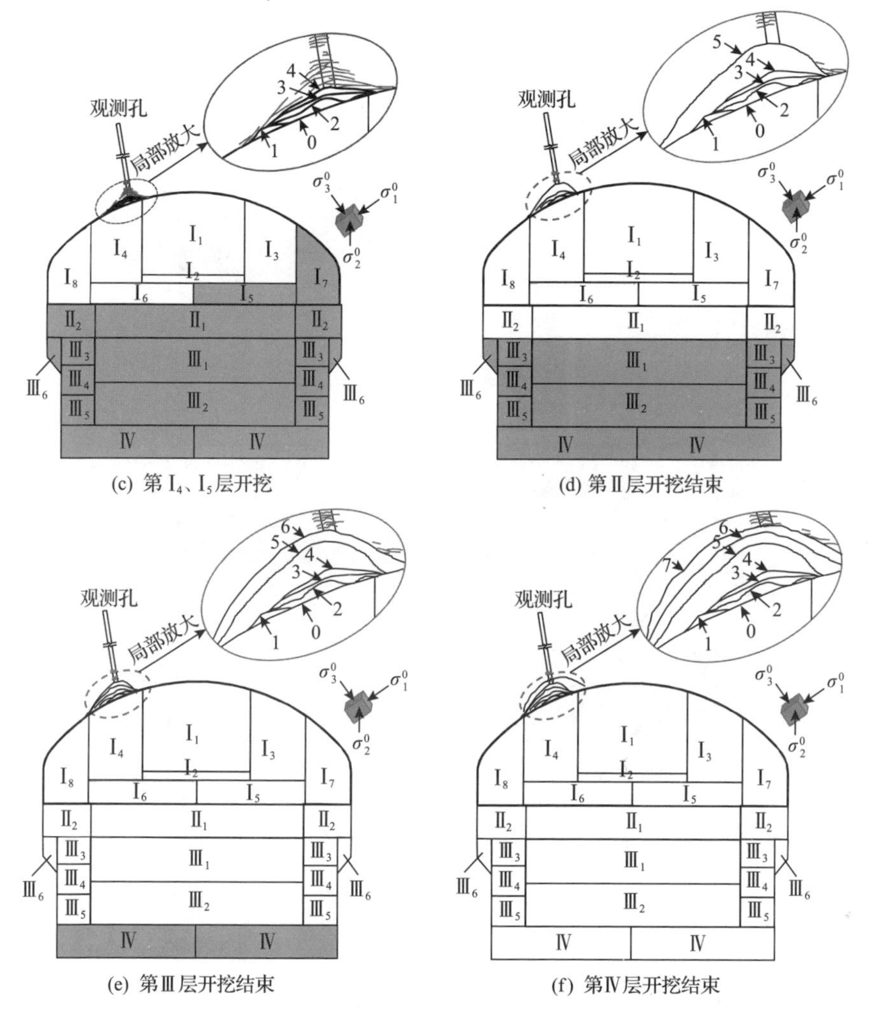

图 7.2.12 大跨度高边墙长洞室分层分部开挖围岩片帮深度和程度的演化过程示意图[7]

0～7 代表片帮深度与范围

逐渐接近片帮应力集中区，应力集中程度又进一步增加，片帮深度与范围也随之增加，如图 7.2.12(b)和(c)所示。另外，厂房分部开挖过程中还可能出现多个掌子面同时扩挖现象，当多个掌子面相互靠近或相遇造成片帮区应力集中程度增加，进而片帮深度与范围也随之增加。一定范围内，随厂房逐层下挖，其已开挖部分的高度与跨度的比值不断增加，从而导致片帮区应力集中程度随之增加，进而片帮深度与范围也随之增加，如图 7.2.12(d)～(f)所示。

为进一步分析分层分部开挖应力路径下片帮的发生过程与破裂机制，通过数值计算获取白鹤滩水电站左岸地下厂房上游侧拱顶片帮区距离厂房边界 2.8m 深度(监测点)处玄武岩的片帮应力路径并进行室内试验。

图 7.2.13 为监测点处围岩片帮应力路径下斜斑玄武岩变形特征。图 7.2.14 为图 7.2.13 中玄武岩峰值应力前曲线(浅色条带区域)的局部放大图。从图 7.2.13 和图 7.2.14 可以看出，中间主应力和最小主应力方向的应变-时间曲线形态与应力差-时间曲线形态具有较好的一致性，这表明最小主应力和中间主应力方向的变形主要受应力差($\sigma_1-\sigma_3$)的影响，而受应力差($\sigma_2-\sigma_3$)的影响不明显。试验过程中最小主应力方向一直处于膨胀变形状态，在各应力保持恒定阶段，中间主应力和最小主应力方向的变形也保持恒定，这是因为应力水平没有超过初始加载条件下斜斑玄武岩的损伤强度。

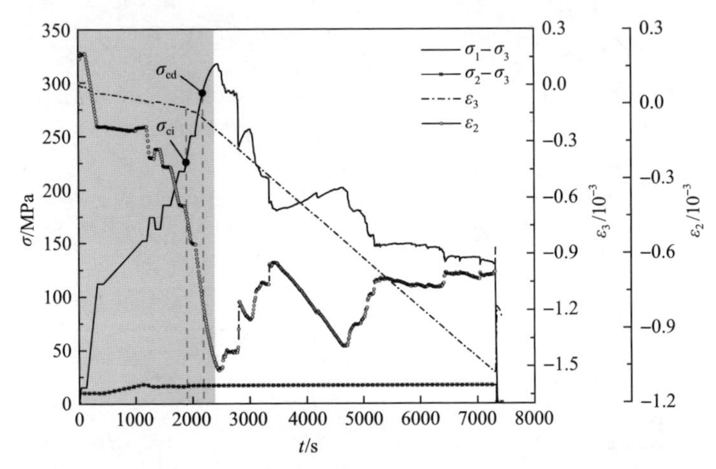

图 7.2.13　监测点处围岩片帮应力路径下斜斑玄武岩变形特征

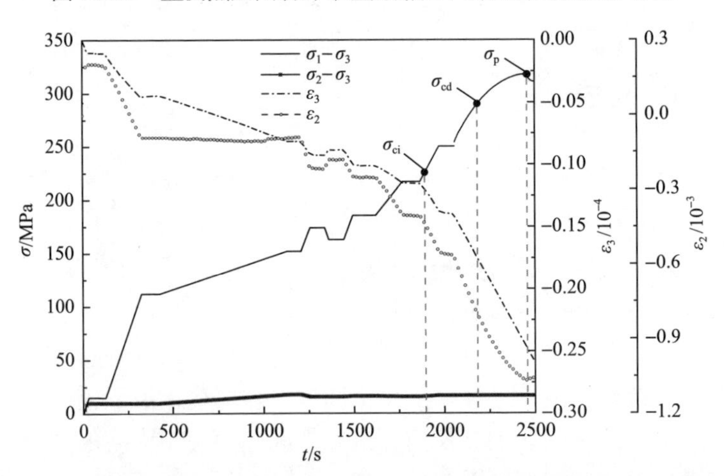

图 7.2.14　监测点处围岩片帮应力路径下斜斑玄武岩变形特征的局部放大图

图 7.2.15 为监测点处围岩片帮应力路径下斜斑玄武岩试样破坏图与现场钻孔摄像结果对比。白鹤滩水电站左岸地下厂房观测钻孔的实测结果表明，厂房

第Ⅳ层开挖结束后，拱顶 2.8m 范围内的围岩较为破碎，如图 7.2.15(c)所示。从图 7.2.15(b)和(c)可以看出，监测点处最大主应力近平行于厂房拱顶边界，并且最小主应力近垂直于厂房拱顶边界。从图 7.2.15(c)可以看出，围岩破裂产生的裂纹基本平行于图 7.2.15(b)中的最大主应力方向。监测点处围岩片帮应力路径下斜斑玄武岩的破裂面主裂纹基本沿最大主应力方向扩展，但也会发生一定角度的偏转，如图 7.2.15(d)所示。通过对比监测点应力路径下斜斑玄武岩的破裂面展布图(见图 7.2.15(e))与厂房拱顶监测点附近的围岩钻孔摄像展布图(见图 7.2.15(f))可知，室内岩石试样和岩体破裂面中主裂纹的扩展方向与形态具有一定程度上的相似性，并且表层片帮和围岩内部片帮形态差异性是主应力方向偏转导致的。

对分层分部开挖应力路径下斜斑玄武岩的破坏样品进行 SEM 扫描，结果如图 7.2.16 所示。从图 7.2.16(a)可以看出，晶粒断裂形式以穿晶破裂为主，破裂试

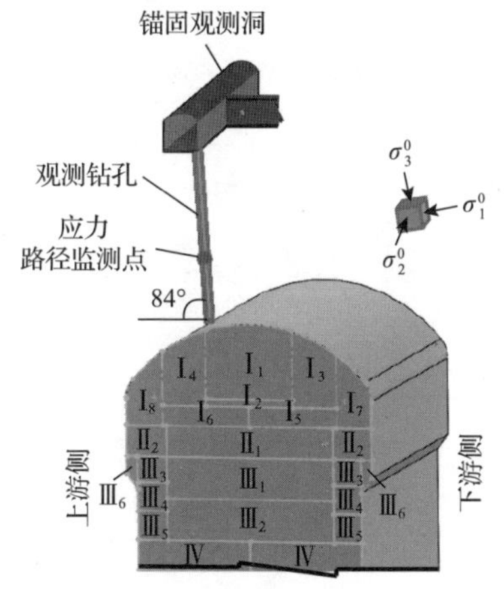

(a) 厂房上游侧拱肩观测钻孔布置位置

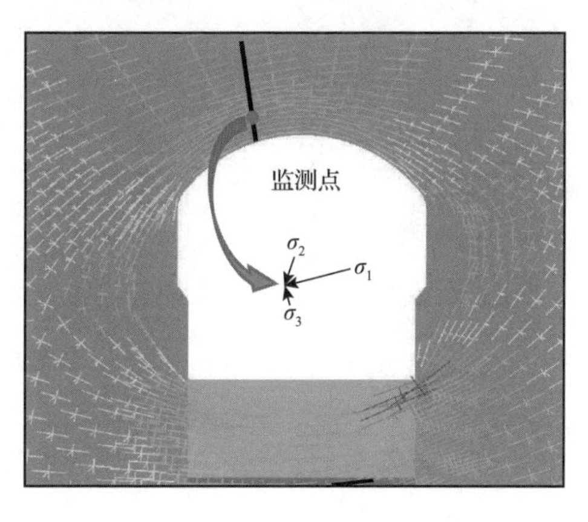

(b) 厂房第Ⅳ层开挖结束监测点的三维主应力状态

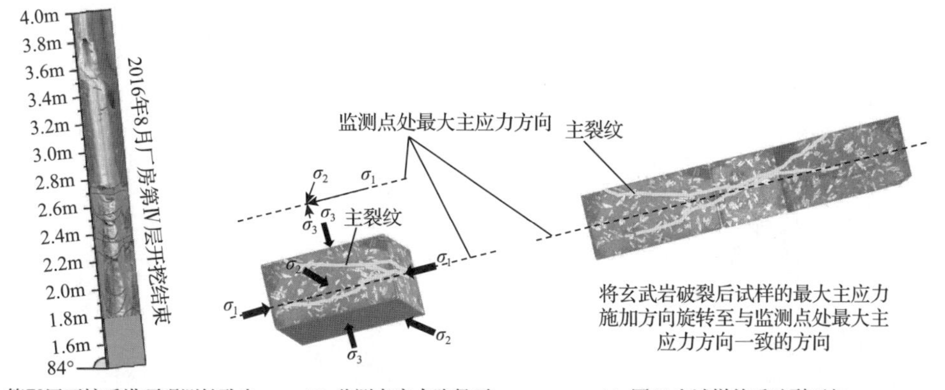

(c) 第Ⅳ层开挖后拱顶观测钻孔内 1.4～4m区段围岩破裂情况展布图　(d) 监测点应力路径下试样破坏图　(e) 图(d)中试样前后破裂面与顶部破裂面展布图

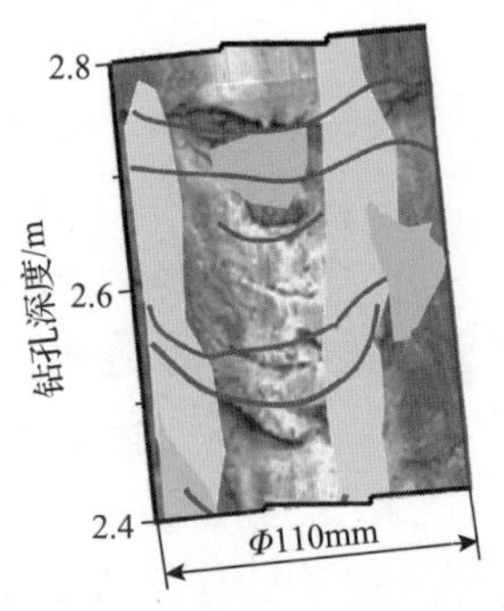

(f) 图(c)中钻孔摄像2.4～2.8m的局部放大结果

图 7.2.15　监测点处围岩片帮应力路径下斜斑玄武岩试样破坏图与现场钻孔摄像结果对比

(a) 位置A处SEM照片及其局部放大图

(b) 位置B处SEM照片及其局部放大图

图 7.2.16　监测点处围岩片帮应力路径下斜斑玄武岩试样破裂面不同位置的 SEM 扫描结果

样表面存在大量穿晶裂纹。从图 7.2.16(b)可以看出，试样破断面局部区域附着大量散落岩屑，其局部放大图中晶粒破断边界明显受摩擦作用而变形，破断表面晶粒摩擦痕迹显著，明显是受剪应力作用所致。

综上所述，分层分部开挖复杂应力路径下的片帮破坏是拉破裂主导、伴随剪切破坏的围岩脆性破坏形式。随着大型地下厂房逐层扩挖，围岩内部应力集中程度不断调整，表层岩体片帮破坏后，应力集中向围岩内部转移，伴随主应力方向不断改变；受主应力方向偏转作用，起初距厂房边界一定深度范围内的最大集中应力由与厂房边界不平行状态逐渐转变为平行状态，从而产生沿主应力偏转方向的新生破裂，进而导致围岩破裂形式更加复杂。

7.3　深部工程硬岩大变形灾害孕育机理

深部工程硬岩大变形是深部工程围岩内部破裂渐进扩展造成表层长时持续鼓胀的一种主要灾害类型，根据灾害孕育条件和机制的差异，可分为由深层破裂诱发的大变形和镶嵌碎裂结构硬岩大变形两类。本节通过系统原位观测获得硬岩大变形的特征与孕育过程，并借助室内试验和现场测试结果阐述大变形致灾机理。

7.3.1　深部工程硬岩深层破裂诱发大变形特征与机理

在高地应力影响下，深部大跨度高边墙长洞室工程开挖后会发生围岩破裂深度远高于正常水平的深层破裂现象，并由此诱发硬岩大变形灾害。此类灾害以锦屏一级水电站地下洞室群最为典型，下面以此为例介绍此类灾害的特征与机理。

1. *深层破裂诱发围岩大变形特征*

(1) 围岩变形量值大，多集中在 50～200mm，最大值超过 300mm，位于主变室下游边墙局部(见图 7.3.1[8])；变形曲线的增长阶段有与开挖阶段一致的变化趋势，而且大多在开挖结束后变形仍持续发展，变形收敛时间长。围岩变形既有开挖弹性卸荷响应，又有显著的时间滞后效应。锚杆应力水平普遍在 100～200MPa，相当数量超过 300MPa，锚索负荷过大，超限数量比例较高。地下厂房和主变室下游侧相应部位锚索(杆)应力普遍比上游侧大。大型洞室下游侧上部和上游侧中下部围岩及地下厂房与主变室之间岩墙破裂深度较大，锦屏一级水电站主变室下游侧顶拱大变形机理概念模式及 1668m 高程钻孔声波波速特征如图 7.3.2 所示[9]，表明部分破

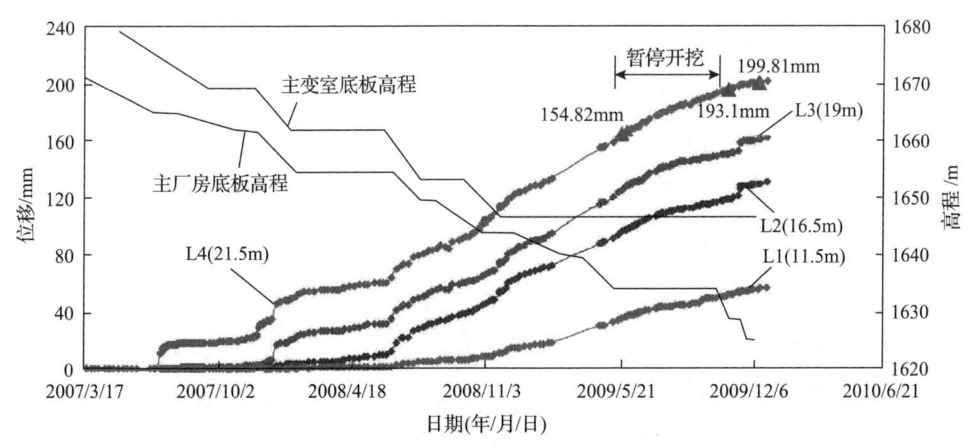

图 7.3.1　锦屏一级水电站主变室下游边墙 1668m 高程多点位移计变形时程曲线[8]

裂距边墙较远(>10m)；厂区围岩破裂深度及程度随下挖和时间推移发展明显，特别是厂房与主变室间岩墙等洞室交叉部位围岩破裂深度大，最大深度接近 19m(见图 3.3.11(e))，洞室下游侧上部大变形与围岩内部深层破裂具有明显的相关性。

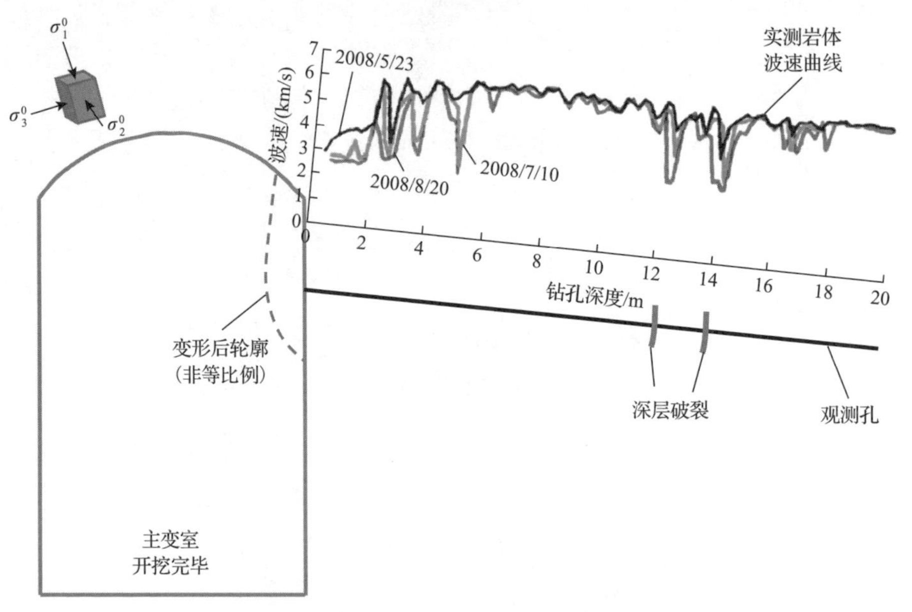

图 7.3.2　锦屏一级水电站主变室下游侧顶拱大变形机理概念模式及 1668m 高程钻孔声波波速特征[9](见彩图)

(2)破坏范围广、深度大,且围岩破坏在开挖断面上表现出几何非对称的特点。地下厂房、主变室整个下游拱腰至拱座部位岩体出现破坏，开挖期主要以卸荷回弹、片帮和弯折内鼓破坏为主(见图 7.3.3[10])，伴有少量劈裂破坏，而初期支护后以大面积的劈裂破坏为主，并伴有喷层裂缝，甚至深层岩体破裂(见图 7.3.4[10])，

(a) 地下厂房下游侧顶拱(厂纵K0+150)岩体劈裂弯折破坏

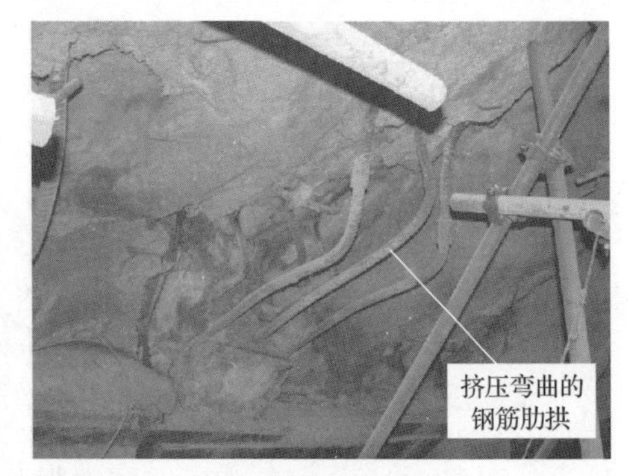

(b) 地下厂房下游侧顶拱(厂纵K0+120)钢筋肋拱挤压弯曲

图 7.3.3　锦屏一级水电站地下厂房下游侧顶拱围岩破坏现象[10]

洞室下游侧顶拱破裂及大变形现象与围岩内部深层破裂具有明显的相关性。

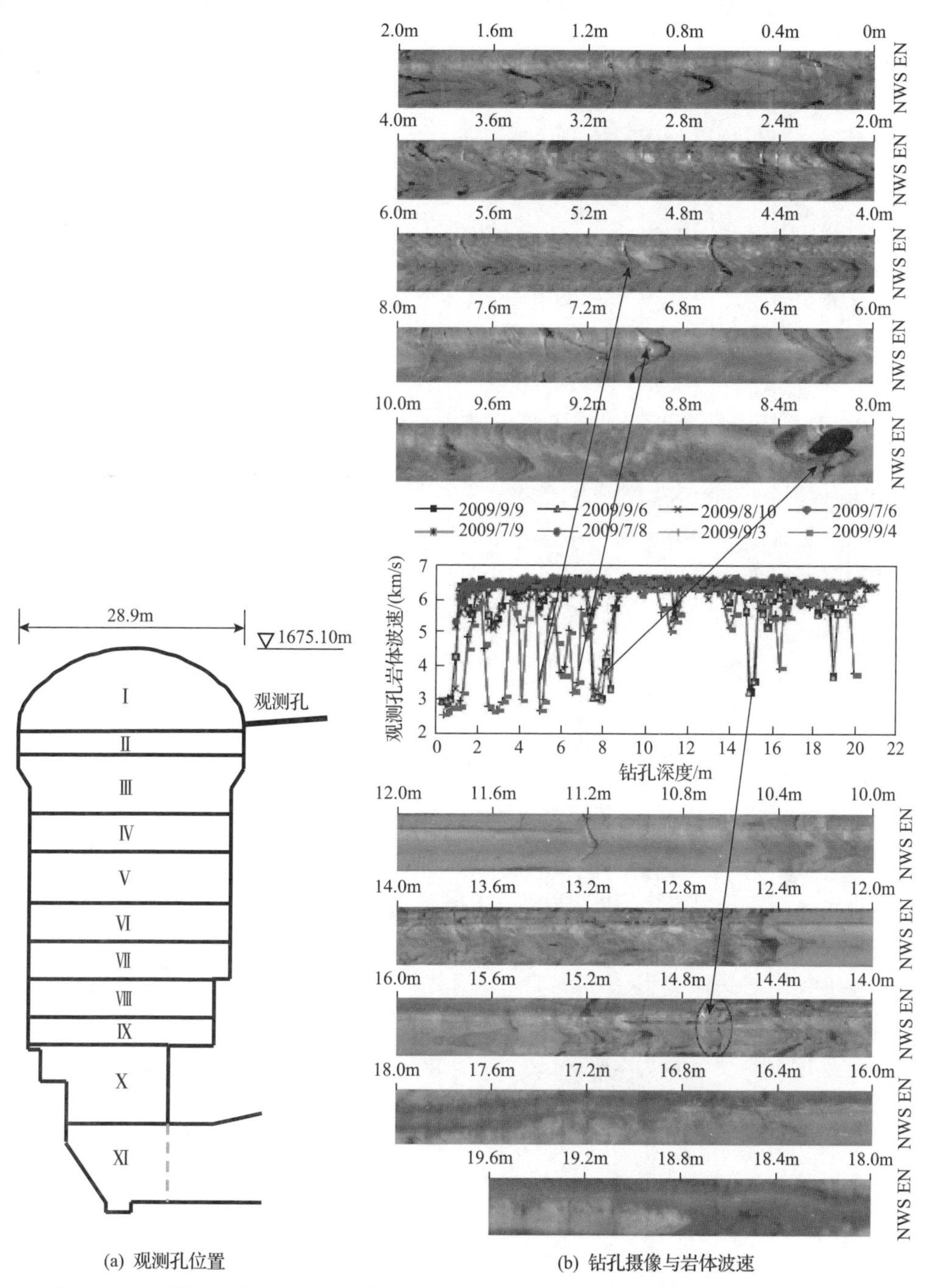

(a) 观测孔位置　　(b) 钻孔摄像与岩体波速

图 7.3.4　锦屏一级水电站地下厂房下游侧顶拱(厂纵 K0+124，高程 1665m)钻孔摄像与岩体波速测试结果[10]

2. 深层破裂诱发围岩大变形发生条件

深层破裂多发生在高地应力下大型硬岩洞室含断层、岩脉、硬性结构面等地质构造的围岩内部，由于开挖体量大，围岩内部扰动区范围远大于其他工程，且破裂产生过程与分层分部开挖过程密切相关。以锦屏一级水电站地下洞室为例，其主变室下游边墙高程 1668m 处岩性为杂色厚层角砾状大理岩，夹少量绿片岩条带或团块，局部出露灰白～灰黑色条带状大理岩，裂隙相对较发育，裂隙产状为 N60°～70°W/NE(SW)∠80°～90°，一般间距较大，面多锈染，起伏粗糙、多闭合，个别张开 0.5～3cm，最大张开可达 20cm，充填少量岩屑及泥，裂隙走向与厂房、主变室边墙近平行。较大的不良地质构造包括 f_{18} 断层和煌斑岩脉，其中煌斑岩脉脉宽一般为 2～4m，总体产状为 N60°～80°E/SE∠70°～80°，部分地段可见小分支、尖灭现象。f_{18} 断层沿煌斑岩脉与大理岩接触面发育，产状为 N70°E/SE∠70°～80°，厂区带宽 20cm，主要由灰黑色糜棱岩、角砾岩组成。f_{18} 断层和煌斑岩脉一起构成规模较大的软弱岩带，岩体破碎，弱风化，围岩不稳定，属Ⅳ类围岩，特别是煌斑岩脉在此段分叉发育较多近 EW 向陡倾角分支。

锦屏一级水电站地下厂房区地应力量值高，前期勘探过程中的钻孔岩芯饼裂和平硐硐壁片帮、弯折内鼓现象普遍。地应力测试结果表明，地应力较高的区域集中的水平埋深范围为 100～350m，σ_1^0=21.7～35.7MPa，平均约 26.5MPa；σ_2^0=9.5～25.6MPa，平均约 16.1MPa；σ_3^0=5.8～22.2MPa，平均约 10.3MPa。最大主应力的方向较固定，与地下厂房轴线在水平面上的平均夹角约 15°，平均倾角约 29°，俯角倾向河谷方向。地应力分布不均，埋深、岩体的完整程度、岩性特点对应力量级均有较大的影响。厂房洞室岩石强度应力比为 1.5～4，可以判定为高～极高地应力区[8]。

锦屏一级水电站地下厂房划分为 11 层开挖，主变室为 4 层开挖，尾水调压室为 4 层开挖。锦屏一级水电站地下洞室开挖顺序如图 7.3.5 所示。

主变室下游边墙高程 1668m 变形随开挖演化过程为：主变室Ⅰ层开挖期间，0～2m 岩体开始产生变形，变形量为 15.51mm；随着主变室Ⅱ层的开挖，0～2m 岩体变形增大，变形量为 46.58mm，同时，2～4.5m 岩体变形开始启动，变形量为 16.95mm；随着开挖的进行，0～4.5m 岩体变形持续增大，主变室Ⅲ层开挖期间，4.5～7m 岩体变形开始启动，开挖结束时，变形量达到 21.92mm；在主变室Ⅳ层开挖期间，7～12m 岩体也发生了变形。另外，该处变形在无开挖时期表现出较强的时效变形特性[8]。

3. 深层破裂诱发围岩大变形孕育过程

锦屏一级水电站洞室开挖后应力调整，使得下游拱腰位置附近平行于开挖面

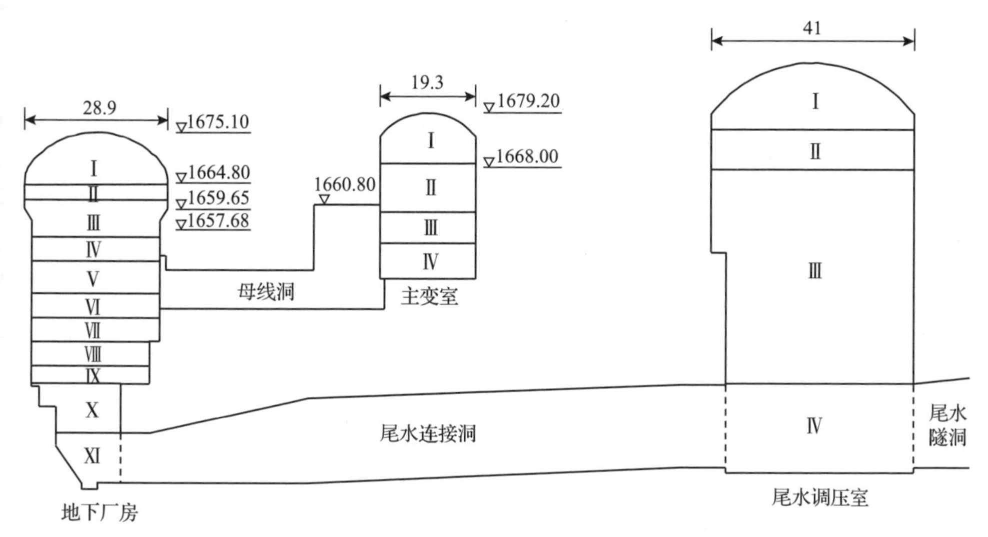

图 7.3.5　锦屏一级水电站地下洞室开挖顺序(单位：m)

的切向应力急剧增加，开挖面附近切向应力集中，造成地下厂房和主变室等洞室的下游侧拱部位切向应力过大，使得围岩表层在高切向应力的作用下产生近平行于临空面的拉裂隙，这些裂隙随切向应力增加和径向应力卸载进一步发展，甚至劈裂成板状。劈裂的岩板在切向应力的进一步作用下折断，进而鼓出。锦屏一级水电站主变室下游侧顶拱大变形孕育过程如图 7.3.6 所示。然而，上述浅表层围岩的变形破坏仅仅构成下游侧大变形来源的一个方面，另一方面则是岩体内部渐进式破裂对变形的贡献。受下游侧应力集中影响，围岩内部持续开裂，破裂深度和程度不断加剧，裂隙不断张开，当应力集中区转移至深层围岩以后会诱发深层破裂，导致下游侧局部岩体不断被推出，并与浅表层破坏累加，最终导致大变形。

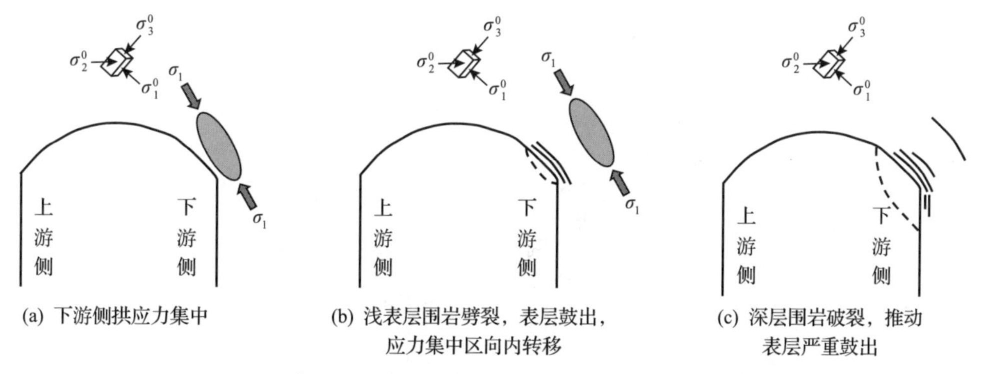

图 7.3.6　锦屏一级水电站主变室下游侧顶拱大变形孕育过程

4. 深层破裂诱发围岩大变形破坏机理

锦屏一级水电站主变室下游侧顶拱大变形机理概念模式如图 7.3.2 所示。下游侧顶拱的围岩变形破坏应为较大的切向应力集中作用下产生的压致拉裂；同时，开挖引起围岩变形导致不利的层面裂隙张开，从而加剧了表层岩体的内鼓弯折变形和破坏。受开挖影响，地下厂房和主变室下游侧应力方位发生调整，在较低的围岩强度应力比条件下，下游边墙围岩近临空面区因卸荷变形开裂，围岩力学性质进一步劣化，变形加剧，边墙表层岩体变形相应增大，即此类硬岩大变形并非由硬岩岩块自身变形引起，而是由围岩内部破裂所致。此外，地下厂房和主变室等下游侧岩层为逆向(倾向洞室外侧)，而上游侧岩层为顺向(倾向洞室内侧)，且层面裂隙倾角相对较小，使得其下游侧岩体在高二次应力场下易于劈裂折断，而上游侧较难沿层面裂隙剪切滑移。这也是下游侧破裂深度和程度高于上游侧的一个原因。f_{18}断层和煌斑岩脉构成的软弱破碎带也会加剧浅表层围岩大变形的程度。

7.3.2　深部工程镶嵌碎裂硬岩大变形特征与机理

镶嵌碎裂硬岩是指在褶皱、断层、层间错动、节理、劈理等互相穿插彼此切割下形成的支离破碎的地质体，其岩块强度通常较高。镶嵌碎裂硬岩主要分布于构造作用强烈-剧烈的断裂压碎带和影响带，以及高二次应力下的围岩破裂区。镶嵌碎裂硬岩的完整性系数一般小于 0.3，岩体中Ⅳ、Ⅴ级结构面较为发育，结构面间距通常小于 50cm，且彼此交切。按结构体几何特征，可将碎裂硬岩划分为块状碎裂结构和层状碎裂结构，在硬脆性岩体中还可能形成镶嵌碎裂结构。岩块强度高，许多裂隙赋存于岩块中，如图 7.3.7 所示。最初这些裂隙压密闭合且未贯通，开挖后原生裂隙张开扩展形成鼓胀效应，破坏支护体结构，引发大变形工程问题。下面以金川镍矿深部巷道围岩大变形问题为例介绍此类大变形灾害的特征与机理。

(a) 新揭露掌子面围岩状态

(b) 含结构面二辉橄榄岩

图 7.3.7　金川镍矿深部巷道镶嵌碎裂硬岩

1. 深部镶嵌碎裂硬岩巷道大变形灾害特征

在构造应力作用下，镶嵌碎裂硬岩巷道开挖后表现为断面上几何非对称变形，并且累积变形常表现为较长时间(数日至数月)的增长，最终变形量可达数十厘米至数米，从而导致巷道断面不同部位的支护结构损坏，如顶拱钢架挤压变形、拱肩及侧墙混凝土开裂、底板底鼓等，如图 7.3.8 所示。

(a) 顶拱钢架挤压变形

(b) 拱肩混凝土开裂

(c) 侧墙混凝土开裂

(d) 底板底鼓

图 7.3.8　金川镍矿深部镶嵌碎裂硬岩巷道支护结构破坏现象

镶嵌碎裂硬岩大变形与岩体内部破裂发展密切相关。随开挖进行，围岩中的破裂不断向更深处发育。如图 7.3.9 所示的金川镍矿深部镶嵌碎裂硬岩巷道内部破裂观测结果，在围岩 9m 深度的位置，裂缝宽度从最初的 7.2mm(图中①位置)分别增长到 8.4mm(图中②位置)和 9.4mm(图中③位置)，相伴生的是巷道断面尺寸不断减小，发生几何非对称大变形。此外，裂缝宽度的发展也伴随着新裂纹的萌生和扩展，可能与旧的裂纹发生交错从而发生进一步扩展，不断劣化围岩质量。

2. 深部镶嵌碎裂硬岩巷道大变形灾害发生条件

镶嵌碎裂硬岩大变形灾害多发生在中高地应力水平的岩体中，岩体受多组充填岩屑和泥质的结构面或硬性结构面相互切割，开挖后受应力重分布影响会在围岩内部产生新生破裂。此类大变形典型案例为金川镍矿深部巷道，金川镍矿经历了多次高温高压地质构造运动，同时又经历了复杂的地质演化和岩浆侵入过程，

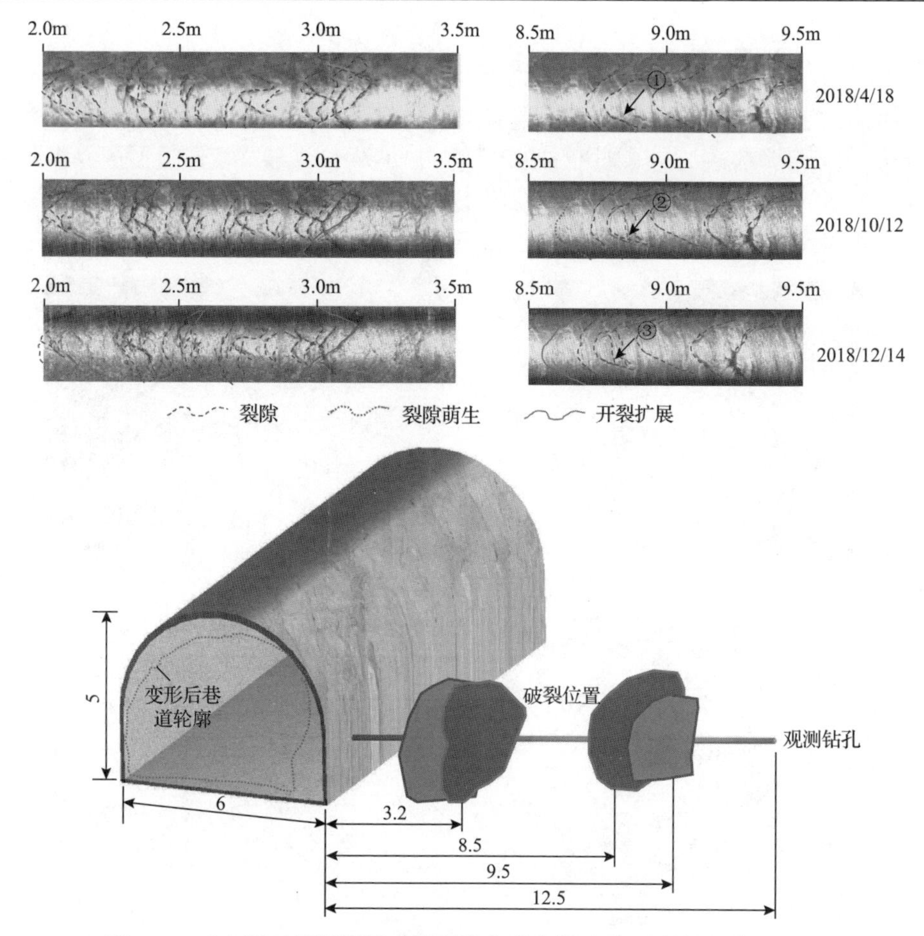

图 7.3.9　金川镍矿深部镶嵌碎裂硬岩巷道内部破裂观测结果(单位：m)

逐渐形成了金川铜镍硫化物矿床。矿床沿 NW 向呈不规则的岩墙形状侵入太古界白家嘴组的混合岩和大理岩之间，长约 6.5km，宽 20～27m 不等，垂直延伸超过 1.1km，倾向 SW，倾角 50°～80°，地表出露面积 1.34km^2。铜镍矿床属于超基性岩体，附近有花岗岩、片麻岩、大理岩等岩体。金川镍矿区特殊的地质构造和成矿过程导致金川镍矿独特的不利于开采的工程地质条件。金川镍矿区的水平构造应力高于垂直应力，深部最大主应力超过 20MPa。发生严重大变形的 1018m 水平 7 盘区运输巷道的工程地质条件详见 9.4 节。

3. 深部镶嵌碎裂硬岩巷道大变形灾害孕育过程

金川镍矿 1018m 水平 7 盘区运输巷道 K0+030～K0+090 区间开挖后便开始定期测量变形，半年后两帮喷层发生了严重的开裂。图 7.3.10 为金川镍矿 1018m 水平 7 盘区运输巷道 K0+90 处的破坏特征。右边墙(参照掘进方向)破坏程度要比左侧大得多，右边墙喷层偏离原来位置 100～200mm，喷层及金属网撕裂并掉落，威胁行人及车辆安全。

(a) 掘进2个月后巷道轮廓

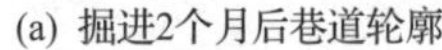

(b) 掘进7个月后巷道轮廓

图 7.3.10　金川镍矿 1018m 水平 7 盘区运输巷道 K0+090 处的破坏特征

图 7.3.11 为金川镍矿 1018m 水平 7 盘区运输巷道 K0+090 处的收敛变形特征。对比最初的设计轮廓与变形后轮廓发现，右侧边墙及左侧半圆拱存在严重的挤压大变形，并属于非对称变形。整个轮廓中最大挤压变形量出现在右边墙底角，达 551mm，垫板穿孔掉落。通过三维激光扫描获得固定轮廓点朝向临空面位移，其中左拱及右边墙处的变形量相对较大，构成了巷道非对称变形的主要部分。根据图 7.3.11(b)的同一巷道断面上不同部位的收敛变形监测曲线斜率，巷道收敛变形发展趋势大致可分为高速发展、低速发展和缓慢发展三个阶段。在观测到较大变形后实施注浆(开挖支护后约 3 个月)，使得变形得到了一定程度的抑制，但不到 1 个月后，变形速率又增大，变形量继续累积增加。随着时间发展，变形速率会逐渐衰减到较低水平，但长期累积形成的大变形已影响人员及车辆通行，需要进行返修，将挤压破坏的地方爆破清除，重新进行喷锚网作业，使巷道达到设计轮廓。

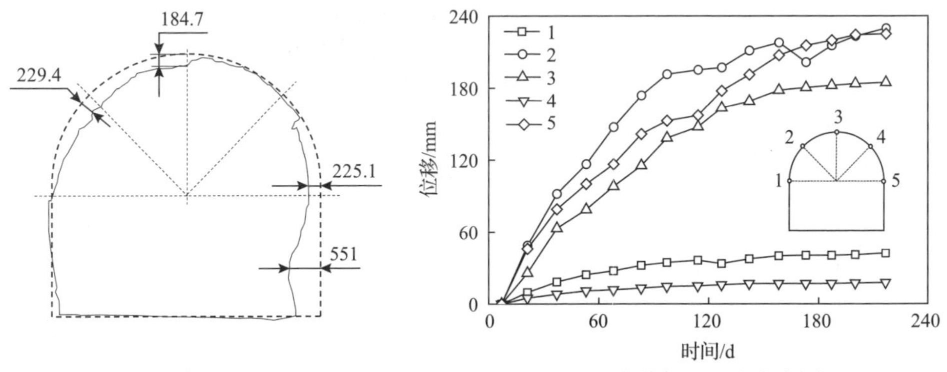

(a) 巷道断面轮廓变化(单位：mm)　　(b) 巷道表面监测点位移变化

图 7.3.11　金川镍矿 1018m 水平 7 盘区运输巷道 K0+090 处的收敛变形特征

工程返修后，挤压大变形仍出现一定的反复性。如图 7.3.12 所示，K0+060～K0+070 区间在返修 1 个月后，巷道左拱及右边墙处仍会出现轻微破坏，这也证明围岩内部的挤压效应仍未消除，会持续造成表面新的破坏。

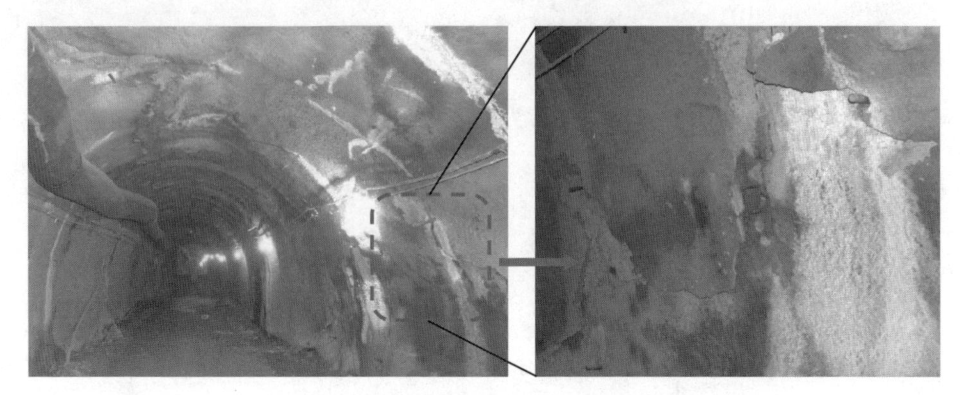

图 7.3.12　返修后巷道表面反复发生破坏

金川镍矿 1018m 水平 7 盘区运输巷道围岩内部破裂发展特征如图 7.3.13 所示。图 7.3.13(a)为开挖支护后第 1 个月、第 3 个月及第 7 个月(刚返修后测试，已清除破碎区)的钻孔摄像展布图，图 7.3.13(b)为前视图中破裂形态，其中第 1 个月与第 3 个月数据属于同一个钻孔。由于巷道大变形导致钻孔坍塌，第 7 个月数据测自返修后在原位置新打的钻孔。如图 7.3.13(a)所示，围岩整体可分为三个明显的区段：破碎区(A)、破裂区(B)和未破裂区(C)。A 与 B 之间有明显的界线，约 0.7m 深，该界限内(0～0.7m)裂隙完全贯通，岩石已变为宽度为 0.02～0.05m 的细小碎块，这些碎块是由初始岩块(宽度通常为 0.2～0.5m)不断挤压破碎形成的，由此引发的体积膨胀可产生剧烈的挤压效应。因此，破碎段长度可以作为岩体破裂程度的一个参考指标。破裂区内破裂深度及破裂程度随时间增加，与大变形趋势一致。比较第 1 个月与第 3 个月数据，可观察到新的裂隙萌生，即破裂区内裂隙数量增多，破裂深度随时间逐渐增大。图 7.3.14 为金川镍矿 1018m 水平 7 盘区运输巷道 K0+090 右边墙表面位移与围岩破裂参数关系。可以看出，表面位移与破裂深度和破裂程度呈正相关关系。

图 7.3.15 为金川镍矿深部巷道围岩-支护体内部的裂隙。从图 7.3.15(a)可以看出，大变形发生后，观察到支护体结构和围岩内部遍布贯通裂隙。从图 7.3.15(b)可以看出，施工过程中垫板和金属网等与第一层喷层间的不耦合空隙。从图 7.3.15(c)可以看到注浆材料填充喷层间的空隙。从图 7.3.15(d)可以看到返修过程中掉落的板状注浆体，尺寸约 100mm×200mm×400mm，从其层状凝固纹理推断可能位于顶板位置。现场调查发现，一次支护后顶板处的喷层施工后常常会因为自重下沉，进而与原界面离层产生间隙，通过注浆可填补该空隙。二次支护后，

喷层仍有可能在大变形作用下产生弯曲，进而造成支护体-围岩结构不耦合。

金川镍矿深部巷道围岩大变形灾害孕育过程示意图如图 7.3.16 所示。起初岩体处于高地应力、多组结构面及微裂隙状态，在钻爆法剧烈开挖扰动下，应力重新分布。如图 7.3.16(b)所示，围岩体经历复杂的应力路径，宏观裂隙大量萌生并按照一定规律分布，巷道表面出现较小变形。如图 7.3.16(c)所示，随着掌子面的

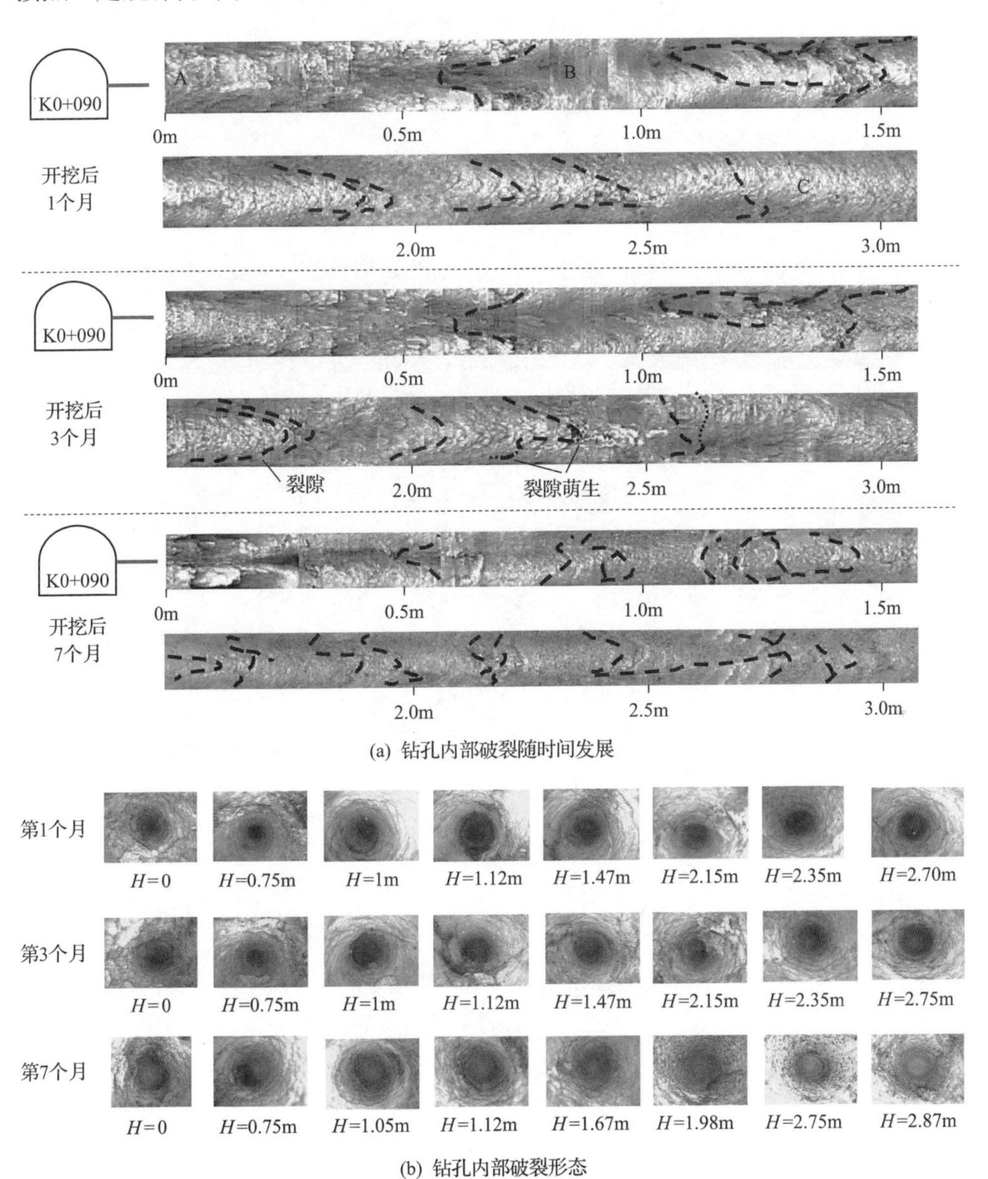

(a) 钻孔内部破裂随时间发展

(b) 钻孔内部破裂形态

图 7.3.13　金川镍矿 1018m 水平 7 盘区运输巷道围岩内部破裂发展特征

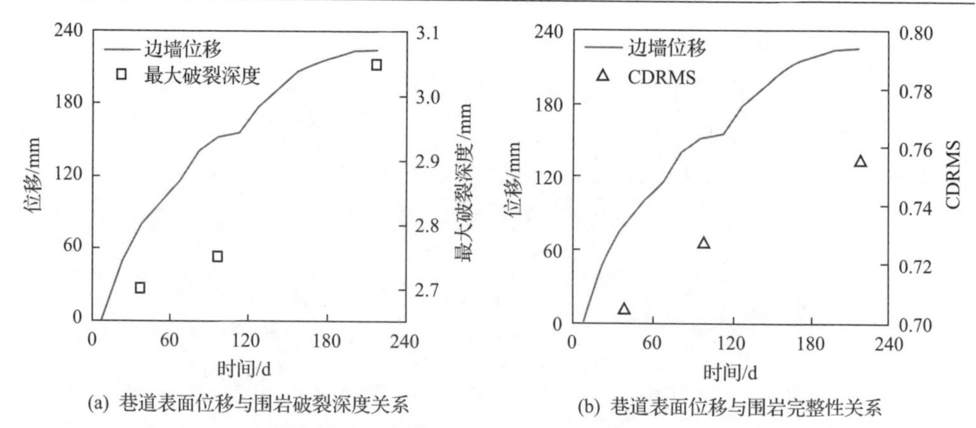

(a) 巷道表面位移与围岩破裂深度关系　　(b) 巷道表面位移与围岩完整性关系

图 7.3.14　金川镍矿 1018m 水平 7 盘区运输巷道 K0+090 右边墙表面位移与围岩破裂参数关系

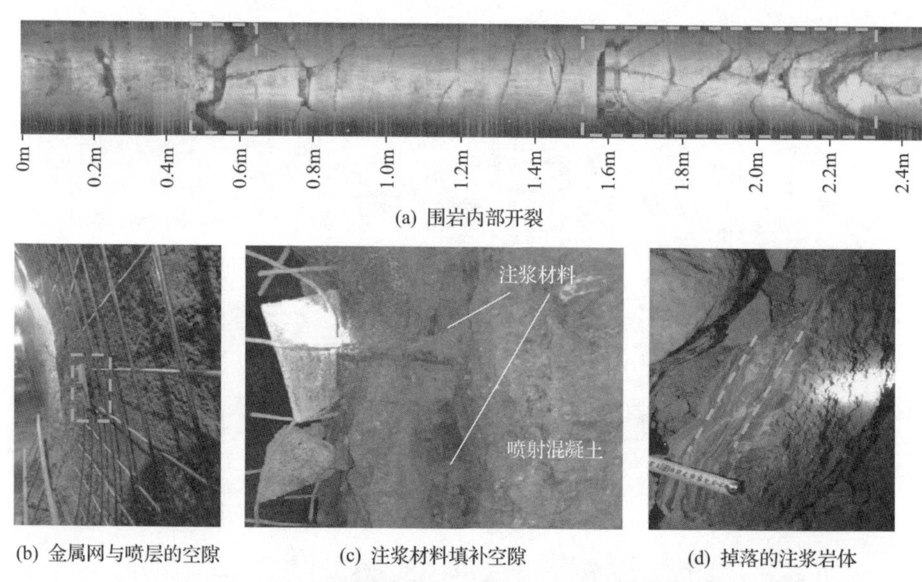

(a) 围岩内部开裂

(b) 金属网与喷层的空隙　　(c) 注浆材料填补空隙　　(d) 掉落的注浆岩体

图 7.3.15　金川镍矿深部巷道围岩-支护体内部的裂隙

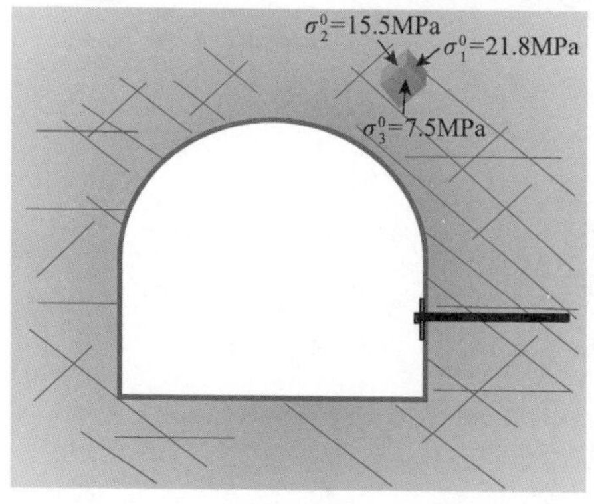

(a) 巷道开挖

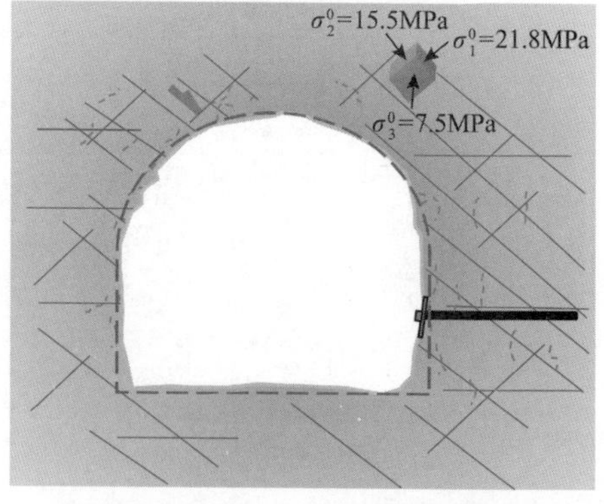

(b) 原生结构面张开、滑移及新生裂隙萌生

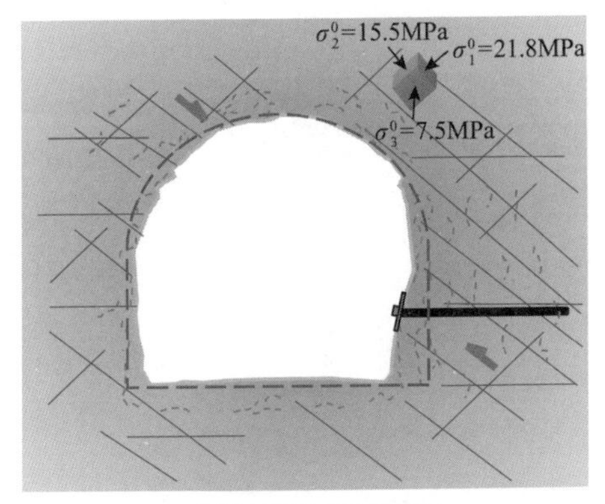

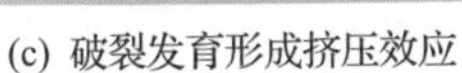
(c) 破裂发育形成挤压效应

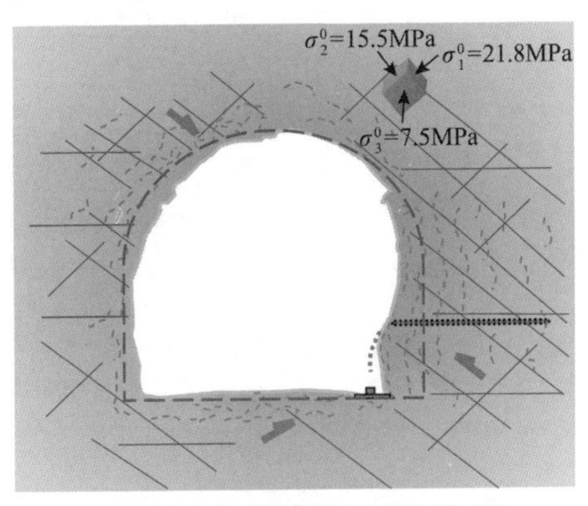

(d) 围岩内部破裂发展破坏锚网喷支护

图 7.3.16　金川镍矿深部巷道围岩大变形灾害孕育过程示意图

推进，巷道完成二次支护，应力场进一步调整。裂隙贯通、朝围岩内部发展，岩石破裂膨胀效应产生挤压作用，巷道表面出现肉眼可见的变形及喷层开裂。锚杆垫板伴随巷道表面共同变形，锚杆长度小于破裂深度，对已破裂围岩失去控制。如图 7.3.16(d)所示，围岩破裂深度及程度不断发展，岩块沿着优势结构面、破裂面剪切滑移，形成了非对称分布的巷道大变形。锚杆最终也发生垫板断裂、杆体破断等破坏，对围岩裂隙发展基本失去控制。

4. 深部镶嵌碎裂硬岩巷道大变形灾害发生机理

根据第 5 章关于含硬性结构面碎裂硬岩真三轴试验结果，在岩块尺度上，高应力下碎裂硬岩产生大变形的原因可以归纳为以下三点：①天然裂隙使岩石的峰值强度和起裂强度均下降，应力集中区内裂隙岩体快速发生破裂；②裂隙的存在使岩体沿裂隙面快速发生剪切滑动并诱发宏细观裂隙产生，使围岩更加破碎，逐渐向巷道自由面移动；③岩石中的非贯通不连续裂隙之间存在岩桥，使岩石具有一定的抗剪切能力，岩石受力破坏能形成暂时的自稳且多条裂隙开裂增加了能量消耗，减缓了岩石内部能量释放，使围岩不会瞬间崩落，而是在高地应力作用下产生时效破坏。

深部巷道镶嵌碎裂硬岩位于高真三向地应力环境中，构造应力大于垂直应力，开挖前镶嵌碎裂硬岩中的结构面及微裂隙处于压密闭合状态。巷道开挖后，围岩表面应力约束解除，应力集中向围岩内部转移，围岩表层和内部裂隙张开、扩展形成围岩破裂区，随着时间的推移，应力集中区进一步向内部转移，促使新的裂隙张开、扩展，如图 7.3.13 所示。破裂区围岩向巷道临空面鼓胀，产生大变形，如图 7.3.17 所示。

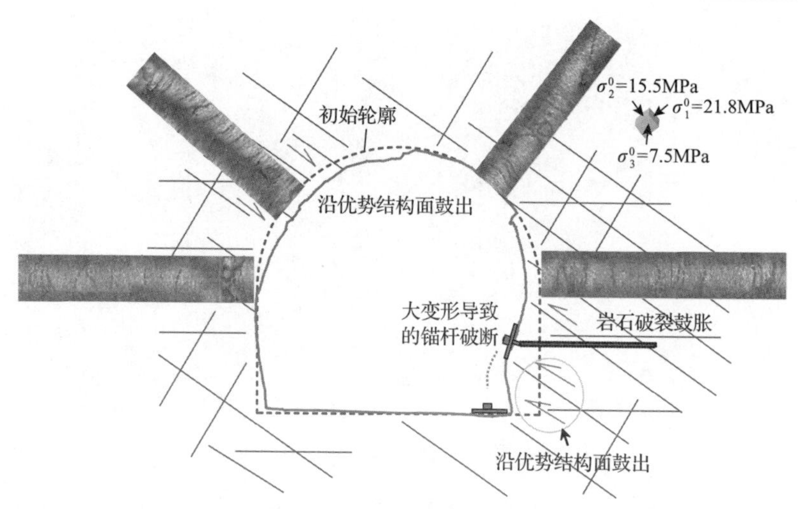

图 7.3.17　深部镶嵌碎裂硬岩巷道大变形灾害发生机理示意图

7.4　深部工程硬岩塌方孕育机理

深部工程硬岩塌方是在高地应力环境下发生的岩体垮塌灾害现象，其致灾机理受初始地应力状态、水平、方向及岩体结构、开挖过程等多因素影响。根据影响因素的差异，可分为应力型塌方(无结构面影响)、应力-结构型塌方(应力与结构面双重影响)和结构型塌方(结构面影响为主)三种类型。以下分别阐述这几种类型塌方的特征、发生条件及孕育机理。

7.4.1　深部工程硬岩应力型塌方特征与机理

深部工程硬岩应力型塌方是指无结构面影响下的完整岩体在高应力下产生新生破裂面，形成块体，在重力作用下发生塌方。此类塌方的典型案例如 2020 年 12 月 5 日某 TBM 开挖深埋硬岩隧洞顶拱完整花岗岩岩体应力型塌方现象，如图 7.4.1 所示。该隧洞岩性主要为黑云母花岗岩，破坏位置埋深约 675m，位于 10:00～11:00 方位，破坏附近围岩微风化或新鲜，坚硬致密，完整性较好，块状结构，主要为Ⅲ$_a$类围岩；该隧洞最大水平主应力为 6.6～36MPa，最小水平主应力为 5.7～22.8MPa，隧洞围岩应力以水平应力为主，最大主应力方向为 N23°E，与隧洞轴线夹角为 34°～65°，隧洞采用 TBM 掘进，直径为 7m。此次应力型塌方发生在 TBM 护盾内部，塌腔尺寸为 0.85m×1.2m×0.1m(长×宽×深)，塌腔内有显著高应力破坏特征，呈薄片状剥落，破坏区域附近围岩完整性好、干燥、无结构面发育，是开挖后局部应力集中导致的围岩开裂破坏。此类塌方通常发生在隧洞拱顶部位，开挖后顶拱局部应力集中致使完整岩体内部破裂萌生、扩展

(见图 7.4.2(b))，当新生破裂面扩展至相互连通时，与临空面构成块体，在重力作用下垮落(见图 7.4.2(c))。

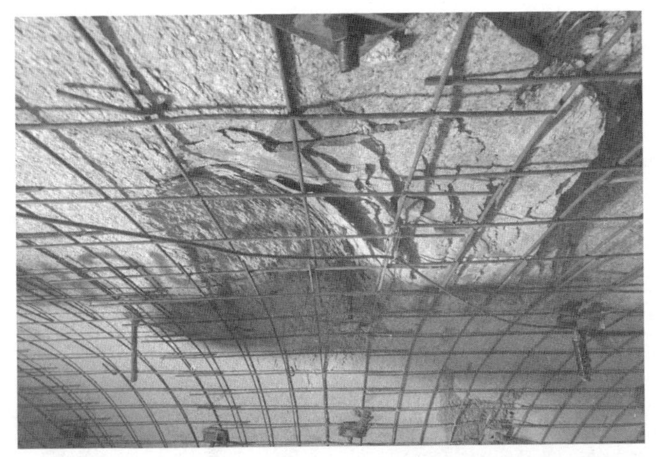

图 7.4.1　某 TBM 开挖深埋硬岩隧洞顶拱完整花岗岩岩体应力型塌方现象

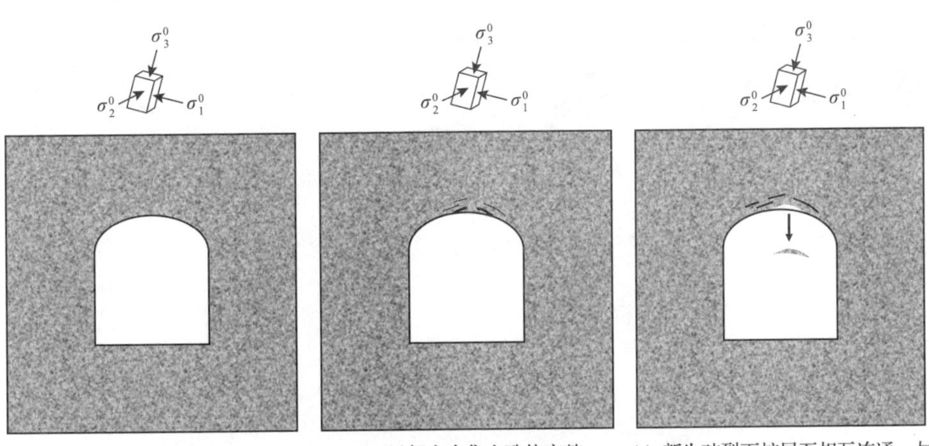

(a) 完整硬岩岩体　(b) 局部应力集中致使完整岩体内部破裂萌生扩展　(c) 新生破裂面扩展至相互连通，与临空面构成块体，在重力作用下垮落

图 7.4.2　深部工程硬岩应力型塌方示意图

7.4.2　深部工程硬岩应力-结构型塌方特征与机理

深部工程硬岩应力-结构型塌方是在高应力和岩体结构的控制下发生的塌方。该情况下，开挖后结构面切割不构成可动块体，但在深部高应力环境下，岩体内部发生裂纹萌生和扩展，与结构面构成块体，最终在重力作用下发生塌方。根据诱发塌方的结构面类型，表现为含错动带大型地下洞室塌方、含岩脉大型地下洞室塌方、含硬性结构面深部工程硬岩塌方及其他类型。以下从塌方的特征、发生条件、孕育过程与破坏机理等方面分别加以阐释。

1. 含错动带大型地下洞室塌方

1) 塌方特征

含错动带大型地下洞室塌方的主要特征如下：

(1) 塌方体边界由大型错动带和高应力诱导新生裂隙构成，错动带地质特征详见第2章。

(2) 此类塌方体通常表现为较大的岩石块体与错动带碎屑物相混合。例如，白鹤滩水电站右岸地下厂房9#母线洞塌方单个块体尺寸为1.25m×0.68m×0.42m，如图7.4.3所示[11]。

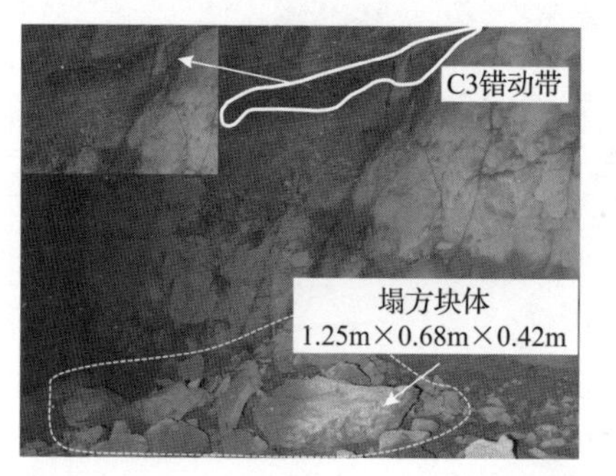

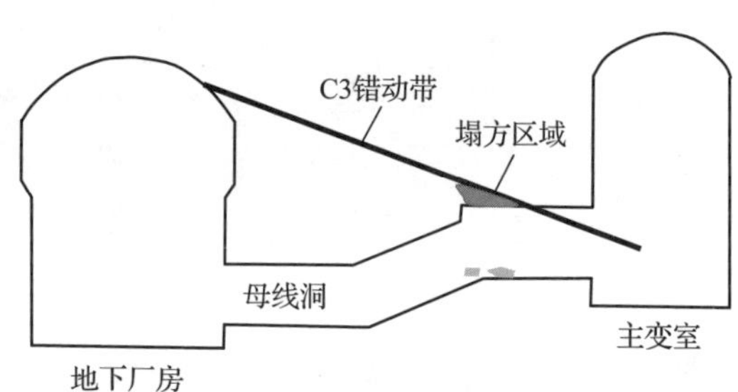

图 7.4.3 白鹤滩水电站右岸地下厂房 9# 母线洞塌方特征[11]

(3) 此类塌方通常表现为突然发生，通过微震监测可发现塌方潜在区域的围岩内部在塌方发生前有较明显的微震活动，如图7.4.4所示[11]。

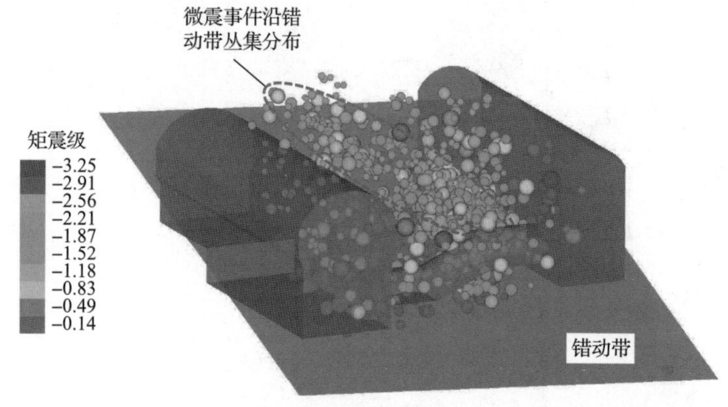

图 7.4.4 白鹤滩水电站右岸地下厂房 9# 母线洞区域微震活动空间分布特征[11]

2) 塌方发生条件

此类塌方多发生于含大型层间或层内错动带的高地应力硬岩大型地下洞室工程，典型案例如白鹤滩水电站，该工程地下洞室主要位于玄武岩中。玄武岩层走向 N48°～50°E，倾向 SE，倾角 15°～20°。岩体主要包括隐晶质玄武岩、斜斑玄武岩、杏仁状玄武岩、角砾熔岩、凝灰岩等，微风化或新鲜，坚硬致密，完整性较好，块状结构，主要为Ⅱ类或$Ⅲ_1$类围岩，少部分为Ⅳ类围岩。C3 错动带主要平行于凝灰岩层发育，产状 N54°E/SE∠16°，宽度 20cm。岩体中主要发育三组优势节理：①N40°～60°W/SW∠75°～85°；②N20°～30°E/NW∠70°～80°；③N45°～55°/SE∠18°～25°。节理长度通常为 2～5m，间距大于 50cm，节理面闭合、平直且粗糙[11]。

白鹤滩水电站右岸地下厂房围岩初始应力以构造应力为主，实测最大主应力和中间主应力近水平，最小主应力近垂直。最大主应力 22～26MPa，方向 N0°～20°E，倾角 2°～11°；中间主应力 14～18MPa，最小主应力 13～16MPa，岩石单轴抗压强度与最大主应力之比为 2.85～5.09，因此属于高应力区。

白鹤滩水电站大型地下洞室采用分层分部开挖，地下厂房共分 10 层开挖，主变室共分 6 层开挖，开挖顺序如图 7.4.5 所示。其中地下厂房第Ⅳ层分左右两半幅开挖，第Ⅴ层及以下各层按中部拉槽并预留保护层方式开挖。塌方发生前的开挖状态为：9# 和 10# 母线洞已经由施工支洞先期开挖，地下厂房第$Ⅳ_a$、$Ⅳ_b$层和主变室第Ⅴ层待开挖，主变室第Ⅴ层开挖后从主变室一侧扩挖 9# 和 10# 母线洞，如图 7.4.6 所示[11]。

3) 塌方孕育过程

错动带与洞室边墙相交的区域受高地应力影响在围岩浅表层产生少量新生裂隙（见图 7.4.7(a)），随着应力场不断调整，破裂区向围岩内部不断转移，破裂深

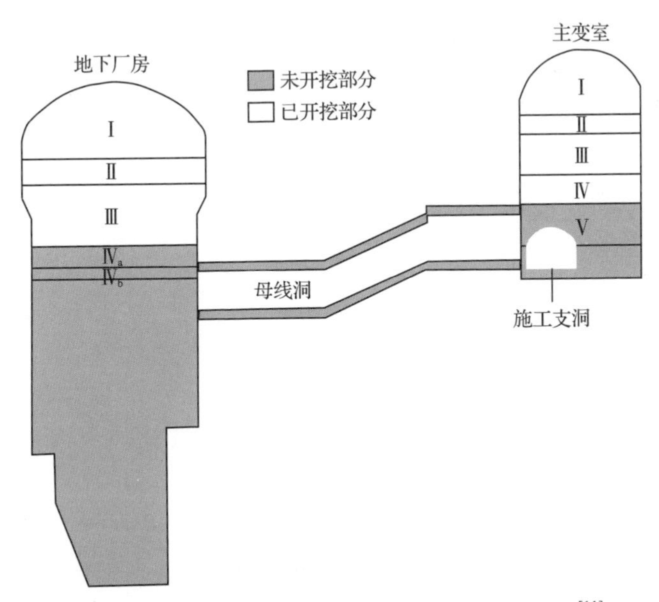

图 7.4.5　白鹤滩水电站右岸地下厂房洞室开挖顺序[11]

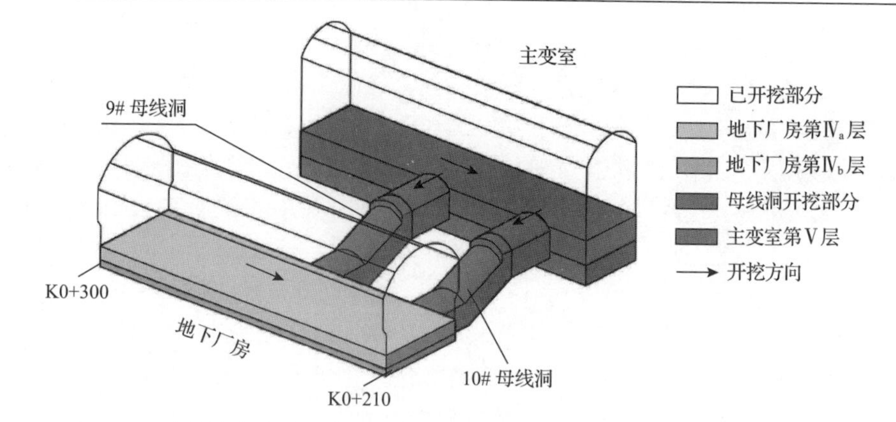

图 7.4.6　白鹤滩水电站右岸地下厂房 9# 母线洞塌方前的开挖状态[11](见彩图)

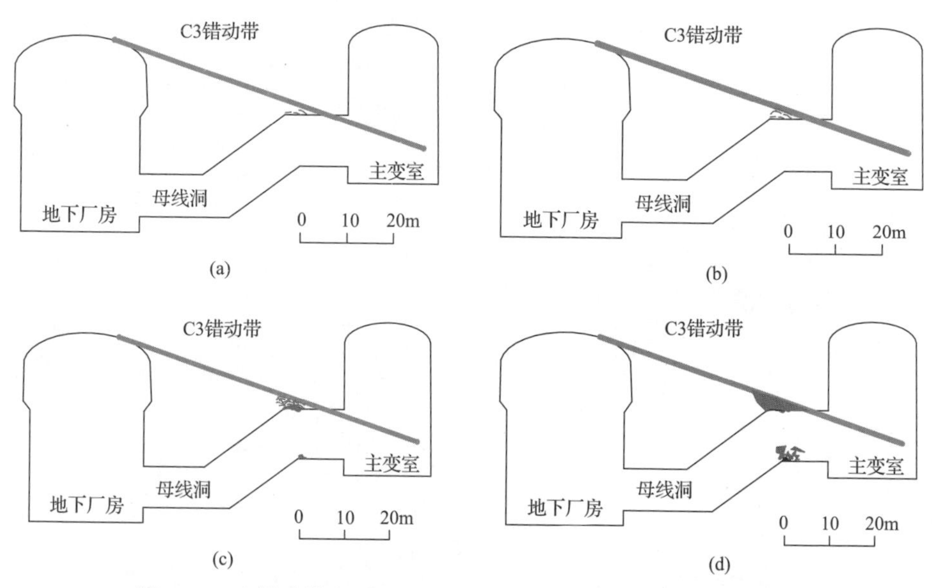

图 7.4.7　含错动带大型地下洞室应力-结构型塌方孕育过程示意图

度逐渐增大(见图 7.4.7(b)),新生裂隙扩展后彼此连通,浅表层围岩产生剥落(见图 7.4.7(c)),当多条破裂面扩展至与错动带相贯通时,在重力作用下发生较大块体的塌方(见图 7.4.7(d))。

4)塌方破坏机理

根据上述分析,含错动带大型地下洞室应力-结构型塌方破坏机理示意图如图 7.4.8 所示[11],主要包括以下三方面:

(1)高应力下洞室开挖后局部应力集中,在围岩内部诱发新生拉破裂(与现场微震活动集中部位一致),加之支护不及时和周围多次爆破扰动,导致内部破裂深度和程度不断增加,最终与错动带连通而产生塌方。

(2)多开挖面条件下立体交叉洞室(母线洞分别与地下厂房、主变室相交)致使母线洞围岩内部应力场处于一种多向卸荷的不利状态，且随着地下厂房、主变室不断下挖，多向卸荷状态也不断加剧。因此，母线洞内围岩相比其他位置更容易发生失稳破坏。

(3)错动带开挖卸荷后由压密状态转变为松散状态，力学性质不断劣化，一旦内部破裂面与之贯通，容易产生塌方。

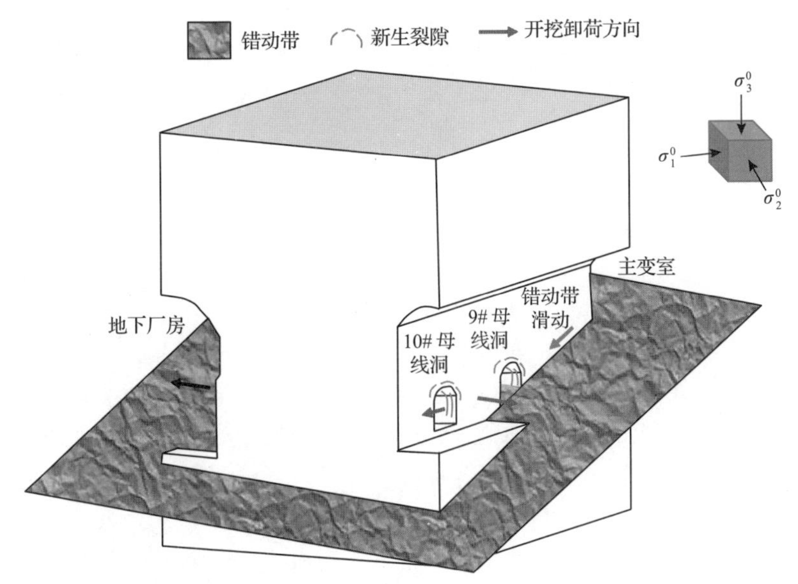

图 7.4.8　含错动带大型地下洞室应力-结构型塌方破坏机理示意图[11]

2. 含岩脉大型地下洞室塌方

1)塌方特征

含岩脉大型地下洞室塌方的主要特征如下：

(1)塌方体边界由大型岩脉和高应力诱导新生裂隙构成。

(2)此类塌方通常表现为大体积塌方，塌落物为较大的岩石块体与岩脉破碎岩体的混合物。例如，大岗山水电站地下厂房顶拱大体积塌方区位于β_{80}辉绿岩岩脉破碎带及其下盘，塌方堆积体在顶拱塌方口下形成圆锥体，锥体底边长 39.24m、宽 17.80m、高约 10m，顶部长约 15m、宽 4～5m，总方量约 3569m^3。堆积体主要为花岗岩、辉绿岩块碎石，块体尺寸以 0.05～0.2m 和 0.5～1m 为主，个别大于 1m。塌腔体型呈倒置的、偏向厂房左侧的不规则葫芦状体，且沿岩脉走向分布，塌腔孔口长约 14m、宽 4～7.5m，塌腔中部长约 22m、宽 18.4m，塌腔高约 33m，如图 7.4.9 所示[12]。

(3)此类塌方发生前通常没有明显征兆，监测数据没有明显突变，即表现为突然发生。

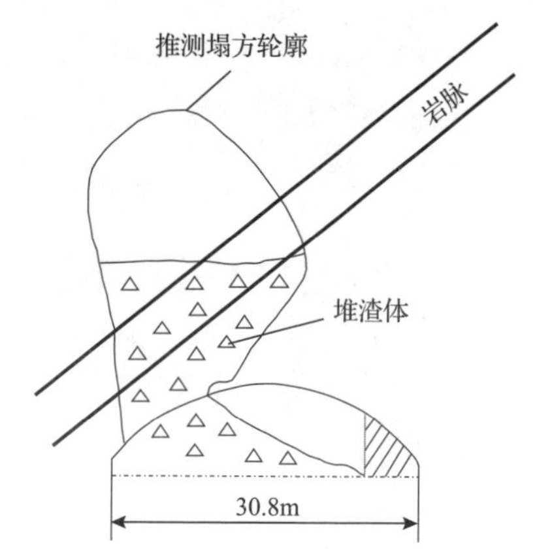

图 7.4.9　大岗山水电站地下厂房顶拱大体积塌方示意图[12]

2)塌方发生条件

此类塌方多发生于含大型岩脉(主要为较破碎硬岩)的高地应力硬岩大型地下洞室工程，典型案例如大岗山水电站，该工程地下厂房岩性为灰白色、微红色中粒黑云二长花岗岩，有数条辉绿岩脉穿插。花岗岩新鲜坚硬，较完整，洞室以Ⅱ、Ⅲ类围岩为主，围岩基本稳定。厂区有多条辉绿岩脉穿过地下厂房洞室群，规模较大的主要有β_{80}、β_{81}、β_{163}、β_{164}等。岩脉厚度 1～4m，围岩类别Ⅳ～Ⅴ类，岩脉呈块裂、碎裂结构。受岩脉侵入影响，岩脉周边一定厚度花岗岩体质量较差。其中β_{80}辉绿岩脉总体产状 N15°E/NW∠50°～N25°W/SW∠65°，上游壁一带产状 N15°E/NW∠50°起伏，岩脉宽 3～4m，局部夹有花岗岩透镜体，断层式接触；沿岩脉上界面发育 f_{57}断层，宽 10cm，由片状岩、碎粉岩组成，属岩屑夹泥型；沿岩脉下界面发育 f_{58}断层，宽 20～30cm，由片状岩、碎粉岩组成，属岩屑夹泥型；β_{80}岩脉及内部的花岗岩透镜体均构成断层影响带，呈碎裂结构。

大岗山水电站地下厂房最大主应力量值为 11.37～22.19MPa，属中-高地应力量级。地下厂房采用分层分部开挖，共分 10 层，如图 7.4.10(a)所示[12]。地下厂房第一层分三个部分开挖，施工顺序为：贯通中导洞，中导洞顶拱 I-①区扩挖及支护，上、下游侧 I-②区扩挖及支护，I-③区开挖。地下厂房于 2008 年 8 月 1 日开工，首先进行中导洞开挖，继之为顶拱及两侧扩挖。至 2008 年 12 月 15 日，除中导洞及 I-①区全部完成外，I-③区上游侧已完成厂(横)K0+070～厂(横)K0+133，其余部位尚未扩挖，如图 7.4.10(b)所示[12]。

3)塌方孕育过程

地下洞室开挖后临空面与岩脉之间距离缩短，同时由于局部应力集中引起围岩内部破裂程度增加(见图 7.4.11(a)),导致岩脉与临空面之间的部分岩体发生小规模塌方(见图 7.4.11(b)),塌方空腔形成后内部未失稳岩体由于失去外部约束而逐步产生破裂(见图 7.4.11(c)),并不断产生塌方,塌方区域不断向内部扩展,最终形成较大体积的塌方空腔(见图 7.4.11(d))。

4) 塌方破坏机理

根据上述分析,含岩脉大型地下洞室应力-结构型塌方破坏机理可总结如下:

(1) 由于初始应力场方向与洞室轴线不一致,洞室开挖后容易在一侧拱肩处产生应力集中,并在围岩内部诱发新生拉破坏,加之支护不及时和周围多次爆破扰动,导致内部破裂深度和程度不断增加,最终与岩脉连通而产生塌方。

(2) 塌方初期,当岩脉与洞室临空面之间的岩体塌落后,岩脉破碎带失去了侧向约束,而支护长度未能深达破碎带内部。因此,破碎带内的大量松散岩体在重力作用下不断塌落,并诱发深部围岩应力集中,最终引发大体积塌方。

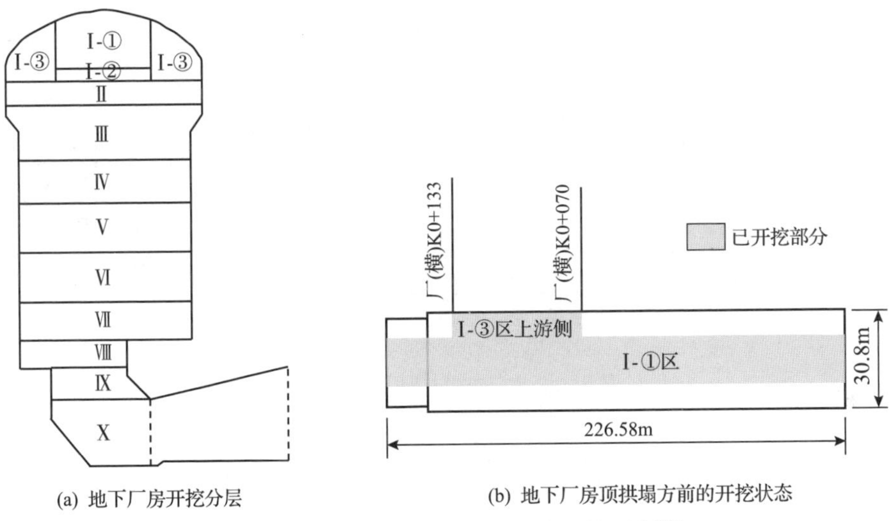

(a) 地下厂房开挖分层 (b) 地下厂房顶拱塌方前的开挖状态

图 7.4.10 大岗山水电站地下厂房开挖顺序[12]

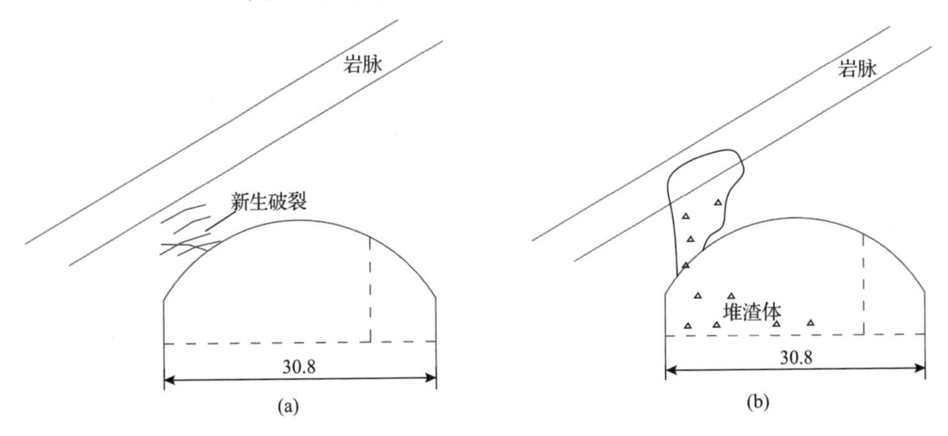

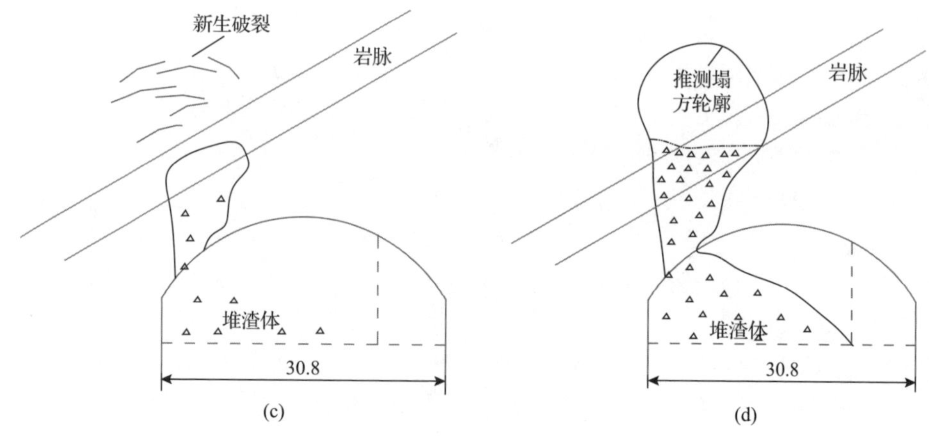

图 7.4.11　含岩脉大型地下洞室应力-结构型塌方孕育过程示意图(单位：m)

3. 含硬性结构面深部工程硬岩塌方

1)塌方特征

含硬性结构面深部工程硬岩塌方的主要特征如下：

(1)主要发生在临近掌子面的开挖卸荷区，常见于隧道或洞室拱肩及拱肩与边墙交界部位。

(2)岩体坚硬完整，并含有少量硬性结构面。

(3)塌方后揭露的岩面新鲜且粗糙，塌落坑形态多为 V 形，塌方体边界受硬性结构面控制。

(4)塌方体多为较大体积的岩石块体，如白鹤滩水电站左岸地下厂房 RK0+090～RK0+106 拱肩发生的“7·22”塌方最大块体尺寸为 5m×4m×1.8m，塌方坑最大深度为 2m，塌方总体积约为 90m^3，如图 7.4.12 所示。

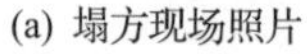
(a) 塌方现场照片

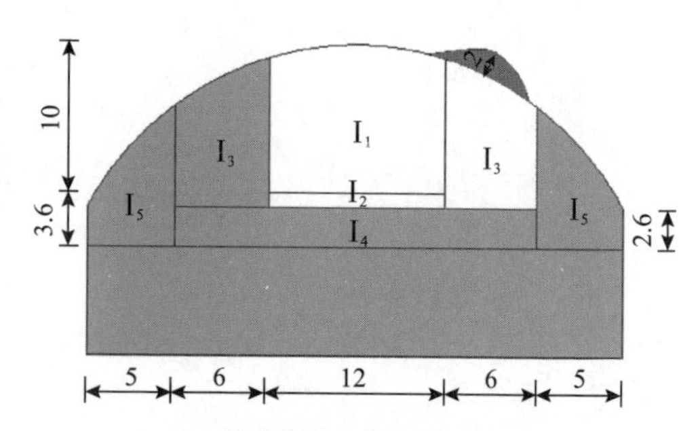

(b) 塌方位置示意图(单位：m)

图 7.4.12　含硬性结构面深部工程硬岩塌方特征[13]

2)塌方发生条件

此类塌方多发生于含多组硬性结构面的高地应力硬岩大型地下洞室工程，典型案例如白鹤滩水电站，该工程地下洞室整体地质条件详见 7.4.2 节。塌方坑的上边界由一条硬性结构面控制，该结构面出露长度 5m，产状 N20°E/NW∠80°，此外还发育一组断续结构面，出露长度 1～2m，产状 N70°W/SW∠85°，如图 7.4.13 所示[13]。塌方区周围岩体质量较好。

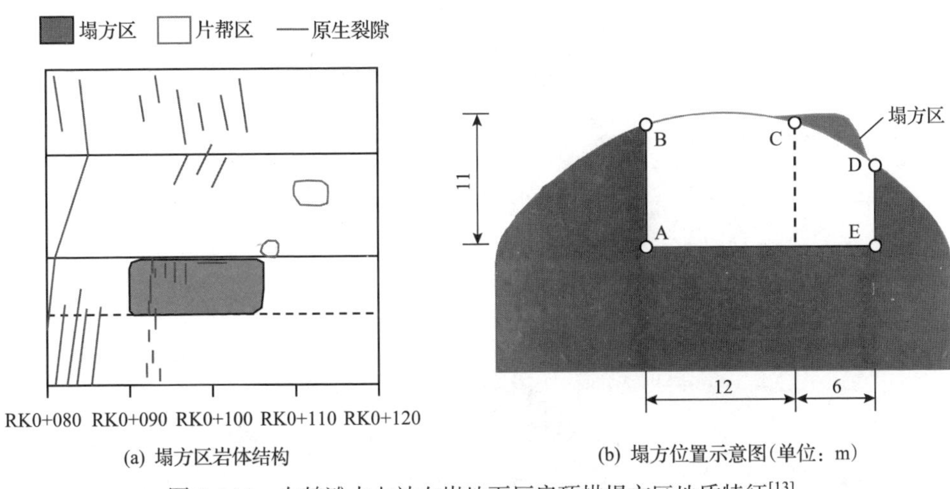

(a) 塌方区岩体结构　　(b) 塌方位置示意图(单位：m)

图 7.4.13　白鹤滩水电站左岸地下厂房顶拱塌方区地质特征[13]

根据数值计算，开挖后左岸地下厂房围岩内部最大应力约为 45MPa，且集中区位于塌方区所在拱肩或拱肩与边墙交界部位，这些部位同时也是片帮剥落灾害多发部位，例如，左岸地下厂房中导洞开挖期间 LK0+040～RK0+090 范围同侧拱肩曾发生大面积片帮破坏，左岸地下厂房第 I 层两侧扩挖期间也曾多次发生片帮剥落和应力-结构型塌方，这表明该侧拱肩无疑是应力集中部位，且最大应力大于围岩起裂强度。

白鹤滩水电站左岸地下厂房采用钻爆法开挖，第 I 层分为 5 部分（I_1～I_5，见图 7.4.12(b)），其中 I_1为中导洞(12m×10m)开挖，I_2为中导洞下挖 1m，I_3为两侧第 1 次扩挖，I_4为下挖 2.6m，I_5为两侧第 2 次扩挖，主要支护形式包括预应力锚杆/锚索、钢纤维混凝土、钢筋网等，开挖进尺一般为 3～5m。白鹤滩水电站左岸地下厂房顶拱塌方时的开挖状态如图 7.4.14 所示[13]。

3) 塌方孕育过程

图 7.4.15 为白鹤滩水电站左岸地下厂房拱肩塌方孕育过程示意图[13]。由前述发生条件可知，塌方坑的部分边界受硬性结构面控制(见图 7.4.15(a))。开挖卸荷引起原岩应力场发生调整，开挖边界切向应力增大，与边界相交的缓倾角结构面在重分布应力作用下向完整岩体内部扩展，且扩展方向在结构面和切向应力联合影响下不断向地下厂房临空面方向偏转，并逐渐接近局部切向应力方向(见图 7.4.15(b))，导致塌方坑局部平行于开挖边界。这种岩体内部裂隙扩展实际上

是由一系列微小拉裂隙共同构成的。随着破裂程度不断增加，围岩由较完整向块状结构转变，并达到临界平衡状态。在临近爆破等扰动影响下，已形成的块体临界平衡状态被打破，最终发生较大体积塌方(见图 7.4.15(c))。

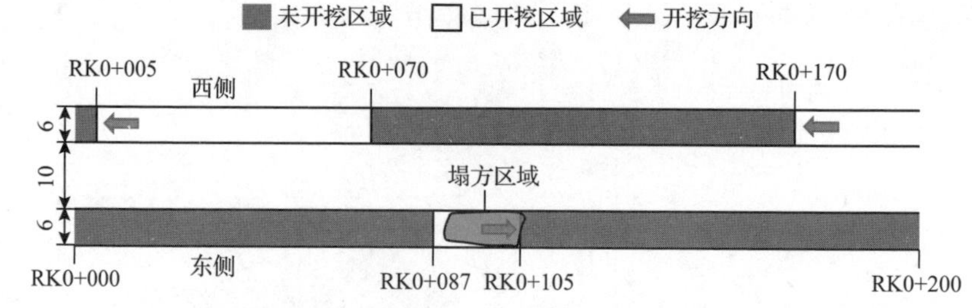

图 7.4.14　白鹤滩水电站左岸地下厂房顶拱塌方时的开挖状态(单位：m)[13]

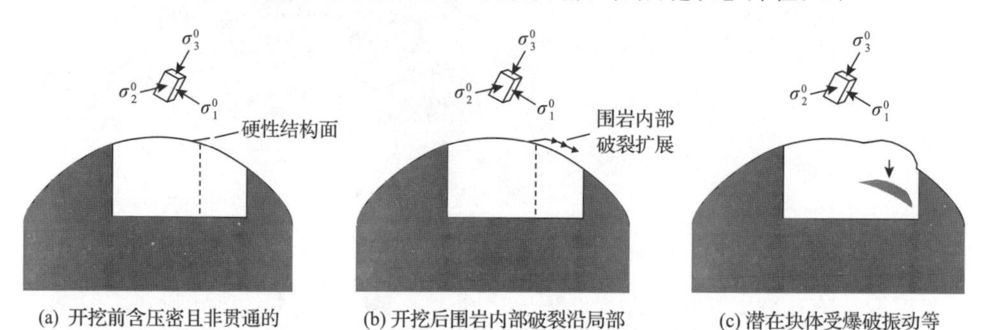

图 7.4.15　白鹤滩水电站左岸地下厂房拱肩塌方孕育过程示意图[13]

4)塌方破坏机理

塌方块体表面的 SEM 扫描结果表明，破裂面较为光滑，并存在阶梯状花纹，而没有剪切滑移的迹象，主要为穿晶张拉裂纹，据此可以判断出含硬性结构面深埋大型洞室顶拱塌方的主要破裂机制是拉破裂[13]。

7.4.3　深部工程硬岩结构型塌方特征与机理

深部工程硬岩结构型塌方是指在岩体结构的控制下，岩体受重力作用发生的塌方。根据岩体结构类型，可分为含硬性结构面岩体塌方和软弱破碎岩体塌方两类。

1. 含硬性结构面岩体塌方

含硬性结构面岩体塌方表现为由结构面切割形成的块体在重力作用下发生掉块。此类塌方的典型案例如 2021 年 3 月 8 日某 TBM 开挖深埋硬岩隧洞顶拱花岗岩岩体结构型塌方现象，如图 7.4.16 所示。该隧洞岩性主要为黑云母花岗岩，破坏位置埋深约 675m，位于 9:30～10:30 方位，破坏附近围岩微风化或新鲜，坚硬致密，完整性较好，块状结构，主要为Ⅲ$_a$类围岩；隧洞地应力特征和开挖方式见

7.4.1 节。塌腔尺寸为 2.7m×1.8m×0.38m(长×宽×深)，此次破坏发生在 TBM 护盾内部。塌腔附近围岩发育三条优势结构面：①230°∠65°～70°；②89°∠25°～30°；③340°∠65°～70°。结构面长度通常为 3～6m，闭合且无充填，结构面相互交切形成楔形体；受现场 TBM 开挖等扰动影响，沿结构面发生垮落，结构面控制塌腔边界。此类塌方在开挖前岩体中含多条压密且贯通的硬性结构面，开挖后这些结构面与临空面共同构成潜在不稳定块体，并在爆破振动或 TBM 开挖等扰动下发生垮落，如图 7.4.17 所示。

图 7.4.16　某 TBM 开挖深埋硬岩隧洞顶拱花岗岩岩体结构型塌方现象

图中数字表示结构面位置及编号

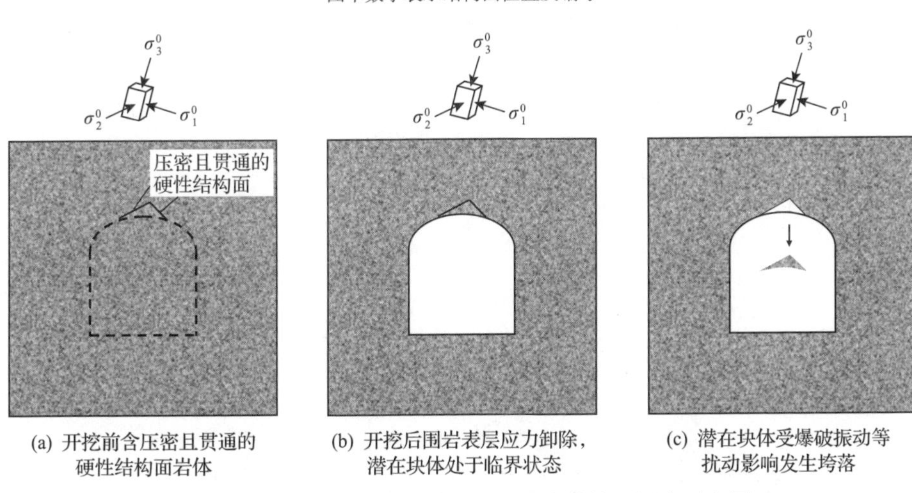

(a) 开挖前含压密且贯通的硬性结构面岩体　(b) 开挖后围岩表层应力卸除，潜在块体处于临界状态　(c) 潜在块体受爆破振动等扰动影响发生垮落

图 7.4.17　深部工程含硬性结构面硬岩结构型塌方示意图

2. 软弱破碎岩体塌方

软弱破碎岩体塌方表现为由于断层或挤压破碎带本身岩体破碎，在重力作用下发生掉块。例如，锦屏地下实验室二期 3# 实验室开挖过程中曾发生约 2000m^3 的大体积塌方，塌方表现为多期次，首先开始于南侧边墙，接着是掌子面和北侧边墙，最后向拱部发展，塌方整体如图 7.4.18 所示，塌方过程描述详

见第 9 章。

图 7.4.18　锦屏地下实验室二期 3# 实验室塌方

事后对塌方部位岩体的工程地质特征进行调查，发现塌方轮廓线呈参差状或弧状，表明塌方未受结构面控制影响。塌方部位主要为风化或溶蚀较为严重的大理岩松散体，呈镶嵌组合胶结状，并伴有方解石化，整体强度较低，自稳性差。因此，认为这次塌方是局部挤压破碎带内软弱破碎岩体失稳所致，如图 7.4.19 所示。

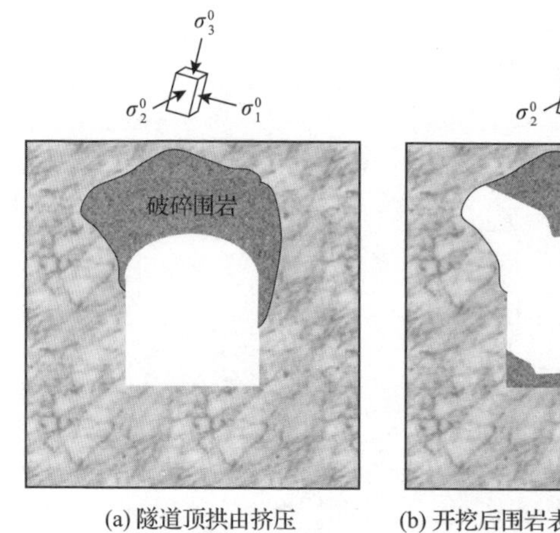

(a) 隧道顶拱由挤压破碎围岩构成

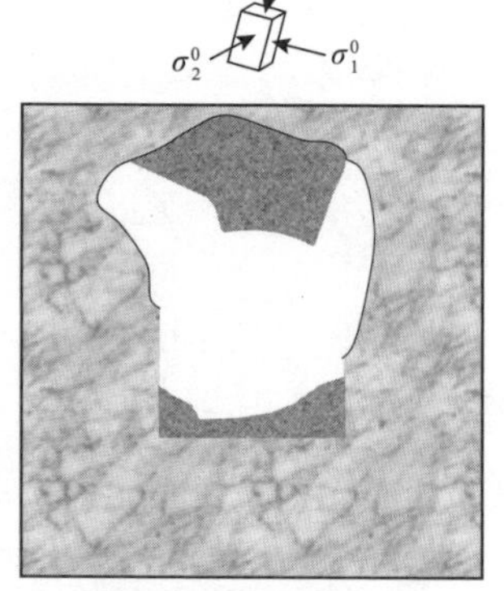

(b) 开挖后围岩表层应力卸除，顶拱破碎围岩丧失自稳能力而逐步塌落

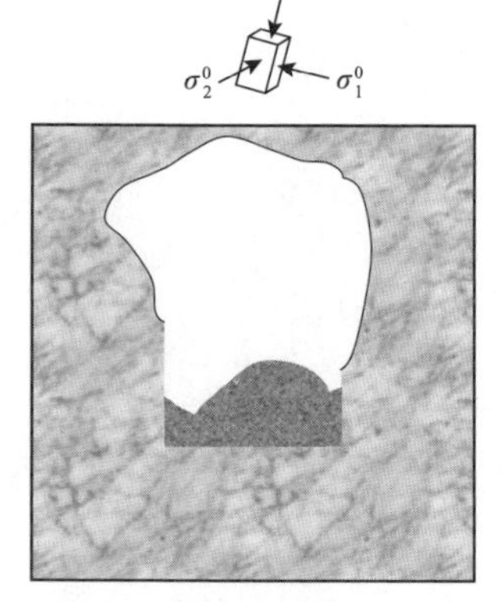

(c) 顶拱剩余围岩失去周围已塌落围岩的约束作用而全部垮塌

图 7.4.19　深部工程软弱破碎岩体结构型塌方示意图

7.5　深部工程硬岩岩爆孕育机理

岩爆是深部工程开挖诱发的一种动力灾害，岩爆类型、等级与地应力、岩性、岩体结构、断面形状和尺寸、开挖方式、开挖速度等因素密切相关。通过分析大

量岩爆案例，总结岩爆特征，对岩爆进行分类和分级，阐明不同类型岩爆的孕育机理。以多个深埋隧道案例为例，详细阐述不同类型岩爆发生的工程地质条件、孕育过程和机理。

7.5.1　深部工程硬岩岩爆分类及其孕育机理

1. 岩爆分类

岩爆在孕育过程中受岩石性质、地应力、地质构造、地下水、开挖方式和开挖速度等多种因素的影响，从而表现出各种各样的特征。因此，为了更好地对岩爆开展针对性的监测、预警和防控，需要对岩爆进行分类。

根据岩爆的孕育机制，将岩爆分为应变型岩爆和断裂型岩爆。随着岩爆案例的增多和研究的深入，人们逐渐认识到硬性结构面对岩爆具有重要的影响：硬性结构面不仅会影响岩爆的等级，还会影响岩爆的孕育机制，而且多数岩爆的发生均与硬性结构面相关。因此，在应变型岩爆和断裂型岩爆外，增加应变-结构面滑移型岩爆[14]。按照孕育机制分类的不同类型岩爆特征及典型案例如表 7.5.1 所示。图 7.5.1 为某钻爆法隧道开挖过程中的不同类型岩爆分布特征及揭露的地质情况[15]。

表 7.5.1　按照孕育机制分类的不同类型岩爆特征及典型案例

岩爆类型	发生条件	特征	典型案例	
应变型岩爆	完整，坚硬，无结构面的岩体中	浅窝形、长条深窝形、V 形等形态的爆坑，爆坑岩面新鲜	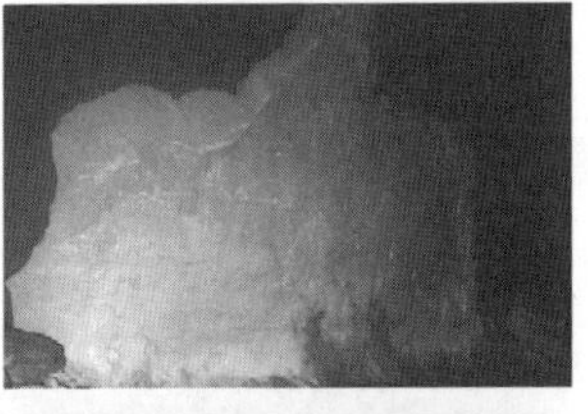	无明显结构面，最终形成浅窝形爆坑
应变-结构面滑移型岩爆	坚硬、含有零星结构面或层理面的岩体中	结构面控制爆坑边界，一般情况下破坏性比应变型岩爆大		受结构面的影响，最终形成长 5m、宽 4.5m、深 0.5m 的爆坑
断裂型岩爆	有大型断裂构造存在	影响区域更大，破坏力更强，甚至可能诱发连续性强烈岩爆		沿结构面滑移，爆坑深度 11～13m

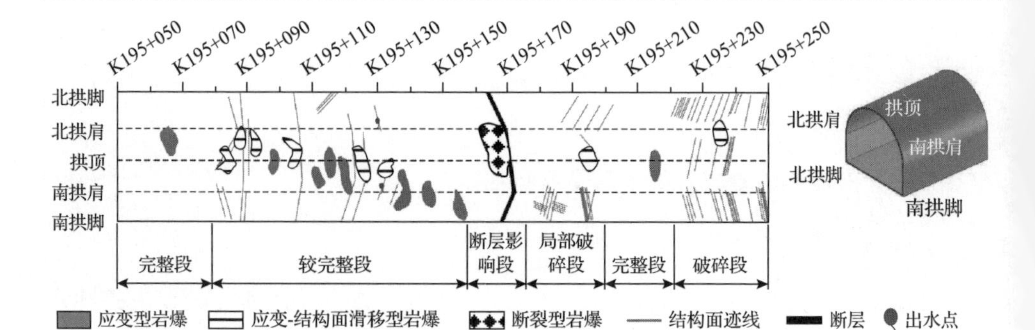

图 7.5.1　某钻爆法隧道开挖过程中的不同类型岩爆分布特征及揭露的地质情况[15]

根据岩爆发生的时间和空间特征，将岩爆分为即时型岩爆、时滞型岩爆和间歇型岩爆[14]。即时型岩爆多发生在开挖卸荷效应影响过程中。时滞型岩爆多发生在由开挖卸荷引起的应力调整已基本平衡的区域，且多在外界扰动作用下发生。根据岩爆发生时间与掌子面施工时间的关系和岩爆发生位置与掌子面间距离的关系，时滞型岩爆又可分为时空滞后型和时间滞后型。间歇型岩爆是指同一区域一定时间内多次发生岩爆，当这一系列岩爆主要沿隧道轴向发展时，又称为沿隧道轴向发展的链式岩爆；当这一系列岩爆主要沿隧道径向发展时，又称为沿隧道径向发展的链式岩爆。按照发生时间和空间特征分类的不同类型岩爆特征及典型案例如表 7.5.2 所示。

表 7.5.2　按照发生时间和空间特征分类的不同类型岩爆特征及典型案例

岩爆类型	特征	典型案例	
即时型岩爆	发生频次相对较高；多在开挖后的几个小时或 1～3 天内发生；多发生在距工作面 3 倍洞径范围内		在开挖爆破后 1h 内发生岩爆，爆坑位于掌子面后方 0.5 倍洞径范围内
时滞型岩爆	发生频次相对较低；在开挖后数天、1 个月、数月后发生；发生位置距离工作面可以达到几百米		岩爆发生时，该部位已经开挖 5 天，岩爆位置距离开挖工作面约 5 倍洞径

续表

岩爆类型	特征	典型案例	
间歇型岩爆(沿隧道轴向发展的链式岩爆)	发生频次相对较低；在掌子面附近和距离掌子面较远的位置都可能发生，延续时间较长，沿洞轴线影响范围大	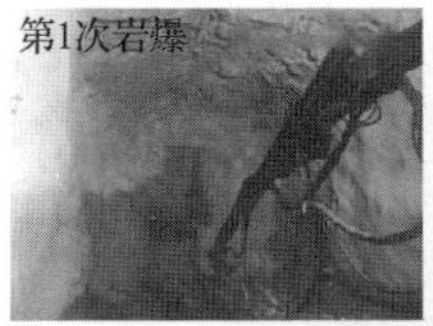 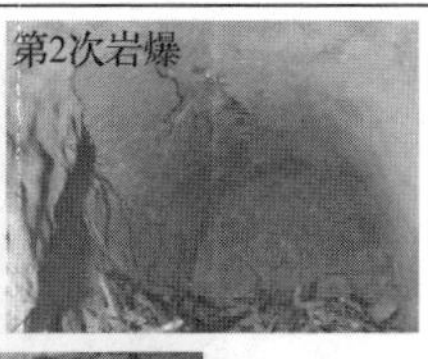 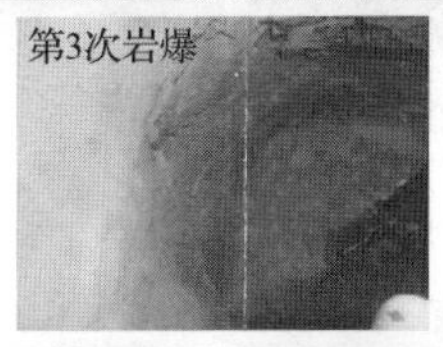	开挖后，发生中等岩爆，约 28h 后，在第 1 次岩爆区域及其附近发生第 2 次中等岩爆，约 45h 后，在第 2 次岩爆区域及其附近发生第 3 次中等岩爆，爆坑长度从 3m 延伸至 14m
间歇型岩爆(沿隧道径向发展的链式岩爆)	发生频次相对较低；多发生在掌子面附近，在有施工扰动和无施工扰动情况下均可能发生	  	开挖后，发生中等岩爆，之后该区域停止施工，但是岩爆持续发展，第 3 天发生强烈岩爆，第 5 天仍有块体弹落，该岩爆持续发展时间超过 100h，并且爆坑深度从 3m 延伸至 20m 左右

2. 不同类型岩爆孕育过程中微震事件频谱与能量释放特征

某深埋隧道不同类型岩爆(根据孕育机制分类)孕育过程中微震事件的频谱演化特征如图 7.5.2 所示，图中对岩爆孕育时间进行了归一化，以岩爆预警区域产生第一个事件为时刻 0，以岩爆发生时刻为 1。三种类型岩爆孕育过程中，微震事件主频均逐渐减小，岩爆发生时，微震事件主频均降至最低值。此外，岩爆发生时断裂型岩爆微震事件主频最低，应变型岩爆微震事件主频最高，这表明监测断裂型岩爆时需选用频率较低的微震传感器。

某深埋隧道不同类型岩爆孕育过程中微震事件的能量释放演化特征如图 7.5.3 所示。从图 7.5.3(a)可以看出，应变型岩爆从孕育开始就有较明显的能量释放，在 0.7～0.8 阶段有能量释放的突增，整个能量累积释放过程呈指数形式增加；应变-结构面滑移型岩爆在孕育过程的 0.3 时刻有较显著的能量释放，然后其能量累积近似线性增加；断裂型岩爆在孕育过程的 0.9 时刻才有较为显著的能量释放，其能量累积为指数形式增加，微震能量集中释放于岩爆发生时。从图 7.5.3(b)可以看出，即时型岩爆孕育全过程能量释放速率较均匀；时滞型岩爆孕育初期和岩爆发生之前能量释放速率较大，而孕育中期出现明显的平静期；间歇型岩爆孕育过程由多次岩爆组成，从微震释放能累积曲线来看，存在多个能量释放突增阶段。

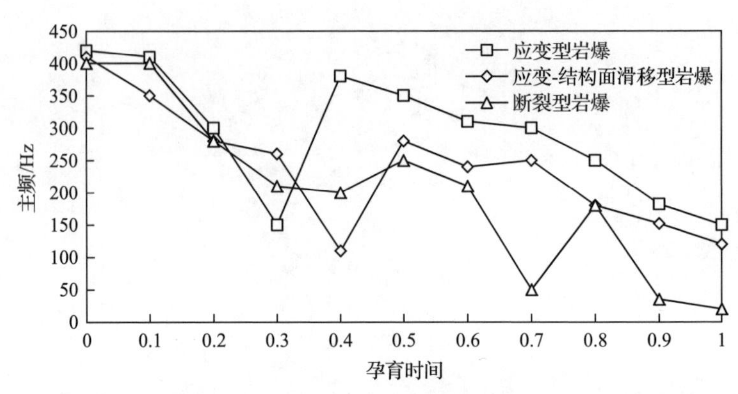

图 7.5.2　某深埋隧道不同类型岩爆(根据孕育机制分类)孕育过程中微震事件的频谱演化特征

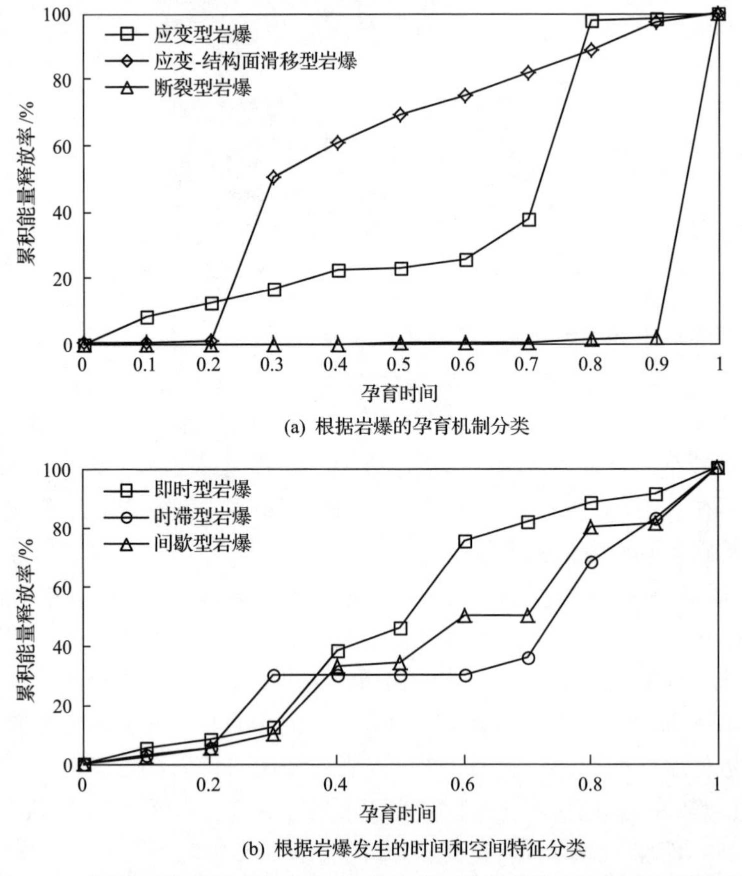

图 7.5.3　某深埋隧道不同类型岩爆孕育过程中微震事件的能量释放演化特征

3. 不同类型岩爆孕育机理

深埋隧道不同类型岩爆(根据孕育机制分类)孕育机理如图 7.5.4 所示。

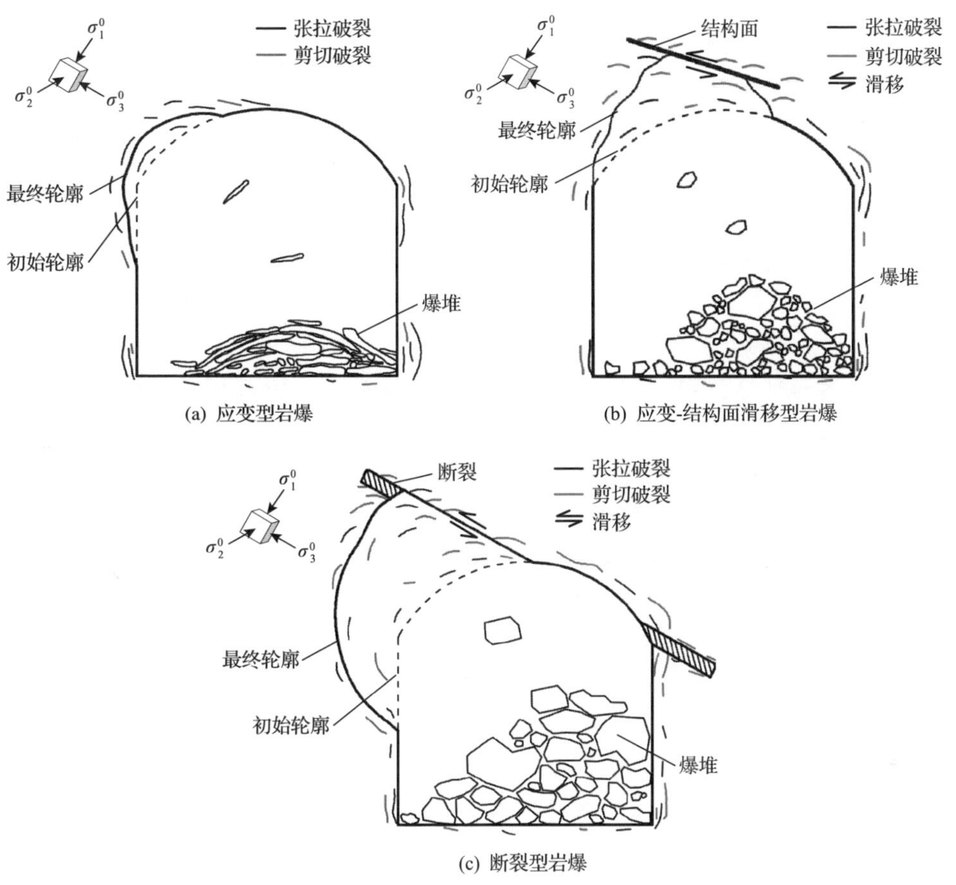

图 7.5.4　深埋隧道不同类型岩爆(根据孕育机制分类)孕育机理

1)应变型岩爆孕育机理

应变型岩爆主要发生在坚硬、完整、无结构面的岩体中。如图 7.5.4(a)所示，由于地质作用，岩体中不可避免地存在一些裂隙，隧道开挖前，在真三向高应力下，这些裂隙一般为闭合状态。在隧道开挖过程中，由于卸荷作用，一方面围岩中应力重分布，局部出现应力集中并储存大量应变能；另一方面洞周围岩的侧压被卸除，岩体原来的三向应力状态发生改变，径向应力减小，环向应力增大。应力集中和应力状态的改变均会造成围岩中原有的裂隙被激活和新裂隙的萌生。随着孕育时间的推移，新萌生的裂隙越来越多，新老裂隙的扩展程度越来越高，这些裂隙逐渐相互贯通，最终与隧道开挖轮廓一起切割出爆裂体。原生裂隙的激活、新裂隙的萌生和新老裂隙的扩展消耗的能量较少，而坚硬、完整、无结构面的围岩中存储有大量应变能，如果爆裂体附近围岩缺少有效支护，未被消耗的应变能将转换为爆裂体的动能，使爆裂体脱离母岩，并向临空面一侧弹射，从而发生应变型岩爆。

2）应变-结构面滑移型岩爆孕育机理

应变-结构面滑移型岩爆主要发生在坚硬、含有零星结构面的岩体中。如图 7.5.4(b)所示，在隧道开挖至结构面附近时，受施工扰动的影响，结构面被激活，在结构面附近出现应力集中现象，并聚集大量的应变能。随着掌子面逐渐靠近并通过结构面，受开挖卸荷和开挖扰动作用，结构面及其附近围岩的应力状态发生改变，结构面上的正应力减小，摩擦力下降，岩体沿结构面发生剪切滑移，使得围岩中原有的裂隙被激活，并在结构面附近萌生新的裂隙。随着裂隙的不断累积，贯通后的裂隙与结构面相连通，最终在结构面附近的隧道开挖轮廓处形成爆裂体。结构面和原生裂隙的激活、新裂隙的萌生和新老裂隙的扩展消耗的能量较少，而结构面发生剪切滑移释放大量的能量，如果爆裂体附近围岩缺少有效支护，未被消耗的能量将转换为爆裂体的动能，使爆裂体离开母岩，并向临空面一侧弹射，从而发生应变-结构面滑移型岩爆。

3）断裂型岩爆孕育机理

断裂型岩爆主要发生在大型断裂构造附近，它主要是由断裂滑移释放的巨大能量产生的，如图 7.5.4(c)所示。在隧道开挖至断裂面附近时，受施工扰动的影响，断裂面附近的应力状态发生改变，断裂被激活。随着掌子面逐渐靠近断裂面，断裂面附近的应力状态发生越来越显著的变化，断裂面上的剪应力逐渐超过断裂面的抗剪强度，最终导致断裂面发生剪切滑移。在断裂面发生剪切滑移的过程中，断裂附近积聚大量能量，这些能量造成断裂面附近的围岩中产生大量裂隙，裂隙不断扩展贯通并与断裂面相互连通，最终与隧道开挖轮廓一起切割出爆裂体。断裂面发生剪切滑移产生的巨大能量以断裂与隧道相交的部位为释放通道，向临空面剧烈释放，在此过程中一部分能量转换为爆裂体的动能，使爆裂体离开母岩，并向临空面一侧弹射，从而发生断裂型岩爆。

4）即时型岩爆孕育机理

深埋隧道即时型岩爆孕育机理如图 7.5.5 所示。即时型岩爆通常发生在脆性较强的岩体中，主要由开挖卸荷效应引起。开挖卸荷造成隧道围岩的应力状态由三向应力状态变为二向应力状态甚至单向应力状态。对于洞周围岩，其径向应力减小，环向应力增大；对于掌子面上的围岩，其应力状态变为单面卸载状态。应力状态的改变不仅会导致局部应力集中和能量聚集，而且 σ_3 的减小、应力差的增大还会使得围岩的脆性增强。当集中的应力超过围岩的起裂强度时，围岩开始发生破裂。破裂消耗的能量远小于围岩中聚集的能量，未被消耗的能量将转换为破裂岩体的动能，使其脱离母岩，并向临空面一侧弹射，从而发生即时型岩爆。由于隧道开挖卸荷速率非常快，尤其是钻爆法开挖，其卸荷几乎瞬间完成。因此，即时型岩爆多在隧道开挖后的几个小时或 1～3 天内发生，且多发生在距工作面 3 倍洞径范围内。

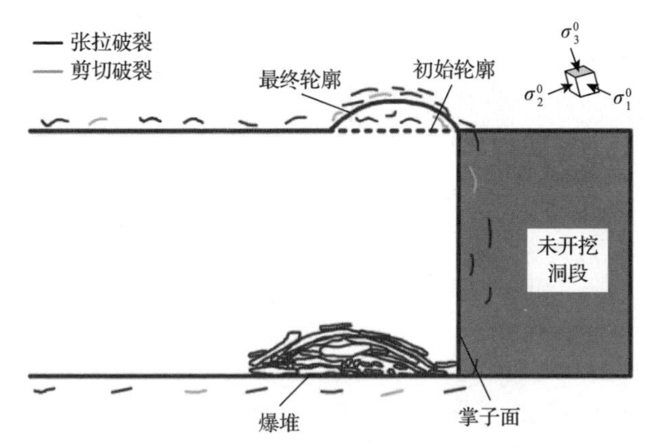

图 7.5.5　深埋隧道即时型岩爆孕育机理

5)时滞型岩爆孕育机理

开挖卸荷破裂与爆破波扰动作用下时滞型岩爆孕育机理如图 7.5.6 所示。时滞型岩爆由多个因素共同作用产生。

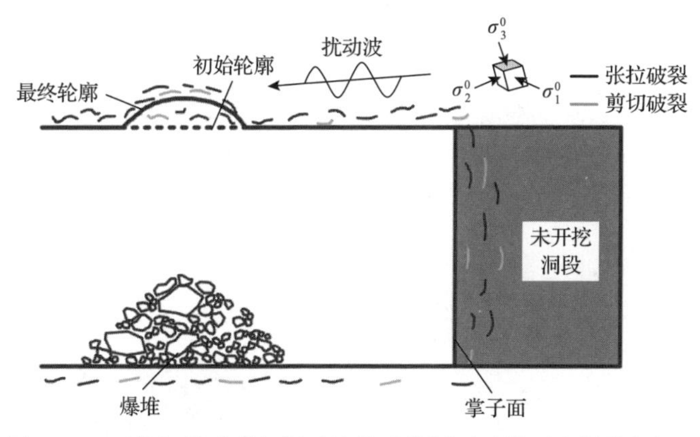

图 7.5.6　开挖卸荷破裂与爆破波扰动作用下时滞型岩爆孕育机理

(1)开挖卸荷破裂与波扰动作用。开挖卸荷后围岩中产生破裂，但开挖后一段时间内岩体仍处于临界平衡状态。受附近施工扰动波或其他部位发生岩爆等产生的扰动波的影响，围岩中聚集的能量不断增加，围岩中的破裂不断累积，围岩自身的储能能力不断下降，最终使围岩的临界平衡状态被打破，从而发生时滞型岩爆。

(2)开挖卸荷破裂与围岩的延脆性作用。开挖卸荷后围岩中产生破裂，但当围岩具有延脆性时，开挖卸荷后一段时间内围岩处于延性阶段，围岩仍具有一定的承载能力，不会发生剧烈破坏。随着时间的推移，围岩逐渐进入脆性破坏阶段，其承载能力突然下降，围岩发生剧烈破坏，从而发生时滞型岩爆。

(3) 开挖卸荷破裂与脆性围岩的时效破裂作用。开挖卸荷后围岩中产生破裂，但岩体强度较高时，开挖卸荷后一段时间内应力集中程度不足以使围岩发生剧烈破坏。随着时间的推移，岩体中的破裂不断累积，岩体强度下降，且应力集中程度不断增强，最终使岩体发生时效破裂，从而发生时滞型岩爆。

6) 间歇型岩爆孕育机理

深埋隧道间歇型岩爆孕育机理如图 7.5.7 和图 7.5.8 所示。间歇型岩爆的发生与开挖后岩体中的能量逐步释放有关。

(1) 当某几个相邻洞段的地质条件相似时，第一个洞段开挖后发生了岩爆，且未采取有效的岩爆防控措施，后续洞段采取与第一个洞段相同的开挖速率和支护强度，在后续洞段开挖后同样会发生岩爆。这一系列岩爆在时间上表现出间歇性，在空间上形成沿隧道轴向发展的链式岩爆，如图 7.5.7 所示。

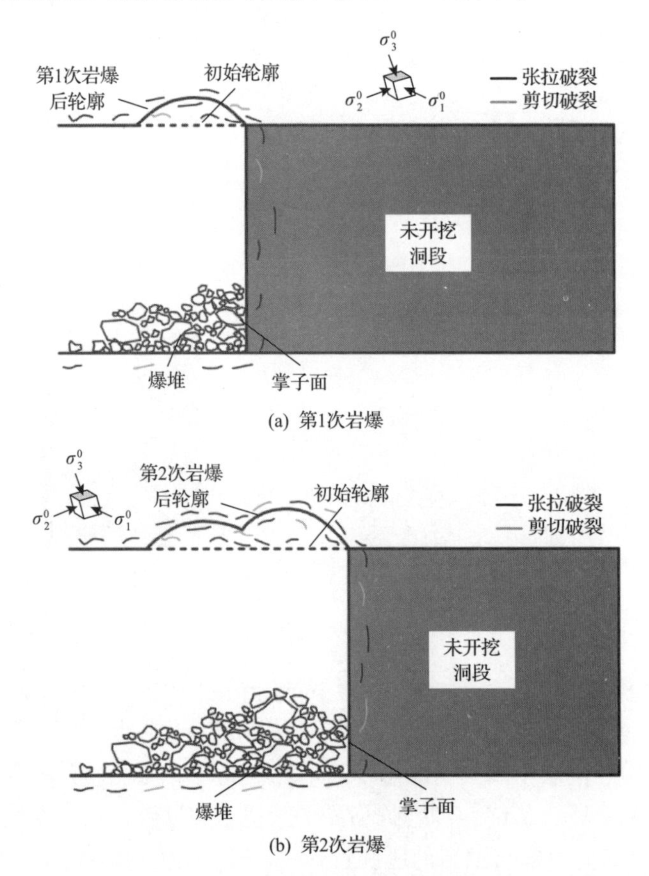

(a) 第1次岩爆

(b) 第2次岩爆

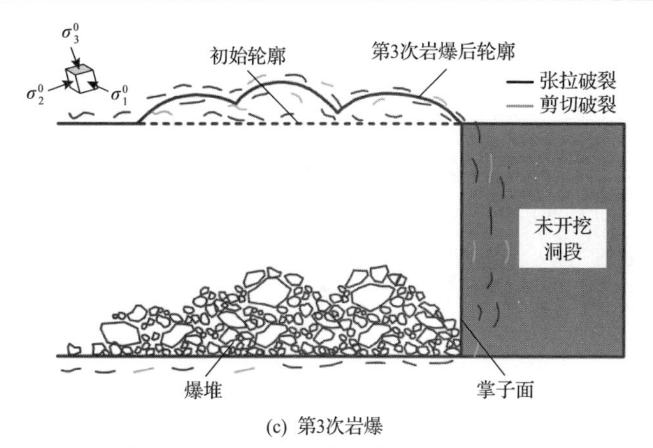

(c) 第3次岩爆

图 7.5.7　深埋隧道间歇型岩爆(沿隧道轴向发展的链式岩爆)孕育机理

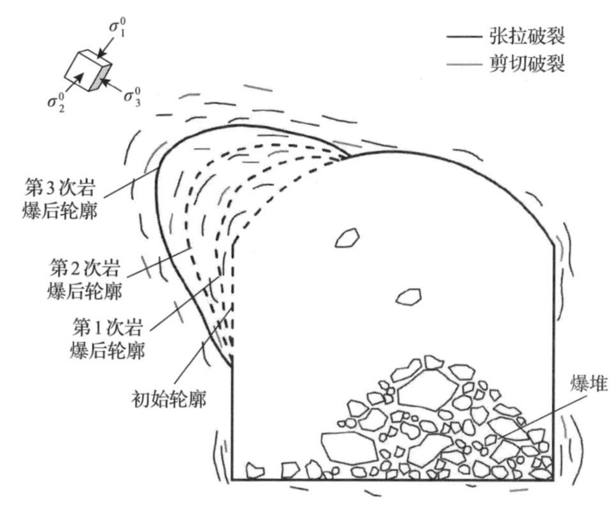

图 7.5.8　深埋隧道间歇型岩爆(沿隧道径向发展的链式岩爆)孕育机理

(2)当某一洞段发生岩爆后，岩体中仍残留有较高的能量，且岩爆造成隧道开挖轮廓发生突变时，该部位应力集中程度进一步增加，岩体中剩余的能量进一步累积，发生岩爆时产生的应力波对爆坑附近的围岩造成破坏，进一步降低爆坑附近围岩的强度，在多种因素作用下岩爆区域再次达到发生岩爆的条件，此时若未采取有效的岩爆防控措施，则该部位将再次发生岩爆，这种能量释放和累积的过程不断重复，将形成一系列岩爆，这一系列岩爆在时间上表现出间歇性，在空间上形成沿隧道径向发展的链式岩爆，如图 7.5.8 所示。

7.5.2　深部工程硬岩岩爆分级及其孕育机理

1. 岩爆分级

在同一工程中，各次岩爆带来的危害各不相同。为了客观地评价岩爆的危害程度、科学地指导岩爆监测预警、有效地建立岩爆防控措施，需要对岩爆进行分级。因此，引入岩爆等级对岩爆的强烈程度与破坏规模进行描述。岩爆等级可划分为轻微岩爆、中等岩爆、强烈岩爆和极强岩爆。通常岩爆等级越高，对围岩、支护体系及构筑物的破坏也越大。不同等级岩爆的典型特征和现象如表 7.5.3 所示[14]。可以看出，不同等级岩爆的特征和破坏程度具有明显的差异，岩爆预警应该给出潜在岩爆的等级，并根据预警岩爆等级，制定针对性的防控措施。

表 7.5.3　不同等级岩爆的典型特征和现象[14]

岩爆等级	危害性描述	岩爆破坏深度 D/m	岩爆沿洞轴线破坏长度 L/m	爆块平均弹射初速度 V_0/(m/s)	爆块特征	声响特征
轻微岩爆	危害低。钻爆法施工时，易造成小型机械设备局部易损部位损坏，影响正常使用。TBM 施工时，偶尔会造成 TBM 的刀盘、锚杆钻机等受损。对工序影响较小，局部排险、支护后可正常施工，清理爆坑处松动围岩需 1～3h	$D<0.5$	$0.5<L<1.5$	$V_0<1$	呈薄片状～板状，厚 1～5cm	清脆的噼啪、撕裂声，似鞭炮声，偶有爆裂声响
中等岩爆	危害中等。钻爆法施工时，易造成小型机械设备被砸坏，或大型设备设施局部暴露部位被砸至变形，需维修才能正常使用。TBM 施工时，易造成 TBM 的刀盘、锚杆钻机受损等。对工序影响稍大，短暂等待、排险、支护后可正常施工，清理爆坑处松动围岩需 8～12h	$0.5\leqslant D<1$	$1.5\leqslant L<5$	$1\leqslant V_0<5$	呈薄片状、板状和块状，板状岩石厚 5～20cm，块状岩石厚 10～30cm	清脆的似子弹射击声或雷管爆破的爆裂声，围岩内部偶有闷响
强烈岩爆	危害高。钻爆法施工时，易造成施工台架砸坏、机械设备驾驶室严重变形、机械设备作业臂砸断等大型设备设施的暴露部位损害，需大量修复或更换。TBM 施工时，易造成 TBM 的刀盘、锚杆钻机被砸坏、刀盘内油缸损坏等。对工序影响大，等待足够久的时间后才可排险、支护，清理爆坑处松动围岩需 12～24h	$1\leqslant D<3$	$5\leqslant L<20$	$5\leqslant V_0<10$	围岩大片爆裂脱落、抛射，伴有岩粉喷射现象，块度差异较大，大块体与小岩片混杂，呈薄片状、板状和块状，块状岩石厚 20～40cm	似炸药爆破的爆裂声，声响强烈
极强岩爆	危害极高。钻爆法施工时，大型施工台架、挖掘机、卡车、凿岩台车等机械设备被埋或被摧毁。TBM 施工时，TBM 损坏非常严重，需大量修复或部件更换，甚至造成 TBM 被埋而无法使用。对工序影响极大，等待足够久的时间后才可排险、支护，清理爆坑处松动围岩需几天到几十天	$D\geqslant 3$	$L\geqslant 20$	$V_0\geqslant 10$	围岩大面积爆裂垮落，岩粉喷射充满开挖空间，块度差异大，大块体与小岩片混杂，最大块体厚度一般可达 1m	低沉的似炮弹爆炸声或闷雷声，声响剧烈

2. 不同等级岩爆孕育机理

同一工程中经常发生不同等级的岩爆。分析结果表明，局部地质条件的不同，尤其是结构面发育的差异，是造成岩爆等级不同的主要原因之一。一般低等级岩爆主要由开挖卸荷引起，而高等级岩爆主要由开挖卸荷和不利结构面共同作用引起。此外，低等级岩爆孕育过程中，岩体中聚集的能量较少，岩爆发生时释放的能量也较少；高等级岩爆孕育过程中，岩体中聚集的能量较多，岩爆发生时释放的能量也较多。低等级岩爆孕育过程中围岩中的破裂一般首先在靠近临空面的表层产生，逐渐向深层围岩扩展；而高等级岩爆孕育过程中围岩中的破裂一般首先在深层围岩中产生，推动表层围岩弹射性破坏。一种典型由结构面影响的高等级岩爆孕育机理如图 7.5.9 所示。

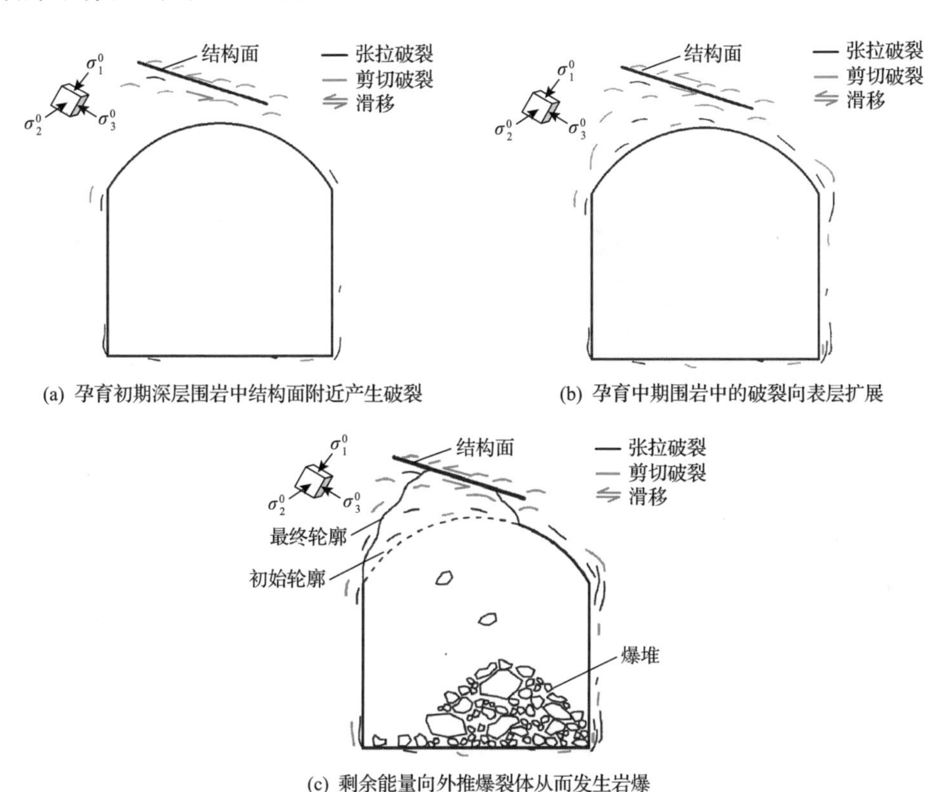

图 7.5.9　一种典型由结构面影响的高等级岩爆孕育机理

7.5.3　深部工程硬岩岩爆案例分析

下面通过分析岩爆案例，进一步阐明不同类型岩爆的孕育机理。由于即时型岩爆多为应变型岩爆或应变-结构面滑移型岩爆，时滞型岩爆案例详见文献[16]，本节主要对应变型岩爆、应变-结构面滑移型岩爆、断裂型岩爆和间歇型岩爆进行案例分析。

1. 应变型岩爆案例

1) 岩爆特征

某应变型岩爆现场照片及爆坑形态示意图如图 7.5.10 所示。2018 年 10 月 14 日，该隧道掌子面开挖至 K196+627，16:10 掌子面进行爆破，出渣、排险正常施工，19:00 左右拱顶偏北开始发生岩爆，掌子面后方 0～15m 区域北侧围岩发生大面积弹射与剥落。岩爆过程中有持续响声、掉块及岩块弹射现象，弹射距离约 1m。爆落岩块为薄片状及碎石状，岩爆区范围为 K196+612～K196+627，爆坑尺寸为 15m×6m×0.4m，爆坑内未揭露明显结构面。从爆坑形态、岩爆区揭露的地质情况、岩爆发生的时间和空间位置综合判断，该次岩爆为应变型岩爆，该次岩爆造成喷射混凝土支护被破坏。从 15 日 9:00 开始重新进行支护，增加了锚杆支护并复喷混凝土，该岩爆导致施工暂停约 17h。

(a) 现场照片

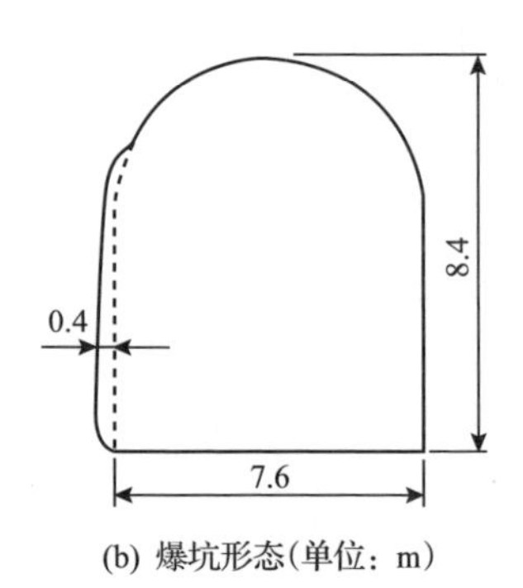

(b) 爆坑形态(单位：m)

图 7.5.10　某应变型岩爆现场照片及爆坑形态示意图

2) 岩爆微震活动的演化过程

图 7.5.11 为某应变型岩爆孕育全过程微震活动曲线。可以看出，岩爆发生前 10 天该区域产生第一个微震事件，之后几天微震活动性较低。至 10 月 8 日，掌子面开挖至 K196+601.3，微震事件数及释放能快速上升，并一直保持高位。由于 10 月 11 日至 12 日 11:00 未掘进，12 日微震活动有所下降。12 日恢复施工后，微震活动快速上升，至 14 日，当日微震事件数达到 69 个，预示着岩爆即将发生，之后该区域发生中等岩爆。

3) 孕育机理

该应变型岩爆发生于围岩完整段，原岩应力场 σ_1^0 在 50MPa 以上。隧道开挖引起围岩应力重分布，在边墙形成应力集中，储存大量应变能。爆破开挖引起的快速卸荷导致围岩径向应力减小、切向应力增大，造成围岩中原有的裂隙被激活、新裂隙萌生。随着孕育时间的推移，裂纹逐渐扩展，然后贯通至自由面，最终与隧道开挖轮廓一起切割出爆裂体。岩体中积聚的未被消耗的应变能转变为爆裂体的动能，使爆裂体脱离母岩，并向临空面一侧弹射，从而发生应变型岩爆。

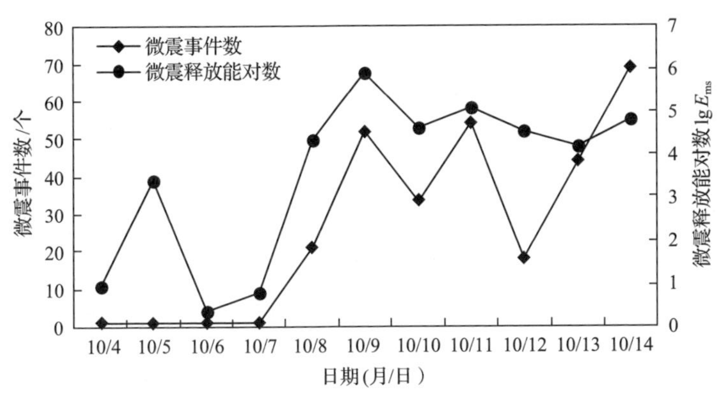

图 7.5.11　某应变型岩爆孕育全过程微震活动曲线

2. 应变-结构面滑移型岩爆案例

1)岩爆特征

锦屏二级水电站引水隧洞工程包含 4 条引水隧洞、2 条交通隧洞和 1 条排水洞，采用钻爆法和 TBM 开挖。其中 4 条引水隧洞洞线平均长度约为 16.67km，开挖洞径 13m，一般埋深 1500～2000m，最大埋深达到 2525m，σ_1^0 达到 70MPa。工程区主要岩性为大理岩，最大单轴抗压强度达 160MPa，脆性强。2011 年 8 月 10 日，锦屏二级水电站 3# 引水隧洞 K8+700～K8+728(钻爆法开挖)发生一次应变-结构面滑移型岩爆，如图 7.5.12 所示[16]。岩爆等级达到强烈，岩爆发生时伴随有

图 7.5.12　2011 年 8 月 10 日锦屏二级水电站 3# 引水隧洞 K8+700～K8+728(钻爆法开挖)发生的一次应变-结构面滑移型岩爆[16]

较大声响，爆坑形状整体呈 U 形，最大深度达到 1.2m，爆落岩块以块状和板状为主，岩爆区域揭露 2 组硬性结构面，爆坑边界受结构面控制。

2) 岩爆微震活动的演化过程

该次应变-结构面滑移型岩爆孕育过程中相关微震信息如表 7.5.4 所示。基于立方根和极差正规化的双重数据变换，计算岩爆孕育过程的微震活动综合强度 M 及单个微震事件强度，绘制参数随时间的演化曲线，如图 7.5.13 所示[17]。可以看出，该次岩爆孕育过程中微震活动综合强度 M 曲线近似直线，呈现略微波动的平稳上升，强弱微震事件在时间上表现为相对较为均匀分布、交替出现的特征。M 曲线和微震事件强度演化规律在时间上阶段划分特征不明显，整个孕育过程曲线斜率变化微弱，曲线前后部分无较大差别，微震活动基本保持统一强度水平，呈明显的群震型特征。

表 7.5.4　2011 年 8 月 10 日锦屏二级水电站 3# 引水隧洞应变-结构面滑移型岩爆孕育过程中相关微震信息

累积微震事件数/个	累积微震释放能/10kJ	累积微震视体积/10^4m^3	微震事件率/(个/d)	微震释放能速率/(kJ/d)	微震视体积率/(10^3m^3/d)
45	6.533	6.886	4.1	5.781	6.252

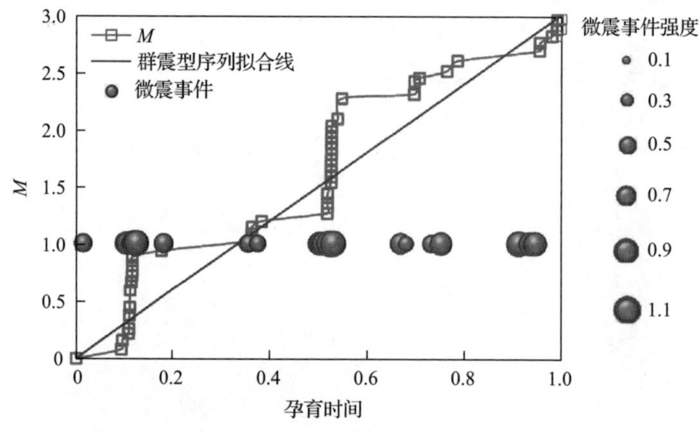

图 7.5.13　2011 年 8 月 10 日发生在锦屏二级水电站 3# 引水隧洞 K8+700～K8+728 的应变-结构面滑移型岩爆孕育过程中相关微震信息随时间的演化曲线[17]

3) 岩爆孕育机理

如图 7.5.12 所示，该次岩爆区存在两组明显的硬性结构面，在高应力作用下，掌子面开挖卸荷引起岩爆区围岩应力调整而导致围岩产生裂隙或沿结构面扩展、开裂与滑移，释放一部分能量，产生微震事件。虽然扰动并非十分强烈，但由于两组硬性结构面切割岩体及其相互作用，掌子面开挖对岩爆区的扰动在一开始便造成了结构面附近群发的微破裂。随着掌子面不断推进，新老裂隙不断萌生、扩展、贯通，最终与结构面一起切割出爆裂体。当掌子面开挖经过岩爆区后，形成了临空面，岩体中积聚的未被消耗的能量将爆裂体推向临空面，进而发生该次应变-结构面滑移型岩爆。

3. 断裂型岩爆案例

1) 岩爆特征

某隧道断裂型岩爆发生过程爆坑形态演化照片如图 7.5.14 所示[18]。2018 年 11 月 15 日，该深埋隧道掌子面开挖至 K196+726，上午 7:33，掌子面进行开挖爆破，然后清渣、排险。12:00 左右，掌子面后方 1m 拱顶开始发生极强岩爆，主爆发生于 13:00 左右，发出巨大的爆裂声和闷响声。许多岩体突然滑落，并迅速填满掌子面后方 20m 区域，如图 7.5.14(a) 所示。截至 11 月 17 日，掌子面基本稳定无响声，岩爆暂时停止。11 月 17 日 12:00～18:00 和 11 月 18 日 8:00～16:00，施工方清理岩爆区的爆落块体。11 月 19 日 6:29，岩爆再次发生，并发出巨大的声响。截至 11 月 20 日 12:00，岩爆区稳定，岩爆结束[18]。

(a) 整体破坏情况

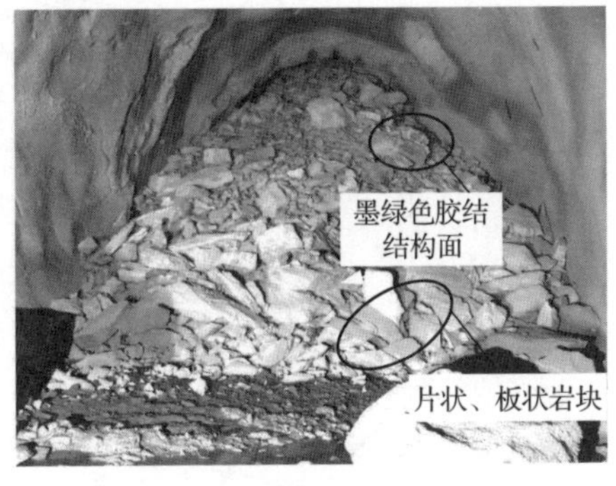

(b) 局部破坏特征

图 7.5.14　某隧道断裂型岩爆发生过程爆坑形态演化照片[18]

该隧道断裂型岩爆发生过程爆坑形态演变示意图如图 7.5.15 所示[18]。由于两次岩爆发生位置保持不变，且第二次岩爆在第一次岩爆爆坑的基础上延伸至围岩深处。因此，这两次岩爆是“2018.11.15”极强岩爆的两次发生过程，分别记为岩爆Ⅰ和岩爆Ⅱ。岩爆Ⅰ后爆坑深度为 8～9m，如图 7.5.15(a) 和 (b) 所示，岩爆Ⅱ后爆坑深度为 11～13m，如图 7.5.15(c) 和 (d) 所示，两次岩爆爆落岩体体积共约 900m^3。

岩爆块体的形态为块状、片状、粒状和粉末状。图 7.5.14(b) 所示岩爆块体中存在大量片状、薄板状岩块，厚度 1～2cm。爆坑中有许多尺寸较大的岩块，图 7.5.16(a) 为一块尺寸为 2.3m×1.6m×0.53m(长×宽×厚) 的较大岩块。另外，在许多较大的岩块中发现了墨绿色胶结结构面，如图 7.5.14 和图 7.5.16(a) 所示。爆落块体运出后，在爆坑中见大量岩石颗粒和墨绿色岩粉，如图 7.5.16(b) 所示。

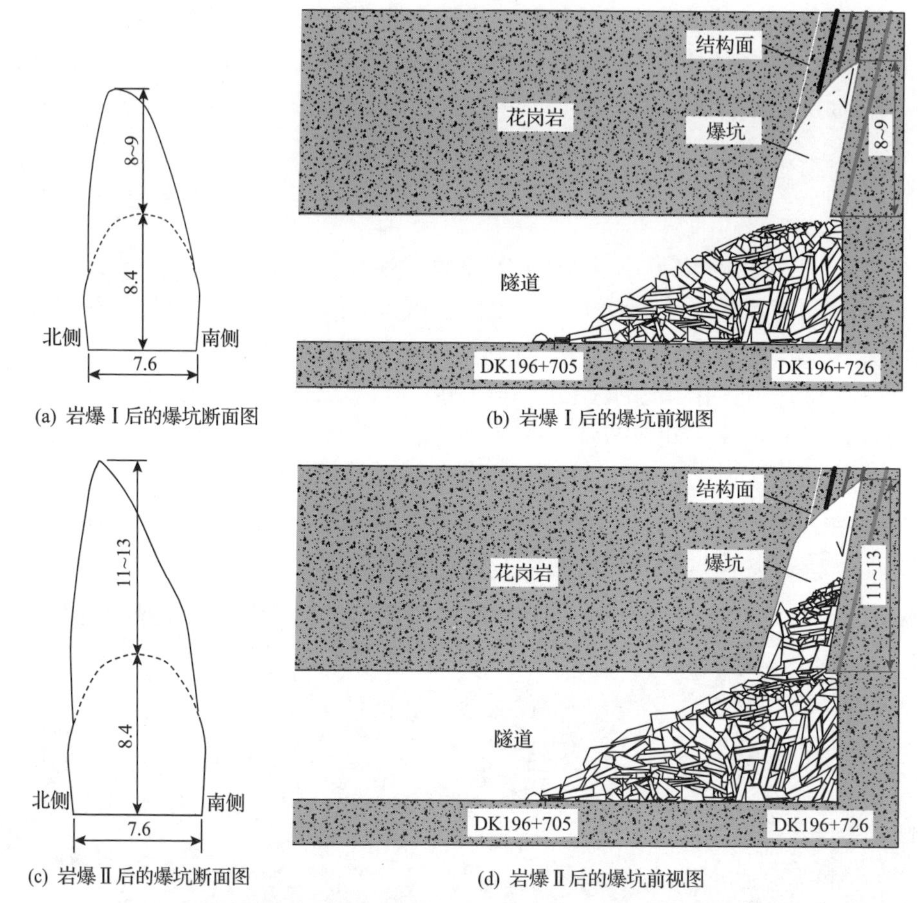

(a) 岩爆Ⅰ后的爆坑断面图　(b) 岩爆Ⅰ后的爆坑前视图

(c) 岩爆Ⅱ后的爆坑断面图　(d) 岩爆Ⅱ后的爆坑前视图

图 7.5.15　某隧道断裂型岩爆发生过程爆坑形态演变示意图(单位：m)[18]

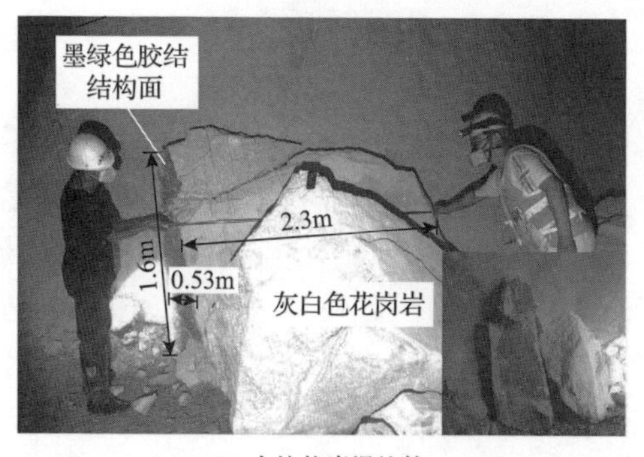

(a) 大块状岩爆块体　(b) 岩石颗粒与墨绿色岩粉

图 7.5.16　某隧道断裂型岩爆中的岩块形态[18]

岩爆Ⅱ发生后，岩爆等待持续了 5 天，直到岩爆区微震活动完全平静，11 月 25 日开始清理岩块。直至 2019 年 1 月 7 日，岩爆区完成清渣及支护工作。该岩爆导致施工进度延误了 52 天。此外，岩爆处理过程中消耗了大量支护材料，包括 1080 根锚杆、27 榀钢拱架、80 个管棚、大量的钢纤维混凝土和钢筋网等。

在“2018.11.15”岩爆区进行了地质调查，调查结果如表 7.5.5、图 7.5.17 所示[18]。节理组 1 包括 1#～5#结构面，分布于掌子面后方 K196+721～K196+725，结构面倾向为 280°，垂直于隧道的掘进方向，倾角为 70°～90°。此外，在掌子面北侧分布一个节理组(节理组 2)，倾向为 10°，倾角为 70°。

表 7.5.5　某隧道断裂型岩爆区域结构面产状及性质[18]

节理组	结构面	性质	充填厚度/mm	倾向/(°)	倾角/(°)
节理组 1	1# 结构面	平直、光滑、无充填	—	280	80
	2# 结构面	弯曲、粗糙、黑色粉末充填、张开	50	280	90
	3# 结构面	平直、绿色充填	3	280	80
	4# 结构面	平直、墨绿色充填、微张	20	280	70
	5# 结构面	弯曲、白色石英充填、闭合	40	280	70
节理组 2	—	张开、无充填、无风化	—	10	70

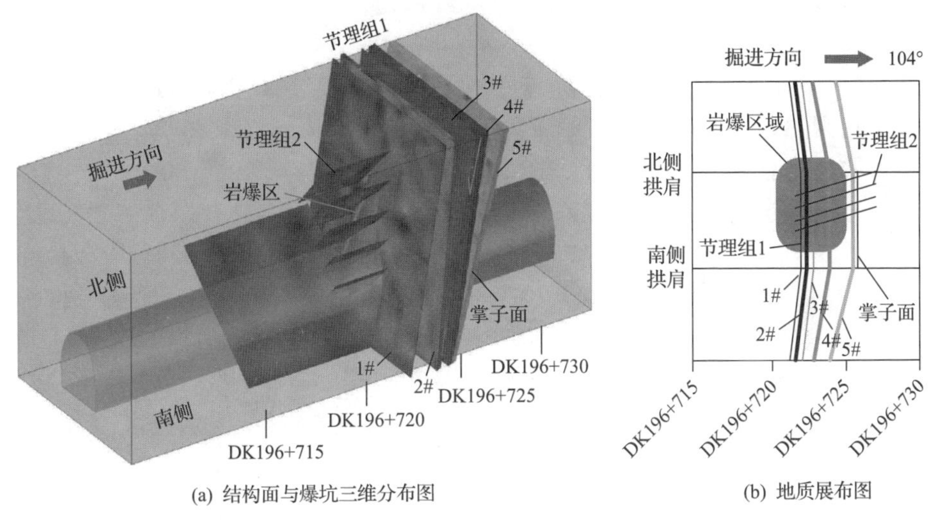

(a) 结构面与爆坑三维分布图　　(b) 地质展布图

图 7.5.17　某隧道断裂型岩爆区工程地质示意图[18]

在断裂型岩爆发生后，对爆坑中墨绿色胶结结构面进行了成分分析。该结构面绿色部分长石绿泥石化较强，黑云母多发生绿泥石化，黑云母+绿泥石的含量约 6%，绿色部位的黑云母几乎蚀变为白云母。长石内部或者长石与长石或石英接触界面上分布有碳酸盐矿物，石英之间未见碳酸盐。

对岩爆块体中的墨绿色破坏面进行 SEM 扫描，其微观破坏特征如图 7.5.18 所示[18]。可以看出，破坏面表现为线状排列小颗粒状花样和条纹花样，表明该断裂型岩爆发生时为剪切滑移的破坏机制。岩爆坑处的岩石颗粒和粉末是在岩爆期间沿墨绿色破坏面滑动摩擦产生的。因此，这次岩爆是发生在 4# 墨绿色胶结结构面上并沿结构面下滑的断裂型岩爆。

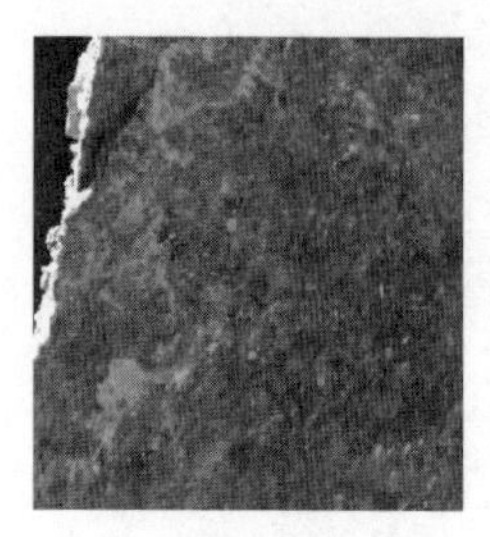
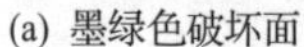
(a) 墨绿色破坏面

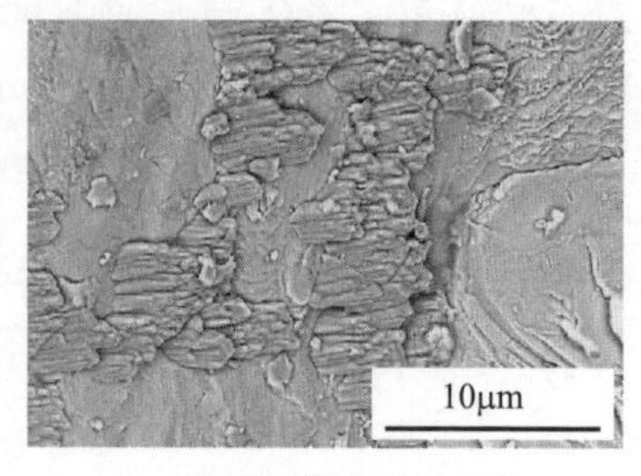

(b) 线状排列小颗粒状花样

(c) 条纹花样

图 7.5.18　墨绿色破坏面及其微观破坏特征[18]

2) 岩爆频谱特征

“2018.11.15” 断裂型岩爆主爆发生于 11 月 15 日 13:00 左右，微震监测系统在 13:03:41 采集到一个释放能极大的微震事件，该事件为该岩爆主爆发生时的微震事件，其波形及频谱如图 7.5.19 所示[18]。分析该事件的微震释放能和波形频谱特征可知：

(1) 主爆微震事件的释放能为 1.8×10^{8}J，局部震级达到 2.3。11 月 15 日 7:33 系统采集到的掘进爆破事件的微震释放能为 2.2×10^{7}J，局部震级为 1.6。主爆微震事件的释放能是掘进爆破事件的 8 倍。

(2) 主爆微震事件的波形振幅均大于 2×10^{-2}m/s，其中 3# 传感器的振幅最大，达到 5.07×10^{-2}m/s (见图 7.5.19(a))。钻爆法开挖隧道中，采用相同的传感器布置方案，岩体破裂波形振幅为 $10^{-7}\sim10^{-2}$m/s。该断裂型岩爆主爆微震事件振幅较高。

(3) 主爆微震事件中，各传感器波形主频为 13Hz，个别传感器在 150～180Hz 范围分布有信号，表现出多频带的特征 (见图 7.5.19(b))。断裂型岩爆微震事件主频为 13Hz，在传感器监测频率范围内，布置的微震监测系统能够监测到断裂滑移信号。

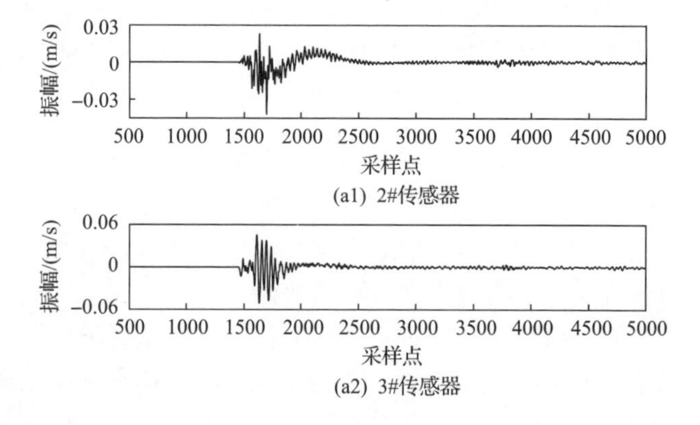

(a1) 2#传感器

(a2) 3#传感器

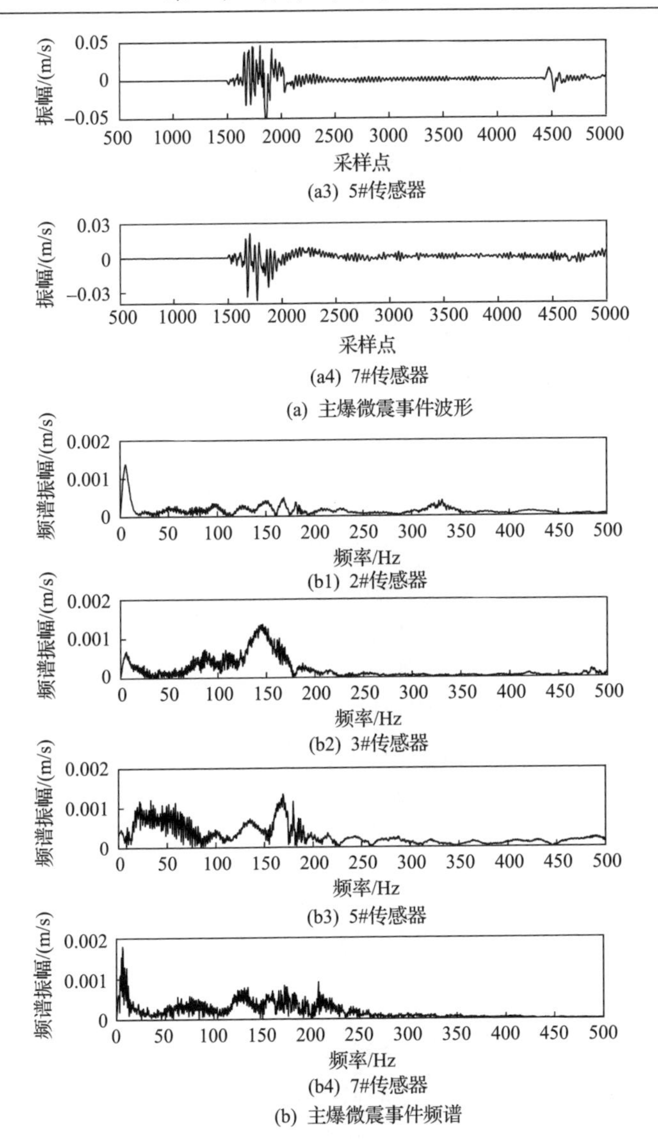

图 7.5.19　隧道断裂型岩爆主爆微震事件的波形及频谱(11 月 15 日 13:03:41)[18]

隧道断裂型岩爆孕育过程中频谱演化特征如图 7.5.20 所示[18]。固定选取 2# 传感器的微震波频谱特征进行研究以降低不同传感器采集信号质量的影响。从图 7.5.20 可以看出,断裂型岩爆孕育过程中,当掌子面距 4# 结构面距离较大时,最大有效频率在 50～200Hz 范围内波动,相对有效振幅较小,随着掌子面与 4# 结构面距离逐渐减小,相对有效振幅急剧增大,最大有效频率快速减小。岩爆发生时,相对有效振幅达到最大值,最大有效频率同样减小到最小值。

图 7.5.21 为隧道断裂型岩爆孕育过程中 2# 传感器微震波形主频演化特征[18]。

可以看出，断裂型岩爆孕育过程中，初期微震波形主频约为180Hz，岩爆发生前，微震波形主频逐渐减小，岩爆发生时，微震波形主频为13Hz。

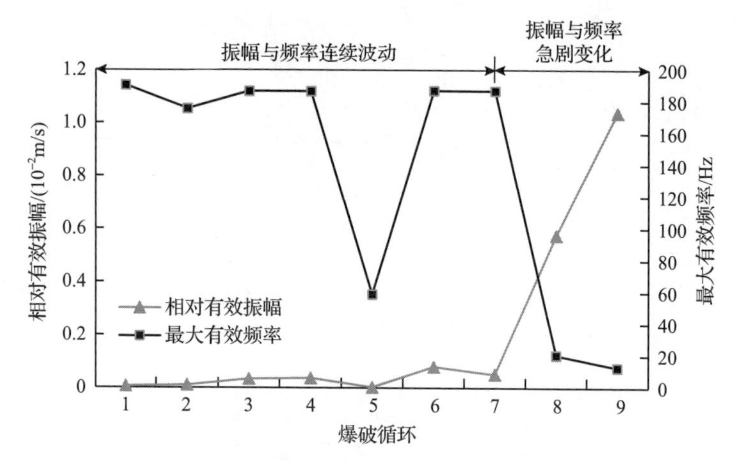

图 7.5.20　隧道断裂型岩爆孕育过程中频谱演化特征[18]

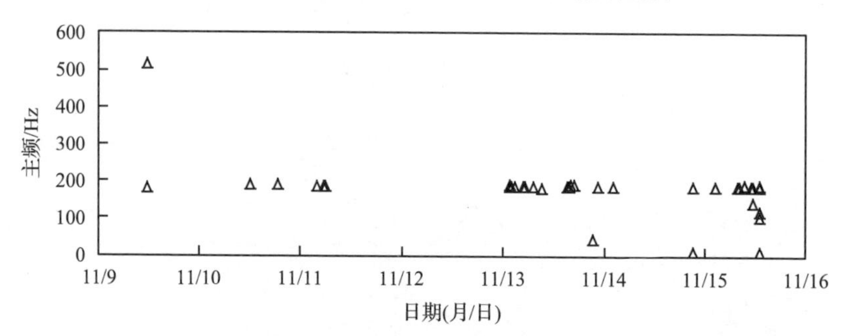

图 7.5.21　隧道断裂型岩爆孕育过程中2#传感器微震波形主频演化特征[18]

3）岩爆微震活动的演化过程

如图7.5.22所示，分析了岩爆区微震释放能大于1J的微震活动演化，以揭示断裂型岩爆的孕育过程[18]。每个点都统计了4h内发生在岩爆区的微震活动，通过岩爆Ⅰ孕育过程的微震活动，即从岩爆区第一次岩石破裂事件到岩爆Ⅰ发生的时间(11月9日11:26～11月15日12:00)，揭示断裂型岩爆的孕育过程。在该阶段，掌子面正常施工作业，按照掌子面到4#结构面的距离对断裂型岩爆的孕育过程进行划分，断裂型岩爆孕育阶段描述如下。

(1)缓慢孕育(L= –26～–11m)：微震活动缓慢增加。相对有效振幅和最大有效频率处于连续的波动。4h内最大微震事件数为17，平均微震事件数为2.75。这些微震事件主要发生在爆破后，分布在隧道围岩浅层和掌子面附近。微震释放能对数最大值为4.3，大多小于4。

(2)快速孕育(L= –11～–2m)：微震活动快速增加。相对有效振幅快速增加，最大有效频率快速下降。4h 内最大微震事件数为 14，平均微震事件数为 3.69。一些微震事件分布于结构面附近。微震释放能对数最大值为 6.44，大多分布于 4～5。

(3) 岩爆即将发生 (L= –2～1m)：微震活动急剧增加。相对有效振幅急剧增加，最大有效频率快速下降。11 月 15 日 7:33 爆破后 7:33～12:00 发生 34 个微震事件，微震释放能对数为 6.42，沿结构面分布在上盘。强烈的微震活动表明结构面将发生滑动，断裂型岩爆将很快发生。

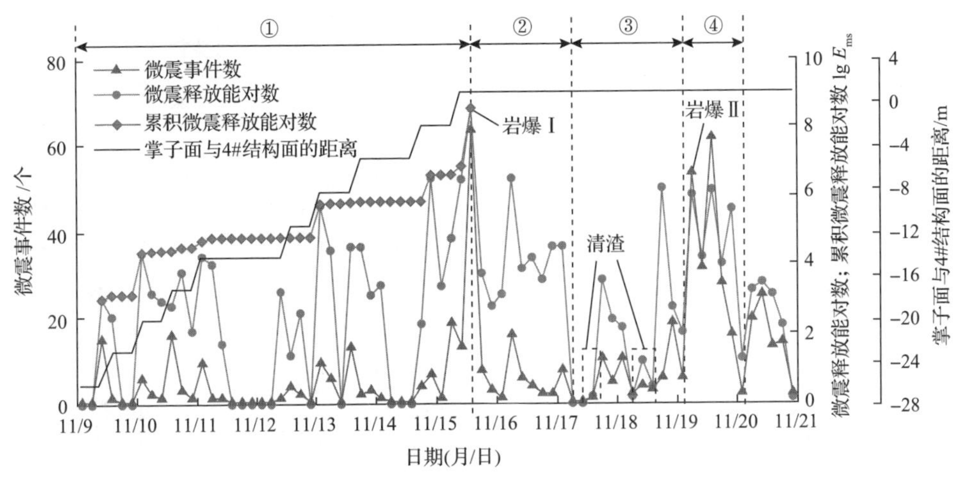

图 7.5.22　隧道断裂型岩爆孕育过程微震活动随时间的演化规律[18]

以上根据断裂型岩爆孕育过程中的微震活动将其分为三个阶段，实际上，微震活动的强弱及演化过程对应着裂纹生成的过程，微震活动越强，裂纹的生成及扩展越快。因此，这三个阶段分别对应裂纹萌生、扩展至贯通的阶段。

整个断裂型岩爆的过程可分为四个阶段(岩爆发生后掌子面与 4# 结构面距离不变，以时间表示)，即岩爆 I 孕育阶段、岩爆 I 发生阶段、岩爆 II 孕育阶段和岩爆 II 发生阶段，以阶段①～④表示，如图 7.5.22 所示。在此，对四个阶段中发生的微震活动进行分析，如图 7.5.23 所示。

从图 7.5.23(a) 可以看出：①微震释放能对数主要分布在(–2,7)，大多数微震释放能对数分布在(–1,4)，占所有微震事件的 85.7%；②8 个微震事件的微震释放能对数大于 6。其中，5 个微震事件发生在岩爆 I 发生阶段，1 个发生在岩爆 II 发生阶段，其余 2 个微震事件发生在岩爆 I 孕育阶段(分别发生在快速孕育阶段和岩爆即将发生阶段)；③共 110 个微震事件的微震释放能对数分布于(3,6]，29.1%和 45.5%的微震事件分别发生在岩爆 I 的孕育和发生阶段，5.4%和 20%的微震事件分别发生在岩爆 II 的孕育和发生阶段。由此表明断裂型岩爆发生阶段的大能量微震事件数大于孕育阶段。

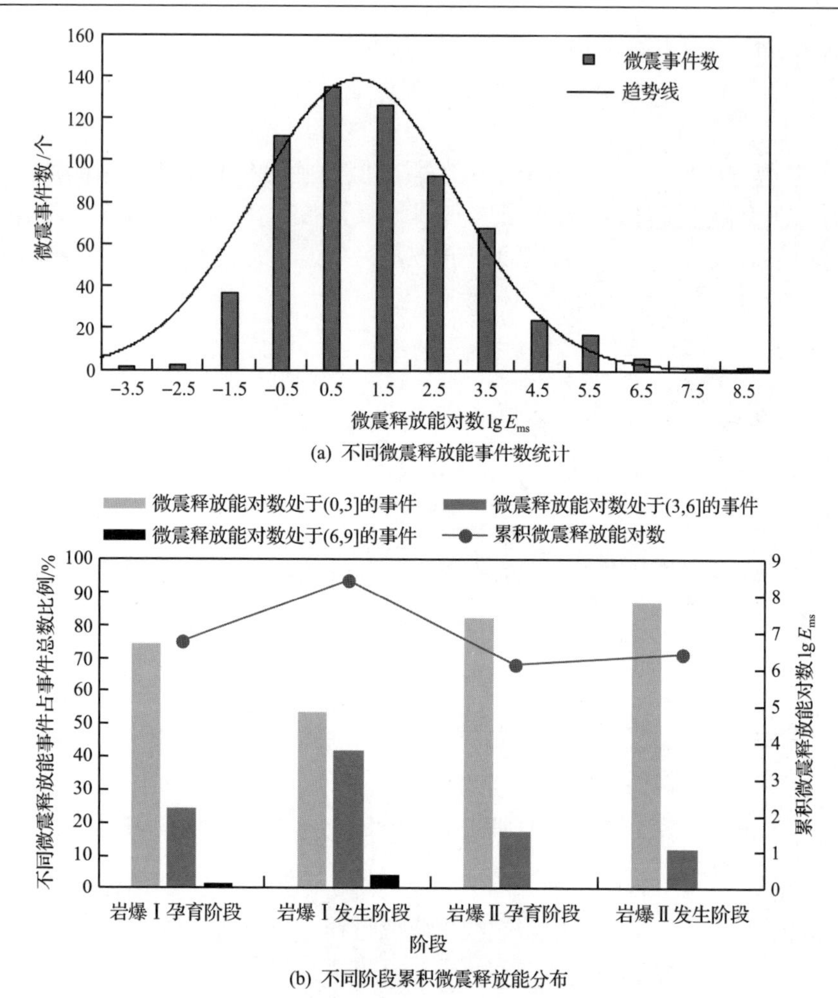

(a) 不同微震释放能事件数统计

(b) 不同阶段累积微震释放能分布

图 7.5.23　隧道断裂型岩爆微震活动特征分析[18]

此外，图 7.5.23(b)表明岩爆Ⅰ孕育过程中大能量微震事件的比例大于岩爆Ⅱ孕育过程中大能量微震事件的比例。该断裂型岩爆四个阶段的累积微震释放能对数分别为 6.77、8.43、6.15 和 6.41。两次岩爆发生阶段的累积微震释放能分别是孕育阶段的 45 倍和 3.4 倍。岩爆Ⅰ期间的累积微震释放能是岩爆Ⅱ期间累积微震释放能的 44.7 倍。

从“2018.11.15”断裂型岩爆发生情况和微震监测结果来看，该断裂型岩爆具有间歇性发生的特点，其能量也是间歇性释放的。第一次断裂滑移期间释放的能量大于第二次断裂滑移期间释放的能量。第一次发生的强烈岩爆容易造成大规模的灾害，再次发生的岩爆也会给工作人员带来巨大的心理压力。

4) 岩爆孕育机理

通过对岩爆特征、地质条件和微震监测结果的分析，建立了“2018.11.15”断

裂型岩爆孕育过程的机制概念模型，如图 7.5.24 所示[18]。微震事件的空间特征表明，

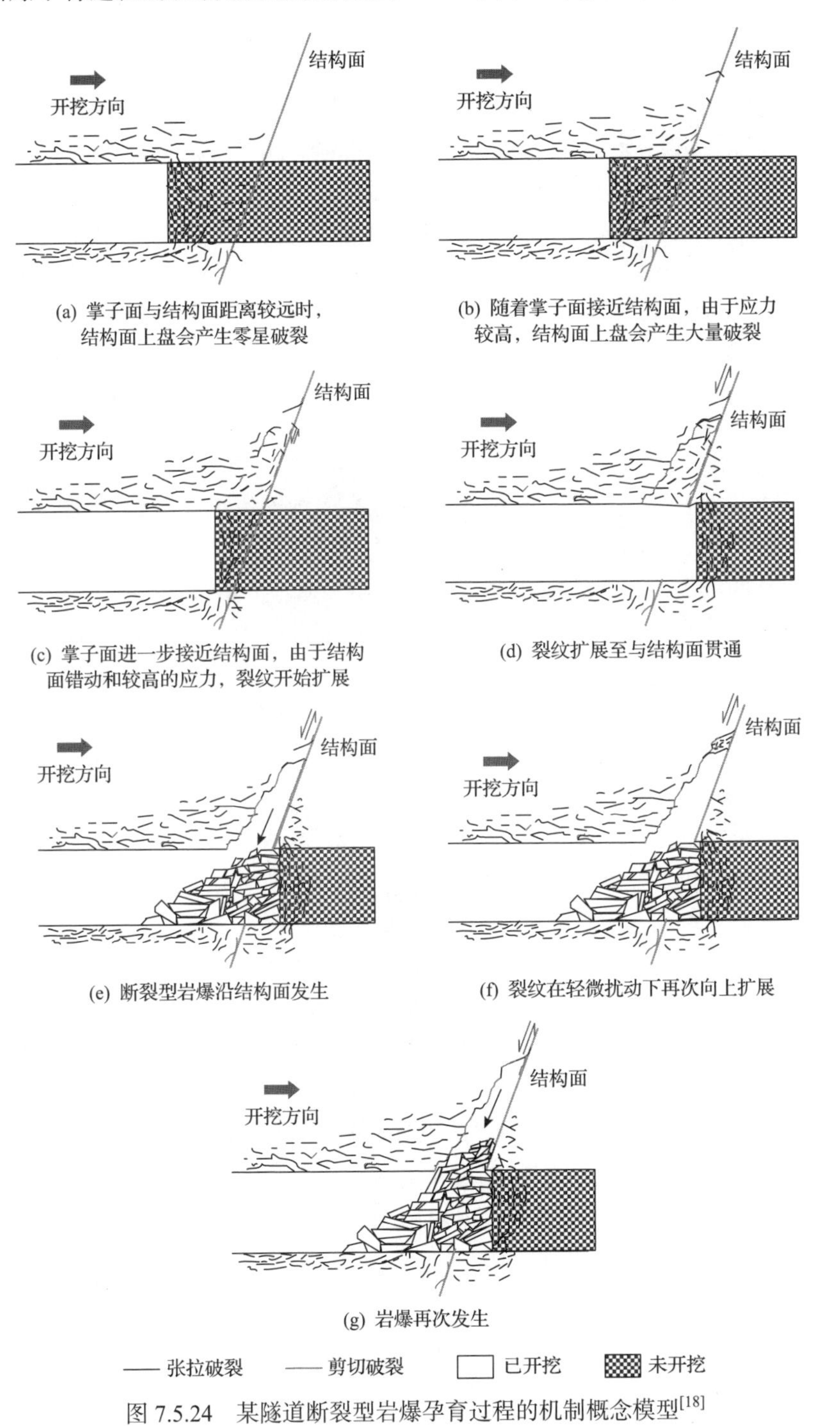

图 7.5.24　某隧道断裂型岩爆孕育过程的机制概念模型[18]

该断裂型岩爆发生在结构面上盘，爆坑的右边界由墨绿色充填的陡倾结构面控制。

由于工程开挖、高地应力和结构面的影响，隧道围岩中形成应力集中区。当掌子面与结构面距离较远时，在高应力作用下，隧道围岩和掌子面附近会产生岩石破裂。结构面上盘零星产生少量裂纹，该区域的裂纹基本上为张拉裂纹，平行于隧道掘进方向。该阶段对应于岩爆孕育阶段的缓慢孕育阶段，如图 7.5.24(a)所示。

随着掌子面接近结构面，应力集中区逐渐靠近结构面，应力逐渐增大，如图 7.5.24(b)和(c)所示。结构面上盘裂纹大量产生。该阶段的岩石破裂也主要为张拉破裂，如图 7.5.24(b)所示；随着掌子面进一步接近结构面，开挖二次应力和构造应力的叠加导致结构面上盘出现极高的应力，如图 7.5.24(c)所示。由此出现许多张拉破裂事件，形成平行于隧道的横向裂纹。高应力还导致上盘沿结构面发生少量岩体错动，进而导致上盘产生许多平行于结构面的纵向拉伸裂纹，这些裂纹沿着平行于结构面的方向逐渐向围岩深部延伸并与横向裂纹相连，如图 7.5.24(c)所示，这两个阶段对应着岩爆孕育阶段的快速孕育阶段。

当掌子面穿过结构面后，在开挖扰动和高应力的影响下，结构面上盘岩体有向下滑动的趋势，裂纹迅速发育与扩展，并与结构面完全贯通，该阶段发生一定数量的剪切裂纹，如图 7.5.24(d)所示。这一阶段对应于岩爆即将发生阶段；然后，发生了断裂型岩爆，如图 7.5.24(e)所示。横向裂纹导致在爆落岩体中观察到许多片状和板状岩石碎片，如图 7.5.16 所示。岩石颗粒和墨绿色岩粉是剪切滑移摩擦产生的，如图 7.5.18(c)所示。主爆发生后，新生裂纹沿结构面萌生、扩展、贯通和滑动。因此，出现了许多混合破裂和剪切破裂，与张拉破裂的比例相似。

随着岩爆等待时间的增加，微震活动趋于平缓。但是，由于结构面上盘中积累的能量并未完全释放，在轻微施工扰动的影响下，结构面错动导致裂纹再次扩展。这些平行于结构面的裂纹与横向裂纹贯穿，如图 7.5.24(f)所示，导致岩爆再次发生，如图 7.5.24(g)所示。

综上所述，在断裂型岩爆的孕育过程中，结构面起着重要作用。结构面构造应力进一步提高了结构面上盘的应力水平，导致更多的张拉破裂，形成平行于隧道洞壁的横向裂纹。结构面黏聚力相对较低，在高应力及开挖扰动下，结构面易发生错动。结构面错动引起结构面上盘裂纹加速扩展，一直延伸到与自由面贯通，然后沿自由面弹射和滑移。与应变型岩爆不同的是，断裂型岩爆的自由面是已经存在的大型自然结构面。因此，在相同条件下，断裂型岩爆的贯穿路径小于应变型岩爆。结合复杂的应力环境，可以解释断裂型岩爆的破坏性大于应变型岩爆和应变-结构面滑移型岩爆的原因。

4. 间歇型岩爆案例

1)岩爆特征

2017 年 5 月某隧道间歇型岩爆主要事件信息如表 7.5.6 所示[19]。在该隧道开挖过程中发生了一次间歇型岩爆(包含 3 次中等岩爆)，第一次中等岩爆发生于 2017 年 5 月 3 日 8:54。约 28h 后，5 月 4 日 12:32，在第一次岩爆区及其附近发生第二次岩爆。约 45h 后，2017 年 5 月 6 日 9:00，在第二次岩爆区及其附近发生了第三次岩爆。第三次岩爆后，岩爆区趋于稳定。在间歇型岩爆发生过程中有岩片剥落和弹射，并可听到岩体开裂的声响[19]。

表 7.5.6　2017 年 5 月某隧道间歇型岩爆主要事件信息[19]

岩爆编号	岩爆照片	事件信息
1	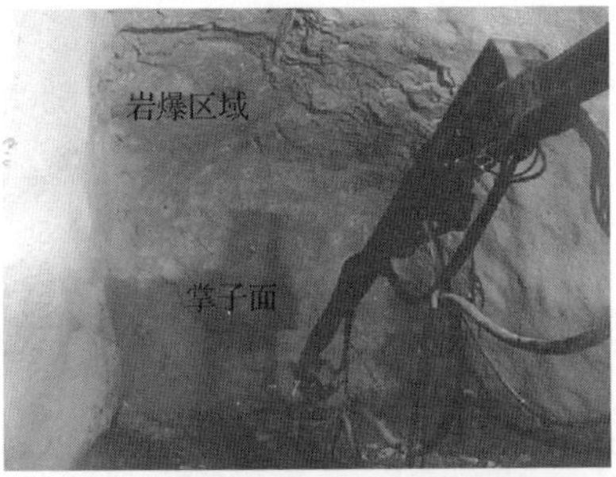 岩爆区域 掌子面	日期：2017 年 5 月 3 日 时间：8:54 等级：中等 桩号：K194+502～K194+505 横断面上位置：左拱肩 爆坑最大深度：0.5m 岩爆前支护情况：无支护
2	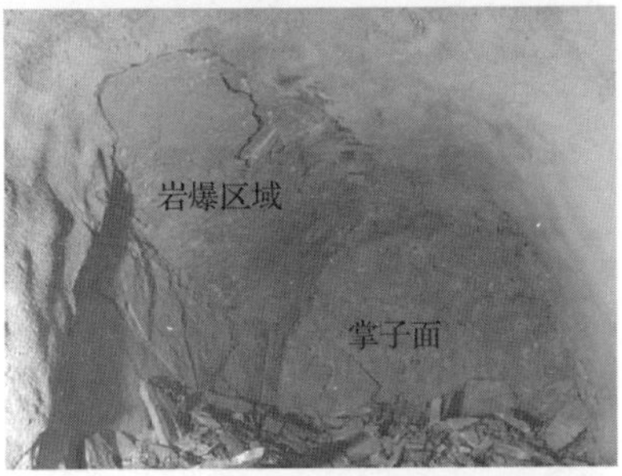 岩爆区域 掌子面	日期：2017 年 5 月 4 日 时间：12:32 等级：中等 桩号：K194+503～K194+510 横断面上位置：左边墙至左拱肩 爆坑最大深度：0.7m 岩爆前支护情况：无支护
3	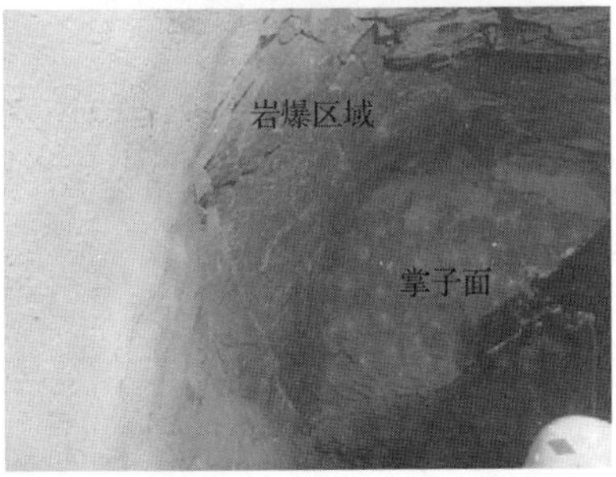 岩爆区域 掌子面	日期：2017 年 5 月 6 日 时间：9:00 等级：中等 桩号：K194+510～K194+516 横断面上位置：左边墙至拱顶 爆坑最大深度：0.6m 岩爆前支护情况：无支护

2) 岩爆微震活动的演化过程

该次间歇型岩爆发生前后微震事件数和微震释放能随时间的演化曲线如图 7.5.25 所示[19]。为了便于分析，在 x 坐标上设置第一次中等岩爆时间为“0”。然后统计分析第一次中等岩爆前后的微震数据。因此，负的 x 坐标表示第一次中等岩爆发生之前的一段时间，正的 x 坐标表示第一次中等岩爆发生之后的一段时间。图中能量随时间演化过程的中断表明当天没有产生任何微震事件。从图中可以看出，在第一次中等岩爆发生前 9 天左右，岩爆区开始出现微震事件。随后，微震事件数呈逐渐上升趋势(有波动)，第一次中等岩爆发生前的最后一天有 39 个微震事件产生。这表明岩爆发生前的最后一天微震活动相对活跃，预示着岩爆即将发生。第一次中等岩爆发生后，微震活动继续增强，1 天后发生第二次中等岩爆。第二次中等岩爆发生后，微震活动先减弱后增强，随后发生第三次中等岩爆。在第二次和第三次岩爆之前，微震活动显示出不同的模式。第三次岩爆后，微震活动出现明显波动，连续 3 天微震活动显著减弱，并保持在较低水平。然而，在这段时间内微震释放能仍然较高，微震活动仍然相对活跃。在第三次岩爆之后，未再发生中等岩爆。33 天后，岩爆区域微震活动完全趋于平静。

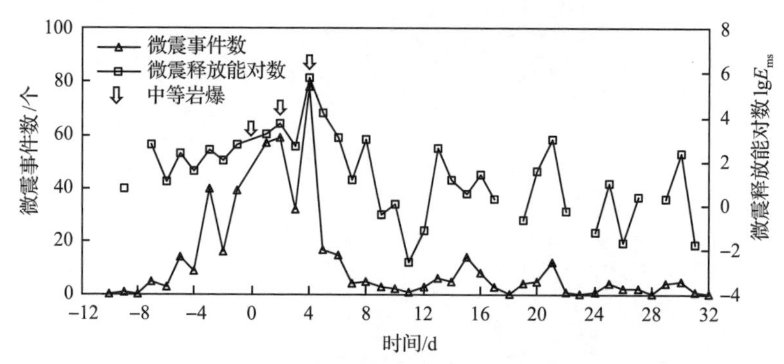

图 7.5.25　2017 年 5 月某隧道间歇型岩爆发生前后微震事件数和微震释放能随时间的演化曲线[19]

该次间歇型岩爆不同阶段平均微震释放能分布特征如图 7.5.26 所示[19]。可以看出，最后一次中等岩爆后 2 天平均微震释放能要远高于前两次中等岩爆之间的平均微震释放能，后者超过前者 2 倍。这意味着在最后一次中等岩爆后的 2 天内，有较多的大能量微震事件产生。该次间歇型岩爆不同阶段累积微震释放能分布特征如图 7.5.27 所示。可以看出，相邻两次中等岩爆之间微震事件的释放能对数主要分布在–1.5～1.5，所有事件的累积微震释放能均较低，其对数小于 3.5。然而，在微震事件序列中，也有一些事件具有较高的微震释放能，其对数大于 3.5，这些事件发生在第 3 次岩爆之后。因此，可以利用当次岩爆后微震事件的释放能特征判断是否会再次发生相同等级或更高等级的岩爆。

3) 岩爆孕育机理

岩爆导致在高地应力条件下岩体中储存的能量突然释放，岩体内部的平衡突然被打破，岩体内部的应力和能量状态发生改变。在高应力环境下，应力和能量的变化以及附近区域的开挖活动会导致岩体平衡的自我调整，从而产生一系列的岩体破裂。因此，在岩爆发生前后，微震监测系统能监测到许多不同能量的微震事件。

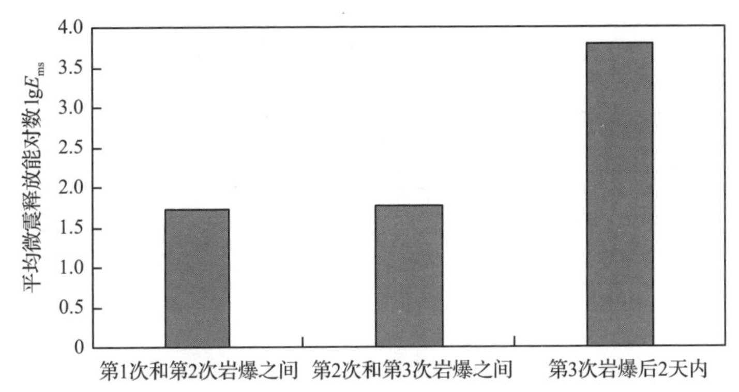

图 7.5.26　2017 年 5 月某隧道间歇型岩爆不同阶段平均微震释放能分布特征[19]

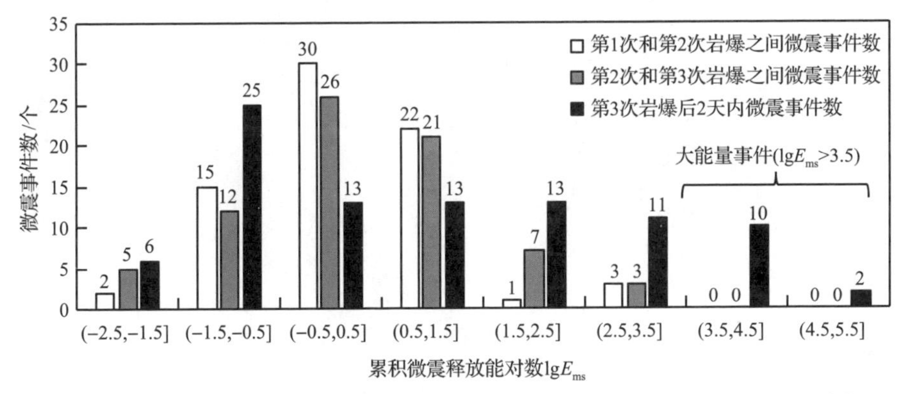

图 7.5.27　2017 年 5 月某隧道间歇型岩爆不同阶段累积微震释放能分布特征[19]

图 7.5.28 为该次间歇型岩爆不同阶段微震活动性随时间的演化特征[19]，图 7.5.29 为该次间歇型岩爆空间演化特征及对应的开挖与支护情况[19]。从图 7.5.28 可以看出，该洞段每次爆破后和岩爆后都会产生大量微震事件，这些事件可以看成岩爆区岩体中储存能量的一种释放方式。有些微震事件是“浅层”的，即发生在围岩表层；有些微震事件是“深层”的，即发生在深层围岩中。如果岩爆后产生的微震事件多是“浅层”的，而“深层”微震事件不多，表明此时应力和破裂主要集中在围岩表层，反之则表明应力和破裂主要集中在深层围岩中。这是因为深层围岩储能能力较强，储存着大量的能量，易产生大能量事件，而浅层围岩储能能力相对有限，易产生小能量事件。此外，如果微震事件都是“浅层”的小能量事件(即微震释放能较小)，则表明岩爆区岩体中储存的能量未充分释放，由于围岩表层的储能能力较差，在地应力较高的深埋隧道中，爆破后岩体表层容易发

生失稳，此时岩爆区再次发生岩爆的风险较高。

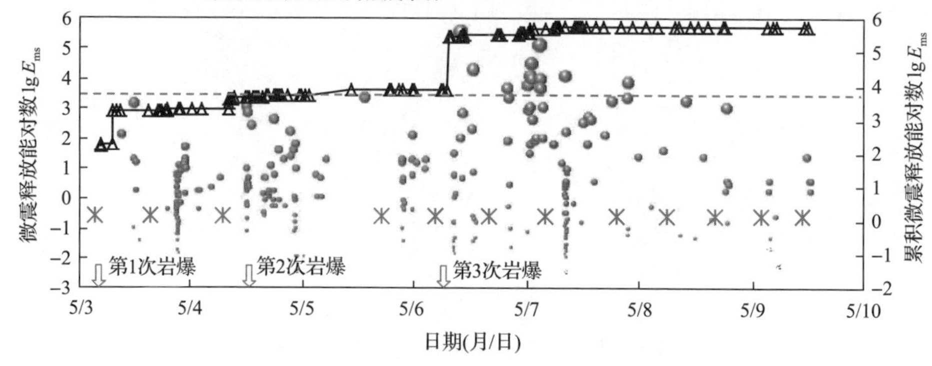

图 7.5.28　2017 年 5 月某隧道间歇型岩爆不同阶段微震活动性随时间的演化特征[19](见彩图)

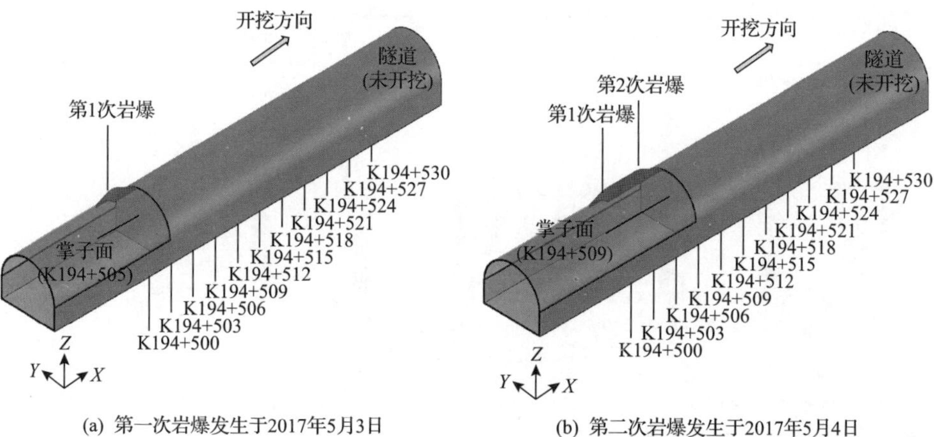

(a) 第一次岩爆发生于2017年5月3日　　(b) 第二次岩爆发生于2017年5月4日

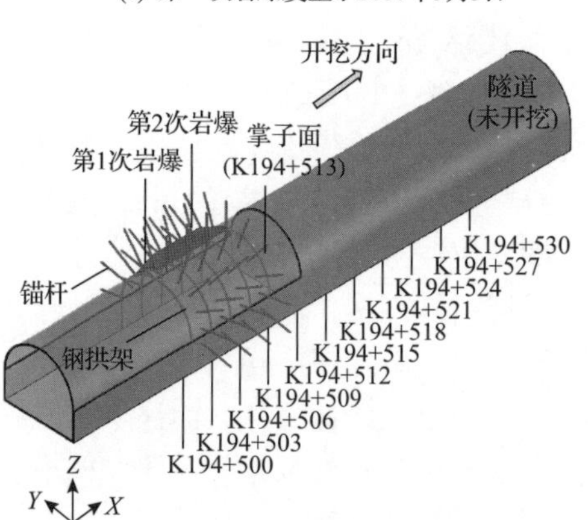

(c) 在前两次岩爆区域采用锚杆和拱架支护

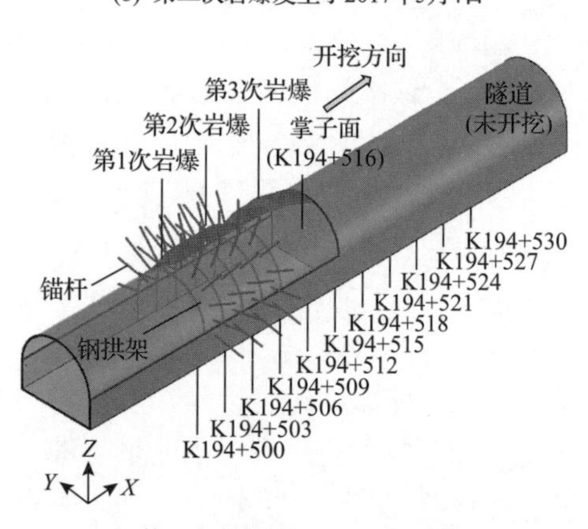

(d) 第三次岩爆发生于2017年5月6日

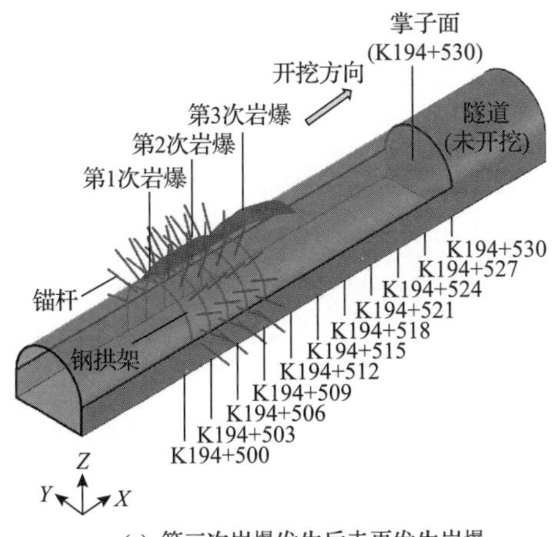

(e) 第三次岩爆发生后未再发生岩爆

图 7.5.29　2017 年 5 月某隧道间歇型岩爆空间演化特征及对应的开挖与支护情况[19]

在第一次爆破后(见图 7.5.28),第一次岩爆发生在工作面附近(见图 7.5.29(a))。在第二次爆破后，一些较小的微震事件释放出少量的能量，即其释放能对数小于 3.5，累积微震释放能较小(见图 7.5.28 的累积微震释放能曲线)，这表明此时岩爆区岩体中储存的能量未充分释放。2017 年 5 月 4 日爆破后在第一次岩爆附近及掌子面附近发生第二次岩爆(见图 7.5.28 和图 7.5.29(b))。第二次岩爆后产生的微震事件仍主要为小能量事件，其释放能对数小于 3.5，这表明在第二次岩爆后，岩爆区岩体中储存的能量仍未充分释放(见图 7.5.28 的累积微震释放能曲线)。与此同时，在第一次和第二次岩爆区采用锚杆和钢拱架进行支护(见图 7.5.29(c))。2017 年 5 月 6 日，在支护区与工作面之间又进行了两次爆破，之后发生第三次岩爆(见图 7.5.28 和图 7.5.29(d))。从图 7.5.28 可以看出，在第三次岩爆后，产生了一些大能量事件，即其释放能对数大于 3.5，且累积微震释放能较大。这表明岩爆区储存的能量已经大量释放(见图 7.5.28 的累积微震释放能曲线)，应力和破裂已经向深层围岩中转移。由于储存在岩爆区的能量已得到较充分的释放，在第三次岩爆后，即使多次爆破也未再发生岩爆(见图 7.5.28 和图 7.5.29(e))，且微震活动逐渐减弱。

上述分析表明，一次岩爆发生后是否有释放大量微震能的大能量事件产生可以作为判断是否还会发生下一次岩爆的指标。当一次岩爆后没有大能量事件产生，再次发生岩爆的风险较高，反之再次发生岩爆的风险较低。然而，间歇型岩爆孕育机理复杂，孕育过程和特征存在多样性，上述分析与讨论仅针对该次间歇型岩爆展开。

参 考 文 献

[1] Feng X T, Pei S F, Jiang Q, et al. Deep fracturing of the hard rock surrounding a large

underground cavern subjected to high geostress: in situ observation and mechanism analysis. Rock Mechanics and Rock Engineering, 2017, 50(8): 2155-2175.
[2] 李占海. 深埋隧洞开挖损伤区的演化与形成机制研究. 沈阳: 东北大学, 2013.
[3] Martin C D. Seventeenth Canadian Geotechnical Colloquium: The effect of cohesion loss and stress path on brittle rock strength. Canadian Geotechnical Journal, 1997, 34(5): 698-725.
[4] Feng X T, Xu H, Qiu S L, et al. In situ observation of rock spalling in the deep tunnels of the China Jinping underground laboratory (2400m depth). Rock Mechanics and Rock Engineering, 2018, 51(4): 1193-1213.
[5] 刘国锋, 冯夏庭, 江权, 等. 白鹤滩大型地下厂房开挖围岩片帮破坏特征规律及机制研究. 岩石力学与工程学报, 2016, 35(5): 865-878.
[6] Zhu G Q, Feng X T, Zhou Y Y, et al. Physical model experimental study on spalling failure around a tunnel in synthetic marble. Rock Mechanics and Rock Engineering, 2020, 53(2): 909-926.
[7] Liu G F, Feng X T, Jiang Q, et al. In situ observation of spalling process of intact rock mass at large cavern excavation. Engineering Geology, 2017, 226: 52-69.
[8] 黄润秋, 黄达, 段绍辉, 等. 锦屏 I 级水电站地下厂房施工期围岩变形开裂特征及地质力学机制研究. 岩石力学与工程学报, 2011, 30(1): 23-35.
[9] 李仲奎, 周钟, 汤雪峰, 等. 锦屏一级水电站地下厂房洞室群稳定性分析与思考. 岩石力学与工程学报, 2009, 28(11): 2167-2175.
[10] 卢波, 王继敏, 丁秀丽, 等. 锦屏一级水电站地下厂房围岩开裂变形机制研究. 岩石力学与工程学报, 2010, 29(12): 2429-2441.
[11] Zhao J S, Feng X T, Jiang Q, et al. Microseismicity monitoring and failure mechanism analysis of rock masses with weak interlayer zone in underground intersecting chambers: A case study from the Baihetan hydropower station, China. Engineering Geology, 2018, 245: 44-60.
[12] 张学彬. 大岗山水电站厂房顶拱塌方处理研究与实践. 四川水力发电, 2010, 29(6): 55-59.
[13] Xiao Y X, Feng X T, Feng G L, et al. Mechanism of evolution of stress-structure controlled collapse of surrounding rock in caverns: a case study from the Baihetan hydropower station in China. Tunnelling and Underground Space Technology, 2016, 51: 56-67.
[14] 冯夏庭, 肖亚勋, 丰光亮, 等. 岩爆孕育过程研究. 岩石力学与工程学报, 2019, 38(4): 649-673.
[15] Hu L, Feng X T, Xiao Y X, et al. Effects of structural planes on rockburst position with respect to tunnel cross-sections: A case study involving a railway tunnel in China. Bulletin of Engineering Geology and the Environment, 2020, 79(2): 1061-1081.
[16] 冯夏庭, 陈炳瑞, 张传庆, 等. 岩爆孕育过程的机制、预警与动态调控. 北京: 科学出版社, 2013.
[17] Feng G L, Feng X T, Chen B R, et al. Microseismic sequences associated with rockbursts in the

tunnels of the Jinping II hydropower station. International Journal of Rock Mechanics and Mining Sciences, 2015, 80: 89-100.

[18] Zhang W, Feng X T, Yao Z B,et al. Development and occurrence mechanisms of fault-slip rockburst in a deep tunnel excavated by drilling and blasting: A case study. Rock Mechanics and Rock Engineering, 2022, 55: 5599-5618.

[19] Feng G L, Feng X T, Xiao Y X, et al. Characteristic microseismicity during the development process of intermittent rockburst in a deep railway tunnel. International Journal of Rock Mechanics and Mining Sciences, 2019, 124: 104135.

第8章　深部工程硬岩灾害孕育过程评估预警与动态防控

针对深部工程硬岩内部破裂及能量聚集释放诱发的应力型灾害提出深部工程硬岩灾害评估方法，用以判识灾害类型和等级，建立了不同类型岩爆灾害的智能预警方法，研发相应的监测技术装备。基于孕灾逆过程控制思想，建立深部工程硬岩灾害主动控制原理和分类防控方法和技术。建立以控制深部工程围岩内部破裂及能量聚集释放为首要目标的深部工程硬岩设计方法，研发开挖断面与速率优化、应力释放和吸能支护为主的主动控制技术，自适应地质条件和灾害风险控制的施工方法和技术，抑制或降低深部工程围岩内部应力集中水平、应力调整的剧烈性、减少围岩破裂的深度和程度以及能量释放程度，从而避免灾害发生或减轻灾害破坏程度。

8.1　深部工程硬岩灾害孕育过程评估与预警

8.1.1　深部工程硬岩片帮评估方法

基于深部工程不同规模洞室硬岩片帮现象与特征可知，原岩应力水平、岩石力学特性、洞室开挖结构等因素是深部工程硬岩片帮深度的重要影响因素，尤其对深部水电工程中的大型地下厂房而言，分层分部逐层向下扩挖会导致其已开挖部分结构(高度与跨度之比)显著变化，致使围岩片帮深度明显增加。因此，片帮深度估计要考虑厂房高跨比的影响。根据第 5 章中深部工程硬岩力学特性可知，片帮破坏的发生不仅仅局限于无侧限应力条件，还包括$\sigma_3=0$、$\sigma_2\neq0$ 的双轴应力条件和低最小主应力($\sigma_2\neq0$，$\sigma_3\neq0$)的三维应力条件，无侧限应力条件和双轴应力条件仅是三维应力条件发生片帮破坏的特例。白鹤滩水电站地下厂房和锦屏地下实验室二期围岩表层片帮及其内部围岩的钻孔摄像观测结果显示，表层围岩片帮破坏发生同时，一定范围内与其紧邻的内部围岩其实也已经发生了相同形式的破裂，只是岩体破裂程度相对较低。因此，应以三维应力条件下的岩石起裂强度进行片帮深度估计。另外，由于三维应力状态下深部工程硬岩表现为劈裂破坏、剪切破坏和拉剪混合破坏，还需要可表征深部工程硬岩在不同应力状态下片帮破坏模式的评价指标。因此，采用硬岩裂纹扩展能力评价指标与三维应力状态下的起裂强度共同估计岩体片帮深度。基于此，建立了综合考虑三维原岩应力水平、岩性、

洞室或地下厂房开挖结构变化的围岩片帮深度估计方法，即

$$d_s = r\left[0.75\frac{\left(a\sigma_2^0-\sigma_3^0\right)\ln\dfrac{H}{D}+\left(\sigma_1^0+\sigma_2^0+\sigma_3^0\right)}{\left(1-I_p\right)\sigma_{ci}^{3D}}-0.2+b\right] \tag{8.1.1}$$

式中，a 为系数，当 $\sigma_2^0 \neq \sigma_3^0$ 时，a=1，当 $\sigma_2^0=\sigma_3^0$ 时，a=1.1；b 为修正系数，b=±0.15；d_s 为片帮深度；D 为厂房或洞室已开挖部分的跨度(宽度)；H 为厂房或洞室已开挖部分的高度；I_p 为硬岩裂纹扩展能力评价指标；r 为弧形拱顶部分有效半径，圆形洞室即为半径；σ_{ci}^{3D} 为原岩应力水平下的岩石起裂强度；$\left(a\sigma_2^0-\sigma_3^0\right)\ln\left(H/D\right)+\left(\sigma_1^0+\sigma_2^0+\sigma_3^0\right)$ 为大型厂房片帮区最大集中应力估计值 $\sigma_{\max,估计}$。当原岩最大主应力方向与洞室轴线处于不利条件(如两者近垂直或呈较大夹角关系)或其他促进片帮深度发展条件时，d_s 取极大值；当原岩最大主应力方向与洞室轴线处于相对有利条件(如两者近平行或呈较小夹角关系)时，d_s 可在公式下限与中线间取值，中线指公式不包含 b 项时的计算值。

围岩片帮深度估计公式(8.1.1)既适用于大型地下厂房，又适用于城门洞形和圆形洞室。接下来介绍式(8.1.1)中各参数取值与公式适用性。

1. 片帮深度估计方法中的参数取值

1) 片帮区最大集中应力估计值 $\sigma_{\max,估计}$

片帮深度预测公式(8.1.1)中，当 H/D=1 时，$\sigma_{\max,估计}=\sigma_1^0+\sigma_2^0+\sigma_3^0$。对于圆形洞室：$H=D=2r_0$，$r_0$ 为洞室半径，边界附近最大集中应力解析解 $\sigma_{\max}=3\sigma_1^0-\sigma_3^0$；对于城门洞形洞室：$H=W=2r$ (W 为洞室截面宽度)，r 为弧形拱顶半径。

对大量工程案例[1-21]中的片帮区最大集中应力估计值($\sigma_{\max,估计}=\sigma_1^0+\sigma_2^0+\sigma_3^0$)与其相应片帮区的最大集中应力实际值 $\sigma_{\max,实际}$ 之间的关系进行了分析，如图 8.1.1 所示。可以看出，各工程案例中的 $\sigma_{\max,实际}$ 与 $\sigma_{\max,估计}$ 之间的线性拟合关系较好，R^2=0.89，两者之间的关系满足式(8.1.2)；式(8.1.2)中，截距 B=5.07，斜率 K=1.05，表明 $\sigma_{\max,估计}$ 与 $\sigma_{\max,实际}$ 较为接近，即 $\sigma_{\max,估计}=\sigma_1^0+\sigma_2^0+\sigma_3^0$ 基本能够满足圆形洞室和城门洞形洞室对片帮区最大集中应力的估计，也可作为估计大型地下厂房片帮区最大集中应力随分层分部开挖演化的基准值。对圆形隧洞和高宽相等的城门洞形洞室进行片帮深度估计时，式(8.1.1)可简化为式(8.1.3)。

$$\sigma_{\max,实际}=1.05\left(\sigma_1^0+\sigma_2^0+\sigma_3^0\right)+5.07,\quad R^2=0.89 \tag{8.1.2}$$

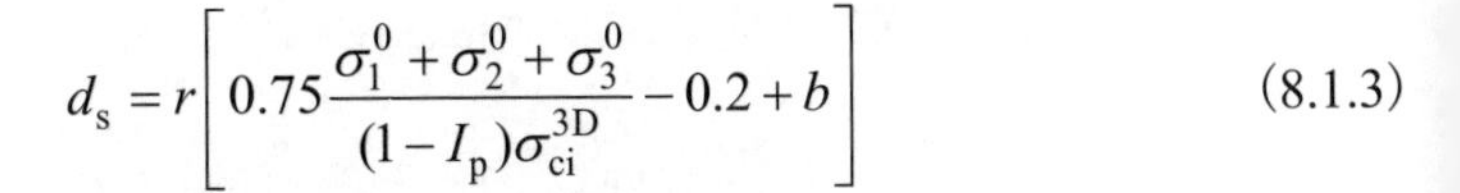

$$d_s = r\left[0.75\frac{\sigma_1^0+\sigma_2^0+\sigma_3^0}{(1-I_p)\sigma_{ci}^{3D}}-0.2+b\right] \tag{8.1.3}$$

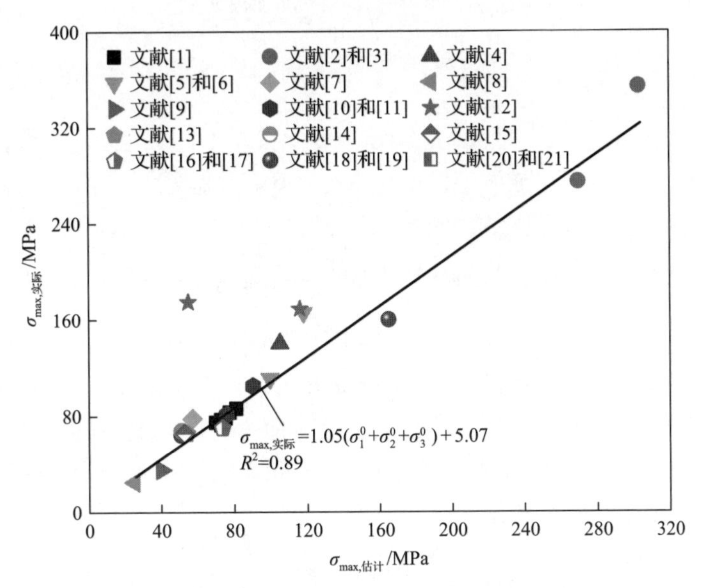

图 8.1.1 片帮案例中$\sigma_{max,实际}$与$\sigma_{max,估计}$之间的关系

2) 岩石起裂强度 σ_{ci}^{3D}

开挖卸荷作用是深部工程围岩片帮发生的诱因，理论上应以深部工程硬岩在三维应力状态加卸载应力路径下的起裂强度作为片帮深度估计的临界条件。表 8.1.1 为真三轴加载与加卸载应力路径下不同硬岩的起裂强度对比。可以看出，室内试验加载和加卸载条件下岩石的起裂强度差别不大。因此，片帮深度估计公式(8.1.1)中可采用真三轴加载条件下的硬岩起裂强度。

若真三轴试验条件无法满足，可依据式(8.1.4)和(8.1.5)估算起裂强度。根据3DHRFC 破坏准则，真三轴峰值强度可用有效平均应力和八面体剪应力之间的线性关系进行表达，即

$$\tau_{oct} = C\sigma_{m,2} + D \tag{8.1.4}$$

式中，$C = 2\sqrt{2}\sin\varphi/3$，$D = 2\sqrt{2}c\cos\varphi/3$，分别与岩石的黏聚力和内摩擦角相关。

在知晓相关硬岩内摩擦角和黏聚力的情况下，可计算获得八面体剪应力τ_{oct}。依据八面体剪应力计算公式，代入原岩应力中的中间主应力和最小主应力可计算得到峰值强度$\sigma_1(\sigma_p)$，根据式(8.1.5)可计算出原岩应力条件下硬岩的起

裂强度。

$$\sigma_{\mathrm{ci}}^{\mathrm{3D}} = A\sigma_{\mathrm{p}} + B \tag{8.1.5}$$

式中，A=0.71，B=−20.3±14，通过分析大量不同种类硬岩的室内真三轴试验数据[22,23]获得，如图 8.1.2 所示。

表 8.1.1　真三轴加载与加卸载应力路径下不同硬岩的起裂强度对比

岩石类型	试验类型	应力水平/MPa	起裂强度/MPa
白鹤滩玄武岩	加载	σ_3=5,σ_2=20	291
		σ_3=15,σ_2=30	311
	加卸载	σ_3=5,σ_2=20	296
		σ_3=15,σ_2=30	322
双江口花岗岩	加载	σ_3=10,σ_2=20	161
	加卸载	σ_3=10,σ_2=20	162,159,155,153,151

注：真三轴试验过程中三个主应力方向加载速率均为 0.5MPa/s；白鹤滩玄武岩σ_3卸载速率为 0.01MPa/s，σ_1加载速率为 0.1～0.15MPa/s；双江口花岗岩σ_3卸载速率为 0.1MPa/s，σ_1加载或卸载速率为 0.6MPa/s。卸载起始点一般选取在 0.7～0.8 倍加载峰值强度附近，具体加卸载应力路径参见图 3.1.12 和表 5.2.1。

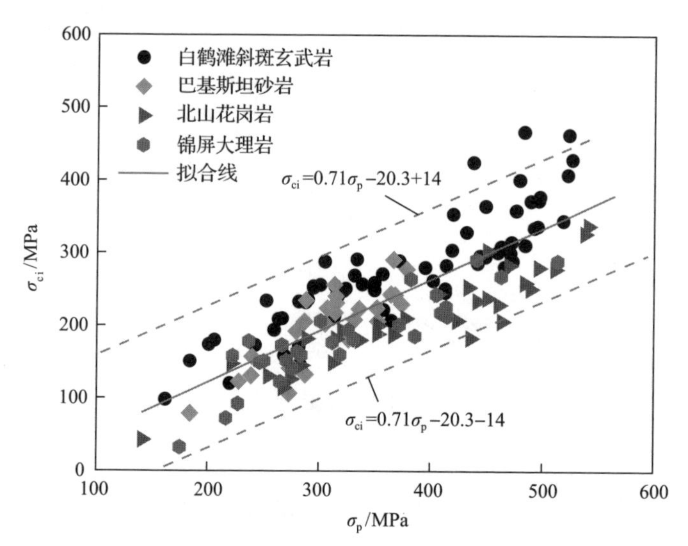

图 8.1.2　真三轴压缩下四种典型硬岩起裂强度与峰值强度之间的关系

3）硬岩裂纹扩展能力评价指标 I_{p}

为反映三维应力状态下深部工程硬岩片帮破坏模式，采用硬岩裂纹扩展能力评价指标 I_{p}（见式（8.1.6））与起裂强度共同表征岩石片帮强度σ_{s}，即

$$I_{\mathrm{p}}=\frac{K_{11}-K_{13}}{K_{11}-K_{12}}\frac{\theta_1}{\theta_{1,\mathrm{UCS}}} \tag{8.1.6}$$

$$\sigma_{\mathrm{s}}=(1-I_{\mathrm{p}})\sigma_{\mathrm{ci}}^{\mathrm{3D}} \tag{8.1.7}$$

式中，K_{11}、K_{12} 和 K_{13} 分别为微裂纹稳定扩展阶段最大主应力、中间主应力和最小主应力方向应力-应变曲线计算的变形模量，如图 8.1.3 所示；θ_1 为体积应变-轴向应变曲线中连接起裂强度与损伤强度的线段和弹性变形阶段延长线之间的夹角；$\theta_{1,\mathrm{UCS}}$ 为单轴压缩条件下的 θ_1，如图 8.1.4 所示[23]。

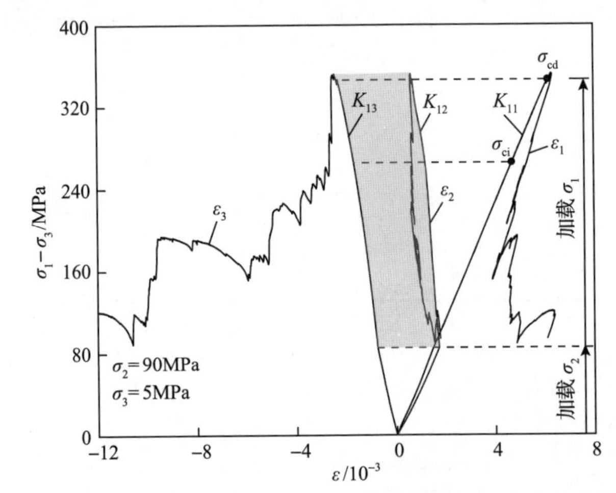

图 8.1.3　真三轴压缩下白鹤滩玄武岩的全应力-应变曲线[23]

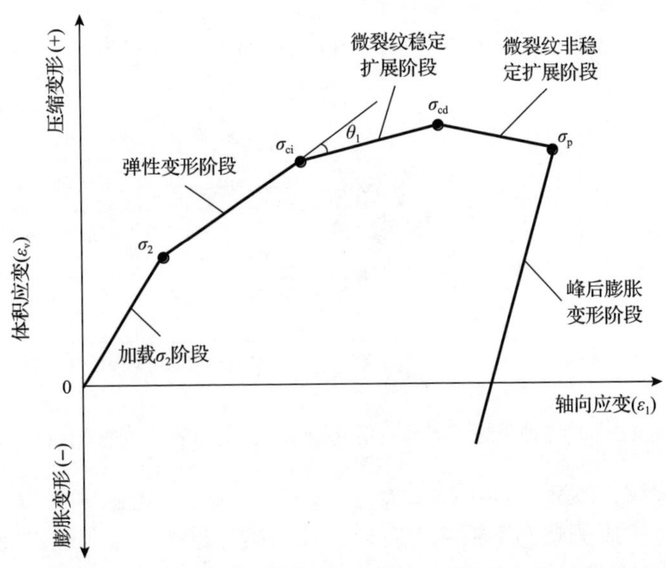

图 8.1.4　真三轴压缩下体积应变-轴向应变曲线的多段线性简化模型[23]

图 8.1.5 为四种硬岩的破坏模式与裂纹扩展能力评价指标之间的关系。可以看出，四种硬岩的裂纹扩展能力评价指标 I_p 与应力差$(\sigma_2-\sigma_3)$之间均满足指数函数关系，但不同硬岩的裂纹扩展能力之间存在一定差异。从表 8.1.2 可以看出，白鹤滩玄武岩和北山花岗岩的裂纹扩展能力评价指标与破坏模式之间的关系较相似，即当 $I_p<0.28$ 时，两者均发生劈裂破坏；当 $0.28\leqslant I_p\leqslant 0.4$ 时，两者均发生混合破坏；当 $I_p>0.42$ 时，两者均发生剪切破坏。同样地，巴基斯坦砂岩和锦屏大理岩的裂纹扩展能力评价指标与破坏模式之间的关系较相似，即当 $I_p<0.33$ 时，两者均发生劈裂破坏；当 $0.4\leqslant I_p\leqslant 0.6$ 时，两者均发生混合破坏；当 $I_p>0.69$ 时，两者均发生剪切破坏。另外，当$\sigma_3<5$MPa、$I_p\leqslant 0.3$ 时，四种硬岩几乎均表现为劈裂破坏模式。因此，可以将 $I_p\leqslant 0.3$ 近似作为深部工程硬岩发生劈裂破坏的临界条件。

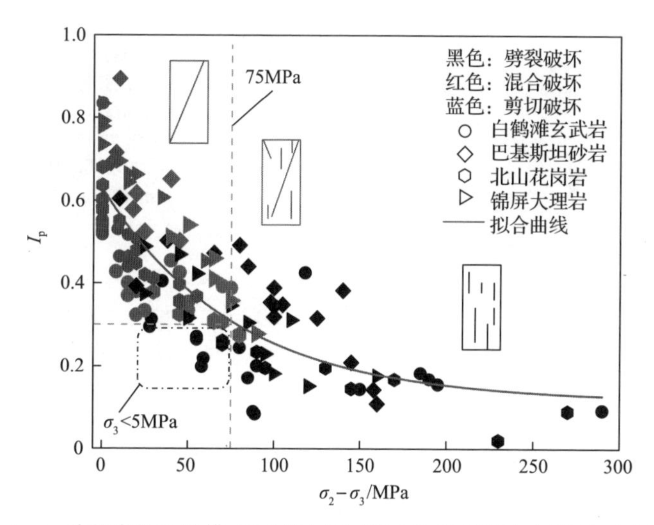

图 8.1.5　四种硬岩的破坏模式与裂纹扩展能力评价指标之间的关系(见彩图)

表 8.1.2　四种硬岩的破坏模式与裂纹扩展能力评价指标之间的关系

岩石类型	I_p 与破坏模式的关系		
	劈裂破坏	混合破坏	剪切破坏
白鹤滩玄武岩	$I_p<0.3$	$0.33\leqslant I_p\leqslant 0.45$	$I_p>0.45$
锦屏大理岩	$I_p<0.3$	$0.35\leqslant I_p\leqslant 0.6$	$I_p>0.6$
北山花岗岩	$I_p<0.28$	$0.28\leqslant I_p\leqslant 0.42$	$I_p>0.42$
巴基斯坦砂岩	$I_p<0.4$	$0.5\leqslant I_p\leqslant 0.69$	$I_p>0.69$

2. 片帮深度估计方法验证与应用

图 8.1.6 为深部工程硬岩片帮深度实测值与式(8.1.1)的预测值对比，其中包括

小型圆形隧洞、中等尺寸城门洞形洞室和大型地下厂房硬岩片帮案例。可以看出，对于同一工程，式(8.1.1)的片帮深度预测值与实测值较为接近，其片帮深度预测效果较好。

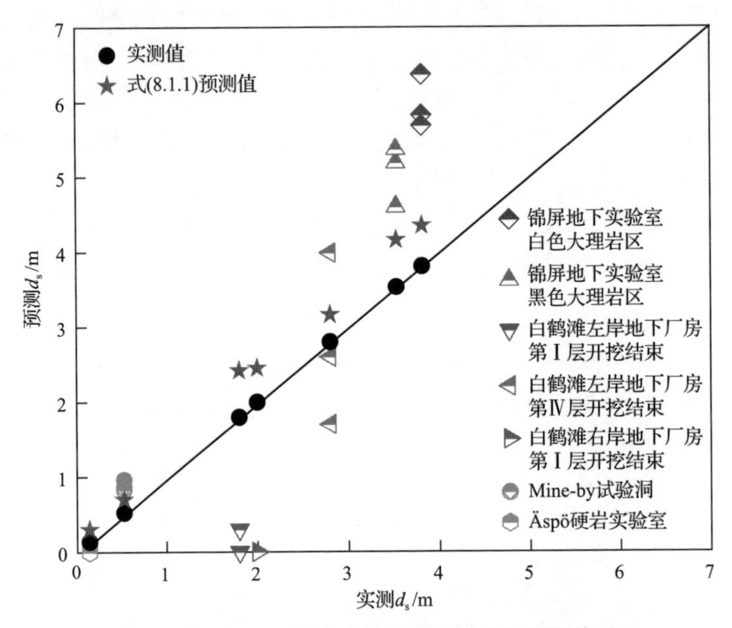

图 8.1.6　深部工程硬岩片帮深度实测值与预测值对比

除实测值和式(8.1.1)预测值外，其他数据为其他片帮深度公式预测值

1) Mine-by 试验洞片帮深度估计

根据式(8.1.1)对 Mine-by 试验洞进行片帮深度估计，该试验洞围岩为 Lac du Bonnet 花岗岩，处于高地应力区，其垂直埋深 420m 水平处原岩应力 σ_3^0=11MPa，σ_2^0=45MPa，σ_1^0=60MPa，原岩应力中最大主应力与隧洞轴线近垂直。由于未能获取岩样进行室内真三轴试验，需要对原岩应力条件下 Lac du Bonnet 花岗岩的起裂强度进行估计。根据 Zhao 等[24]研究，Lac du Bonnet 花岗岩初始黏聚力为 17MPa，内摩擦角为 60°。于是有

$$\tau_{\text{oct}} = \frac{2\sqrt{2}}{3}\sin 60^\circ \frac{\sigma_1 + 11}{2} + \frac{2\sqrt{2}}{3} \times 17\cos 60^\circ \tag{8.1.8}$$

同时，根据八面体剪应力计算公式可得

$$\frac{1}{3}\sqrt{(\sigma_1-\sigma_2)^2+(\sigma_2-\sigma_3)^2+(\sigma_3-\sigma_1)^2} = \frac{2\sqrt{2}}{3}\sin 60^\circ \frac{\sigma_1 + 11}{2} + \frac{2\sqrt{2}}{3} \times 17\cos 60^\circ \tag{8.1.9}$$

将 σ_3 =11MPa、σ_2 =45MPa 代入式(8.1.9)，解得σ_1=σ_p≈390MPa，进而将σ_p=390MPa 代入式(8.1.4)，可得 σ_{ci}^{3D} =243～271MPa，取平均值 257MPa。另外，还需要对 Lac du Bonnet 花岗岩的 I_p 值进行粗略估计。依据 I_p≤0.3 可近似作为深部工程硬岩劈裂破坏发生的临界条件，确定其 I_p∈[0.3，0)，则有 1–I_p∈[0.7，1)。此处取极限值I_p=0.3 进行片帮深度估计(因为 Lac du Bonnet 花岗岩不是理想材料，I_p≠0；而且 1–I_p 在式(8.1.1)中处于分母项，其量值越小，片帮深度越大，所以保守估计极限值 I_p=0.3)。将相关参数取值代入式(8.1.1)，计算可得，d_s=0.75m，即用式(8.1.1)估计的 Mine-by 试验洞围岩最大片帮深度为 0.75m，接近于现场实测片帮深度 0.525m[25]。

2)锦屏地下实验室二期

根据式(8.1.1)对锦屏地下实验室二期 7# 实验室 K0+000～K0+025 区域的围岩片帮深度进行估计，即 7# 和 8# 实验室之间与交通洞相交的灰色大理岩区域。该区域岩性为白山组(T_{2b})厚层状灰色大理岩，Ⅱ类围岩，其单轴抗压强度为 170MPa，岩体结构致密，完整性好。三个主应力的方向分别为 NW、SSE 和 NEE，原岩应力 σ_1^0、σ_2^0、σ_3^0 分别为 62MPa、55MPa、48MPa，原岩应力中最大主应力与洞轴线呈大角度相交；实验室长 65m，截面为尺寸 14m×14m 的城门洞形。灰色大理岩室内真三轴压缩下与劈裂破坏模式相对应的裂纹扩展能力评价指标 I_p 取 0.2，原岩应力水平下灰色大理岩的起裂强度 σ_{ci}^{3D} =240MPa，弧形顶拱有效半径 r=7m。将相关参数取值代入式(8.1.1)，计算可得，d_s=4.16m，即用式(8.1.1)估计的锦屏地下实验室二期 7# 实验室 K0+000～K0+025 区域围岩最大片帮深度为 4.16m。实验室该区域开挖完成后围岩实际片帮深度为 3.81m[18]，包括开挖揭露表层岩体剥落深度 2.25m 和清除表层剥落岩体后在片帮区岩体内部打钻孔观测的内部围岩破裂深度 1.56m。

3)白鹤滩水电站左岸地下厂房

根据式(8.1.1)对白鹤滩水电站左岸地下厂房 K0+330 区域围岩片帮深度进行估计。该区域围岩为完整或较完整的Ⅱ～Ⅲ$_1$类斜斑玄武岩；厂房区最大和中间主应力近水平，最小主应力为垂直方向，最大主应力为 20～30MPa，倾向 N30°～50°W，倾角为 6°～15°，其与厂房轴线近垂直，中间主应力为 13～25MPa，最小主应力为 8～12MPa；厂房第Ⅰ～Ⅳ层开挖高度 32.7m，跨度 31m；室内真三轴条件下与劈裂破坏模式相对应的斜斑玄武岩裂纹扩展能力评价指标 I_p 取 0.3；厂房弧形顶拱有效半径 r=20.8m；原岩应力状态下斜斑玄武岩的起裂强度 σ_{ci}^{3D} =295MPa。将厂房第Ⅳ层开挖结束后的相关参数取值代入式(8.1.1)，计算可得，d_s=3.16m，即用式(8.1.1)估计的白鹤滩水电站左岸地下厂房第Ⅳ层开挖结束后 K0+330 区域的围岩最大片帮深度为 3.16m。相同开挖状态下该区域实际片帮深度为 2.8m[20]，包括开挖揭露表层岩体剥落深度 1.8m 和清除表层剥落岩体后在片帮区岩体内部打钻孔观测的内部围岩较破碎破裂深度 1m。

8.1.2 深部工程硬岩大变形评估方法

深部工程硬岩在高地应力作用下产生的大变形灾害从特征、发生条件、孕育过程和致灾机理等方面不同于软岩大变形。深部工程硬岩大变形本质上是围岩内部破裂深度和程度不断增加而引起的表层围岩长时间持续鼓胀。由于硬岩的岩块本身变形量极小，当深部工程硬岩发生大变形时，表层围岩绝对变形量通常要小于软岩大变形，主要表现为内部围岩破裂深度和程度不断增大，这就要求在划定大变形等级时不仅能考虑围岩表层变形量，还要考虑围岩内部破裂情况。根据致灾机理的差异，将深部工程硬岩大变形分为由深层破裂诱发的大变形和镶嵌碎裂硬岩大变形(镶嵌碎裂结构岩体特征详见 2.3.4 节)。前者主要发生在高地应力大型地下洞室，后者主要发生在中小尺寸隧道，两者的主要差别是开挖尺寸及由此引起的围岩卸荷程度。对于深层破裂诱发的大变形，其绝对量值与洞室当量半径之比即相对变形量通常很小，因此在划定大变形等级时不宜采用相对变形，而应采用绝对变形。基于上述考虑，针对上述两类深部工程硬岩大变形分别提出等级特征，如表 8.1.3 和表 8.1.4 所示。

表 8.1.3 深埋大型洞室硬岩深层破裂诱发大变形等级特征表

大变形等级	绝对变形量/mm	围岩内部破裂最大深度/m	破裂变形特征	支护破坏特征
Ⅰ	100～150	3～4	浅表层围岩劈裂破坏，破裂区向内部渐进转移；围岩有较大位移，持续时间较长	喷混凝土开裂，锚杆/锚索负荷超限比例高
Ⅱ	150～200	4～5	围岩内部破裂深度较大；围岩位移显著，持续时间长	喷混凝土严重开裂，锚杆/锚索负荷大范围超限，部分拉断失效
Ⅲ	＞200	＞5	产生深层破裂；围岩发生严重时效大变形	喷混凝土大面积严重开裂，锚杆/锚索大范围拉断失效

表 8.1.4 深埋隧道镶嵌碎裂硬岩大变形等级特征表

大变形等级	相对变形量/%	围岩内部破裂最大深度/m	围岩内部破裂最大深度与隧道当量半径之比	破裂变形特征	支护破坏特征
Ⅰ	3～5	2～3	0.6～1	围岩内部原生裂隙张开，新生裂隙逐渐增多；开挖过程中围岩有较大位移，持续时间较长	喷混凝土开裂，钢拱架局部与喷层脱离
Ⅱ	5～8	3～4	1～1.3	围岩内部原生裂隙张开，新生裂隙持续增多并相互贯通；围岩位移显著，持续时间长，底板隆起	喷混凝土严重开裂，钢拱架局部变形，锚杆垫板变形

续表

大变形等级	相对变形量/%	围岩内部破裂最大深度/m	围岩内部破裂最大深度与隧道当量半径之比	破裂变形特征	支护破坏特征
Ⅲ	>8	>4	>1.3	围岩内部原生裂隙张开或滑移，新生裂隙持续增多并相互贯通，岩体破碎严重；开挖过程中围岩有剥离现象，鼓出显著，甚至发生大位移，持续时间长，底板明显隆起	喷混凝土大面积严重开裂，钢拱架变形扭曲，锚杆拉断

注：围岩内部破裂最大深度和围岩内部破裂最大深度与隧道当量半径之比，二者满足其一即可；若二者同时满足，按较大的等级判定。

评估深部工程硬岩大变形等级时，主要考虑勘察设计阶段所能掌握的工程地质资料的翔实程度，通常采用地应力水平、完整岩石饱和单轴抗压强度(>60MPa)和岩体结构面发育特征等特征要素进行评估，由此提出深部工程硬岩大变形等级评估表，如表 8.1.5 所示。

表 8.1.5　深部工程硬岩大变形等级评估表

岩性	结构面组数	结构面间距/m	初始地应力/MPa				
			15~20	20~25	25~30	30~35	>35
坚硬岩	1	>1	无			Ⅰ	Ⅱ
	2	0.4~1	无		Ⅰ		Ⅱ~Ⅲ
	2~3	0.2~0.4	无	Ⅰ		Ⅱ	
	≥3	≤0.2	Ⅰ		Ⅱ	Ⅱ~Ⅲ	Ⅲ

对于深层破裂诱发的大变形，通常发生在初始最大主应力大于 25MPa 的坚硬岩大型洞室中，岩体完整或含多组结构面，可以画出此类大变形的可能发生区域，如表 8.1.6 所示。典型案例如前述的锦屏一级水电站主变室下游侧拱部位，初始最大主应力大于 35MPa，围岩为较完整的坚硬岩(大理岩)，局部受断层和岩脉影响岩体较破碎(Ⅳ类围岩，结构面组数大于 3，结构面间距小于 0.4m)。根据评估结

表 8.1.6　深埋大型洞室硬岩深层破裂诱发大变形等级评估结果

岩性	结构面组数	结构面间距/m	初始地应力/MPa				
			15~20	20~25	25~30	30~35	>35
坚硬岩	1	>1	无			Ⅰ	Ⅱ
	2	0.4~1	无		Ⅰ		Ⅱ~Ⅲ
	2~3	0.2~0.4	无	Ⅰ		Ⅱ	
	≥3	≤0.2	Ⅰ		Ⅱ	Ⅱ~Ⅲ	Ⅲ

注：椭圆形区域为大变形可能发生区域。

果，发生Ⅱ～Ⅲ级大变形的可能性高，实际发生Ⅲ级大变形。

对于镶嵌碎裂硬岩大变形，通常发生在初始最大主应力大于 15MPa 的较坚硬岩或坚硬岩中小尺寸隧道/巷道中，岩体为压密闭合的镶嵌碎裂结构，可以画出此类大变形的可能发生区域，如表 8.1.7 所示。典型案例如前述的金川镍矿深部巷道，其评估结果详见第 9 章相关内容。

表 8.1.7　深埋隧道镶嵌碎裂硬岩大变形等级评估结果

岩性	结构面组数	结构面间距/m	初始地应力/MPa				
			15~20	20~25	25~30	30~35	>35
坚硬岩	1	>1	无			Ⅰ	Ⅱ
	2	0.4~1	无		Ⅰ		Ⅱ~Ⅲ
	2~3	0.2~0.4	无	Ⅰ		Ⅱ	
	≥3	≤0.2	Ⅰ		Ⅱ	Ⅱ~Ⅲ	Ⅲ

注：椭圆形区域为大变形可能发生区域。

8.1.3　深部工程硬岩岩爆评估方法

深部工程硬岩岩爆评估是根据已有岩性、地质资料、开挖设计等信息，分析施工过程中可能的岩爆区域及等级，为工程选线、施工支护设计等提供依据。岩爆评估在深部工程勘察设计阶段和施工阶段均可实施。勘察设计阶段的岩爆评估主要为工程选线和施工支护设计提供理论依据；施工阶段的岩爆评估为现场监测预警方案、施工支护方案的确定提供参考[26]。不同施工阶段地质资料翔实程度不同，岩爆评估应根据工程地质、施工方案等资料翔实程度的提高而动态实施。

深部工程硬岩岩爆的发生与地应力、岩性、地质条件及洞型尺寸等因素均有显著相关性[27,28]。在大量深部工程岩爆案例的基础上，建立深部工程硬岩岩爆等级评估方法，该方法以岩石单轴抗压强度与隧道开挖后断面上最大应力之比为基础指标，考虑岩体结构、地质构造及二者产状对岩爆的影响，对其进行修正，通过多个工程的岩爆案例确定不同等级岩爆的指标临界阈值。进一步，采用其他工程、洞段的典型岩爆案例进行验证，同时在工程应用中持续优化该评估方法的临界阈值与修正因子，保证该评估方法的准确性与适用性。深部工程硬岩岩爆等级评估方法建立过程如图 8.1.7 所示。

深部工程硬岩岩爆等级评估方法的判别指标为

$$F = \frac{\sigma_{\mathrm{c}}}{\sigma_{\max}^{\mathrm{3D}}} k_{\mathrm{r1}} k_{\mathrm{r2}} k_{\mathrm{r3}} \tag{8.1.10}$$

式中，σ_c 为完整岩石的单轴抗压强度；σ_{max}^{3D} 为深部工程开挖断面上最大应力；k_{r1} 为岩体结构修正因子；k_{r2} 为地质构造修正因子；k_{r3} 为岩体优势结构面或地质构造产状修正因子。

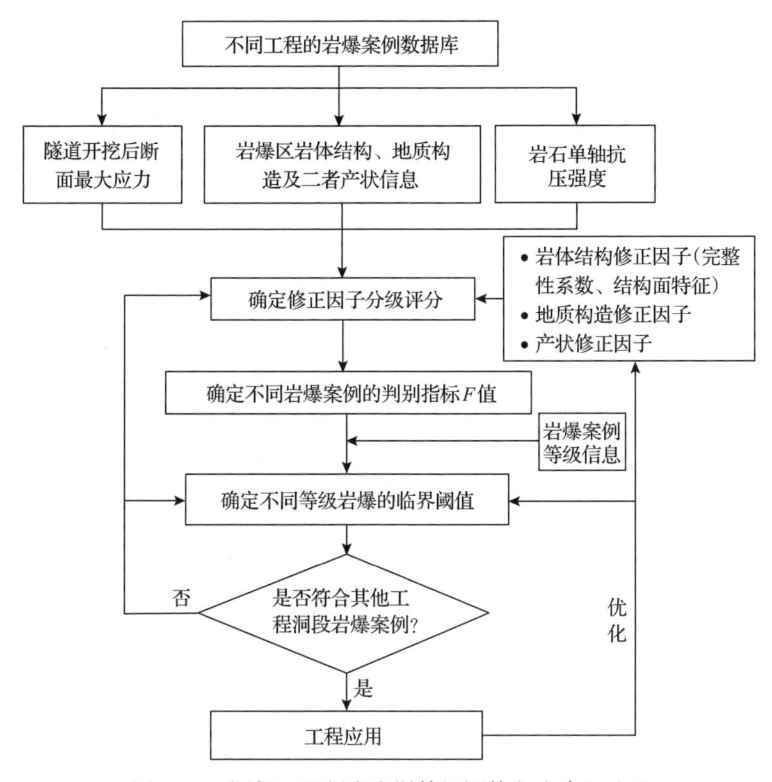

图 8.1.7　深部工程硬岩岩爆等级评估方法建立过程

σ_{max}^{3D} 需考虑深部工程三维原岩应力场及其开挖变化特征，可采用第 6 章建立的深部工程硬岩破裂过程数值模拟方法获得。

岩体结构修正因子 k_{r1} 由深部工程硬岩完整性系数和结构面特征综合确定，如图 8.1.8 所示。深部工程硬岩完整性系数应优先在待评估区域开展钻孔摄像测试，采用 CDRMS 指标确定[19]；无法开展钻孔摄像时，可采用体积节理数 J_v 确定[29]；勘察设计阶段也可根据围岩等级确定。深埋隧道影响岩爆的结构面特征主要包括硬性结构面最大迹长、结构面张开锈蚀度、充填性质、地下水条件等，结构面特征分级 SCR 计算式为

$$SCR = R_c + R_r + R_f + R_w \tag{8.1.11}$$

式中，R_c、R_r、R_f 和 R_w 分别表示结构面最大迹长、结构面张开锈蚀度、充填性质、地下水等特征，可通过表 8.1.8 确定。需要注意的是，当岩体结构修正因子 k_{r1} 小

于 0.6，即围岩质量较差时，能量难以积聚，深部工程硬岩发生岩爆的可能性较低，无需开展岩爆评估。

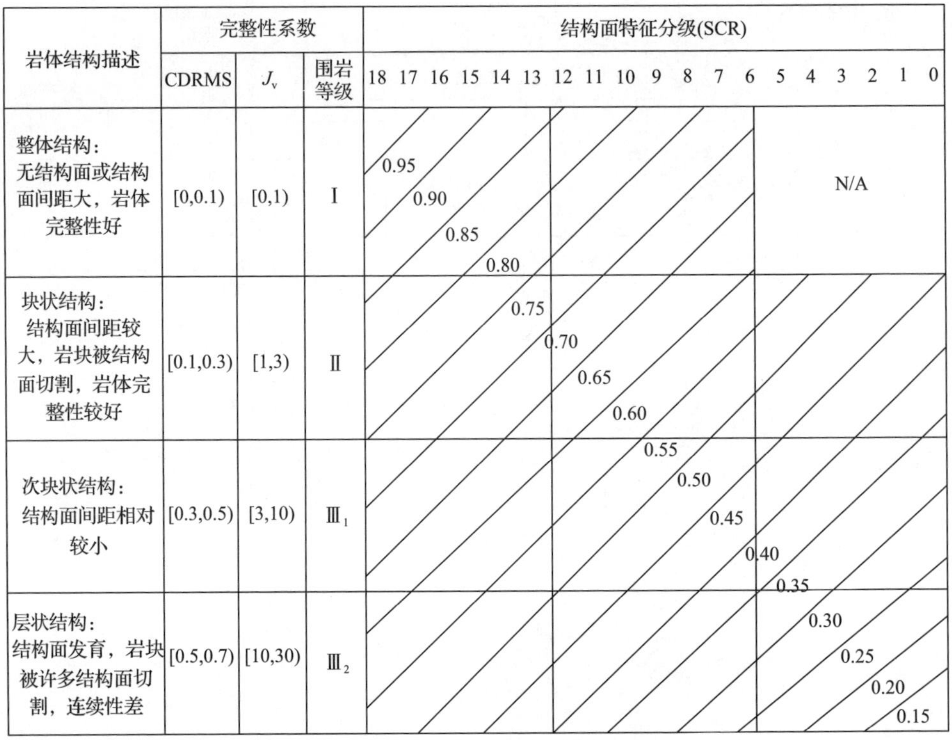

岩体结构描述	完整性系数			结构面特征分级(SCR)
	CDRMS	J_v	围岩等级	18 17 16 15 14 13 12 11 10 9 8 7 6 5 4 3 2 1 0
整体结构：无结构面或结构面间距大，岩体完整性好	[0,0.1)	[0,1)	Ⅰ	0.95　0.90　0.85　0.80　N/A
块状结构：结构面间距较大，岩块被结构面切割，岩体完整性较好	[0.1,0.3)	[1,3)	Ⅱ	0.75　0.70　0.65　0.60
次块状结构：结构面间距相对较小	[0.3,0.5)	[3,10)	$Ⅲ_1$	0.55　0.50　0.45　0.40　0.35
层状结构：结构面发育，岩块被许多结构面切割，连续性差	[0.5,0.7)	[10,30)	$Ⅲ_2$	0.30　0.25　0.20　0.15

图 8.1.8　岩体结构修正因子 k_{r1} 取值

表 8.1.8　结构面特征分级评分表

评估指标	级别和分值				
硬性结构面最大迹长	≥1d	[0.7～1)d	[0.4～0.7)d	[0.1～0.4)d	＜0.1d
R_c	4	4.5	5	5.5	6
结构面张开锈蚀度	新鲜闭合，无锈蚀	结构面微张，少量锈蚀	中等锈蚀	强锈蚀	完全锈蚀
R_r	5	6	2	1	0
充填性质	无充填	硬质充填＜5mm	硬质充填≥5mm	软质充填＜5mm	软质充填≥5mm
R_f	5	5	6	3	1
地下水	干燥	潮湿	湿	滴水	流水
R_w	0	–4	–6	–9	–12

注：d 为隧道直径。

地质构造修正因子 k_{r2} 根据评估区域地质构造条件确定，取值范围为 0.7～1，具体如表 8.1.9 所示。需要注意的是，断层破碎带发生岩爆的可能性较低，主要需考虑刚性断裂对岩爆的影响。

表 8.1.9　地质构造修正因子确定表

评估区地质构造特征描述	地质构造修正因子 k_{r2}
评估区位于数值模拟得到的断层影响区之外，或褶皱构造影响区之外	1
评估区位于数值模拟得到的断层影响区之内，或位于向斜翼部	0.85
评估区位于距断层 1 倍洞径以内，或向斜核部，或背斜翼部	0.7

岩体结构或地质构造产状修正因子 k_{r3} 根据优势结构面或地质构造与工程的空间关系确定，取值范围为 0.8～1，具体如表 8.1.10 所示。

表 8.1.10　岩体优势结构面或地质构造产状修正因子确定表

岩体优势结构面或地质构造产状特征描述	岩体优势结构面或地质构造产状修正因子 k_{r3}
$\theta<30°$，$\alpha>60°$	1
$30°\leqslant\theta<60°$，$\alpha>60°$或$\theta<30°$，$30°<\alpha\leqslant60°$	0.95
$30°\leqslant\theta<60°$，$30°<\alpha\leqslant60°$或$\theta\geqslant60°$，$\alpha>60°$或$\theta\leqslant30°$，$\alpha\leqslant30°$	0.9
$\theta\geqslant60°$，$30°<\alpha\leqslant60°$或$30°\leqslant\theta<60°$，$\alpha\leqslant30°$	0.85
或$\theta\geqslant60°$，$\alpha\leqslant30°$	0.8

注：θ为结构面倾角；α为结构面走向与隧道轴线的夹角。

根据巴基斯坦 N-J 水电站引水隧洞、某深埋交通隧道、锦屏二级水电站引水隧洞等深部工程岩爆案例，确定了不同等级岩爆的临界阈值：$F>2.2$，无岩爆；$1.6<F\leqslant2.2$，轻微岩爆；$1.1<F\leqslant1.6$，中等岩爆；$0.6<F\leqslant1.1$，强烈岩爆；$0<F\leqslant0.6$，极强岩爆。由此可以对深部工程硬岩岩爆等级进行评估，典型工程应用见 9.2.2 节相关内容。

8.1.4　深部工程硬岩岩爆预警方法

1. 深部工程岩爆位置和等级的预警方法

岩爆预警是指根据现场的监测数据(如微震)，对潜在岩爆风险的工程(隧道)区段进行岩爆等级预警，对该区段的后续施工和岩爆防控措施提供指导，规避或降低岩爆风险。岩爆的评估与预警方法如表 8.1.11 所示。

深部工程现场最广泛的岩爆预警方法是岩爆微震监测预警方法。该方法主要是利用微震监测设备对岩爆孕育过程中的岩体破裂事件进行实时采集，通过分析这些微震事件的时空演化规律来判断各时间点岩体不同部位的应力集中、能量聚

表 8.1.11　岩爆的评估与预警方法

方法名称	指标参数	评估或预警结果
RVI 指标法[30]	应力控制因子、岩石物性因子、岩体系统刚度因子、地质构造因子	岩爆位置、等级、破坏深度
数值指标分析法[31,32]	ERR、LERR	岩爆破坏位置、范围、深度及程度
神经网络法[33]	岩性、应力条件、区域构造、岩体完整程度、支护强度等	岩爆位置、等级
岩爆微震监测预警法[33]	钻爆法施工：累积微震事件数、微震事件率、累积微震释放能、微震释放能速率、累积微震视体积和微震视体积率 TBM 施工：累积微震事件数、即时微震事件数、累积微震释放能、即时微震释放能、累积微震视体积和即时微震视体积	岩爆位置、等级及其发生概率

集、累积损伤等状态，从而对潜在岩爆的位置、等级及其概率进行预判。建立的基于微震 6 参数的隧道岩爆孕育过程动态预警方法可区分施工方法和岩爆类型，能定量预警潜在岩爆的位置、等级及其发生概率，已在多个重大工程中得到了成功应用。下面分别介绍按时间划分的 3 种类型岩爆的微震信息预警方法。

1) 即时型岩爆预警方法[33]

即时型岩爆预警方法的建立包括以下四个方面：

(1) 确定岩爆预警区域以及用来进行岩爆预警的微震参数。

(2) 收集岩爆案例，建立岩爆案例数据库，提炼不同类型不同等级岩爆孕育过程中预警区域微震参数的特征值。

(3) 分析微震参数与岩爆等级之间的关系，构建各个微震参数的不同岩爆等级的概率分布函数。

(4) 分析岩爆孕育过程中各微震参数之间的关系及重要性，建立包含所有微震参数的岩爆等级及其概率预警公式。

岩爆等级及其概率计算公式为

$$P_i^{mr} = \sum_{j=1}^{6} w_j^{mr} P_{ji}^{mr} \tag{8.1.12}$$

式中，m 为施工方法，包括钻爆法和 TBM；r 为岩爆类型，包括应变型岩爆和应变-结构面滑移型岩爆等；i 为岩爆等级，包括极强岩爆、强烈岩爆、中等岩爆、轻微岩爆和无岩爆；j 为预警区域微震监测信息；w_j^{mr} 为 m 施工方法条件下 r 岩爆类型的岩爆预警时微震监测信息 j 的权系数；P_{ji}^{mr} 为基于微震监测信息 j 获取的 m 施工方法条件下 r 岩爆类型 i 岩爆等级的岩爆发生概率。

钻爆法施工时，微震监测信息 j 宜为累积微震事件数、累积微震释放能、累积微震视体积、微震事件率、微震释放能速率和微震视体积率。

TBM 施工时，微震监测信息 j 宜为累积微震事件数、累积微震释放能、累积微震视体积、即时微震事件数、即时微震释放能和即时微震视体积。

即时型岩爆预警方法的应用包括以下四个步骤：

(1) 选取岩爆预警区域，获取该区域微震参数累积值及其平均日变化率。

(2) 根据岩爆等级及其概率预警公式对该预警区域潜在岩爆等级及其概率进行预警。

(3) 进行工程现场验证，判断岩爆预警结果与现场实际情况是否一致，将每次预警案例补充更新到岩爆案例数据库中；同时将监测到的该预警区域微震信息补充到该区域微震信息数据库中，动态更新预警区域微震参数累积值及其平均日变化率。

(4) 根据岩爆等级及其概率预警公式，输入上述更新后的预警区域微震参数累积值及其平均日变化率，对预警区域潜在岩爆等级及其概率进行预警。转到上面第 (3) 步，连续进行该区域潜在岩爆等级及其概率预警，直至预警工作结束。预警过程中可以以天为时间单位，及时进行岩爆的动态预警。

2) 时滞型岩爆预警方法

时滞型岩爆主要根据开挖时期其孕育过程中微震活动特征与规律进行预警。时滞型岩爆发生前微震信息演化规律明显：岩爆区开挖时，应力调整剧烈，围岩的破裂活动较频繁，微震事件时间上持续增加，空间上位置集中；视体积持续增加，有突增趋势；能量指数持续高位，有下降趋势；岩爆发生前夕，微震事件较少，存在一个明显的“平静期”，且岩爆发生时视体积和能量指数变化不明显。时滞型岩爆区开挖卸荷后，初期微震事件以拉伸破坏、剪切破坏和拉剪混合破坏为主；接着，以沿破坏面扩展的拉伸破坏为主导；然后，有一个明显的“平静期”；最后，岩爆发生时，以剪切破坏为主导。

3) 间歇型岩爆预警方法

间歇型岩爆中的第 1 次岩爆目前主要按照即时型岩爆预警方法进行预警。一次岩爆后是否会再次发生岩爆目前主要根据一次岩爆后的大能量事件来进行判断：当一次岩爆后没有释放大量微震能的大能量事件产生时，再次发生岩爆的风险较高，反之再次发生岩爆的风险会降低。更精细的间歇型岩爆预警方法需要区分沿隧道轴向扩展的链式岩爆和沿隧道径向扩展的链式岩爆两种类型分别进行预警，相关预警方法有待进一步研究。

2. 深埋隧道钻爆法施工循环的岩爆智能预警方法

岩爆智能预警方法主要是采用人工智能的方法对微震信息进行处理和分析，建立岩爆智能预警模型，从而对潜在岩爆风险的区域(段)和等级进行预警的方法。

该方法可实现以钻爆法施工循环为单位的岩爆时间预警，其中钻爆法施工循环主要包括打钻、装药、爆破、通风、出渣、排险和支护等工序。

1) 基本原理

微震信息在一定程度上综合反映了岩体所处的地质条件、应力状态、累积损伤程度等信息，这些信息与岩爆的孕育过程息息相关。基于微震信息的即时型岩爆智能预警方法的基本原理是：开展岩爆预警有效微震信息筛选，剔除对岩爆预警不利的干扰事件，选取对岩爆孕育和发生有效的微震信息。以预警区域内历史钻爆法施工循环微震信息时间序列为样本，采用深度学习的方法挖掘微震信息随钻爆法施工循环演化的深层特征，建立基于长短时记忆神经网络(long short-term memory, LSTM)的微震信息预测模型。同时，以各钻爆法施工循环实际岩爆情况及各循环微震信息组成的时间序列为样本，采用深度学习的方法挖掘岩爆与微震信息时间序列间的非线性关系，建立基于 LSTM 的岩爆智能预警模型。实际预警时，首先利用微震信息预测模型预测后续钻爆法施工循环的微震信息，然后将预警区域内历史钻爆法施工循环的微震信息和预测出的后续钻爆法施工循环的微震信息进行融合，再将融合后的微震信息形成的时间序列输入岩爆智能预警模型，输出后续钻爆法施工循环潜在岩爆的等级，从而实现以钻爆法施工循环为单位的岩爆智能预警。

2) 岩爆智能预警模型的建立

(1) 有效微震事件筛选[34]。

利用微震目录完备性分析建立用于岩爆预警的微震事件筛选方法。微震目录完备性分析的目的是合理确立可以有效监测且无遗漏微震事件的最小完整性震级或能量。微震能量级配曲线可以反映某微震序列中不同能量微震事件的分布情况和相对百分含量。其横坐标代表微震事件释放能的量级，纵坐标为小于某量级的微震事件累积百分比、不同能量微震事件的出现频数。从能量角度出发，区分岩爆等级，在不同等级岩爆的微震能量级配曲线基础上，利用最大曲率法分析微震目录完备性，建立用于岩爆预警的微震事件能量筛选阈值。具体步骤如下：

① 收集不同等级典型岩爆案例从孕育到发生所对应的微震监测信息，将选取的同等级岩爆案例的所有微震事件合并，提取各微震事件的释放能对数。

② 以微震释放能对数为横轴，以小于某量级的微震事件累积比例、不同微震释放能的微震事件产生频次为纵轴，分别绘制不同等级岩爆案例的微震能量级配曲线，计算不同等级岩爆的能量级配曲线 $d_{10}, d_{20}, \cdots, d_{100}$ 粒径所对应的释放能对数值，如图 8.1.9(a) 所示[34]。

③ 以微震能量级配曲线的不同微震释放能粒径为横轴，以粒径对应的微震释放能对数为纵轴，将各等级岩爆 $d_{10}, d_{20}, \cdots, d_{100}$ 粒径值绘制于同一能量粒径曲线图，如图 8.1.9(b) 所示[34]。

④ 分析不同等级岩爆能量粒径曲线的空间分布情况，求取其曲率首次出现突变的点，且各等级岩爆能量粒径曲线开始出现互无交叉时所对应的能量粒径 d_c。

⑤ 计算不同等级岩爆的粒径 d_c 对应的释放能对数值的均值，并将其作为微震目录的最小完整性能量阈值 E_c，根据确立的 E_c 值对用于岩爆预警的微震事件进行筛选，得到用于岩爆预警的微震事件。

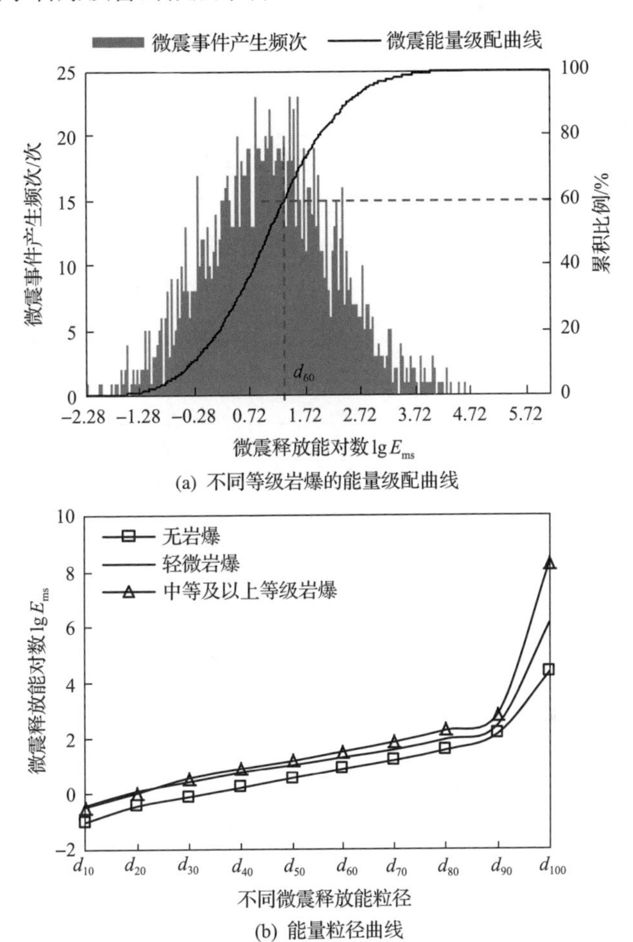

(a) 不同等级岩爆的能量级配曲线

(b) 能量粒径曲线

图 8.1.9　基于能量级配曲线的岩爆预警有效微震事件筛选方法示意图[34]

(2) 微震信息预测模型。

基于 LSTM 的微震信息预测模型主要由输入层、隐藏层和输出层等组成。为了防止模型在训练过程中出现过拟合现象，还引入了 dropout 层，其结构如图 8.1.10(a) 所示。输入向量为历史钻爆法施工循环微震信息时间序列样本，输出向量为下一钻爆法施工循环的微震信息，其映射表达式为

$$m_l^{t+i} = \varPhi(m_l^n, m_l^{n-1}, \cdots, m_l^3, m_l^2, m_l^1) \tag{8.1.13}$$

式中，m_l^{t+i} 为后续第 i 个钻爆法施工循环微震信息 l 的预测值，i=1,2,3；m_l^n 为采样点 n 处微震信息 l 的值，即当次钻爆法施工循环前的第 n 个钻爆法施工循环微震信息 l 的值；$\varPhi(\cdot)$ 为下一钻爆法施工循环微震信息与当次钻爆法施工循环前历史钻爆法施工循环微震信息时间序列间的非线性关系。

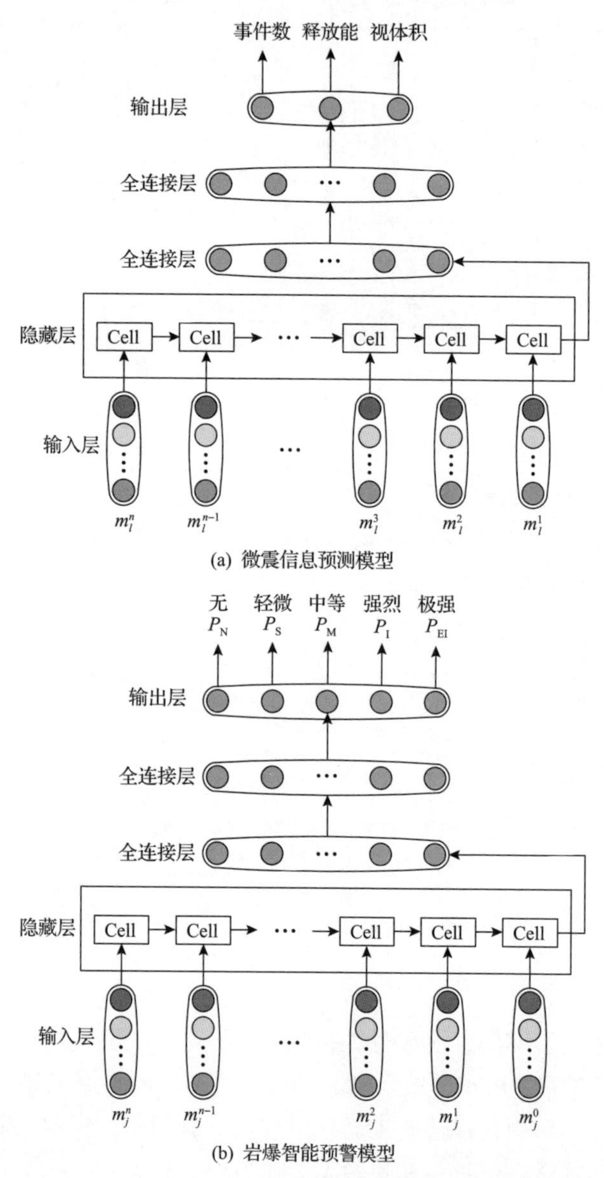

图 8.1.10　基于 LSTM 的微震信息预测模型和岩爆智能预警模型的基本结构

(3) 岩爆智能预警模型。

岩爆智能预警模型以历史钻爆法施工循环微震信息和后续钻爆法施工循环微震信息融合后形成的时间序列为输入向量，以后续钻爆法施工循环潜在岩爆的等级为输出向量。输入向量各采样点的分量包括当次爆破前预警区域内历史钻爆法施工循环的累积微震事件数、累积微震释放能、累积微震视体积、微震事件率、微震释放能速率、微震视体积率和后续钻爆法施工循环的微震事件数、微震释放能、微震视体积等参数，分别用 j=1,2,3,···表示。其中，j=1,2,···,6 表示前 6 个参数；j=7,8,9 表示后续第 1 个钻爆法施工循环的微震事件数、微震释放能和微震视体积；j=10,11,12 表示后续第 2 个钻爆法施工循环的微震事件数、微震释放能和微震视体积；j=13,14,15 表示后续第 3 个钻爆法施工循环的微震事件数、微震释放能和微震视体积。当 j 最大值取 9 时，可对后续第 1 个钻爆法施工循环潜在岩爆的等级进行预测；当 j 最大值取 12 时，可对后续第 2 个钻爆法施工循环潜在岩爆的等级进行预测；当 j 最大值取 15 时，可对后续第 3 个钻爆法施工循环潜在岩爆的等级进行预测。基于 LSTM 的岩爆智能预警模型的网络结构主要由输入层、隐藏层、输出层及 dropout 层等组成，其结构如图 8.1.10(b) 所示，输入向量与输出向量间的映射表达式为

$$P_i = f(M_j^n, M_j^{n-1}, \cdots, M_j^3, M_j^2, M_j^1) \tag{8.1.14}$$

式中，P_i 表示后续钻爆法施工循环将发生 i 等级的岩爆；i 为岩爆等级，包括无、轻微、中等、强烈和极强 5 个等级；$f(\bullet)$ 为岩爆与微震信息间的非线性关系；M_j^n 为当次钻爆法施工循环前第 n 个钻爆法施工循环微震信息 j 的值，对于那些在进行预警时还未获得真实值的微震信息采用通过微震信息预测模型计算得到的预测值代替，即

$$\begin{bmatrix} M_7^1 & M_8^1 & M_9^1 \\ M_{10}^1 & M_{11}^1 & M_{12}^1 \\ M_{13}^1 & M_{14}^1 & M_{15}^1 \end{bmatrix} = \begin{bmatrix} m_1^{t+1} & m_2^{t+1} & m_3^{t+1} \\ m_1^{t+2} & m_2^{t+2} & m_3^{t+2} \\ m_1^{t+3} & m_2^{t+2} & m_3^{t+2} \end{bmatrix} \tag{8.1.15}$$

3) 预警的实施

建立了微震信息预测模型和岩爆智能预警模型后，即可对隧道开挖过程中后续钻爆法施工循环潜在岩爆的等级进行预警。对于隧道工程，即时型岩爆主要发生在掌子面附近，即预警单元包裹的区域。预警实施过程中，预警单元保持空间范围不变，跟随掌子面整体向前推进。在下一钻爆法施工循环开始前，首先根据掌子面桩号确定预警单元的空间坐标；然后将预警单元空间范围内，历史钻爆法施工循环的微震信息时间序列输入微震信息预测模型中，计算出后续钻爆法施工

循环的微震信息预测值；最后将预警区域内原有的微震信息和预测出的微震信息进行融合，形成微震信息时间序列后输入岩爆智能预警模型中，计算出后续钻爆法施工循环潜在岩爆的等级，从而实现以钻爆法施工循环为单位的岩爆智能预警。深埋隧道钻爆法施工循环岩爆预警示意图如图 8.1.11 所示。

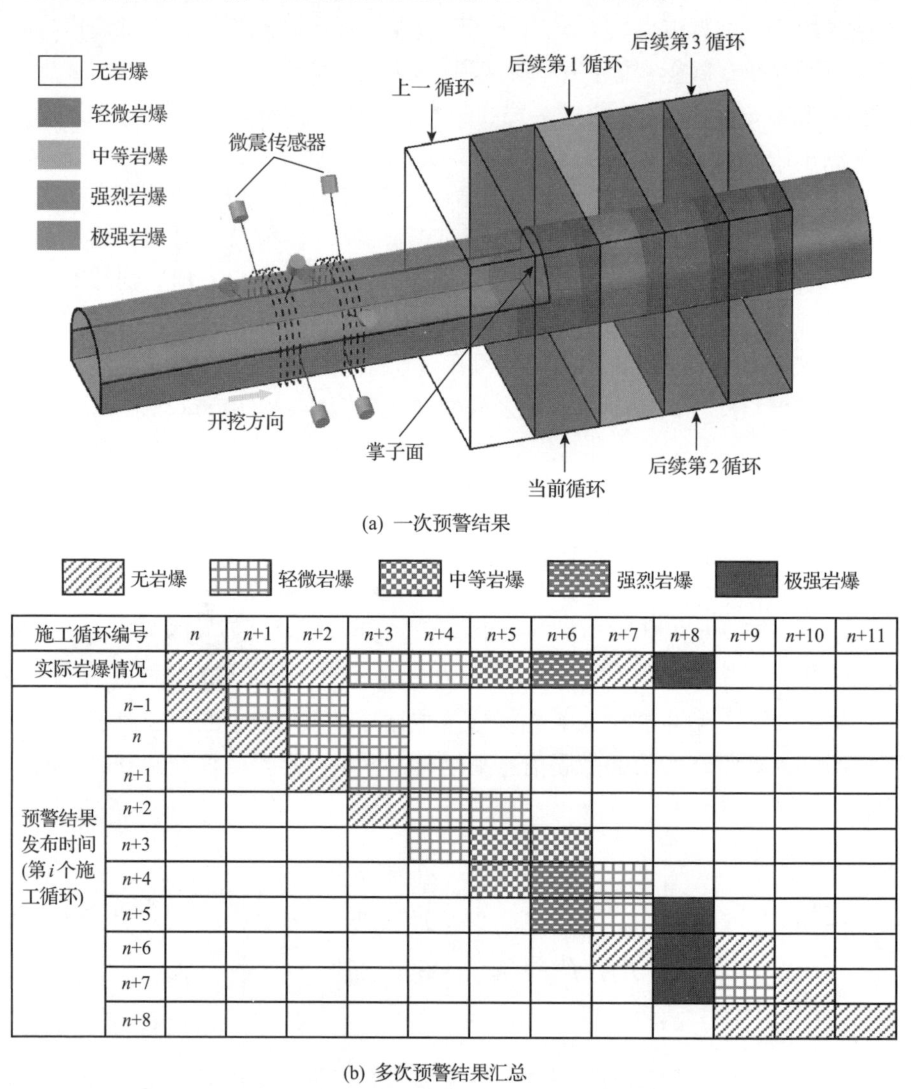

(a) 一次预警结果

(b) 多次预警结果汇总

图 8.1.11　深埋隧道钻爆法施工循环岩爆预警示意图(见彩图)

随着钻爆法施工循环的增加，掌子面桩号、预警单元空间坐标及预警单元内的微震信息不断发生变化。因此，需要及时将更新后的微震信息输入微震信息预测模型和岩爆智能预警模型中进行计算，从而及时更新预警区域和预警结果，以期及时掌握后续钻爆法施工循环潜在岩爆的最新情况，从而为及时采取相应的岩爆防控措施提供参考。上述岩爆智能预警方法在某深埋隧道开挖过程中得到了成功应用，岩爆智能预警应用实例详见 9.2.4 节。

3. 隧道岩爆微震智能监测预警系统

综合利用人工智能、大数据、云技术等手段，在 4.8.4 节所述岩爆微震监测智能分析方法和前述岩爆智能预警方法的基础上，建立了隧道岩爆微震智能监测预警系统，如图 8.1.12 所示。该系统布置于数据分析服务器上，服务器接收到微震监测系统传输的数据后，即对微震数据开展分析，如波形识别、到时拾取、事件定位、参数计算等。然后进行岩爆预警，并提供防控建议。系统处理数据后，通过网络将数据处理结果、岩爆预警及防控建议上传至云端，获得结果反馈后，系统自动出具预警报告。为实现岩爆及时预警，该系统还增加了岩爆预警短信提醒等功能。利用该系统可实现隧道岩爆监测预警的无人值守，对保障隧道施工安全具有重要意义。

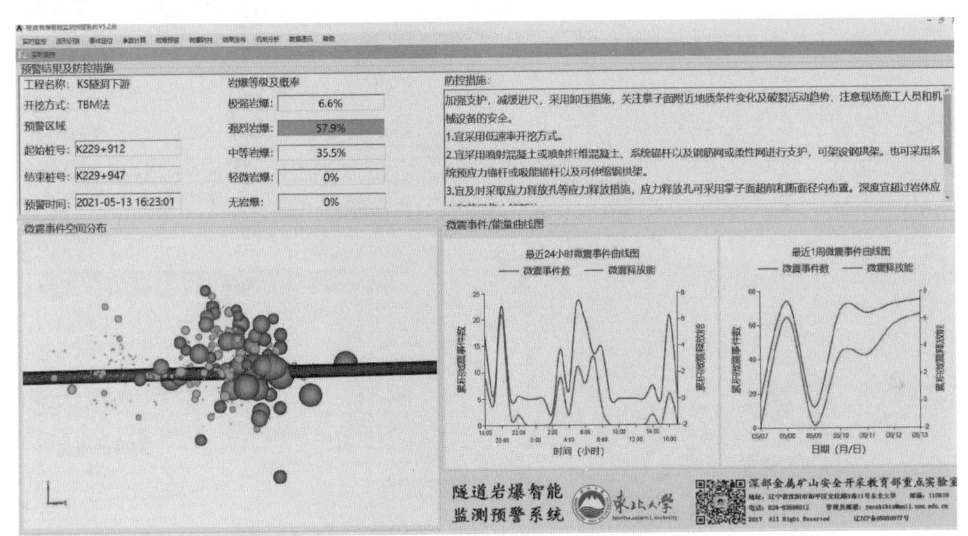

图 8.1.12　隧道岩爆微震智能监测预警系统

8.2　深部工程硬岩破裂程度和深度控制原理

深部工程围岩内部破裂(单区破裂、分区破裂、深层破裂、时效破裂)、大面积片帮(全断面开挖深埋洞室片帮、分台阶开挖深埋洞室片帮、分层分部开挖大跨度高边墙长洞室片帮)、硬岩大变形(深层破裂诱发大变形、镶嵌碎裂硬岩大变形)、硬岩大体积塌方(应力型塌方、应力-结构型塌方)等应力型灾害发生的本质都是开挖引起深部工程硬岩内部产生破裂。要控制这些灾害的发生，就是要控制这种开挖引起的内部破裂，包括破裂程度和深度。为此，提出了控制深部工程硬岩内部破裂的裂化抑制法，通过开挖优化减少开挖引起的围岩内部应力差、应力集中程度和深度，尽可能降低开挖引起的围岩内部破裂程度和深度。通过支护优化及时封闭围岩，提高围岩的强度，抑制围岩内部破裂程度和深度，以减少或避免上述灾害的发生。

8.2.1 裂化抑制法基本原理

1. 深部工程硬岩内部破裂的力学机制

1) 深部工程硬岩由表层到深层的应力分布、脆延性及灾害类型

深部工程开挖后，应力集中部位首先出现在表层，随着表层围岩破裂，应力集中区不断向内部转移，引起内部破裂不断萌生扩展；主应力差(σ_2–σ_3)由表层的高应力差向深层原岩应力差转化，根据第 5 章真三轴试验结果，主应力差降低引起岩石延性增强，因此由表层到深层硬岩的脆延性特征由超脆性向脆性、延脆性过渡。表层附近超脆性或脆性使得硬岩内部拉破裂渐进扩展和贯通，当应力水平超过岩体强度时，岩体易发生片帮及岩爆等突然的脆性破坏；深层围岩延脆性使得硬岩在应力水平达到岩体强度后仍有一定的承载能力，岩体内部破裂表现出一定的时效性，即随着时间的增长产生深层破裂。此外，由于深层岩体可持续累积能量，在特定条件下易发生高等级的强岩爆，如图 8.2.1 所示。

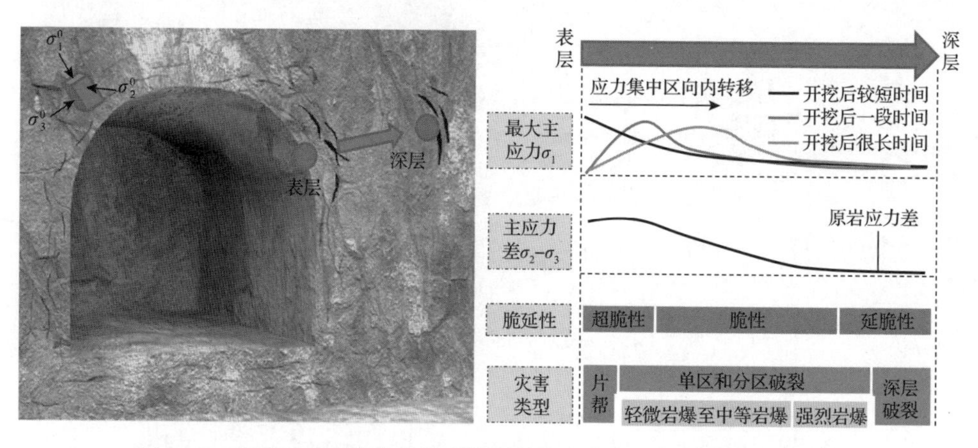

图 8.2.1　深部工程硬岩由表层到深层的应力分布、脆延性及灾害类型

2) 应力水平、应力路径、卸荷速率对深部工程硬岩破裂的影响

由于深部工程围岩的应力呈几何非对称分布，深部工程硬岩开挖后洞室围岩不同位置、不同深度的应力状态和应力路径变化具有明显差异，其力学响应也不同。基于真三向高应力诱导深部工程硬岩破坏机理的认知，当围岩应力水平低于岩石起裂强度时，岩石处于相对稳定状态；当围岩应力水平超过岩石起裂强度时，

在围岩表层极易诱发片帮破坏，而围岩内部易产生深层破裂现象；当围岩应力水平超过岩石损伤强度时，岩石内部聚集大量能量，岩石进入非稳定破坏状态，在动力扰动或结构诱导作用下，极易诱发岩爆等灾害；当围岩应力水平超过岩石峰值强度时，由于高应力差下深部工程硬岩具有超脆性破坏特性，岩石往往发生即时性破坏(如即时型岩爆等)，如图 8.2.2 所示。根据岩石强度特征，岩石三维强度可以表述为$\dfrac{\sigma_1-\sigma_3}{\sin\varphi_b}$和$\sigma_{m,2}$的关系，$\varphi_b$为考虑岩石中间主应力影响的内摩擦角，$\sigma_{m,2}$为岩石的平均有效正应力。

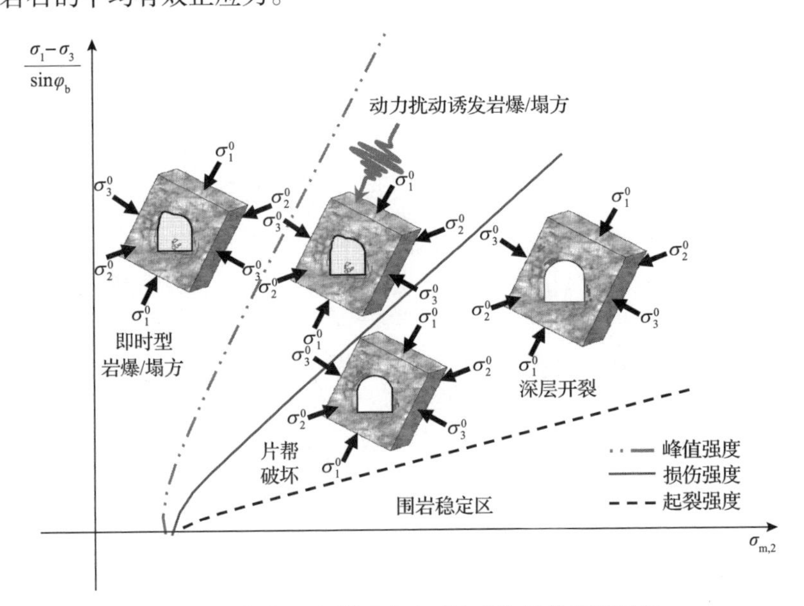

图 8.2.2　深部工程硬岩应力型灾害与岩体强度关系

除了应力状态的影响，深部工程硬岩力学性质还具有应力路径效应，应力路径不同，其力学响应也会随之改变。图 8.2.3 为深部工程硬岩开挖应力路径变化模式图。可以看出，路径②(最大主应力增大，最小主应力减小)是距离岩石强度包络线最短的路径，也是最不利的应力路径，在此路径下，主应力差不断增加，能量不断聚集，极易发生失稳破坏，此种路径通常出现在应力集中转移区。在路径①的条件下，岩石处于卸荷应力状态，最小主应力减小，但主应力差不变或减小，此时岩石没有额外的能量累积。在路径③的条件下，岩石处于加荷应力路径，一般发生在围岩深层，虽然主应力差在增大，但围岩最小主应力水平也相对较高，岩石强度也较高。

根据不同卸荷速率影响下的硬岩力学特性真三轴试验结果，随卸荷速率的增加，试样卸荷破坏时的剧烈程度增大，张拉破裂特征也更明显。这表明开挖过快更容易引起围岩发生脆性破坏。

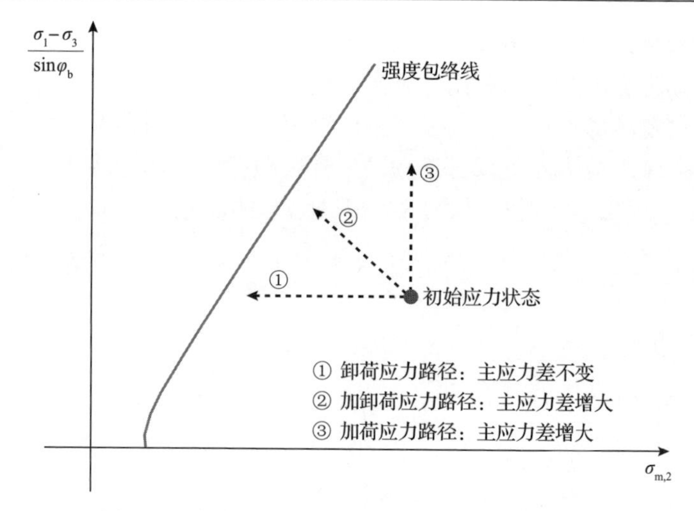

图 8.2.3　深部工程硬岩开挖应力路径变化模式图

3) 深部工程硬岩时效破裂的力学机制

深部工程硬岩发生时效破裂的条件是最大主应力 σ_1 高于长期强度(硬岩损伤应力 σ_{cd})，而由于高应力差($\sigma_2-\sigma_3$)增强了岩石脆性，经历长时间作用后，岩石内部破裂持续聚集，引起硬岩发生小变形时效破坏；三向不等应力引起的破裂定向扩展最终诱发硬岩的各向异性破坏模式。深部工程硬岩开挖后发生张拉及剪切时效破坏模式又受 σ_2 和 σ_3 影响：σ_3 较低时，硬岩内部拉破裂以较为集中分布的形式产生时效性扩展，引起近劈裂的破坏模式；σ_3 较高但 $\sigma_2-\sigma_3$ 较低时，硬岩内部拉破裂均匀分布式时效性扩展，只有当裂纹密度达到一定量才能形成剪破坏模式；σ_3 较高同时 $\sigma_2-\sigma_3$ 也较高时，深部硬岩内部拉破裂以较为集中分布的形式时效性扩展，表现为剪破坏模式。

4) 动力扰动对深部工程硬岩破裂的影响

硬岩真三轴弱动力扰动试验结果表明，动力扰动导致原本未破坏的试样发生破坏，扰动破坏下产生的裂纹多于静态破坏下产生的裂纹，且岩石在峰后比峰前更易破坏。此外，弱扰动还会降低硬岩峰值强度，并促进硬岩裂纹发育。

2. 深部工程硬岩内部破裂的裂化抑制法控制原理

基于对深部工程硬岩内部破裂力学机制的认知，提出有针对性地控制内部破裂的裂化抑制法。裂化抑制法的理论基础是：采用深部工程开挖与支护优化等措施，降低围岩内部主应力差、应力集中程度和深度，恢复应力水平，降低岩体脆性，进而维持或提升岩体起裂应力水平和峰值强度，避免开挖引起围岩内部出现过分的应力集中和不利的应力路径，使原本在围岩内部某处已达到产生破裂及灾变的条件不再满足，从而从根本上阻断灾害孕育过程，实现控制围岩内部破裂的目标。

1) 围岩内部破裂程度和深度演化曲线的获取

围岩内部破裂程度和深度随开挖的演化曲线可以通过现场观测或数值模拟等手段获得。对锦屏地下实验室二期工程进行了开挖模拟，重点关注破裂区最大深度(定义为 RFD∈[σ_{cd}/σ_p,1]等值线与开挖边界的最大距离)，并绘制出该值与开挖过程(用监测断面与掌子面的距离表示)的关系曲线，如图 8.2.4 所示。可以看出，随着掌子面不断向监测断面靠近，围岩内部破裂区深度逐步增大，直至掌子面远离监测断面后，破裂区深度逐渐稳定。这一结果说明了若开挖后支护不及时，深部工程硬岩破裂区深度将会增大到无法控制的程度，最终发生严重灾害。现场监测结果也表明了深部工程硬岩破裂损伤存在类似的演化过程，如图 8.2.5 所示[35]。

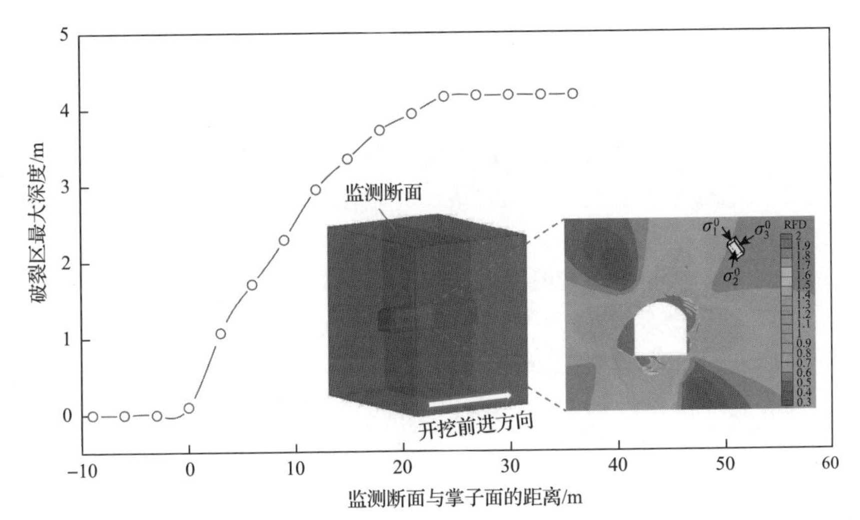

图 8.2.4　锦屏地下实验室二期工程围岩破裂区最大深度随开挖过程演化数值模拟结果

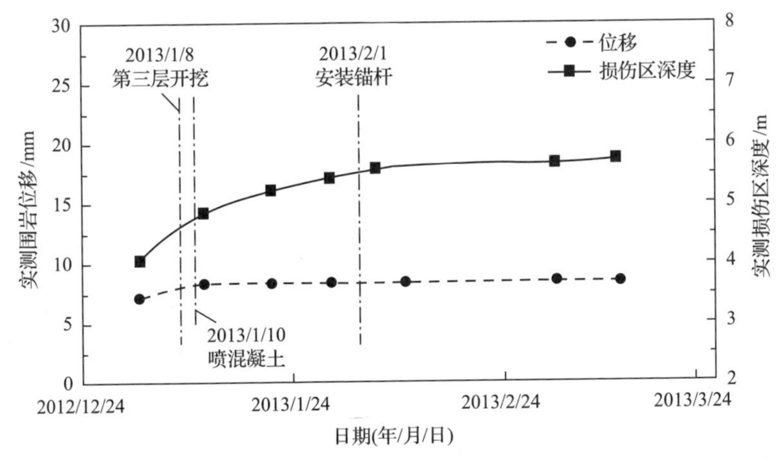

图 8.2.5　白鹤滩水电站 4# 导流洞 K1+065 柱状节理玄武岩时效变形和损伤区演化过程[35]

2) 开挖优化控制原理

开挖方案优化的根本目的就是找到一种/组开挖方案，避免围岩内部出现过分的应力集中和不利的应力路径，使在该开挖方案下围岩破裂深度及程度可控，避免不合理的开挖方案导致围岩破裂深度显著增大。开挖优化控制目标表达式为

$$\text{optimize}\{S\}:\min\left\{D_{\max|\text{RFD}\in[\sigma_{\text{cd}}/\sigma_{\text{p}},1]}\right\}\leqslant\left\{D_{\text{可接受}}\right\} \tag{8.2.1}$$

式中，S 为开挖方案，包括开挖顺序、开挖台阶高度、开挖进尺等；$D_{\max}$ 为计算的围岩最大破裂深度，用岩体破裂程度指标 RFD 的范围表示；$D_{\text{可接受}}$ 为工程设计可接受的围岩破裂深度。

式(8.2.1)的含义是通过开挖优化，使围岩破裂区深度尽可能小。

为减小深部工程围岩破裂深度和应力调整剧烈程度，关键是找到一种施工可行的低开挖扰动方案。具体而言，通过改变开挖断面形状降低围岩内部应力集中程度；通过优化开挖台阶高度维持最小主应力，进而降低围岩表层主应力差；通过优化开挖顺序避免产生不利的应力路径；通过调整优化开挖进尺、开挖速率避免围岩过快卸荷；通过控制爆破振动降低因动力扰动引起的破裂等。这些开挖优化措施从不同角度抑制了围岩内部破裂的产生与发展，使得岩体破裂深度和程度在工程经验或理论计算分析的可接受范围内，为适时支护和安全快速施工创造条件。不同开挖方案与对应的围岩破裂深度或程度演化示意图如图 8.2.6 所示。可结合工程实际条件，通过理论计算对比分析不同开挖方案工况下围岩的破裂深度或程度，进而比选优化开挖方案，也可在工程施工前通过系统全局优化分析确定最优组合开挖顺序。

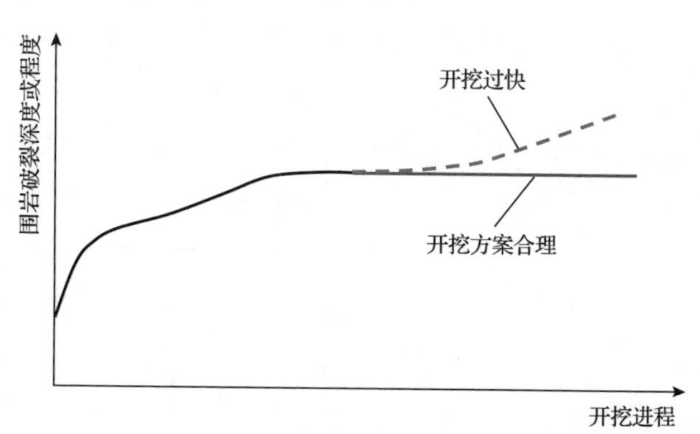

图 8.2.6　不同开挖方案与对应的围岩破裂深度或程度演化示意图

3) 支护优化控制原理

根据前述硬岩内部破裂力学机制，在选择支护措施时应使之具备补偿或恢复岩体真三向受力状态的能力，通常采用主动支护技术为岩体提供一定的侧向约束

力。这样不仅降低了岩体内部的主应力差和脆性，并且提高了硬岩峰值强度(见图 8.2.7)和长期强度(见图 8.2.8)，从而降低岩体内部时效破裂发生的概率，确保深部工程长期稳定。

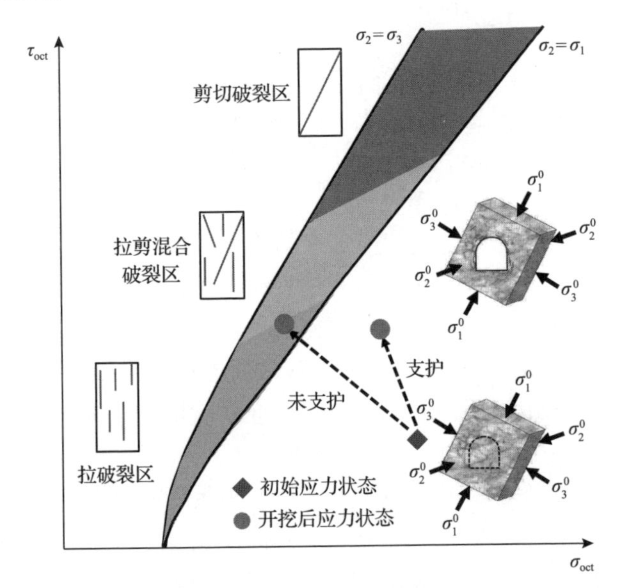

图 8.2.7　基于应力状态调整的深部工程硬岩主动支护控制原理

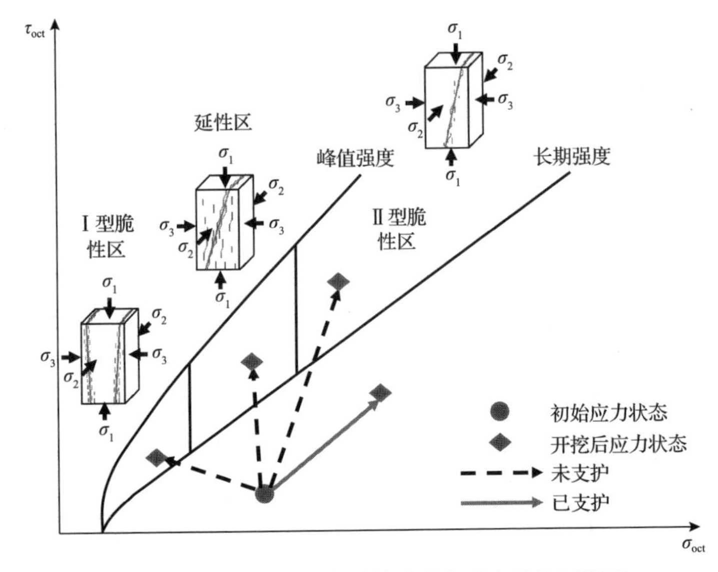

图 8.2.8　深部工程硬岩时效破裂主动支护控制原理

优化深部工程支护参数与支护时机的目的是尽可能减少洞室围岩应力集中区转移深度和应力集中程度，降低围岩破裂深度及程度，通过支护结构联结效应维

护或再造洞室围岩自身承载拱，抑制围岩破裂向深层转移。支护优化控制目标表达式为

$$\text{optimize}\{L,P,T\}:\min\left\{D_{\max|\text{RFD}\in[\sigma_{\text{cd}}/\sigma_{\text{p}},1]},\text{RFD}_{\max}\right\}\leqslant\{D_{\text{可接受}},2\} \tag{8.2.2}$$

式中，L 为支护体长度；P 为支护强度；T 为支护时机。

式(8.2.2)的含义是通过支护优化，使围岩破裂区深度尽可能小，同时控制围岩破裂程度(由 RFD 值的大小表示)也尽可能小。

通过改变支护形式，优化锚固长度、锚杆间排距等手段提供或维持最小主应力，进而降低围岩表层主应力差和内部应力集中程度；通过优化支护时机避免产生不利的应力路径及围岩过快卸荷；通过吸波支护技术降低因动力扰动引起的破裂等。这些支护优化措施从不同角度抑制了围岩内部破裂的产生与发展。

围岩支护参数方面，需根据围岩内部破裂状态的实测结果(如声波测试、钻孔摄像)或计算结果获得围岩破裂深度和程度，进而依据工程重要性和支护目的确定相应的支护长度和强度。

(1)若工程开挖规模大，需要确保工程长期稳定且需要严格控制围岩的变形量和损伤区深度，则需要较大的锚杆长度，使得锚杆/锚索的锚固深度超出围岩的损伤区，对应岩石典型应力-应变曲线的长期强度点或裂纹不稳定扩展点($\text{RFD}=\sigma_{\text{cd}}/\sigma_{\text{p}}$)。

(2)若工程开挖规模较大且需要保证工程施工安全和围岩稳定，则通常需要使得锚杆/锚索的锚固深度超出围岩的破裂区范围(如现场岩体声波曲线的下降段)，对应岩石典型应力-应变曲线的峰值强度点(RFD=1)。

(3)若工程规模较小或只需要确保工程临时性施工安全，则锚杆/锚索的锚固深度通常只需要超出围岩明显松弛开裂区(如现场岩体声波波速明显下降段)，即对应岩石典型应力-应变曲线的残余强度点(RFD=2)。

围岩支护时机方面，确定支护时机的原则应该是避免围岩发生灾害性破裂发展趋势。图 8.2.9 为围岩不同支护时机及其相应的控制效果示意图，图中支护刚度曲线与横轴交点表示开始支护的时间，而曲线斜率包含了不同的支护刚度、支护深度、支护强度等信息。可以看出，在支护方案①实施以后，根据裂化抑制法原理得到的优化支护时机可有效抑制围岩内部破裂区深度和破裂程度；而在支护方案②实施以后，由于支护过晚，围岩内部破裂区范围过大，进而造成岩体失稳破坏。

综上所述，岩体内部破裂是高应力下深部工程围岩变形与破坏的本质特征，而硬岩变形是内部破裂不断累积的外在表现，深部工程稳定性控制的关键在于抑制岩体内部破裂发展。因此，深部工程稳定性设计的主要工作是系统开展深部工程开挖方案优化、支护参数优化和支护时机优化，从而抑制岩体内部破裂发展，实现从全局设计角度尽量减少围岩破裂的规模、深度与程度，并通过主动支护抑制围岩裂化且强化破裂围岩的结构整体性，将围岩从被支护对象转换为承载结构，从而实现

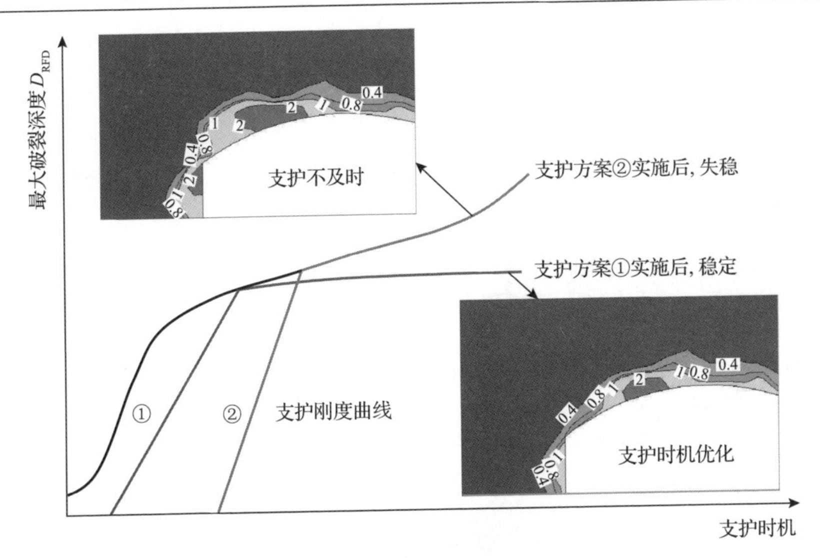

图 8.2.9　围岩不同支护时机及其相应的控制效果示意图

充分调动围岩自身承载性能，达到工程稳定性设计的安全、高效和经济目标。

运用这一方法进行深部工程稳定性优化设计时，其核心是通过计算分析或原位测试获得围岩的破裂深度和程度，其稳定性优化的手段是开挖与支护，其作用机制是通过开挖与支护设计主动抑制硬岩破裂发展从而维护围岩承载结构。因此，该方法建立了岩石力学基本理论与仿真分析、岩石力学特性现场观测与反馈、工程现场实践经验等多方面之间的有机联系，基本实现了理论研究、工程设计与现场施工的一体化融合。

8.2.2　深部工程硬岩内部破裂控制方法

深部工程硬岩内部破裂主要分为深层破裂、单区破裂、分区破裂和时效破裂等。首先根据具体工程的地质、岩体力学等信息，采用数值仿真分析或与现场测试相结合的方法，对围岩内部破裂区的位置、范围及其演化特征进行预估。采用深部工程硬岩力学参数三维智能反演方法确定岩体力学参数，采用第 6 章提出的深部工程硬岩破裂过程数值分析方法进行数值分析，采用指标 RFD 和 TRFD 对岩体破裂程度和深度进行评价预测，获得深部工程硬岩内部破裂深度与程度随开挖或开挖后时间进程的演化曲线，为接下来进行开挖支护优化设计奠定基础。

1. 深部工程硬岩深层破裂控制方法

由于深层破裂多发生在高地应力下高边墙、大跨度硬岩洞室存在硬性结构面等不良地质构造的围岩内部，发生部位距开挖轮廓较远，且与围岩内部应力集中区对应，发生时间与开挖扰动相关。为抑制围岩内部破裂向深层转移，从而控制破裂深度和程度，需对围岩破裂深度和程度随开挖进尺或开挖后的演化过程进行预测，预估岩体破裂区可能达到的范围，确定合理的支护参数和时机，如图 8.2.10 所示。与曲线①相比，曲线②显示了围岩深部已产生破裂，故破裂深度从 D_1 增长到 D_2，若采取调控措施使内部破裂深度曲线沿开挖支护优化后曲线演化，则不会出现深层破裂。

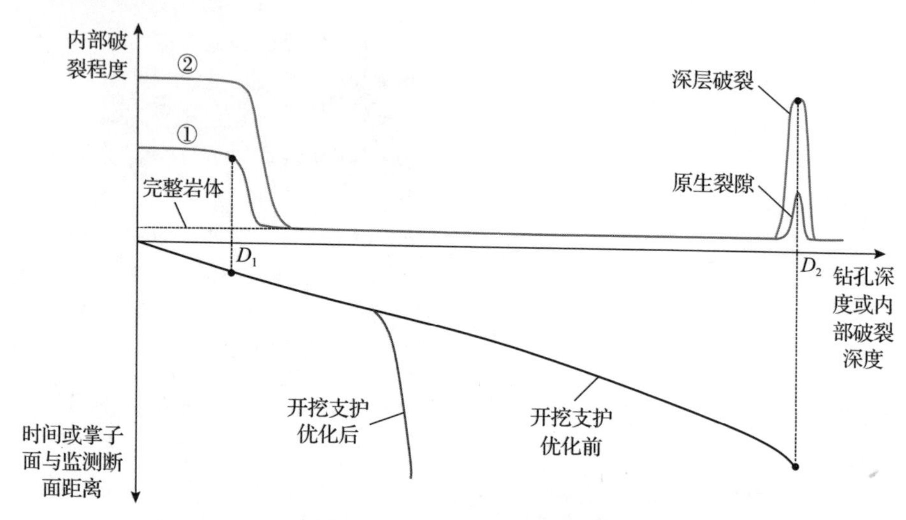

图 8.2.10　深部工程硬岩深层破裂裂化抑制控制原理示意图
曲线①、②表示开挖后不同时间围岩内部破裂程度

若支护未取得预期效果、未支护或因围岩内部引起深层破裂的结构面事先不知等，使得围岩破裂深度和程度超过预期，则需要进行支护方案再优化，根据破裂区演化过程曲线确定支护的形式及围岩内部需要补强的范围。支护形式以洞室几何非对称深层主动支护为主，包括长预应力锚杆、锚索及深层注浆，并辅以浅层支护，支护范围以预估的破裂区最大深度为依据，支护结构长度应超出最大深度 1m 以上，支护时机的选取原则是使岩体破裂区发展不至达到加速扩展阶段，同时支护力亦不会达到其极限。

以白鹤滩水电站右岸地下厂房为例，介绍上述控制方法的应用情况。采用数值模拟手段获得厂房开挖后顶拱深层破裂随分层开挖的演化曲线，并建议在预测的深层破裂发生部位增设足够长度的锚索和预应力锚杆。计算结果表明，采用优化后的支护措施可有效减少破裂区深度，现场破裂区深度随开挖演化监测数据与预测结果基本一致，如图 8.2.11 所示。

2. 深部工程硬岩单区/分区破裂控制方法

深部工程硬岩单区/分区破裂与局部地应力、岩性、岩体内部结构面发育程度、工程开挖扰动等有关。首先，应根据具体工程地质条件预测破裂类型，明确某一

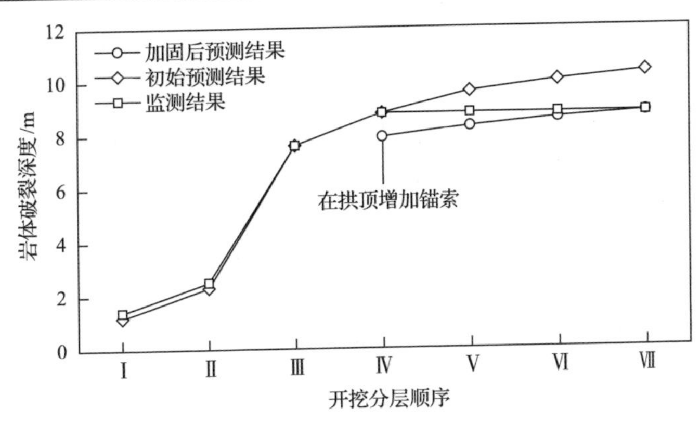

图 8.2.11　白鹤滩水电站右岸地下厂房深层破裂裂化抑制法控制效果

部位是发生单区破裂还是分区破裂，进而获得破裂深度和程度随开挖进尺的演化曲线，再根据破裂区演化过程曲线确定支护的形式、参数、深度和时机，如图 8.2.12 所示，图中①、②、③分别表示开挖后不同时间围岩内部破裂程度。若预测发生单区破裂，可将目标确定为控制单一破裂区深度及程度，并选用长度超过预估最大破裂深度的主动支护技术；若预测发生分区破裂，可将目标确定为控制破裂区最大深度及程度，并选用长度超过预估破裂区最大深度的主动支护技术。支护时机的选取原则与深层破裂控制方法一致。

3. 深部工程硬岩时效破裂控制方法

深部工程硬岩时效破裂主要表现为破裂深度及程度(裂隙数量、宽度)随时

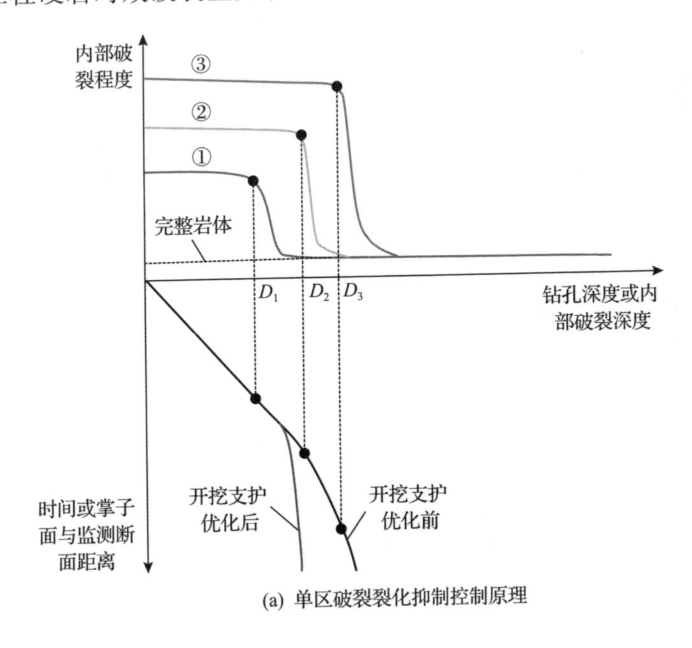

(a) 单区破裂裂化抑制控制原理

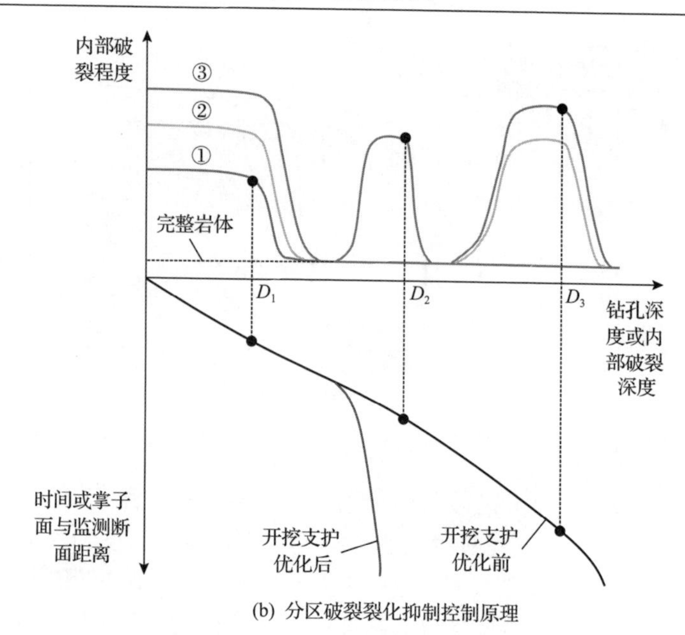

(b) 分区破裂裂化抑制控制原理

图 8.2.12　深部工程硬岩单区/分区破裂裂化抑制控制原理示意图

曲线①、②和③表示开挖后不同时间围岩内部破裂程度

间增加的特征。因此，在预测破裂区深度演化曲线的基础上，对破裂区内部的破裂程度进行时效力学分析，获得破裂深度及程度随时间的演化曲线，如图 8.2.13 所示。为了控制时效破裂，需采取措施提升岩体强度，如预应力支护技术，支护范围应超过预估的最大破裂深度；同时采取措施降低围岩内部应力集中程度，如优化开挖断面形状、分台阶或分层分部开挖，以减轻长期高应力作用引起的围岩亚临界裂纹扩展。

8.2.3　深部工程硬岩片帮控制方法

深部工程硬岩片帮主要分为全断面开挖深埋隧洞片帮、分台阶开挖深埋洞室片帮、分层分部开挖大跨度高边墙长洞室片帮等。片帮的预测方法与内部破裂类似，不同之处在于片帮主要关注浅表层围岩应力集中部位的破裂演化。由于片帮通常引起的破裂深度较小，适当加密浅层支护，并辅以开挖优化即可有效控制。但对于不同片帮类型，由于施工方法有差异，选择具体开挖优化方式及支护时机时应根据实际施工组织设计而定。

1. 全断面开挖深埋隧洞片帮控制方法

全断面开挖隧洞片帮劈裂多发生在地应力较高、岩体较完整的围岩表层，发生部位与开挖轮廓上应力集中区对应，发生时间多为开挖后数天内，且多自行终止。为及时抑制围岩片帮剥落，从而控制片帮深度和程度，需对片帮位置、深度及程度随开挖进尺的演化过程进行预测，预估片帮可能达到的范围，再根据片帮演化过程曲线确定支护的形式、参数和时机，如图 8.2.14 所示。其中支护形式以非对称浅层主动支护为主，包括喷射混凝土、钢筋网、预应力锚杆等，并可通过

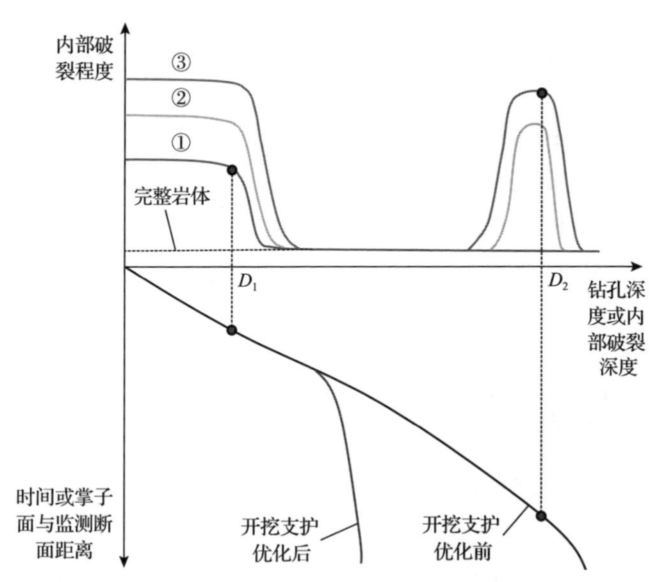

图 8.2.13　深部工程硬岩时效破裂裂化抑制控制原理示意图

曲线①、②和③表示开挖后不同时间围岩内部破裂程度

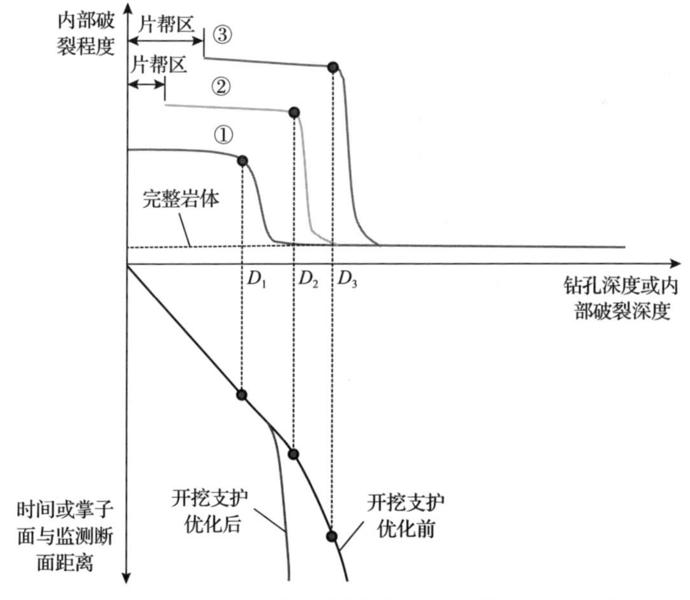

图 8.2.14　深部工程硬岩全断面开挖隧洞片帮裂化抑制控制原理示意图

曲线①、②和③表示开挖后不同时间围岩内部破裂程度

优化开挖进尺降低围岩局部应力集中程度，支护范围和支护时机的选取原则与内部破裂控制方法一致。

2. 分台阶开挖深埋洞室片帮控制方法

分台阶开挖深埋洞室片帮与全断面开挖洞室片帮的不同之处在于，片帮的演化过程不是一次性完成，而是随下层开挖会在同一部位发生多次片帮，即片帮深度不断增加，以及在其他新揭露部位发生片帮。因此，若上层开挖已引起局部片帮，则控制的重点是使已发生片帮部位的片帮深度不再增加，同时兼顾控制下层开挖在其他部位引起的新片帮，如图 8.2.15 所示。而且，选择开挖优化措施时应考虑分层分部开挖法的具体工序，分别对不同台阶的开挖进尺或台阶高度进行合理优化与调整。

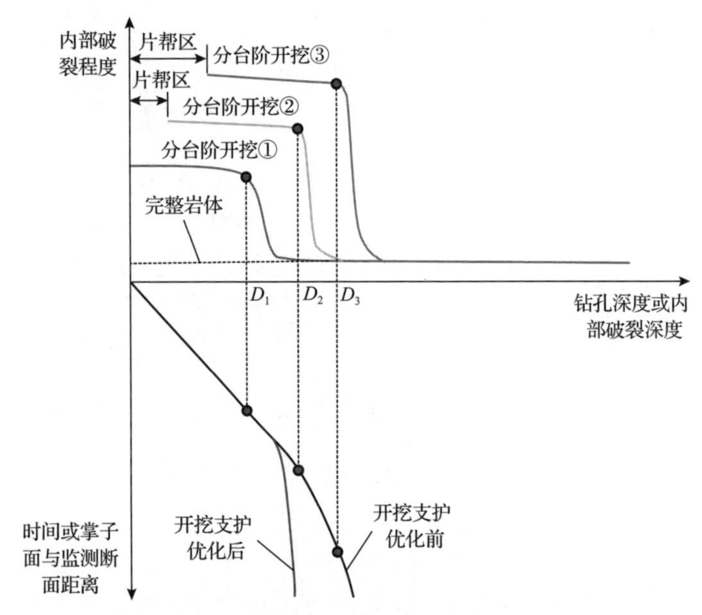

图 8.2.15 深部工程硬岩分台阶开挖洞室片帮裂化抑制控制原理示意图

曲线①、②和③表示开挖后不同时间围岩内部破裂程度

3. 分层分部开挖大跨度高边墙长洞室片帮控制方法

大跨度高边墙长洞室由于开挖体量大，卸荷效应强烈，片帮范围和深度比普通洞室更大。由于大型地下洞室亦采取分层分部开挖法，下层开挖会导致上层已发生片帮部位向围岩内部扩展，也会导致相邻部位发生片帮。因此，对于大型地下洞室片帮，其控制方法应结合上述两种思路，同一层内开挖时参照全断面隧洞开挖片帮控制方法，下层开挖时参照分台阶开挖洞室片帮控制方法，并充分考虑

大断面上片帮部位和深度的几何非对称分布特点，选择合理的开挖支护措施。

以白鹤滩水电站右岸地下厂房为例介绍上述控制方法的应用情况。采用数值模拟手段获得厂房开挖后顶拱片帮随分层开挖的演化曲线，建议在预测的片帮发生部位采取如下调控措施：

(1)分层开挖高度控制在 4m 以内。

(2)初始喷射混凝土厚度增加到 8～12cm。

(3)锚杆的支护时间设定为滞后掌子面 8～12m。

计算结果表明，采用优化后的支护措施可有效减少片帮深度。采用控制措施后，现场围岩片帮深度随开挖演化监测数据与预测结果较为一致(见图 8.2.16)，片帮得到有效控制。

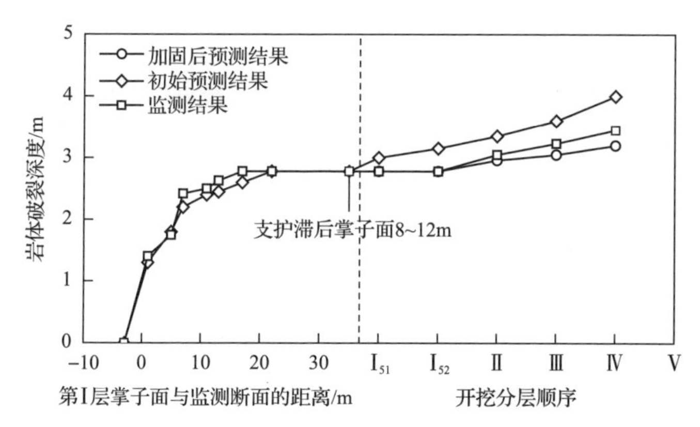

图 8.2.16　白鹤滩水电站右岸地下厂房片帮的裂化抑制法控制效果

8.2.4　深部工程硬岩大变形控制方法

深部工程硬岩大变形主要分为深层破裂诱发的大变形与镶嵌碎裂硬岩大变形等，其孕灾机理仍为围岩内部破裂萌生扩展。采用数值模拟和现场观测等手段，结合工程地质和地应力信息，预估工程区域围岩大变形发生的部位、等级与破裂区演化特征，获得破裂区深度及程度随开挖进尺和时间的演化曲线，进而开展开挖支护优化设计。

1. 围岩深层破裂诱发大变形控制方法

该类型大变形主要见于高应力下大型硬岩地下洞室(群)，其特征为破裂深度大，破裂深度与浅表层变形随洞室开挖进行和时间增长同步递增。由于此类灾害主要是由围岩深层破裂所致，其控制方法与前述深层破裂控制方法基本一致，但需考虑高应力长期作用下的围岩时效破裂及伴生的时效变形问题，故在控制技术的选择方面，应从提升岩体强度和降低围岩应力集中程度两方面入手，多采用大吨位长锚索及深层注浆等手段。

2. 镶嵌碎裂硬岩大变形控制方法

镶嵌碎裂硬岩大变形多发生在地应力中等～较高、裂隙较发育的岩体。开挖后破裂区不断向围岩内部转移，发生部位与开挖轮廓上主应力方位有密切联系，前期变形速率大，持续时间长达数天至数月。为抑制围岩内部破裂向深层转移并抑制原生裂隙张开，从而控制岩体大变形，需对围岩内部破裂随开挖的演化过程进行预测，预估岩体破裂区范围，并根据破裂区演化过程确定合理的支护形式及参数，如图 8.2.17 所示。通常控制围岩大变形需采用多层支护体系，其中第一层非对称主动支护(喷射混凝土+挂网+预应力短锚杆)快速封闭围岩，并使围岩-支护形成联合承载体，第二层支护(预应力长锚杆+深层注浆)用于加固围岩内部，抑制内部新生破裂萌生扩展。支护范围应根据实测岩体破裂区范围并考虑由于时效破裂可能转移的深度综合确定。

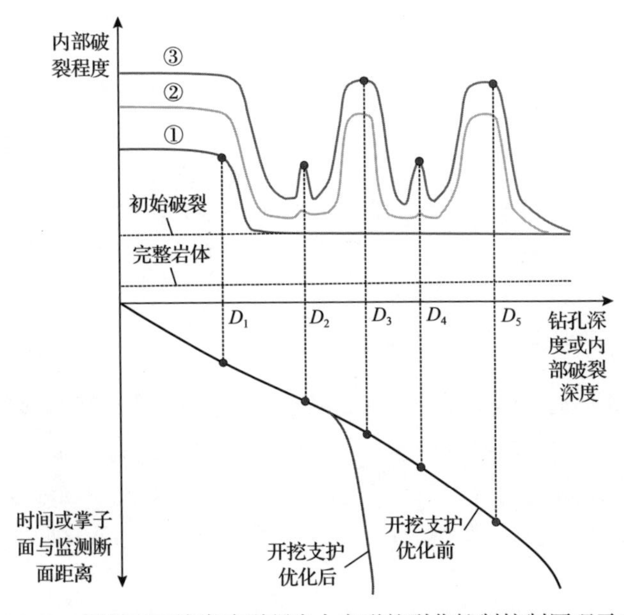

图 8.2.17　深部工程镶嵌碎裂硬岩大变形的裂化抑制控制原理示意图

曲线①、②和③表示开挖后不同时间围岩内部破裂程度

此外，多手段联合控制大变形时要求锚杆、喷射混凝土等支护单元应具备一定的延性，在静态或者冲击试验下有一定的变形能力，各单元组件应等强连接以保障其性能发挥。锚杆应选取可变形锚杆，即在满足支护设计强度的前提下，锚杆具有一定的变形功能。喷层应选取钢纤维混凝土或其他延性混凝土，支护网应

选取伸长率较高（>10%）的圆钢或其他可伸长材料制造。

实践表明，深部工程围岩大变形的量级往往取决于围岩内部破裂深度和程度，而支护设计和施工需满足工程类型、服务期限、设计施工规范和成本控制等要求。因此，往往需要平衡支护的有效性和实用性。例如，金属矿山盘区巷道变形控制标准较为宽松，确保服务期限内的通行安全即可；而交通隧道、引水隧洞及地下矿山运输大巷等永久性工程通常要求变形速率在施作二次衬砌前稳定，将二次衬砌作为安全储备。如图 8.2.18 所示，参考工程开挖后可能达到的变形量、围岩破裂深度及程度等相关指标，将大变形分为三个等级。为实现大变形安全、经济、高效控制，可采用三类支护设计及施工要求。对于Ⅰ级大变形，通常采用①锚-网-喷支护形式，开挖后及时施工。对于Ⅱ级大变形，通常采用②锚-网-喷与注浆联合支护形式，开挖后应及时支护，并采用合理时机注浆加固。对于Ⅲ级大变形，通常采用③超前注浆（小导管）或超前锚杆（钢钎）支护等形式，满足掌子面前方围岩稳定性及变形控制的要求，并在开挖后及时施作锚-网-喷支护。

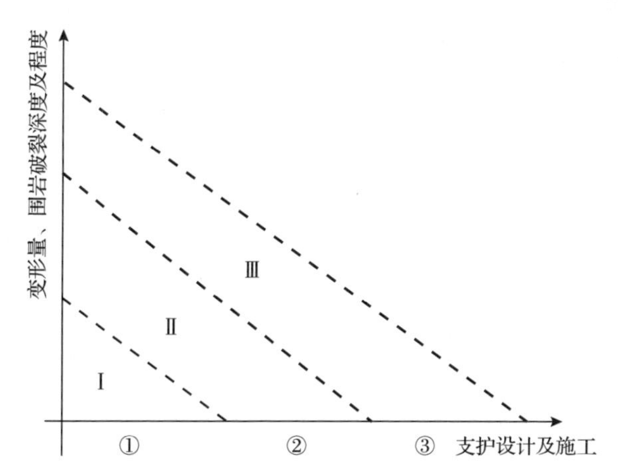

图 8.2.18　深部工程镶嵌碎裂硬岩大变形裂化抑制设计原则

图 8.2.19 为基于裂化抑制法的深部工程镶嵌碎裂硬岩大变形支护控制方法。根据工程类型、工程地质条件、地应力、岩石力学参数等确定基本支护形式、支护参数、支护时机。施工时监测围岩内部破裂深度和程度及工程表面位移特征，用于优化支护结构、支护参数设计。监测应持续到施工完成以评价支护控制效果。支护结构要求具备延性，并有足够的支护力。高强度高延性锚杆是围岩-支护体的骨架，是控制围岩大变形的关键和进一步加固止裂的前提。

针对深部工程镶嵌碎裂硬岩大变形控制难题，提出包含双层锚网喷支护和一次注浆支护的联合支护设计。基于裂化抑制法的深部工程镶嵌碎裂硬岩大变形控制技术施工流程如图 8.2.20 所示。第一层锚网喷支护在开挖后立即施作，主要功能是支撑和加固围岩，避免塌方冒落，同时进行注浆作业，采用高强速凝材料填充并黏结裂隙，进一步提高围岩-支护体的整体性，为下一段掘进循环创造安全环境。第二层锚网喷支护可视具体时机施作。此外，支护设计应采用高强度高延性吸能锚杆，避免围岩变形过大导致锚杆杆体拉断或托盘失效。一次支护后应开展多次钻孔摄像或声波测试，以确定围岩破裂深度和程度，动态反馈调整支护参数，并评价支护效果。

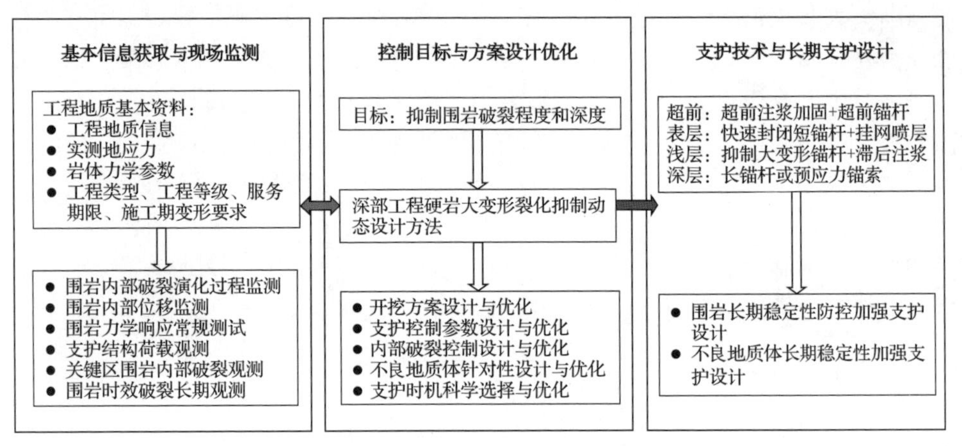

图 8.2.19 基于裂化抑制法的深部工程镶嵌碎裂硬岩大变形支护控制方法

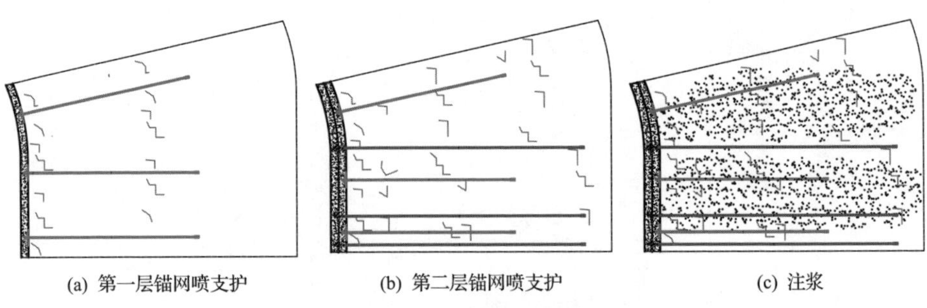

图 8.2.20 基于裂化抑制法的深部工程镶嵌碎裂硬岩大变形控制技术施工流程

上述技术的应用案例详见 9.4 节。

8.2.5 深部工程硬岩塌方控制方法

1. 应力型塌方控制方法

应力型塌方的控制方法与全断面开挖隧洞片帮控制类似，同时兼顾能量调控，多采用具有一定吸能性能的支护元件，可参照后续能量控制方法。

2. 应力-结构型塌方控制方法

应力-结构型塌方多发生在地应力中等至较高的破碎岩体中，由高应力引起围岩完整性进一步降低，直至围岩失去自稳能力，发生部位多位于洞室顶拱，发生时间多在开挖后数小时内。为抑制围岩内部破裂向深层转移，同时预防新生裂隙与原生裂隙连通，从而控制塌方，需对洞室顶部围岩破裂深度及程度随开挖进尺的演化过程进行预测，预估岩体破裂区可能达到的范围及裂隙交切连通的方式，并结合现场实测结果验证或修正预测的破裂区范围，再根据破裂区演化过程确定支护的形式及围岩内部需要补强的范围，进而根据原生裂隙及新生裂隙的方位确定支护角度，如图 8.2.21 所示。支护形式多以长短锚杆+深层注浆+型钢钢架联合支护，其中注浆可有效提升岩体强度和完整性，锚杆可发挥销钉作用。

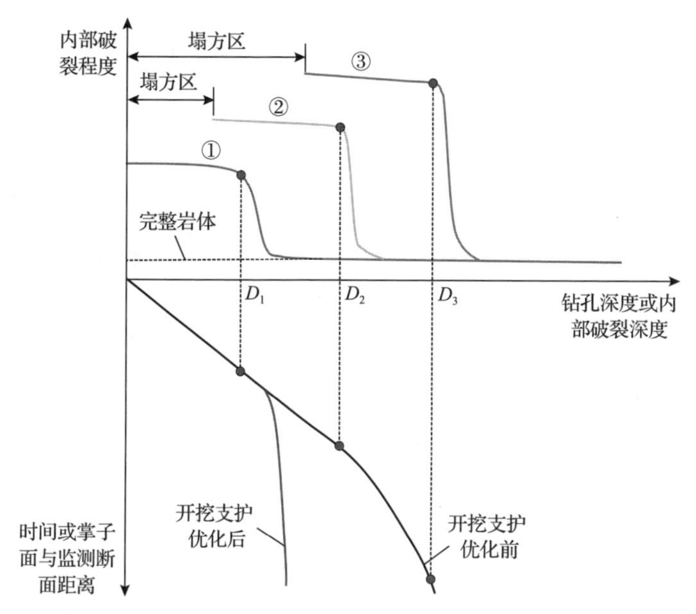

图 8.2.21　深部工程硬岩应力-结构型塌方的裂化抑制控制原理示意图

曲线①、②和③表示开挖后不同时间围岩内部破裂程度

以白鹤滩水电站右岸地下厂房为例介绍上述控制方法的应用情况。采用数值模拟手段获得 C4 错动带邻近部位围岩内部破裂随分层开挖的演化曲线，并建议在预测的塌方发生部位减小开挖进尺，优化开挖顺序，及时施作新增的锚杆和锚索等。计算结果表明，采用优化后的支护措施可有效减少破裂区深度，现场破裂区深度随开挖演化监测数据与预测结果基本一致(见图 8.2.22)，塌方得到了有效控制。

3. 结构型塌方控制方法

结构型塌方主要受岩体结构面组合影响，其控制方法以锚杆加固为主，根据潜在不稳定块体的自重、结构面产状、位置和强度等信息设计锚杆数量、角度和长度，已有较为成熟的理论和技术。

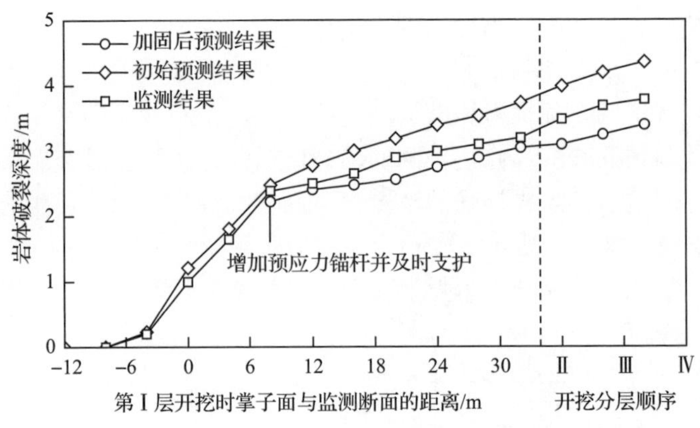

图 8.2.22　白鹤滩水电站右岸地下厂房应力-结构型塌方的裂化抑制法控制效果

8.3　深部工程硬岩能量释放控制原理

8.3.1　能量控制法基本原理

深部工程灾害常表现为围岩储存应变能的突然释放，造成岩爆等。深部岩体由表层向深层能量聚集和释放能力变化趋势如图 8.3.1 所示。由深部工程硬岩能量

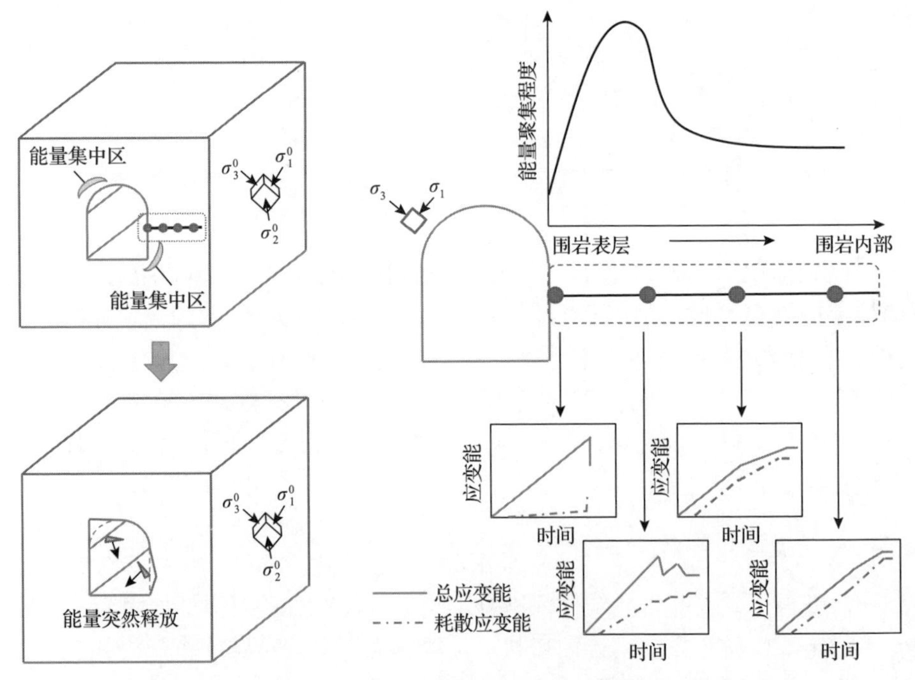

图 8.3.1　深部岩体由表层向深层能量聚集和释放能力变化趋势

储存与释放特性可知，深部岩体由表层到深层的储能能力不断增加，表明深部围岩可积累大量能量，这为强烈岩爆、极强岩爆提供了能量来源；围岩表层到深层能量集聚与释放不同，导致不同的岩爆灾害。

(1) 表层围岩储能能力弱、能量一次性释放完成，容易发生轻微岩爆、即时型岩爆。

(2) 表层-稍向内部的围岩储能能力较强、存在能量多次集聚-释放区，具备发生中等岩爆、隧道径向间歇型岩爆的条件。

(3) 表层-稍向内部-一定深度的围岩储能能力强、存在能量聚集-缓慢释放-突然快速释放区，极易发生强烈岩爆、极强岩爆，即深层岩体破裂向临空面推动岩块弹射。

(4) 处于或接近临界平衡状态的破裂围岩，在爆破波等外界扰动下容易发生时滞型岩爆。

岩爆的孕育过程是岩体内部微破裂不断产生、扩展、贯通的过程。岩体产生微破裂时伴随有能量释放。岩体破裂释放的能量越大，表明破裂处聚集的能量越多。因此，可用微震活动的聚集情况来表征岩爆孕育过程中能量的演化特征。不同等级岩爆孕育过程中微震活动(能量)聚集特征如图 8.3.2 所示。可以看出，岩爆等级越高，其孕育过程中产生的微震事件越多，大能量事件比例越高，岩爆区域微震事件越集中，即岩爆区域聚集的能量越大。岩爆等级越高，岩爆时产生的爆块弹射距离越远，大块越多，这表明岩爆等级越高，岩爆发生时释放的能量越多。岩爆等级越高，爆坑越深，这表明岩爆等级越高，其孕育过程中能量聚集区域与隧道轮廓的距离越大。因此，不同等级岩爆的防控强度不同，即岩爆等级越高，防控强度越大。

通过对锦屏地下实验室二期某深埋洞室进行开挖模拟，获得了深部硬岩能量随开挖演化的典型特征。对洞室底角处围岩累积应变能随开挖的变化进行连续监测，可以画出该累积能量与开挖过程(用监测断面与掌子面距离表示)的关系曲线，

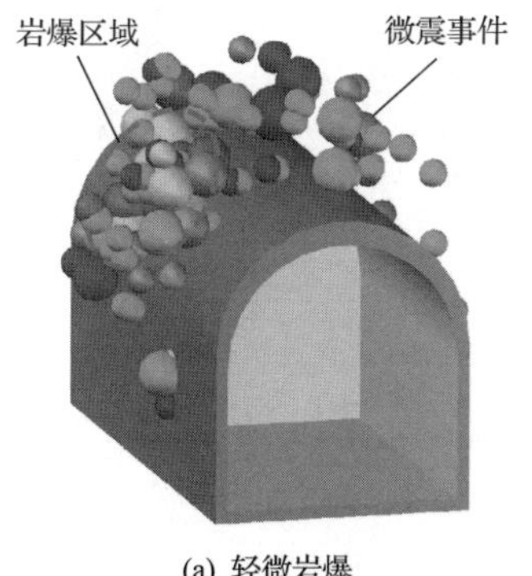

(a) 轻微岩爆

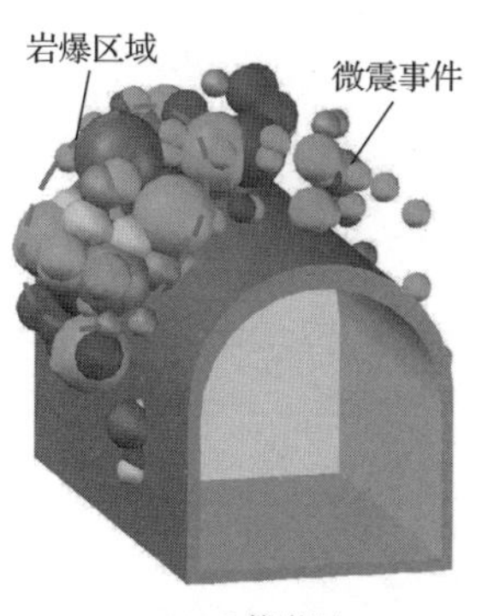

(b) 中等岩爆

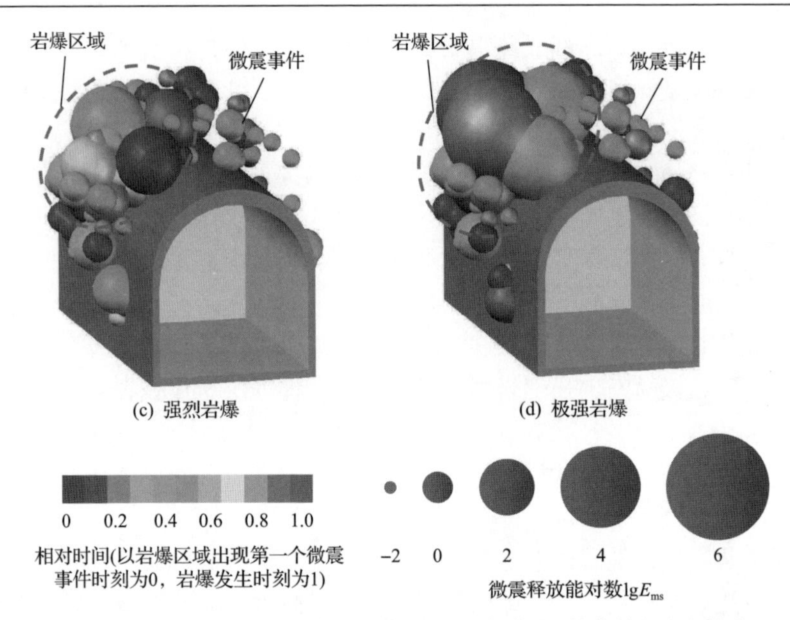

图 8.3.2　不同等级岩爆孕育过程中微震活动(能量)聚集特征(见彩图)

如图 8.3.3 所示。可以看出，随着掌子面不断向监测断面靠近，累积应变能先随之增大，而后迅速衰减。这一结果说明了深部硬岩累积的能量达到某个阈值(通常可由岩石岩爆倾向性室内试验获知)以后，可能发生剧烈的能量释放现象，如岩爆。另外，从能量在整个围岩空间分布特征(见图 8.3.4)来看，能量集中区位置和能量集中程度均随开挖有增大的趋势(见图 8.3.4(f))，这表明若不及时采取有效措施控制能量集中程度和集中区深度，一旦能量达到阈值而释放，将引发岩爆灾害。

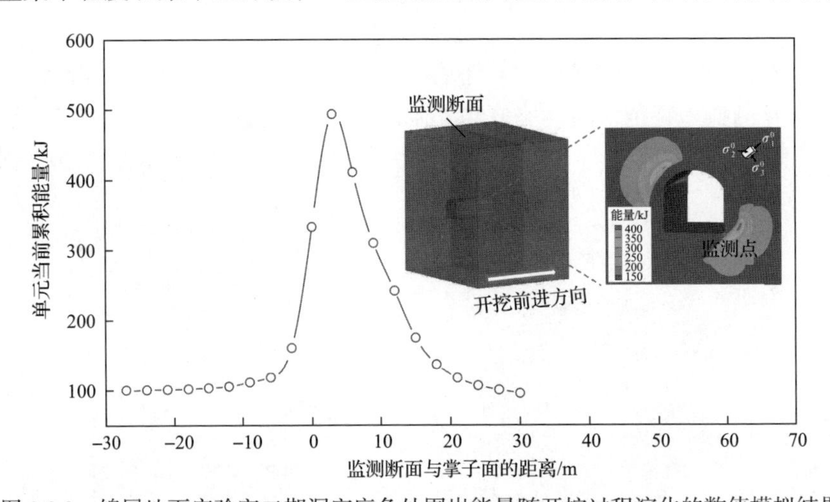

图 8.3.3　锦屏地下实验室二期洞室底角处围岩能量随开挖过程演化的数值模拟结果

根据对深部工程岩体能量释放特性的认识，从力学角度来讲，应采取主动提升岩体储能能力和延性，同时降低岩体脆性的措施，避免岩体中聚集的能量突然释放。以强烈岩爆为例，能量控制法基本原理如图 8.3.5 所示，为从能量调控角度预防灾害，可采取以下措施：

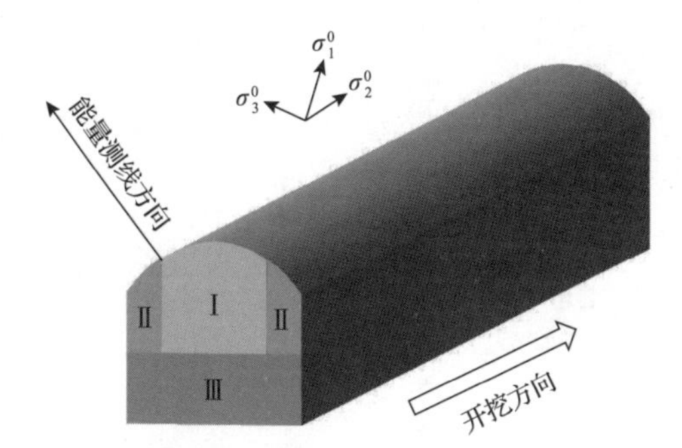

(a) 开挖方向、方式、顺序、地应力与能量监测方向

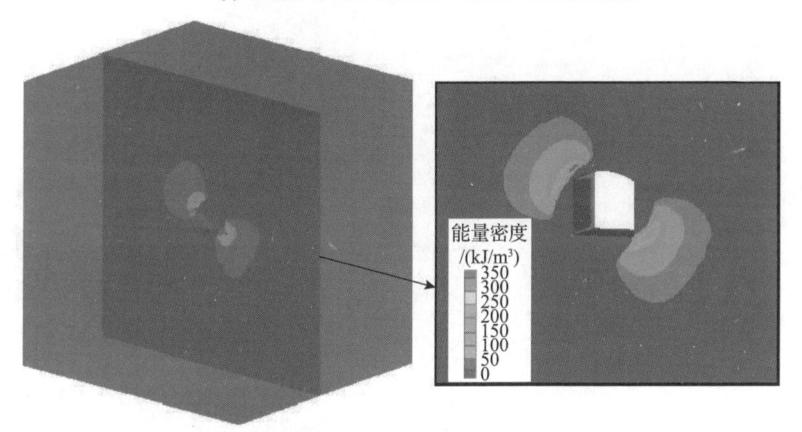

(b) 开挖阶段 I 监测断面能量密度云图

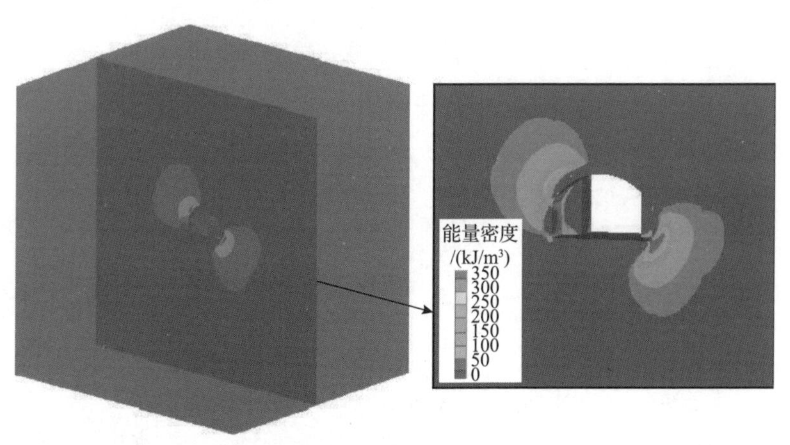

(c) 开挖阶段 II 监测断面能量密度云图

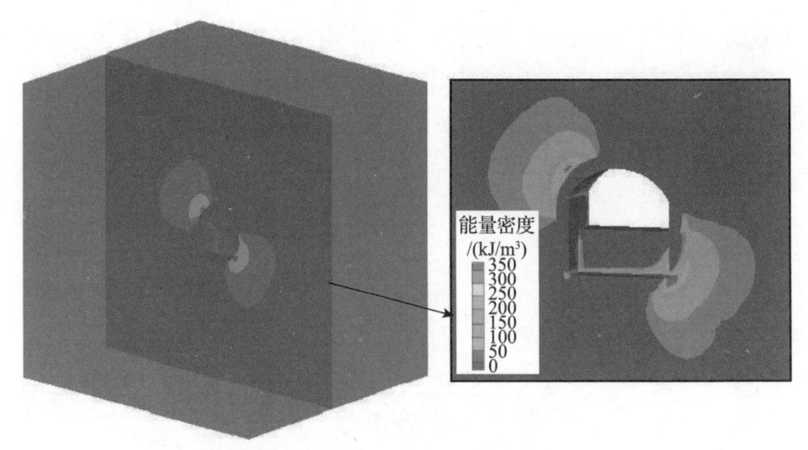

(d) 开挖阶段Ⅲ监测断面能量密度云图

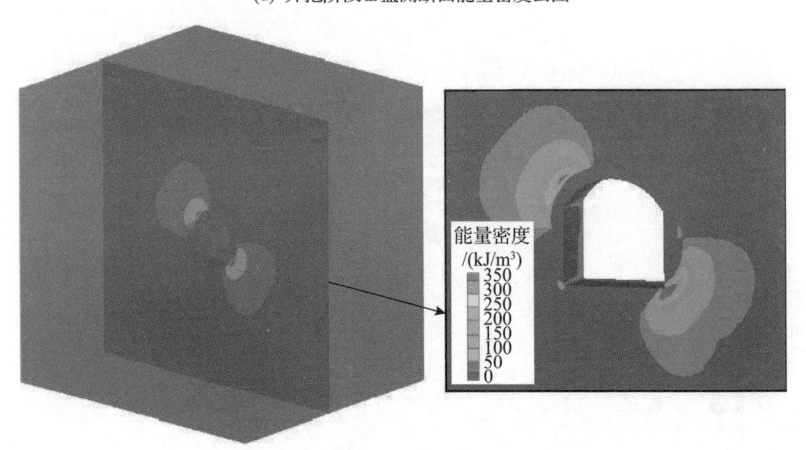

(e) 最终开挖状态监测断面能量密度云图

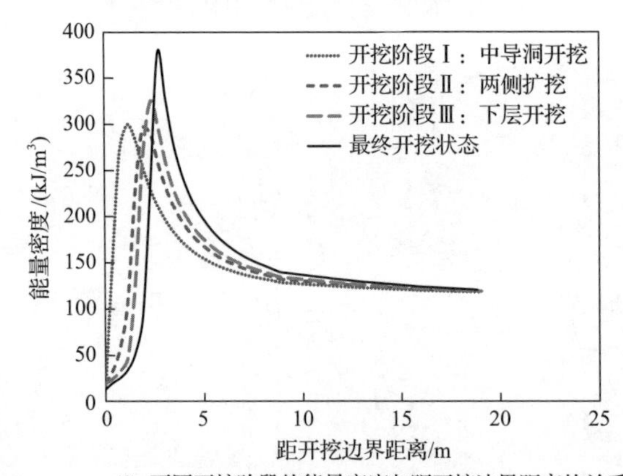

(f) 不同开挖阶段的能量密度与距开挖边界距离的关系

图 8.3.4　锦屏地下实验室二期深埋洞室围岩能量空间分布特征随开挖过程演化的数值模拟结果(见彩图)

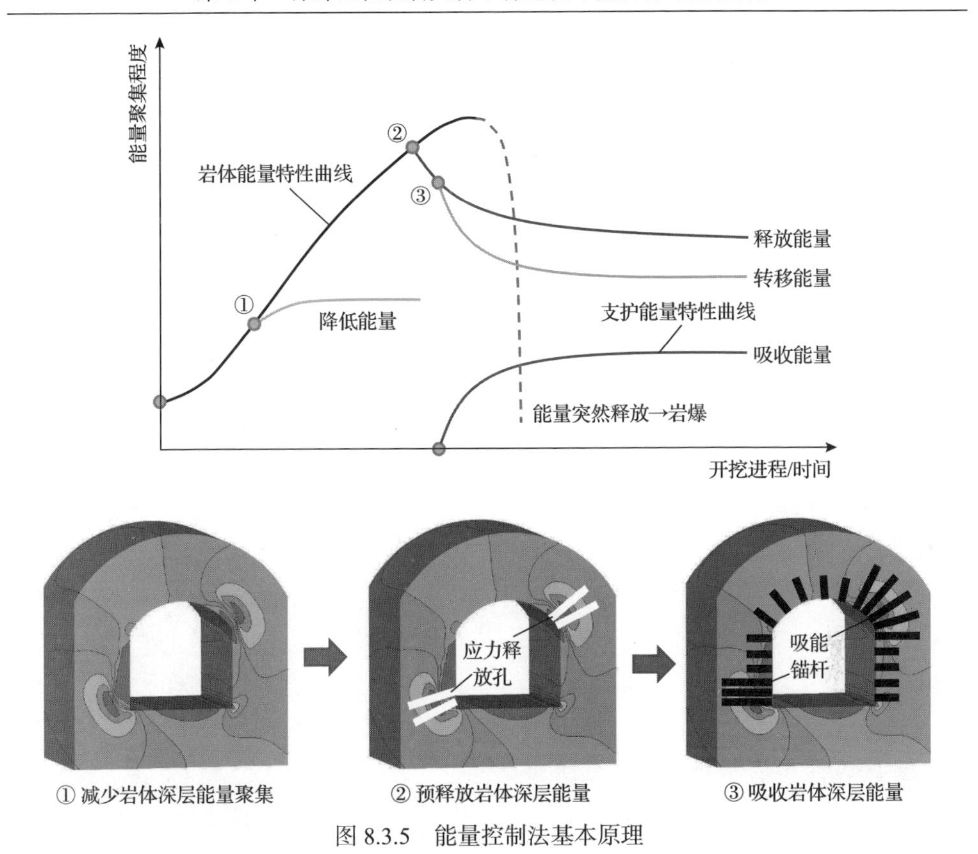

图 8.3.5 能量控制法基本原理

(1)减少能量聚集，通过优化开挖面形状和尺寸、开挖台阶数和高度、开挖速率，以及导洞位置、形状、尺寸等参数实现。

(2)预释放、转移能量，通过优化应力释放孔位置、长度、间距，以及岩体预裂等措施，从而降低能量突然释放的风险。

(3)吸收能量，采用具有一定能量吸收能力的支护措施，如吸能锚杆，将岩体应变能转化为支护应变能，从而降低能量集聚程度和释放速率。

在工程施工阶段，将岩爆微震监测预警系统与减能、释能、吸能岩爆防控方案设计结合起来，就可以针对性地减轻岩爆灾害。基于岩爆动态预警信息的减能、释能、吸能岩爆防控方案动态设计方法如图 8.3.6 所示。考虑到随着掌子面推进，工程地质条件的变化导致岩爆等级随之发生变化，针对不同等级岩爆的防控需求优化防控措施及其参数，实现岩爆动态防控方案设计。根据岩爆风险变化，及时调整开挖速率、开挖台阶数和高度，优化应力释放方案，动态设置吸能锚杆和钢筋网布置密度以及喷射混凝土厚度，形成区分岩爆等级的动态防控系统。

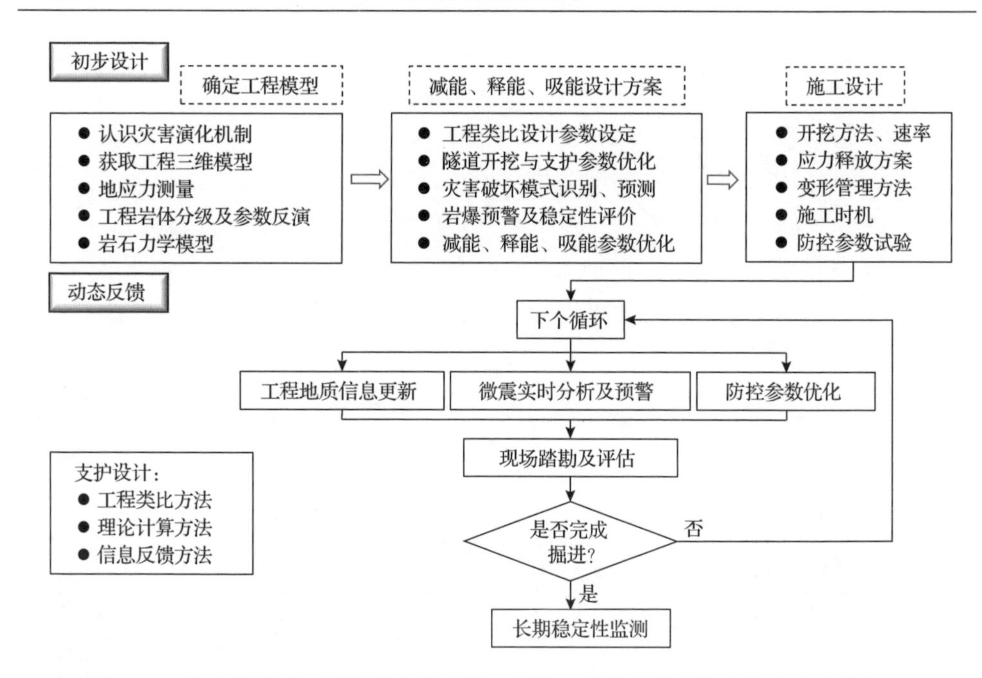

图 8.3.6　基于岩爆动态预警信息的减能、释能、吸能岩爆防控方案动态设计方法

8.3.2　不同类型岩爆防控的能量控制方法

为了有针对性地控制岩爆，首先需要深入理解不同类型岩爆孕育过程中围岩内部能量的演化特征与规律，进而采取有效措施遏制孕育过程的进一步发展。某深埋隧道不同类型岩爆孕育过程中微震事件能量释放演化特征如图 7.5.3 所示。岩爆孕育过程中累积微震释放能与岩爆区域围岩中能量的累积程度正相关，因此可以通过不同类型岩爆孕育过程中累积微震释放能演化特征曲线来反演不同类型岩爆孕育过程中岩体能量特性曲线，结合 8.3.1 节的能量控制法基本原理，提出深埋隧道工程不同类型岩爆防控的能量控制方法。同时，按照岩爆防控措施应根据岩爆等级确定的原则，对于轻微岩爆和中等岩爆，一般采取减能、释能和吸能措施中的一种或数种，对于强烈岩爆和极强岩爆，一般同时采取上述三种措施。

(1) 即时应变型岩爆防控基本原理如图 8.3.7 所示。对于即时应变型岩爆，由于预警准确率较高，主要基于岩爆评估或预警结果采用上述减能、释能和吸能的能量控制策略进行防控，并保证防控措施施作的及时性和针对性。

(2) 时滞型岩爆防控基本原理如图 8.3.8 所示。对于时滞型岩爆，除在设计阶段采取降低能量的措施外，在施工阶段还可通过优化掌子面爆破工艺(控制单次爆破总药量或单段最大装药量等)或降低 TBM 掘进速率，同时在掌子面与潜在时滞型岩爆区之间使用吸波支护材料，减少开挖扰动对潜在时滞型岩爆区的影响，降低潜在时滞型岩爆区应力调整的烈度和幅度，降低能量的集中。在潜在时滞型岩爆区施作应力释放孔，预释放岩体内部储存的弹性能。及时施作系统锚杆，加固潜在时滞型岩爆区围岩。挂钢筋网并喷射混凝土，给潜在时滞型岩爆区围岩施加一定围压，进一步提高岩体强度和储能能力。采用吸能支护，吸收一部分能量。

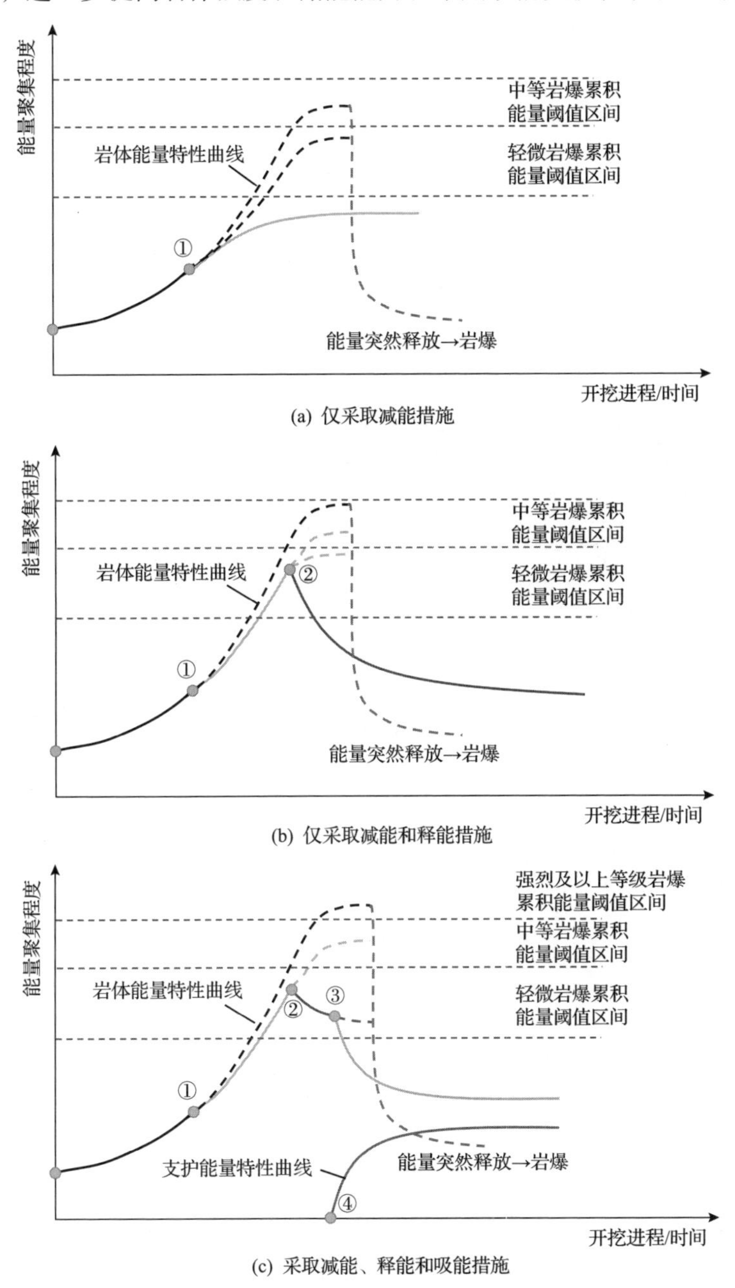

图 8.3.7　即时应变型岩爆防控基本原理

①.降低能量；②.释放能量；③.转移能量；④.吸收能量

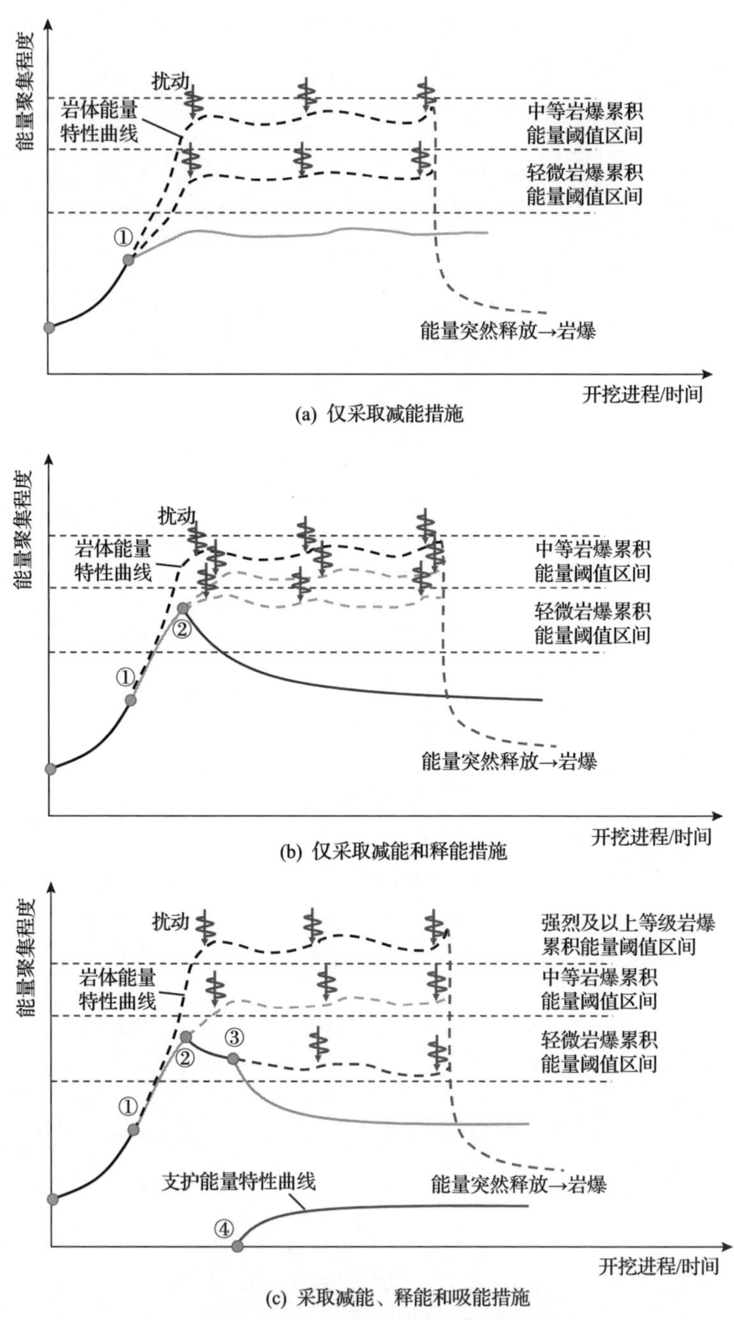

(a) 仅采取减能措施

(b) 仅采取减能和释能措施

(c) 采取减能、释能和吸能措施

图 8.3.8　时滞型岩爆防控基本原理

①.降低能量；②.释放能量；③.转移能量；④.吸收能量

(3)间歇型岩爆防控基本原理如图 8.3.9 所示。对于间歇型岩爆，针对其间歇性释放能量的特点，在防控措施上需要重点关注第 1 次岩爆的控制。在第 1 次岩爆前采取减能和释能措施，降低潜在间歇型岩爆区能量的聚集程度，充分释放已聚集的能量，避免第 1 次岩爆的发生。若未能避免第 1 次岩爆的发生，则需进一步采取措施避免岩爆再次发生，形成危害较大的链式岩爆。

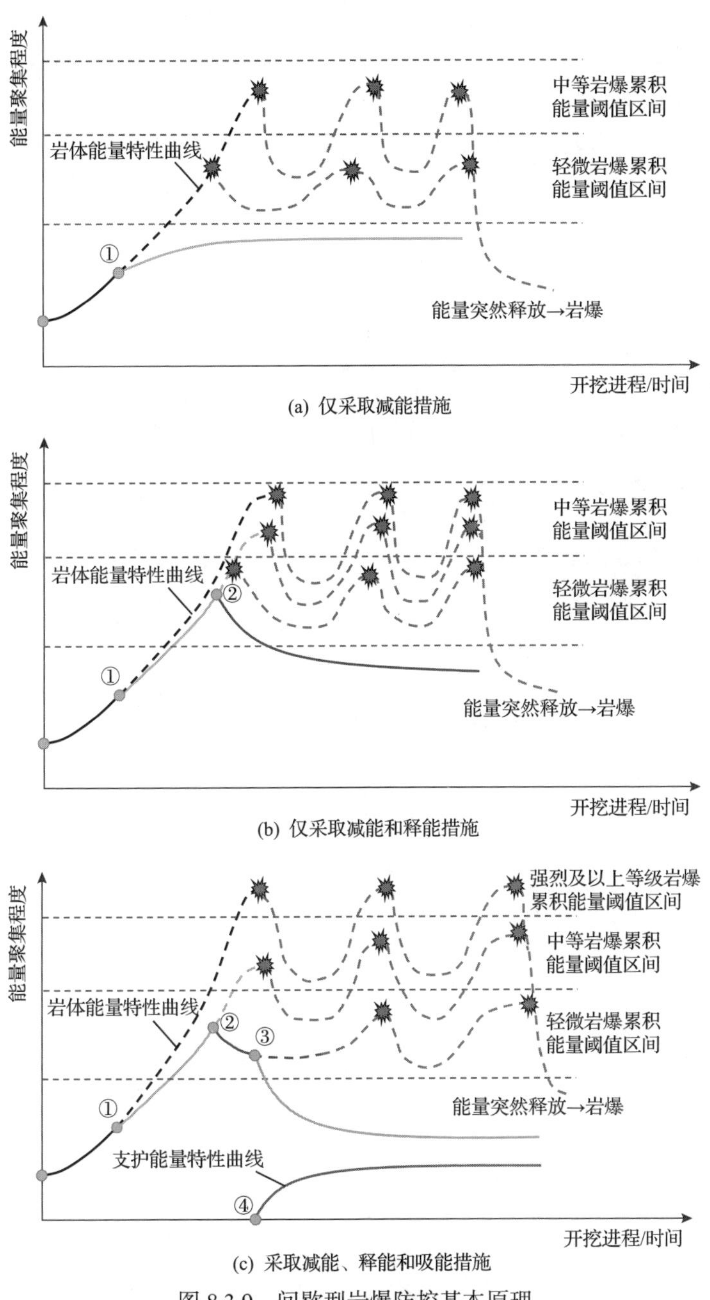

图 8.3.9　间歇型岩爆防控基本原理

①.降低能量；②.释放能量；③.转移能量；④.吸收能量；✹.岩爆

① 对于沿隧道径向发展的链式岩爆，降低开挖速率，控制开挖进尺，减少岩爆区因后续开挖导致的能量输入。在岩爆区布置应力释放孔，增加应力释放孔长度和范围，以转移和释放岩爆区深层围岩中的应力和能量。采用吸能锚杆和钢拱架进行支护，吸收岩爆区深层围岩中的能量，减少爆坑继续扩展的可能性。

② 对于沿隧道轴向发展的链式岩爆，同样需降低开挖速率，控制开挖进尺，并进行吸波支护，减少潜在岩爆区因后续开挖导致的能量输入。向未开挖区布设超前应力释放孔，以转移和释放掌子面前方围岩中的应力和能量。当潜在岩爆区存在延伸较长的结构面且有沿结构面发生轴向链式岩爆的可能时，通过吸能锚杆和钢拱架对已揭露结构面进行加强支护，提高岩体强度和储能能力。

(4) 应变-结构面滑移型岩爆防控基本原理如图 8.3.10 所示。对于应变-结构面滑移型岩爆，由于其主控因素除局部应力集中和能量释放外，还有结构面的作用。因此，其针对性防控措施除采用上述即时应变型岩爆防控措施外，还需通过锚杆、钢筋排或钢筋网、钢拱架和混凝土喷层等对已揭露的结构面进行加强支护。应变-结构面滑移型岩爆潜在区域结构面处理措施如图 8.3.11 所示，所使用锚杆需穿过结构面，以增强锚杆的有效锚固力。

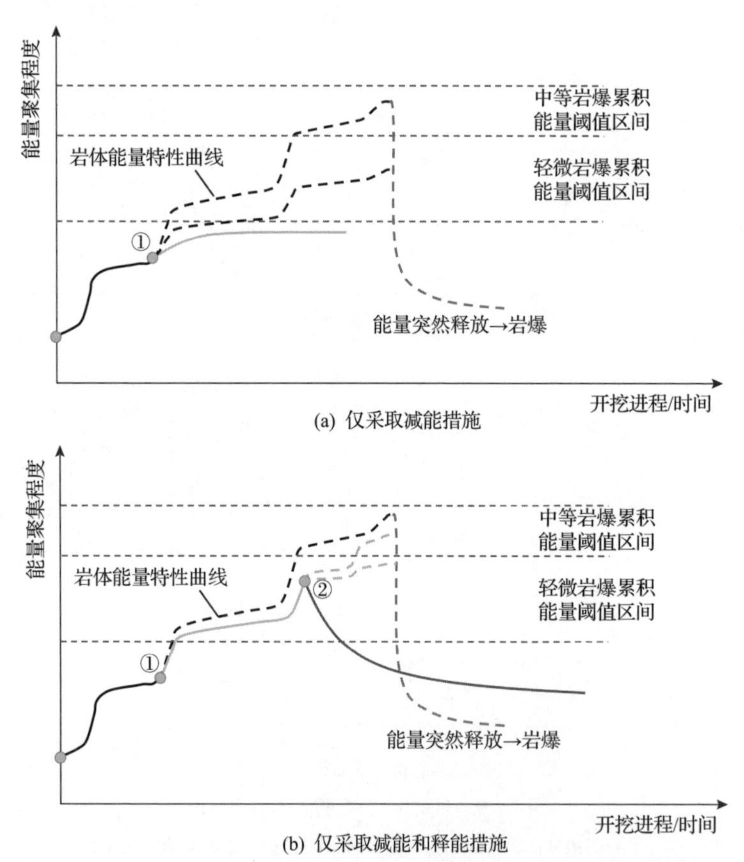

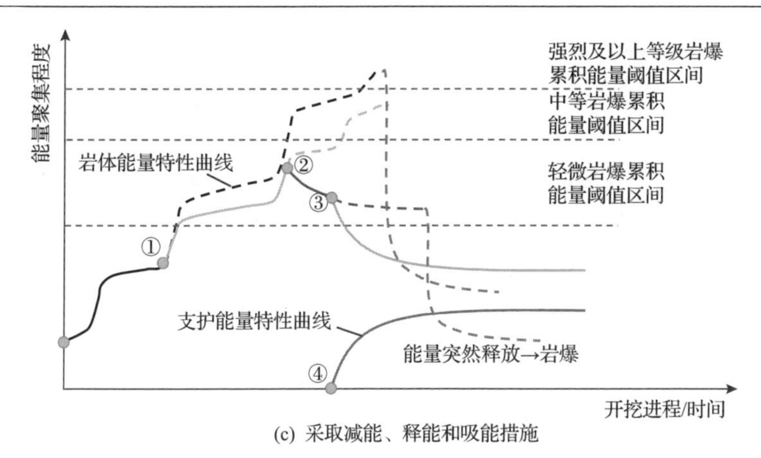

(c) 采取减能、释能和吸能措施

图 8.3.10　应变-结构面滑移型岩爆防控基本原理

①.降低能量；②.释放能量；③.转移能量；④.吸收能量

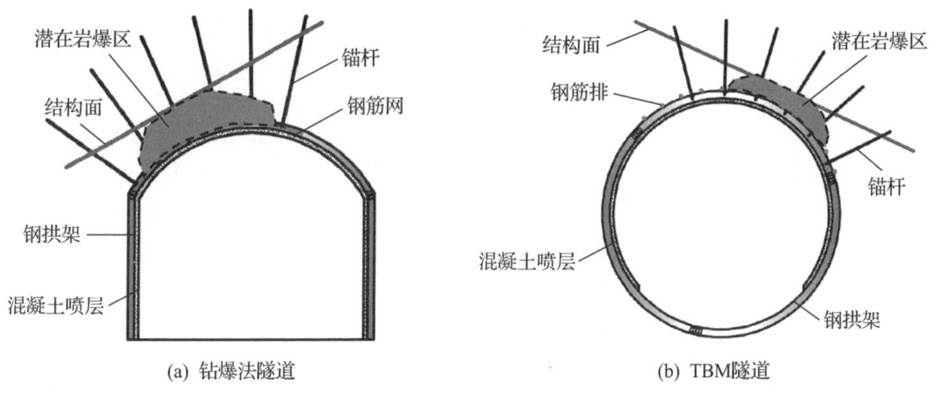

(a) 钻爆法隧道　　(b) TBM隧道

图 8.3.11　应变-结构面滑移型岩爆潜在区域结构面处理措施

(5)断裂型岩爆防控基本原理如图 8.3.12 所示。对于断裂型岩爆，首先应降低爆破开挖进尺(TBM 掘进速率)，降低开挖扰动强度，从而减小开挖扰动对断层滑

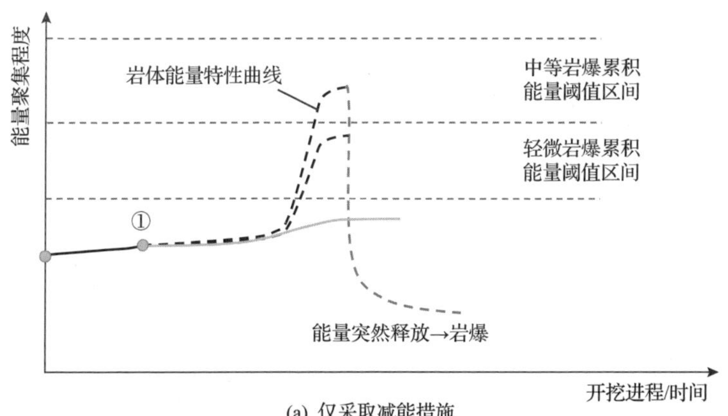

(a) 仅采取减能措施

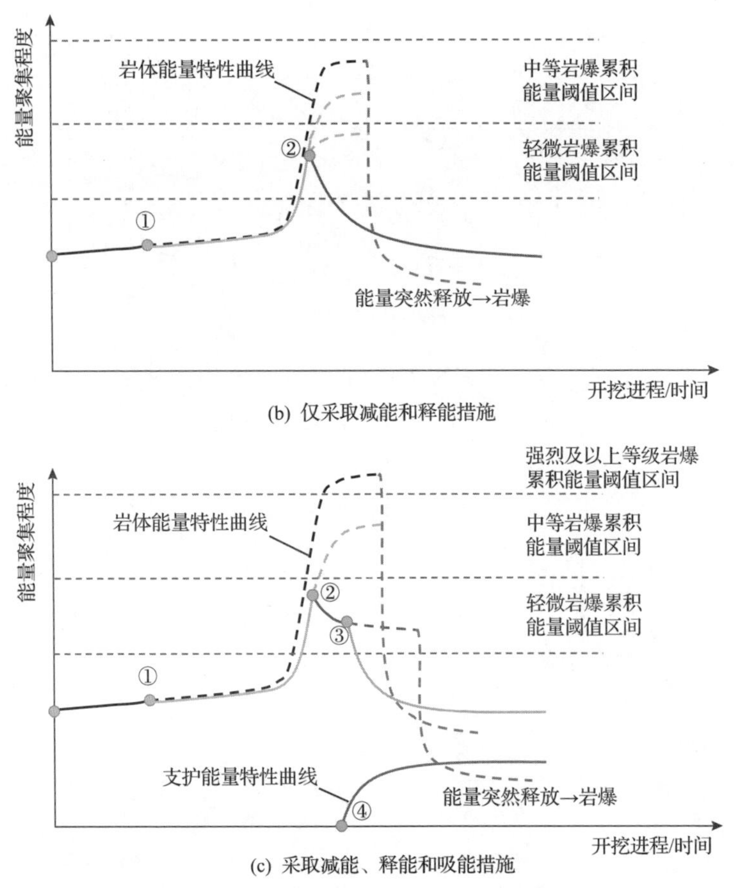

(b) 仅采取减能和释能措施

(c) 采取减能、释能和吸能措施

图 8.3.12　断裂型岩爆防控基本原理

①.降低能量；②.释放能量；③.转移能量；④.吸收能量

移的影响，同时减小能量积聚程度。条件允许时施作应力释放孔，预释放断层附近的封闭应力。布置钢筋网，并在断层上下盘安装锚杆，使锚杆穿过断层，增强断层上下盘岩体的整体性，降低断层滑移的风险。安装钢拱架，采用刚性支护进一步降低断层滑移的风险。

8.3.3　深部工程硬岩岩爆诱发岩体内部破裂的控制方法

岩爆发生以后由于能量释放、应力波传播等会在围岩内部诱发新生破裂，造成围岩性质劣化，如锦屏地下实验室二期 7# 和 8# 实验室开挖过程中发生的“8·23”极强岩爆，爆坑底部围岩损伤区深度达 4.3m，而爆坑最大深度为 3.2m。因此，除采用能量调控的思想控制岩爆外，还应同时考虑控制岩爆诱发的岩体内部破裂。由于微震释放能集中区可以表征岩体内部主要破裂的聚集区域，从这方面即可获知岩爆等级与诱发破裂的关系。某 TBM 开挖的深埋硬岩隧道不同等级岩爆孕育过程中微震释放能在围岩内部的分布特征如图 8.3.13 所示。可以看出，岩爆等级越高，其孕育过程中微震释放能集中区距离隧道边界越远，释放的能量越大，即岩爆等级越高，其孕育过程中岩体内部主要破裂发生在距离隧道边界越远的深层

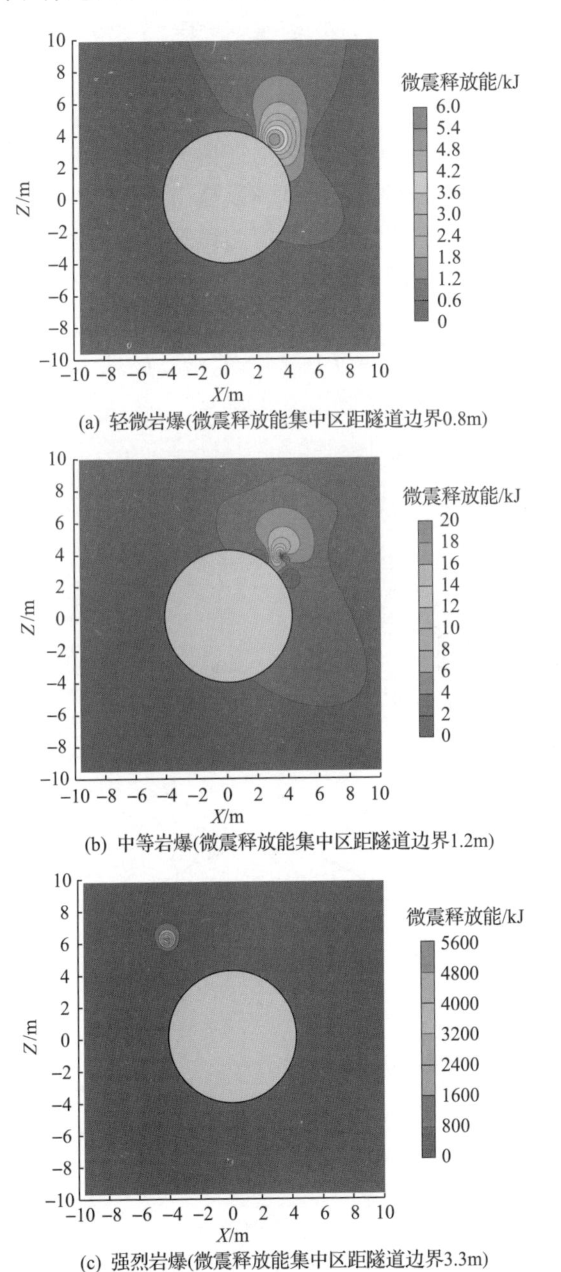

(a) 轻微岩爆(微震释放能集中区距隧道边界0.8m)

(b) 中等岩爆(微震释放能集中区距隧道边界1.2m)

(c) 强烈岩爆(微震释放能集中区距隧道边界3.3m)

图 8.3.13　某 TBM 开挖的深埋硬岩隧道不同等级岩爆孕育过程中微震释放能在围岩内部的分布特征(见彩图)

围岩中，破裂的程度也越大。因此，预警岩爆等级越高，为避免或降低岩爆风险以及控制岩爆诱发岩体内部的破裂，相应的防控措施需作用到围岩中更深的部位(钻凿更深的应力释放孔、施作更长的锚杆等)，控制措施的强度需要更强。

某 TBM 开挖的深埋硬岩隧道发生的一次中等岩爆爆坑形态如图 8.3.14 所示。可以看出，岩爆爆坑底部存在明显的破裂。其产生原因主要有：①岩爆孕育过程中有大量破裂产生，爆坑边界只是由其中一部分经过扩展、贯通而形成，岩爆后还有一部分仍存在围岩中；②岩爆发生时产生的应力波造成岩体内部破裂进一步萌生和扩展；③岩爆造成更多的岩体卸荷及隧道轮廓发生突变，岩爆爆坑附近再次产生应力集中，使岩爆爆坑附近再次产生破裂。如果不对岩爆爆坑附近的破裂进行控制，则岩爆爆坑附近围岩的损伤程度将进一步增加，不利于隧道围岩的稳定性，甚至会再次发生岩爆，给隧道安全施工带来更大危害。岩爆等级越高，岩爆爆坑越大，岩爆发生时产生的应力波越强，岩爆爆坑附近产生破裂的速度和程度也就越大，因此需要采取的控制措施越强。

(a) 整体破坏情况

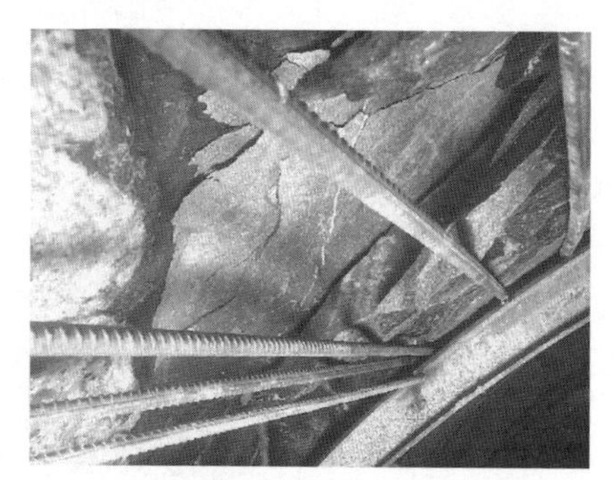

(b) 岩爆后爆坑底部大量新生破裂

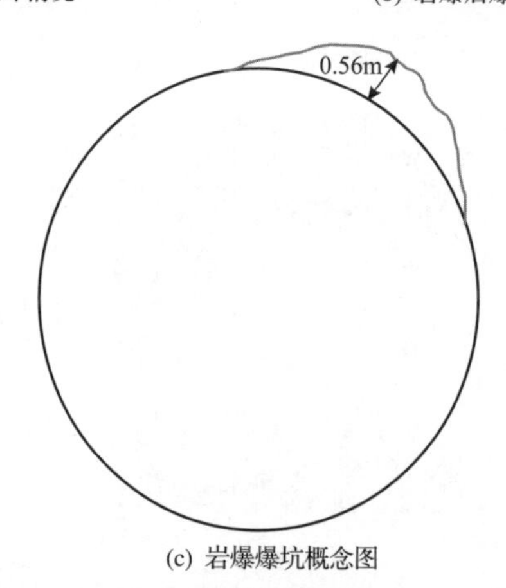

(c) 岩爆爆坑概念图

图 8.3.14　某 TBM 开挖的深埋硬岩隧道发生的一次中等岩爆爆坑形态

综合上述分析，结合裂化抑制法的基本原理，不同等级岩爆诱发岩体内部破裂的控制方法基本原理如图 8.3.15 所示，不同等级岩爆防控策略和措施如表 8.3.1 所示。

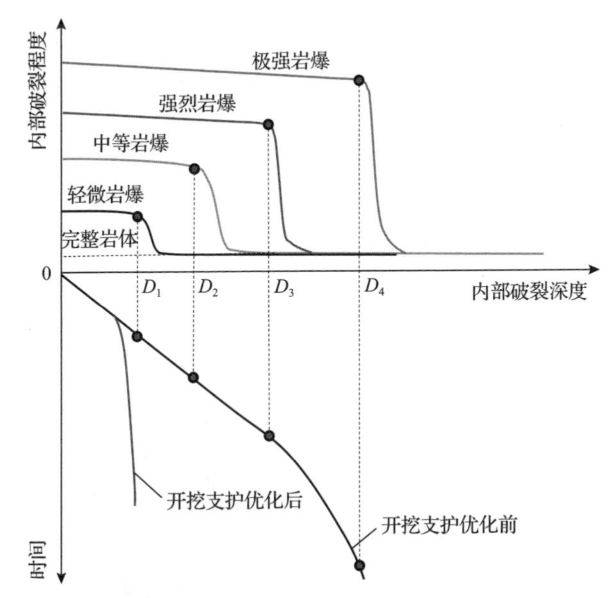

图 8.3.15　不同等级岩爆诱发岩体内部破裂的控制方法基本原理

8.3.4　深部工程硬岩吸能支护技术

深部工程岩爆灾害常表现为围岩破裂后储存应变能的突然释放，岩块向自由空间弹射。在岩爆防控的过程中，为控制围岩的破裂发展及弹射冲击危害，支护措施应采用吸能锚杆。以下重点介绍基于能量控制思想研发的新型吸能锚杆。

1. 新型吸能锚杆结构设计

为实现深部工程岩体能量控制，研发了一种结构精简化的吸能锚杆，如图 8.3.16 所示，它由螺纹钢杆体与逐步解耦式隔离材料组成。锚杆前端杆体表面包裹有逐步解耦材料，以隔离锚固剂，而螺纹(横肋)与锚固剂仍存在部分咬合关系。由于逐步解耦段包裹了锚杆的一部分杆体，可能会降低锚杆的锚固力。当锚固强度不足时，如锚杆剩余螺纹段与锚固剂锚固结合力低于杆体破断荷载时，锚杆可能会发生滑移。因此，在其尾端设置锚头作为锚固调节器，可增大锚杆与锚固剂的连接强度。锚杆末端可增加多个螺母调节锚固效果，确保锚杆的锚固力不低于杆体破断力。

如图 8.3.17 所示，传统锚杆摩擦力大小主要依靠螺纹与锚固剂之间的耦合咬合，而逐步解耦材料在锚固剂与杆体之间添加了一层中间介质，使相邻材料之间

表 8.3.1 不同等级岩爆防控策略和措施

岩爆等级	岩爆风险防控措施			
	优化工程布置和开挖参数减少开挖引起的岩体内部能量集中水平		采用应力释放措施，释放和转移储存在岩体中的部分能量	采用支护系统，吸收岩体释放的能量
轻微岩爆	—	—	—	采用系统喷锚网支护： (1)喷射混凝土支护，可选用钢纤维、仿钢纤维等混凝土 (2)锚杆支护，可选用普通砂浆锚杆、树脂锚杆、中空预应力注浆锚杆或机械式锚杆等
中等岩爆	(1)地下洞室纵轴线方位与最大主应力方位的夹角宜小于30°，在第一主应力和第二主应力量值较为接近时，地下洞室纵轴线方位宜与两者中的水平分力较大者呈较小夹角 (2)宜避免穿越褶皱核部或活动性断层	(1)采用小扰动开挖方式： ①两相向开挖掌子面临近贯通时，由岩爆风险相对较低的掌子面单独开挖至贯通 ②穿越刚性断裂时，由刚性断裂上盘侧向下盘侧开挖 (2)采用短进尺/低速率开挖方式	—	采用系统喷锚网支护： (1)喷射混凝土支护，可选用钢纤维、仿钢纤维等混凝土 (2)锚杆支护，可选用普通砂浆锚杆、树脂锚杆、中空预应力注浆锚杆或机械式锚杆等，宜大角度穿过控制型结构面或刚性断裂，并加钢垫板
强烈岩爆 极强岩爆	(1)地下洞室纵轴线方位与最大主应力方位的夹角宜小于30°，在第一主应力和第二主应力量值较为接近时，地下洞室纵轴线方位宜与两者中的水平分力较大者呈较小夹角 (2)宜避免穿越褶皱核部或活动性断层	(1)采用小扰动开挖方式： ①两相向开挖掌子面临近贯通时，由岩爆风险相对较低的掌子面单独开挖至贯通 ②穿越刚性断裂时，由刚性断裂上盘侧向下盘侧开挖 ③高度不小于10m的钻爆法开挖洞室，采用分层分部开挖 ④高度不小于10m的TBM开挖洞室，先采用钻爆法开挖上导洞，后进行TBM扩挖 (2)采用短进尺/低速率开挖方式	进行高能量集中区的应力释放： (1)应力释放孔布置方式为掌子面超前和断面径向 (2)应力释放孔深度应到达应力和能量集中的部位，潜在岩爆由硬性结构面或刚性断裂引起时，深度要超过结构面或断裂部位	采用系统喷锚网支护+钢拱架支护： (1)喷射混凝土支护，可选用钢纤维、仿钢纤维等混凝土 (2)锚杆支护，宜选用具有高吸能特性的锚杆，如锥形锚杆、Garford 锚杆、Roofex 锚杆、D 锚杆、Yield-Lok 锚杆、NPR 锚杆、新型逐步解耦吸能锚杆等，宜大角度穿过控制型结构面或刚性断裂，并加钢垫板 (3)钢拱架支护，可选用钢拱肋、TH 梁等可伸缩支架

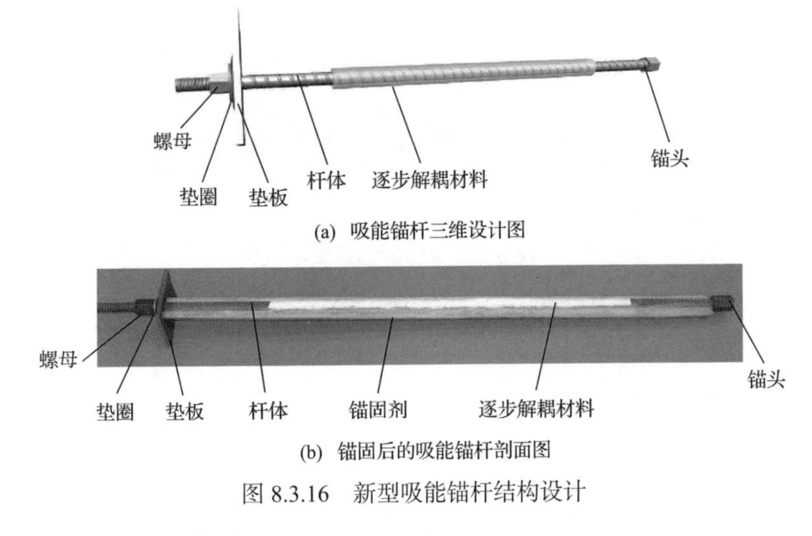

(a) 吸能锚杆三维设计图

(b) 锚固后的吸能锚杆剖面图

图 8.3.16　新型吸能锚杆结构设计

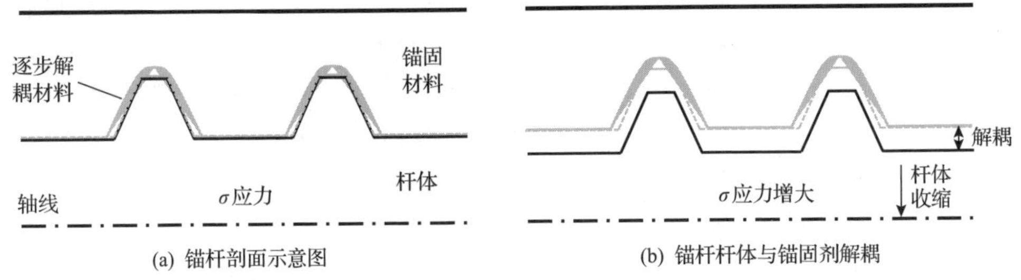

(a) 锚杆剖面示意图　　(b) 锚杆杆体与锚固剂解耦

图 8.3.17　吸能锚杆逐步解耦过程示意图

形成耦合关系，耦合程度取决于逐步解耦材料的厚度。当厚度过大时，锚固剂与杆体的相互耦合关系消失，当厚度过小时对耦合的影响可忽略不计。锚杆安装后开始发挥承载作用，随着锚杆杆体受力的增大，由于泊松效应杆体收缩，杆体与锚固剂之间的耦合解除。

传统的全长锚固材料包括砂浆、注浆材料、树脂等，作用是将锚杆与围岩黏结为锚固体。考虑到逐步解耦后杆体的摩擦力即锚固力下降，为了保障锚杆连接强度与锚固强度，在杆体末端安装两个螺母作为储备锚固力的来源。如图 8.3.18 所示，锚头采用等强螺母，锚头与杆体紧密连接，可一同被锚固剂包裹。锚杆两端皆可采用双螺母，可保证螺母及螺纹的锚固力不低于杆体材料峰值破断力。

2. 吸能锚杆的工作原理

岩体开裂的新生、扩展和位移(或弹射)三个阶段均对锚杆产生作用力。如图 8.3.19 所示，新生开裂对锚杆产生作用力，摩擦力分散了锚杆的轴向应力及作

(a) 高强螺母

(b) 多螺母组成的锚头

图 8.3.18　吸能锚杆锚头

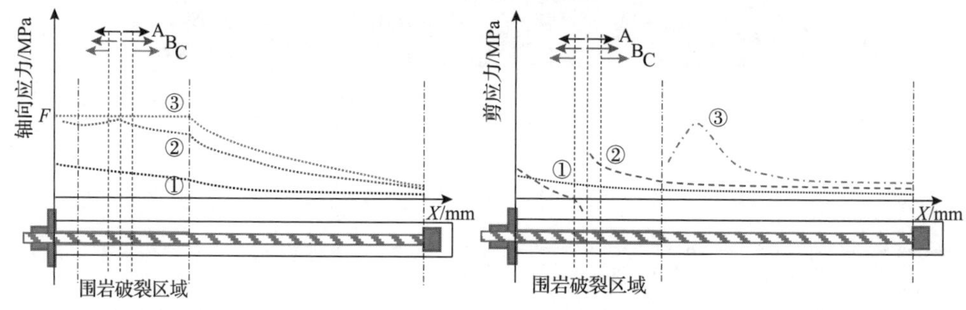

(a) 杆体表面的轴向应力分布　　(b) 杆体表面的剪应力分布

图 8.3.19　吸能锚杆逐步解耦原理示意图

A. 围岩破裂新生；B. 围岩破裂扩展；C. 围岩位移或弹射

用范围。随着开裂的扩展，轴向应力很容易上升到屈服应力 F(从阶段①到阶段②)，导致锚杆部分区域产生拉伸屈服。屈服会产生收缩现象，所以锚杆杆体的一部分区域可以从锚固剂中解耦。全长黏结型锚杆与锚固剂紧密咬合，解耦效果有限，导致塑性变形量(通常为 20～50mm)非常有限而发生破断。当锚杆结构增加逐步解耦材料后，降低了杆体与锚固剂的耦合作用。在相同的位移(冲击能量)作用下，可以分散轴向集中应变，降低锚杆应力集中程度和破断风险。而当岩体进入位移(或弹射)C 阶段时，杆体表面达到屈服应力的区域逐步扩展(阶段③)，最终导致锚杆可产生的拉伸屈服位移增大。剪应力仍可以在逐步耦合区域(从阶段①到阶段②)存在，以抑制围岩裂隙的发展。如果位移进一步发展，由于解耦效应，剪应力最终还是会在达到阶段③时消失。普通锚杆在整体结构发生较小位移时发生破断，整体结构可视为脆性结构。而采用逐步解耦技术后，整体结构可以实现较大的位移，可视为延性结构。基于逐步解耦技术的吸能锚杆，使其整体结构具备了脆-延性转换能力。

3. 吸能锚杆的力学性能

新型吸能锚杆在拉拔试验中实现逐步解耦，并在不同逐步解耦段参数下表现出不同的延性性能。随着逐步解耦长度的增大，锚杆的塑性变形量逐步增大，如图 8.3.20 所示。经过试验，新型吸能锚杆的变形量范围为 210～442mm。通过曲线积分来计算锚杆发生破断前吸收的能量，如图 8.3.21 所示，随着逐步解耦段长度不断增大，可吸收能量也随之增大。试验中测试不同解耦长度锚杆获得的吸收能量范围为 44～96kJ。随着逐步解耦段长度增大，锚杆的力学性能变化特征为：

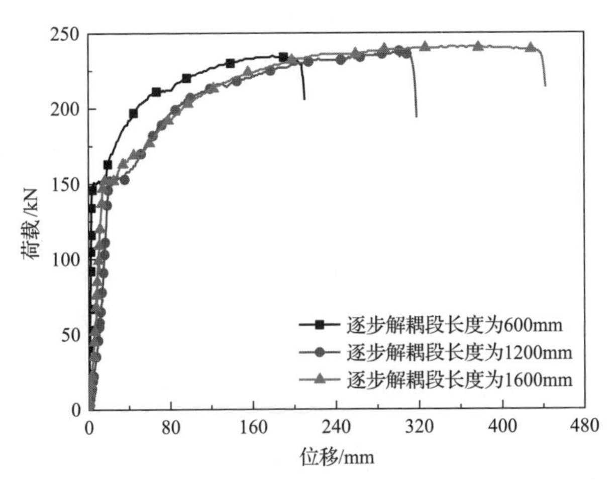

图 8.3.20　不同逐步解耦段长度锚杆（Φ22mm×2000mm）荷载-位移曲线对比

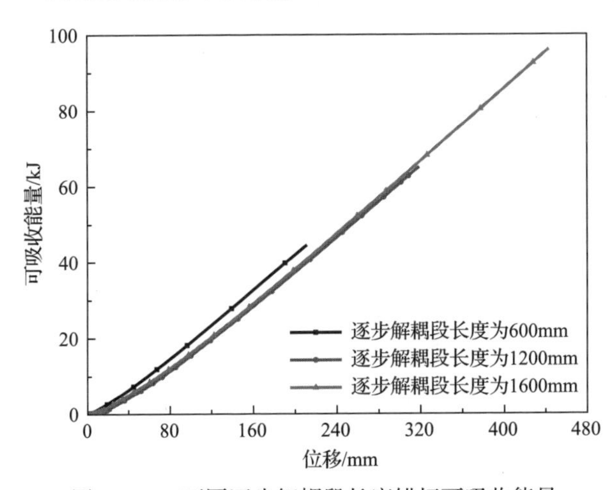

图 8.3.21　不同逐步解耦段长度锚杆可吸收能量

(1) 当逐步解耦段长度为 600mm 时，锚杆破坏特征表现为颈缩破坏。其中屈服荷载均值为 151kN，峰值荷载为 235kN，最大位移为 210.35mm，累积吸收能量 44.37kJ。

(2) 当逐步解耦段长度为 1200mm 时，锚杆破坏特征表现为颈缩破坏。其中屈服荷载均值为 153kN，峰值荷载为 238kN，最大位移为 318.05mm，累积吸收能量

64.86kJ。

(3) 当逐步解耦段长度为 1600mm 时，锚杆破坏特征表现为颈缩破坏，如图 8.3.22 所示。其中屈服荷载均值为 152kN，峰值荷载为 241kN，最大位移为 442mm，累积吸收能量 95.89kJ。

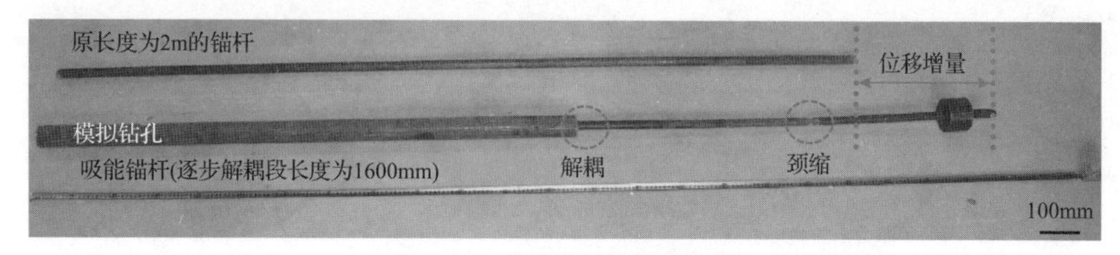

图 8.3.22　试验后锚杆的破坏现象

吸能锚杆在深埋隧道工程中的应用情况将在第 9 章详细介绍。

参 考 文 献

[1] Mckinnon S D, Barra I G D L. Stress field analysis at the El Teniente Mine: Evidence for N-S compression in the modern Andes. Journal of Structural Geology, 2003, 25(12): 2125-2139.

[2] Ortlepp W D, Gay N C. Performance of an experimental tunnel subjected to stresses ranging from 50MPa to 230MPa//Proceedings of the ISRM Symposium: Design and Performance of Underground Excavations, London, 1984: 337-346.

[3] Brown E T, Hudson J A. ISRM Symposium on Design and Performance of Underground Excavations. London: Thomas Telford Ltd., 1984.

[4] Stacey T R, de Jongh C L J S. Stress fracturing around a deep-level bored tunnel. International Journal of Rock Mechanics and Mining Sciences & Geomechanics Abstracts, 1978, 15(3): 124-133.

[5] Martin C D, Martino J B, Dzik E J. Comparison of borehole breakouts from laboratory and field tests//Proceedings of EUROCK'94, SPE/ISRM Rock Mechanics in Petroleum Engineering, Delft, 1994: 183-190.

[6] Martin C D. The strength of Massive Lac du Bonnet granite around underground openings. Winnipeg: University of Manitoba, 1994.

[7] Martin C D. Failure observations and in situ stress domains at the Underground Research Laboratory//Proceedings of International Symposium on Rock at Great Depth, Pau, 1989: 719-726.

[8] Pelli F, Kaiser P K, Morgenstern N R. An interpretation of ground movements recorded during construction of the Donkin-Morien tunnel. Canadian Geotechnical Journal, 1991, 28(2): 239-254.

[9] Lu J Y, Du L H, Zuo C J, et al. The brittle failure of rock around underground openings//Proceedings of International Symposium on Rock at Great Depth, Pau, 1989: 567-574.

[10] Kirsten H A D, Klokow J W. Control of fracturing in mine rock passes//Proceedings of the 4th ISRM Congress on Rock Mechanics, Montreux, 1979: 203-210.

[11] Gay N C. Virgin rock stresses at doornfontein Gold Mine, Carletonville, South Africa. The Journal of Geology, 1972, 80: 61-80.

[12] Martin C D. Seventeenth Canadian Geotechnical Colloquium: The effect of cohesion loss and stress path on brittle rock strength. Canadian Geotechnical Journal, 1997, 34(5): 698-725.

[13] Andersson C J. Äspö hard rock laboratory. Äspö pillar stability experiment. Final report, Rock mass response to coupled mechanical thermal loading. SKB TR 07-01, Institution Swedish Nuclear Fuel and Waste Management Co, Stockholm, 2007.

[14] 李正刚. 二滩水电站地下厂房系统洞室围岩破坏性研究. 水力发电, 1997, (8): 50-53.

[15] 杨天俊. 拉西瓦水电站地下硐室岩爆现象典型实例分析. 西北水电, 2008, (3): 9-11.

[16] 张勇, 肖平西, 丁秀丽, 等. 高地应力条件下地下厂房洞室群围岩的变形破坏特征及对策研究. 岩石力学与工程学报, 2012, 31(2): 228-244.

[17] 马行东, 彭仕雄, 肖杨. 官地水电站过坝交通洞围岩稳定性评价及处理. 水电站设计, 2009, 25(3): 93-95.

[18] Feng X T, Xu H, Qiu S L, et al. In situ observation of rock spalling in the deep tunnels of the China Jinping underground laboratory (2400m depth). Rock Mechanics and Rock Engineering, 2018, 51(4): 1193-1213.

[19] Feng X T, Guo H S, Yang C X, et al. In situ observation and evaluation of zonal disintegration affected by existing fractures in deep hard rock tunneling. Engineering Geology, 2018, 242: 1-11.

[20] Liu G F, Feng X T, Jiang Q, et al. In situ observation of spalling process of intact rock mass at large cavern excavation. Engineering Geology, 2017, 226: 52-69.

[21] 刘国锋, 冯夏庭, 江权, 等. 白鹤滩大型地下厂房开挖围岩片帮破坏特征规律及机制研究. 岩石力学与工程学报, 2016, 35(5): 865-878.

[22] Gao Y H, Feng X T, Zhang X W, et al. Characteristic stress levels and brittle fracturing of hard rocks subjected to true triaxial compression with low minimum principal stress. Rock Mechanics and Rock Engineering, 2018, 51(12): 3681-3697.

[23] Han Q, Feng X T, Yang C X, et al. Evaluation of the crack propagation capacity of hard rock based on stress-induced deformation anisotropy and the propagation angle of volumetric strain. Rock Mechanics and Rock Engineering, 2021, 54(12): 6585-6603.

[24] Zhao X G, Cai M F, Cai M. Considerations of rock dilation on modeling failure and deformation of hard rocks—A case study of the Mine-by test tunnel in Canada. Journal of Rock Mechanics and Geotechnical Engineering. 2010, 2(4): 338-349.

[25] Martin C D, Christiansson R. Estimating the potential for spalling around a deep nuclear waste repository in crystalline rock. International Journal of Rock Mechanics and Mining Sciences, 2009, 46:219-228.

[26] 水电水利规划设计总院. 水电工程岩爆风险评估技术规范(NB/T 10143—2019). 北京: 中国水利水电出版社, 2019.

[27] Feng X T, Webber S, Ozbay M U,et al. An expert system on assessing rockburst risks for South African deep gold mines. Journal of Coal Science and Engineering(China), 1996,(2): 23-32.

[28] Zhao T B, Guo W Y, Tan Y L, et al. Case histories of rock bursts under complicated geological conditions. Bulletin of Engineering Geology and the Environment, 2017, 77(2): 1-17.

[29] Sonmez H, Ulusay R. Modifications to the geological strength index(GSI)and their applicability to stability of slopes. International Journal of Rock Mechanics & Mining Sciences, 1999, 36(6): 743-760.

[30] 邱士利, 冯夏庭, 张传庆, 等. 深埋硬岩隧洞岩爆倾向性指标RVI的建立及验证. 岩石力学与工程学报, 2011, 30(6): 1126-1141.

[31] Cook N G W, Hoek E, Pretorius J P G. Rock mechanics applied to study of rockbursts. Journal of the South African Institute of Mining and Metallurgy, 1966, 66(10): 435-528.

[32] 苏国韶, 冯夏庭, 江权, 等. 高地应力下地下工程稳定性分析与优化的局部能量释放率新指标研究. 岩石力学与工程学报, 2006, 25(12): 2453-2460.

[33] 冯夏庭, 陈炳瑞, 张传庆, 等. 岩爆孕育过程的机制、预警与动态调控. 北京: 科学出版社, 2013.

[34] Niu W J, Feng X T, Feng G L, et al. Selection and characterization of microseismic information about rock mass failure for rockburst warning in a deep tunnel. Engineering Failure Analysis, 2021, 131: 105910.

[35] Feng X T, Hao X J, Jiang Q, et al. Rock cracking indices for improved tunnel support design: A case study for columnar jointed rock masses. Rock Mechanics and Rock Engineering, 2016, 49(6):2115-2130.

第 9 章　深部工程应用

前面几章介绍了深部工程硬岩的地质特征、赋存环境、开挖扰动效应、岩石及岩体力学特性，揭示了深部工程硬岩高应力诱导各向异性的硬岩破裂与能量聚集释放规律，阐述了诱发 5 种特有灾害的特征、规律、机理、监测预警和动态控制方法。本章通过地下实验室、交通隧道、水电站引水隧洞、深埋矿山巷道和水电站地下厂房 5 个不同领域的深部硬岩工程应用案例，系统阐述上述方法、理论、技术与装置在解决不同地质条件(大理岩、花岗岩、砂岩、粉砂岩，单一岩性、互层岩性，完整岩体、碎裂岩体)、不同应力条件(埋深 600～2500m)、不同开挖方式(TBM、钻爆法，全断面开挖、分层分部开挖)的深部工程硬岩力学难题中的应用及效果。白鹤滩水电站左右岸地下厂房高应力大型地下洞室群围岩深层破裂、含长大错动带围岩的大范围错动、开挖强卸荷下柱状节理岩体大深度松弛破坏、应力-结构型塌方等相关的应用详见《高应力大型地下洞室群设计方法》[1]。

通过中国锦屏地下实验室二期工程，科学认知了强烈构造活动区深部工程地质的变化特征、不同大理岩的力学特性，预测了不同区域围岩的破裂、变形与灾害特征，并采用原位综合监测的手段科学认知了各实验室分台阶开挖过程中围岩的破坏变形特征以及分区破裂、片帮、塌方和岩爆 4 种灾害的孕育特征、规律及机理。通过某钻爆法全断面开挖的花岗岩交通隧道，阐述了板块缝合带区域地质构造、地应力特征及花岗岩力学特性，运用本书相关理论、方法对隧道开展了岩爆评估、岩爆智能监测预警及岩爆风险防控等工作，解决了深埋花岗岩钻爆法隧道开挖过程中岩爆对施工安全及效率影响的问题，取得了良好的应用效果。通过巴基斯坦 N-J 水电站引水隧洞，介绍了砂岩和粉砂岩的力学特性，开展了砂岩和粉砂岩互层岩体在最大埋深 1890m 下 TBM 开挖过程中的岩爆发生特征预测、岩爆监测预警及岩爆风险防控，取得了良好的应用效果。通过某金属矿埋深 600m 处碎裂硬岩巷道案例，阐述了高应力下碎裂硬岩力学特性以及巷道围岩内部破裂-表面变形孕育演化过程，采用裂化抑制法解决了深部碎裂硬岩巷道大变形的工程难题，有效减少返修次数并延长巷道服务期。通过双江口水电站地下厂房，揭示了地下厂房施工过程中围岩内部应力调整的分层分部开挖效应，预测了地下厂房上游侧拱肩深层破裂及下游侧岩台片帮剥落的风险，采用裂化抑制法，及时提出合理的开挖支护优化方案，有效控制了地下厂房上游侧拱肩围岩破裂深度向深部转移，及时解决了下游侧保护层片帮剥落导致岩台破坏的难题，确保了地下厂房施工过程中的质量和安全。

9.1　中国锦屏地下实验室二期

中国锦屏地下实验室二期是目前世界上埋深最大的实验室。通过现场地质踏勘及测量，科学认知了强烈构造活动区深部工程地质的剧烈变化特征。通过系列真三轴试验，揭示了实验室岩石的力学特性。利用深部工程硬岩力学理论和三维数值分析方法，科学预测了深部地下实验室不同区域围岩的破裂、变形与灾害特征。通过变形、开裂、声波测试、扰动应力、微震、三维激光扫描、岩体结构面遥测等原位综合监测手段，实时获取深部地下实验室开挖全过程的岩体响应及其演化特性，科学认知了深部工程围岩微观到宏观多尺度破裂特征和规律、实验室围岩表层到深层破裂与变形的特征和规律，揭示了各实验室开挖过程中不同区域围岩的变形和破裂特征、规律、机理，实时捕获了深部工程硬岩破裂、片帮、塌方和岩爆灾害孕育全过程的变形、破裂与能量释放的演化规律，有效预警了岩爆和塌方工程灾害，确保了实验室施工全过程的工程安全。

9.1.1　工程概况

1. 工程背景

锦屏地下实验室二期实验室布置图如图 9.1.1 所示[2]，总体方案采用 9 个实验

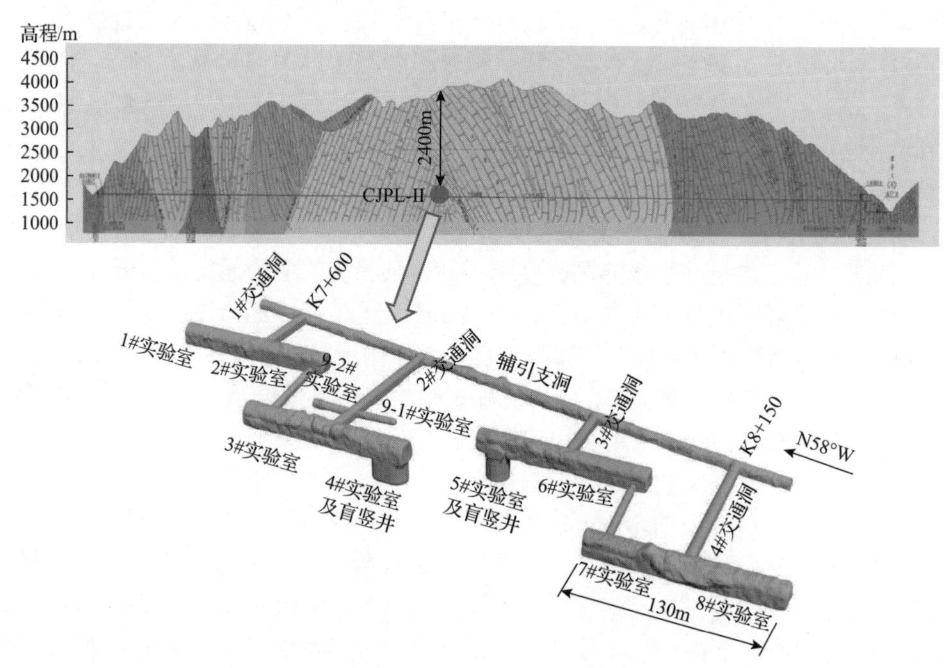

图 9.1.1　锦屏地下实验室二期实验室布置图[2]

室 2 个盲竖井的布置形式[3]。9 个实验室中，1#～8# 为物理实验室，9# 为深部岩石力学实验室。实验室轴线方向与锦屏引水隧洞、辅助洞平行，轴线方位角为 N58°W。4# 实验室和 5# 实验室开挖完成后，分别在其底板上各开挖了一个盲竖井，4# 实验室盲竖井深度为 13.2m，5# 实验室盲竖井深度为 18.2m。

2. 地质特征

锦屏地下实验室二期工程区位于锦屏二级水电站交通辅助洞 A 南侧辅引支洞 K7+600～K8+150，最大埋深约 2400m。工程区宏观地质构造如图 9.1.2 所示[4]，工程区位于轴向近南北走向的背斜区，2# 交通洞轴线部位即为背斜核部，在 4# 实验室 K0+002 处可见该背斜核部的露头。1#、2# 和 3# 实验室位于该背斜北西翼，4#～8# 实验室位于该背斜南东翼。从核部往两翼岩层产状特征为：走向均为近 SN～NNE，北西翼倾向 NW，南东翼倾向 SE。工程区在 2#～4# 实验室间发育 2 条断裂构造，延伸较长，整体上错切背斜构造，最大宽度为 1m 左右。2 条断裂构造与背斜构造是地下实验室工程区的主要构造格局。按照构造类型，可将工程区围岩分为Ⅰ区和Ⅱ区两个区，Ⅰ区为背斜核部与局部断层构造区，Ⅱ区为背斜两翼构造影响区。

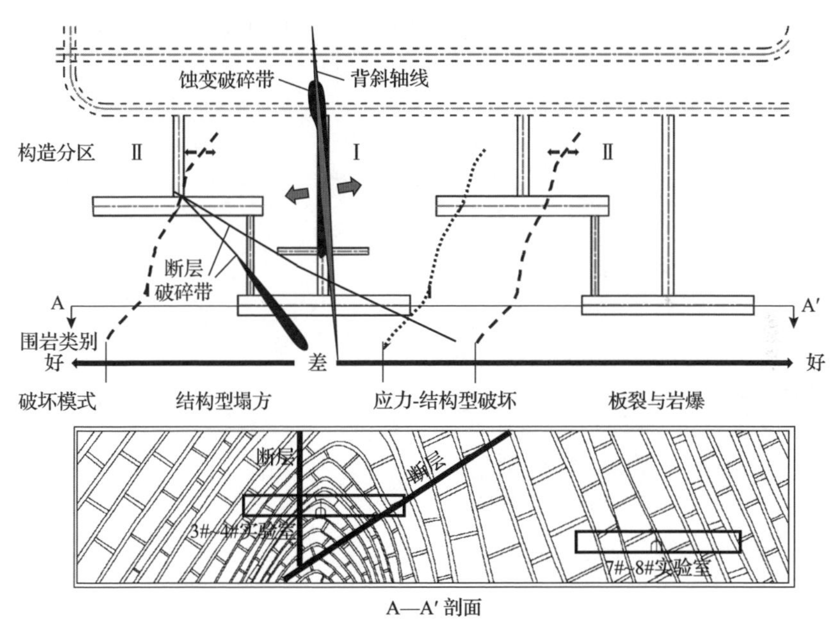

图 9.1.2　工程区宏观地质构造[4]

3# 实验室和 4# 实验室位于背斜核部区，岩体完整性最差，以Ⅲ类为主，局部可划分为Ⅳ类。从背斜核部向 NW 和 SE 两翼岩体完整性逐步变好，向Ⅱ类围岩转变。

实验室工程区地下水不发育，以局部渗滴水为主，多在雨季出现。由于结构面较为发育，在 2015 年 6 月末至 7 月初开挖至 4# 实验室 K0+057　K0+065 时，中导洞顶拱发育有散状渗水带，渗水量约为 3mL/s，尤其是 4# 实验室 K0+063.2 和 K0+065 北西侧拱肩锚杆孔施工后，沿孔发生了较大量渗流水，钻孔水量可达 80mL/s。

锦屏地下实验室二期工程区岩性分布如图 9.1.3 所示[4]，实验室工程区岩性为三叠纪中统白山组 T_2b 大理岩。工程区 2#、3# 和 4# 实验室岩性变化显著，2# 实验室在 K0+017 处见绛紫、白色的微晶大理岩，层厚为 0.3　1.2m；K0+020 后渐变为层厚为 30　80cm 的灰白或灰黑细晶大理岩；K0+037 后为灰白色厚层状细晶大理岩；K0+056 后为杂色/灰白色厚层状细晶大理岩，K0+058 处则转变为浅肉红色厚层状大理岩。此外，受构造挤压作用，4#、5#、6# 实验室岩性也存在差异，如 4# 实验室 K0+056 至 6# 实验室南东端部为白色和灰色厚层状细晶大理岩。5# 实验室 K0+041 至 6# 实验室 K0+021 段岩体挤压破碎强烈，部分原岩结构遭到破坏。7# 和 8# 实验室岩性相对单一，主要为灰色或黑灰色夹白色条带厚层状细晶大理岩。4# 实验室盲竖井工程区存在一条显著的岩性分界线，K0+046 西侧为黑灰色中厚层状细晶大理岩，K0+046 东侧为白色夹黑灰色条带厚层状细晶大理岩，如图 9.1.4 所示[5]。4# 实验室盲竖井工程区还存在一条挤压破碎带，围岩节理裂隙发育，岩体完整性较差。

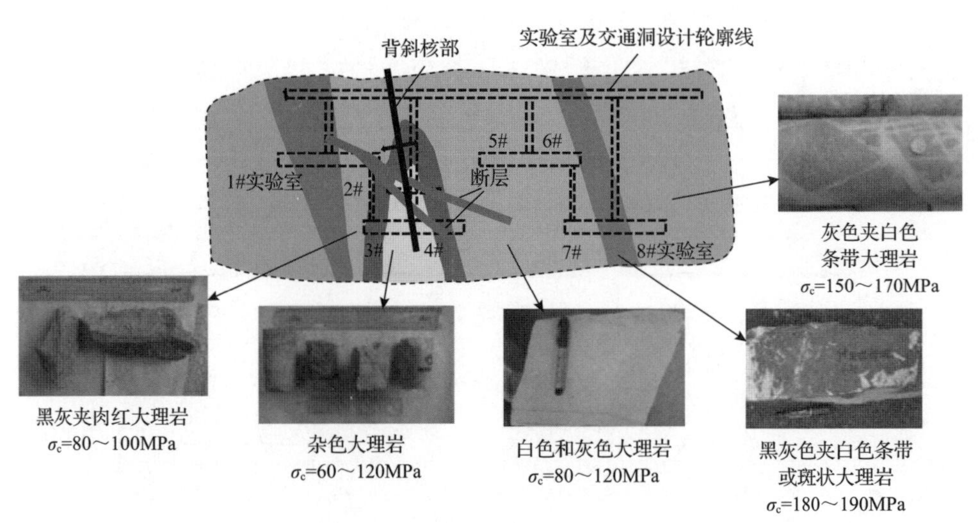

图 9.1.3　锦屏地下实验室二期工程区岩性分布[4]　见彩图

3. 地应力特征

在锦屏地下实验室二期 6# 和 7# 实验室连通洞布置 3 个钻孔，采用 36-2 型钻孔变形计进行应力解除法地应力测试，地应力矢量的空间方位图如图 9.1.5 所示[6]。

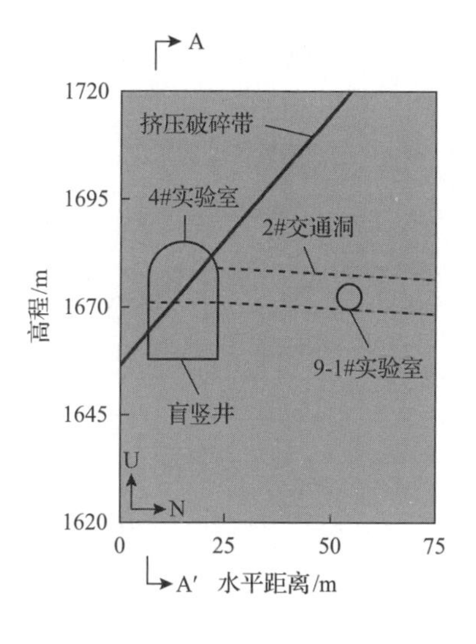

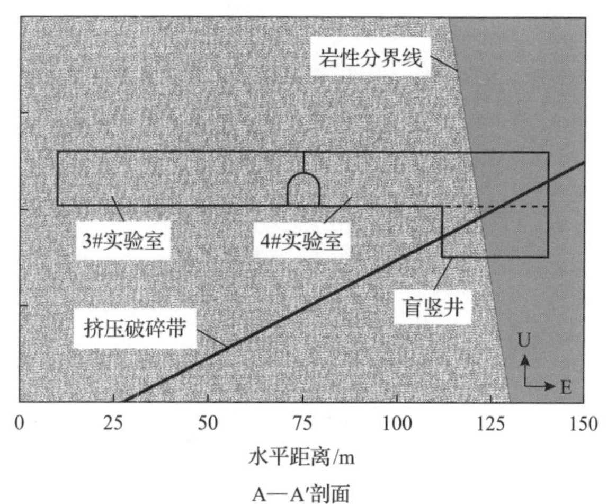

(a) 地质剖面图

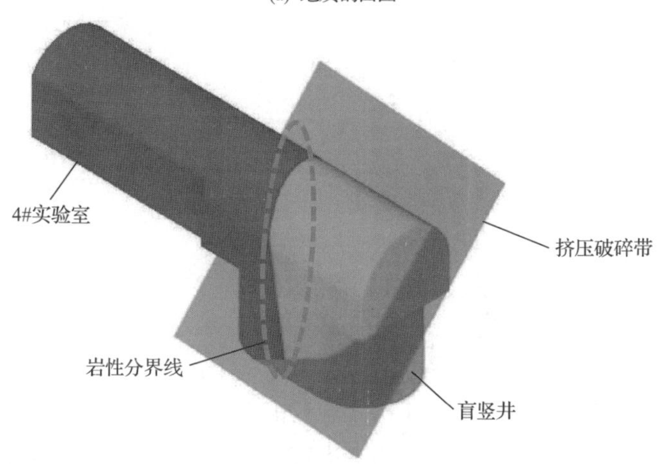

(b) 地质条件三维示意图

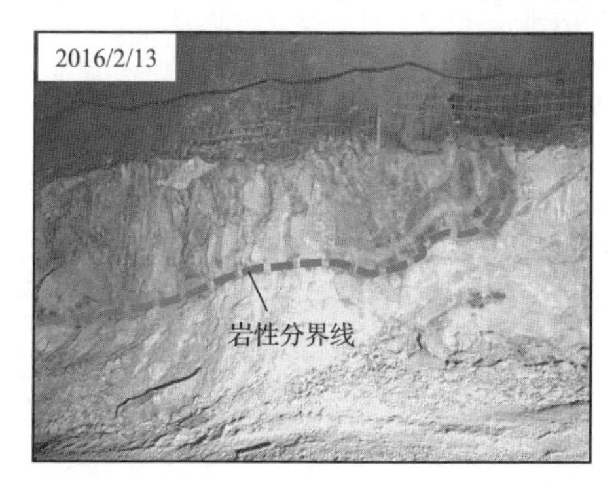

(c) 地质情况现场照片

图 9.1.4　锦屏地下实验室二期开挖后揭露的 4# 实验室盲竖井工程区地质概况[5]

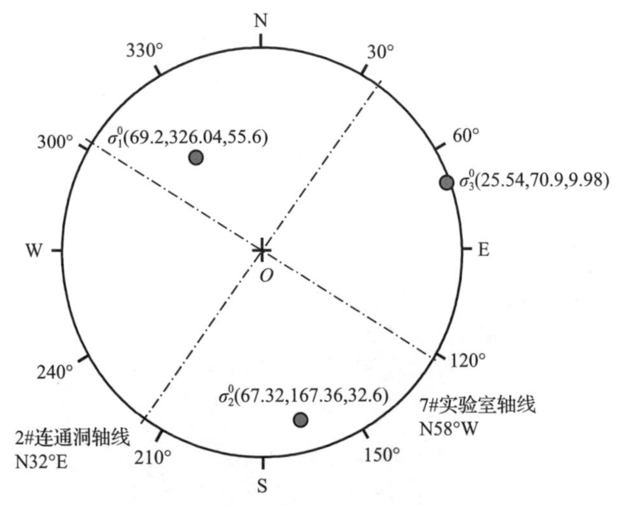

图 9.1.5　地应力矢量的空间方位图[6]

图中括号里的第一个值是应力大小，第二个值是应力的方位角，第三个值是倾角

从实测结果可以看出，最大主应力为 69.2MPa，方向与铅垂线夹角为 55.6°，中间主应力为 67.32MPa，与最大主应力量值非常接近，最小主应力为 25.54MPa，远小于最大主应力和中间主应力。

4. 开挖支护

1#～8# 实验室各长 65m，为城门洞形，实验室截面为 14m×14m，9# 实验室长 60m(东西两侧各 30m)。在已开挖完成的地下实验室基础上，后期继续在 4#、5# 实验室端头分别实施盲竖井扩挖，分别形成长约 30m、宽约 17m、深约 13.2m 的 4# 实验室盲竖井和直径约 18m、深约 18.2m 的 5# 实验室盲竖井。锦屏地下实验室二期各实验室断面如图 9.1.6 所示。

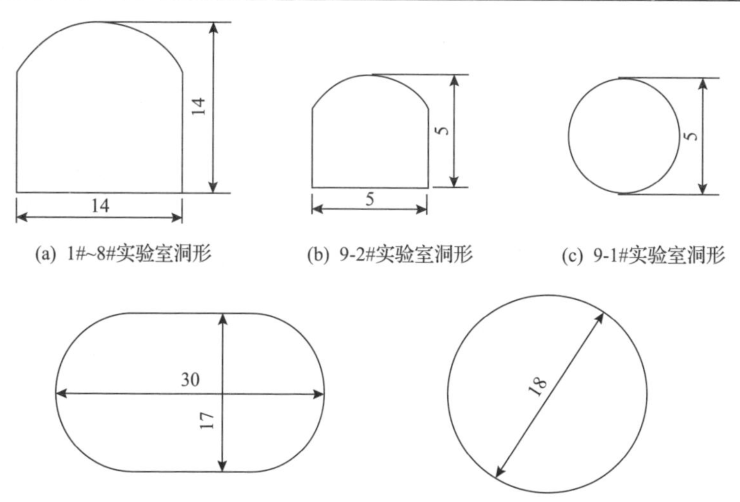

(a) 1#~8#实验室洞形　(b) 9-2#实验室洞形　(c) 9-1#实验室洞形

(d) 4#实验室盲竖井(深13.2m)横断面　(e) 5#实验室盲竖井(深18.2m)横断面

图 9.1.6　锦屏地下实验室二期各实验室断面(单位：m)

锦屏地下实验室二期各实验室开挖步序示意图如图 9.1.7 所示，1#～8# 实验室分上下台阶共四部分开挖。上层先开挖中导洞再进行两侧边墙扩挖，4# 实验室下层分为两层开挖，1#～3# 和 5#～8# 实验室下层先开挖中槽再进行两侧扩挖。

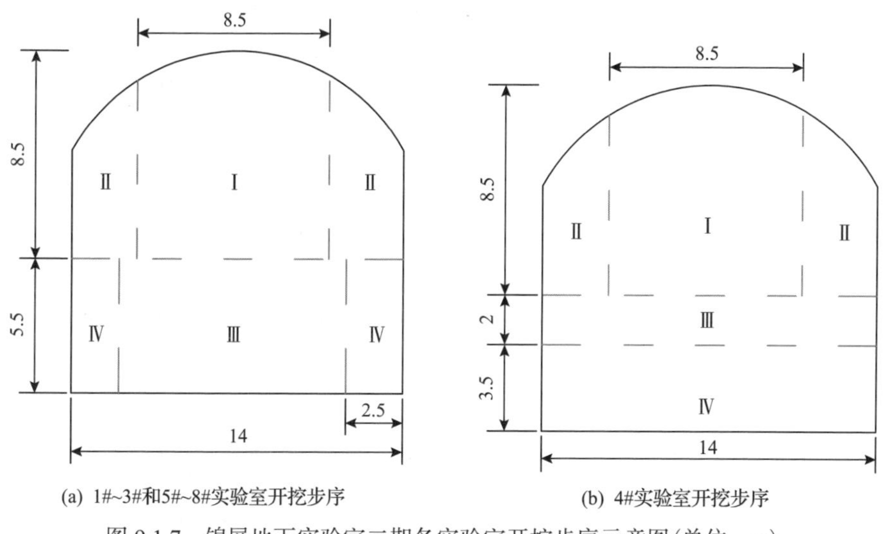

(a) 1#~3#和5#~8#实验室开挖步序　(b) 4#实验室开挖步序

图 9.1.7　锦屏地下实验室二期各实验室开挖步序示意图(单位：m)

Ⅰ. 上层中导洞；Ⅱ. 上层边墙；Ⅲ. 下层中槽/第二层；Ⅳ. 下层边墙/第三层

中导洞开挖断面为 8.5m×8.5m 的城门洞形，每循环进尺 3m，炮孔布置及爆破参数分别如图 9.1.8 及表 9.1.1 所示。炮孔孔径为 45mm，炸药为 2# 岩石乳化炸药，直径 40mm。采用水平双楔形掏槽孔，小掏槽孔长 3.2m，大掏槽孔长 4m，倾角为 50°～70°，如图 9.1.9 所示。崩落孔和周边孔孔深 3.5m，崩落孔孔间距 0.7m，排距 0.5～0.6m。周边孔孔间距 0.6m。孔内装药结构图如图 9.1.10 所示，掏槽孔和崩落孔采用集中装药，导爆管传爆；周边孔采用空气间隔装药，导爆索连接传爆。采用多段微差起爆，先起爆掏槽孔，再逐段起爆辅助孔，最后起爆周边孔和底孔。

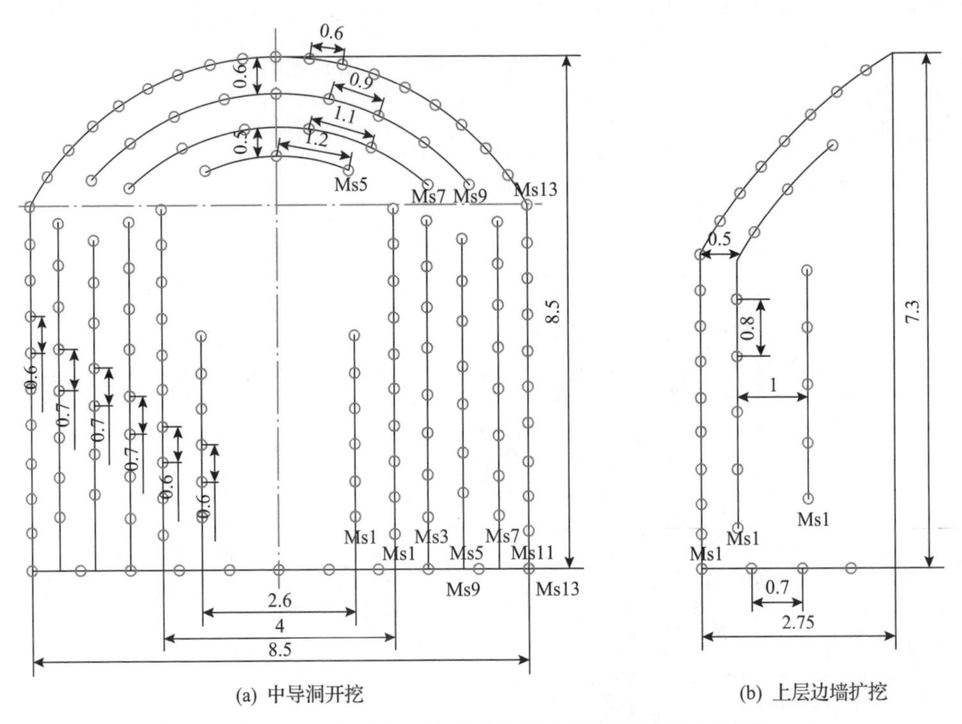

图 9.1.8 1#～8# 实验室上层开挖炮孔布置及段别设计(单位：m)

表 9.1.1 中导洞开挖爆破参数表

段别	位置	孔数	孔间距/m	孔长/m	孔装药量/kg	抵抗线/m	段装药量/kg
Ms1	小掏槽孔	12	0.6	3.2	1.2	1.5	74.4
	大掏槽孔	20	0.6	4	3	1.75	
Ms3	崩落孔 1	16	0.7	3.5	1.8	0.55	28.8
Ms5	崩落孔 2	14	0.7	3.5	1.8	0.6	30.6
	上崩落 1	3	1.24	3.5	1.8	0.55	
Ms7	崩落孔 3	16	0.7	3.5	1.2	0.6	30
	上崩落 2	6	1.13	3.5	1.8	0.5	
Ms9	底孔 1	9	0.85	3.5	2.4	0.55	32.4
	上崩落 3	9	0.9	3.5	1.2	0.55	

续表

段别	位置	孔数	孔间距/m	孔长/m	孔装药量/kg	抵抗线/m	段装药量/kg
Ms11	下周边孔	20	0.6	3.5	0.9	0.5	18
Ms13	上周边孔	17	0.57	3.5	0.9	0.6	21.3
	底角孔	2	—	3.5	3	—	

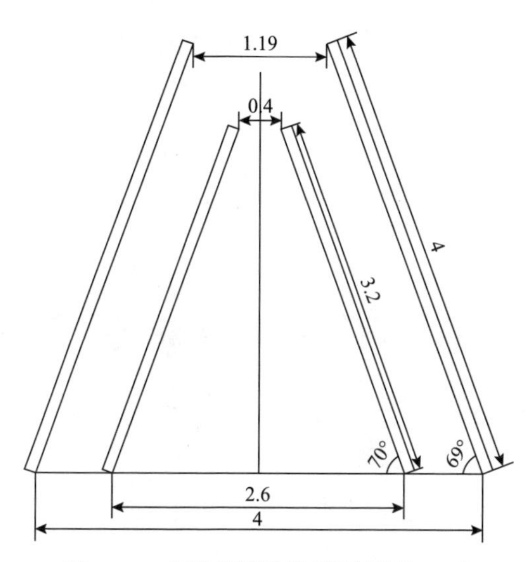

图 9.1.9　楔形掏槽孔设计图(单位：m)

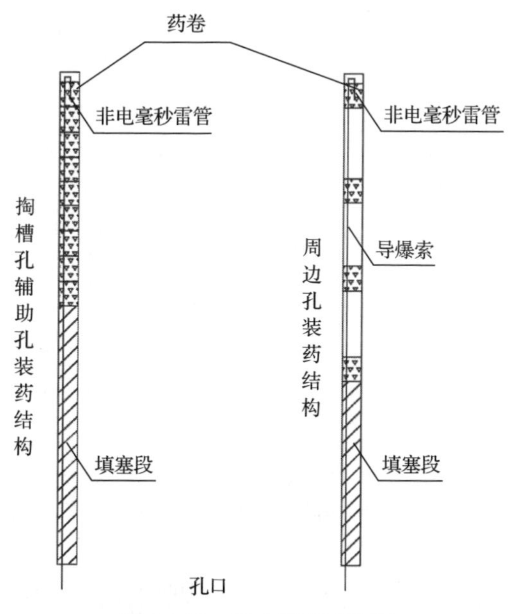

图 9.1.10　孔内装药结构图

中导洞爆破最大段装药量为 74.4kg，总装药量为 235.5kg。实际开挖过程中，炮孔数及炸药量依据具体的岩体条件进行微调。中导洞开挖共分 7 段爆破，上层边墙扩挖分 3 段爆破。

下层中槽开挖断面尺寸为 9m×5.5m，每循环进尺 5m，炮孔孔径为 45mm。炮孔布置及爆破参数分别如图 9.1.11 和表 9.1.2 所示，采用梅花形布孔方式，排间距 0.8～1.5m，孔间距 1～1.5m，分 5 段爆破，最大段装药量为 34kg，下层边墙则分 3 段爆破。开挖过程中炮孔数、炸药量及段别依据具体的岩体条件进行调整。

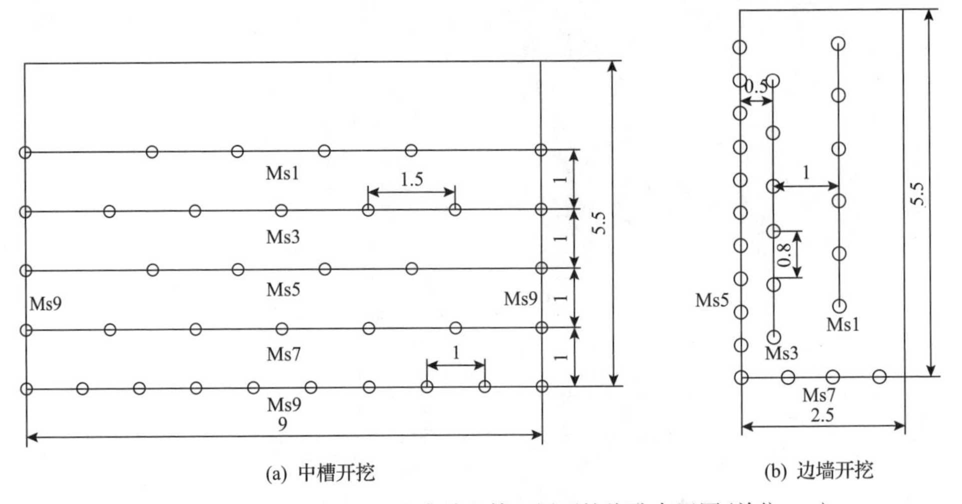

图 9.1.11　1#～3# 和 5#～8# 实验室第二层开挖炮孔布置图(单位：m)

表 9.1.2　中槽开挖爆破参数表

段别	位置	孔数	孔间距/m	孔长/m	孔装药量/kg	抵抗线/m	段装药量/kg
Ms1	第 1 排	4	1.5	5	3.6	1.5	14.4
Ms3	第 2 排	5	1.5	5	3.6	1	18
Ms5	第 3 排	4	1.5	5	3.6	1	14.4
Ms7	第 4 排	5	1.5	5	3.6	1	18
Ms9	周边孔	6	1	5	3	—	34
	第 5 排	8	1	5	1.6	1	

4# 实验室盲竖井沿轴向分 4 层施工，5# 实验室盲竖井沿轴向分 5 层施工，分层开挖方案如图 9.1.12 所示。

实验室主要采用锚杆和喷射混凝土支护，开挖完成后先喷射一层 10cm 厚混凝土，再进行锚杆支护，接下来布设钢筋网，最后复喷 15cm 厚混凝土进行支护。

由于实验室不进行衬砌，在整个实验室开挖完成后，进行二次挂网和喷射混凝土支护。对围岩较差或破坏严重的区域进行加强支护，在原有基础上增加 9m 长砂浆锚杆和钢拱肋进行加强支护，如图 9.1.13 所示[3]。4# 实验室盲竖井每层开挖完成后进行该层整体支护，支护完成后再进行下一层开挖。主要支护方式有锚杆、钢筋网和喷射混凝土，详细支护方案如图 9.1.13(c)所示。

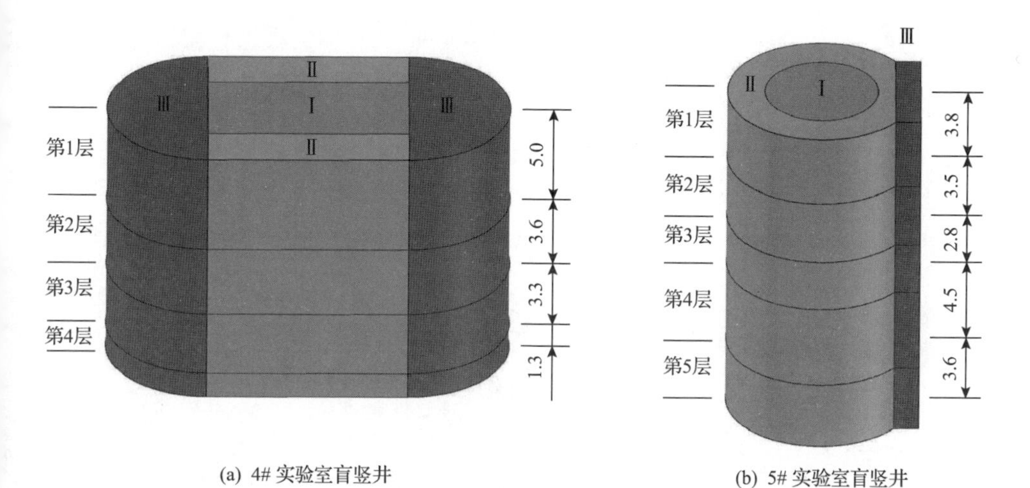

(a) 4# 实验室盲竖井　　(b) 5# 实验室盲竖井

图 9.1.12　4#、5# 实验室盲竖井分层开挖方案(单位：m)

各层开挖顺序均为Ⅰ→Ⅱ→Ⅲ

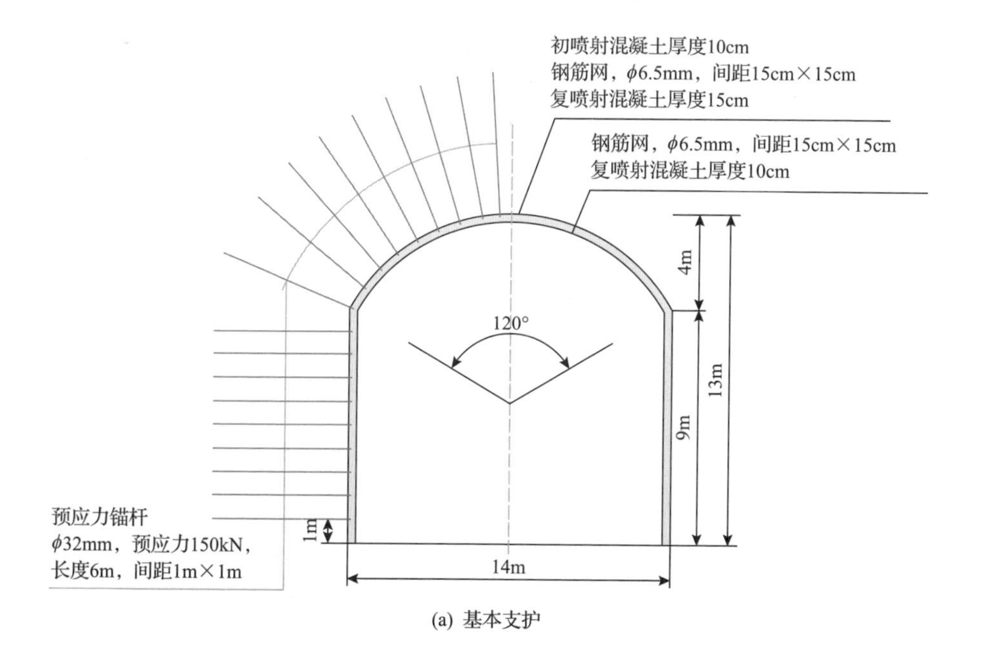

(a) 基本支护

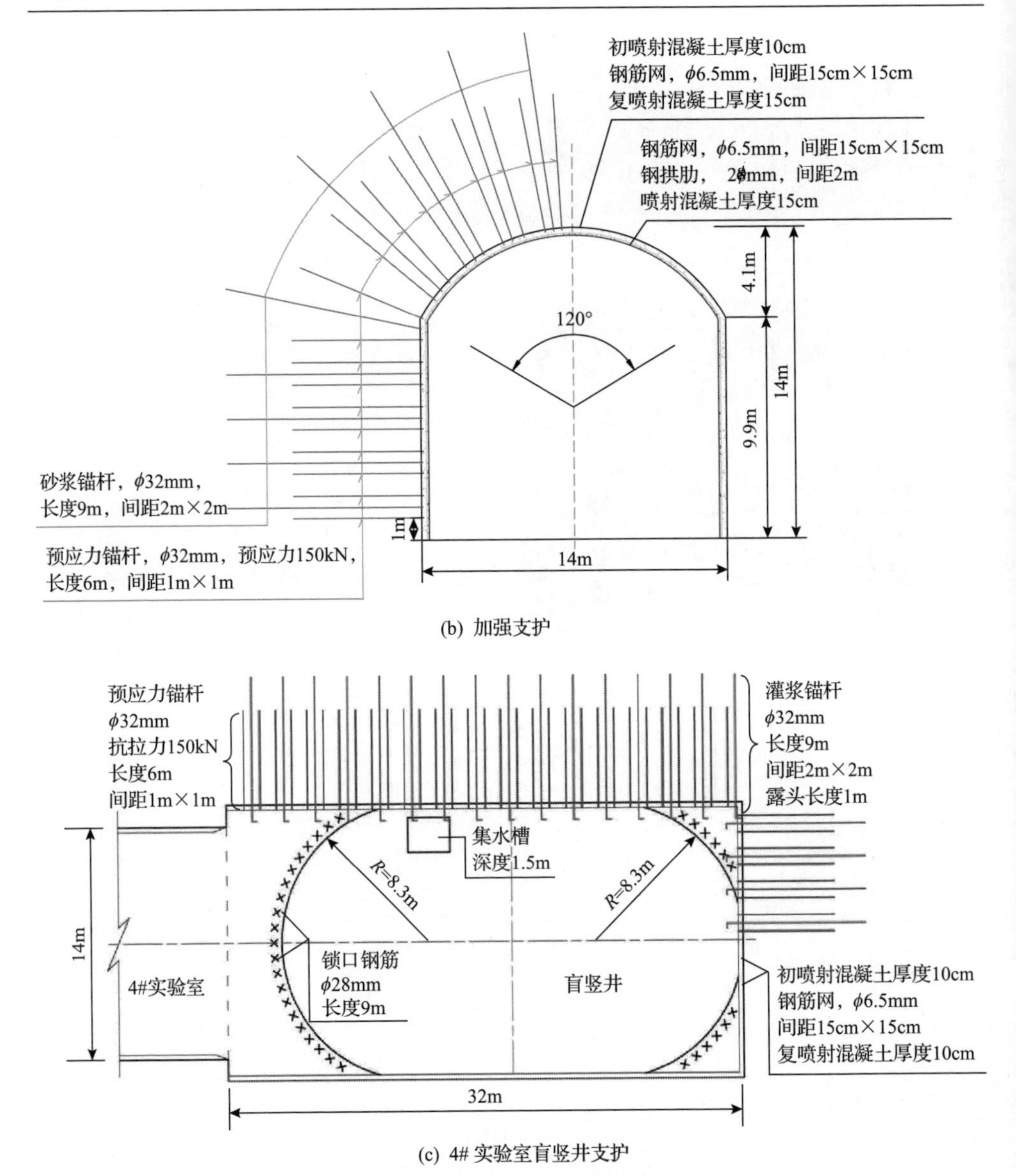

(b) 加强支护

(c) 4# 实验室盲竖井支护

图 9.1.13　1#～8# 实验室支护设计图[3]

锦屏地下实验室二期各实验室开挖过程现场形态如图 9.1.14 所示。

9.1.2　地下实验室围岩破坏过程预测分析

1. 岩石力学性质

1) 岩石延脆性显著

利用硬岩真三轴全应力-应变过程测试装置，分别对白色大理岩、灰色大理岩

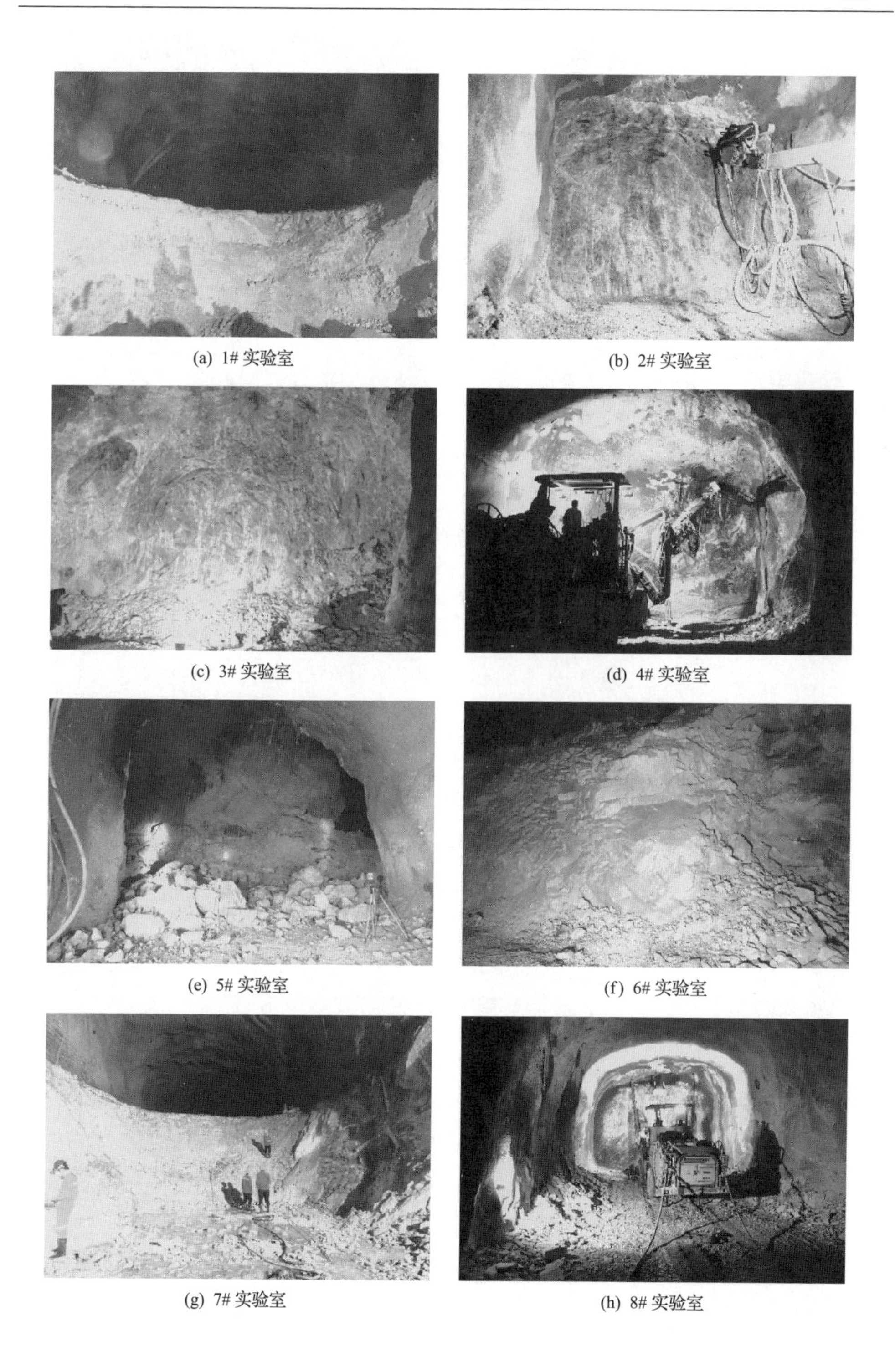

(a) 1# 实验室

(b) 2# 实验室

(c) 3# 实验室

(d) 4# 实验室

(e) 5# 实验室

(f) 6# 实验室

(g) 7# 实验室

(h) 8# 实验室

(i) 9-1# 实验室　　(j) 9-2# 实验室

(k) 4# 实验室盲竖井　　(l) 5# 实验室盲竖井

图 9.1.14　锦屏地下实验室二期各实验室开挖过程现场形态

和灰色夹白色条带大理岩开展真三轴压缩试验，对岩石脆延性、变形、强度、破裂等力学特性进行分析。真三轴压缩下三种大理岩的全应力-应变曲线如图 9.1.15 所示。可以看出，在相同应力水平条件下(σ_2=100MPa，σ_3=30MPa)，灰色大理岩的强度明显高于白色大理岩。白色大理岩和灰色大理岩在峰前阶段都具有明显的延性，但白色大理岩的峰后破坏脆性跌落相对于灰色大理岩的峰后脆性跌落不明显，说明灰色大理岩的脆性更强。灰色夹白色条带大理岩的强度和峰后脆性跌落程度与灰色大理岩基本一致。

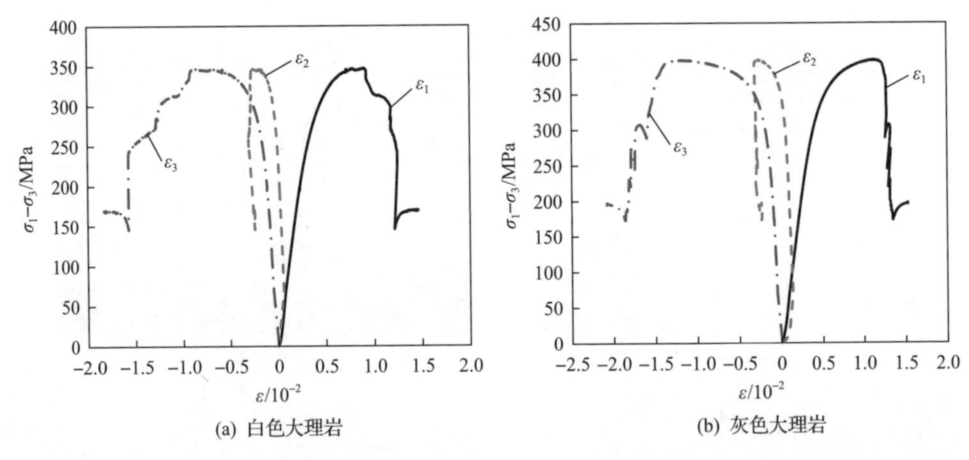

(a) 白色大理岩　　(b) 灰色大理岩

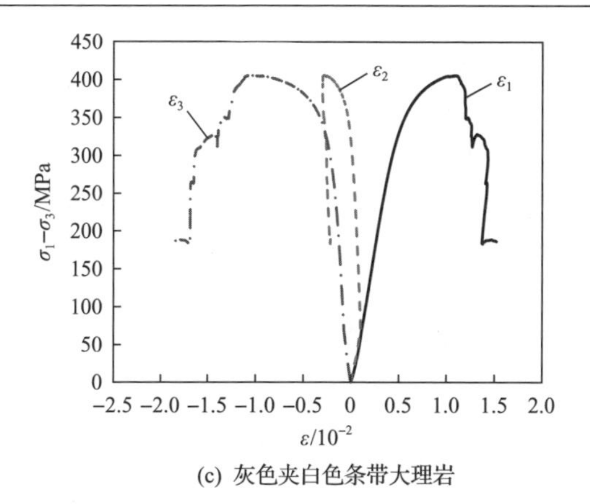

(c) 灰色夹白色条带大理岩

图 9.1.15　真三轴压缩下三种大理岩的全应力-应变曲线（$\sigma_2 = 100$MPa，$\sigma_3 = 30$MPa）

锦屏地下实验室二期大理岩脆延性具有明显的三维应力依赖性，随着最小主应力增加，岩石的脆性减弱、延性增强；但随着中间主应力增加，岩石的脆性增强、延性减弱。

2）应力诱导的大理岩各向异性破裂特征

真三轴压缩下不同种类大理岩的破裂特征如图 9.1.16 所示。三种大理岩的主破裂面都平行于中间主应力方向，说明受高应力差作用，岩石破坏具有明显的应力诱导的各向异性特征。白色大理岩和灰色大理岩出现多条裂纹，裂纹扩展呈现台阶状，并非平滑裂纹。灰色夹白色条带大理岩的白色条带分布不规则，呈现明显的不均质性，但岩石的主破裂并非沿着条带破裂，这与应力水平和条带分布情况有关。

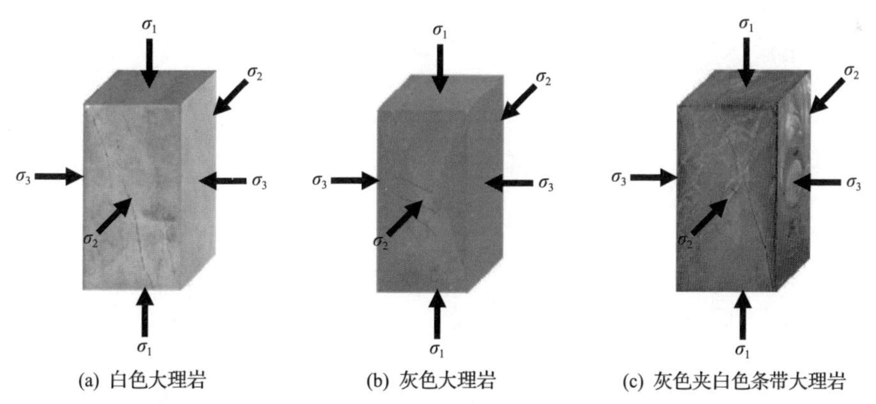

(a) 白色大理岩　(b) 灰色大理岩　(c) 灰色夹白色条带大理岩

图 9.1.16　真三轴压缩下不同种类大理岩的破裂特征（$\sigma_2 = 100$MPa，$\sigma_3 = 30$MPa）

3）大理岩强度的三维应力依赖性

从图 9.1.15 可以看出，相同应力状态下，灰色大理岩的峰值强度高于白色大理岩，但三种大理岩的峰值强度均呈现三维应力依赖性。以白色大理岩为例，随中间主应力增加(由 30MPa 增加至 150MPa)，岩石峰值强度呈现增加趋势；而且岩石的损伤强度与峰值强度变化规律相似，但是其残余强度变化范围不大，呈先减小后增大的趋势，如图 9.1.17 所示。

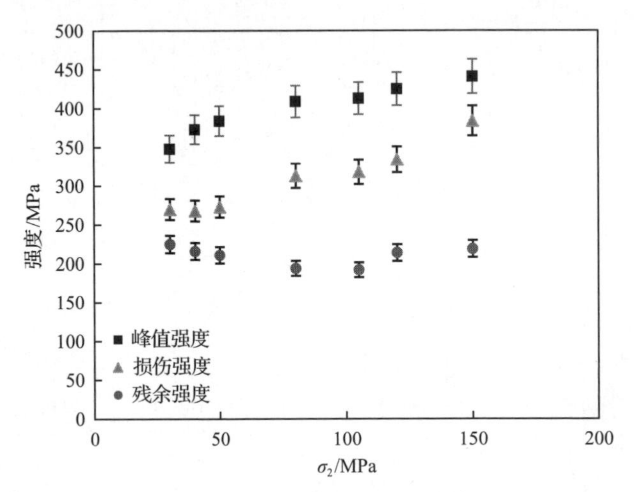

图 9.1.17　真三轴压缩下白色大理岩的强度特征(σ_3 = 30MPa)

根据大理岩的真三轴压缩破坏强度数据，获得了其 3DHRFC 破坏准则力学参数(黏聚力 c、内摩擦角 φ、材料参数 s 和 t)，如表 9.1.3 所示。

表 9.1.3　大理岩的 3DHRFC 破坏准则力学参数

岩石种类	c/MPa	φ/(°)	s	t
白色大理岩	52	39	0.84	0.70
灰色大理岩	53.5	40	0.84	0.70
灰色夹白色条带大理岩	53.5	40	0.84	0.70

2. 各实验室围岩破裂及灾害预测分析

1) 数值计算模型

根据图 9.1.2 和图 9.1.3 所示的区域工程地质条件及其分区特征，预测分析实验室开挖过程中不同区域的破坏情况。按各实验室穿越不同地层岩性、地质构造和不同地应力场分布特征，分别建立数值计算模型进行开挖模拟分析。1#、5#、6#、7# 和 8# 实验室岩性较为完整单一，数值计算可采用均质概化模型，但要区别岩性的差异性，其中 5# 和 6# 实验室岩性基本相同，7# 和 8# 实验室岩性虽略有差异，但力学特性相似；2#、3# 和 4# 实验室位于褶皱构造核部，穿越局部断层，岩体完整性差，岩性变化剧烈，数值计算分析需关注相关地质构造的影响。同时考虑到褶皱构造局部应力场的差异性，以 1#、4#、5# 和 8# 实验室为代表进行实验室开挖过程中围岩破坏预测分析。根据实验室规模设置模型尺寸为 100m×100m×125m，其中 1#、5# 和 8# 实验室采用等效均质概化模型(见图 6.6.8)，不同岩性用不同岩体力学参数表征，褶皱核部挤压破碎岩体通过岩体力学参数折减实现，4# 实验室穿越的断裂构造采用第 6 章的软弱单元法模拟，建立的穿越断裂构造实验室的数值计算模型网格(以 4# 实验室为例)如图 9.1.18 所示。

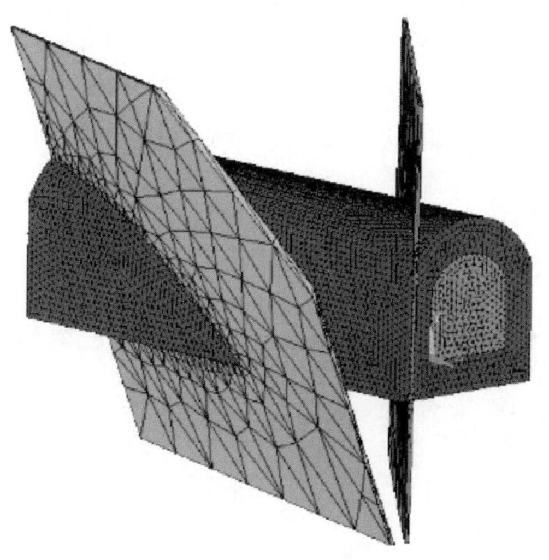

图 9.1.18　穿越断裂构造实验室的数值计算模型网格(以 4# 实验室为例)

2)初始应力场分析

受褶皱构造影响，各实验室初始应力场可能有差异，需要综合局部地应力测试结果、区域工程地质特征、工程开挖揭露的破坏现象以及已有工程类比进行分析确定。实验室临近已竣工的锦屏二级水电站引水隧洞工程，该工程开挖过程中开展了系统的地应力测试、反演分析，其结果已得到了实践验证。8# 实验室远离褶皱构造核部，受局部构造影响小，埋深、岩体结构等与锦屏二级水电站引水隧洞工程类似，其初始应力场可以直接采用锦屏二级水电站引水隧洞工程的结果；1# 和 5# 实验室基本对称分布于褶皱构造两翼，取相同应力场，取值为实验室实测地应力(位置相近)；4# 实验室处于构造核部挤压构造影响带内，其应力场根据背斜褶皱及断层附近封闭应力特征进行调整。各实验室数值计算模型初始应力边界条件如表 9.1.4 所示。

表 9.1.4　各实验室数值计算模型初始应力边界条件

实验室编号	σ_x /MPa	σ_y /MPa	σ_z /MPa	τ_{xy} /MPa	τ_{yz} /MPa	τ_{zx} /MPa
1#	42.51	67.42	52.13	5.86	5.53	19.67
4#	45.26	60.68	54.45	7.10	2.35	4.52
5#	42.51	67.42	52.13	5.86	5.53	19.67

续表

实验室编号	σ_x /MPa	σ_y /MPa	σ_z /MPa	τ_{xy} /MPa	τ_{yz} /MPa	τ_{zx} /MPa
8#	47.86	62.19	54.55	−7.17	0.3	2.35

3) 岩体力学参数

力学模型采用第 6 章建立的 3DHRFC 破坏准则和应力诱导各向异性脆延破坏力学模型。针对实验室工程区域典型大理岩岩性，分别利用 1#、5# 实验室中导洞开挖过程中的监测信息，采用第 6 章提出的岩体参数三维智能反演方法获得其关键的杨氏模量、黏聚力和内摩擦角参数，褶皱核部和挤压破碎岩体相关力学参数根据反演结果进行折减获得，其余参数由真三轴力学试验获得，4# 实验室断层力学参数根据工程类比估算取值。用于数值计算的各实验室岩体力学参数如表 9.1.5 所示。

表 9.1.5　用于数值计算的各实验室岩体力学参数

实验室编号		密度 /(kg/m^3)	杨氏模量/GPa	泊松比	参数 s	参数 t	初始黏聚力/MPa	残余黏聚力/MPa	初始内摩擦角 /(°)	残余内摩擦角 /(°)	剪胀角 /(°)	抗拉强度/MPa
1#		2700	25.3	0.22	0.84	0.70	23	5	22.4	46	25	1.5
4#	完整岩体	2700	15.2	0.25	0.84	0.70	15	3	20	30	25	1.5
	断层岩体	1800	12.0	0.35	0.72	0.70	10	2	6	8	15	0.5
5#		2700	23.6	0.23	0.84	0.70	18.5	4	26.5	46	25	1.5
8#		2700	25.3	0.22	0.84	0.70	23	5	22.4	46	25	1.5

4) 实验室开挖过程中围岩破裂及灾害预测

采用第 6 章建立的数值方法对 1#、4#、5# 和 8# 实验室开挖过程中围岩的破裂、变形和能量释放等分别进行计算分析及灾害评价。各实验室开挖后典型计算结果如图 9.1.19 所示。可以看出，开挖完成后最大主应力由大到小顺序为 8# 实验室、5# 实验室、1# 实验室和 4# 实验室，根据 RFD＞1 圈定的损伤区范围由大到小顺序为 4# 实验室、1# 实验室、8# 实验室、5# 实验室，LERR 由大到小顺序为 8# 实验室、5# 实验室、1# 实验室和 4# 实验室，位移量由大到小顺序为 4# 实验室、1# 实验室、8# 实验室、5# 实验室。由以上结果可知，8# 实验室开挖后最大主应力超过 160MPa，RFD＞1 的深度达到 2.6m，最大 LERR 超过 500kJ/m^3，说明 8# 实验室具有较高的片帮、岩爆等高应力破坏风险。4# 实验室开挖后损伤区和位移均最大，同时受褶皱和断层的影响，岩体破碎，3# 和 4# 实验室存在较大的塌方风险。5# 实验室的应力和 LERR 较高，但是低于 8# 实验室，存在片帮及岩爆等高应力破坏风险，但风险比 8# 实验室低。

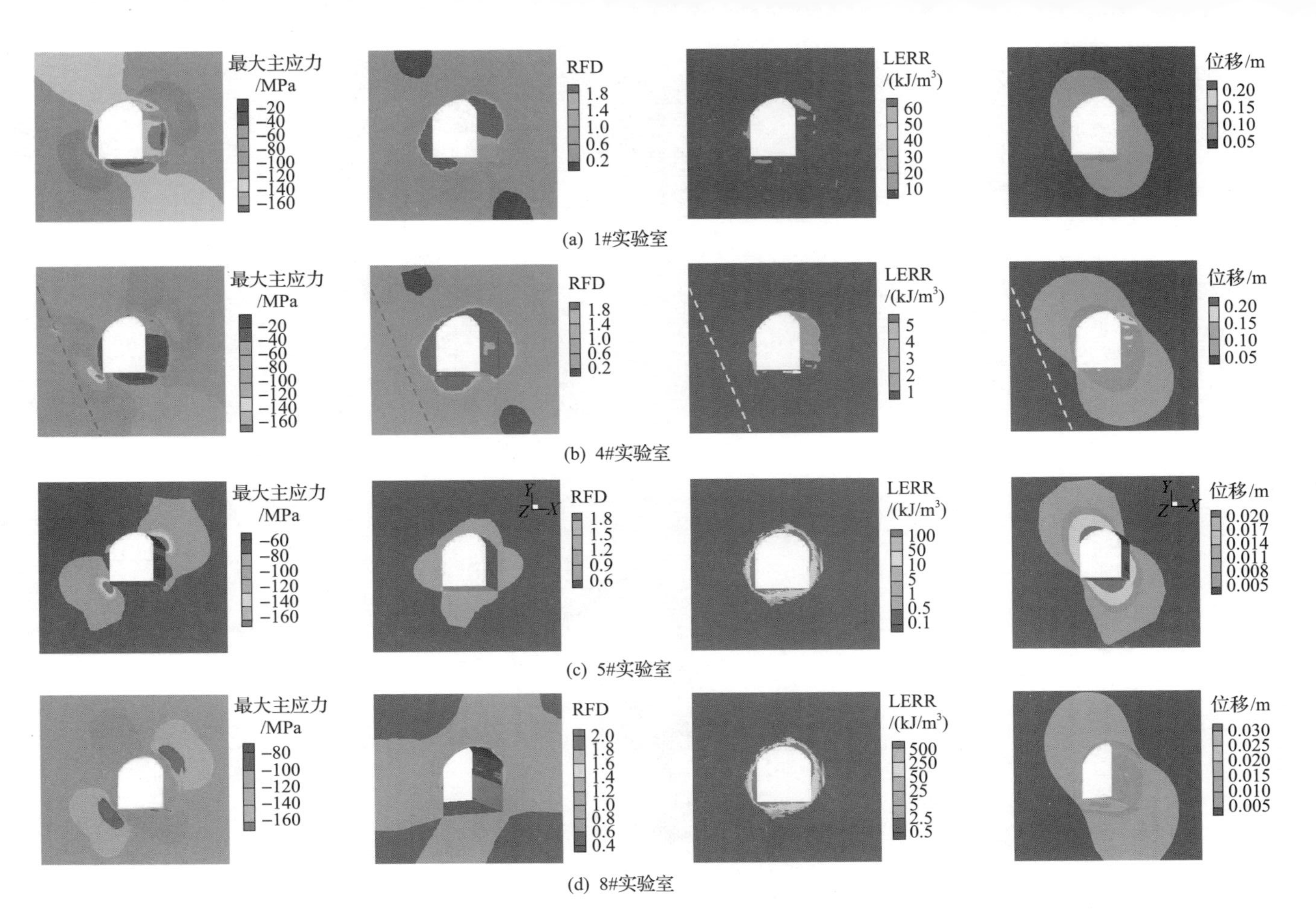

(a) 1#实验室

(b) 4#实验室

(c) 5#实验室

(d) 8#实验室

图9.1.19　各实验室开挖后典型计算结果

9.1.3　地下实验室围岩破裂变形过程原位综合监测

根据该地下实验室工程区的地质条件、实验室布设、开挖方案和监测实施的目的，为了实时获取实验室开挖和运行过程中岩体的力学响应，设计采用的原位监测方式包括开挖损伤监测、应力监测、微震监测、变形监测[7]、声发射监测、爆破振动监测、三维激光扫描和岩体结构遥测[8]等综合监测手段[4]。在监测钻孔的布置上设计了开挖前预埋和开挖过程中动态布置相结合的方法，并结合真三轴试验和地应力测试等手段，实现对岩体多尺度破裂、变形和多种灾害的跟踪分析及安全预警。

1. 微震监测

锦屏地下实验室二期工程微震传感器整体布置示意图如图 9.1.20 所示，共投入 2 台数据采集服务器、10 个微震监测台站和 62 个微震传感器。每个实验室投

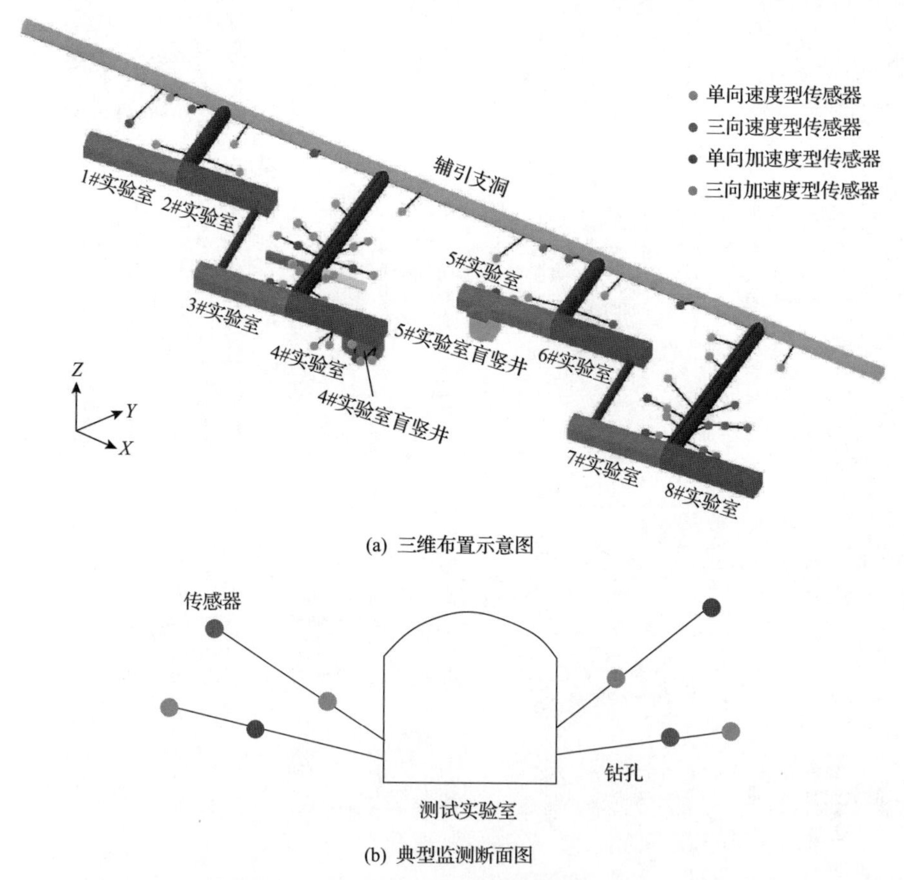

图 9.1.20　锦屏地下实验室二期工程微震传感器整体布置示意图(见彩图)

入使用 1 个微震监测台站，4# 和 5# 实验室盲竖井各投入 1 个微震监测台站，4# 实验室盲竖井微震传感器布置示意图如图 9.1.21 所示[5]。根据单向传感器和三向传感器的合理搭配，保证每个实验室拥有 8 个微震监测通道。为了充分利用好每个实验室传感器自身的监测能力，充分发挥所有实验室传感器之间的相互协同作用，使整个监测区域形成一个良性传感器阵列，所有台站均采用安全监测中心的数据采集服务器进行授时，以保证时间同步，从而最大限度地发挥传感器间的相互协调作用，使传感器形成一个良性阵列。

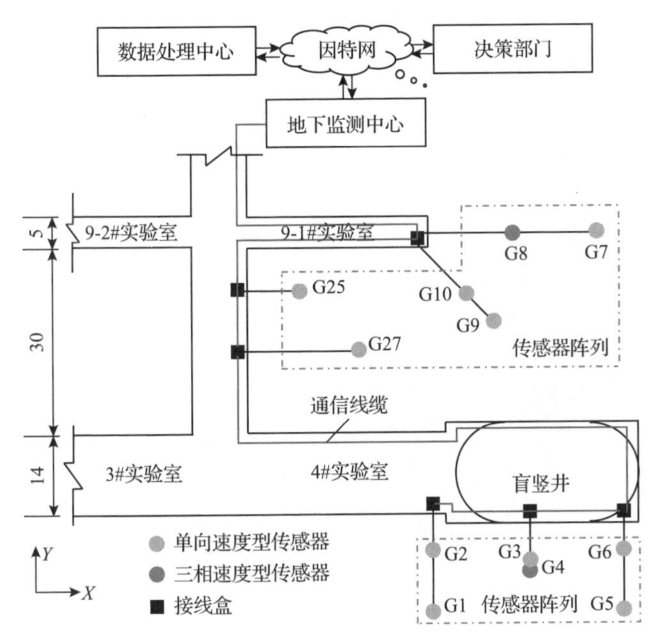

(a) 总体布置(单位：m)

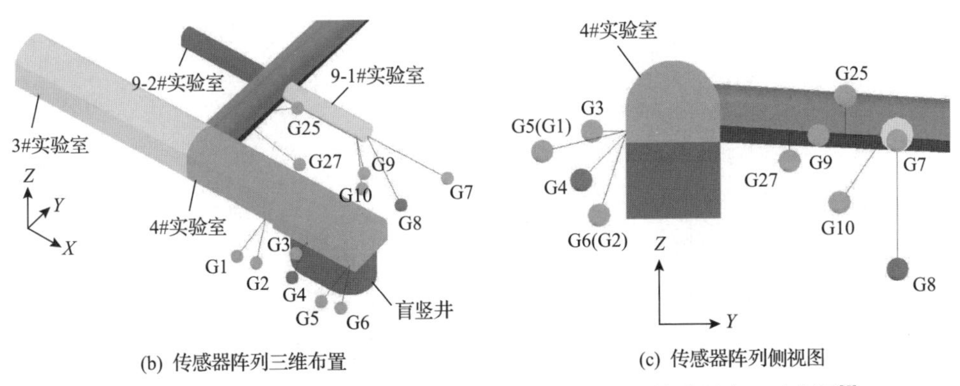

(b) 传感器阵列三维布置　　(c) 传感器阵列侧视图

图 9.1.21　锦屏地下实验室二期 4# 实验室盲竖井微震传感器布置示意图[5]

线路铺设：1# 和 2# 实验室沿 1# 交通洞铺设线缆，3# 和 4# 实验室沿 2# 交通洞铺设线缆，5# 和 6# 实验室沿 3# 交通洞铺设线缆，7# 和 8# 实验室沿 4# 交通洞铺设线缆。锦屏地下实验室二期工程地下安全监测控制中心位于辅引支洞中，布置于 2# 交通洞和 3# 交通洞与辅引支洞交叉口之间。将各交通洞引出的线缆连接至安全监测控制中心，完成数据传输和时间同步的闭合回路。后期开展监测的 4# 和 5# 实验室盲竖井监测，在充分利用已有传感器阵列的情况下合理增加新的传感器，保证基坑处于传感器阵列之内，以提高微震监测精度。

2. 实验室围岩损伤及破裂监测

围岩损伤及破裂采用声波测试和钻孔摄像观测，钻孔摄像和声波测试均需要布设钻孔。针对锦屏地下实验室二期工程特点，采用预设钻孔和随机钻孔相结合的方式，钻孔总体布置示意图如图 9.1.22 所示，4# 实验室盲竖井围岩损伤及破裂监测钻孔布置示意图如图 9.1.23 所示[5]。

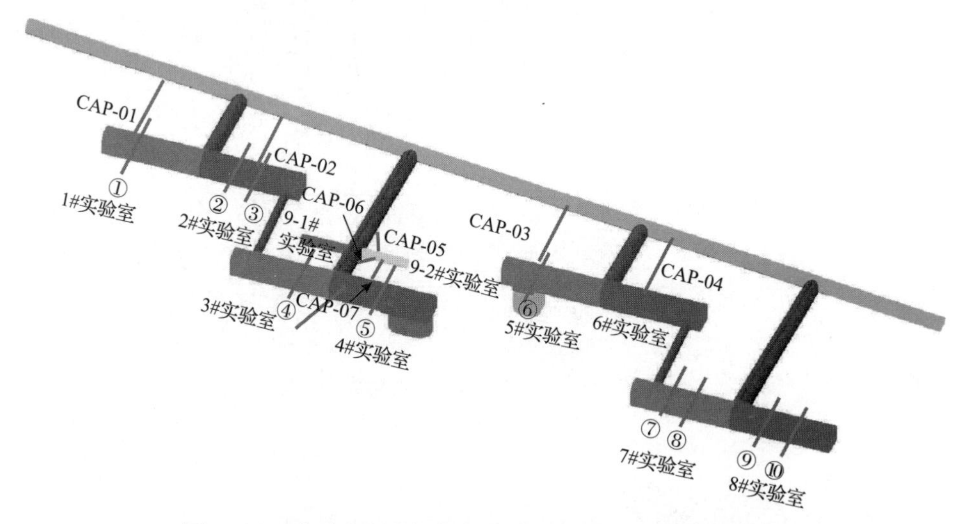

图 9.1.22　实验室围岩损伤与破裂监测钻孔总体布置示意图

①. 1#-K0+045；②. 2#-K0+025；③. 2#-K0+045；④. 3#-K0+025；⑤. 4#-K0+030；⑥. 5#-K0+045；⑦. 7#-K0+045；⑧. 7#-K0+035；⑨. 8#-K0+035；⑩. 8#-K0+045

根据需要和现场条件，预设钻孔可以在要观测的实验室开挖前通过已开挖洞室向实验室布置钻孔来实现(如 CAP 系列钻孔)，也可以在要观测的实验室部分开挖后(如中导洞开挖后布置的钻孔、下层中槽开挖后布置的钻孔)实现，如图 9.1.24 所示。前者可以监测整个开挖过程中围岩的变化情况，后者可以监测最终边墙在中导洞或中槽进行扩挖前后的对比，以及后续开挖过程中的变化情况。由于声波及钻孔摄像测试的便捷性，根据地质情况或破坏情况(如岩爆等)等问题，在实验室开挖过程中针对性地布置了 10 个监测断面的监测钻孔。

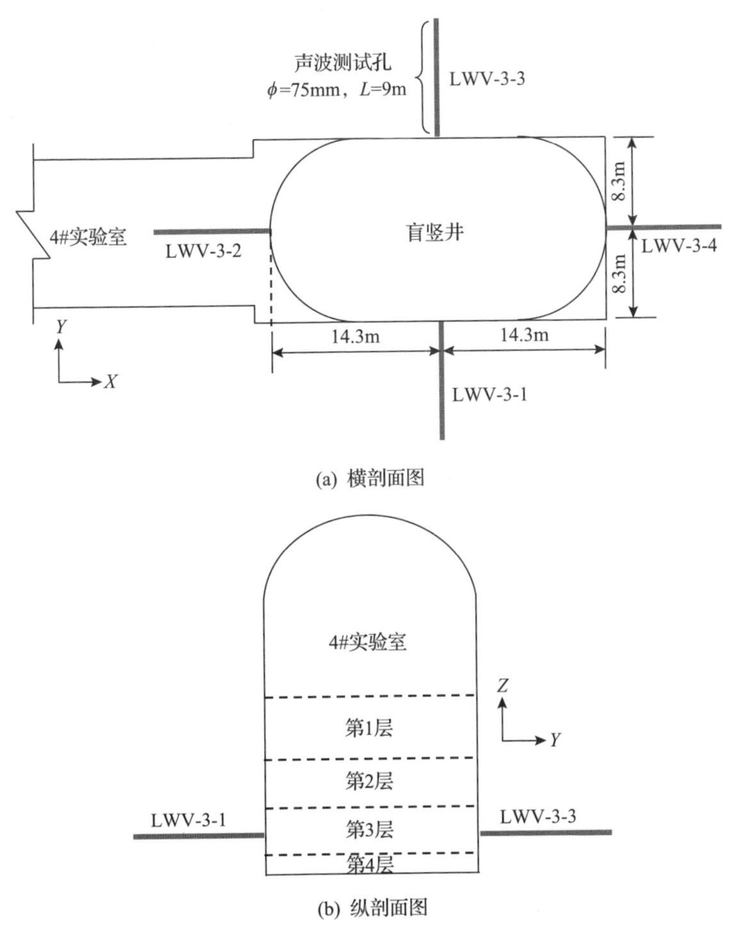

(a) 横剖面图

(b) 纵剖面图

图 9.1.23 4# 实验室盲竖井围岩损伤与破裂监测钻孔布置示意图[5]

如图 9.1.25 所示，以 1# 实验室 K0+045 断面为例，CAP-01 为开挖前从辅引支洞向实验室布置的 60m 长的预设钻孔，可以监测 1# 实验室整个开挖过程中钻孔所在位置围岩损伤与破裂情况；1# 实验室上层中导洞开挖后，从中导洞向边墙布设 T-1-1～T-1-4 共 4 个 6m 长的钻孔，可以观测中导洞开挖后围岩损伤与孔内裂隙情况，中导洞开挖后最终边墙内仍残留约 3m 长的钻孔，可以与之前结果对比分析最终边墙围岩的损伤与破裂情况；上层边墙扩挖后布置 T-1-5 和 T-1-6 钻孔，钻孔长 10m，可以了解上层开挖后较深部位围岩的损伤与破裂情况，同时可以监测下层开挖过程中及开挖后上层围岩的变化情况；下层开挖后在下层布设 T-1-7～T-1-12 共 6 个钻孔，孔深为 6～10m，可以获得实验室开挖后整个断面围岩损伤与破裂演化特征。

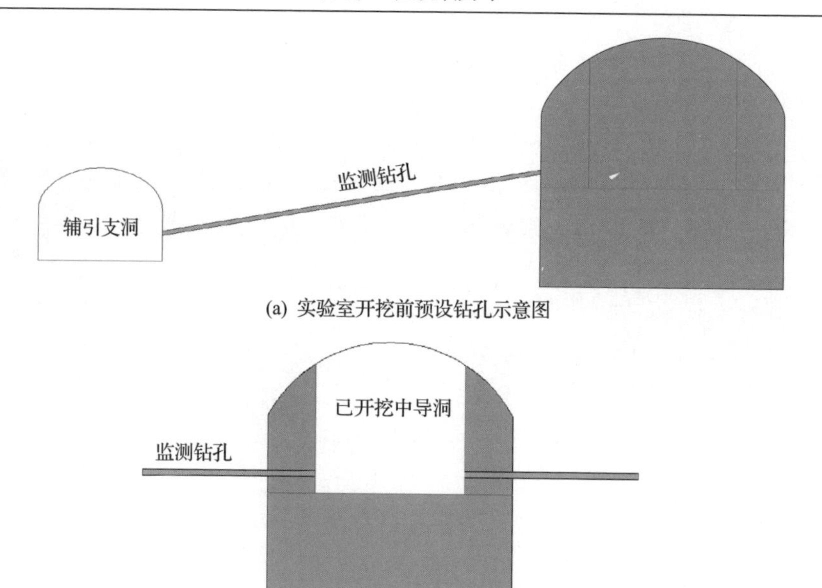

图 9.1.24　实验室围岩损伤和破裂监测钻孔预设方式示意图

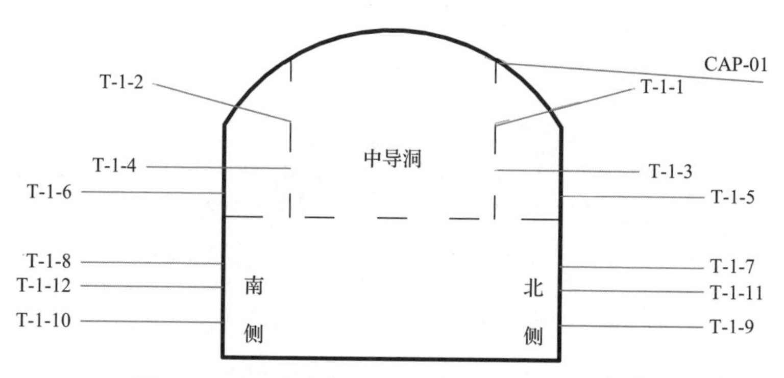

图 9.1.25　1# 实验室 K0+045 断面钻孔布置示意图

3. 实验室围岩内部位移监测

为监测开挖过程中围岩内部位移，采用预埋多点位移计的方式实时监测围岩内部的位移变化。选用 BKG-4450 型位移传感器，量程为–50～50mm 和–100～100mm 两种规格，分辨率为 0.025% F.S.。

在实验室开挖前，通过辅引支洞或已开挖实验室(如 9-1# 实验室)共布设 5 个钻孔，用于预埋多点位移计，其安装位置如图 9.1.26 所示。各实验室典型多点位移计断面布置图如图 9.1.27 所示[7]，其中 1# 实验室 K0+045 断面布置 2 套多点位移计，2# 实验室和 5# 实验室的 K0+045 断面及 4# 实验室 K0+030 断面各布置一套，5# 实验室 DSP-03 的布置与 1# 实验室 DSP-01-T 一致。多数多点位移计在实验室开挖期间采用自动采集仪进行数据读取和存储，每 5～10min 记录一次数据，少数多点位移计采用手动采集。

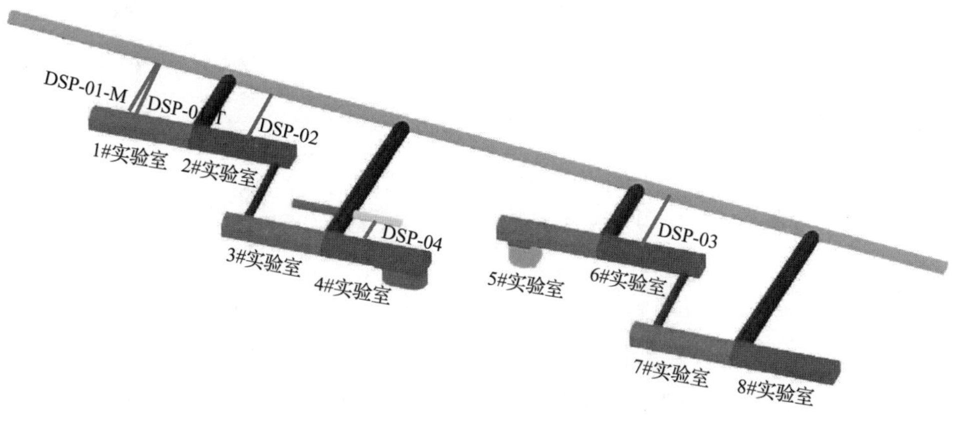

图 9.1.26　多点位移计整体布置图

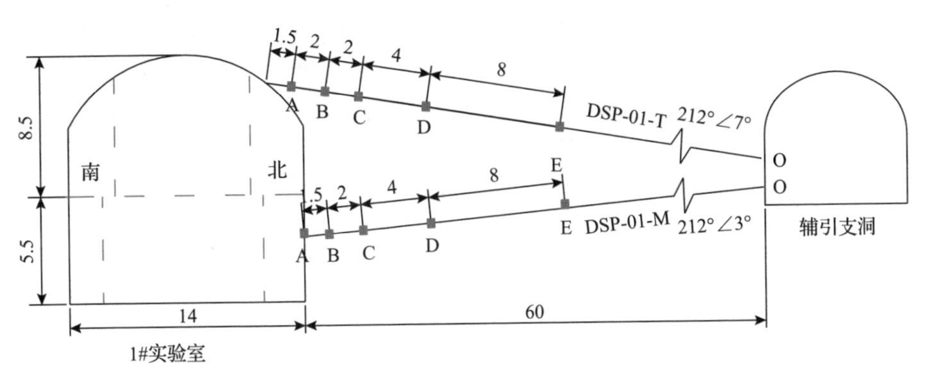

(a) 1# 实验室多点位移计布置

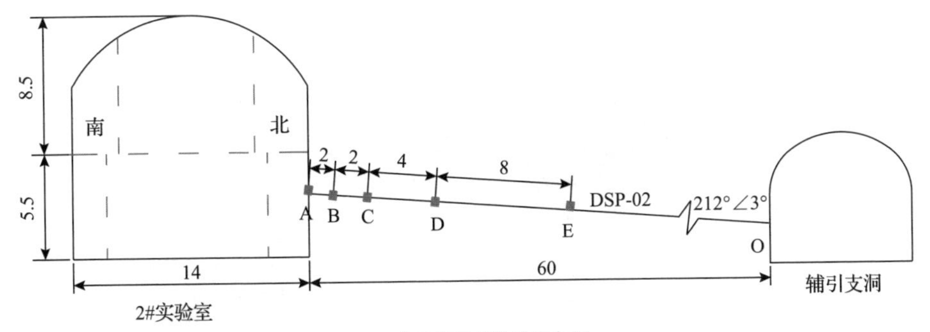

(b) 2# 实验室多点位移计布置

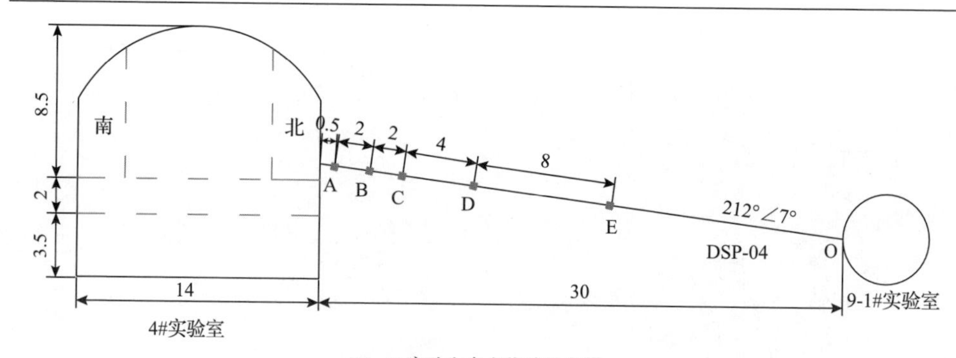

(c) 4# 实验室多点位移计布置

图 9.1.27　各实验室典型多点位移计断面布置图(单位：m)[7]

4. 岩体爆破振动监测

采用爆破振动测试系统监测钻爆法开挖围岩响应情况。振动传感器主要布置在已开挖的交通洞或实验室内，防止爆破冲击波、飞石及装运设备等造成振动监测系统损坏。为了保证测试效果，通过钻孔穿过喷射混凝土层，使传感器与基岩接触。如图 9.1.28 所示，共布置了 16 个固定监测传感器(1#～16#)和 10 个移动监测传感器(PV1#～PV10#)。固定监测是将振动传感器预埋到设计好的指定位置，传感器受爆破振动信号触发后可自动对数据进行采集。移动测点根据具体的施工过程，随机启动相应的测点，并可根据测试目的，灵活调整传感器的安装位置。这种“固定+移动”的监测方法可实现 24h 实时监测，保证不丢失振动信号，

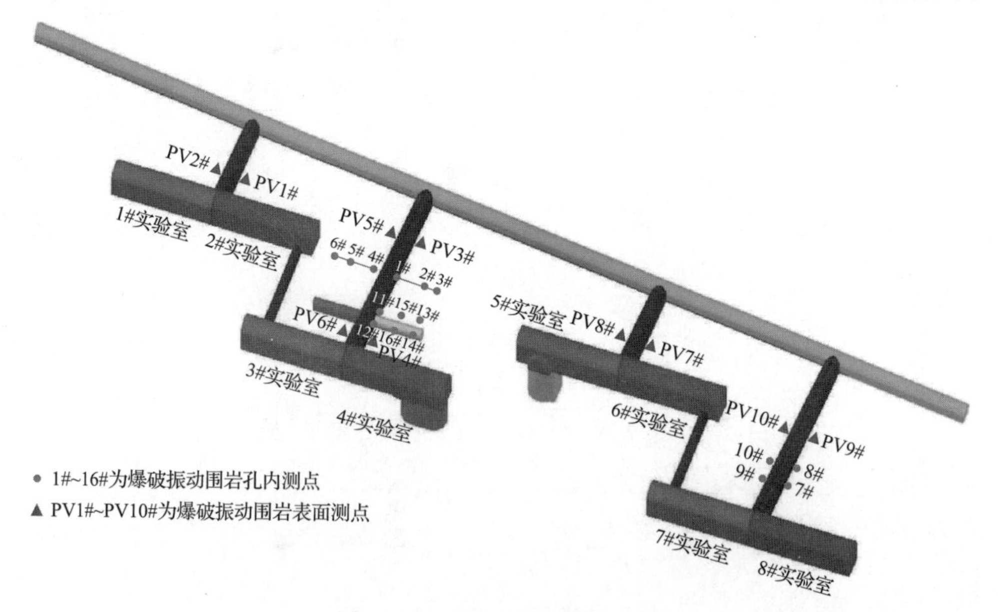

图 9.1.28　爆破振动监测点布置

且能够根据监测需求灵活调整测点。测试时详细记录爆破时间、爆破位置、炮孔布置、炮孔数量、装药量、装药结构、雷管段别等详细的爆破信息。

5. 实验室围岩破裂过程声发射监测

原位声发射监测传感器布置图如图 9.1.29 所示。考虑到声发射信号的强衰减特性和传感器的谐振频率，在 9-1# 和 9-2# 实验室的 K0+012～K0+018 洞段布置声发射传感器，传感器采用预埋式布置方法，在 9-1# 和 9-2# 实验室开挖前，利用 2# 交通洞进行钻孔注浆，将传感器与岩体耦合。

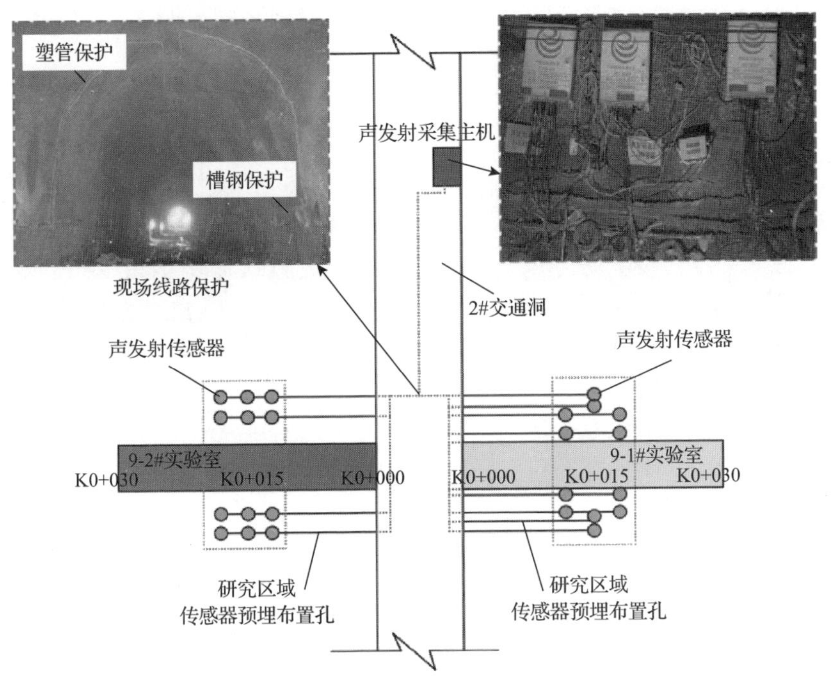

图 9.1.29　原位声发射监测传感器布置图(见彩图)

设计了整体呈现“错落式”布置形态的传感器布置方案，如图 9.1.30 所示。9-1# 实验室和 9-2# 实验室分别布置 12 个声发射传感器，其中，9-1# 实验室的 12 个声发射传感器围绕洞室一周，呈均匀分布，从断面方向看，是一个围绕圆形洞室的圆环，从空间布置图看，声发射传感器分为 3 个断面，分别位于 9-1# 实验室 K0+012、K0+015 和 K0+018 位置，每个断面间隔为 3m。9-2# 实验室布置的声发射传感器从断面方向看，形态在两侧洞壁上均匀分布，并略微偏上，靠近拱肩的位置，从俯视图看，也分为 3 个断面，分别位于 9-2# 实验室 K0+012、K0+015 和 K0+018 位置。声发射传感器在断面方向距离洞壁表面 3～5m，空间上传感器间距为 5～10m。

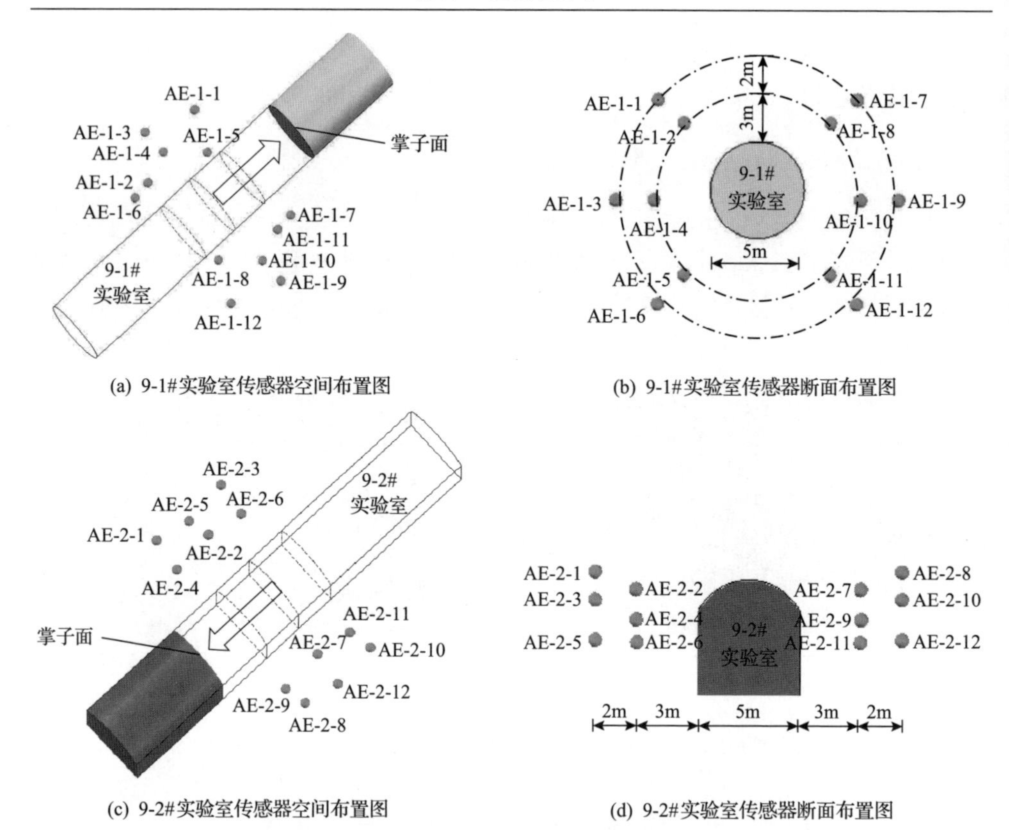

(a) 9-1#实验室传感器空间布置图　　(b) 9-1#实验室传感器断面布置图

(c) 9-2#实验室传感器空间布置图　　(d) 9-2#实验室传感器断面布置图

图 9.1.30　原位声发射监测试验传感器布置方案

6. 实验室岩体结构遥测

岩体结构遥测是在实验室开挖爆破后进行，跟踪开挖过程测试。使用岩体结构遥测采集仪测量时，首先，将岩体结构遥测采集仪放置在能够正对采集岩体结构区域的实验室中间(见图 9.1.31(a))，把岩体结构遥测采集仪照明灯光和定位激光点打开，正对如图 9.1.31(a)所示 A 侧边墙，轻微旋转岩体结构遥测采集仪，通过激光定位点定位，使得采集范围对准到如图 9.1.31(a)所示 A 侧边墙拱脚底端的①范围区域，调整曝光时间，使得拍摄的照片质量最佳。然后，开始一个新的循环操作，采集两侧边墙和顶拱的岩体结构信息。相应的采集顺序为：首先，将岩体结构遥测采集仪的采集范围对准如图 9.1.31(a)所示的①范围区域，采集该区域的岩体结构信息；然后，旋转岩体结构遥测采集仪，使得采集范围对准到如图 9.1.31(a)所示的②范围区域，通过定位激光点保证②范围区域与①范围区域的重合度在 30%以上，再采集②范围区域内的岩体结构信息。以此类推，分别采集③、④、⑤、⑥范围内岩体。每次采集都保证与上一次采集范围有 30%以上的重合度。

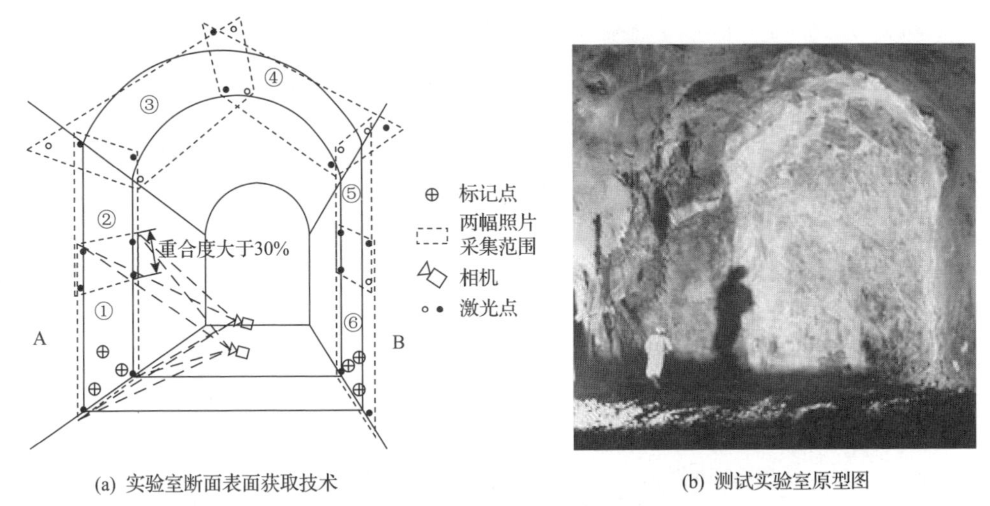

(a) 实验室断面表面获取技术　　(b) 测试实验室原型图

图 9.1.31　实验室边墙和顶拱岩体结构获取技术方法[8]

为了测试该方法，在实验室中导洞进行岩体结构采集(见图 9.1.31(b))。首先在该实验室的两个边墙分别布置标记点(见图 9.1.32(a)、(f))，然后按照如图 9.1.31(a)所示顺序对实验室边墙和顶拱的岩体结构拍照，所采集的图片如图 9.1.32 所示。可以看出，图 9.1.32(a)和(b)中的Ⅰ区域范围完全相同，Ⅰ区域面积约占对应照片面积的 40%，即具有大约 40%的重合度。图 9.1.32(b)和(c)中的Ⅱ区域范围完全

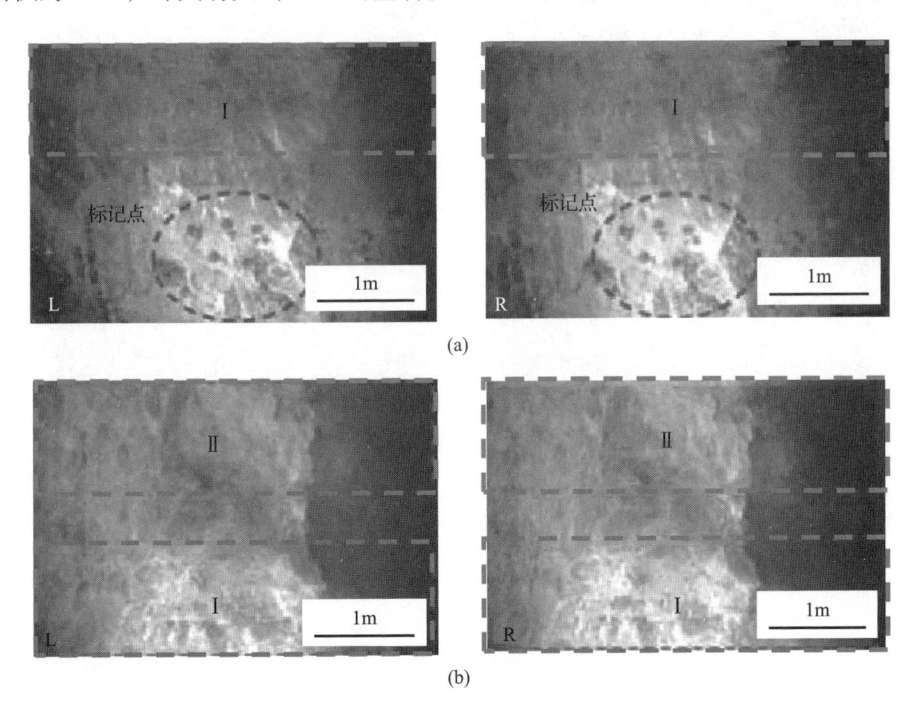

(a)

(b)

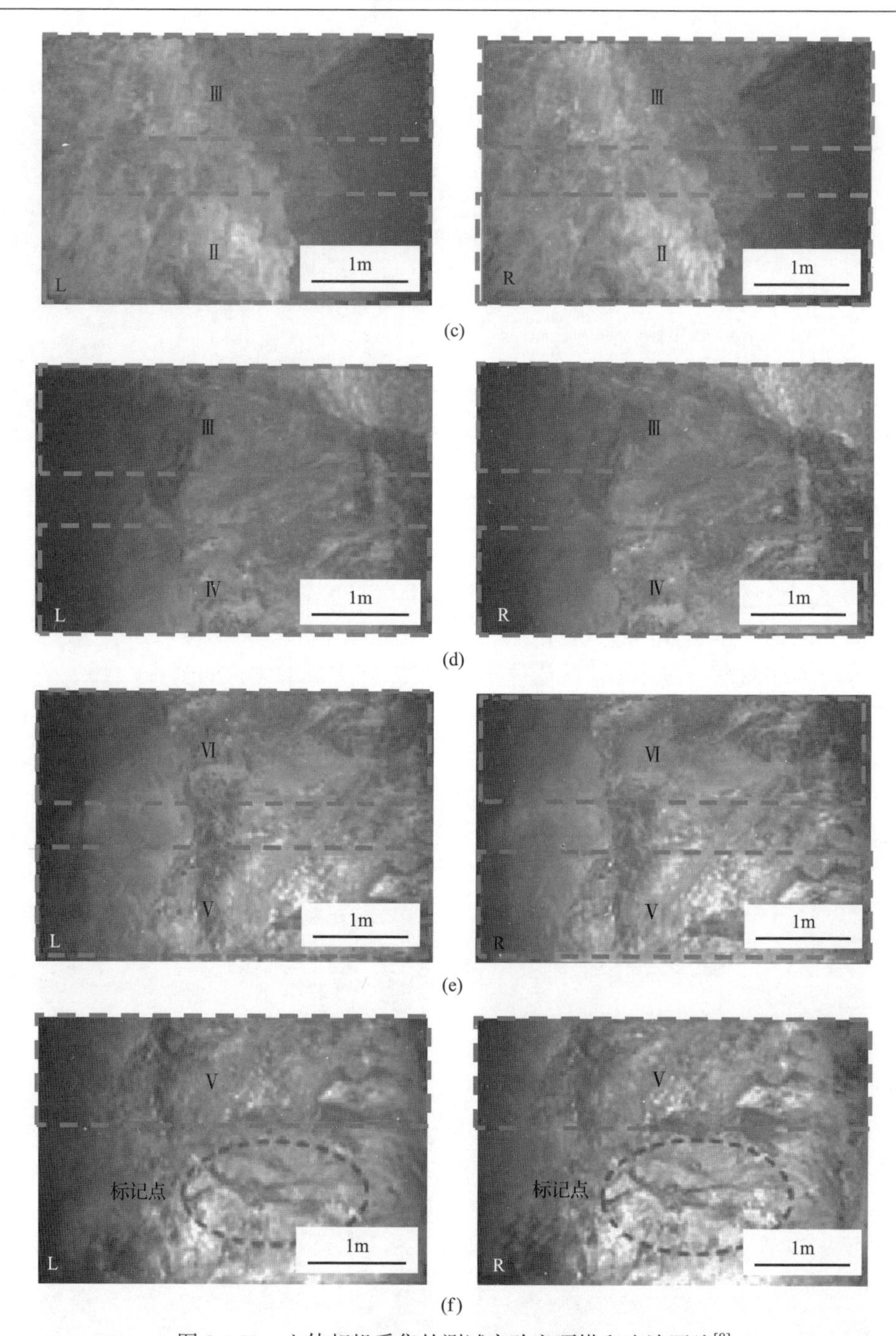

图 9.1.32　立体相机采集的测试实验室顶拱和边墙照片[8]

图中Ⅰ、Ⅱ、Ⅲ、Ⅳ、Ⅴ表示不同照片中采集到完全相同部分；每张图片左下角的字母 L 和 R 分别代表左相机和右相机拍摄的照片；图(a)～(f)与图 9.1.31(a)所示的①～⑥的顺序对应；(a)、(f)表示拍摄实验室拱脚处的照片，(b)、(e)表示拍摄实验室拱肩处的照片，(c)、(d)表示拍摄实验室顶拱处的照片相同，Ⅱ区域面积约占对应照片面积的 40%，即具有大约 40%的重合度；以此类推，其他相邻顺序的照片都具有 40%左右的重合度，与上述描述的方法相一致。

7. 实验室围岩表面三维激光扫描

对非圆形洞室，可将实验室等间隔连续切割成若干横截面，获得不同断面的轮廓形态，进而得到断面收敛和破坏区域，并计算断面轮廓随时间的改变值。建立基于三维点云数据信息的实验室断面处理技术，用于实时测量实验室的点云并更新其断面轮廓改变值。断面处理技术主要分为三个步骤：点云数据采集、点云数据预处理和洞室断面点云分析。

(1) 点云数据采集。对已建设完毕的实验室，可以利用三维激光扫描仪和标靶采集实验室点云，进而实现点云的拼接；对正在开挖的实验室，由于实验室作业现场条件受限，无法设定固定标靶，需利用三维激光扫描仪和全站仪收集实验室点云数据，通过大地基准点实现点云配准，如图 9.1.33 所示。

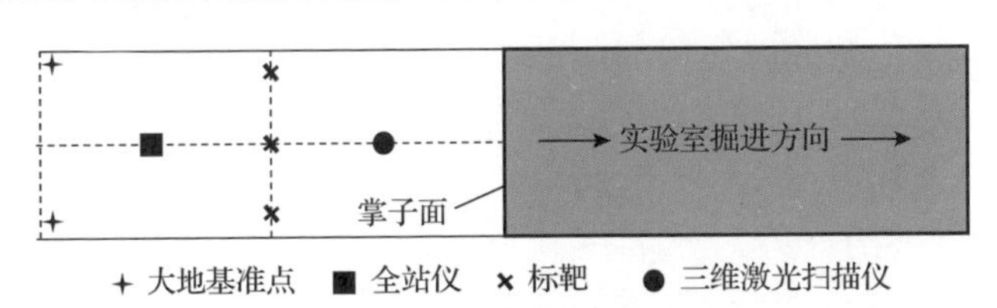

图 9.1.33　点云采集仪器布置示意图

(2) 点云数据预处理。预处理的目的是将每次扫描数据的局部坐标系转化为大地坐标系，从而实现所有点云数据的配准和拼接工作，对于轮廓明显的噪点，借助后处理软件完成去噪，最后对所需要分析的断面进行连续切片并导出可以处理的数据文件，以便进行实验室点云数据的预处理，如图 9.1.34 所示。

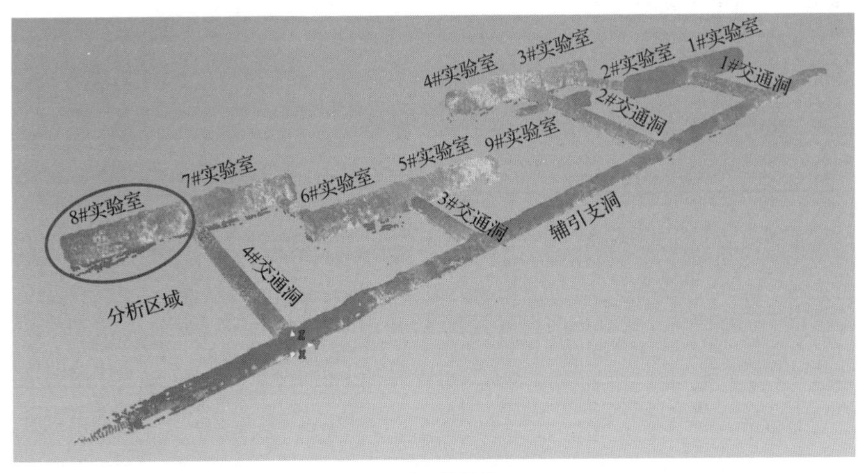

(a) 点云的拼接

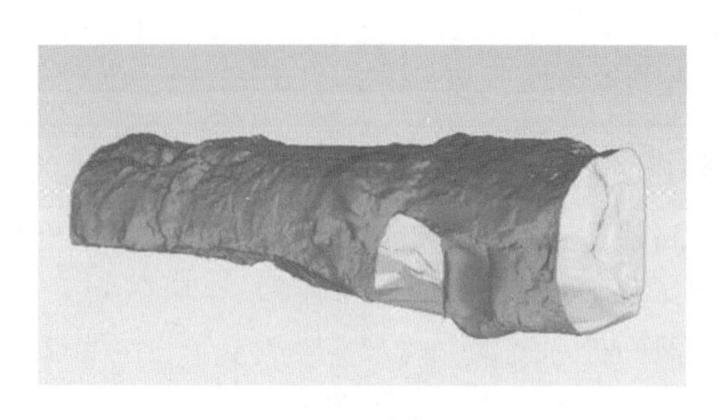

(b) 去除噪点

(c) 连续切片

图 9.1.34　实验室点云数据的预处理

(3)实验室断面点云分析。基于数据处理软件，编制点云数据批处理可视化程序，对预处理的点云数据进行去噪和共面处理，生成监测断面，通过断面中心点的识别，分析断面轮廓随时间的改变特征。断面中心点的识别是通过预先输入实验室设计断面的大地基准点实现的。

9.1.4　地下实验室围岩破裂与变形特征

实验室开挖过程中发生 4 次岩爆、2 次塌方，5# 和 6# 实验室局部有片帮破坏，7#、8# 实验室有多处片帮，4# 实验室盲竖井开挖导致其南侧边墙发生钢纤维混凝土喷层开裂，1#、2# 实验室高应力破坏不明显，如图 9.1.35 所示。4 次岩爆分布于 5#、7# 和 8# 实验室，2 次塌方分别位于 3# 实验室和 4# 实验室。结合 9.1.1 节和 9.1.2 节可以看出各实验室的地质条件和地应力等条件均有一定的差异，这也导致各实验室围岩的变形破坏呈现出不同的特征。

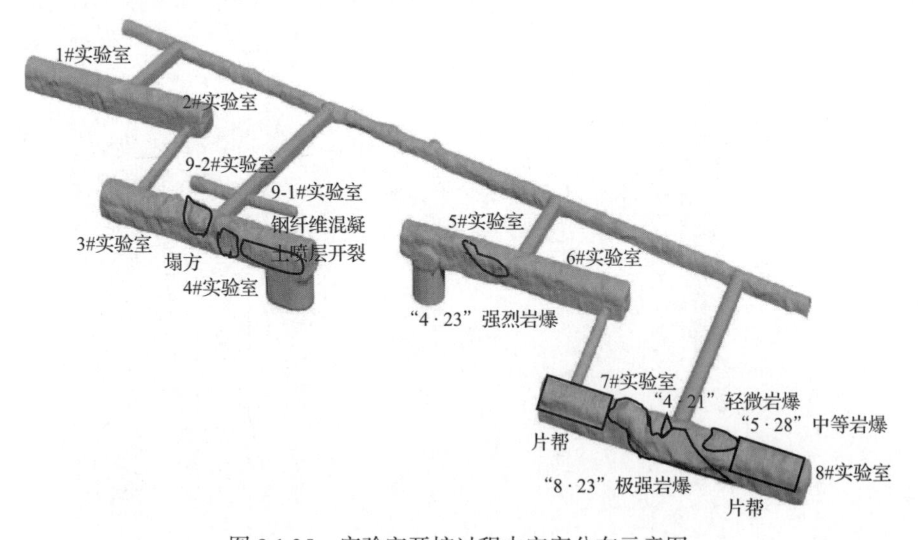

图 9.1.35　实验室开挖过程中灾害分布示意图

1. 实验室围岩破裂特征

锦屏地下实验室二期各实验室围岩破裂区多为单区破裂，出现分区破裂的钻孔有 4 个，分别为 2 个三区破裂(CAP-03 和 T-7-4)和 2 个两区破裂(CAP-06 和 T-7-3)，如表 9.1.6 所示[9]。表中地质条件 1 为黑灰条纹细粒大理岩，地质条件 2 为灰色和白色大理岩，地质条件 3 为杂色大理岩，地质条件 4 为黑灰细粒大理岩(充填白色方解石)。2#、4# 和 7# 实验室 T 系列钻孔布置与图 9.1.25 相同，8# 实验室四个钻孔分别在 8# 实验室 K0+035 和 K0+045 断面，位置与 1# 实验室 K0+045 断面的 T-1-3 和 T-1-4 一致。

表 9.1.6　锦屏地下实验室二期破裂区测试结果[9]

实验室编号	钻孔编号	地质条件	预设类型	有无分区	最大破裂深度/m	破裂区位置		
						Ⅰ	Ⅱ	Ⅲ
1#	CAP-01	1	开挖前	无	2.5	2.5	—	—
1#	T-1-1	1	开挖后	无	1.0	1.0	—	—
1#	T-1-2	1	开挖后	无	1.8	1.8	—	—
2#	CAP-02	2	开挖前	无	0.8	0.8	—	—
5#	CAP-03	2	开挖前	三区	7.5	(0～0.7)	(4.4～4.6)	(6.9～7.5)
6#	CAP-04	2	开挖前	无	4.6	4.6	—	—
2#	T-2-1	2	开挖后	无	0.6	0.6	—	—
2#	T-2-2	2	开挖后	无	1.2	1.2	—	—
7#	T-7-1	2	开挖后	无	0.6	0.6	—	—
7#	T-7-2	2	开挖后	无	1.1	1.1	—	—
7#	T-7-3	2	开挖后	两区	3.5	(0～1.5)	(3.2～3.5)	—
7#	T-7-4	2	开挖后	三区	3.4	(0～0.3)	(1～1.6)	(2.4～3.4)
9-1#	CAP-05	3	开挖前	无	1.2	1.2	—	—
9-1#	CAP-06	3	开挖前	两区	1.3	(0～0.5)	(1～1.3)	—
4#	CAP-07	3	开挖前	无	6.4	6.4	—	—
4#	T-4-1	3	开挖后	无	1.2	1.2	—	—
4#	T-4-2	3	开挖后	无	1.5	1.5	—	—
8#	T-8-1	4	开挖后	无	1.7	1.7	—	—
8#	T-8-2	4	开挖后	无	2.6	2.6	—	—
8#	T-8-3	4	开挖后	无	0.9	0.9	—	—
8#	T-8-4	4	开挖后	无	1.5	1.5	—	—

由表 9.1.6 可知，地质条件 1 的平均破裂区长度为 1.8m，地质条件 2 的平均破裂区长度为 1.6m，地质条件 3 的平均破裂区长度为 2.2m，地质条件 4 的平均破裂区长度为 1.7m。

观测到 4 个分区破裂样本，其中 3 个在地质条件 2 中，1 个在地质条件 3 中；CAP-06 和 T-7-3 钻孔为两区破裂，CAP-03 和 T-7-4 钻孔为三区破裂，其余孔为单区破裂。

1) 1# 和 2# 实验室

1# 和 2# 实验室以黑灰条纹细粒大理岩为主，岩体完整性较好，岩体强度较高，围岩破裂表现特征为破裂区范围较小，但破裂程度高。以 CAP-01 为例说明该区域破坏特征。CAP-01 为 1# 实验室开挖前预设钻孔，2015 年 3 月 29 日，在中导洞开挖掌子面过测孔 9m 时孔内新增 3 条裂隙，其中有 2 条平行的长度为 0.8m 的长裂隙，横跨测孔 1.4～2.2m，此时破裂范围为 2.2m；2015 年 4 月 7 日，上层边墙扩挖掌子面过测孔 2m 时孔内多处裂隙扩展，并在 1.2～1.5m 处新增多条微裂隙，致使该区域完全破碎，此时破裂范围为 2.5m；2015 年 9 月 17 日，底层开挖掌子面距测孔 3m 时，破裂范围并未继续延伸，但 1.2～1.5m 处裂隙继续发育，并在微裂隙和应力共同作用下孔内切割掉块，如图 9.1.36 所示。

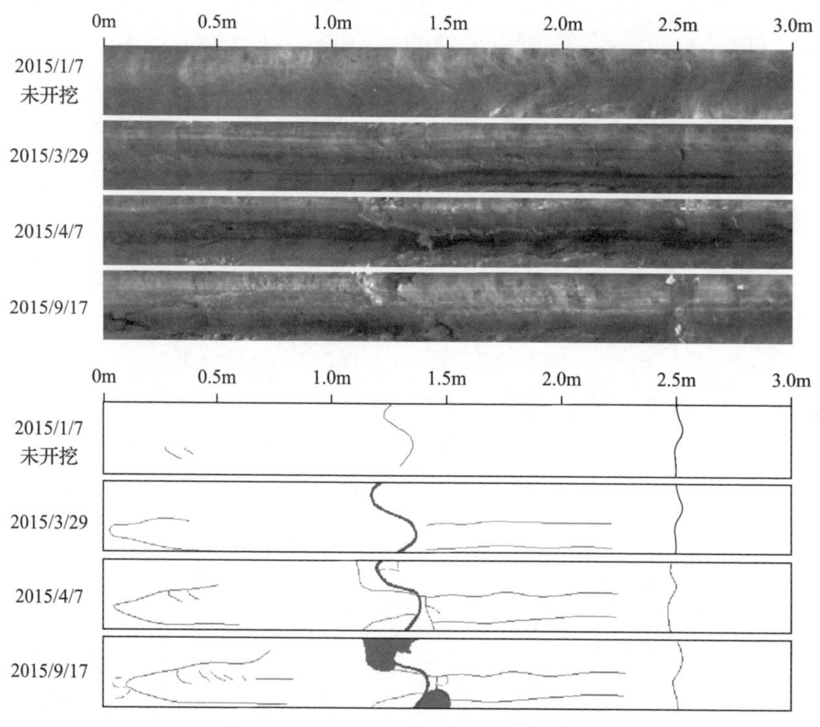

图 9.1.36　CAP-01 钻孔破裂区演化图

2) 3# 和 4# 实验室

3# 和 4# 实验室岩性以杂色大理岩为主，岩体完整性较差，岩体强度较低，围岩破裂表现特征为破裂区范围较大，但新生裂隙较少，以原生裂隙张开为主。以 CAP-07 为例说明该区域破坏特征。CAP-07 为 4# 实验室开挖前的预设钻孔，2015 年 6 月 23 日，在中导洞开挖掌子面过 3m 时，孔内萌生 3 条新裂隙，且有 4 条原生裂隙扩展，此时破裂范围为 1.3m；2015 年 7 月 14 日，边墙扩挖掌子面距孔口 5m 时，孔内新增 5 条裂隙，3 条原生裂隙出现张开，此时破裂范围为 1.4m；2015 年 8 月 1 日，底层第一层开挖，掌子面过孔口 6m 时，孔内新增 6 条裂隙，此时破裂范围为 3.7m；2015 年 10 月 9 日，底层第二层开挖，掌子面过孔口 4m 时，孔内新增 3 条裂隙，5 条原生裂隙出现张开，此时破裂范围为 3.9m；2015 年 11 月 9 日，底层开挖完成后，孔内新增 8 条裂隙，12 条原生裂隙出现张开，此时破裂范围为 6.4m，如图 9.1.37 所示。

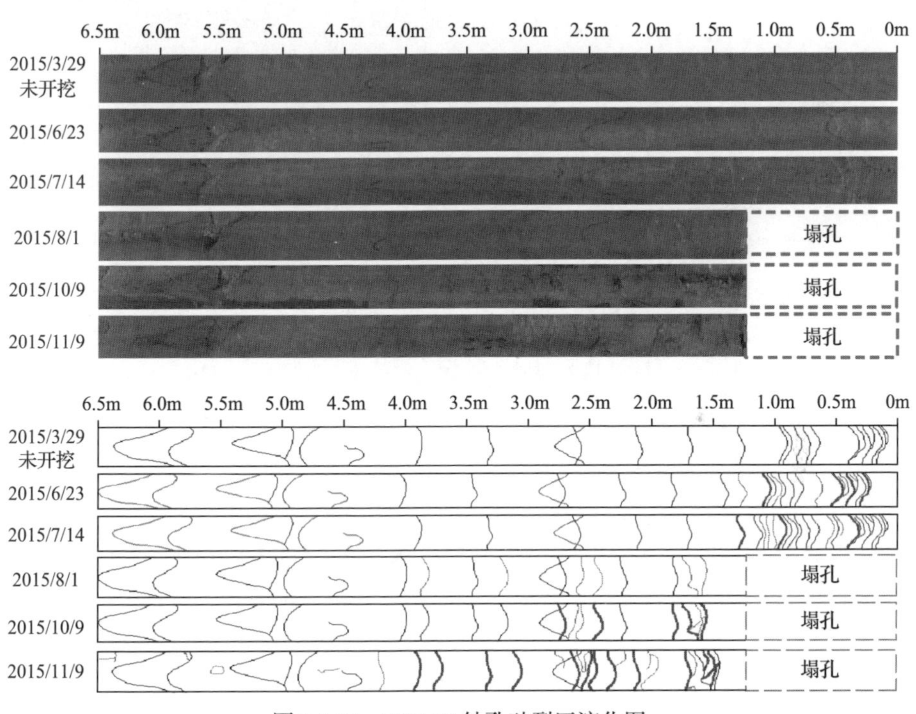

图 9.1.37　CAP-07 钻孔破裂区演化图

3) 5# 和 6# 实验室

5# 和 6# 实验室的岩性为灰色和白色大理岩，岩体完整性较好，岩体强度较高，围岩破裂表现特征为破裂区范围较大，且破裂程度高。以 CAP-04 为例说明该区域破坏特征。CAP-04 为 6# 实验室开挖前预设钻孔，2015 年 4 月 1 日，测得 CAP-04 孔钻孔摄像初始数据。2015 年 7 月 8 日，在中导洞开挖掌子面距测孔 1m

时，孔内新增少量微裂隙，并在 1.5～2.2m 处发育一条长裂隙，此时破裂范围为 2.2m，由于钻孔 1m 处塌孔，无法检测到 0～1m 范围内的破裂情况；2015 年 8 月 25 日，上层边墙扩挖掌子面过测孔 8m 时孔内新增多条裂隙，原生裂隙也出现张开情况，此时破裂范围为 4.4m；2015 年 9 月 19 日，底层边墙开挖掌子面距测孔 5m 时持续萌生新裂隙和原有裂隙的扩展，但由于孔内掉块出现堵孔，只能监测到 2.1～4.6m 的破裂区，此时破裂范围为 4.6m，如图 9.1.38 所示。

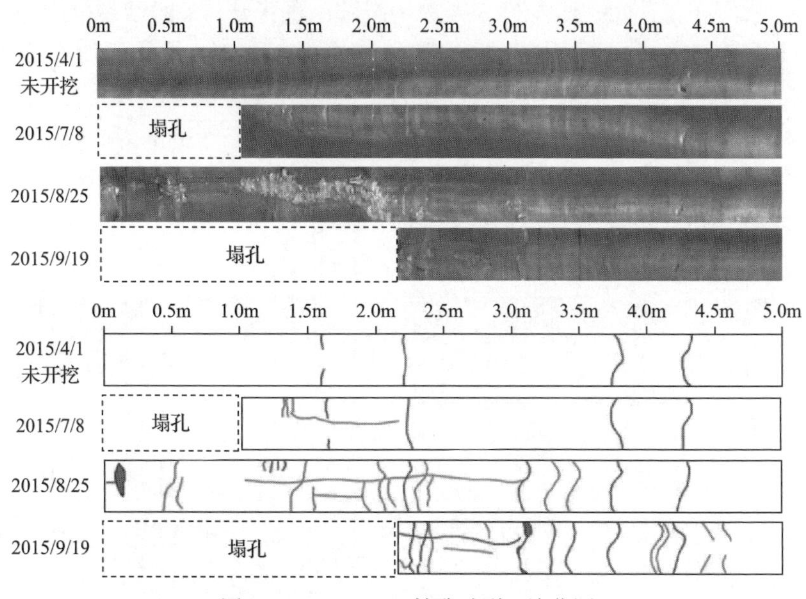

图 9.1.38　CAP-04 钻孔破裂区演化图

4) 7# 和 8# 实验室

7# 和 8# 实验室的岩性以灰色和白色大理岩和灰黑细粒大理岩为主，岩体完整性较好，岩体强度较高，且位于岩性交界处。围岩破裂表现特征为破裂区范围较大，破裂程度高，部分钻孔出现分区破裂现象。以 T-7-3 和 T-7-4 为例说明该区域破坏特征。T-7-3 为 7# 实验室中导洞开挖后预设钻孔，岩性为灰色大理岩，2015 年 9 月 21 日，在扩挖边墙掌子面开挖至距测孔前 2m 时，钻孔在 0～1.3m 和 3.2～3.5m 处出现分区破裂；2015 年 10 月 27 日，底层边墙开挖推进过孔口 17m 时，孔口破裂区增至 0～1.5m，中部破裂范围无变化，但出现裂隙扩展与掉块，如图 9.1.39 所示[9]。T-7-4 为 7# 实验室中导洞开挖后预设钻孔，岩性为灰色大理岩，2015 年 9 月 21 日，在扩挖边墙掌子面开挖过测孔 4m 时，在 0～0.3m 和 2.5～3.2m 处出现分区破裂形成两区破裂；2015 年 10 月 27 日，底层边墙开挖推进过孔口 10m 后，形成 0～0.3m、1～1.6m 和 2.4～3.4m 的三区破裂，如图 9.1.40 所示[9]。

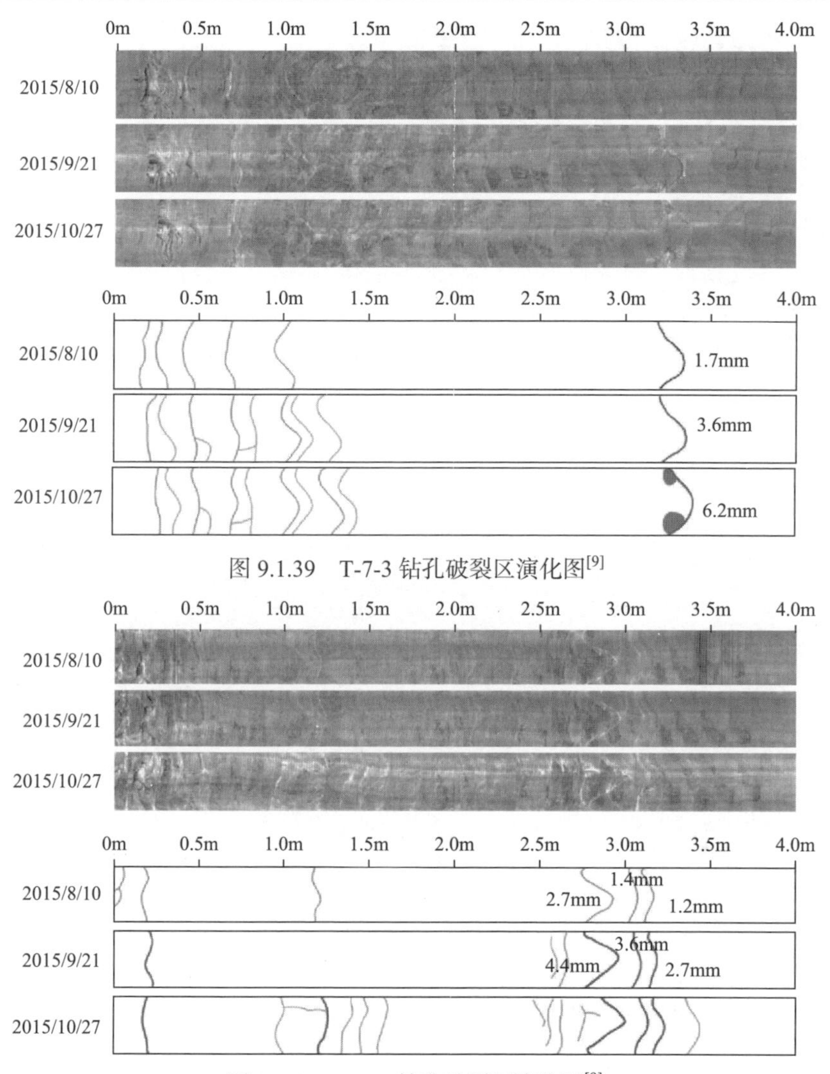

图 9.1.39　T-7-3 钻孔破裂区演化图[9]

图 9.1.40　T-7-4 钻孔破裂区演化图[9]

2. 实验室围岩内部变形特征

1#、2# 和 4# 实验室开挖过程中各测点在不同开挖步序下位移演化特征如表 9.1.7 所示[7]。DSP-01-M-1、DSP-02 和 DSP-04 的安装位置相近，对比这三套多点位移计各测点处位移随时间的演化特征，可以看出：①在上层开挖过程中(开挖步Ⅰ和Ⅱ)，DSP-01-M-1 和 DSP-02 的所有测点均呈现 S 形增长，而 DSP-04 的 A 测点、D 测点和 E 测点在开挖步Ⅰ中呈现 S-C 形增长，在开挖步Ⅱ中呈现 C 形增长；②在下层开挖步Ⅲ中，DSP-01-M-1 和 DSP-02 的 A 测点和 B 测点呈现 S-C-S 形增长，C 测点、D 测点和 E 测点在整个开挖过程中均呈现 S 形增长，而 DSP-04

的测点均呈现 C 形增长。

表 9.1.7　各测点在不同开挖步序下位移演化特征[7]

实验室编号	多点位移计	测点	位移演化类型			
			Ⅰ	Ⅱ	Ⅲ	Ⅳ
1#	DSP-01-T	A	S	—	—	—
		B	S	S	S-C-S	—
		C	S	S	S-C-S	—
		D	S	S	S	—
		E	S	S	S	—
	DSP-01-M	A	S	S	S-C-S	—
		B	S	S	S-C	—
		C	S	S	S	—
		D	S	S	S	—
		E	S	S	S	—
2#	DSP-02	A	S	S	S-C-S	S-C
		B	S	S	S-C-S	S-C-S
		C	S	S	S	S
		E	S	S	S	S
4#	DSP-04	A	S-C	C	C	超量程
		B	—	—	C	C
		D	S-C	C	C	C
		E	S-C	C	—	—

这三个实验室中，1# 实验室围岩完整性最好，4# 实验室围岩完整性最差。可以看出，围岩条件越差，位移随时间越容易产生 C 形增长，C 形增长的范围也越大。从断面上看，越靠近边墙，越容易产生 C 形增长。以下给出实验室不同类型位移典型演化过程。

1) S 形位移演化特征

在上层开挖过程中 DSP-01-T、DSP-01-M、DSP-02 和 DSP-03 的多数测点以及下层开挖过程中的 D 和 E 测点位移呈现 S 形增长。以 DSP-01-T 为例进行分析，DSP-01-T-A 和 DSP-01-T-C 测点在 1# 实验室中导洞开挖过程中的位移演化图如图 9.1.41 所示[7]。

1# 实验室中导洞开挖前后 CAP-01 钻孔测试结果对比如图 9.1.42 所示[7]。可以看出，上层中导洞开挖后裂隙演化主要发生在距中导洞边墙 1.5m 范围内，损伤区深度为 2m。此时，DSP-01-T-A 测点距离中导洞边墙 2.3m，测点 A～E 均在损伤和裂隙演化区之外，即 S 形位移增加处没有预先存在的裂隙和裂隙演化，其他

S 形增加的测点处的结果也一样。

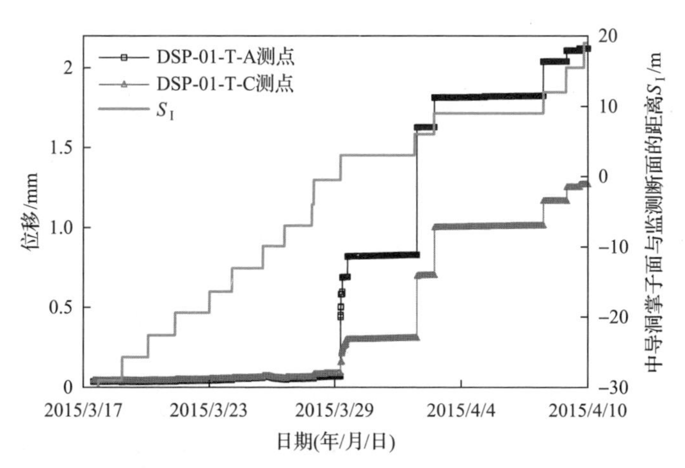

图 9.1.41　DSP-01-T-A 和 DSP-01-T-C 测点在 1# 实验室中导洞开挖过程中的位移演化图[7]

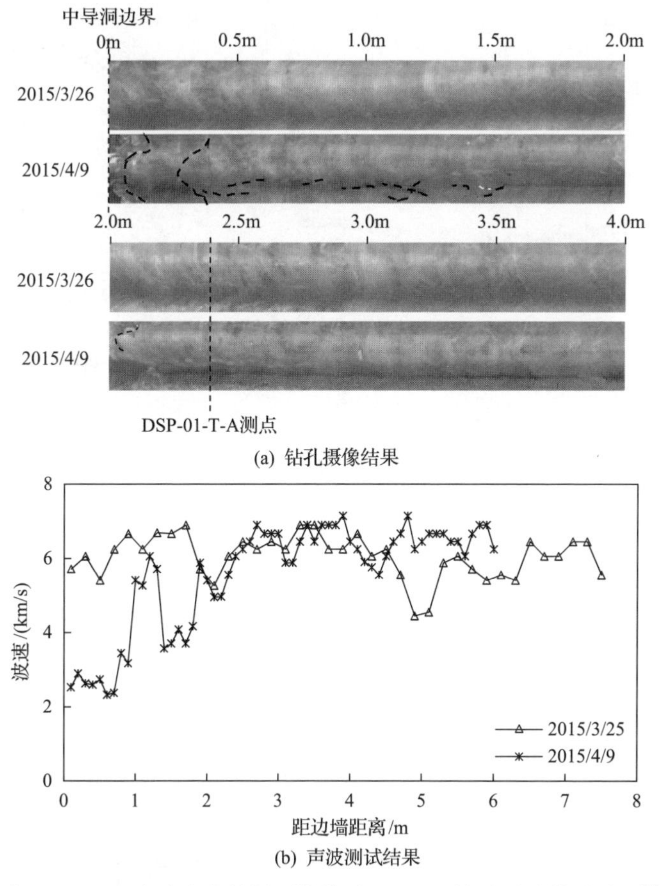

图 9.1.42　1# 实验室中导洞开挖前后 CAP-01 钻孔测试结果对比[7]

2) C 形位移演化特征

C 形位移演化特征典型例子为 4# 实验室中的 DSP-04-A 测点，它在 4# 实验室上层边墙扩挖过程中的位移演化图如图 9.1.43 所示[7]。该测点的位移在整个开挖过程中几乎均呈现 C 形。实验室开挖前 DSP-04 钻孔中裂隙分布如图 9.1.44 所示[7]；4# 实验室上层边墙扩挖前后 CAP-04 钻孔内钻孔摄像结果对比如图 9.1.45 所示[7]。

从图 9.1.44 可以看出，DSP-04 钻孔中裂隙发育。从图 9.1.45 可以看出，在距边墙 4m 范围内有原有裂隙的张开和一些新生裂隙的形成。裂隙岩体对小的扰动会很敏感。因此，在相邻两个开挖爆破的应力重分布后期，位移仍继续增加，表现出一种时间依赖的行为。

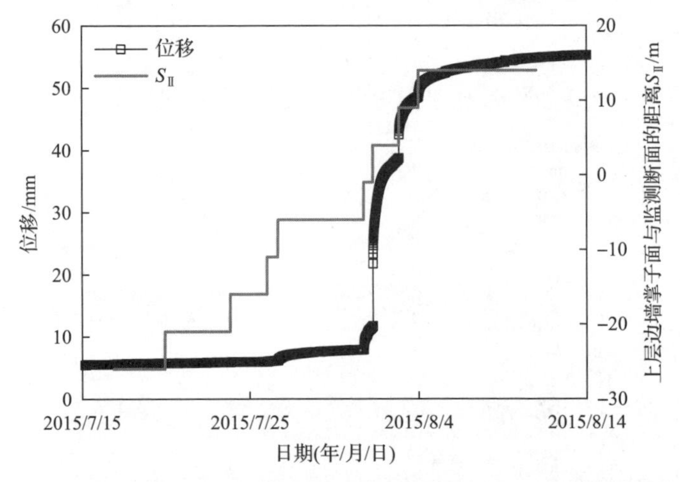

图 9.1.43　DSP-04-A 测点在 4# 实验室上层边墙扩挖过程中的位移演化图[7]

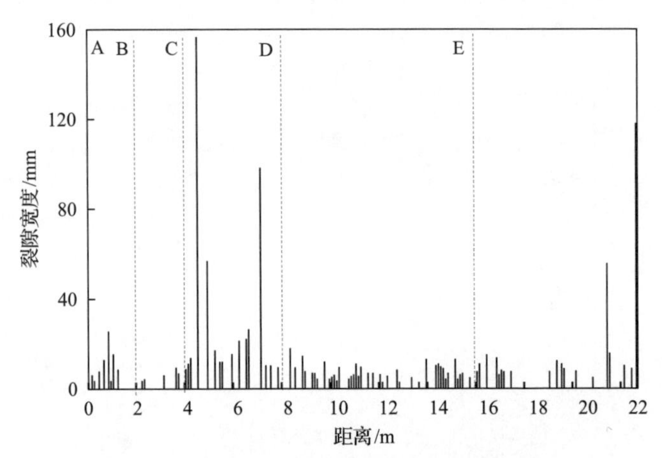

图 9.1.44　实验室开挖前 DSP-04 钻孔中裂隙分布[7]

A、B、C、D 和 E 是测点

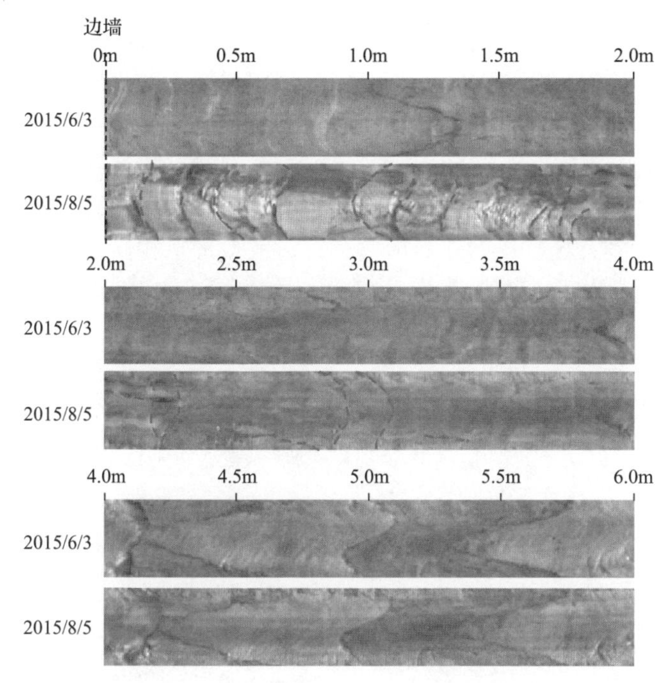

图 9.1.45　4# 实验室上层边墙扩挖前后 CAP-04 钻孔内钻孔摄像结果对比[7]

3) S-C-S 形位移演化特征

S-C-S 形位移出现在下层中槽开挖过程中的 DSP-01-T-B、DSP-01-T-C、DSP-01-M-A、DSP-02-A 和 DSP-02-B 测点。另外，DSP-02-B 测点处的位移在下层边墙扩挖过程中也呈现该特征。DSP-02-A 测点在 2# 实验室下层中槽开挖过程中的位移演化图如图 9.1.46 所示[7]。可以看出，DSP-02-A 测点的位移在 $S_{Ⅲ}<-1$m

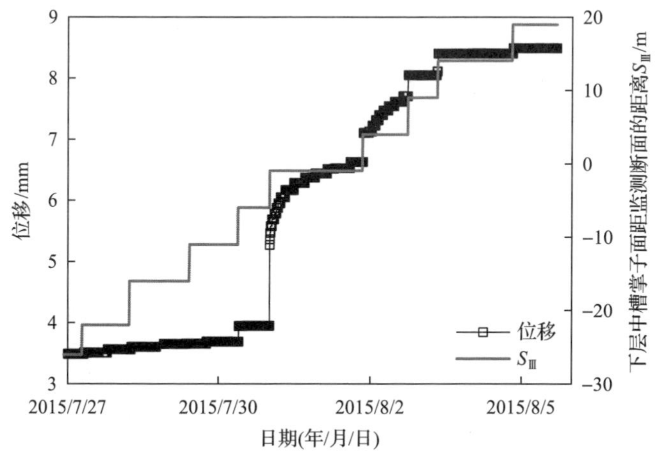

图 9.1.46　DSP-02-A 测点在 2# 实验室下层中槽开挖过程中的位移演化图[7]

时呈 S 形，在 $S_{Ⅲ}$=−1～9m 时呈 C 形，在 $S_{Ⅲ}$>9m 时呈 S 形。

2# 实验室下层中槽开挖前后 CAP-02 钻孔测试结果对比如图 9.1.47 所示[7]。可以看出，裂隙主要发生距中槽边界 1.5m 范围内，损伤区深度为 3m。此时，DSP-02-A 测点距中槽边界 2.3m。虽然在 DSP-02-A 测点附近没有发现明显的裂隙演化，明显的波速下降表明受爆破损伤的影响，岩体质量有所降低。随着掌子面的靠近，测点受到开挖扰动的强烈影响，位移呈 C 形。相反，当掌子面过监测断面一定的距离后，位移恢复为 S 形。

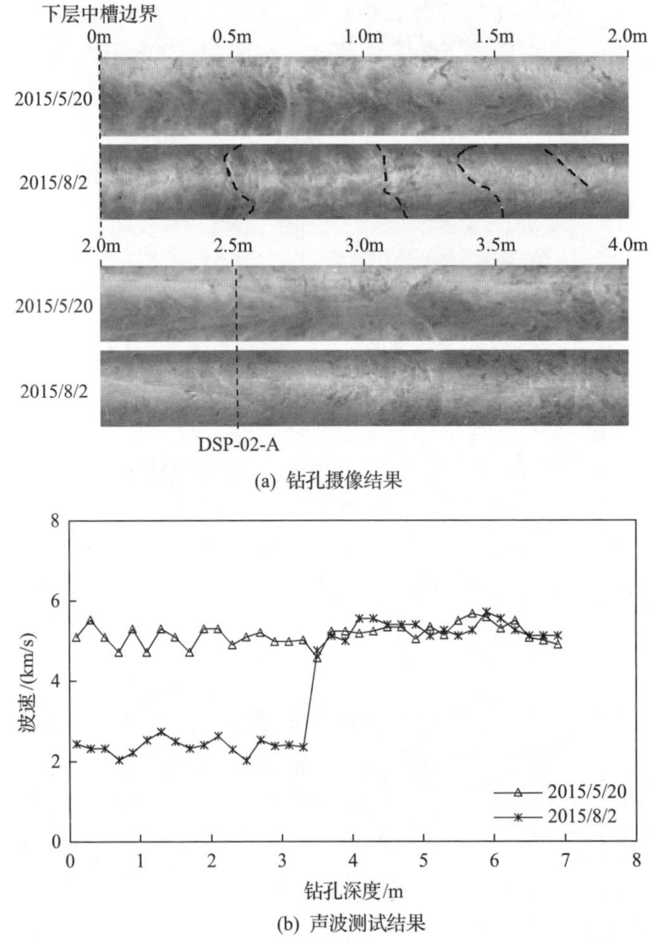

(a) 钻孔摄像结果

(b) 声波测试结果

图 9.1.47　2# 实验室下层中槽开挖前后 CAP-02 钻孔测试结果对比[7]

4) S-C 形位移演化特征

在 1# 实验室下层中槽开挖过程中 DSP-01-M-B 测点和 2# 实验室下层边墙扩挖过程中 DSP-02-A 测点均观测到 S-C 形位移演化。以 DSP-02-A 测点为例进行分析，DSP-02-A 测点在 2# 实验室下层边墙扩挖过程中的位移演化图如图 9.1.48 所示[7]，当掌子面开挖至监测断面之前和之后时，位移分别呈现出 S 形和 C 形。

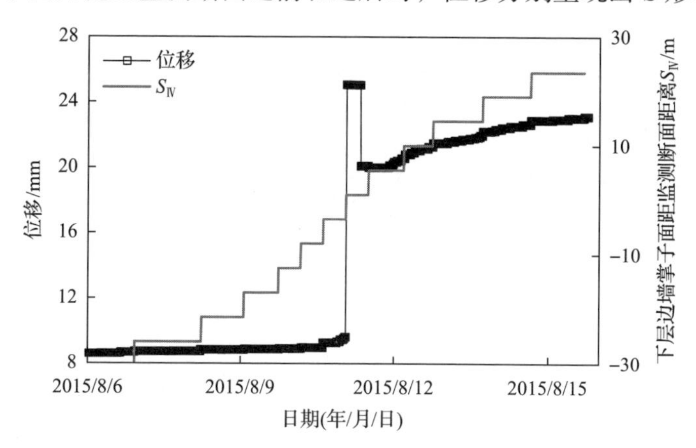

图 9.1.48　DSP-02-A 测点在 2# 实验室下层边墙扩挖过程中的位移演化图[7]

2# 实验室下层边墙扩挖前后 CAP-02 钻孔内钻孔摄像结果对比如图 9.1.49 所示[7]。2015 年 8 月 12 日掌子面经过 DSP-02 所在监测断面。8 月 13 日进行了 CAP-02 钻孔的钻孔摄像测试，此时 DSP-02-A 测点在裂隙演化范围内，相应地，DSP-02-A 测点的位移变为 C 形。

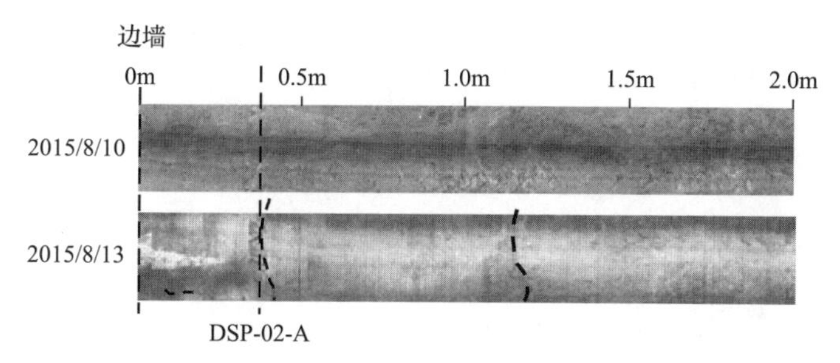

图 9.1.49　2# 实验室下层边墙扩挖前后 CAP-02 钻孔内钻孔摄像结果对比[7]

3. 实验室围岩损伤区深度

锦屏地下实验室二期 1#～8# 实验室断面尺寸均相同，但是各实验室的地质条件差异明显，同时地应力也差别较大，主要体现在围岩破坏模式的差异。1#～8# 实验室共布置 10 个监测断面，对不同地质条件及不同地应力下的实验室开挖后围岩的损伤区深度及其在断面的分布特征进行声波测试，测试结果如图 9.1.50 和图 9.1.51 所示。

从图 9.1.50 可以看出，3# 实验室 K0+025 断面和 4# 实验室 K0+030 断面损伤区深度最大，7# 实验室 K0+035、K0+045 断面和 8# 实验室 K0+035、K0+045 断面损伤区深度次之，1# 实验室 K0+045、2# 实验室 K0+025、2# 实验室 K0+045

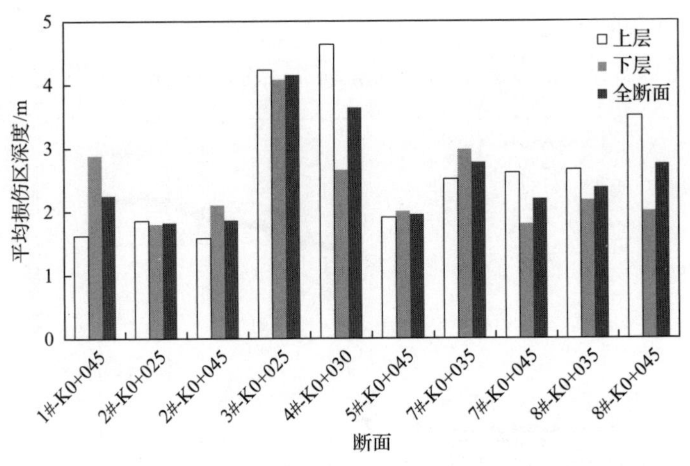

图 9.1.50　锦屏地下实验室二期各断面围岩平均损伤区深度

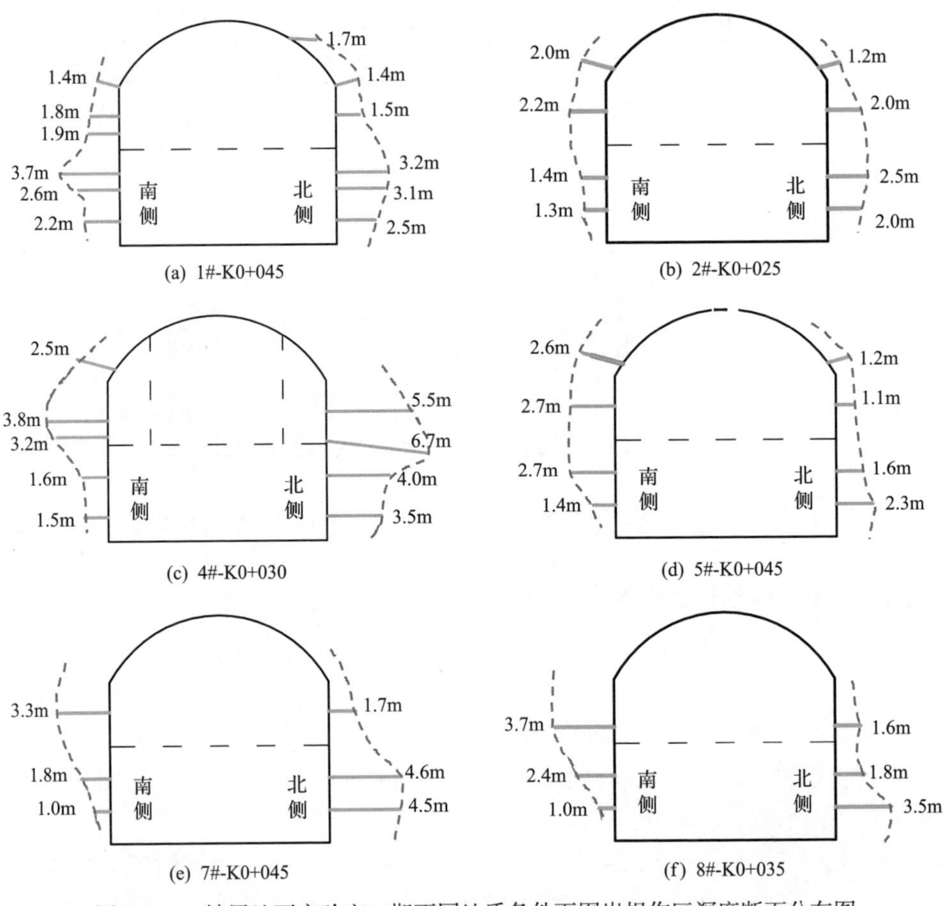

图 9.1.51　锦屏地下实验室二期不同地质条件下围岩损伤区深度断面分布图

和 5# 实验室 K0+045 断面围岩损伤区深度相对较小，即整体上围岩损伤区深度大小为 3#、4#＞7#、8#＞1#、2#、5#[3]。

从图 9.1.51 可以看出，损伤区分布呈几何非对称式，如 5# 实验室北侧边墙损伤区深度明显小于南侧边墙，这主要与局部应力场的方位及初始岩体质量有关。1# 和 2# 实验室在开挖过程中未有大型破坏，岩体相对完整。2# 交通洞中轴线上有褶皱，3# 和 4# 实验室位于破碎带附近，是该工程区域内地质条件最差的区域。5# 实验室岩体相对完整，南侧边墙在上层开挖过程中发生过一次中等岩爆。7# 和 8# 实验室在实验室开挖过程中均有岩爆发生，2015 年 8 月 23 日在 7# 实验室 K0+005 至 8# 实验室 K0+030 范围内发生极强岩爆，爆坑最深处达 3m 以上，且开挖过程中出现明显的片帮，具有明显的高应力特征。

4. 实验室围岩微震活动分布特征

以整个监测期（2015 年 4 月 18 日至 2015 年 11 月 9 日）主要微震事件（局部震级＞−2）的活动特征和 2015 年 6 月 1 日至 7 月 18 日所监测的微震活动特征为例说明地下实验室开挖过程中硬岩破裂的空间演化规律，如图 9.1.52 所示，球体大小代表微震释放能，球体越大，微震释放能越大。从图中可以看出：

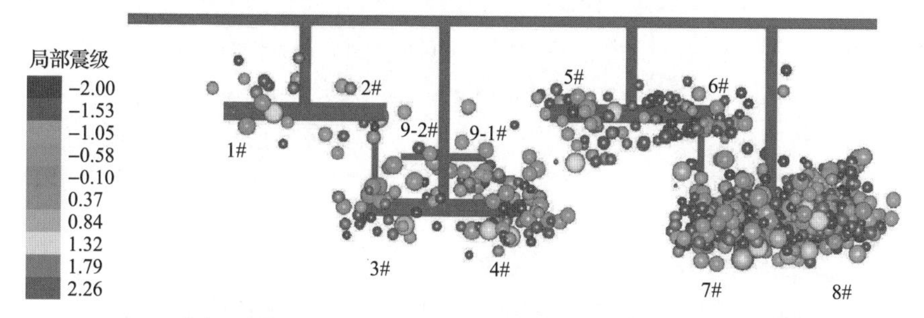

(a) 整个监测期（2015/4/18～2015/11/9）主要微震事件空间分布特征（局部震级＞−2）

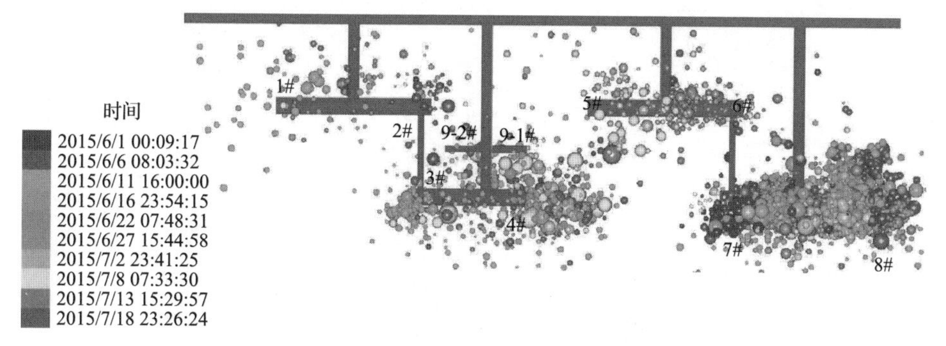

(b) 2015/6/1～2015/7/18微震事件空间分布特征

图 9.1.52　地下实验室开挖过程中微震活动空间分布特征（见彩图）

(1) 微震活动性排序为 8#＞7#＞4#、3#＞5#、6#＞1#、2#＞9-1#、9-2#，开挖是微震活动的主要诱因，岩体条件是主要控制因素。

(2) 7# 和 8# 实验室微震活动活跃且大事件频发，实际开挖过程中发生 1 次极强岩爆、1 次中等岩爆和 1 次轻微岩爆，并多处发生片帮破坏。

5. 9# 实验室围岩声发射活动分布特征

选取 9-1# 和 9-2# 两个实验室各自的中心 K0+015.5 位置作为典型断面，对断面附近区域(K0+015～K0+016)声发射事件活动的时空演化特征与规律进行深入研究。

1) 实验室轴向围岩损伤声发射演化规律

掌子面推进过程中，9-1# 实验室典型断面(K0+015.5)和 9-2# 实验室典型断面(K0+015.5)声发射活动轴向演化规律分别如图 9.1.53 和图 9.1.54 所示。图中横坐标负值表示未开挖至特征断面，正值表示已开挖过特征断面。声发射事件数表示每次开挖爆破后的声发射事件数，累计声发射事件数表示开挖过程中声发射系统监测到的围岩破裂的声发射事件数之和。

9-1# 实验室掌子面开挖至距离研究区域中心约 9m 的范围内已有一定规模的声发射事件，表明围岩已受到扰动与损伤；而开挖后声发射事件主要集中在掌子面前 3m 至后 7m 的范围内，其中掌子面到达中心区域附近时的声发射事件最多，这表明 9-1# 实验室开挖卸荷造成的围岩损伤破裂主要集中在掌子面附近。随着掌子面的远离，声发射活动逐渐趋于平静。从累计声发射事件数曲线可以看出，声发射事件数的增加速率也逐渐变缓慢。可以看出，掌子面开挖过后，卸荷作用影响逐渐减弱。

9-2# 实验室掌子面在开挖至距离研究区域中心约 12m 时，声发射系统已经监测到超过 100 个声发射事件，说明此时典型断面附近的围岩已经受到扰动和损伤。

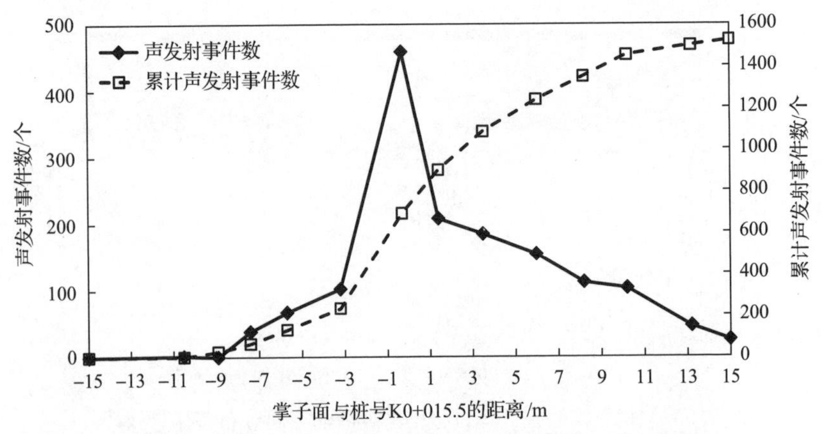

图 9.1.53　9-1# 实验室典型断面附近声发射活动轴向演化规律

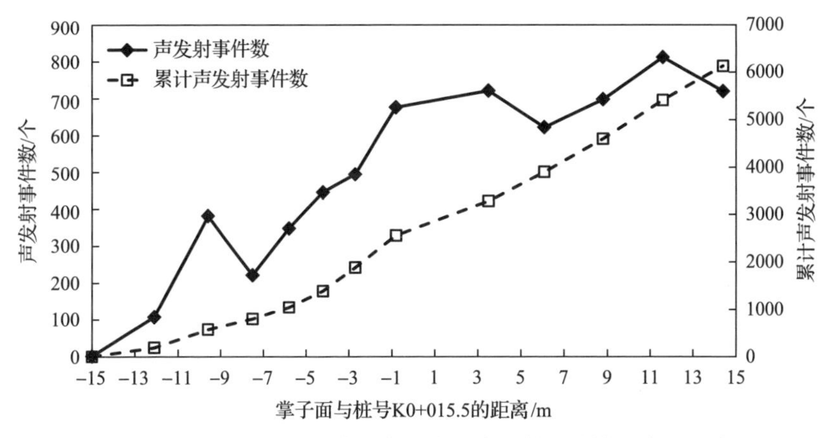

图 9.1.54　9-2# 实验室典型断面附近声发射活动轴向演化规律

随着掌子面的不断推进，该区域内的声发射活动一直比较活跃，声发射事件不断增多，并没有随着掌子面的远离而呈现衰减趋势。从累计声发射事件数曲线可以看出，声发射事件数一直以较快的速率在增长。

分析 9-2# 实验室与 9-1# 实验室声发射活动轴向演化规律之间存在的差异，可以得知，9-1# 实验室典型断面附近围岩破裂主要受到掌子面位置的影响；而断层构造的存在扩大了 9-2# 实验室中开挖卸荷作用的影响范围，加剧了洞室围岩破裂活动，并使得 9-2# 实验室典型断面附近围岩内部应力调整和能量释放不再局限于仅受掌子面位置的影响，断层是造成 9-2# 实验室围岩长时间持续剧烈活动的主要影响因素。9-2# 实验室典型断面附近坍塌掉块如图 9.1.55 所示。

图 9.1.55　9-2# 实验室典型断面附近坍塌掉块

2) 实验室断面径向围岩损伤演化规律

实验室开挖过程中应力的变化是影响岩体破坏的主要原因，直接影响围岩稳定性。为直观和准确地描述开挖过程中围岩的应力变化规律，采用地质数据处理中的“玫瑰图”方法来表现断面上围岩破裂的方向及其演化规律，以此来推断深埋实验室开挖时应力在断面方向调整分布的演化规律。选择面向掌子面开挖方向的洞室断面，将不同形状的实验室断面假设为一个完整的圆周，按照每 10°为一个单位进行统计，得到 9-1# 和 9-2# 实验室声发射事件数断面分布演化规律图，如图 9.1.56 和图 9.1.57 所示。

从图 9.1.56 可以看出，9-1# 实验室在 2015 年 4 月 28 日(掌子面位置 K0+011.8)之前，典型断面附近区域声发射事件数在断面分布比较杂乱，分别在 60°、120°和 230°等方向上出现过峰值，甚至在多个方向同时出现较大值，峰值在玫瑰图中的方向变化比较频繁，没有规律。自 4 月 30 日开始，9-1# 实验室累计声发射事件数的峰值开始具有明显的方向性，主要稳定分布在 230°～250°方向区间内。开挖

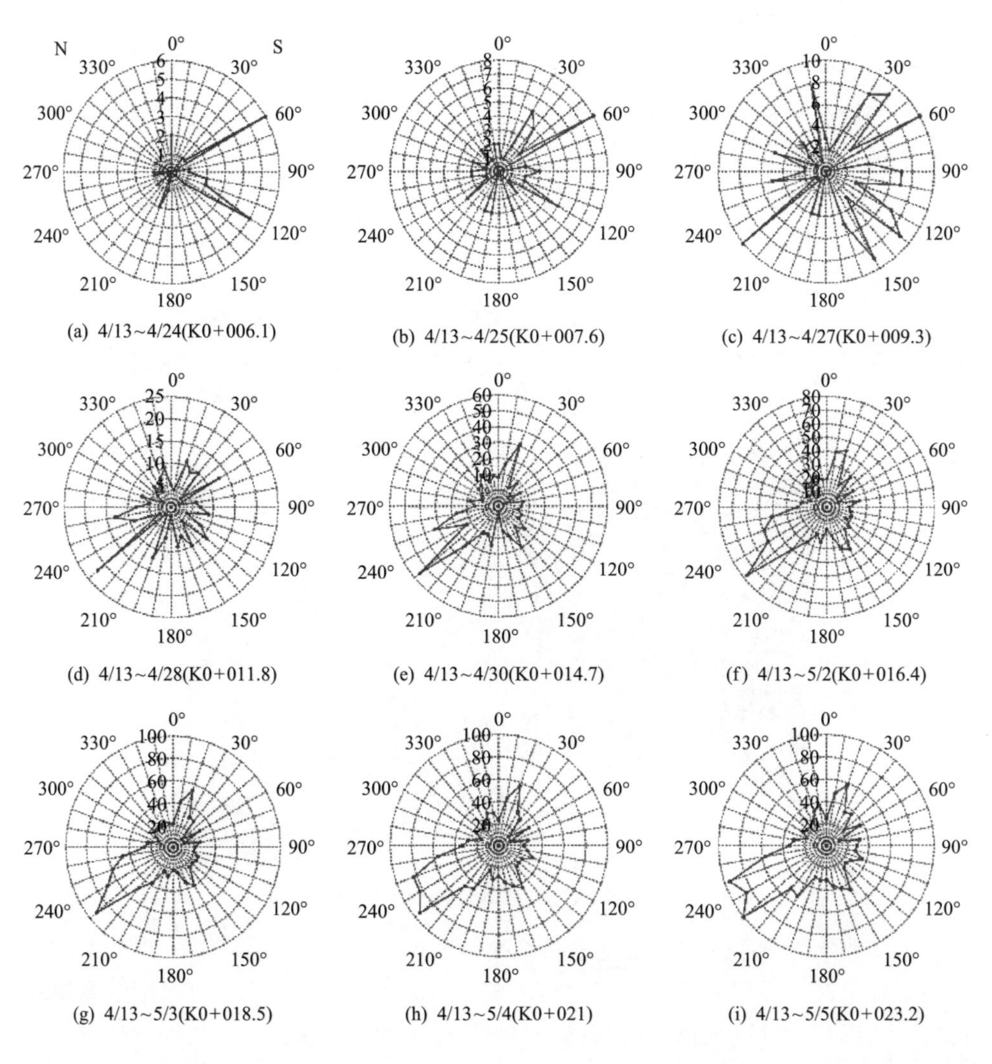

(a) 4/13～4/24(K0+006.1)

(b) 4/13～4/25(K0+007.6)

(c) 4/13～4/27(K0+009.3)

(d) 4/13～4/28(K0+011.8)

(e) 4/13～4/30(K0+014.7)

(f) 4/13～5/2(K0+016.4)

(g) 4/13～5/3(K0+018.5)

(h) 4/13～5/4(K0+021)

(i) 4/13～5/5(K0+023.2)

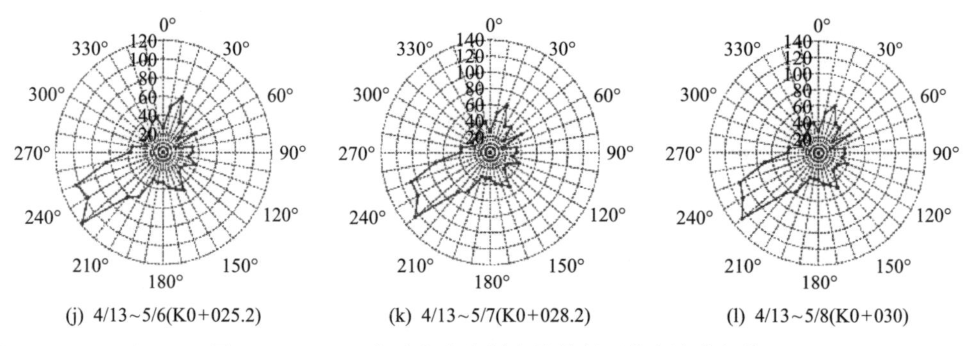

(j) 4/13～5/6(K0+025.2)　(k) 4/13～5/7(K0+028.2)　(l) 4/13～5/8(K0+030)

图 9.1.56　9-1# 实验室声发射事件数断面分布演化规律

图中径向数轴为声发射事件数；括号内数字为监测断面桩号，括号外数字为监测日期

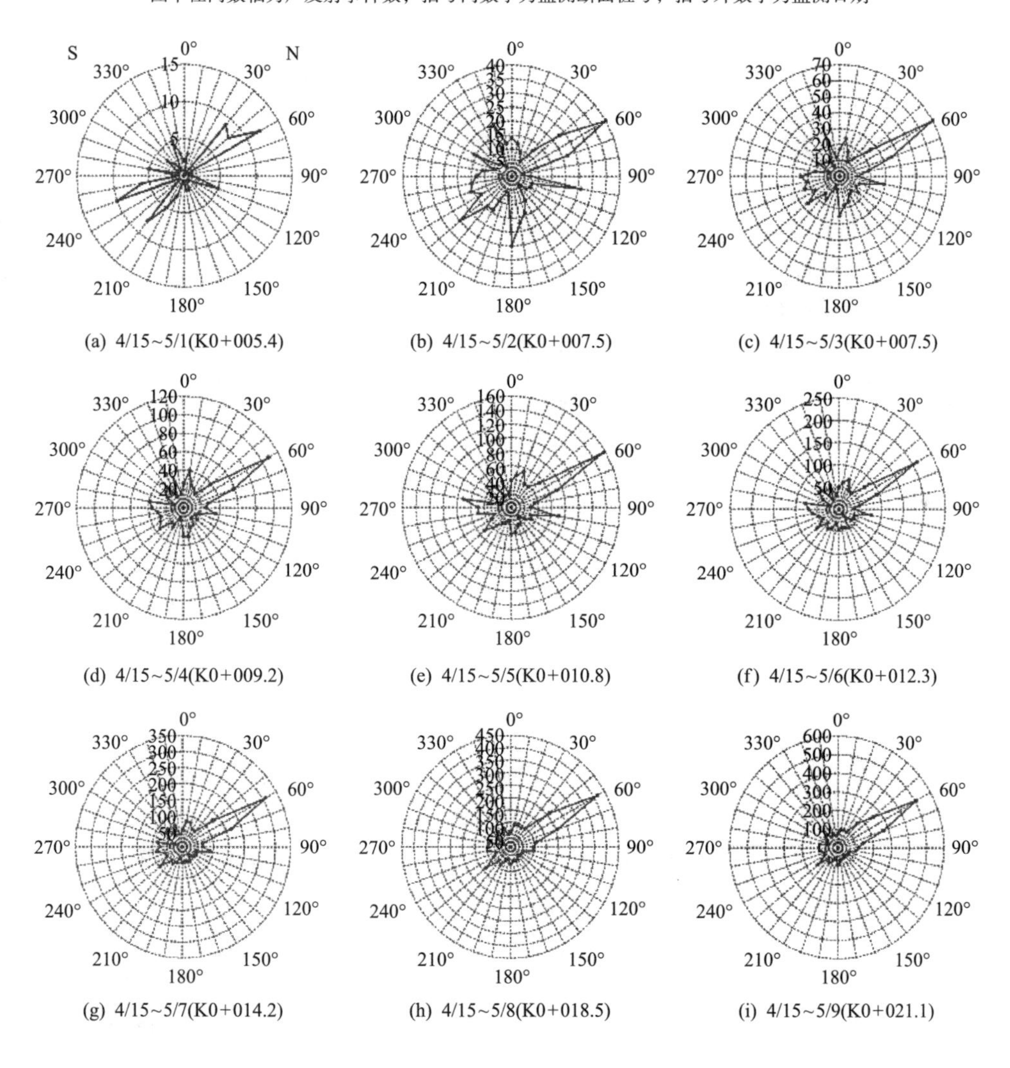

(a) 4/15～5/1(K0+005.4)　(b) 4/15～5/2(K0+007.5)　(c) 4/15～5/3(K0+007.5)

(d) 4/15～5/4(K0+009.2)　(e) 4/15～5/5(K0+010.8)　(f) 4/15～5/6(K0+012.3)

(g) 4/15～5/7(K0+014.2)　(h) 4/15～5/8(K0+018.5)　(i) 4/15～5/9(K0+021.1)

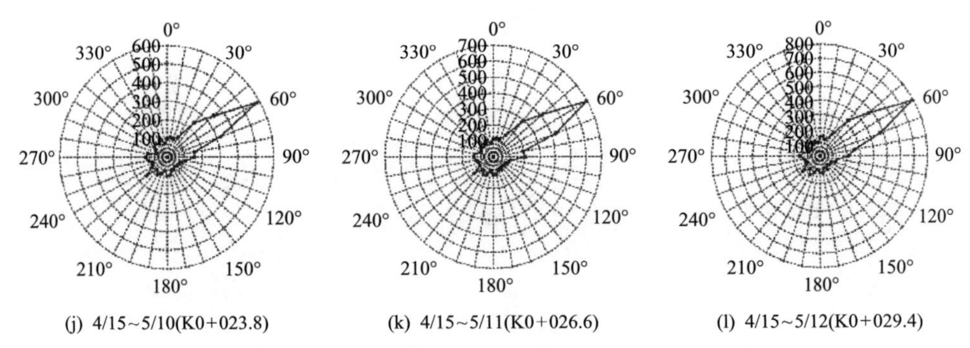

(j) 4/15～5/10(K0+023.8)　(k) 4/15～5/11(K0+026.6)　(l) 4/15～5/12(K0+029.4)

图 9.1.57　9-2# 实验室声发射事件数断面分布演化规律

图中径向数轴为声发射事件数；括号内数字为监测断面桩号，括号外数字为监测日期

完成后，从断面分布来看，声发射活动主要集中出现在洞室北侧拱脚，在玫瑰图中的方向约为 230°。

从图 9.1.57 可以看出，9-2# 实验室在 2015 年 5 月 1 日和 5 月 2 日这两天内，典型断面附近累计声发射事件数的峰值分别出现在 30°、60°、180°、210°和 250°等方向，但 60°方向声发射事件数特别多。自 5 月 3 日(掌子面开挖至 K0+007.5)之后，累计声发射事件数峰值主要集中分布在 60°方向上，事件数分布集中程度较大，方向性特别明显。开挖完成后，从断面分布来看，声发射活动主要发生在 9-2# 实验室北侧拱肩位置，在玫瑰图中的方向为 60°。

围岩破坏特征与主应力方向密切相关，基于以上获得的围岩破坏规律可知，9-1# 实验室在洞室开挖前期，掌子面还未接近典型断面时，该断面附近洞室四周围岩破坏呈现多方向性，当开挖至此断面附近或者超过典型断面之后，围岩破坏开始在 230°～250°这个方向集中出现，并逐渐具有明显的方向性，主要发生在 230°方向上。掌子面距离典型断面约 7m 时，就已经对该处的围岩破坏造成了影响，可以推断，掌子面未开挖至典型断面附近但受卸荷作用影响时，围岩内部应力已经开始调整，此时应力调整变化的方向不确定，相对比较杂乱，而在掌子面经过 K0+015.5 区域并开挖超过后，围岩内部应力仍然在不断调整，但是方向变化开始缩小范围，应力集中区主要在 230°～250°这个方向区间内，最终稳定在 230°方向。也就是说，9-1# 实验室开挖时，应力方向不断调整，最终应力集中区位于北侧拱脚。

相对 9-1# 实验室，9-2# 实验室围岩破坏的断面分布方向更明显。在开挖初期，K0+015.5 区域围岩破坏在多个方向都有分布，但是主要分布在 60°方向。随着开挖的进行，围岩破坏开始集中出现在 60°方向，并且集中程度较大，方向性特别明显。依此推断，在开挖初期，受卸荷作用影响后，应力集中区开始发生剧烈调整，但是主要沿着 150°(330°)方向，掌子面开挖经过并超过典型断面后，应力集中区位于 150°(330°)方向。也就是说，9-2# 实验室最终应力集中区位于北侧拱肩。9-1# 和 9-2# 实验室相隔距离并不远，但是应力集中区却出现明显相反的方向，推测原因可知，断层构造影响了实验室开挖过程卸荷作用引起的围岩内部应力调整的方向和程度，并造成断层附近洞室围岩应力方向发生了偏转。

3) 实验室断面径向围岩损伤分布规律

实验室围岩受到爆破开挖扰动后，其内部出现微裂纹，形成沿开挖边界分布的围岩损伤区。确定围岩损伤区的范围可为后续的围岩支护提供科学依据，以保证洞室围岩的稳定性，对围岩支护具有十分重要的意义。为此，开展了对洞室开挖过程中围岩破裂沿着洞径方向的分布特征与规律的研究，典型断面附近围岩声发射事件径向分布演化如图 5.7.6 和图 9.1.58 所示。

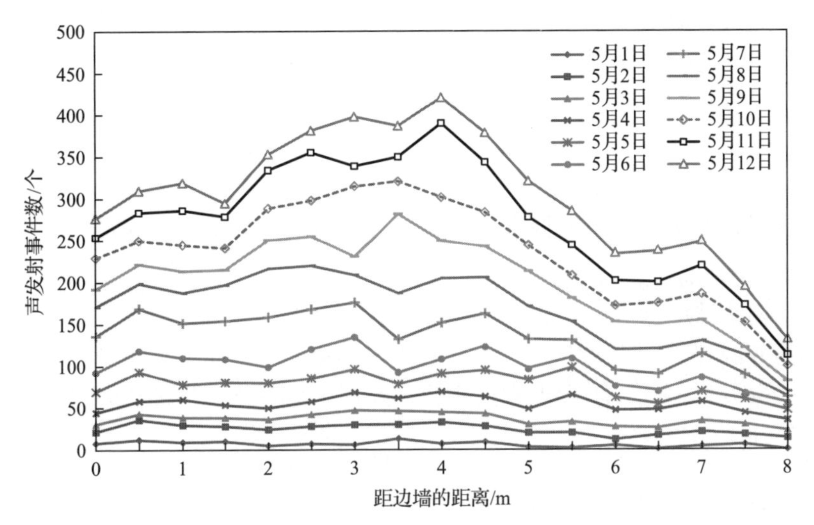

图 9.1.58　9-2# 实验室典型断面附近围岩声发射事件径向分布演化图

9-1# 实验室在 4 月 29 日之前，累计声发射事件数在洞径方向处于较低的量值水平，最大值小于 30。在 4 月 30 日，出现突增，边墙附近位置声发射事件数达到 100 个，并随着距边墙距离的增大，声发射事件数逐渐减少，在距边墙 1.5～2.5m 处，声发射事件数突降，超过 2.5m 之后，声发射事件数分布较为平缓，都处于相对较低的量值水平。随着时间的进行，累计声发射事件数逐渐增多，但整体的声发射事件数分布曲线形式没有较大的变化，但是观察曲线的峰值可以看到，4 月 30 日，峰值出现在边墙附近，5 月 2 日至 5 月 6 日，声发射事件数峰值基本在 1m 的位置，5 月 7 日，声发射事件数随着距边墙距离的增大呈现先缓慢增多，在 1.5m 附近达到峰值，在 1.5～2m 又突降，随后逐渐降低的趋势。整体来看，9-1# 实验室典型断面附近围岩声发射活动在洞径方向上主要集中分布在距边墙 2m 范围以内，并且随着距边墙距离的增加而减少。

9-2# 实验室 K0+015.5 区域围岩累计声发射事件数是逐步增多的，5 月 4 日，在距边墙 3～5.5m 范围内，声发射事件数已经超过 50 个。5 月 5 日至 5 月 8 日，声发射事件数一直较多，在 0～4.5m 范围内相对较多，分布也比较均匀，4.5～8m 范围相对较少。5 月 9 日和 5 月 10 日，声发射事件数开始在距边墙约 3.5m 处出现明显峰值。5 月 11 日和 5 月 12 日，声发射事件数峰值出现在距边墙 4m 的位置。整体来看，9-2# 实验室典型断面附近围岩声发射事件数在洞径方向分布相对均匀，分布范围较广，数量较大，实验室开挖完成后，声发射事件最终在距边墙约 4m 的位置最多。

通过以上分析可以获知以下围岩破裂的径向分布规律：9-1# 实验室开挖过程中，围岩破裂主要发生在距边墙 2m 范围内，并且距边墙 1.5m 内破裂严重。从声发射事件数峰值的出现及偏移情况可知，围岩破裂最严重的区域是伴随着开挖从边墙开始，逐步向围岩深部发展。9-2# 实验室受断层构造的影响，围岩破裂在距边墙 0～7m 范围内均比较严重，这可以为 9-2# 实验室支护方案的设计提供参考。

从力学机理上分析，实验室开挖以后，原有的地应力状态受到扰动，围岩应力重新分布，切向应力增大的同时，径向应力减小，并在边墙处达到 0。切向应力在洞壁附近发生集中，致使这一区域岩体产生大量破裂。该区域围岩破坏后，应力集中区从边墙向围岩内部转移，当应力超过围岩强度时，又将出现新的集中破裂区，如此逐层推进，使应力集中区不断向纵深发展直至达到平衡，这是造成 9-1# 实验室围岩破裂声发射事件数峰值出现偏移的力学原因。由于断层的存在，9-2# 实验室围岩内部应力发生复杂变化，断层区域岩体破裂都比较严重，没有出现明显的峰值偏移。

6. 实验室围岩爆破振动效应

锦屏地下实验室二期钻爆法分台阶开挖条件下，各开挖工序断面形态、爆破参数等均有所差异，各实验室的地质和地应力条件等均存在一定的区别，这导致各实验室围岩的爆破振动呈现出不同的特征。现对围岩的爆破振动波形、传播规律及不同实验室爆破振动的差异性特征进行分析。

1）实验室围岩爆破振动波形及频谱

以 7# 实验室为例，说明上层中导洞、上层边墙、下层中槽和下层边墙四种开挖工序下的爆破振动特征。图 9.1.59 和图 9.1.60 分别为 7# 实验室不同开挖工序下 PV10# 传感器监测的典型爆破振动波形及对应的频谱。图 9.1.59(a) 为中导洞开挖爆破振动波形，测点到爆源的距离约为 54m。中导洞爆破由掏槽孔、崩落孔、底板孔及周边孔组成，共 7 段毫秒雷管延时起爆，微差间隔分别为 50ms、60ms、90ms、110ms、150ms、190ms。可以看出，先起爆的掏槽孔面临单自由面，装药量大，振动强度最大，其峰值振动速度为 7.1cm/s。掏槽空腔的形成为后续爆破创造了良好条件。相近的自由面条件和爆破药量等因素导致后续的振动波峰值较为接近，均不超过 2cm/s。图 9.1.59(b) 为上层边墙扩挖爆破振动波形，测点到爆源的距离约为 53m。其最后一段爆破需形成良好的边界轮廓，炮孔最为密集，振动幅值最大。上层开挖为下层爆破创造了较大的自由空间。图 9.1.59(c)和(d)分别为下层中槽和边墙开挖爆破振动波形，测点到爆源的距离均约为 50m。在相对均匀的爆破孔网参数条件下，下层中槽爆破各段别的振动波形较为接近。下层边墙由于破

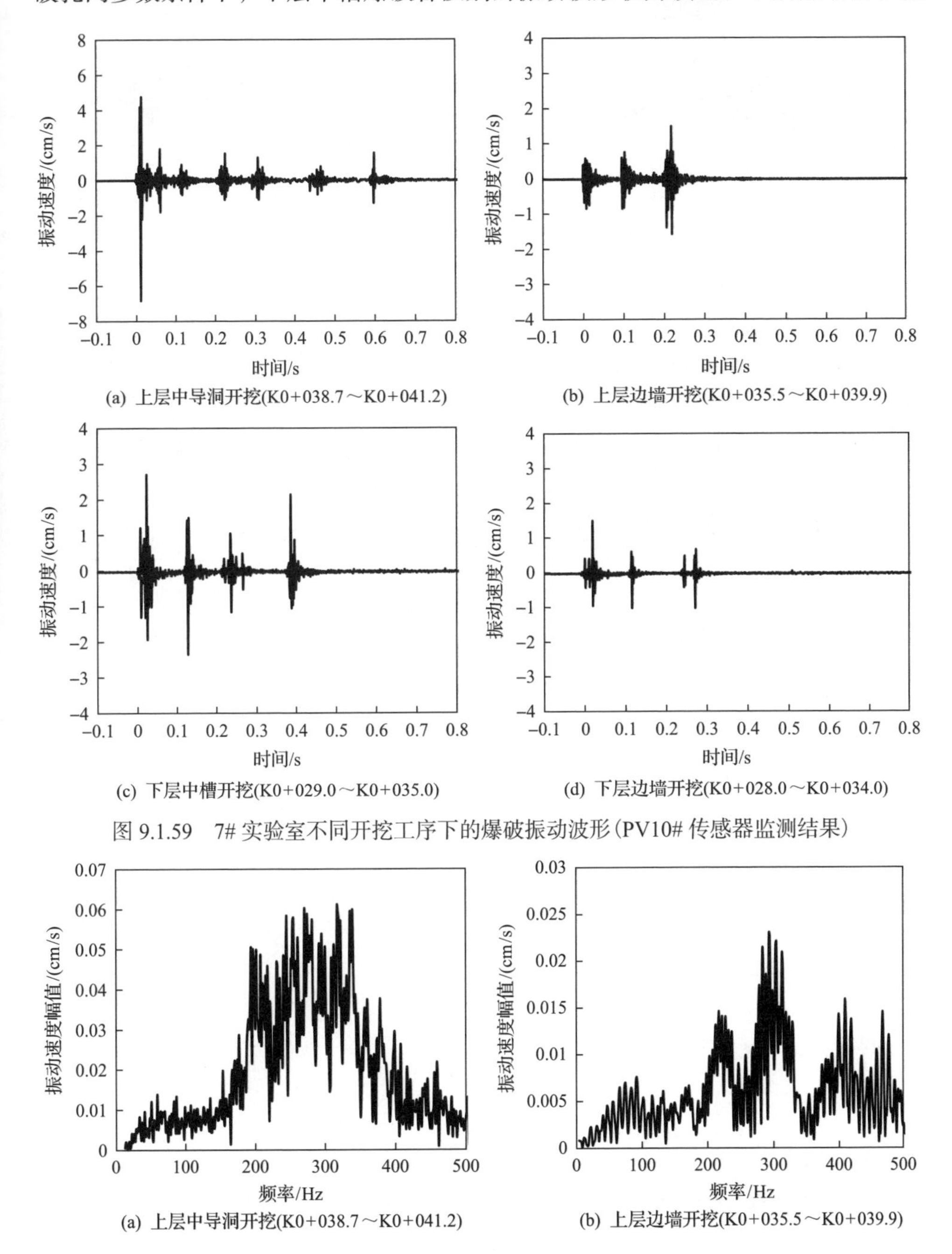

(a) 上层中导洞开挖(K0+038.7～K0+041.2)　(b) 上层边墙开挖(K0+035.5～K0+039.9)

(c) 下层中槽开挖(K0+029.0～K0+035.0)　(d) 下层边墙开挖(K0+028.0～K0+034.0)

图 9.1.59　7# 实验室不同开挖工序下的爆破振动波形(PV10# 传感器监测结果)

(a) 上层中导洞开挖(K0+038.7～K0+041.2)　(b) 上层边墙开挖(K0+035.5～K0+039.9)

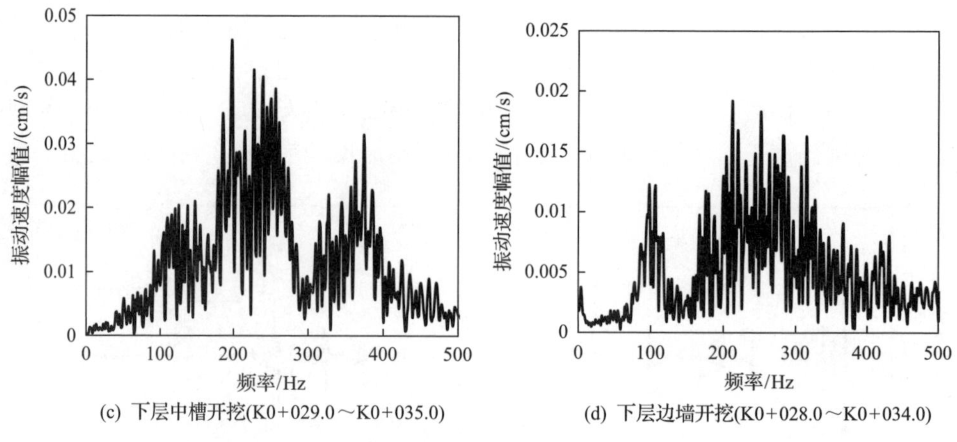

(c) 下层中槽开挖(K0+029.0～K0+035.0) (d) 下层边墙开挖(K0+028.0～K0+034.0)

图 9.1.60 7# 实验室不同开挖工序下爆破振动波形对应的频谱(PV10# 传感器监测结果)

岩范围较小，装药量小，诱发的振动较弱。从图 9.1.60 可以看出，上层中导洞、上层边墙、下层中槽及下层边墙开挖爆破振动波的主频分别为 317Hz、304Hz、198Hz、212Hz，各爆破振动波形的主频相对较高，且变化范围较大。上述分析说明，不同开挖工序下，由于爆破药量及自由面条件等因素的差异，振动波形及对应主频出现了显著区别。

2) 实验室围岩爆破振动传播规律

传统爆破振动传播经验公式主要考虑炸药量和爆心距两个因素，而忽视了深部工程的岩体结构、地应力条件影响，因此不适用于深部爆破振动传播问题的研究。量纲分析方法是建立数学模型的重要方法，可考虑多因素对峰值振动速度的影响。结合锦屏地下实验室二期工程条件，利用量纲分析方法，建立相应的爆破振动速度预测模型。表 9.1.8 为量纲分析中使用的参数。表中段装药量 Q_s、爆心距 R 及爆速 D_c 包含了力单位系统中的基本量纲(F、L 和 T)，深部岩体结构变化程度 CDRMS 和炮孔密集系数 a/W_d 为无量纲物理量，单耗 q_c 为增加公式的预测精度所需的物理量。

表 9.1.8 量纲分析中使用的参数

参数	符号	单位	量纲
峰值振动速度	PPV	cm/s	LT^{-1}
爆速	D_c	m/s	LT^{-1}
段装药量	Q_s	kg	$FL^{-1}T^2$
爆心距	R	m	L
单耗	q_c	kg/m^3	$FL^{-4}T^2$
深部岩体结构变化程度	CDRMS	—	—
炮孔密集系数	a/W_d	—	—

依据白金汉定理，建立表 9.1.8 各物理量的函数关系。采用非线性函数关系进行拟合，可得

$$\ln\frac{\mathrm{PPV}}{D_{\mathrm{c}}}=K+\beta_1\ln\left(q_{\mathrm{c}}\frac{R^3}{Q_{\mathrm{s}}}\right)+\beta_2\ln(1-\mathrm{CDRMS})+\beta_3\ln\frac{a}{W_{\mathrm{d}}} \tag{9.1.1}$$

用 121 个测点数据对量纲公式中的系数进行回归分析，得到式(9.1.1)的各个系数分别为：$K=-7.6087$，$\beta_1=-0.6436$，$\beta_2=1.2315$，$\beta_3=-2.0059$，则锦屏地下实验室爆破振动峰值振动速度传播规律表达式为

$$\mathrm{PPV}=0.000496D_{\mathrm{c}}\left(q_{\mathrm{c}}\frac{R^3}{Q_{\mathrm{s}}}\right)^{-0.6436}(1-\mathrm{CDRMS})^{1.2315}\left(\frac{a}{W_{\mathrm{d}}}\right)^{-2.0059} \tag{9.1.2}$$

为了验证振动传播规律模型的可靠性，对量纲公式(9.1.2)的预测能力进行评价，采用 35 组数据进行预测，并与实测值进行对比，如图 9.1.61 所示。可以看出，相比经验公式预测值，采用量纲公式的预测值与实测值更接近。以实测值和预测值之间相关性系数和相对误差为指标评价预测方法。量纲公式的相关性系数为 0.88，相对误差为 4.03%～8.3%；经验公式的相关系数为 0.2801～0.7091，相对误差为 21.12%～41.77%。可以看出，量纲公式的预测结果明显优于经验公式。

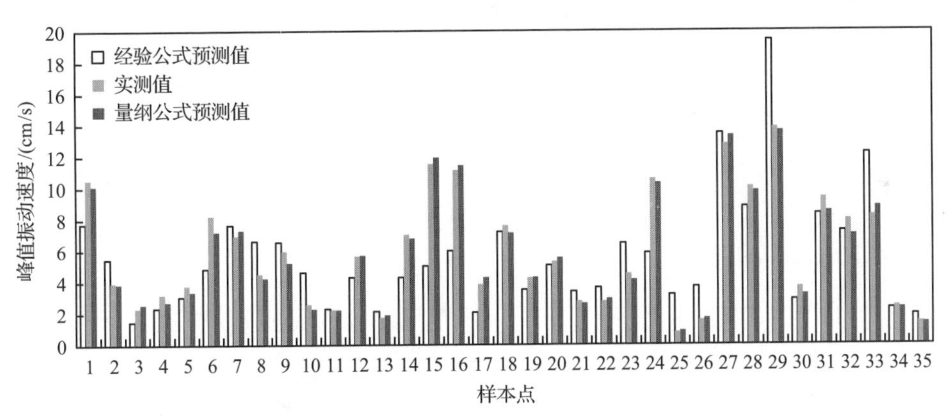

图 9.1.61　量纲公式和经验公式预测的峰值振动速度与实测值对比

3) 实验室围岩爆破振动的差异性

基于建立的峰值振动速度传播模型，选择三个岩体条件接近的实验室，分析中导洞开挖爆破峰值振动速度的变化差异，如图 9.1.62 所示。可以看出，距爆源距离相同时，7# 实验室的峰值振动速度最大，5# 实验室次之，1# 实验室的峰值振动速度最小。这说明地下实验室开挖过程中，7# 实验室所受的爆破扰动效应最强，1# 实验室所受的爆破扰动效应最弱。7# 实验室地应力水平更高，1# 实验室

地应力水平最低。因此，地应力环境是爆破振动呈现差异的重要原因。高地应力的夹制作用导致炸药用于爆破破岩的能量减小，更多的爆炸能量将会转化为振动能向外传播，也就是说，更高的地应力环境下爆破振动效应更强。

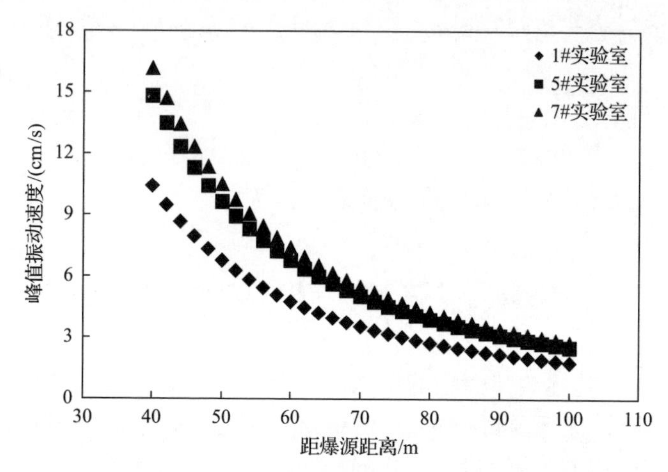

图 9.1.62　不同实验室中导洞开挖爆破峰值振动速度随距爆源距离的变化曲线

7. 4# 实验室盲竖井开挖过程中围岩破裂特征分析

1) 基于微震监测结果的围岩破裂特征分析

(1) 开挖支护对微震活动的影响。

4# 实验室盲竖井施工期为 2016 年 1 月 2 日至 2016 年 4 月 10 日。盲竖井施工期间，系统共监测到有效微震事件 1632 个，其中有效岩石破裂事件 1594 个，爆破事件 38 个。4# 实验室盲竖井施工期间围岩微震活动随时间的演化特征如图 9.1.63 所示[5]。

从图 9.1.63 可以看出：

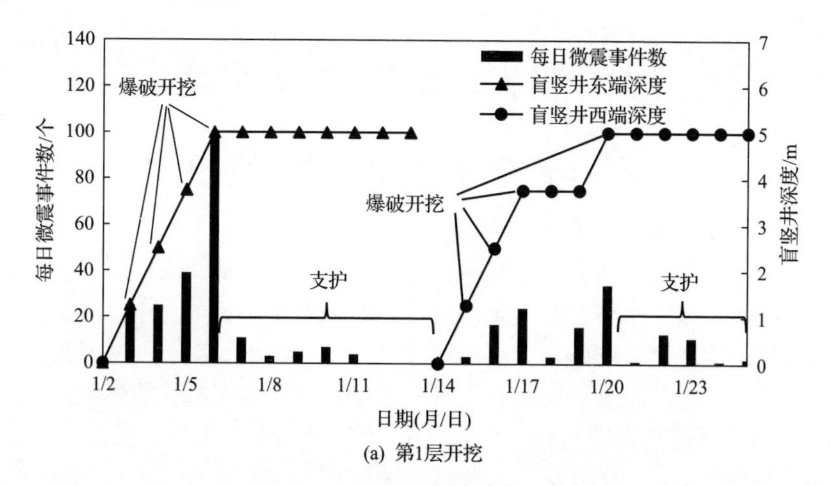

(a) 第1层开挖

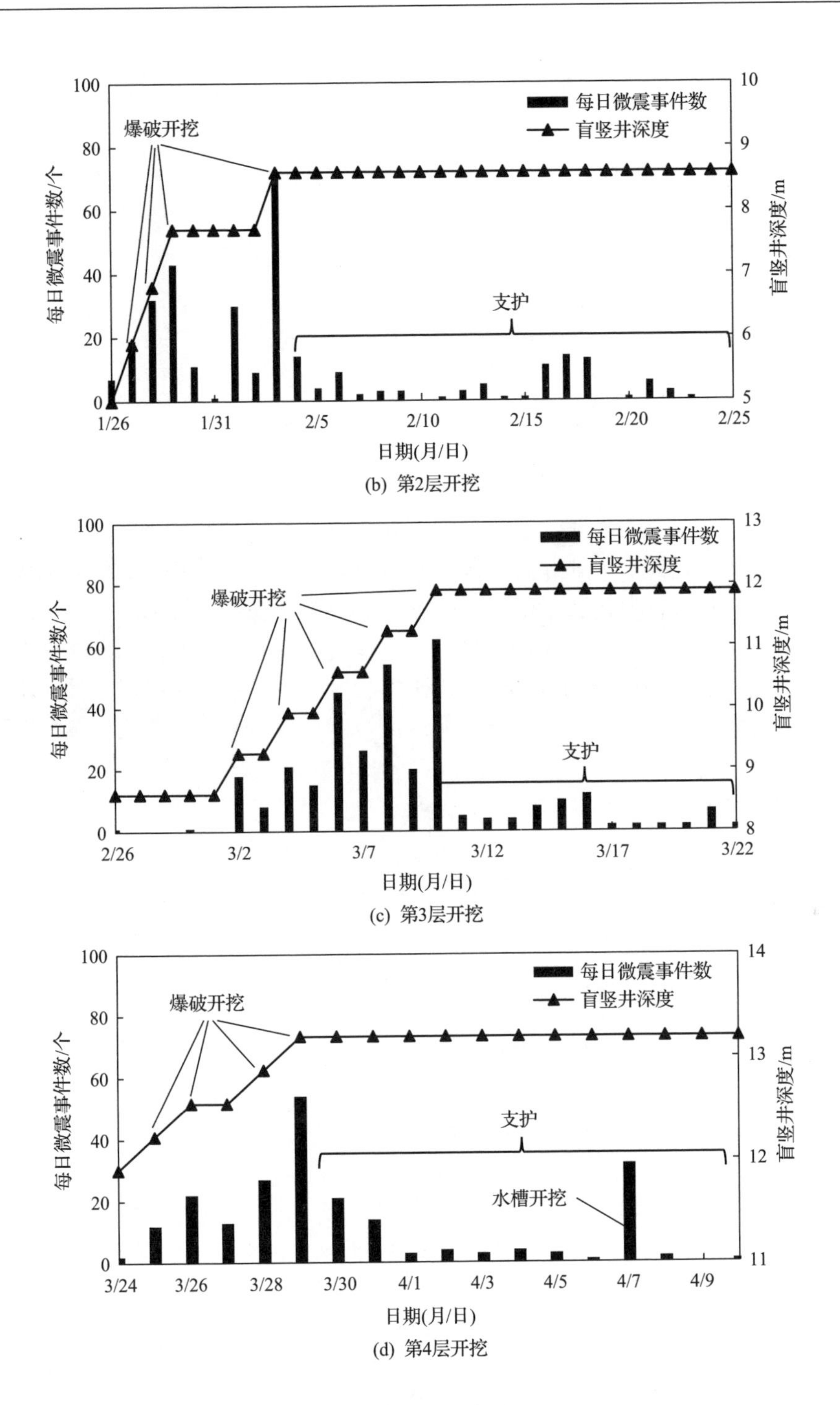

(b) 第2层开挖

(c) 第3层开挖

(d) 第4层开挖

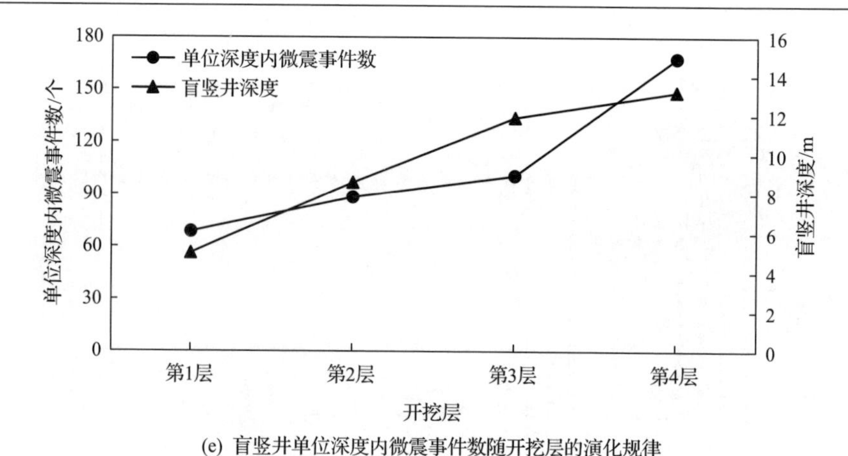

(e) 盲竖井单位深度内微震事件数随开挖层的演化规律

图 9.1.63 4# 实验室盲竖井施工期间围岩微震活动随时间的演化特征[5]

① 微震活动受施工影响较大，每日微震事件数呈周期性波动并与施工层相对应。在各层的开挖期，微震事件活跃，每日微震事件数随爆破次数的增加先增多后减少，这主要是因为各层开挖时，先进行盲竖井中部的掏槽爆破，临空面较少，爆破振动大，引起了围岩较多的破裂；掏槽成功后，对盲竖井四周的岩体进行爆破，临空面增多，爆破振动减小，围岩破裂相对减少。这说明微震事件频次受爆破振动的影响较大，进行开挖爆破时应严格控制单段最大药量或采用预裂爆破，以减小爆破振动对围岩造成的损伤。

② 从第 1 层到第 4 层，各层开挖期每日微震事件数最大值均逐渐减小。这首先是因为第 1 层位于盲竖井开口处，而盲竖井是在 4# 实验室底板上向下开挖的，该处围岩受到多次开挖扰动的作用，前期 4# 实验室开挖过程中围岩内部形成的裂隙在盲竖井开挖时被激活、盲竖井开挖又产生新的裂隙，新生裂隙和原生裂隙扩展贯通形成了较多的岩石破裂事件。其次是因为上层开挖时渣车和装载机可直接驶入坑内，出渣方便，施工效率高，开挖卸荷速率快，应力调整剧烈，从而导致岩石破裂事件增多；而下层开挖时采用吊斗吊渣，出渣速度慢，开挖卸荷速率随盲竖井深度的增加而减小，岩石破裂事件减少。因此，盲竖井开挖时应降低开口处的开挖速率并对开口处进行加强支护。

(2) 盲竖井开挖过程中微震活动的空间演化规律。

微震事件密度云图反映了微震活动在空间上的分布特征。4# 实验室盲竖井施工过程中微震活动的空间分布及其密度云图如图 9.1.64 所示[5]。

从图 9.1.64 可以看出：

① 盲竖井第 1 层施工期间，4# 实验室和盲竖井井壁的围岩中均有微震事件产生，且微震事件主要集中于 4# 实验室南侧拱肩至拱顶范围内。在盲竖井开始施工前，4# 实验室已完成系统支护，但盲竖井的施工依然引起 4# 实验室围岩发生微

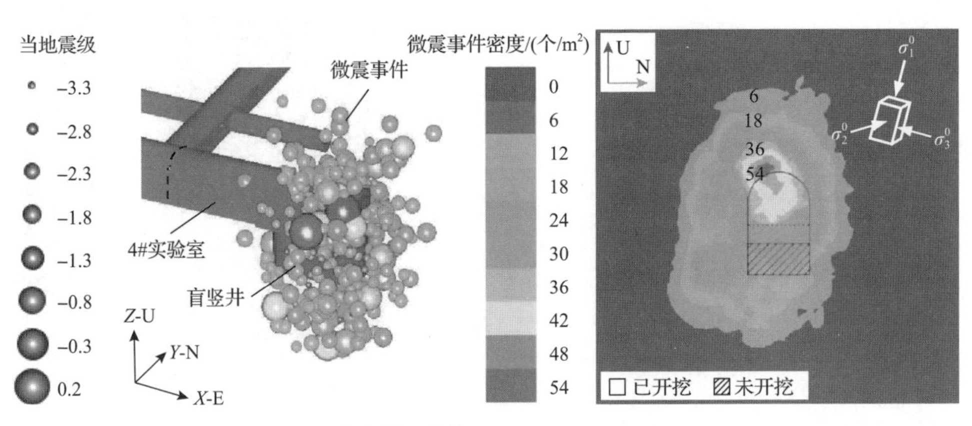

(a) 第1层施工期间(2016/1/2～2016/1/25)

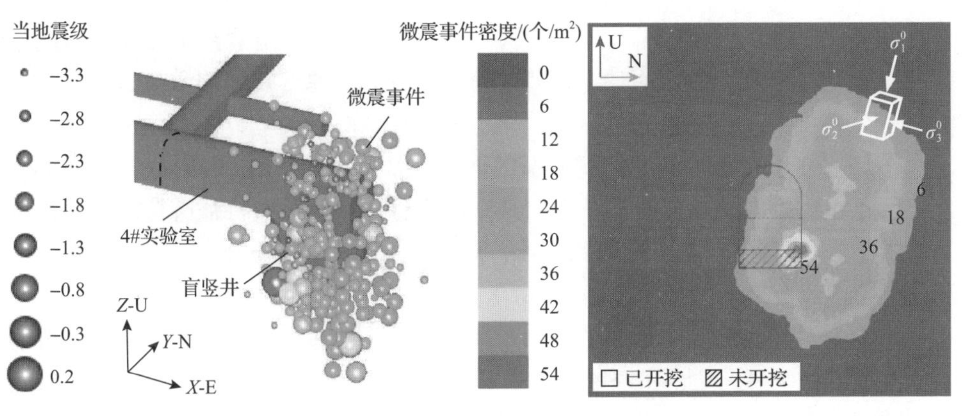

(b) 第2层施工期间(2016/1/26～2016/2/25)

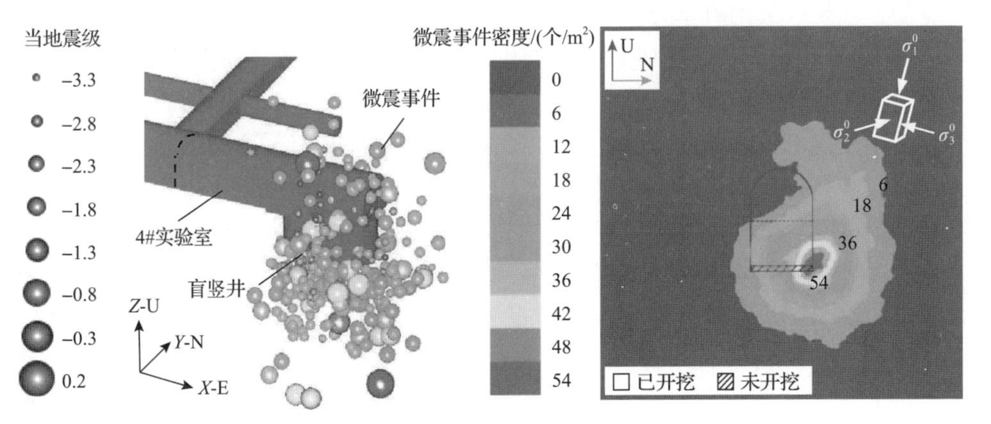

(c) 第3层施工期间(2016/2/26～2016/3/23)

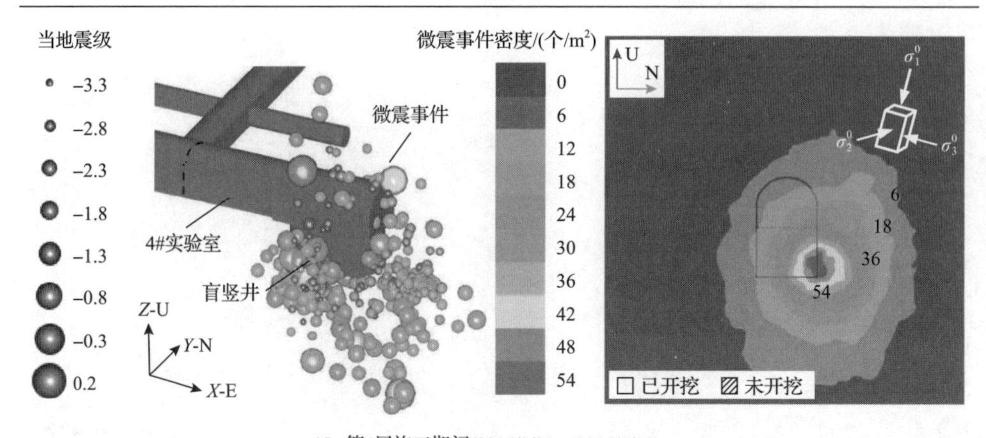

(d) 第4层施工期间(2016/3/24～2016/4/10)

图 9.1.64　4# 实验室盲竖井施工过程中微震活动的空间分布及其密度云图[5]

破裂。这一方面是因为盲竖井开挖卸荷导致应力重分布，造成拱肩处应力集中；另一方面是因为盲竖井开挖时的爆破振动造成围岩中原有裂隙的激活、新裂隙的萌生及裂隙的扩展和贯通。

② 随着盲竖井深度的增加即底板的下移，微震事件的集中区域也逐渐下移。若将盲竖井底板看成隧道的掌子面，则微震事件的空间分布特征符合规律：微震事件主要分布于底板(掌子面)后方 3 倍等效洞径和底板(掌子面)前方 1.5 倍等效洞径范围内。

③ 盲竖井第 2、3、4 层施工期间，微震事件主要集中于各层底板与北侧边墙的连接处，该区域与锦屏地下实验室二期最大主应力方向具有明显的空间对应关系，即微震事件集中区域主要发生在与盲竖井纵剖面上最大主应力方向呈大夹角相交的断面轮廓线附近。

4# 实验室盲竖井开挖过程中井壁围岩内部不同深度微震事件数随时间的演化规律如图 9.1.65 所示[5]。可以看出，南侧井壁内部 0～2m 范围内的微震事件数明显多于更深部位的微震事件数，约 60%的微震事件分布于这一深度范围内。这表明盲竖井开挖过程中南侧井壁微破裂主要集中在 0～2m 范围内。与之类似，北侧井壁内部 0～2m、2～4m 和 4～6m 范围内微震事件数多于更深部位的微震事件数，约 40%的微震事件分布于 0～2m 范围内，约 60%的微震事件分布于 0～6m 范围内。这表明盲竖井开挖过程中北侧井壁微破裂主要集中在 0～6m 范围内。

2) 基于声波测试结果的围岩破裂特征分析

4# 实验室盲竖井开挖过程中南侧井壁和北侧井壁围岩声波测试结果如图 9.1.66 所示[5]。由于盲竖井东西两端的钻孔发生了塌孔，未获得有效的测试数据。从图中可以看出，盲竖井南侧井壁和北侧井壁的损伤区深度分别约为 2m 和 5m。微震监测结果表明，盲竖井开挖过程中南侧井壁和北侧井壁微破裂主要集中范围分别为 0～2m 和 0～6m，声波测试结果与微震监测结果具有很好的一致性。

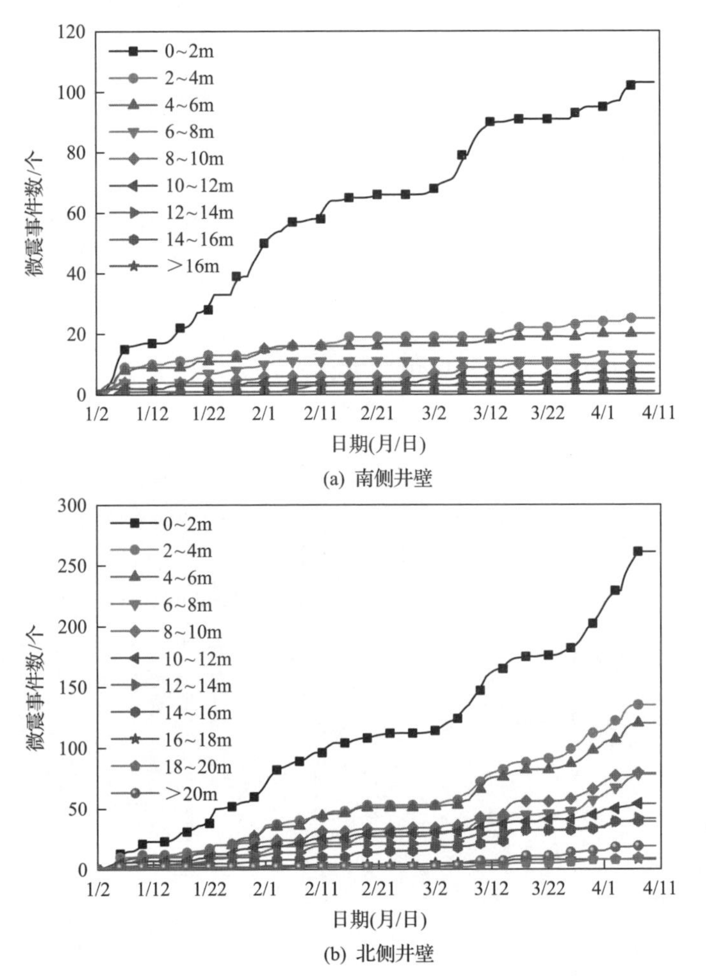

(a) 南侧井壁

(b) 北侧井壁

图 9.1.65 4# 实验室盲竖井开挖过程中井壁围岩内部不同深度微震事件数随时间的演化规律[5]

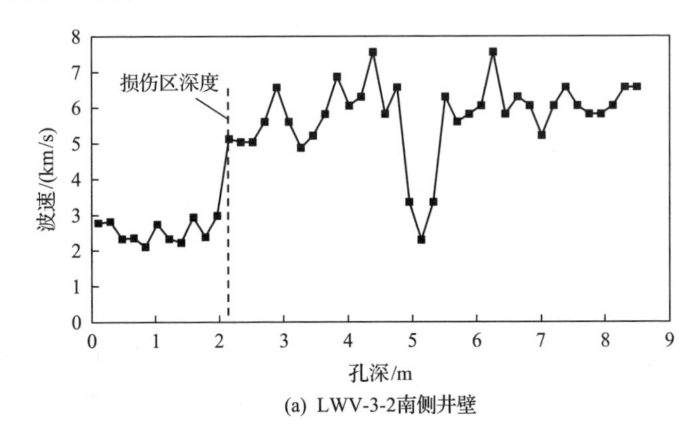

(a) LWV-3-2南侧井壁

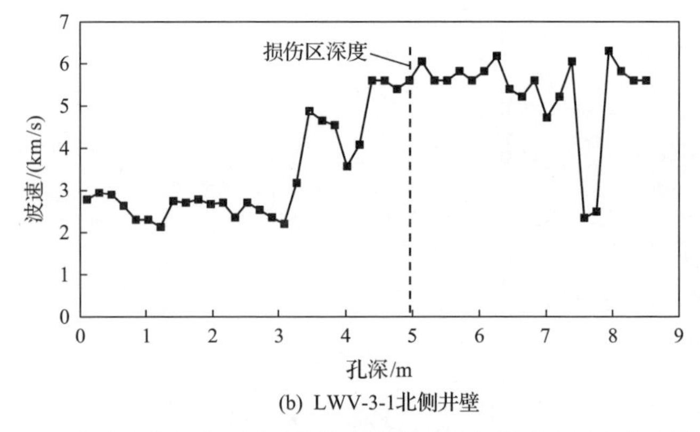

(b) LWV-3-1北侧井壁

图 9.1.66　4# 实验室盲竖井开挖过程中南侧井壁和北侧井壁围岩声波测试结果[5]

3) 现场破坏情况

4# 实验室盲竖井施工期间，其南侧边墙拱肩处发生了钢纤维混凝土喷层开裂，如图 9.1.67 所示[5]。混凝土喷层的开裂验证了微震监测结果的正确性，说明盲竖井的施工对 4# 实验室围岩的稳定性造成了影响，盲竖井施工期间应加强 4# 实验室拱肩至拱顶处的支护，以减小发生地质灾害的风险。

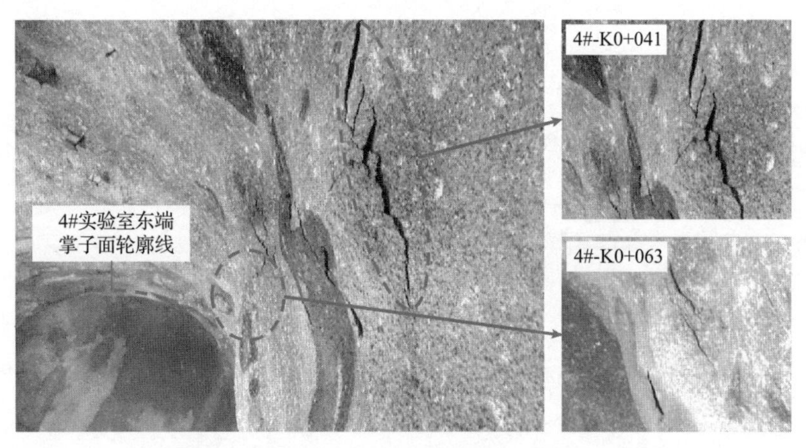

图 9.1.67　4# 实验室盲竖井施工期间南侧边墙拱肩处钢纤维混凝土喷层开裂[5]

9.1.5　地下实验室片帮孕育过程的特征、规律和机理

锦屏地下实验室二期工程开挖过程中存在片帮破坏，在分台阶开挖条件下，边墙扩挖和下层开挖能够揭露中导洞开挖引发的片帮破坏，为片帮特征的测试分析提供条件。通过对锦屏地下实验室二期 7#～8# 实验室各开挖阶段的片帮岩板产状、厚度等特征进行定量识别，获得了分台阶开挖条件下深埋隧洞硬岩片帮破坏典型特征及其演化规律[10]。现对片帮产状和厚度特征按照边墙扩挖揭露、扩挖后

边墙围岩内部以及下层开挖揭露的顺序分别进行介绍，并对结构面影响下围岩片帮破坏特征进行分析，揭示了锦屏地下实验室二期围岩的片帮机理。

1. 实验室围岩片帮产状

锦屏地下实验室二期 7#～8# 实验室边墙扩挖掌子面围岩片帮产状典型特征如图 9.1.68 所示，图中片帮岩板产状上半球等角度极点图序号与测量位置标号对应。7#～8# 实验室片帮以北侧边墙发育为主，扩挖边墙掌子面岩板的倾角整体接近 90°，片帮岩板与实验室边墙小角度相交，并呈现与开挖临空面近平行的特征。结合图 9.1.69 可知，7# 实验室中导洞开挖时掌子面底角能够看到有片帮角度偏转的趋势，扩挖后揭露边墙顶、底角岩板产状明显存在随实验室轮廓变化而改变的特征，对边墙底角处片帮岩板产状进行测量，发现岩板与边墙成近 45°相交。

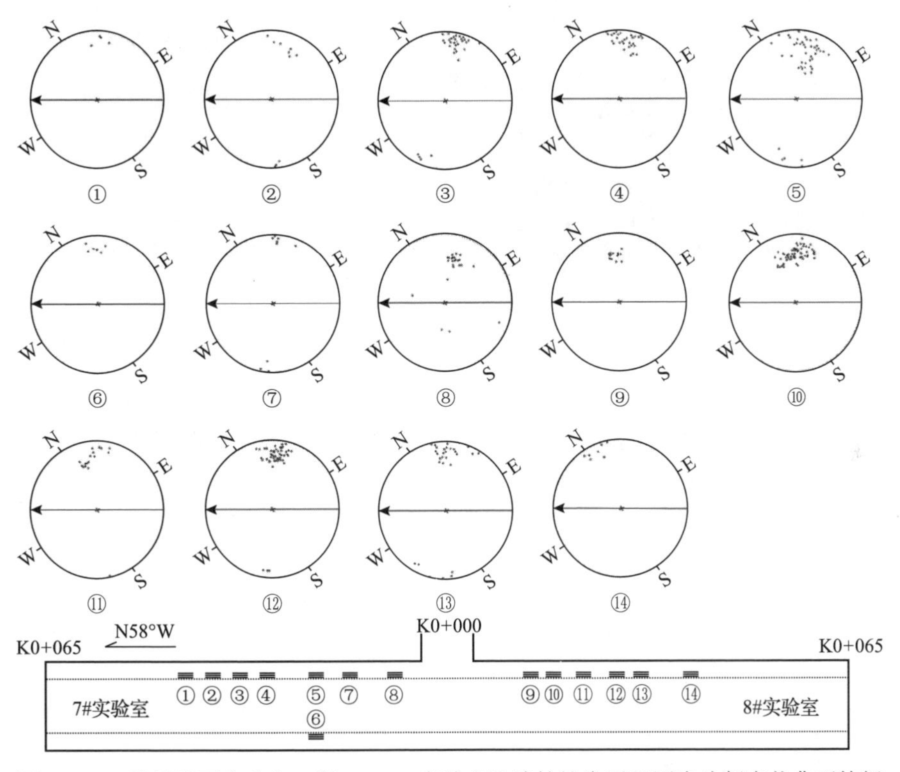

图 9.1.68　锦屏地下实验室二期 7#～8# 实验室边墙扩挖掌子面围岩片帮产状典型特征

锦屏地下实验室二期 7#～8# 实验室边墙扩挖完成后对最终边墙围岩进行了钻孔摄像，摄像结果如图 9.1.70 所示。根据钻孔摄像结果，扩挖后边墙内部围岩片帮走向与围岩边墙近平行，倾角接近 90°，这一特征也与扩挖揭露岩板破坏形态相似。

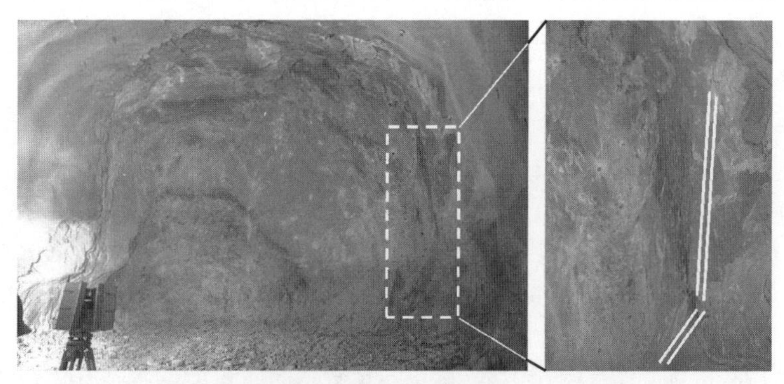

(a) 上层中导洞开挖至K0+030时掌子面附近片帮特征

(b) 上层边墙扩挖至K0+026时南侧边墙片帮特征

图 9.1.69　锦屏地下实验室二期 7# 实验室中导洞开挖与边墙扩挖揭露的片帮形态

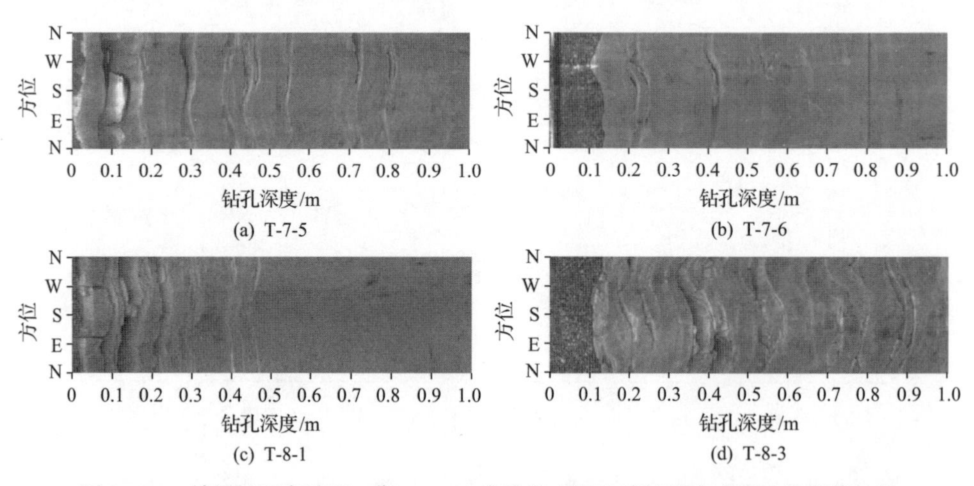

图 9.1.70　锦屏地下实验室二期 7#～8# 实验室上层边墙扩挖完成后钻孔摄像结果

锦屏地下实验室二期 7#～8# 实验室下层开挖掌子面及两侧边墙(中导洞两侧底角)揭露的片帮形态如图 9.1.71 和图 9.1.72 所示[10]。下层开挖揭露中导洞底脚处围岩片帮倾角较小，大多与水平面呈 45°相交，片帮走向与实验室轴线近平行，这也与中导洞扩挖底脚的片帮形态一致。而下层掌子面片帮近平行于中导洞开挖底板，且片帮岩板走向仍与实验室轴线方向相近。

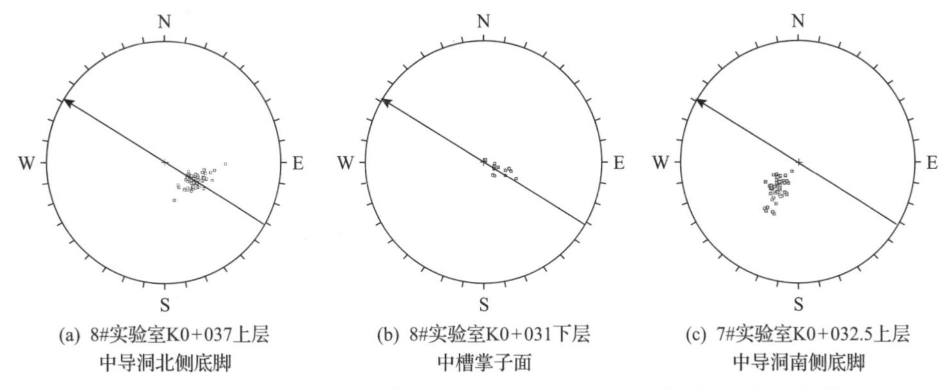

(a) 8#实验室K0+037上层中导洞北侧底脚　　(b) 8#实验室K0+031下层中槽掌子面　　(c) 7#实验室K0+032.5上层中导洞南侧底脚

图 9.1.71　锦屏地下实验室二期 7#～8# 实验室下层开挖揭露的片帮产状特征

(a) 下层开挖揭露片帮破坏特征

(b) A区放大图

(c) B区放大图

图 9.1.72　锦屏地下实验室二期 7# 实验室 K0+038 下层开挖揭露的片帮特征[10]

实验室的片帮破坏近平行于临空面发育，临空面附近围岩的最小主应力水平很低甚至为零，而发生片帮破坏的位置往往还是应力集中部位，最大主应力水平较高、应力差较大，在这一位置围岩的脆性受开挖卸荷影响明显增强，围岩的片帮破坏呈现出典型的张拉破裂特征，在临空面附近穿晶破裂明显，岩板较为破碎，围岩破坏程度较高；随着破坏深度的增加，围岩逐渐由临空面应力状态向原岩应力状态转变，围岩的最小主应力水平逐渐增高，应力集中程度减弱，进而导致围岩脆性减弱、延性增加，围岩片帮破坏的沿晶破坏占比增加，岩板连续性变好，围岩破坏程度降低。在断面形状发生变化的部位(拱肩、拱脚等)，围岩的最大切向应力发生偏转，片帮破坏形成的岩板产状也随之发生偏转变化。

2. 实验室围岩片帮岩板厚度

通过摄影测量和钻孔摄像对锦屏地下实验室边墙扩挖、下层开挖后揭露的片帮岩板厚度及破坏深度进行定量识别，可知各开挖阶段片帮破坏特征存在明显差异。锦屏地下实验室二期 7# 实验室典型洞段上层边墙扩挖揭露的片帮岩板厚度特征如图 9.1.73 所示[10]。可以看出，片帮岩板厚度从临空面向围岩内部方向呈现出厚薄相间、逐渐变厚的规律。

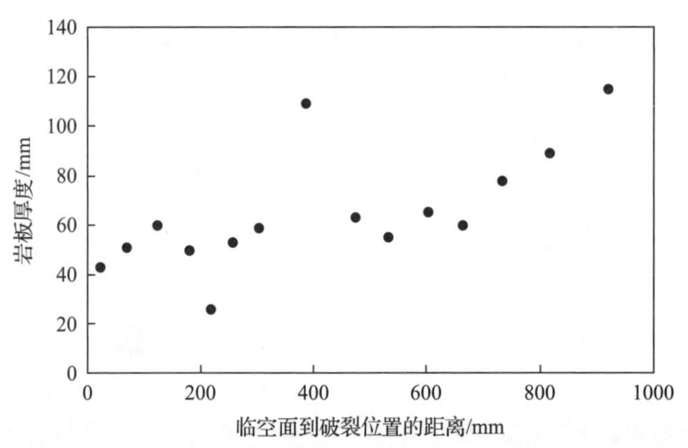

图 9.1.73　锦屏地下实验室二期 7# 实验室典型洞段上层边墙扩挖揭露的片帮岩板厚度特征[10]

锦屏地下实验室二期 8# 实验室扩挖后最终边墙内部围岩片帮岩板厚度特征如图 9.1.74 所示[10]。可以看出，片帮岩板厚度仍呈现厚薄相间、逐步变厚的特征，这也与扩挖阶段揭露的片帮厚度特征相似。与图 9.1.73 对比可知，扩挖后揭露的片帮岩板厚度小于最终边墙内部岩板厚度，这也与岩板厚度从临空面向围岩内部逐渐变厚的规律相符。

锦屏地下实验室二期 7# 实验室下层开挖揭露的片帮岩板厚度特征如图 9.1.75 所示。可以看出，下层片帮岩板厚度仍呈现出由临空面向围岩内部厚薄相间、逐渐变厚的特征，且相较于上层边墙扩挖揭露的片帮岩板，下层开挖揭露的片帮岩板厚度整体有所增加，进一步验证了围岩破裂不均且向围岩内部破裂间隔逐渐增大、岩板厚度增加的规律。

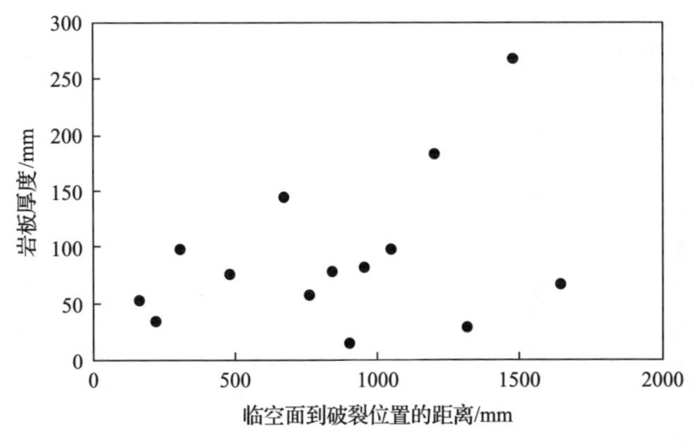

图 9.1.74 锦屏地下实验室二期 8# 实验室扩挖后最终边墙内部围岩片帮岩板厚度特征[10]

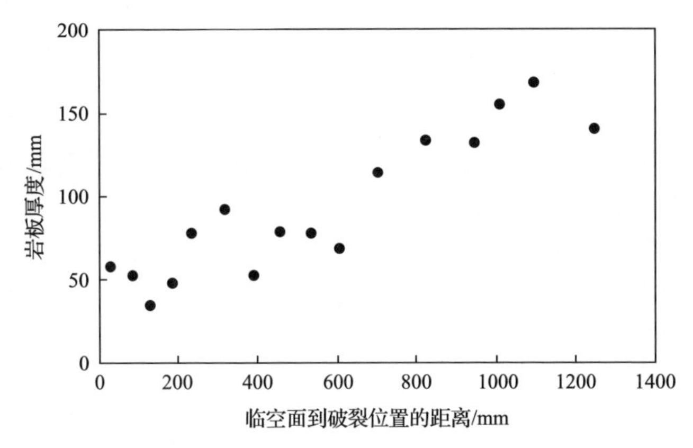

图 9.1.75 锦屏地下实验室二期 7# 实验室下层开挖揭露的片帮岩板厚度特征

3. 实验室围岩片帮破坏深度

锦屏地下实验室二期 7#～8# 实验室北侧边墙沿实验室轴线方向典型片帮岩板数目及破坏深度特征如图 9.1.76 所示。可以看出，7#～8# 实验室端部往 4#交通洞方向片帮破坏深度整体上呈逐步增加趋势，在交通洞洞口附近达到最大值，且 7# 实验室片帮破坏深度和岩板数目均大于 8# 实验室。岩板数目一定程度上反映了围岩破裂的程度，根据岩板数目分布结果也可以判断片帮破坏程度在 7# 实验室开口段最大，整体上 7# 实验室大于 8# 实验室。这与锦屏地下实验室二期的开挖布置方式和大理岩的力学特性相关，由于大理岩存在延脆性和时效破裂特性，加之采用先开挖 7# 实验室再开挖 8# 实验室，从交通洞往各实验室端部逐渐开挖的方式，7# 实验室开口段又处于开挖卸荷量最大的 4# 交通洞交叉口，先开挖的围岩在后续开挖扰动、增量卸荷以及自身延性和时效破裂特性共同作用下呈现出先开挖且位于交叉洞口的 7# 实验室开口段破坏最严重，往两实验室端部逐渐减弱的特征。

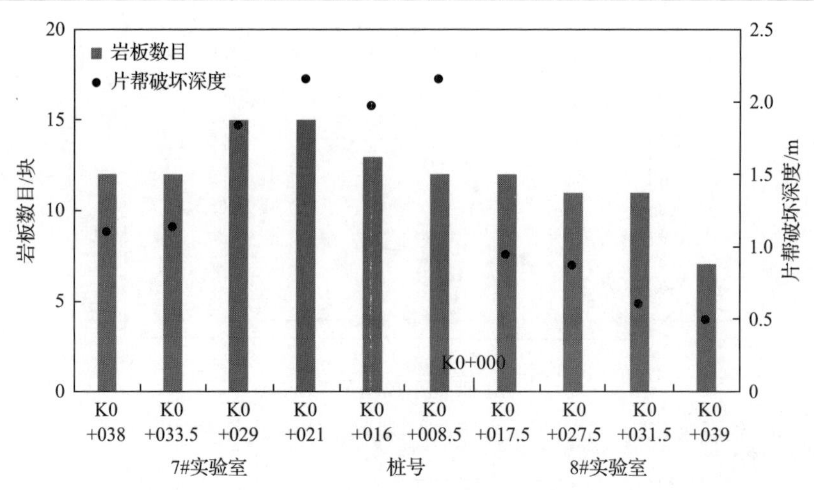

图 9.1.76　锦屏地下实验室二期 7#～8# 实验室北侧边墙沿实验室轴线方向典型片帮岩板数目及破坏深度特征[10]

对实验室上层最终边墙布置的钻孔在下层开挖完成后进行再次观测，发现片帮破坏深度在不同颜色岩体区域存在明显差异，如图 9.1.77 所示。其中白色大理岩洞段片帮破坏深度约 1.9m，灰色大理岩洞段片帮破坏深度约 1.3m，灰黑色夹白色条带大理岩洞段片帮破坏深度约 0.8m。对比不同时期片帮破坏深度特征可知，在相近的地应力条件下，初始片帮破坏深度与开挖布置方式关系密切，最终片帮破坏深度受岩性影响明显。根据现场点荷载及室内试验结果，各色大理岩强度呈

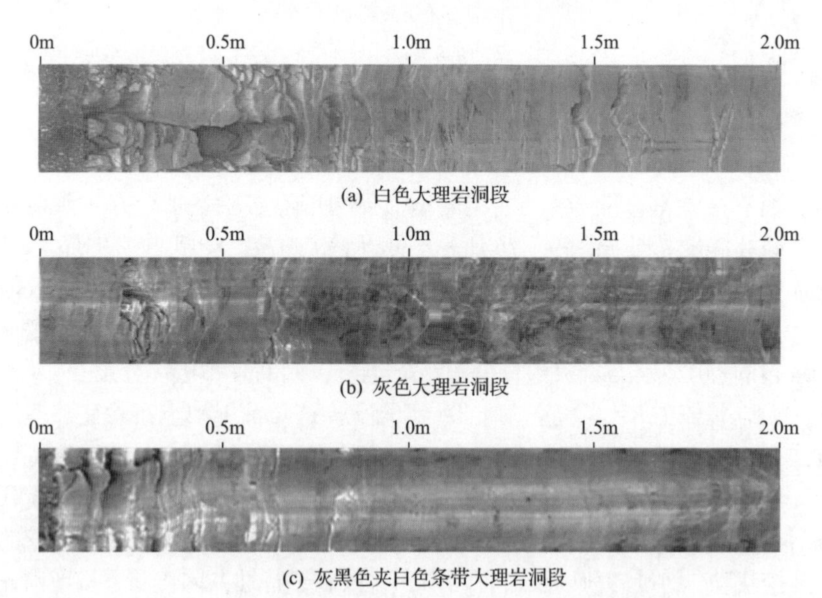

(a) 白色大理岩洞段

(b) 灰色大理岩洞段

(c) 灰黑色夹白色条带大理岩洞段

图 9.1.77　不同颜色大理岩洞段片帮破坏钻孔摄像结果

白色大理岩＜灰色大理岩＜灰黑色夹白色条带大理岩的特征，根据 8.1 节的深部工程硬岩片帮评估方法，在相似的地应力条件下，片帮破坏深度与围岩强度呈负相关，因而各色大理岩片帮破坏深度呈白色大理岩＞灰色大理岩＞灰黑色夹白色条带大理岩的特征。

4. 含结构面岩体片帮破坏

对锦屏地下实验室二期 7#～8# 实验室不同产状、不同性质结构面影响下的片帮破坏特征进行了观测分析。根据观测分析结果可知，当片帮破坏位置附近存在发育程度有限的硬性结构面时，结构面对片帮破坏的影响主要集中在片帮产状或者岩板延展性方面。当结构面与实验室轴线大角度相交时，结构面未处于优势破坏面上，又因硬性结构面本身强度相对较高，结构面对片帮破坏的影响不是非常明显，片帮破坏甚至时常可以穿过结构面发育，结构面在片帮破坏中的主要作用是截断一块连续的岩板，而岩板被截断可能会促使其发生失稳破坏，如图 9.1.78 所示。当结构面与实验室轴线小角度相交时，由于结构面相较于完整岩体更容易发生破坏，结构面先发生破坏进而导致其附近局部应力场改变，导致片帮破坏的最终产状与结构面相近，当结构面发生贯穿破坏时，周围的岩板容易发生失稳破坏。

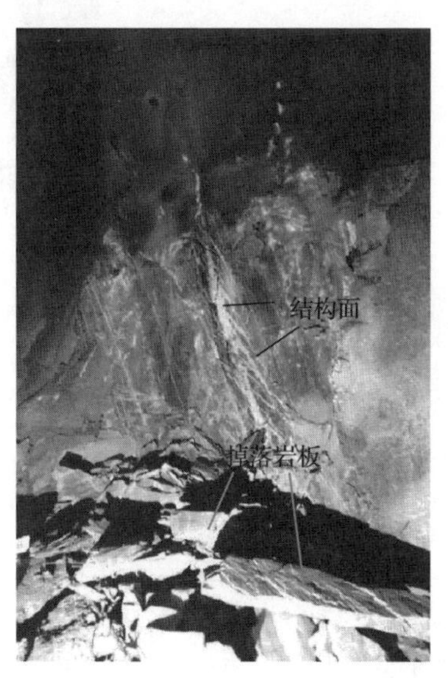

图 9.1.78　硬性结构面产状影响下的片帮破坏特征

当结构面较为发育或者存在充填物时，围岩更容易沿结构面发生破坏，此时片帮等脆性破坏较少，如 7# 实验室端部由于节理密集，很少发生明显的片帮破坏。结构面越密集，充填特征越明显，应力诱导的片帮等脆性破坏越少，结构控制型破坏越多。反之，在稀疏、微充填或无充填的硬性结构面条件下，围岩更容易发生片帮等脆性破坏。

9.1.6 地下实验室塌方孕育过程的特征、规律和机理

锦屏地下实验室二期开挖过程中分别在 3# 实验室和 4# 实验室各发生一次塌方，3# 实验室塌方为结构型塌方，4# 实验室塌方为应力-结构型塌方。

1. 3# 实验室塌方

2015 年 4 月 13 日 10:00，采用台阶开挖工法从 2# 交通洞向 3# 实验室 K0+004.2 到 K0+007.2 开挖中导洞时发生塌方，3# 实验室塌方空间位置和塌落岩体如图 9.1.79 所示。爆破后随即发生断断续续的塌方，这次塌方整体塌落下来的岩体体积大约为 2000m^3，开始于南侧边墙，接着是掌子面和北侧边墙，最后向拱部发展，最终在塌落拱和支护措施下稳定。塌方发生时，4# 实验室、9-1# 实验室、9-2# 实验室、7# 实验室、8# 实验室处于未开挖状态，2# 实验室没有施工，5# 实验室和 6# 实验室正在采用多臂钻台车打锚杆钻孔，4# 交通洞正在进行系统的复喷混凝土，1# 实验室正在进行边墙爆破扩挖，2# 交通洞完成了初喷混凝土+锚杆+钢筋网+复喷混凝土系统支护。

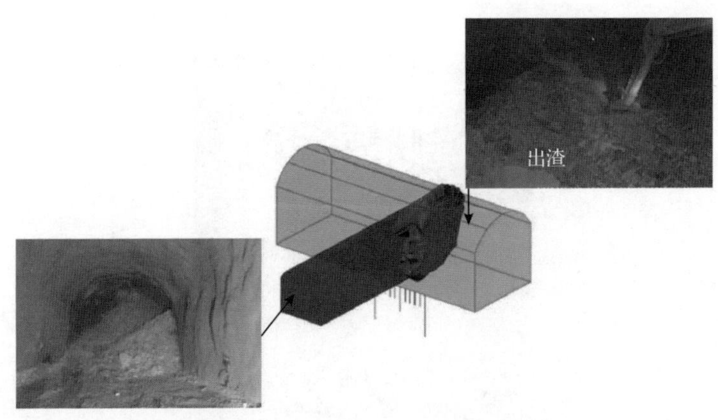

图 9.1.79 锦屏地下实验室二期 3# 实验室塌方空间位置和塌落岩体

1) 塌方发生过程

在 3# 实验室中导洞爆破开挖产生的炮烟、有毒气体和粉尘消散后，开始对塌方现场录像。根据现场塌方的时间先后顺序、塌落体的形态特征和空间位置，将塌方过程分为四个阶段。3# 实验室复杂岩性破碎带塌方过程如图 9.1.80 所示[11]。

(1) 第一阶段：南侧边墙围岩塌方。首先，在 15:24:27，南侧边墙出现一小块白色岩体掉落；其次，在 15:26:20，南侧边墙一小块白色岩体和一小块黑色岩体掉落；然后，在 15:28:38，发现南侧边墙上白色和黑色岩体产生了裂纹，岩体开始松动；最后，在 15:30:41，发生大垮落。

(2)第二阶段：掌子面围岩塌方。首先，在 16:15:20，一小块白色岩体从掌子面处滑落；其次，在 16:15:48，掌子面大范围零星小块体塌落；然后，在 16:16:06，

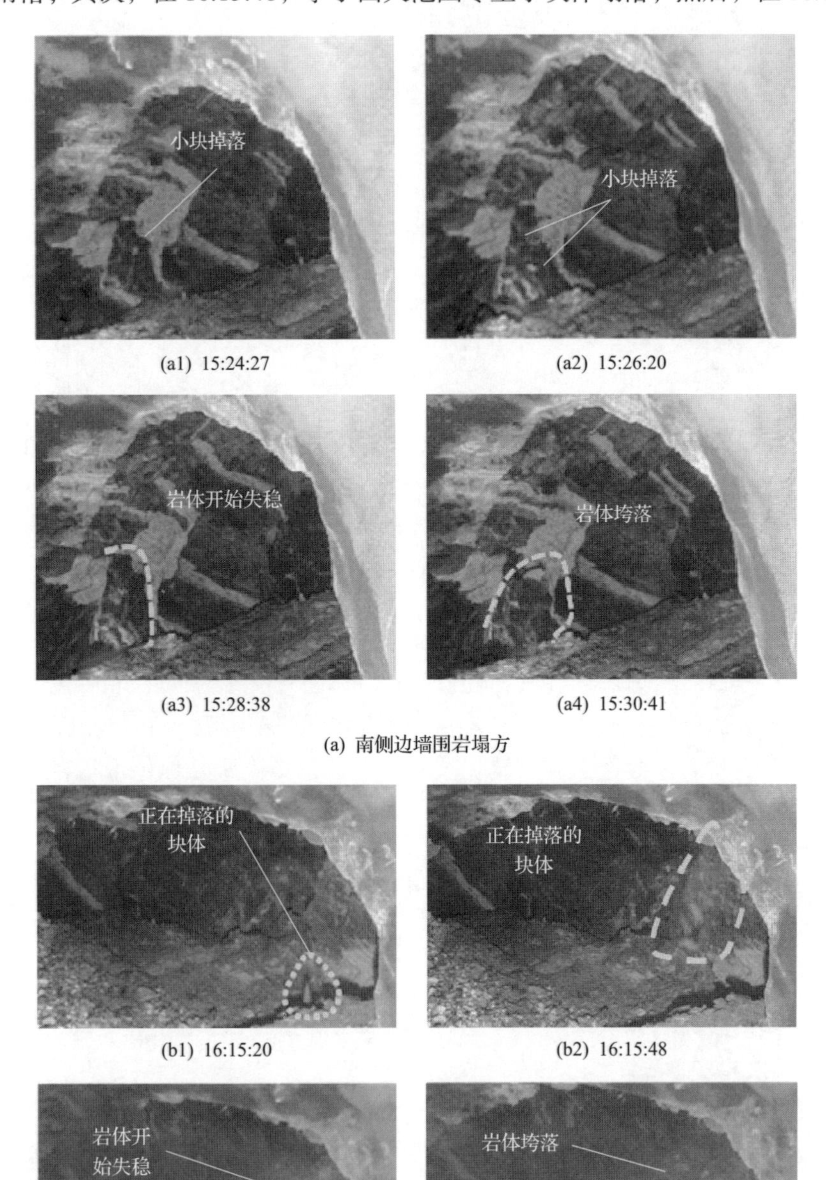

(a1) 15:24:27　(a2) 15:26:20

(a3) 15:28:38　(a4) 15:30:41

(a) 南侧边墙围岩塌方

(b1) 16:15:20　(b2) 16:15:48

(b3) 16:16:06　(b4) 16:17:12

(b) 掌子面围岩塌方

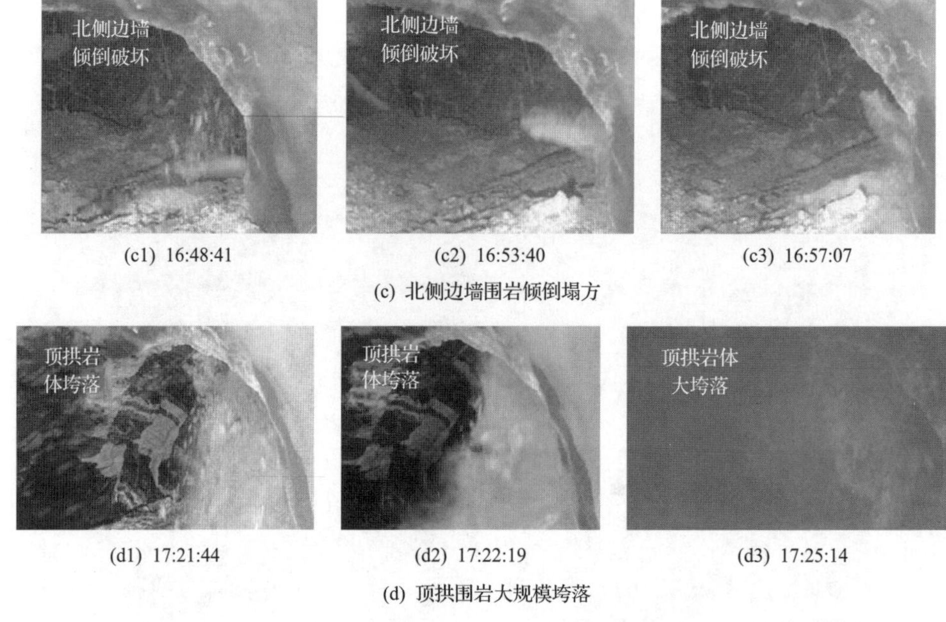

(c1) 16:48:41　(c2) 16:53:40　(c3) 16:57:07

(c) 北侧边墙围岩倾倒塌方

(d1) 17:21:44　(d2) 17:22:19　(d3) 17:25:14

(d) 顶拱围岩大规模垮落

图 9.1.80　锦屏地下实验室二期 3# 实验室复杂岩性破碎带塌方过程[11]

掌子面上黑色岩体产生裂纹，开始松动；最后，在 16:17:20，发生失稳塌落。

(3)第三阶段：北侧边墙围岩倾倒塌方。首先，在 16:48:41，北侧边墙有一条长大白色带状岩体倾倒破坏，伴有零星白色岩体掉落；其次，在 16:53:40，一条长大厚白色板状岩体倾倒破坏；最后，在 16:57:07，2 个细长白色带状岩体发生倾倒破坏。

(4)第四阶段：顶拱围岩大规模垮落。首先，在 17:21:44，顶拱大范围类似散花状岩体掉落；其次，在 17:22:19，顶拱岩体继续塌方，并扬起粉尘；最后，在 17:25:14，顶拱围岩发生大面积塌落，扬起灰尘，弥漫了整个开挖空间。

类似上述的塌方过程发生多次后，在 4 月 15 日 11:30，通过混凝土湿喷台车对塌方区域揭露的岩体表面直接喷射仿钢纤维混凝土，形成闭环，然后采取支护锚杆+钢筋网+复喷混凝土，塌方停止。

塌方区域支护完成后，采用高精度三维激光扫描仪对塌方形态进行扫描，得到点云数据，然后通过 CAD 连接点云获取塌方的轮廓。通过扫描塌方最终轮廓线和设计开挖断面得到塌方深度和宽度。3# 实验室不同桩号处的塌方轮廓线如图 9.1.81 所示。从塌方的轮廓看，塌方最严重处发生在 K0+006.1 处，最大深度为 6.5m，最大宽度为 12.5m；K0+004.6 和 K0+007.2 处塌方深度和宽度相比 K0+006.1 处要小，所有塌方轮廓线都呈参差状或弧状，表明塌方不受大结构面控制影响(若有大结构面构成边界，则轮廓线有直线段)。

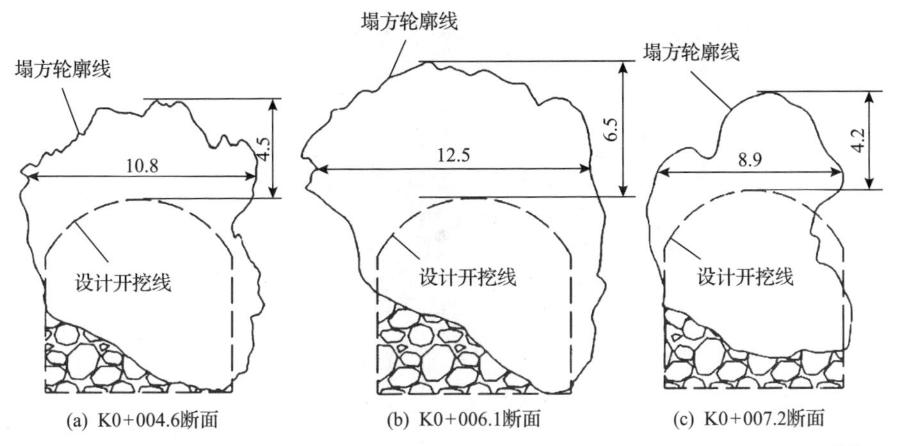

图 9.1.81　锦屏地下实验室二期 3# 实验室不同桩号处的塌方轮廓线(单位：m)[11]

2)塌方影响因素

从上述工程概况、地质概况和现场塌方情况看，水和优势结构面对此次塌方影响小，主要原因是挤压破碎带内岩体自身破碎。

塌方部位主要为白色和黑色状岩体，岩体挤压变形严重，呈不规则弯曲状，如图 9.1.82(a)所示。根据该区域的岩体颜色、溶蚀程度、胶结情况将其分为四类，如图 9.1.82(b)和图 9.1.83[11]所示。这四类岩体主要特征如下：

第一类为花斑角砾状大理岩，主要分布在塌方区域南侧边墙和掌子面区域。短小裂隙发育，裂隙胶结程度差。岩体表面呈铁锰质侵染，风化严重呈紫红色，轻微挤压易碎。根据相似风化程度(强风化)的大理岩，估计岩体抗压强度为 30～50MPa，地质强度指标 GSI 为 20～30。

第二类为溶蚀状大理岩，呈条带状，主要发育在南侧边墙和掌子面区域，嵌入在第一类岩体中。岩体表面粗糙凹凸不平，溶蚀严重，呈白色。岩体内部孔隙较多，颗粒间胶结程度差，轻微挤压易碎。估计岩体抗压强度为 5～15MPa，GSI 为 3～12。

第三类为镶嵌胶结状大理岩，由紫红色和白色岩体组成，主要夹杂在方解石化岩体和花斑角砾状大理岩中间，分布在掌子面中间部位。该岩体细小结构面间距为 0.04m，密集发育，易碎呈细小块状。胶结程度差，易开裂，紫红色岩体易碎，遇水易软化，手掰即碎。估计岩体抗压强度为 15～25MPa，GSI 为 5～12。暴露时间过长，岩体容易开裂脱落，滑脱现象明显。

第四类为方解石化大理岩，岩体呈肉红色，中间夹杂细小黑色条带，主要分布在塌方区域的北侧边墙。岩体由小块状结合，节理优势产状为 30°∠85°和 225°∠7°，节理间距为 0.08m，呈定向密集发育。估计岩体抗压强度为 35～50MPa，GSI 为 23～34。

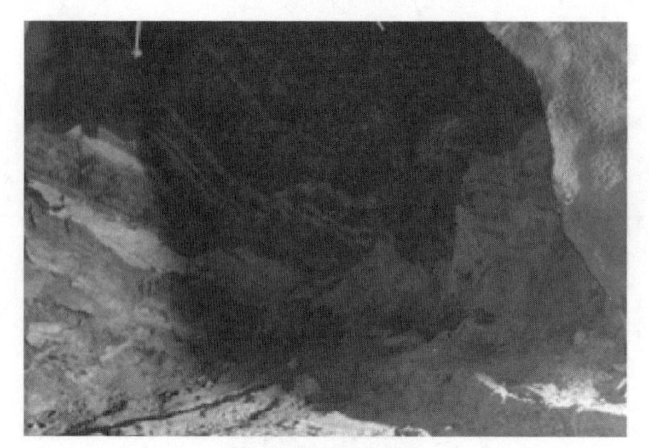

(a) 塌方掌子面照片

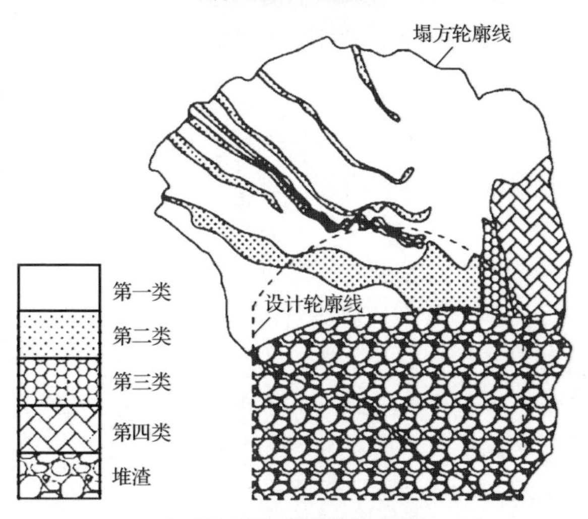

(b) 塌方掌子面岩性特征示意图

图 9.1.82　3# 实验室塌方掌子面

(a) 花斑角砾状大理岩

(b) 溶蚀状大理岩

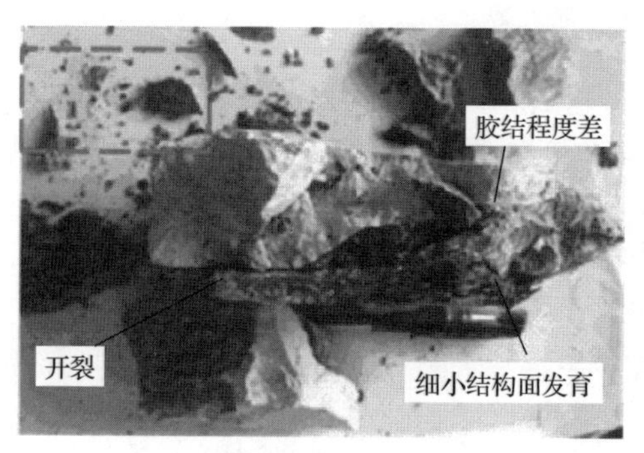

(c) 镶嵌胶结状大理岩

(d) 方解石化大理岩

图 9.1.83　锦屏地下实验室二期 3# 实验室塌方区域不同性质大理岩[11]

由以上分析可知，该区域第一类、第三类、第四类岩体节理裂隙发育，第二类岩体孔隙发育，四类岩体的岩性差异大，岩体质量差、变形模量小、稳定性差，构成了塌方的必要条件。不同岩性岩体分布在不同的空间位置，对这次塌方的时空演化过程具有一定影响。

分别采集这四类大理岩岩样，按照 X 射线衍射标准进行研磨、筛分，再进行 X 射线衍射试验，得到这四类大理岩的矿物组成，如表 9.1.9 所示[11]。其中第一类岩体石英含量为 12.07%，主要表现为该岩体岩块自身强度较高。第三类岩体云母含量为 28.47%，主要表现为该岩体细小结构面发育，岩体风化软弱，容易开裂脱落。第四类岩体方解石含量为 15.75%，主要表现为岩体方解石化。

表 9.1.9　四类大理岩的矿物组成[11]

大理岩种类	矿物含量/%				黏土矿物含量/%	示例图片	岩体描述
	白云石	云母	石英	方解石			
第一类	67.96	19.97	12.07	0	0		黑色，裂隙发育
第二类	87.61	6.32	1.42	4.65	0		白色，溶蚀严重，孔隙多
第三类	69.18	28.47	2.35	0.0	0		镶嵌结构
第四类	79.26	4.99	0	15.75	0		黄白色，节理面发育，面光滑

3) 塌方破坏机制

根据现场观察到的围岩塌落形态及分析总结的塌方影响因素，结合室内 SEM 扫描结果，对这次复杂岩性挤压破碎带的塌方破坏机制进行分析。对南侧边墙塌落下来的第一类和第二类岩体取样，对其破坏面进行室内 SEM 扫描试验。3# 实验室塌方处岩体 SEM 照片如图 9.1.84 所示。第一类岩体断口粗糙，花样粗大，呈台阶状，破裂面有明显的剪切擦痕，为剪切破坏。第二类岩体破裂面呈台阶状，台阶较小，有明显的剪切擦痕，擦痕平行分布，含有少量的岩屑，为剪切破坏。掌子面塌方后，第一类岩体破坏面呈蛇状花样，有明显的剪切滑移线，散落了少量的岩屑，为剪切破坏。北侧边墙塌落下来的岩体破裂面为穿晶断裂(岩体节理间胶结物张开撕裂)，断面棱角锋利鲜明，呈锯齿状，没有明显的擦痕，为张拉破坏。

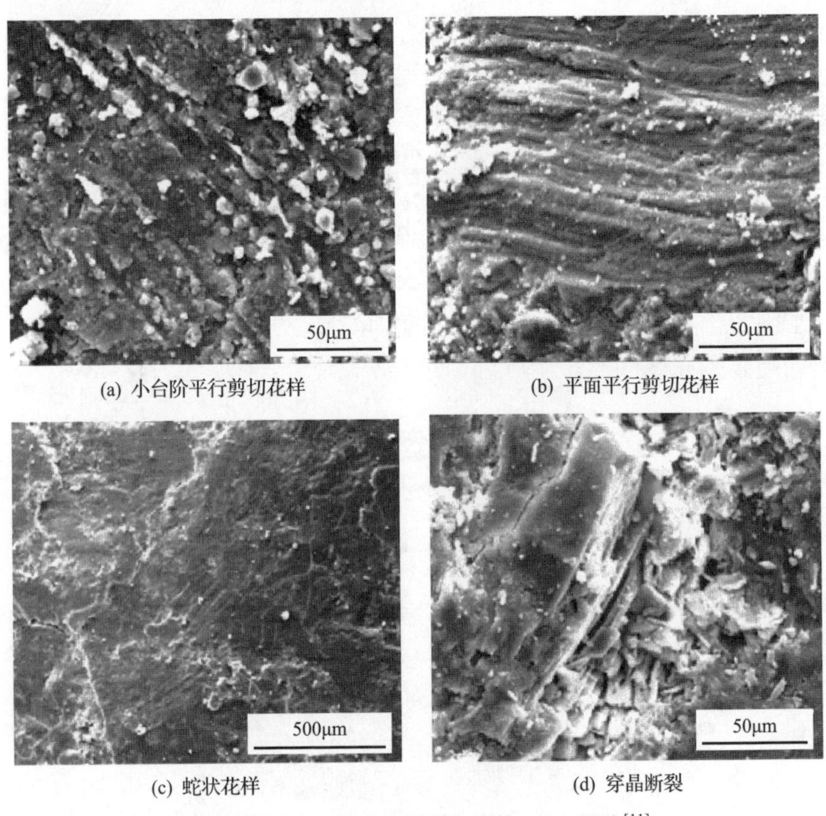

(a) 小台阶平行剪切花样　(b) 平面平行剪切花样

(c) 蛇状花样　(d) 穿晶断裂

图 9.1.84　3# 实验室塌方处岩体 SEM 照片[11]

2. 4# 实验室塌方

4# 实验室在中导洞开挖过程中，先对中导洞顶拱初喷 10cm 厚的混凝土，并安装随机锚杆；中导洞开挖完以后，对其进行系统支护，该系统支护包括安装带锚垫板的锚杆+钢筋网+复喷 15cm 厚仿钢纤维混凝土。然后，分别向中导洞的两侧边墙扩挖，初喷 10cm 厚的混凝土。

2015 年 8 月 16 日 9:00 左右，4# 实验室 K0+015～K0+020 处向两侧边墙扩挖。爆破后出渣快要完成时，在其南侧拱肩和边墙发生了塌方，现场塌方情况如图 9.1.85 所示，塌方坑的最大深度为 2m，塌方的体积大约为 $80m^3$ 左右。塌落的石头主要为块体状(见图 9.1.86(a))，并存在多个较大塌落块体，其尺寸约为 0.2m×0.5m×0.7m(见图 9.1.86(b))。塌方体的下半边界被两条硬性结构面控制，其中硬性结构面 1 的出露长度约为 2m，产状为 326°∠65°；硬性结构面 2 出露的迹长为 3.5m，产状为 229°∠71°，如图 9.1.86(c)所示。

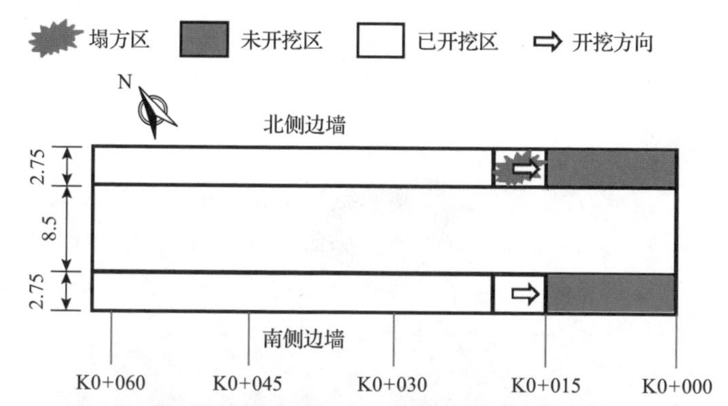

图 9.1.85　锦屏地下实验室二期 4# 实验室塌方位置示意图(单位：m)

(a) 塌落的块状岩石

(b) 塌落的大块状岩石

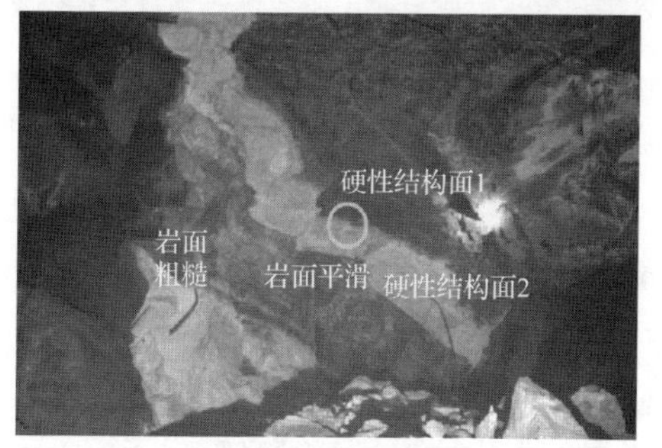

(c) 塌坑处的围岩状态

图 9.1.86　锦屏地下实验室二期 4# 实验室现场塌方情况

塌方区获得的完整岩块的单轴抗压强度为 60～100MPa，表明该围岩岩体质量好且稳固。从图 9.1.86(c)可以看出，塌方后岩体存在一部分粗糙和一部分光滑壁面，其中粗糙的岩面是岩体在高应力作用下内部发生破裂，而平滑的岩面为硬性结构面。因此，根据该破坏特征可知，此次塌方是典型的应力-结构型破坏。

9.1.7　地下实验室岩爆孕育过程的特征、规律和机理

5#、7# 和 8# 实验室开挖过程中发生了 4 次岩爆，分别涉及 4 个等级(轻微、中等、强烈与极强)和 4 种类型(即时型岩爆、时滞型岩爆、应变型岩爆、应变-结构面滑移型岩爆)。

1. 7# 实验室“4·21”轻微岩爆

1)岩爆预警

“4·21”轻微岩爆发生前夕，7# 实验室 K0+000～K0+025 区域微震活动空间分布如图 9.1.87 所示，岩爆预警空间单元内微震信息如表 9.1.10 所示。根据实时预警工作机制，即时分析原位监测信息，采用所建立的岩爆预警模型对岩爆风险进行预警，获取岩爆预警结果，如图 9.1.88 所示。

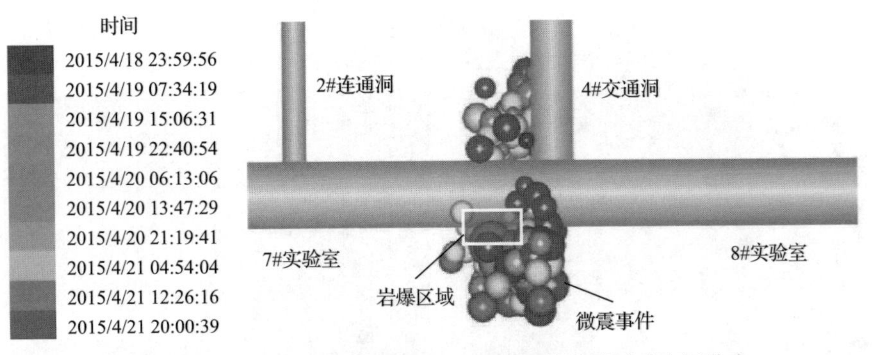

图 9.1.87　7# 实验室 K0+000～K0+025 区域微震活动空间分布

表 9.1.10　“4·21”轻微岩爆预警空间单元内微震信息

累积微震事件数/个	累积微震释放能/kJ	累积微震视体积/m^3	微震事件率/(个/d)	微震释放能速率/(kJ/d)	微震视体积率/(m^3/d)
104	43.7	3.15×10^4	35.66	15	1.08×10^4

预警结果表明，2015 年 4 月 21 日后，7# 实验室 K0+000～K0+025 区域有发生轻微岩爆的风险。

2)现场实际岩爆特征

2015 年 4 月 21 日，7# 实验室在上层中导洞开挖过程中，K0+008.5～K0+011.5 南侧边墙至拱肩和掌子面南侧上方部位发生轻微岩爆，现场实际岩爆情况与预警

结果一致。岩爆发生时伴有较大响声。爆区最大深度小于0.5m，结合岩爆爆区相对于开挖掌子面的距离，此次岩爆为即时型轻微岩爆。岩爆区域揭露1组走向为N30°W的Ⅴ级结构面，结构面闭合且为钙质胶结，爆区岩体结构为整体结构，岩爆现场照片如图9.1.89所示。

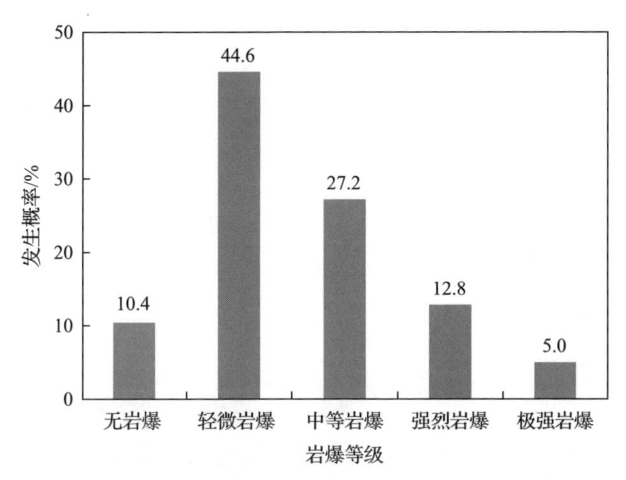

图9.1.88　“4·21”轻微岩爆发生前基于微震信息的岩爆预警结果

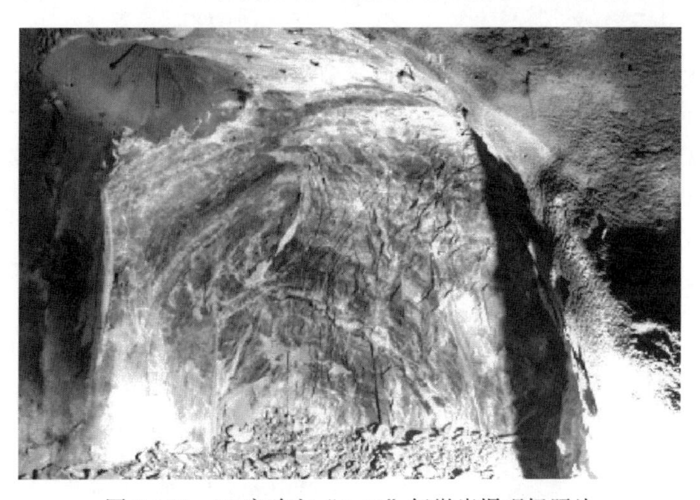

图9.1.89　7#实验室“4·21”轻微岩爆现场照片

3）岩爆孕育机制分析

图9.1.90为“4·21”轻微岩爆孕育过程中微震活动的时间演化特征。可以看出，微震事件基本由开挖卸荷诱发，其他实验室爆破扰动对此次岩爆孕育基本无贡献，岩爆发生后约7h微震活动即趋于平静。

图9.1.91为“4·21”轻微岩爆孕育过程中微震活动的空间演化特征，图中球体大小表示微震事件的微震释放能大小，尺寸越大，释放能量越多。可以看

出，岩爆孕育过程中微震事件向结构面位置聚集；岩爆发生后微震活动离散发展。这说明在此次岩爆孕育过程中开挖卸荷和结构面控制着微震活动的空间分布特征。

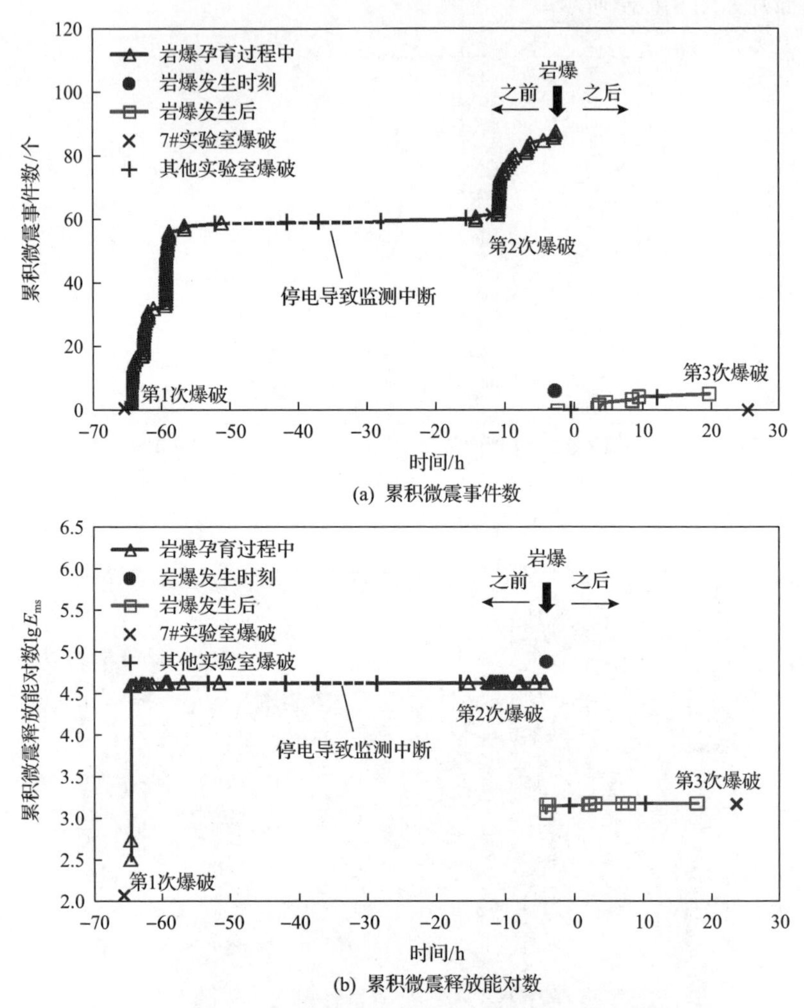

图 9.1.90　“4·21”轻微岩爆孕育过程中微震活动的时间演化特征

时间为“–”表示岩爆发生前时间

图 9.1.92 为“4·21”轻微岩爆孕育过程中岩体破裂类型演化特征。可以看出，岩爆孕育过程中发生大量的张拉型破裂，临震前剪切型事件呈渐增趋势；岩爆发生时刻对应岩体破裂机制为剪切；岩爆发生后破裂基本均为张拉；微震大事件发生在孕育前期。该次岩爆呈现出典型的即时应变-结构面滑移型岩爆孕育机制的特征。

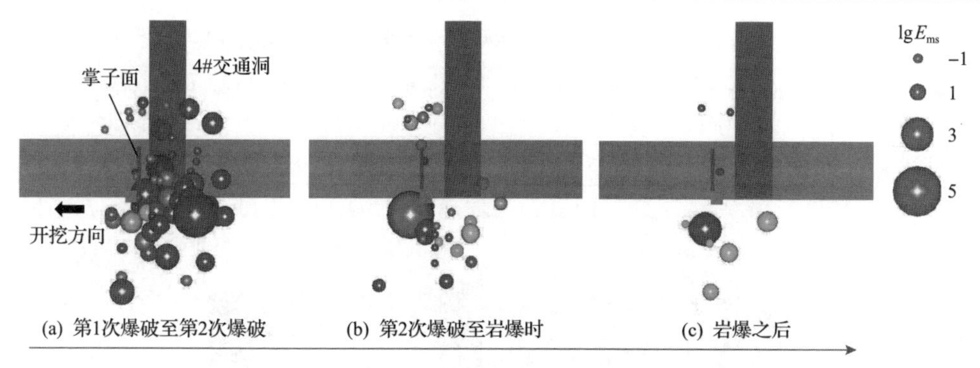

图 9.1.91　“4·21”轻微岩爆孕育过程中微震活动的空间演化特征

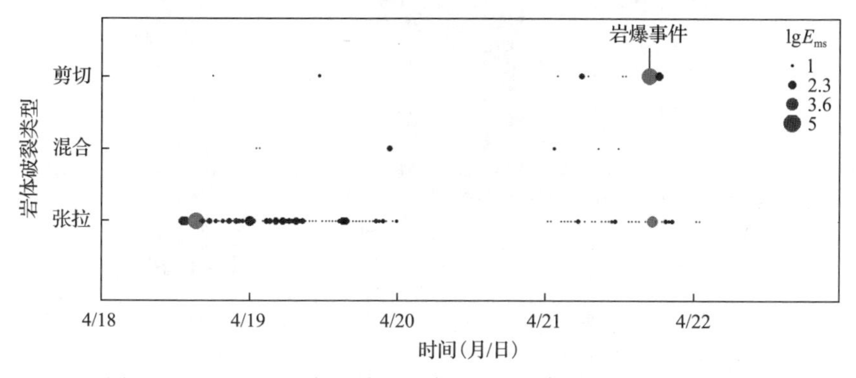

图 9.1.92　“4·21”轻微岩爆孕育过程中岩体破裂类型演化特征

2. 8# 实验室“5·28”中等岩爆

1) 岩爆预警

“5·28”中等岩爆发生前夕，8# 实验室 K0+015～K0+050 区域微震活动空间分布如图 9.1.93 所示，岩爆预警空间单元内微震信息如表 9.1.11 所示。采用所建立的岩爆预警模型获取的岩爆预警结果如图 9.1.94 所示。

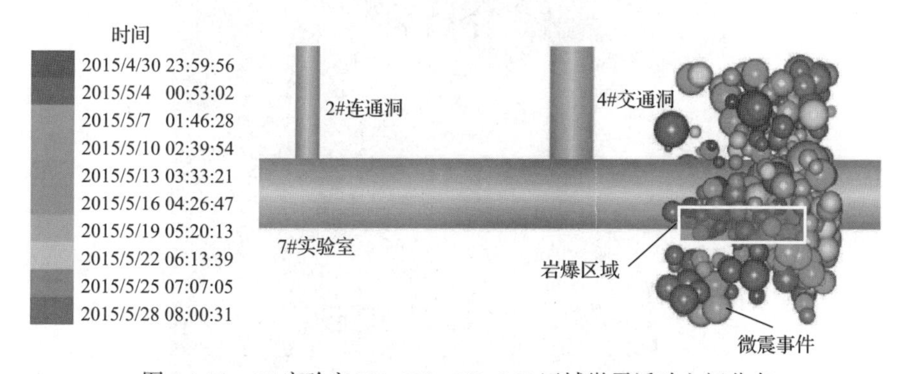

图 9.1.93　8# 实验室 K0+015～K0+050 区域微震活动空间分布

表 9.1.11　“5 · 28”中等岩爆预警空间单元内微震信息

累积微震事件数/个	累积微震释放能/kJ	累积微震视体积/m^3	微震事件率/(个/d)	微震释放能速率/(kJ/d)	微震视体积率/(m^3/d)
1635	245.5	259.13×10^4	58.39	8.8	9.25×10^4

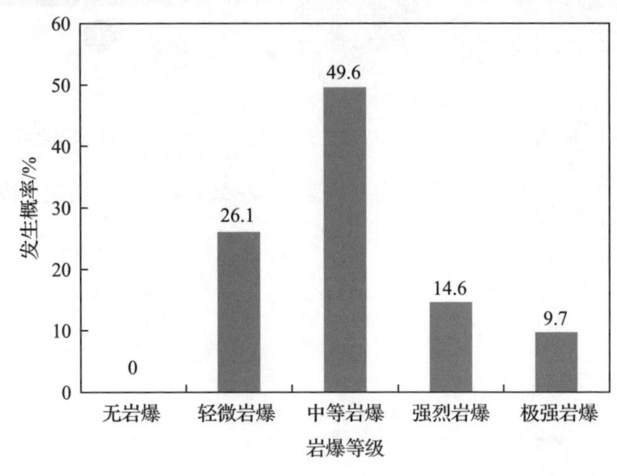

图 9.1.94　“5 · 28”中等岩爆发生前基于微震信息的岩爆预警结果

预警结果表明，2015 年 5 月 28 日后，8# 实验室 K0+015～K0+050 区域有发生中等岩爆的风险。

2) 现场实际岩爆特征

2015 年 5 月 28 日，8# 实验室在中导洞开挖过程中，K0+018.5～K0+045 南侧边墙至拱肩部位发生中等岩爆，岩爆发生时伴有较大响声，部分爆出岩块被抛掷至实验室北侧边墙，造成岩爆区域内实验室拱肩部位已有锚杆和初喷支护严重损坏。爆坑深度约为 1m，岩爆类型为即时型中等岩爆。岩爆区域揭露零星延展性差节理，爆区岩体结构为整体结构。岩爆现场照片如图 9.1.95 所示。

图 9.1.95　8# 实验室“5 · 28”中等岩爆现场照片

3) 岩爆孕育机制分析

图 9.1.96 为“5·28”中等岩爆孕育过程中微震活动时间演化特征。可以看出，微震事件基本为开挖卸荷诱发；7# 实验室爆破对岩爆区域有扰动作用；岩爆发生后约 12h 微震活动趋于平静。

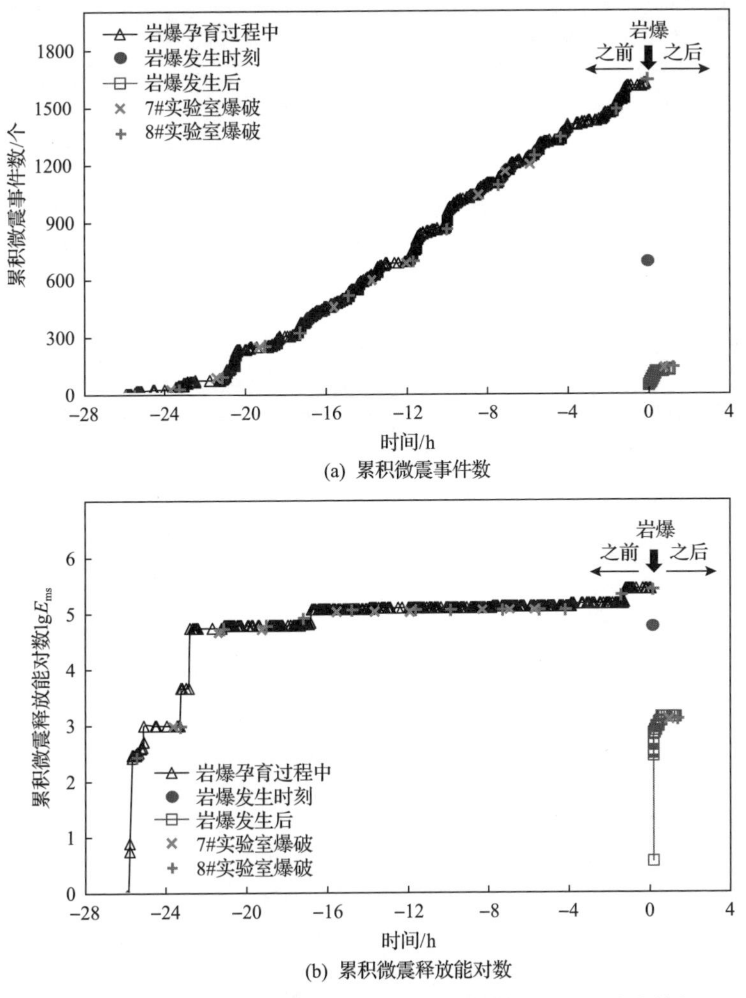

(a) 累积微震事件数

(b) 累积微震释放能对数

图 9.1.96　“5·28”中等岩爆孕育过程中微震活动时间演化特征

图中时间为负值表示岩爆发生前时间

图 9.1.97 为“5·28”中等岩爆孕育过程中微震活动的空间演化特征。可以看出，岩爆孕育过程中微震事件并非一直在岩爆区域发展，而是随着开挖始终聚集在掌子面附近。

图 9.1.98 为“5·28”中等岩爆孕育过程中岩体破裂类型演化特征。可以看出，岩爆孕育过程中以张拉型破裂为主，临震前剪切型事件呈渐增趋势；岩爆发生时

刻为张拉破裂；岩爆发生后基本均为张拉破裂；微震大事件基本发生在孕育中、后期。该次岩爆呈现出典型的即时应变型岩爆孕育机制的特征。

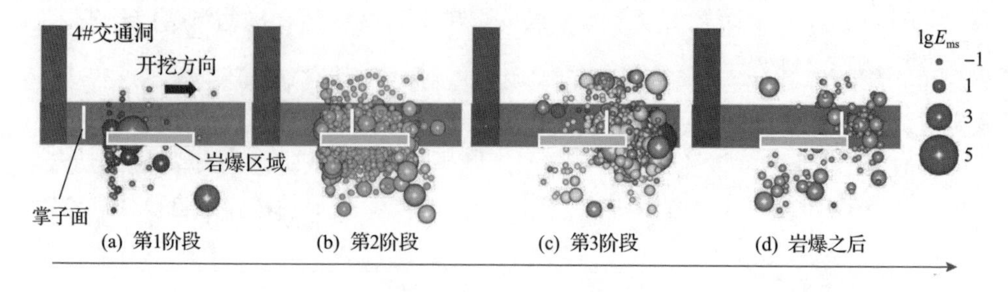

图 9.1.97　“5·28”中等岩爆孕育过程中微震活动空间演化特征

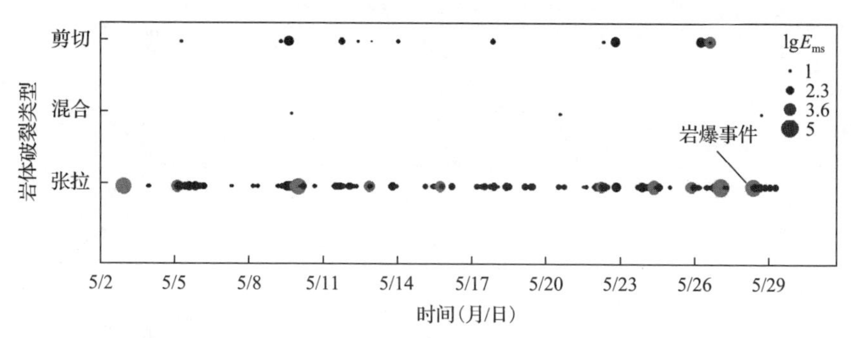

图 9.1.98　“5·28”中等岩爆孕育过程中岩体破裂类型演化特征

3. 5# 实验室“4·23”强烈岩爆

1) 岩爆预警

“4·23”强烈岩爆发生前夕，5# 实验室 K0+010～K0+050 区域微震活动空间分布如图 9.1.99 所示，岩爆预警空间单元内微震信息如表 9.1.12 所示，岩爆预警结果如图 9.1.100 所示。

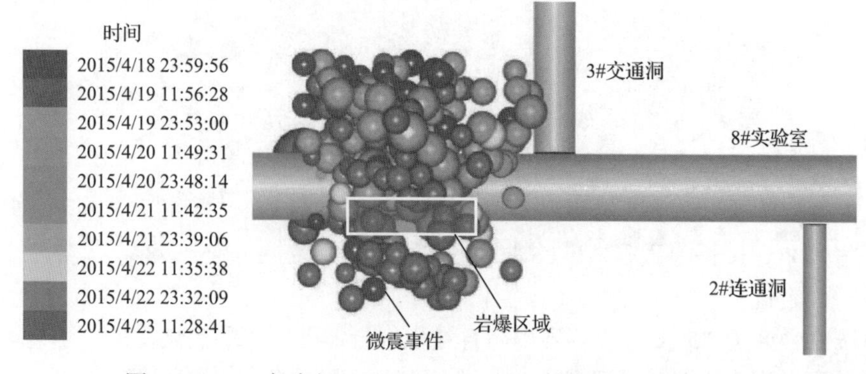

图 9.1.99　5# 实验室 K0+010～K0+050 区域微震活动空间分布

表 9.1.12　“4·23”强烈岩爆预警空间单元内微震信息

累积微震事件数/个	累积微震释放能/kJ	累积微震视体积/m^3	微震事件率/(个/d)	微震释放能速率/(kJ/d)	微震视体积率/(m^3/d)
209	8.9	47.32×10^4	45.60	1.9	10.32×10^4

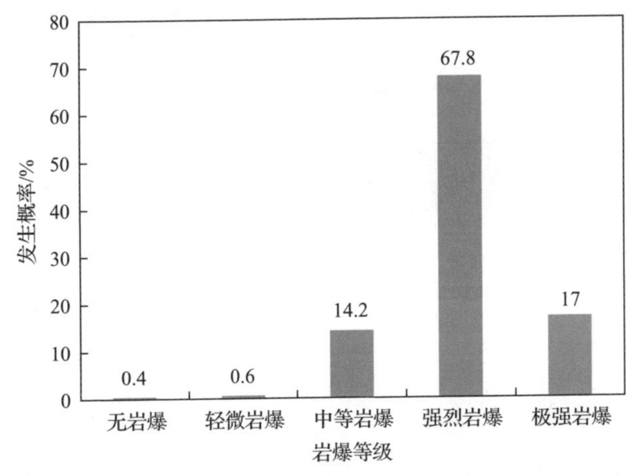

图 9.1.100　“4·23”强烈岩爆发生前基于微震信息的岩爆预警结果

预警结果表明，2015 年 4 月 23 日后，5# 实验室 K0+010～K0+050 区域发生极强岩爆的可能性为 17%，发生强烈岩爆的可能性为 67.8%，发生中等岩爆的可能性为 14.2%，发生轻微岩爆的可能性为 0.6%，无岩爆的可能性为 0.4%。这意味着 4 月 23 日后，5# 实验室 K0+010～0+K050 区域存在极高的强烈岩爆风险。

2) 现场实际岩爆特征

2015 年 4 月 23 日，5# 实验室在上层扩挖过程中，K0+012.5～K0+045 南侧边墙中上部至拱肩部位发生岩爆，岩爆发生时伴有巨大响声，部分爆出岩块被抛掷至实验室北侧边墙，岩爆造成岩爆区域内实验室拱肩部位已有锚杆和初喷支护严重损坏。爆区最大深度近 3m，岩爆发生时刻对应的岩体破裂微震释放能为 2.6×10^6J，结合岩爆爆区相对于开挖掌子面的距离评判，此次岩爆为时滞型强烈岩爆。岩爆区域揭露两组Ⅴ级结构面，走向分别为 N70°W 和 N48°W，结构面微张，局部可见铁锰质渲染，爆区岩体结构为次块状结构。岩爆现场照片如图 9.1.101 所示。

3) 岩爆孕育机制分析

图 9.1.102 为“4·23”强烈岩爆孕育过程中微震活动时间演化特征。可以看出，微震事件基本为爆破扰动诱发，且 6# 实验室爆破对岩爆区域微震活动有明显的扰动作用；根据微震活动的时间演化特征，可将岩爆孕育过程分为三个阶段，阶段Ⅰ产生了约占总数 40%的微震事件且能量释放较大，阶段Ⅱ持续时间最长，但仅产生约占总数 10%的微震事件，该阶段累积能量释放较小，阶段Ⅲ在临爆前短时

图 9.1.101　5# 实验室“4·23”强烈岩爆现场照片

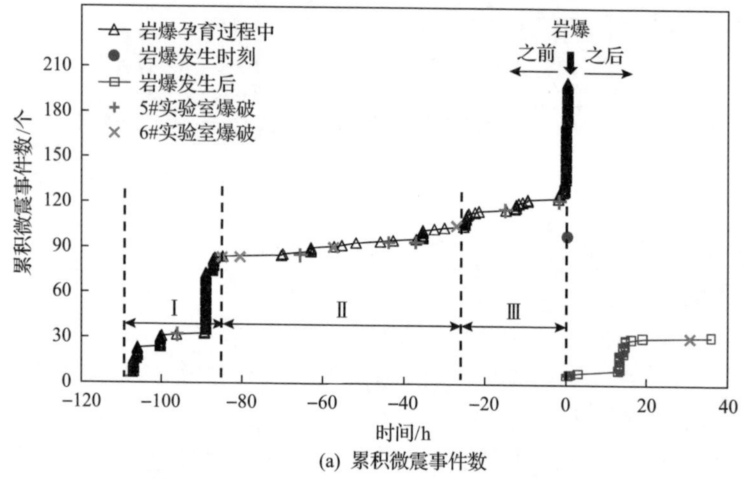

(a) 累积微震事件数

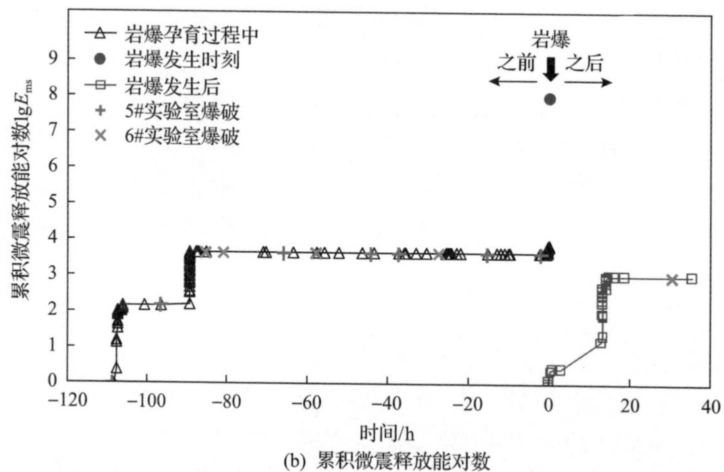

(b) 累积微震释放能对数

图 9.1.102　“4·23”强烈岩爆孕育过程中微震活动时间演化特征

图中时间为负值表示岩爆发生前时间

间内微震事件数突增，但整体能量释放小，随后该次岩爆发生。岩爆发生后约 18h 微震活动趋于平静。

图 9.1.103 为“4·23”强烈岩爆孕育过程中微震活动的空间演化特征。可以看出，阶段Ⅰ微震事件较为集中，但主要集中于岩爆爆区的边缘，阶段Ⅱ微震事件离散且事件能量释放均较小，阶段Ⅲ微震事件再次聚集且位于岩爆爆区内。

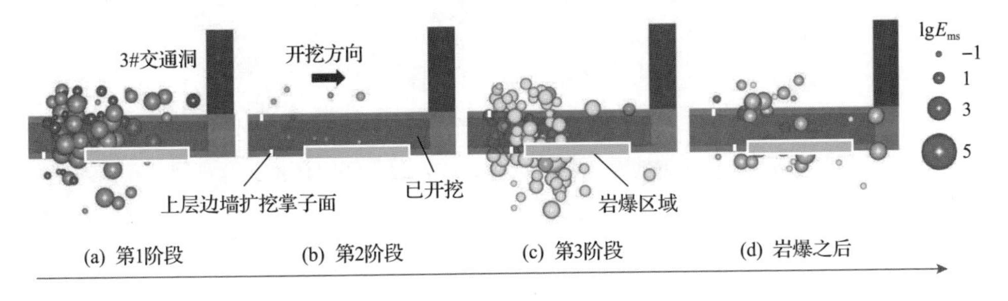

图 9.1.103　“4·23”强烈岩爆孕育过程中微震活动空间演化特征

图 9.1.104 为“4·23”强烈岩爆孕育过程中岩体破裂类型演化特征。可以看出，孕育前期基本均为张拉型破裂，临爆前剪切型事件呈逐渐增加趋势；岩爆发生时刻岩体破裂为剪切；岩爆发生后破裂基本均为张拉。

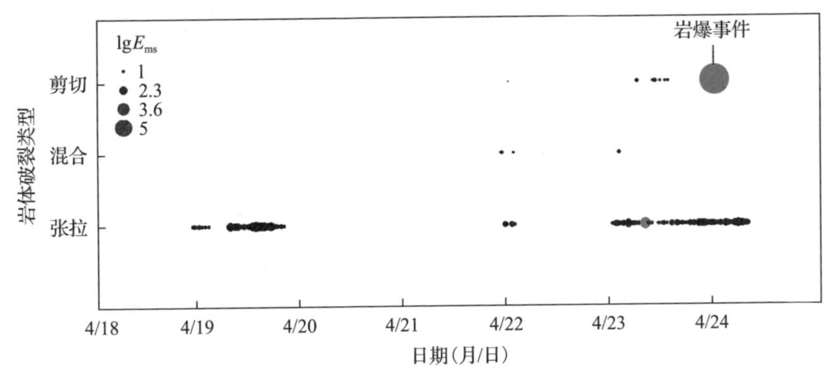

图 9.1.104　“4·23”强烈岩爆孕育过程中岩体破裂类型演化特征

4) 岩爆区围岩变形与破裂演化规律

(1) 相邻洞室围岩内部变形。

“4·23”强烈岩爆发生时，1# 实验室 DSP-01-T 和 DSP-01-M、5# 实验室 DSP-03 处于自动采集状态，每隔 10min 采集 1 次。“4·23”强烈岩爆期间典型围岩内部变形随时间变化曲线如图 9.1.105 所示，其变形增量汇总如表 9.1.13 所示。可以看出，“4·23”强烈岩爆对 1# 实验室两套多点位移计影响不大，下层变化量稍大于上层变化量，最大变化量为 0.0016mm；DSP-03 位于 5# 实验室北侧边墙，其变化量较大，距 5# 实验室北侧边墙 12m 范围内变化量在 0.3506～0.4313mm，距北侧边墙 20m 处变化量为 0.0627mm。对比分析岩爆与该实验室前两次边墙爆破开挖引起的变形增量，可以看出该岩爆引起的远端变形增量明显大于爆破，说明该岩爆释放出的能量大于爆破的能量。

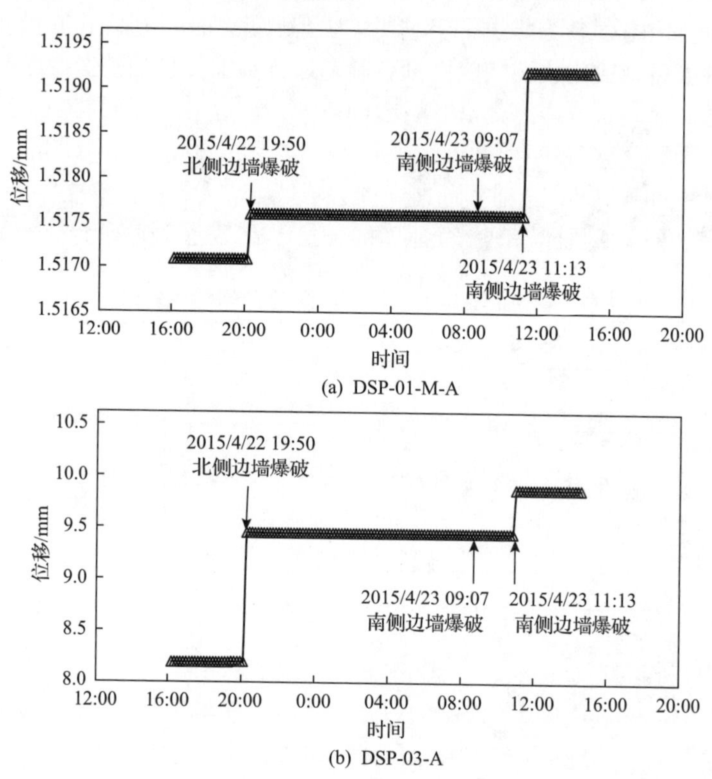

图 9.1.105　“4·23”强烈岩爆期间典型围岩内部变形随时间变化曲线

表 9.1.13　“4·23”强烈岩爆引起变形增量汇总表

测点位置	测点编号	距边墙距离/m	围岩内部变形增量/mm
1#-K0+045 上层北侧拱肩	DSP-01-T-A	1.5	0.0005
	DSP-01-T-B	3.5	0
	DSP-01-T-C	5.5	0.001
	DSP-01-T-D	9.5	0.0009
	DSP-01-T-E	17.5	0
1#-K0+045 下层北侧边墙	DSP-01-M-A	0.5	0.0016
	DSP-01-M-B	2	0.0011
	DSP-01-M-C	4	0.0005
	DSP-01-M-D	8	0.001
	DSP-01-M-E	16	0.0015

续表

测点位置	测点编号	距边墙距离/m	围岩内部变形增量/mm
3#-K0+045 上层北侧拱肩	DSP-03-A	2	0.4313
	DSP-03-C	6	0.3936
	DSP-03-D	12	0.3506
	DSP-03-E	20	0.0627

(2)岩爆区域围岩损伤区。

“4·23”强烈岩爆发生后，在爆坑内布置了 6 个钻孔，钻孔位置如图 9.1.106 所示。通过开展钻孔声波测试，获得的钻孔岩体波速随孔深的变化曲线如图 9.1.107 所示，从而获得各钻孔岩体的损伤区深度，如表 9.1.14 所示。可以看出，岩爆发生后爆坑内围岩损伤区深度为 0.9～2.9m，平均损伤区深度为 1.6m，说明岩爆发生后爆坑内部围岩仍有一定深度范围的破坏，岩爆区域的支护和防控应考虑该部分围岩的损伤区深度。

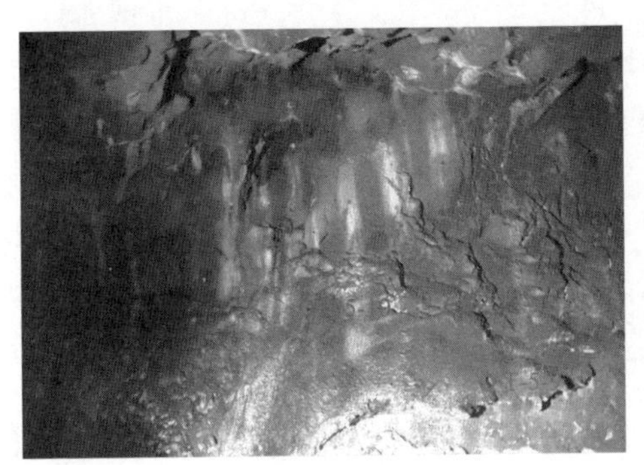

(a) 5#实验室K0+025附近　　(b) 5#实验室K0+035附近

图 9.1.106　“4·23”强烈岩爆区域钻孔布置示意图(见彩图)

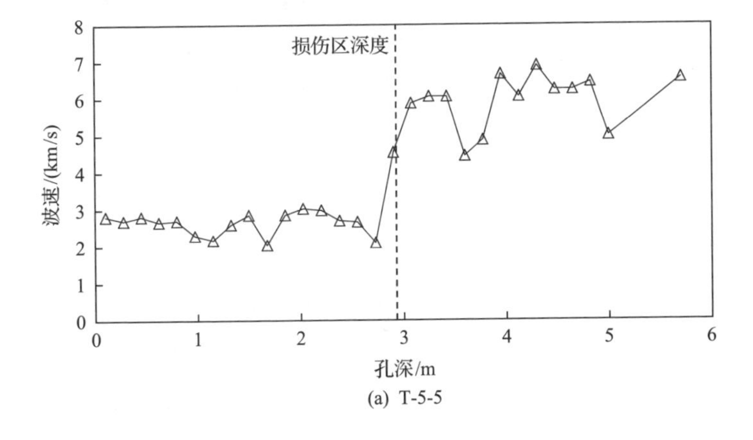

(a) T-5-5

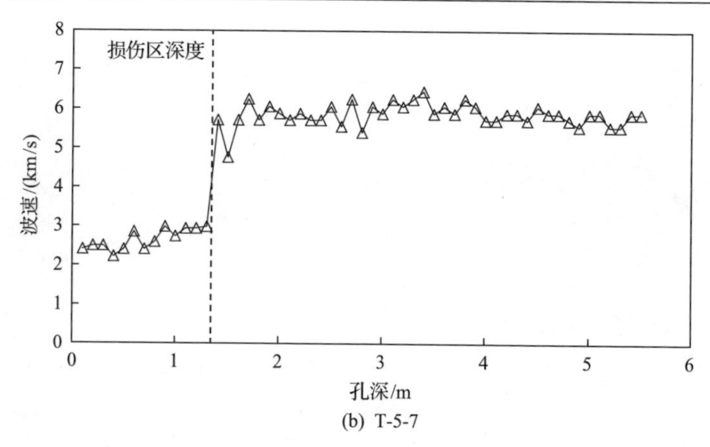

(b) T-5-7

图 9.1.107 “4·23”强烈岩爆区域钻孔岩体波速随孔深的变化曲线

表 9.1.14 “4·23”强烈岩爆区域各钻孔岩体的损伤区深度汇总表(2015 年 4 月 27 日)

孔号	损伤区深度/m	孔号	损伤区深度/m
T-5-5	2.9	T-5-8	0.9
T-5-6	1.3	T-5-9	1.9
T-5-7	1.4	T-5-10	1.3

4. 7#～8# 实验室“8·23”极强岩爆

1) 岩爆预警

“8·23”极强岩爆发生前夕，7# 实验室 K0+010～8# 实验室 K0+040 区域微震活动空间分布如图 9.108 所示，岩爆预警空间单元内微震信息如表 9.1.15 所示，计算得到的岩爆预警结果如图 9.1.109 所示。

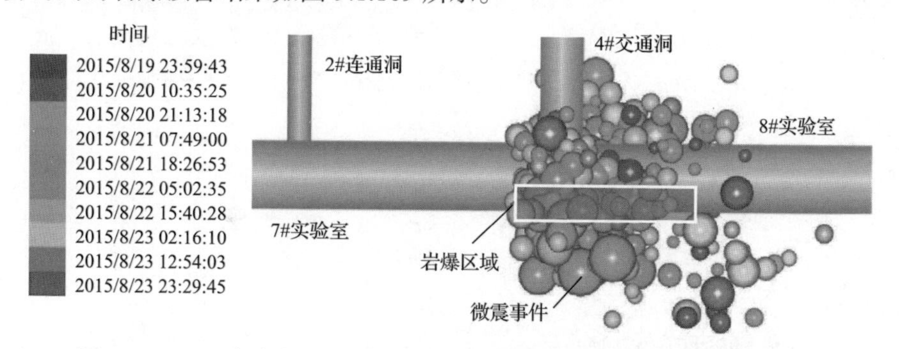

图 9.1.108 7# 实验室 K0+010～8# 实验室 K0+040 区域微震活动空间分布

表 9.1.15 “8·23”极强岩爆预警空间单元内微震信息

累积微震事件数/个	累积微震释放能/kJ	累积微震视体积/m^3	微震事件率/(个/d)	微震释放能速率/(kJ/d)	微震视体积率/(m^3/d)
475	851.1	171.02×10^4	118.75	212.8	42.76×10^4

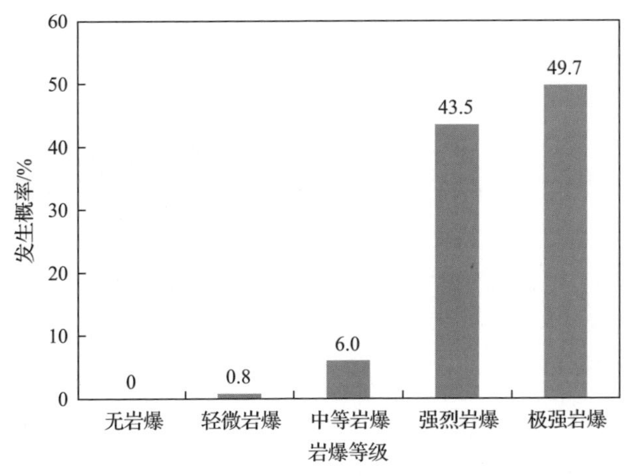

图 9.1.109　“8·23”极强岩爆发生前基于微震信息的岩爆预警结果

预警结果表明，2015 年 8 月 23 日 8:00 后，7# 实验室 K0+010～8# 实验室 K0+040 区域发生极强岩爆的可能性为 49.7%，发生强烈岩爆的可能性为 43.5%，发生中等岩爆的可能性为 6%，发生轻微岩爆的可能性为 0.8%，无岩爆的可能性为 0。这意味着 8 月 23 日 8:00 后 7# 实验室 K0+010～8# 实验室 K0+040 区域存在极高的极强岩爆风险。

2) 现场实际岩爆特征

2015 年 8 月 23 日 23:39～23:58，7# 和 8# 实验室交界处发生极强岩爆，岩爆区长约 44m，高 5～6m，最大爆坑深度 3.2m，最大爆块尺寸达 2.4m×2.4m×1m，岩块最大弹射距离 7～10m，爆出岩块体积共约 350m^3。岩爆造成了 7# 和 8# 实验室上层已完成的南侧边墙支护系统严重破坏，锚杆被拉断和拔出，钢筋网和初喷混凝土被抛出。

图 9.1.110 从不同拍摄视角展示了“8·23”极强岩爆破坏区的形态特征。图 9.1.111 为利用三维激光扫描仪测量的点云数据建立的“8·23”极强岩爆区三维表面模型。图 9.1.112 为“8·23”极强岩爆发生前后三个时间点破坏形态水平剖面和横断面对比结果。可以看出，岩爆破坏区位于 7#、8# 实验室南侧开挖边界区域，以 4# 交通洞中轴线为基准，略偏向于 8# 实验室。岩爆破坏区范围为 8# 实验室 K0+000～K0+035 和 7# 实验室 K0+000～K0+009。在与 7#、8# 实验室轴线垂直的横断面上，岩爆破坏区总体上位于 7#、8# 实验室上层边墙扩挖边界的南侧边墙至拱肩区域，该破坏位置与地下实验室工程区地应力场分布密切相关。7#、8# 实验室开挖过程中微震监测揭示了大量破裂事件集中发育在实验室的南侧边墙至拱肩和北侧边墙至拱脚以下等区域，这也充分说明了“8·23”极强岩爆发生位置处于上层边墙扩挖后应力演化的集中区内。从南东向北西，破坏区形态从 U 形向 V

形转化，这与破坏区发育的地质条件密切相关。为此，将“8·23”极强岩爆的破坏区细分为三个区。

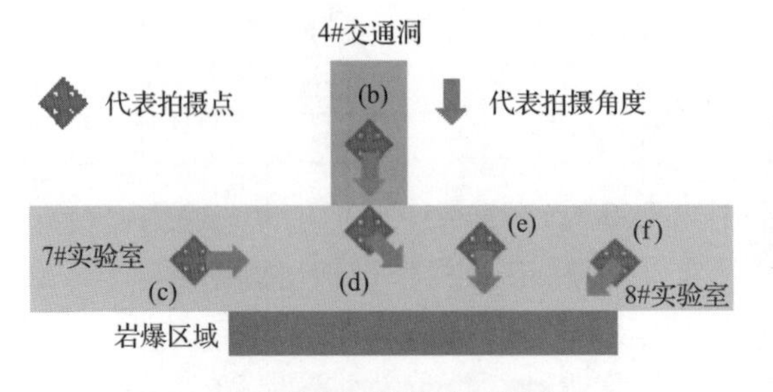

(a) 拍摄点与拍摄角度示意图

(b) 拍摄点位于4#交通洞内

(c) 拍摄点位于岩爆破坏区西侧边缘

(d) 拍摄点斜对岩爆最大破坏深度位置

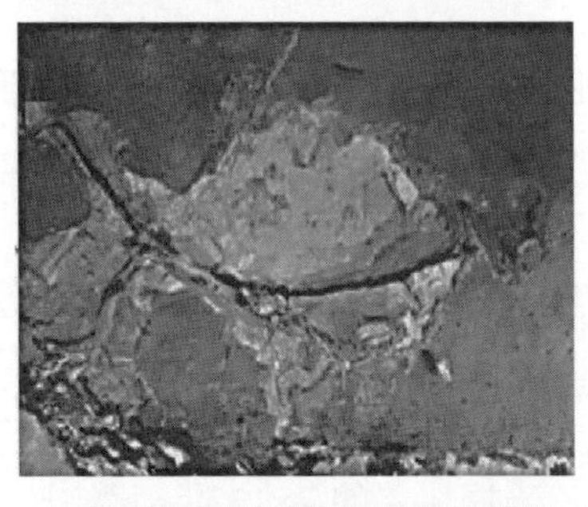

(e) 拍摄点正对岩爆最大破坏深度位置

(f) 拍摄点位于岩爆破坏区东侧边缘

图 9.1.110　“8·23”极强岩爆破坏区的形态特征

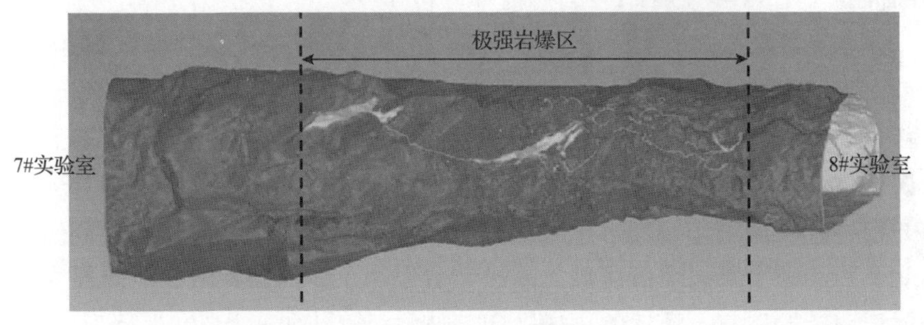

图 9.1.111　利用三维激光扫描仪测量的点云数据建立的“8·23”极强岩爆区三维表面模型

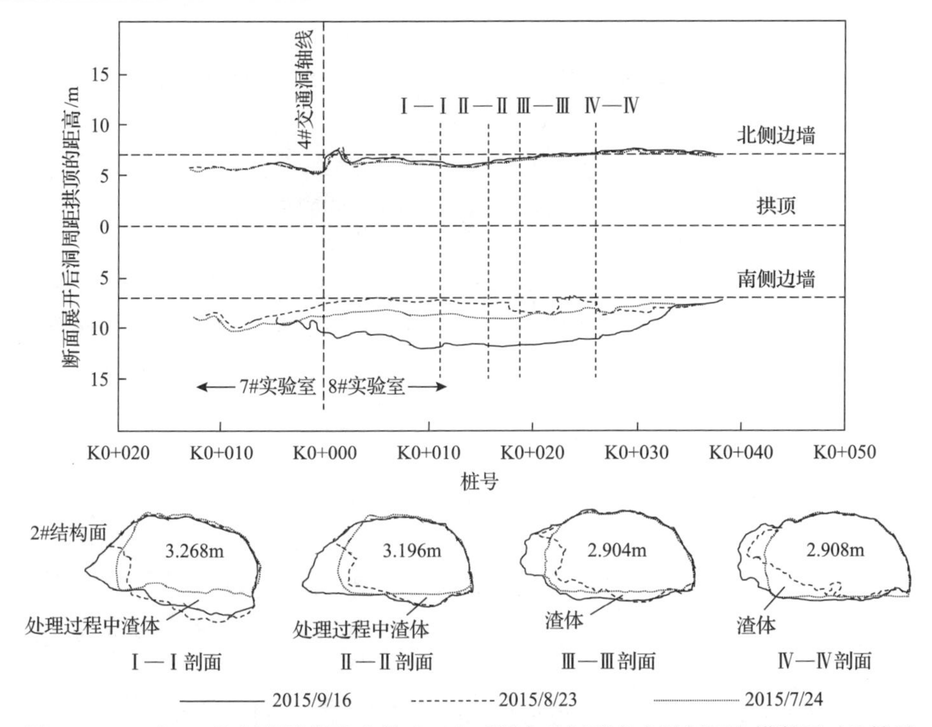

图 9.1.112　“8·23”极强岩爆发生前后三个时间点破坏形态水平剖面和横断面对比结果

桩号以 4# 交通洞中轴线为零点，向 8# 开挖方向即南东方向以及 7# 开挖方向即北西方向依次增大；各断面图视角为从南东向北西观察

“8·23”极强岩爆破坏分区特征如图 9.113 所示。破坏 1 区形态为 U 形，如图 9.1.112 所示的断面Ⅲ—Ⅲ和Ⅳ—Ⅳ；破坏 2 区形态为 V 形，如图 9.1.112 所示的断面Ⅰ—Ⅰ和Ⅱ—Ⅱ；破坏 3 区主要表现为衬砌和浅层围岩开裂。断面Ⅰ—Ⅰ是“8·23”极强岩爆最大破坏深度对应的位置，爆坑深度达到 3.268m。

(a) 现场照片

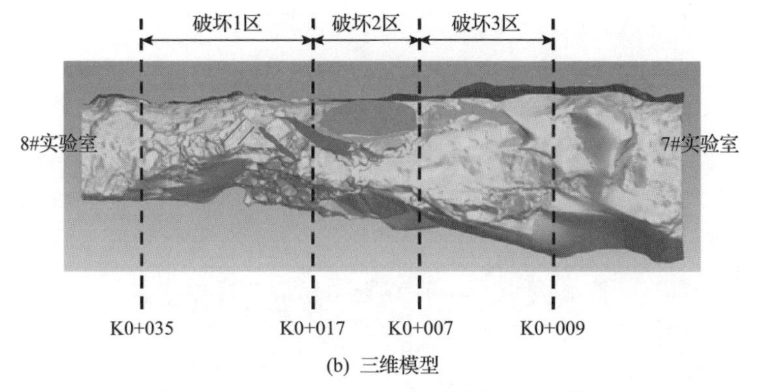

(b) 三维模型

图 9.1.113 “8·23”极强岩爆破坏分区特征

3)岩爆孕育机制分析

对“8·23”极强岩爆破坏区开展详细地质勘察后发现，岩爆区共揭露三组结构面，如图 9.1.114 所示。

(1)结构面 1：产状为 N60°E/NW∠15°，共 2 条，平行发育，间距 65～80cm，岩爆后张开宽度 10～20cm，以钙质胶结为主，可推测在岩爆破坏前为闭合状；发育在岩爆破坏 1 区内。

(2)结构面 2：产状为 N65°W/SW∠45°，共 1 条，以钙质胶结为主，局部少量铁锰渲染，该条结构面在岩爆破坏 2 区内被揭露，是导致岩爆形态从 U 形向 V 形转变的主要控制因素，也就是说，该结构面形成了破坏 2 区在深度上的边界。

(3)结构面 3：产状为 N20°～30°E/SE∠65°，属于层面，但呈闭合状，胶结强度较高，初步判断接近原岩强度，因而该组结构面对岩爆的影响相对较小。

如图 9.114 所示，结构面 1 和结构面 3 的走向与“8·23”极强岩爆所在的南侧边墙近垂直，而结构面 2 的走向与岩爆所在的南侧边墙呈小角度相交，即近平行。

(a)“8·23”极强岩爆现场照片(见彩图)

(b) 岩爆现场处理后的照片

图 9.1.114　“8·23”极强岩爆区结构面发育条件及其与实验室开挖面空间组合关系

因此，结构面 2 对“8·23”极强岩爆影响最大，控制着岩爆的最终边界形态。

精细化布置的微震监测系统可以全面捕捉到“8·23”极强岩爆及其孕育过程中的岩体破裂信息。该次岩爆孕育过程中微震活动时空分布演化特征如图 9.1.115 所示，图中给出了 4 个月内以月为单位的微震活动空间演化规律，可以看出，随时间的发展，微震活动在空间上越来越密集，极强岩爆区微震活动集中程度更加明显。微震事件的空间聚集成核一般预示着岩体不稳定现象，微震活动的空间分布特征清晰揭示了潜在岩爆风险所在位置。进一步对岩爆孕育过程中微震活动随时间的演化规律进行深入分析，获取微震参数时间序列演化曲线，其中岩爆孕育过程中微震事件数及能量随时间的演化规律如图 9.1.116 所示。岩爆孕育的整个过程中，微震活动呈现强弱交替变化的特征，部分时段微震活动极为活跃，其他时段则较弱，与现场多次开挖及爆破扰动活动相对应，这说明微震活动与开挖息息

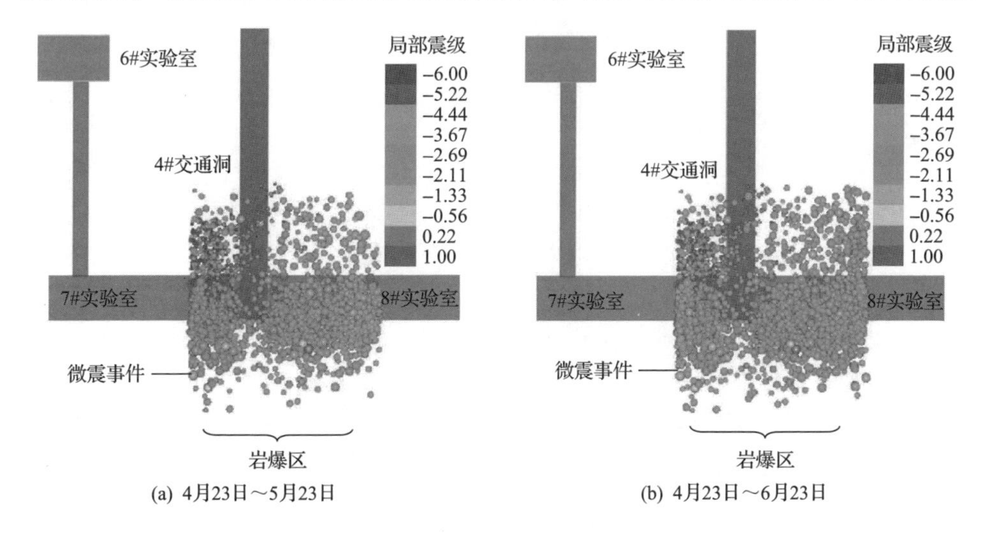

(a) 4月23日～5月23日　　(b) 4月23日～6月23日

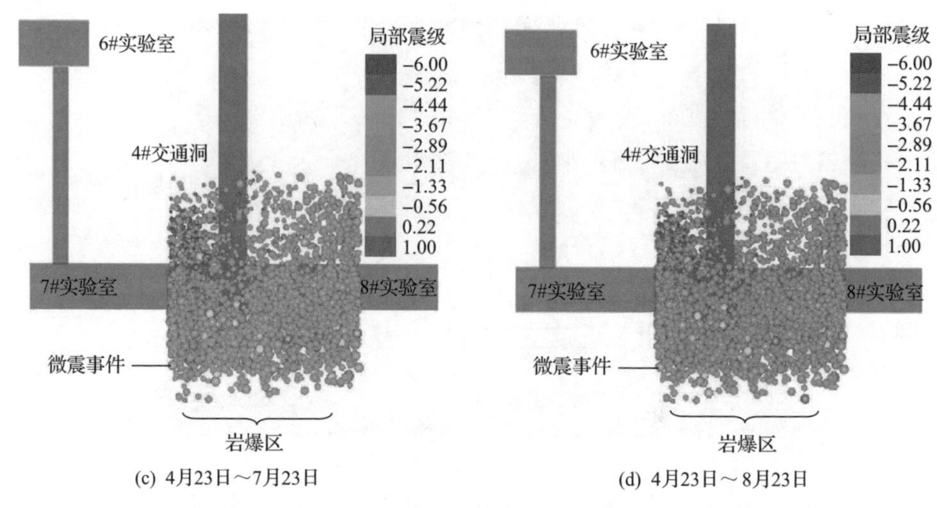

图 9.1.115 “8·23”极强岩爆孕育过程中微震活动时空分布演化特征

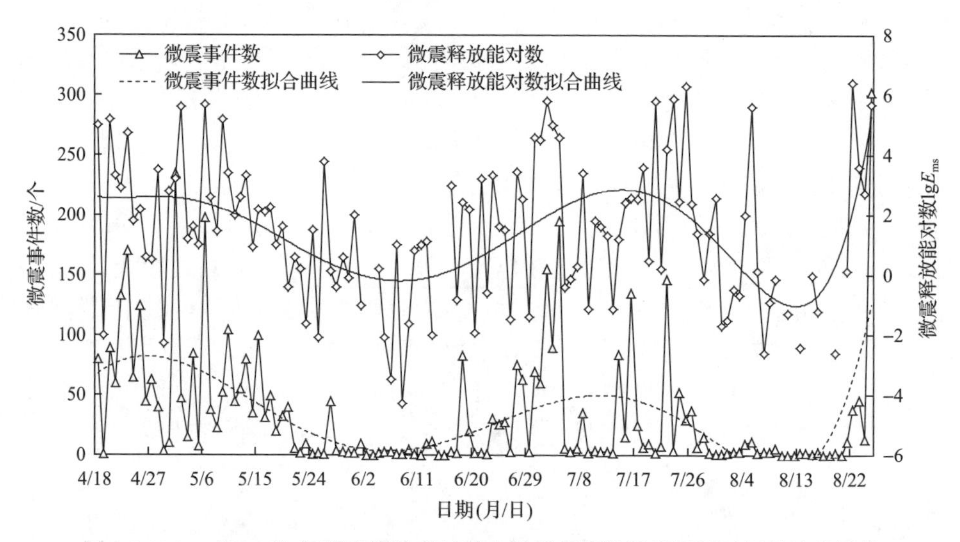

图 9.1.116 “8·23”极强岩爆孕育过程中微震事件数及能量随时间的演化规律

相关。极强岩爆发生前，微震活动性急剧增加，在岩爆发生前一天，单日有效微震事件数超过 300，具有明显的前兆特征，为岩爆的准确预警提供了充分的依据。

此次岩爆孕育过程中微震活动主要有以下特征：

(1) 岩爆孕育过程中出现大量岩体微破裂事件，在空间上呈聚核特征且密集分布于岩爆发生区，这为准确圈定潜在岩爆风险区域及揭示岩爆风险发展趋势提供了直观的预警依据。

(2) 微震参数时程演化曲线进一步揭示了高强度岩爆风险发展趋势，岩爆区微震活动性(微震事件数、微震释放能和微震视体积)异常猛烈，均已达到极强岩爆级别。

(3)岩爆孕育过程中存在大量微弱微震信号，且被精细化微震监测系统成功捕捉。累积微震事件数超过 4000，表明大量小尺度、低能量的岩体微破裂信号被捕捉，这些信号是该次极强岩爆孕育过程及岩爆预警的重要信息。

4)岩爆区围岩变形与破裂演化规律

(1)岩爆区轮廓变化。

为了进一步揭示“8·23”极强岩爆孕育过程中洞室表面的变形特征，对三维激光扫描仪获取的相关点云数据做轮廓改变分析。以 2015 年 7 月 2 日为起始时间点，以该次岩爆最大破坏位置所在断面(8# 实验室 K0+012)为例，该断面上轮廓改变分析基点布置图如图 9.1.117 所示，该横断面轮廓改变规律如图 9.1.118 所示，图中曲线上升表示基点位置向洞室净空收敛，断面面积减小，曲线下降则表明此基点处有破坏发生，使得断面向围岩内部扩展。从图 9.1.118 可以看出，曲线整体呈上升趋势，并且曲线的曲率在变缓，但是南侧边墙基点的轮廓改变曲线的曲率在不断增大，说明南侧边墙基点处不断收敛，且收敛速率在加快，这也正好对应了“8·23”极强岩爆在南侧边墙发生。南侧边墙由于岩爆之后现场处理的缘故被扰动，在 2015 年 8 月 23 日之后的曲线未画出。

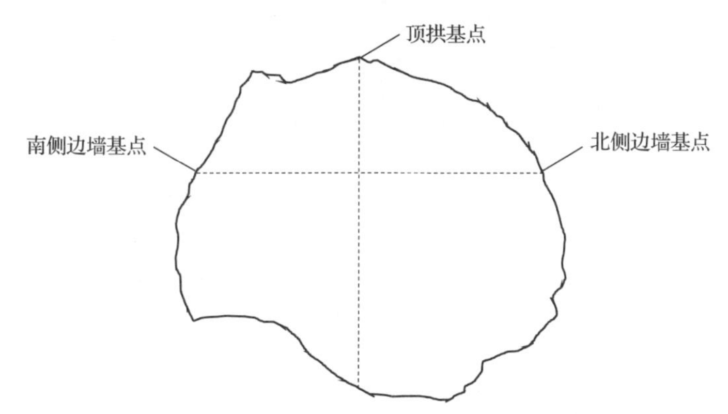

图 9.1.117　“8·23”极强岩爆区最大破坏位置所在断面(8# 实验室 K0+012)轮廓改变分析基点布置图

(2)相邻洞室围岩变形。

“8·23”极强岩爆发生时，布置于 2# 实验室、4# 实验室及 9-1# 实验室内多套多点位移计处于正常工作状态。其中，距岩爆区域最近的 DSP-04 多点位移计与岩爆区的距离约为 250m。“8·23”极强岩爆发生时，上述多点位移计的各个测点均产生了位移变化，由“8·23”极强岩爆引起的围岩内部变形增量如表 9.1.16 所示，岩爆诱发的远端围岩内部位移变化典型测试结果如图 9.1.119 所示。

图 9.1.120 为“8·23”极强岩爆和 7# 实验室下层开挖爆破诱发远端围岩内部位移对比。从图 9.1.120 可以看出，“8·23”极强岩爆诱发的远端位移变化远远大于开挖爆破引起的变化，如 DSP-02-A 处两者的差距至少为 6 倍，其余多点位移计测点位移变化也表现出了相同的特征。由以上结果可以看出：①“8·23”极强岩爆诱发围岩变形的范围较大，波及整个地下实验室施工区域；②多点位移计测点距离岩爆区域越近，其测点处位移变化量越大，由于 4 套多点位移计中 DSP-04 距岩爆位置最近，而且该部位地质条件相对较差，测点 DSP-04-A 位移变化最大，为 0.0744mm。

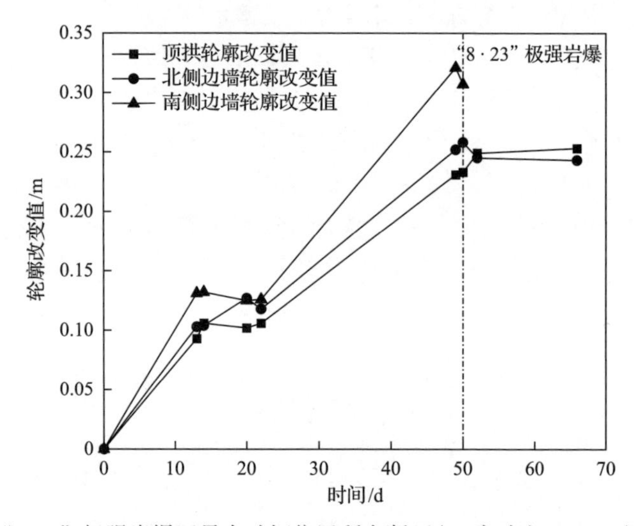

图 9.1.118 “8·23”极强岩爆区最大破坏位置所在断面(8# 实验室 K0+012)轮廓改变规律

表 9.1.16 “8·23”极强岩爆引起的围岩内部变形增量汇总表

测点位置	测点编号	测点距边墙距离/m	围岩内部变形增量/mm
2#-K0+045 下层北侧边墙	DSP-02-A	1	0.0013
	DSP-02-B	3	0.0026
	DSP-02-C	5	0.0025
	DSP-02-E	17	0.0016
4#-K0+030 上层北侧边墙	DSP-04-A	0.5	0.0744
	DSP-04-D	8.5	–0.0023
9-1#-K0+020 北侧边墙	DSP-07-A	0.5	0.0087
	DSP-07-C	4	0.011
9-1#-K0+020 南侧边墙	DSP-08-A	0.5	0.008
	DSP-08-B	2	0.0077
	DSP-08-C	4	0.0045

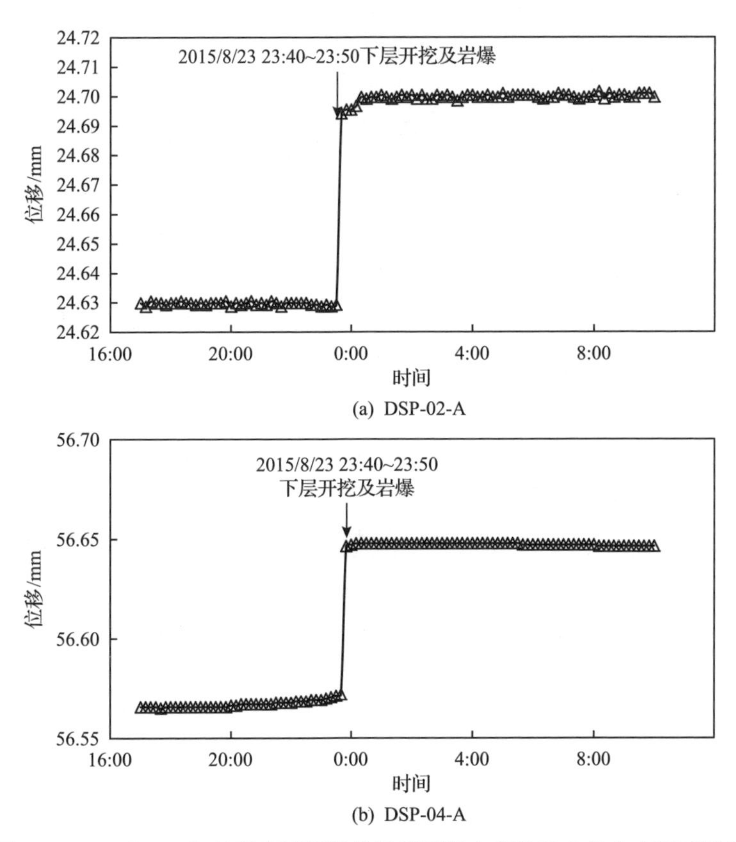

(a) DSP-02-A

(b) DSP-04-A

图 9.1.119　“8 · 23”极强岩爆诱发的远端围岩内部位移变化典型测试结果

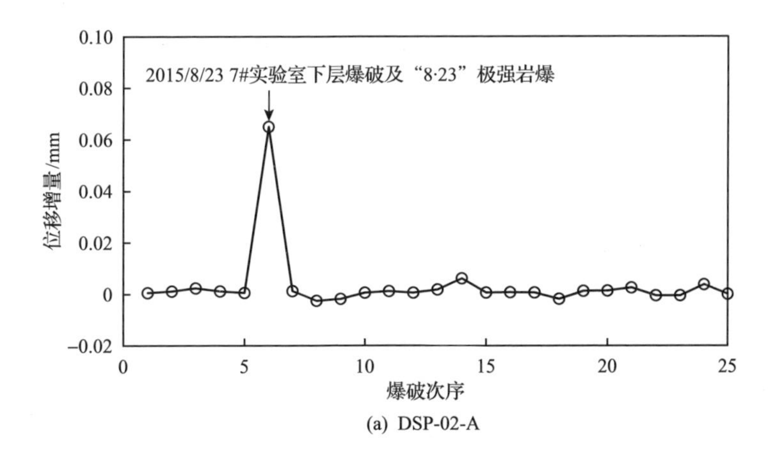

(a) DSP-02-A

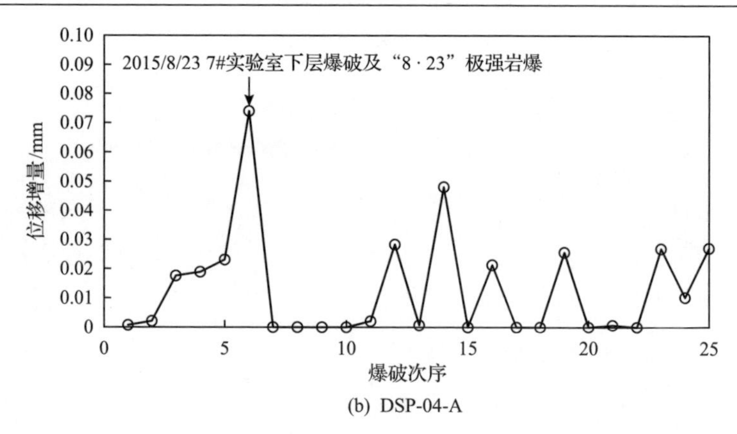

(b) DSP-04-A

图 9.1.120　“8·23”极强岩爆和 7# 实验室下层开挖爆破诱发远端围岩内部位移对比

(3) 岩爆区域围岩损伤区。

“8·23”极强岩爆发生时，岩爆区域附近预设了 3 个地质钻孔(编号分别为 T-8-2、T-8-3 和 T-8-4，其中 T-8-4 钻孔距岩爆区域边界仅 1.6m。为了进一步研究岩爆区域内围岩破裂和损伤范围，在 3 个岩爆破坏区内新布置了 6 个断面共 20 个钻孔。“8·23”极强岩爆区域及其附近钻孔布置如图 9.1.121 所示。T-8-3 和 T-8-4 钻孔岩体波速随孔深的变化曲线如图 9.1.122 所示，T-8-4 钻孔在“8·23”极强岩爆发生后，其损伤区深度增加了 0.4m，而 T-8-2 和 T-8-3 钻孔变化不明显。岩爆区域新增钻孔典型声波测试结果如图 9.1.123 所示。岩爆区域新增钻孔测得的围岩损伤区深度汇总如表 9.1.17 所示。可以看出，岩爆后爆坑内围岩仍有 1.9～4.3m 的损伤区深度，其损伤区深度较爆坑深度更大。

(4) 岩爆区域围岩开裂。

“8·23”极强岩爆区域新增钻孔典型钻孔摄像测试结果如图 9.1.124 所示，通过裂隙产状进行裂隙延伸，判断所延伸到的相邻孔的位置是否有性质相近的裂隙，若有则判断为同一结构面，在该基础上继续延伸，岩爆区域钻孔裂延伸示意图如图 9.1.125 所示。岩爆区域裂隙分布示意图如图 9.1.126 所示。可以看出，岩爆后爆坑内围岩存在破碎带、张开裂隙和闭合裂隙，这些裂隙包含岩体原有裂隙和由于岩爆造成的新生裂隙。

在岩爆发生前(8 月 13 日)、发生后(8 月 25 日)、岩爆区排险后(8 月 30 日)及喷混后(9 月 5 日)对 T-8-4 钻孔进行钻孔摄像测试，T-8-4 钻孔岩爆前后及施工处理后钻孔摄像对比如图 9.1.127 所示。可以看出：①“8·23”极强岩爆对该钻孔裂隙变化沿轴线的影响范围为 0.9m，距孔口 0.9m 后的孔壁裂隙无变化；②距孔口 0.9m 内，孔壁裂隙张开明显，其中近孔口处裂隙张开最大，达到 66mm；③“8·23”极强岩爆诱发该钻孔孔壁裂隙张开影响范围内，随着距孔口距离的增大，裂隙张开宽度呈逐渐减弱的趋势，如图 9.1.128 所示。而位于 8# 实验室南侧边墙的 T-8-2

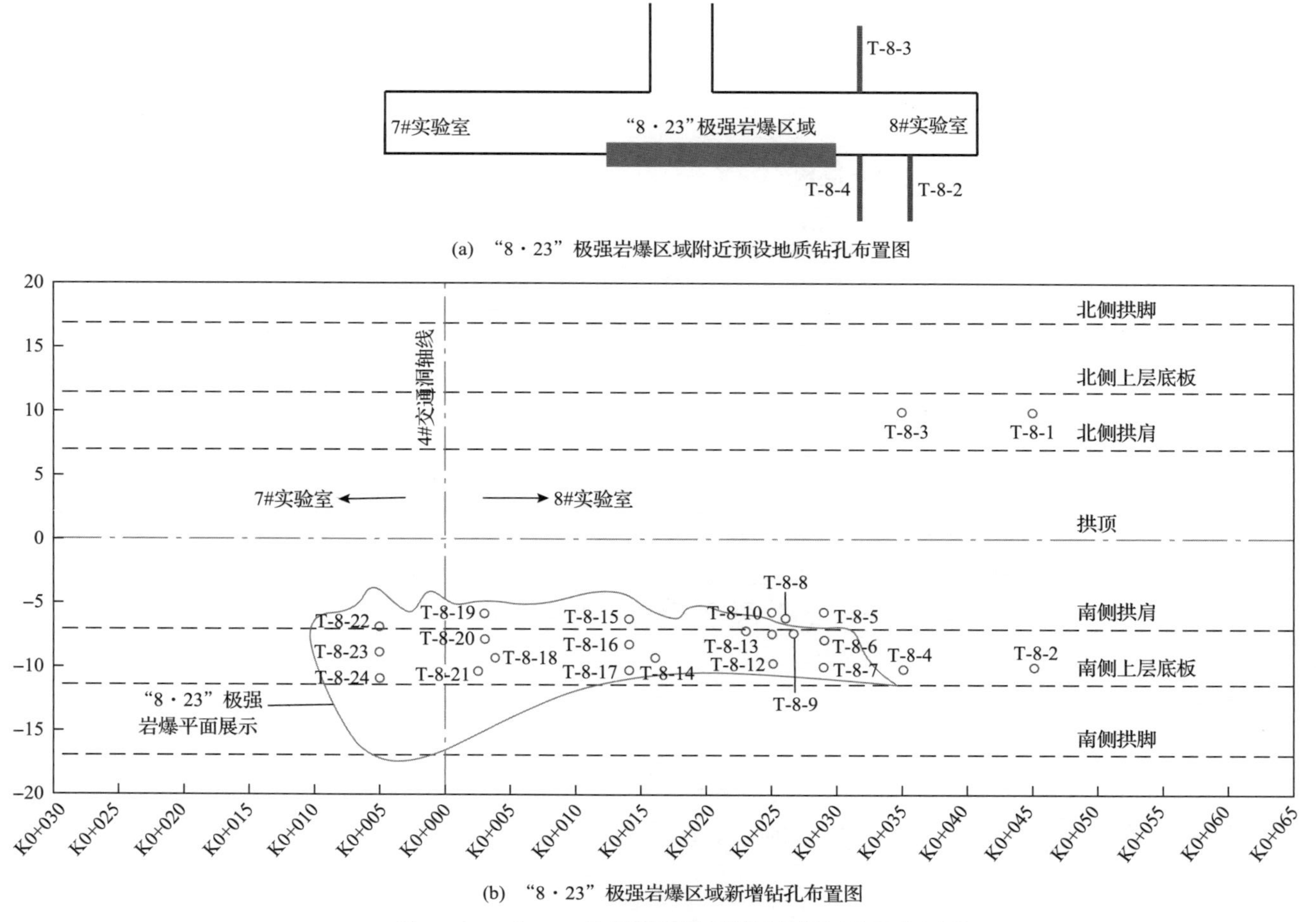

(a) "8·23"极强岩爆区域附近预设地质钻孔布置图

(b) "8·23"极强岩爆区域新增钻孔布置图

图9.1.121 "8·23"极强岩爆区域及其附近钻孔布置图

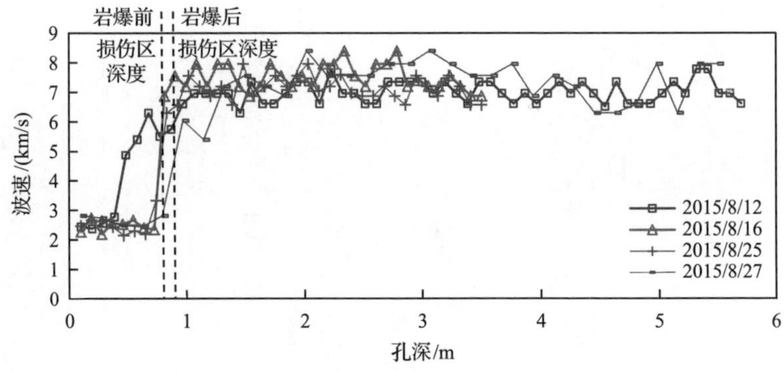

(a) T-8-3钻孔岩体波速随孔深的变化曲线

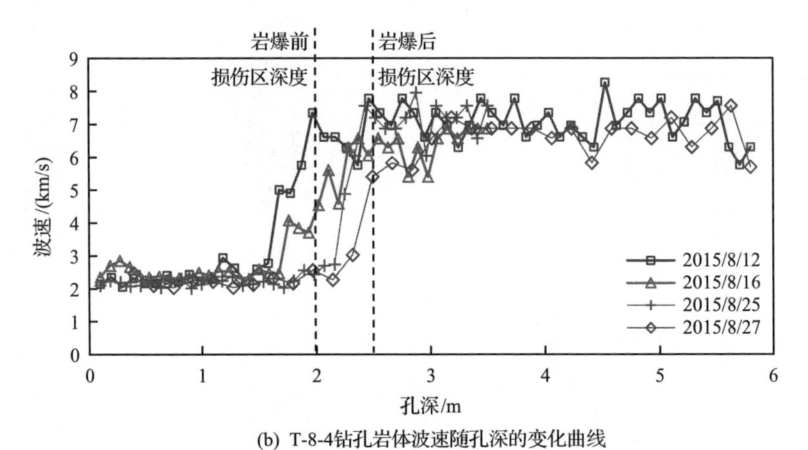

(b) T-8-4钻孔岩体波速随孔深的变化曲线

图 9.1.122　T-8-3 和 T-8-4 钻孔岩体波速随孔深的变化曲线

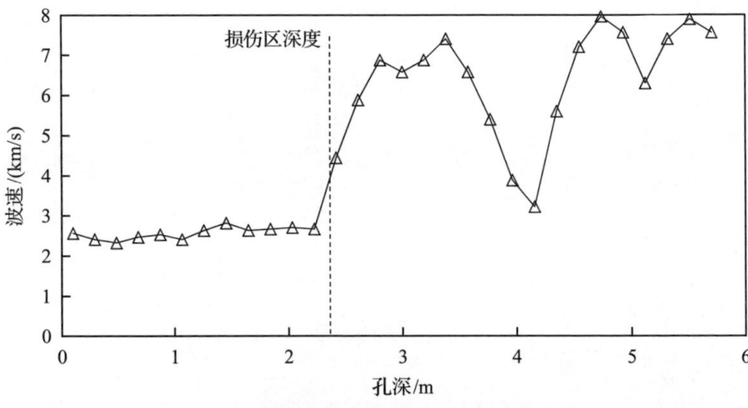

(a) T-8-5钻孔岩体波速随孔深的变化曲线

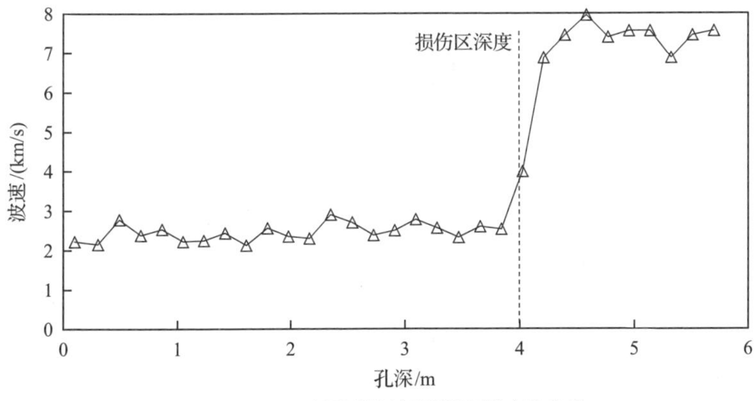

(b) T-8-22钻孔岩体波速随孔深的变化曲线

图 9.1.123　“8 · 23”极强岩爆区域新增钻孔典型声波测试结果

表 9.1.17　“8 · 23”极强岩爆区域新增钻孔测得的围岩损伤区深度汇总表

桩号	孔号	损伤区深度/m	桩号	孔号	损伤区深度/m
8#-K0+028	T-8-5	2.1	8#-K0+014	T-8-15	2.2
	T-8-6	3.5		T-8-16	3
	T-8-7	1.9		T-8-17	3.2
8#-K0+026	T-8-8	3.1	8#-K0+003	T-8-18	2.2
	T-8-9	2.6		T-8-19	3.7
8#-K0+025	T-8-10	4.2		T-8-20	3.5
	T-8-11	3.1		T-8-21	塌孔
	T-8-12	塌孔	7#-K0+005	T-8-22	3.8
8#-K0+023	T-8-13	塌孔		T-8-23	4.2
8#-K0+015	T-8-14	3.5		T-8-24	4.3

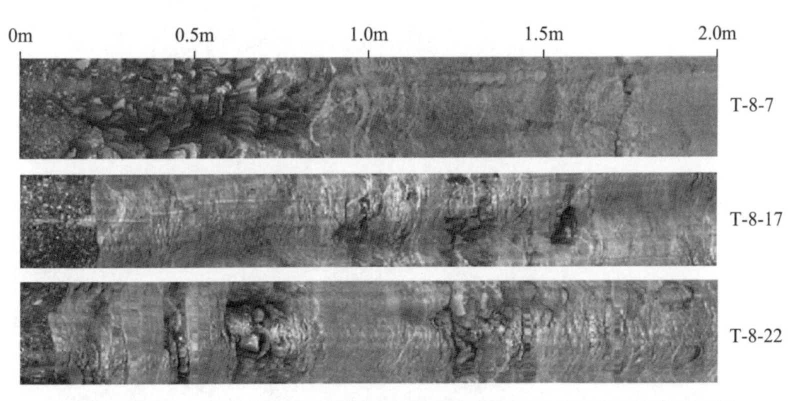

图 9.1.124　“8 · 23”极强岩爆区域新增钻孔典型钻孔摄像测试结果

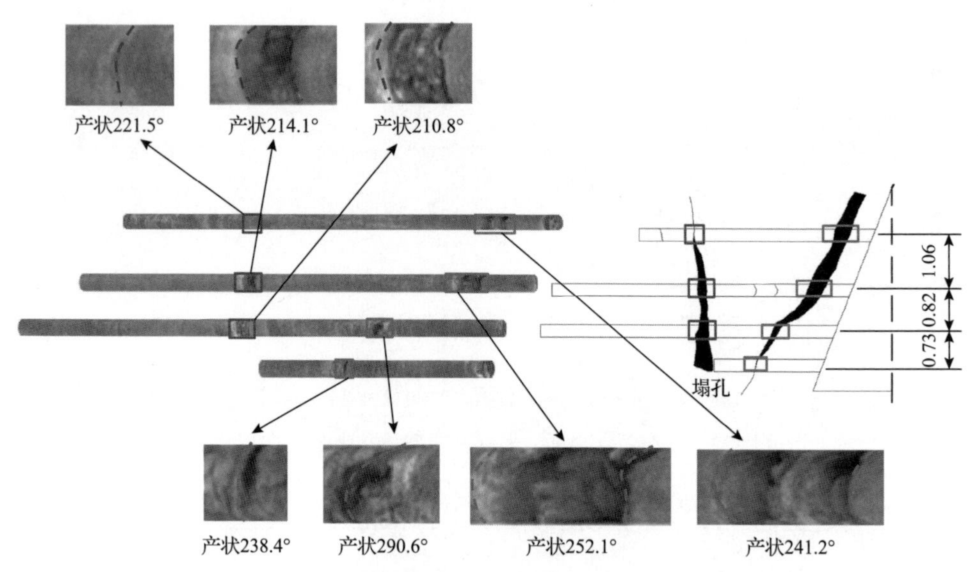

图 9.1.125　“8·23”极强岩爆区域钻孔裂隙延伸示意图(单位：m)

钻孔(与岩爆区域同侧)孔壁上裂隙并无张开或闭合，说明“8·23”极强岩爆诱发裂隙变化的影响范围应小于 T-8-2 钻孔与岩爆区域的距离 12.6m。同时，与 T-8-4 钻孔同一桩号，位于 8# 实验室北侧边墙的 T-8-3 钻孔孔壁裂隙也无变化，说明“8·23”极强岩爆对异侧边墙内围岩裂隙变化影响要远远小于同侧。图 9.1.129 为“8·23”极强岩爆前后 T-8-3 和 T-8-2 钻孔孔壁裂隙变化图。从图 9.1.122～图 9.1.129 和表 9.1.17 可以看出：①岩爆破坏区内表面松散围岩清理后，破坏区 1(见图 9.1.113)内损伤区深度为 2.2～3.2m；破坏区 2 内损伤区深度为 2.2～4.3m；破坏区 3 内损伤区深度为 1.9～4.2m；②距结构面 1(见图 9.1.114)较近的两个孔(T-8-8、T-8-10)损伤区深度大，分别为 3.1m 和 4.2m，而距 1# 裂隙较远的同一水平的 T-8-5 钻孔损伤区深度较小，为 2.1m，推断岩爆区岩体距结构面 1 越近，岩爆后岩体质量越差；③排险后破坏区 3 围岩 1～2m 范围内呈现明显破碎特征；④以破坏区 2 为中线，向东(破坏区 1)和向西(破坏区 3)岩体破碎度变低，损伤区深度变小。

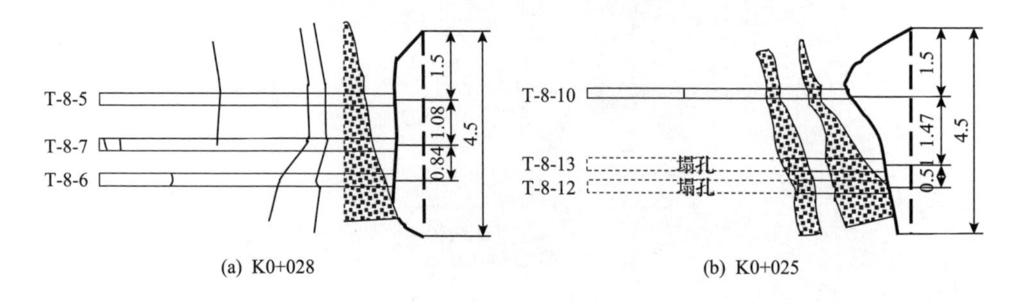

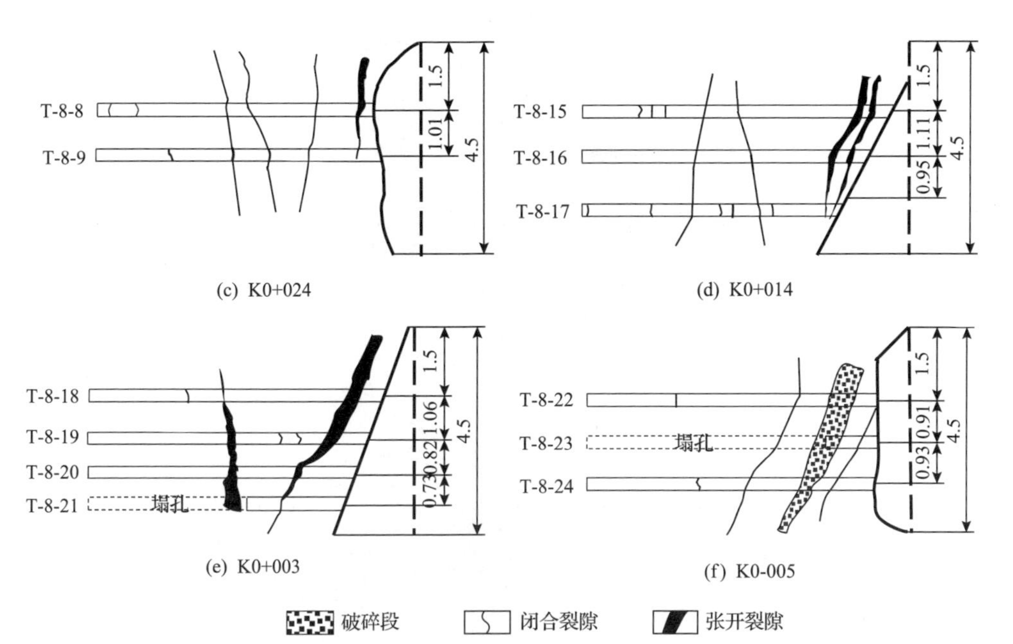

图9.1.126　“8·23”极强岩爆区域钻孔裂隙分布示意图(单位：m)

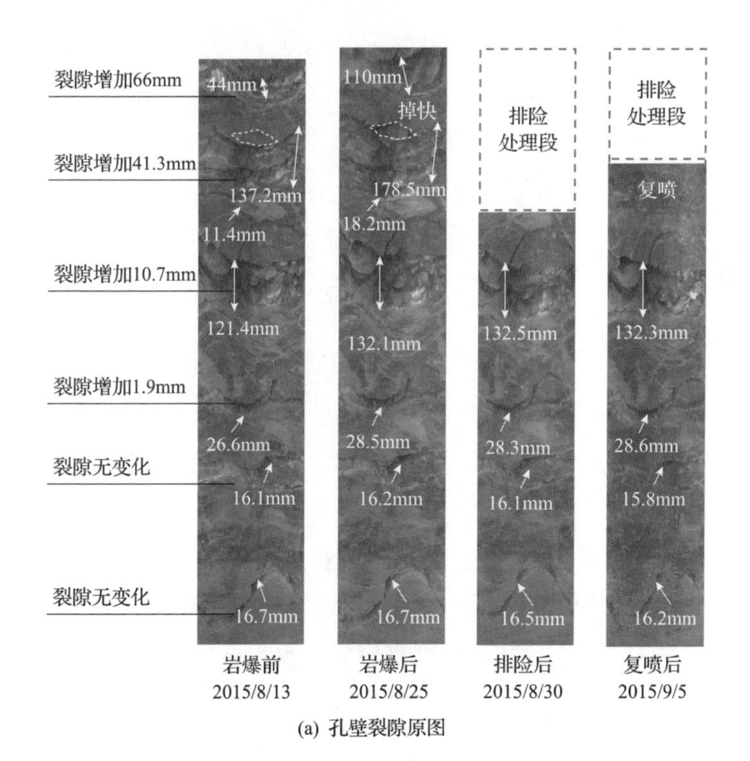

(a) 孔壁裂隙原图

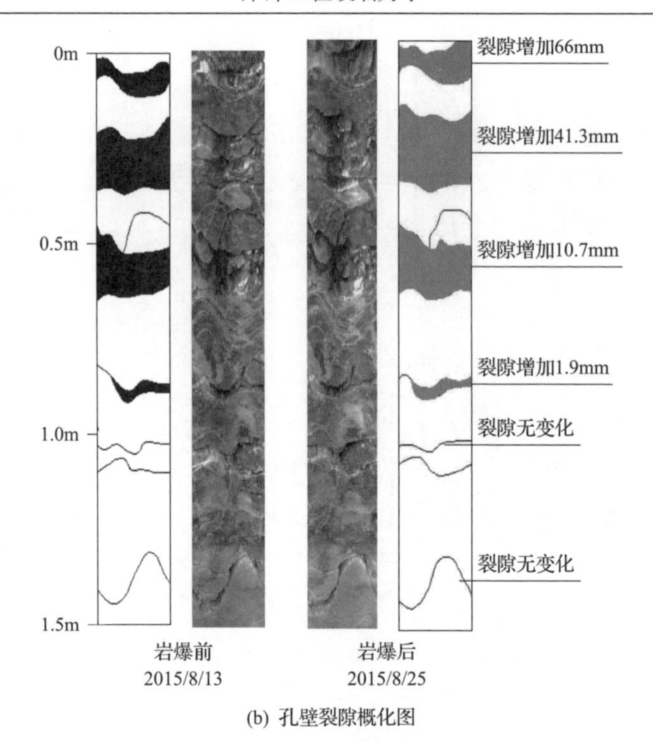

(b) 孔壁裂隙概化图

图 9.1.127　T-8-4 钻孔岩爆前后及施工处理后钻孔摄像对比

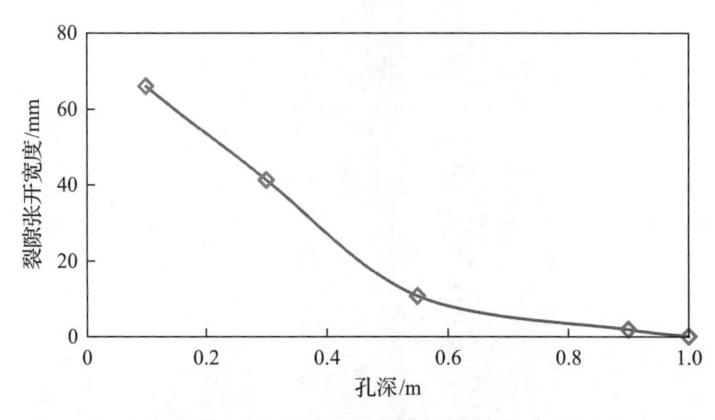

图 9.1.128　“8 · 23”极强岩爆区裂隙张开宽度沿钻孔轴向分布图(T-8-4 钻孔观测结果)

5) 岩爆和爆破振动波特征

在深部工程爆破开挖过程中，岩爆和爆破产生的振动波会诱发岩爆等动力扰动灾害。地下实验室开挖过程中采用爆破振动测试系统监测爆破振动作用下围岩的响应情况，“8 · 23”极强岩爆区域附近爆破振动实时监测点位置如图 9.1.130(a)所示，由该测点测得“8 · 23”极强岩爆发生前后的振动波形和主频分别如图 9.1.130(b)和图 9.1.131 所示。从图 9.1.130(b)可以看出，爆破振动波峰值振动速度约为 1.94cm/s，“8 · 23”极强岩爆振动波峰值振动速度约为 16.17cm/s，即“8 · 23”

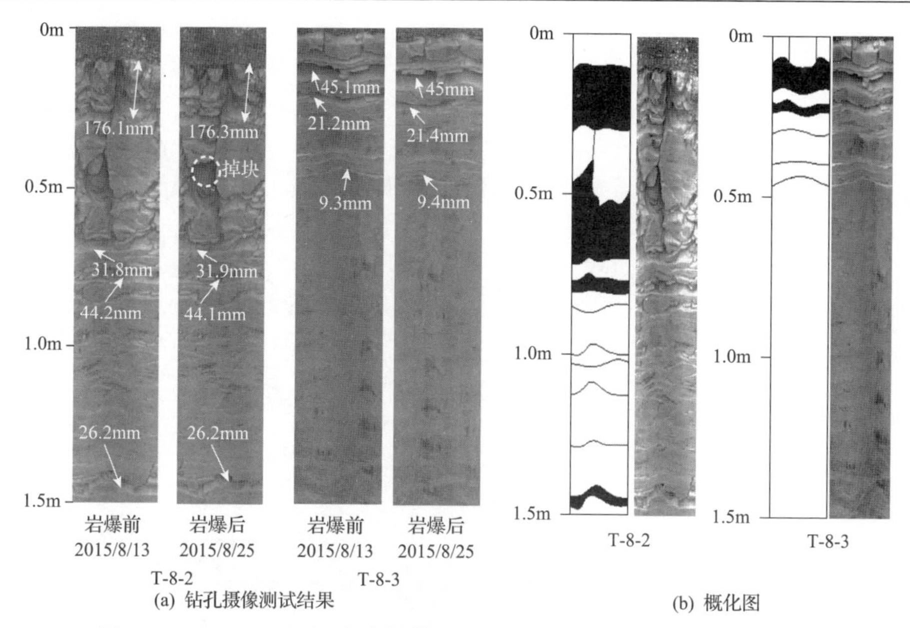

(a) 钻孔摄像测试结果 (b) 概化图

图 9.1.129 “8·23”极强岩爆前后 T-8-2 和 T-8-3 钻孔孔壁裂隙变化图

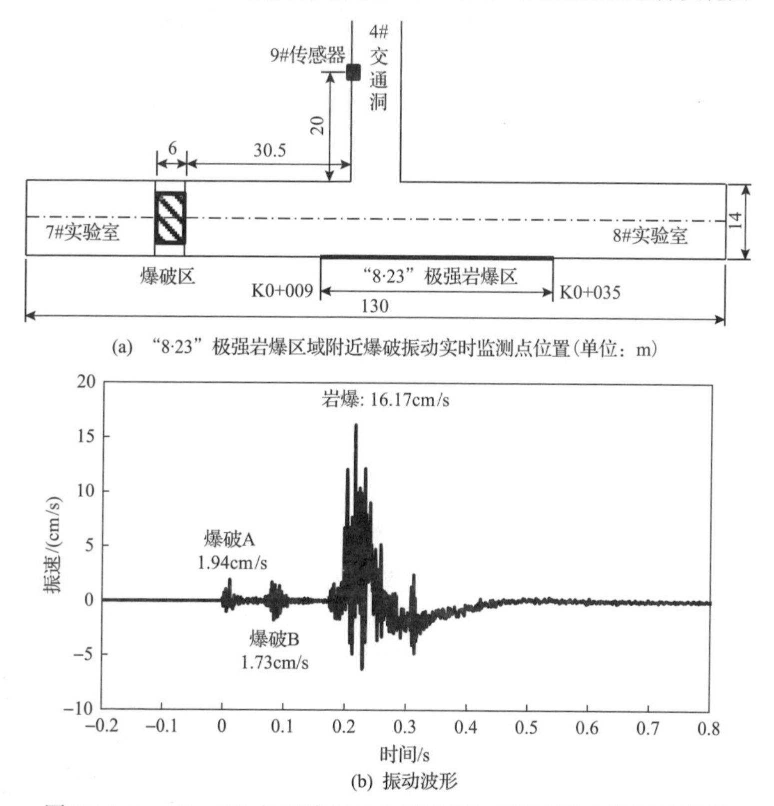

(a) “8·23”极强岩爆区域附近爆破振动实时监测点位置(单位：m)

(b) 振动波形

图 9.1.130 “8·23”极强岩爆发生前后实时监测点位置及振动波形

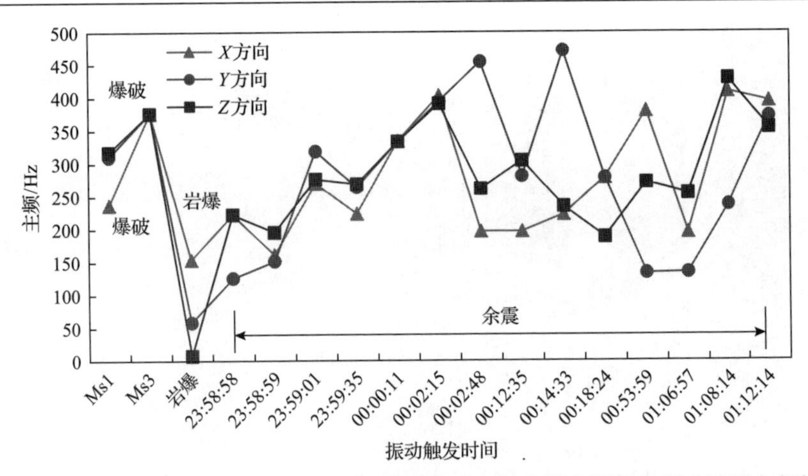

图 9.1.131 "8·23"极强岩爆发生前后爆破振动实时监测点测得的振动波形主频特征

极强岩爆振动波峰值振动速度明显高于爆破振动波峰值振动速度，这一现象解释了为什么"8·23"极强岩爆产生的振动波会造成与其相距超过 100m 处的围岩发生动力扰动破坏。从图 9.1.131 可以看出，爆破振动波形、岩爆振动波形、余震波形主频均低于 500Hz，其中岩爆产生的振动波主频最低，而爆破振动波及余震波的主频明显高于岩爆振动信号的主频。

5. 岩爆发生成因分析

1) 岩爆发生空间特征与成因分析

从整个实验室区域来看，4 次岩爆均位于 5#～8# 实验室，而 1#～4# 实验室无岩爆发生。从宏观地质上看，实验室处于背斜的核部，发育两条大的挤压破碎带，穿过 2#、3# 和 4# 实验室，因此 3# 和 4# 实验室岩体挤压破碎严重，呈碎裂状，结构面发育，以Ⅲ类围岩为主，局部为Ⅳ类围岩，岩体单轴抗压强度约为 90MPa。从背斜核部向 NW 和 SE 两翼岩体完整性逐步变好，向Ⅱ类围岩转变，5#～8# 实验室岩体单轴抗压强度为 120～190MPa。应力水平和岩体结构共同控制围岩破坏特征。3# 和 4# 实验室围岩呈现出结构型破坏，发生了 1 次大规模塌方和多次小型局部塌方，如图 9.1.132(a) 所示。7# 和 8# 实验室围岩呈现出典型的应力型破坏，南侧边墙与拱肩部位片帮和板裂现象明显，如图 9.1.132(b) 所示。综上所述，地应力相对较小是 1# 和 2# 实验室无岩爆发生的主要原因，而围岩完整性差是 3# 和 4# 实验室无岩爆发生的主要原因。

从实验室局部区域来看，岩爆均发生在两实验室交叉部位附近，进一步细化至洞室断面，4 次岩爆均位于实验室南侧边墙或拱肩。7# 实验室实测最大主应力达 69.2MPa，而实验室连接部位为三个洞室交叉，开挖过程中势必产生强烈的应力集中，如图 9.1.133 所示。因此，实验室交叉部位更易发生岩爆。基于实测地应力与实验室围岩脆性破坏空间特征，反演了断面上最大主应力分布，可以推断开挖后应力集中区位于南侧边墙至拱肩及北侧边墙底脚部位。实验室南侧边墙或拱肩部位更易发生岩爆，这很好地解释了岩爆空间分布的成因。

(a) 3# 实验室围岩结构型破坏　(b) 7# 和 8# 实验室围岩应力型破坏

图 9.1.132　不同实验室围岩破坏特征

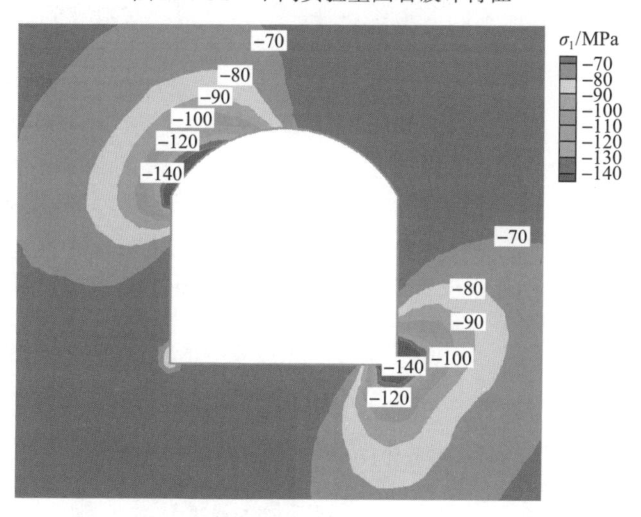

图 9.1.133　7# 实验室断面上最大主应力分布特征[6]

2) 岩爆发生等级特征与成因分析

锦屏地下实验室二期开挖过程中所发生的 4 次岩爆涵盖了 4 个等级：轻微、中等、强烈和极强。其中，“4·21”轻微岩爆和“5·28”中等岩爆的岩体结构为整体结构，局部存在零星的小节理，结构面稀疏、延展性差。这两次岩爆主要是由开挖卸荷应力变化驱动。“4·23”强烈岩爆岩体结构为次块状结构，爆坑区域揭露 2 组结构面，切割复杂。而“8·23”极强岩爆岩体结构为块状结构，岩爆区共揭露三组结构面，其中 1 组 N65°W/SW∠45°结构面与中导洞南侧边墙呈小角度相交，以钙质胶结为主，局部少量铁锰渲染，是导致岩爆形态从U形向V形转变的主要控制因素，该结构面形成了爆区在深度上的边界。这两次岩爆则是由开挖卸荷应力局部集中与不利结构面共同诱发。发生条件不同，尤其是结构面发育情况的差异性，是锦屏地下实验室二期开挖过程中4次岩爆等级不同的主要原因。

9.2　深埋交通隧道岩爆监测、预警与防控

某深埋交通隧道采用钻爆法全断面开挖，岩性为花岗岩且变化不大，随着埋深增加及局部地质条件变化，开挖过程中岩爆灾害频发，发生了即时型岩爆、时滞型岩爆、间歇型岩爆、断裂型岩爆等不同类型的岩爆。岩爆常造成设备损坏和施工延误，对作业人员造成严重的身体及心理创伤，施工人员甚至不敢进洞作业，施工队伍被迫更换7支，被列为一级高风险隧道。应用前述章节的方法、理论、技术与装置，开展了岩爆监测、预警与防控工作，分析了该隧道的地质结构、岩石力学性质、地应力等特征，评估了不同条件下的岩爆风险，开展了两年半的连续微震监测，动态预警了隧道开挖过程的岩爆等级，并依据深部工程岩体能量释放控制原理建立了该隧道不同等级岩爆调控方法，取得了显著的应用效果。

9.2.1　工程概况

1. 工程背景

某隧道位于西南高原地区，隧址区域地面标高3260～5500m，高差达2240m，为典型的高山峡谷地貌，隧道进口如图9.2.1所示。隧道设正洞和2座进出口平导洞，正洞长度13073m，进口平导洞长度4058m，设6个疏散通道和9个横通道与正洞相交；出口平导洞长度4073m，设10个横通道与正洞相交。正洞和平导洞的洞型均为城门洞形，中心距为30m，断面尺寸(高×宽)分别为8.4m×7.6m和6.2m×7.2m，隧道布置图如图9.2.2所示。

图9.2.1　隧道进口

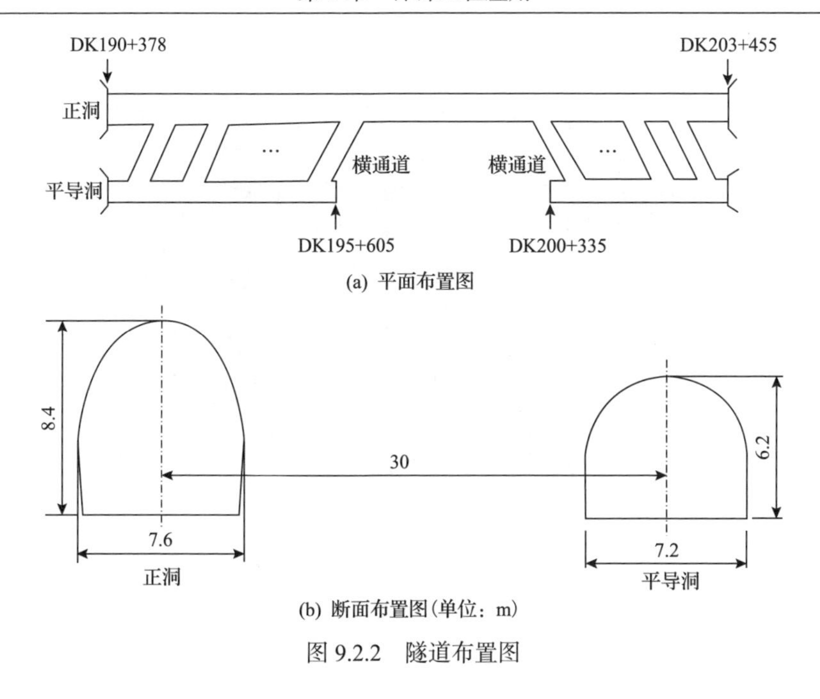

图 9.2.2　隧道布置图

2. 地质特征

隧道地质纵剖面图如图 9.2.3 所示[12]。隧址区范围内覆盖层主要为第四系上全新统崩坡积层(Q_4^{dl+col})碎石土和上更新统冰积成因(Q_3^{gl})碎石土，下伏基岩为冈底斯板块南缘花岗岩类第三纪始新世溶母棍巴单元(E_2R)中粒角闪黑云花岗岩。

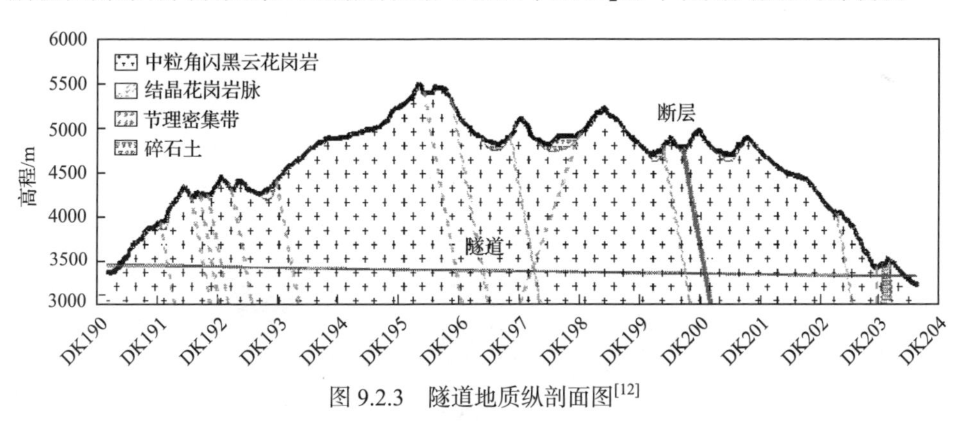

图 9.2.3　隧道地质纵剖面图[12]

1) 地质结构特征

(1) 断层。

全隧位于沃卡地堑东侧，板块缝合带北侧 5～8km，在 DK200+006 左右穿越断层。该断层两侧均为中粒角闪黑云花岗岩，断层长 2.1km，破碎带宽 10～20m，具剪胀性质，如图 9.2.4 所示。

图 9.2.4　隧道断层处破碎带

(2) 裂隙。

受区域构造和浅表性构造影响，构造裂隙和卸荷风化裂隙发育，构造裂隙组合常呈 X 形分布。节理一般延伸不长，裂隙宽度多在 1～10mm，多呈微张开及半张开状，局部可见充填物，节理间距多在 2～4m，靠近沃卡地堑侧岩层裂隙明显发育。隧道及平导洞进口段主要控制性节理为 N83°W/SW∠63°、N64°W/NE∠57°、N13°E/SE∠76°。

2) 典型岩体结构特征

该隧道围岩结构包括整体结构、块状/巨厚层状、层状和碎裂状。其中，主要以整体和块状/巨厚层状为主，碎裂状结构围岩较少。特别是岩爆区域，大多为结构面发育较少的整体结构或块状/巨厚层状结构。典型岩体结构特征如下。

(1) 整体结构岩体。

典型整体结构岩体如图 9.2.5 所示。在 DK195+600 处，围岩为花岗岩，掌子面发育一条节理，倾角 25°，倾向 190°，节理闭合，无充填，未风化；掌子面围岩及其附近岩体干燥，完整性好，节理不发育。

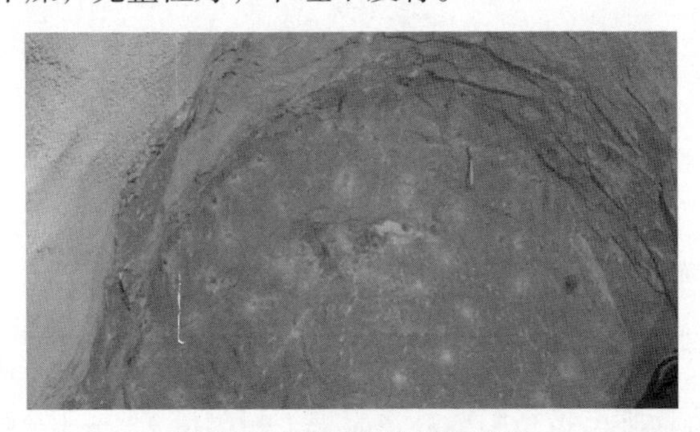

图 9.2.5　典型整体结构岩体

(2)巨厚层状/块状结构岩体。

典型巨厚层状结构岩体如图 9.2.6 所示。在 DK196+682 处，围岩及拱顶岩体干燥，节理较发育。掌子面及围岩发育两组明显节理：一组节理产状 10°∠60°，间距约 0.3m，节理微张，有墨绿色充填，未风化，分布于掌子面南部，延伸到拱肩；另一组节理产状 190°∠60°，节理张开，有白色充填，未风化，间距约 0.4m，分布于掌子面中部，延伸到顶拱。

图 9.2.6　典型巨厚层状结构岩体

典型块状结构岩体如图 9.2.7 所示。在 DK195+710 处掌子面发育两组节理：第一组节理倾角 55°，倾向 150°，间距 0.8～1.2m，有充填，未风化，贯穿整个掌子面；第二组节理倾角 60°，倾向 190°，节理闭合，无充填，间距 0.2～0.5m，未风化，贯穿整个掌子面；围岩及其附近岩体较完整，节理较发育。

图 9.2.7　典型块状结构岩体

(3)层状结构岩体。

典型层状结构岩体如图 9.2.8 所示。掌子面岩体为层状结构，掌子面发育两组节理，第一组节理倾角 40°，倾向 195°，节理微张，无充填，约 0.2mm，节理间距 0.2～0.3m，节理面光滑，延伸长，贯穿整个掌子面；第二组节理倾角 60°，倾向 195°，节理微张，约 0.2mm，节理间距 0.2～0.3m，无充填，延伸 2～3m，节理面光滑；掌子面和南侧围岩有多条比较密集的微裂隙，倾向 150°，倾角 40°，节理微张，无充填。掌子面局部有渗水，微风化，存在风化锈蚀痕迹，节理较为发育，掌子面完整性较差。

图 9.2.8 典型层状结构岩体

(4)碎裂状结构岩体。

典型碎裂状结构岩体如图 9.2.9 所示。局部微风化，地下水较发育，有多处股状出水，岩体节理比较发育。掌子面左下部有一条石英岩脉，宽约 40cm。在掌子面及两侧围岩发育有同一组节理，倾向 75°，倾角 60°，间距约为 0.3m，裂缝闭合，无充填物，局部有铁锈痕迹，呈微风化状，节理面光滑，延伸长，贯穿整个隧道。在掌子面发育有另一组节理，倾向 260°，倾角 70°，间距 0.5m，裂缝闭合，无充填，节理面光滑，未风化，延伸长，贯穿整个掌子面。在拱顶有一条节理从南侧围岩延伸至北侧围岩，倾向 75°，倾角 60°，节理微张，节理面光滑，微风化，有铁锈痕迹，无充填，延伸长。此外，南侧围岩发育有一组节理，走向 15°，倾角 85°，间距约为 0.2m，节理张开，无充填，有股状出水，局部岩体风化程度在微风化到中风化之间，延伸 2～3m。

(a) 裂隙发育、围岩潮湿

(b) 风化及铁质渲染

图 9.2.9 典型碎裂状结构岩体

3. 施工方案设计

隧道采用钻爆法全断面开挖，单循环开挖进尺为 3m，在强烈岩爆段开挖进尺调整为 2m。开挖采用光面爆破、微差起爆的方式，正洞光面爆破炮孔布置图如图 9.2.10 所示，正洞爆破参数如表 9.2.1 所示。

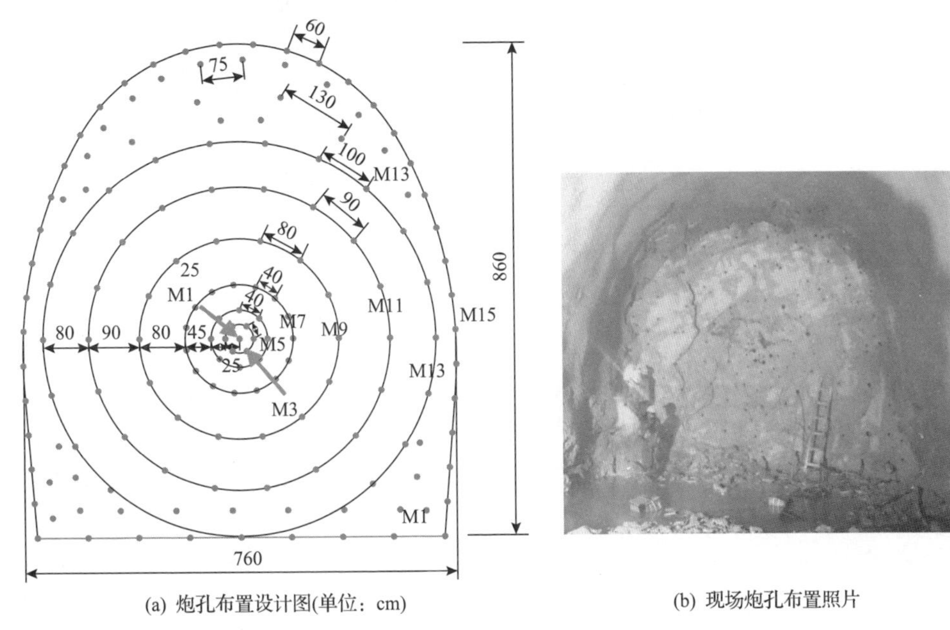

(a) 炮孔布置设计图(单位：cm)　　(b) 现场炮孔布置照片

图 9.2.10　正洞光面爆破炮孔布置图

表 9.2.1　正洞爆破参数

炮孔分类	炮孔数	雷管段数	炮孔长度/m	炮孔装药量	
				单孔药量/kg	合计药量/kg
掏槽孔	1	M1	3.7	4.8	4.8
辅助孔	95	M3/5/7/9/11/13	3.7	2.8	266
底板孔	18	M13/15	3.7	3.6	64.8
周边孔	34	M15	3.7	2	68
合计	148	—	—	—	403.6

隧道支护根据围岩分级及岩爆情况，设计采用喷射混凝土、涨壳式预应力中空锚杆、钢筋网、钢拱架支护等不同组合。平导洞及横通道等辅助坑道不衬砌，正洞在初期支护基础上增加防水层和洞身衬砌支护，衬砌厚度为 30～60cm，衬砌位置距离掌子面不得超过 200m。

9.2.2　隧道岩爆灾害预测分析

1. 地应力特征分析

表 9.2.2 为隧道施工过程中采用应力解除法获得的地应力测试结果[13]。可以看出，该工程地应力具有以下特征：①地应力值高，埋深 1400m 左右处最大主应力接近 50MPa；②构造应力显著，两个测点处最大主应力为近水平方向的构造应力，构造应力与自重应力的比值达到 1.6；③隧道走向为 104°，隧道坡角为 1/1000，各主应力方向与隧道均非完全垂直。

表 9.2.2　地应力测试结果[13]

测点	埋深/m	主应力	大小/MPa	方位角/(°)	倾角/(°)
Ⅰ	1446.1	σ_1^0	49.7	197.7	2.3
		σ_2^0	39.11	86.7	83.5
		σ_3^0	36.1	108.0	–6.1
Ⅱ	1366	σ_1^0	48.6	190.7	–1.1
		σ_2^0	30.0	–78.1	–44.0
		σ_3^0	25.1	99.5	–45.9

同时，建立隧道沿线三维地质模型，如图 9.2.11 所示[14]。采用基于地应力测试成果的三维地应力场多元回归分析方法，开展地应力场反演，获得正洞中轴线剖面主应力分布特征，如图 9.2.12 所示。可以看出，隧道最大埋深处最大主应力达到 58MPa，属于极高地应力；同时可以看出，随着埋深的增加，中间主应力和最小主应力的差值也逐渐增大。

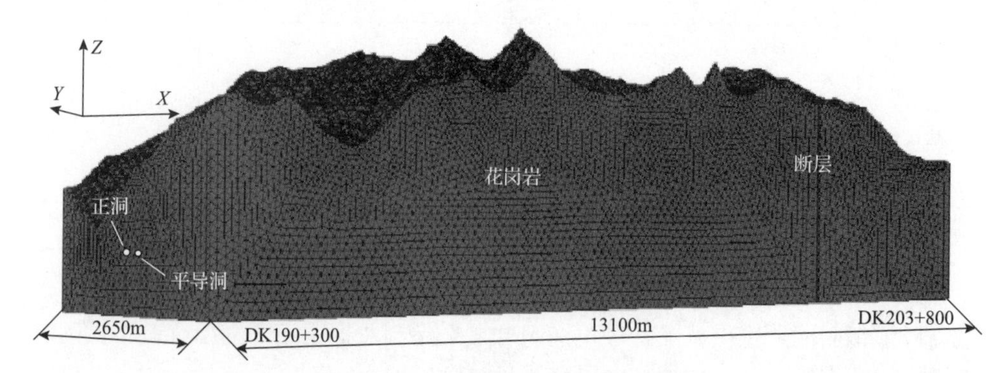

图 9.2.11　隧道沿线三维地质模型[14]

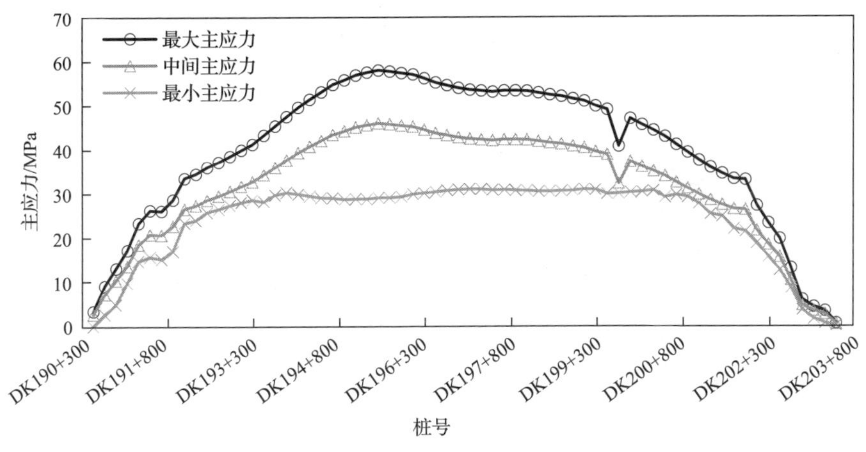

图 9.2.12　正洞中轴线剖面主应力分布特征

2. 岩石力学特性

在隧道现场钻取中粒角闪黑云花岗岩岩块，加工成标准试样。采用第 4 章的真三轴试验装置与方法开展一系列真三轴压缩试验，获得岩石的应力-应变曲线(见图 9.2.13)、强度、变形、破裂等特征。

1) 峰值强度高

不同应力状态下花岗岩真三轴压缩强度如图 9.2.14 所示。可以看出，单轴情况下峰值强度可达到 169.8MPa；在σ_3=5MPa、σ_2=60MPa 时，真三轴压缩峰值强度为 290.5MPa；在σ_3=5MPa、σ_2=100MPa 时，真三轴压缩峰值强度为 367MPa，说明该隧道花岗岩具有较高的峰值强度。在σ_2=5～100MPa 时真三轴压缩峰值强度随σ_2的增加而增加。根据花岗岩的真三轴压缩破坏强度数据，获得其 3DHRFC 破坏准则力学参数(黏聚力 c、内摩擦角 φ、材料参数 s 和 t)，如表 9.2.3 所示。

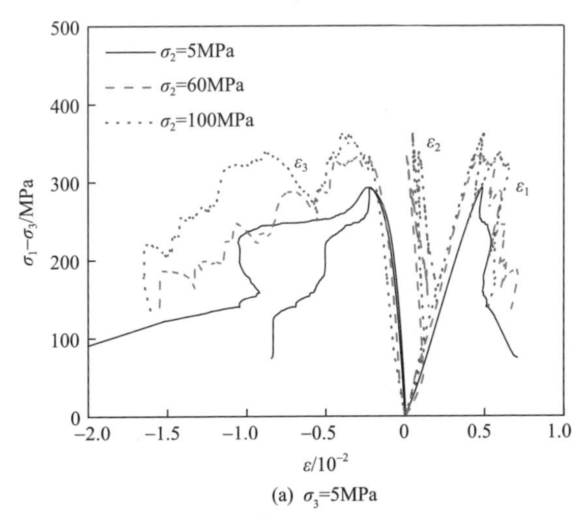

(a) σ_3=5MPa

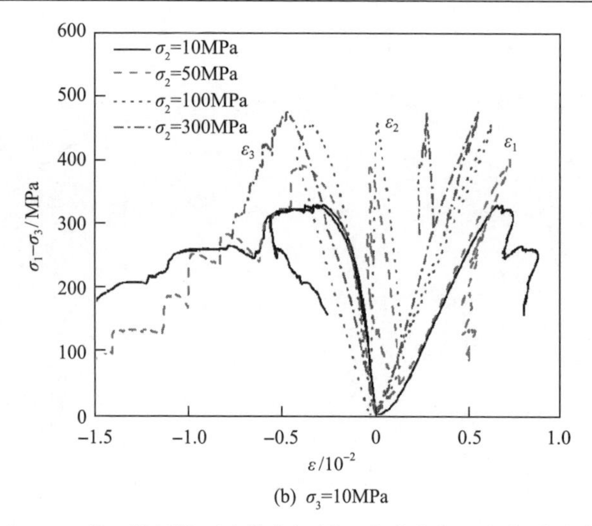

(b) σ_3=10MPa

图 9.2.13　真三轴压缩下中粒角闪黑云花岗岩典型应力-应变曲线

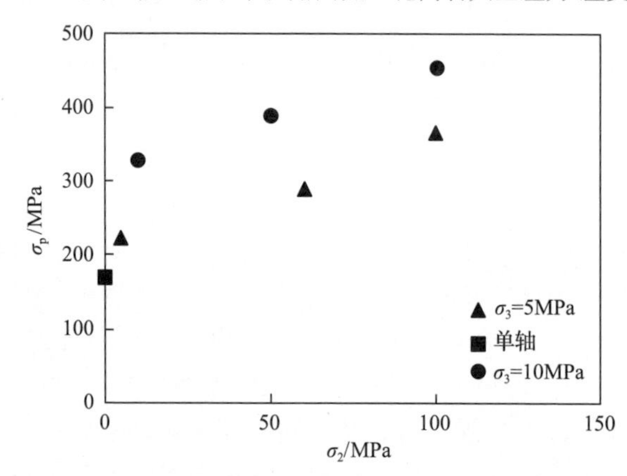

图 9.2.14　不同应力状态下花岗岩真三轴压缩强度

表 9.2.3　中粒角闪黑云花岗岩的 3DHRFC 破坏准则力学参数

c/MPa	φ/(°)	s	t
52	52	0.95	0.88

2)脆性破坏

从应力-应变曲线(见图 9.2.13)来看，中粒角闪黑云花岗岩试样没有表现出延性，具有峰后应力脆性跌落的特征，属于典型的Ⅱ类曲线。从图中可以看出，随着中间主应力的增加，中间主应力方向的应变 ε_2 与最小主应力方向的应变 ε_3 从开始的重合一致到差异性越来越大。当中间主应力等于最小主应力时，两者几乎没有差异性；但是在中间主应力接近最大主应力时，中间主应力方向的应变 ε_2 几乎为零。中间主应力的增加抑制了试样的变形，增加了试样的脆性。试样的宏观破坏模式以近劈裂破坏为主(见图 9.2.15)，表现出明显的脆性破坏模式。

3) 台阶状破裂

典型中粒角闪黑云花岗岩试样破坏图如图 9.2.15 所示。可以看出，除了中间主应力和最小主应力均为 5MPa 的情况，其余试样 σ_2 加载面也能观察到台阶状裂纹(见图 9.2.15(a)、(c)、(d))，同时这些试样的应力-应变曲线峰后呈现台阶状变化。这些台阶状裂纹大多包含垂直和倾斜部分，主要是张拉破裂，部分为剪切破裂。

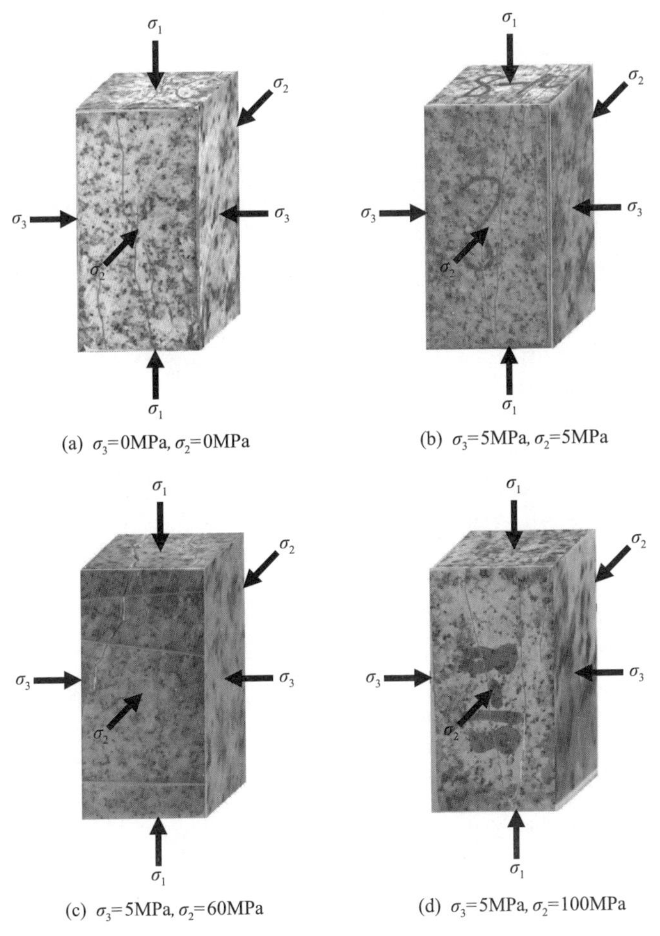

图 9.2.15　典型中粒角闪黑云花岗岩试样破坏图

4) 能量特性

真三轴压缩下花岗岩的变形及能量特性如表 9.2.4 所示。可以看出，在本次试验范围内，除个别情况外，岩石试样峰前的总应变能和弹性应变能基本表现出随

σ_2或σ_3的增加而增加，耗散应变能表现出随σ_3的增加而增加。之所以表现出这样的变化趋势，是因为σ_2或σ_3的增加使试样内部的微裂纹及微孔隙等微观结构闭合，从而使岩石材料得到一定程度的硬化，提升了岩石的弹性性能，表 9.2.4 中岩石的杨氏模量随σ_2的增加而增加也说明了这一点；岩石试样的最大体积应变随σ_2或σ_3的增加而增加，使得硬化后的岩石抵抗和容纳变形的能力增加；最终使得岩石对外界输入能量的容纳能力和容纳速率也随之提升，表现出岩石峰前的总应变能和总弹性应变能随σ_2或σ_3的增加而增加的规律。此外，真三轴应力下岩石的弹脆性随σ_2的增加而增加，岩石的塑延性随σ_3的增加而增加。因此，岩石中与塑延性变形密切相关的总耗散应变能表现出随σ_3的增加而增加。

表 9.2.4　真三轴压缩下花岗岩的变形及能量特性

序号	σ_3/MPa	σ_2/MPa	σ_1/MPa	最大主应力方向峰值应变/10^{-2}	峰值体积应变/10^{-2}	最大体积应变/10^{-2}	杨氏模量/GPa	峰值总应变能/(kJ/m^3)	峰值弹性应变能/(kJ/m^3)	峰值耗散应变能/(kJ/m^3)
1	0	0	170.5	0.33	0.02	0.08	63.2	257	236	21
2	5	5	297.3	0.48	0.04	0.17	69.3	729	633	96
3	5	60	340.5	0.47	0.22	0.25	84.7	871	795	76
4	5	100	367	0.49	0.14	0.26	77.8	989	856	133

3. 隧道岩爆等级评估

采用 8.1.3 节建立的深部工程硬岩岩爆等级评估方法对该隧道工程进行岩爆评估。勘察设计阶段，采用隧道沿线不同洞段的围岩等级确定岩体结构修正因子，评估过程中，Ⅰ类围岩对应岩体结构修正因子为 0.85～0.9，Ⅱ类围岩对应岩体结构修正因子为 0.75～0.8，$Ⅲ_1$类围岩对应岩体结构修正因子为 0.65～0.7。根据地质资料统计的工程控制性节理特征，其地质结构产状修正因子取 0.8。除断层破碎带外，该隧道勘察设计阶段未探明其他地质构造，所以构造区地质构造因子为 1。通过反演得到隧址区地应力，以该地应力反演结果作为局部三维数值模型的边界条件，模拟该隧道洞型尺寸设计方案条件下不同岩爆位置处开挖断面上的最大应力。通过标准岩石单轴压缩试验获得花岗岩单轴抗压强度约为 160MPa。采用该方法得到的隧道岩爆评估结果如表 9.2.5 所示。

表 9.2.5　隧道岩爆评估结果

洞段	长度/m	岩爆等级
DK190+378～DK191+678	1300	无岩爆
DK191+678～DK192+878	1200	轻微岩爆
DK192+878～DK194+478	1600	中等岩爆
DK194+478～DK196+878	2400	强烈岩爆

续表

洞段	长度/m	岩爆等级
DK196+878～DK199+956	3078	中等岩爆
DK199+956～DK200+036	80	无岩爆
DK200+036～DK201+278	1242	中等岩爆
DK201+278～DK201+878	600	轻微岩爆
DK201+878～DK203+455	1577	无岩爆

由表 9.2.5 可知，轻微岩爆段长度为 1800m，中等岩爆段长度为 5920m，强烈岩爆段长度为 2400m，岩爆洞段占隧道比例达 77%，属于高岩爆风险隧道。

隧道施工过程中，继续采用该岩爆等级评估方法进行岩爆评估，评估过程如下：①地质情况踏勘；②确定评估区域岩体结构、地质构造及产状修正因子；③根据反演及单轴压缩试验结果确定隧道开挖断面上最大应力及单轴抗压强度，进一步根据式(8.1.13)确定 F 值；④根据 F 值评估掌子面前方的岩爆等级。当掌子面地质条件发生较大变化时，必须对岩爆等级进行动态评估。

如图 9.2.16 所示，在实际开挖过程中，选取该隧道典型岩爆案例，调研其岩爆信息与工程地质情况[14]，采用岩爆等级评估方法对其开展岩爆评估，以验证该岩爆等级评估方法的准确性。可以看出，该岩爆等级评估方法在该隧道应用效果较好，可以用于该工程的岩爆评估。

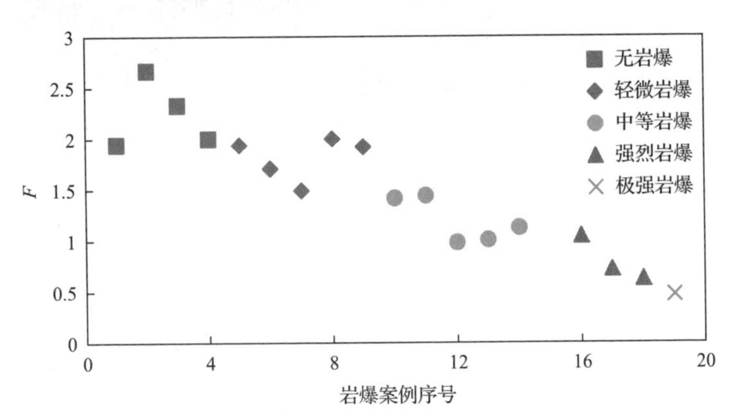

图 9.2.16　深部工程硬岩岩爆等级评估方法在该隧道岩爆评估的验证

以某强烈岩爆案例(见图 9.2.17)为例，说明该岩爆等级评估方法在隧道掘进过程中的应用过程。2019 年 3 月 13 日，隧道开挖至 DK196+840，开展了地质踏勘(见图 9.2.17(a))，该洞段岩性为灰白色花岗岩，块状，节理较发育，掌子面揭露 3 组节理：1# 节理组，倾向 10°，倾角 60°，节理间距 0.5m，节理分布于掌子面南侧，延伸到底板及南侧围岩，节理微张，有充填，未风化；2# 节理组，倾向

190°，倾角 30°，节理间距 0.2m，节理张开，有白色充填(石英脉)，分布于掌子面北侧，延伸到北侧围岩；3# 节理组，分布于顶拱，倾向 70°，倾角 70°，节理间距未知，节理微张，有充填，贯穿隧道。根据地质踏勘结果，确定岩体结构修正因子 k_{r1} 为 0.7，地质构造修正因子 k_{r2} 为 1，产状修正因子 k_{r3} 为 0.8，数值模拟显示该洞段开挖后最大应力为 131.4MPa，岩石单轴抗压强度约 160MPa，根据式(8.1.13)，该洞段的 F 值为 0.68，根据评估方法临界阈值，掌子面前方岩爆等级为强烈岩爆。实际施工过程中，3 月 14 日 15:55 左右在 DK196+830～DK196+840 段右侧边墙至拱顶发生强烈岩爆(见图 9.2.17(b))，有似爆破的爆裂声及闷响声，伴有强烈响声及较大的掉块，形成尺寸为 7m×12m×3m(长×宽×深)的 V 形爆坑。爆落岩块约 250m^3，呈块状、片状、碎渣及粉末。该强烈岩爆导致工期延误 4 天，对隧道施工造成严重影响。实际发生情况与岩爆评估结果一致。

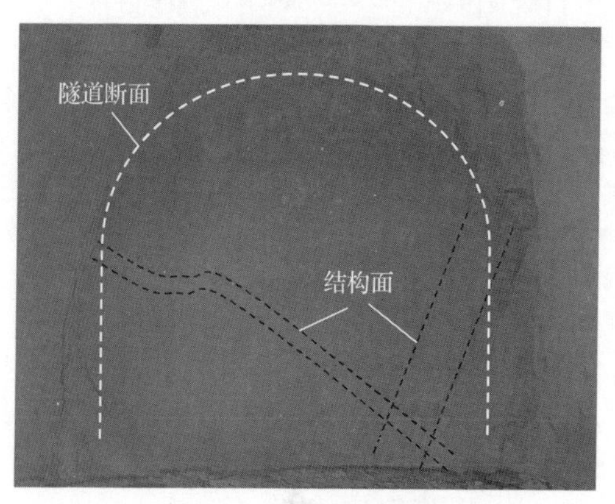

(a) 2019年3月13日地质踏勘

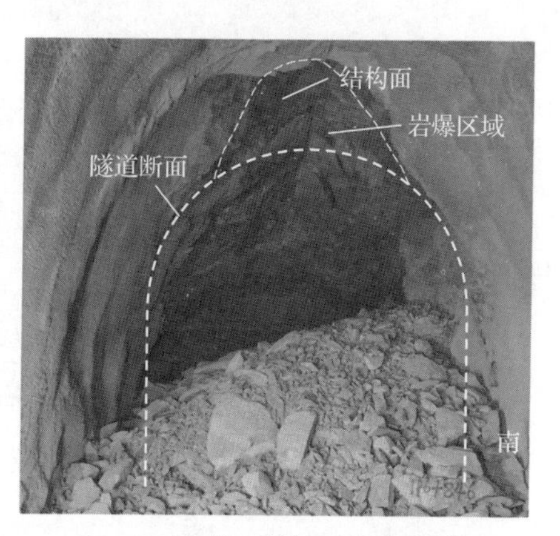

(b) 2019年3月14日拱顶发生强烈岩爆

图 9.2.17　某强烈岩爆案例

结合开挖前的岩爆评估结果，该隧道岩爆风险较高，需开展岩爆微震监测预警与防控工作。

4. 不同结构面条件下岩爆风险分析

有无结构面及不同产状结构面区域岩爆风险不同。为预测分析不同结构面条件下围岩的岩爆风险，采用数值模拟方法对该隧道不同结构面条件下的围岩岩爆风险进行研究。本次按照实测地应力点 I 的地应力情况进行岩爆风险分析。

1)模型建立

采用第 6 章建立的深部工程岩体破裂过程数值分析方法，为使模型边界不受隧道开挖的影响，根据隧道尺寸，确定模型尺寸为 50m×50m×99m，不同结构面产状数值模型如图 9.2.18～图 9.2.20 所示。

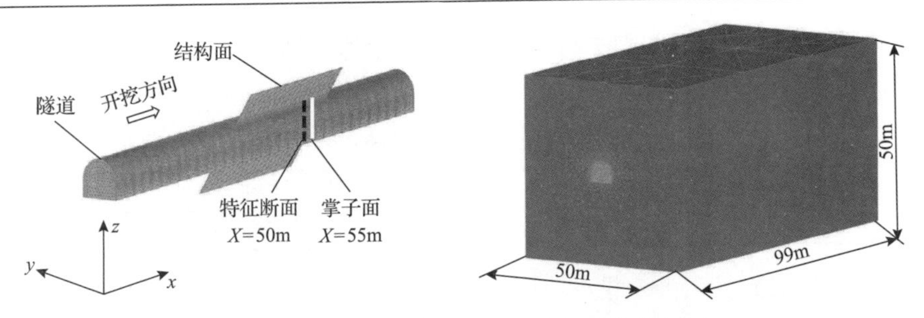

图 9.2.18　结构面与隧道交于右拱肩数值模型

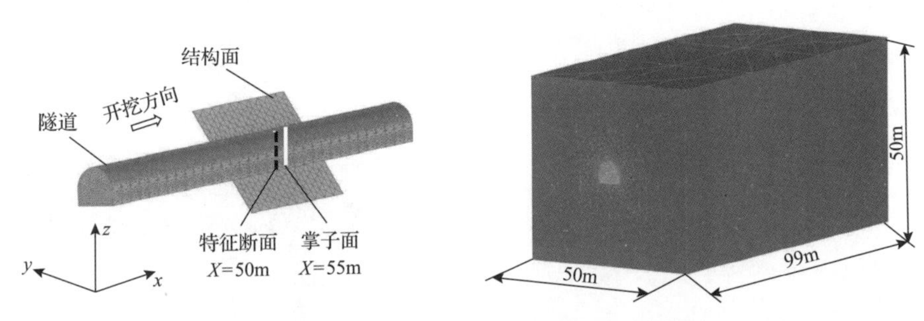

图 9.2.19　结构面与隧道交于左拱肩数值模型

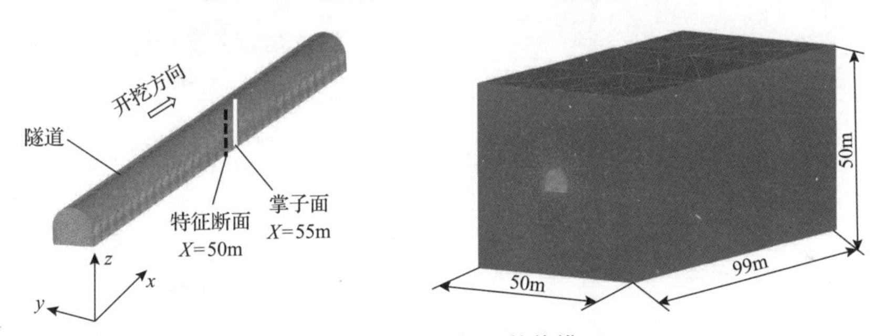

图 9.2.20　无结构面数值模型

根据室内岩石力学试验、现场监测变形破坏情况及工程经验类比，确定围岩力学参数及范围，并采用第 6 章建立的深部工程硬岩力学模型和深部工程岩体力学参数三维智能反分析方法，对现场声波测试获得的围岩损伤范围结果进行反演，获得了数值模型围岩及结构面的力学参数，如表 9.2.6 所示。

表 9.2.6　数值模型围岩及结构面力学参数汇总表

项目	密度/(kg/m³)	杨氏模量/GPa	泊松比	参数 s	参数 t	初始黏聚力/MPa	残余黏聚力/MPa	初始内摩擦角/(°)	残余内摩擦角/(°)	剪胀角/(°)	抗拉强度/MPa
完整岩体	2700	25.3	0.25	0.95	0.88	18.3	1	18.5	46.7	6	5.4
结构面岩体	1800	15.0	0.35	0.72	0.8	10	1	11	35	5	1.5

根据现场测定的地应力情况(见表 9.2.2)，数值模型的初始地应力状态可通过坐标变换求得，如表 9.2.7 所示。

表 9.2.7　数值模型的初始地应力状态

σ_x/MPa	σ_y/MPa	σ_z/MPa	τ_{xy}/MPa	τ_{yz}/MPa	τ_{xz}/MPa
−36.16	−49.43	−37.20	−0.93	1.58	0.07

根据现场实际施工开挖情况，将开挖步长设计为每步 3m，含结构面数值模拟和不含结构面数值模拟均采用相同的开挖参数，以确保对比分析的准确性。

2) 计算结果

选取掌子面超过特征断面 5m 位置时特征断面 Z=50m 的计算结果，分析不同结构面情况下开挖后围岩的最大主应力、RFD 及 LERR 分布特征，如图 9.2.21 所示。

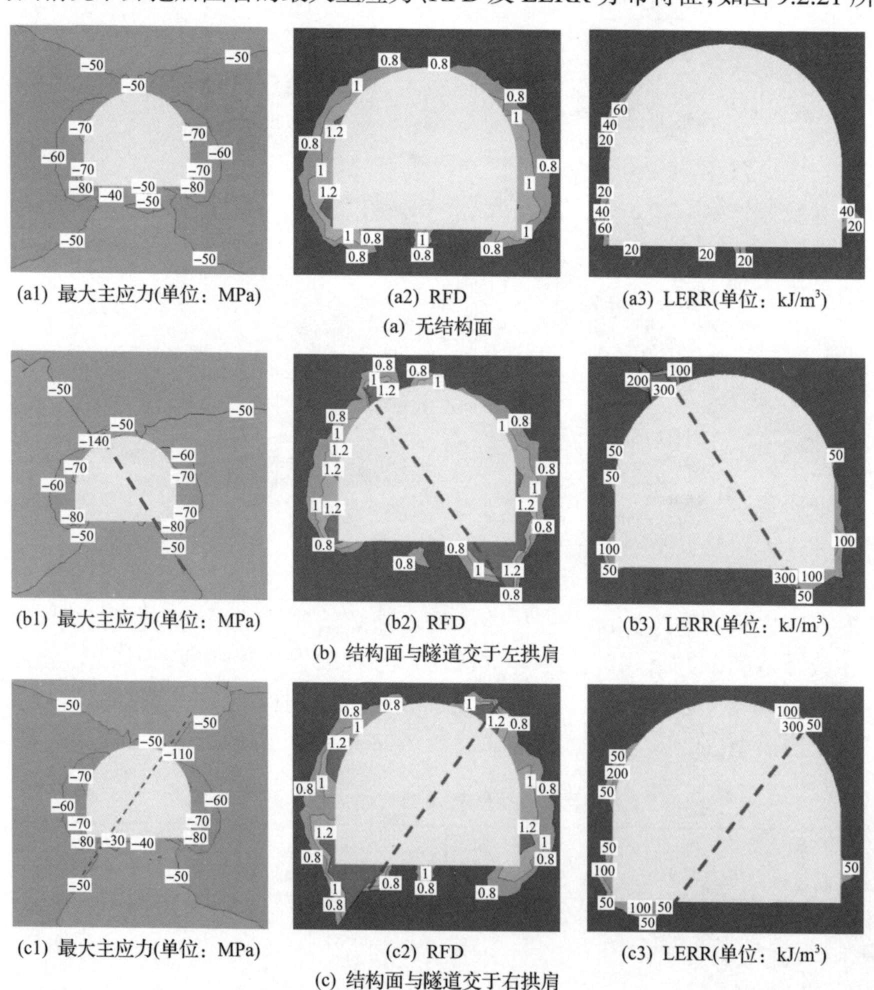

(a1) 最大主应力(单位：MPa)　(a2) RFD　(a3) LERR(单位：kJ/m³)

(a) 无结构面

(b1) 最大主应力(单位：MPa)　(b2) RFD　(b3) LERR(单位：kJ/m³)

(b) 结构面与隧道交于左拱肩

(c1) 最大主应力(单位：MPa)　(c2) RFD　(c3) LERR(单位：kJ/m³)

(c) 结构面与隧道交于右拱肩

图 9.2.21　不同结构面情况下开挖后围岩的最大主应力、RFD 及 LERR 分布云图

从图 9.2.21 可以看出：

(1)不同结构面情况下开挖后围岩的最大主应力分布特征不同。无结构面时，左右拱肩位置最大主应力达 70MPa，左右拱脚最大主应力达 80MPa；结构面与隧道交于左拱肩时，在结构面位置应力集中程度最高，为 140MPa 左右，左右拱脚最大主应力达 80MPa；结构面与隧道交于右拱肩时，在结构面位置应力集中程度最高，为 110MPa 左右，左右拱脚最大主应力达 80MPa。

(2)不同结构面情况下开挖后围岩的损伤区深度不同。无结构面时，损伤区集中在左拱肩和左拱脚，最大深度约 0.6m，损伤区范围较小；结构面与隧道交于左拱肩时，损伤区最大深度位于结构面区域，约 1.8m，损伤区范围最大；结构面与隧道交于右拱肩时，损伤区最大深度位于结构面区域，约 1.5m，损伤区范围较大。

(3)不同结构面情况下开挖后围岩的能量释放特征不同。无结构面时，特征断面 LERR 最大值为左拱肩和左拱脚的 $60kJ/m^3$；结构面与隧道交于左拱肩时，特征断面 LERR 最大值为结构面区域的 $300kJ/m^3$；结构面与隧道交于右拱肩时，特征断面 LERR 最大值为结构面区域的 $300kJ/m^3$。

3)岩爆风险预测及对比分析

根据数值计算结果，不同结构面条件下各参数的比较如下。

(1)最大主应力的最大值由大到小依次为：结构面与隧道交于左拱肩＞结构面与隧道交于右拱肩＞无结构面。

(2)RFD 的最大值及破裂范围由大到小依次为：结构面与隧道交于左拱肩＞结构面与隧道交于右拱肩＞无结构面。

(3)LERR 的最大值由大到小依次为：结构面与隧道交于左拱肩=结构面与隧道交于右拱肩＞无结构面。

综上所述，结构面与隧道交于左拱肩时岩爆风险最高，潜在岩爆风险区域位于结构面与左拱肩相交处；结构面与隧道交于右拱肩时次之，潜在岩爆风险区域位于结构面与右拱肩相交处；无结构面时岩爆风险较低，潜在岩爆风险区域位于左拱肩。

图 9.2.22 为隧道开挖过程中，典型洞段的岩爆分布情况及相关工程地质条件[15]。可以看出，这些岩爆发生的结构面条件不同，岩爆情况也不同，不同洞段岩爆分布情况与数值模拟结果对比分析如下：

(1)如图 9.2.22(a)所示，该洞段无结构面，岩爆发生在隧道左拱肩位置，模拟结果与现场实际发生结果一致。

(2)如图 9.2.22(b)所示，该洞段结构面与隧道交于左拱肩为主，岩爆发生在隧道左拱肩，模拟结果与现场实际发生结果一致。

(3)如图 9.2.22(c)所示，该洞段结构面与隧道交于右拱肩为主，岩爆发生在隧道右拱肩，模拟结果与现场实际发生结果一致。

(a) DK194+450～DK194+460洞段

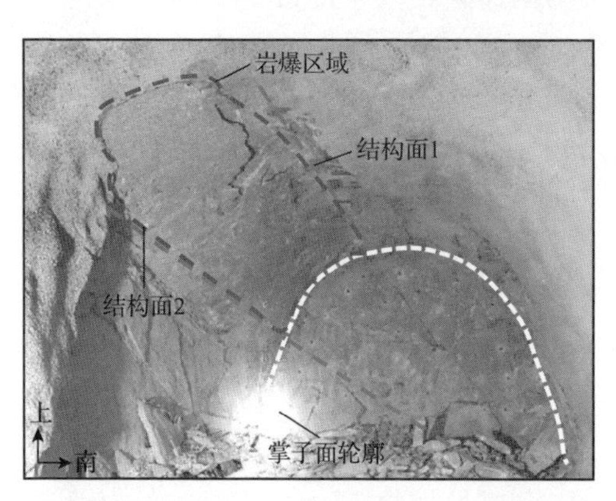

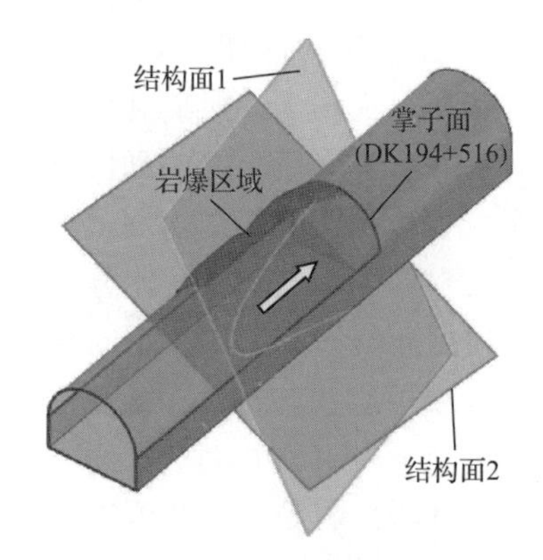

(b) DK194+493～DK194+530洞段

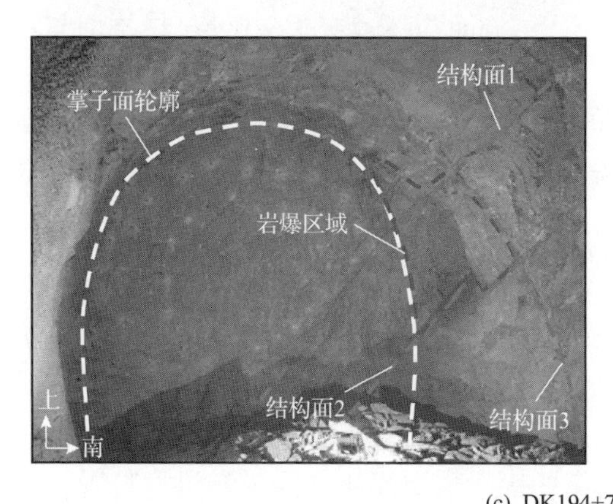

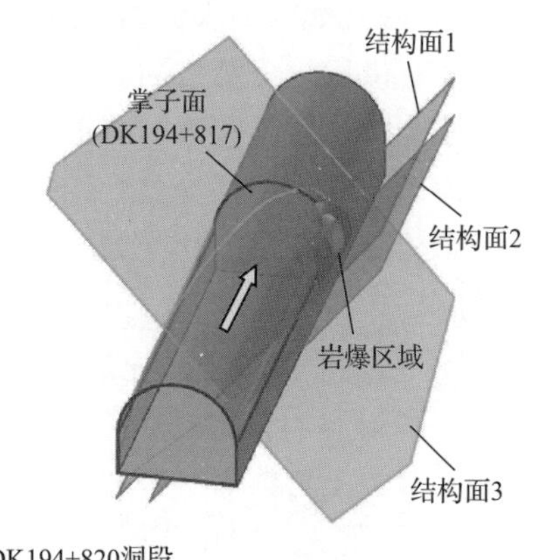

(c) DK194+790～DK194+820洞段

图 9.2.22　典型洞段的岩爆分布情况及相关工程地质条件[15]（见彩图）

5. 不同结构面条件下围岩能量释放特征

不同结构面条件的围岩能量释放特征不同。如图 9.2.23 所示，选取特征断面内不同特征点，分析开挖过程中不同结构面条件下各位置能量释放过程，总结围岩能量释放规律，进而为岩爆防控提供理论依据。

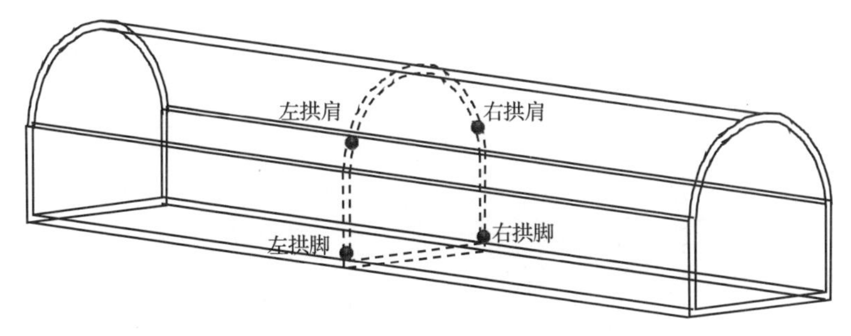

图 9.2.23　特征断面内各特征点示意图

随着开挖的进行，不同结构面条件下模拟开挖过程中断面各特征点 LERR 的演化过程如图 9.2.24 所示。可以看出，当开挖至特征断面后，断面各特征点 LERR 迅速上升，此后随着掌子面的推进，LERR 呈不断增加的趋势，说明由于开挖卸荷作用，岩体累积的弹性应变能迅速释放，岩爆风险升高。当掌子面过断面一段距离后，LERR 趋于稳定，此后发生岩爆的可能性较低。此外，不同结构面条件下 LERR 最大值对应的特征点位置不同，说明当赋存不同结构面时，断面内潜在岩爆风险区域不同。

不同结构面条件下断面不同特征点 LERR 对比如图 9.2.25 所示。可以看出，不同结构面条件下能量释放程度不同，结构面与隧道交于左拱肩时断面 LERR 的最大值最高，结构面与隧道交于右拱肩时左拱肩、右拱肩 LERR 均较大；同一断面不同位置能量释放程度也不同，结构面与隧道交于左拱肩时和无结构面条件下断面 LERR 最大值位于左拱肩，结构面与隧道交于右拱肩时断面 LERR 最大值位于右拱肩。

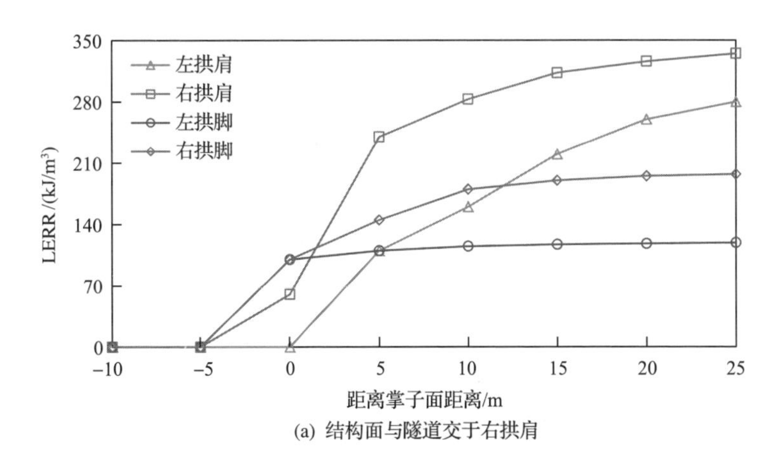

(a) 结构面与隧道交于右拱肩

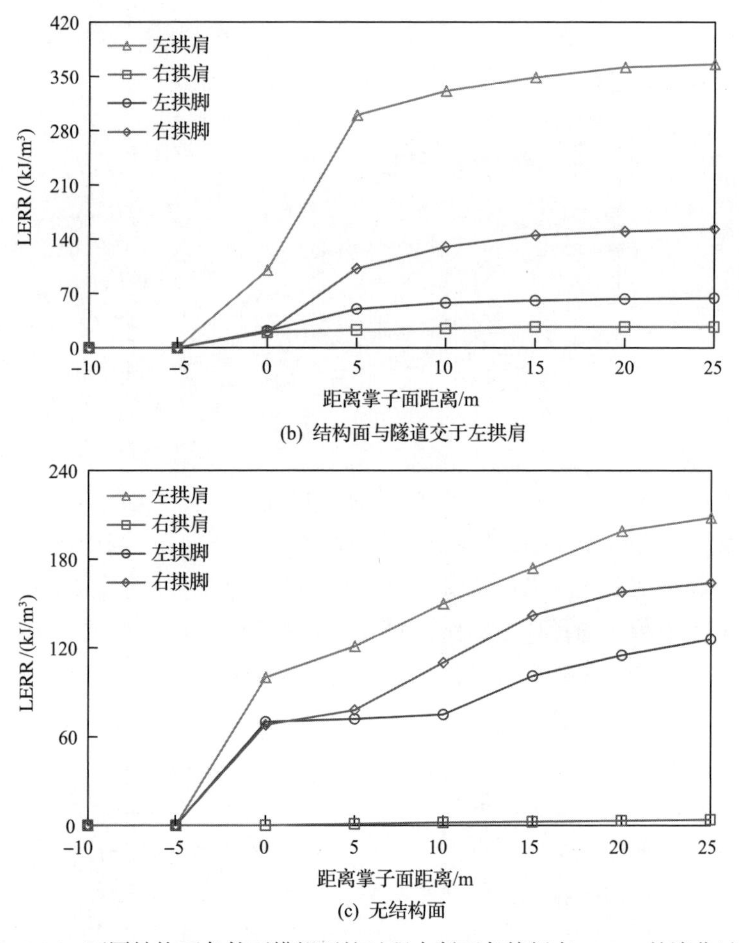

(b) 结构面与隧道交于左拱肩

(c) 无结构面

图 9.2.24　不同结构面条件下模拟开挖过程中断面各特征点 LERR 的演化过程

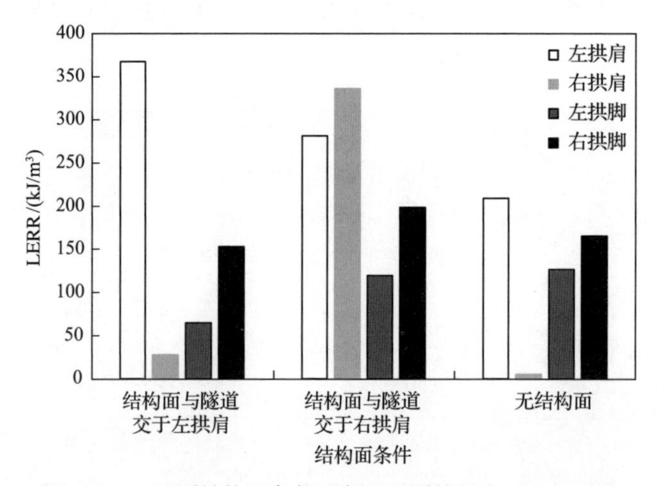

图 9.2.25　不同结构面条件下断面不同特征点 LERR 对比

9.2.3　隧道施工过程中岩爆特征

隧道在开挖过程中岩爆频发，岩爆发生主要集中在爆破后 2～6h，在隧道打钻、装药、出渣、支护等各施工工序中均有发生，甚至在支护后数周距离掌子面数十米的位置仍有岩爆发生。发生时，岩体呈棱片状、薄片状、块状和板状剥落、弹射和飞出，伴随噼啪声和清脆的爆裂声，或零星间断发生，或长时间持续发生，最长持续时间超过 100h。

1. 岩爆整体时空特征

该隧道进口平导洞 DK194+450～DK195+660(1210m)、进口正洞 DK195+255～DK195+470(245m)、进口正洞 DK195+580～DK197+410(1830m)、进口 11# 横通道和进口 12# 横通道共发生 400 余次岩爆。其中，强烈及以上岩爆 4 次，中等岩爆 30 余次。出口平导洞 DK200+590～DK200+325(265m)、出口正洞 DK200+400～DK199+410(990m)和出口 17# 横通道共发生 9 次轻微岩爆，1 次岩爆与应力型塌方混合破坏。

根据岩爆发生的时空特征，在隧道开挖过程中主要为即时型岩爆。深埋隧道发生岩爆的位置主要有：施工过程中的隧道掌子面、距掌子面一定范围(如 0～30m 范围)内的隧道拱顶、拱肩、拱脚、侧墙、底板以及隧道相向掘进的中间岩柱等，多在开挖后几小时或 1～3d 内发生。图 9.2.26 为隧道典型即时型岩爆。这些岩爆发生在完整性较好、坚硬、无结构面或零星结构面发育(多为 1 条，偶有不同产状的 2 条或几条硬性结构面或层理面)的岩体中，爆坑岩面非常新鲜，爆坑形状有浅窝形(见图 9.2.26(a))、长条深窝形和 V 形(见图 9.2.26(b))等。不同烈度的岩爆爆出的岩片大小不同，一般岩爆烈度越大，爆坑深度也越大，爆出的岩片就越大(厚)，爆出的岩片弹射的距离也越远，岩体破坏的声响也就越大。闭合的硬性结构面(或层理面)控制了岩爆爆坑的底部边界或侧部边界，控制岩爆爆坑侧部边界的结构面处有陡坎，也有结构面在爆坑中间部位穿过。一般情况下，发生区域发育零星结构面的岩爆烈度或等级要高一些，形成的爆坑及造成的危害要大一些。

2. 时滞型岩爆

隧道开挖过程中还发生了 2 次时滞型中等岩爆，空间上一般滞后于隧道 3 倍洞径之外，时间上滞后于开挖卸荷 6d 以后的岩爆为时滞型岩爆。根据时滞型岩爆地质与支护资料，大部分时滞型岩爆发生区节理、裂隙、夹层等原生结构面较发育。隧道的一次典型时滞型岩爆如图 9.2.27 所示。可以看出，该时滞型岩爆原生节理发育，控制着爆坑边界。

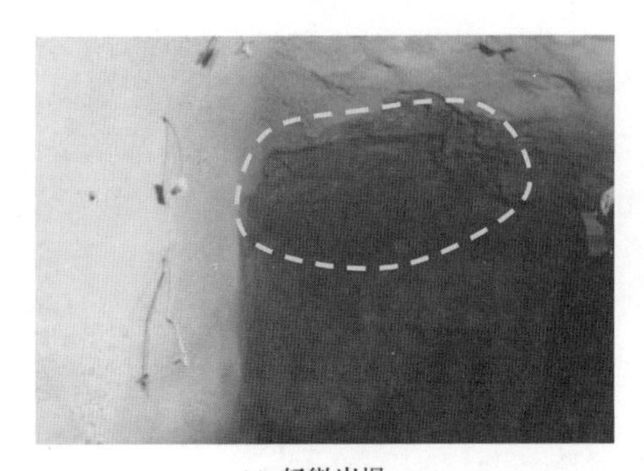

(a) 轻微岩爆

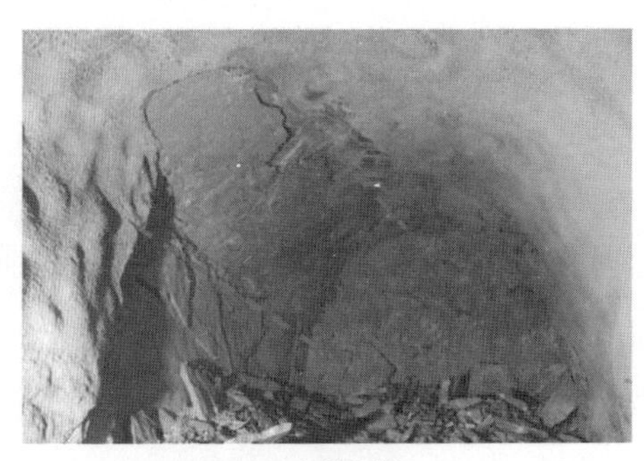

(b) 中等岩爆

图 9.2.26　隧道典型即时型岩爆

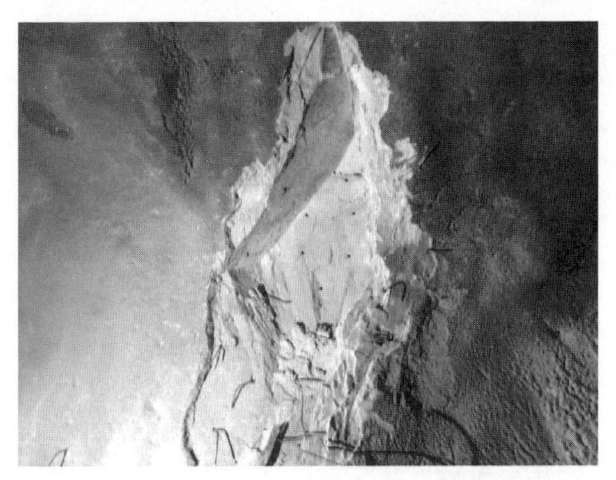

图 9.2.27　典型时滞型岩爆

3. 间歇型岩爆

间歇型岩爆因其包含岩爆次数和规模的不确定性，相对同一洞段仅发生单次岩爆而言，其致灾机制、孕育机理更为复杂，危害性更大。2017 年 11 月 20 日在正洞 DK195+467 附近发生一次间歇型岩爆，发展过程如图 9.2.28 所示。该岩爆属于径向链式岩爆，岩爆区域深度不断增大，岩爆呈间歇式发生，持续时间达 108h。

图 9.2.29 为“11 · 20”间歇型岩爆孕育过程，图中给出了该次间歇型岩爆发展过程中完整的岩爆区域发展、微震活动及施工信息。可以看出，该次岩爆孕育规律具有以下典型特征：在基本无施工活动的情况下，该间歇型岩爆不断间歇式发展，岩体微破裂微震活动呈现出“振荡式”演化的特征，能量逐次释放。在岩爆发生的初期，区域微震活动强度不断增加，其区域内岩爆风险升高，随后微震活

动不断振荡衰减逐渐趋于平静，11 月 25 日补炮再次让该区域发生岩爆，随后该工作面暂停施工，进行岩爆风险避险。

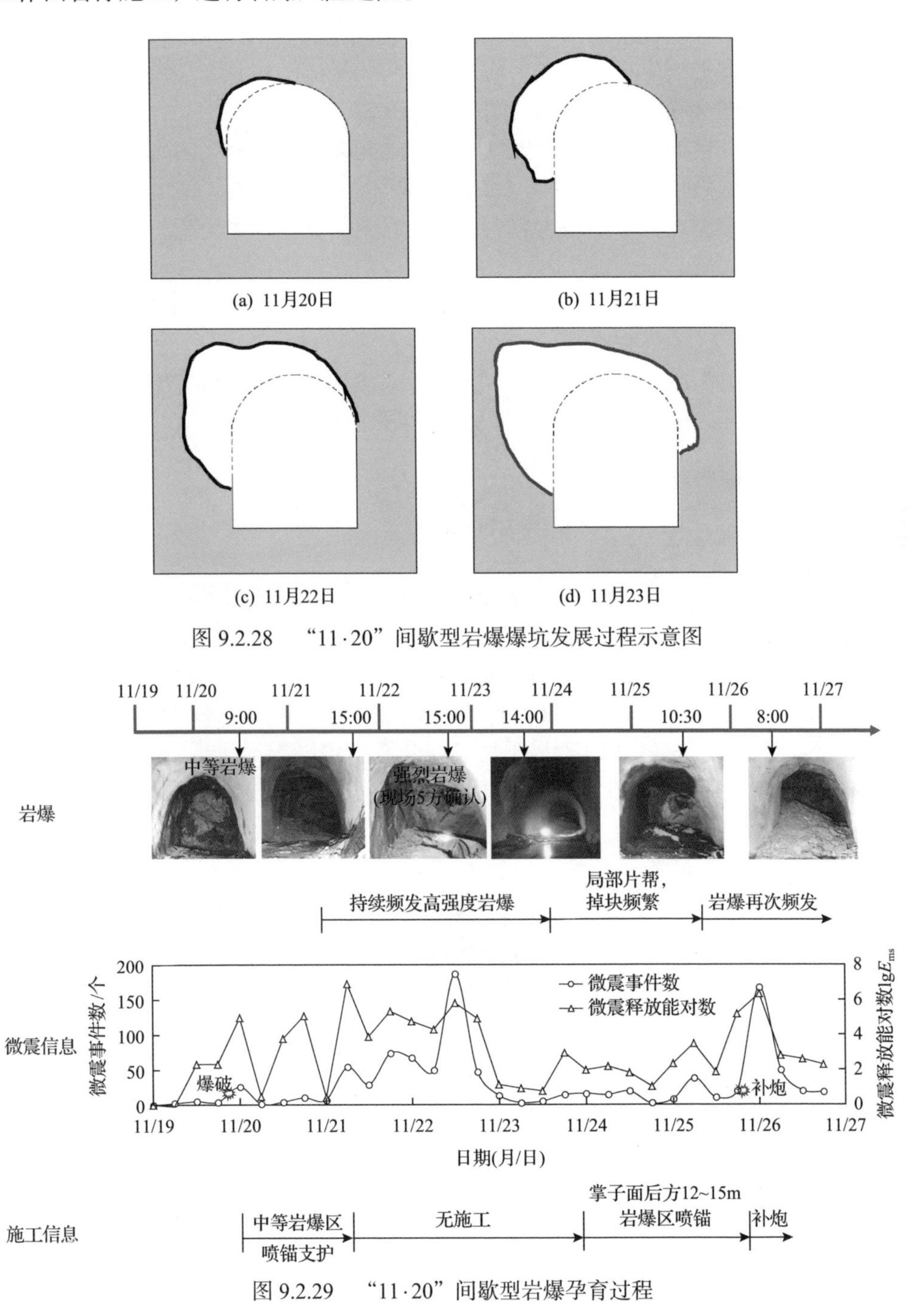

图 9.2.28　“11·20”间歇型岩爆爆坑发展过程示意图

图 9.2.29　“11·20”间歇型岩爆孕育过程

2017 年 7 月 3 日至 6 日，在平导洞 DK194+502～DK194+516 区域发生 1 次间歇型岩爆，沿轴向连续发生三次岩爆，为轴向链式岩爆，详见 7.5.4 节相关内容。

间歇型岩爆的发生可能与岩石的力学性质和岩体结构有关。当区域内存在断裂等地质构造时会在围岩内形成封闭应力，开挖引起地质结构变化导致封闭应力多次释放，同一区域内发生多次岩爆；本隧道花岗岩强度高，同时具有峰后多阶段破坏和台阶状破坏的特征(见图 9.2.13 和图 9.2.15)，花岗岩发生破坏后围岩仍具有较高的强度，在开挖扰动或应力调整过程中仍能够积聚较高的能量，在该区域内再次发生岩爆。

4. 断裂型岩爆

2018 年 11 月 15 日，隧道开挖至 DK196+726 时，在 DK196+720～DK196+725 发生断裂型极强岩爆，具体内容见 7.5.4 节相关内容。

9.2.4 隧道岩爆智能监测预警

1. 微震监测方案

本工程采用微震监测系统对隧道大埋深洞段进行岩爆监测预警。在潜在岩爆风险的深埋硬岩隧道钻爆法施工中，越靠近掌子面，岩爆发生的风险也就越高；同时，传感器安装需较长时间，安装人员将面临岩爆或塌方的风险也较大。因此，为了保障安装人员的人身安全及避免因爆破冲击而造成的传感器损坏或失效，传感器布置应适当远离掌子面。综合考虑该隧道进、出口平导洞现场施工情况和监测条件，设计紧跟掌子面移动传感器优化布置方案，如图 9.2.30 所示[15]。

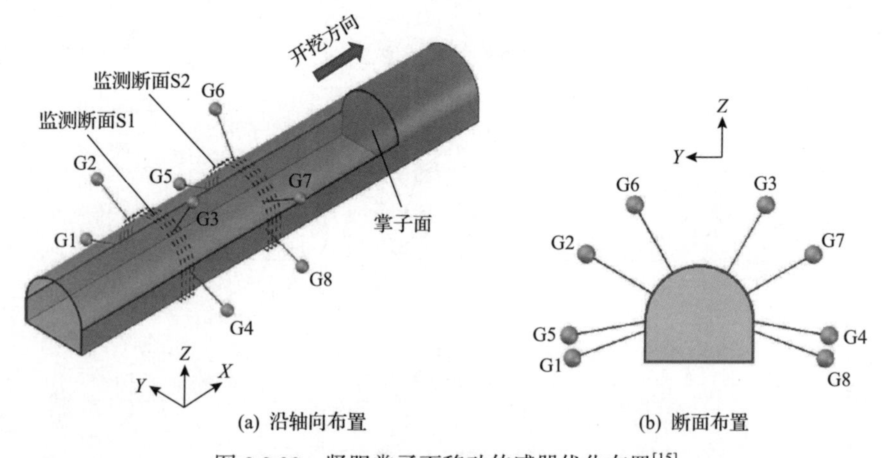

(a) 沿轴向布置　　(b) 断面布置

图 9.2.30　紧跟掌子面移动传感器优化布置[15]

(1)距掌子面 60～70m 处布置第一组共 4 只(编号 G1～G4)传感器。G1～G4 均为单向速度型传感器，钻孔深度约 3m；钻孔直径约为安装传感器直径的 1.5 倍，为 75～80mm。

(2)当第一组传感器距离掌子面约 100m 时，安装第二组共 4 只(编号 G5～G8)传感器。

(3)掌子面继续推进至距第一组传感器约 130m 处时，回收第一组传感器，并于距当前掌子面 70m 处安装第三组传感器，安装方式与第一组相同。

重复上述步骤，实现紧跟掌子面移动的实时监测。各个传感器在空间上错开式布置，能有效提高定位的精度，空间上传感器协同工作。

建立如图 9.2.31 所示的隧道岩爆微震实时监测与预警系统，将现场微震监测实时分析结果传输到相关人员办公室，以便及时了解现场微震活动情况，根据监测结果及时对现场情况进行决策、指挥与管理。该系统由两个分析中心组成：一个设立在工程现场，主要负责微震数据的收集、保障系统正常运行、进行数据系统分析、现场地质勘察与岩爆预测预警；另一个设立在东北大学，主要负责理论研究、数据的进一步分析、数值模拟和岩爆预测预警综合决策。

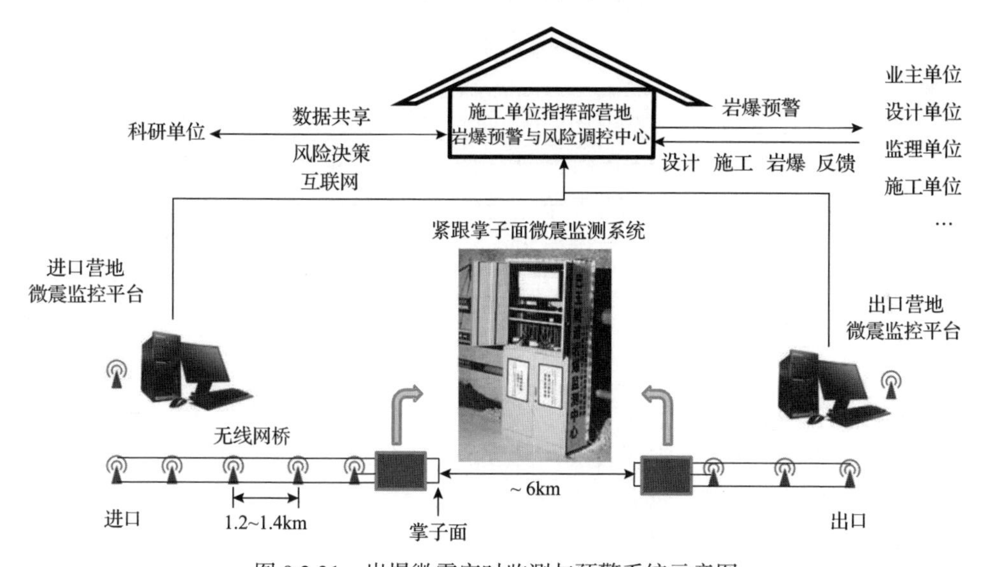

图 9.2.31　岩爆微震实时监测与预警系统示意图

通信方案上，根据该隧道近似线性笔直的工程平面布置特征，沿隧道轴线布置了一系列无线网桥(间距 1.2～1.4km)，自建了无线局域通信网。洞内监测服务器紧跟传感器阵列布置，尽量减少通信电缆的距离，有效提高微震监测数据的连续性。记录在监测服务器的数据通过自建的无线局域网实时传送至设置在进、出口营地的微震监控平台。同时，监控平台的监测人员还可通过无线局域网实时查看现场监测服务器及传感器等微震设备的工作状态。在发现故障后可第一时间前往隧道内进行故障排查和系统维护，保障监测数据的连续性。通过已有的互联网，监测数据被汇总至施工单位指挥部营地岩爆预警与风险调控中心。随后研究人员基于所监测的微震活动特征解译该隧道平导洞开挖过程中即时潜在的岩爆风险，并以预警报告的形式发布。传感器安装与监测线路铺设如图 9.2.32 所示。

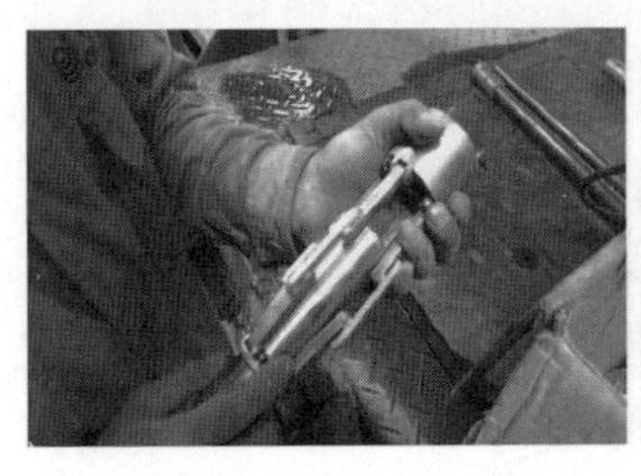

图 9.2.32　传感器安装与监测线路铺设

第 4 章所建立的微震监测数据智能分析方法在该隧道得到了成功应用，其工作流程如下：

(1) 岩石破裂发生后，产生的振动波沿周围的介质向外传播，放置于孔内紧贴岩壁的传感器接收到其原始的微振动信号并将其转变为电信号，随后将其发送至采集仪。

(2) 通过通信系统再将数据信号传送给数据服务器，并保存至本地数据库。

(3) 定时读取数据库内新采集的数据，调用基于深度学习的微震监测数据智能分析模型，对所接收的微震信号类型进行划分并标记，拾取到时等，处理结果更新至数据库。

(4) 启动微震源定位程序，分析其震源参数特征，结果可用于预警岩爆与评估岩体稳定性。

2. 岩爆智能预警

按照 8.1.4 节介绍的岩爆智能预警方法对该隧道施工过程中的即时型岩爆进行以爆破循环为单位的岩爆智能预警。在岩爆监测预警期间，未发生由岩爆造成的人员死亡和重大设备损毁情况，有效地促进了隧道的顺利贯通。下面以 2018 年 9 月 18 日至 2018 年 9 月 24 日 (DK196+528～DK196+558 洞段) 该隧道开挖过程中的即时型岩爆智能预警为例，详细描述即时型岩爆智能预警的实施过程。

适用于该隧道岩爆预警单元的空间范围为：掌子面后方约 25m 至掌子面前方约 10m，隧道中心线上下左右各约 35m。平均爆破循环时间为 12h。对该隧道开挖过程中产生的微震信息以爆破循环为单位进行离散化，对缺失数据进行填充和修正。

2018 年 9 月 18 日 20 时该隧道准备起爆，起爆前掌子面桩号为 DK196+528。

记该次爆破为第 330 次爆破，该次爆破后的循环为第 330 个爆破循环，其后续第 1 个循环为第 331 个循环，后续第 2 个循环为第 332 个循环，依此类推。用于第 330 个爆破循环及后续爆破循环微震信息预测的历史爆破循环微震信息时间序列如表 9.2.8 所示。将表 9.2.8 所示的微震信息时间序列输入微震信息预测模型中，得到第 330 个爆破循环及后续爆破循环微震信息预测值如表 9.2.9 所示。

表 9.2.8　用于第 330 个爆破循环及后续爆破循环微震信息预测的历史爆破循环微震信息时间序列

微震参数	爆破循环编号							
	322	323	324	325	326	327	328	329
微震事件数/个	7	17	14	8	16	17	27	6
微震释放能/kJ	1.072	2.0751	5.5089	3.9322	12.435	12.559	10.419	13.238
微震视体积/10^3 m^3	2.2247	13.935	8.5095	4.1328	3.6291	2.9405	11.566	1.3399

表 9.2.9　第 330 个爆破循环及后续爆破循环微震信息预测值

微震参数	爆破循环编号		
	330	331	332
微震事件数/个	12	3	2
微震释放能/kJ	38.7945	1.2258	2.0161
微震视体积/10^3 m^3	7.2260	7.1619	5.8811

将表 9.2.8 和表 9.2.9 所示的微震信息进行融合，得到用于第 330 个爆破循环及后续爆破循环岩爆预警的微震信息时间序列，如表 9.2.10 所示。将表 9.2.10 所示的微震信息时间序列输入岩爆智能预警模型中，得到第 330 个爆破循环及后续爆破循环岩爆预警结果，如图 9.2.33 所示。

表 9.2.10　用于第 330 个爆破循环及后续爆破循环岩爆预警的微震信息时间序列

微震参数	爆破循环编号							
	322	323	324	325	326	327	328	329
累积微震事件数/个	87	76	79	79	78	86	104	103
累积微震释放能/kJ	13.9610	12.4980	16.4960	18.4420	28.2780	39.4540	47.9830	60.0030
累积微震视体积/10^3m^3	72.4850	56.6000	56.1340	54.1860	43.0980	33.8930	42.7950	42.9070
微震事件率/(个/d)	19.3151	16.2704	18.3948	16.7856	15.2278	18.6186	21.7759	19.7449
微震释放能速率/(kJ/d)	3.0995	2.6756	3.8410	3.9185	5.5207	8.5416	10.0468	11.5025
微震视体积率/(10^3m^3/d)	16.0926	12.1172	13.0706	11.5132	8.4139	7.3377	8.9606	8.2252

续表

微震参数	爆破循环编号							
	322	323	324	325	326	327	328	329
后续第 1 个爆破循环微震事件数/个	17	14	8	16	17	27	6	12
后续第 1 个爆破循环微震释放能/kJ	2.0751	5.5089	3.9322	12.4350	12.5590	10.4190	13.2380	38.7945
后续第1个爆破循环微震视体积/10^3m^3	13.9350	8.5095	4.1328	3.6291	2.9405	11.5660	1.3399	7.226
后续第 2 个爆破循环微震事件数/个	14	8	16	17	27	6	12	3
后续第 2 个爆破循环微震释放能/kJ	5.5089	3.9322	12.4350	12.5590	10.4190	13.2380	38.7945	1.2258
后续第2个爆破循环微震视体积/10^3m^3	8.5095	4.1328	3.6291	2.9405	11.5660	1.3399	7.226	7.1619
后续第 3 个爆破循环微震事件数/个	8	16	17	27	6	12	3	2
后续第 3 个爆破循环微震释放能/kJ	3.9322	12.4350	12.5590	10.4190	13.2380	38.7945	1.2258	2.0161
后续第3个爆破循环微震视体积/10^3m^3	4.1328	3.6291	2.9405	11.5660	1.3399	7.226	7.1619	5.8811

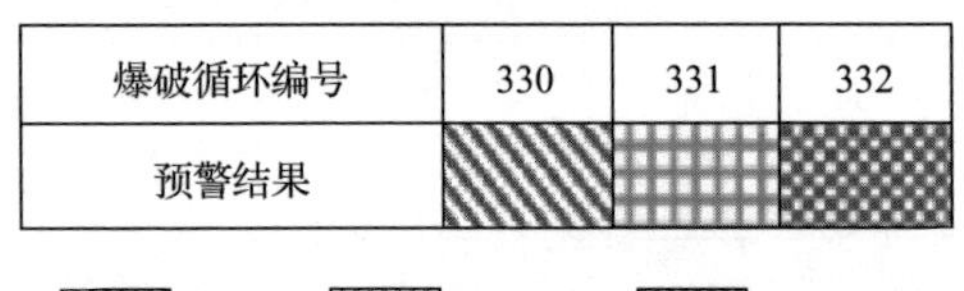

图 9.2.33　第 330 个爆破循环及后续爆破循环岩爆预警结果

重复上述步骤，得到 2018 年 9 月 18 日～24 日共 10 个爆破循环的微震信息原始值和预测值对比分析结果，如图 9.2.34 所示，隧道开挖过程中微震活动随爆破循环的时空演化特征如图 9.2.35 所示。

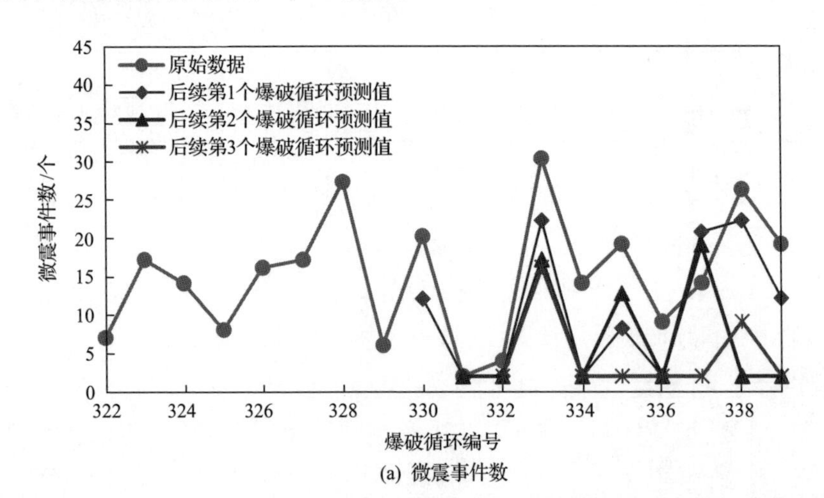

(a) 微震事件数

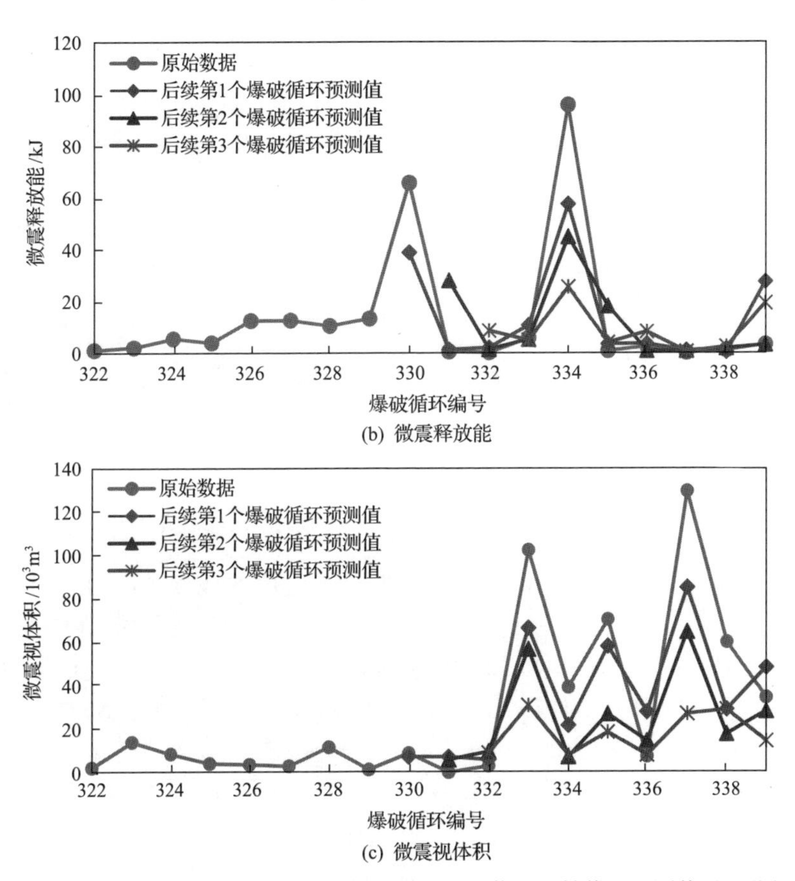

(b) 微震释放能

(c) 微震视体积

图 9.2.34　2018 年 9 月 18 日～24 日各爆破循环微震信息原始值和预测值对比分析结果

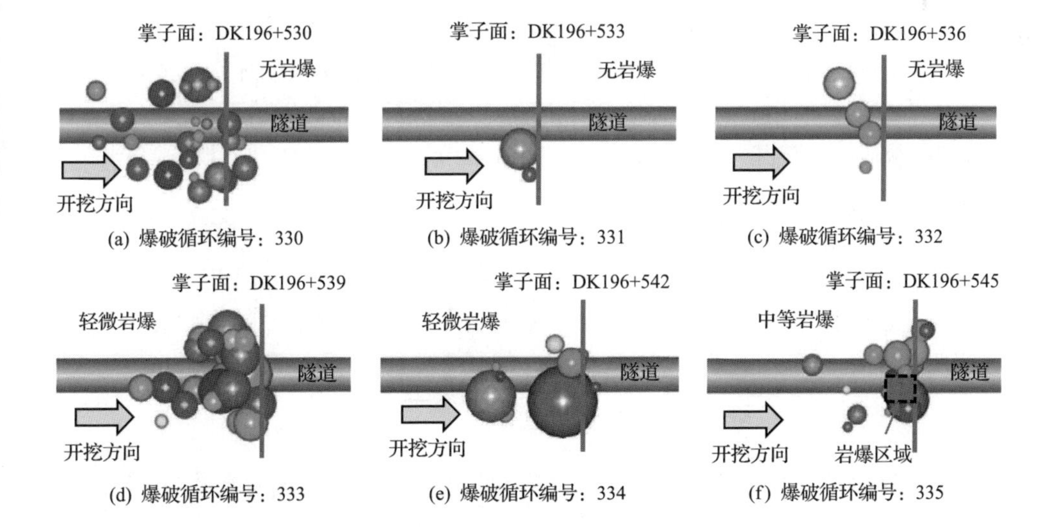

(a) 爆破循环编号：330　(b) 爆破循环编号：331　(c) 爆破循环编号：332

(d) 爆破循环编号：333　(e) 爆破循环编号：334　(f) 爆破循环编号：335

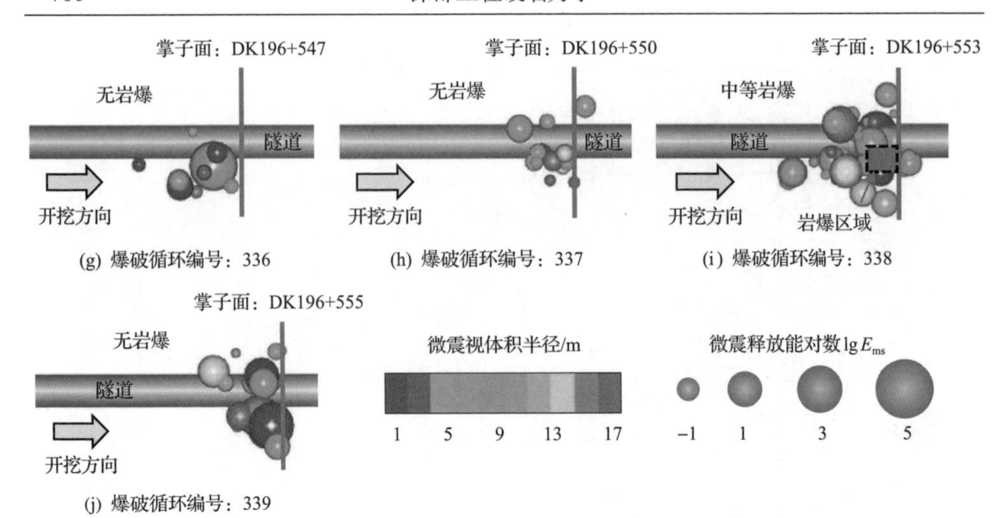

图 9.2.35　2018 年 9 月 18 日～24 日隧道开挖过程中微震活动随爆破循环的时空演化特征

2018 年 9 月 18 日至 24 日，该隧道共进行了 10 个爆破循环的开挖，累积掘进约 30m，平均每循环进尺 3m。各爆破循环岩爆预警结果与现场实际岩爆情况如图 9.2.36 所示。各爆破循环掌子面附近的现场踏勘照片如图 9.2.37 所示。在这 10 个爆破循环中，发生了 2 次轻微岩爆和 2 次中等岩爆。其中第 1 次中等岩爆发生于 2018 年 9 月 21 日 11:30～17:00(第 335 个爆破循环)，爆坑呈漏斗状，尺寸为 2m×2m×0.5m(长×宽×深)，如图 9.2.37(f)所示；第 2 次中等岩爆发生于 2018 年 9 月 23 日 9:30～12:00(第 338 个爆破循环)，爆坑呈漏斗状，尺寸为 2m×2m×0.5m(长×宽×深)，如图 9.2.37(i)所示。由图 9.2.37 可知，若仅以后续第 1 循环的预警结果来评判，则 2 次轻微岩爆所在的爆破循环被成功预警到 1 次；若综合后续第 1 循环和第 2 循环的预警结果来评判，则 2 次轻微岩爆所在的爆破循环均被成功预警。由图 9.2.37 还可知，2 次中等岩爆所在的爆破循环均被成功预警，且均提前 2 个爆破循环就已预警到。上述 10 个爆破循环开始前均根据预警结果采取了相应的岩爆防控措施，因此上述 4 次岩爆均未造成人员伤亡及设备损失。

9.2.5　隧道岩爆风险防控

岩爆的孕育过程会受到开挖、支护等工程活动的影响，因此可以通过工程手段改变灾害孕育过程的时空演化规律，降低岩爆风险，实现岩爆风险的主动、动态调控。

1. 岩爆风险防控的能量释放控制方案

基于第 8 章建立的“减能”、“释能”和“吸能”岩爆防控的能量控制原理，在该隧道进行了岩爆风险防控技术的应用，制定了不同等级岩爆调控措施，建立

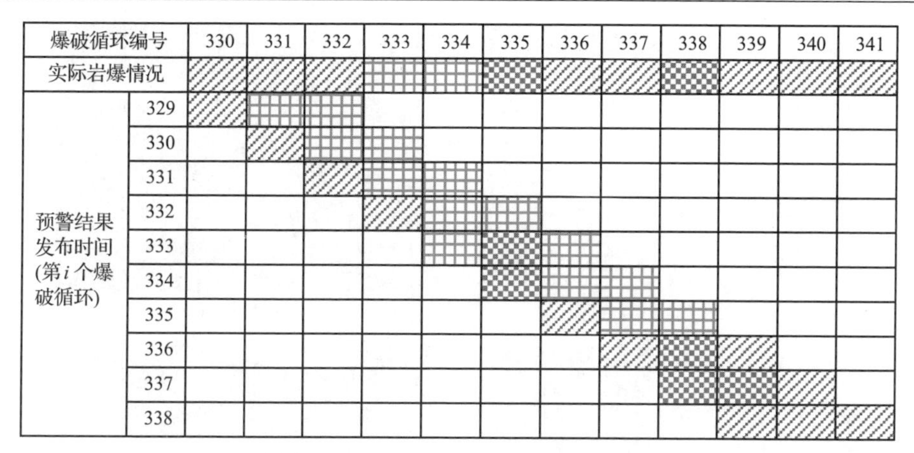

图 9.2.36 2018 年 9 月 18 日至 24 日各爆破循环岩爆预警结果与现场实际岩爆情况

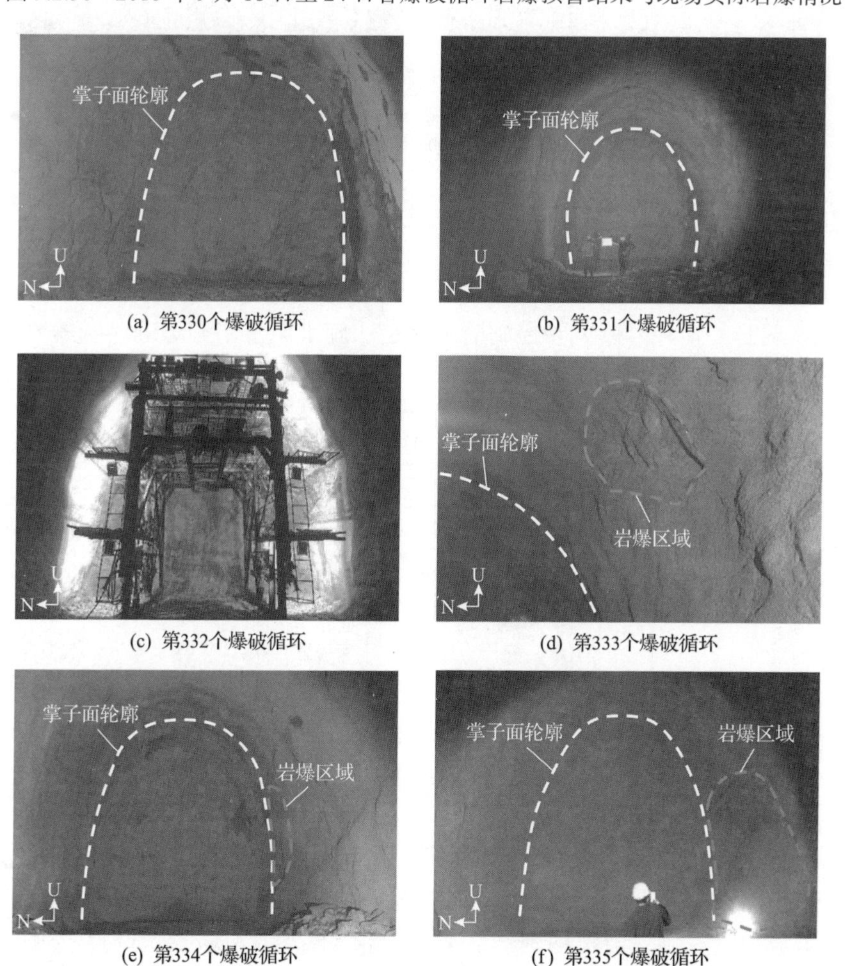

(a) 第330个爆破循环

(b) 第331个爆破循环

(c) 第332个爆破循环

(d) 第333个爆破循环

(e) 第334个爆破循环

(f) 第335个爆破循环

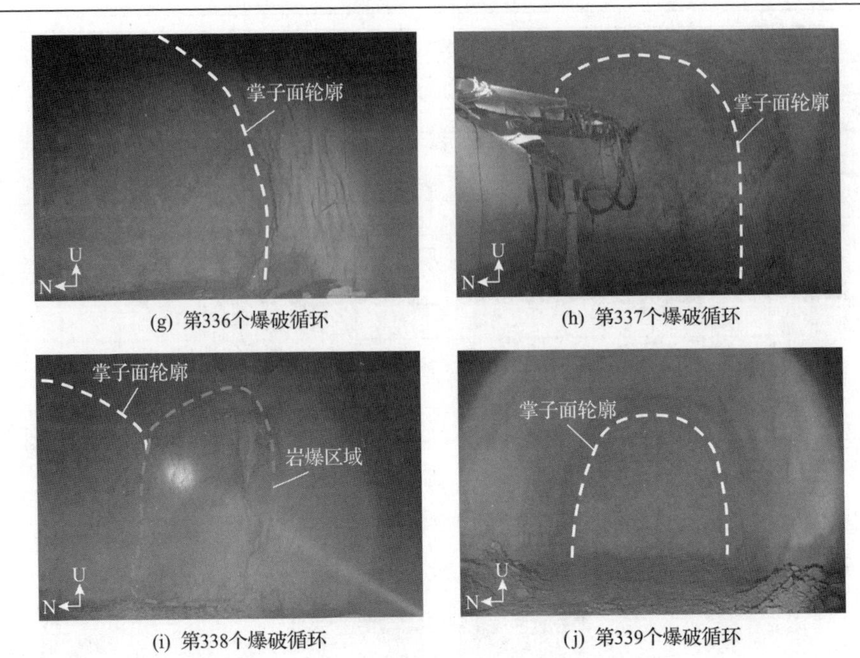

(g) 第336个爆破循环　(h) 第337个爆破循环　(i) 第338个爆破循环　(j) 第339个爆破循环

图 9.2.37　2018 年 9 月 18 日至 24 日各爆破循环掌子面附近的现场踏勘照片

了“五方联动”的岩爆风险防控工作机制。

1) 岩体能量释放控制方案制定

利用岩爆风险预警结果，结合岩爆风险调控的能量控制原理，开展岩爆风险调控现场试验，指导岩爆风险控制措施制定、施工调整。隧道进口岩爆风险典型调控案例如表 9.2.11 所示。

表 9.2.11　隧道进口岩爆风险典型调控案例

预警区域	岩爆预警等级	岩爆调控措施	实际发生
DK194+DK805～840	强烈岩爆	减缓进尺，应力释放孔，加强支护	轻微岩爆 1 次
DK195+DK525～560	中等岩爆	锚杆、锚网支护，减缓施工进尺	无岩爆
DK195+DK385～420	中等岩爆	暂缓施工，减少进尺	轻微岩爆 1 次
DK195+DK395～430	中等岩爆	暂缓施工 9h	轻微岩爆 1 次
DK195+DK465～500	中等岩爆	暂缓施工，岩爆等待	轻微岩爆 2 次
DK195+DK275～310	轻微岩爆	减缓进尺，日平均进尺 2m	无岩爆
DK195+DK310～275	中等岩爆	先减缓进尺，后暂缓施工并钢拱架支护	无岩爆
DK195+DK595～630	轻微岩爆	减缓进尺，日均进尺 2.5m	无岩爆
DK200+DK350～385	轻微岩爆	减缓进尺	无岩爆
DK195+DK300～265	轻微岩爆	减缓进尺	无岩爆
DK195+DK290～255	轻微岩爆	锚杆支护、减缓进尺	无岩爆

可以看出，岩爆等级越高，在孕育过程中积累的能量越多，因而调控时需要采取更多类型的能量控制措施以降低岩爆风险，强烈的岩爆需要同时降低能量、释放能量和吸收能量，才能有效地发挥作用。在此基础上，分析不同等级岩爆不同调控措施的效果，最终建立了基于岩爆预警结果的岩爆分级调控措施的实施方案，如表 9.2.12 所示。

表 9.2.12　基于岩爆预警结果的岩爆分级调控措施建议表

岩爆预警等级	岩爆调控措施建议	备注
强烈岩爆	立即采取调控措施 暂缓施工+应力释放孔+“锚杆+锚网+钢拱架”结合实施	断裂型岩爆应降低断裂附近的扰动强度、释放断裂周围的封闭应力，同时可采用超前锚杆、超前锚索等提前加强断裂附近围岩强度，防止断裂面的滑移
中等岩爆	及时采取调控措施 应力释放孔、减缓进尺、“锚杆+锚网+钢拱架”中两者结合实施，优选后两者	
轻微岩爆	如果连续多次预警轻微，应及时采取调控措施，如果已发生岩爆，岩爆风险呈下降趋势，可暂缓调控措施应力释放孔、减缓进尺、“锚杆+锚网”单一调控措施即可	间歇型岩爆可提前采取高一等级的调控措施，防止第一次岩爆的发生
无岩爆	可暂时不采取岩爆防治措施	

2) 岩爆风险防控工作机制

随着岩爆微震监测、预警与防控技术的深入实施，岩爆预警与防控相关工作对岩爆隧道安全建设所发挥的作用得到了广泛认可，并建立了联合业主、设计、监理、施工、监测“五方联动”岩爆风险防控工作机制。在监测方发布岩爆预警结果后，施工单位及时请现场指挥部、设计单位、监理单位和监测单位进入五方现场会勘，如图 9.2.38 所示。以现场岩爆预警结果作为参考依据，指导施工方做好岩爆段落的支护、防治措施，以减少现场岩爆的发生。

图 9.2.38　岩爆等级及防控措施五方现场会勘

2. 岩爆风险能量释放控制实例

基于所建立的不同等级岩爆调控措施建议表，在岩爆预警的基础上，采用动态调整开挖与支护措施，对岩爆风险进行了调控，有效降低甚至规避了高等级岩爆风险。下面以典型岩爆风险控制实例为例，详述岩爆风险的能量调控方法具体措施的实施过程。

1) 中等岩爆风险调控——减缓进尺，加强支护

对隧道施工过程中产生的微震事件进行了波形识别及定位分析，获得DK195+780～DK195+790段的微震活动。微震事件数和微震释放能随时间的演化规律如图9.2.39所示。可以看出，2018年4月7日起微震事件数一直在显著增加，且微震释放能保持在高位，具有较高的岩爆风险。从微震活动性来看，该区域微震事件数、微震释放能仍有进一步增加的趋势。4月8日，基于预警区域内的微震活动，利用岩爆定量预警方法对该区域预警岩爆风险进行计算，得出该区域潜在中等岩爆风险的概率达到54.8%，随即对该区域发布了中等岩爆风险的预警，并建议减缓进尺、加强支护。

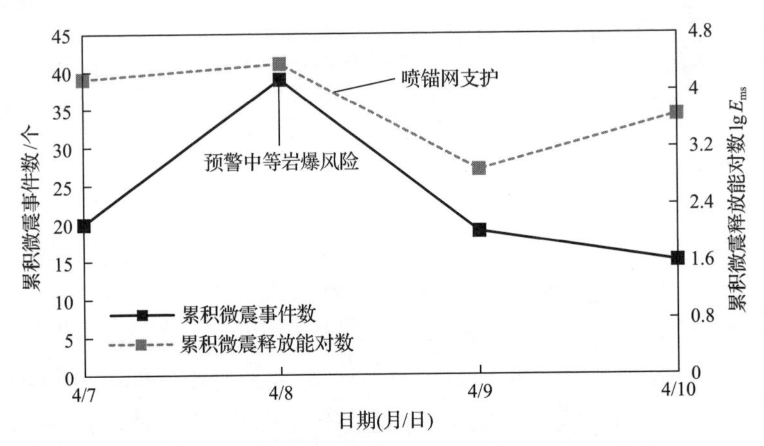

图 9.2.39　微震事件数与微震释放能随时间的演化规律

现场针对岩爆风险预警结果，依据岩爆调控措施建议及时采取如下措施：

(1) 减缓开挖进尺，当日开挖进尺减少至3.2m。

(2) 4月8日23:00～4月9日8:00，对该区域停工进行了锚杆支护，如图9.2.40所示。

该区域采取措施后，获得如下调控效果：

(1) 有效降低了微震活动程度，微震事件数和能量都表现为明显降低，微震活动整体趋于平静，如图9.2.41所示。

(2) 有效降低了岩爆发生等级。通过调控后，该区域实际未发生岩爆。

2) 强烈岩爆风险调控——减缓进尺+应力释放+加强支护

对隧道进口平导洞施工过程中产生的微震事件进行识别及定位分析，获得平导洞DK194+805～DK194+840的微震活动，微震事件数和微震释放能随时间的演

图 9.2.40　岩爆区锚杆支护

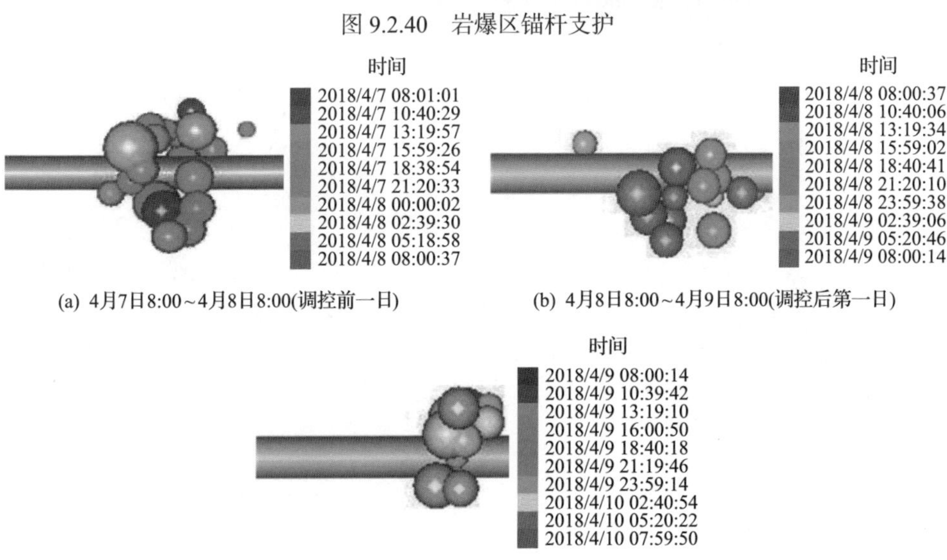

(a) 4月7日8:00~4月8日8:00(调控前一日)

(b) 4月8日8:00~4月9日8:00(调控后第一日)

(c) 4月9日8:00~4月10日8:00(调控后第二日)

图 9.2.41　调控前后微震活动时空分布对比图

化规律如图 9.2.42 所示。可以看出，2017 年 6 月 25 日 8:00 至 26 日 8:00，隧道进口平导洞 DK194+805～DK194+840 的微震事件数较多、能量大，且在空间分布上聚集成核，当日微震事件数及微震释放能均达到监测以来的最大值。利用岩爆定量预警方法对该区域发布了强烈岩爆风险预警，并将该情况汇报给隧道参建各方相关人员。

结合微震监测信息、岩爆预警结果和不同等级岩爆调控措施建议表，现场及时采取如下调控措施：

(1)降低钻爆法开挖速度。2017 年 6 月 24 日起，每日进尺由 7.8m 降低到 3.8m，持续 3 天，如图 9.2.42 所示。

(2)应力集中区域应力释放。根据微震监测结果，在微震事件聚集区域内针对性地增加应力释放孔，如图 9.2.43 所示。

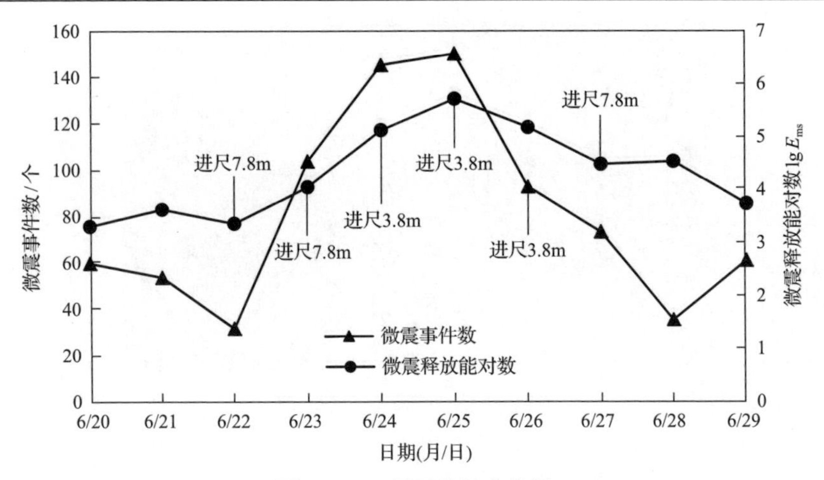

图 9.2.42　每日进尺变化图

图中进尺是指当日进尺，如 6 月 22 日进尺 7.8m，即指 6 月 22 日 8:00～6 月 23 日 8:00，平导洞开挖进尺为 7.8m，其他同理

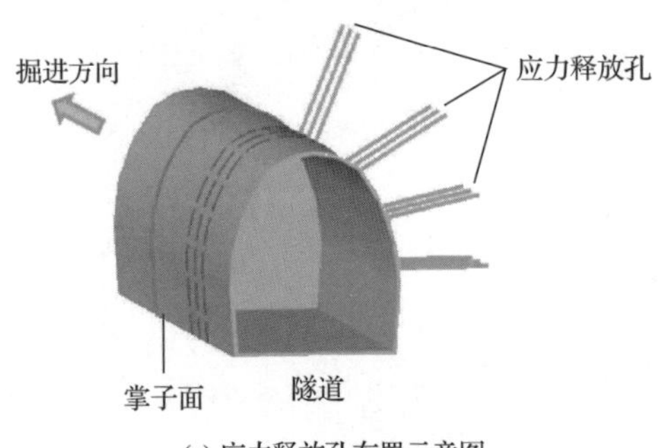

(a) 应力释放孔布置示意图

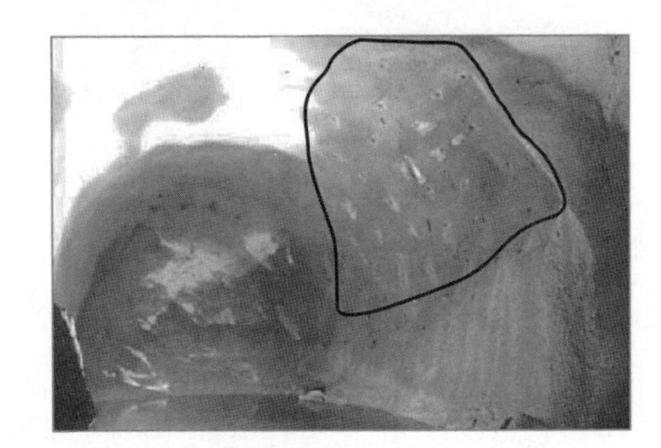

(b) 现场照片

图 9.2.43　预警岩爆高风险区域实施应力释放孔

(3) 加强支护措施。在原有喷混凝土+随机锚杆支护的基础上加密锚杆，预警前后现场支护措施对比如表 9.2.13 所示。

表 9.2.13　预警前后现场支护措施对比表

状态	日期	支护方式	进尺/m
预警前	6 月 22 日	喷混凝土+随机锚杆	7.8
	6 月 23 日	喷混凝土+随机锚杆	7.8
	6 月 24 日	喷混凝土+随机锚杆	3.8
	6 月 25 日	喷混凝土+加密锚杆	3.8
预警后	6 月 26 日	喷混凝土+加密锚杆+应力释放孔	3.8
	6 月 27 日	喷混凝土+随机锚杆	7.8
	6 月 28 日	喷混凝土	3.8
	6 月 29 日	喷混凝土+随机锚杆	7.0

6 月 26 日强岩爆风险区域在采取调控措施后，仅在 27 日发生轻微岩爆 1 次，现场实际发生等级远远低于风险等级。调控前后该区域微震活动分布对比如图 9.2.44 所示。可以看出，上述调控措施有效降低了微震活动程度，微震事件数和微震释放能量都表现为明显降低。

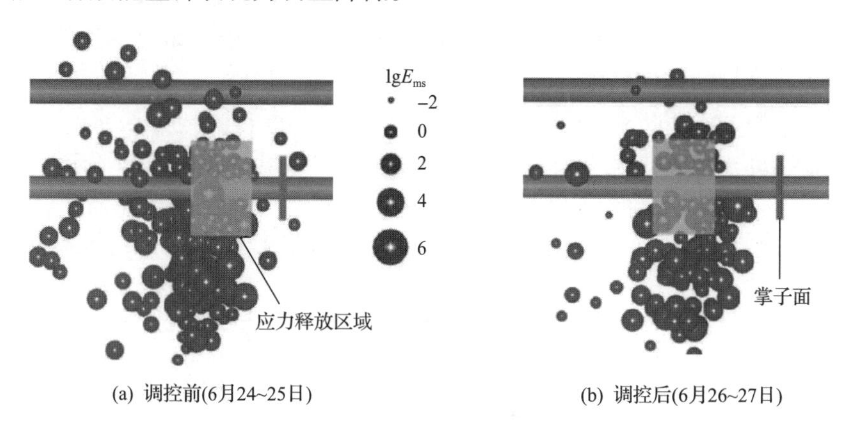

图 9.2.44　调控前后微震活动分布对比

3) 中等岩爆风险调控——吸能支护

2019 年 9 月 9 日掌子面开挖至 DK197+206.7 时，在掌子面附近发生了一次轻微岩爆。9 月 10 日 8:00，掌子面开挖至 DK197+209.4 时，在该区域仍有大量微震事件聚集。对隧道进口正洞施工过程中产生的微震事件进行识别及定位分析，获得进口正洞 DK197+185～DK197+220 的微震活动性，微震活动的时空分布如图 9.2.45 所示。可以看出，截至 2019 年 9 月 10 日 8:00，正洞 DK197+185～DK197+

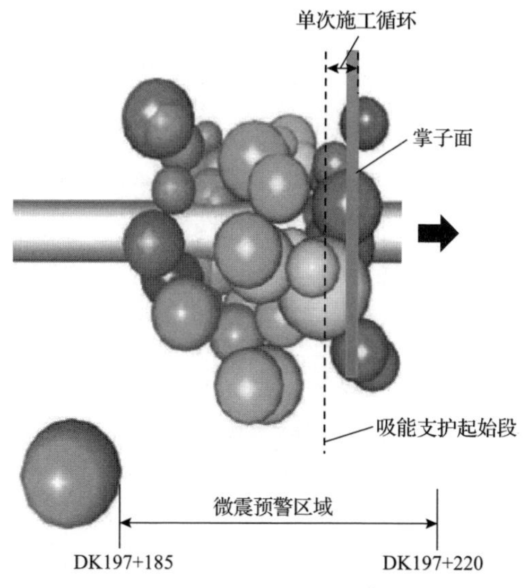

图 9.2.45　DK197+185～DK197+220 微震活动时空分布

220 的微震事件数较多、能量大，且在空间分布上聚集成核。随即对该区域发布了中等岩爆风险预警，且在 DK197+206.7 区域再次发生岩爆的风险较高，建议采取相应岩爆等级的防控措施。

综合考虑该区域岩爆风险及地质条件，现场采用吸能支护措施调控岩爆风险，并于 9 月 10 日 16:00 开始在微震活动聚集最严重的 DK197+207～DK197+211 实施吸能锚杆支护的防控措施。

考虑围岩基本质量和岩爆风险，采取的吸能支护参数为：3m 长涨壳式预应力中空注浆锚杆，锚杆间距为 1 × 1m，具体吸能支护参数如表 9.2.14 所示。吸能锚杆结构设置如图 9.2.46 所示。锚杆外露的紧固段长度为 100mm，设置逐步解耦段长度为 600mm，其余段为锚固段。吸能支护系统现场施工如图 9.2.47 所示。

表 9.2.14　吸能支护参数

支护措施	参数	备注
初喷 C25 混凝土	厚度 50mm	—
ϕ6mm 钢筋网间距	150mm × 150mm	钢筋网网格应套住锚杆，钢筋网之间应重合一部分且进行焊接
锚杆	(1) ϕ22mm × 3000mm，间距 1m × 1m (2) 基本材料采用中空注浆锚杆 (3) 要求锚杆逐步解耦段长度 600mm (4) 水泥锚固剂应浸泡软化，垫板厚度 5mm，螺母数量 2 个，垫板应覆盖住钢筋网	(1) 逐步解耦段的制作：从距离一端 100mm 起始，由逐步解耦材料单层缠绕锚杆形成，长 600mm； (2) 施工：初喷混凝土后，钻孔深度约为 2900mm，安装垫板及多个螺母紧固；再次复喷
复喷混凝土	厚度 50mm	—

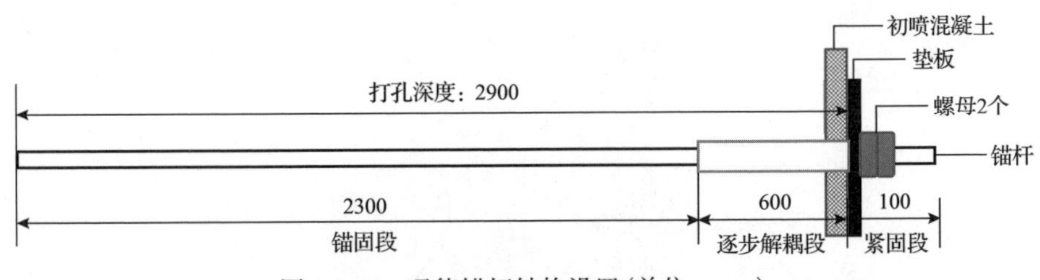

图 9.2.46　吸能锚杆结构设置(单位：mm)

通过拉拔试验检测锚杆的锚固及吸能效果，如图 9.2.48 和表 9.2.15 所示。通过试验得知，锚杆经过逐步解耦后，在保持峰值荷载不变的前提下，逐步解耦段长度增加后，极限变形量由 30.41mm 增加为 72.32mm。

2019 年 9 月 11 日 20:20:49 掌子面爆破后，出渣过程中在 DK197+215 左侧拱肩及顶拱发生中等岩爆，爆坑范围较大，一直延伸到 DK197+211，且爆坑边界在吸能支护区域被截断。岩爆破坏分布特征及典型岩爆案例如图 9.2.49 所示。中等

图 9.2.47　吸能支护系统现场施工

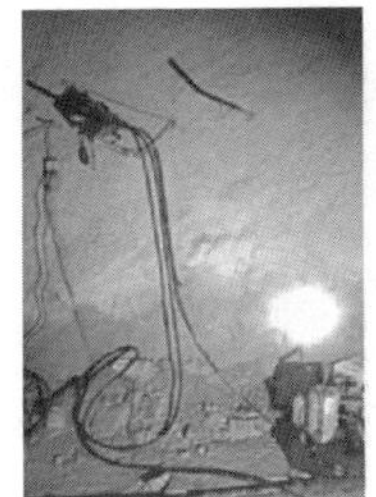

(a) 拉拔试验设备

(b) 1#拉拔试验

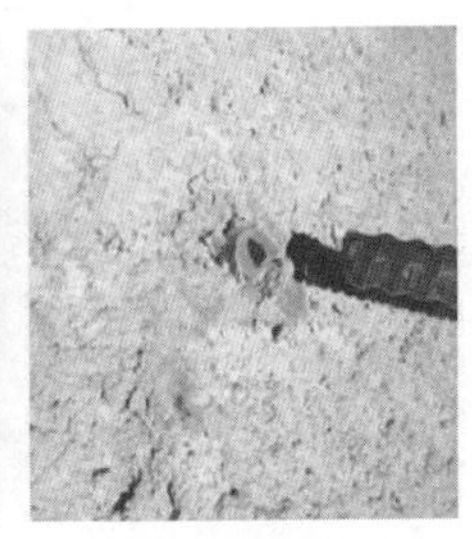

(c) 2#拉拔试验

(d) 3#拉拔试验

图 9.2.48　现场拉拔试验

表 9.2.15　现场拉拔试验结果

试验编号	逐步解耦段长度/mm	峰值荷载/kN	破坏形式	位移量/mm	备注
1#	600	111.72	螺母滑丝	29.17	砂浆锚固长度 2300mm，螺母 1 个，锚固强度不足导致锚杆在螺母处破坏
2#	0	151.51	杆体破断	30.41	锚固长度 2300mm，螺母 2 个
3#	600	165.58	杆体破断	72.32	锚固长度 2300mm，螺母 2 个。编号 3 锚杆的变形能力是编号 2 锚杆的 2.4 倍

岩爆作用下隧道吸能支护区域破坏特征如图 9.2.50 所示。岩爆对施工和设备造成了一定影响，岩块弹射造成后方挖掘机玻璃碎裂，所幸未造成人员伤亡。但吸能支护区域受到吸能锚杆支护抑制，未受冲击破坏，喷层开裂深度为 100～200mm，裂缝张开 50～60mm，吸能锚杆受冲击后发生屈服，未发生破断。

在工程地质条件大致相同的区域发生的中等岩爆，常规支护难以控制。非吸能支护下发生中等岩爆破坏特征如图 9.2.51 所示，非吸能支护喷射混凝土层及部分锚杆随岩块飞出。而在上述吸能支护系统的保护下，喷射混凝土层仅发生开裂，吸能锚杆发生屈服而未断裂，没有发生大范围的冒落事故，即降低了中等岩爆灾害程度。

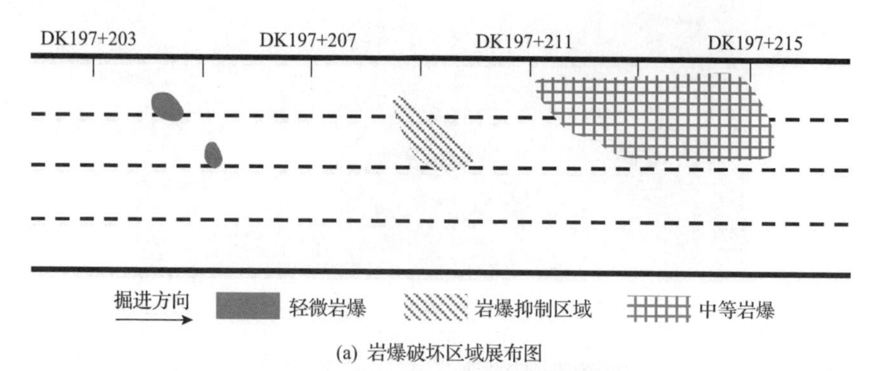

(a) 岩爆破坏区域展布图

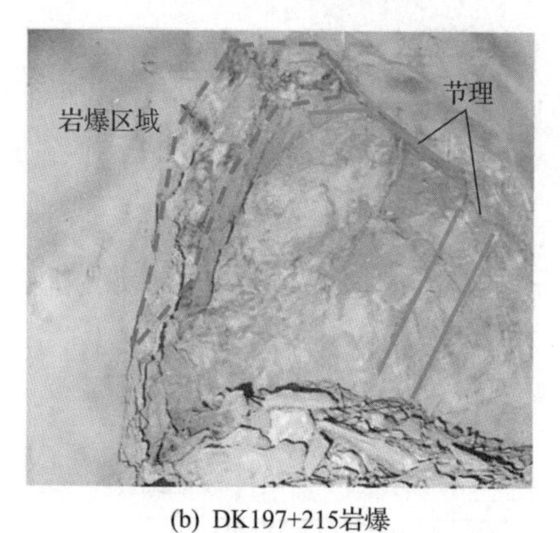

(b) DK197+215岩爆

图 9.2.49　岩爆破坏分布特征及典型岩爆案例

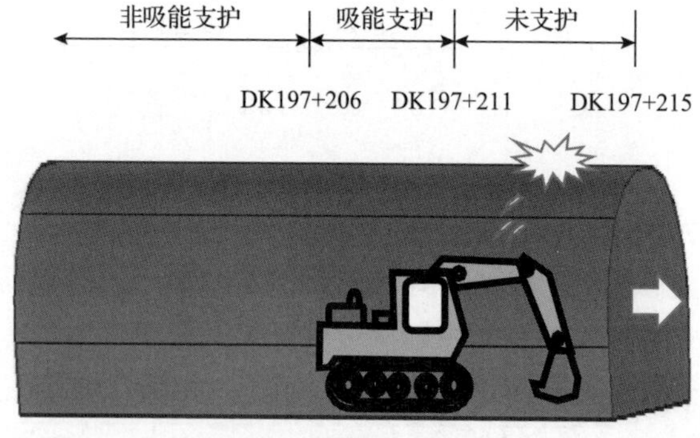

(a) 支护区域与岩爆位置关系

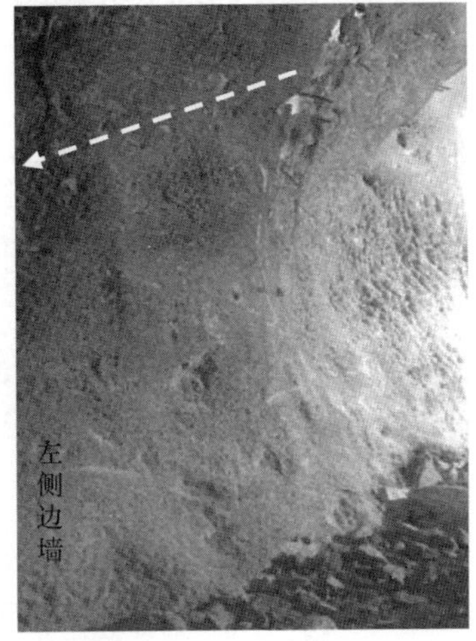

(b) 吸能支护区域开裂破坏特征

图 9.2.50　中等岩爆作用下隧道吸能支护区域破坏特征

图 9.2.51　非吸能支护下发生中等岩爆破坏特征

3. 岩爆监测预警与控制技术应用效果

利用岩爆监测、预警与防控技术，与业主、设计、施工、监理等各方积极交流与互动，在岩爆防控方面取得了显著的应用效果，施工效率明显提升，做到了开挖“快”“慢”有据可依。从开展岩爆预警与防控技术前后的岩爆段落长度占比、月平均掘进进尺等角度分析其应用效果。图 9.2.52 为隧道原设计(岩石强度应力比)岩爆评估结果、深部工程硬岩岩爆评估结果与实际发生岩爆洞段对比。可以看出，与原设计采用的岩石强度应力比方法相比，新建立的深部工程硬岩岩爆等级评估方法得到的岩爆评估结果与实际岩爆发生情况更加接近；监测初期，现场实际岩爆风险与原预测一致，为中等岩爆高频发洞段；随着隧道向更大埋深处不断推进，评估的岩爆风险也由中等提升至强烈，采用岩爆监测预警及防控技术后，强烈岩爆风险段实际岩爆等级以轻微为主，强烈及以上岩爆仅发生 4 次，极大地减少了高等级岩爆洞段长度。

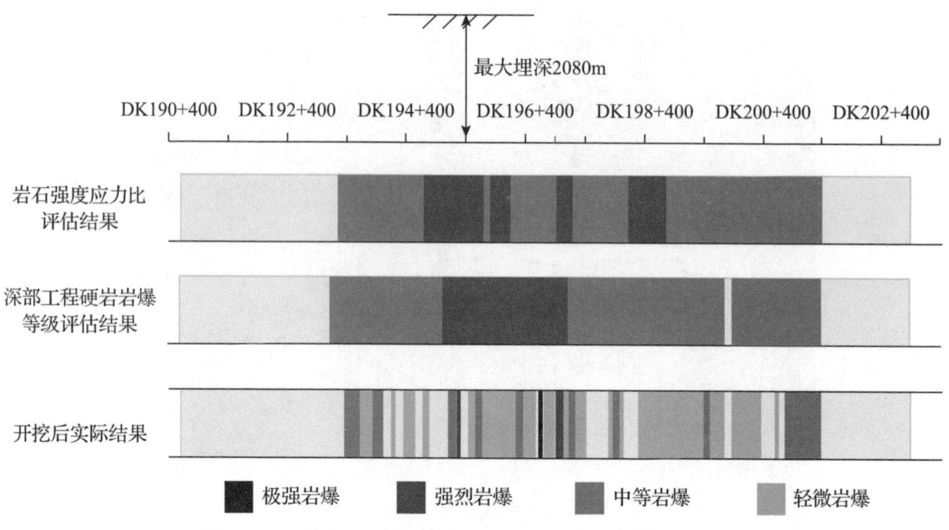

图 9.2.52　隧道岩爆评估结果与实际发生岩爆洞段对比

依据岩爆预警结果合理调整施工速率和施工工序提高了施工效率，微震监测与预警开展前，隧道埋深在 1000～1580m，平均月进尺仅为 120～140m。在开展岩爆智能监测、预警与防控后，在隧道埋深增加的情况下(增加至 1580～2080m)，平均月进尺提高到了 160～180m，施工工效增加了 30%，如图 9.2.53 所示。

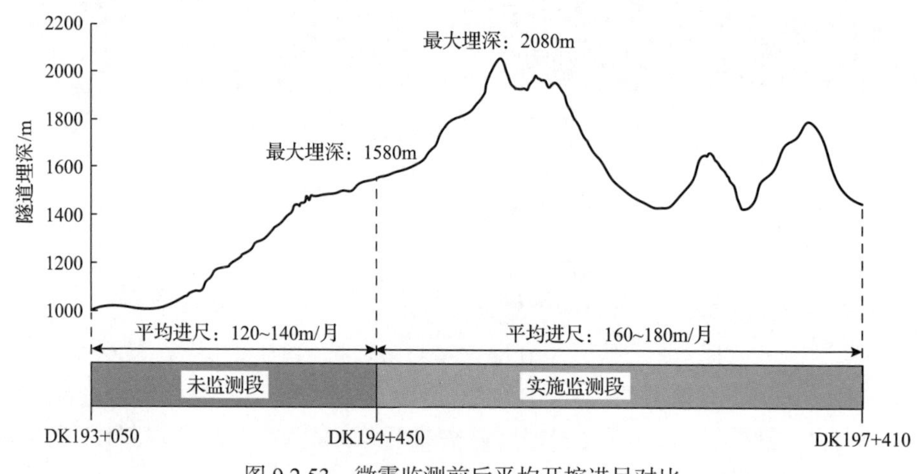

图 9.2.53　微震监测前后平均开挖进尺对比

由此可见，通过在该隧道应用岩爆防控技术，取得了显著的应用效果。依据岩爆风险预警结果，采取合理调控措施，有效降低了隧道开挖过程中的岩爆等级和岩爆段落长度；施工管理人员依据岩爆预警结果合理调整施工速率和施工工序，做到开挖快、慢有的放矢，极大地提高了施工工效。此外，通过在该隧道应用岩爆防控技术，有效缓解了施工人员对岩爆的恐惧心理，稳定了施工队伍，保障了施工人员和设备安全。

9.3　巴基斯坦 N-J 水电站引水隧洞岩爆监测、预警与防控

巴基斯坦 N-J 水电站(本节简称 N-J 水电站)引水隧洞 TBM 开挖掘进时需穿越深部典型陡倾软硬相间地层，施工过程中岩爆灾害频发，严重影响作业人员生命安全和工程进度。运用建立的试验技术与方法、力学模型及数值分析方法等，科学认识不同岩性、不同掘进方向、不同隧洞间距等条件下引水隧洞岩爆时空特征。采用建立的深部工程灾害防控技术与综合原位监测方法，对 TBM 引水隧洞施工期岩爆实施有效的监测预警，提出针对性的岩爆防控措施，取得了良好的应用效果，保障了引水隧洞的安全建设。

9.3.1　工程概况

1. 工程背景

N-J 水电站装机容量为 969MW，引水隧洞单侧轴线方位角为 N38°E，全长 28.6km，分为两段，分别为双线洞和单线洞布置，单洞段长 8.95km，直径 11.40m，采用钻爆法施工；双洞段长 19.63km，采用全断面隧洞掘进机 TBM 和钻爆法相结合的施工组织方案，其中 TBM 施工段长 2×11.52km，直径为 8.50m。引水隧洞 TBM 掘进段选用两台型号相同的开敞式 TBM 进行掘进，TBM696 掘进洞段在 2015 年 5 月 31 日发生一次极强岩爆，随后在 TBM696 和 TBM697 掘进洞段开展连续的岩爆微震监测、预警及防控工作，两隧洞边墙间距也由原来的 33m 增加至 55.48m。N-J 水电站引水隧洞布置及监测范围示意图如图 9.3.1 所示。

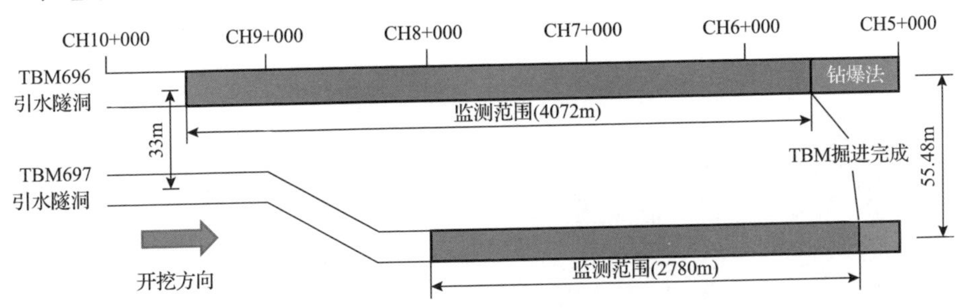

图 9.3.1　N-J 水电站引水隧洞布置及监测范围示意图

2. 地质特征

N-J 水电站位于喜马拉雅西部区域，该区域处于印度洋板块与亚欧板块边界碰撞型地震构造带，是世界上地震活动较为活跃、构造应力较为强烈的地域之一。

该工程区位于构造结区域内，引水隧洞几乎跨越整个构造结。工程区的地质单元主要是沉积岩，其地质年代主要是古新世至始新世中期，为典型的砂岩和粉砂岩互层地层。N-J 水电站引水隧洞区域内主要有 F5 和 F1 两个主断层及多条次生断层，其中 F1 主断层、多条次生断层和挤压破碎带主要在 TBM 掘进区域横穿引水隧洞。N-J 水电站引水隧洞地质纵剖面图如图 9.3.2 所示[16]。

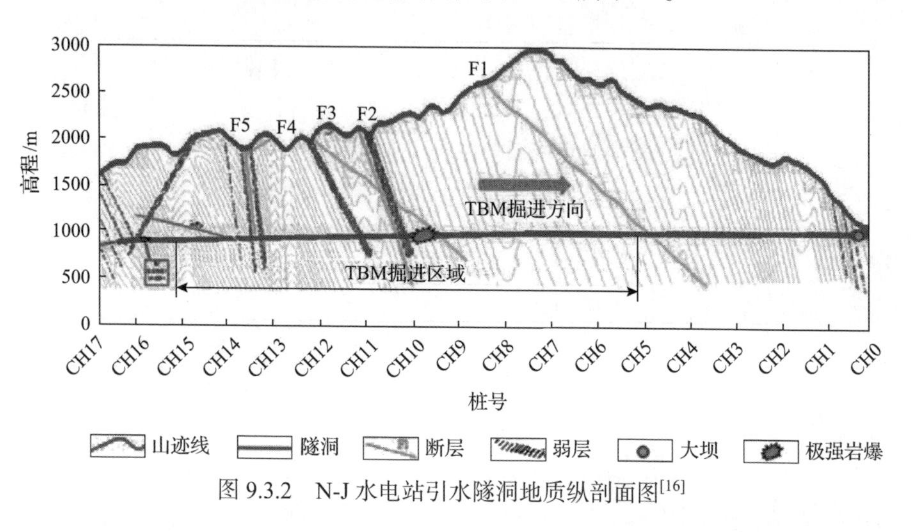

图 9.3.2　N-J 水电站引水隧洞地质纵剖面图[16]

TBM 掘进期间，隧洞内砂岩、粉砂岩交互出现，泥岩零星分布于其中，呈现特殊的“三明治”地层，为软硬岩交互地层(见图 9.3.3[16])，三种岩性的岩性分界面与隧洞轴线多呈 70°～90°的夹角，与洞轴线几乎垂直。砂岩质地坚硬，呈青灰色，岩层厚度为 2～70m，多数在 5～30m；粉砂岩属于较坚硬岩石，呈红褐色，岩层厚度为 0.5～200m，多数在 1～40m；泥岩强度较低，呈深褐色，单轴抗压强度较低，呈零星分布，岩层厚度一般小于 2m。砂岩相对于粉砂岩属于硬岩，粉砂岩属于相对软岩。N-J 水电站引水隧洞为典型的软硬岩交互地层。

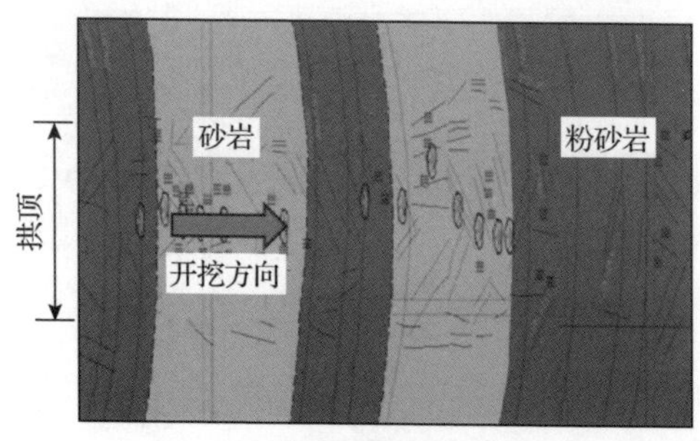

(a) 典型区段地质展布图

(b) 现场岩层揭露情况

图 9.3.3　N-J 水电站引水隧洞典型区段软硬岩交互地层[16]

3. 地应力特征

N-J 水电站引水隧洞 TBM 掘进区段埋深 890～1890m，平均埋深 1250m，最大埋深 1890m，埋深基本呈现沿 TBM 掘进方向增高的趋势。现场实测最大主应力为 108MPa，方向近水平，工程区为典型的构造活动强烈的高地应力区[17]。N-J 水电站引水隧洞 TBM 掘进段具有埋深大、地应力高、洞线长、洞径大特点，在两 TBM 隧洞掘进过程中不同等级岩爆发生数百次，给现场施工人员和机械设备造成了严重威胁，典型岩爆现场如图 9.3.4 所示[16]。

图 9.3.4　N-J 水电站引水隧洞典型岩爆现场[16]（见彩图）

4. 施工方案设计

引水隧洞 TBM 掘进段分为 3 个班次进行生产组织——两班生产、半班生产半班检修的工作制度，TBM 掘进时间为 12:00～次日 8:00，检修时间为 8:00～12:00。引水隧洞采用锚喷配合 TH 梁和钢筋网支护。锚杆支护采用中空涨壳式注浆锚杆，锚杆直径 28mm，长度 3.85m，间排距为 1m/1.3m～1.5m，平均 10.4 根/m。钢筋网为ϕ10mm 的编织钢筋网，视围岩情况在拱顶 120°～260°铺设。TH 梁间距一般为 0.9～1.3m。混凝土采用标号 C30，水灰比为 0.45：1，骨料为掘进过程中的砂石。为加强喷层的抗拉强度和抗剪强度，在混凝土中加入了纳米纤维，喷射混凝土厚度为 20cm。按支护时间顺序和支护方式沿洞轴分布可分为 4 个区域（见图 9.3.5），不同区域的支护方式及支护参数如图 9.3.6 所示。

9.3.2　隧洞岩爆灾害预测分析

1. 岩石力学特性

N-J 水电站引水隧洞典型岩性为砂岩和粉砂岩，为了研究不同岩性岩石力学特

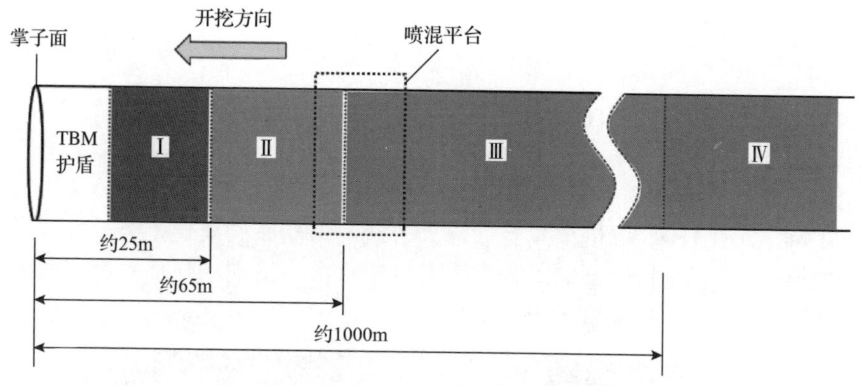

图 9.3.5　N-J 水电站 TBM 隧洞不同的支护区域

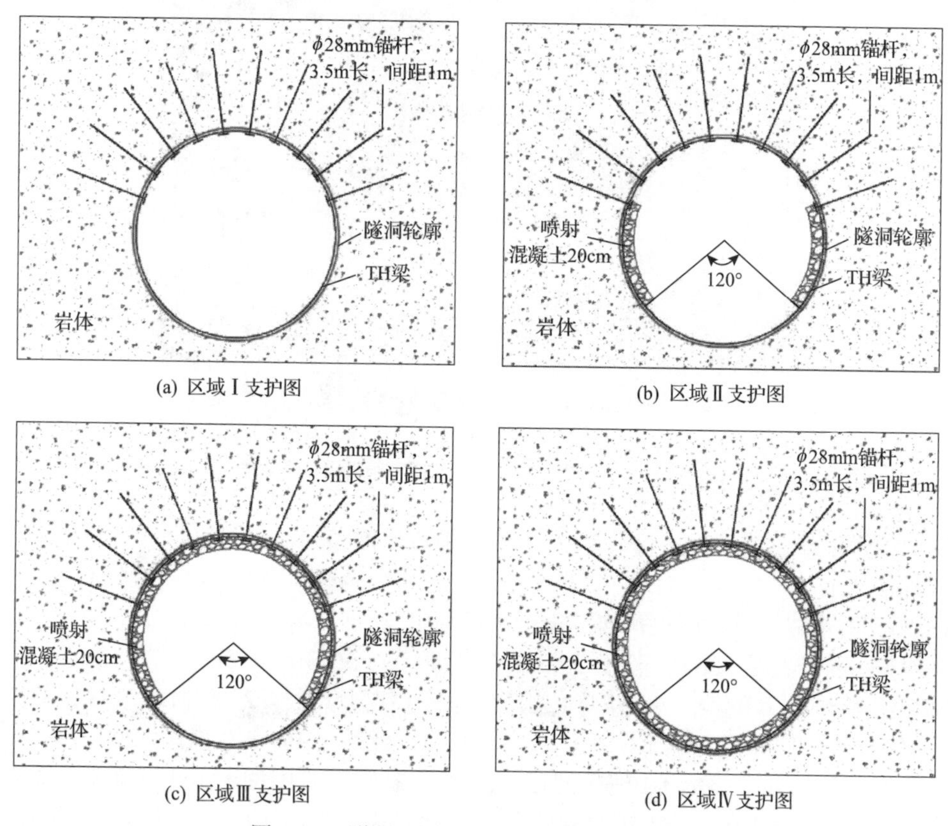

图 9.3.6　隧洞不同区域支护方式及支护参数

性的差异，在施工现场钻取岩芯，加工成标准长方体试样，采用第 4 章高压真三轴硬岩应力-应变全过程试验装置与方法，开展不同应力状态下的真三轴压缩试验，基于全应力-应变曲线可分析其脆延、强度和破裂特性。粉砂岩单轴抗压强度平均值为 92.65MPa，砂岩单轴抗压强度平均值为 171.38MPa。真三轴压缩下砂岩试样

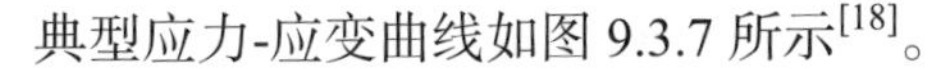
典型应力-应变曲线如图 9.3.7 所示[18]。

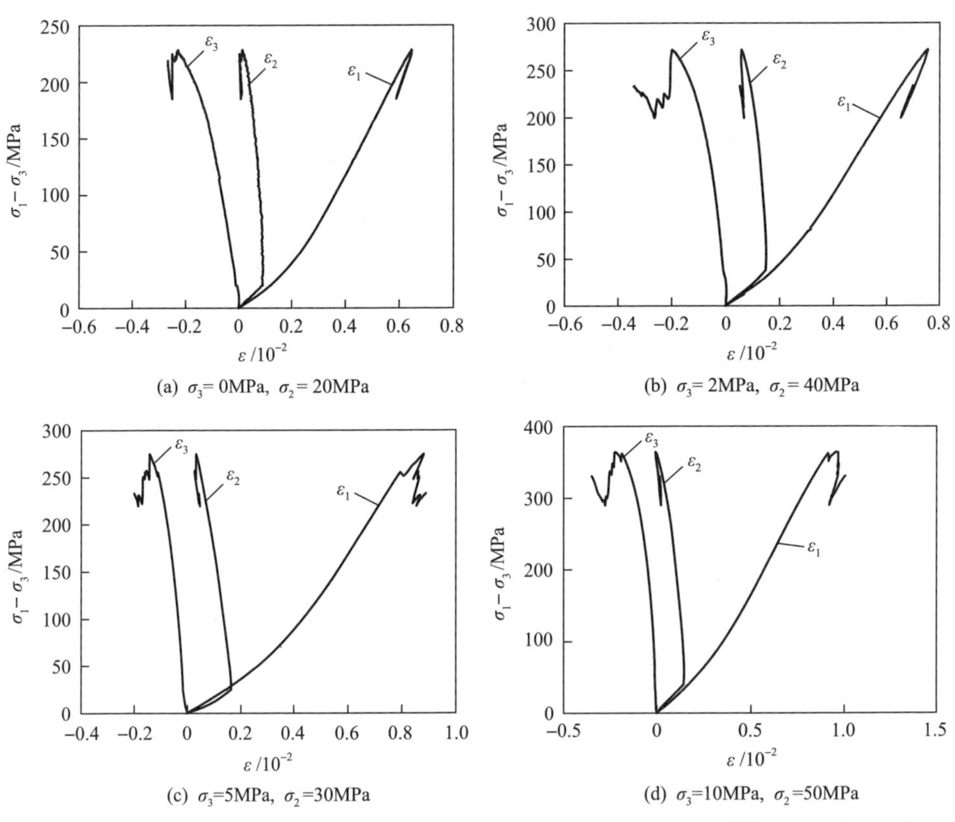

(a) σ_3= 0MPa, σ_2= 20MPa　(b) σ_3= 2MPa, σ_2= 40MPa

(c) σ_3=5MPa, σ_2=30MPa　(d) σ_3=10MPa, σ_2=50MPa

图 9.3.7　真三轴压缩下砂岩试样典型应力-应变曲线[18]

1) 强脆性

如图 9.3.7 所示，真三轴压缩下砂岩试样典型应力-应变曲线表现出显著的弹脆性特征，峰值附近没有明显的塑性变形，峰后应力跌落现象显著，且此弹脆性行为随着最小主应力的增加依然存在，说明砂岩的脆性非常强。N-J 水电站砂岩主要由 73.37%石英、11.88%黏土、8.4%方解石、2.39%菱铁矿和 0.78%白云石组成，砂岩含有黏土物质，其与矿物质胶结部位属于弱黏结，容易发生开裂，致使砂岩脆性变强。真三轴压缩下砂岩试样典型 SEM 照片如图 9.3.8 所示[18]。N-J 水电站砂岩峰前塑性变形小，即峰前耗散能小，峰前应变能主要转化为弹性能存储在试样内，造成峰后破坏剧烈，应变能突然释放。N-J 水电站砂岩强脆性行为致使其在工程开挖卸荷条件下容易发生显著的脆性破坏。

2) 损伤强度与峰值强度差值小

真三轴压缩下砂岩试样的损伤强度与峰值强度的差值很小，多数应力条件下其损伤强度与峰值强度的比值接近 1，如图 9.3.9 所示，说明砂岩在峰前几乎不发生剪胀行为，其内部裂纹非稳定扩展主要发生在峰后阶段，此行为再次说明其脆性行为显著和峰前塑性变形小。N-J 水电站砂岩损伤强度大的特性说明了其现场变形和破裂监测困难，且破裂发生突然，容易形成岩爆破坏。

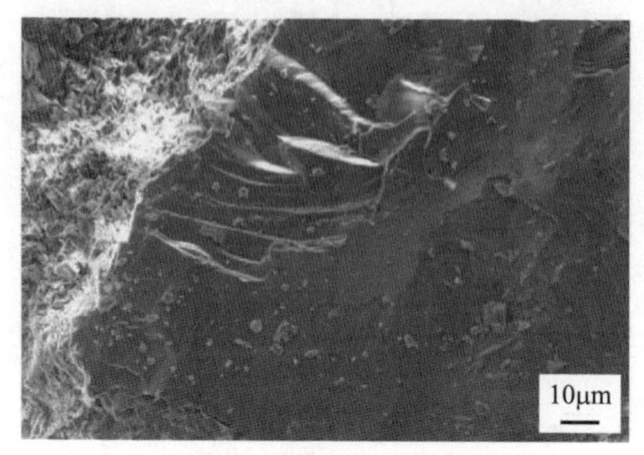

(a) σ_3=0MPa, σ_2=40MPa　　(b) σ_3=5MPa, σ_2=70MPa

图 9.3.8　真三轴压缩下砂岩试样典型 SEM 照片[18]

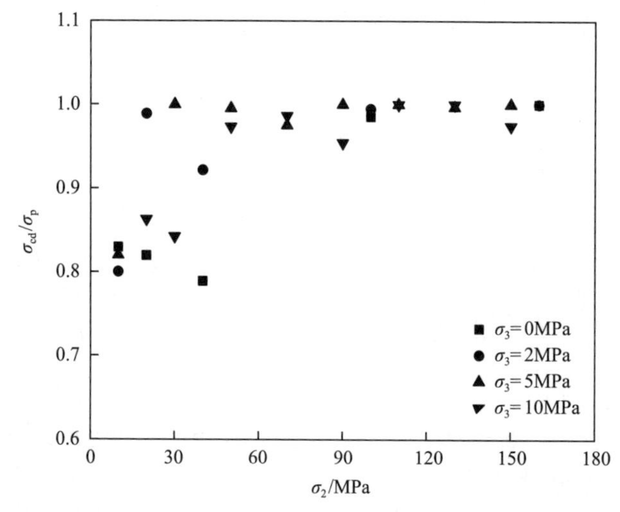

图 9.3.9　真三轴压缩下砂岩试样损伤强度和峰值强度的关系

3) 台阶状破裂

图 9.3.10 为真三轴压缩下砂岩试样典型破坏模式[18]。可以看出，N-J 水电站砂岩的宏观破坏面呈现台阶状破裂特征，即张拉裂纹和剪切裂纹交替出现，且张拉裂纹占比较高。在较低的最小主应力条件下，真三轴压缩下砂岩试样的破坏角较大，基本大于 82°(见图 9.3.11[18])，说明砂岩破坏主要以张拉破裂为主，此现象也说明了砂岩的脆性非常显著，容易在开挖扰动下发生脆性开裂。另外，砂岩破坏角随着σ_3的增加而逐渐减小，而随着σ_2的增加其变化不明显，说明砂岩的脆性破坏随着σ_3的增加逐渐减弱，而对σ_2的变化不敏感。

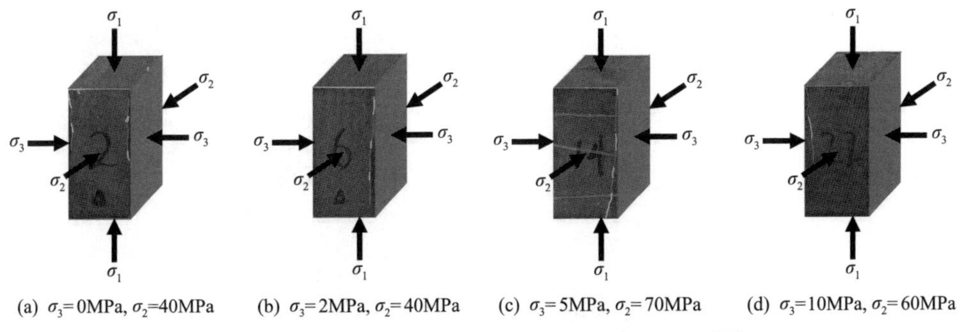

图 9.3.10　真三轴压缩下砂岩试样典型破坏模式[18]

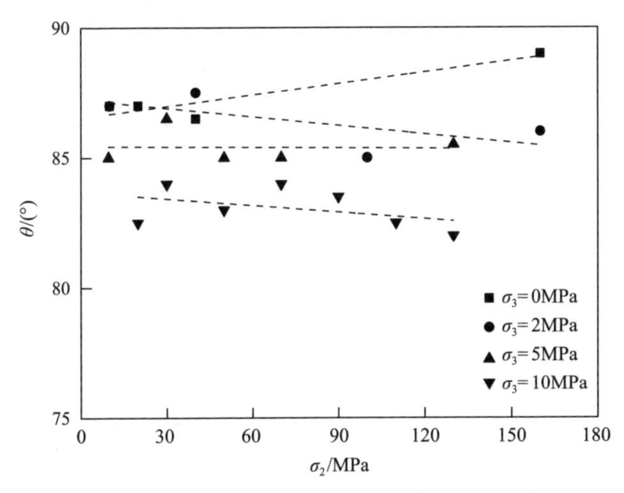

图 9.3.11　真三轴压缩下砂岩试样破坏角[18]

2. 岩爆预测分析

N-J 水电站引水隧洞工程岩体结构的显著特点是砂岩和粉砂岩交互出现，岩层陡倾，岩层倾角与隧洞洞轴线多呈 70°～90°的夹角，岩层几乎与洞轴线垂直。由于强度越大的硬脆性岩石承载能力越高，储能能力越强，岩石失稳破坏时岩爆发生的风险和等级越高；反之储能能力越弱，岩爆发生的风险和等级越低。虽然 N-J 水电站引水隧洞砂岩与粉砂岩均属于硬脆岩，均具有岩爆倾向性，但由于砂岩比粉砂岩具有更高的硬脆性和强度，砂岩的储能能力和承载力要大于粉砂岩。为了预测不同掘进方向下的岩爆风险，采用数值模拟方法对该隧洞在砂岩和粉砂岩交互出现条件下的围岩岩爆风险进行研究。

1) 模型建立

根据隧洞尺寸，确定的计算模型尺寸为 60m × 80m × 80m，模型共划分为 192000 个单元，隧洞位于模型中部，直径为 8.53m，三维数值模型如图 9.3.12

所示。

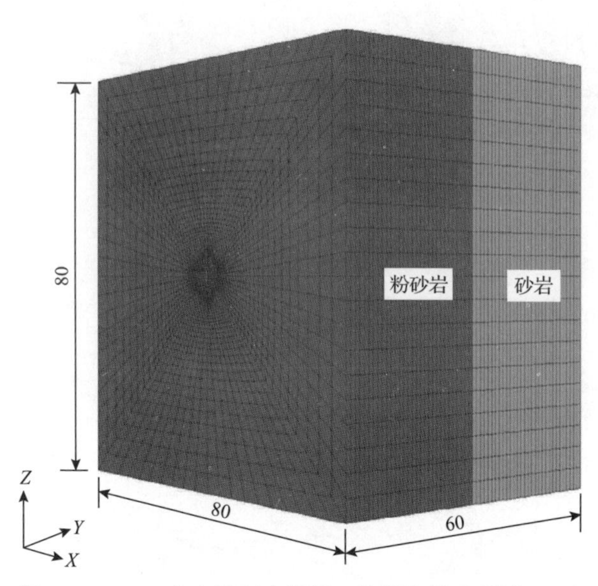

图 9.3.12　N-J 水电站引水隧洞三维数值模型(单位：m)

采用第 6 章建立的深部工程硬岩力学模型和深部工程岩体力学参数三维智能反分析方法，结合现场监测数据，获得围岩的力学参数，如表 9.3.1 所示。

表 9.3.1　数值模型围岩的力学参数汇总表

岩性	杨氏模量/GPa	泊松比	强度参数 s	强度参数 t	初始黏聚力/MPa	残余黏聚力/MPa	初始内摩擦角/(°)	残余内摩擦角/(°)	抗压强度/MPa	抗拉强度/MPa
砂岩	36.7	0.23	0.88	0.41	6.3	1.0	39.5	51.0	27.5	0.36
粉砂岩	12.5	0.35	0.69	0.4	2.9	0.8	28.0	42.0	9.7	0.22

根据现场测定的地应力情况，通过坐标变换求得任意位置的应力分量。数值模型的初始地应力条件如表 9.3.2 所示。

表 9.3.2　数值模型的初始地应力条件

σ_x/MPa	σ_y/MPa	σ_z/MPa	τ_{xy}/MPa	τ_{yz}/MPa	τ_{zx}/MPa
−53.9	−52.7	−44.3	−1.23	0.1	1.93

数值模型一半为砂岩，一半为粉砂岩，长度均为 30m。根据现场实际施工开挖情况，将开挖步长设计为每步 2m。

2)计算结果

选取距岩性分界面 4m 断面处的计算结果，分析砂岩、粉砂岩在不同掘进方向下 LERR 分布规律，如图 9.3.13 和图 9.3.14 所示。

(a) 砂岩向粉砂岩掘进 (b) 粉砂岩向砂岩掘进

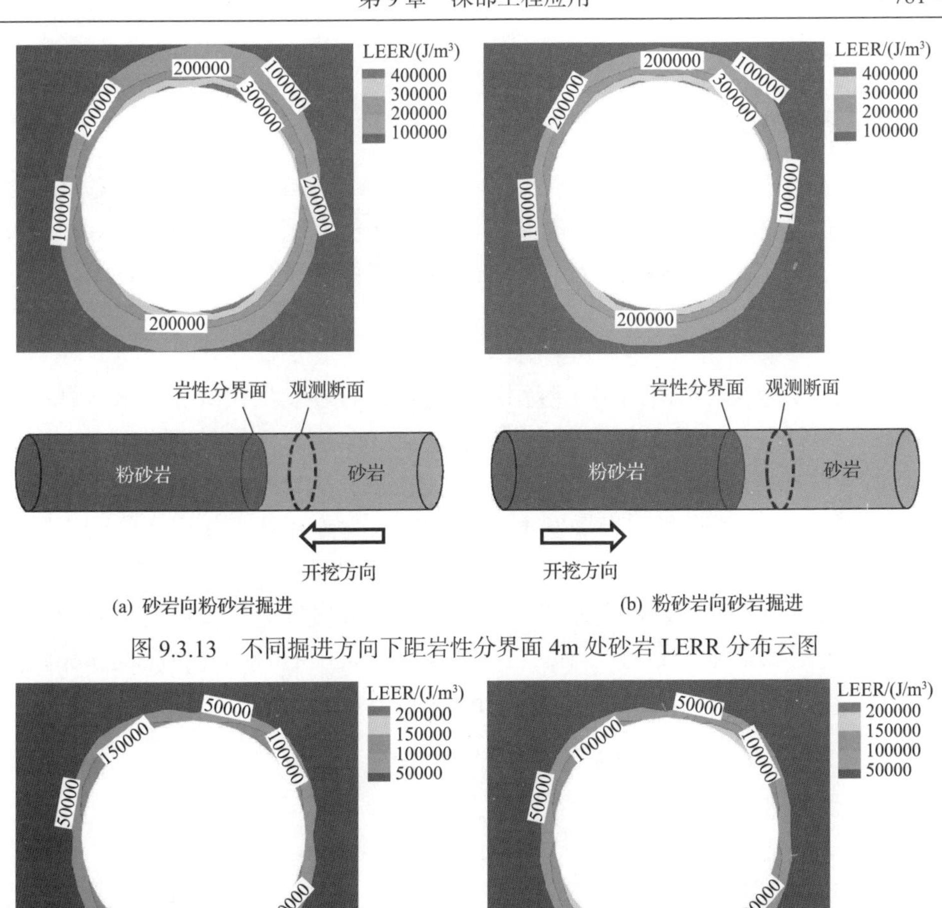

图 9.3.13 不同掘进方向下距岩性分界面 4m 处砂岩 LERR 分布云图

(a) 砂岩向粉砂岩掘进 (b) 粉砂岩向砂岩掘进

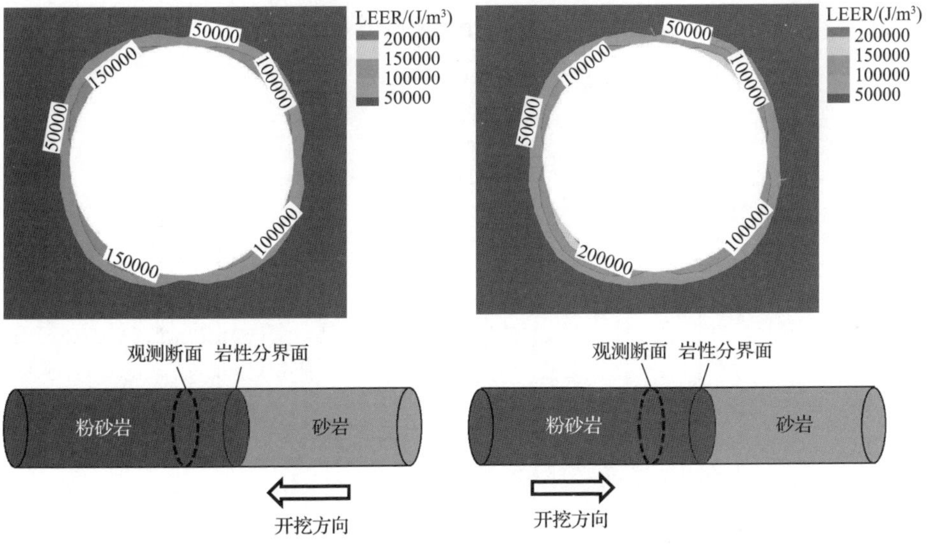

图 9.3.14 不同掘进方向下距岩性分界面 4m 处粉砂岩 LERR 分布云图

对于砂岩区的监测断面，在砂岩向粉砂岩掘进工况时 LERR 值及较大 LERR 值的区域均大于粉砂岩向砂岩掘进工况时的情况，表明砂岩向粉砂岩掘进时围岩岩爆风险大于粉砂岩向砂岩掘进时的情况。对于粉砂岩区的监测断面，砂岩向粉砂岩掘进工况时围岩岩爆风险大于粉砂岩向砂岩掘进工况时围岩岩爆风险。对于砂岩和粉砂岩，均表现出砂岩向粉砂岩掘进工况时的岩爆风险大于粉砂岩向砂岩掘进工况时的岩爆风险。

9.3.3 隧洞施工过程中岩爆特征

TBM696 引水隧洞在 2015 年 5 月 31 日发生了极强岩爆，造成施工设备损毁和多名人员伤亡，岩爆区域支护被摧毁，隧洞清渣、恢复支护、维修 TBM 受损部件导致停止施工长达半年之久。“5·31”极强岩爆的详细描述见 3.3.5 节。

1. 岩爆在不同岩性下的分布特征

图 9.3.15 为 N-J 水电站引水隧洞不同岩性的岩爆发生频次和百米岩爆发生频次。可以看出，岩爆多发生在砂岩中，达到 364 次，平均每百米岩爆发生频次为 22.4 次；粉砂岩次之，岩爆共计发生 126 次，平均每百米岩爆发生频次为 2.7 次；在泥岩中未观测到岩爆发生。图 9.3.16 为 N-J 水电站引水隧洞不同岩性的岩爆等级分布。可以看出，砂岩中中等及以上岩爆发生频次大于粉砂岩[16]。N-J 水电站软硬岩交互地层引水隧洞不同岩性的岩爆风险表现出明显差异，岩性对岩爆有较大影响，具有明显的岩性效应。砂岩中的岩爆发生频次和等级高于粉砂岩，泥岩中未发生岩爆，与基于数值计算的岩爆灾害预测分析的情况一致。

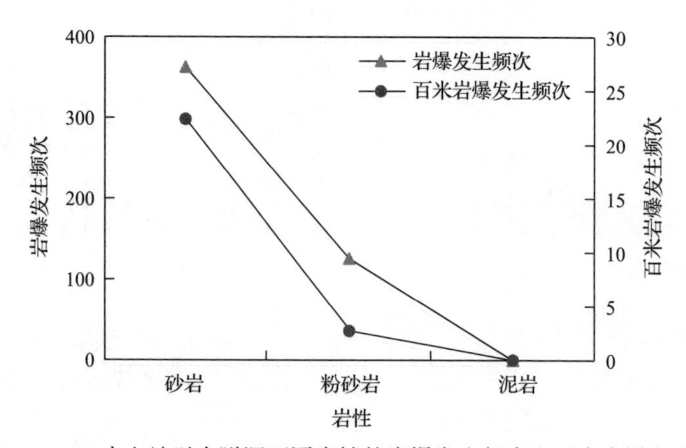

图 9.3.15　N-J 水电站引水隧洞不同岩性的岩爆发生频次和百米岩爆发生频次

2. 岩爆在不同掘进方向下的分布特征

图 9.3.17 为不同掘进方向下平均微震事件数和平均微震释放能分布。可以看出，砂岩向粉砂岩掘进时围岩平均微震事件数为 40 个，平均微震释放能为 123.7kJ；粉砂岩向砂岩掘进时围岩平均微震事件数为 35 个，平均微震释放能为 89.1kJ。

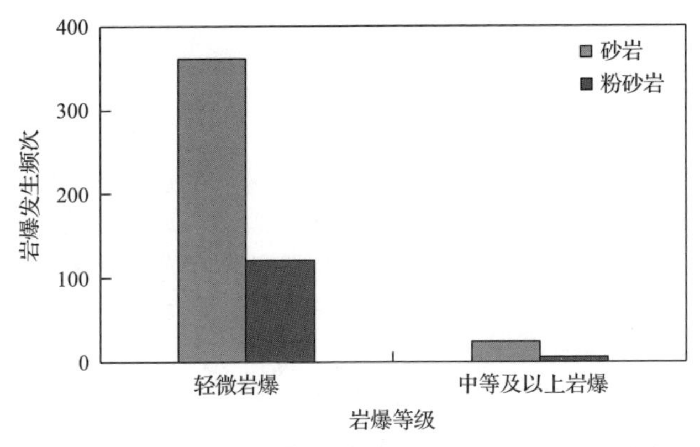

图 9.3.16　N-J 水电站引水隧洞不同岩性的岩爆等级分布

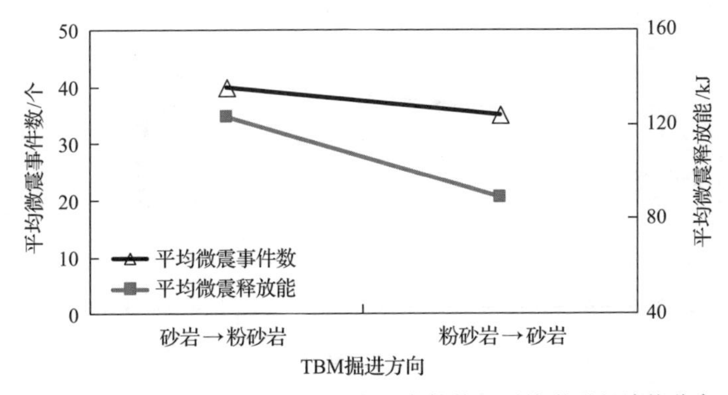

图 9.3.17　不同掘进方向下平均微震事件数和平均微震释放能分布

图 9.3.18 为不同掘进方向下微震事件在不同能量区间上的分布[16]。可以看出，砂岩向粉砂岩掘进时微震释放能对数小于 1 的微震事件占比明显少于粉砂岩向砂岩掘进时的情况，而微震释放能对数大于 1 的微震事件占比大于粉砂岩向砂岩掘

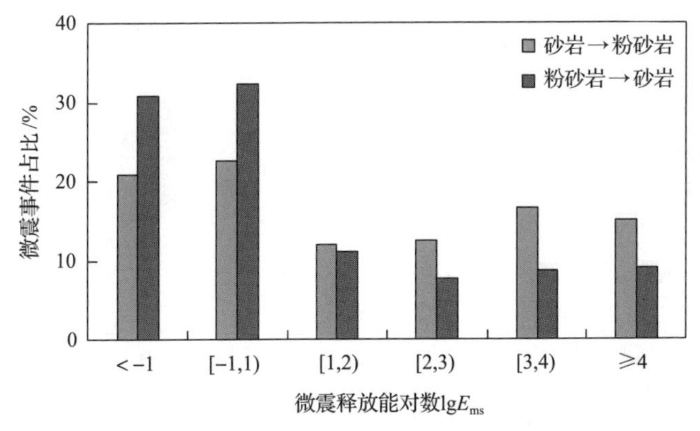

图 9.3.18　不同掘进方向下微震事件在不同能量区间上的分布(34 例案例)[16]

进时的情况，特别是微震释放能对数大于 2 的微震大能量事件，说明砂岩向粉砂岩掘进时更易产生较大能量的微震事件。

图 9.3.19 为不同掘进方向下砂岩和粉砂岩中平均微震事件数和平均微震释放能分布[16]。在砂岩中，当砂岩向粉砂岩掘进时的平均微震释放能为 81.5kJ，平均微震事件数为 23 个，粉砂岩向砂岩掘进时的平均微震释放能为 57.1kJ，平均微震事件数为 20 个，砂岩向粉砂岩掘进时的平均微震释放能比粉砂岩向砂岩掘进时多 43%，微震事件数略高。在粉砂岩中也表现出同样的规律，两种岩性均表现出由砂岩向粉砂岩掘进时的微震活动强于粉砂岩向砂岩掘进时。

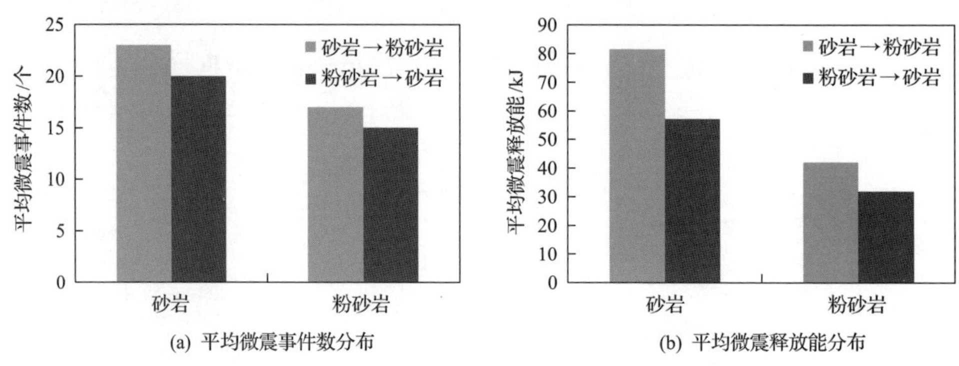

(a) 平均微震事件数分布　　(b) 平均微震释放能分布

图 9.3.19　不同掘进方向下砂岩和粉砂岩中平均微震事件数和平均微震释放能分布[16]

图 9.3.20 为不同掘进方向下砂岩和粉砂岩中微震事件在不同能量区间上的分布[16]。可以看出，在砂岩和粉砂岩中，砂岩向粉砂岩掘进比粉砂岩向砂岩掘进时产生较多的微震大事件，较大能量岩体破裂事件所占比例较高，说明砂岩向粉砂岩掘进过程中两种岩性储能较高，应力调整较剧烈，岩体因开挖导致的破裂尺寸较大或者释放能量较大，不利于岩体的稳定性，发生岩爆的概率较大。

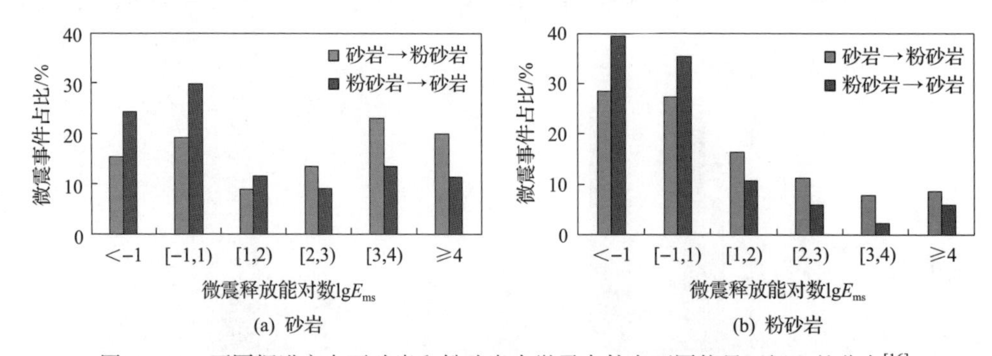

(a) 砂岩　　(b) 粉砂岩

图 9.3.20　不同掘进方向下砂岩和粉砂岩中微震事件在不同能量区间上的分布[16]

不同掘进方向工况显示出不同的微震活动性。砂岩向粉砂岩掘进相比粉砂岩向砂岩掘进，释放更多的微震释放能，微震事件数增幅不大，微震大能量事件所占比例较高，岩体破裂尺寸或者破裂释放能较高，岩体应力调整较剧烈，岩爆风险较高。砂岩向粉砂岩掘进时砂岩、粉砂岩的微震活动性均高于粉砂岩向砂岩掘进的情况，即与整体呈现出一致的规律。

9.3.4　隧洞岩爆监测预警

1. 微震监测方案

N-J 水电站引水隧洞微震监测信息传输网络拓扑图如图 9.3.21 所示。经过方案比选和优化，确定了“无线传输+有线光纤传输”的微震监测数据传输系统。在引水隧洞洞内从 TBM 上至 TBM 安装间区段内实行无线传输的方式进行数据传输通信，主要考虑了 TBM 掘进时需要频繁延伸传输系统的情况。TBM696 引水隧洞选用大功率无线网桥实现 TBM 与 TBM 安装间区段的数据通信，通信距离达近 10km，具体做法是在 TBM 尾部空旷无遮挡处安装一无线网桥(TBM 向前推进时，无线网桥同步向前移动)，在 TBM 安装间安装另一无线网桥，进行相关参数设置后可实现数据的通信传输。TBM697 引水隧洞由于洞轴线发生变化(“5·31”极强

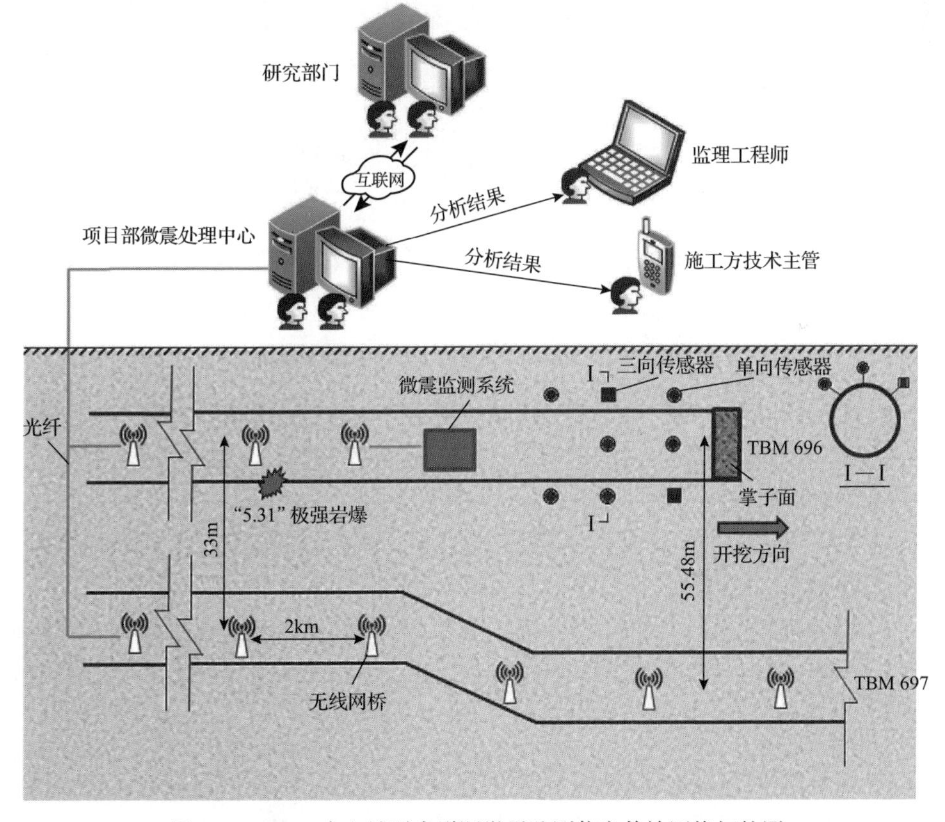

图 9.3.21　N-J 水电站引水隧洞微震监测信息传输网络拓扑图

岩爆后增加了两隧洞的洞间距)，需要在隧洞弯曲处增设无线网桥，在 TBM697 引水隧洞共布置 8 对网桥实现数据的无线通信。两隧洞无线通信系统在微震监测运行期间性能稳定、效果良好，克服了洞内高温高湿、外界施工扰动的影响。

从 TBM 安装间至交通辅助洞 A1 再到 C2 营地的微震监测项目部，采用光纤实现数据的接力传输。在洞内敷设光纤时，沿着电缆线沟槽敷设，这样不但省时，还避免了各种工程车辆的挂断扯坏现象。在隧洞外布置时沿着出渣皮带架进行敷设，用扎带绑牢扎紧，并与皮带保持一定距离。

如图 9.3.22 所示，基于 N-J 水电站开敞式 TBM 施工的特点，每个隧洞布置 8 个传感器，其中 6 个单向速度型传感器、2 个三向速度型传感器，传感器频率均为 10～2000Hz，敏感度为 100V/(m/s)。传感器安装在事先打好的钻孔内，孔深为 3.5m，分三个断面进行布置，断面之间相距 40m，第一排传感器距掌子面 10～30m。掌子面每向前推进 40m，回收最后一排传感器重新布置到距掌子面 10～30m 处，如此往复，传感器随着掌子面推进实时逐次移动，以确保更好地获得掌子面附近岩体破裂微震信息。

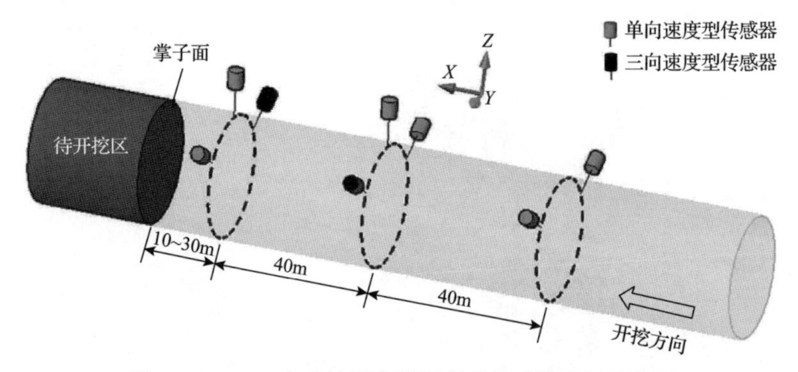

图 9.3.22　N-J 水电站引水隧洞微震传感器布置示意图

在 N-J 水电站引水隧洞微震监测中，为了降低监测成本和提高微震传感器的利用效率，应用了自主研发的传感器可回收装置，如图 9.3.23(a)所示。传感器套在可回收装置中，通过长杆转动传感器上的螺纹，使传感器回收装置张开与钻孔壁进行接触耦合，这种传感器回收装置不但保证了监测质量，而且便于安装操作。

采集后的微震数据经过滤波处理后再进行微震数据分析，以此获取 TBM 掘进过程中微震事件发生的时间、位置、破裂尺度及能量释放等信息，进而进行岩爆预警。

2. 岩爆预警

N-J 水电站引水隧洞砂岩与粉砂岩的岩爆发生特征和微震活动规律具有明显

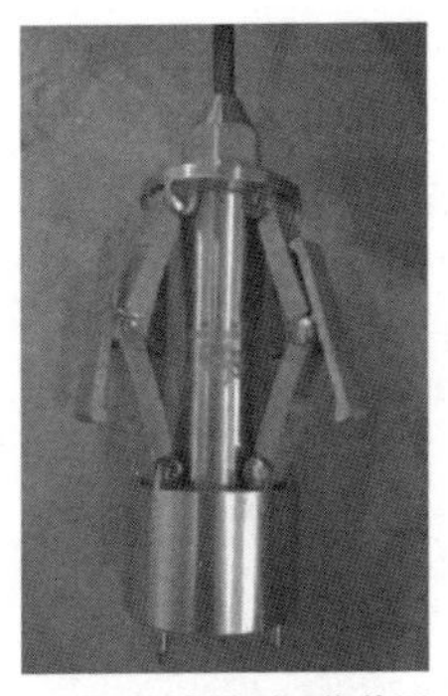

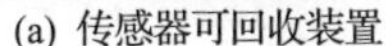

(a) 传感器可回收装置　　(b) 现场安装回收传感器

图 9.3.23　微震传感器回收装置及现场安装

的差异性，因此在应用岩爆定量预警方法对 N-J 水电站软硬岩交互地层隧洞进行预警时，需按岩性类别分别进行预警。基于微震信息的岩爆定量预警方法的重点在于确定不同岩性中不同等级岩爆的微震参数特征值。

选取微震监测初期两个月内 N-J 水电站 TBM696 和 TBM697 引水隧洞的典型岩爆案例进行分析，确定不同岩性中不同等级岩爆的微震参数特征值，典型岩爆案例在不同岩性中的分布如表 9.3.3 所示。

表 9.3.3　N-J 水电站引水隧洞微震监测前期典型岩爆案例在不同岩性中的分布

岩性	岩爆等级				合计
	强烈岩爆	中等岩爆	轻微岩爆	无岩爆	
砂岩	2	10	12	14	38
粉砂岩	1	3	7	15	26

图 9.3.24 为砂岩和粉砂岩中不同等级岩爆孕育期间累积微震释放能分布。可以看出，在砂岩和粉砂岩中，不同等级岩爆均与累积微震释放能密切相关，两种岩性均表现出岩爆等级较高时累积微震释放能较高，岩爆等级较低时累积微震释放能较低，不同等级岩爆的累积微震释放能具有较明显的梯度变化现象，即强烈岩爆的累积微震释放能平均值(特征值)＞中等岩爆的累积微震释放能平均值(特征值)＞轻微岩爆的累积微震释放能平均值(特征值)。同理可获得不同岩性不同等级岩爆的其他 5 个微震预警参数(当日微震事件数、当日微震释放能、当日微震视体积、累积微震事件数、累积微震视体积)的特征值，均呈现出与累积微震释放能特征值一致的规律，即不同等级岩爆对应不同的岩爆特征值且特征值随着岩爆等级的降低而降低。砂岩和粉砂岩不同等级岩爆的 6 个微震预警参数的特征值如表 9.3.4 和表 9.3.5 所示。

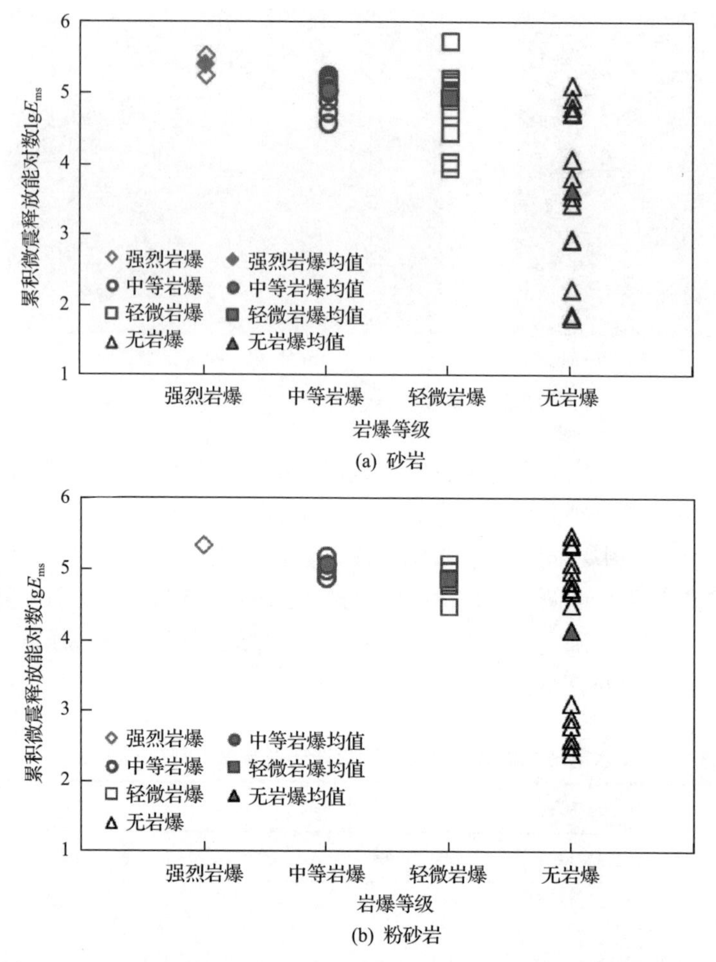

(a) 砂岩

(b) 粉砂岩

图 9.3.24 砂岩和粉砂岩中不同等级岩爆孕育期间累积微震释放能分布

表 9.3.4 N-J 水电站引水隧洞砂岩中岩爆微震预警参数的特征值

微震预警参数	岩爆等级			
	强烈岩爆	中等岩爆	轻微岩爆	无岩爆
累积微震事件数/个	92.0	42.23	30.56	23.10
累积微震释放能对数	5.32	4.96	4.85	3.52
累积微震视体积对数	5.08	4.51	4.26	4.03
当日微震事件数/个	26.00	18.94	12.52	8.30
当日微震释放能对数	4.83	4.32	3.65	2.28
当日微震视体积对数	4.22	3.96	3.84	3.62

表 9.3.5　N-J 水电站引水隧洞粉砂岩中岩爆微震预警参数的特征值

微震预警参数	岩爆等级			
	强烈岩爆	中等岩爆	轻微岩爆	无岩爆
累积微震事件数/个	213.0	72.52	48.40	28.65
累积微震释放能对数	5.36	5.09	4.89	4.22
累积微震视体积对数	5.24	4.68	4.35	4.11
当日微震事件数/个	22.00	13.03	8.05	6.10
当日微震释放能对数	4.57	4.13	3.22	2.01
当日微震视体积对数	4.19	3.67	3.56	3.51

3. 岩爆预警效果分析

N-J 水电站 TBM696 引水隧洞典型微震事件数和累积微震释放能随时间的演化规律如图 9.3.25 所示。TBM696 引水隧洞在 2016 年 2 月 24～26 日微震事件数和累积微震释放能呈逐渐增长趋势，说明该区域存在较高的岩爆风险。26～29 日微震事件数和能量持续维持在一个较高水平，26 日微震事件数达到 137 个，微震释放能达到 1.24×10^7J；27 日微震事件数达到 118 个，微震释放能达到 8.44×10^5J；28 日微震事件数达到 62 个，微震释放能达到 5.41×10^5J，说明岩爆风险较大及持续时间较长。

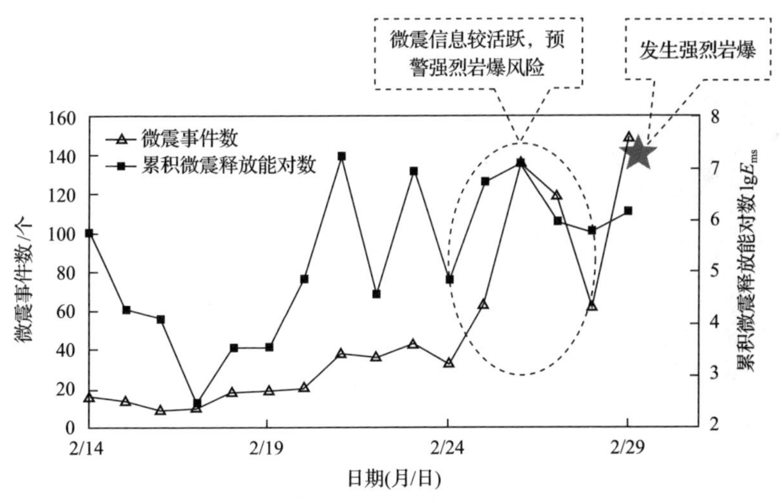

图 9.3.25　N-J 水电站 TBM696 引水隧洞典型微震事件数和累积微震释放能随时间的演化规律

基于以上微震活动特征和规律，采用 8.1 节建立的隧道岩爆预警方法进行岩爆风险预警，该处微震活动十分活跃，岩爆风险非常高，存在强烈岩爆的风险。

据此，于2016年2月26～28日连续预警(2月27日08:00～3月1日08:00)TBM696引水隧洞掌子面附近CH9+614～CH9+663有强烈岩爆风险。鉴于岩爆风险较高，多次对现场施工方进行提醒，并将每日发生的预警信息(日报)报至施工单位。

2016年2月27～29日，TBM696引水隧洞预警区域内CH9+614～CH9+663累计发生岩爆22次，其中，中等岩爆3次，强烈岩爆1次。该强烈岩爆发生于2016年3月1日04:18，造成了护盾顶油缸损坏，三榀TH错位变形。因岩爆预警准确及时，所幸无人员伤亡，现场根据岩爆预警提醒做好积极防护措施，降低了岩爆造成的损失，确保施工的正常安全进行。

9.3.5 隧洞岩爆风险防控

1. 岩爆调控措施

N-J水电站引水隧洞岩爆灾害频发，给现场人员和设备的安全带来严重威胁，为了降低岩爆带来的危害性，基于第8章建立的“减能”、“释能”和“吸能”岩爆防控的能量控制原理，在该隧洞进行岩爆风险防控技术的应用，制定了径向卸压孔、水平卸压孔、缩短TH梁间距、缩短进尺四种措施以及它们的组合形式进行岩爆调控。

1)径向卸压孔

径向卸压孔由L1区钻机施工，钻孔直径51mm，孔深一般为3.85m，现场对岩爆灾害进行防控时一般布置5个，间距2～3m，沿隧洞拱顶呈扇形布置。径向卸压孔施工机具及断面布置图如图9.3.26所示。

(a) 径向卸压孔施工机具

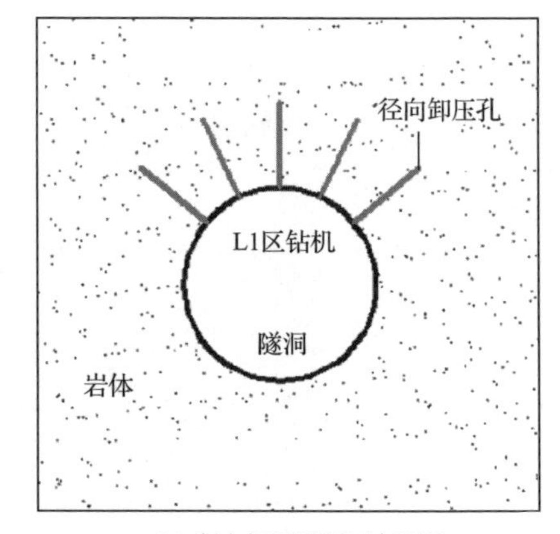

(b) 径向卸压孔断面布置图

图9.3.26 径向卸压孔施工机具及断面布置图

2)水平卸压孔

水平卸压孔由伞钻施工，在对岩爆进行防控时，一般施工4个，正拱顶布置，钻孔直径 76mm，孔深一般为 10～15m。水平卸压孔施工机具及断面布置图如图 9.3.27 所示。施工卸压孔可以从两个方面降低岩爆风险，一方面使孔周边形成应力集中，从而使卸荷孔周围岩体的裂隙进一步延伸和扩展，深部岩体得到一定程度的预裂，使岩体部分能量提前释放，同时岩体完整性程度有所降低，围岩强度得到一定程度弱化；另一方面使应力集中区向围岩深层转移，进而降低岩爆风险。

(a) 水平卸压孔施工机具

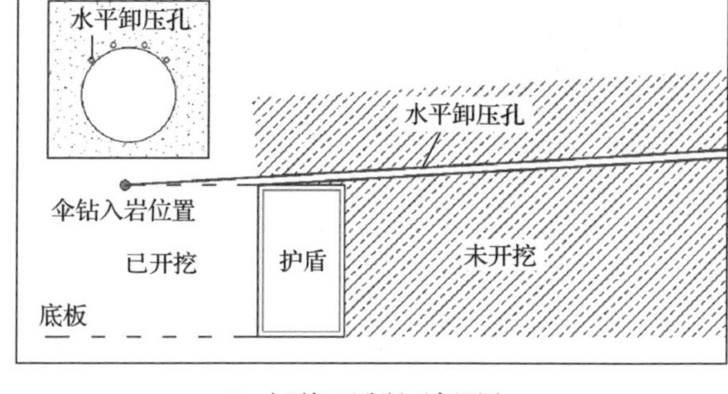

(b) 水平卸压孔断面布置图

图 9.3.27　水平卸压孔施工机具及断面布置图

3）缩短 TH 梁间距

TH 梁为钢拱架的一种，采用 6 节长度和弧度相同的环形梁通过拱架卡子两两搭接，形成一个圆，然后撑紧隧洞围岩。缩短 TH 梁间距调控措施是通过降低 TBM 单次循环进尺，以此增加 TH 梁的数量进而降低 TH 梁之间的间距。岩爆风险调控时 TH 梁间距一般降低至前一天的 80%～90%。TH 梁现场支护照片如图 9.3.28 所示。

图 9.3.28　TH 梁现场支护照片

4）缩短进尺

TBM 掘进速率采用人为控制，岩爆风险调控时第二日进尺一般为上一日进尺的 70%～80%。降低掘进进尺在一定程度上降低了开挖对岩体的影响，降低了围岩应力集中程度和卸载速率，可有效降低围岩能量释放速率，使储存在岩体的应变能较为稳定地释放，岩爆风险相应降低。

5) 不同等级岩爆风险的调控措施

统计分析了 N-J 水电站 TBM696 引水隧洞 CH9+698～CH7+000 和 TBM697 引水隧洞 CH8+005～CH6+900 范围内不同等级岩爆的损失，在此监测段有岩爆详细损失记录的轻微岩爆 36 例、中等岩爆 18 例、强烈岩爆 5 例。只需确定不同等级岩爆损失期望值的比值就可以对岩爆调控措施进行评价。同一岩爆中各类损失具有较高的相关性，一般某一项损失越高(如支护破坏损失)，其他损失(如机械设备损失、施工延误损失)也越高，岩爆的总损失也就越高，呈现一定的比率性。N-J 水电站引水隧洞不同等级岩爆损失如表 9.3.6 所示。

表 9.3.6　N-J 水电站引水隧洞不同等级岩爆损失

岩爆等级	岩爆爆坑所需混凝土体积均值/ m^3	锚杆损坏数量均值/根
轻微岩爆	0.86	0.77
中等岩爆	1.82	1.72
强烈岩爆	4.57	4.0

基于不同等级岩爆的损失统计，以可接受的岩爆损失为基准，不同等级岩爆损失与该基准的比值作为岩爆损失期望值。根据调控前后岩爆损失的期望，可以得到调控前后岩爆损失期望的降低值，从而得到 N-J 水电站引水隧洞不同岩爆风险下不同调控措施的调控能力。N-J 水电站引水隧洞轻微岩爆风险下不同调控措施的调控能力存在显著性差异，各调控措施调控能力的排序结果为：缩短进尺+缩短 TH 梁间距＞水平卸压孔＞缩短进尺+径向卸压孔＞缩短进尺＞径向卸压孔；N-J 水电站引水隧洞中等岩爆风险下不同调控措施的调控能力存在显著性差异，各调控措施调控能力的排序结果为：缩短进尺+水平卸压孔＞缩短进尺+缩短 TH 梁间距＞水平卸压孔＞缩短进尺+径向卸压孔＞缩短进尺＞径向卸压孔；N-J 水电站引水隧洞强烈岩爆风险下不同调控措施的调控能力存在显著性差异，各调控措施调控能力的排序结果为：缩短进尺+水平卸压孔+缩短 TH 梁间距＞缩短进尺+水平卸压孔＞缩短进尺+缩短 TH 梁间距＞水平卸压孔＞缩短进尺+径向卸压孔。

尽管对 N-J 水电站引水隧洞不同岩爆风险等级下(轻微岩爆、中等岩爆、强烈岩爆)不同调控措施的调控能力差异进行了判断并对调控能力进行了排序，实现了调控措施效果评价。但在实际岩爆风险防控中，一味地选择调控效果最好的调控措施进行岩爆防控，很可能存在“浪费”即调控措施调控“过度”的问题。因此，有必要进一步对数据进行更精细的挖掘，以期能针对不同等级岩爆风险实施适宜的调控措施。

在确定合理的调控措施前，有必要确定岩爆损失接受准则，一般来说，轻微岩爆对人员和设备的安全和施工影响较小，因此本工程将岩爆损失值作为评价调控措施是否有效的标准。各岩爆风险等级下不同调控措施的调控效果如图 9.3.29 所示。

根据上述岩爆防控措施效果评价标准，N-J 水电站引水隧洞对潜在强烈岩爆的风险可采用的调控措施有缩短进尺+水平卸压孔+缩短 TH 梁间距；对潜在中等岩爆的风险可采用的调控措施有水平卸压孔、缩短进尺+缩短 TH 梁间距或缩短进尺+水平卸压孔；对潜在轻微岩爆的风险可采用的调控措施有实施径向卸压孔、缩短进尺、缩短进尺+径向卸压孔、水平卸压孔或缩短进尺+缩短 TH 梁间距。以上获取的调控措施仅是在分析其调控“能力”得到的，同时考虑岩爆调控措施的成本费用等因素，可对 N-J 水电站引水隧洞不同等级岩爆的调控措施进行确定，不同等级岩爆风险对应的调控措施如表 9.3.7 所示。

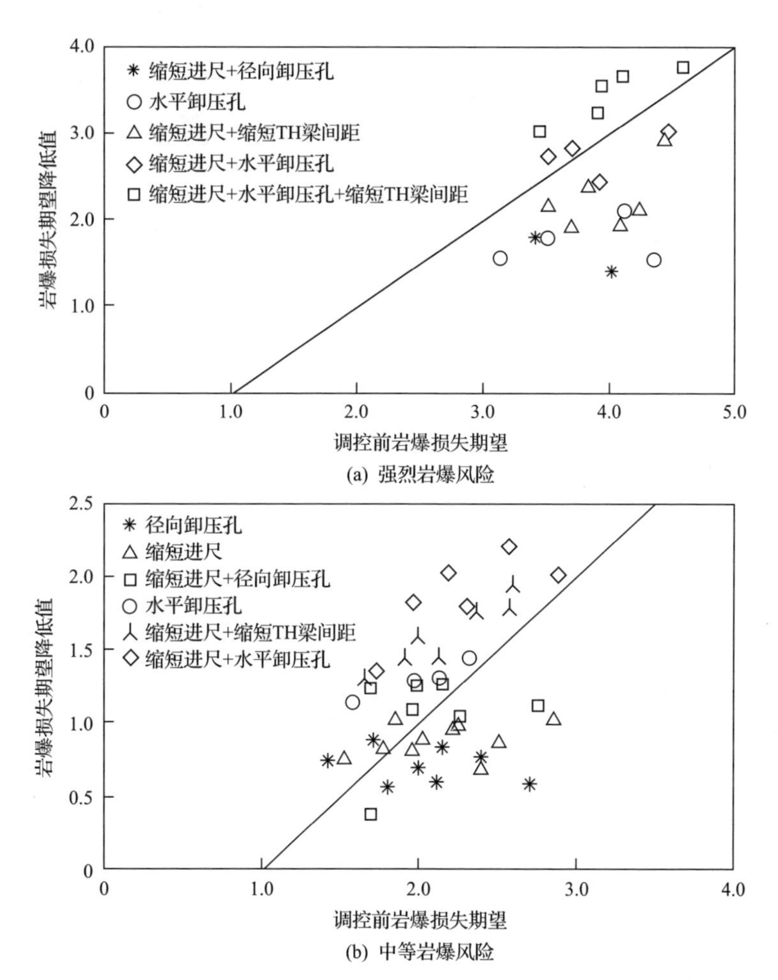

(a) 强烈岩爆风险

(b) 中等岩爆风险

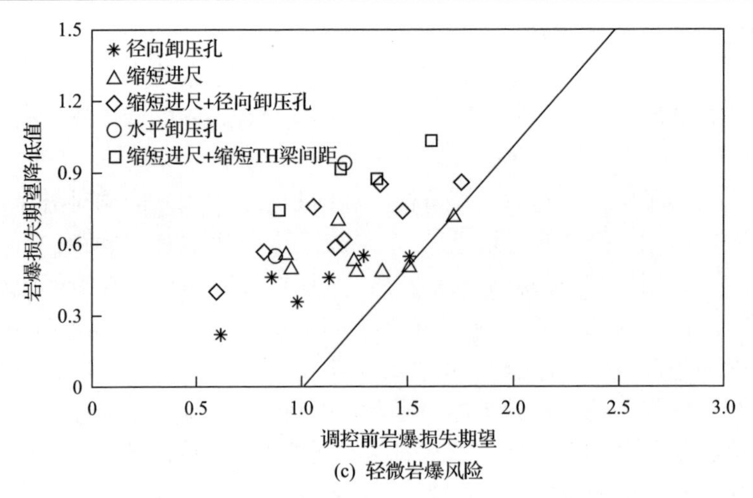

(c) 轻微岩爆风险

图 9.3.29　各岩爆风险等级下不同调控措施的调控效果

表 9.3.7　N-J 水电站引水隧洞不同等级岩爆风险对应的调控措施

岩爆等级	岩爆调控措施
强烈岩爆	缩短进尺+水平卸压孔+缩短 TH 梁间距
中等岩爆	水平卸压孔+缩短 TH 梁间距
轻微岩爆	缩短 TH 梁间距

2. 典型应用案例

如图 9.3.30 所示，2016 年 8 月 10 日，TBM696 引水隧洞掘进至 CH8+309 处，超前地质钻和 TST(超前地质预报系统)测试显示前方将会掘进 15m 左右的砂岩。由于前方待掘进的为砂岩，应用砂岩的微震预警参数特征值(见表 9.3.4)进行岩爆预警，获取岩爆风险预警区域内用于微震岩爆预警的六个参数(见表 9.3.8)，采用岩爆定量预警方法可知该区域内发生强烈岩爆的概率为 15.4%，发生中等岩爆的概率为 56.8%，发生轻微岩爆的概率为 17.7%，无岩爆的概率为 10.1%，这意味着岩爆风险预警区域内存在中等岩爆风险。岩爆风险预警区域内微震事件时空分布如图 9.3.31 所示。现场对该区域发出中等岩爆预警，并采取岩爆调控措施，于 8 月 11 日现场采取缩短进尺+水平卸压孔的调控方案，当日进尺由前一日的 6.8m 降低至 5.2m，并施工了 4 个水平卸压孔。

实施调控措施前后预警区域内微震活动空间分布如图 9.3.32 所示。可以看出，实施调控措施后，岩爆风险预警区域内微震事件数降低至 9 个，微震释放能降低至 1.21kJ，微震活动性明显降低。由于调控措施实施得当，降低了岩爆风险，8 月 11 日掘进过程中未发生岩爆，达到了较好的岩爆防控效果。

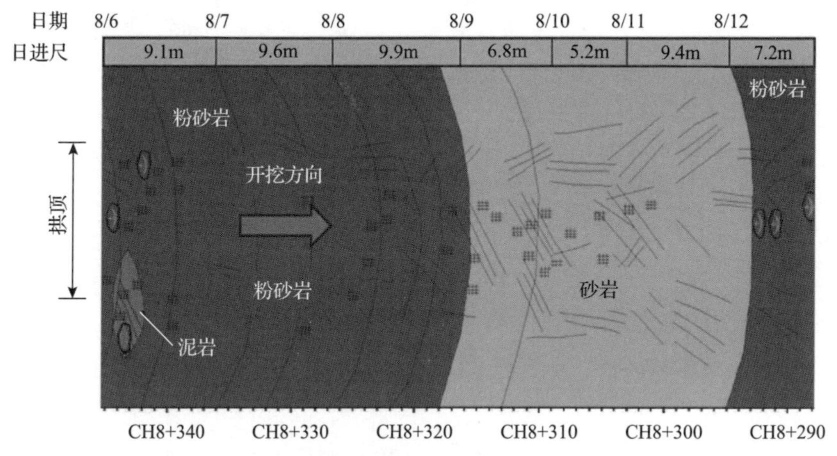

图 9.3.30　岩爆风险调控区域岩性及地质揭露信息

表 9.3.8　岩爆风险预警区域内微震预警参数

当日微震事件数/个	当日微震释放能对数	当日微震视体积对数	累积微震事件数/个	累积微震释放能对数	累积微震视体积对数
19	4.38	3.79	48	4.72	4.75

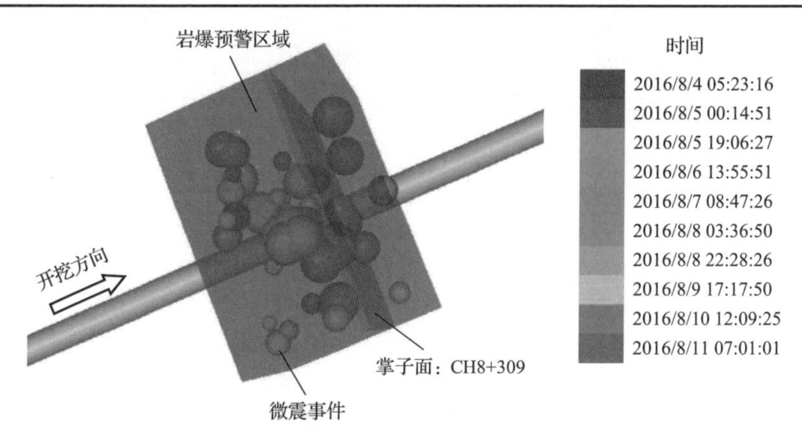

图 9.3.31　岩爆风险预警区域内微震事件时空分布

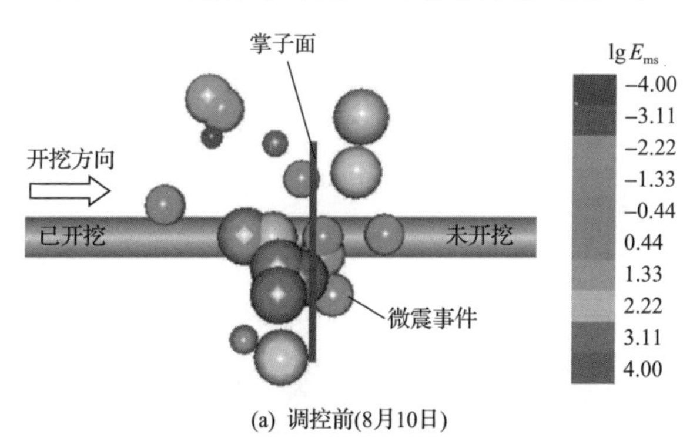

(a) 调控前(8月10日)

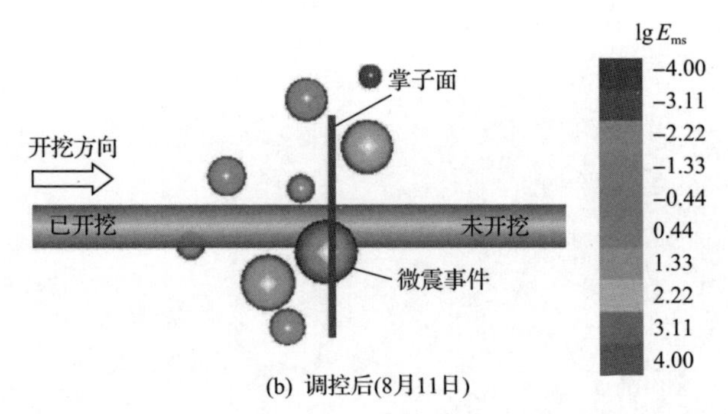

(b) 调控后(8月11日)

图 9.3.32　实施缩短进尺+水平卸压孔调控措施前后预警区域内微震活动空间分布

3. TBM696 和 TBM697 引水隧洞间距优化的调控效果

确定合理的隧洞间距对隧洞的稳定性具有重要意义，同时也是进行岩爆防控的重要手段之一。选取滞后 TBM696 引水隧洞三段区间研究不同隧洞间距对岩爆风险的影响。如图 9.3.33 所示，选取的三段区间分别为：变隧洞间距前(原 33m 隧洞间距)CH9+700～CH9+000、变隧洞间距中 CH9+000～CH8+300 和变隧洞间距后(新 55.48m 隧洞间距)CH8+300～CH7+600，每段区间长度均为 700m。在变隧洞间距前区域内共计发生 188 次岩爆，其中强烈岩爆 2 次，中等岩爆 5 次，轻微岩爆 181 次；在变隧洞间距区域内无强烈岩爆发生，中等岩爆 5 次，轻微岩爆 104 次；在变隧洞间距后区域内共计发生 42 次岩爆，其中轻微岩爆 41 次，中等岩爆 1 次。三段区间掘进用时依次为 122 天、83 天和 62 天，掘进速率逐渐增加，而岩爆发生频次和等级呈现下降趋势，说明两引水隧洞岩爆发生频次与隧洞间距呈负相关，也说明了两隧洞调控后的设计间距是合理的。

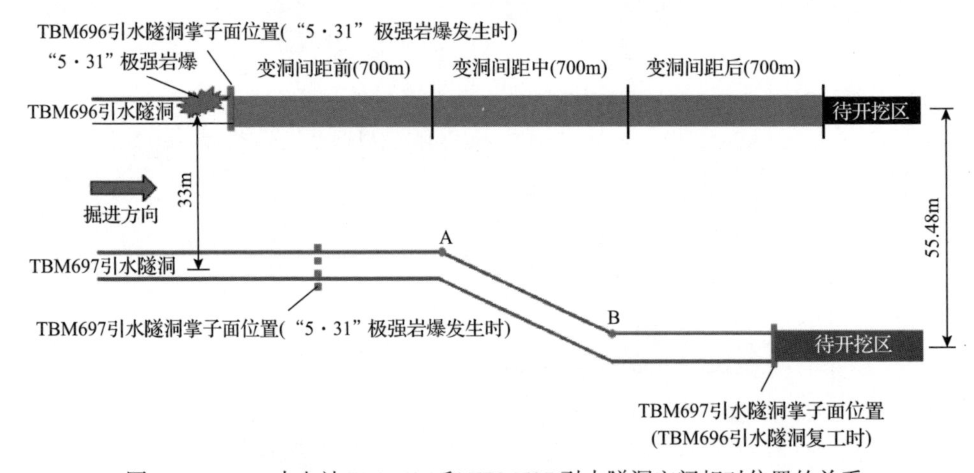

图 9.3.33　N-J 水电站 TBM696 和 TBM697 引水隧洞空间相对位置的关系

4. 整体应用效果

TBM696 引水隧洞于 2016 年 1 月开始岩爆微震监测，实时预报施工期间的岩爆风险。TBM696 引水隧洞监测预警前后月进尺和岩爆发生频次对比如图 9.3.34 所示。“5·31”极强岩爆导致停工以前(2015 年 1～5 月)，TBM696 引水隧洞平均每月进尺为 221m，平均每百米发生 13 次岩爆，且于 5 月 31 日发生一次极强岩爆。从 2016 年 1 月复工直至顺利贯通，平均每月进尺为 270m，比监测前提高了 22%，单月最大进尺达 364m，平均每百米发生 10 次岩爆，比监测前降低了 23%。岩爆风险调控指导施工、降低风险效果明显。

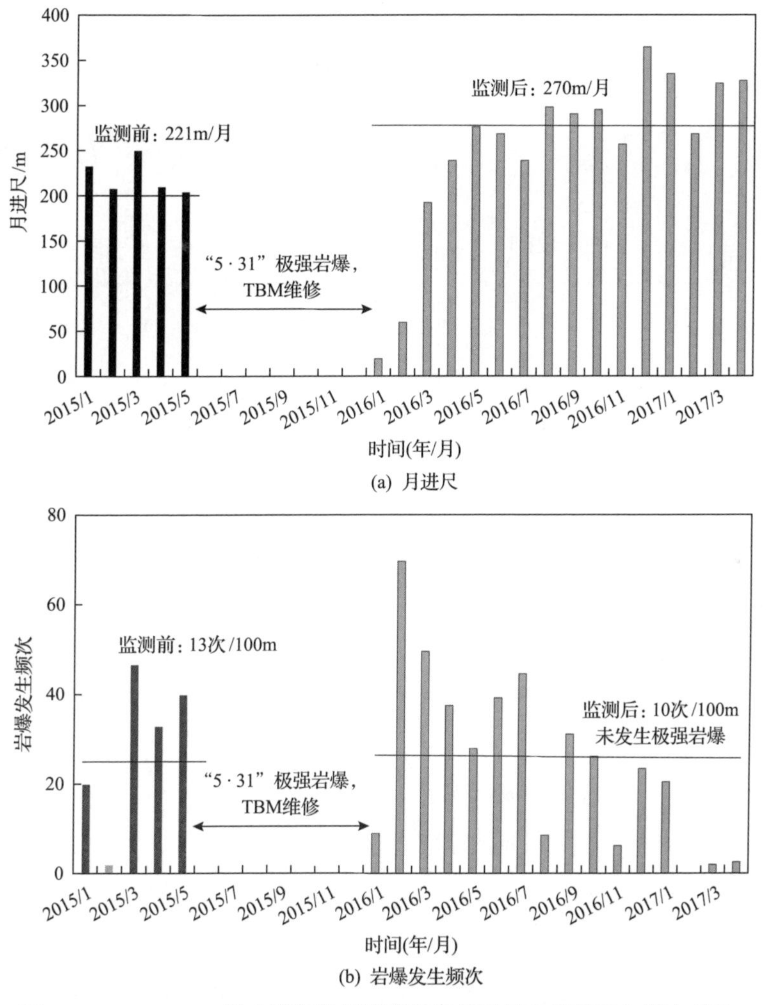

(a) 月进尺

(b) 岩爆发生频次

图 9.3.34　TBM696 引水隧洞监测预警前后月进尺和岩爆发生频次对比

TBM697 引水隧洞于 2016 年 2 月初开始岩爆微震监测、预警及防控工作。引入微震监测系统以前(2015 年 5 月～2016 年 1 月)，平均每月进尺为 192m，平均每百米发生 21 次岩爆。微震监测开展以后，微震监测团队每日发送微震监测与岩爆风险预警日报。从 2016 年 2 月开始监测直至顺利贯通，TBM697 引水隧洞平均每月进尺为 318m，比监测前提高了 66%；平均每百米发生 2 次岩爆，比监测前降低了 90%。微震监测指导施工、降低风险效果明显。

基于上述隧洞岩爆监测预警和风险控制实施，TBM696 和 TBM697 引水隧洞的支护措施得到了极大程度的优化，尤其是 TH 梁的间距、长度和数量得到了优化，且支护优化后没有出现因岩爆而导致的人员伤亡，降低了岩爆风险及岩爆灾害带来的损失，大幅度降低了隧洞支护成本，如图 9.3.35 所示。

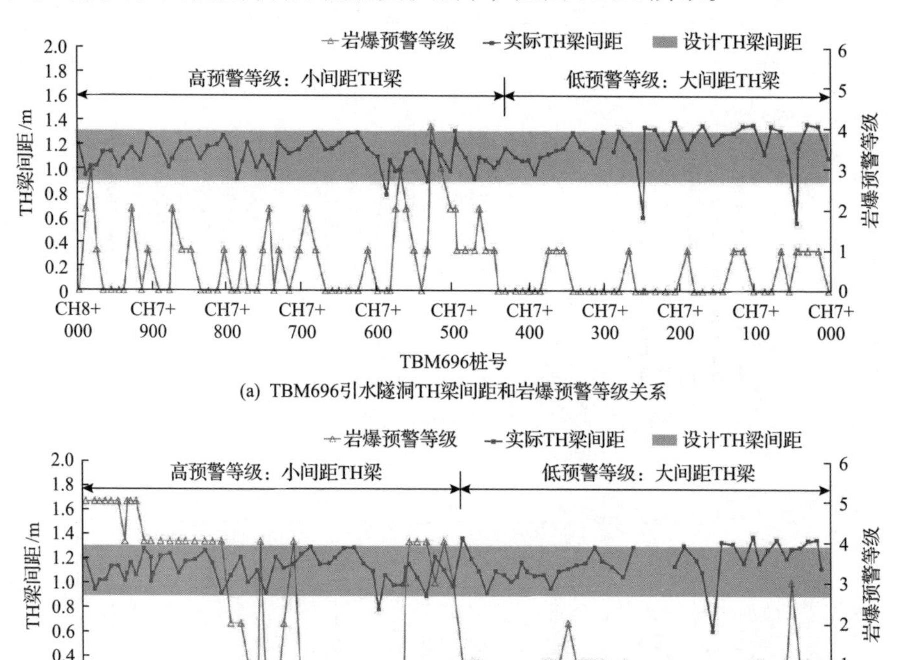

(a) TBM696引水隧洞TH梁间距和岩爆预警等级关系

(b) TBM697引水隧洞TH梁间距和岩爆预警等级关系

图 9.3.35　引水隧洞 TBM 段隧洞支护优化与岩爆预警等级关系

岩爆预警等级：0. 无岩爆；1. 轻微岩爆；2. 轻微岩爆至中等岩爆；3. 中等岩爆；4. 中等岩爆至强烈岩爆；5. 强烈岩爆；6. 极强岩爆

9.4　深部金属矿镶嵌碎裂硬岩巷道大变形灾害评估与防控

某金属矿深部岩体构造应力大、结构面和微裂隙发育、钻爆法施工开挖扰动强烈，导致深部巷道变形量大、持续时间长、影响范围广，严重阻碍矿山安全高效开采。围岩内部存在的裂隙及结构面，在开挖扰动下破裂深度及程度大。岩体破裂鼓胀效应可挤压围岩发生进一步的破裂并驱动碎裂岩体向临空面位移。围岩内部不断发生破裂并向深层发展，岩体鼓胀、支护结构破坏并使得巷道表现出大变形现象。应用 7.3.2 节的方法、理论与技术，开展了大变形监测、评估与防控工作，分析了某金属矿深部巷道的工程地质、岩石力学性质及地应力等特征，评估了大变形等级，开展了连续两年的破裂及变形监测，依据深部硬岩工程裂化抑制原理，有效控制了围岩内部破裂演化，取得了良好的应用效果。

9.4.1　工程概况

1. 工程背景

某金属矿开采进入深部后，巷道不断发生大变形、底鼓等破坏现象，最终形成图 9.4.1 所示的深部碎裂硬岩巷道大变形灾害问题[19]。该巷道位于+1150m 水平，以地表+1750m 水平为起点测算埋深约 600m。巷道围岩主要为混合岩和大理岩等硬岩，岩体类型属于碎裂岩体，该巷道通车后便发生持续性变形破坏。虽然在服务期间进行了多次返修，但变形破坏问题反复出现。在返修后 3～5 年，该条巷道两帮收敛变形范围仍可达到 0.6～1.3m，收敛率为 13%～28.3%。巷道原设计宽度为 4.6m，大变形后实测宽度为 3.6m，两帮收敛变形值约 1m，收敛率为 21.7%。巷道半圆拱在严重挤压下形成桃形尖顶，混凝土、金属网及锚杆等支护严重破坏。返修扩挖过程中发现，在拱顶挤压处一定范围内的围岩已呈完全破碎状。

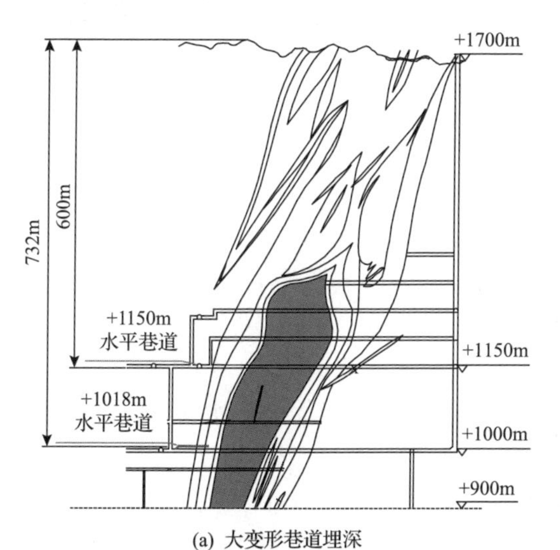

(a) 大变形巷道埋深

(b) 巷道半圆拱破坏后发生冒落

图 9.4.1　深部碎裂硬岩巷道中的大变形灾害问题[19]

某金属矿大变形巷道支护破坏特征复杂多变，如图 9.4.2 所示[20]。锚网喷支护失效普遍表现为垫板贯穿、喷层开裂，这是锚杆端部螺母在垫板上形成应力集中导致破坏，进而导致其对围岩表面失去约束作用。拱架及喷层挤压失效导致其对围岩变形失去约束、支撑作用。一些区域锚杆端部或者杆体在返修揭露时保持完整性，说明未能限制大变形发展反而伴随岩体发生位移，推测其可能位于岩体破裂区内部，锚杆过短可能导致其对围岩失去加固作用。当砂浆等锚固剂填充不充分或失效时，锚杆与围岩黏结不牢固也会导致杆体无法发挥作用。因此，锚网喷支护体系失效常常是单一组件或者多个组件的功能失效，继而形成支护体系破坏。

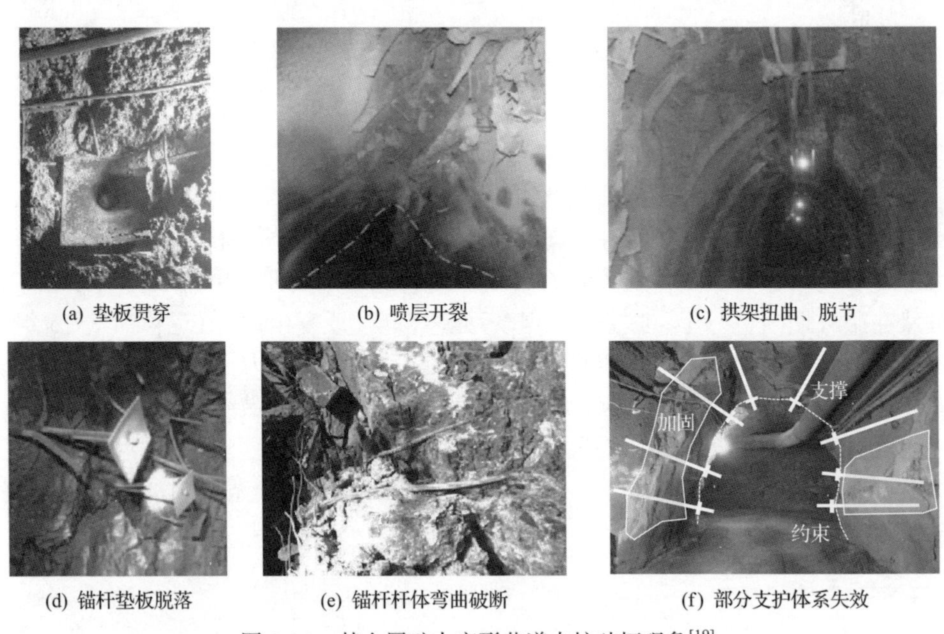

(a) 垫板贯穿　(b) 喷层开裂　(c) 拱架扭曲、脱节

(d) 锚杆垫板脱落　(e) 锚杆杆体弯曲破断　(f) 部分支护体系失效

图 9.4.2　某金属矿大变形巷道支护破坏现象[19]

2. 地质特征

在新开掘的+1018m 水平 7 盘区运输巷道，调查研究对象为 K0+030～K0+120 区域，该段区域岩性单一，主要为大理岩，巷道轴线距离两侧平行巷道最小为 90m，且避开交叉口。巷道调查段和应用段布置平面图如图 9.4.3 所示[20]，该区域干扰因素相对较少，便于大变形观测与分析。

调查段围岩主要为粒状变晶结构的白色大理岩，岩体多呈块状或碎裂构造，主要矿物成分为方解石、白云石，局部区域蛇纹石化、透辉石化及透闪石化。经现场点荷载测试，岩块强度指标均值为 2.01。开挖时统计节理线密度约为 10 条/m，间距 0.2～0.5m，主要节理有两组。节理面稍粗糙且坚硬，裂隙宽度小于 1mm，无滴水现象。7 盘区运输巷道 K0+030 处的大理岩岩体如图 9.4.4 所示[20]。图 9.4.4(a)

为巷道左侧(基于掘进方向)揭露节理照片，为返修工程时拍摄。图 9.4.4(b)为巷道右侧辅助洞室开挖时掌子面揭露的碎裂岩体。

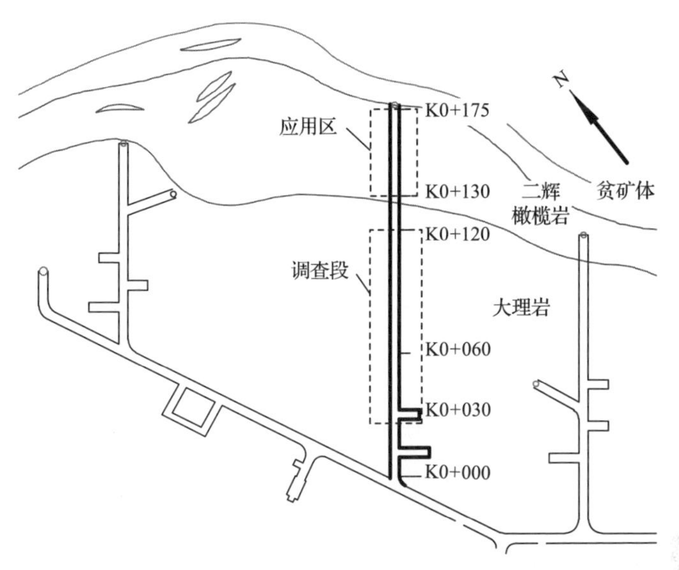

图 9.4.3　某金属矿+1018m 水平 7 盘区运输巷道调查段和应用区布置平面图[20]

(a) 巷道左侧揭露节理

(b) 掌子面揭露的破裂岩体

图 9.4.4　7 盘区运输巷道 K0+030 处的大理岩岩体[20](见彩图)

节理信息统计主要基于矿山地质图粗略的节理统计及返修等工程的新鲜揭露，某金属矿+1018m 水平 7 盘区运输巷道地应力、巷道轴线及节理的产状关系如图 9.4.5 所示[20]，图中巷道轴线方向为 NE38°38′。附近的地应力测试位于调查段附近的+1000m 水平巷道，其中最大主应力、中间主应力和最小主应力平均值分别为 23.8MPa、15MPa 和 9.64MPa。但地应力测试数据却相当离散，可能是由于地质条件、岩体质量和测试手段等变化导致的。

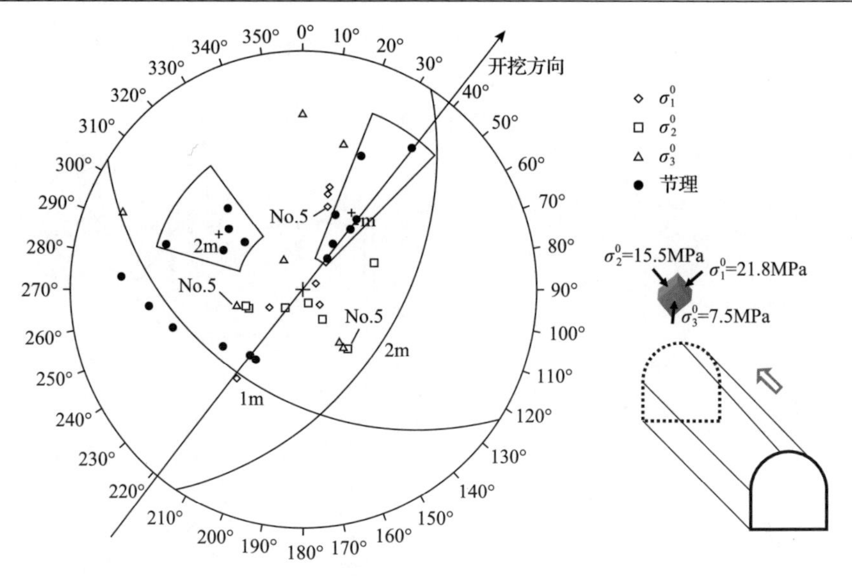

图 9.4.5　某金属矿+1018m 水平 7 盘区运输巷道地应力、巷道轴线及节理的产状关系[20]

3. 地应力特征

在矿区超过 600m 深度，水平构造应力显著，垂直应力为中间主应力，最大主应力可达 30MPa。图 9.4.5 中的 No.5 数据为 7 盘区运输巷道附近地应力测试值，最大主应力、中间主应力和最小主应力平均值分别为 21.8MPa、15.5MPa 和 7.5MPa，方位分别为 197°∠40°、–38°∠35°和 257°∠–32°[20]。

4. 施工方案

深部巷道施工采用钻爆法、双层喷锚网支护系统，必要时采用钢拱架、注浆和衬砌等支护形式。双层喷锚网是开挖后立即施作第一层喷锚网支护系统，而后当掌子面向前推进一定距离后，施作第二层喷锚网支护系统，具体支护参数如表 9.4.1 所示[20]。当围岩开挖后出现塌方破坏问题时，需要立钢拱架以提供早期支撑。出现塌方和挤压变形后，则需进行注浆加固作业。当挤压变形严重时，将会阻碍交通通行，通过返修作业恢复设计轮廓。

表 9.4.1　深部巷道常规支护参数[20]

支护措施	支护参数	布置方式
双层喷锚网	螺纹钢锚杆ϕ22mm，长度 2250mm，单层钢垫板参数 200mm×200mm×10mm； 金属网采用ϕ6.5mm 圆钢点焊，间距 150mm×150mm； 喷射混凝土喷层厚度 100mm，强度 C20	锚杆排间距 1m； 第二层锚杆与第一层呈梅花形布置； 两次金属网参数相同，两次喷层参数相同

续表

支护措施	支护参数	布置方式
钢拱架	无	钢拱架之间排间距 1m； 拱架之间用拉杆焊接稳固； 拱腿需用 3 组锚杆固定
注浆	注浆锚杆 ϕ32mm×6mm，长度 2500mm； 注浆采用单水泥浆液，水灰比 0.6～0.8	注浆锚杆排间距 2m；先墙脚再墙部，最后注拱顶的注浆顺序； 注浆压力在 4MPa 以上达 5min 或单孔注浆量达 300kg 时注浆终止

9.4.2　深部巷道大变形灾害等级评估

硬岩大变形分级综合考虑了围岩岩性、岩体质量分级、地应力水平、断层等因素，参考 8.1.2 节大变形评估方法进行分级，得到巷道大变形段落及等级评估结果，具体评估过程如下。

真三轴压缩条件下完整大理岩试样的应力-应变曲线及破坏特征如图 9.4.6 所示，所施加的最小主应力为 15MPa，中间主应力为 25MPa，在此条件下大理岩的峰值强度为 209MPa，损伤强度为 206MPa。峰前经历极短的塑性变形过程，达到峰值强度后，应力迅速跌落，在达到残余强度之前，还出现了三次明显的应力跌落现象。岩石峰后承载能力迅速降低，不断产生的破裂及其演化形成宏细观破坏，导致体积应变不断增大。

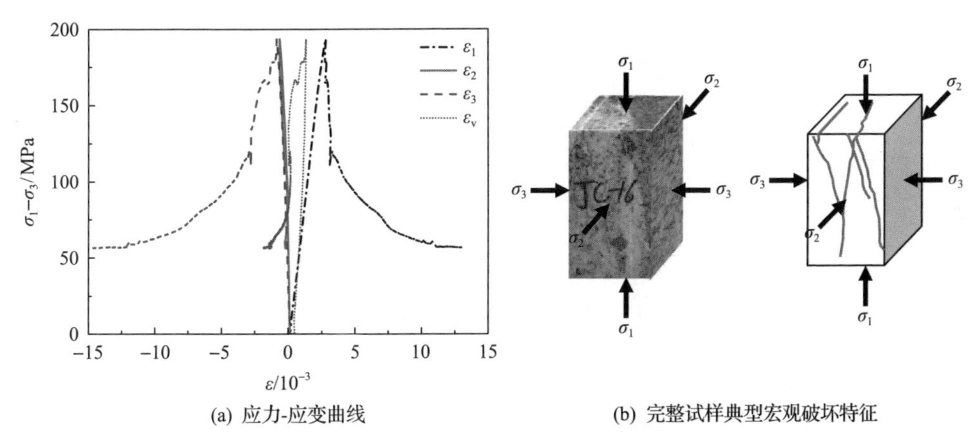

(a) 应力-应变曲线　　(b) 完整试样典型宏观破坏特征

图 9.4.6　真三轴压缩条件下完整大理岩试样的应力-应变曲线及破坏特征

图 9.4.7 为岩石强度受裂隙发育程度的影响。可以看出，随着 K_j(K_j 表示岩石裂隙节理发育程度系数，数值越大，岩石完整性越差)的增大，岩石的纵波波速下降。在最小主应力为 30MPa、中间主应力为 50MPa 的应力水平下，岩石强度随着 K_j 的增大而降低。巷道开挖扰动引起裂隙围岩破裂产生膨胀挤压，导致碎裂岩体

向自由面移动。而由于原生裂隙、次生裂隙的存在，会进一步使围岩的强度降低。

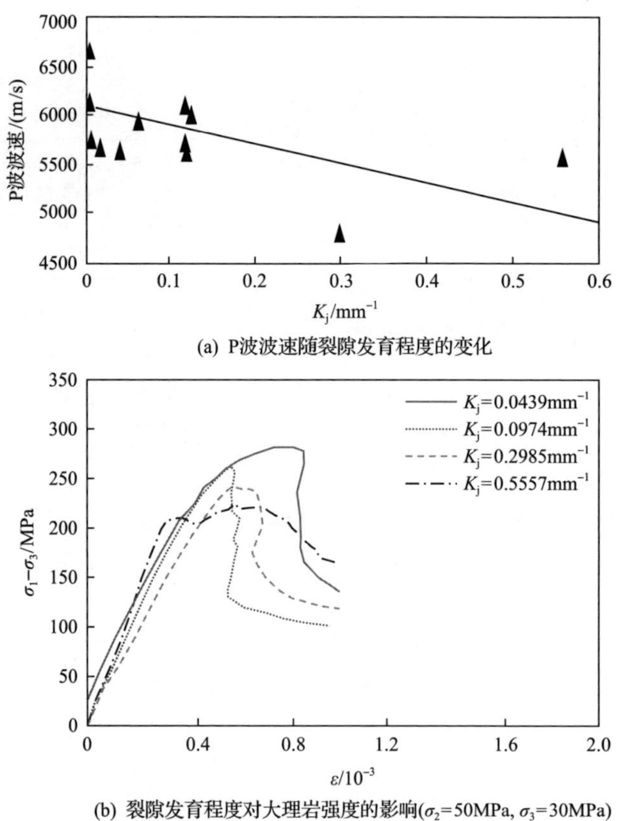

(a) P波波速随裂隙发育程度的变化

(b) 裂隙发育程度对大理岩强度的影响(σ_2=50MPa, σ_3=30MPa)

图 9.4.7 岩石强度受裂隙发育程度的影响

调查段在新开掘的+1018m 水平 7 盘区运输巷道，据下部的+1000m 水平巷道地应力测试报告，最大主应力、中间主应力和最小主应力平均值分别为 23.8MPa、15.0MPa 和 9.64MPa，大变形段落及等级评估结果如表 9.4.2 所示。

表 9.4.2 某金属矿+1018m 水平 7 盘区运输巷道大变形段落及等级评估结果

序号	长度/m	桩号	岩性类别	结构面组数	结构面间距/m	地应力/MPa	大变形等级
1	130	K0+000～K0+130	大理岩	2	0.2～0.5	20～25	I
2	45	K0+130～K0+175	二辉橄榄岩	2	0.2～0.5	20～25	I

9.4.3 深部巷道大变形灾害防控

以某金属矿深部巷道(+1018m 水平 7 盘区运输巷道)为例介绍裂化抑制法支

护现场应用。应用区岩性主要为二辉橄榄岩，岩石呈灰黑色，粒状结构，块状构造，主要成分为橄榄石、辉石等，岩块的现场点荷载强度指标均值为 3.94，无滴水现象；岩体局部破碎，结构面线密度为 8 条/m。为了评价裂化抑制法设计的支护效果，在应用巷道设置三个区域，如图 9.4.8 所示，分别为Ⅰ区对照区域、Ⅱ区裂化抑制法应用区域(有注浆)、Ⅲ区裂化抑制法应用区域(无注浆)，每个区段长度 15m。Ⅱ区使用注浆，Ⅲ区不使用注浆，以测试基于裂化抑制法设计的不同支护组合的影响。

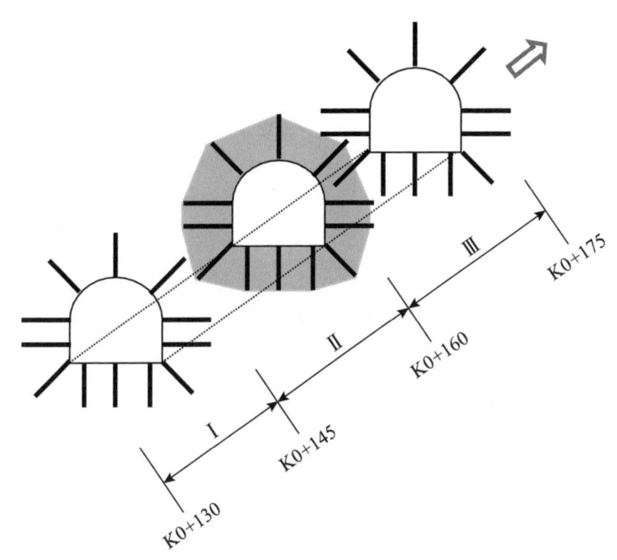

图 9.4.8　某金属矿+1018m 水平 7 盘区运输巷道应用区域划分及方案设置

深部巷道大变形控制技术应用区 K0+145 掌子面岩体节理信息如图 9.4.9 所示[20]。巷道第一层支护后(开挖后两周)K0+145 钻孔裂隙展布图如图 9.4.10 所

(a) 掌子面揭露的节理信息(见彩图)

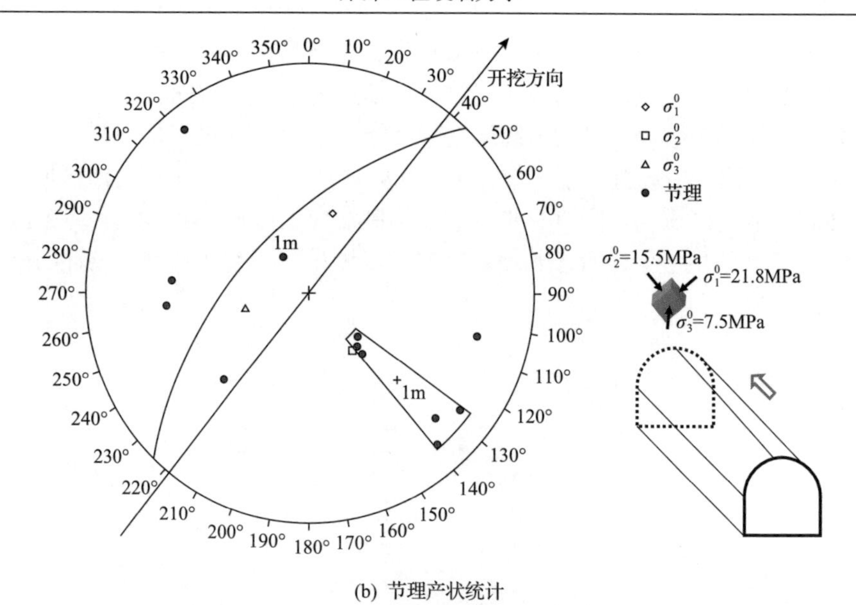

(b) 节理产状统计

图 9.4.9　深部巷道大变形控制技术应用区 K0+145 掌子面岩体节理信息[20]

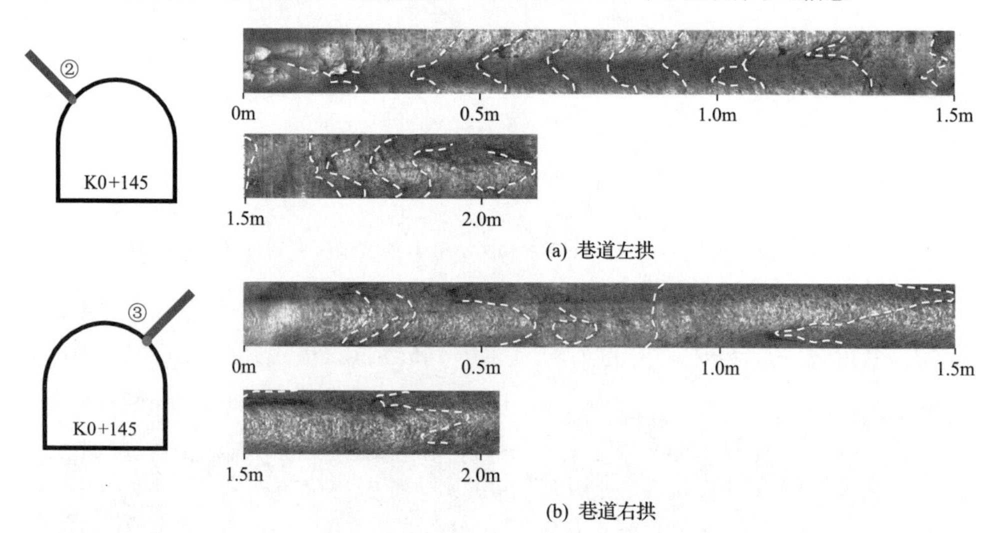

(a) 巷道左拱

(b) 巷道右拱

图 9.4.10　巷道第一层支护后(开挖后两周)K0+145 断面钻孔裂隙展布图[20](见彩图)

示[20]。巷道左拱处(钻孔位置②)的 CDRMS 值为 0.77，划分岩体等级为Ⅴ，属于岩体破碎类型。而巷道右拱处(钻孔位置③)的 CDRMS 值为 0.52，划分岩体等级为Ⅳ，属于岩体完整性差类型。此时裂隙深度至少为 2.1m，靠近孔口处无明显的破碎区域。

图 9.4.11 为不同真三轴应力下大理岩的峰值强度，其值随中间主应力和最小主应力的增加而增大。由于喷层可以及时封闭围岩，约束围岩变形并在一定程度

上恢复其真三向应力状态，进而提高围岩强度。因此巷道开挖后应及时喷射混凝土，并严格控制配比以保证喷层强度。

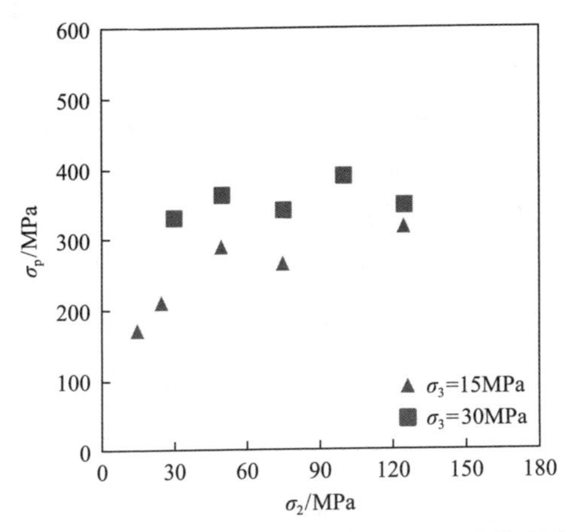

图 9.4.11　不同真三轴应力下大理岩的峰值强度

由数字钻孔摄像观测得到的数据可知，围岩内部破裂在大变形演化过程中通常随时间而变化。图 9.4.12 为锚杆长度参数与围岩内破裂演化的关系，其合理区间位于破裂深度和程度收敛值附近。此外，锚杆设计长度既要满足已知的破裂深度，也要考虑到破裂向围岩深部转移的趋势。建议锚杆长度应超过最大破裂深度，可参考附近钻孔摄像数据。锚杆长度设计按照式(9.4.1)来计算，其中，将洞径、工程地质及钻孔布置等因素作为限制条件综合考虑，以得到最终锚杆长度。

$$L = L_1 + D + L_2 \tag{9.4.1}$$

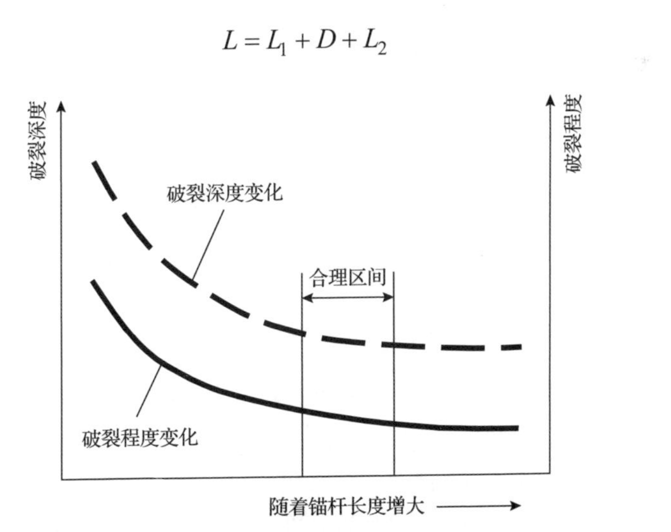

图 9.4.12　锚杆长度参数与围岩内破裂演化的关系

式中，L 为锚杆总长度；L_1 为锚杆的外露长度，常取 50mm；D 为最大破裂深度；L_2 为锚杆锚入无新生破裂岩体的深度，建议值为 500～1000mm，尽可能取最大值。考虑到非对称大变形情况，建议锚杆长度依据断面围岩破裂深度实测值来优化。

图 9.4.13 为合理支护时机控制围岩的破裂发展示意图[20]，基于裂化抑制法选择合理的参数和施工时机。当支护系统刚度不足且安装滞后时(曲线①)，围岩破裂深度和程度的演化未得到有效和及时抑制，同时锚杆荷载较低。当支护系统刚度较高且安装较早时(曲线③)，支护系统常常因过载失效，以致围岩内部破裂过度发展。只有合理的支护刚度和安装时间(曲线②)才能有效抑制破裂深度和程度。一般开挖后进尺 2～3 倍洞径(10～15m)或者 2 周(掘进速率 1m/d)后，工程扰动较小时，建议开始第二层喷锚网支护作业。如果有条件，应至少测量一次最大破裂深度，并保证第二层锚杆支护设计参数大于最大破裂深度。当喷锚网支护无法有效控制围岩内部破裂时，还应及时注浆以抑制围岩内部破裂萌生及拓展，且其注浆深度应大于最大破裂深度。

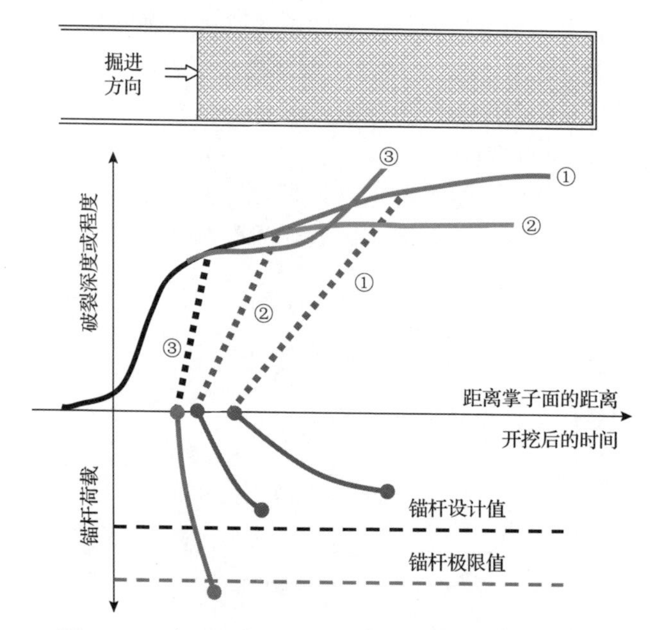

图 9.4.13　合理支护时机控制围岩的破裂发展示意图[20]

对照区Ⅰ区的支护设计参数采用喷锚网+钢拱架的支护方式。表 9.4.3 中仅列出三个区域中有区别的参数，剩余参数(如金属网、喷射混凝土等参数)仍执行常规支护设计。图 9.4.14 为喷锚网支护参数[20]。考虑到围岩破碎，开挖后巷道自稳性差，喷射混凝土及第一层锚杆的锚固强度达标需要一些时间，应设置钢拱架避免塌方事故。

表 9.4.3　对比段锚杆参数及注浆支护时机

应用区域	设计方法	锚杆参数	注浆时机
Ⅰ(K0+130～K0+145)	施工经验	双层支护参数为ϕ22mm×2250mm；单层垫板为 200mm×200mm×10mm	经验判别表面变形是否严重，通常要两帮收敛变形 150mm 左右
Ⅱ(K0+145～K0+160)	裂化抑制法	第一层锚杆参数为ϕ22mm×2250mm；第二层锚杆参数为ϕ22mm×3250mm；双层钢垫板分别为 200mm×200mm×10mm 和 100mm×100mm×10mm	第二层喷锚网后立即进行注浆工作
Ⅲ(K0+160～K0+170)	裂化抑制法	与Ⅱ区相同	无注浆

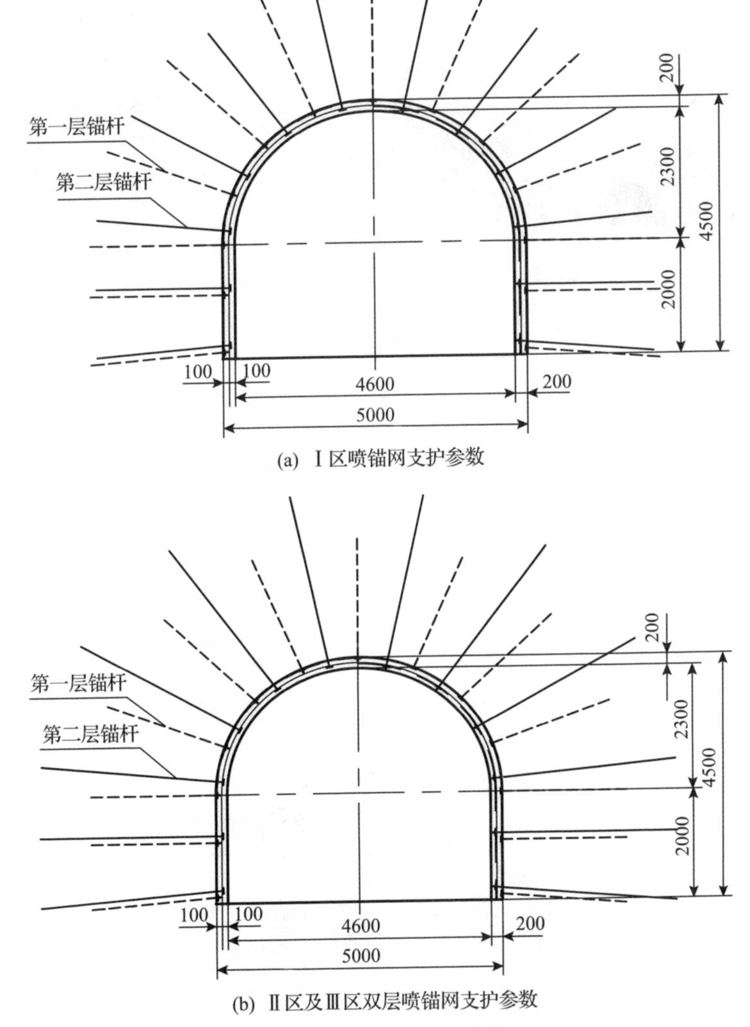

图 9.4.14　喷锚网支护参数[20]（单位：mm）

由于爆破开挖后围岩极易冒落，若钻孔较深则会消耗更多时间，导致不安全的施工环境。此外由于机械化台车不方便调入，使用的是气腿式凿岩机。深部巷道锚杆支护施工过程如图 9.4.15 所示[20]。第一层锚杆施工空间狭小、钻孔速率缓慢。Ⅱ区中第一层锚杆支护参数未能设计为 3250mm，使用 2250mm 短锚杆快速施工。第二层支护安装长锚杆，钻孔要先用短钎杆钻 2m，再换 3m 钎杆加深。在碎裂岩体中，钻孔加深后会加大卡钻风险，导致施工周期增长。根据爆破后两周内的围岩破裂深度数据反馈(约 2100mm)，锚杆长度 2250mm 满足要求。

(a) 第一层锚杆支护　(b) 第二层锚杆支护

图 9.4.15　深部巷道锚杆支护施工过程[20](单位：m)

注浆管长度与最大破裂深度的关系影响注浆时机。由于在碎裂岩体中注浆管受钻孔平直度、塌孔等情况影响，ϕ32mm×6mm(直径×厚度)的管子在ϕ42mm 的钻孔里很容易卡住，如图 9.4.16 所示[20]。尽管最初希望注浆管设计长度为 3250mm，但是经过现场试验调试，实际尺寸缩减为 2250mm。因此，注浆时机仍应选在二次喷锚网支护后立即施工，以避免随着时间推移，注浆深度相较破裂深度越来越短。

(a) 注浆管

(b) 注浆系统

图 9.4.16　注浆系统及注浆管[20]

吸能锚杆是基于现场常用砂浆锚杆制作而成的，主要材料为 HRB400 螺纹钢锚杆、解耦材料、螺母、双层垫板等。螺纹钢锚杆两端经过滚丝工艺后，将材料缠绕在锚杆中部两圈左右且保留螺纹轮廓(逐步解耦段)，然后两头拧上双螺母锚头，成品如图 9.4.17 所示[20]。锚杆尺寸为ϕ22mm × 3250mm，逐步解耦段长度为 2000mm。

(a) 加工完成的吸能锚杆

(b) 双层垫板

图 9.4.17　吸能锚杆制作成品[20]

施工完成 6 个月后应用区域巷道轮廓的破坏形态如图 9.4.18 所示[20]。巷道左侧边墙的破坏范围和程度普遍比右侧边墙大。相对于裂化抑制法设计的Ⅱ、Ⅲ区域，对照区域Ⅰ区域出现了更为严重的喷层开裂。Ⅰ区域左边墙喷射混凝土层受挤压向外鼓出并开裂，左侧边墙下方的喷层发生较为严重的剪切错动，而Ⅱ、Ⅲ区域的喷层仅仅发生了轻微的开裂现象。

(a) Ⅰ区域

(b) Ⅱ区域

(c) Ⅲ区域

图 9.4.18　施工完成 6 个月后应用区域巷道轮廓的破坏形态[20]

基于裂化抑制法的支护控制技术显著提升了围岩质量，抑制了裂隙发展。分析应用区域施工完成 6 个月后的钻孔摄像数据，将岩体结构变化程度、破碎区长度、破裂深度列于表 9.4.4。巷道左拱②处钻孔裂隙展布图如图 9.4.19 所示，其中虚线框选范围内为破碎区。可以看出，Ⅰ区域围岩裂隙高度发展，围岩质量低。Ⅲ区域围岩裂隙及破碎区受到一定程度的抑制，表明增加锚杆可减少围岩破裂程度。Ⅱ区域及时注浆后，围岩破裂区域得到很好的加固，进一步抑制了裂隙的发展。此外，表 9.4.4 表明裂化抑制控制技术显著降低了围岩破裂深度和程度，较好地提升了岩体质量指标。

表 9.4.4　施工完成 6 个月后巷道应用区域钻孔内裂隙发展对比[20]

段号	巷道左拱②			巷道右拱③		
	D/m	CDRMS	*L*/m	*D*/m	CDRMS	*L*/m
K0+140（Ⅰ区域）	3.20	0.21	0.27	3.10	0.22	0.11
K0+155（Ⅱ区域）	2.95	0.25	0.08	2.85	0.27	0.09
K0+170（Ⅲ区域）	2.91	0.21	0.13	2.95	0.21	0.14

注：*D* 为破裂深度，CDRMS 为岩体结构变化程度，*L* 为破碎区长度。

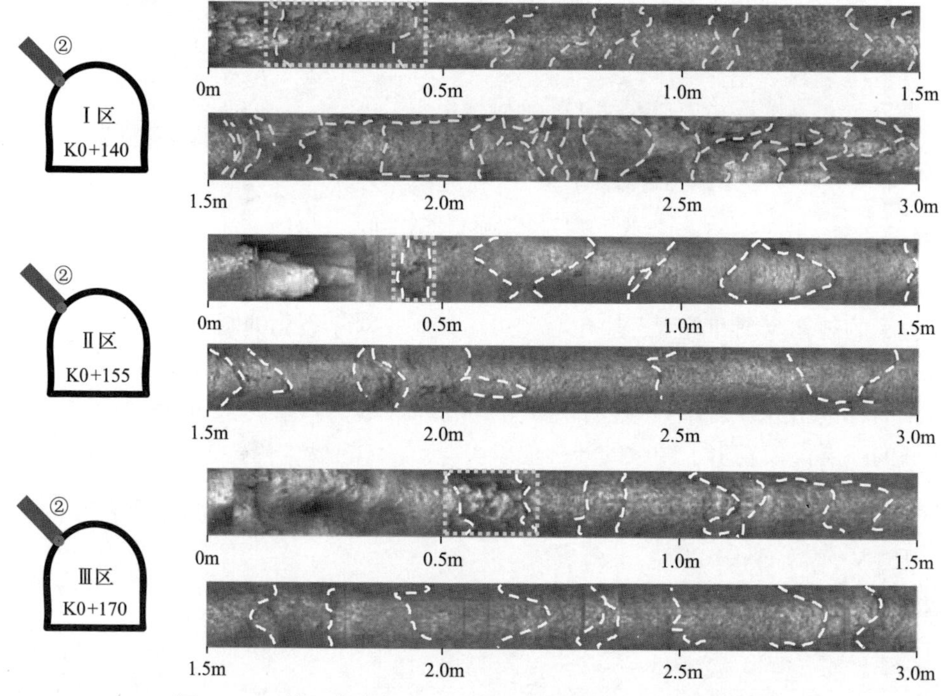

图 9.4.19　施工完成 6 个月后巷道左拱肩钻孔裂隙展布图[20]

基于裂化抑制法的应用区域巷道表面变形发展得到有效控制，最大可减少约 2/3 的收敛变形量。支护后 6 个月三段巷道应用区域表面位移对比如图 9.4.20 所示[20]。总体来说，应用区域变形量左边墙比右边墙要大一些，右边墙变形能较快收敛。Ⅱ区域两帮收敛变形量比Ⅰ区域减少 83.2mm，减少约 65.6%；Ⅲ区域两帮收敛变形量比Ⅰ区域减少约 40.7mm，减少约 32.1%。从第 6 个月的监测数据看，Ⅰ区域平均变形速率为 0.24mm/d，仍然存在较明显的时效变形，而对应的Ⅱ区域及Ⅲ区域平均变形速率分别为 0.05mm/d 和 0.09mm/d，基本处于稳定状态。

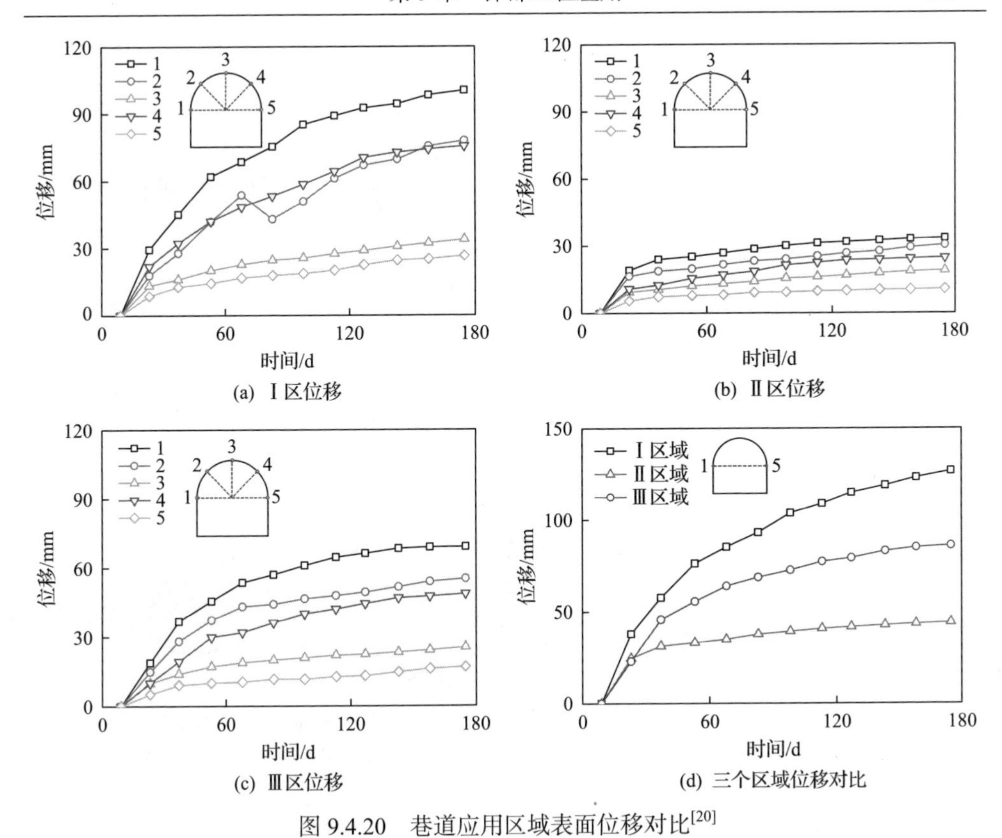

图 9.4.20　巷道应用区域表面位移对比[20]

该大变形巷道裂化抑制法应用长期观测结果如表 9.4.5 所示[19]。结果表明，使用基于裂化抑制法的大变形控制技术可持续抑制围岩破裂，延缓大变形的发展。应用该方法可减少返修次数，直接降低巷道运营成本，保障巷道运行不间断，增加采场持续生产效益。

表 9.4.5　某金属矿大变形巷道工程裂化抑制法应用长期观测结果[19]

施工后	对照区域(Ⅰ区域)	裂化抑制法(Ⅱ区域)	裂化抑制法(Ⅲ区域)
6 个月			
描述	巷道两帮收敛变形为 90～120mm，边墙大范围开裂及喷层离层严重，顶拱两侧有喷层冒落。常规砂浆锚杆破断变形为 40～50mm，判断支护层内锚杆已失效	巷道两帮收敛变形为 30～40mm，顶拱左侧有轻微开裂现象	巷道两帮收敛变形为 60～80mm，顶拱左侧有轻微开裂现象

续表

施工后	对照区域（Ⅰ区域）	裂化抑制法（Ⅱ区域）	裂化抑制法（Ⅲ区域）
8 个月	 返修前　返修后		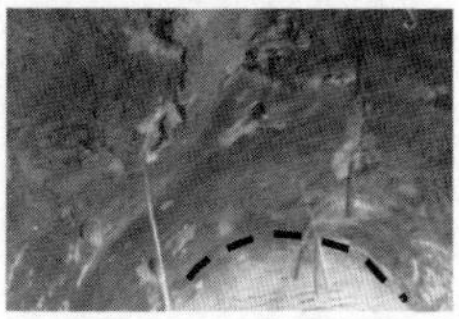
描述	8 个月后两帮收敛变形达到 200mm，出现较大范围的喷层冒落，威胁通行安全，因此进行了第一次返修工作，重新进行一层喷锚网并进行注浆作业，此时的收敛变形重新归零。注浆后观察边墙及顶拱又出现轻微开裂	巷道两帮收敛变形为 30～50mm，顶拱较大范围有开裂现象，喷层轻微鼓起	巷道两帮收敛变形为 60～90mm，顶拱较大范围开裂，喷层轻微鼓起。撬毛作业时清除了部分喷层块体
14 个月	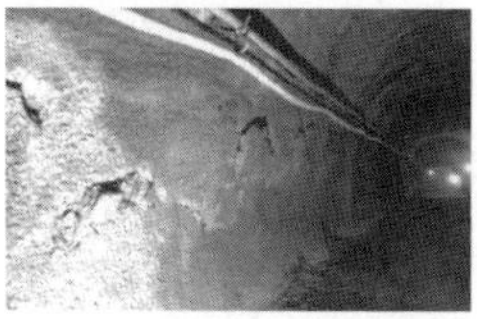	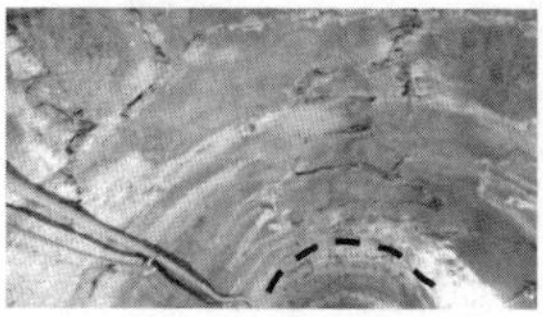	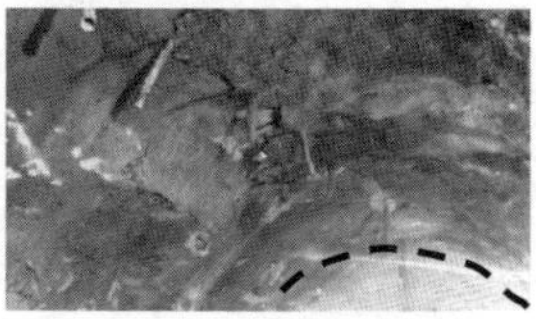
描述	巷道两帮收敛变形重新达到 80～90mm，破坏主要以左边墙喷层破坏为主。由于 6 个月时就监测到围岩开裂深度超过 3m，远超出返修后常规锚杆长度和注浆深度。支护对较深处的开裂已失去控制，巷道变形才得以持续发展	巷道两帮收敛变形为 70～80mm，顶拱较大范围出现开裂现象，但支护层未发生严重离层现象。边墙该变形量未超出锚杆变形设计值 200mm，支护层仍能紧密防护围岩	巷道两帮收敛变形为 80～100mm，顶拱较大范围出现开裂及起鼓现象。除撬毛作业时少量掉块外，未出现大规模喷层冒落现象。该变形量未超出锚杆设计抵抗变形值 200mm，支护层仍能正常工作抵抗变形
22 个月	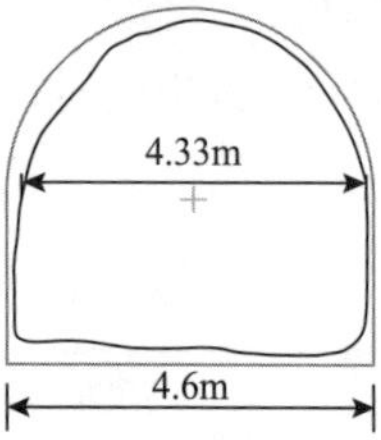 4.33m 4.6m	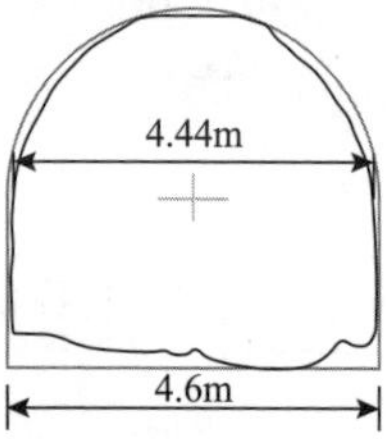 4.44m 4.6m	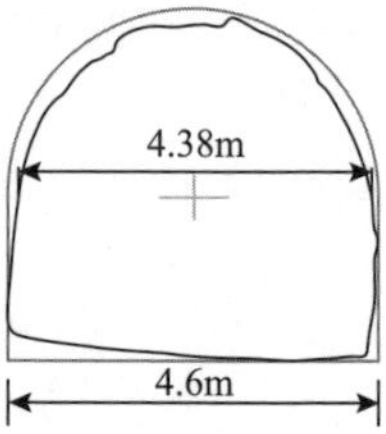 4.38m 4.6m
描述	表面平整，在此之前已完成第二次返修，返修主要以清理毛石、复喷混凝土为主	巷道两帮收敛变形达到 150～160mm，半圆拱两侧出现挤压现象。但一侧边墙变形量未超出锚杆抵抗变形设计值 200mm，支护仍可防护围岩	巷道两帮收敛变形达到 200～220mm，左拱肩较大范围出现挤压现象。但一侧边墙变形量未超出锚杆抵抗变形设计值 200mm，支护仍可防护围岩

9.5　双江口水电站地下厂房围岩破裂预测与控制

双江口水电站地下厂房是深埋高边墙大跨度洞室。该洞室在分层分部开挖过程中伴有深层破裂和片帮剥落的风险。通过系列真三轴试验，揭示了围岩从浅表到深部变形破裂的特征和规律，以及分层分部开挖下的围岩卸荷破裂过程。利用深部工程硬岩力学理论和三维数值分析方法，揭示了地下厂房施工过程中围岩内部应力调整的分层分部开挖效应，科学预测了地下厂房上游侧拱肩深层破裂及下游侧岩台片帮剥落的风险。采用裂化抑制法有效解决了地下厂房上游侧拱肩围岩破裂和下游侧保护层片帮问题，确保了地下厂房施工过程中的质量和安全。

9.5.1　工程概况

1. 工程背景

双江口水电站位于四川省阿坝州马尔康境内，是大渡河流域水电梯级开发的关键性工程之一[21]。双江口水电站地下厂房布置在深切 V 形河谷的左岸(见图 9.5.1)，装有 4 台水轮发电机，每台发电机装机容量为 500MW[22]。地下厂房水平埋深 400～640m，垂直埋深 320～500m，洞室轴向为 N10°W。含副厂房与安装间在内的地下厂房总长 217.5m，顶拱跨度宽 28.3m，岩锚梁以下跨度宽 25.3m，最大开挖高度 68.3m。

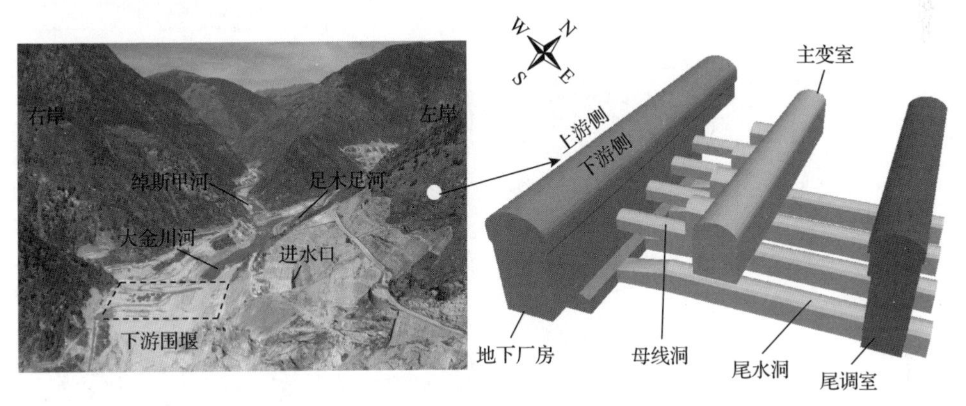

图 9.5.1　双江口水电站地下厂房布置图[22]

2. 地质特征

双江口水电站地下厂房围岩岩性单一，由燕山期似斑状黑云钾长花岗岩组成，岩体坚硬完整，呈整体状、块状分布。围岩类别以Ⅲ$_a$类为主，局部不良地质构造影响区为Ⅳ类围岩，成洞条件总体较好。三大洞室主要不良地质构造为煌斑岩脉与 f1 小断层，如图 9.5.2 所示。煌斑岩脉产状为 N50°～60°W/SW∠70°～75°，宽 0.5～1m，带内物质挤压紧密，两侧接触界面错动蚀变成 3～5cm 的糜棱岩、片状岩带，少量煌斑岩强度低，手可掰开，煌斑岩之间普遍见蚀变现象。煌斑岩脉在副厂房揭露，且两侧岩体较完整、新鲜，对地下厂房的稳定性不构成威胁。f1 小断层产状为 N65°～80°W/SW∠75°，破碎带宽 1～3cm。

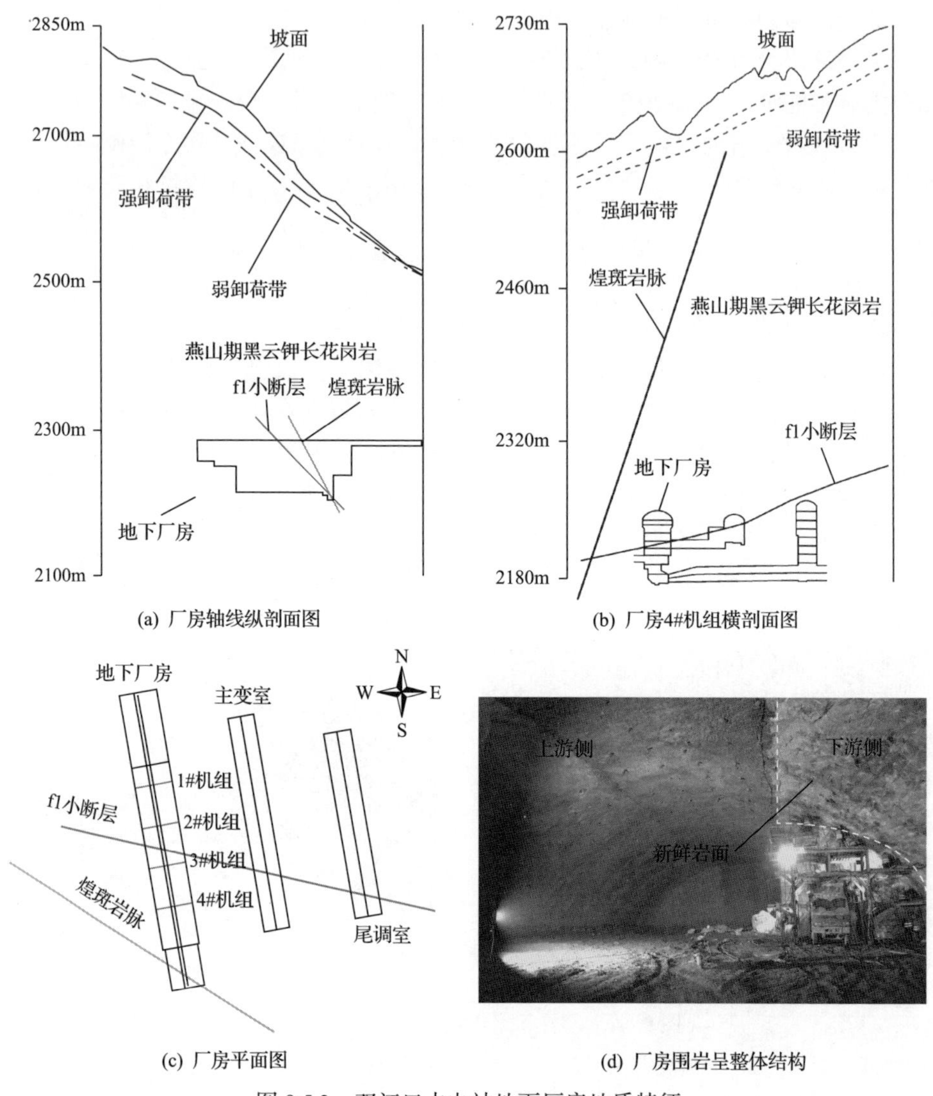

(a) 厂房轴线纵剖面图

(b) 厂房4#机组横剖面图

(c) 厂房平面图

(d) 厂房围岩呈整体结构

图 9.5.2 双江口水电站地下厂房地质特征

3. 地应力特征

双江口水电站处于新生代以来强烈活动的青藏高原东缘，由于印度板块向北运动，川青活动块体向南东东方向逸出，形成多条区域断裂，其中场区所属的鲜水河断裂为大倾角左旋走滑断层，故其构造应力决定了场区水平构造应力方向，为 NNW。在场区附近共开展了 8 次地应力测试，测点布置如图 9.5.3 所示[23]，表 9.5.1 为地应力实测结果[23]。场区实测地应力场具有以下特征：

(1) 地应力量值高，主应力差大，最大主应力达 37.8MPa，中间主应力为 18～20MPa，最小主应力为 8～10MPa。

(2) 实测最大主应力方位主要集中在 330°附近，倾角约 30°，与厂房轴线小角度相交，夹角约 20°。

(3) 实测中间主应力方位主要集中在 60°附近，倾角约 30°，与厂房轴线大角度相交，夹角约 70°。

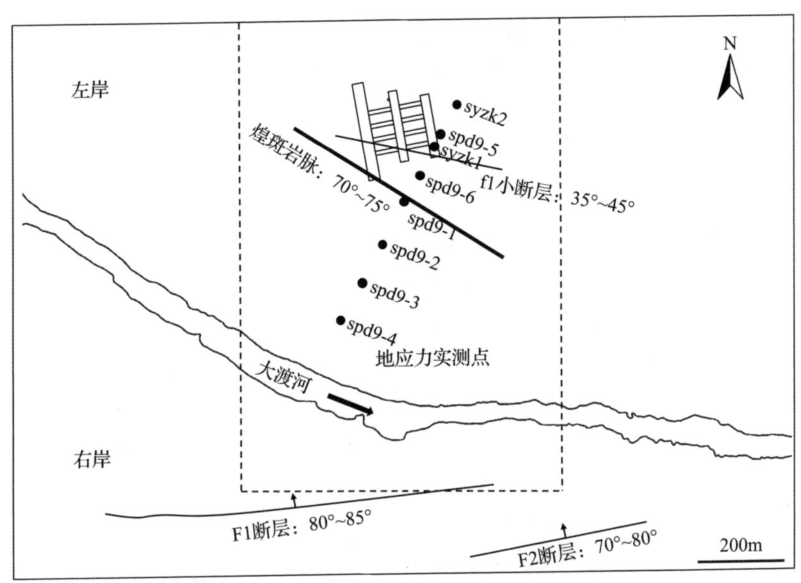

图 9.5.3　双江口水电站地应力测点布置图[23]

表 9.5.1　双江口水电站地应力实测结果[23]

测点编号	水平埋深/m	垂直埋深/m	最大主应力			中间主应力			最小主应力		
			量值/MPa	方位角/(°)	倾角/(°)	量值/MPa	方位角/(°)	倾角/(°)	量值/MPa	方位角/(°)	倾角/(°)
spd9-1	400	308	37.82	331.6	46.8	16.05	54.1	–7	8.21	137.7	42.3
spd9-2	301	238	19.21	323	–23.5	13.61	49.2	8.6	5.57	300.4	64.8
spd9-3	205	173	22.11	332	30.1	11.63	84	32.9	5.86	210.1	42.3
spd9-4	115	107	15.98	325.6	30.1	8.53	81.8	37.3	3.14	208.5	38.1
spd9-5	570	470	28.96	325	27.2	18.83	72.5	30.3	10.88	201.4	47
spd9-6	470	357	27.29	310.4	–3.5	18.27	36.8	45.6	8.49	223.8	44.2
syzk1	540	431	16.91	357	19	10.32	92	14	8.01	216	66
syzk2	640	549	24.56	349	18	20.37	92	35	10.52	237	49

4. *岩石力学性质*

双江口水电站地下厂房岩石常规物理力学参数如表 9.5.2 所示[21],试样分别采用地下厂房钻孔岩芯和开挖后的完整岩块加工而成。试验结果表明，地下厂房钻孔岩芯试样密度为 2.65～2.68g/cm^3，干抗压强度为 132～146MPa，杨氏模量为 38.8～42.5GPa，可见黑云钾长花岗岩强度高；地下厂房岩块试样密度为 2.63～2.71g/cm^3，干抗压强度为 59.9～116MPa，杨氏模量为 20～42.5GPa，岩块试样物理力学参数差异较大，其原因可能是岩体地应力高，岩石脆性指数高，爆破开挖下的块状岩石包含大量微裂隙，在此基础上加工出来的试样损伤程度差异较大。

表 9.5.2　双江口水电站地下厂房岩石常规物理力学参数[21]

岩性	岩石描述	密度/(g/cm^3)	杨氏模量/GPa	泊松比	干抗压强度/MPa	饱和抗压强度/MPa	干抗拉强度/MPa	饱和抗拉强度/MPa
黑云钾长花岗岩	钻孔岩芯	2.65～2.68	38.8～42.5	0.22～0.23	132～146	88～115	6.34～9.07	4.56～7.55
	岩块	2.63～2.71	20～42.5	0.22～0.29	59.9～116	40.4～93.6	6.13～11	4.28～9.94

5. 开挖支护方案

双江口水电站地下厂房开挖支护方案如图 9.5.4 所示[24]。地下厂房分 8 层开挖，Ⅰ层采用先中导洞开挖再两侧扩挖的方式开挖，Ⅱ～Ⅷ层采用先中部拉槽再两侧扩挖的方式开挖，2021 年 11 月已开挖至厂房Ⅳ层底板。厂房轮廓开挖成型后，铺设钢筋网，喷射 C25 混凝土使之形成 15cm 厚的喷层，然后施加普通砂浆锚杆、预应力锚杆和预应力锚索。普通砂浆采用ϕ32mm 的普通螺纹钢，长 7m；预应力锚杆采用ϕ36mm 的钢筋，施加 120kN 的预应力，长 9m；普通砂浆锚杆与预应力

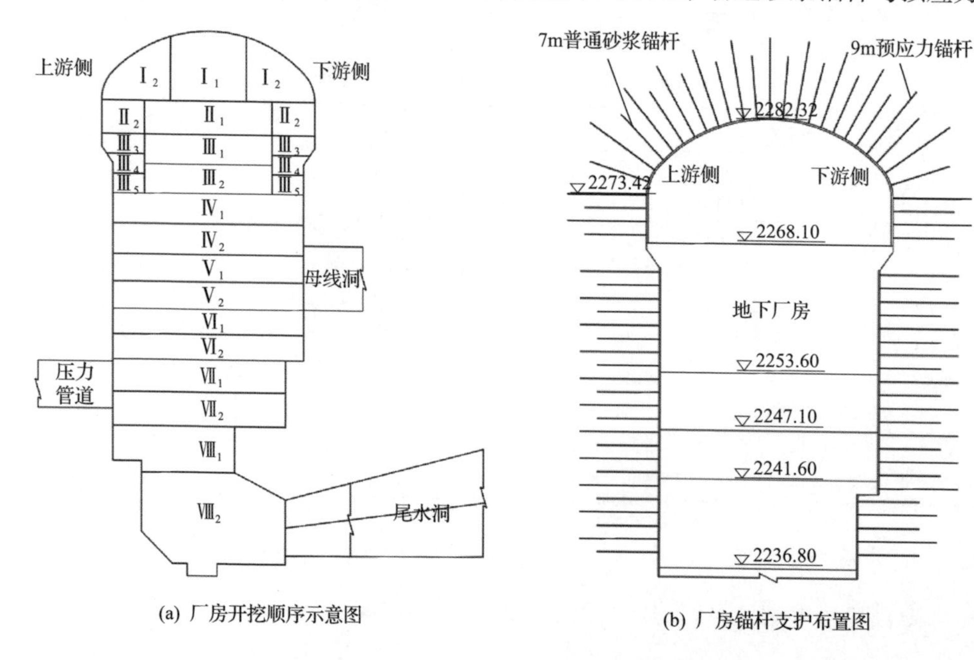

(a) 厂房开挖顺序示意图　　(b) 厂房锚杆支护布置图

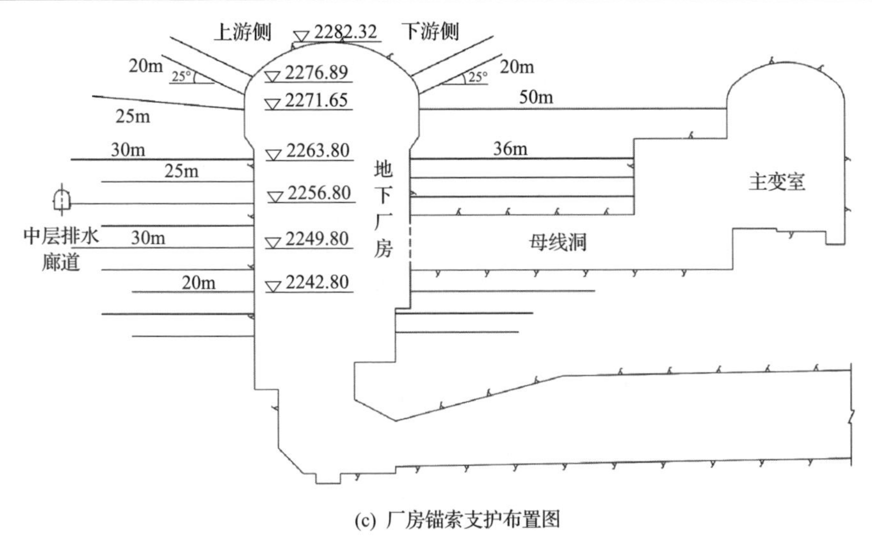

(c) 厂房锚索支护布置图

图 9.5.4　双江口水电站地下厂房开挖支护方案[24]

锚杆间排距 1.5m×1.5m 布置；预应力锚索长度随厂房部位变化而变化，长度在 20～50m 变化，地下厂房与主变室之间布设对穿锚索，锚索间排距为 3.5m。

6. 围岩变形破裂综合监测方案

厂房围岩变形破裂综合监测布置如图 9.5.5 所示[25]。为观测分层开挖下围岩内部破裂演化规律，在厂房上下游侧拱布设了编号为①～⑥的 6 个观测孔（见图 9.5.5(a)），通过钻孔摄像来观测围岩内部裂隙分布情况。在 2# 机组和 4# 机组附近分别布设 K0+025 和 K0+085 两个监测断面；在 f1 小断层附近和煌斑岩脉附近分别布设③号和①号钻孔。钻孔由上层排水廊道边墙延伸至厂房侧拱轮廓，上游侧钻孔深度约 30m，下游侧钻孔深度约 25m。此外，为长期监测厂房围岩内部

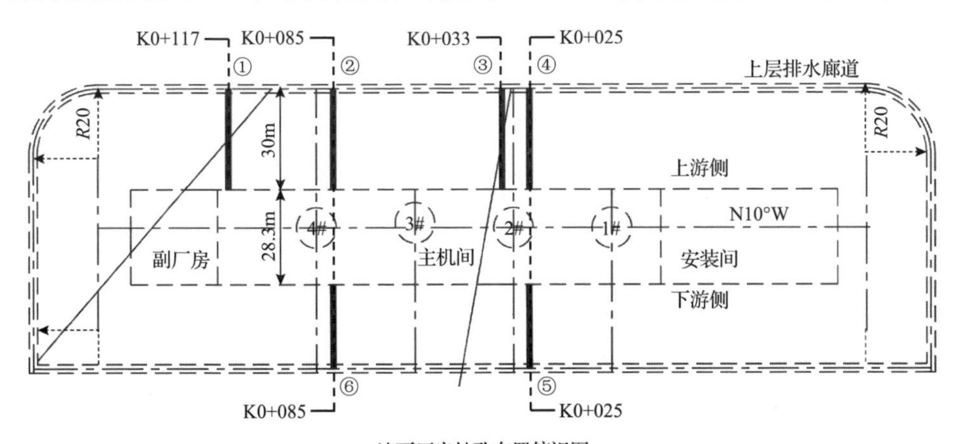

地下厂房钻孔布置俯视图

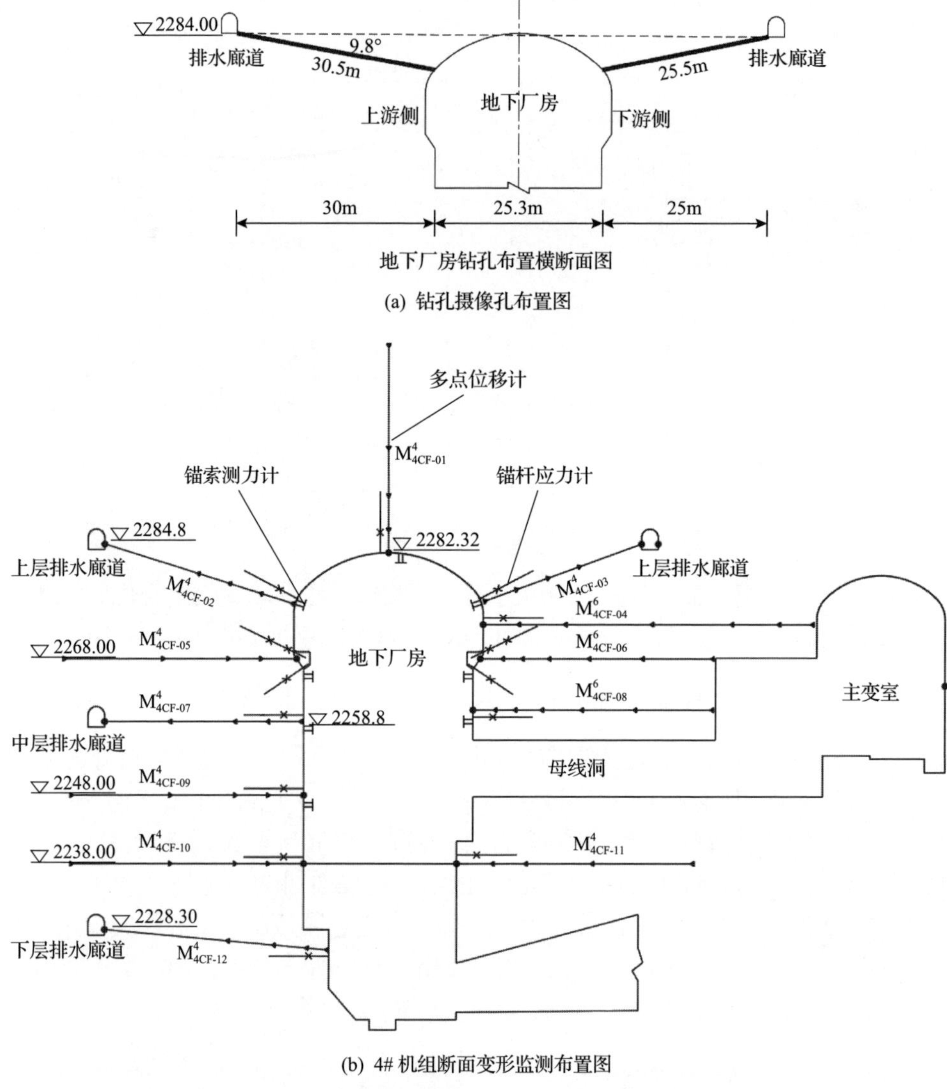

(a) 钻孔摄像孔布置图

(b) 4# 机组断面变形监测布置图

图 9.5.5　厂房围岩变形破裂综合监测布置图[25]

变形演化规律，在厂房四个机组断面均布设了多点位移计、锚杆应力计和锚索测力计，详细布置图如 9.5.5(b)所示[25]。

9.5.2　地下厂房围岩破裂预测

1. 真三轴压缩下双江口花岗岩基本力学特性

为研究真三轴压缩下双江口花岗岩的基本力学性质，将地下厂房 4# 机组断面的钻孔岩芯加工成标准试样后，采用第 4 章的高压真三轴硬岩全应力-应变过程试验装置和方法，在实验室开展了一系列真三轴压缩试验，获得了双江口花岗岩的脆性、强度和破裂特性，其中典型的应力-应变曲线如图 9.5.6 所示。

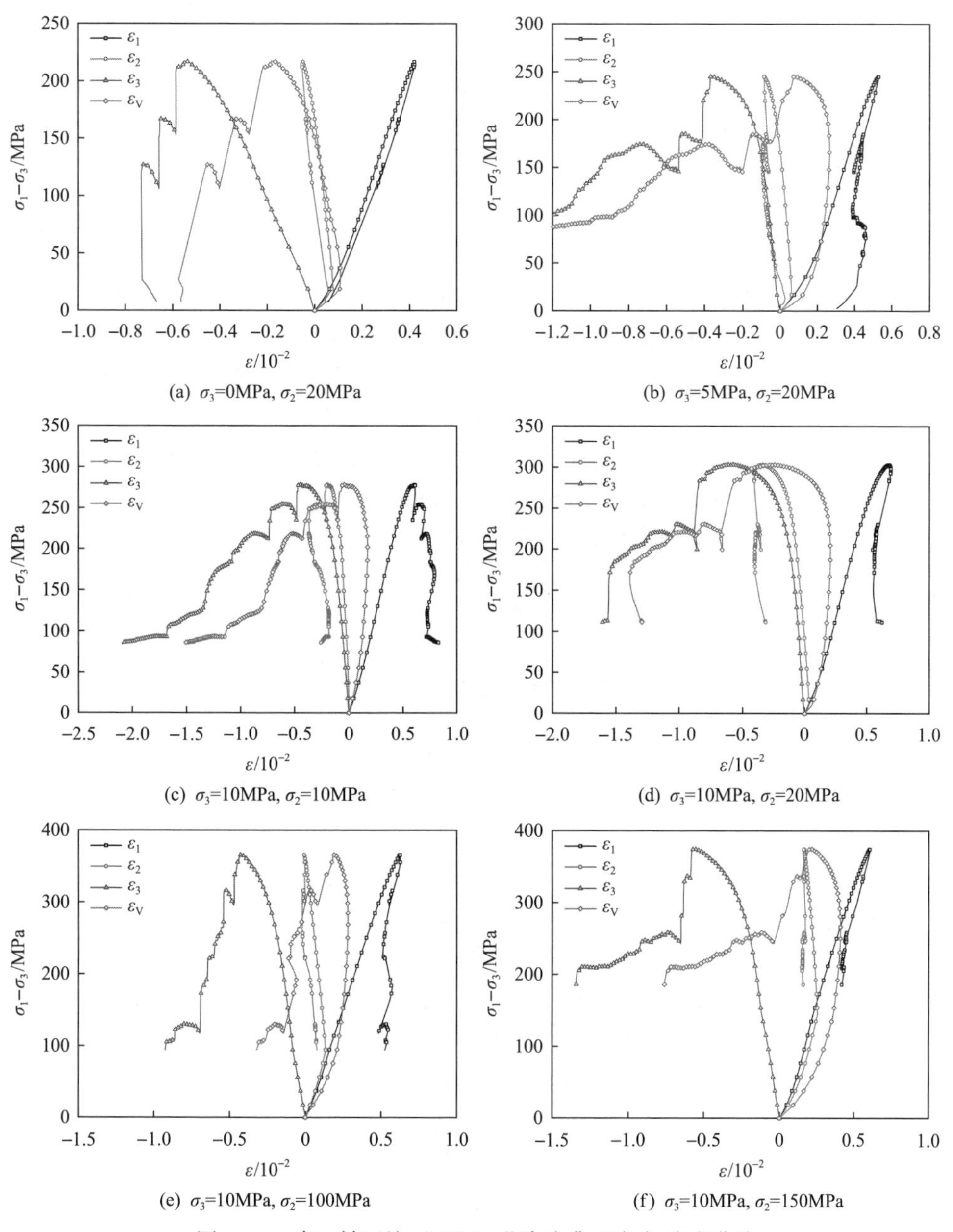

(a) σ_3=0MPa, σ_2=20MPa　(b) σ_3=5MPa, σ_2=20MPa

(c) σ_3=10MPa, σ_2=10MPa　(d) σ_3=10MPa, σ_2=20MPa

(e) σ_3=10MPa, σ_2=100MPa　(f) σ_3=10MPa, σ_2=150MPa

图 9.5.6　真三轴压缩下双江口花岗岩典型应力-应变曲线

1) 脆性显著

从图 9.5.6 可以看出，双江口花岗岩脆性特征显著，应力-应变曲线中没有出现延性破坏特征。如图 9.5.6(a)、(b)、(d)所示，随着最小主应力的增加，岩石脆性逐渐降低，当 σ_3=0MPa 时，应力达到岩石的峰值强度，岩石瞬间发生破坏，应力-应变曲线无残余段；如图 9.5.6(c)、(d)、(e)、(f)所示，随着中间主应力的增加，应力差增大，岩石应力-应变曲线由Ⅰ类曲线向Ⅱ类曲线转化，脆性增强，中间主应力方向的变形 ε_2 受到限制，当中间主应力接近最大主应力时，中间主应力方向的变形 ε_2 几乎为零，三个主应力方向变形表现出明显的应力诱导变形各向异性特征。在施工过程中为降低岩体的脆性，应及时支护使 σ_3 增大或者进一步采取相关措施减小主应力差。

2)峰值强度受应力影响显著

不同应力水平下双江口花岗岩的峰值强度见图 6.1.4。当中间主应力不变时，随着 σ_3 的增加，峰值强度显著增加；单轴情况下峰值强度可达 180MPa，当 σ_3=10MPa时,峰值强度为310MPa;σ_3方向仅10MPa的增幅引起强度增加130MPa,说明双江口花岗岩对 σ_3 极为敏感。当最小主应力不变时,随着中间主应力的增加,峰值强度先增大后减小；当 σ_3 保持为 10MPa，σ_2 为 10MPa、200MPa 和 250MPa 时，峰值强度分别为 310MPa、420MPa 和 380MPa，说明双江口花岗岩具有明显的中间主应力效应。根据图 6.1.4(i)双江口花岗岩的真三轴压缩峰值强度数据，可获得双江口花岗岩 3DHRFC 破坏准则力学参数(黏聚力 c、内摩擦角 φ、材料参数 s 和 t)，如表 9.5.3 所示。

表 9.5.3　双江口花岗岩 3DHRFC 破坏准则力学参数

岩石种类	c/MPa	φ/(°)	s	t
黑云钾长花岗岩	30	55.1	0.95	0.9

3)破坏模式受最小主应力影响明显

典型的双江口花岗岩试样破坏特征如图 9.5.7 所示。随着最小主应力的增加，宏观裂纹倾角逐渐变缓，次级小裂纹数量逐渐减少。当 σ_3=0MPa 时，发育的宏观裂纹近似垂直，呈明显的劈裂破坏，两个近似竖直向裂纹萌生后，通过剪切裂纹发生贯通，最终导致试样完全破坏；当 σ_3=5MPa 时，宏观裂纹倾角略微变缓，破坏模式由拉破坏转为拉剪破坏，但仍以拉破坏为主；当 σ_3=10MPa 时，仅发育一条宏观拉剪裂隙，破坏模式转为以剪破坏为主。由此可见，σ_3 对双江口花岗岩破坏模式影响明显，在低 σ_3 下极易发生劈裂破坏，在施工过程中应及时支护以补偿开挖卸荷造成的 σ_3 损失。

2. 数值计算三维网格模型

地下厂房数值计算的三维地应力场反演地质模型如图 9.5.8(a)所示，单元总数 2191418 个，节点总数 532778 个。数值计算中的开挖顺序及支护布置方案按照设计的开挖支护方案进行，具体的地下厂房分层开挖网格模型如图 9.5.8(b)所示，地下厂房支护计算模型如图 9.5.8(c)所示。根据室内岩石力学试验、现场监测变形

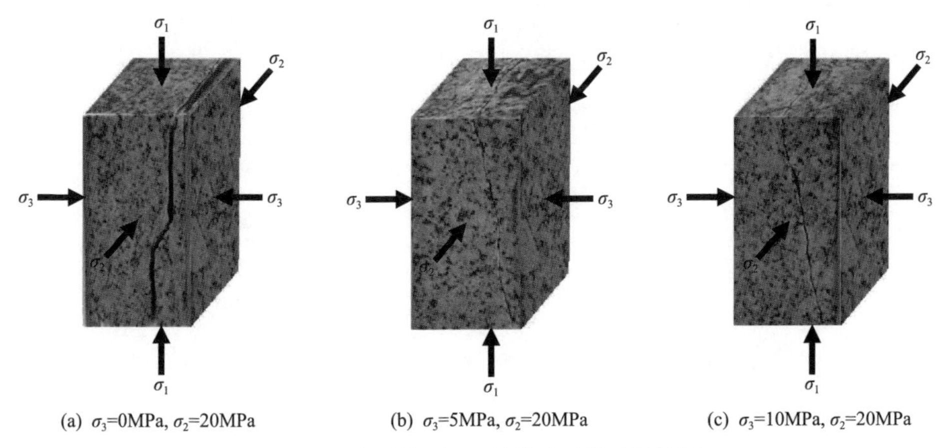

(a) σ_3=0MPa, σ_2=20MPa　(b) σ_3=5MPa, σ_2=20MPa　(c) σ_3=10MPa, σ_2=20MPa

图 9.5.7　典型的双江口花岗岩试样破坏特征

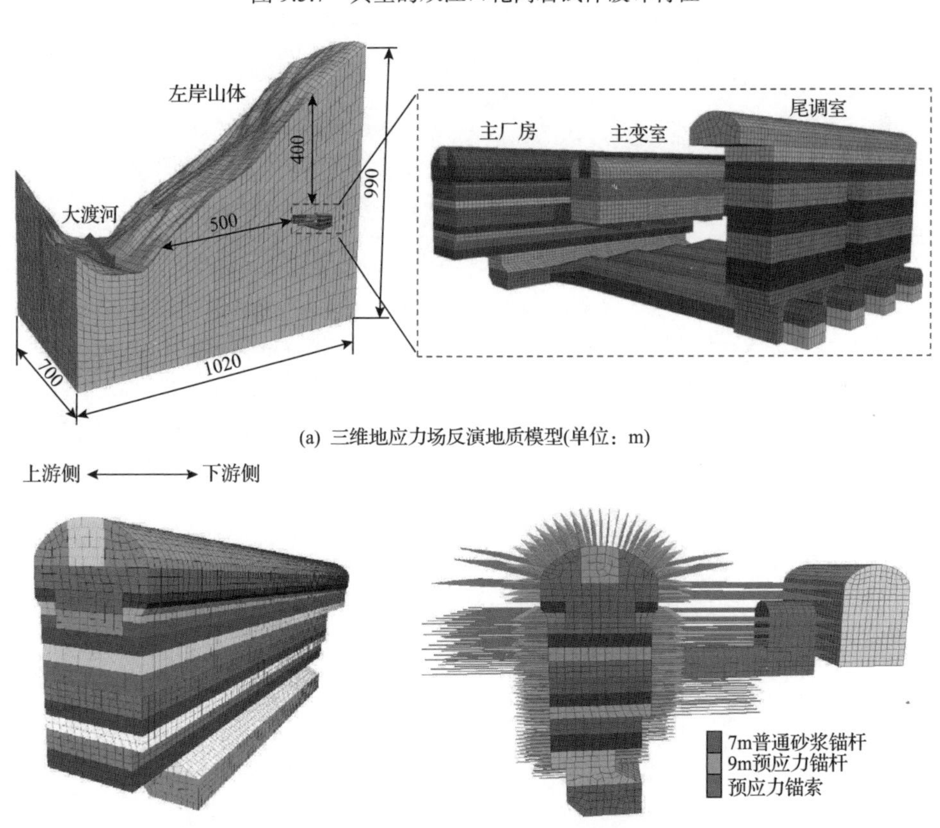

(a) 三维地应力场反演地质模型(单位：m)

(b) 地下厂房分层开挖网格模型　(c) 地下厂房支护计算模型

图 9.5.8　地下厂房数值计算网格模型(见彩图)

破坏情况及工程经验类比设定的数值计算初始输入的地下厂房围岩力学参数如表 9.5.4 所示，然后采用 6.6 节深部工程硬岩力学参数三维智能反演方法得到计算采用的岩体力学参数。为了更好地反映现场岩体的开挖力学响应，需要在实测地应力基础上通过三维地应力场反演得出数值模型的应力边界条件。

表 9.5.4　数值计算初始输入的地下厂房围岩力学参数

参数	参数值
密度/(kg/m^3)	2700
杨氏模量/GPa	42
泊松比	0.25
初始黏聚力/MPa	12
残余黏聚力/MPa	5
初始内摩擦角/(°)	32
残余内摩擦角/(°)	45
剪胀角/(°)	12
抗拉强度/MPa	3.5
s	0.95
t	0.9

3. 三维地应力场反演

基于地应力实测成果(见表 9.5.1)，对双江口水电站左岸山体开展考虑构造活动历史的三维地应力场反演，三维地应力场反演地质模型如图 9.5.8(a)所示。根据多元线性回归计算原理，提取 8 个测点在各个工况下的应力分量，利用下面公式求得 7 个回归系数分别为 a_1=1.24, a_2=0.23, a_3=0.72, a_4=0.92, a_5=−0.35, a_6=2.22, a_7=−0.2[23]。

$$\boldsymbol{\sigma}_{\text{回归}}=\begin{bmatrix} a_1 & a_2 & a_3 & a_4 & a_5 & a_6 & a_7 \end{bmatrix}\begin{bmatrix} u_g \\ u_x \\ u_y \\ u_{xy} \\ u_{yx} \\ u_{yz} \\ u_{xz} \end{bmatrix}+e$$

式中，u_x、u_y、u_{xy}、u_{yx}、u_{yz}、u_{xz}为 6 种不同构造压缩或剪切作用下山体模型产生单位位移时的应力值；u_g 为自重应力场；e 为误差。

将回归地应力场加载至模型，各测点线性回归拟合应力分量与现场实测应力对比见表 9.5.5，大部分测点实测地应力与反演地应力相近，拟合较好。

表 9.5.5 各测点线性回归拟合应力分量与现场实测应力分量对比[23]

测点编号	类别	σ_x /MPa	σ_y /MPa	σ_z /MPa	τ_{xy} /MPa	τ_{yz} /MPa	τ_{xz} /MPa
spd9-4	实测值	−9.93	−10.24	−8.38	3.97	−0.61	4.99
	计算值	−10.53	−10.64	−9.51	3.48	1.10	2.71
spd9-3	实测值	−15.33	−11.37	−11.70	4.65	−0.69	6.48
	计算值	−16.80	−16.82	−14.49	4.50	0.22	3.35
spd9-2	实测值	−16.33	−13.43	−7.85	1.72	3.94	−3.24
	计算值	−18.80	−18.75	−15.23	5.05	5.57	6.12
spd9-6	实测值	−19.40	−18.42	−13.56	6.92	3.91	3.14
	计算值	−20.13	−20.08	−15.36	4.75	5.81	6.24
spd9-5	实测值	−20.93	−20.15	−16.56	5.03	−0.90	7.06
	计算值	−20.27	−20.28	−15.16	4.63	4.87	5.96
syzk2	实测值	−22.67	−15.76	−14.89	2.61	3.88	3.96
	计算值	−18.60	−18.42	−14.43	3.99	3.99	5.66

三维地应力场反演结果如图 9.5.9 所示。地下厂房区地应力场具有以下特征：①地应力量值高，最大主应力达 30MPa；②在地下厂房横断面上，由上到下初始最大主应力逐渐增加；③在地下厂房纵断面上，从副厂房到安装间，初始最大主应力逐渐增加；④构造应力显著，最大主应力近似呈 NW 向，与厂房轴线小角度相交，夹角为 0～30°，中间主应力则与厂房轴线大角度相交，夹角为 60～80°。

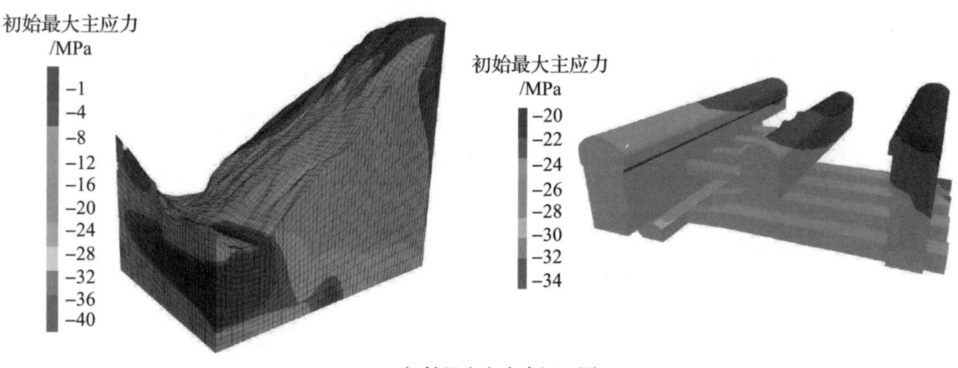

(a) 初始最大主应力场云图

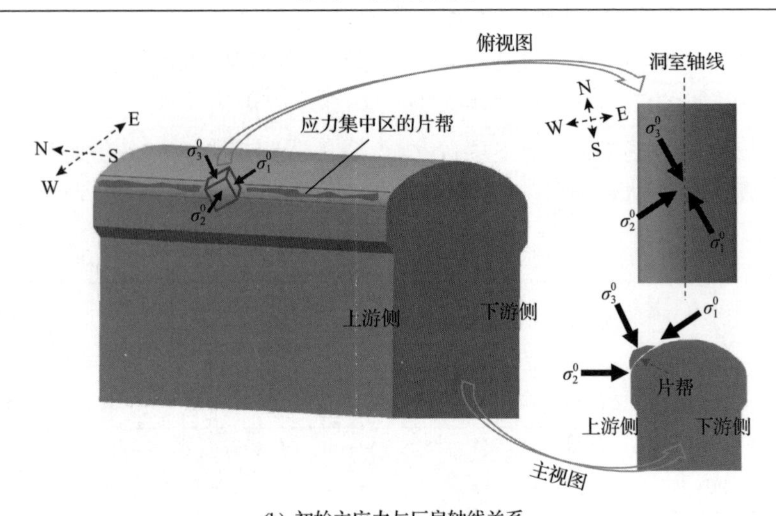

(b) 初始主应力与厂房轴线关系

图 9.5.9　三维地应力场反演结果

4. 地下厂房围岩力学参数反演

在地下厂房Ⅰ层开挖完成后，为了更好地预测后续开挖后岩体的力学行为，采用 6.6 节深部工程硬岩力学参数三维智能反演方法开展地下厂房围岩力学参数反演，数值计算采用硬岩应力诱导各向异性脆延破坏力学模型。

1)岩体力学参数反演的实测数据选取

选取 4# 机组断面附近的顶拱、上游侧拱肩、下游侧拱肩的变形监测数据和围岩损伤区深度测试数据。用于围岩力学参数反演的地下厂房 4#机组断面附近的围岩多点位移计和声波测试钻孔布置图如图 9.5.10 所示，实测数据如表 9.5.6 所示。

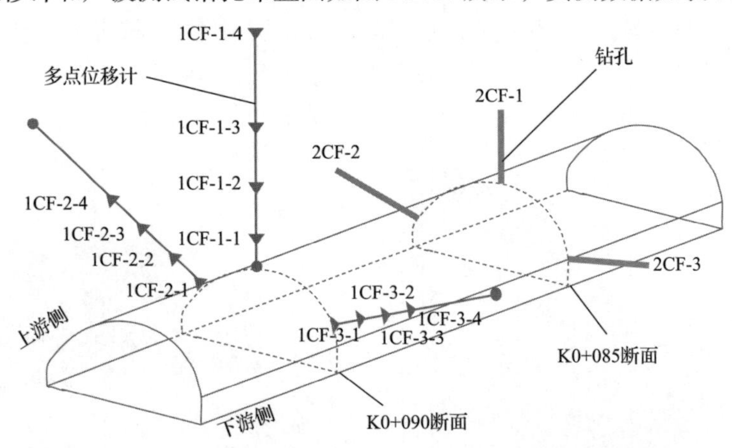

图 9.5.10　用于围岩力学参数反演的地下厂房 4# 机组断面附近的围岩多点位移计和声波测试钻孔布置图

1CF-1、1CF-2、1CF-3 分别对应图 9.5.5(b)中的 M_{4CF-01}^{4}、M_{4CF-02}^{4}、M_{4CF-03}^{4}

表 9.5.6　选取用于岩体力学参数反演的实测数据

监测断面		数据类型	量值	位置
K0+090	1CF-1-1	围岩内部变形量/mm	3.356	顶拱(3m 深度)
	1CF-1-2		2.737	顶拱(8m 深度)
	1CF-1-3		1.932	顶拱(15m 深度)
	1CF-1-4		0.841	顶拱(30m 深度)
	1CF-2-1		1.995	上游侧拱肩(1m 深度)
	1CF-2-2		1.491	上游侧拱肩(6m 深度)
	1CF-2-3		1.468	上游侧拱肩(11m 深度)
	1CF-2-4		1.186	上游侧拱肩(16m 深度)
	1CF-3-1		1.818	下游侧拱肩(1m 深度)
	1CF-3-2		1.692	下游侧拱肩(6m 深度)
	1CF-3-3		1.658	下游侧拱肩(11m 深度)
	1CF-3-4		0.944	下游侧拱肩(16m 深度)
K0+085	2CF-1	岩体损伤区深度/m	0.7	顶拱
	2CF-2		0.8	上游侧拱肩
	2CF-3		0.6	下游侧拱肩

2)单参数敏感性分析

待反分析的参数需对位移或者破裂信息有一定的敏感度，同时，参数过多不可避免地会导致反分析结果的唯一性变差，因此为了提高结果的稳定性，仅对岩体的关键参数(杨氏模量 E、泊松比 μ、黏聚力 c、内摩擦角 φ、抗拉强度 σ_t)进行单参数敏感度分析，3DHRFC 破坏准则参数 s 和 t 是与材料相关的常量，数值计算中分别取 0.95 和 0.9。

单参数敏感性分析结果如图 9.5.11 所示。岩体的杨氏模量对位移的影响最为

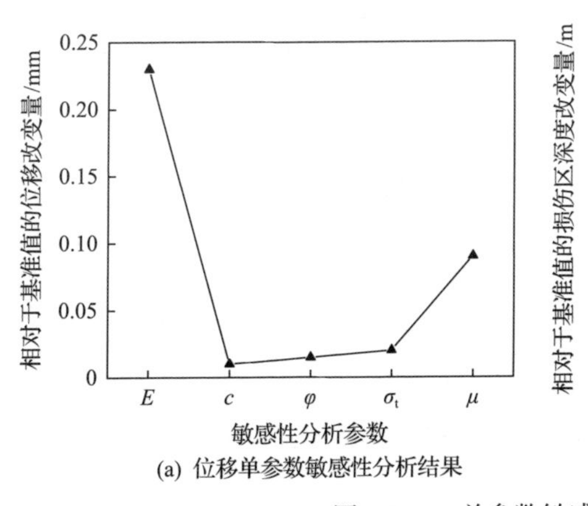

(a) 位移单参数敏感性分析结果

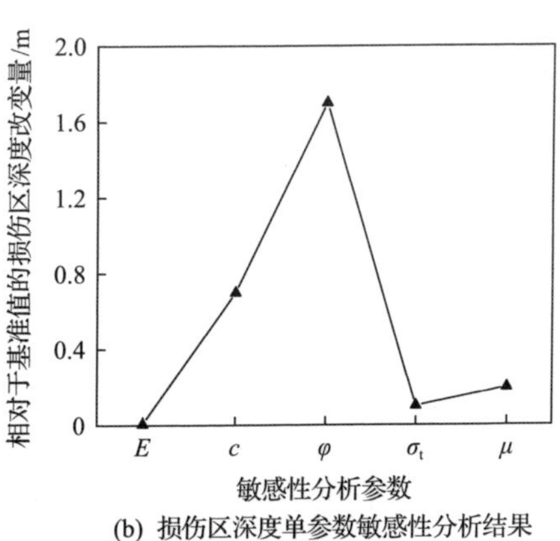

(b) 损伤区深度单参数敏感性分析结果

图 9.5.11　单参数敏感性分析结果

显著，泊松比对岩体变形的影响仅次于杨氏模量，黏聚力和内摩擦角对位移的影响很小；内摩擦角和黏聚力对岩体损伤区深度的影响最大，杨氏模量和泊松比对岩体损伤区深度的影响很小；抗拉强度对岩体变形和损伤区深度的影响均较小。

3)神经网络学习样本构建

在参数敏感性分析的基础上，选取黑云钾长花岗岩的杨氏模量 E、黏聚力 c、内摩擦角 φ 作为待反演的岩体力学参数。根据地下厂房区域实测资料及室内真三轴岩石力学试验确定各参数取值范围，杨氏模量为 34～46GPa、黏聚力为 13～21MPa、内摩擦角为 32°～40°。待反演参数在上述取值范围内取 5 个水平，各参数水平如表 9.5.7 所示；进而采用正交设计方法，采用 L_{25}(5 水平 6 因素)正交试验表设计试验方案，共 25 组试验(见表 9.5.8)，得到的围岩内部位移和损伤区深度计算结果分别如表 9.5.9 和表 9.5.10 所示。

表 9.5.7　参数水平表

水平	待反演参数		
	E/GPa	c/MPa	φ/(°)
1	34	13	32
2	37	15	34
3	40	17	36
4	43	19	38
5	46	21	40

表 9.5.8　正交试验方案参数组合

方案编号	待反演参数			方案编号	待反演参数		
	E/GPa	c/MPa	φ/(°)		E/GPa	c/MPa	φ/(°)
1	34	13	32	14	40	17	40
2	34	15	34	15	40	21	34
3	34	17	36	16	43	13	38
4	34	19	38	17	43	15	40
5	34	21	40	18	43	17	32
6	37	13	34	19	43	19	34
7	37	15	36	20	43	21	36
8	37	17	38	21	46	13	40
9	37	19	40	22	46	15	32
10	37	21	32	23	46	17	34
11	40	13	36	24	46	19	36
12	40	15	38	25	46	21	38
13	40	17	40				

表 9.5.9 围岩内部位移计算结果

方案编号	测点编号	1CF-1/mm	1CF-2/mm	1CF-3/mm	方案编号	测点编号	1CF-1/mm	1CF-2/mm	1CF-3/mm
1	1	3.983	1.621	2.145	11	1	3.344	1.689	1.966
	2	3.257	1.507	1.939		2	2.742	1.524	1.730
	3	2.275	1.413	1.748		3	1.866	1.387	1.550
	4	1.219	1.180	1.429		4	1.044	1.091	1.244
2	1	3.899	1.538	2.140	12	1	3.275	1.231	1.560
	2	3.127	1.405	1.917		2	2.708	1.144	1.380
	3	2.168	1.292	1.702		3	1.854	1.060	1.243
	4	1.195	1.072	1.445		4	1.033	0.860	1.021
3	1	3.880	1.622	2.074	13	1	3.270	1.322	1.606
	2	3.150	1.471	1.847		2	2.711	1.217	1.418
	3	2.180	1.345	1.637		3	1.860	1.121	1.272
	4	1.198	1.096	1.361		4	1.034	0.902	1.036
4	1	3.854	1.794	2.069	14	1	3.281	1.425	1.703
	2	3.195	1.624	1.818		2	2.719	1.300	1.499
	3	2.194	1.479	1.622		3	1.863	1.191	1.343
	4	1.221	1.172	1.305		4	1.038	0.949	1.088
5	1	3.831	1.933	2.218	15	1	3.275	1.525	1.760
	2	3.165	1.739	1.962		2	2.716	1.380	1.547
	3	2.223	1.582	1.734		3	1.865	1.258	1.380
	4	1.172	1.274	1.385		4	1.038	0.997	1.111
6	1	3.679	1.650	2.037	16	1	3.121	1.273	1.602
	2	2.981	1.513	1.806		2	2.545	1.174	1.418
	3	2.022	1.393	1.630		3	1.730	1.084	1.280
	4	1.131	1.115	1.326		4	0.967	0.870	1.043
7	1	3.567	1.663	1.946	17	1	3.052	1.326	1.579
	2	2.946	1.506	1.710		2	2.529	1.210	1.390
	3	2.016	1.374	1.529		3	1.733	1.109	1.245
	4	1.125	1.085	1.233		4	0.965	0.883	1.008
8	1	3.538	1.762	1.988	18	1	3.063	1.428	1.666
	2	2.934	1.583	1.743		2	2.532	1.293	1.465
	3	2.016	1.436	1.552		3	1.736	1.179	1.309
	4	1.122	1.129	1.241		4	0.968	0.934	1.055
9	1	3.525	1.323	1.653	19	1	3.044	1.516	1.712
	2	2.921	1.230	1.462		2	2.525	1.362	1.501
	3	2.004	1.140	1.315		3	1.735	1.235	1.336
	4	1.114	0.926	1.079		4	0.966	0.972	1.069
10	1	3.534	1.428	1.740	20	1	3.033	1.139	1.423
	2	2.930	1.314	1.536		2	2.513	1.059	1.258
	3	2.010	1.210	1.378		3	1.724	0.981	1.132
	4	1.118	0.975	1.123		4	0.958	0.797	0.928

续表

方案编号	测点编号	1CF-1/mm	1CF-2/mm	1CF-3/mm	方案编号	测点编号	1CF-1/mm	1CF-2/mm	1CF-3/mm
21	1	2.900	1.343	1.573	24	1	2.843	1.149	1.398
	2	2.375	1.217	1.382		2	2.357	1.058	1.233
	3	1.623	1.110	1.237		3	1.617	0.974	1.107
	4	0.907	0.877	0.996		4	0.899	0.785	0.902
22	1	2.902	1.451	1.677	25	1	2.847	1.236	1.460
	2	2.376	1.306	1.472		2	2.360	1.128	1.285
	3	1.624	1.188	1.316		3	1.620	1.033	1.150
	4	0.908	0.934	1.056		4	0.901	0.825	0.931
23	1	2.852	1.069	1.356					
	2	2.355	0.994	1.200					
	3	1.612	0.921	1.081					
	4	0.898	0.747	0.888					

表 9.5.10　围岩损伤区深度计算结果

方案编号	2CF-1/m	2CF-2/m	2CF-3/m
1	5.700	3.349	3.349
2	3.000	2.194	2.425
3	1.600	1.617	2.078
4	0.700	1.270	1.617
5	0.500	0.808	0.900
6	4.500	2.887	3.118
7	2.900	2.078	2.425
8	1.300	1.732	1.963
9	0.600	1.270	1.617
10	1.500	1.848	2.078
11	3.800	2.540	2.656
12	2.700	2.078	2.425
13	1.100	1.617	1.848
14	2.300	1.963	2.309
15	1.200	1.617	1.848
16	3.000	2.309	2.540
17	1.500	1.732	2.078
18	3.000	2.194	2.425
19	1.500	1.732	2.078
20	0.900	1.501	1.732
21	2.500	2.078	2.425
22	4.300	2.656	2.656
23	2.500	2.078	2.425
24	1.300	1.617	1.963
25	0.500	1.270	1.501

4）岩体参数与位移和损伤区深度映射关系建立

将表 9.5.8 中的三个参数（杨氏模量 E、黏聚力 c、内摩擦角 φ）作为样本输入，将表 9.5.9 中的 1CF-1-1、1CF-1-2、1CF-2-1、1CF-2-2、1CF-3-1、1CF-3-2 共 6 个测点的计算位移和表 9.5.10 中的 3 个计算损伤区深度作为样本输出，为了消除数据间不同量纲的影响，对表中数据做标准化处理。标准化后的学习样本如表 9.5.11 所示，其中学习样本 20 个，测试样本 5 个。

表 9.5.11　标准化后的学习样本

样本	样本输入				样本输出								
学习样本	0.2	0.2	0.2	0.2	0.800	0.665	0.362	0.341	0.459	0.421	0.800	0.529	0.529
	0.2	0.5	0.5	0.5	0.781	0.646	0.362	0.334	0.446	0.404	0.327	0.329	0.382
	0.2	0.65	0.65	0.65	0.776	0.654	0.394	0.363	0.445	0.399	0.223	0.289	0.329
	0.2	0.8	0.8	0.8	0.772	0.648	0.420	0.384	0.473	0.425	0.200	0.236	0.251
	0.35	0.2	0.35	0.5	0.744	0.614	0.367	0.342	0.439	0.396	0.662	0.475	0.502
	0.35	0.5	0.65	0.8	0.717	0.606	0.388	0.355	0.430	0.385	0.292	0.342	0.369
	0.35	0.65	0.8	0.2	0.715	0.603	0.307	0.290	0.368	0.333	0.212	0.289	0.329
	0.35	0.8	0.2	0.35	0.717	0.605	0.326	0.305	0.384	0.346	0.315	0.356	0.382
	0.5	0.2	0.5	0.8	0.682	0.570	0.375	0.344	0.426	0.382	0.581	0.435	0.449
	0.5	0.5	0.8	0.35	0.668	0.564	0.307	0.287	0.359	0.324	0.269	0.329	0.356
	0.5	0.5	0.8	0.35	0.670	0.566	0.326	0.303	0.377	0.339	0.408	0.369	0.409
	0.5	0.8	0.35	0.65	0.669	0.565	0.344	0.317	0.388	0.348	0.281	0.329	0.356
	0.65	0.35	0.8	0.5	0.627	0.530	0.307	0.286	0.354	0.319	0.315	0.342	0.382
	0.65	0.5	0.2	0.65	0.629	0.531	0.326	0.301	0.370	0.333	0.488	0.395	0.422
	0.65	0.65	0.35	0.8	0.626	0.530	0.343	0.314	0.379	0.340	0.315	0.342	0.382
	0.65	0.8	0.5	0.2	0.624	0.527	0.273	0.258	0.325	0.295	0.246	0.316	0.342
	0.8	0.2	0.8	0.65	0.599	0.502	0.311	0.287	0.353	0.318	0.431	0.382	0.422
	0.8	0.5	0.35	0.2	0.590	0.498	0.260	0.246	0.313	0.284	0.431	0.382	0.422
	0.8	0.65	0.5	0.35	0.589	0.499	0.275	0.258	0.321	0.290	0.292	0.329	0.369
	0.8	0.8	0.65	0.5	0.589	0.499	0.291	0.271	0.332	0.300	0.200	0.289	0.316
测试样本	0.2	0.35	0.35	0.35	0.784	0.641	0.347	0.322	0.458	0.417	0.488	0.395	0.422
	0.35	0.35	0.5	0.65	0.723	0.608	0.370	0.341	0.422	0.379	0.477	0.382	0.422
	0.5	0.35	0.65	0.2	0.669	0.564	0.290	0.274	0.351	0.317	0.454	0.382	0.422
	0.65	0.2	0.65	0.35	0.640	0.533	0.298	0.279	0.359	0.324	0.488	0.409	0.435
	0.8	0.35	0.2	0.8	0.600	0.502	0.331	0.304	0.372	0.334	0.638	0.449	0.449

通过 BP 神经网络建立岩体参数与位移和损伤区深度的复杂映射关系，并利用遗传算法优化神经网络模型的网络结构和初始权值。经上述遗传算法优化后得到的最优神经网络结构为 4-28-12-9，即输入层 4 个节点，两个隐含层分别有 28 个和 12 个节点，输出层 9 个节点。利用该训练成熟的进化神经网络模型，再次使用遗传算法的优化功能，在确定要反演的岩体力学参数的范围内搜索得到了岩体

等效力学参数，如表 9.5.12 所示。

表 9.5.12　岩体力学参数反演结果

杨氏模量 E/GPa	黏聚力 c/MPa	内摩擦角 φ/(°)
41.273	20.957	39.883

5) 反演结果评价

利用上述反演获得的岩体力学参数进行计算，所得围岩内部位移和损伤区深度的计算值与实测值对比如图 9.5.12(a)、(b)所示。可以看出，无论是围岩内部位移还是损伤区深度，计算值与实测值均吻合较好。厂房 I 层开挖无支护状态下

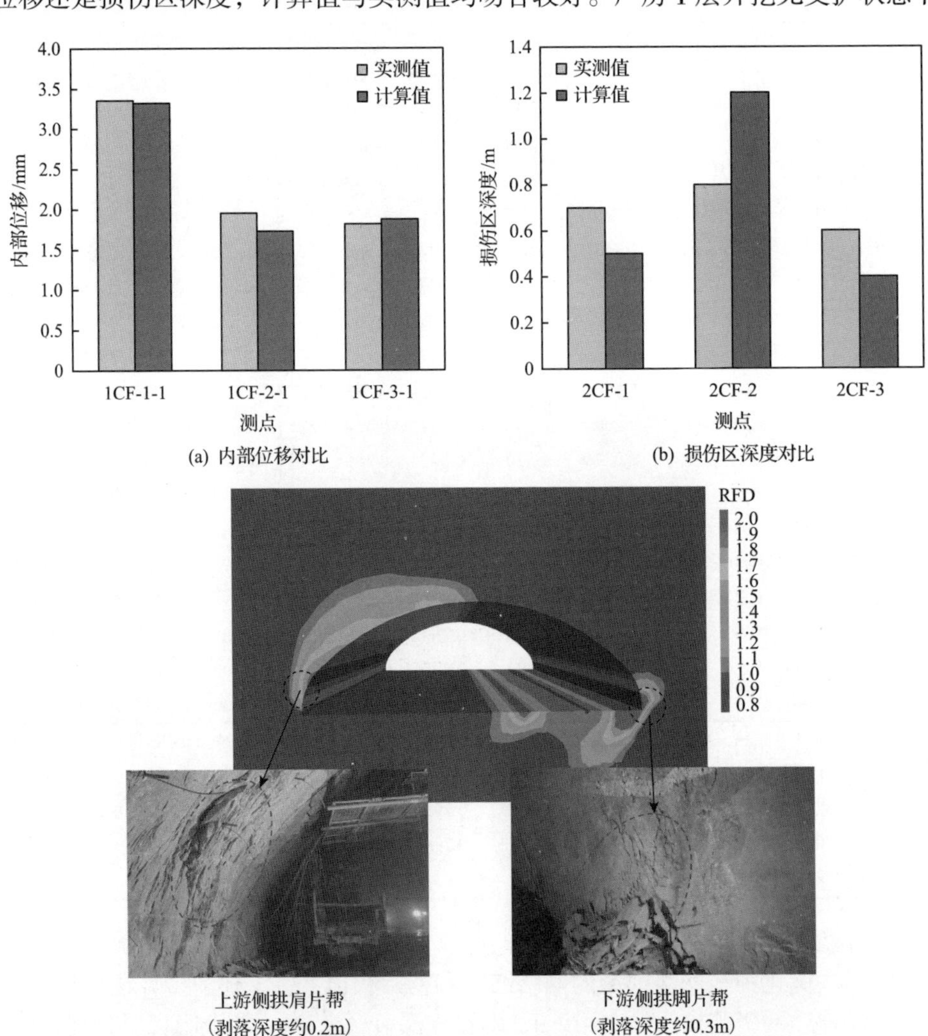

(a) 内部位移对比　　(b) 损伤区深度对比

上游侧拱肩片帮（剥落深度约0.2m）　　下游侧拱脚片帮（剥落深度约0.3m）

(c) 厂房 I 层开挖无支护状态下破坏位置、程度、深度对应关系(见彩图)

图 9.5.12　反演所得岩体力学参数计算结果与现场破坏对比

破坏位置、程度、深度对应关系如图9.5.12(c)所示，可以看出，开挖后片帮剥落位置、程度、深度均能较好地对应，表明反演的参数可用于后续洞室围岩稳定性计算分析与优化设计。

5. 地下厂房围岩破裂预测

1)地下厂房围岩破裂程度数值仿真预测

采用上述反演的三维地应力场、岩体力学参数对地下厂房进行分层分部开挖计算，地下厂房在有支护和无支护下Ⅰ～Ⅷ层开挖过程中围岩破裂程度演化图如图9.5.13所示。可以看出，地下厂房围岩破坏风险最大的区域为上游侧拱肩、下游边墙和下游侧岩台。随着分层分部开挖，地下厂房上游侧拱肩围岩损伤区深度逐渐加大，下游边墙围岩则在每层开挖的墙角处出现较大的损伤区深度。

如图9.5.14所示，在无支护的情况下，上游侧拱肩部位围岩的损伤区深度由Ⅰ层开挖时的2.4m逐渐加深至Ⅷ层开挖时的5.3m；在有支护的情况下，上游侧拱肩部位围岩的损伤区深度则由Ⅰ层开挖时的1.6m逐渐加深至Ⅷ层开挖时的4.3m。上游侧拱肩围岩破裂位置亦随分层分部开挖而变化，由拱肩下部逐渐向拱肩上部转移。此外，岩锚梁作为地下厂房的关键部位，亦需重点关注。如图9.5.13(e)和(f)所示，地下厂房Ⅲ层中部开挖后，下游侧岩台区域破裂严重，岩台具有破坏的风险。

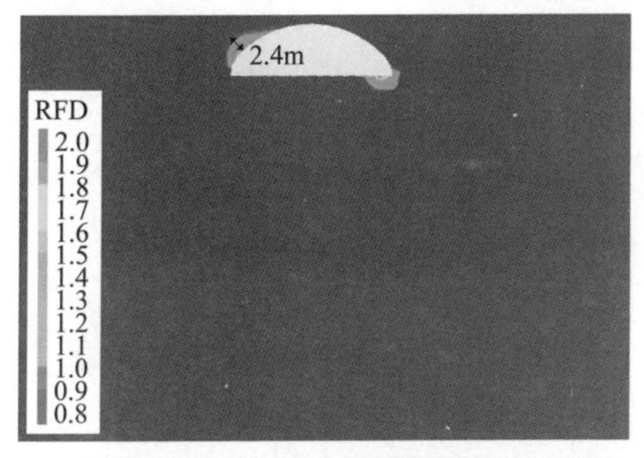

(a) 厂房Ⅰ层开挖：无支护

(b) 厂房Ⅰ层开挖：支护后

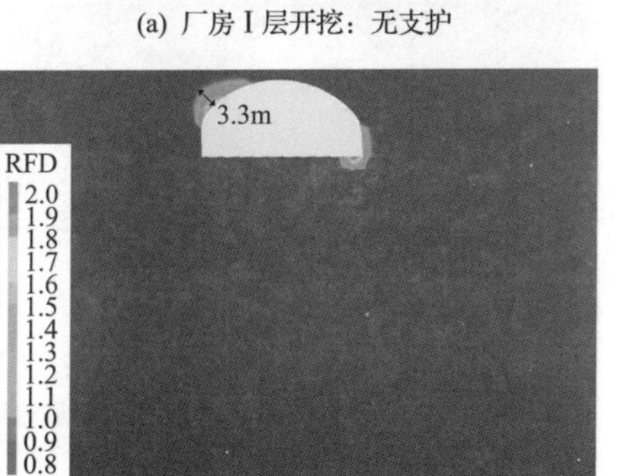

(c) 厂房Ⅱ层开挖：无支护

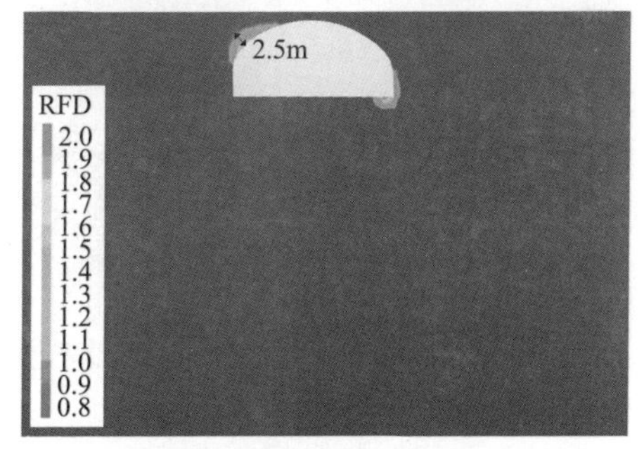

(d) 厂房Ⅱ层开挖：支护后

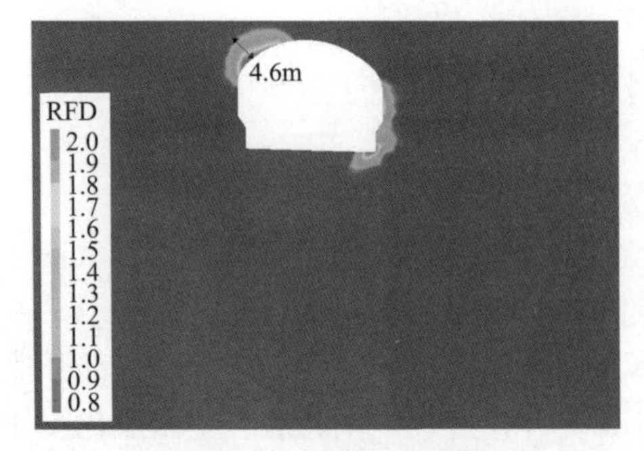

(e) 厂房Ⅲ层开挖：无支护

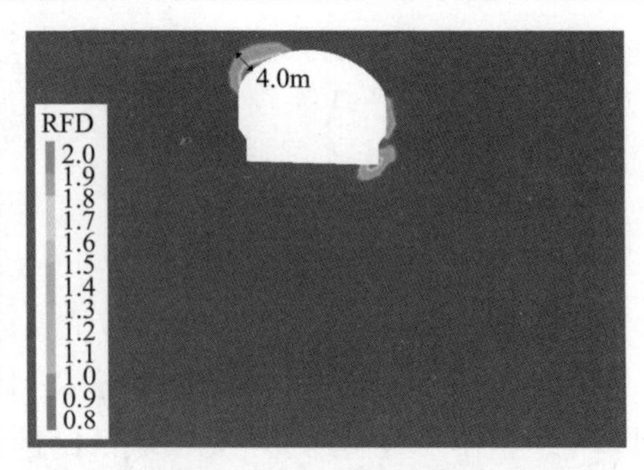

(f) 厂房Ⅲ层开挖：支护后

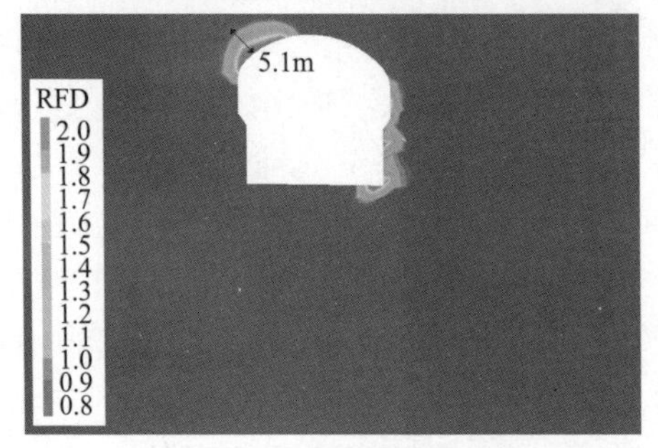

(g) 厂房Ⅳ层开挖：无支护

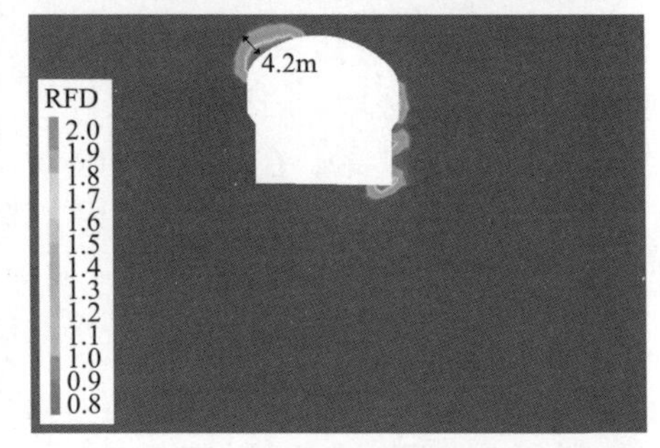

(h) 厂房Ⅳ层开挖：支护后

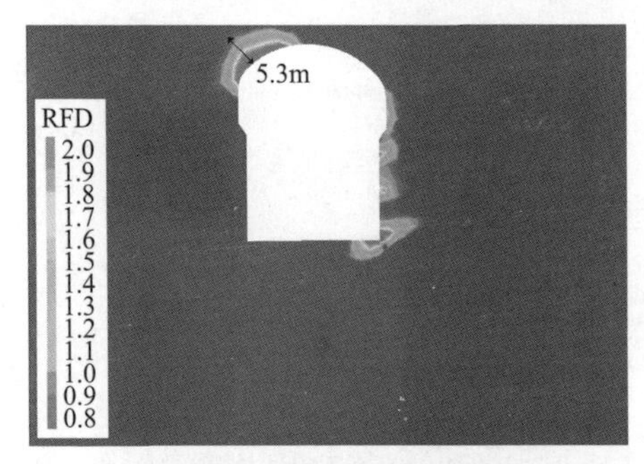

(i) 厂房Ⅴ层岩台开挖：无支护

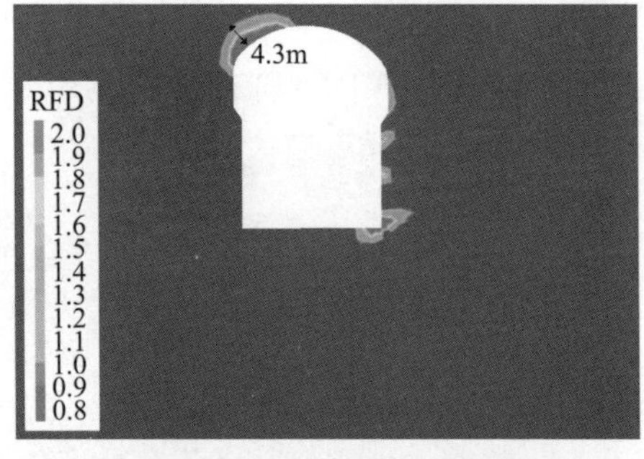

(j) 厂房Ⅴ层岩台开挖：支护后

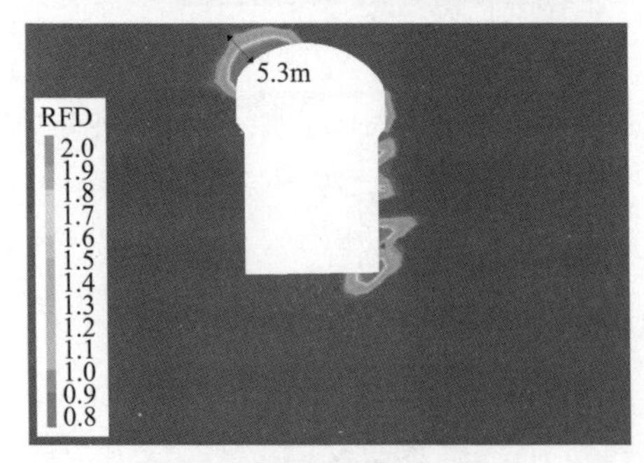

(k) 厂房Ⅵ层开挖：无支护

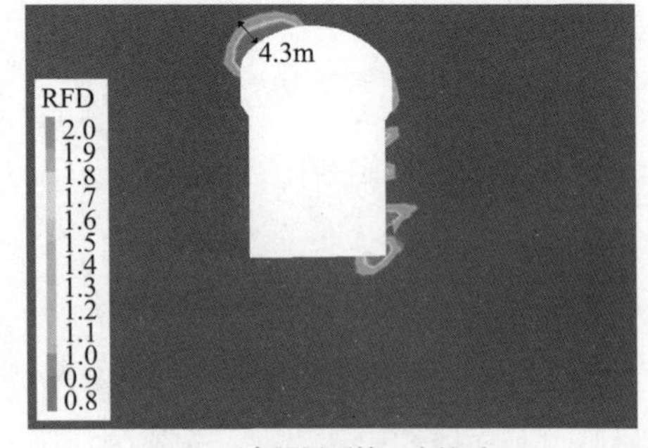

(l) 厂房Ⅵ层开挖：支护后

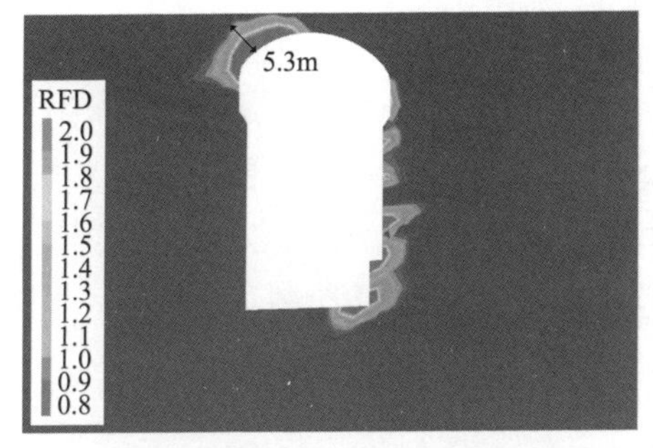

(m) 厂房Ⅶ层岩台开挖：无支护

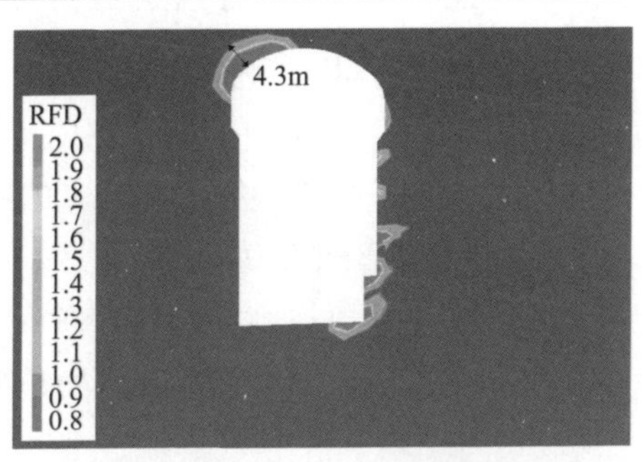

(n) 厂房Ⅶ层岩台开挖：支护后

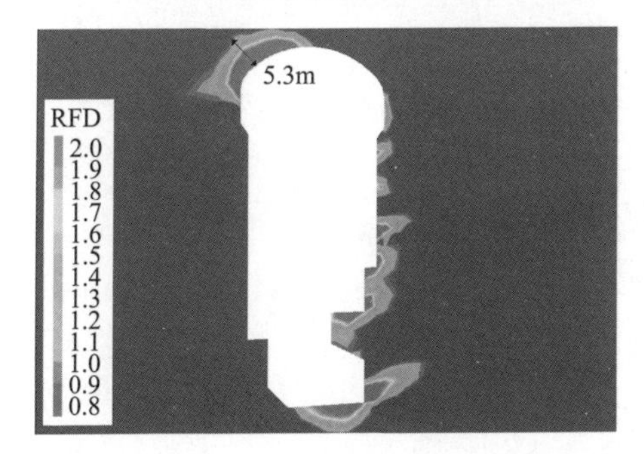

(o) 厂房Ⅷ层开挖：无支护

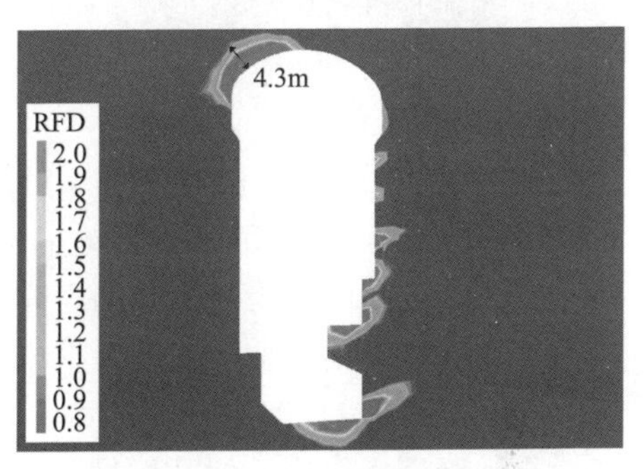

(p) 厂房Ⅷ层开挖：支护后

图 9.5.13　分层分部开挖地下厂房围岩破裂程度演化图

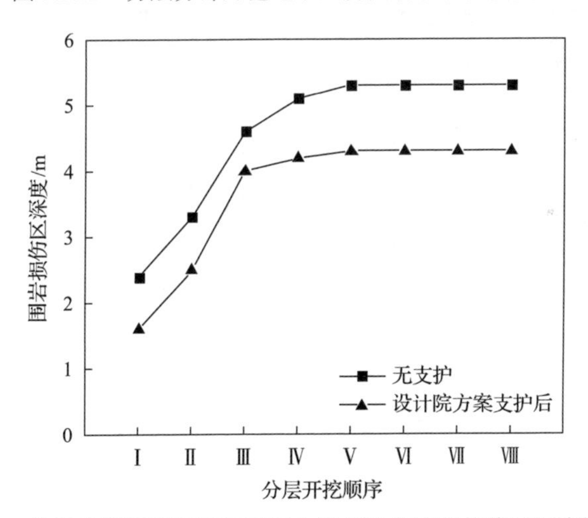

图 9.5.14　分层分部开挖下地下厂房上游侧拱肩围岩损伤区深度演化规律

2) 地下厂房Ⅲ层开挖后下游侧边墙片帮深度预测

采用 8.1.1 节提出的深部工程硬岩片帮评估方法对双江口水电站地下厂房下游侧边墙片帮深度进行预测，由于双江口水电站地下厂房最大主应力方向近似平行于洞室轴线，故选取修正系数 b=0 代入式(8.1.1)进行计算。地下厂房原岩应力水平取值为σ_3=10MPa，σ_2=20MPa，σ_1=30MPa；通过室内真三轴试验获得原岩应力状态下双江口水电站地下厂房花岗岩的起裂应力σ_{ci}^{3D}=161MPa。地下厂房Ⅰ、Ⅱ、Ⅲ层的层高分别为 9m、4.3m、7.6m，厂房Ⅲ层开挖结束后地下厂房跨度为25.3m，开挖高度H为20.9m。厂房弧形顶拱有效半径r=17.4m；双江口花岗岩室内真三轴压缩下与劈裂破坏模式相对应的裂纹扩展能力评价指数I_p为0.15。将地下厂房Ⅲ层开挖结束后的相关参数取值代入式(8.1.1)，可得

$$
\begin{aligned}
d_s &= 17.4\times\left[0.75\times\frac{(20-10)\times\ln(20.9/25.3)+(30+20+10)}{(1-0.15)\times161}-0.2\right]\\
&= 2.06\text{m}
\end{aligned}
$$

采用片帮公式估计的地下厂房Ⅲ层开挖结束后下游侧边墙片帮深度为2.06m，而Ⅲ层下游侧边墙处为岩锚梁岩台，岩台厚度为 1.7m，位于下游侧边墙片帮剥落深度范围内，为此下游侧岩锚梁岩台有破坏失稳的风险。

由上述分析可知，地下厂房开挖结束，无支护时上游侧拱肩围岩损伤区深度接近 5.3m，按照设计院支护设计方案支护后，上游侧拱肩围岩损伤区深度仍有4.3m；在地下厂房Ⅳ层前的开挖过程中，有无支护情况下地下厂房上游侧拱肩岩体损伤区深度均随分层开挖不断增加，地下厂房Ⅳ层开挖后尽管损伤区深度近乎不变，但上游侧拱肩处围岩破裂程度和范围有所增加，原设计的支护措施可能不足以控制这种深层破裂，应重点加强上游侧拱肩岩体损伤破裂监测并及时开展支护方案优化工作。此外，下游侧岩台存在片帮剥落风险，地下厂房Ⅲ层开挖结束后预测的片帮深度为2.06m，岩台厚度为1.7m，位于下游侧边墙片帮剥落深度范围内，在开挖施工阶段应重点加强下游侧边墙片帮的观测并及时开展岩台保护层厚度开挖支护优化工作。

9.5.3　地下厂房上游侧拱肩围岩破坏特征与支护优化

1. 地下厂房上游侧拱肩围岩破坏特征

厂房Ⅰ层开挖后在上游侧拱肩区域频繁出现片帮剥落现象，如图 9.5.15(a)、(b)所示，数值仿真预测结果与现场破坏特征较为一致。分层开挖下，厂房上游侧拱肩围岩损伤区深度逐渐加深。Ⅰ层开挖时，围岩损伤区深度仅为1m；Ⅱ层开挖时，损伤区深度增加至2.2m；Ⅲ层开挖时，损伤区深度增加至3.6m；可见Ⅲ层开挖引起了厂房上游侧拱肩较大的应力调整。片帮和围岩损伤破裂演化作为深部工程典型的脆性破坏现象，揭示了双江口地下厂房区域地应力高、岩性脆的特点。为有效地控制片帮剥落和围岩浅层破裂向围岩内部转移，需要对双江口地下厂房花岗岩的脆性破坏机理进行深入了解，找出其影响因素，进而提出有针对性的

控制措施。

(a) 厂房Ⅰ层开挖K0–030喷层剥落

(b) 厂房Ⅰ层开挖K0+085片帮剥落

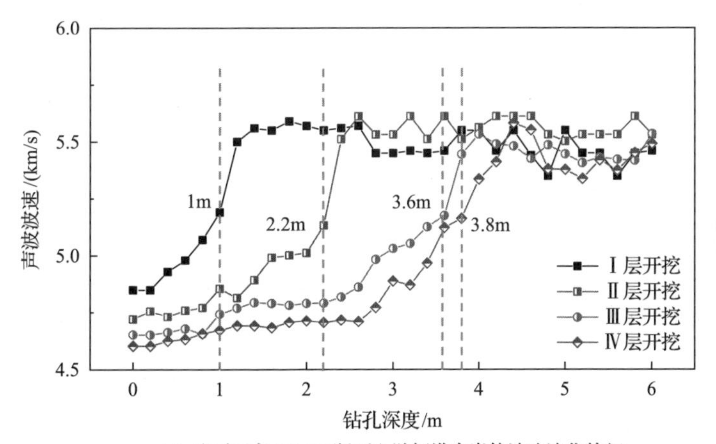

(c) 地下厂房K0+085断面上游侧拱肩岩体波速演化特征

图 9.5.15　地下厂房上游侧拱肩围岩破裂及波速演化特征

2. 地下厂房上游侧拱肩围岩破坏机理

为了研究双江口水电站地下厂房上游侧拱肩围岩的脆性破坏机制，基于数值仿真计算提取了厂房Ⅳ层开挖后上游侧拱肩围岩不同深度处花岗岩的应力状态，依此设计不同应力状态下的真三轴压缩试验，厂房上游侧拱肩不同深度处应力提取点如图 9.5.16 所示。以洞壁为基点，往内部垂直延伸 8m，每间隔 2m 取一个应力点(U1→U5)，共计 5 个应力点，各点中间主应力和最小主应力状态如表 9.5.13 所示。可以看出，上游侧拱肩处最小主应力 σ_3 由表及里逐渐增大，中间主应力 σ_2 由表及里略微减小。

基于 5.1.2 节真三轴压缩试验裂纹特征应力的确定方法，对上述应力状态下的全应力-应变曲线进行分析，获得各个应力状态下的起裂强度与损伤强度，如图 9.5.17 所示。

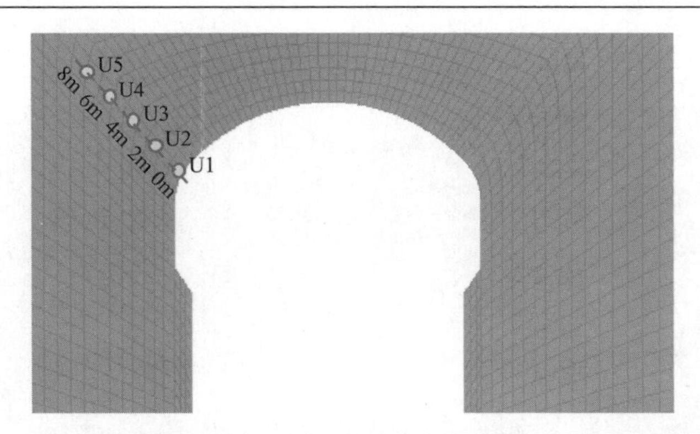

图 9.5.16　厂房上游侧拱肩不同深度处应力提取点(U1→U5，间隔 2m)

表 9.5.13　上游侧拱肩中间主应力和最小主应力状态

编号	围岩深度/m	σ_3 /MPa	σ_2 /MPa
U1	0	0	28
U2	2	7	26
U3	4	10	25.5
U4	6	12	25
U5	8	13	24.5

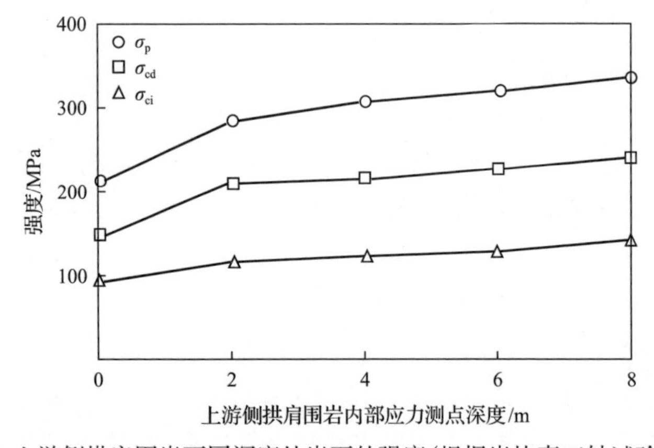

图 9.5.17　上游侧拱肩围岩不同深度处岩石的强度(根据岩块真三轴试验结果绘出)

从图 9.5.17 可以看出，随着围岩深度的增加，起裂强度 σ_{ci} 近似保持不变，损伤强度和峰值强度呈现增大趋势，尤其开挖后 2m 范围内特征应力变化最大。起裂强度 σ_{ci} 约为峰值强度 σ_p 的 0.5 倍，损伤强度 σ_{cd} 约为峰值强度 σ_p 的 0.75 倍。洞室开挖后，洞壁切向应力急剧增加，而浅表围岩损伤强度低，极易发生片帮剥落。为降低片帮剥落向围岩深部转移的风险，厂房开挖后应及时支护，增大 σ_3 以提高岩体自身的损伤强度。

上游侧拱肩各点应力状态下花岗岩的破裂角及破裂状态如图 9.5.18 所示。可以看出，上游侧拱肩洞壁处(0m)的破坏角最大，高达 87.5°，几乎垂直于试样的 σ_3 方向，破坏模式为典型的劈裂破坏。随着 σ_3 的增加，σ_2 略微减小，岩石破坏角减小，次级小裂纹数量减少，破裂特征由洞壁处的劈裂破坏变为拉剪混合破坏。围岩由表及里 σ_3 增加，破坏模式由拉破坏转变为拉剪混合破坏，地下厂房开挖后，围岩需及时支护，增大 σ_3 以降低片帮等劈裂破坏的风险。

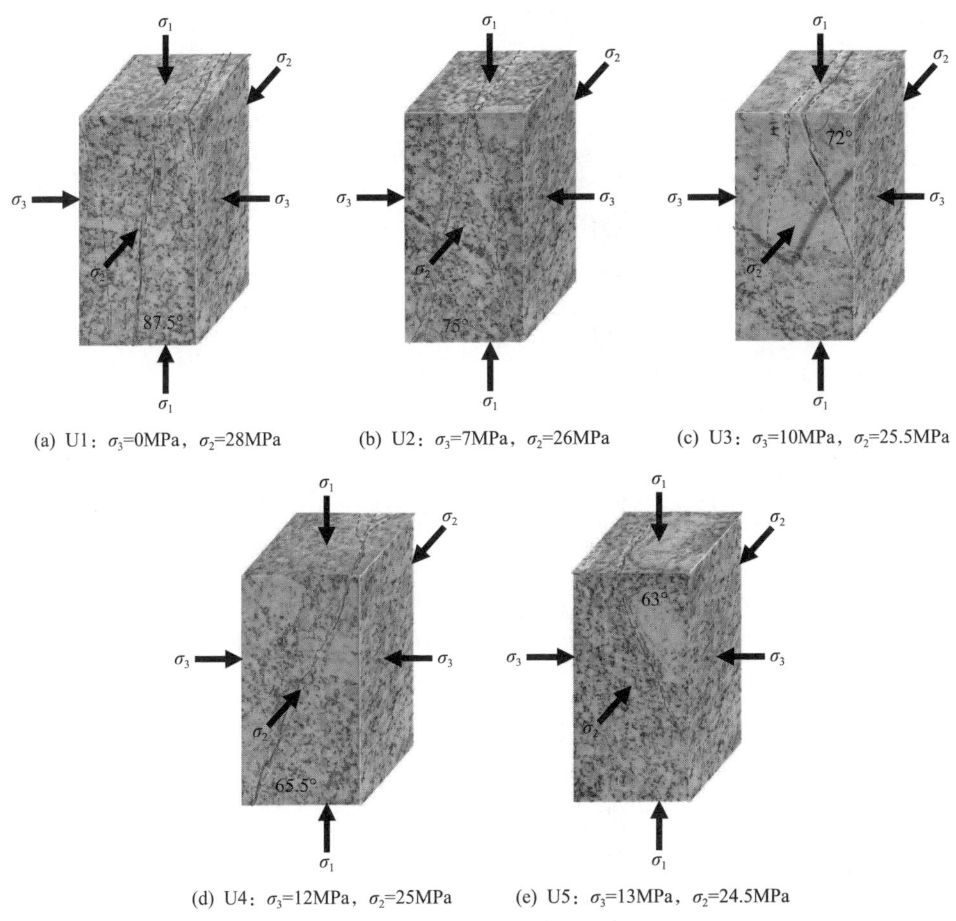

(a) U1：σ_3=0MPa，σ_2=28MPa　(b) U2：σ_3=7MPa，σ_2=26MPa　(c) U3：σ_3=10MPa，σ_2=25.5MPa

(d) U4：σ_3=12MPa，σ_2=25MPa　(e) U5：σ_3=13MPa，σ_2=24.5MPa

图 9.5.18　上游侧拱肩各点应力状态下花岗岩的破裂角及破裂形态

3. 地下厂房上游侧拱肩围岩内部破裂控制

依据原支护设计方案，数值计算结果显示地下厂房Ⅷ层开挖支护结束后，上游侧拱肩仍有 4.3m 的损伤区深度，原支护方案中的普通砂浆锚杆可能大面积失效，厂房上游侧拱肩围岩有失稳的风险。依据第 8 章裂化抑制法，已经开挖的岩体要控制其内部破裂深度和程度则需要进行合理的支护优化，施加合理的支护强度。原设计方案上游侧拱肩仅布设有 2 排锚索，为尽可能降低上游侧拱肩围岩失稳风险，建议在厂房侧拱额外增加一排锚索。

1) 支护优化计算模型

为直观地了解优化前与新增一排锚索优化后厂房上游侧拱肩围岩力学行为，建立如图 9.5.19 所示的支护优化计算模型，开展支护前后围岩内部应力重分布、破裂深度和程度、变形及支护结构受力的对比分析，如图 9.5.20 所示。计算均采用相同的地应力条件和岩体力学参数。

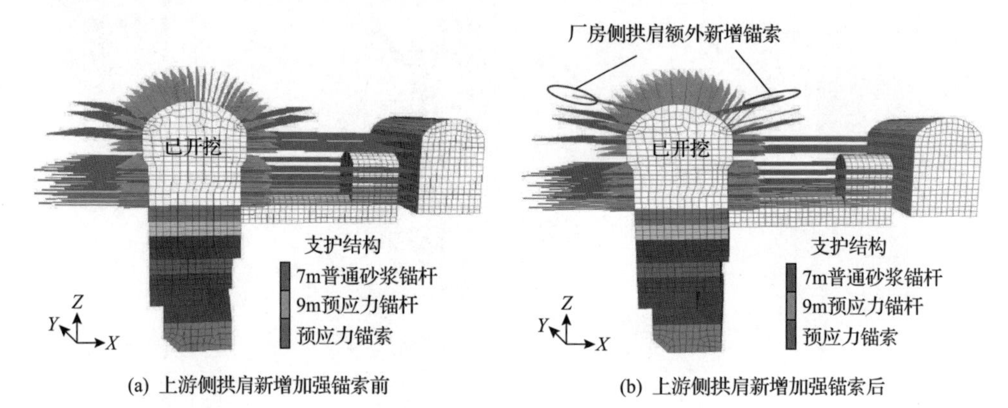

(a) 上游侧拱肩新增加强锚索前　(b) 上游侧拱肩新增加强锚索后

图 9.5.19　支护优化计算模型

2) 新增加强锚索前后对比分析

(1) 围岩应力重分布。开挖后的围岩最小主应力和最大主应力如图 9.5.20(a)～(d) 所示。新增加强锚索前最小主应力量值从洞壁往围岩内部依次由 2MPa 增加到 12MPa，最大主应力量值依次由 25MPa 增加到 45MPa；新增加强锚索后最小主应力量值从洞壁往围岩内部依次由 4MPa 增加到 12MPa，最大主应力量值依次由 30MPa 增加到 45MPa。当 σ_2=20MPa、σ_3=2MPa 时，真三轴强度为 202MPa；当 σ_2=20MPa、σ_3=4MPa 时，真三轴强度为 226MPa；最小主应力增加 2MPa 使得花岗岩强度提高了 24MPa。由此可见，预应力锚索施加后上游侧洞壁围岩最小主应力增加的 2MPa 有效提高了该部位岩体的承载能力。

(2) 围岩损伤区深度。如图 9.5.20(e)、(f) 所示，新增加强锚索前的围岩损伤区深度约为 4.2m，新增加强锚索后减小为 3.7m。优化前后对比发现，在厂房上游侧拱肩额外增加 1 排锚索对围岩内部的损伤破裂有很好的抑制作用，损伤区深度减少了 0.5m。

(3) 围岩变形。新增加强锚索前后地下厂房上游侧拱肩部位的围岩变形分布情况如图 9.5.20(g)、(h) 所示，新增加强锚索前洞壁最大位移为 5mm，新增加强锚索后洞壁最大位移为 3mm，额外增加 1 排锚索能够减少上游拱侧约 2mm 的围岩变形。

(4) 支护结构应力。上游侧拱肩围岩支护结构应力特征如图 9.5.20(i)、(j) 所

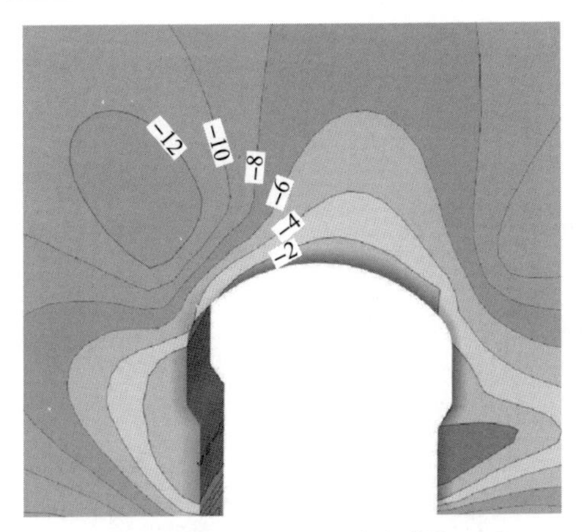

(a) 最小主应力，新增加强锚索前(单位：MPa)

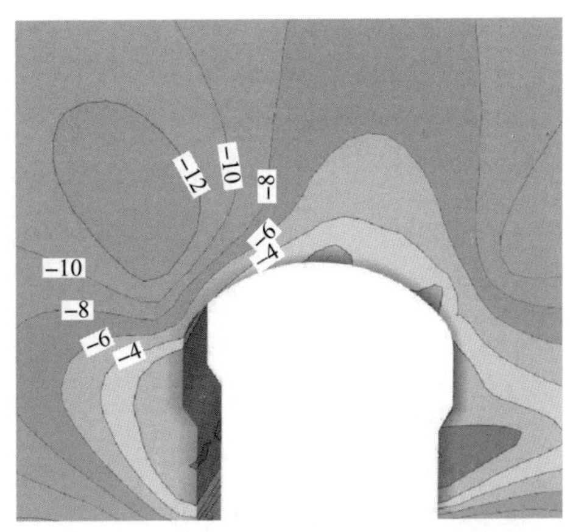

(b) 最小主应力，新增加强锚索后(单位：MPa)

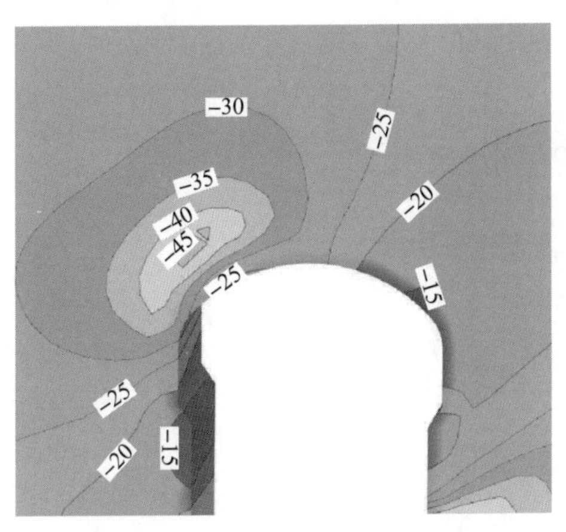

(c) 最大主应力，新增加强锚索前(单位：MPa)

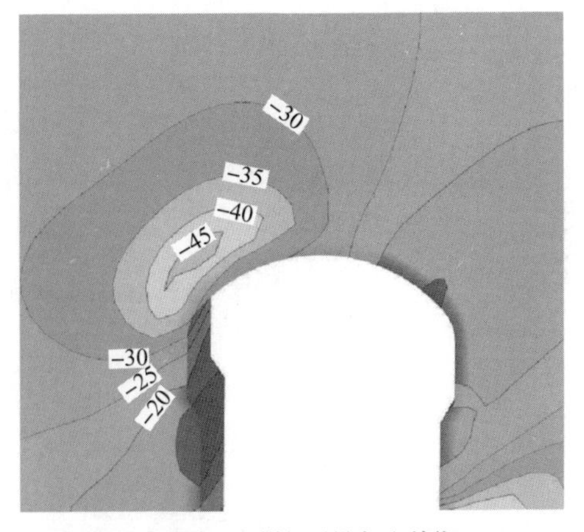

(d) 最大主应力，新增加强锚索后(单位：MPa)

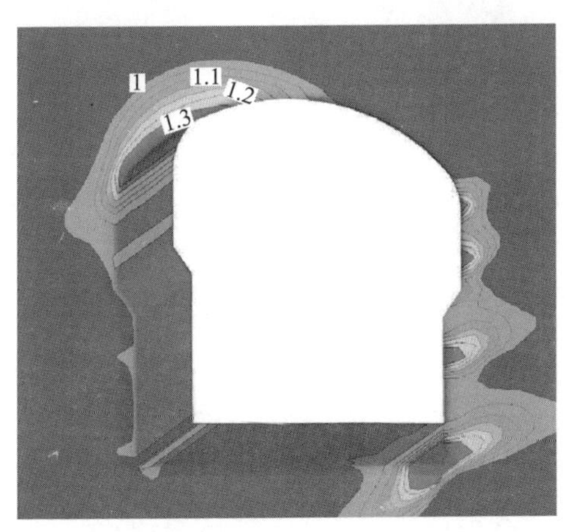

(e) 围岩破裂程度RFD，新增加强锚索前

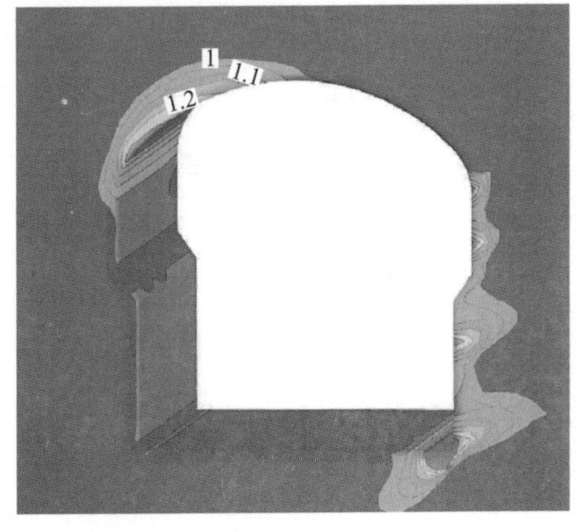

(f) 围岩破裂程度RFD，新增加强锚索后

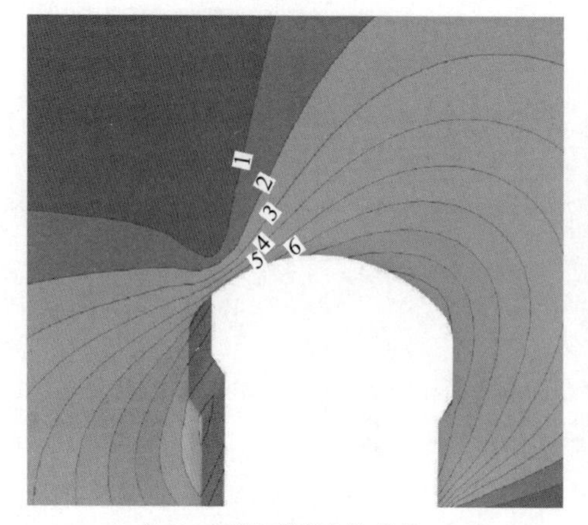

(g) 变形，新增加强锚索前(单位：mm)

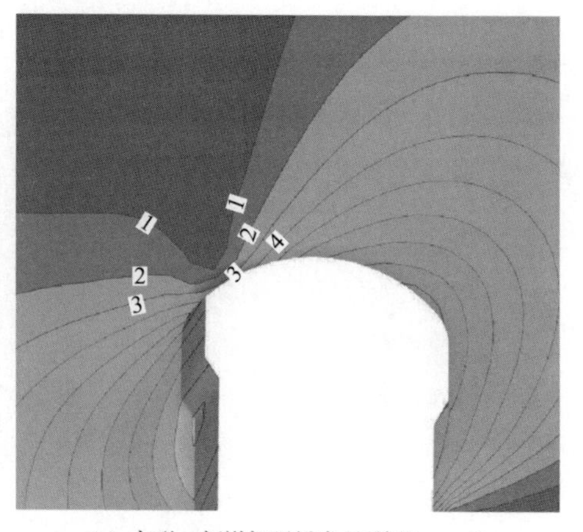

(h) 变形，新增加强锚索后(单位：mm)

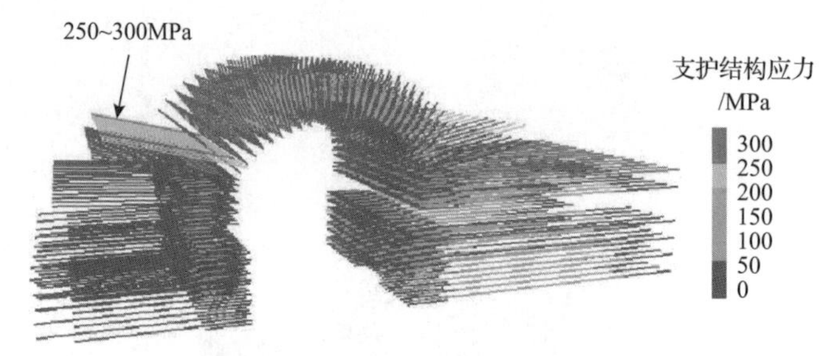

(i) 支护结构应力，新增加强锚索前

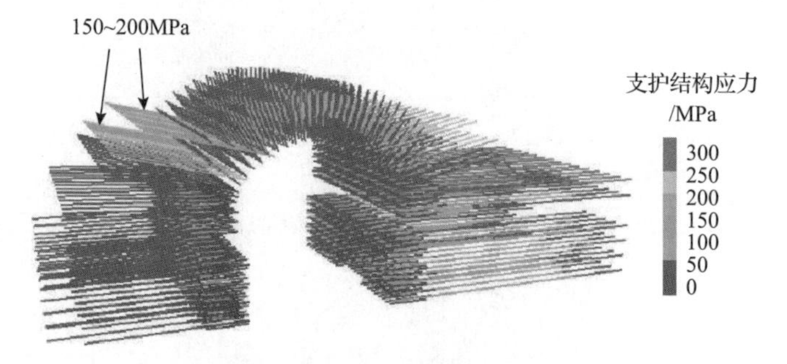

(j) 支护结构应力，新增加强锚索后

图 9.5.20　地下厂房Ⅳ层开挖结束后新增加强锚索前后效果对比

示。新增加强锚索前厂房上游侧拱肩单根锚杆最大应力为 100～216MPa，上游侧拱肩的两排锚索中，上面一排锚索受力较大，达 250～300MPa，下面一排锚索受力则在 100MPa 以内；新增加强锚索后厂房上游侧拱肩单根锚杆最大应力为 70～155MPa，上游侧拱肩额外增加的预应力锚索分担了原设计中上排锚索的受力，应力在 150～200MPa。同时，由于新增加强锚索后锚杆受力减小，额外增加锚索后锚杆的受力部分转移到锚索上，锚索发挥了很好的加固作用。

3)地下厂房上游侧拱肩支护优化效果

不同支护强度下地下厂房上游侧拱肩围岩损伤区深度演化规律如图 9.5.21 所示。在地下厂房开挖过程中，不支护会出现上游侧拱深层破裂风险(Ⅷ层开挖后损伤区深度接近 5.3m)；按照设计院提供的开挖与支护设计方案，在地下厂房Ⅷ层开挖支护结束后，上游侧拱肩仍有 4.3m 的损伤区深度且破裂程度和范围均较大，此时原有的支护设计方案不足以控制这种深层破裂；新增一排加强锚索后，上游侧拱肩最终损伤区深度降至 3.9m(Ⅷ层开挖支护结束后)；地下厂房Ⅳ层开挖结束后，钻孔声波测试围岩损伤区深度为 3.8m。由上述分析可见，地下厂房上游侧拱肩新增一排锚索后对深层破裂的控制效果明显，有效地抑制了破裂向围岩深部转移。

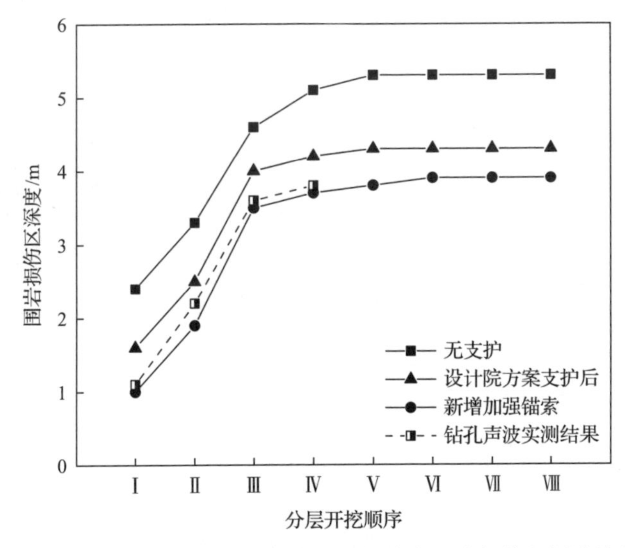

图 9.5.21　不同支护强度下地下厂房上游侧拱肩围岩损伤区深度演化规律

地下厂房 4# 机组断面上游侧拱肩围岩内部破裂特征如图 9.5.22(a)所示。2018 年 12 月 7 日地下厂房Ⅰ层已挖至 4# 机组附近，2019 年 3 月 5 日已支护完成原支护方案中的两排锚索。2019 年 3 月 7 日通过钻孔摄像发现在距离厂房轮廓 3.5m 附近出现一条细小的新生裂隙。2019 年 4 月 27 日新增一排预应力锚索后发现原有新生裂隙发生闭合，截至 2021 年 12 月 8 日厂房Ⅴ层开挖完成，上游侧拱肩 4m 范围内仍无新生裂隙，说明预应力锚索的施加发挥了很好的加固作用。厂房 4# 机组断面上游侧拱肩围岩内部变形特征如图 9.5.22(b)所示，截至Ⅳ层开挖，围岩最大变形量在 3mm 以内，总体稳定性较好，说明了地下厂房上游侧拱肩的支护强度达到了围岩稳定性要求。厂房Ⅳ层开挖后上游侧拱肩整体形貌如图 9.5.22(c)所示。可以看出，上游侧拱肩区域未出现明显的变形鼓胀及衬砌开裂、片帮剥落掉块等现象。

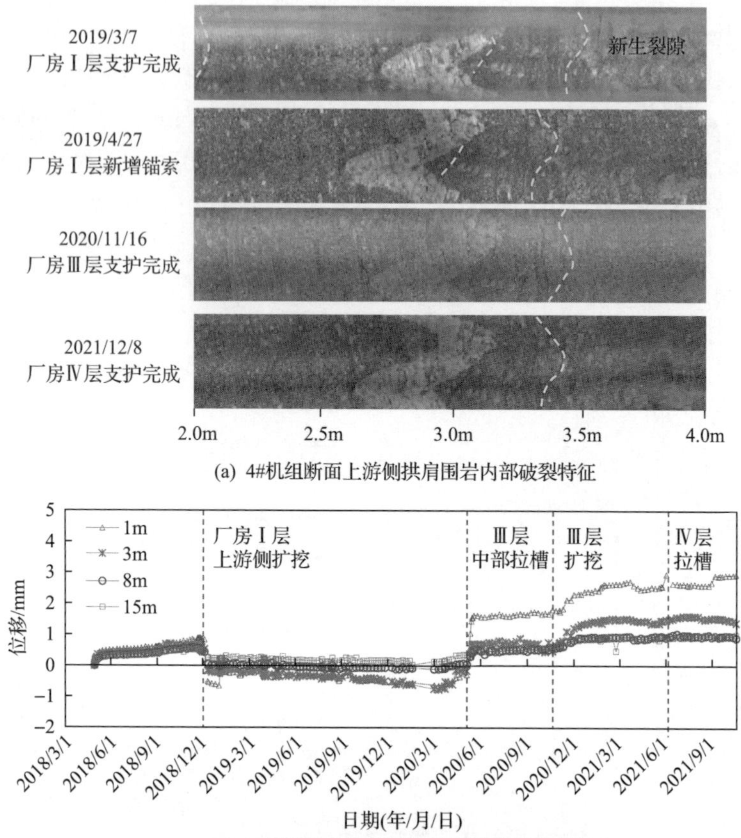

(a) 4#机组断面上游侧拱肩围岩内部破裂特征

(b) 4#机组断面上游侧拱肩围岩内部变形特征

(c) 厂房Ⅳ层开挖后上游侧拱肩整体形貌

图 9.5.22　厂房上游侧拱肩围岩内部变形破裂特征

9.5.4　地下厂房下游侧岩台保护层片帮特征与开挖优化

1. 地下厂房下游侧岩台保护层片帮特征

地下厂房岩锚梁段的开挖是厂房施工的关键性工程之一，岩锚梁浇筑在两侧边墙开挖形成的岩台上，在后期发电机组的运输过程中，吊车将承受的荷载通过岩锚梁传至岩台，岩台的稳定性严重制约着后期吊车的运输能力，地下厂房岩锚梁段开挖结构示意图如图 9.5.23 所示[22]。为确保岩台开挖成型，细致全面的现场破坏特征统计分析尤为必要。

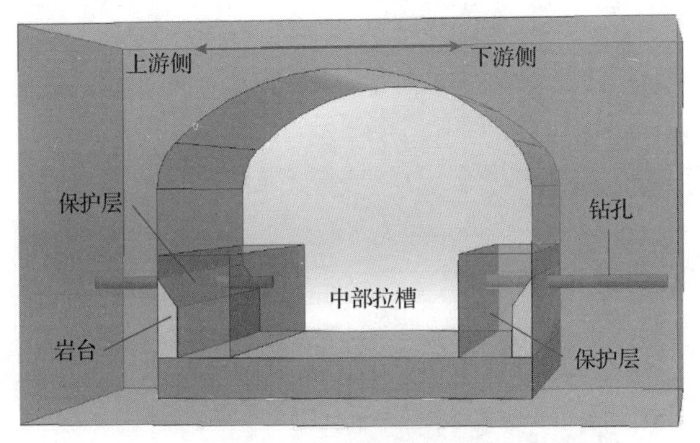

图 9.5.23　地下厂房岩锚梁段开挖结构示意图[22]

地下厂房下游侧岩台保护层破裂特征如图 9.5.24 所示[22]。K0–010 断面中部拉槽后在下游侧保护层形成的卸荷裂隙倾角呈现从上到下、由表及里逐渐变陡的特征，裂隙间距从上到下逐渐减小，切割形成的岩板厚度逐渐变薄，卸荷裂隙倾角及间距的变化特征清晰反映出卸荷裂隙由表及里的发育过程。卸荷裂隙以张拉裂隙为主，裂隙组合呈现缓剪陡张现象，局部有弧形卸荷裂隙发育。上部缓倾卸荷裂隙产状为 242°∠13°，裂隙向上抬升，岩体张开形成空缝，缝宽多为 1～2cm，裂隙间距约 30cm。向下卸荷裂隙倾角逐渐变陡，产状为 260°∠23°，裂隙发育比上部更为密集，间距为 10～20cm。保护层最终卸荷破裂面产状为 257°∠44°～58°，最终卸荷面近似为保护层右上顶点与保护层左下顶点的连线，即最终破裂面倾角近似等于保护层对角线的倾角。

K0–010 断面下游侧岩台钻孔孔壁展布图如图 9.5.24(c)所示[22]，钻孔布置见图 9.5.23，孔口距离岩台设计轮廓 3.9m。可以看出，岩台设计轮廓以外的 3.9m 保护层内部裂隙较发育，岩台设计轮廓以内的 4.3m 较为完整。距离岩台 2m 之外的岩体裂隙张开，裂隙密集发育，宽度为 1～3cm；距离岩台 1.5m 范围内闭合裂隙发育，这些闭合裂隙极易在施工扰动下张开，破坏岩台的完整性，最终导致岩台发生破坏(见图 9.5.24(b))；岩台以内的边墙内部仅发育 2 条闭合裂隙，岩体较完整。

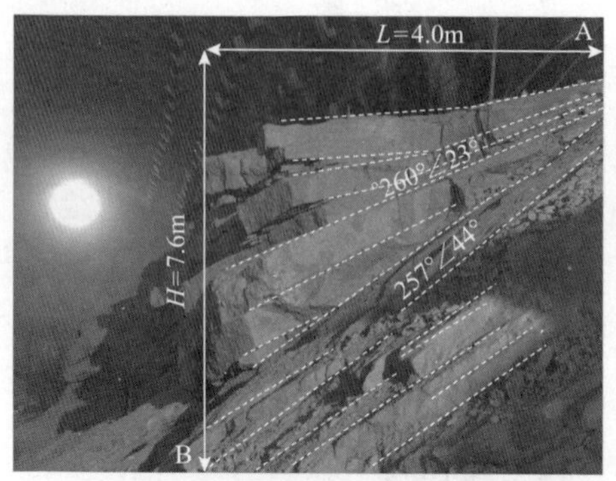

(a) K0–010断面下游侧岩台保护层卸荷裂隙(见彩图)

(b) K0–010断面区域岩台破坏(见彩图)

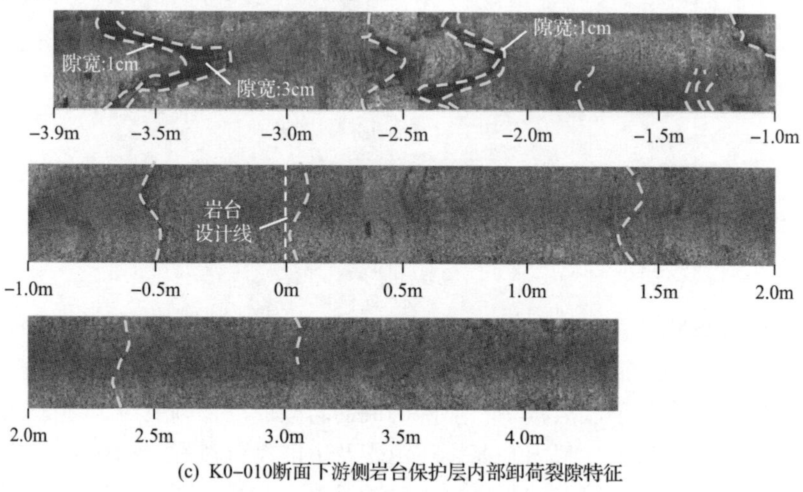

(c) K0–010断面下游侧岩台保护层内部卸荷裂隙特征

图 9.5.24　地下厂房下游侧岩台保护层破裂特征[22]

2. 地下厂房下游侧岩台保护层片帮机理

1)下游侧岩台处应力演化规律

为更加细致地分析保护层内部应力演化规律，提取 1# 机组断面下游侧岩台处应力量值随分层开挖的演化规律，如图 9.5.25 所示[22]。可以看出，在应力量值方面，σ_1 随开挖逐级上升，σ_2 近似不变，σ_3 逐级减小。中部拉槽阶段(g~h 段)应力调整达到峰值，拉槽结束后岩台发生破坏，这说明中部拉槽阶段降低岩台区域的应力集中是保证岩台开挖成型的关键。

2)分层开挖卸荷应力路径下花岗岩破裂机理

为分析高应力开挖卸荷作用下花岗岩破裂机理，依据上述提取的应力路径设计了如图 9.5.26 所示的真三轴分级卸荷应力路径。考虑到下游侧保护层卸荷破裂程度可能受拉槽高度和宽度的影响，不同拉槽参数下卸荷量有所不同，因此在真三轴分级卸荷试验的 σ_3 方向设计了 4 个不同的卸荷量等级，即每一级卸荷量($\Delta\sigma_3$)分别为 1MPa、2MPa、3MPa、5MPa。

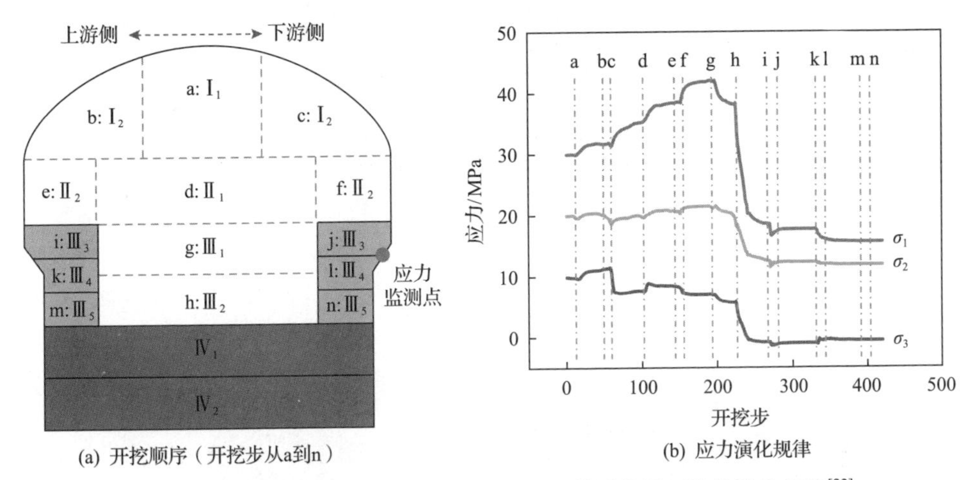

(a) 开挖顺序（开挖步从a到n）　　(b) 应力演化规律

图 9.5.25　1# 机组断面下游侧岩台处应力量值随分层开挖的演化规律[22]

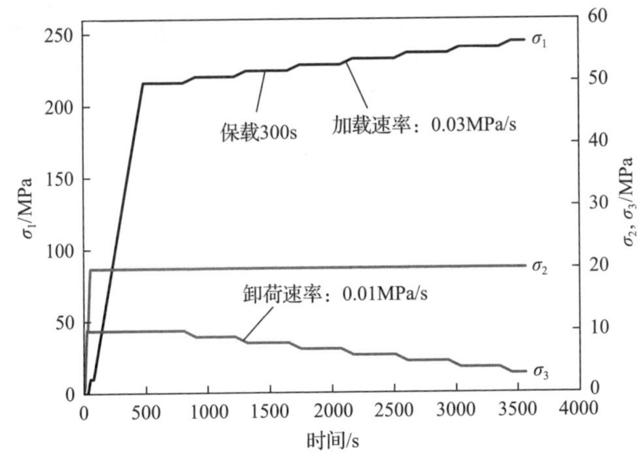

图 9.5.26　真三轴分级卸荷应力路径($\Delta\sigma_3$=1MPa)

(1) 分层开挖卸荷作用下花岗岩破裂演化过程。

如图 9.5.27 所示，在卸荷阶段每卸荷一级均会出现声发射信号，卸荷前期产生的声发射信号少，后期产生的声发射信号多，为此将卸荷阶段分为裂纹稳定扩展阶段和非稳定扩展阶段。如图 9.5.27(a) 所示，当 σ_3=10～5MPa 时，各级卸荷阶段声发射撞击数差别不大，预示着裂纹稳定扩展；当 σ_3＜5MPa 时，声发射撞击数明显增加，预示着裂纹非稳定加速扩展，此时可认为是微裂纹萌生和

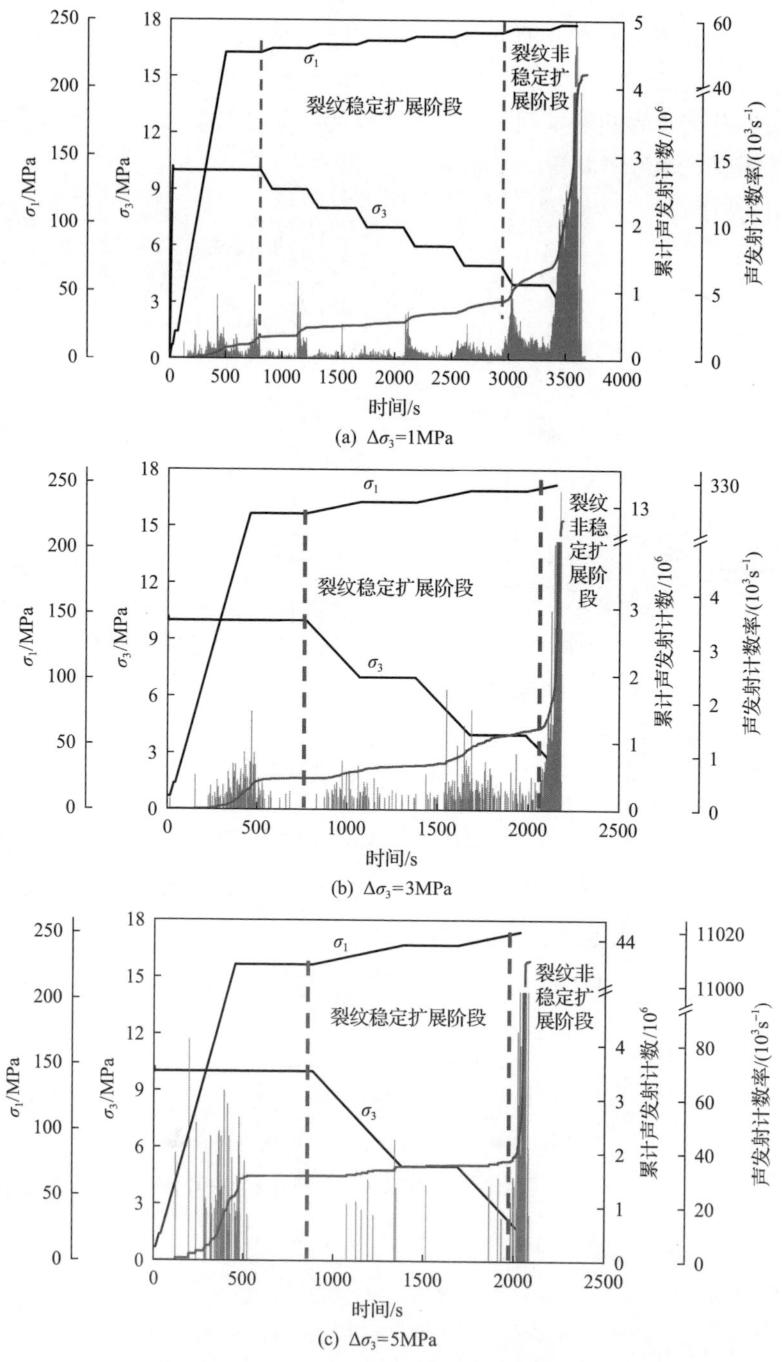

(a) $\Delta\sigma_3$=1MPa

(b) $\Delta\sigma_3$=3MPa

(c) $\Delta\sigma_3$=5MPa

图 9.5.27　不同卸荷等级下声发射计数

扩展的临界状态。从图中还可以看出，分级卸荷量越大，裂纹非稳定扩展阶段越短，非稳定扩展阶段峰值释放量与稳定扩展阶段峰值释放量比值更大，破坏越剧烈。

图 9.5.28 为分级卸荷过程中声发射参数 AF 和 RA 分布特征。可以看出，在稳定扩展阶段产生的微破裂以拉破裂为主，非稳定扩展阶段仍以拉破裂为主，但形成了很多剪破裂，剪破裂所占比例有所上升。

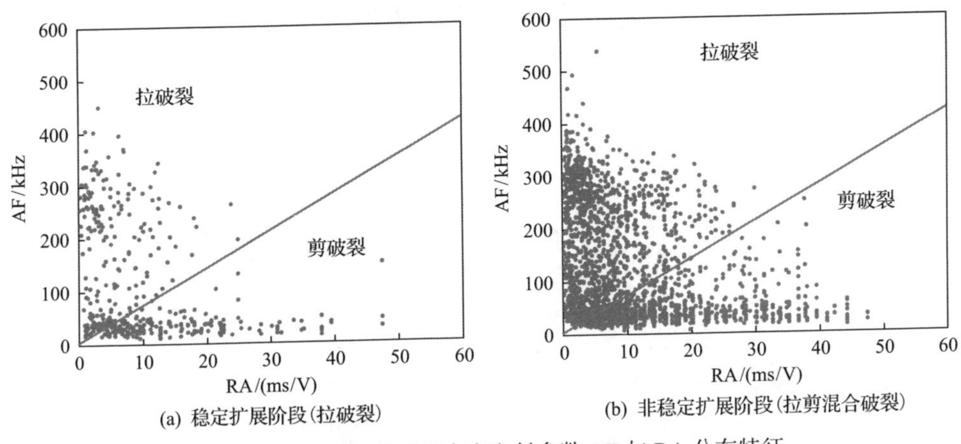

图 9.5.28　分级卸荷过程中声发射参数 AF 与 RA 分布特征

(2) 分层开挖卸荷作用下花岗岩破坏模式。

分层开挖卸荷应力路径下花岗岩破坏模式与现场岩体破坏模式对比如图 9.5.29 所示[22]。可以看出，试样破坏模式均呈现出拉剪混合破坏状态，但随着卸荷量的增加，试样的剪切破坏特征明显减少，张拉破坏特征明显增强，试样的破裂面倾角更陡，更加趋向于与 σ_1-σ_2 面平行，宏观主裂纹由 $\Delta\sigma_3$=1MPa 时的 2 条增加至 $\Delta\sigma_3$=5MPa 时的 4 条，试样边缘的岩片更薄。分级卸荷量越大，岩石破坏越剧烈。

3. 地下厂房下游侧岩台开挖优化

岩台破裂是中部拉槽引起的应力集中造成的，同时卸荷量越大，岩石破坏越剧烈。为此，为保证岩台开挖成型，基于第 8 章裂化抑制法，通过优化中部拉槽参数(拉槽宽度和高度)，预留合适厚度的保护层，以此来减小保护层内部破裂区深度和程度，使保护层内部破裂深度小于岩台设计轮廓所在深度，从而达到岩台开挖成型的预期效果。

1) 不同中部拉槽开挖方案的比较

为研究拉槽参数对保护层破裂程度的影响，设计了如表 9.5.14 所示的计算方案，对比分析不同拉槽参数下保护层岩体破裂程度指标的差异。不同拉槽参数下

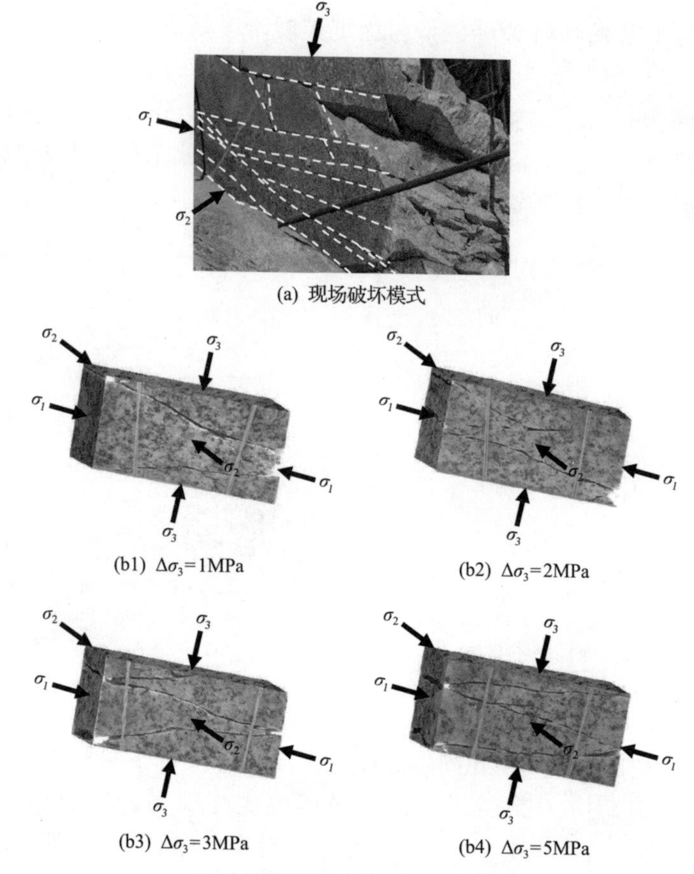

(a) 现场破坏模式

(b1) $\Delta\sigma_3=1$MPa　(b2) $\Delta\sigma_3=2$MPa

(b3) $\Delta\sigma_3=3$MPa　(b4) $\Delta\sigma_3=5$MPa

(b) 分层开挖卸荷应力路径下破坏模式

图 9.5.29　分层开挖卸荷应力路径下花岗岩破坏模式与现场岩体破坏模式对比[22]

表 9.5.14　不同方案下拉槽宽度和拉槽深度

方案编号	拉槽宽度/m	拉槽深度/m	保护层厚度 W/m	保护层高度 H/m
1	17.3	2	4	2
2	17.3	3.8	4	3.8
3	17.3	6	4	6
4	17.3	7.6	4	7.6
5	13.3	7.6	6	7.6
6	9.3	7.6	8	7.6

岩台保护层破裂程度云图如图 9.5.30 所示，地下厂房下游侧岩台保护层破裂深度随保护层高度或厚度的变化规律如图 9.5.31 所示[22]。

从图 9.5.30 可以看出，地下厂房下游侧保护层岩体破裂区上部起点随保护层高度的增加逐渐靠近边墙：当保护层高度为 2m 和 3.8m，破裂区未达到下游边墙，

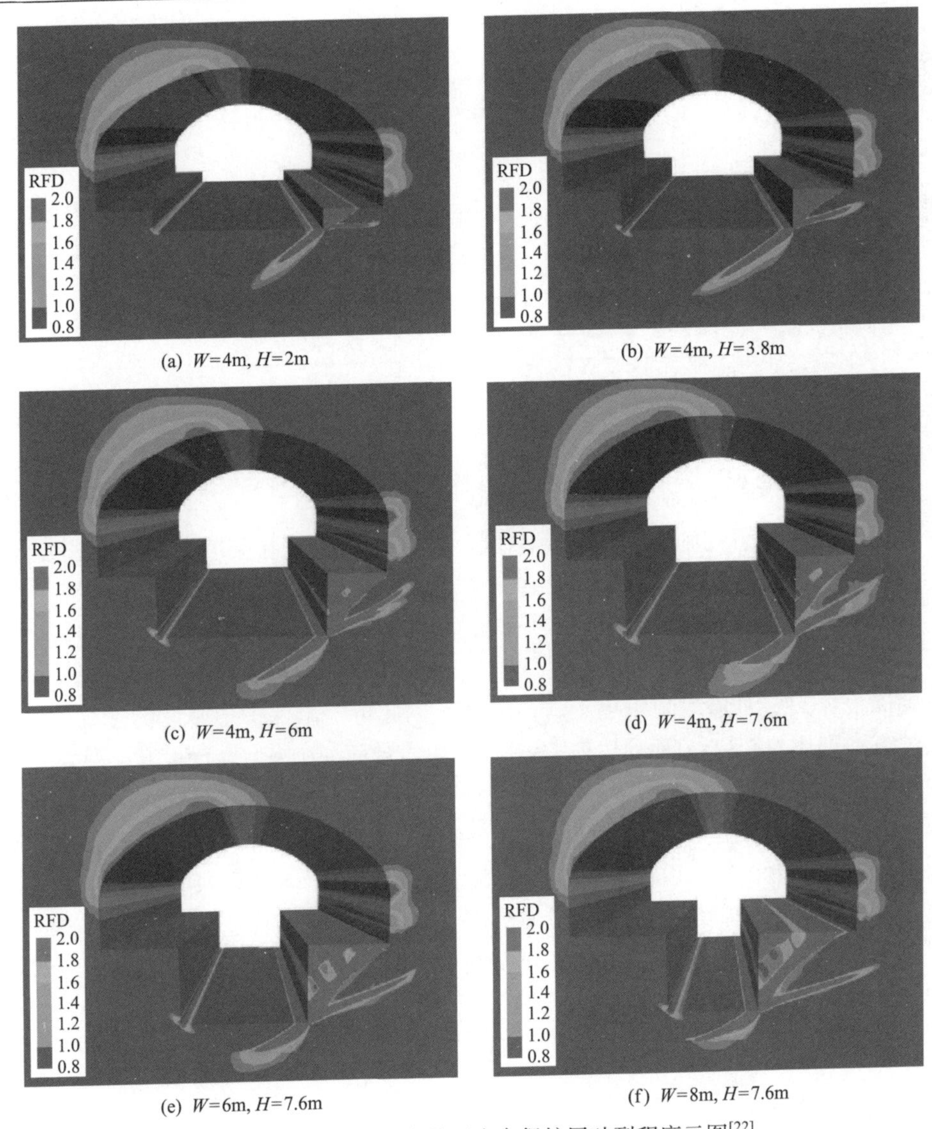

(a) W=4m, H=2m　(b) W=4m, H=3.8m　(c) W=4m, H=6m　(d) W=4m, H=7.6m　(e) W=6m, H=7.6m　(f) W=8m, H=7.6m

图 9.5.30　不同拉槽参数下岩台保护层破裂程度云图[22]

破裂区起点与下游边墙距离分别为 2.7m 和 0.9m；当保护层高度为 6m 和 7.6m 时，保护层破裂区起点与边墙相交，破坏面近似为保护层的对角线。保护层岩体破裂区上部起点随保护层厚度的增加逐渐远离边墙：当保护层厚度小于 6m 时，破裂区起点延伸至下游边墙；当保护层厚度为 8m 时，保护层破裂区起点与下游边墙距离约 3m。中部拉槽高度越低、宽度越窄(即下游侧保护层厚度越厚、高度越低)，岩台破裂风险越低。上述得出的保护层厚度是基于数值计算得出的，然而数值计算方法对于现场施工设计人员是一个不小的挑战，为了便于现场施工的指

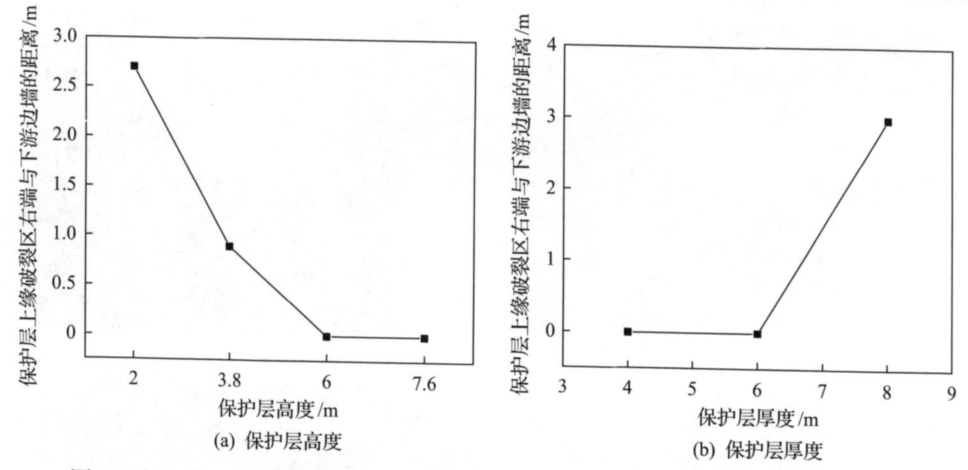

图 9.5.31　地下厂房下游侧岩台保护层破裂深度随保护层高度或厚度的变化规律[22]

导，仍需进一步研究施工方便、成本低、便于推广的岩台保护层开挖设计方案。

2) 保护层厚度设计方案

基于上述的认知，岩台最终卸荷破裂面近似平行于岩台对角线，要使岩台成型，必然要保证宏观破裂面倾角小于岩台面设计倾角，若要控制破裂面倾角，必然要保证保护层对角线倾角小于岩台倾角，据此可提出保护层厚度的设计依据，设计方案如图 9.5.32(a)所示[22]。图中 EG 为岩台面，θ 为岩台面倾角，依据上述设计方案，AB 的倾角亦为 θ。AB 为设计破裂面，通过钻孔摄像发现，破裂面内部仍有少量裂隙发育(见图 9.5.24(c))，为保证岩台部位不产生裂隙，设计破裂面 AB 与设计岩台面 EG 间应留有厚度为 d 的岩体(d 为岩体破裂深度)，d 的大小可通过Ⅱ层下游侧墙脚位置处钻孔摄像得出，确定 d 后便可确定岩台上方岩体 AE 厚度 H_{AE}，见式(9.5.1)。岩台宽度 W_{GH} 及岩台下部高度 H_{HC} 为设计参数，大小分别为 a、b，则岩台坡面的高度见式(9.5.2)，保护层高度 H 见式(9.5.3)，保护层宽度 W_{DK} 见式(9.5.5)。

$$H_{AE} = \frac{d}{\cos\theta} \tag{9.5.1}$$

$$H_{EH} = \frac{a}{\tan\theta} \tag{9.5.2}$$

$$H = \frac{d}{\cos\theta} + \frac{a}{\tan\theta} + b \tag{9.5.3}$$

$$W_{AD} = \frac{H}{\tan\theta} \tag{9.5.4}$$

$$W_{DK} = \frac{d}{\sin\theta} + \frac{a}{\tan\theta^2} + \frac{b}{\tan\theta} - a \tag{9.5.5}$$

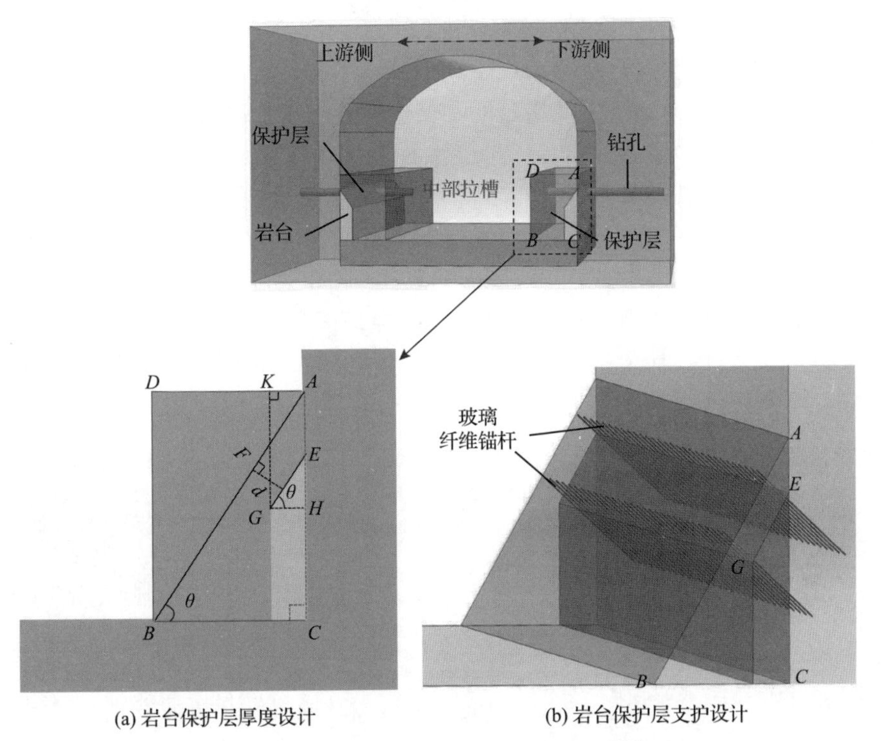

(a) 岩台保护层厚度设计　　(b) 岩台保护层支护设计

图 9.5.32　岩台开挖支护设计示意图[22]

以双江口地下厂房为例，其下游侧保护层厚度为 4m，岩台宽度 a 为 1.7m，岩台面倾角 θ 为 55°，开挖高度 H 为 7.6m，计算得到的保护层对角线 AB 倾角为 53°，比岩台面 EG 倾角小 2°，保护层对角面 AB 与岩台面 EG 间预留的厚度 d 仅为 0.9m，通过钻孔摄像发现岩台附近仍有裂隙发育(见图 9.5.24(c))，岩台处于开挖破裂区范围内，故难以成型。因此，为保证岩台开挖成型，在保证保护层对角线倾角小于或等于岩台面倾角的同时，仍需保证保护层对角面与岩台面间距离大于岩体破裂深度。

依据现场测试结果(见图 9.5.24(c))，地下厂房下游侧边墙角处围岩破裂深度为 5.5m，即 d=5.5m，将 a=1.7m、b=3.5m、d=3.5m、θ=55°代入式(9.5.5)，可求得合理的保护层厚度 W_{DK}=8.3m。

依据真三轴卸荷试验的认知，开挖卸荷量对破裂程度有很大影响，为抑制破裂往岩体深部扩展，需及时支护以补偿卸荷量。为此，中部拉槽开挖结束，保护层岩体充分预裂后，应及时清理出卸荷开裂的最终破裂面，并垂直岩台面布置 2 排ϕ25mm 玻璃纤维锚杆，间排距 1.5m，如图 9.5.32(b)所示，然后进行后续精细化开挖，开挖时边墙以外的玻璃纤维锚杆杆体将随开挖自动折断。

3) 下游侧岩台优化开挖效果

为保证地下厂房岩台开挖成型，将地下厂房 K0+010～K0+045 区段设置为爆破试验区，中部拉槽宽度由 17.3m 调整为 9.3m，下游侧岩台保护层厚度由 4m 调整为 8m。图 9.5.33 为岩台保护层厚度调整前后开挖效果对比。可以看出，岩台开挖效果变化明显。当下游侧岩台保护层厚度为 4m 时，保护层中发生严重的卸荷开裂现象导致岩台破坏；当下游侧岩台保护层厚度调整至 8m 时，岩台成型良好，一定程度上验证了保护层厚度设计公式的合理性。此外，岩台设计轮廓 2m 外区域岩体破裂程度明显大于其 2m 范围内的岩体(见图 9.5.24(c))，但最终导致岩台破坏的是岩台设计轮廓附近 2m 范围内的裂隙，该案例很好地说明了高地应力区一些关键部位的开挖在控制表层围岩破裂程度的同时仍应控制破裂深度，充分体现了裂化抑制法的适用性。

(a) 4m保护层厚度开挖

(b) 4m保护层厚度开挖效果

(c) 8m保护层厚度开挖

(d) 8m保护层厚度开挖效果

图 9.5.33　岩台保护层厚度调整前后开挖效果对比

参 考 文 献

[1] 冯夏庭, 江权, 等. 高应力大型地下洞室群设计方法. 北京: 科学出版社, 2023.

[2] 李邵军, 郑民总, 邱士利, 等. 中国锦屏地下实验室开挖隧洞灾变特征与长期原位力学响应

$$W_{DK} = \frac{d}{\sin\theta} + \frac{a}{\tan\theta^2} + \frac{b}{\tan\theta} - a \tag{9.5.5}$$

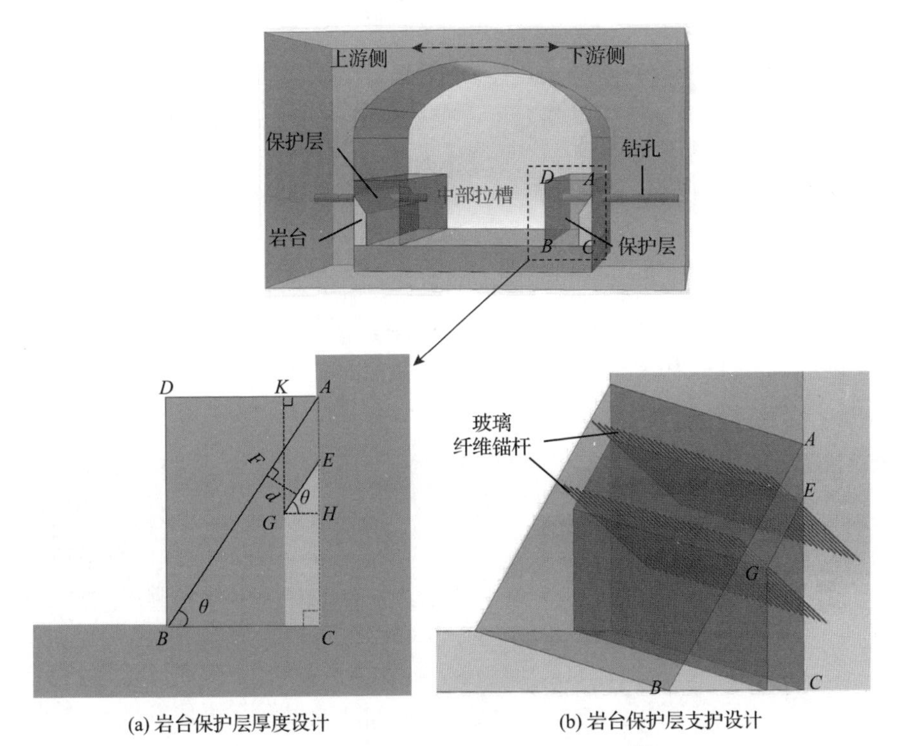

(a) 岩台保护层厚度设计　　(b) 岩台保护层支护设计

图 9.5.32　岩台开挖支护设计示意图[22]

以双江口地下厂房为例，其下游侧保护层厚度为 4m，岩台宽度 a 为 1.7m，岩台面倾角 θ 为 55°，开挖高度 H 为 7.6m，计算得到的保护层对角线 AB 倾角为 53°，比岩台面 EG 倾角小 2°，保护层对角面 AB 与岩台面 EG 间预留的厚度 d 仅为 0.9m，通过钻孔摄像发现岩台附近仍有裂隙发育(见图 9.5.24(c))，岩台处于开挖破裂区范围内，故难以成型。因此，为保证岩台开挖成型，在保证保护层对角线倾角小于或等于岩台面倾角的同时，仍需保证保护层对角面与岩台面间距离大于岩体破裂深度。

依据现场测试结果(见图 9.5.24(c))，地下厂房下游侧边墙角处围岩破裂深度为 5.5m，即 d=5.5m，将 a=1.7m、b=3.5m、d=3.5m、θ=55°代入式(9.5.5)，可求得合理的保护层厚度 W_{DK}=8.3m。

依据真三轴卸荷试验的认知，开挖卸荷量对破裂程度有很大影响，为抑制破裂往岩体深部扩展，需及时支护以补偿卸荷量。为此，中部拉槽开挖结束，保护层岩体充分预裂后，应及时清理出卸荷开裂的最终破裂面，并垂直岩台面布置 2 排ϕ25mm 玻璃纤维锚杆，间排距 1.5m，如图 9.5.32(b)所示，然后进行后续精细化开挖，开挖时边墙以外的玻璃纤维锚杆杆体将随开挖自动折断。

3) 下游侧岩台优化开挖效果

为保证地下厂房岩台开挖成型，将地下厂房 K0+010～K0+045 区段设置为爆破试验区，中部拉槽宽度由 17.3m 调整为 9.3m，下游侧岩台保护层厚度由 4m 调整为 8m。图 9.5.33 为岩台保护层厚度调整前后开挖效果对比。可以看出，岩台开挖效果变化明显。当下游侧岩台保护层厚度为 4m 时，保护层中发生严重的卸荷开裂现象导致岩台破坏；当下游侧岩台保护层厚度调整至 8m 时，岩台成型良好，一定程度上验证了保护层厚度设计公式的合理性。此外，岩台设计轮廓 2m 外区域岩体破裂程度明显大于其 2m 范围内的岩体(见图 9.5.24(c))，但最终导致岩台破坏的是岩台设计轮廓附近 2m 范围内的裂隙，该案例很好地说明了高地应力区一些关键部位的开挖在控制表层围岩破裂程度的同时仍应控制破裂深度，充分体现了裂化抑制法的适用性。

(a) 4m保护层厚度开挖

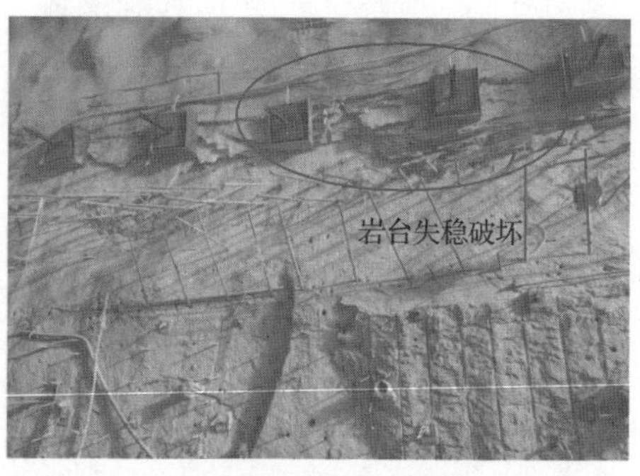

(b) 4m保护层厚度开挖效果

(c) 8m保护层厚度开挖

(d) 8m保护层厚度开挖效果

图 9.5.33　岩台保护层厚度调整前后开挖效果对比

参 考 文 献

[1] 冯夏庭, 江权, 等. 高应力大型地下洞室群设计方法. 北京: 科学出版社, 2023.

[2] 李邵军, 郑民总, 邱士利, 等. 中国锦屏地下实验室开挖隧洞灾变特征与长期原位力学响应

分析. 清华大学学报(自然科学版), 2021, 61(8): 842-852.
[3] 中国电建集团华东勘测设计研究院有限公司. 锦屏地下实验室技施设计图纸. 2014.
[4] 冯夏庭, 吴世勇, 李邵军, 等. 中国锦屏地下实验室二期工程安全原位综合监测与分析. 岩石力学与工程学报, 2016, 35(4): 649-658.
[5] Hu L, Feng X T, Xiao Y X, et al. Characteristics of the microseismicity resulting from the construction of a deeply-buried shaft. Tunnelling and Underground Space Technology, 2019, 85: 114-127.
[6] 钟山, 江权, 冯夏庭, 等. 锦屏深部地下实验室初始地应力测量实践. 岩土力学, 2018, 39(1): 356-366.
[7] Feng X T, Yao Z B, Li S J, et al. In situ observation of hard surrounding rock displacement at 2400m deep tunnels. Rock Mechanics and Rock Engineering, 2018, 51(3): 873-892.
[8] Huang J Z, Feng X T, Zhou Y Y, et al. Stability analysis of deep-buried hard rock underground laboratories based on stereophotogrammetry and discontinuity identification. Bulletin of Engineering Geology and the Environment, 2019, 78: 5195-5217.
[9] Feng X T, Guo H S, Yang C X, et al. In situ observation and evaluation of zonal disintegration affected by existing fractures in deep hard rock tunneling. Engineering Geology, 2018, 242: 1-11.
[10] Feng X T, Xu H, Qiu S L, et al. In situ observation of rock spalling in the deep tunnels of the China Jinping Underground Laboratory (2400m depth). Rock Mechanics and Rock Engineering, 2018, 51: 1193-1213.
[11] 黄晶柱, 冯夏庭, 周扬一, 等. 深埋硬岩隧洞复杂岩性挤压破碎带塌方过程及机制分析——以锦屏地下实验室为例. 岩石力学与工程学报, 2017, 36(8): 1867-1879.
[12] 中国中铁二院工程集团有限责任公司. LLZQ6 标段隧道设计图. 2014.
[13] 中铁西北研究院新疆分院. 地应力测试中期报告. 2017.
[14] Zhang W, Feng X T, Xiao Y X, et al. A rockburst intensity criterion based on the Geological Strength Index, experiences learned from a deep tunnel. Bulletin of Engineering Geology and the Environment, 2020, 79(7): 3585-3603.
[15] Hu L, Feng X T, Xiao Y X, et al. Effects of structural planes on rockburst position with respect to tunnel cross-sections: A case study involving a railway tunnel in China. Bulletin of Engineering Geology and the Environment, 2020, 79(2): 1061-1081.
[16] Li P X, Feng X T, Feng G L, et al. Rockburst and microseismic characteristics around lithological interfaces under different excavation directions in deep tunnels. Engineering Geology, 2019, 260: 105209.
[17] Institute of Rock and Soil Mechanics, Chinese Academy of Sciences. Measurement and Analysis of In-situ Stress in N-J TBM Tunnel. 2016.
[18] Gao Y H, Feng X T, Zhang X W, et al. Characteristic stress levels and brittle fracturing of hard

rocks subjected to true triaxial compression with low minimum principal stress. Rock Mechanics and Rock Engineering, 2018, 51(12): 3681-3697.

[19] Zhao Y M, Liu J, Han Y, et al. The failure characteristics and control of large deformation in deep fractured hard rock roadways based on cracking evaluation: A case study. Arabian Journal of Geosciences, 2022, 15: 892.

[20] Zhao Y M, Feng X T, Jiang Q, et al. Large deformation control of deep roadways in fractured hard rock based on cracking-restraint method. Rock Mechanics and Rock Engineering, 2021, 54: 2559-2580.

[21] 中国电建集团成都勘测设计研究院有限公司. 双江口水电站工程地质报告. 2010.

[22] Xia Y L, Feng X T, Yang C X, et al. Mechanism of excavation-induced cracking of the protective layer of a rock bench in a large underground powerhouse under high tectonic stress. Engineering Geology, 2023, 312: 106951.

[23] Xu D P, Huang X, Jiang Q, et al. Estimation of the three-dimensional in situ stress field around a large deep underground cavern group near a valley. Journal of Rock Mechanics and Geotechnical Engineering, 2021, 13: 529-544.

[24] 中国电建集团成都勘测设计研究院有限公司. 双江口水电站主副厂房开挖支护设计图. 2017.

[25] 中国电建集团成都勘测设计研究院有限公司. 双江口水电站地下厂房三大洞室监测布置图. 2017.

彩 图

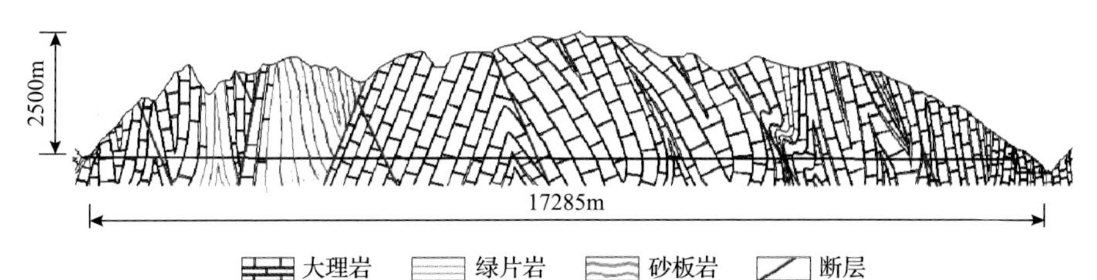

图 2.2.2 锦屏二级水电站引水隧洞沿线地质结构纵剖面图

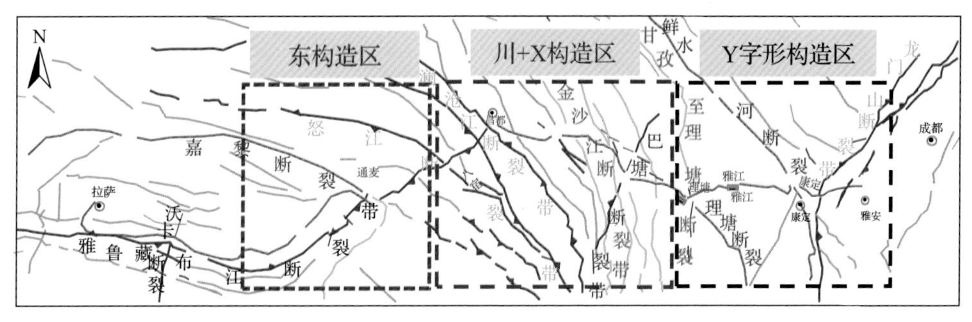

图 2.2.3 青藏高原东缘三大构造区带[3]

图 2.2.8 锦屏地下实验室二期工程含钙质胶结硬性结构面大理岩显微照片

(d) 硬性结构面组合效果

图 2.2.9 硬性结构面控制围岩破坏边界

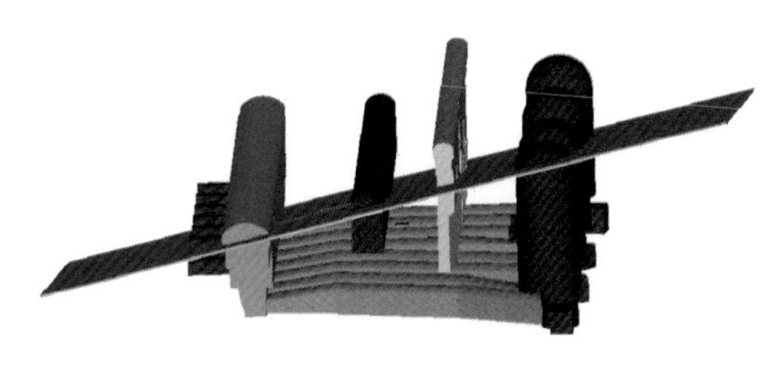

(a) 左岸地下洞室群

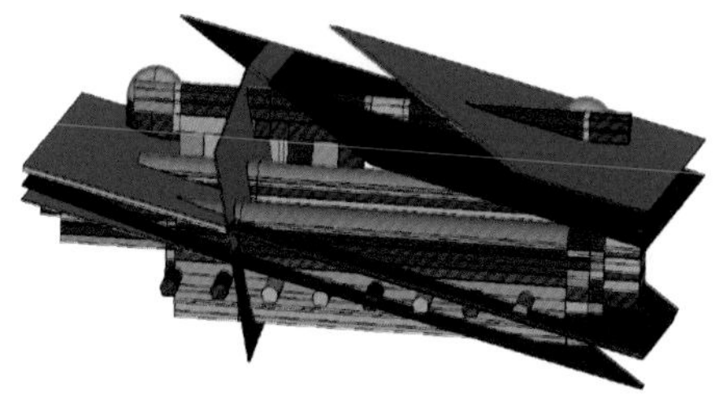

(b) 右岸地下洞室群

图 2.2.16 白鹤滩水电站左右岸深埋地下洞室群与错动带相对关系

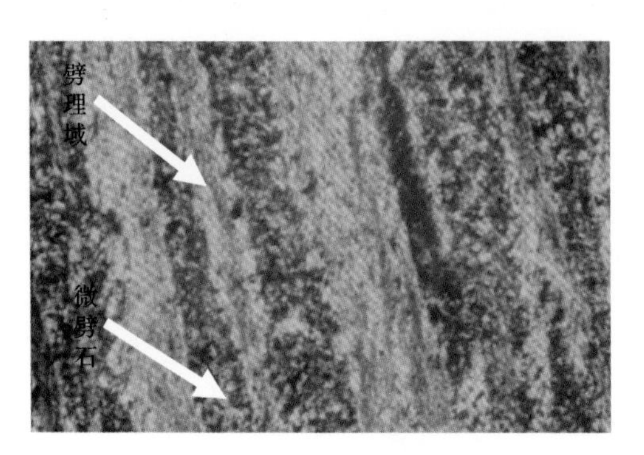

图 2.2.22　劈理的微观特征

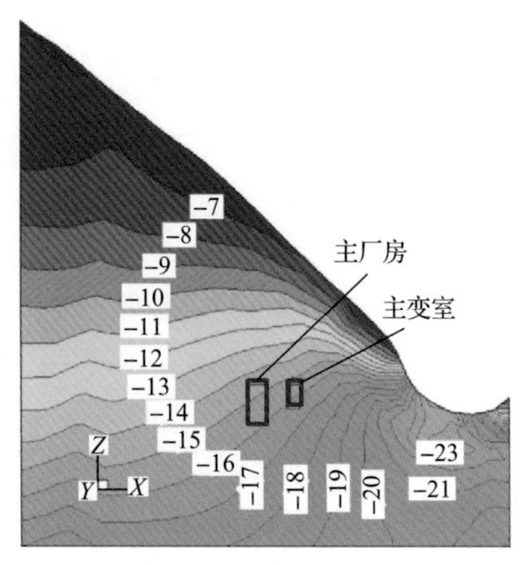

(b) 最大主应力分布图(单位：MPa)

图 2.4.9　锦屏二级水电站地下厂房第 4# 机组剖面应力分布图[17]

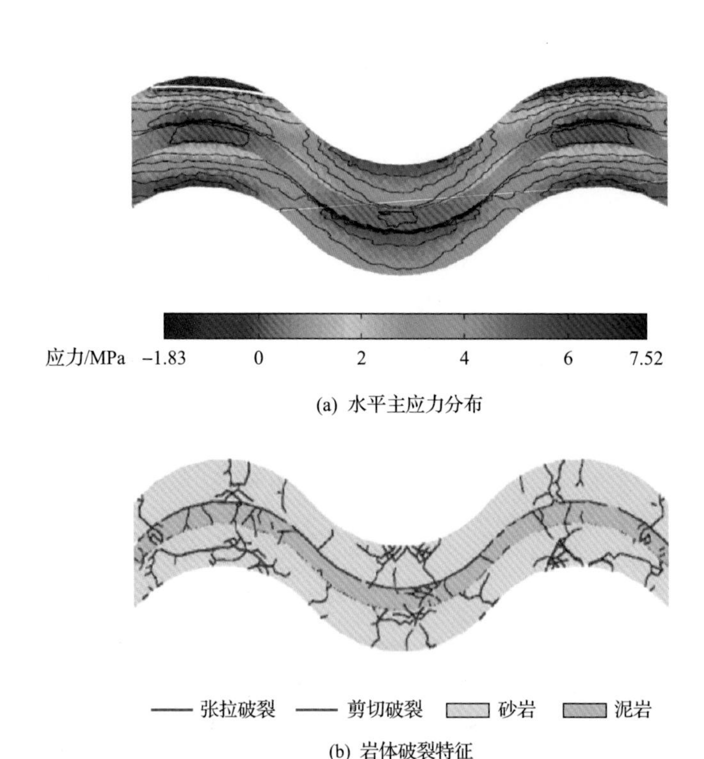

(a) 水平主应力分布

(b) 岩体破裂特征

图 2.4.10　褶皱区域不同位置的水平应力及破裂分布特征[24]

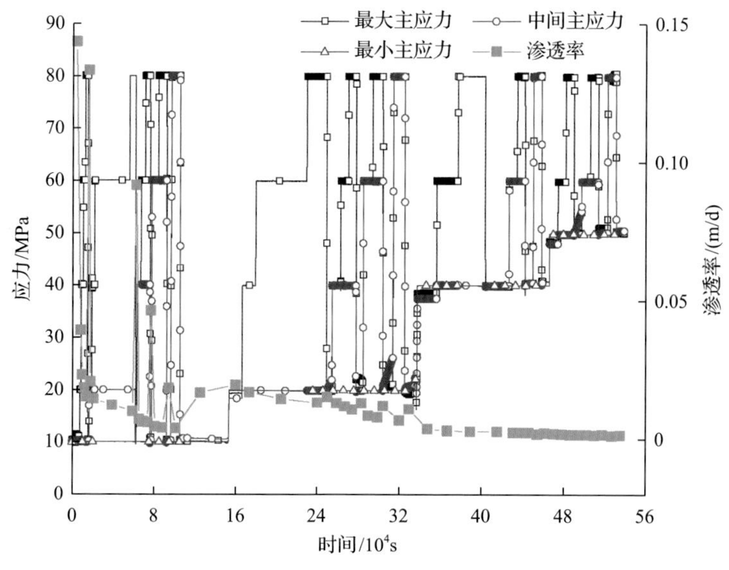

图 2.5.1　应力与渗透率随时间的演化关系

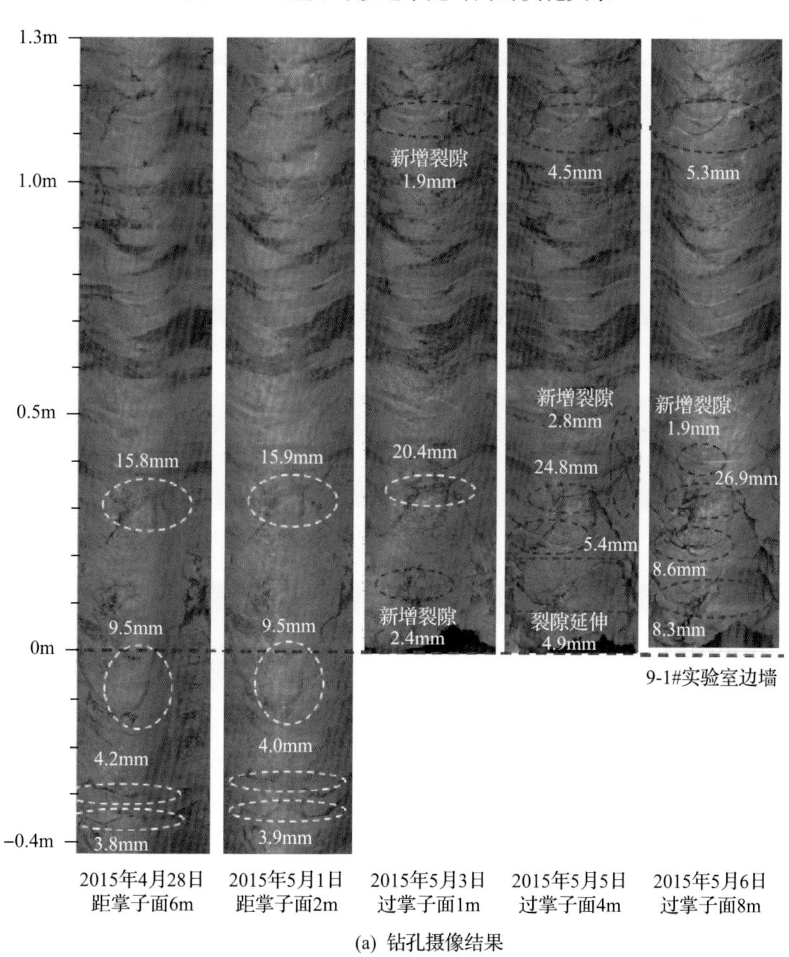

(a) 钻孔摄像结果

图 3.2.11　锦屏地下实验室二期 9-1# 实验室 CAP-06 钻孔测试结果

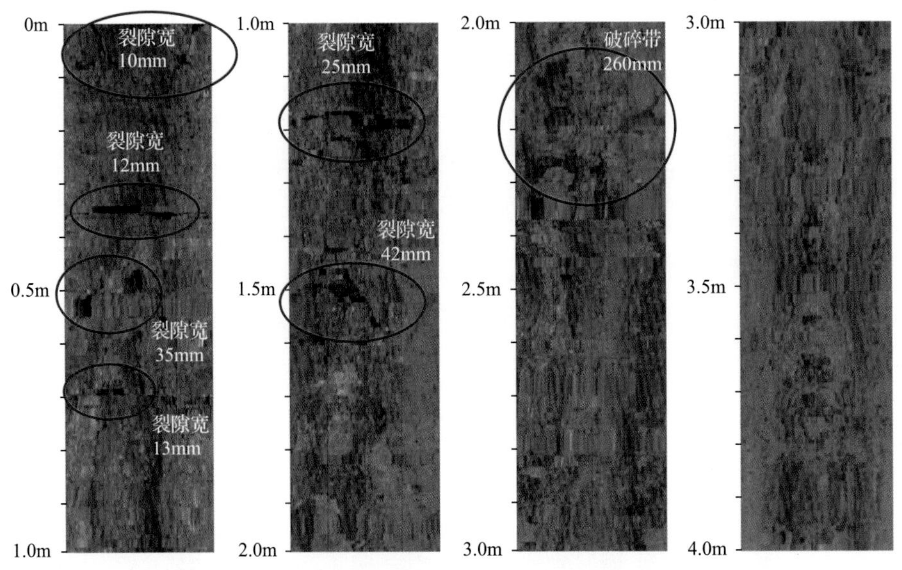

图 3.2.19　焦家金矿–390 阶段 1# 钻孔初始典型钻孔摄像测试结果

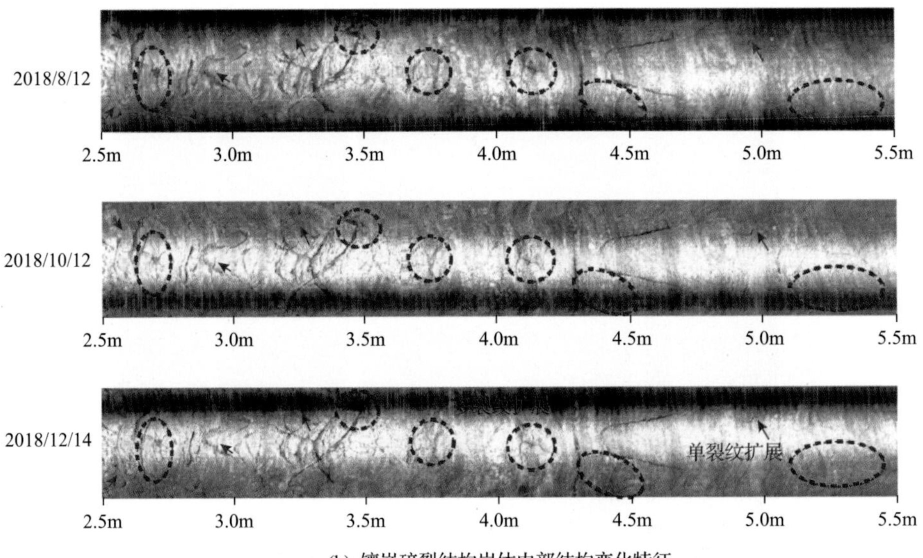

(b) 镶嵌碎裂结构岩体内部结构变化特征

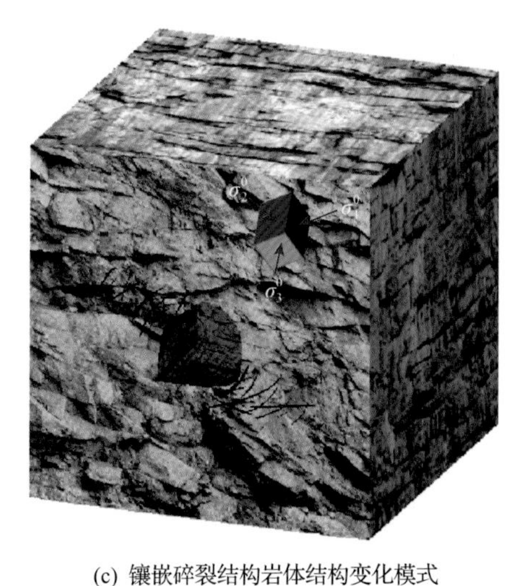

(c) 镶嵌碎裂结构岩体结构变化模式

图 3.2.22　高地应力下镶嵌碎裂结构岩体结构变化特征

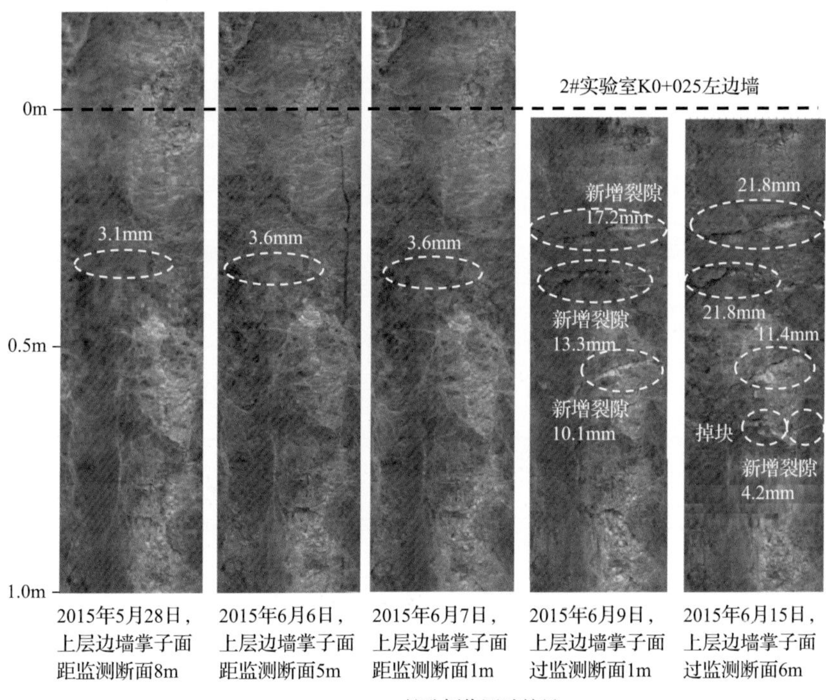

(b) T-2-7钻孔摄像测试结果

图 3.2.24　锦屏地下实验室二期 2# 实验室 K0+025 断面测点布置及典型测试结果

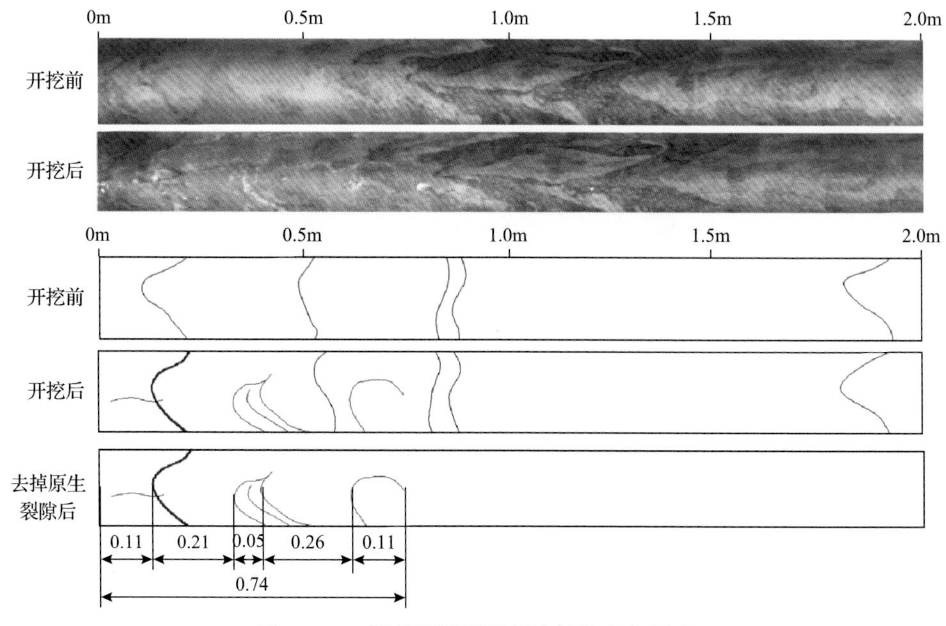

图 3.2.25　深部硬岩隧道岩体结构变化程度

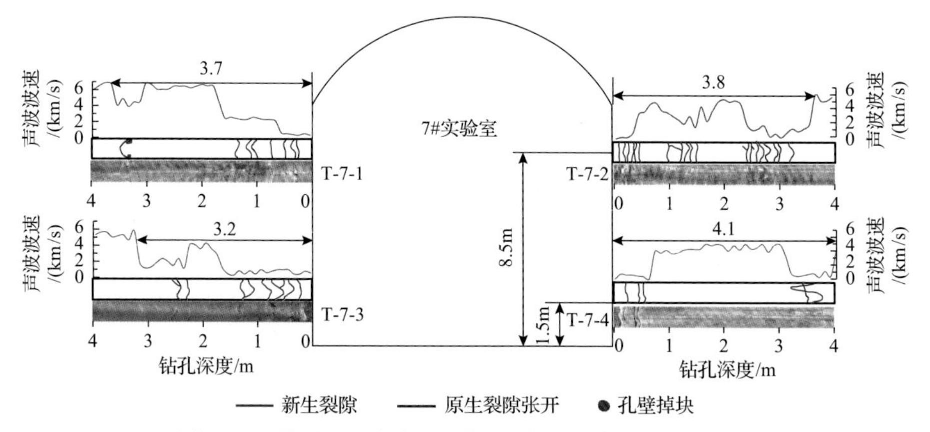

图 3.3.1　锦屏地下实验室二期 7# 实验室分区破裂示意图

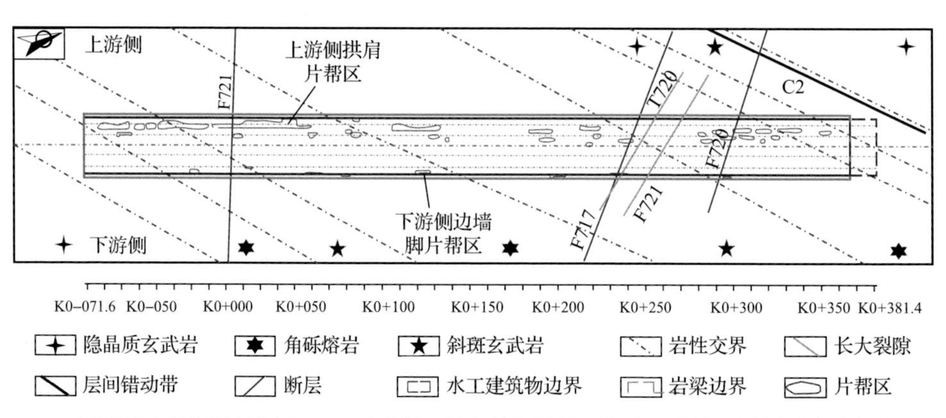

(a) 白鹤滩水电站左岸地下厂房602.6m高程处工程地质剖面简图及第Ⅰ层开挖沿厂房轴线片帮分布情况

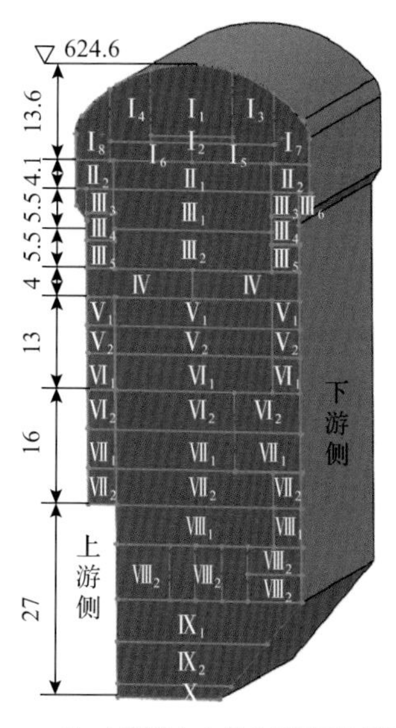

(b) 白鹤滩水电站左岸地下厂房分层分部开挖示意图(单位：m)

(c) 第Ⅰ层开挖期间K0+330附近拱顶斜斑玄武岩区域大面积片帮现象

图 3.3.8　白鹤滩水电站左岸地下厂房工程地质剖面简图及开挖过程中的大面积片帮现象[14]

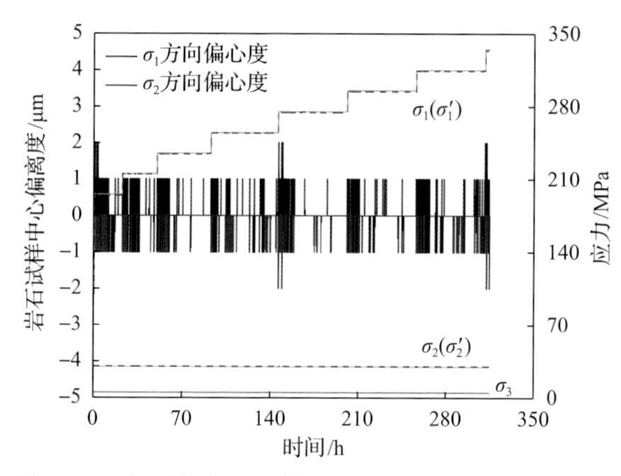

图 4.4.7　长时间岩石试样均匀应力对中加载测试结果

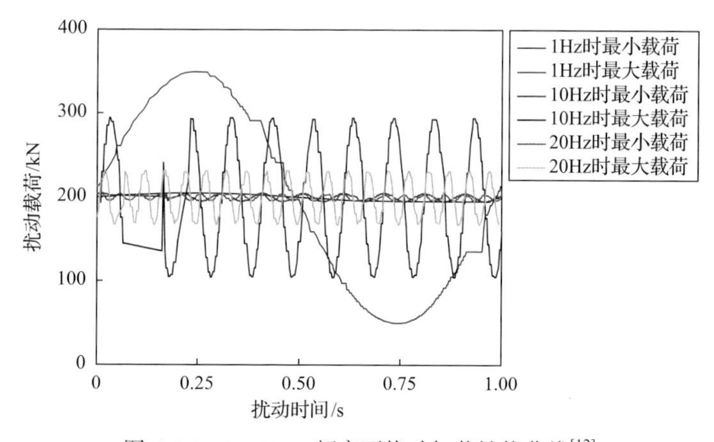

图 4.6.7　0～20Hz 频率下扰动加载性能曲线[12]

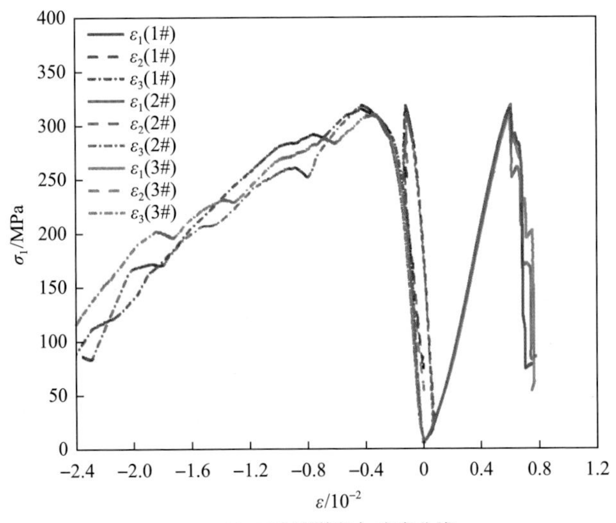

(a) 三个试样应力-应变曲线

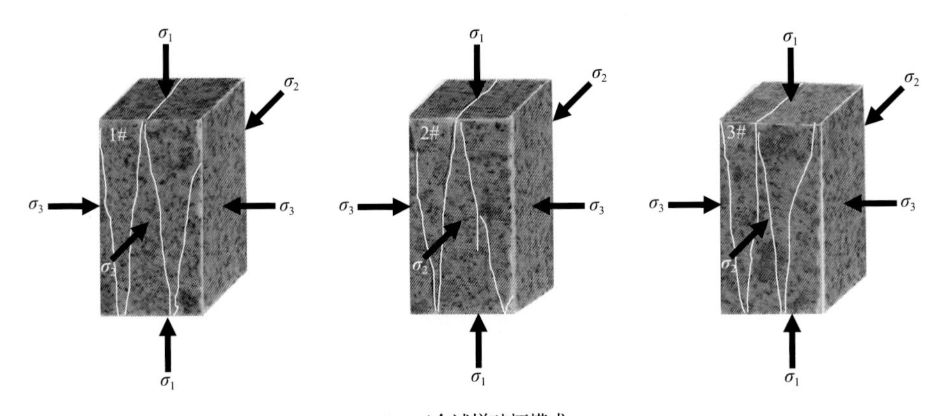

(b) 三个试样破坏模式

图 4.6.14　某深埋隧道花岗岩真三轴压缩静态试验结果

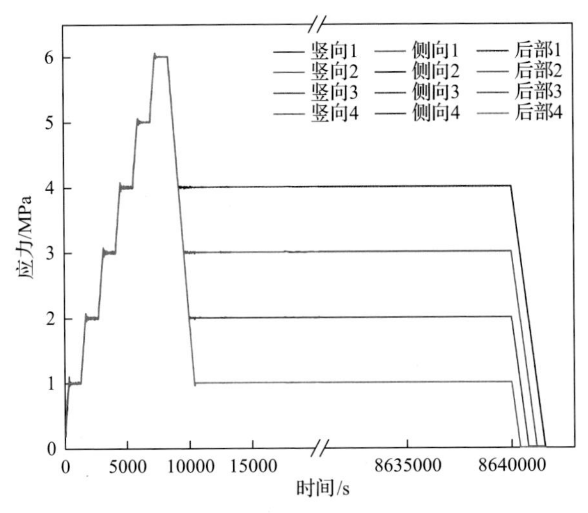

图 4.7.4　设备长时保载测试结果

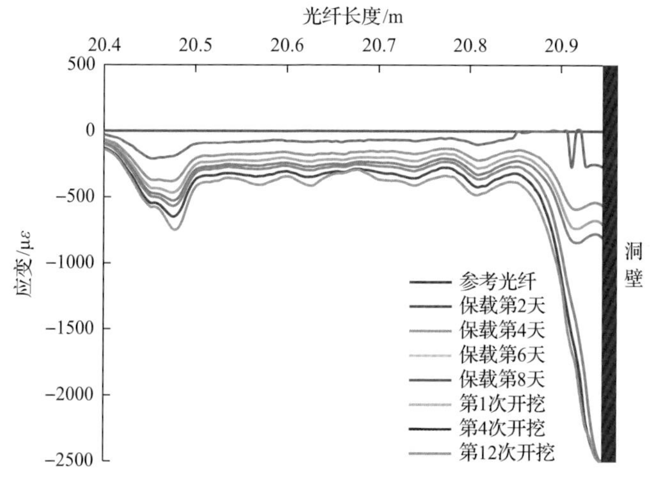

图 4.7.13　保载及开挖阶段拱顶中心处竖向光纤的变形特征

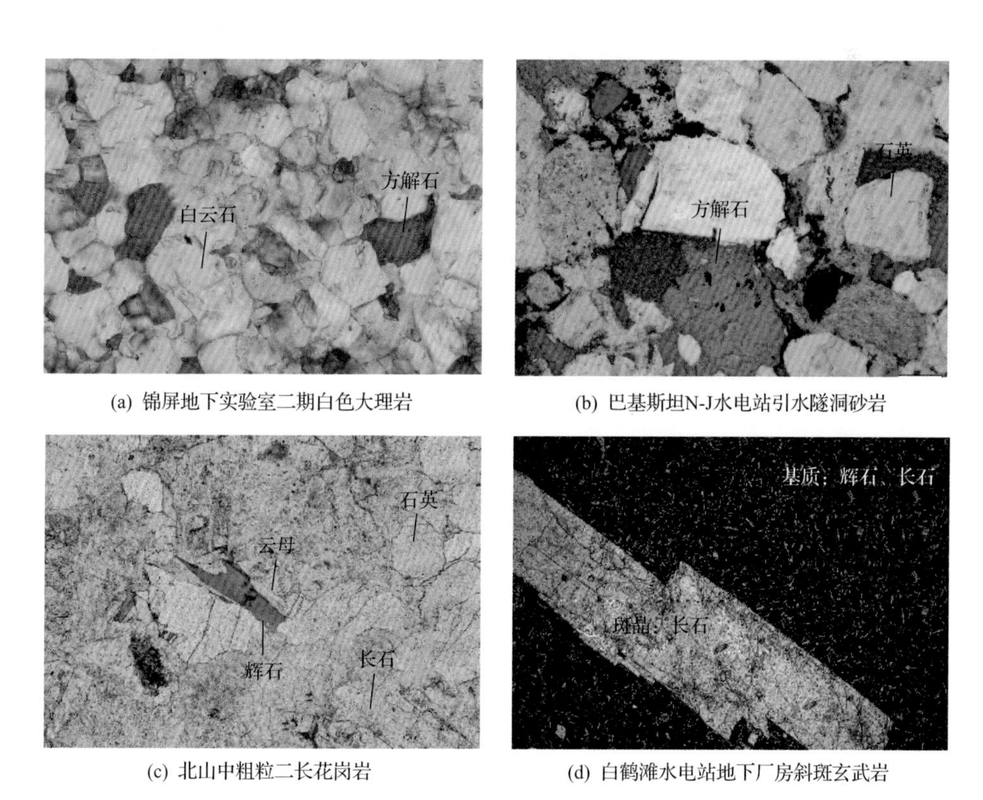

(a) 锦屏地下实验室二期白色大理岩

(b) 巴基斯坦N-J水电站引水隧洞砂岩

(c) 北山中粗粒二长花岗岩

(d) 白鹤滩水电站地下厂房斜斑玄武岩

图 5.1.7　四种深部完整硬岩微观结构[3]

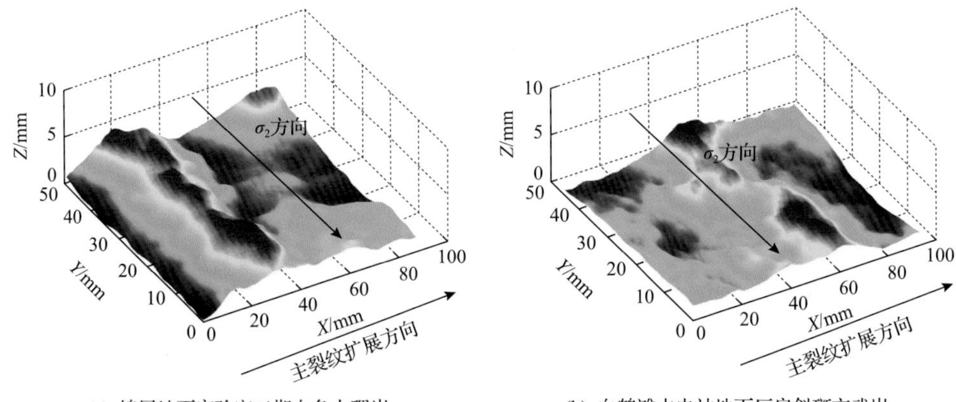

(a) 锦屏地下实验室二期白色大理岩 (b) 白鹤滩水电站地下厂房斜斑玄武岩

图 5.1.28 真三轴压缩后硬岩主破坏面三维激光扫描结果

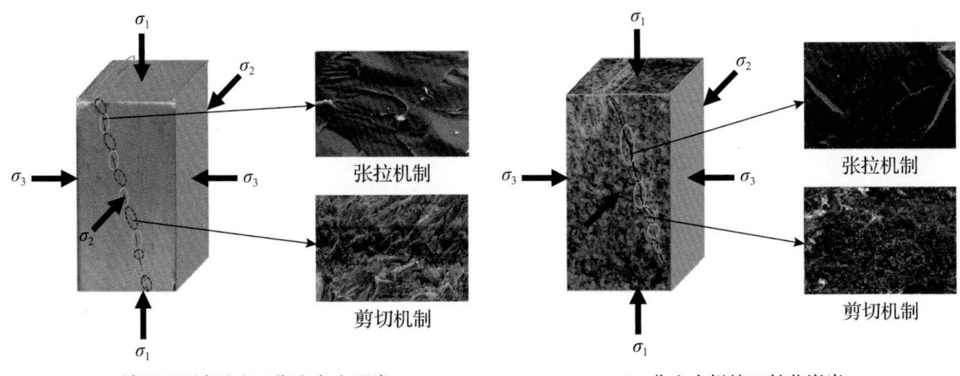

(a) 锦屏地下实验室二期白色大理岩 (b) 北山中粗粒二长花岗岩

图 5.1.31 真三轴压缩后最终破坏状态下硬岩三维台阶形裂纹的破坏机制

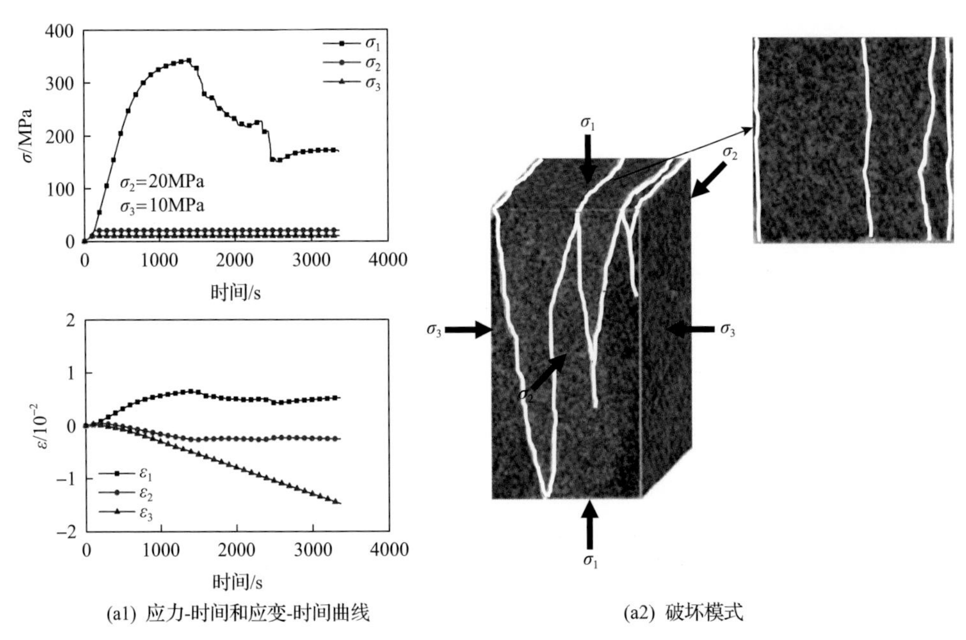

(a1) 应力-时间和应变-时间曲线 (a2) 破坏模式

(a) 主应力方向变换前葡萄牙某水电工程花岗闪长岩破坏形态

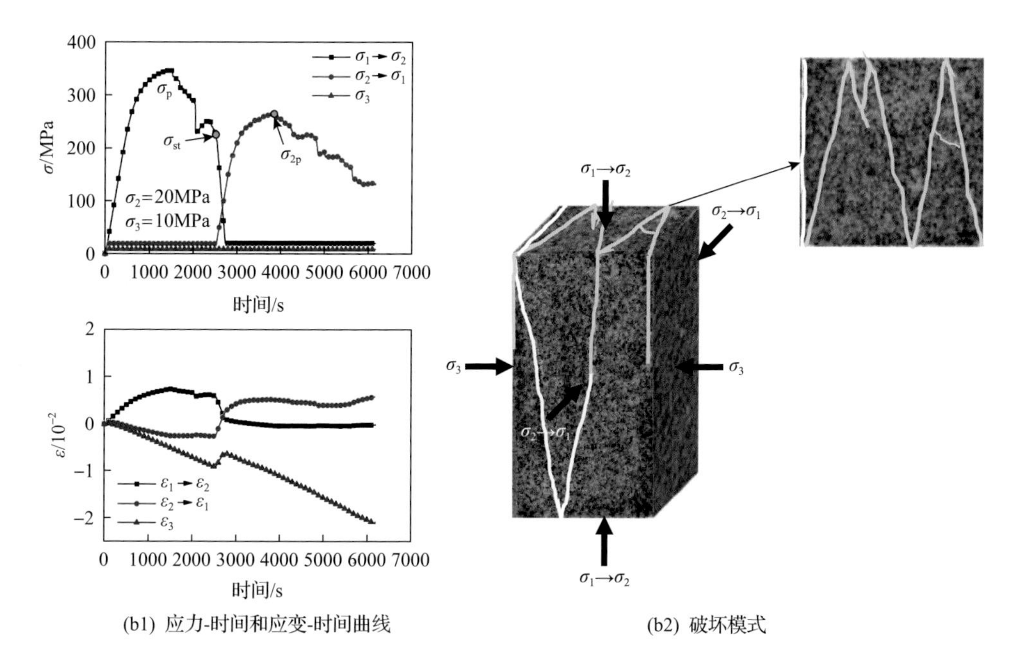

(b1) 应力-时间和应变-时间曲线　　　　(b2) 破坏模式

(b) 主应力方向变换过程中葡萄牙某水电工程花岗闪长岩破坏形态

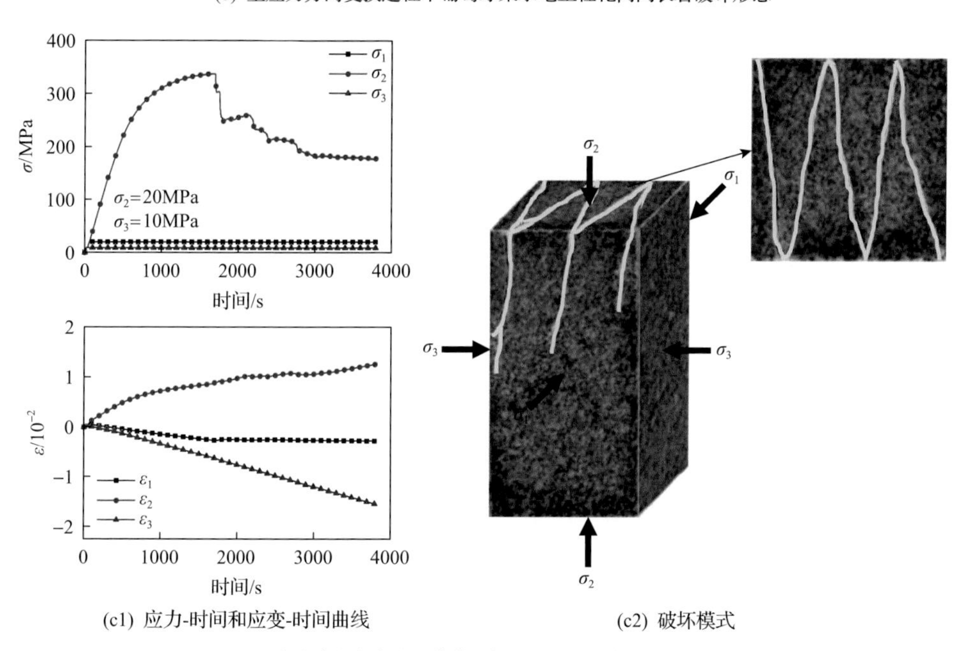

(c1) 应力-时间和应变-时间曲线　　　　(c2) 破坏模式

(c) 主应力方向变换后葡萄牙某水电工程花岗闪长岩破坏形态

图 5.2.18　中间主应力和最大主应力方向变换下葡萄牙某水电工程花岗闪长岩应力-时间、应变-时间曲线和破坏特征

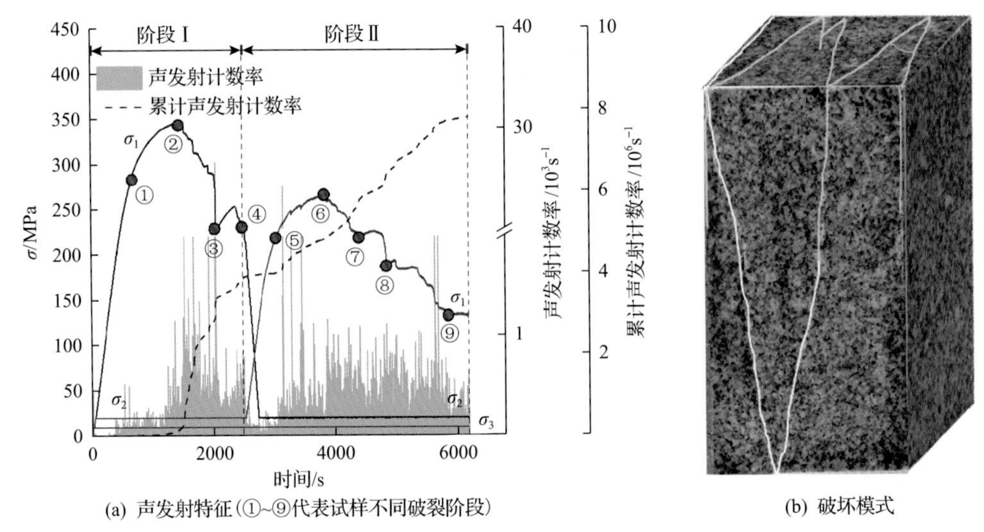

(a) 声发射特征(①~⑨代表试样不同破裂阶段)　　(b) 破坏模式

图 5.2.19　中间主应力和最大主应力方向变换下葡萄牙某水电工程花岗闪长岩声发射特征和破坏模式

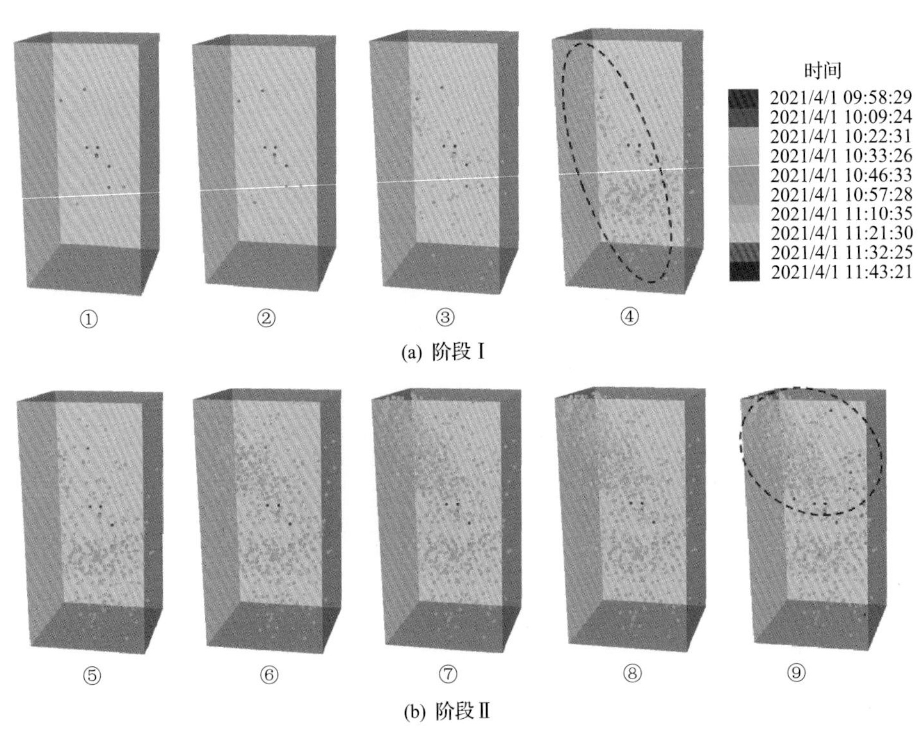

(a) 阶段Ⅰ

(b) 阶段Ⅱ

图 5.2.20　中间主应力和最大主应力方向变换下葡萄牙某水电工程花岗闪长岩破坏全过程的破裂演化

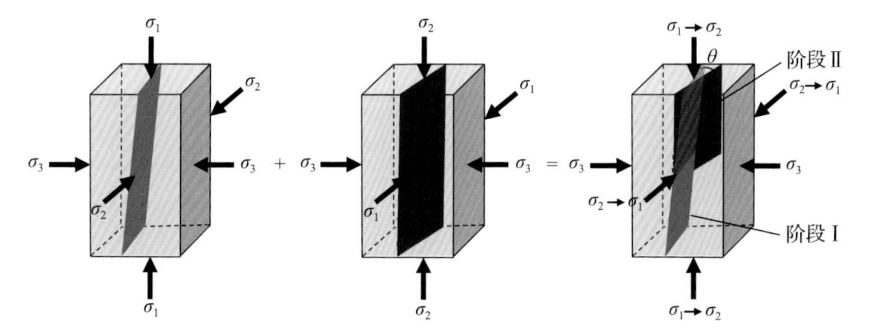

图 5.2.22　中间主应力和最大主应力方向变换诱导硬岩内部裂纹发育方向变化示意图

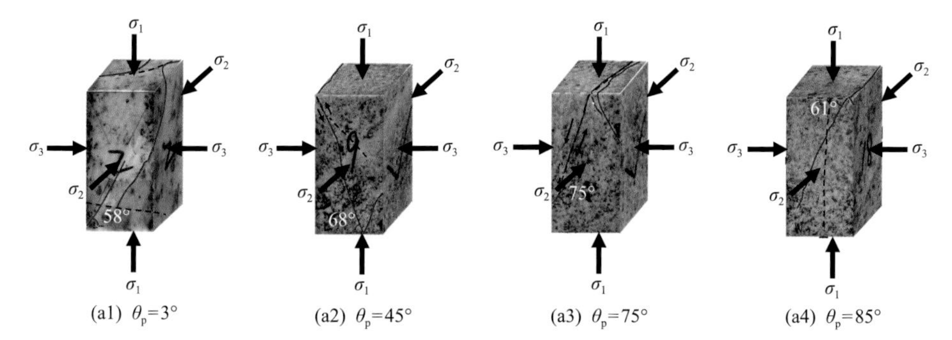

(a1) $\theta_p=3°$　(a2) $\theta_p=45°$　(a3) $\theta_p=75°$　(a4) $\theta_p=85°$

(a) 含单一节理大理岩试样在不同节理优势角时的破裂特征

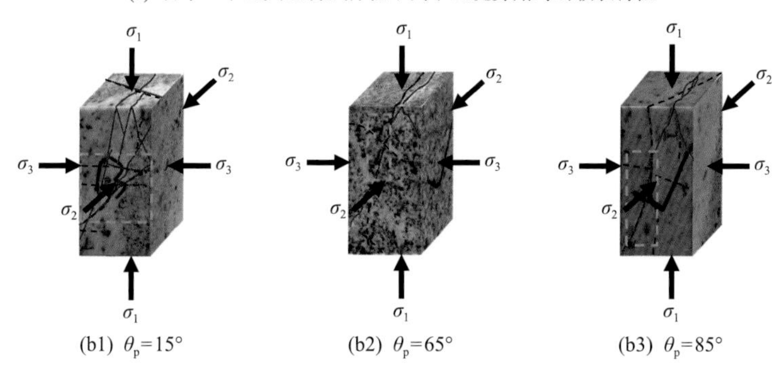

(b1) $\theta_p=15°$　(b2) $\theta_p=65°$　(b3) $\theta_p=85°$

(b) 节理发育程度系数K_j相近时不同节理优势角试样的破裂特征

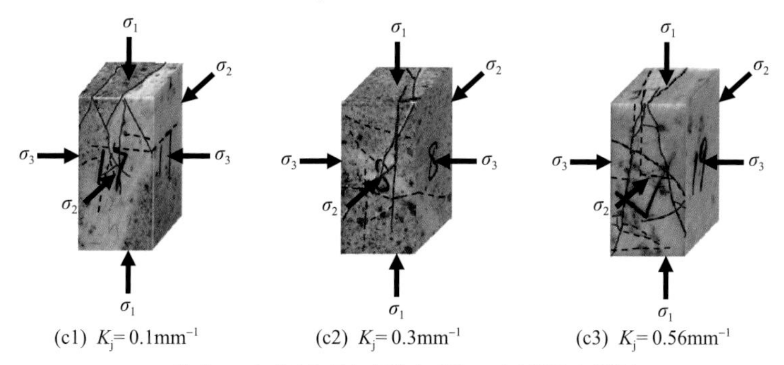

(c1) $K_j=0.1\text{mm}^{-1}$　(c2) $K_j=0.3\text{mm}^{-1}$　(c3) $K_j=0.56\text{mm}^{-1}$

(c) θ_p约为65°时不同节理发育程度系数K_j下试样的破裂特征

------ 节理　—— 破裂面　破裂面与节理重合

图 5.3.5　σ_2=50MPa、σ_3=30MPa 下不同节理优势角 θ_p 及节理发育程度系数 K_j 的金川镍矿含节理大理岩试样的宏观破裂特征

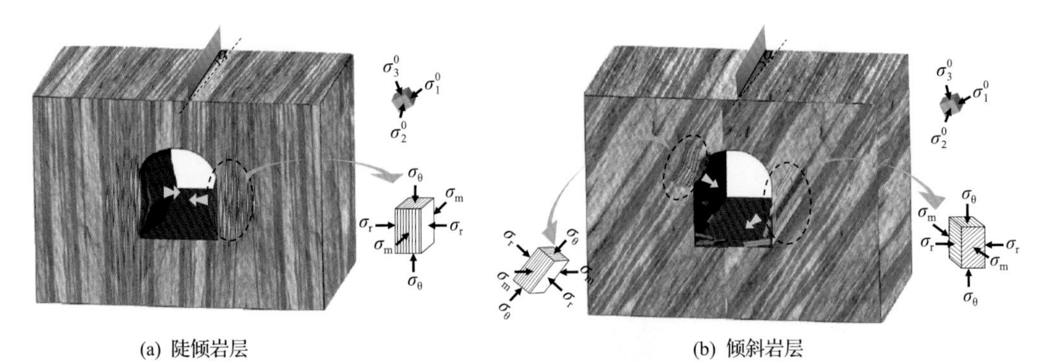

(a) 陡倾岩层　　　　(b) 倾斜岩层

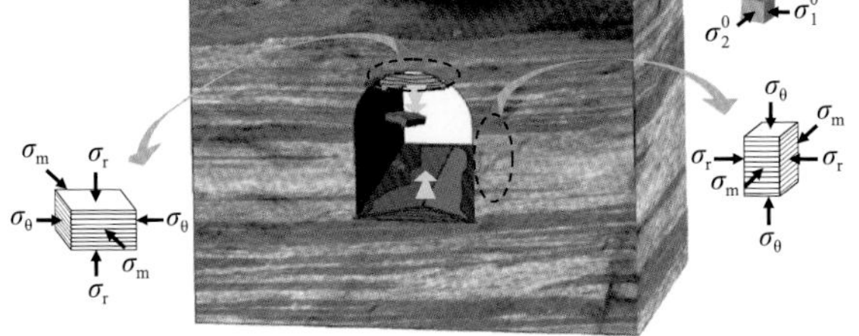

(c) 近水平岩层

图 5.3.18　层状围岩隧道破坏模式概念图

α. 隧道轴线与岩层走向的夹角

(d) 瞬时压缩破坏后试样微观结构

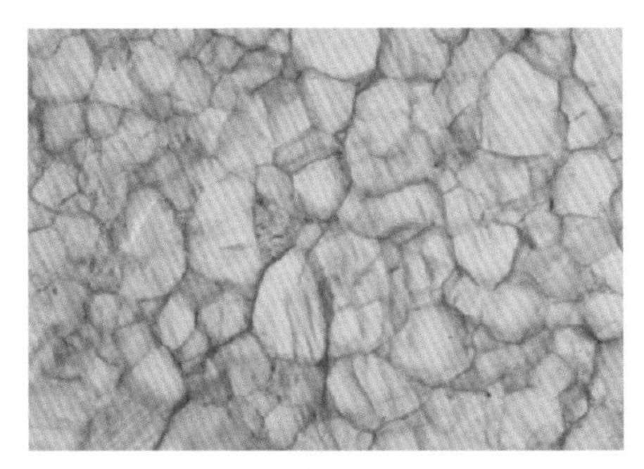

(e) 蠕变破坏后试样微观结构

图 5.4.2　真三轴压缩下 ($\sigma_3 = 50\text{MPa}, \sigma_2 = 80\text{MPa}$) 锦屏地下实验室二期白色大理岩瞬时及蠕变加载后变形及破坏特征[19]

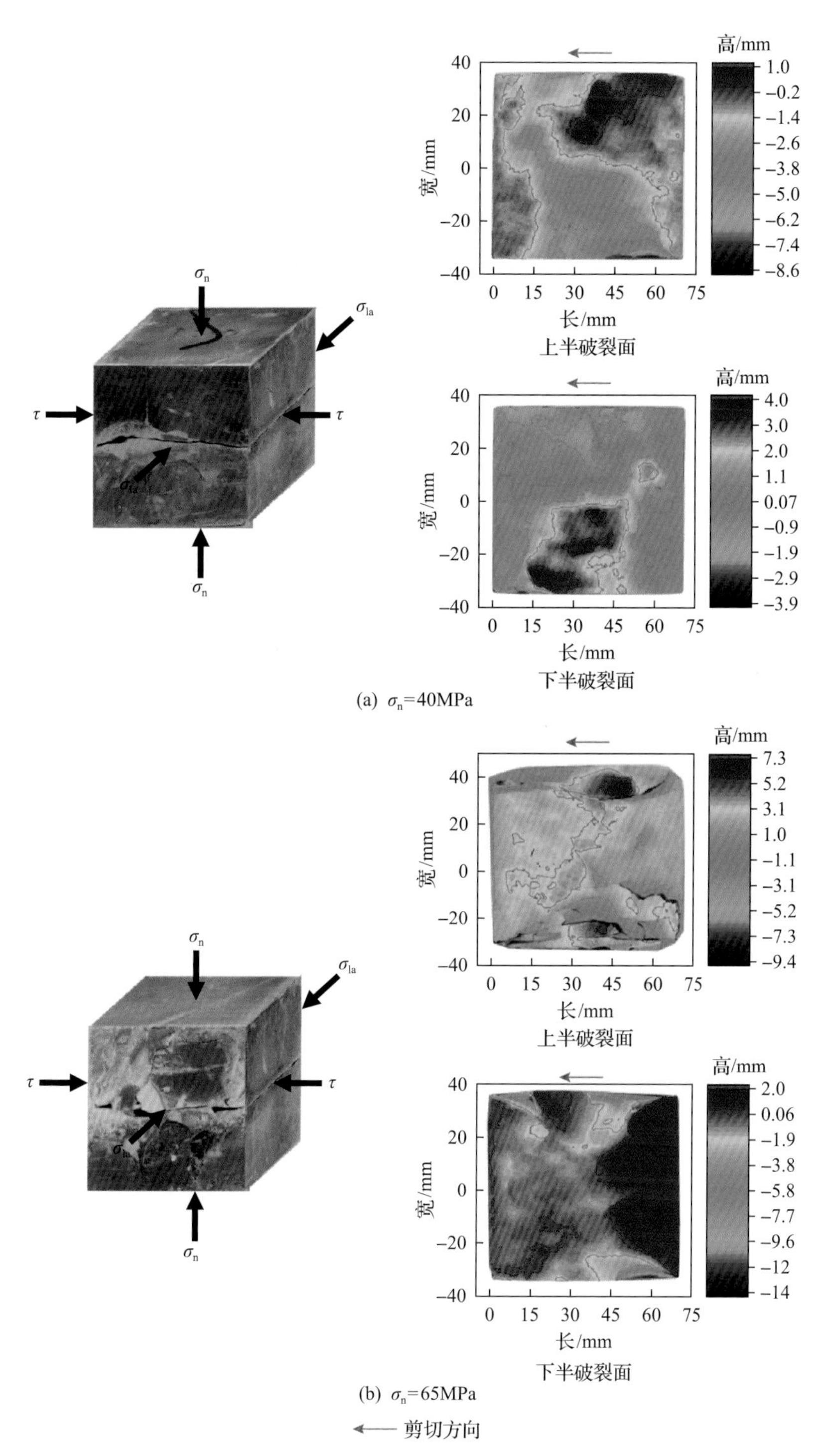

(a) σ_n=40MPa

(b) σ_n=65MPa

←— 剪切方向

图 5.5.4　真三轴压缩下锦屏地下实验室二期灰色大理岩试样在不同应力条件下的剪切破坏图

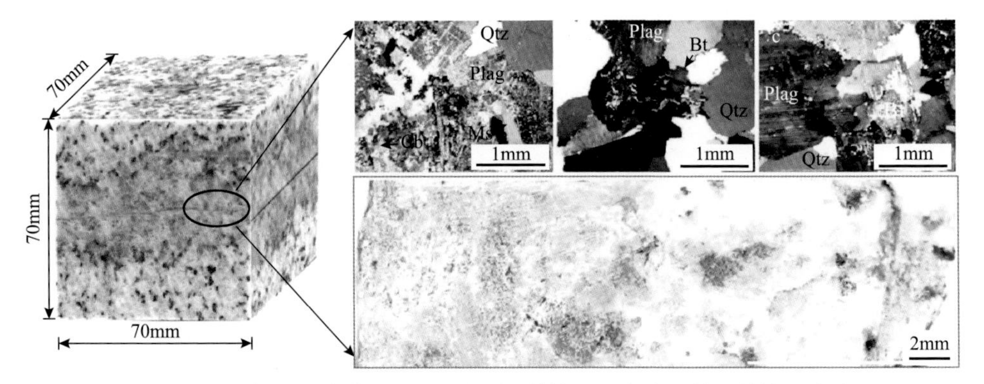

图 5.5.10　某深埋隧道含绿泥石化硬性结构面花岗岩试样及结构面成分

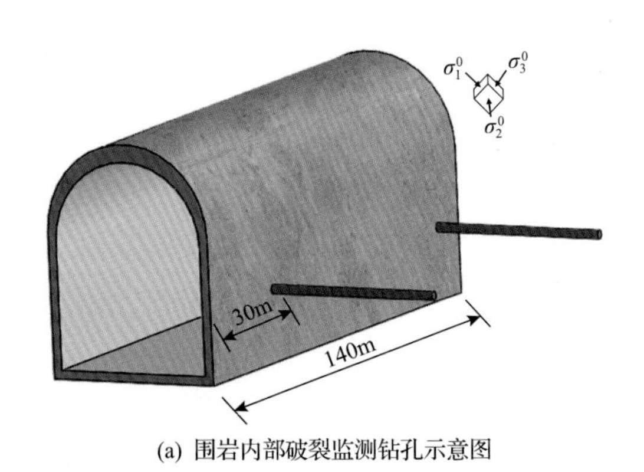

(a) 围岩内部破裂监测钻孔示意图

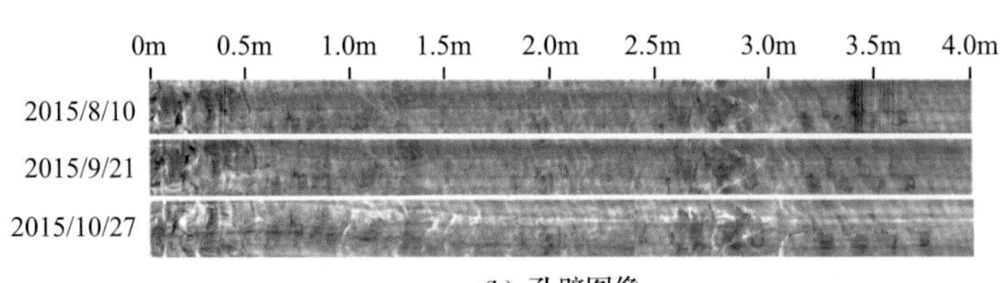

(b) 孔壁图像

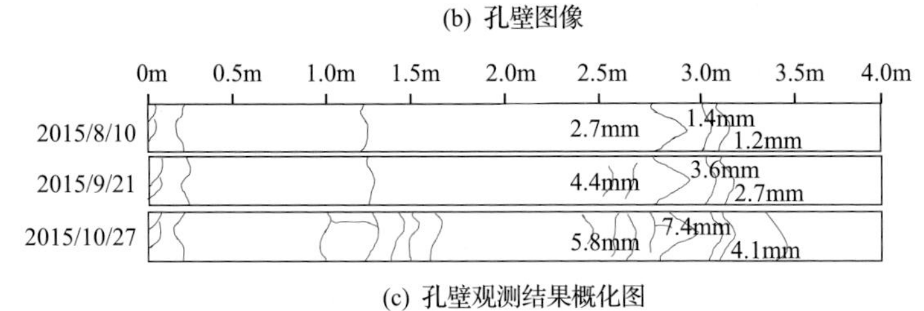

(c) 孔壁观测结果概化图

图 5.7.8　锦屏地下实验室二期某洞室围岩内部分区破裂特征

图中数字表示裂隙隙宽

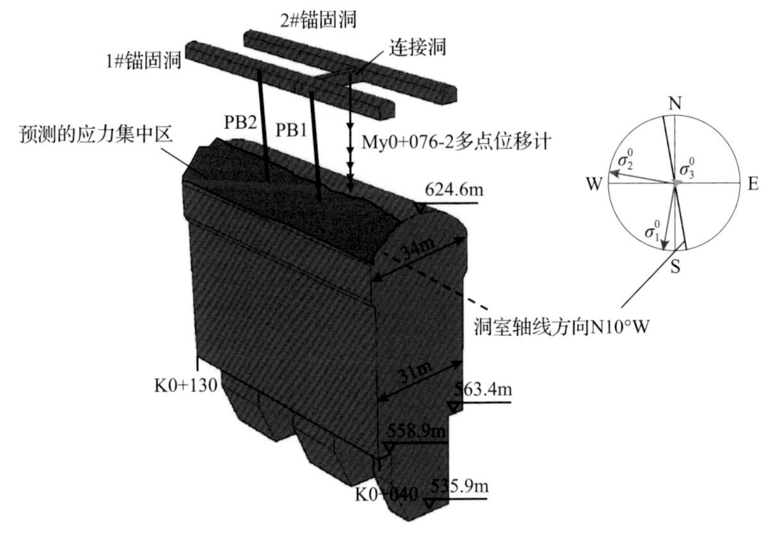

(a) 地下厂房顶拱岩体变形及破裂观测孔布置(PB1和PB2为破裂观测孔)

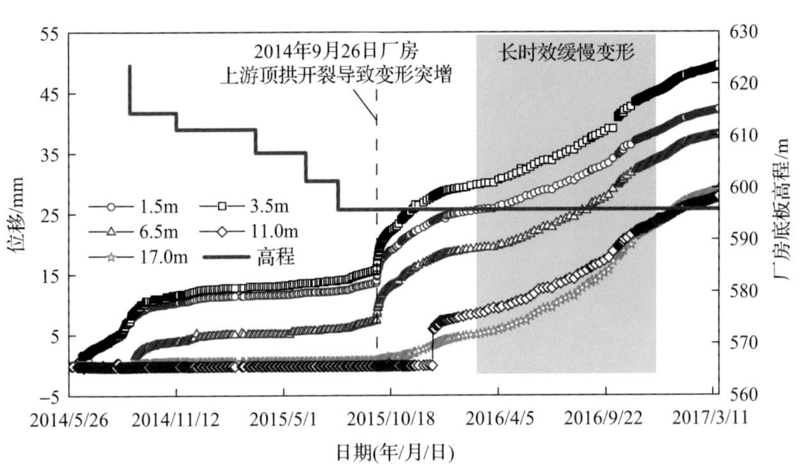

(b) 地下厂房顶拱岩体变形监测结果

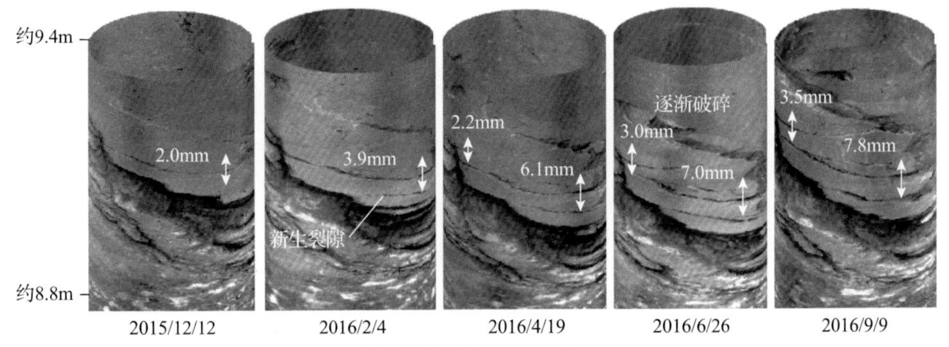

(c) 顶拱岩体时效变形对应的内部破裂演化结果

图 5.7.9　某地下厂房围岩时效变形及破裂特征[26]

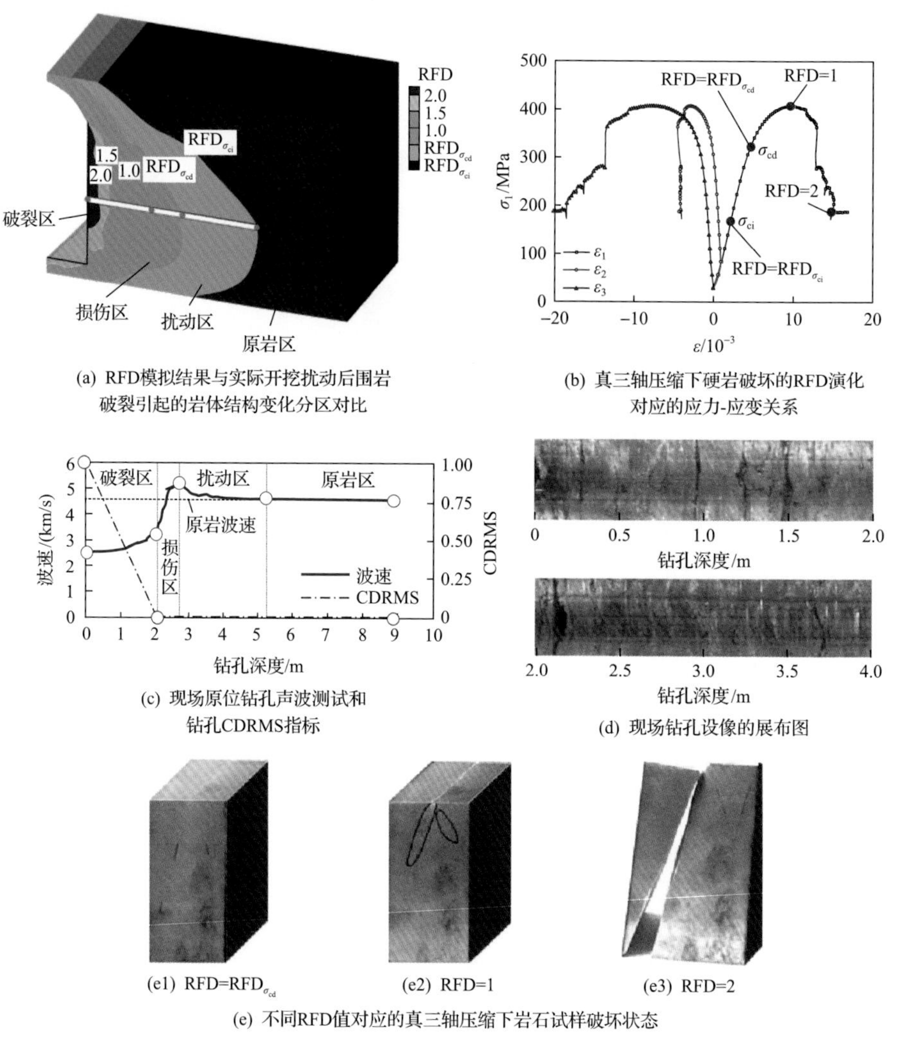

(a) RFD模拟结果与实际开挖扰动后围岩破裂引起的岩体结构变化分区对比

(b) 真三轴压缩下硬岩破坏的RFD演化对应的应力-应变关系

(c) 现场原位钻孔声波测试和钻孔CDRMS指标

(d) 现场钻孔设像的展布图

(e1) RFD=RFD$_{\sigma_{cd}}$　(e2) RFD=1　(e3) RFD=2

(e) 不同RFD值对应的真三轴压缩下岩石试样破坏状态

图 6.4.1　锦屏地下实验室二期工程 6# 实验室围岩 RFD 模拟结果与实测结果对比

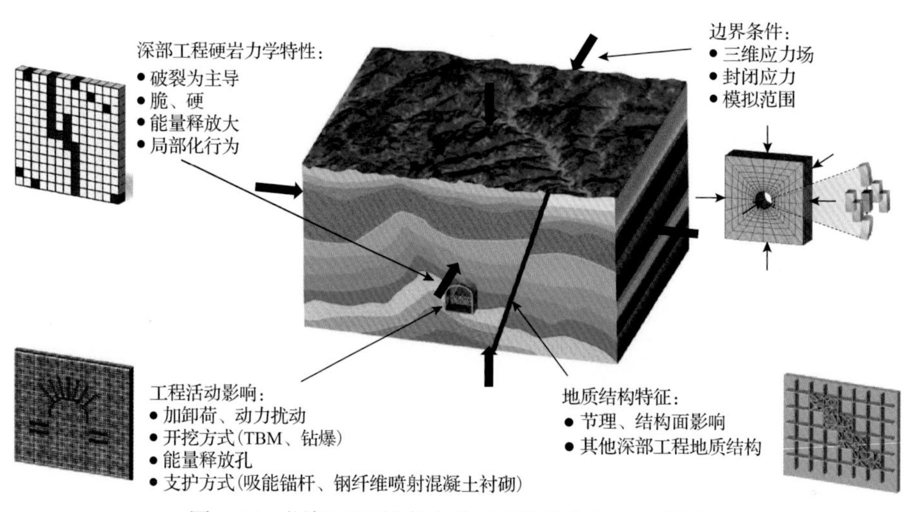

图 6.5.1　深部工程硬岩破裂过程数值分析的主要特点

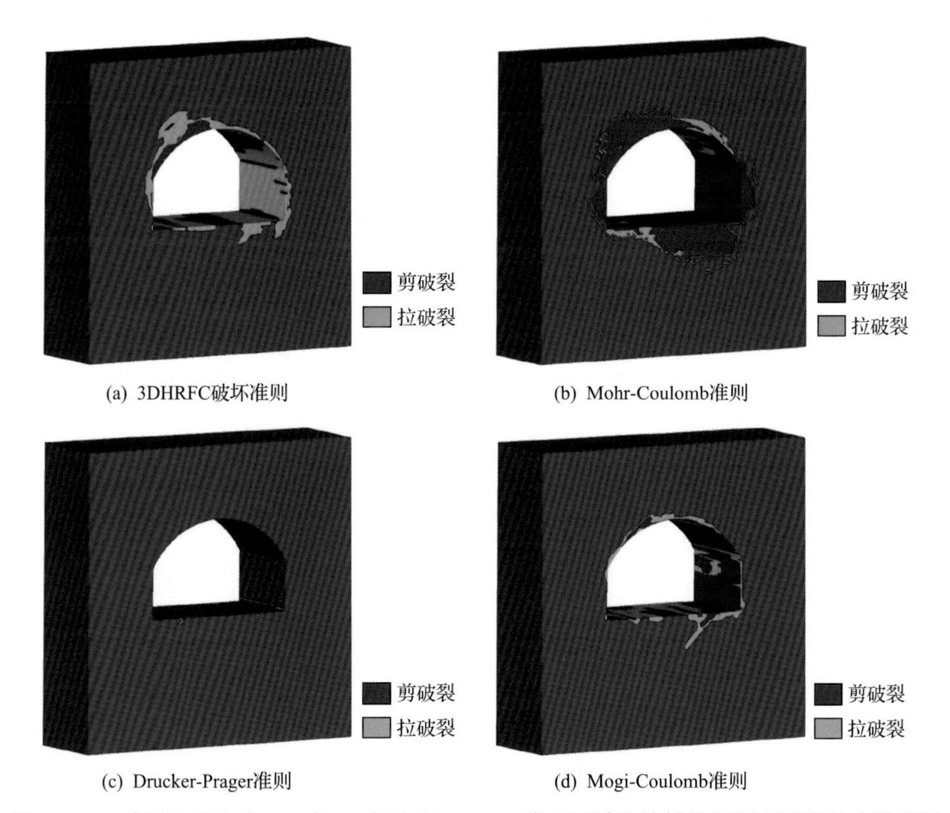

(a) 3DHRFC破坏准则　　(b) Mohr-Coulomb准则

(c) Drucker-Prager准则　　(d) Mogi-Coulomb准则

图 6.5.22　锦屏地下实验室二期 7# 实验室 K0+020 附近区域边墙扩挖后洞室围岩的破裂机制

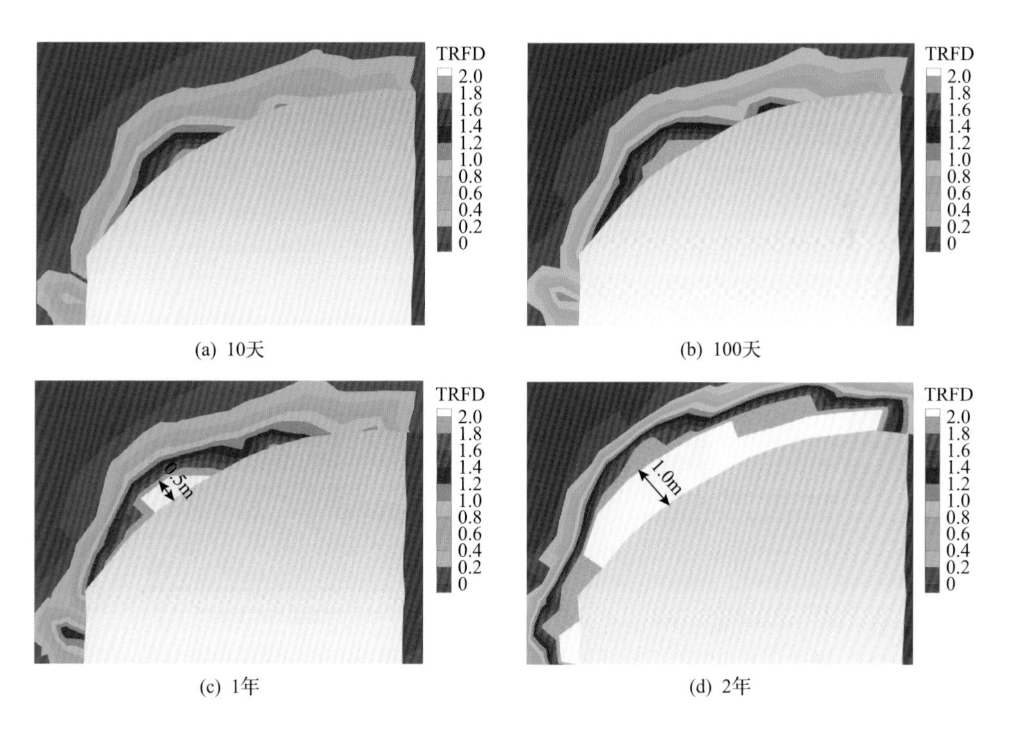

(a) 10天　　(b) 100天

(c) 1年　　(d) 2年

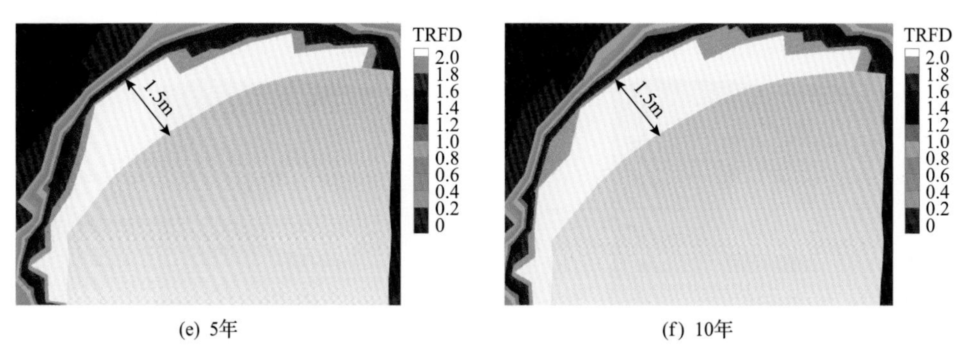

(e) 5年　　(f) 10年

图 6.5.27　锦屏地下实验室二期 1# 实验室南侧拱肩处岩体破裂时效演化数值模拟结果

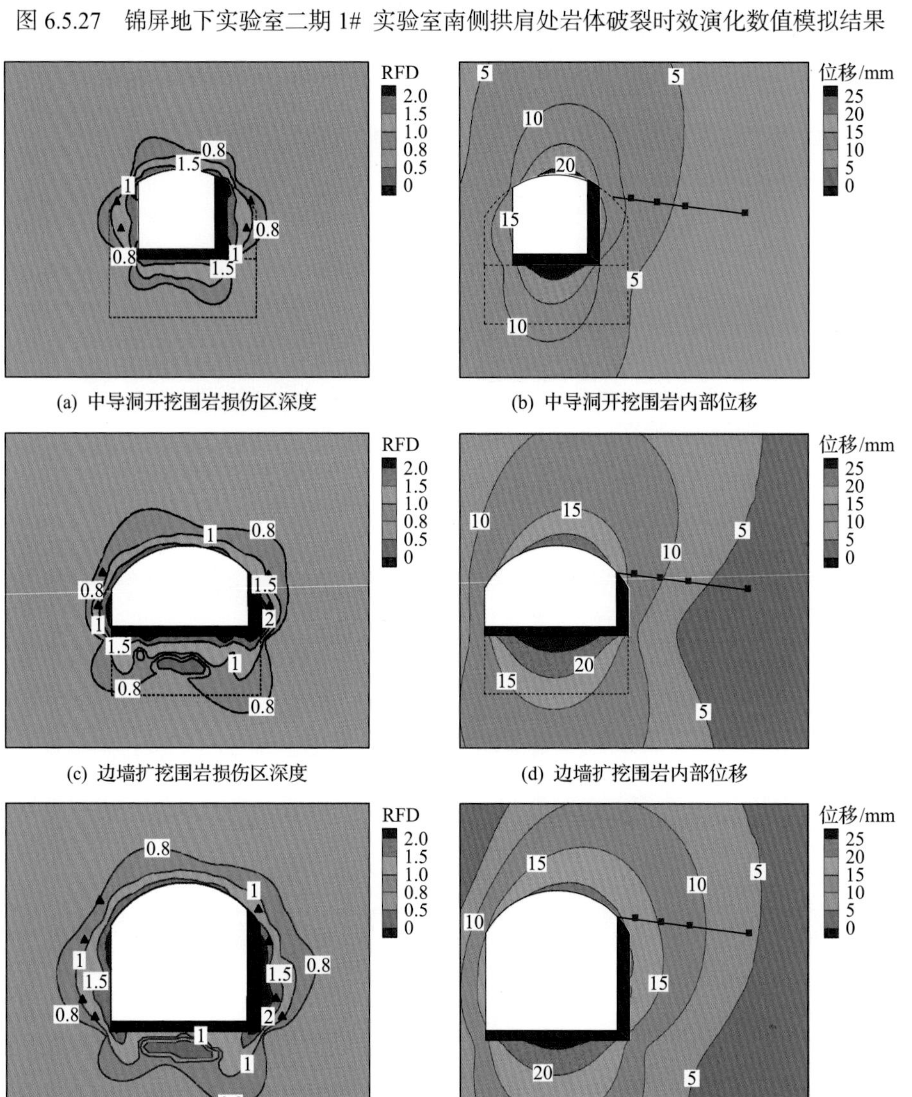

(a) 中导洞开挖围岩损伤区深度　　(b) 中导洞开挖围岩内部位移

(c) 边墙扩挖围岩损伤区深度　　(d) 边墙扩挖围岩内部位移

(e) 下层开挖围岩损伤区深度　　(f) 下层开挖围岩内部位移

图 6.6.15　基于反分析结果的锦屏地下实验室二期 5# 实验室开挖过程岩体内部位移和损伤区深度计算值与实测值比较

▲ 实测损伤区深度，RFD=1 等值线为计算损伤区边界；▪ 实测位移，等值线为计算位移

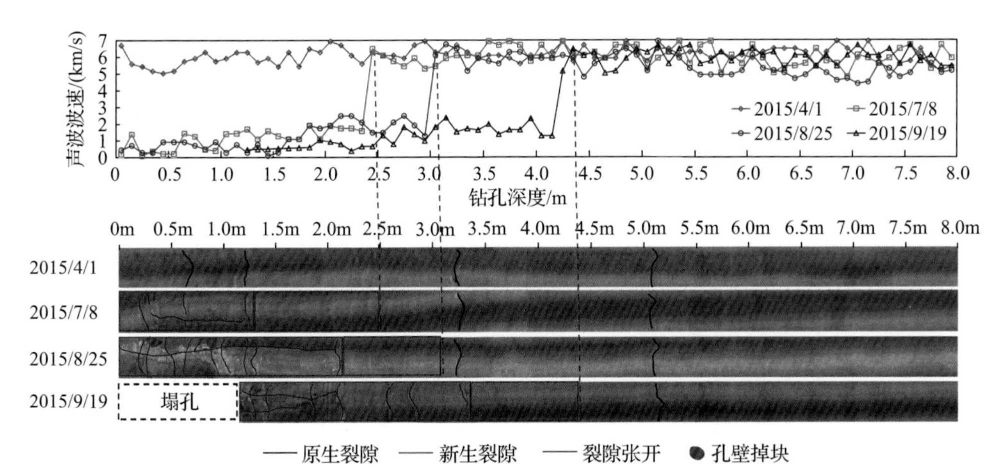

图 7.1.3　锦屏地下实验室二期 6# 实验室围岩单区破裂钻孔摄像测试结果

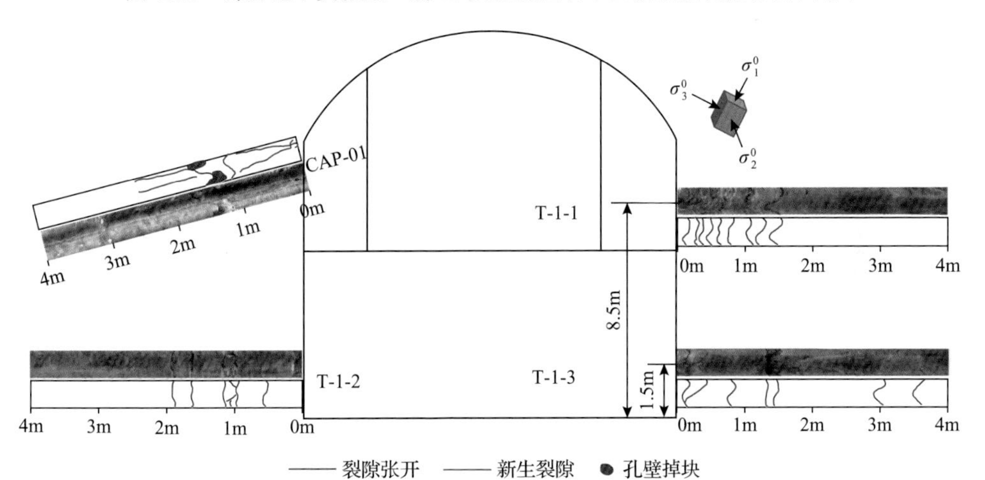

(a) 1# 实验室K0+045断面，无原生裂隙

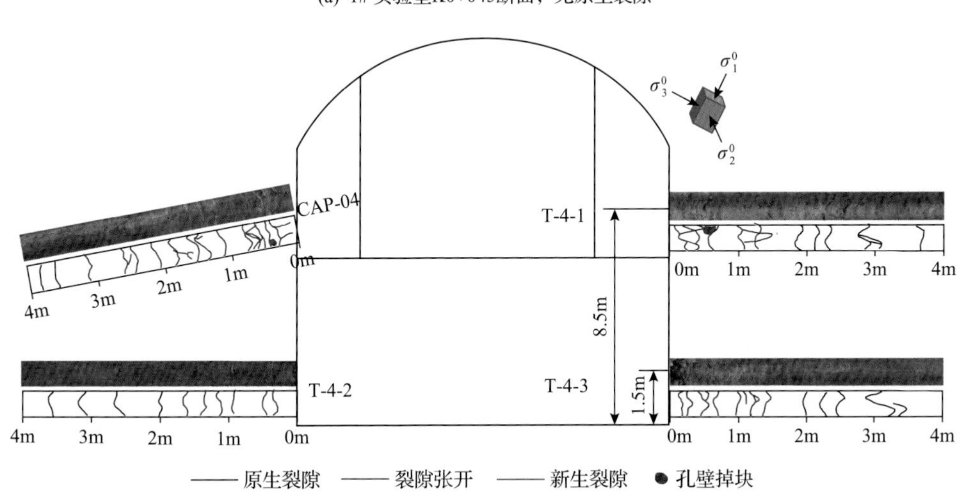

(b) 4# 实验室K0+030断面，原生裂隙较发育

图 7.1.4　锦屏地下实验室二期 1# 和 4# 实验室围岩单区破裂钻孔摄像测试结果

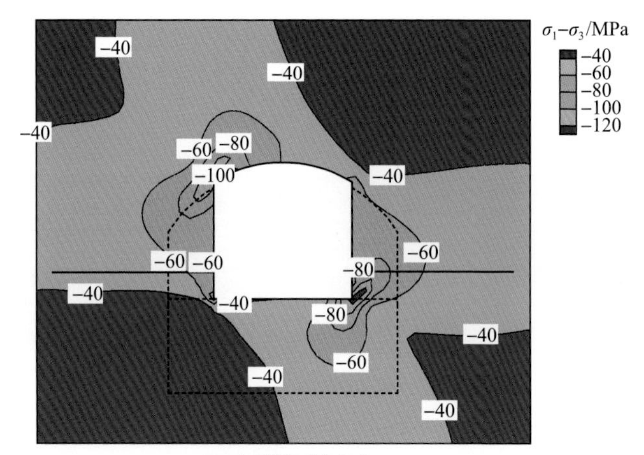

(a) 中导洞开挖完成

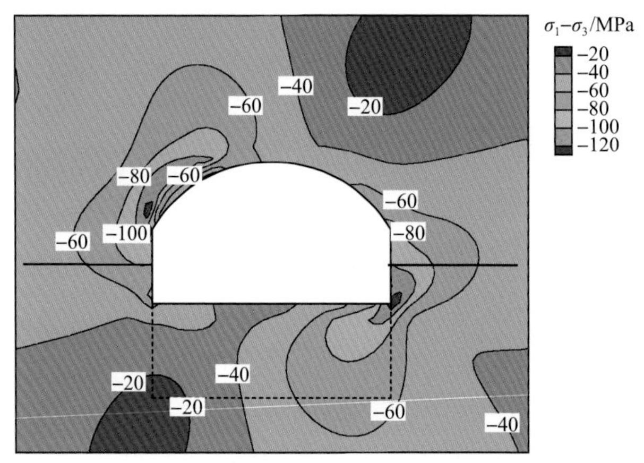

(b) 上层边墙扩挖完成

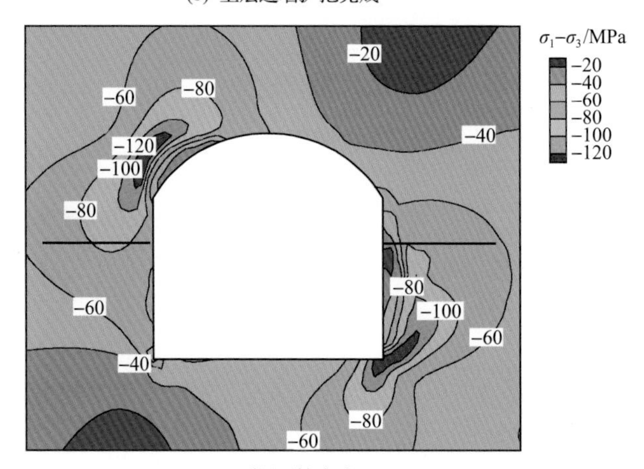

(c) 下层开挖完成

图 7.1.6 锦屏地下实验室二期 1# 实验室 K0 + 045 断面围岩应力差演化示意图

图中负值表示压应力

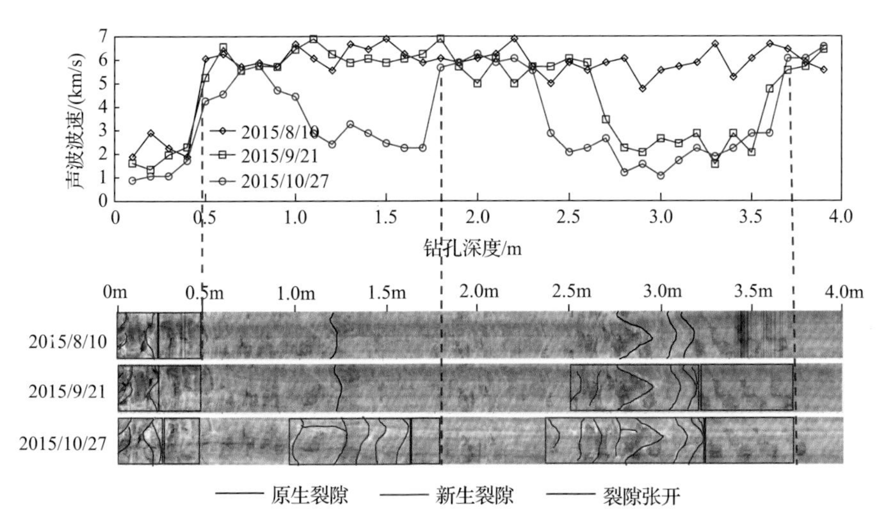

图 7.1.9　锦屏地下实验室二期 7# 实验室钻孔摄像测试结果

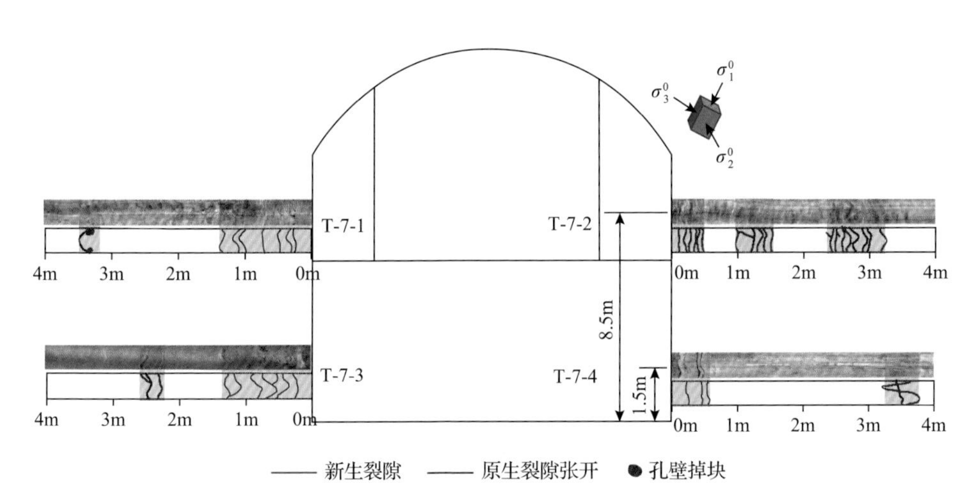

图 7.1.10　锦屏地下实验室二期 7# 实验室围岩分区破裂钻孔摄像测试结果

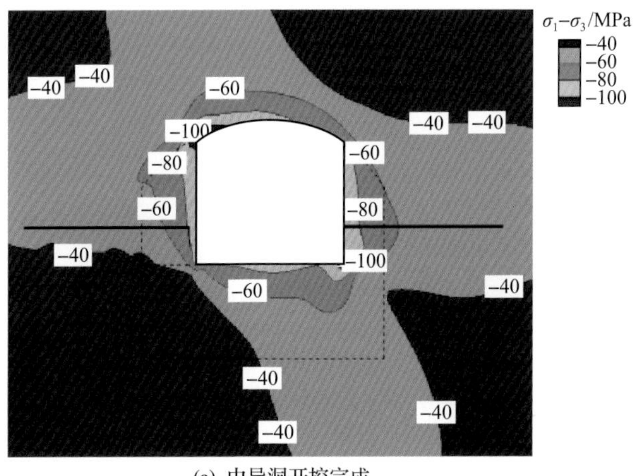

(a) 中导洞开挖完成

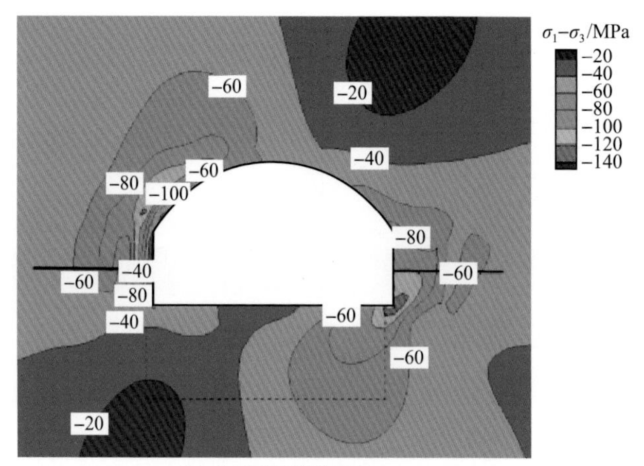

(b) 上层边墙扩挖完成

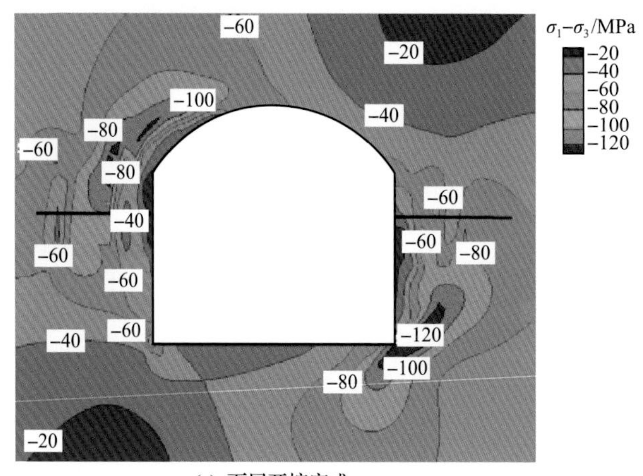

(c) 下层开挖完成

图 7.1.12　锦屏地下实验室二期 7# 实验室 K0+035 断面围岩应力差演化示意图

图中负值表示压应力

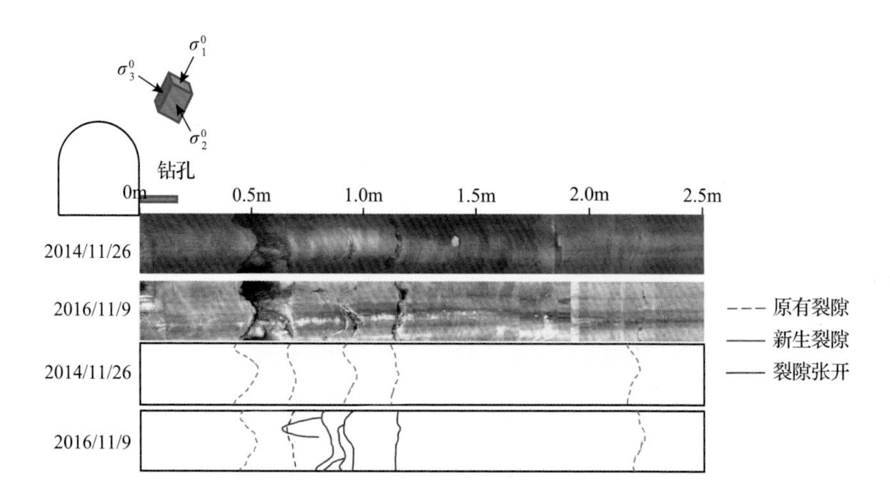

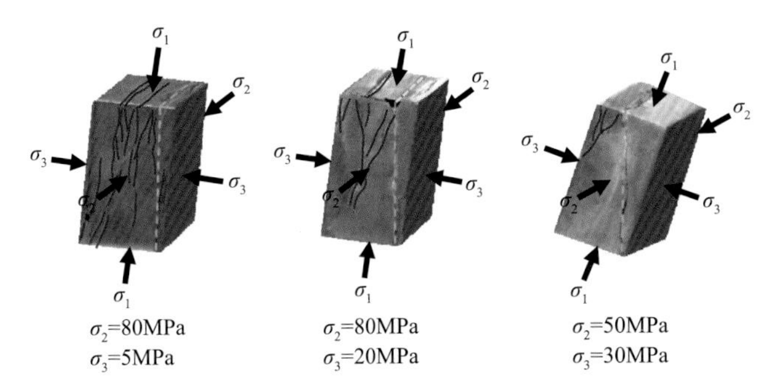

图 7.1.18　锦屏地下实验室二期 1# 辅引支洞开挖后不同时间的钻孔摄像结果对比

岩石试样红色线表示系列拉破裂，蓝色虚线表示贯穿剪破裂面

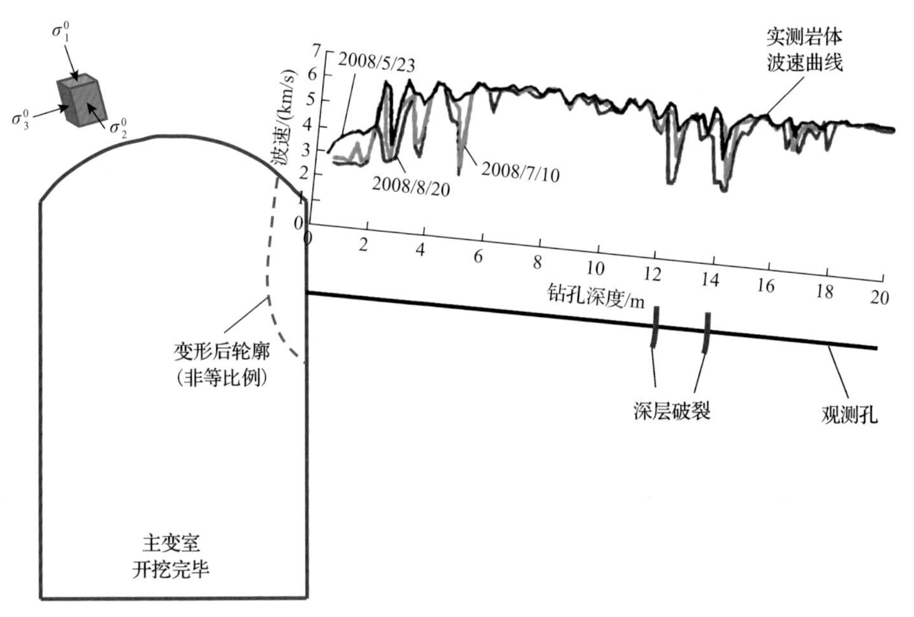

图 7.3.2　锦屏一级水电站主变室下游侧顶拱大变形机理概念模式及 1668m 高程钻孔声波波速特征[9]

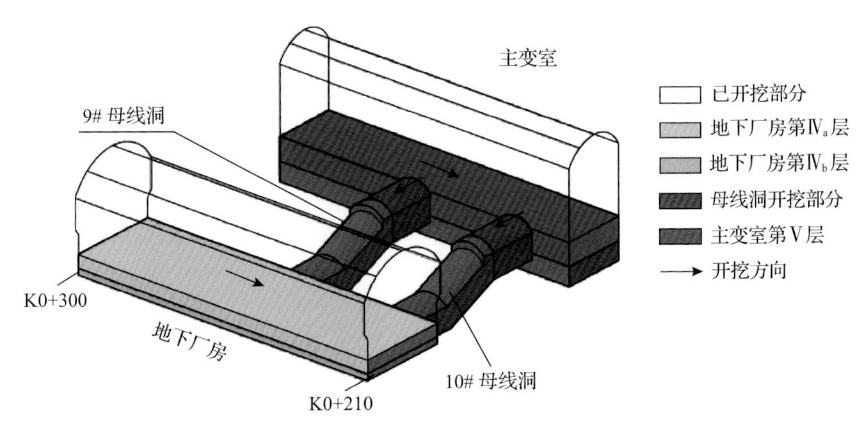

图 7.4.6　白鹤滩水电站右岸地下厂房 9# 母线洞塌方前的开挖状态[11]

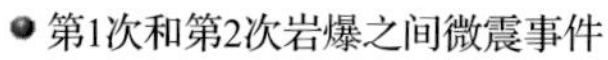
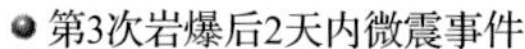
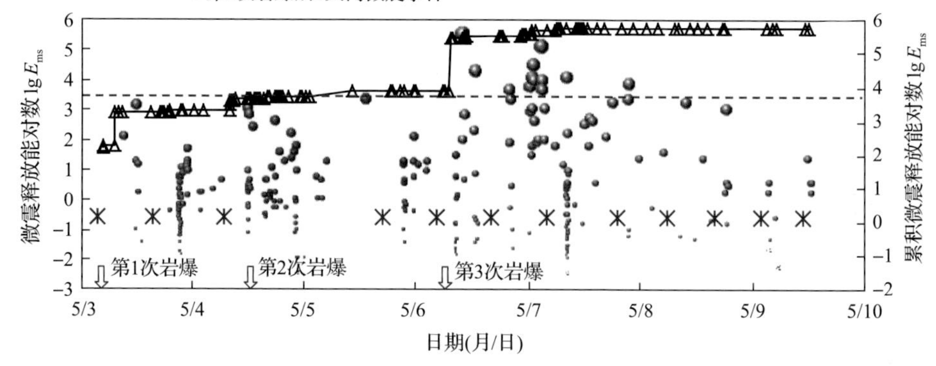

图 7.5.28　2017 年 5 月某隧道间歇型岩爆不同阶段微震活动性随时间的演化特征[19]

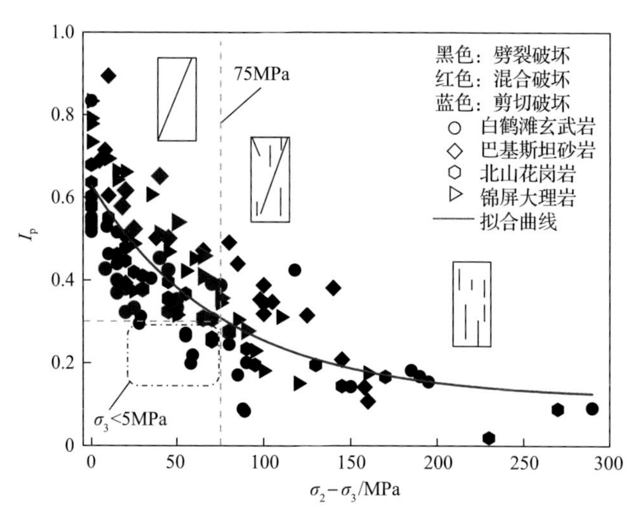

图 8.1.5　四种硬岩的破坏模式与裂纹扩展能力评价指标之间的关系

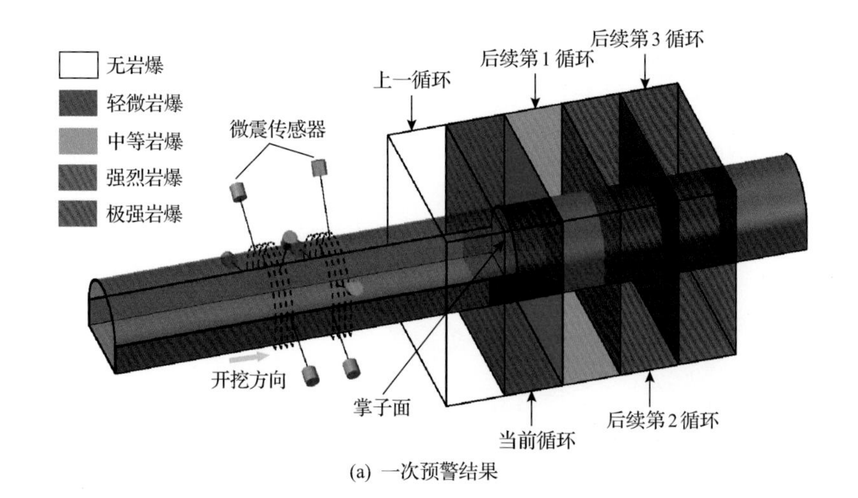

(a) 一次预警结果

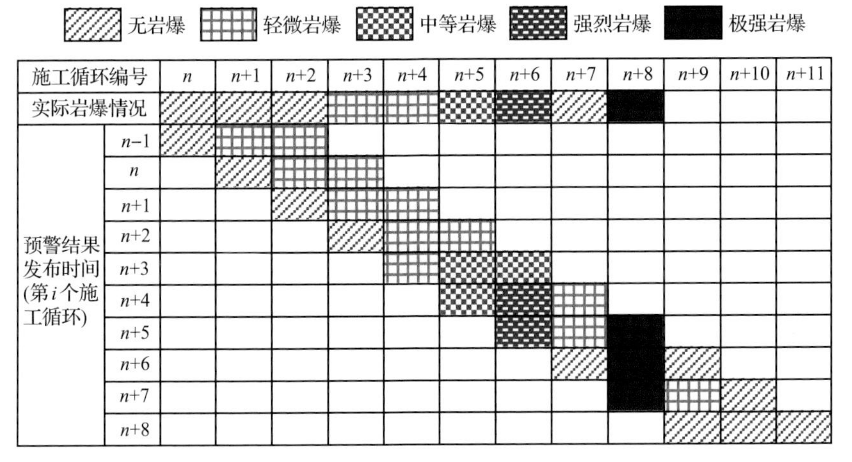

(b) 多次预警结果汇总

图 8.1.11 深埋隧道钻爆法施工循环岩爆预警示意图

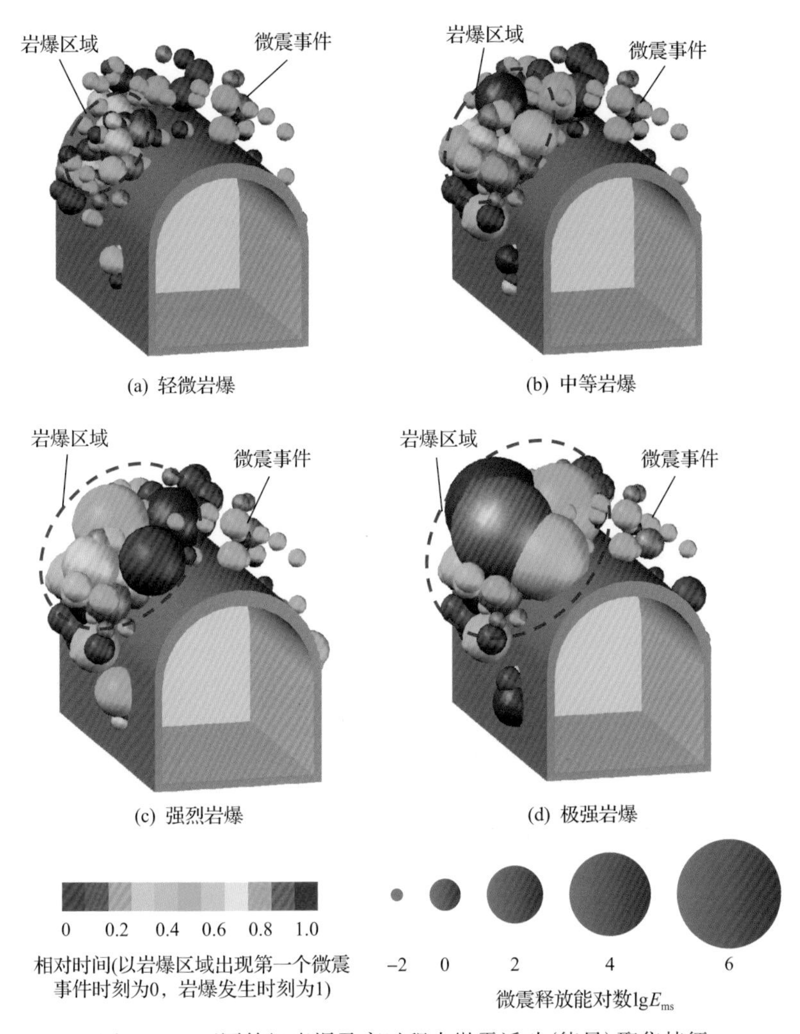

(a) 轻微岩爆

(b) 中等岩爆

(c) 强烈岩爆

(d) 极强岩爆

图 8.3.2 不同等级岩爆孕育过程中微震活动(能量)聚集特征

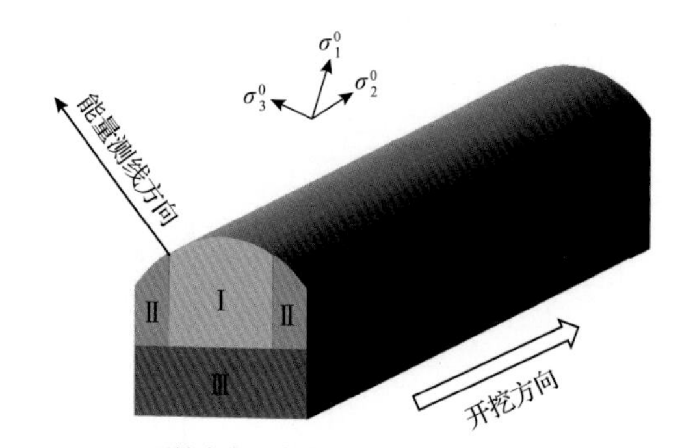

(a) 开挖方向、方式、顺序、地应力与能量监测方向

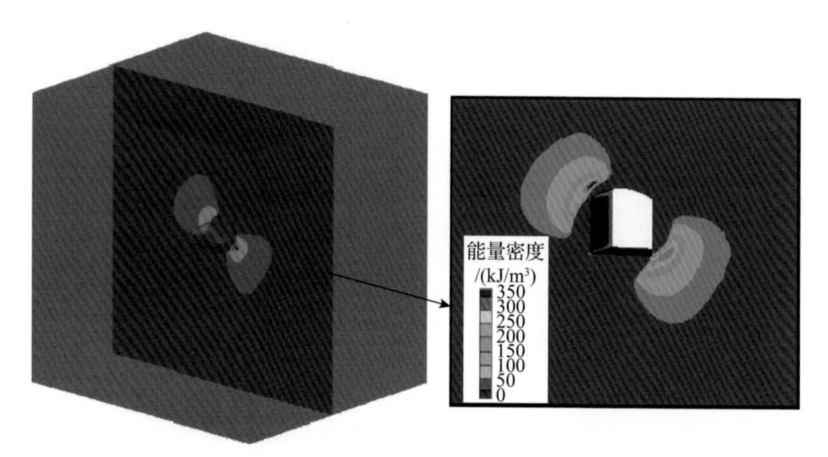

(b) 开挖阶段Ⅰ监测断面能量密度云图

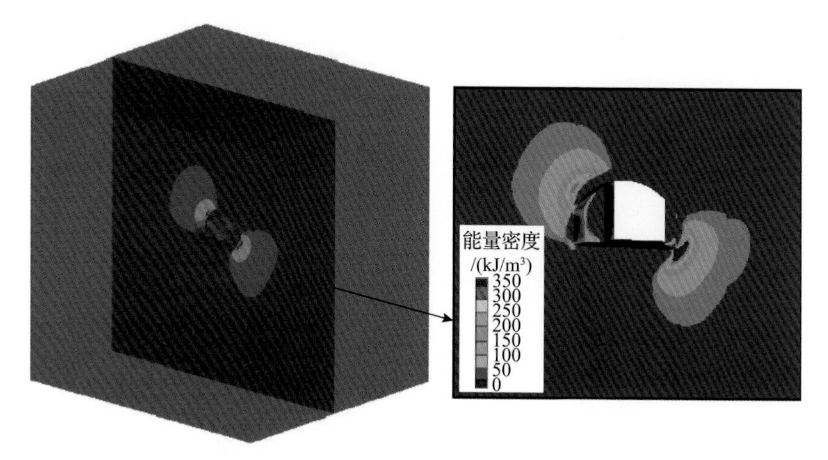

(c) 开挖阶段Ⅱ监测断面能量密度云图

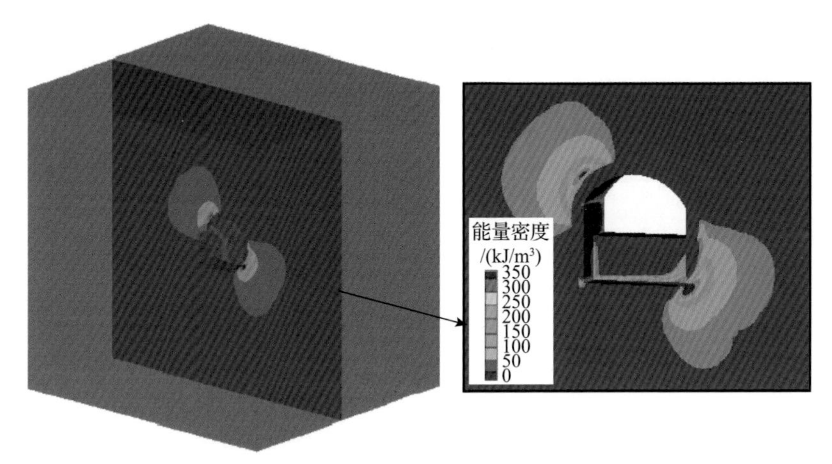

(d) 开挖阶段Ⅲ监测断面能量密度云图

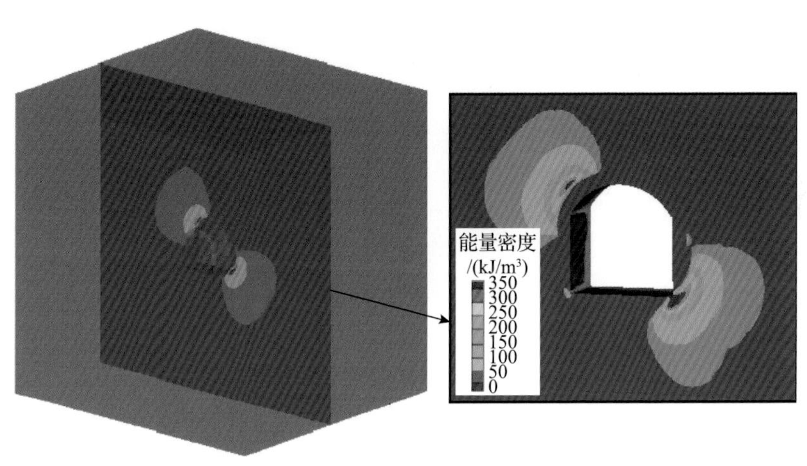

(e) 最终开挖状态监测断面能量密度云图

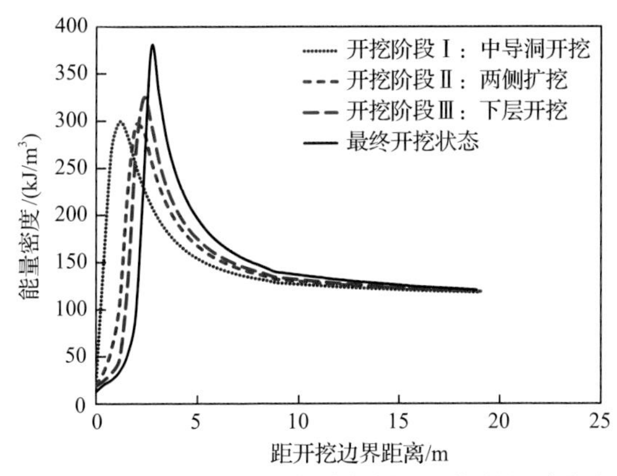

(f) 不同开挖阶段的能量密度与距开挖边界距离的关系

图 8.3.4　锦屏地下实验室二期深埋洞室围岩能量空间分布特征随开挖过程演化的数值模拟结果

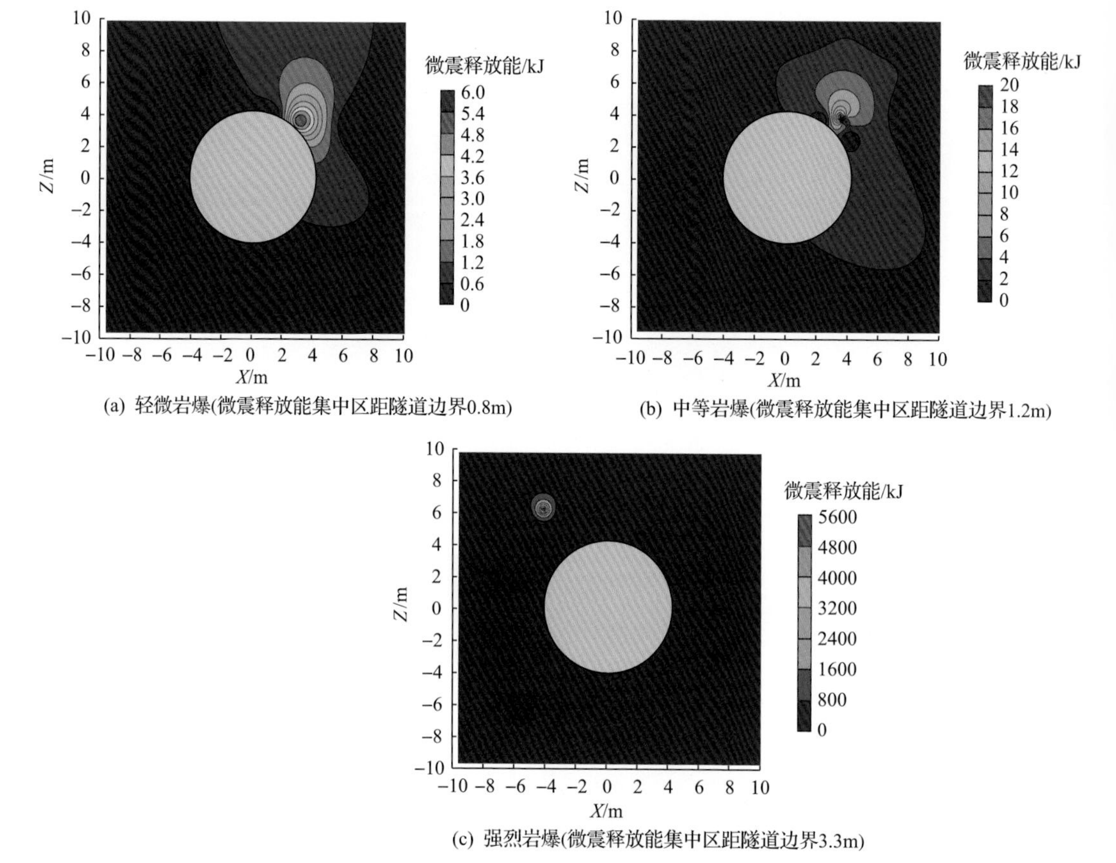

图 8.3.13　某 TBM 开挖的深埋硬岩隧道不同等级岩爆孕育过程中微震释放能在围岩内部的分布特征

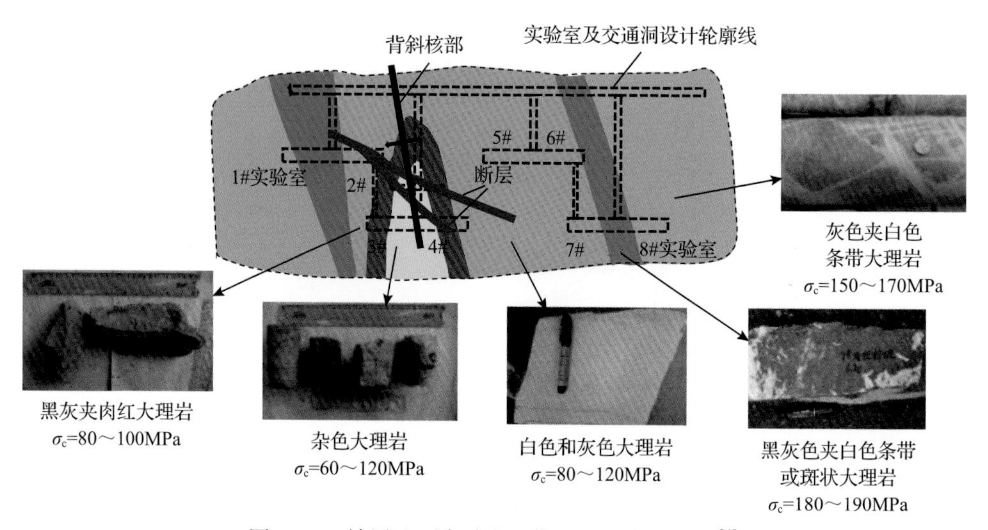

图 9.1.3　锦屏地下实验室二期工程区岩性分布[4]

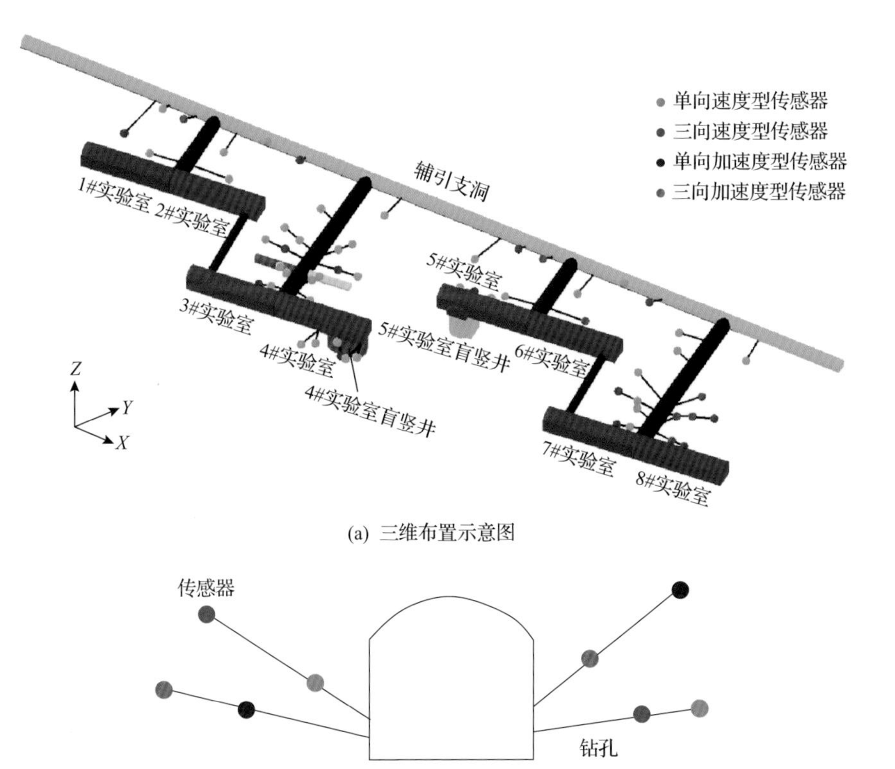

(a) 三维布置示意图

(b) 典型监测断面图

图 9.1.20　锦屏地下实验室二期工程微震传感器整体布置示意图

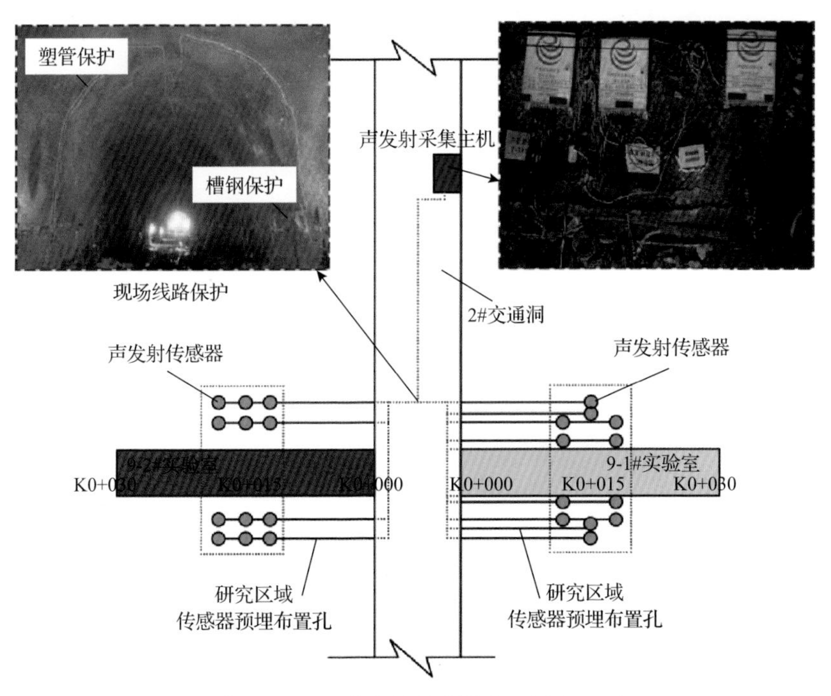

图 9.1.29　原位声发射监测传感器布置图

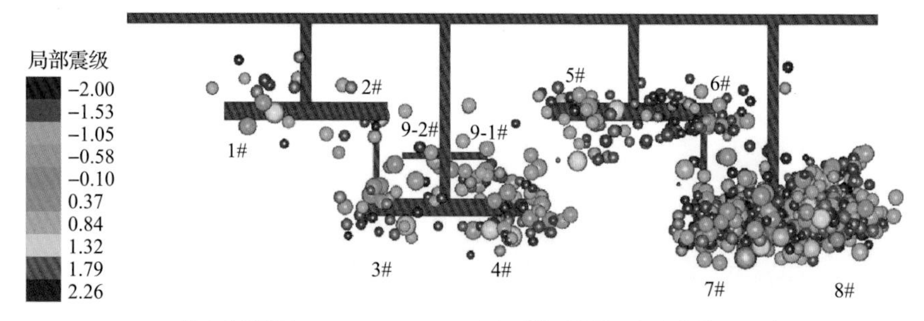

(a) 整个监测期(2015/4/18～2015/11/9)主要微震事件空间分布特征(局部震级>−2)

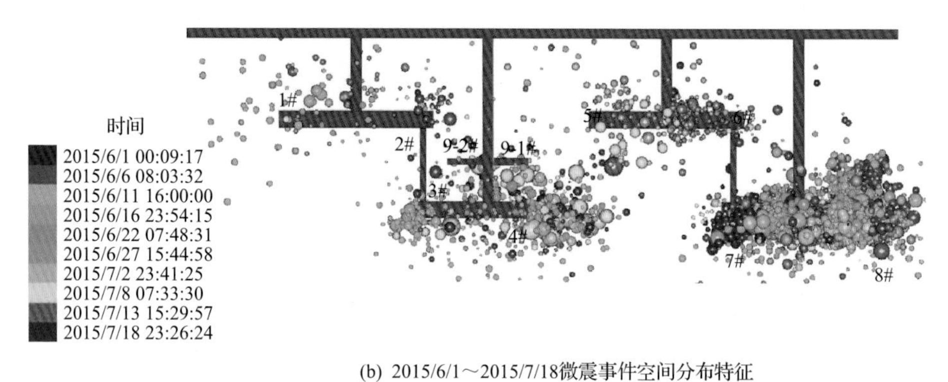

(b) 2015/6/1～2015/7/18微震事件空间分布特征

图 9.1.52　地下实验室开挖过程中微震活动空间分布特征

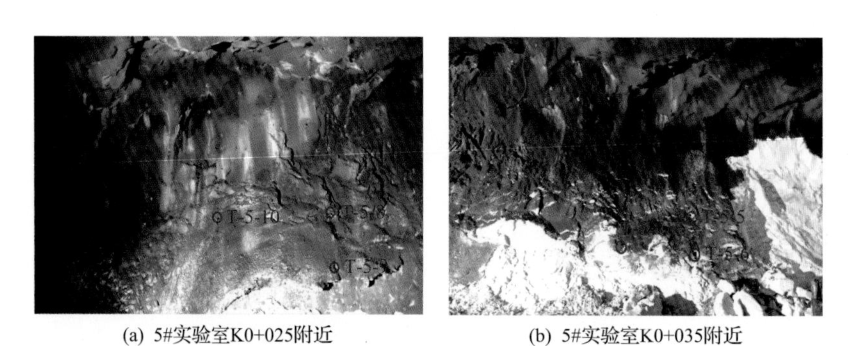

(a) 5#实验室K0+025附近　　(b) 5#实验室K0+035附近

图 9.1.106　“4·23”强烈岩爆区域钻孔布置示意图

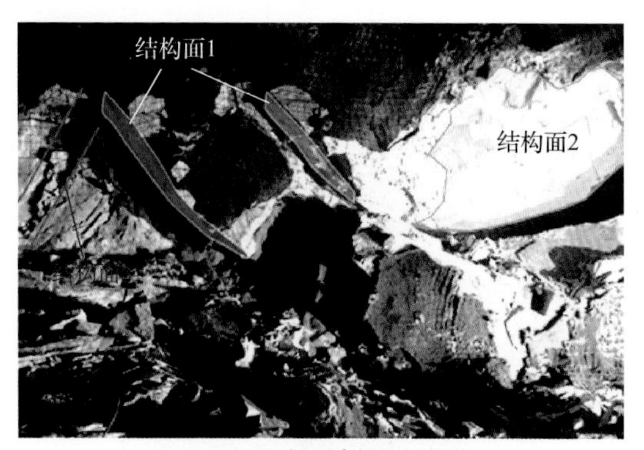

(a)“8·23”极强岩爆现场照片

图 9.1.114　“8·23”极强岩爆区结构面发育条件及其与实验室开挖面空间组合关系

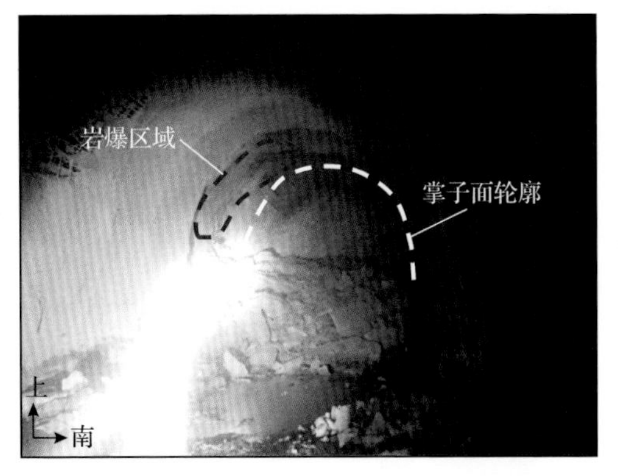

(a) DK194+450～DK194+460洞段

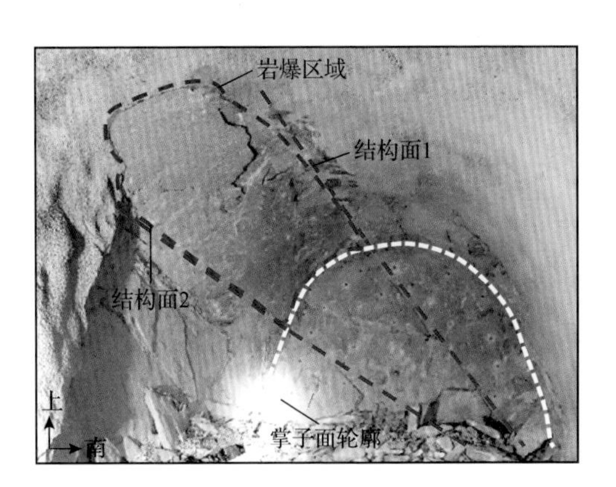

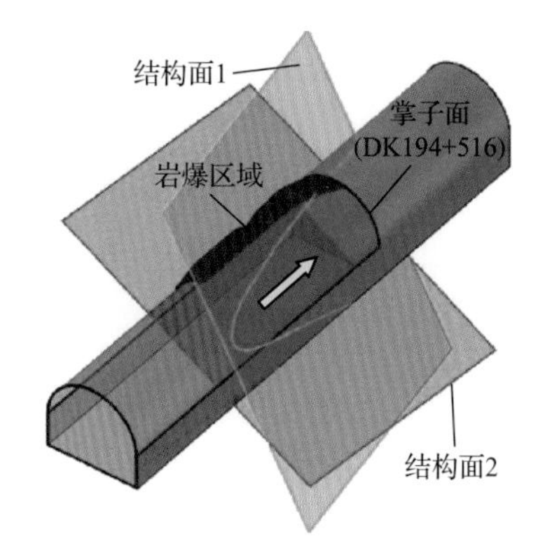

(b) DK194+493～DK194+530洞段

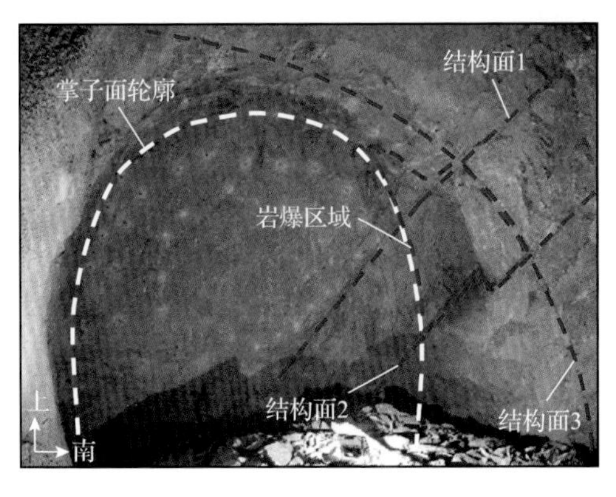

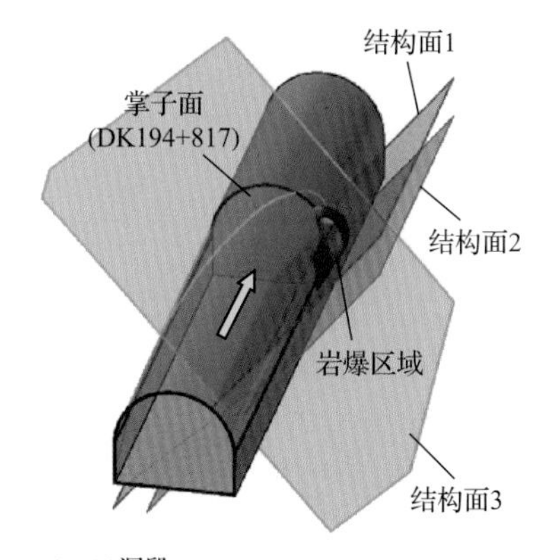

(c) DK194+790～DK194+820洞段

图 9.2.22　典型洞段的岩爆分布情况及相关工程地质条件[15]

图 9.3.4　巴基斯坦 N-J 水电站引水隧洞典型岩爆现场[16]

(a) 巷道左侧揭露节理

(b) 掌子面揭露的破裂岩体

图 9.4.4　7 盘区运输巷道 K0+030 处的大理岩岩体[20]

(a) 掌子面揭露的节理信息

图 9.4.9　深部巷道大变形控制技术应用区 K0+145 掌子面岩体节理信息[20]

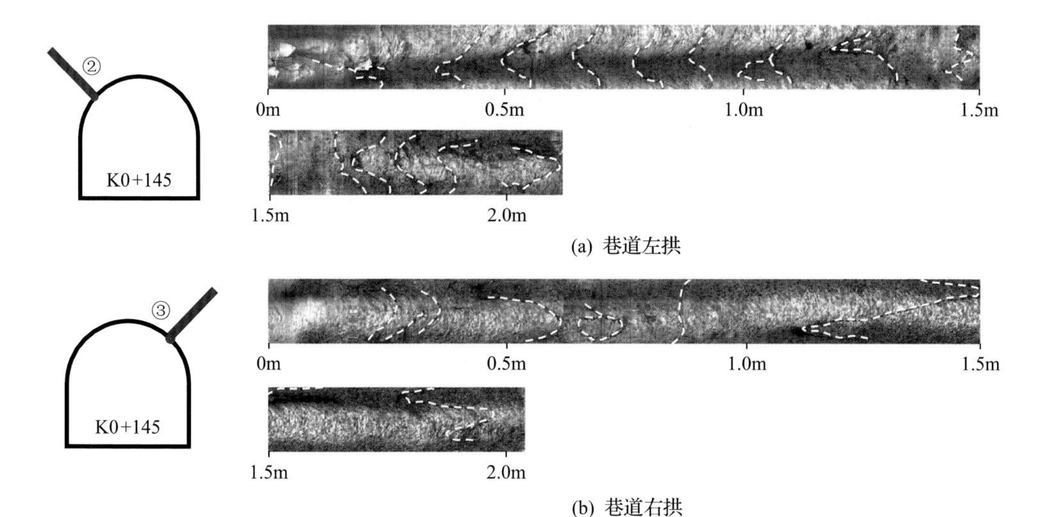

图 9.4.10　巷道第一层支护后(开挖后两周)K0+145 断面钻孔裂隙展布图[20]

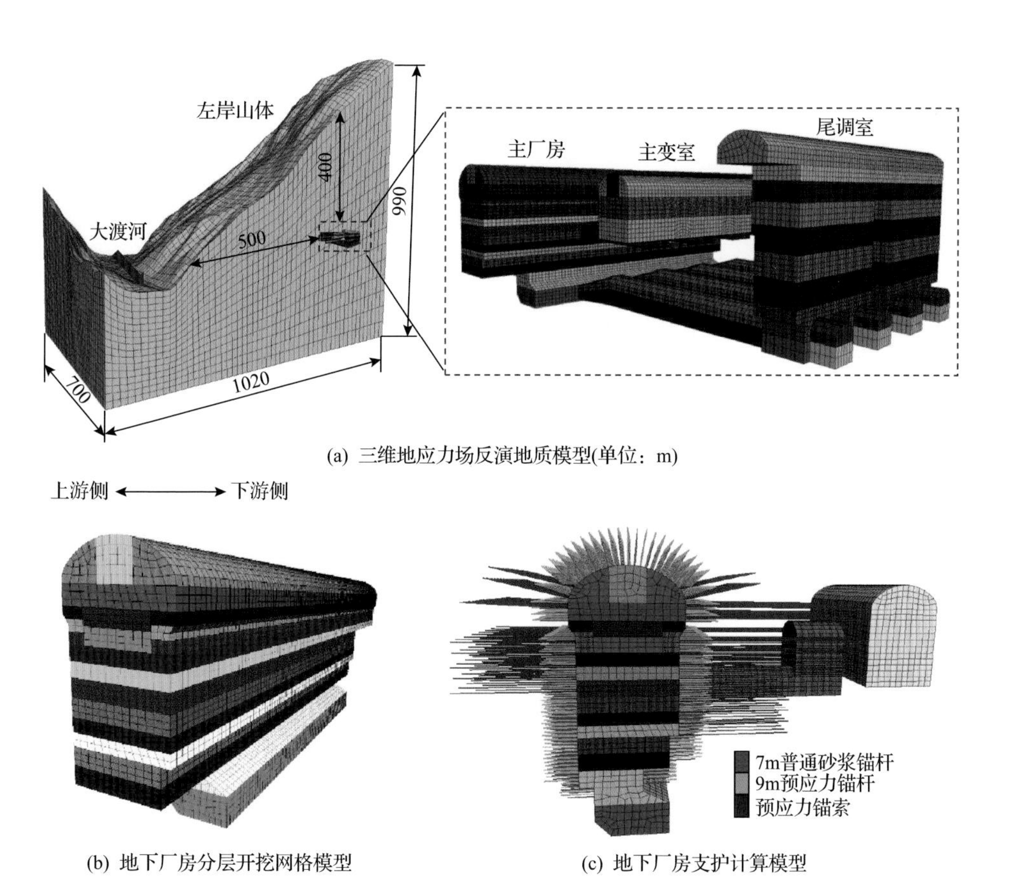

图 9.5.8　地下厂房数值计算网格模型

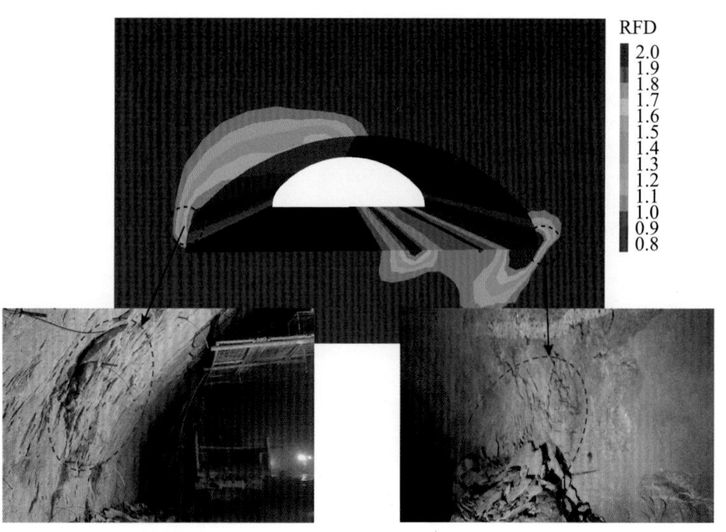

(c) 厂房Ⅰ层开挖无支护状态下破坏位置、程度、深度对应关系

图 9.5.12　反演所得岩体力学参数计算结果与现场破坏对比

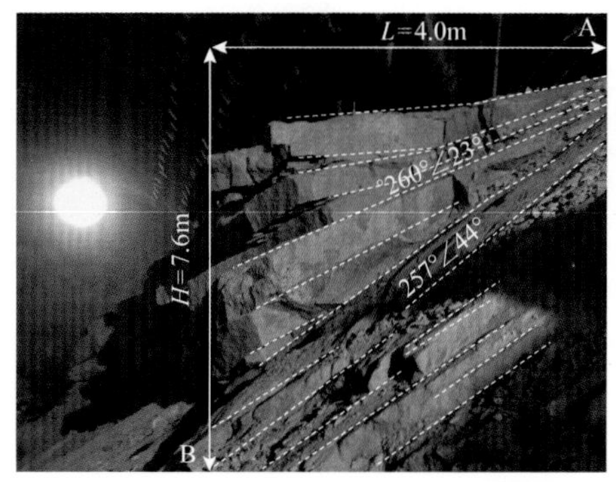

(a) K0−010断面下游侧岩台保护层卸荷裂隙

(b) K0−010断面区域岩台破坏

图 9.5.24　地下厂房下游侧岩台保护层破裂特征[22]